Sportbiologie

Jürgen Weineck

6. Auflage

Spitta Verlag GmbH
Ammonitenstraße 1
72336 Balingen

spitta verlag

Dr. med. Jürgen Weineck
Sportzentrum der Universität
Gebbertstraße 123
91058 Erlangen

Die Deutsche Bibliothek – CIP-Einheitsaufnahme

Weineck, Jürgen:
Sportbiologie / J. Weineck. – 6. Aufl. – Balingen : Spitta Verlag GmbH
  ISBN 3-932753-11-9

Copyright 1998
Spitta Verlag GmbH
Ammonitenstraße 1, 72336 Balingen
Printed in Germany

Inhalt

Vorwort

Es ist das Anliegen dieses Buches, Sportlehrer, Trainer, aktive Sportler und Sportinteressierte über die Auswirkungen sportlicher Belastungen bzw. sportlichen Trainings auf den menschlichen Organismus zu informieren. Alltägliche Probleme wie Muskelkater, Seitenstechen, toter Punkt u. ä. werden hier ebenso dargestellt, wie die Anpassungsphänomene der verschiedenen Organsysteme an ein sportliches Training. Es werden ausführlich die wichtigsten Einflußfaktoren der körperlichen bzw. sportlichen Leistungsfähigkeit erläutert und Hinweise zur Optimierung des sportlichen Trainings gegeben.
Das Buch wendet sich jedoch nicht nur an interessierte Leistungssportler, sondern auch an alle Freizeit- und Gesundheitssportler, die sich über gesundheitlich relevante Sportarten und über die Auswirkungen eines präventiven Gesundheitstrainings sowie über trainings- bzw. gesundheitsfördernde Begleitmaßnahmen wie Sauna, Massage etc. informieren wollen.

Die „Sportbiologie" umfaßt die Darstellung aller zentralen Themen des Sportes. Es werden sowohl die Grundlagen für das Verständnis trainingsbedingter Adaptationsprozesse vermittelt als auch sporthygienische Fragen wie Ernährung, Doping, die Auswirkungen von Zigarettenrauchen und Alkoholkonsum auf die sportliche Leistungsfähigkeit u. ä. ausführlich erörtert. In detail-

lierter Form erfolgt darüber hinaus die Darstellung der Besonderheiten sportlicher Betätigung von Kindern und Jugendlichen, von Frauen und von älteren Menschen. Der Autor versucht die oftmals schwierigen und komplizierten anatomisch-physiologischen Basisinformationen gemäß ihrer Bedeutung auf allgemeinverständliche Weise vorzutragen. Besonders wichtige Themenbereiche – wie z. B. das Herz-Kreislauf- oder Atmungssystem – werden daher sehr ausführlich behandelt. Die jedem Kapitel nachfolgenden Literaturangaben sollen es dem Leser ermöglichen, bestimmte Themenbereiche in eigener Regie weiter zu vertiefen.

Schließlich beinhaltet die „Sportbiologie" alle examensrelevanten sportbiologischen Problemstellungen für den Sportstudenten: Die Erstellung des Buches erfolgte in enger Anlehnung an die Inhalte des Ausbildungskataloges und stellt somit eine ideale Vorbereitungslektüre für das Staatsexamen und vergleichbare Prüfungen dar.

Kurz: Jeder, der sich für die sportbiologischen Grundlagen, Mechanismen und Zusammenhänge sportlichen Handelns interessiert, sollte dieses Buch als umfassende Informationsquelle zu Rate ziehen.

Erlangen,
im Sommer 1986   Jürgen Weineck

Teil I:
Allgemeine
Begriffsbestimmungen

Begriffsbestimmung, Ziele und Inhalte der Sportbiologie und angrenzender Disziplinen

Die Sportbiologie ist ganz allgemein die Lehre vom Leben des Menschen in bezug auf den Sport (vgl. *Albonico/Schönholzer/Weiß* 1967, 11).

Die *Sportbiologie* – früher Biologie der Leibesübungen genannt – baut als interdisziplinäres Fachgebiet auf der Lehre vom Körperbau (Anatomie) und den Lebensvorgängen (Physiologie) des Menschen auf und verwertet Erkenntnisse der Erblehre (Genetik), der Gesundheitslehre (Hygiene), der Sportpädagogik, der Sportmedizin, der Trainingslehre, der Biomechanik, der Bewegungslehre, der Sportsoziologie und Sportpsychologie sowie Erfahrungen von Veränderungen und Erkrankungen am Bewegungsapparat (Orthopädie) und das Wissen von der psychophysischen Entwicklung und vom Altern (*Kochner* 1968).

Die *Sportphysiologie* geht insbesondere auf Arbeitsweise und Leistung der Organe bei sportlichen Belastungen ein.

Die *Sporthygiene* beinhaltet Maßnahmen zur Gesunderhaltung und Gesundheitsförderung im Bereich des Sportes.

Die *Sportmedizin* – sie entwickelte sich aus der Sporttraumatologie, die sich mit der Behandlung akuter Sportunfälle befaßt – stellt ebenso wie die Sportbiologie eine interdisziplinäre Wissenschaft dar und definiert sich als das Bemühen der theoretischen und praktischen Medizin, den Einfluß von Bewegung, Training und Sport sowie den von Bewegungsmangel auf den gesunden und kranken Menschen jeder Altersstufe zu analysieren und die Befunde der Prävention, der Therapie und Rehabilitation sowie dem Sport selbst dienlich zu machen (*Hüllemann* 1976, V). Im Vordergrund der sportmedizinischen Bemühungen steht die Prävention der Hypokinetosen (Bewegungsmangelkrankheiten).

Die Sportbiologie steht in engster Wechselbeziehung zur Sportmedizin. Eine Trennung ist in vielen Bereichen kaum oder nur in sehr differenzierter Form möglich. Sportbiologische Betrachtungsweisen bzw. Definitionsversuche zeigen vielfach eine nahezu identische Ausgangsbasis. Die Sportbiologie versucht ebenso wie die Sportmedizin den Einfluß von Bewegung bzw. körperlicher Aktivität auf den menschlichen Organismus darzustellen und Einflußfaktoren, die die körperliche bzw. sportliche Leistungsfähigkeit ausmachen, in ihren Wirkungsmechanismen zu erklären. Im Gegensatz zur Sportmedizin befaßt sich die Sportbiologie jedoch nur peripher mit sportmedizinischen Meßmethoden zur Bestimmung der körperlichen bzw. sportlichen Leistungsfähigkeit – obwohl sie deren Ergebnisse verwertet – sowie mit sportärztlichen Untersuchungsmethoden und therapeutischen Verfahrensweisen.

Begriffsbestimmungen zu den Manifestationsformen, den Aktionsformen und den Zielbereichen des Sportes

Die sportbiologische Betrachtung des Sportes erfordert für eine präzise Darstellung der einzelnen Themenpunkte eine definitorische Klarstellung sportrelevanter Begriffe. Wie aus Tabelle 1 hervorgeht, präsentiert sich der Sport unter verschiedenen Manifestationsformen, die wiederum durch unterschiedliche Aktionsformen und Zielbereiche in Erscheinung treten. Die definitorische Abklärung der in Tabelle 1 aufgeführten Begriffe wird deutlich machen, daß die stets weit gefaßten sportwissenschaftlichen Begriffsbestimmungen unter dem Aspekt der Sportbiologie und Sportmedizin bisweilen eine starke Einengung auf disziplinrelevante Merkmale erfahren.

Zum besseren Verständnis der Folgeausführungen soll zuerst der Begriff *Sport* geklärt und in seinen Manifestationsformen kurz dargestellt werden.

Im sportwissenschaftlichen Bereich ist aufgrund des großen Bedeutungsgehaltes des Sportbegriffes in der Umgangssprache keine präzise Begriffsabgrenzung möglich. Die Definition des Begriffes Sport stützt sich weniger auf wissenschaftliche Dimensionsanalysen als auf den alltagstheoretischen Gebrauch sowie auf historisch gewachsene und tradierte Einbindungen in soziale, ökonomische, politische und rechtliche Gebilde, die zu ständigen Wandlungen des Begriffsverständnisses geführt haben.

Merkmale des Sports sind motorische Aktivitäten und soziale Interaktionen. Sporttheoretisch gesehen sind sportliche Handlungen gewissermaßen ‚freigesetzte' Handlungen, die den zweckhaften Bestimmungen der Alltags- und Arbeitswelt enthoben sind, dadurch zwar nicht zwecklos sind, jedoch nicht ausschließlich den tradierten Nützlichkeitserwägungen unterliegen (*Röthig* 1983, 339).

Unter sportbiologisch-sportmedizinischem Aspekt erhält der Sport je nach Manifestationsform und Aktionsform eine differenzierte inhaltliche Bestimmung.

Manifestationsformen:	Breitensport, Gesundheitssport, Leistungssport, Hochleistungssport
Aktionsformen:	Übung, Training, Wettkampf
Zielbereiche:	Verbesserung der gesundheitlichen und/oder sportlichen Leistung durch Steigerung der Leistungsfähigkeit und der Leistungsbereitschaft Freude an der Bewegung Soziale Interaktionen

Tab. 1   Manifestationsformen, Aktionsformen und Zielbereiche des Sportes.

Sportliche Manifestationsformen

Sportliche Manifestationsformen stellen Breitensport, Gesundheitssport, Leistungssport und Hochleistungssport dar. Die Abgrenzung dieser unterschiedlichen Sportbereiche ist ebenso für die weiteren Betrachtungen von Bedeutung wie die definitorische und inhaltliche Darstellung des Begriffes Bewegungstherapie.

Breitensport bezeichnet das von einem großen Teil der Bevölkerung wahrgenommene Angebot freizeitrelevanter Sportarten (*Röthig* 1983, 83).

Im Breitensport spielt die Leistungshöhe trotz Leistungsstreben keine Rolle. Im Zentrum stehen Bewegungs- und Spieltrieb und/oder soziologische Momente, nicht etwa Gesundheit (vgl. *Hollmann/Hettinger* 1980, 2). Einen großen Anteil am Breitensport haben sportliche Aktivitäten im Rahmen der Trimm-Aktion.

Gesundheitssport beinhaltet die im Sinne eines Trainings konsequent durchgeführten Körperübungen, die bewußt auf die Festigung der Gesundheit gerichtet sind (*Strauzenberg* in *Röthig* 1983, 150).

Beim Gesundheitssport kann es sich sowohl um präventive als auch um therapeutische oder rehabilitative Interessen handeln.

Unter *Leistungssport* versteht man den mit dem Ziel der Erreichung einer persönlichen Höchstleistung betriebenen Sport (*Röthig* 1983, 229).

Beim Leistungssport steht zwar die Freude an der Bewegung bzw. am Spiel noch im Vordergrund, die Leistung spielt dabei jedoch eine entscheidende Rolle (*Hollmann/Hettinger* 1980, 3).

Hochleistungssport – Synonyma: Höchstleistungs- bzw. Spitzensport – ist der auf regionaler, nationaler und internationaler Ebene betriebene Wettkampfsport mit dem Ziel der absoluten Höchstleistung. Hauptkriterien sind Rekorde und internationale Erfolge (*Röthig* 1983, 337).

Nach *Schönholzer* (1977) ist Hochleistungssport „Erfolgssport" mit Freiheitsverlust der Sportausübung (Berufssportler). Freude an der Bewegung bzw. am geselligen Zusammensein treten als Motive in den Hintergrund (*Hollmann/Hettinger* 1980, 3).

Unter *Bewegungstherapie* versteht man die Behandlung von Erkrankungen und Leiden mittels aktiver muskulärer Beanspruchung (*Röthig* 1983, 75).

Tabelle 2 vermittelt eine Übersicht über Verfahren und Zielsetzungen der Bewegungstherapie.

Sportliche Aktionsformen

Für die sportbiologische Darstellung der unterschiedlichen Belastungen des Körpers durch verschiedene sportliche Aktionsformen ist die begriffliche Abgrenzung von Übung, Training und Wettkampf wichtig.

In der Sportwissenschaft bezeichnet *Übung* einen Vorgang zur Verarbeitung von Lerninhalten wie Bewegungsfertigkeiten in der

Verfahren	Zielsetzung
1. Sporttherapie	Sie ergänzt und erweitert eine vorangegangene Krankengymnastik oder psychomotorische Therapie und kommt z. B. in Behindertengruppen unter ärztlicher Betreuung und Überwachung zur Anwendung.
2. Aktive Bewegungsübungen	Behandlung von Gelenkversteifungen, Muskelatrophien, Durchblutungsstörungen und körperlicher Minderleistungsfähigkeit.
3. Physiotherapie	Sie beinhaltet vor allem passive neuromotorische Trainingsformen zur Verhinderung der Ausbildung pathologischer Reflexe und dient der Bahnung physiologischer Bewegungsmuster.
4. Sensomotorische Therapieformen	Verbesserung der Integration von Wahrnehmung und Bewegung (v. a. bei hirngeschädigten Patienten).
5. Psychomotorisch konzipierte Verfahren	Verhaltensintegration der Persönlichkeit durch therapeutisch gelenkten Bewegungs- und Gefühlsausdruck.
6. Bewegungspsychotherapie	Therapie psychischer Schwierigkeiten und Krankheiten mittels körper- und bewegungszentrierter Übungsverfahren auf der Grundlage analytischer Tiefenpsychologie.
7. Kommunikative Bewegungstherapie	Psychotherapeutische Begleitmaßnahme bei Leistungssportlern mit dem Ziel, verschiedene psychosomatische Beschwerdebilder (innere Spannungszustände, motorische Unruhe, Sozialängste etc.) einzel- bzw. gruppentherapeutisch abzubauen mittels körperdynamischer, relaxierender, meditativer und konzentrativer Techniken.

Tab. 2   Verfahren und Zielsetzungen der Bewegungstherapie (nach *Röthig* 1983, 75).

Form ihrer wiederholten Realisierung, gegebenenfalls unter variierenden Bedingungen. Darüber hinaus wird der Begriff Übung auch im Sinne der wiederholten Ausführung von relativ einfachen automatisierten Fertigkeiten zur Verbesserung körperlicher Fähigkeiten – wie z. B. Kraft, Schnelligkeit, Ausdauer – verwendet, was einen Trainingsaspekt beinhaltet (*Röthig* 1983, 437).

Aus sportbiologisch-sportmedizinischer Sicht ist die differenzierte Unterscheidung von Übung und Training im Rahmen der Bewegungstherapie und Rehabilitation von erheblicher Bedeutung.

Sportbiologisch-sportmedizinisch wird *Übung* als die systematische Wiederholung gezielter Bewegungsabläufe zum Zwecke der Leistungssteigerung *ohne morphologisch faßbare Veränderungen* definiert (*Hollmann/Hettinger* 1980, 128).

Die sportbiologisch-sportmedizinische Definition von Übung beschränkt sich demnach auf eine Verbesserung der Koordination im Zusammenwirken von Nervensystem und

Muskulatur und klammert Trainingseffekte aus, die morphologische Veränderungen mit sich bringen.

Beispiel: Bei organgeschädigten (z. B. Herz) Personen soll durch Übung die allgemeine Funktionsfähigkeit wiederhergestellt und/oder verbessert werden, ohne die organismische Leistungsfähigkeit zu überfordern, wie dies bei einem Training der Fall sein könnte.

Auch bei der Begriffsbestimmung von *Training* unterscheidet man eine sportwissenschaftliche und sportbiologisch-sportmedizinische Definition. Aus sportwissenschaftlicher Sicht ist Training ein komplexer Handlungsprozeß mit dem Ziel der planmäßigen und sachorientierten Einwirkung auf die sportliche Leistungsentwicklung (*Röthig* 1983, 418). Je nach Trainingsziel soll durch Training der Leistungszustand des Sportlers erhöht, erhalten oder auch reduziert (sogenanntes Abtrainieren, s. S. 95) werden.

> Aus sportbiologisch-sportmedizinischer Sicht ist *Training* die systematische Wiederholung gezielter überschwelliger Muskelanspannungen *mit morphologischen und funktionellen Anpassungserscheinungen* zum Zwecke der Leistungssteigerung (*Hollmann/Hettinger* 1980, 124).

Die sportbiologisch-sportmedizinische Definition beinhaltet demnach eine starke Einschränkung des Trainingsbegriffes auf das Moment der muskulären Beanspruchung und berücksichtigt nicht die im Sportbereich weitgefächerte Palette der verschiedenen Trainingsarten (wie z. B. aktives/passives Training; mentales/observatives/verbales Training u. a.).

Die sportliche Aktionsform *Wettkampf* ist unter sportbiologisch-sportmedizinischem Aspekt von besonderer Bedeutung.

> Aus sportbiologisch-sportmedizinischer Sicht stellen sportliche Aktionen mit Wettkampfcharakter muskuläre Beanspruchungen im Grenzbereich der physischen Leistungsfähigkeit dar.

Durch die kompetitive Komponente treten im Wettkampf Belastungen bzw. Belastungsspitzen auf, die nur vom gesunden Organismus biopositiv verarbeitet und für eine weitere Leistungssteigerung genutzt werden können, die aber bei organgeschädigten Personen die Gefahr einer Überforderung bzw. Schädigung in sich bergen.

Zusammenfassend läßt sich festhalten, daß aus sportbiologisch-sportmedizinischer Sicht Übung mehr den koordinativen Aspekt ohne morphologisch faßbares Substrat, Training mehr den konditionellen Aspekt mit morphologischen Veränderungen und Wettkampf die leistungsorientierte Extremvariante der muskulären Beanspruchung darstellt. Übung, Training und Wettkampf unterscheiden sich unter diesem Blickwinkel also vor allem durch graduelle Unterschiede in der körperlichen Belastung.

Zielbereiche des Sports

Übung, Training und Wettkampf zielen auf eine Verbesserung der psychophysischen Leistungsfähigkeit ab. Wie die nachfolgende Definition verdeutlicht, steht die Leistungsfähigkeit in engster Wechselbeziehung zur Leistungsbereitschaft.

> Die *Leistungsfähigkeit* – Synonyma: Leistungsvermögen, Leistungskapazität, Potential – eines Sportlers ist durch die maximal (unter Ausschöpfung aller Reserven) zu realisierende Leistung in bestimmten Sportarten/-disziplinen zu

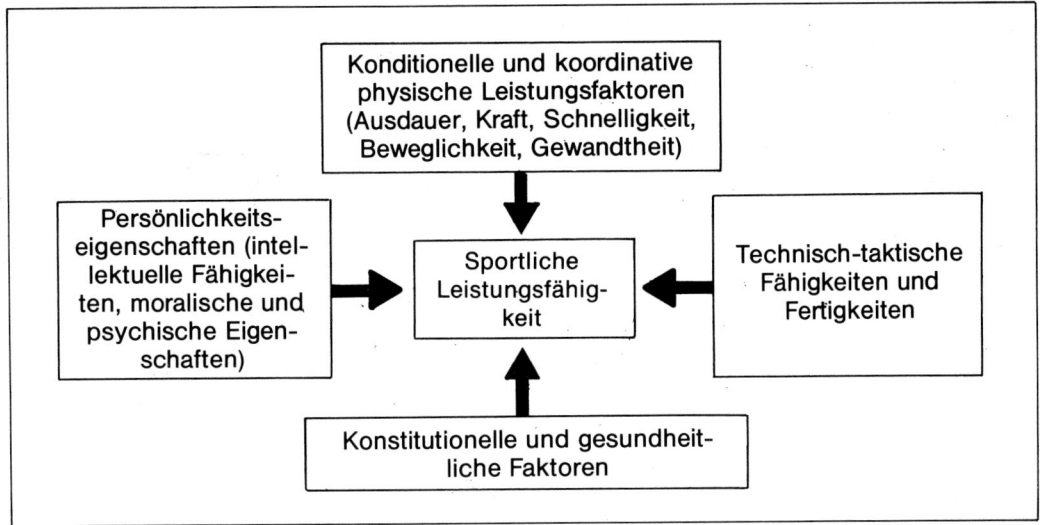

Abb. 1   Faktoren der sportlichen Leistungsfähigkeit (*Weineck* 1983, 15).

kennzeichnen. Inwieweit durch eine wirklich realisierte Leistung die Leistungsmöglichkeiten ausgeschöpft werden, hängt sehr stark von der Leistungsbereitschaft des Sportlers ab (*Röthig* 1983, 226).

Die Leistungsfähigkeit stellt einen Komplex von Teilgrößen dar, der psychophysische Fähigkeiten (konditionelle und koordinative Leistungsfaktoren), technisch-taktische Fähigkeiten und Fertigkeiten, konstitutionelle und gesundheitliche Faktoren und Persönlichkeitsmerkmale umfaßt (Abb. 1).

Die *Leistungsbereitschaft* bezeichnet die psychischen Faktoren, die neben der Leistungsfähigkeit die Leistungen im Training und Wettkampf beeinflussen können. Dabei hängt es vom Anspruchsniveau und von der subjektiven Leistungswertung ab, wie stark die Leistungsbereitschaft in der akuten Situation wirksam wird (*Röthig* 1983, 225).

Die Abhängigkeit der Leistungsbereitschaft von der subjektiven Leistungswertung erklärt sich durch die Tatsache, daß für das Leistungsverständnis frühere Erfahrungen – geprägt von Erfolgen und Mißerfolgen – eine wichtige Rolle spielen. Die Leistung und demnach auch die Leistungsbereitschaft können durch kognitive, affektive und verhaltenssteuernde Anteile (z. B. Interesse, Motivation, Antrieb) modifiziert werden. Hierbei können relativ überdauernde (Persönlichkeit, Temperament), aber auch situative Faktoren (z. B. Ermüdung, Zuschauer, Angstgegner) von entscheidender Bedeutung sein (*Röthig* 1983, 225).

Wie Abbildung 2 verdeutlicht, ist es nicht möglich, die individuell zur Verfügung stehende Leistungskapazität ohne Notsituation gänzlich auszuschöpfen: Die autonom geschützten Reserven sind auch der höchsten Leistungsbereitschaft nicht vollständig zugänglich. Die Mobilisationsschwelle läßt sich jedoch unter Motivationsbedingungen und durch entsprechendes Training (s. S. 198) verschieben, so daß ein hochmotivierter bzw. hochtrainierter Sportler seine Leistungskapazität vermehrt auszuschöpfen vermag (*Weineck* 1983, 135).

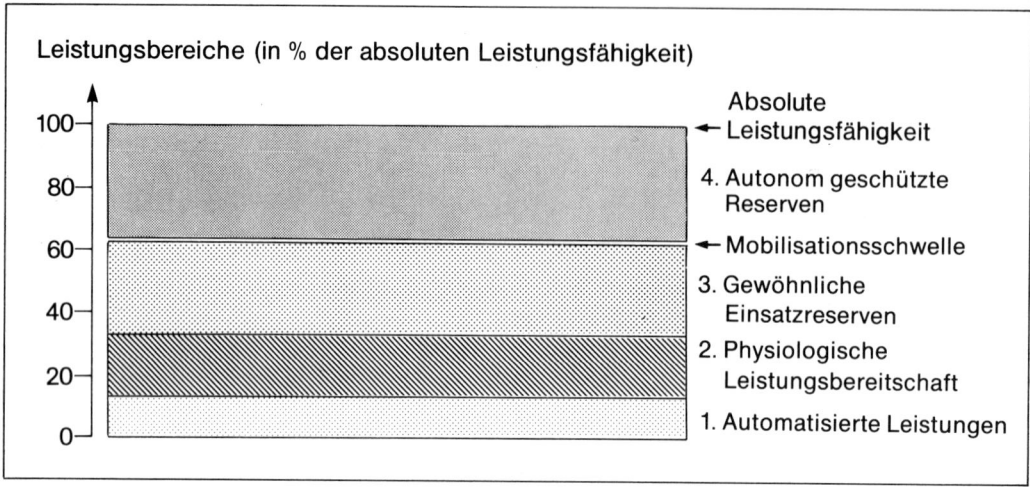

Abb. 2 Schematische Darstellung der Leistungsbereiche. Die Bereiche 1 und 2 erfordern eine geringe bis mittlere Willensanstrengung, der Bereich 3 macht ausgeprägte Willenskräfte notwendig, und der Bereich 4 ist nur in Notsituationen (z. B. Todesangst) zugänglich (in Anlehnung an *Graf* in *Hettinger* 1966, 31).

> Die Funktion der autonom geschützten Reserven besteht biologisch darin, den Organismus vor Überforderung zu schützen.

Schließlich ist die Leistungsbereitschaft nicht nur von volitiven (vom Willen bestimmten) und konditionellen, sondern auch von biorhythmischen Faktoren (s. ausführliche Darstellung S. 434) abhängig.

Leistungsfähigkeit und Leistungsbereitschaft sind auch im *Fitness*-Begriff involviert, der in der sportbiologisch-sportmedizinischen Betrachtung eine wichtige Rolle spielt.

> *Fitness* bezeichnet allgemein die Leistungstauglichkeit des Menschen sowie dessen aktuelle Eignung für beabsichtige Handlungen (*Röthig* 1983, 134).

Diese allgemeine Definition beinhaltet alle Persönlichkeitsdimensionen und Hand-

lungsfelder und läßt den Zielbereich offen. „Fitness" allein zeigt demnach nur die Tauglichkeit für einen beliebigen Zielbereich auf. Erst die Hinzunahme entsprechender Adjektiva erlaubt eine Begriffspräzisierung.

> Unter sportbiologischem Aspekt kann *Fitness* als der Zustand einer überdurchschnittlichen psychophysischen Leistungsfähigkeit in gesundheitlicher und sportlicher Hinsicht verstanden werden.

Die Bezeichnung ‚körperliche Fitness' reicht dabei nicht für eine differenzierte sportbiologisch-sportmedizinische Betrachtung aus, da sie zu unspezifisch ist und weder quantitative noch qualitative Unterschiede berücksichtigt. Des weiteren ist der Fitness-Begriff in Abhängigkeit von Geschlecht, Alter, Beruf, Trainingszustand, Sportdisziplin etc. zu sehen. So kann z. B. ein Kraftsportler disziplinspezifisch durchaus ‚fit' sein, er muß es jedoch nicht ebenso in einem anderen Leistungsbereich sein, wie z. B. der Ausdauer. Eine spezielle Fitness-

Diskussion macht demnach eine spezifizierte Bereichseinstellung nötig, eine Übertragbarkeit auf andere Bereiche ist nicht unmittelbar möglich.

Weitere wichtige Begriffe für die biologische Betrachtung stellen *Gesundheit* und *Krankheit* dar.
Wie die nachfolgenden Definitionsansätze (*Röthig* 1983, 150) verdeutlichen, gibt es keine allgemein gültige Definition des Begriffes Gesundheit.

Gesundheit als Gegensatz zur Krankheit („klassischer" Gesundheitsbegriff) mit dem Problem der fließenden Übergänge zwischen Gesundheit und Krankheit.
Gesundheit als Ideal: „Ein Zustand des umfassenden körperlichen, geistigen und sozialen Wohlbefindens und nicht lediglich Freisein von Krankheit und Schwäche" *(WHO)*.
Gesundheit als skalierbare Größe besserer oder schlechterer Funktionstüchtigkeit der Organsysteme.
Gesundheit als „Normalzustand", wie er aufgrund statistischer Verfahren zu ermitteln ist, mit dem Problem, daß sowohl unschädliche Abweichungen als

auch negative epidemische Krankheitsbilder verharmlost werden.
Gesundheit ist kein Besitz, sondern eine stete seelisch-körperliche Aufgabe *(Reindell/Rosskamm)*.
Gesundheit ist eine individuell psychophysische Leistung in der Lebenswirklichkeit *(M. Francke)*.
Gesundheit ist ein provisorischer Zustand, der nichts Gutes verspricht *(P. Bamm)*.
Gesundheit ist nicht alles, aber alles ist nichts ohne Gesundheit *(A. Schopenhauer)*.

Zusammenfassend läßt sich feststellen, daß Gesundheit ein labiler Zustand ist, der sich schnell ändern kann. Gesundheit stellt eine psychophysische Komplexeigenschaft dar, deren Intaktheit für jeden Menschen und in ganz besonderem Maße für den Sportler eine conditio sine qua non für die Erhaltung bzw. Steigerung der körperlich-geistigen Leistungsfähigkeit ist.

Krankheit läßt sich kurz als gestörte Gesundheit definieren.

Literatur

1. *Albonico, R., G. Schönholzer, U. Weiss:* Sportbiologie. Birkhäuser, Basel 1967
2. *Hettinger, T.:* Isometrisches Muskeltraining. Thieme, Stuttgart 1966
3. *Hollmann, W., T. Hettinger:* Sportmedizin – Arbeits- und Trainingsgrundlagen. Schattauer, Stuttgart–New York 1980
4. *Hüllemann, K. D.:* Leistungsmedizin – Sportmedizin. Thieme, Stuttgart 1976
5. *Kochner, G.:* Einführung in die Sportbiologie. Verlag Uni-Druck, München 1968
6. *Röthig, P. (Red.):* Sportwissenschaftliches Lexikon. Hofmann, Schorndorf 1983
7. *Weineck, J.:* Optimales Training. perimed Fachbuch-Verlagsgesellschaft Erlangen 1983

Teil II:
Anpassung als Grundvoraussetzung sportlichen Trainings

Allgemeine Grundlagen zum Phänomen der Anpassung

Zum besseren Verständnis der Auswirkungen von körperlicher bzw. sportlicher Aktivität auf den menschlichen Organismus ist die Kenntnis der dabei ablaufenden Anpassungsprozesse von grundlegender Bedeutung.

Begriffsbestimmung

In der Biologie wird grundsätzlich unter *Anpassung* eine organische und funktionelle Umstellung des Organismus auf innere und äußere Anforderungen verstanden; Anpassung ist die organismische Widerspiegelung, die innere Aneignung von Anforderungen. Sie erfolgt gesetzmäßig und ist auf die bessere Bewältigung der sie induzierenden Belastungen gerichtet. Sie verkörpert den inneren Zustand einer verbesserten Betriebsfähigkeit und ist auf allen hierarchischen Ebenen des Körpers existent. Anpassung und Anpassungsfähigkeit gehören zur Evolution und sind ein wichtiges Kennzeichen des Lebens. Anpassungen sind reversibel und müssen ständig neu erworben werden (*Israel* 1983, 141).

Biologische Gesetzmäßigkeiten

Eine der grundlegendsten Gesetzmäßigkeiten der Natur ist die Fähigkeit von Lebewesen, sich an die verschiedenen Umweltbedingungen (Reize) anzupassen.

Die Anpassung ist das universalste und wichtigste Gesetz des Lebens.

Die naturgesetzlichen Wechselbeziehungen von organischer Form und Funktion sind die biologischen Grundlagen für die Gesetzmäßigkeiten des Trainings. Bereits *Roux* machte 1895 auf diese fundamentalen Zusammenhänge aufmerksam:

Die organische Form bestimmt die Funktion. Die Funktion ihrerseits entwickelt, formt und spezialisiert das Organ.

Abbildung 3 verdeutlicht diese Interdependenz von organischer Form und Funktion. Ohne dieses funktionelle Wirkungsgefüge wäre es dem menschlichen Organismus nicht möglich, sich an verändernde Umwelterfordernisse anzupassen. Das Prinzip der Funktionsbeanspruchung von Organen, Organsystemen oder des Gesamtorganismus stellt die wesentliche Voraussetzung für die Leistungssteigerung dar und spielt im Bereich des Sportes eine zentrale Rolle.

Biologische Anpassungen – Adaptationen – treten als funktionelle und strukturelle Veränderungen in nahezu allen Systemen auf.

Biologische Adaptationen umfassen zentralnervale und neuromuskuläre Systeme

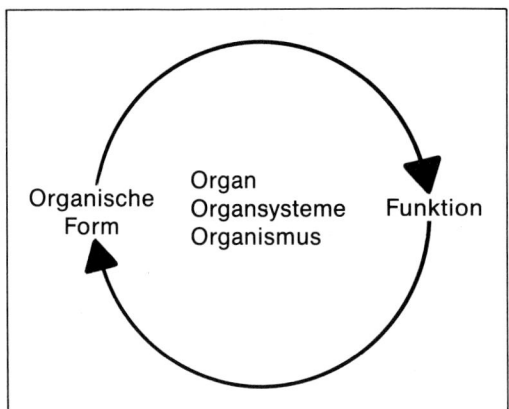

Abb. 3   Die Wechselbeziehungen von organischer Form und Funktion.

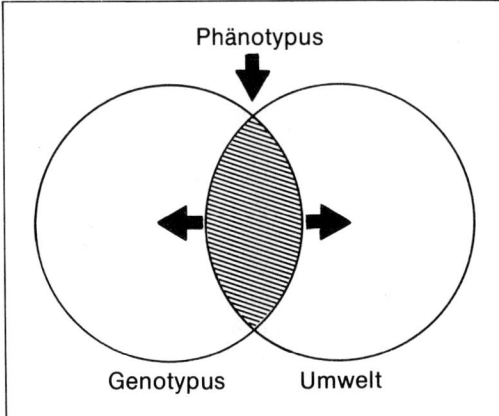

Abb. 4   Schematische Darstellung der Beziehungen Organismus/Umwelt (nach *Hertwig* in *Scharschmidt/Pieper* 1982, 38).

Den biologischen Adaptationen im Sport geht ein Lernprozeß voraus, der die Beherrschung funktionssteigernder und die organismische Leistungsfähigkeit beeinflussender Bewegungsabläufe sichert. Danach bewirkt ein Training energetisch-metabolische (den Stoffwechsel betreffende) Anpassungen, die im Gegensatz zu den erlernten Bewegungsabläufen durch Übungsdefizite rasch wieder rückgängig gemacht werden.

Die individuell unterschiedliche Reizverarbeitung bei quantitativ und qualitativ gleichwertigen Übungen bzw. Trainingsbelastungen nennt man *Anpassungsfähigkeit* oder *Adaptabilität*. Sie ist auf die Wechselwirkung Organismus/Umwelt unter dem Gesichtspunkt der Erbanlagen und ihrer Entfaltung (Genexpression) zurückzuführen (*Gürtler* 1982, 35).

Im *Sportbereich* wird Adaptabilität als *Trainierbarkeit* bezeichnet (*Weineck* 1983, 14).

Die genetische Information – *Genotyp* – manifestiert sich im *Phänotyp* (äußere Erscheinungsform), wobei nur ein Teil der möglichen Merkmalsausprägungen unter dem Einfluß von Umweltfaktoren zur realen Ausbildung gelangt (Abb. 4).

Im Sportbereich wird aufgrund der vielfältigen Einflußfaktoren selbst bei härtestem Training nur selten der Genotypus vollständig in den Phänotypus umgesetzt.

ebenso wie andere anpassungsfähige Gewebe, zelluläre und subzelluläre Elemente.

Unter *biologischen Adaptationen im Sport* werden Veränderungen von Organen und Funktionssystemen verstanden, die sich unter der Einwirkung psychophysischer bzw. sportlicher Aktivitäten einstellen.

Die Einflußnahme auf die Richtung – z. B. Ausdauer-, Kraft- oder Schnelligkeitstraining – und das Ausmaß der Entwicklungs-

und Reifungsprozesse in kritischen Differenzierungsphasen, möglicherweise bis zum Pubertätsalter, determiniert das Reaktionsverhalten des erwachsenen Organismus (*Scharschmidt/Pieper* 1982, 37).

Phasen erhöhter Adaptabilität – sie liegen für koordinative und konditionelle Leistungsfaktoren zu einem unterschiedlichen Zeitpunkt vor – werden als *sensitive Phasen* bezeichnet. Der Grenzbereich dieser sensitiven Phasen, also der Bereich, in dem eine optimale Merkmalsausprägung gerade noch möglich ist, wird allgemein als *kritische Phase* bezeichnet.

Läßt man diese optimalen Adaptationsphasen ungenutzt verstreichen, so erfährt die *Genexpression,* d. h. die Realisierung bzw. Umsetzung des genetischen Potentials, keine bestmögliche Ausprägung.

Die biologische Adaptation ist als Ausdruck einer *epigenetischen Regulation* (*Hecht* 1979, 199) bei wachsenden und sich entwickelnden Menschen zu verstehen, wobei eine Hierarchie des zeitlichen Ablaufs der Anpassung an sportliches Training zu verzeichnen ist (*Jakowlew* 1972, 367; *Scharschmidt/ Pieper* 1982, 37/38):

1. Störung der Homöostase
2. Gegenregulation mit Erweiterung der Funktionsamplitude
3. Formierung neuer Strukturen
4. Erweiterung des Stabilitätsbereichs des sich anpassenden Systems
5. Reversibilität (Umkehrbarkeit) der Anpassungsprozesse bei Übungsdefiziten.

Arten der Anpassung

Die Adaptationsphänomene lassen sich unter verschiedenen Aspekten betrachten. Je nach Betrachtungsweise unterscheidet man verschiedene Arten der Anpassung.

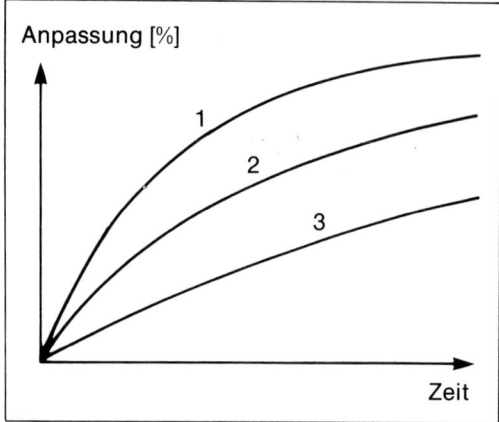

Abb. 5   Das Adaptationsausmaß nach wiederholten trainingswirksamen Reizen bei unterschiedlich rasch adaptierenden funktionellen Systemen: 1 = rasch adaptierendes System (z. B. Muskulatur); 2 = mäßig rasch adaptierendes System (z. B. maximale Sauerstoffaufnahme; 3 = langsam adaptierendes System (z. B. Veränderungen im Bereich des Halte- und Stützapparates).

1. Unter anatomischem und physiologischem Aspekt unterscheidet man *morphologische* (die äußere Gestalt, die Form betreffende) und *funktionelle Anpassungsphänomene.* Eine strenge Trennung dieser Einzelaspekte ist dabei nicht möglich, da sich Struktur und Funktion gegenseitig bedingen.

Die morphologische Betrachtungsweise der Anpassung bezieht im Sport u. a. die Körper- und Muskelmasse, das Herzvolumen, die Kapillarisierung sowie die körperbaulichen Voraussetzungen mit ein.

Die funktionelle Betrachtungsweise beschreibt Adaptationen als Kapazitätsvergrößerungen von Funktionssystemen (wie z. B. im Bereich des Energie- und Gasstoffwechsels, des Herzzeitvolumens etc.) und charakterisiert Regelsysteme (*Gürtler* 1982, 35).

2. Unter dem Aspekt der belastungsphysiologischen Umsetzung spricht man von *biopositiven* und *bionegativen Adaptationen*: Werden die Reize qualitativ und quantitativ optimal gesetzt – unter Berücksichtigung

der Belastbarkeit des jeweiligen biologischen Systems –, dann erfolgt eine Verbesserung der Leistungskapazität durch die Formierung neuer, leistungsfähigerer Trägerstrukturen (biopositive Adaptation). Ein Zuviel an Reizen hingegen führt zur bionegativen Anpassung – auch *Maladaptation* genannt – und beinhaltet eine Überforderung des belasteten Systems mit Schädigungsmomenten.

3. Unter dem zeitlichen Aspekt lassen sich *schnell* und *langsam adaptierende Systeme* unterscheiden. Als ein sich schnell anpassendes System kann der aktive Bewegungsapparat (Muskulatur), als ein sich langsam anpassendes System der passive Bewegungsapparat (Knochen, Knorpel, Sehnen, Bänder) bezeichnet werden (Abb. 5).

Um eine Maladaptation zu vermeiden, muß der Belastungsreiz so gewählt werden – dies gilt vor allem für Kinder und Jugendliche im Wachstumsalter – daß das langsamer adaptierende System nicht überfordert wird.

---

4. Unter dem Aspekt der Spezifität der Anpassungserscheinungen unterscheidet man *spezifische* und *unspezifische Adaptationen.* Spezifische Adaptationen äußern sich durch Anpassungsveränderungen im unmittelbar reizexponierten Bereich.
Unspezifische Adaptationen kommen dadurch zustande, daß es unter dem Einfluß eines anpassungswirksamen Stimulus nicht allein in den reizspezifischen Bereichen zu Anpassungserscheinungen kommt, sondern auch in anderen organismischen Bereichen, die mit dem Reiz direkt nichts zu tun haben. Beispiel: Ein leichtathletisches Sprungtraining löst nicht nur spezifische Anpassungen des neuromuskulären Systems aus, welche die optimale Ausführung des vorgegebenen Bewegungsablaufes ermöglichen, sondern bewirkt auch unspezifische Veränderungen

im Bereich des passiven Bewegungsapparates – Verdickung der Kortikalis (Rinde) des Knochens, Knorpelhypertrophie u. ä. –, die ursprünglich bei der Zielsetzung „Verbesserung der Sprungkraft und Sprungtechnik" gar nicht im Vordergrund der Übungsabsicht standen, sondern als Nebenwirkung entstanden sind und nun zur notwendigen Stabilisierung der Kraftflußkette Muskel – Sehne – Knochen beitragen.
Die unspezifische Adaptation wird auch *Kreuzadaptation* (*Israel* et al. 1983, 141) genannt; sie läßt sich unter dem biopositiven und bionegativen Aspekt in eine *positive* und *negative Kreuzadaptation* unterteilen.
Beispiel: Durch ein Ausdauertraining ausreichender Intensität und Dauer erhöht sich die allgemeine Abwehrkraft (Resistenz): positive Kreuzadaptation. Durch ein zu hartes und umfangreiches Ausdauertraining hingegen verschlechtert sich die allgemeine Abwehrlage: negative Kreuzadaptation.

5. Unter dem Aspekt der tätigkeitsspezifischen und fähigkeitsspezifischen Anpassung unterscheidet man *spezielle* und *allgemeine Adaptation* (*Jakowlew* 1983, 141).
Dabei beinhalten *spezielle* Adaptationen belastungsspezifische Anpassungserscheinungen an lokalen Muskelgruppen, die sich infolge eines speziellen Trainings in einer bestimmten Sportart entwickeln; dazu gehören auch entsprechende Adaptationen im Bereich der Steuerungsmechanismen der Großhirnrinde (vgl. spezifische Adaptation). Während die speziellen Adaptationen zwischen Schwimmern, Radfahrern oder Skilangläufern unterschiedlich ausfallen, zeichnen sich diese Ausdauersportarten durch eine gemeinsame *allgemeine* Adaptationserscheinung aus, nämlich die verbesserte allgemeine Grundlagenausdauer, die disziplinübergreifend auf ein höheres Adaptationsniveau gehoben wird.
Spezielle, tätigkeitsspezifische muskuläre Belastungen können unter der Bedingung übergreifend fähigkeitsspezifische Adaptationserscheinungen, wie z. B. die Verbesse-

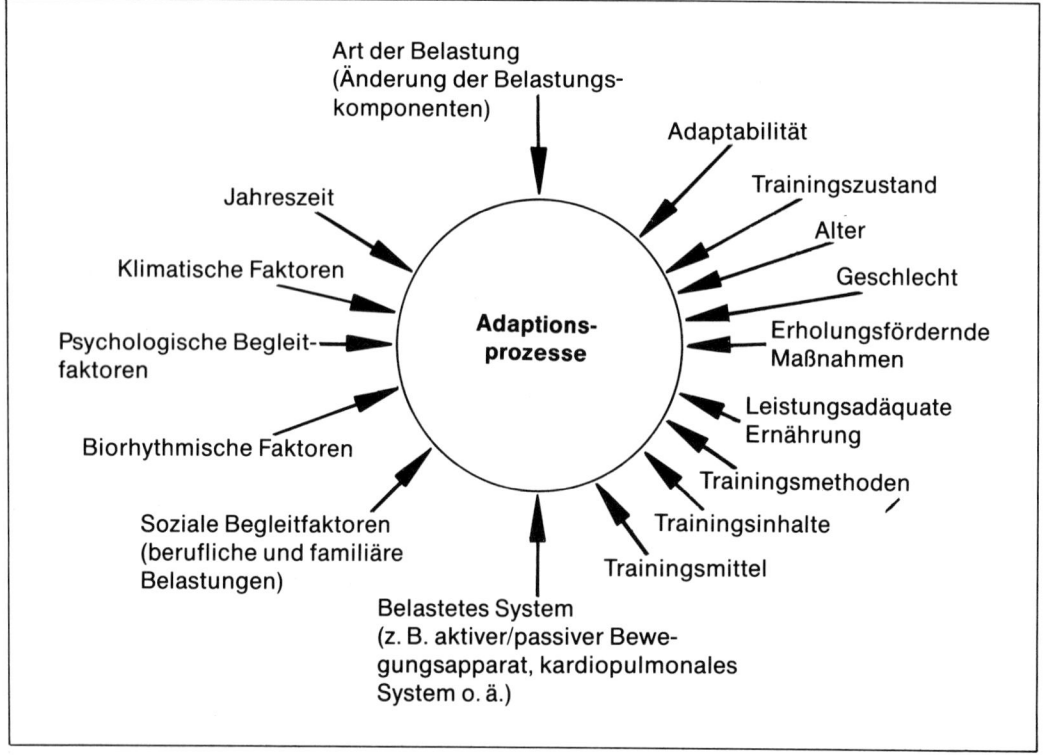

Abb. 6   Faktoren, welche die Adaptationsprozesse beeinflussen.

rung der Grundlagenausdauer, auslösen, wenn mehr als ⅐ bis ⅙ der Gesamtmuskulatur beansprucht wird: Unter dieser Bedingung übt die eingesetzte Muskelmasse einen formativen Reiz auf das kardiopulmonale System aus; spezielle und allgemeine Adaptation stehen in diesem Falle in engster Wechselbeziehung miteinander.

6. Unter dem Aspekt der Adaptationsfolge – Anpassung, Anpassungsverlust, neuerliche Anpassung – unterscheidet man schließlich Adaptation, Deadaptation und Readaptation.
Unter *Deadaptation* sind die Rückbildung struktureller und funktioneller Anpassungsvorgänge sowie der Stabilitätsverlust der Regelsysteme zu verstehen, wenn die Belastungsreize nicht mehr durchgeführt werden (*Gürtler* 1982, 35).

Erfolgt die *Deadaptation* nicht *passiv* – durch Ausbleiben formativer Belastungsreize –, sondern *aktiv* – wie dies z. B. bei hochausdauertrainierten Athleten am Ende ihrer sportlichen Hochleistungskarriere der Fall ist –, dann spricht man im Sportbereich von *Detraining* oder *Abtrainieren*. Eine derartige aktive Deadaptationsmaßnahme dient der Verhinderung des sogenannten akuten Entlastungssyndroms (s. S. 95).

Die *Readaptation* beinhaltet die Adaptationsprozesse bei erneuter Realisierung der Belastungssituation (z. B. eines sportlichen Trainings) nach gewollten oder ungewollten Belastungs- bzw. Trainingsunterbrechungen

(z. B. nach Verletzungen etc.). Untersuchungen über die Eigengesetzlichkeiten der Readaptation fehlen bislang fast vollständig.

Einflußfaktoren

Adaptation und Adaptabilität des menschlichen Organismus bzw. seiner Teilsysteme sind nicht durchwegs uniform in ihrem Erscheinungsbild. Exogene (z. B. Ernährung) und endogene Faktoren (z. B. Alter und Geschlecht) beeinflussen sie (Abb. 6).

Endogene Faktoren

Alter

Der wachsende Organismus imponiert durch ein hohes Maß an Adaptationsfähigkeit. Für koordinative Anpassungserscheinungen eignet sich insbesondere die präpubertäre Zeitspanne, für konditionelle der Zeitraum der Pubertät. Mit zunehmendem Alter sinkt die Anpassungsfähigkeit des menschlichen Organismus; sie bleibt aber prinzipiell bis ins hohe Alter erhalten (s. S. 344).

Geschlecht

Die Adaptationsfähigkeit bestimmter Systeme des Organismus ist von der Geschlechtszugehörigkeit abhängig.
So ist z. B. die Anpassungsfähigkeit bzw. die Trainierbarkeit der Muskulatur der Frau aufgrund ihres niedrigeren Testosteronspiegels geringer als die des Mannes.

Trainingszustand

Je niedriger das Leistungsniveau der belasteten Person ist, desto schneller und in ihrem Verlauf großamplitudiger – die größe-

ren Auslenkungen bringen den erhöhten Grad der Homöostasestörung zum Ausdruck (*Weineck* 1983, 22 f.) – verlaufen die Adaptationsmechanismen (Abb. 7).

> Die Entwicklung des Adaptationsniveaus (Trainingszustandes) erfolgt bei Trainingsbeginn sehr rasch und wird dann immer langsamer und schwieriger.

Als Ursache dieses Kurvenverlaufs wird der Grad der Veränderung der *Homöostasestörung* angesehen: Durch die Verbesserung des Anpassungs- bzw. Trainingszustandes führen die angewandten Belastungen zu immer geringeren Störungen des biochemischen Gleichgewichts und damit zu immer geringeren Anpassungserscheinungen. Der Adaptations- bzw. Trainingszustand verändert demnach die Antwortreaktion des Organismus auf einen gegebenen Belastungs- bzw. Trainingsreiz. Erst die Hinzunahme zusätzlicher Faktoren (spezielle Belastungsgestaltung; Änderung des Belastungsregimes etc.) ermöglicht weitere Adaptationsprozesse.

> Einseitige Belastungs- bzw. Trainingsreize führen frühzeitig zu einer *Stagnation* des Leistungsanstieges.

Exogene Faktoren

Qualität und Quantität der Belastung

Die richtige Reizfolge unter Berücksichtigung der *Belastungsnormative* – Reizintensität, Reizdauer, Reizumfang, Reizdichte und Belastungs- bzw. Trainingshäufigkeit (*Weineck* 1983, 17) – entscheidet über Art und Umfang des Adaptationsprozesses.

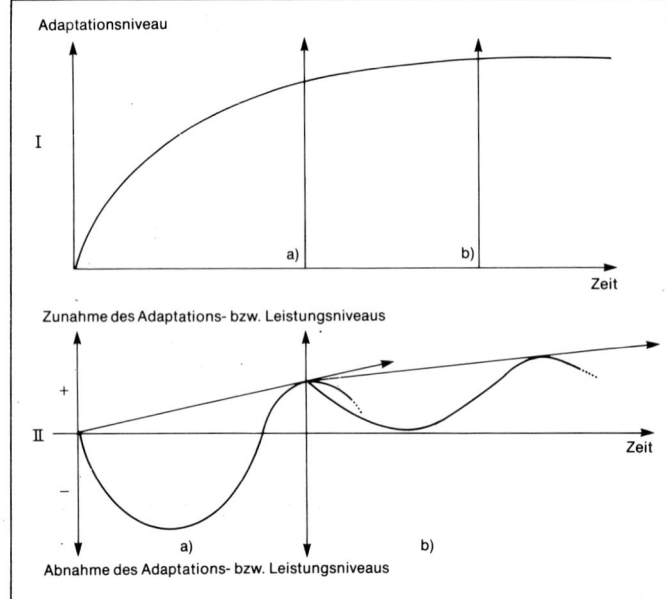

Abb. 7 I = Übersichtsdarstellung, II = Detaildarstellung des sich ändernden Adaptationsverlaufes innerhalb eines Belastungs- bzw. Trainingsprozesses. Der Kurvenverlauf von Ia und IIa zeigt grobschematisch den steilen und großamplitudigen Adaptationsverlauf zu Beginn einer Belastungsfolge bzw. eines Trainingsprozesses; der Kurvenverlauf von Ib und IIb verdeutlicht den gleichen Vorgang gegen Ende des Anpassungsprozesses.

Unterschwellige Reize lösen keine Adaptationsmechanismen aus. Überschwellige Reize führen zu biopositiven Anpassungsvorgängen. Zu starke Reize schädigen das belastete System und wirken im Sinne bionegativer Adaptationsprozesse.

Ernährung

Adaptation bedeutet Anpassung und Aufbau von Strukturen an ungewohnte Belastungsreize.

Optimale Adaptationsprozesse sind nur gewährleistet, wenn die für den Aufbau notwendigen Strukturbausteine über die Ernährung in ausreichendem Maße zur Verfügung gestellt werden.

Zusammenfassend läßt sich festhalten, daß Adaptation und Adaptationsfähigkeit als Grundvoraussetzungen zur Steigerung der Leistungsfähigkeit des Gesamtorganismus bzw. einzelner Teilsysteme von einer Vielzahl von Faktoren beeinflußt werden. Die Adaptationsprozesse äußern sich in verschiedenen Manifestationsarten und sind in ihrem Ausmaß von genetischen Faktoren begrenzt. Umweltreize – z. B. in der Form von Trainingsreizen – können nur in diesem organ- bzw. systemspezifisch mehr oder weniger eng gesteckten Rahmen die Umsetzung des Genotypus in den Phänotypus bewirken.

Grenzbereiche menschlicher Anpassung an ein sportliches Hochleistungstraining

Wie aus Abbildung 1 zu ersehen ist, hängt die sportliche Leistungsfähigkeit von einer Vielzahl von Faktoren ab, die im Grenzbereich der psychophysischen Leistungsmanifestation in unterschiedlichem Maße eine leistungslimitierende Rolle spielen.

Für das Ausmaß der Anpassung spielen neben den bereits genannten Faktoren auch die betriebene Sportart selbst und das dafür vorliegende Talent (s. S. 327) eine wichtige Rolle. Einseitig ausgerichtete Sportarten – wie z. B. „reine" Kraft-, Ausdauer- oder Schnelligkeitssportarten – erlauben im allgemeinen eine prozentual höhere Realisierung des Genotypus als komplexe Sportarten, die durch mehrere Leistungsmerkmale gekennzeichnet sind.

Genauere Angaben des Grenzbereiches möglicher Sportleistungen lassen sich daher nur für einseitig ausgerichtete, konditionelle Sportarten geben, da sie vor allem vom Potential der Trainierbarkeit der einzelnen motorischen Hauptbeanspruchungsformen abhängen.

Als mögliche Steigerungsraten für untrainierte Erwachsene gelten für die *konditionellen* motorischen Hauptbeanspruchungsformen:

Die *allgemeine aerobe dynamische Ausdauer* (s. S. 174) – ausgedrückt durch die maximale Sauerstoffaufnahme – ist um etwa 40% zu steigern (*Hollmann/ Hettinger* 1980, 440).

Die *lokale aerobe dynamische Ausdauer* (s. S. 166) ist um mehrere 100 bis mehrere 1000 Prozent zu steigern. Sie stellt die am besten trainierbare konditionelle Leistungskomponente des Menschen dar (*Hollmann/Hettinger* 1980, 346).

Die *Kraft* – im Sinne der Maximalkraft – ist etwa um 40% im Vergleich zum Ausgangsniveau zu verbessern (*Hollmann/Hettinger* 1980, 246). Allerdings ist hierbei das unterschiedliche Ausgangsniveau der einzelnen Muskelgruppen im Alltagsleben zu berücksichtigen (z. B. der hohe Trainiertheitsgrad der Kaumuskulatur).

Die *Schnelligkeit* weist die stärkste genetische Determination aller physischen Leistungsfaktoren auf (*Kovar* 1976, 205) und ist nur um 15–20%, in Ausnahmefällen auch geringfügig darüber hinaus, zu steigern (*Hollmann/ Hettinger* 1980, 288).

Die *Beweglichkeit* wird im Sport im allgemeinen nicht maximal, sondern optimal entsprechend den Notwendigkeiten der jeweiligen Sportart entwickelt. Endogene Faktoren (z. B. Bindegewebsschwäche) können die Ausprägung der Beweglichkeit extrem beeinflussen; ihre absolute Trainierbarkeit ist deshalb aus sportlicher Sicht nicht von Interesse.

Die *koordinativen Fähigkeiten* sind in ihren Entwicklungsmöglichkeiten nur bedingt eingrenzbar. Sportartspezifisch lassen sich bestimmte Bewegungsgrenzen absehen, die zumeist biomechanisch bedingt sind: So wird z. B. am Reck und an den Ringen dem Dreifachsalto kein vierfacher Salto als Abgang folgen, im Eiskunstlauf werden Sprünge mit 4 Drehungen die Grenze des Realisierbaren darstellen. Wie die Entwicklung der Artistik zeigt, ermöglicht ein frühzeitiger Trainingsbeginn außergewöhnliche Leistungen, die sich allerdings nur qualitativ beschreiben, nicht jedoch quantitativ im Sinne des letztmöglich Machbaren eingrenzen lassen.

> Die koordinativen Fähigkeiten gehören – eine rechtzeitige Schulung vorausgesetzt – sicherlich zu den am besten trainierbaren motorischen Hauptbeanspruchungsformen.

Literatur

1. *Gürtler, H.:* Allgemeine und spezielle Prinzipien physiologischer Adaptationen im Sport. Medizin u. Sport 22, 2/3 (1982), 34–37
2. *Hecht, A.:* Zur Adaption der Muskelzelle an einen Belastungsreiz und Möglichkeiten ihrer Trainierbarkeit. Medizin u. Sport 12 (1972), 358–367
3. *Hollmann, W., T. Hettinger:* Sportmedizin – Arbeits- und Trainingsgrundlagen. Schattauer, Stuttgart – New York 1980
4. *Israel, S.,* et al.: Die positive Kreuzadaptation. Medizin u. Sport 5 (1983), 140–148
5. *Jakowlew, N. N.:* Die Bedeutung einer Störung der Homöostase für die Effektivität des Trainingsprozesses. Medizin u. Sport 12, 12 (1972), 367–373
6. *Jakowlew, N. N., B. Buhl, A. Weidner, K.-H. Purkopp:* Die positive Kreuzadaptation. Medizin u. Sport 23, 5 (1983), 140–148
7. *Keul, J.,* et al.: Enzymadaptation im Muskel durch Training. Dt. Z. Sportmed. 12 (1982), 403–407
8. *Scharschmidt, F., K.-S. Pieper:* Adaptabilität und Adaptation an sportliches Training bei Heranwachsenden. Medizin u. Sport 22, 2/3 (1982), 37–40
9. *Weineck, J.:* Optimales Training. perimed Fachbuch-Verlagsgesellschaft, Erlangen 1983

Teil III:
Organsysteme und
sportliches Training

Muskulatur und sportliches Training

Allgemeine Grundlagen zum Aufbau, zur Funktionsweise und zum Stoffwechsel der Muskulatur

Um die spezifischen Auswirkungen von Belastungs- bzw. Trainingsreizen auf das neuromuskuläre bzw. energetische System für die spätere Darstellung der motorischen Hauptbeanspruchungsformen (s. S.161) verständlich zu machen, sollen die anatomisch-physiologischen Grundlagen der beiden Systeme kurz dargestellt werden. Dabei soll zuerst das Struktur- und Funktionsgefüge der Zelle bzw. der Muskelzelle erläutert und unter dem für das Verständnis der später ausgeführten Trainingsmethoden so wichtigen Aspekt des Zell- bzw. Muskelstoffwechsels diskutiert werden. Anschließend soll die Funktionsweise des neuromuskulären Zusammenspiels bzw. der Regelmechanismen der motorischen Bewegungssteuerung dargestellt werden.

Zell- bzw. Muskelaufbau – Funktion der subzellulären Bestandteile

Aus energetischer Sicht greift jeder Belastungsreiz primär an der Zelle an, in unserem Falle an der Muskelzelle. Der Kreislauf stellt in dieser vereinfachten Betrachtungsweise nur einen Hilfsmechanismus dar, der die Bedürfnisse des Zellstoffwechsels hinsichtlich der Sauerstoff- und Substratversorgung sowie des Abtransportes von Stoffwechselzwischen- und -endprodukten zu erfüllen hat.

Wie aus Abbildung 8 hervorgeht, ist die Zelle von einer *Zellmembran* (ihr entspricht das Sarkolemm der Muskelfaser) umgeben. Ihre selektive Permeabilität (Durchlässigkeit) für organische Substanzen und Elektrolyte sowie ihre Fähigkeit zur Assoziation mit anderen Zellen weisen die Zellmembran als eine komplexe hochspezialisierte biologische Struktur aus. Die mit dem aktiven Transport gekoppelten Vorgänge (z. B. Natrium-Kalium-Pumpe in der Repolarisationsphase der Zellmembran nach Abklingen eines Aktionspotentials) sind in den Zellmembranen lokalisiert (*Buddecke* 1971, 389).

Das *Zytoplasma* (ihm entspricht das Sarkoplasma der Muskelzelle) – eine elektrolyt- und proteinhaltige Flüssigkeit – ist der Ort der anaeroben Energiegewinnung (Glykolyse), der Glykogensynthese (Glykogen stellt die intrazelluläre Speicherform der Glukose [= Zucker] dar), des Glykogenabbaus sowie der Fettsäuresynthese. Im Zytoplasma befinden sich auch die verschiedenen Energiespeicher, wie z. B. Glykogenschollen und Fetttröpfchen. Das *endoplasmatische Retikulum* (sein Äquivalent in der Muskelzelle ist das sarkoplasmatische Retikulum) erstreckt sich über das gesamte Zytoplasma und stellt ein intrazelluläres Transportsystem dar, das teilweise von kugelförmigen Partikeln, den *Ribosomen,* besetzt ist. Endoplasmatisches Retikulum und Ribosomen bilden u. a. den Ort der Proteinsynthese. In der Muskelzelle spielt das sarkoplasmatische Retikulum bei der Erregungsübertragung von der Oberfläche zum kontraktilen Fibrillenapparat eine wichtige Rolle.

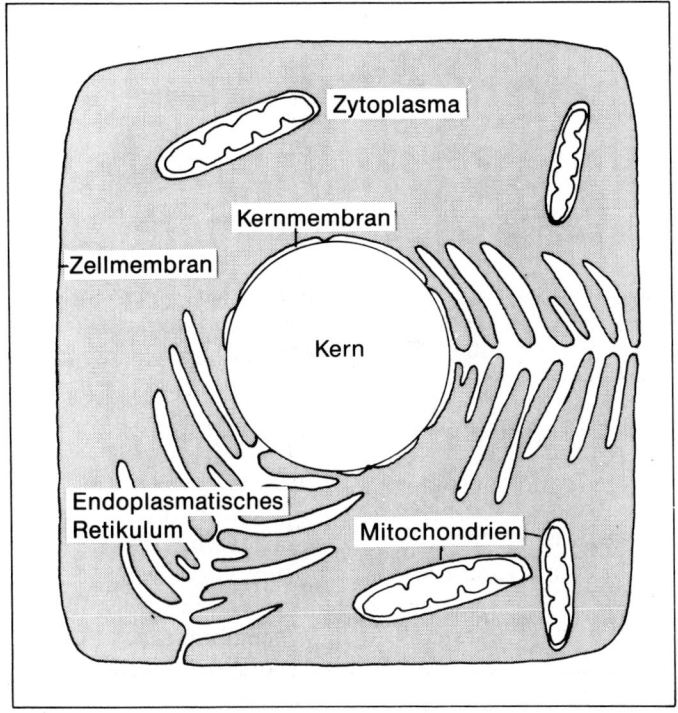

Abb. 8 Aufbau einer schematisierten und vereinfacht dargestellten Zelle.

Der *Zellkern* enthält das genetische Material und besitzt die Fähigkeit zur identischen Verdopplung. Außerdem steuert er die Stoffwechselprozesse der Zelle, indem er das Muster z. B. für die Eiweißsynthese vorgibt. Kern und die o. g. Ribosomen ermöglichen durch die Vermehrung der Eiweißstrukturen z. B. die Größenzunahme der Muskelzelle während des Wachstums bzw. bei körperlichem Training (Hypertrophie). Die *Mitochondrien* schließlich stellen die „Kraftwerke" der Zelle dar, da in ihnen die oxidative Verbrennung der energiereichen Substrate stattfindet. In ihnen befinden sich die Enzyme des Zitratzyklus und der Atmungskette, in ihnen erfolgt die oxidative Phosphorylierung und Energiegewinnung.

Die *Muskelzelle* weist zwar – wie bereits angedeutet – gleiche subzelluläre Strukturen auf wie die eben besprochene Körperzelle, unterscheidet sich jedoch aufgrund ihrer speziellen Funktion in vielfacher Hinsicht

von dem in Abbildung 8 gezeigten schematisierten „Prototyp" einer Körperzelle.

Eine Muskelzelle wird auch als *Muskelfaser* bezeichnet. Dicht aneinandergelegt bilden viele Muskelfasern den Skelettmuskel (Abb. 9). Muskelfasern können bis zu 18 cm lang sein, ihr Durchmesser beträgt zwischen 50 und 100 μm (*Tittel* 1978, 90). Im Gegensatz zu einer normalen Körperzelle enthalten sie nicht nur einen, sondern eine große Anzahl von Zellkernen, die in der Muskelzelle randständig liegen.
Eine Muskelfaser wiederum besteht aus mehreren 100 bis mehreren 1000 parallel verlaufenden Fibrillen, den sog. *Myofibrillen,* die im Sarkoplasma liegen, das die Mitochondrien und andere subzelluläre Strukturen enthält (Abb. 9).
Die etwa 1 μm dicken Myofibrillen setzen sich schließlich aus tausenden von sog. *Muskelfilamenten* zusammen. Dabei handelt es sich um Eiweißstrukturen, die man nach ih-

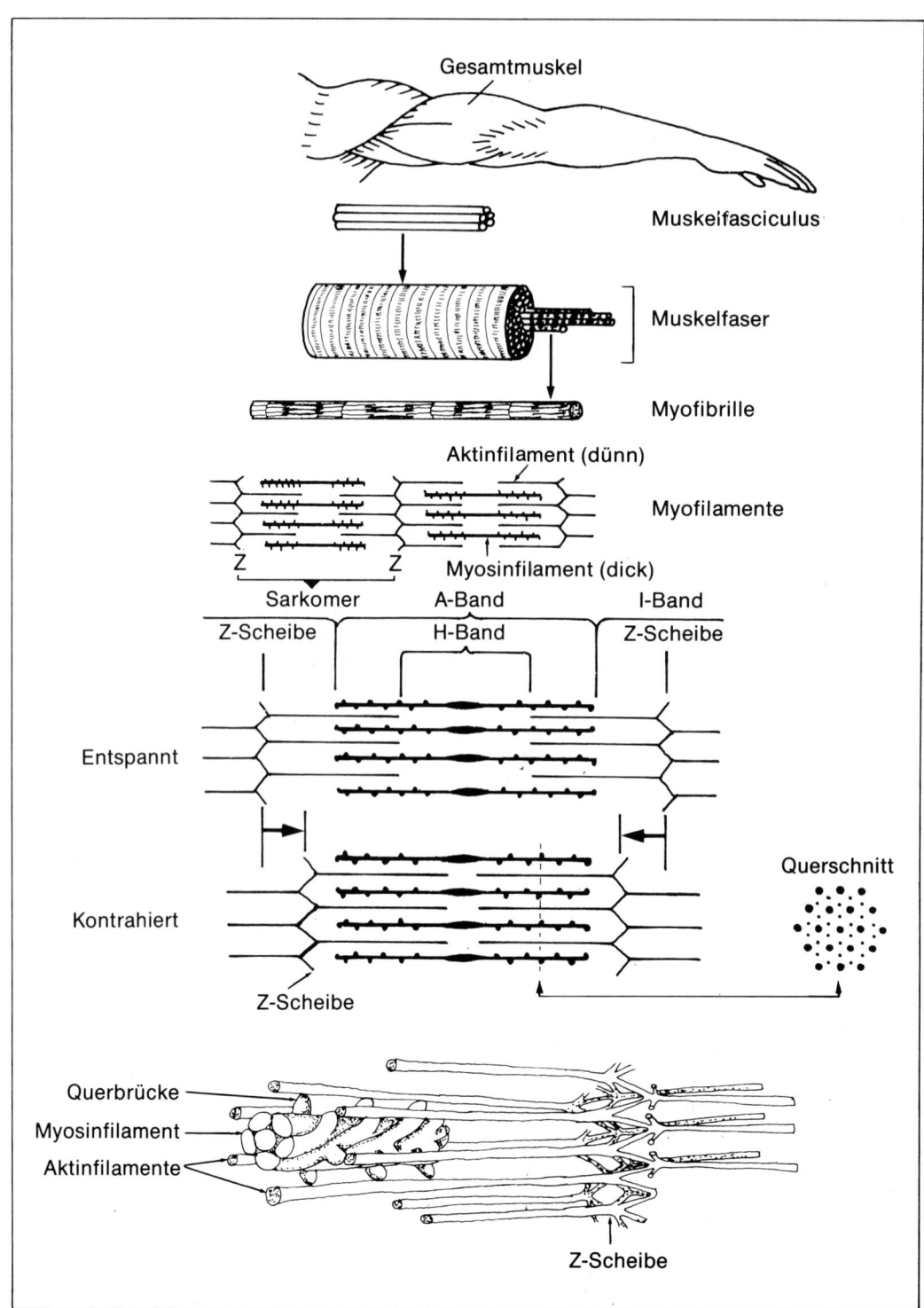

Abb. 9   Darstellung der Struktur des Skelettmuskels.

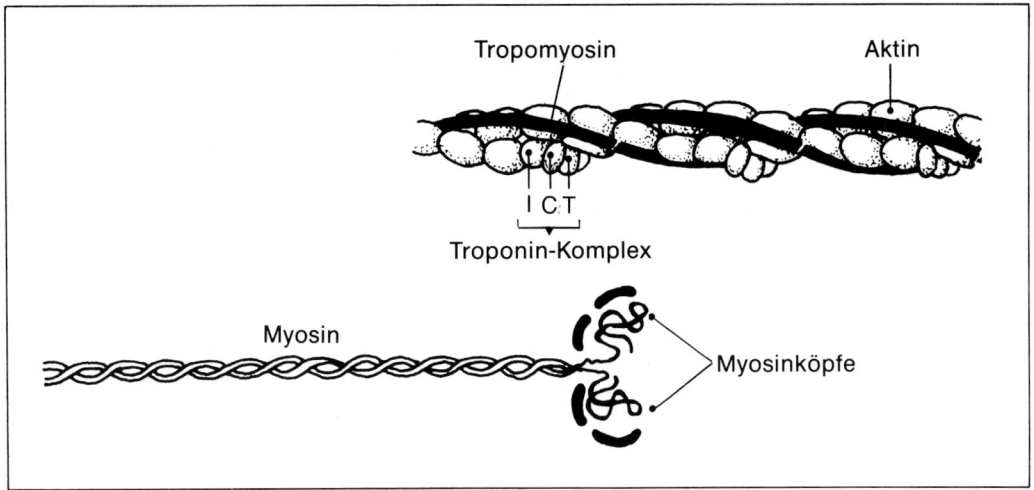

Abb. 10   Struktur der kontraktilen Eiweißmoleküle.

ren Proteinkomponenten in 2 Gruppen einteilt: in die dünnen Aktinfilamente und die dicken Myosinfilamente.

Die dünnen Aktinfilamente bestehen aus dem spezifischen Muskeleiweiß *Aktin* (Molekulargewicht 41 785 D) sowie den regulatorischen Proteinen *Troponin* (zusammengesetzt aus I-, C- und T-Untereinheiten mit jeweils unterschiedlichem Molekulargewicht) und *Tropomyosin* (Abb. 10).

Die dicken *Myosinfilamente* (Molekulargewicht 470 000 D) bestehen aus 300–400 parallel angeordneten Myosinmolekülen (*Howald* 1984, 87). Wie Abbildung 10 zu entnehmen ist, besitzt jedes einzelne Molekül an seinem Ende sog. Myosinköpfchen. Im Myosinfilament sind die langgestreckten Moleküle so miteinander verdrillt, daß die Köpfchen seitlich aus dem Filament herausragen.

Aktin- und Myosinfilamente liegen hochgradig geordnet in der Muskelfaser, und zwar wird jeweils 1 Myosinfilament räumlich von 6 Aktinfilamenten umgeben (vgl. Abb. 9). Dadurch, daß die Filamente streng parallel nebeneinanderliegen, entsteht die sog. Querstreifung der Skelettmuskulatur. Jeweils ein „Streifen", links und rechts begrenzt durch die Z-Linie, wird als *Sarkomer*

bezeichnet. Ein Sarkomer ist etwa 1,5 μm lang. Es stellt die kleinste kontraktile Einheit im Muskel dar.

Beim Phänomen „Muskelkater" (s. S. 215) stehen Z-Linien und Myosinfilamente im Zentrum eines überlastungsinduzierten Mikrotraumatisierungsvorganges.

Mechanik der Muskelkontraktion

Myosin ist das wichtigste Protein bei der Muskelkontraktion. Aufgrund seiner Struktur – strangförmig mit seitlich herausragenden Köpfchen – ist es verantwortlich für die Mechanik der Kontraktion und Kraftentwicklung.

Beim *Kontraktionsvorgang* (Abb. 11) binden sich die Myosinköpfe im Bereich des Troponinkomplexes an die Aktinfilamente und ziehen diese durch eine Kippbewegung im Halsabschnitt des Myosins um einige Nanometer in Richtung Sarkomer-Mitte. Die in Abbildung 11 dargestellte „Ruderbewegung" wiederholt sich bis zu 50mal pro Sekunde, woraus schließlich eine Verkürzung des Sarkomers um etwa 0,5 μm resultiert (*Howald* 1984, 11). Die Gesamtmuskelverkürzung ist die Folge der Verkürzung un-

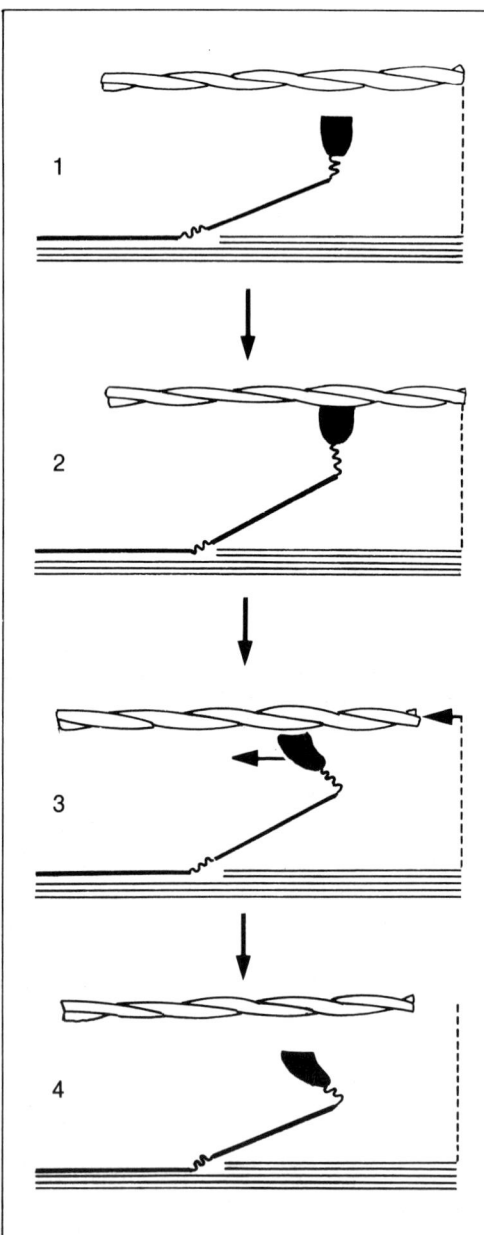

Abb. 11 Schematische Darstellung der Muskelkontraktion mit Hilfe der Interaktion von Aktin und Myosin. 1 = Ausgangsstellung vor Auslösung einer Kontraktion. 2 = Bindung des Myosinkopfes im Bereich des Troponin-Komplexes an das dünne Aktinfilament. 3 = Kippbewegung im Halsabschnitt durch eine Konformationsänderung des Myosinkopfes. 4 = Lösung des Myosinkopfes und Wiedereinnahme der Ausgangsstellung unter Wiederherstellung der ursprünglichen Konformation.

zähliger hintereinandergeschalteter Sarkomere durch das teleskopartige Ineinandergleiten der Aktin- und Myosinfäden, deren Länge sich dabei jedoch nicht verändert.

> Der Kontraktionsvorgang über die Ruderbewegungen kann nur ablaufen, wenn die Bindungsstellen für die Myosinköpfe durch eine bestimmte *Kalzium*konzentration freigegeben sind und wenn am Myosinkopf *ATP* (s. S. 38) als Energiequelle zur Verfügung steht.

Steuerung der Muskelkontraktion – Elektromechanische Kopplung

Die Muskelkontraktion wird durch einen elektrischen Impuls ausgelöst, der die Muskelfaser über den zugehörigen Nerv an der *motorischen Endplatte* (s. S. 49) erreicht. Durch die hier erfolgende Freisetzung von Azetylcholin wird an der Muskelfasermembran ein elektrisches Potential aufgebaut, das sich über die ganze Muskelfaseroberfläche ausbreitet und über ein spezielles Röhrensystem fast gleichzeitig alle Myofibrillen erreicht.

Man unterscheidet an der Muskelfaser ein längsverlaufendes (longitudinales) und ein querverlaufendes (transversales) Röhrensystem (Abb. 12).

Wie Abbildung 12 erkennen läßt, sind die Myofibrillen von einem feinen, längsverlaufenden Röhrensystem umgeben, in dem *Kalzium* in relativ hoher Konzentration gespeichert ist.

Zu beiden Seiten des Z-Streifens tritt das längsverlaufende Röhrensystem mit dem querverlaufenden in engen Kontakt, ohne daß eine direkte Verbindung zwischen beiden Systemen besteht. Eine funktionelle Verbindung zwischen L- und T-System besteht dadurch, daß der von der Muskelfaseroberfläche über das T-System in das Innere

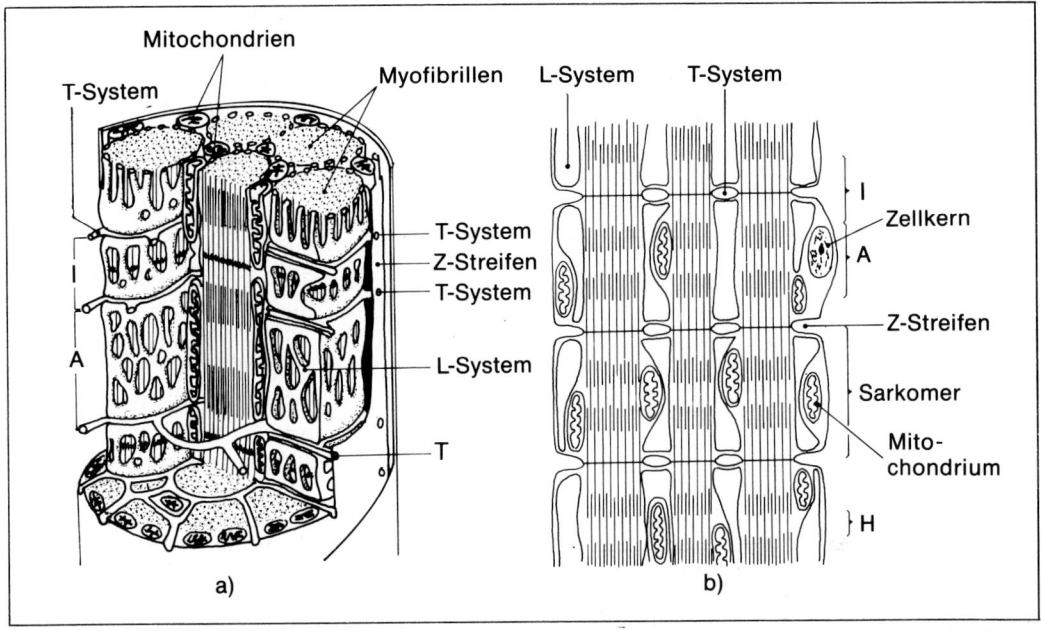

Abb. 12 Schematische Darstellung der Muskelfaserstruktur unter besonderer Berücksichtigung des longitudinalen (L-) und transversalen (T-) Röhrensystems. a) Dreidimensionale, b) zweidimensionale Darstellung (I, A und H = Sarkomerabschnitte; I = isotrope [helle] Bande, wo sich die Mikrofilamente nicht überlappen; A = anisotrope [dunkle] Bande, wo Aktin- und Myosinfilamente ineinandergreifen; H = helle Zone, die bei der Muskelkontraktion schmäler wird).

der Muskelfaser geleitete elektrische Reiz die Durchlässigkeit der Membran des längsverlaufenden Röhrensystems für *Kalziumionen* erhöht, so daß diese in den freien Raum zwischen die Fibrillen ausströmen können.

Man unterscheidet 4 wichtige Funktionen des Kalziums:

1. Durch die Freisetzung der Kalziumionen kommt es am dünnen Aktinfilament im Bereich des Troponin/Tropomyosinkomplexes zu einer Konfigurationsveränderung, welche die bis dahin blockierte Bindungsstelle am Aktinfilament für die Myosinköpfe freigibt.

2. Kalzium aktiviert das in den Myosinköpfchen befindliche Enzym ATPase, so daß durch die enzymatische Spaltung des ATPs (Adenosintriphosphat) Energie für die Kippbewegung der Myosinköpfe frei wird.

3. Kalzium aktiviert neben dem Enzym ATPase ein weiteres Enzym, nämlich die Muskelphosphorylase, die in der Muskel-

zelle den Abbau der Glykogenspeicher (Freisetzung von Glukose) reguliert und somit Mechanismen in Gang setzt, die an der Nachlieferung von ATP beteiligt sind.

4. Schließlich führt die Entfernung von Kalzium aus der Mikroumgebung der Filamente – dies ist der Fall, wenn das Kalzium nach Erlöschen des Membranpotentials über aktive, energieverbrauchende Vorgänge in das L-System zurückgepumpt wurde – zur neuerlichen Blockierung der Anlagerungsstellen am Aktinfilament durch die Regulatorproteine Troponin und Tropomyosin: Das Sarkomer erzeugt keine weitere Spannung mehr, die Entspannung der Muskelzelle stellt sich ein.

Der komplexe Vorgang der Erregungsleitung im T-System (induziert durch Aktionspotentiale der entsprechenden Nerven), der Kalziumfreisetzung aus dem L-System, der damit verbundenen Entblockierung der Troponin-Tropomyosin-Sperre sowie die Querbrückenbindung mit nachfolgendem Kontraktionsvorgang wird als *elektromechanische Kopplung* bezeichnet.

Hört der Nervenimpuls auf, erlischt das Membranpotential, das Kalzium wird aktiv in das L-System zurückgepumpt und die Myosin-Aktin-Bindungsstellen werden wieder blockiert.

Energieversorgung für die Muskelkontraktion

Für die oben dargestellte mechanische Arbeit ist das Myosinmolekül auf chemische Energie in der Form des ATPs angewiesen. Andere Energieträger können nicht direkt verwendet werden, da die ATPase-Aktivität spezifisch auf die Spaltung von ATP in ADP und P ausgerichtet ist.

Da der intrazelluläre ATP-Vorrat aber sehr begrenzt ist, bedient sich die Muskelfaser verschiedener Wege der ATP-Resynthese. Man unterscheidet dabei die anaerobe oder anoxidative (sie vollzieht sich ohne Sauerstoff) und die aerobe oder oxidative (sie vollzieht sich mit Sauerstoff) Energiegewinnung.

Die anaerobe Energiegewinnung

Am Beginn jeder sportlichen Belastung höherer Intensität, bei der der Energiebedarf nicht ausreichend oxidativ abgedeckt werden kann – die initiale Verzögerung in der respiratorischen Sauerstoffaufnahme wird wahrscheinlich durch eine relativ träge Antwort des zirkulatorischen Systems zum Arbeitsanfang verursacht (*Hermansen* 1969, 33) –, ist der Muskel gezwungen, die notwendige Energie z. T. auf anaerobem Wege zu gewinnen.

Erste energieliefernde Reaktion ist die Spaltung von ATP (vereinfachte Darstellung):

$$\text{ATP} \xrightleftharpoons{\text{Myosin-ATPase}} \text{ADP} + \text{P} + \text{E}$$

Der ATP-Vorrat in der Muskelzelle beträgt etwa 6 mmol pro kg Muskelfeuchtgewicht (*Keul/Doll/Keppler* 1969, 20) und reicht bei maximalen Muskelkontraktionen für etwa 2–3 Sekunden.

Die bei dieser Reaktion gebildeten Zerfallsprodukte ADP und anorganisches Phosphat (P) stimulieren die Atmung bis zur 100fachen Steigerung, sorgen also für eine hochgradige Aktivierung der für den Muskelstoffwechsel verantwortlichen Funktionssysteme. Sobald jedoch (nach Arbeitsende) das gesamte ADP bzw. Phosphat wieder zu ATP umgewandelt ist, wird die Atmung gehemmt und kehrt zum Ruhezustand zurück. Dieses regulatorische Prinzip wird als Atmungskontrolle durch den Energiebedarf bezeichnet (*Senger/Donath* 1977, 391).

Um weitere Muskelarbeit zu ermöglichen, wird das ATP mit extrem hoher Geschwindigkeit durch den zellulären Kreatinphosphatspeicher (KP-Speicher) – er beträgt etwa 20–30 mmol pro kg Muskelfeuchtgewicht (*Keul/Doll/Keppler* 1969, 22) – wieder aufgefüllt:

$$\text{KP} + \text{ADP} \xrightleftharpoons{\text{Kreatinkinase}} \text{Kreatin} + \text{ATP}$$

Diese sofortige Resynthese ermöglicht eine Gesamtarbeitszeit durch die energiereichen Phosphate (ATP, KP) für maximal 20 Sekunden.

Für die Muskelarbeit bis etwa 7 Sekunden Dauer erfolgt die Energiebereitstellung *anaerob* und *alaktazid*, das heißt ohne nennenswerte Milchsäure(Laktat)produktion.

Der Energieumsatz pro Zeiteinheit bei sportlichen Aktivitäten wie etwa dem Gewichtheben, dem 100-m-Lauf u. ä. ist außergewöhnlich groß: Die zelleigenen Vorräte an energiereichen Phosphaten (ATP, KP) werden durch derartige Belastungen nahezu vollständig erschöpft. Trotz des Einsatzes großer Muskelmassen sind jedoch die Auswirkungen auf den Stoffwechsel des

Gesamtorganismus sehr gering: Adaptative Veränderungen im Bereich des Herz-Kreislauf-Systems werden trotz höchster Intensität aufgrund der kurzen Dauer nicht erreicht.

Die *laktazide* Phase umfaßt die *(anaerobe) Glykolyse:*

$$\text{Glukose} \xrightleftharpoons[\text{Energiebereitstellung}]{\text{Enzyme der anaeroben}} 2 \text{ ATP } + \text{ Milchsäure}$$

Diese Form der Energiegewinnung erfolgt im Sarkoplasma und stellt bei allen intensiven Belastungen, bei denen die Sauerstoffversorgung unzureichend ist, den bevorzugten Energiegewinnungsprozeß dar. Das Maximum der Glykolyse liegt bei etwa 45 Sekunden.

Bei der *(anaeroben) Glykolyse* kann nur Glukose bzw. Glykogen als Energielieferant herangezogen werden. Energetisch ist dabei das intrazelluläre Glykogen günstiger, da es nicht erst über den Blutweg herantransportiert, durch die Zellmembran geschleust und dann wieder phosphoryliert werden muß und mehr ATP ergibt.

Das bei intensiven muskulären Belastungen als Endprodukt der anaeroben Glykolyse entstehende *Laktat* wirkt sich sowohl lokal als auch allgemein auf das Stoffwechselgeschehen aus. Nach erschöpfenden Belastungen sind im arbeitenden Muskel maximale Laktatkonzentrationen bis 25 mmol/kg, im Blut bis 20 mmol/l gemessen worden.

Die mit diesen Laktatwerten einhergehende extreme Übersäuerung – *Azidose* – mit einem stark herabgesetzten pH-Wert von 6,40 im Muskelgewebe und 6,80 im arteriellen Blut – der Normalwert liegt bei einem pH-Wert um 7,40 – hat lokal das Erliegen der glykolytischen Stoffwechselprozesse durch *Enzymhemmung* zur Folge. Diese Enzymhemmung stellt eine Art Selbstschutz gegenüber einer zu starken Übersäuerung mit nachfolgender Zerstörung intrazellulärer Eiweißstrukturen dar.

Die durch eine maximale Belastung induzierte Azidose kann weder durch Pufferung in der Blutbahn (s. S. 114) noch respiratorisch auch nur annähernd kompensiert werden. Bei einmaligen Maximalbelastungen, wie z. B. einem 400-m-Lauf, dürfte in der lokalen Gewebsazidose und der allgemeinen Übersäuerung des arteriellen Blutes, die über zentralnervös gesteuerte Ermüdungsmechanismen zum Belastungsabbruch führt, auch der Grund für das Aufgeben der körperlichen Arbeit zu suchen sein.

In der Erholungsphase nach erschöpfenden Belastungen normalisiert sich die eingetretene Azidose innerhalb von 30 bis maximal 60 Minuten, wobei der Trainingszustand eine entscheidende Rolle spielt. Das sehr leicht aus dem Muskel in die Blutbahn diffundierende Laktat wird durch die Leber, den Herzmuskel und nach neueren Untersuchungen auch durch den Skelettmuskel selbst verstoffwechselt (*Howald* 1984, 16), wobei die Normalisierung der Stoffwechselsituation schneller abläuft, wenn in der Erholungsphase körperliche Arbeit von geringer bis mittlerer Intensität – z. B. durch ,Auslaufen' – geleistet wird (s. S. 166).

Anaerobe Energiegewinnung und Sauerstoffschuld

Im Zusammenhang mit der anaeroben Energiegewinnung ist auf den Begriff der *Sauerstoffschuld* einzugehen.

Wie bereits erwähnt, steht zu Beginn einer intensiven Arbeit Sauerstoff in unzureichendem Maße zur Verfügung. Der Organismus arbeitet so lange anaerob, bis entweder die Arbeit abgebrochen oder die Arbeitsintensität so weit gemindert werden muß, daß eine ökonomische oxidative Substratverbrennung möglich ist. Er geht somit initial eine *Sauerstoffschuld* ein, die nach Beendigung der Arbeit wieder abgetragen werden muß (*Keul/Doll/Keppler* 1969, 33; *Hecht* 1972, 360). Je nach Motivationslage (*Hermansen* 1969, 33; *Michailow* 1973, 371), Trainingszustand und Alter – nicht trainierte Kinder und Jugendliche vermögen nur eine begrenzte Sauerstoffschuld einzugehen – kann

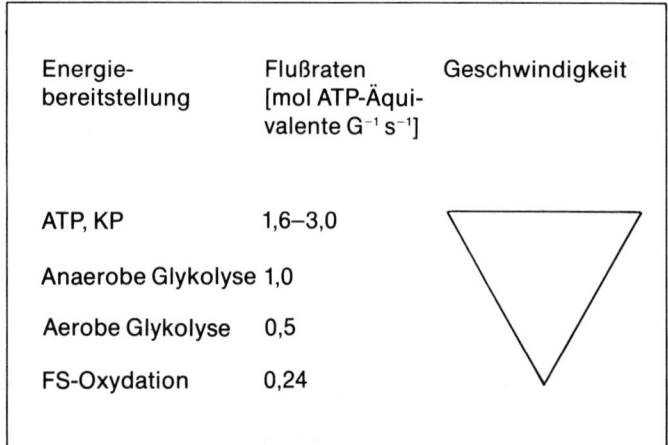

Energie- bereitstellung	Flußraten [mol ATP-Äqui- valente $G^{-1} s^{-1}$]	Geschwindigkeit
ATP, KP	1,6–3,0	
Anaerobe Glykolyse	1,0	
Aerobe Glykolyse	0,5	
FS-Oxydation	0,24	

Abb. 13   Kontraktionsgeschwindigkeit des Muskels in Abhängigkeit von der Energiegewinnung bzw. den damit verbundenen energetischen Flußraten.

eine unterschiedlich ausgeprägte Sauerstoffschuld eingegangen werden.

Nach Arbeitsabbruch stellt die Rephosphorylierung von Kreatin zu Kreatinphosphat (*Cunningham/Faulkner* 1969, 68), also die Wiederauffüllung des Pools der energiereichen Phosphate, die Hauptkomponente bei der Beseitigung der Sauerstoffschuld dar.

Wiederauffüllung der Sauerstoffdepots

Fälschlicherweise wird oft die gesamte Sauerstoffmehraufnahme nach Arbeitsende als Sauerstoffschuld bezeichnet. In Wirklichkeit aber setzt sich die nach Arbeitsende vermehrte Sauerstoffaufnahme aus der erwähnten Sauerstoffschuld und einigen anderen Faktoren zusammen (*Hollmann/Liesen* 1969, 33; *Cunningham/Faulkner* 1969, 68):
– Myoglobinspeicher: In den ersten Sekunden einer hochintensiven Arbeit verbraucht der Organismus die an das Myoglobin gebundenen Sauerstoffvorräte. Diese ermöglichen eine im wesentlichen aerobe Arbeit für maximal 10 Sekunden (*Astrand* et al. 1960, 454l).
– Gelöster Sauerstoff in der Gewebsflüssigkeit.
– Regeneration von arteriellem, kapillarem und venösem Blut zur normalen Sauerstoffsättigung.

– Vermehrter Sauerstoffbedarf der Herz-, Arbeits- sowie Atmungsmuskulatur (Bei einer Ventilationsgröße von 150 l/min macht der Sauerstoffbedarf des Ventilationsapparates bereits 15% der Sauerstoffgesamtaufnahme aus, ab 200 l/min erhöht sich dieser Betrag nochmals beträchtlich wegen des erhöhten Atemwegswiderstandes aufgrund der dann vorherrschenden turbulenten Strömung [*Comroe* et al. 1964].)
– Vermehrter Sauerstoffbedarf der Gewebe als Folge einer erhöhten Körpertemperatur (Aktivierung des gesamten Stoffwechselgeschehens) und eines erhöhten Katecholaminspiegels (eine erhöhte Adrenalinausschüttung verursacht eine Steigerung oxidativer Prozesse).

Die aerobe Energiegewinnung

Bei einer Belastungsdauer, die über 1 Minute hinausgeht, nimmt die aerobe Energiegewinnung, die in den Mitochondrien abläuft, eine zunehmend dominierende Rolle ein. Bei der oxidativen Verbrennung entstehen:

$$\text{Glukose} \xrightleftharpoons{\text{Enzyme der aeroben Energiebereitstellung}} ATP + CO_2 + H_2O$$

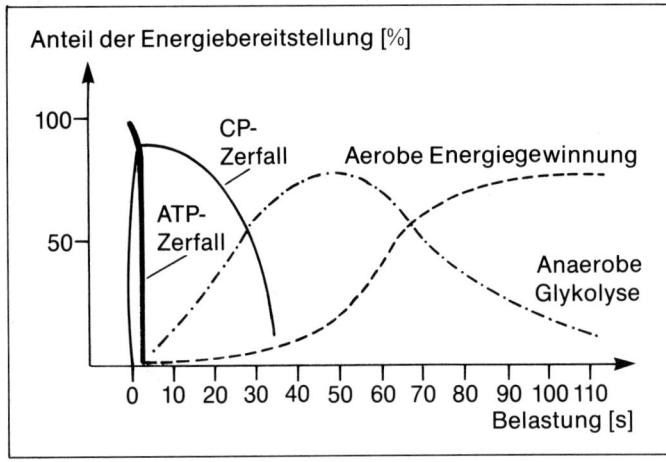

Abb. 14 **Der Anteil der verschiedenen energieliefernden Substrate an der Energiebereitstellung (in Anlehnung an *Keul/Doll/Keppler* 1969, 38).**

Im Gegensatz zur anaeroben Energiebereitstellung können hier neben Glukose auch Fette (in Form von freien Fettsäuren = FFS) und in besonderen Notfällen (wie Hunger bzw. extreme Dauerbelastungen) auch Eiweiß (in Form von Aminosäuren = AS) als Energieträger verbrannt werden.

Wichtig ist noch die Feststellung, daß sich die Intensität der Muskelarbeit – und damit die Kontraktionsgeschwindigkeit der Muskelfaser – in Abhängigkeit von der möglichen energetischen Versorgung verändert (*Keul/Kindermann/Simon* 1978, 2).

Am höchsten ist die Kontraktionsgeschwindigkeit bei den energiereichen Phosphaten, am niedrigsten bei der aeroben Verbrennung von Fettsäuren (Abb. 13). Die Erklärung hierfür liegt in den verschiedenen Flußraten der energiereichen Phosphatäquivalente: Sollen hohe Intensitäten und damit hohe Energieumsätze erzielt werden, so müssen größere Flußraten einbezogen werden. Ist dies nicht möglich, so kommt es zu einem Abfall der Intensität.

Zusammenfassend läßt sich sagen, daß die primäre Energiequelle ATP nacheinander durch das KP, die (anaerobe) Glykolyse und die aerobe Energiegewinnung bereitgestellt wird, wobei sich die einzelnen Speicher jeweils auf Kosten des nachfolgenden auffüllen. Die Energiebereitstellung bzw. Resyn-

these erfolgt dabei nicht streng hintereinander, sondern sich überlappend (Abb. 14).

Energieträger für den Muskelstoffwechsel

Wichtigste Energielieferanten, die durch Nahrung laufend ergänzt werden müssen, sind für die Muskelzelle:
1. Kohlehydrate (sie decken normalerweise etwa 2 Drittel des Energiebedarfs)
2. Fette (1 Drittel)
3. Eiweiße (sie können an dieser Stelle vernachlässigt werden, da sie wohl für den Baustoffwechsel, nicht aber für den Energiestoffwechsel eine wichtige Rolle spielen).

Der Energiebedarf wird in Ruhe also hauptsächlich durch Kohlehydrate (KH) und Fette abgedeckt. Beim sportlichen Training kommt es jedoch je nach Art des Belastungsreizes zu einer Verschiebung in der Energiebereitstellung: Hochgradig intensive Belastungen können ausschließlich *anaerob* über die Verbrennung von intrazellulärem Zucker (Glykogen) abgedeckt werden, mittlere Belastungen längerer Dauer werden *aerob* mit Kohlehydraten bzw. Fetten in einem intensitätsspezifischen Mischungsverhältnis ermöglicht (Abb. 15).

Die Fette stellen den größten Energiespeicher im Organismus dar (vgl. S. 507). Die

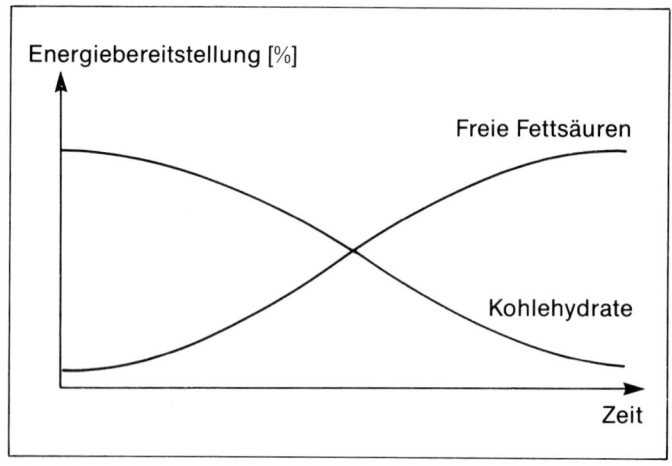

Abb. 15 **Die Energiebereitstellung bei Maximalbelastungen unterschiedlicher Dauer (nach *Keul* 1975, 596).**

Bedeutung der Fettverbrennung hängt jedoch vom Arbeitstyp, von der Arbeitsdauer, von der Arbeitsintensität, vom Umfang der eingesetzten Muskelmasse und von der Art der Muskelfasern ab (*Hollmann/Hettinger* 1976, 69).

Vom sportlichen Standpunkt aus – hier spielt die pro Zeiteinheit erreichbare Höchstintensität zumeist eine entscheidende Rolle – ist jedoch auf den Vorteil der Kohlehydrate gegenüber den Fetten hinzuweisen: Zwar liefern die Fette bei der Verbrennung 9,3 kcal/g gegenüber nur 4,1 kcal/g bei den Kohlehydraten (und Eiweiß), aber entscheidend ist nicht dieser absolute Wert, sondern der pro Liter Sauerstoff erreichte Brennwert.

Hierbei ergeben pro g:

Glukose   5,1 kcal (21,35 kJ) $\triangleq$ 6,34 ATP
Fett   4,5 kcal (18,84 kJ) $\triangleq$ 5,7 ATP
Eiweiß   4,7 kcal (19,68 kJ) $\triangleq$ 5,94 ATP

Diese Tatsache ermöglicht bei gleichem Sauerstoffangebot einen prozentualen Energiemehrgewinn von 13% bei Glukose – bei Glykogen als intrazellulärer Glukosespeicherform sogar von 16% – gegenüber der Fettverbrennung (*Keul/Doll/Keppler* 1969, 153). Die Notwendigkeit eines möglichst großen Glykogenspeichers beim Ausdauersportler wird somit verständlich.

Da bei sehr langen Dauerbelastungen aber die Glykogenvorräte allein nicht zur Energiedeckung ausreichen, nimmt die Fettsäureverbrennung mit zunehmender Zeitdauer eine immer bedeutendere Rolle ein. Bei über Stunden währender Muskelarbeit können die Fettsäuren 70–90% des Energiebedarfs bestreiten (*Keul/Doll/Keppler* 1969, 153).

Aus Abbildung 16 geht hervor, daß alle Nahrungsstoffe bei der oxidativen Verbrennung letztlich in den Zitratzyklus eingehen. Die beim Durchlaufen dieses Zyklus gewonnenen Wasserstoffäquivalente (H^+-Ionen) werden über die Enzyme der Atmungskette in Anwesenheit von Sauerstoff oxidiert, wobei Energie (ATP), Kohlendioxid und Wasser gebildet werden. Die Enzyme des Zitratzyklus sowie der Atmungskette befinden sich in den bereits erwähnten „Kraftwerken" der Muskelzelle, den Mitochondrien. Schließlich sei noch auf die Tatsache verwiesen, daß die aerobe und anaerobe Energiegewinnung bis zum Pyruvat (Brenztraubensäure) den gleichen Abbauweg durchlaufen.

Muskelfasertypen

Der menschliche Muskel ist je nach seiner Funktion mosaikartig aus verschiedenen Muskelfasern zusammengesetzt, welche aufgrund ihrer unterschiedlichen Kontraktions-

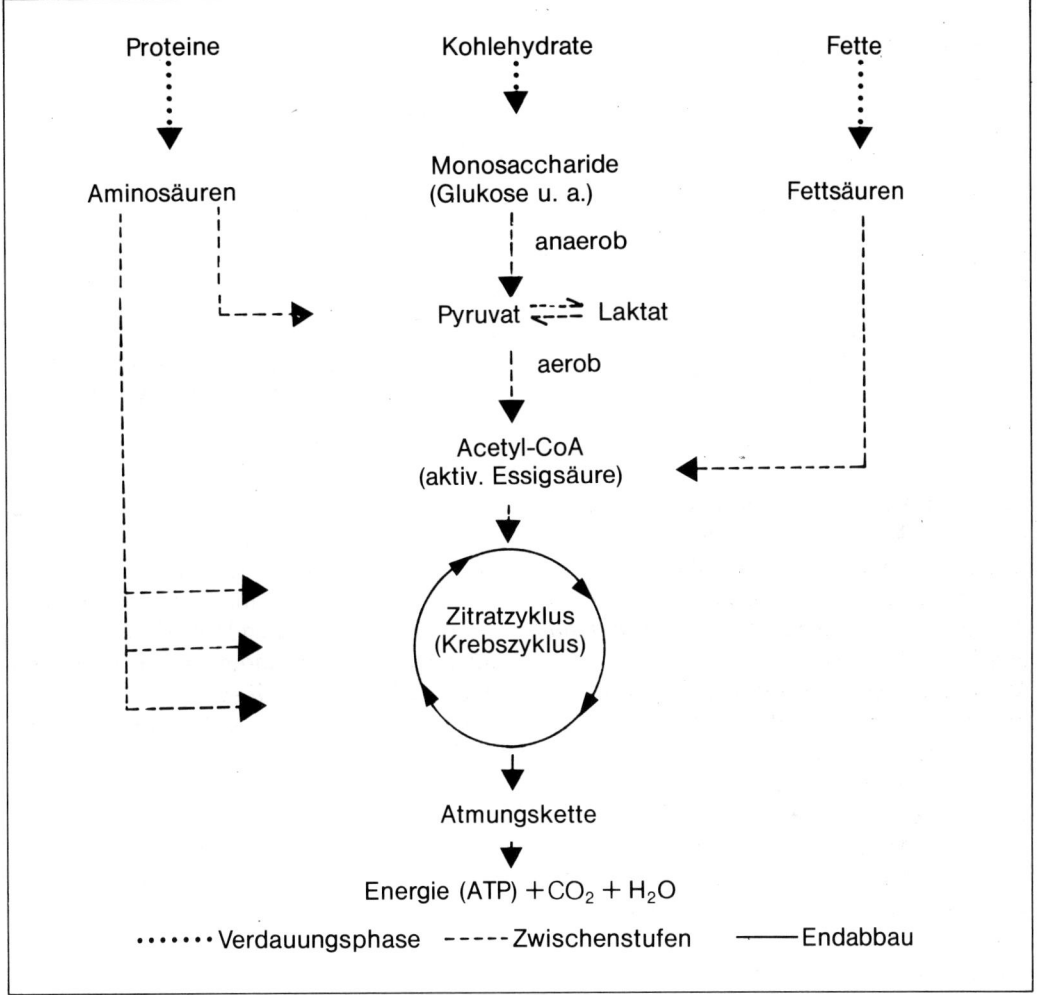

Abb. 16   Stoffwechselwege der energieliefernden Nahrungsstoffe.

geschwindigkeit und Ermüdungsresistenz typisiert werden können.

Man unterscheidet Muskelfasern des *langsam zuckenden Typs* – auch slow twitch bzw. ST-Fasern oder tonische Fasern oder Fasern des Typs I genannt – und des *schnell zuckenden Typs* – auch fast twitch bzw. FT-Fasern oder phasische Fasern des Typs II genannt –, die sich nochmals in funktionsspezifische Subkategorien unterteilen lassen (*Howald* 1984, 87).

Die unterschiedlichen Kontraktionseigenschaften von ST- und FT-Fasern gehen auf Unterschiede im molekularen Aufbau ihres Myosins zurück. Man unterscheidet langsames und schnelles Myosin, wobei die Ausprägung des Moleküls sowohl genetischen Faktoren wie Umwelteinflüssen (z. B. Training) unterworfen ist (*Howald* 1982, 5 und 1984, 91).

Die verschiedenen Fasertypen können mit Hilfe histochemischer Färbemethoden dargestellt werden. Abbildung 17 zeigt die

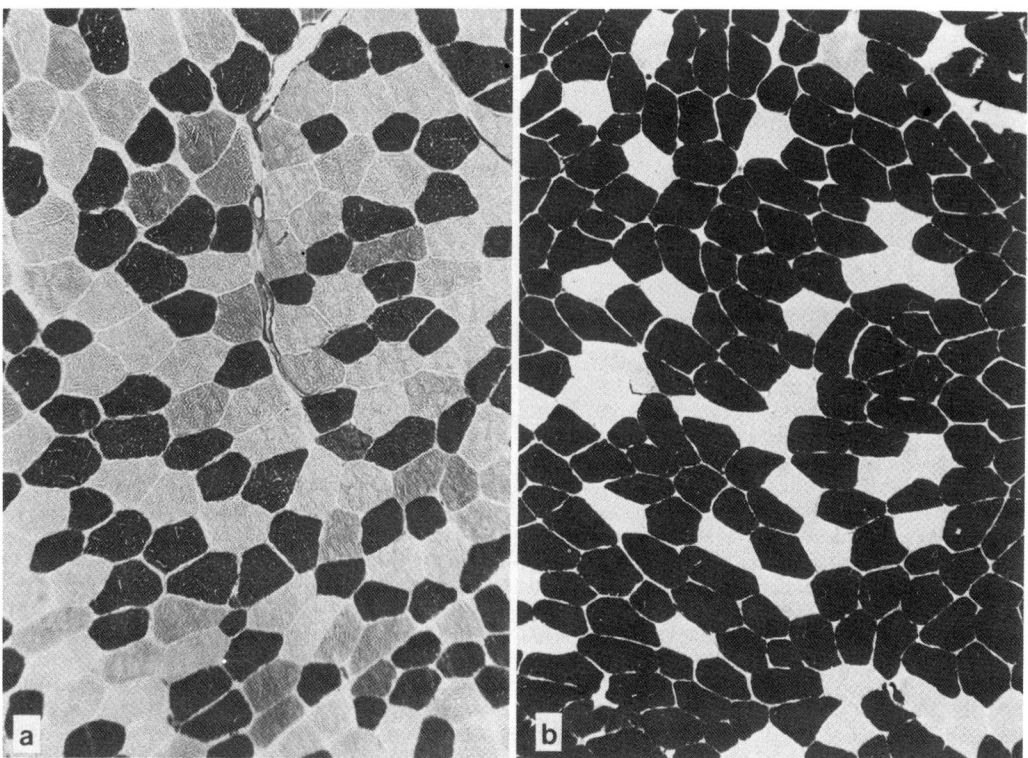

Abb. 17   ST- und FT-Faserverteilung im Bereich der seitlichen Oberschenkelmuskulatur (M. vastus lateralis) eines Sprinters (a) und eines Radrennfahrers (b). FT-Fasern = grau, ST-Fasern = schwarz (nach *Howald* 1984, 89).

Muskelfaserverteilung aus der Oberschenkelmuskulatur eines guten Sprinters (a) und eines Radrennfahrers (b) – als Extrembeispiele für einen Schnellkraft- bzw. Ausdauersportler.

In Abhängigkeit von ihrer differierenden funktionellen Beanspruchung weisen die einzelnen Fasertypen auch Unterschiede im Stoffwechsel und im Kontraktionsverhalten auf:

FT-Fasern imponieren durch den Reichtum an energiereichen Phosphaten und Glykogen und der entsprechenden Ausstattung mit Enzymen der *anaeroben* Energiegewinnung. *ST-Fasern* zeichnen sich ebenfalls durch Glykogenreichtum aus, vor allem aber durch den Reichtum an Enzymen des *aeroben* Stoffwechsels: Bei den ST-Fasern ist das Verhältnis Zytoplasma zu Mitochon-

drien zugunsten der Mitochondrien verschoben. Daher sind höhere Aktivitäten der Enzyme des Zitratzyklus und des Abbaus an freien Fettsäuren, dagegen niedrigere der glykolytischen Enzyme anzutreffen (*Keul/ Doll/Keppler* 1969, 9). ST-Fasern besitzen eine erhöhte Kapillardichte.

Die Unterschiede in den Kontraktionseigenschaften von ST- und FT-Fasern verdeutlicht Tabelle 3.

Des weiteren unterscheiden sich ST- von FT-Fasern durch die unterschiedliche Innervation. *ST-Fasern* werden über langsam leitende Neuriten von kleinen Alpha-Motoneuronen (s. S. 48) des Rückenmarks innerviert, die durch ein kontinuierliches Impulsmuster imponieren (wichtig für die ständige stützmotorische Aktivität). *FT-Fasern* werden über schnell leitende Neuriten von gro-

	ST-Fasern	FT-Fasern
Kontraktionszeit	99–140 ms	40–88 ms
Ermüdungsindex	0,8–1,2	0–0,8
Maximale Spannung	4,6–15 g (Mittelwert 12 g)	4,6–203,5 g (Mittelwert 25 g)
Mittlere Leitungs-geschwindigkeit der Membranen	2,5 m/s	5,4 m/s
ATPase-Aktivität pro mg Myosin (Kaninchenmuskel)	4 nmol P_i/min	9 nmol P_i/min

Tab. 3   Die unterschiedlichen Kontraktionseigenschaften von FT- und ST-Fasern (nach *Howald* 1984, 87).

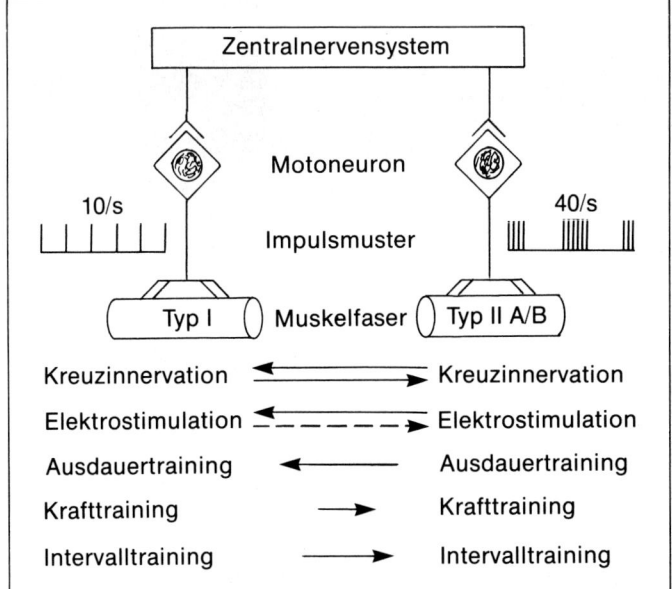

Abb. 18   Motorische Einheiten mit typischem Impulsmuster für Typ I- (ST-) und Typ II- (FT-) Fasern. Umwandlungsmöglichkeiten durch Kreuzinnervation, Elektrostimulation und verschiedene Trainingsformen (nach *Howald* 1984, 91).

ßen Alpha-Motoneuronen versorgt und sind durch ein diskontinuierliches Impulsmuster – typisch für die zielmotorische Aktivität – charakterisiert (*Burke/Edgerton* 1975, 31 f.; *Wittekopf/Marhold/Pieper* 1981, 227).

> Die Anlage bzw. der prozentuale Anteil der verschiedenen Muskelfasern ist genetisch festgelegt, kann aber durch jahrelanges hartes Training – wie dies im Spitzensport der Fall ist – in einem gewissen Umfang verändert werden (*Howald* 1982, 6 und 1984, 91).

Abbildung 18 verdeutlicht die verschiedenen Umwandlungsmöglichkeiten der beiden Fasertypen.

Wie Abbildung 18 erkennen läßt, ist eine Umwandlung von FT-Fasern in ST-Fasern durch Ausdauertraining wesentlich leichter zu erzielen als umgekehrt die Umwandlung von ST-Fasern in FT-Fasern durch Kraft- oder Intervalltraining.

Im überwiegenden Teil der Bevölkerung finden sich etwa gleich große Prozentsätze an ST- und FT-Fasern. Im Einzelfall aber kann die genetische Verteilung 90:10 oder 10:90 betragen. Diese Personen sind einseitig begünstigt (*Hollmann/Hettinger* 1980, 181). Beim „geborenen" Sprinter überwiegen die FT-Fasern, beim „geborenen" Ausdauerleister (Marathonläufer) die ST-Fasern (vgl. auch Abb. 17).

Da die Muskulatur je nach Belastungsreiz mit spezifischen Anpassungserscheinungen (z. B. Hypertrophie, s. S. 193) reagiert, wird der Einfluß eines sportlichen Trainings auf die Muskulatur ausführlich bei der Darstellung der motorischen Hauptbeanspruchungsformen beschrieben (s. S. 161).

Literatur

1. *Astrand, I.,* et al.: Myohomoglobin as an oxygen-store in man. Acta physiol. scand. (1960), 454–460
2. *Buddecke, E.:* Grundriß der Biochemie. De Gruyter, Berlin 1971
3. *Burke, R., R. Edgerton:* Motor unit properties and selective involvement in movement. In: Exercise and sport sciences reviews, pp. 31–69. Academic Press, London 1975
4. *Comroe, J.,* et al.: Die Lunge. Klinische Physiologie und Funktionsprüfung. Thieme, Stuttgart 1964
5. *Cunningham, D., J. Faulkner:* The effect of training on aerobic and anaerobic metabolism during short exhaustive run. Med. and Sci. in Sports 2 (1969), 65–70
6. *Hecht, A.:* Zur Adaptation der Muskelzelle an einen Belastungsreiz und Möglichkeiten ihrer Trainierbarkeit. Medizin u. Sport 12 (1972), 358–367
7. *Hermansen, L.:* Anaerobic energy release. Med. and Sci. in Sports 1 (1969), 32–38
8. *Hollmann, W., T. Hettinger:* Sportmedizin – Arbeits- und Trainingsgrundlagen, Schattauer, Stuttgart–New York 1976 u. 1980
9. *Hollmann, W., H. Liesen:* Die Beurteilung der Laufausdauerleistungsfähigkeit im Labor. Leistungssport 5 (1973), 369 f.
10. *Hollmann, W., H. Liesen:* Über die Bewertbarkeit des Lactats in der Leistungsdiagnostik. Sportarzt u. Sportmed. 8 (1973), 175–181
11. *Howald, H.:* Training-induced morphological and functional changes in skeletal muscle. Intern. J. of Sports Med. 3 (1982), 1–12
12. *Howald, H.:* Morphologische und funktionelle Veränderungen der Muskelfasern durch Training. Manuelle Medizin 22 (1984), 86–95
13. *Howald, H.:* Muskulatur, Kreislauf und Atmung – Aufbau, Funktion und Trainingswirkungen. Sportwissenschaftliche Fortbildung (Kursdokumentation der ETH Zürich), 6./7./8. Sept. 1984, 9–20
14. *Keul, J.:* Die Bedeutung des aeroben und anaeroben Leistungsvermögens für Mittel- und Langstreckenläufer(innen). Lehre der Leichtathletik 17 bzw. 18 (1975), 593 bzw. 632
15. *Keul, J., E. Doll, D. Keppler:* Muskelstoffwechsel. Barth-Verlag, München 1969
16. *Keul, J., W. Kindermann, G. Simon:* Die aerobe und anaerobe Kapazität als Grundlage für die Leistungsdiagnostik. Leistungssport 1 (1978), 22–32
17. *Michailov, V.:* Die Mobilisierung der anaeroben Energiebereitstellung von Sportlern bei Muskelarbeit unter unterschiedlichen Bedingungen. Medizin u. Sport 12 (1973), 369–373
18. *Senger, H., R. Donath:* Zur Regulation der oxydativen Substratverwertung im Muskel bei erhöhtem ATP-Umsatz. Medizin u. Sport 12 (1977), 391–400
19. *Tittel, K.:* Beschreibende und funktionelle Anatomie des Menschen. Fischer, Stuttgart–New York 1978
20. *Wittekopf, G., G. Marhold, K.-S. Pieper:* Biologische und Biomechanische Grundlagen der trainingsmethodischen Kategorie „Kraftfähigkeiten" und Methoden ihrer Objektivierung. Medizin u. Sport 21 (1981), 225–231
21. *Weineck, J.:* Optimales Training. perimed Fachbuch-Verlagsgesellschaft, Erlangen 1983

Zentralnervensystem und sportliches Training

Anatomisch-physiologische Grundlagen zum Aufbau und zur Funktion des neuromuskulären Funktionssystems bzw. der sportlichen Motorik

Die Auslösung einer muskulären Kontraktion als Grundvoraussetzung der menschlichen Bewegung bedarf des nervalen Impulses bzw. der zentralnervösen Steuerung. Das *Zentralnervensystem* macht es als übergeordnete Instanz möglich, daß aus dem unbegrenzten Potential an möglichen Einzelbewegungen zielorientierte und aufeinander abgestimmte Bewegungen entstehen können.

> „Die menschliche Bewegungsfähigkeit basiert auf der Vielfältigkeit im Kontraktions- und Erschlaffungsvermögen einiger 100 Muskeln, von denen jeder einzelne über viele Tausende von Muskelfasern verfügt. Die zentral-nervale Steuerung läßt das gewaltige Reservoir an Einzelbewegungsmöglichkeiten zu einem sinnvollen Ganzen werden. Der willentlich entstandene Bewegungsplan verbindet Agonisten und Antagonisten zu zielgerichteter Aktivität (Bewegungskoordination). Nervale Erregungs- und Hemmungsprozesse sind hieran wesentlich beteiligt. Die Übung eines Bewegungsablaufes verbessert die

> Koordination und führt zur Geschicklichkeit (Feinmotorik) und Gewandtheit (Gesamtmotorik)" (*Hollmann/Hettinger* 1980, 11/12).

Mikrostrukturelle Aspekte des motorischen Systems
(vgl. *Hotz/Weineck* 1983, 26 f.)

Aufbau einer Nervenzelle – motorische Einheit

Die Grundeinheit des Zentralnervensystems bildet die Nervenzelle mit den von ihr ausgehenden Nervenfasern (Abb. 19).

> Das Neuron setzt sich zusammen aus
> – Zellkörper (Soma oder Perikaryon),
> – kurzen Zellfortsätzen (Dendriten),
> – einem langen Zellfortsatz (Neurit oder Axon).

Man unterscheidet zur Zelle hinführende, kurze Fortsätze, die sogenannten *Dendriten* – sie dienen der Informationsaufnahme aus der Umgebung –, und einen langen Fortsatz, den *Neuriten* (Axon), der die Informationen zu anderen Zellen oder zum Erfolgsorgan, z. B. dem Muskel, weiterleitet.

Der *Neurit* läßt sich unterteilen in *markscheidenhaltige,* schnell leitende – z. B. motorische Fasern (Leitungsgeschwindigkeit bis zu 120 m/s bzw. 432 km/h!) – und *mark-

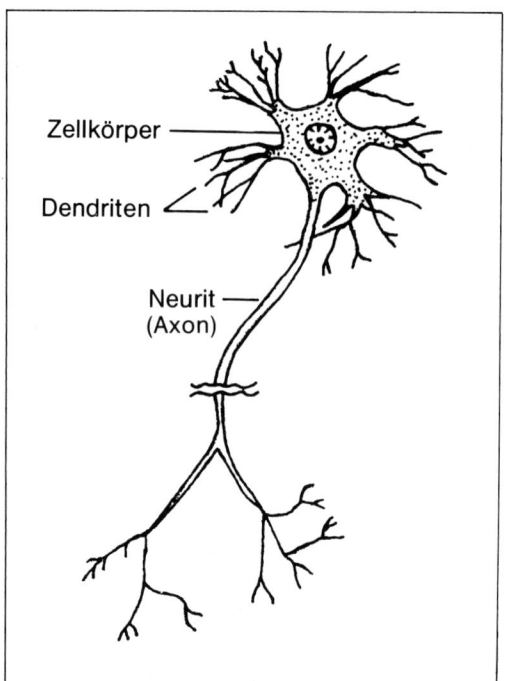

Abb. 19 Aufbau einer Nervenzelle (Neuron).

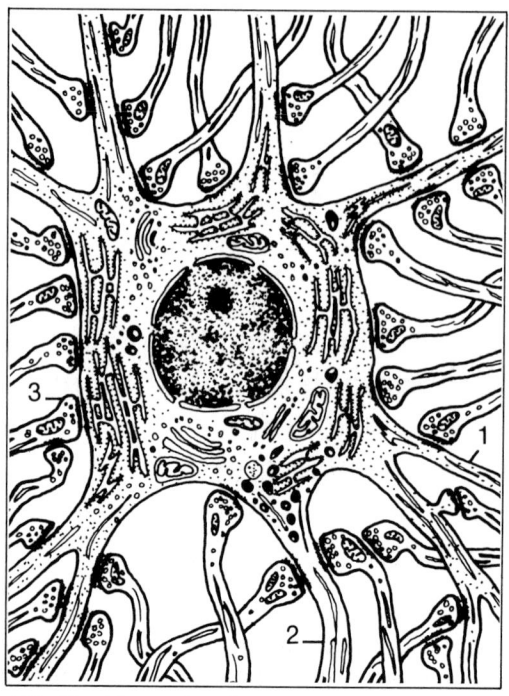

Abb. 20 Ultrastruktur des Zellkörpers und seiner synaptischen Verknüpfungen (nach *Knoche* 1979, 128/129). An die Oberfläche der Nervenzelle ziehen die Axone anderer Nervenzellen und entwickeln synaptische Verknüpfungen verschiedener Art. 1 = Dendrit, 2 = Neurit, 3 = Synapse.

lose, langsam leitende, z. B. Schmerz signalisierende Fasern.

Mehrere Neuriten werden – vergleichbar mit einem elektrischen Leitungskabel – zu einem Leitungsbündel mit einer bindegewebigen Hülle zusammengefaßt, das in seiner Gesamtheit einen *Nerv* bildet.

Die *Dendriten* modulieren zusammen mit der Zellkörperoberfläche – sie ist von einer Synapsenrinde von mindestens einer Million Synapsen bedeckt (*Kugler* 1981, 7) – durch Integration der verschiedenen Erregungen und Hemmungen die Tätigkeit der Nervenzelle (Abb. 20).

Die Zellen der motorischen *Neuronen,* die die Skelettmuskulatur innervieren, liegen in den Vorderhörnern des Rückenmarks und werden als *Alpha-Motoneuronen* bezeichnet.

Die Neuronen entfalten ihre „höheren" Fähigkeiten erst im wechselseitigen Verbund, als *Nervensystem.* Sie sind durch *Synapsen* – Schalt- oder Kontaktstellen, die je nach hemmender (inhibitorischer) oder fördernder (exzitatorischer) Funktion einen unterschiedlichen Überträgerstoff (*Transmitter*) produzieren – in Funktionskreisen miteinander verknüpft (vgl. Theorie der langen Schleifen, S. 65). Dabei handelt es sich nicht um eine einfache 1 : 1-Übertragung, sondern um eine vieltausendfache Vermaschung (*Kugler* 1981, 6): Jedes Neuron ist an seinem Zellkörper von einer Synapsenrinde bedeckt. Die Zahl der Synapsen wird aber noch beträchtlich durch die Tatsache gesteigert, daß alle Dendriten nicht nur in ihrer gesamten Länge, sondern auch an allen Seiten axodendritische (Verbindungen zwischen Axon und Dendriten) und dendrodendritische (Verbindungen zwischen den Dendriten untereinander) Synapsen tragen können (vgl. Abb. 20).

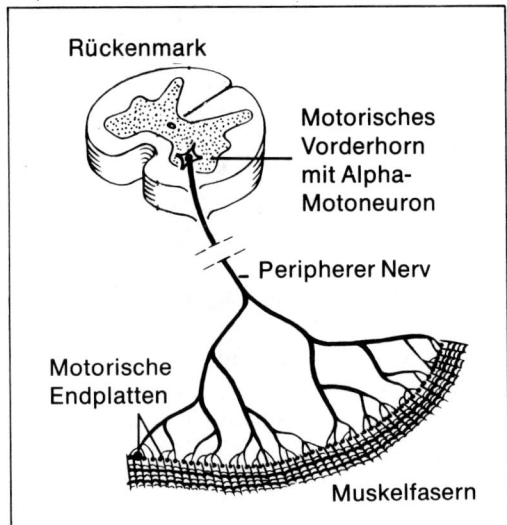

Rückenmark

Motorisches Vorderhorn mit Alpha-Motoneuron

Peripherer Nerv

Motorische Endplatten

Muskelfasern

Abb. 21   Aufbau einer motorischen Einheit.

Synchronie (Gleichzeitigkeit) und *räumliche Summation* von Erregungszuflüssen bilden die Grundlage komplexer Informationsübermittlung und beeinflussen das kodierte Entladungsmuster des nachgeschalteten Neurons.

Von den Nervenzellen (Neuronen) des Zentralnervensystems werden die Bewegungsimpulse über die *efferenten* Nerven mittels der *Pyramidenbahn* zu den motorischen Vorderhornzellen (Alpha-Motoneuronen) des Rückenmarks geleitet, die ihrerseits die zugehörige Skelettmuskulatur innervieren. Wie Abbildung 21 zeigt, erfährt der periphere motorische Nerv bei der Ankunft am Muskel eine vielfache Aufzweigung in einzelne Nervenfasern, die jeweils über eine *motorische Endplatte* – eine Art Synapse, die das Bindeglied zwischen Nervenfaser und Muskel darstellt – eine bestimmte Zahl an Muskelfasern innervieren.

Die Gesamtheit der von einer motorischen Vorderhornzelle innervierten Muskelfasern wird als *motorische Einheit* bezeichnet.

Die Größe dieser motorischen Einheiten kann sehr unterschiedlich sein:

Je *differenzierter* bzw. feinabgestufter die Arbeit eines Muskels ist, desto *mehr* motorische Einheiten besitzt er: So verfügt der äußere Augenmuskel (M. rectus bulbi lateralis) über 1740, der zweiköpfige Armmuskel (M. biceps brachii) hingegen nur über 774 motorische Einheiten.

Umgekehrt ist bei feinmotorischen Muskeln die *Zahl* der von einer Nervenfaser innervierten Muskelfasern geringer als bei grobmotorischen, auf Kraftentwicklung ausgerichteten Muskeln: Der äußere Augenmuskel besitzt ein Innvervationsverhältnis von 1 : 13, der zweiköpfige Armmuskel von 1 : 750, der zweiköpfige Wadenmuskel (M. gastrocnemius) sogar von 1 : 1600 (*Feinstein/Lindegard/Nyman* 1955, 127).

Schließlich gibt es auch noch Unterschiede in der pro motorischer Einheit maximal entwickelbaren Kraft der verschiedenartigen Muskeln: Der äußere Augenmuskel besitzt eine Maximalkraft von 0,1 Pond, der zweiköpfige Armmuskel von 50 Pond pro motorischer Einheit.

Funktionell arbeiten niemals alle motorischen Nervenzellen (Motoneuronen) gleichzeitig. Die Abstufung der Kontraktionsstärke und -geschwindigkeit der Skelettmuskulatur wird durch folgende Mechanismen moduliert (*Wittekopf/Marhold/Pieper* 1981, 227).

– Die *Feinabstufung* der Bewegung erfolgt über die Steigerung der Entladungsfrequenz des zugehörigen Motoneurons.

– Die *Grobabstufung* der Bewegung wird über die Veränderung der Zahl der motorischen Einheiten – man spricht von einer vermehrten bzw. verringerten Rekrutierung – erreicht. Das Maximum der realisierbaren Kraft wird durch die Aktivierung aller in einem Muskel vorhandenen motorischen Einheiten und ihre kurzzeitige synchronisierte Tätigkeit bewerkstelligt.

– Die *Variation der Bewegungsgeschwindigkeit* erfolgt durch die Aktivierung spezieller motorischer Einheiten (FT-, ST-Fasern; kleine und große Einheiten) aufgrund der unterschiedlichen Reizschwelle der verschiedenen Motoneuronen: Die großen Alpha-Motoneuronen mit höherer Impulsentladungsfrequenz und geringerer Erregbarkeit werden den FT-Fasern, die kleineren mit geringerer Entladungsfrequenz und höherer Erregbarkeit den ST-Fasern zugeordnet (*Burke/Edgerton* 1975, 31).

Durch *Training* erwirbt der Sportler die Fähigkeit, mehr motorische Einheiten eines Muskels gleichzeitig aktivieren und damit kontrahieren zu können. Man spricht von einer *intramuskulären* Koordinationsverbesserung: Im Gegensatz zum Untrainierten, der nur einen gewissen Prozentsatz seiner aktivierbaren Muskelfasern gleichzeitig zum Einsatz bringen kann, ist der Anteil der beim Trainierten *synchron* kontrahierten Muskelfasern – und damit auch die Gesamtkraft des Muskels – bedeutend höher und kann bis zu 100 Prozent der vorgegebenen Möglichkeiten erreichen (*Fukunaga* 1976, 265; *Bührle/Schmidtbleicher* 1981, 265).

Makrostrukturelle Aspekte des motorischen Systems
(vgl. *Hotz/Weineck* 1983, 19–27)

Damit die Muskeltätigkeit, die bislang nur in ihrem Kontraktionsmechanismus beschrieben wurde, im Zusammenwirken mehrerer Muskeln – *intermuskuläre* Koordination – die notwendige Strukturierung erhält, bedarf es der Interaktion zahlreicher zentralnervöser Steuermechanismen.

Die Aufgaben des Zentralnervensystems lassen sich in folgende Teilbereiche unterteilen:
– Erstellung von Bewegungsprogrammen und Auslösung der konzipierten Projekte (s. S. 59).
– Räumlich-zeitliche Gliederung und affektive Ausgestaltung der Bewegung.
– Kontrolle und Abstimmung der Muskeltätigkeit auf die situativen Notwendigkeiten mittels peripherer Rückmeldeinformationen (Reafferenzen) über die Analysatoren (s. S. 245).

Für die Realisierung einer sportlichen Bewegung ist eine Vielzahl von verschiedenen Gehirnstrukturen zuständig, die im Laufe der Entwicklungsgeschichte des Menschen eine Art hierarchische Gliederung erfahren hat.

Pyramidalmotorisches und extrapyramidalmotorisches System

Grobschematisch unterscheidet man bei der Betrachtung der menschlichen Motorik 2 nominell verschiedene, aber funktionell eng miteinander verbundene Systeme, nämlich das „pyramidalmotorische System" (PMS) und das „extrapyramidalmotorische System" (EPMS). Die oftmals vollzogene Unterscheidung in willkürliche oder bewußte sowie unwillkürliche oder unbewußte Motorik entspricht nicht den tatsächlichen Gegebenheiten: Die „bewußten" und somit willentlich gesteuerten Bewegungshandlungen laufen auf der Basis unwillkürlicher, unbewußter motorischer Leistungen ab. Als präzisere „Äquivalente" bieten sich die Begriffe *Stützmotorik* und *Zielmotorik* an (*Hess* 1943, 62 und 1949; *Struppler* 1977, 124; *Jung* 1976, 26). *Zielmotorik* und *Stützmotorik* werden dabei als 2 sich ergänzende Bewegungskoordinationen betrachtet.

> Die auch als Haltung bezeichnete Stütz-
> innervation stellt eine notwendige Be-
> dingung jeder Zielaktion dar und dient
> ihrer Vorbereitung und Kontrolle. Die
> Koordination spezieller Bewegungsab-
> läufe der Extremitäten bedarf der Ziel-
> motorik, die entsprechende Körperhal-
> tung der Stützmotorik.

Die *Stützmotorik* wird vor allem vom *extrapyramidalmotorischen System* gesteuert (*Le
Boulch* 1978, 124). Mit der Namensgebung
soll verdeutlicht werden, daß die Nervenbahnen des *extrapyramidalmotorischen Systems* nicht über die Pyramidenbahnen laufen, was nach neueren Untersuchungen jedoch nicht richtig ist, da gerade die Pyramidenbahn eines der hauptsächlichen Output-
Systeme des extrapyramidalmotorischen Systems darstellt (*Henatsch* 1976, 386).

> Das *extrapyramidalmotorische System*
> umfaßt eine Vielzahl von Hirnstruktu-
> ren, die miteinander verschaltet sind
> und die grobmotorischen Bewegungs-
> muster der zerebralen Rindenfelder
> räumlich-zeitlich koordinieren und mit
> bereits vorliegenden „automatisierten"
> Teilprogrammen zu einem harmoni-
> schen Bewegungsfluß führen.

Die *Zielmotorik* wird überwiegend von der
Pyramidenbahn getragen (*Le Boulch* 1978,
124): Über sie wird der in den *Assoziationsfeldern* der Großhirnrinde erstellte Bewe-
gungsplan abgerufen und direkt zu den motorischen Vorderhörnern des Rückenmarks
weitergeleitet. Hier erfolgt die Umschaltung
zum Teil direkt, zum Teil über sogenannte
Interneuronen – sie wirken aktivitätsmodu-
lierend – auf die Motoneuronen, die ihre
schnell leitenden Neuriten (s. S. 49) zu jeweils mehreren Fasern der Skelettmuskula-

tur entsenden, mit denen sie über die motorischen Endplatten in Verbindung treten.

In allen motosensorischen Arealen werden
topographische (landkartenähnliche) Glie-
derungen für die verschiedenen Anteile der
Körpermuskulatur gefunden. Man sucht
dies durch figürliche, menschenähnliche
Umrißskizzen der Areale, sog. „Homun-
culi" (Abb. 22) zu veranschaulichen. Die
Muskeln sind je nach ihrer Funktion in entsprechender Ausdehnung auf der Rinde repräsentiert. Den größten Raum nehmen dabei die Projektionen jener Muskeln ein, die
zu den feinsten Bewegungen befähigt sind.
Im wesentlichen besteht eine *kontralaterale
Repräsentation* der Körpermuskulatur auf
der Hirnrinde, d. h., jede Kortexhälfte ist
mit der gekreuzten Körperseite verbunden:
Die Muskulatur der linken Körperseite ist in
der rechten Hirnhälfte abgebildet, die der
rechten in der linken Hemisphäre. Gleiches
gilt auch für die prämotorischen Felder. Die
Repräsentation kann sogar doppelt oder
mehrfach vorliegen (*Strick/Preston* 1978,
366 ff.).
Abbildung 23 zeigt den *primären motorischen Kortex* und die *Pyramidenbahn*.
Die Bedeutung des *Motorkortex* für die
menschliche bzw. sportliche Motorik liegt in
2 wesentlichen Punkten begründet:
1. Er ist Anlaufpunkt für zentrale, willens-
gesteuerte Programme (z. B.: „Ich will den
Ball vor das Tor flanken") und somit als ein
Kettenglied an der Initiierung einer Bewegung beteiligt.
2. Der motorische Kortex spielt eine wichtige Rolle bei der Kontrolle und Korrektur
von Willensbewegungen (sensorischer Input
und motorischer Output werden differen-
ziert aufeinander abgestimmt).

Allerdings ist der primäre motorische
Kortex allein nicht in der Lage, sinnvolle
komplexe Bewegungen zu organisieren, da
er nicht über alle sensorischen Informationen verfügt (*Kornhuber* in *Desmedt/Gor-
daux* 178, 24).

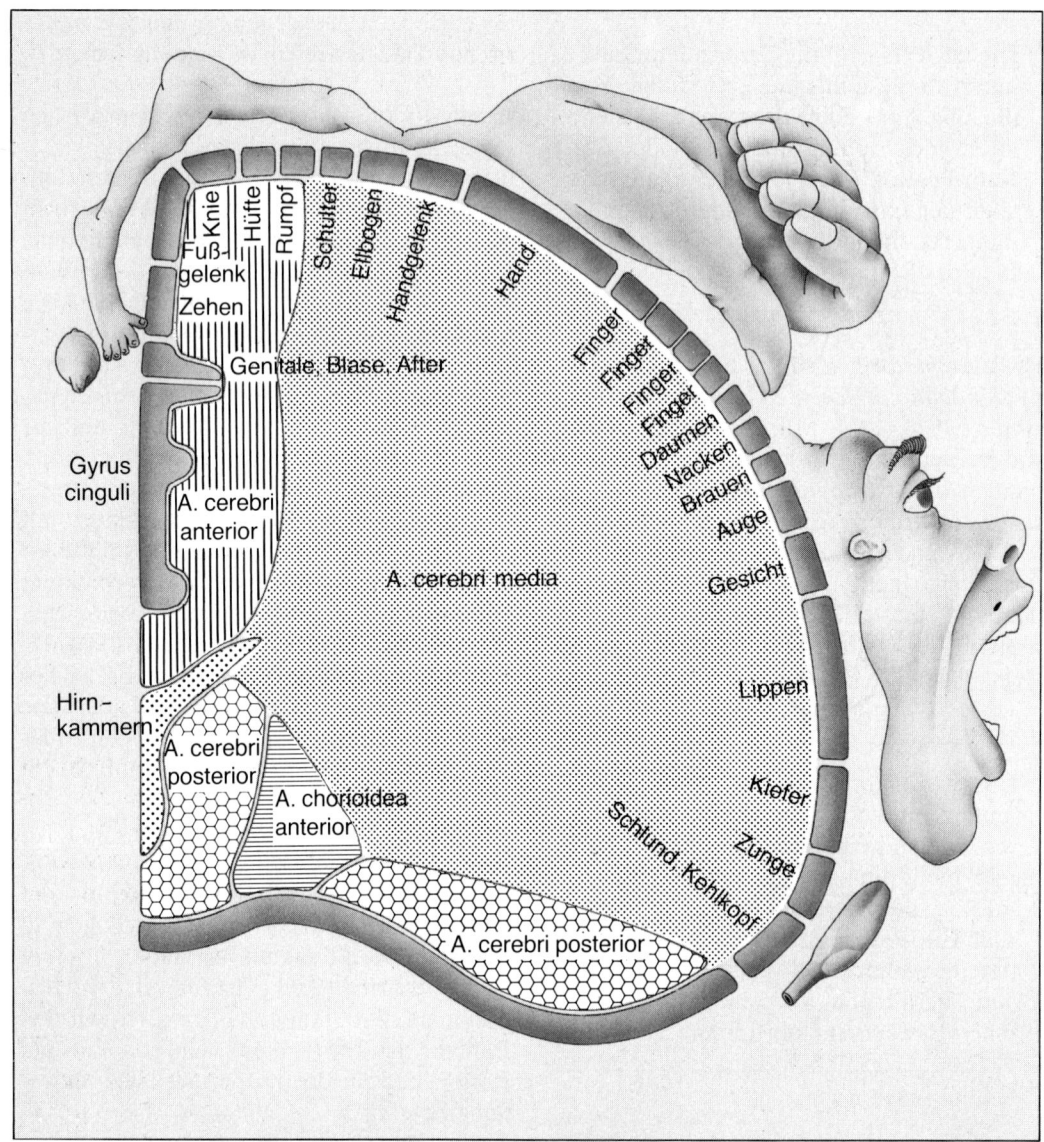

Abb. 22   Der „motorische Homunculus" (nach *Penfield/Rasmussen* 1961), der in der vorderen zentralen Hirn-windung repräsentiert ist, zeigt, daß die Muskulatur je nach ihrer mehr oder weniger differenzierten Tätigkeit ein entsprechend ausgedehntes Rindenareal beansprucht.

Unmittelbar nach einer Verletzung des primären Motorkortex verschwinden alle komplizierten Willkürbewegungen. Sie werden jedoch im Laufe der Zeit aufgrund der großen Anpassungsfähigkeit (Plastizität) der Hirnrinde wieder zurückgewonnen (*Mas-sion/Sazaki* 1979, 264).

Aufbau des Zentralnervensystems

Das *Zentralnervensystem* läßt sich in End-hirn (Großhirn), Zwischenhirn, Mittelhirn, Brückenhirn mit Kleinhirn, verlängertes Rückenmark und Rückenmark gliedern. Für die menschliche Motorik übernehmen

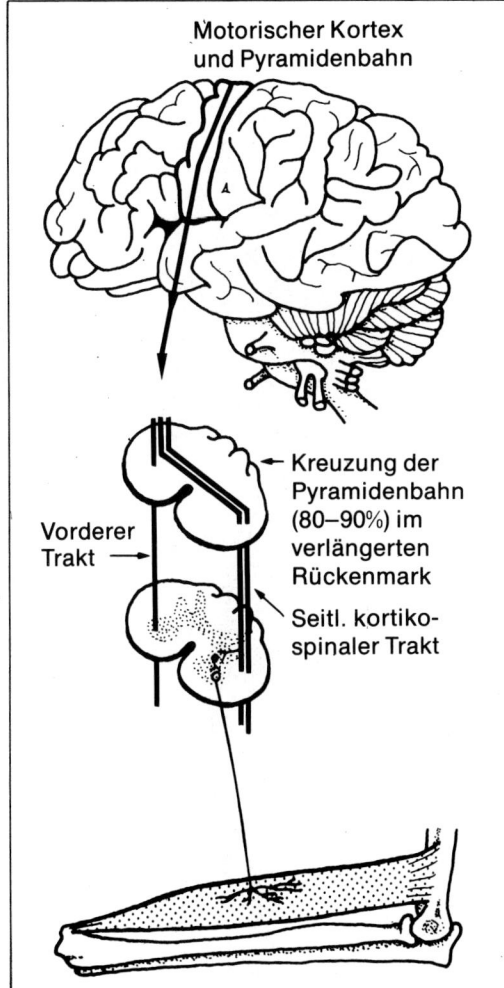

Motorischer Kortex
und Pyramidenbahn

Vorderer
Trakt →

→ Kreuzung der
Pyramidenbahn
(80–90%) im
verlängerten
Rückenmark

Seitl. kortiko-
spinaler Trakt

**Abb. 23   Schematische Darstellung des Motorkortex
(Rinde mit den motorischen Feldern) und der Pyramidenbahn.**

die im Endhirn ablaufenden sensomotorischen Prozesse eine Führungsrolle unter
Wahrung des „Subsidiaritätsprinzips" (*Henatsch* 1976, 204), das besagt, daß trotz
hierarchischer Gliederung Entscheidungen
nicht allein von „oben" gefällt werden: Die
höheren Funktionsebenen haben im wesentlichen ergänzende und helfende Aufgaben
gegenüber den untergeordneten, denen ein
hohes Maß an Selbständigkeit gelassen
wird.

Den in Abbildung 24 dargestellten anatomischen *Strukturen* lassen sich im einzelnen
folgende motorische *Funktionen* zuordnen:

Rückenmark

Das „Hauptleitungskabel Rückenmarks-
strang" führt einige Millionen Nervenfasern, deren Durchmesser nur einige Tau-
sendstel Millimeter beträgt (*Woolridge*
1967, 34).

Neben der Leitung sensorisch *afferenter*
und motorisch *efferenter* Impulse besteht die Hauptaufgabe des Rückenmarks in der Ausführung einfacher Hal-
tungs- und Bewegungsmuster, deren
Ausführung von den supraspinalen
(oberhalb des Rückenmarks gelegenen)
Strukturen des Nervensystems weitgehend unabhängig ist.

Während komplexere bzw. „höhere" motorische Leistungen der Motorik an die Mitwirkung übergeordneter Hirnstrukturen gebunden sind, können die einfacheren Kor-
rekturen der Muskeltätigkeit schon auf der
Ebene des Rückenmarks erfolgen.
Der funktionelle Baustein dieser Rücken-
marks(Spinal)-Motorik ist der Reflex.

Ein *Reflex* stellt die unmittelbare Aufeinanderfolge von Reizaufnahme (über
einen Rezeptor), Erregungsleitung und
Reizbeantwortung (über einen Effektor) dar.

Der Reflex basiert auf dem *Reflexbogen,*
der aus einer sensorischen (afferenten) Nervenzelle, einer oder mehrerer Schaltzellen
(Synapsen) und einer motorischen (efferenten) Nervenzelle besteht.
Man unterscheidet Eigen- und Fremdreflexe
(Abb. 25).

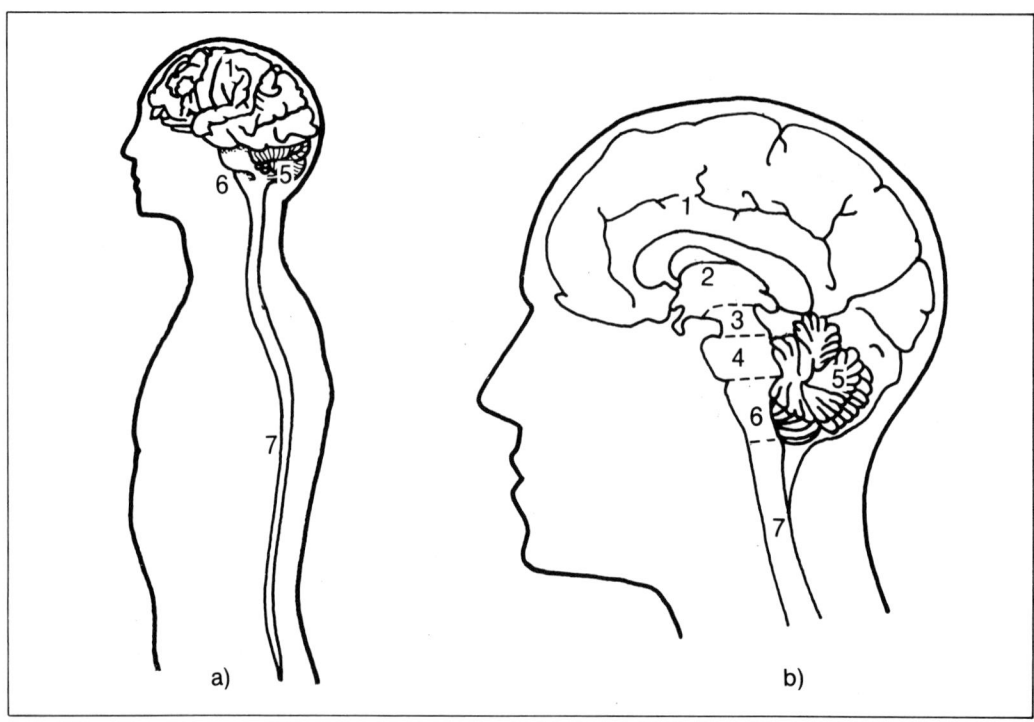

Abb. 24 Schematische Darstellung des hierarchischen Aufbaus des Zentralnervensystems. 1 = Endhirn, 2 = Zwischenhirn, 3 = Mittelhirn, 4 = Brückenhirn, 5 = Kleinhirn, 6 = verlängertes Rückenmark, 7 = Rückenmark.

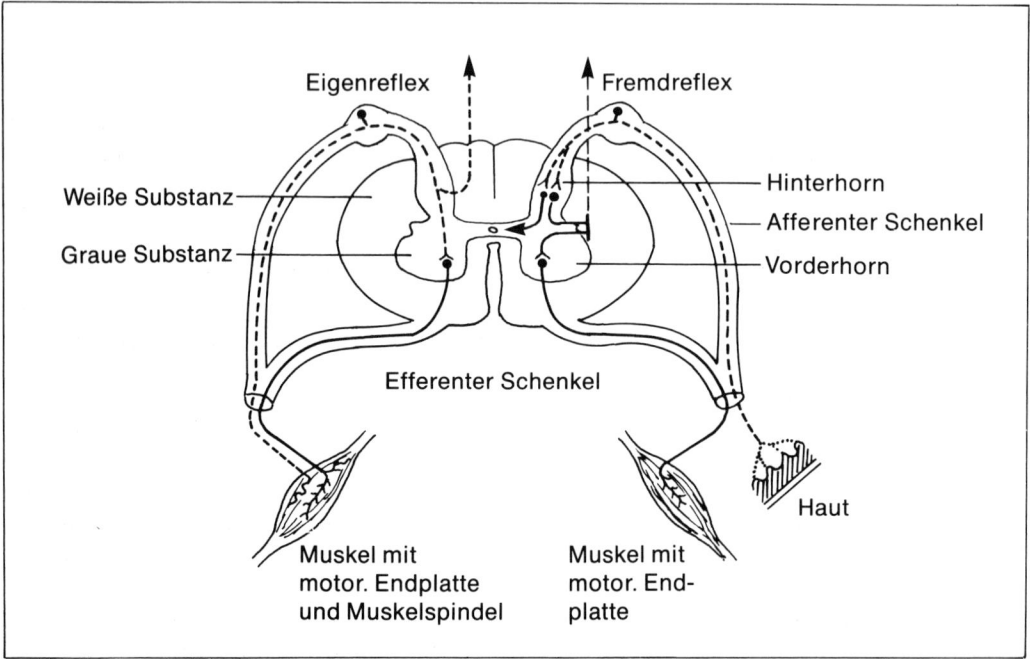

Abb. 25 Schematische Darstellung des Eigen- und Fremdreflexes.

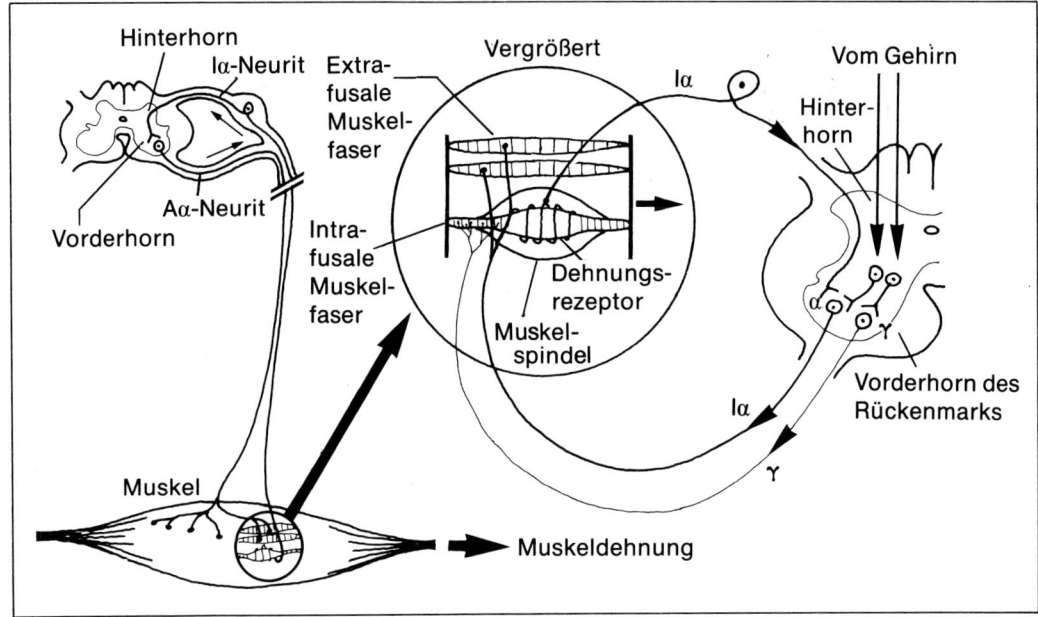

Abb. 26   Schematische Darstellung des Dehnungsreflexes. Die Muskelspindeln dienen dabei als Dehnungs- rezeptoren.

Beim *Eigenreflex* liegen Rezeptor und Effektor im gleichen Organ (Beispiel: Patellarsehnenreflex). Der Eigenreflex ist ein monosynaptischer Reflex.
Beim *Fremdreflex* liegen Rezeptor (z. B. Haut) und Effektor (z. B. Muskel) in unterschiedlichen Organen. Der Fremdreflex ist durch die Einschaltung von Zwischenneuronen ein polysynaptischer Reflex.

Für die Bewegungskoordination von besonderer Bedeutung sind die propriozeptiven Reflexe.

Die *Propriozeptoren* – es handelt sich um Rezeptoren der Muskeln, Sehnen und Gelenke – melden dem Nervensystem Stellung und Lage des Körpers bzw. der Extremitäten im Raum.

Der für die motorische Steuerung wichtigste Reflex ist der monosynaptische *Muskeldehnungsreflex,* dessen Rezeptororgan die *Muskelspindel* darstellt.

Funktionsmechanismus des Muskeldehnungsreflexes: Als Dehnungsrezeptoren dienen Muskelspindeln, die von einer bindegewebigen Hülle umgeben sind (Abb. 26). Ihre Muskelfasern sind kürzer (ihre Länge beträgt etwa 1% der Muskellänge [*Edgerton* in *Strauss* 1983, 51]) und dünner als die quergestreiften Muskelfasern, zu denen sie parallel angeordnet sind. Im Gegensatz zu den *extrafusalen* (außerhalb der spindelförmigen Hülle liegenden) Muskelfasern sind diese sogenannten *intrafusalen* Muskelfasern nur in ihren Endabschnitten kontraktionsfähig. In ihrem mittleren Abschnitt besitzen sie einen Dehnungsrezeptor, der bei Muskeldehnung gedehnt, bei Muskelkontraktion entspannt wird.
Die kontraktilen Abschnitte der intrafusalen Muskelfasern verfügen über eine eigene

motorische Innervation. Sie werden über dünne *Gamma-Fasern* von kleinen motorischen Vorderhornzellen versorgt, die meist über Zwischenneuronen in Verbindung mit höher gelegenen Zentren stehen, deren Aktivierung die Erregung dieser Gamma-Motoneuronen bewirkt. Die Innervation der extrafusalen Muskelfasern erfolgt über die dickeren *Alpha-Fasern* (Alpha-Motoneuronen).

Neben der *motorischen* Innervation besitzen die Muskelspindeln über die Ia-Fasern, die sich mehrfach um den mittleren Abschnitt der intrafusalen Muskelfasern schlingen, auch noch eine *sensible* Innervation, die funktionell als *Dehnungsrezeptor* fungiert: Bei einer Muskeldehnung vermitteln die Ia-Fasern afferente Aktionspotentiale – sie sind in ihrer Impulsfrequenz dem Ausmaß der Dehnung proportional –, die nach der synaptischen Umschaltung auf ein Alpha-Motoneuron zu einer entsprechenden Kontraktion extrafusaler Arbeitsmuskelfasern führen und damit die Muskellänge reflektorisch „normalisieren". Dieser Ablauf von Dehnung des Muskels, Aktivierung der Muskelspindelrezeptoren und der Dehnung entgegen wirkender Kontraktion der Muskelfasern wird als *Muskeldehnungsreflex* bezeichnet.

Afferente Impulse können von den Muskelspindeln auf zweierlei Art ausgelöst werden:
1. Über die Dehnung, d. h. die Längenzunahme der extrafusalen Arbeitsmuskulatur
2. Über die gamma-motorische (fusimotorische) Innervation der intrafusalen Muskelfasern, d. h. ohne Längenzunahme der extrafusalen Muskelfasern.

Beide Auslösungsvorgänge verstärken oder schwächen sich in ihrer Wirkung ab: Eine gleichzeitige Dehnung der extrafusalen und Kontraktion der intrafusalen Muskelfasern bewirkt eine sehr starke Erregung des Dehnungsrezeptors; die parallele extrafusale Kontraktion und intrafusale Erschlaffung führt hingegen zur Entspannung des Dehnungsrezeptors und damit zur Abnahme der afferenten Impulsrate.

Durch eine entsprechende Kombination von extra- und intrafusalem Dehnungs- bzw. Kontraktionszustand kann die Empfindlichkeit des Dehnungsrezeptors den Bedürfnissen entsprechend eingestellt werden.

Die Funktion der Muskelspindeln, die unter anderem einer zu starken muskulären Überdehnung entgegenwirkt, wird durch *Sehnenrezeptoren* – sogenannte *Golgi-Organe* – sinnvoll ergänzt: Durch ihre Spannungsrezeptoren, die bei zu starker aktiver oder passiver Muskel*kontraktion* aktiviert werden, wird eine Hemmung der entsprechenden Alpha-Motoneuronen ausgelöst und so die Gefahr eines Muskel- bzw. Sehnenrisses vermieden.

Die reflektorischen Muskelkontraktionen, die durch die Muskelspindeln und Golgi-Rezeptoren ausgelöst werden, können sowohl direkt über Alpha-Motoneuronen als auch indirekt über Gamma-Motoneuronen gebahnt oder gehemmt werden. So erhöhen z. B. Kältereize über die Aktivierung des gamma-motorischen Systems den Muskeltonus; dies kann sich für den Sportler bei feinmotorischen Bewegungen nachteilig auswirken, da ein zu hoher Muskeltonus die koordinativen Abläufe verändert.

Bedeutung des Dehnungsreflexes:

> Die Dehnungsreflexe spielen für die Aufrechterhaltung des Körpers (stützmotorischer Aspekt) und die Stellung der Extremitäten (zielmotorischer Aspekt) eine wichtige Rolle.

Dehnungsreflexe bremsen überschießende Bewegungen rasch ab und bilden somit die Voraussetzung für flüssige Bewegungsfolgen. Ob ein Speerwerfer, Kugelstoßer oder Diskuswerfer übertritt oder nicht, hängt vor allem von den Muskelspindelafferenzen ab: Bei der dem Wurf bzw. Stoß folgenden Ausgleichsbewegung z. B. in der Form der Standwaage kommt es durch die Verlagerung des Oberkörpers nach vorne zu einer starken Dehnung der Wadenmuskulatur, die reflektorisch zu ihrer sofortigen Kontraktion führt und somit ein Nach-vorne-Kippen bzw. „Übertreten" verhindert.

> Durch Training wird die Feinabstimmung aller reflektorischen Mechanismen optimiert. Der durch mangelndes Training eintretende Übungsverlust ist u. a. auf die abnehmende Einstellschärfe der reflektorischen Regulationsmechanismen zurückzuführen.

Neben den Dehnungsreflexen unterscheidet man auch noch *Beugereflexe*. Da bei den Beugereflexen Rezeptor und Effektor in verschiedenen Organen liegen und die afferenten Impulse über mehrere Synapsen auf die Motoneuronen der Beugemuskeln umgeschaltet werden, werden sie als polysynaptische *Fremdreflexe* bezeichnet.
Beispiel: Bei der Reizung der Wärmerezeptoren in der Haut der Finger beim Berühren einer heißen Herdplatte kommt es zu einer raschen reflektorischen Beugung der oberen Extremität. Die dabei erfolgende Abwehr- oder Fluchtbewegung bzw. -reaktion macht den Beugereflex zum typischen *Schutzreflex*.
Während des Ablaufes der Beugereflexe sind die Motoneuronen der gleichseitigen Streckmuskulatur gehemmt, die der gegenseitigen aber in erhöhtem Maße aktiviert: Auf der Höhe des Rückenmarkes kreuzen die Erregungsimpulse der Beugereflexe auch auf die Gegenseite und aktivieren die Motoneuronen der Streckmuskulatur.

Zusammenfassend läßt sich feststellen, daß das Rückenmark neben seiner Leitungsfunktion über die verschiedenen Reflexmechanismen eine wichtige Funktion in der Körper- und Gliedmaßensteuerung ausübt

und auf diese Weise die übergeordneten motorischen Zentren entlastet.
Es sind jedoch übergeordnete zentralnervöse Einflüsse nötig, um die vielfältigen spinalen Eigenreflexe bedarfsgerecht und entsprechend den wechselnden Umweltanforderungen im motorischen System zu integrieren.

Hirnstamm

> *Verlängertes Rückenmark, Brücke* und *Mittelhirn* werden aus funktionellen Gründen zum *Hirnstamm* zusammengefaßt.

Wichtige Zentren des Hirnstammes sind: *Formatio reticularis* – sie erstreckt sich vom verlängerten Rückenmark bis ins Mittelhirn und stellt ein diffuses Neuronennetz dar –, *roter Kern* des Mittelhirns und *Deiters-Kern* des verlängerten Rückenmarks. In ihrer Gesamtheit sorgen sie für eine den Bedürfnissen der Zielmotorik angepaßte Stützmotorik.

Kleinhirn und Basalganglien

> Das Kleinhirn und die Basalganglien – bestehend vor allem aus dem *Striatum* (Kernstruktur im Endhirn) und dem *Pallidum* (Kernstruktur im Zwischenhirn) – stellen spezielle Funktionsgeneratoren dar, welche die grobmotorischen Bewegungsmuster der Assoziationszentren räumlich-zeitlich gliedern.

Das Kleinhirn ist dabei für die Programmierung schneller, diskontinuierlicher Bewegungen, die Basalganglien hingegen sind für langsame, kontinuierliche Bewegungen zuständig (*Kornhuber* 1970 u. 1971, in *Henatsch* 1976, 405).

Beteiligte Hirnstruktur	Funktion
Limbisches System und andere Motivationsareale	*Entscheidungsinstanz* für den Abruf von
	↓
Assoziationsfelder des Endhirns	gespeicherten Programmentwürfen, die
	↓
Kleinhirn und Basalganglien (hauptsächlich bestehend aus der Endhirnstruktur des Striatums bzw. der Zwischenhirnstruktur des Pallidums)	in räumlich-zeitlich gegliederte Bewegungshandlungen umgesetzt,
	↓
Motorische Rindenfelder	dem Motorkortex als *Exekutivorgan* für die Ausführung des Bewegungsprogrammes zugeleitet werden. Über efferente Bahnen gelangen die differenzierten Bewegungsengramme (Bewegungsschemata etc.)
	↓
Hirnstamm	bei *angepaßter Stützmotorik* (sie schafft über die situationsgemäße Anpassung der Körperhaltung die Voraussetzung für die zielmotorische Bewegung) über den Hirnstamm
	↓
Rückenmark	zu den motorischen Vorderhornzellen des Rückenmarks, wo sie auf die Alpha-Motoneurone umgeschaltet werden, die über
	↓
Skelettmuskulatur	die Zahl der innervierten motorischen Einheiten bzw. die vorliegende Impulsfrequenz der aktivierten Muskeln zu abgestuften Muskellängen und -kraftänderungen und damit zu einer Bewegung oder Haltungsveränderung führen.

Tab. 4   Schematische Darstellung des Ablaufs einer Bewegungshandlung unter Angabe der dabei beteiligten anatomischen Strukturen bzw. ihrer Funktion.

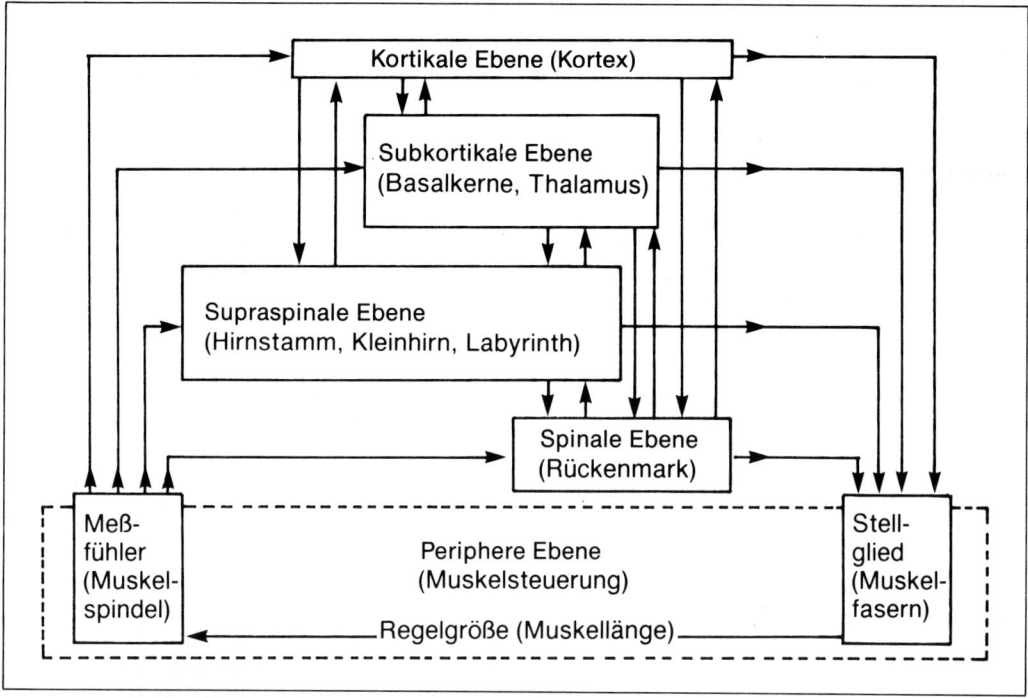

Abb. 27 Das Prinzip der hierarchischen Ordnung und der Vermaschung organismischer Regelkreise, gezeigt am Beispiel des kinästhetischen Analysators , dessen Regelgröße u. a. die Muskellänge darstellt.

Endhirn

Das Endhirn macht über 80 Prozent des Gesamthirns aus. Es ist über die motorischen Rindenfelder, die Assoziationszentren sowie die Motivations- und Antriebsareale von besonderer Wichtigkeit für die Durchführung von Bewegungshandlungen (Befehlsausgabe), die Bereitstellung von Programmentwürfen sowie die Regulierung des Handlungsantriebs.

Bei der Realisierung einer Bewegungshandlung sind diese anatomischen Strukturen in einer Funktionskette (Tab. 4) hintereinandergeschaltet (*de Marées* 1979, 70; *Schmidt* 1979, 181).

Auf allen Ebenen des Zentralnervensystems finden rückgekoppelte Informationsflüsse nach dem Prinzip des Regelkreises statt.
Im menschlichen Organismus ist zumeist eine Vielzahl von Steuer- und Regelinstanzen miteinander hierarchisch vermascht. Die hierarchische Vermaschung kommt dadurch zustande, daß Führungsgrößen, die zu entsprechenden Regelsystemen gehören, zugleich die Regelgrößen übergeordneter Regelkreise sind.
Abbildung 27 verdeutlicht die vielfältigen Kombinationsmöglichkeiten der verschiedenen Steuer- und Regelzentren, die sich aus dem Netz der Informationsleitungen ergeben. Das Feedback kann über verschiedene Steuerebenen laufen. Dabei kann das Feedback niederer Zentren sowohl von Zentren höherer Ordnung übernommen werden als auch umgekehrt (*Beulke* 1980, 173). *Unter-*

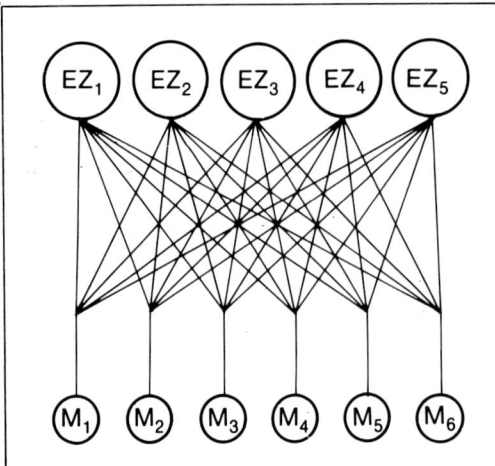

Abb. 28   Schematische Darstellung der komplexen Verflechtung der verschiedenen Bewegungs- und Programmebenen bei der Ausführung einer Bewegung, an der 6 Muskeln (M_1–M_6) und 5 zerebrale Effektorenzentren (EZ_1–EZ_5) beteiligt sind (*Bernstein* 1975, 77).

Einen Eindruck von der Komplexität der beim Bewegungsvollzug ablaufenden Steuerungs- und Interaktionsvorgänge der beteiligten Hirnanteile vermittelt Abbildung 28.

Die Optimierung der Verkopplung der verschiedenen an der Bewegungssteuerung beteiligten Systeme ist Inhalt des motorischen Lernprozesses.

Im Gegensatz zu den Reflexmechanismen des Rückenmarks – ihre Programmierung ist starr und auf angeborene Schaltverbindungen beschränkt – sind die zerebralen sensomotorischen Strukturen plastischer und adaptionsfähiger und durch Üben bzw. Lernen in großem Umfang modifizierbar.

Im Verlauf des motorischen Lernprozesses wird das Zusammenspiel der verschiedenen Steuerungsebenen präzisiert, ökonomisiert und neu strukturiert. Bewegungen, die zu Beginn des Lernprozesses über eine (höchste Konzentration erfordernde) bewußte Kontrolle der räumlichen, zeitlichen und dynamischen Bewegungskomponenten realisiert werden, erfahren eine zunehmende Automatisierung. *Automatisierte Bewegungen* werden auf tieferer Ebene und damit unbewußt und ohne Großhirnkontrolle abgewickelt. Damit wird die Großhirnrinde entlastet und kann sich anderen, mit der Bewegungsausführung verbundenen Rahmenaufgaben zuwenden.

geordnete Schaltsysteme (z. B. spinale Ebene) versorgen nur einen sehr beschränkten Regelbereich, größere Abweichungen des Istwertes können nicht ausgeglichen werden, nur ein Teil der organismischen Gesamtsteuerung wird erfaßt. *Höhere* Schaltsysteme (z. B. supraspinale und subkortikale) versorgen bereits den gesamten Organismus, aber auch ihr Regelbereich genügt nicht zur Kompensierung extremer Aussteuerungen. Das in der Hierarchie höchste Steuersystem (Kortex) mit dem größten Regelbereich vermag als einziges eine Integration aller funktionellen Möglichkeiten des Organismus herbeizuführen (*Trincker* 1974, 14).
Höhere (adaptierende) Regel- und Steuersysteme sind im allgemeinen mit einem weniger hoch stehenden Regelkreis so vermascht, daß sie für ihn die normgebende Zieleingabe übernehmen – z. B. Ausführung *zielmotorischer* Bewegungen –, während der weniger hoch stehende Regelkreis die Durchführung der *stützmotorischen* Bewegung und die schnelle Rückführung bei äußeren Störgrößen übernimmt.

Charakteristisch für eine noch nicht ausreichend ökonomisierte und damit feinregulierte Bewegung – *Grobform* – sind die beim Anfänger zumeist feststellbaren überschüssigen und räumlich-zeitlich schlecht koordinierten Mitbewegungen. Dieses „Zuviel" an innervierter Muskulatur kommt dadurch zu-

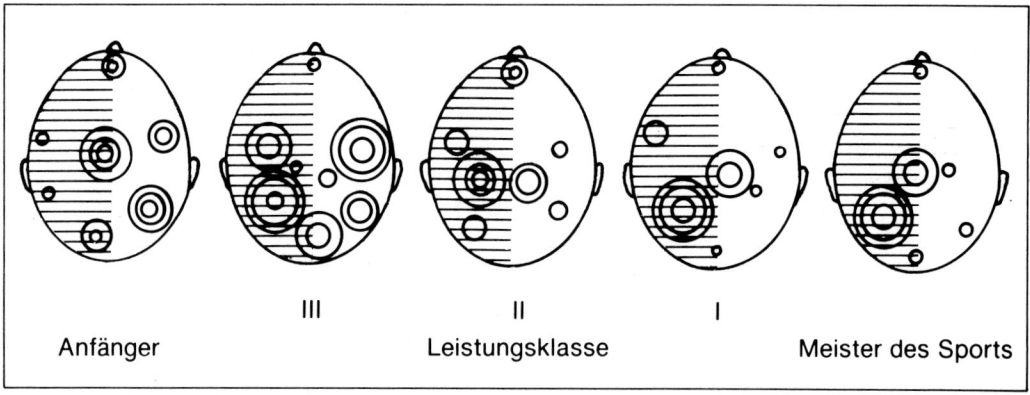

III   II   I
Anfänger   Leistungsklasse   Meister des Sports

Abb. 29   Die EEG-Ableitungen bei Sportlern verschiedener Qualifikationen. Mit zunehmender Leistungsfähigkeit kommt es zu einer Konzentration der Erregungen auf die für die durchgeführte Bewegung spezifischen motorischen Rindengebiete (nach *Sologub* 1975).

stande, daß das *innere Bewegungsmodell* noch nicht ausreichend präzisiert und auf die wesentlichen Elemente der Bewegung – *Fein-* und *Feinstform* – reduziert ist. In diesem Zusammenhang wird von einer *Irradiation* der Reizprozesse gesprochen: Gehirnstrukturen werden mitaktiviert, die eigentlich keine unmittelbare Bewegungsrelevanz haben. Wie Abbildung 29 verdeutlicht, kommt es im Laufe des Trainings- und Lernprozesses zu einer *Konzentration* der Erregungen auf die für die jeweiligen Bewegungen notwendigen Erregungsprozesse.

Grundlagen des Bewegungslernens

Wichtige Voraussetzungen für das Erlernen von Bewegungsabläufen sind die Wahrnehmung und die Gedächtnisbildung. Die Wahrnehmung kann dabei auf visuellen, verbalen, kinästhetischen (auf dem Muskelsinn beruhenden), taktilen oder vestibulären (das Gleichgewicht betreffenden) Informationszuflüssen beruhen.

Zu Beginn eines psychomotorischen Lernprozesses dominieren die visuellen und verbalen Informationsanteile, in der Folge spielen die Informationen des kinästhetischen Analysators eine zunehmend bedeutende Rolle.

Bewegungslernen und Wahrnehmung

Von den dargebotenen Lerninformationen kann nur ein begrenzter Teil vom sensorischen System aufgenommen werden (Abb. 30).

Über mehr als 10^9 *Sinnesrezeptoren* mündet der Nachrichtenfluß über afferente Nervenbahnen in das Zentralnervensystem ein. Nur ein sehr geringer Teil der uns bewußt werdenden Vorgänge – sie stellen wiederum nur einen kleinen Ausschnitt aus allen sensorischen Zuflüssen dar – wird weiterverarbeitet und gespeichert. Die größte *Datenreduzierung* erfolgt dabei zwischen dem informationsaufnehmenden Rezeptor und der Einspeicherung ins Kurzzeitgedächtnis. Sie vollzieht sich überwiegend in den sensorischen Kanälen, die mit Neuheitsdetektoren

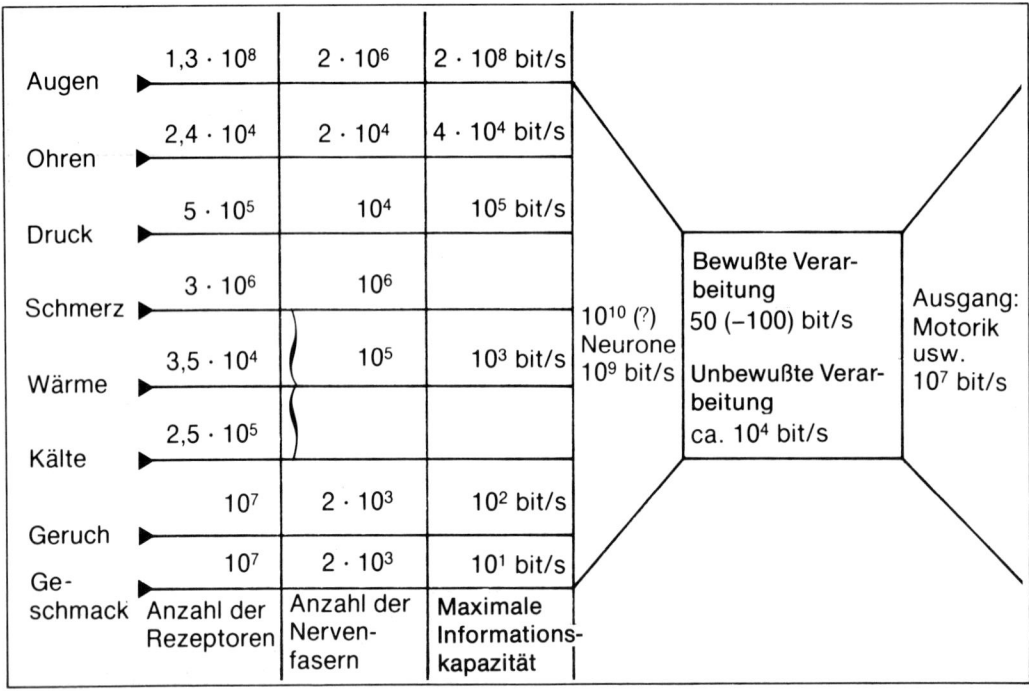

	Anzahl der Rezeptoren	Anzahl der Nervenfasern	Maximale Informationskapazität		
Augen	$1,3 \cdot 10^8$	$2 \cdot 10^6$	$2 \cdot 10^8$ bit/s		
Ohren	$2,4 \cdot 10^4$	$2 \cdot 10^4$	$4 \cdot 10^4$ bit/s		
Druck	$5 \cdot 10^5$	10^4	10^5 bit/s		
Schmerz	$3 \cdot 10^6$	10^6		Bewußte Verarbeitung 50 (–100) bit/s	Ausgang: Motorik usw. 10^7 bit/s
Wärme	$3,5 \cdot 10^4$	10^5	10^3 bit/s	10^{10} (?) Neurone 10^9 bit/s	
Kälte	$2,5 \cdot 10^5$			Unbewußte Verarbeitung ca. 10^4 bit/s	
Geruch	10^7	$2 \cdot 10^3$	10^2 bit/s		
Geschmack	10^7	$2 \cdot 10^3$	10^1 bit/s		

Abb. 30   Maximale Informationskapazität beim Menschen (*Vossius* 1980, 223; modifiziert nach *Küpfmüller* und *Keidel*).

versehen sind, sowie im Kurzzeitgedächtnis mit seiner Selektions- und Aufmerksamkeitssteuerung.

Die *zentralnervöse Kontrolle* der Eingangskanäle ist ein eminent wichtiger Bestandteil der *auswählenden Informationsverarbeitung,* mit der auf niedrigen Ebenen eine Begünstigung oder Zurückdrängung bestimmter Regelungs- oder Reflexmechanismen, auf höheren Ebenen eine Filterung und Reduktion der schließlich zum Bewußtsein gelangenden Informationen vorgenommen werden kann. Die „Eingangstore" können wahlweise auf- und zugemacht werden, was nicht zuletzt der antizipatorischen Aufmerksamkeits- oder Bereitschaftseinstellung dient oder – durch Unterdrückung momentan unwesentlicher Nachrichten – überhaupt erst ermöglicht (*Henatsch* 1976, 231). Bei der Informationsauswahl scheint dem *limbischen System* eine Sonderrolle zuzu-

kommen (*Destrade/Jaffard/Cardo* 1970, 197; *Goldstein/Nelson* 1973, 157; *Kammerer/ Rauca/Matthies* 1979, 145). Es steuert als wichtige Selektionsinstanz die Informationsauslese für das Langzeitgedächtnis (s. S. 69).

Eine wichtige Rolle für die Informationsauswahl spielt die *Aufmerksamkeit* (Wachheit, Vigilanz).

Der unterschiedliche *Wachheitsgrad* zum Zeitpunkt der Informationsaufnahme variiert die Anzahl der am Lernprozeß beteiligten *Neuronen* höherer Gehirnstrukturen und beeinflußt auf diese Weise die bewußte Verarbeitung der Informationen.

In dieser Hinsicht besitzt die *Formatio reticularis,* welche die Gesamtreaktivität des Organismus steuert, eine große Bedeutung. Sie steht dabei in einer engen Wechselbeziehung mit dem Kortex, dessen Wachheitszustand sie mitbestimmt (*Le Boulch* 1978, 171). Die Formatio reticularis beeinflußt insbesondere die *Aufnahmefähigkeit* der Hirnrinde für *afferente Erregungen* der verschiedenen Sinnesorgane, indem sie die Reizschwelle der Hirnrinde nach Bedarf erhöht oder erniedrigt: Auf diese Weise werden verarbeitete Reize bewußt, unterdrückte hingegen bleiben unbewußt. Dadurch werden Aufmerksamkeit bzw. Wachheitsgrad des Menschen entscheidend der spezifischen Erregungssituation angepaßt (*Findeisen/Linke/Pickenhain* 1980, 71).

Im Zustand *normaler Wachheit* werden aus dem Überschuß der Informationen nur einzelne Informationen einer bewußten Verarbeitung zugeführt, für Sekundenbruchteile geprüft und größtenteils verworfen, so daß die beteiligten Neuronensysteme für die Verarbeitung von Folgeinformationen wieder verfügbar sind. Nach *Kornhuber* (1973, 4) wird nur etwa 1 Prozent der bewußt gewordenen Informationen in das Langzeitgedächtnis aufgenommen.

Im Zustand *höchster Wachheit* (Supervigilanz) ist die Zahl der kognitiven Prozesse, die pro Zeiteinheit verarbeitet werden können, auf ein Vielfaches steigerbar, im Zustand *verringerter Wachheit* (Subvigilanz) fällt sie erheblich ab (*Kugler* 1981, 8).

Eine Information, die nicht genügend *Zeit* hat, einen kognitiven Prozeß in Gang zu setzen, besitzt nur eine geringe Wahrscheinlichkeit, in das Sofortgedächtnis (s. S. 66) aufgenommen und damit in die weiteren Gedächtnisprozesse eingeschleust zu werden. Sie muß bei Sekundenbruchteilen Dauer schon von besonderer Bedeutung sein oder mit besonders gerichteter *Aufmerksamkeit* bzw. *Lernbereitschaft* erwartet worden sein, um ins Kurzzeit- bzw. Langzeitgedächtnis übernommen zu werden.

> Abnahme der Lernbereitschaft und damit sinkende Aufmerksamkeit verlängern die erforderliche Zeit für die Fixierung der Lerninhalte im Gedächtnis.

Folgt auf einen kognitiven Prozeß in kurzem Abstand ein weiterer, länger oder intensiver einwirkender, dann ist die Wahrscheinlichkeit gering, daß der vorangegangene den weiterführenden Gedächtnisprozessen zugeführt wird. Es entsteht das Phänomen der „retroaktiven Hemmung".

> Die größte Wahrscheinlichkeit, aus dem Sofortgedächtnis in das *Kurzzeit-* und nachfolgend in das *Langzeitgedächtnis* übernommen zu werden, haben Lernprozesse, die innerhalb weniger Stunden oder Tage über identische Erregungsprozesse den Zusammenschluß vieler Neuronenverbände zu einer Funktionseinheit *reaktivieren.*
> Stark emotional geladene Lerninhalte führen zu einer eigenständigen reproduzierenden Wiederholung und prägen sich daher besonders gut ein (*Kugler* 1981, 9).

> Allgemein gilt: Je stärker der Lernimpuls und je länger die Einwirkungsdauer, desto größer die Wahrscheinlichkeit, daß der Lernvorgang fixiert wird (*Rahmann* 1979, 107).

Bewegungslernen und Gedächtnisbildung

Das Gedächtnis ist für alle Lern- und Anpassungsprozesse unentbehrlich, da jegliche Verhaltensmodifizierung auf einem verglei-

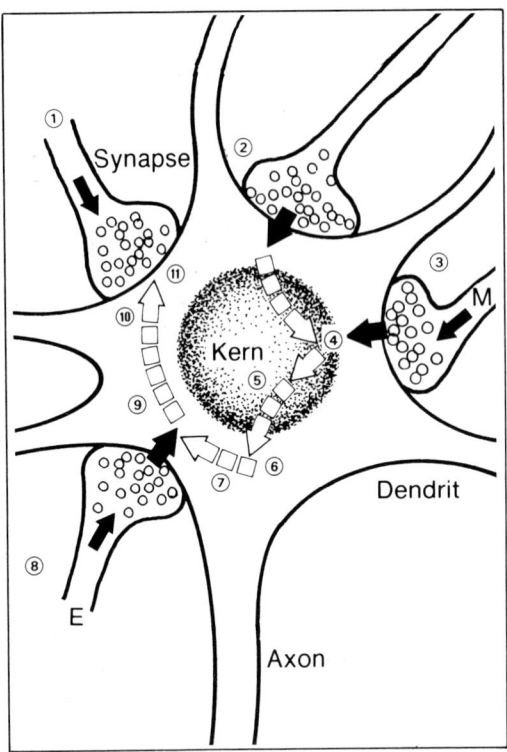

Abb. 31 Hypothetisches Modell der Stoffwechsel-prozesse eines Neurons bei der Gedächtnisspeicherung (modifiziert nach *Matthies* 1979, 213). 1 = Zufluß einer spezifischen Erregung (Information) aus der Sinnesbahn zu einer inaktiven Synapse: Freisetzung eines Transmitters. 2 = Auslösung eines Aktionspotentials mit Aktivierung des postsynaptischen Rezeptors. Parallel dazu: örtliche Formveränderungen der postsynaptischen Membran als erste Konditionierung des Informationseinganges. Änderung der Proteinsynthese durch die Aktivierung von Stoffwechselenzymen. 3 = Motivierende Erregungseinflüsse (M) wirken über spezielle Transmitter fördernd auf den Proteinsyntheseprozeß. 4 = Einschleusung der Proteine in den Kern. 5 = Änderung der Gen-Aktivität. 6 = Quantitative und qualitative Änderung der Bildung von Polypeptid-Ketten. 7 = Bildung spezifischer Glykoproteine. 8 = Emotionale Erregungszuflüsse (E) wirken über spezifische Transmitter fördernd auf den Proteinsyntheseprozeß. 9 = Transport dieser Glykoproteine in die Dendriten und zur inaktiven, aber in ihrer Form immer noch unveränderten postsynaptischen Mebran der konditionierten Synapse. 10 = Einbau der Glykoproteine in die veränderte postsynaptische Mebran. 11 = Verwandlung der inaktiven Synapse in eine aktive: Die Synapse hat „gelernt", d. h., sie hat über die strukturellen Membranänderungen die Informationszuflüsse im „Gedächtnis" gespeichert.

chenden Beurteilen, Einordnen und Neu-entwerfen beruht.

> Das Gedächtnis ist die Voraussetzung für das Bewegungslernen.

Nach dem augenblicklichen Kenntnisstand (vgl. Literaturangaben in *Hotz/Weineck* 1983, 32) läßt sich die *Gedächtnisbildung*, und damit auch das Bewegungslernen, auf *neuronale Stoffwechselvorgänge* zurückfüh-ren, die letztlich bleibende Veränderungen der *synaptischen Membranen* und damit eine unterschiedliche Durchlässigkeit für ver-schiedene Erregungszuflüsse (kodierte In-formationen) bewirken.

> *Bewegungslernen* kann demnach als eine Konditionierung synaptischer Ver-bindungen bezeichnet werden, die zu einer Neuvermaschung bewegungsspe-zifischer *neuronaler Systeme* führt.

Die Mannigfaltigkeit und der Umfang neu-ronaler Stoffwechselvorgänge beim Lern-prozeß sind kaum vorstellbar: Bei normaler geistiger Tätigkeit – ein Aspekt des Bewe-gungslernens – werden in jeder Zelle des Gehirns in 1 Sekunde etwa 15 000 Eiweiß-moleküle umgebaut (*Kugler* 1981, 5).

Einen Überblick über die beim Bewegungs-lernen ablaufenden metabolischen und strukturellen Prozesse gibt Abbildung 31.

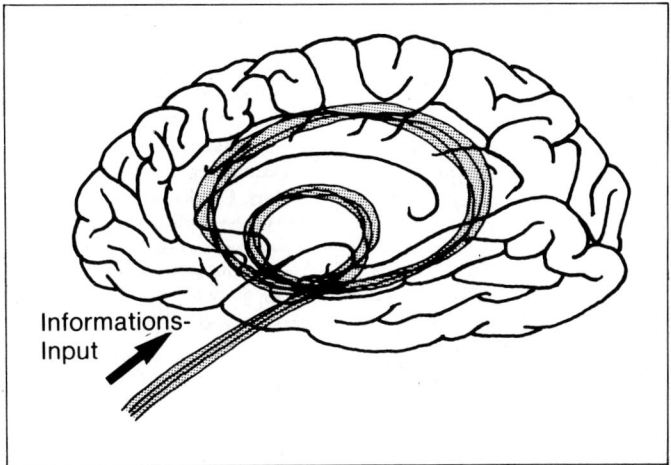

Informations-Input

Abb. 32 **Beispiel eines Schleifen-
modells, dargestellt an einem
„reverberierenden Kreis" (Abdruck
mit freundlicher Genehmigung aus
Kugler: Gedächtnis und Gedächtnisleistung – neurophysiologisch
beurteilt. Sandorama 1981/IV, S. 5.
© Copyright 1981 bei Sandoz AG,
Basel).**

Die Bedeutung der Neuronen bzw. ihrer synaptischen Verbindungen untereinander liegt also darin begründet, daß das Lernen, und damit auch das Bewegungslernen, an die spezifische Vermaschung bestimmter Neuronengruppen gebunden ist. In den Theorien der „Verhaltensschleifen" (*Hebb* 1949) bzw. der „langen Schleifen" („long loop", *Grimm/Nasher* 1978, 75 ff.) kommt dies zum Ausdruck (Abb. 32).

Zu Beginn eines Lernprozesses müssen die Erregungszuflüsse (Informationen) die Schleife mehrfach als „reverberierende Kreise" durchlaufen, um die für die Gedächtnisbildung notwendigen Folgereize auszulösen und die Schleife zu fixieren (*Kugler* 1981, 5).

Überträgt man diese Modellvorstellungen auf das Bewegungslernen, dann basiert jede Bewegung auf der Grundlage mehrerer Schleifen, die auf verschiedenen anatomischen Ebenen ineinandergreifen und gleichzeitig wirksam werden. Je nach motorischer Aktion und Leistungsstand interagieren da-

bei mehrere interne (z. B. kinästhetische) oder externe (z. B. optische) Schleifen: Ein Lernanfänger kontrolliert seine Bewegungen mehr durch das Auge, ein „Könner" mehr durch kinästhetische Empfindungen (*Cratty* 1975, 412).

Auf „schleifentheoretischer" Grundlage ist das Bewegungslernen wie folgt zu definieren:

Lernen induziert die Herausbildung und Fixierung lerninhaltsspezifischer „Neuronenschleifen", die über spezielle Gedächtnismechanismen für eine mehr oder weniger lange Zeit gespeichert werden und damit abrufbar sind. Der Ausdruck „eine Bewegung einschleifen" erhält unter diesem Aspekt eine sinnfällige physiologische Dimension.

Verlernen bedeutet das Verschwinden einer zuvor angelegten Bewegungsschleife.

Umlernen ist gekennzeichnet durch den Ersatz einer fixierten Schleife durch eine unter Umständen ähnliche, aber letztlich doch neue Schleife.

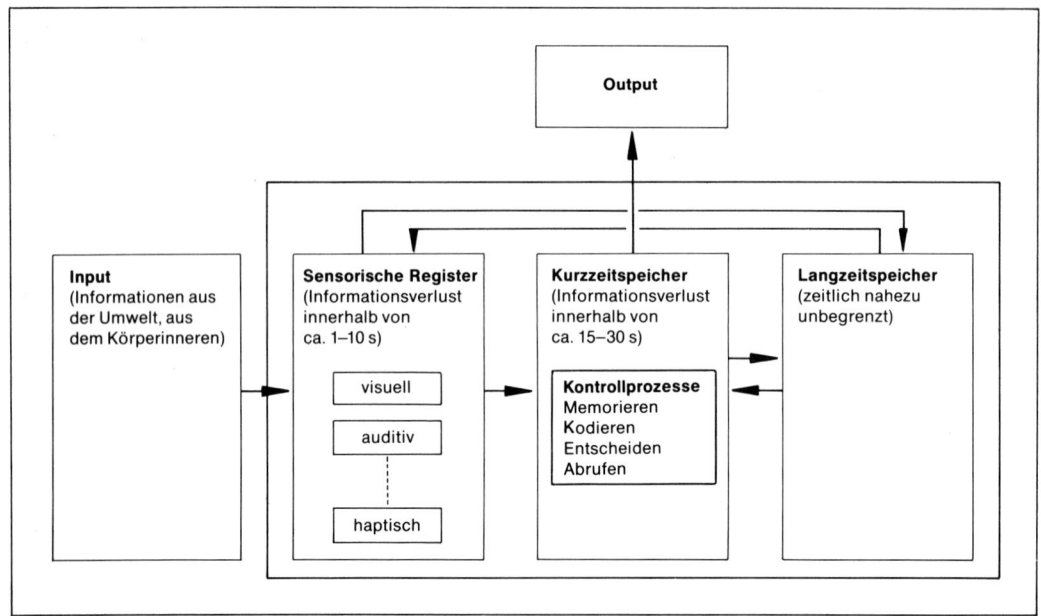

Abb. 33   Vereinfachte Darstellung eines Gedächtnismodells (*Kuhn* 1984, 38, modifiziert nach *Atkinson/Shiffrin* 1971).

Nach *Grimm/Nasher* (1978, S. 75) sind die „Schleifen" physiologisch gesehen zeitlich vergänglich. Sie werden durch spezifische Außenreize (sensorischer Input), durch Erfahrung oder unbewußte Kontrolle aktualisiert. Haben sie einen bestimmten Output hervorgebracht, verschwindet die Schleife bzw. der Systemkreis wieder; die Neuronen können wieder andere Aufgaben übernehmen, das heißt, sie sind für die Eingliederung in neue Funktionssysteme wieder verfügbar.

**Ultrakurzzeitgedächtnis –
Kurzzeitgedächtnis – Langzeitgedächtnis**

Das Gedächtnis ist als ein komplexes System zu verstehen, das sich aus verschiedenen Komponenten zusammensetzt. Man unterscheidet ein Ultrakurzzeitgedächtnis, ein Kurzzeitgedächtnis und ein Langzeitgedächtnis. Abbildung 33 gibt einen Überblick über die Zusammenhänge dieser 3 Gedächt-

nissysteme und die Zeitspanne ihres Speichervermögens.

Ultrakurzzeitgedächtnis (UKZG)

Das Ultrakurzzeitgedächtnis – auch „sensorisches Register" genannt (*Atkinson/Shiffrin* 1968) – stellt einen kurzzeitigen Puffer zwischen eingehenden Informationen und nachfolgender Verarbeitung dar. Je nach sensorischer Information (visuell, akustisch, taktil u. a.) handelt es sich um ein äußerst kurzzeitiges Gedächtnis mit einer Behaltenszeitspanne von 1–10 Sekunden (*Keele* 1973, 10; *Marteniuk* 1976, 9). Das UKZG besitzt eine große Aufnahmekapazität, die nur durch die Übertragungskapazität der Rezeptoren begrenzt ist. Es bildet einen temporären Speicher, der es dem Individuum erlaubt, aus der großen Zahl der einlaufenden Informationen je nach den spezifischen Erfordernissen und Zielsetzungen der laufenden Handlung Items aus diesem Speicher auszuwählen (*Marteniuk* 1976, 9).

Für die Existenz des UKZG werden insbesondere bioelektrische Vorgänge verantwortlich gemacht (*Kugler* 1981, 8).

Um Sinneseindrücke über einen längeren Zeitraum behalten zu können, ist es erforderlich, sie in das Kurzzeitgedächtnis zu übertragen.

Kurzzeitgedächtnis (KZG)

> Die Verweildauer von Informationen im KZG wird je nach Sinnesmodalität auf etwa 15 bis 30 Sekunden festgesetzt. Die Aufnahmekapazität ist im Vergleich zum UKZG sehr begrenzt.

Das KZG ist durch seine nur temporäre Speicherfähigkeit und sein begrenztes simultanes Aufnahmevermögen limitiert. Es stellt einen selektiven Filter beim Übergang vom Ultrakurzzeit- zum Langzeitgedächtnis dar.

Das KZG gestattet eine zeitweilige Speicherung von Informationen, deren Übernahme in das Langzeitgedächtnis unzweckmäßig wäre.

Beispiel aus der Sportpraxis: Der Fußballspieler muß bei gegebener Spielsituation aus der Vielzahl der auf ihn einströmenden Informationen die wenigen wichtigen Wahrnehmungen herausfiltern und die spielrelevanten Sinneseindrücke jeweils für einige Sekunden registrieren, um sie danach sofort wieder zu vergessen (Verdrängung der Reize), da für die nachfolgenden, ebenfalls Aufmerksamkeit erfordernden Wahrnehmungen Aufnahmekapazitäten frei sein müssen. Würden die Informationen ins Langzeitgedächtnis übernommen, wäre zum einen die fortlaufende Reizaufnahme gestört – was ein spieladäquates Verhalten unmöglich machen würde –, zum anderen das Langzeitgedächtnis mit größtenteils nutzlosen Informationen überladen.

Neben seiner Filterfunktion dient das KZG auch als „geistiger Notizzettel" oder Arbeitsgedächtnis (*Baddeley/Hitch* 1977, 61).

Beispiel: Um den Ausführungen des Trainers folgen zu können, müssen einzelne Aussageinhalte so lange im KZG gespeichert werden, bis sie in ihrer Gesamtheit nach ihrem Sinn- bzw. Informationsgehalt verstanden werden können.

Des weiteren dient das KZG noch als „Wiederholungspuffer" für den Transfer von Informationen in das Langzeitgedächtnis: Auf diese Weise wird es möglich, Informationen durch ständiges aktives und aufmerksames Wiederholen auf unbestimmte Zeit zu behalten und letztlich in das Langzeitgedächtnis zu überführen (*Baddeley/Hitch* 1977, 61).

Schließlich hat das KZG auch noch die Funktion der Vergegenwärtigung von Langzeitgedächtnisinhalten. Diese Funktion ist für den Sportler von großer Wichtigkeit, da sie ihm erlaubt, bereits in seinem Erfahrungsschatz befindliche Handlungsschemata z. B. in einer gegebenen Spielsituation sinnvoll einzusetzen.

Das neurophysiologische Korrelat des Kurzzeitgedächtnisses scheint der durch die bioelektrischen Vorgänge ausgelöste Folgeprozeß zu sein. Nach *Sinz* (1977, 204) kommt es bereits 500 Millisekunden nach Eintreffen einer lernspezifischen Information zu neurochemischen Reaktionen, die im Zellkern den Beginn des Aufbaus von *Eiweißmolekülen* in perikarionalen (um den Kern herum liegenden) Strukturelementen einleiten. Die chemische Struktur der zu bildenden Proteine hängt wahrscheinlich von der Kombination elektrophysiologischer Prozesse an der Membran und den daran beteiligten Transmittern und Modulatoren ab. Der Aufbau der Eiweißmoleküle benötigt eine bestimmte Zeit – Minuten bis Tage –, bis es von der sogenannten Initiation (Ingangsetzung) zur vollständigen Ausbildung eines kompletten Eiweißmoleküls kommt (*Kugler* 1981, 8).

Um die äußerst störanfälligen Informationen im KZG vor dem Vergessen zu bewahren, müssen sie in das Langzeitgedächtnis überführt werden.

Kenn-zeichen	Sensorisches Register	Kurzzeitgedächtnis	Langzeitgedächtnis
Funktion	Kurzzeitiger Puffer zwischen eingehenden Informationen und nachfolgender Verarbeitung	1. Selektierender Filter 2. Arbeitsgedächtnis 3. Vergegenwärtigung von Informationen aus dem LZG 4. Abrufen	1. Speichern, lagern 2. Abrufen 3. Assoziative Verbindung mit sensorischem Register
Kapazität (Gedächtnisspanne)	Groß, nur durch Übertragungskapazität der Rezeptoren begrenzt Maximalaufnahmekapazität: 10^{11} bit/s	Sehr begrenzt (simultan) Ca. 160 bit	Relativ groß, Ca. 10^6 bit
Dauer (Zeitspanne)	Ca. 1–10 Sekunden (modalitätenspezifisch)	Ca. 15–30 (60) Sekunden (modalitätenspezifisch)	Nahezu unbegrenzt
Aufnahme in den Speicher	Automatisch bei der Wahrnehmnung	Selektive Aufmerksamkeit Erkennen von Mustern, die im Langzeitgedächtnis verankert sind	Aufmerksames, aktives Wiederholen, Überlernen
Kodieren (Verschlüsselung)	Abbild des physikalischen Reizes (sog. „rohe" sensorische Muster) Biochemisch-neurophysiologische Umkodierung	Verbal, visuell Weitgehend modalitätenspezifisch mit oder ohne Rekodierung	Verbal, akustisch, visuell
Organisation des Materials	–	Zeitliche Ordnung	Hierarchisch organisierte Struktur
Wiedergewinnung (Retrieval)	–	Sehr schneller Zugriff Sukzessiver Scanning-Prozeß	Zugriffszeiten unterschiedlich: mehrphasiges Modell
Art des Vergessens	Verblassen und Auslöschen	Verfall, Interferenz (pro-, retroaktiv und kurzzeitspezifisch: Neue Informationen ersetzen alte)	Verfall, Spurenveränderung, Interferenz (pro- und retroaktiv), scheinbares Vergessen: Abrufstörung, motivationales Vergessen, Anwärmeverlust etc.

Tab. 5   Gegenüberstellung von Kennzeichen der einzelnen Gedächtnissysteme (nach *Kuhn* 1984, 39).

Langzeitgedächtnis (LZG)

Das LZG stellt einen ziemlich störunanfälligen permanenten Gedächtnisspeicher mit relativ großer Aufnahmekapazität dar. Seine Inhalte sind nicht bewußt, aber bewußtseinsfähig.

Aus neurophysiologischer Sicht liegt das LZG dann vor, wenn der Transport der synthetisierten Proteinmoleküle an bestimmte Stellen der Zellmembran und ihr Einbau in deren Lipidstruktur abgeschlossen sind (vgl. Abb. 31).

Eine zusammenfassende Übersicht über die Kennzeichen der verschiedenen Gedächtnisspeicher gibt Tabelle 5.

Zusammenfassend läßt sich feststellen, daß Ultrakurzzeit-, Kurzzeit- und Langzeitgedächtnis auf einer Sequenz von Einzelprozessen beruhen, die sich gegenseitig bedingen. Alle Gedächtniskomponenten besitzen eine spezifische funktionelle Notwendigkeit für den motorischen Lernprozeß bzw. die sportliche Handlungsfähigkeit.

Alle Teilaspekte zeigen, daß die Mechanismen der Gedächtnisbildung und die darauf aufbauenden Gedächtnisphasen nur als gemeinsames Resultat des Zusammenwirkens von zellulär-molekularen Regulationsmechanismen und Ereignissen auf dem Niveau des neuronalen Netzwerkes verstanden werden können (*Ott* 1977, 104).

Der Gesamtprozeß der Gedächtnisbildung ist auf verschiedenen Stufen durch fördernde bzw. hemmende Einflüsse – sogenannte Gedächtnisverstärker – in seinem Verlauf modifizierbar.

Gedächtnisverstärker

Bestimmte *Neurohormone* beeinflussen den Lernvorgang und die Gedächtnisbildung in spezifischer Manier (*Stark/Ott/Matthies* 1979, 315). Ihre Wirkung beruht darauf, daß sie die Gedächtnisprozesse entweder verstärken oder verhindern, daß Gedächtnisspuren verschwinden. Sie etablieren das Kurzzeitgedächtnis und modulieren die Folgeprozesse, die zum Langzeitgedächtnis führen. Neben „positiven" Verstärkern unterscheidet man auch „negative", die eine Verschlechterung des Lerneffekts bewirken (*Huston/Mueller* 1979, 175).

Zu den *Positiv-Verstärkern* zählen eine Reihe von Peptiden (Eiweißkörper) mit hirnspezifischer Wirkung, die aus dem Hypophysenvorder- (z. B. ACTH), -mittel- (z. B. Alpha-MSH) und -hinterlappen (z. B. Vasopressin) stammen. Alle diese Peptide erhöhen die Resistenz gegen ein Vergessen von Lernstoff; sie unterscheiden sich nur in der Wirkungsdauer: Manche wirken über Stunden (z. B. ACTH), Tage (z. B. DS_{1-15}) oder Wochen (z. B. Vasopressin). Fehlen diese Neurohormone oder sind sie in unzureichender Menge vorhanden, dann verschlechtert sich die Lernleistung (*de Wied* 1973, 373 f.).

Die individuellen Unterschiede in der Gedächtnis- und damit Lernleistungsfähigkeit können wahrscheinlich auf die unterschiedliche Präsenz dieser Stoffe und die damit gekoppelte veränderte Syntheseleistung zurückgeführt werden.

Da die synthetische Herstellung dieser „Gedächtnisverstärker" sicherlich nur eine Frage der Zeit sein wird, ist anzunehmen, daß in der näheren Zukunft außergewöhnlich erhöhte und damit auch vom Ergebnis her stark verbesserte motorische Lernleistungen bzw. zeitlich stark reduzierte Lernprozesse ermöglicht werden.

Als *positive* bzw. *negative Verstärker* –
und dies ist für den Prozeß des Bewe-
gungslernens von Bedeutung – haben
sich die Faktoren *Lob* bzw. *Tadel,
Lernstreß* und *Aufmerksamkeit* heraus-
gestellt. Sie beeinflussen fördernd oder
hemmend den Ablauf der Syntheseproz-
zesse. Lob und Tadel sind somit auch in
biochemischen Formeln faßbar (*Kugler*
1981, 7).

Lernphasen des psychomotorischen Lernens

Vom Beginn des Lernprozesses bis zur Beherrschung des Bewegungsablaufes werden
im allgemeinen 3 Phasen unterschieden:
Grobform, Feinform und Automatie.
Trainingsmethodisch wird diesen 3 Phasen
meist noch die prämotorische (ohne eigentlichen Bewegungsvollzug) Phase der Einstellung auf die Zielübung durch Demon-
stration und/oder Erklärung vorangestellt,
die erste Vorstellungen vom Gesamtbewe-
gungsablauf vermitteln soll (*Martin* 1977,
216; *Weineck* 1983, 242). Hierbei gemachte
optische, akustische bzw. verbale Informationen verursachen erste Erregungsfelder im
Sinne der Ausbildung einer noch recht ver-
schwommenen, unscharfen Bewegungsschleife (vgl. S. 65).

Grobform

Die Phase der Grobkoordination ist als die
Phase der *Irradiation* der Reizprozesse zu
bezeichnen. Es überwiegen die Erregungs-
gegenüber den Hemmungsprozessen in der
Großhirnrinde, woraus sich eine unökonomische und über das erforderliche Maß hinausgehende Innervation der eingesetzten
Muskulatur ergibt.
Motorisch läßt sich diese von vielen über-
flüssigen Aktionen begleitete Bewegung

durch eine sehr grobe räumlich-zeitliche
Gliederung des Bewegungsablaufes, die be-
wegungshemmende Mitaktivierung der Antagonisten sowie einen hohen energetischen
und konzentrativen Aufwand charakterisieren.
In der Phase der Grobform erhält der Bewegungsablauf seine ersten ganzheitlichen
Grundstrukturen.

Feinform

Die Phase der Feinkoordination ist als die
Phase der *Konzentration* der Reizprozesse
zu bezeichnen, in der sich die Erregungs-
und Hemmungsprozesse auf die bewegungsrelevanten Rindenfelder und die erforderliche Muskelinnervation konzentrieren. Das
Gesamtsystem von Hemmung und Erregung
bleibt aber noch relativ labil und störan-
fällig.
Sensorisch imponiert diese Phase durch eine
zunehmend differenzierte, auf das Wesentliche ausgerichtete Aufnahme und Verarbeitung von visuellen und verbalen Informationen, durch die Zunahme kinästhetischer
Rückmeldungen und die Miteinbeziehung
vorheriger Bewegungserfahrungen, die als
Engramme in den Assoziationsfeldern im
Langzeitspeicher vorliegen.
Motorisch läßt sich diese Phase durch eine
verbesserte Koordination von Rumpf- und
Extremitätenbewegungen bzw. fein abge-
stimmter Teilbewegungen kennzeichnen.
Die einzelnen Bewegungsphasen erhalten
ihre kinematische und dynamische Feinstruktur, was zu einem immer geringeren
energetischen und konzentrativen Aufwand
und damit zu einer hohen Bewegungsöko-
nomie führt.

Automatie

In dieser Phase – sie wird auch die Phase der
variablen Verfügbarkeit bzw. die Phase der
Festigung und Stabilisierung genannt – wer-

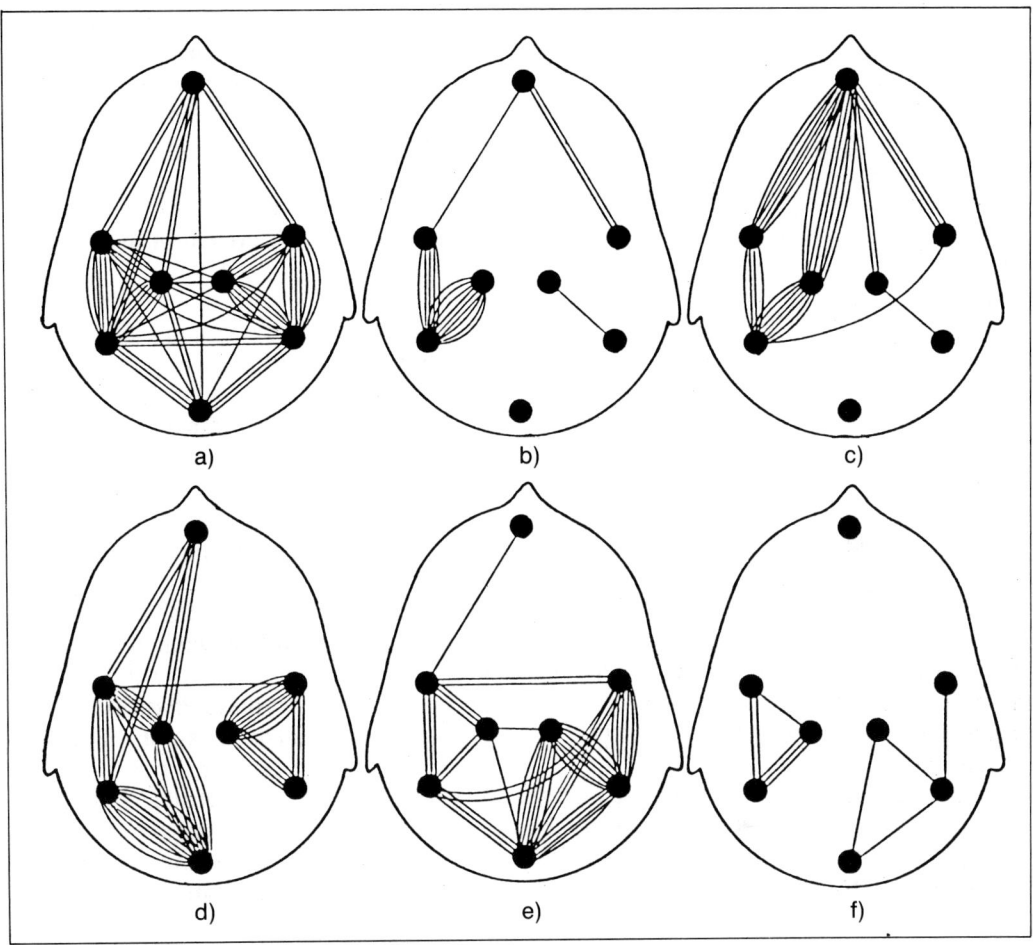

Abb. 34 **Besonderheiten in der räumlichen Synchronisation der Rindenpotentiale bei Muskelarbeit unterschiedlichen Charakters: a = zyklische Arbeit (Laufen), b = azyklische Kraftarbeit (Stoßen der Hantel), c = azyklische Schnellkraftarbeit (Salto rückwärts), d = azyklische situationsabhängige Arbeit (Fechten), e = azyklische Arbeit in Form des Zielens (Schießen), f = statische Arbeit (Turnübungen) (nach *Sologub* 1982, 39).**

den die Erregungs- und Hemmungsprozesse so automatisiert, daß sich die Bewegungsabläufe auch ohne bewußte Aufmerksamkeit realisieren lassen. Der Bewegungsablauf ist in der Form einer präzisen und stabilen Bewegungsschleife in den zugehörigen zentralnervösen Strukturen verankert und gedächtnisphysiologisch über abgeschlossene neuronale Eiweißsyntheseprozesse in das Langzeitgedächtnis transferiert.

Wie Abbildung 34 verdeutlicht, kommt es bei Muskelarbeit unterschiedlichen Charak-ters in den Rindenfeldern des Gehirnes zu charakteristischen räumlichen Synchronisationsphänomenen, die sich mit zunehmender Beherrschung sportlicher Bewegungen verstärkt ausbilden. Anzahl und Ausmaß der interzerebralen Wechselbeziehungen der motorischen Rindengebiete mit den Frontalregionen – hier befinden sich wichtige integrierende, programmierende und kontrollierende kortikale Zentren – nehmen dagegen mit zunehmender *Automatisierung* der Bewegungsfertigkeiten stark ab: Es ist

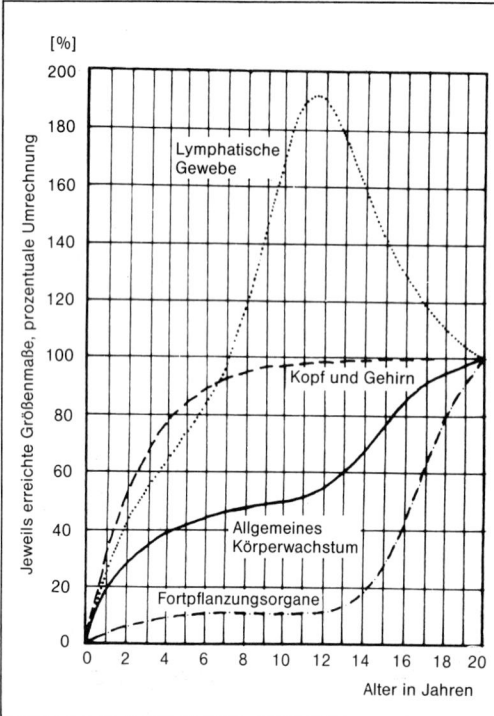

[%]

Jeweils erreichte Größenmaße, prozentuale Umrechnung

Lymphatische Gewebe

Kopf und Gehirn

Allgemeines Körperwachstum

Fortpflanzungsorgane

Alter in Jahren

Abb. 35   Schematische Darstellung der 4 Grundtypen des Wachstums und der Entwicklung verschiedener Körperorgane (*Scammon* 1930). Die Entwicklung bei der Geburt wurde gleich 0, die mit 20 Jahren gleich 100% gesetzt.

anzunehmen, daß darin die Abnahme der bewußten Kontrolle über die Ausführung der Bewegungsakte beim Menschen zum Ausdruck kommt (*Sologub* 1982, 36).

In der Phase der Automatie treten visu- elle und verbale Informationen zugun- sten kinästhetischer, den Muskelsinn betreffender Wahrnehmungen in den Hintergrund.

Motorisch zeichnet sich die automatisierte Bewegung durch eine optimale Koordina- tion aller Teilbewegungen aus. Ein Höchst- maß an Ökonomie und Bewegungsstabilität ermöglicht die perfekte Bewegungsausfüh-

rung auch unter erschwerten psychophysi- schen Rahmenbedingungen und erlaubt es dem Sportler, seine Aufmerksamkeit auf andere, bewegungsbegleitende Umweltfak- toren zu richten.

Der Lern- bzw. Gedächtnisprozeß im Laufe der Ontogenese

Im Gegensatz zur *Phylogenese,* die sich mit der stammesgeschichtlichen Entwicklung des Menschen befaßt, beinhaltet die *Onto- genese* die Entwicklung des einzelnen Indivi- duums im Laufe seines (prä- und postnata- len) Lebens.

Da sich der *Lern- und Gedächtnisprozeß* im Laufe des Lebens in mancher Hinsicht än- dert, soll hier kurz darauf eingegangen wer- den.

Wie Abbildung 35 zu entnehmen ist, erfol- gen das Wachstum und die Entwicklung der verschiedenen Körperorgane nicht gleich- mäßig schnell. Auffällig ist vor allem das schnelle Wachstum des Gehirns – ein Hin- weis darauf, daß das Zentralnervensystem sehr schnell eine hohe Funktionsfähigkeit erreicht, die nicht ohne Auswirkungen auf die Lern- und Gedächtnisprozesse ist.

Die Vergrößerung und plastische Ausgestal- tung des Gehirns ist verbunden mit der zu- nehmenden anatomischen *Ausreifung der zentralen Nervenstrukturen.* Einen Eindruck über die zunehmenden strukturellen Verän- derungen der Nervenzellen und ihrer Faser- verbindungen gibt Abbildung 36.

Wie zu erkennen ist, erfahren die Nerven- zellen über ihre Faserverbindungen im Laufe der Kindheitsentwicklung eine zuneh- mende Vernetzung, die für das spätere Funktionspotential von großer Bedeutung ist. Man nimmt an, daß diese *Faserausspros- sungen* etwa bis zum 3. Lebensjahr erfolgen und durch entsprechende Übung intensi- viert werden können.

Aus *lerntheoretischer Sicht* ist es deshalb wichtig, daß dem Kleinkind ausreichende Reize zum Ausbau seiner Vernetzungs-

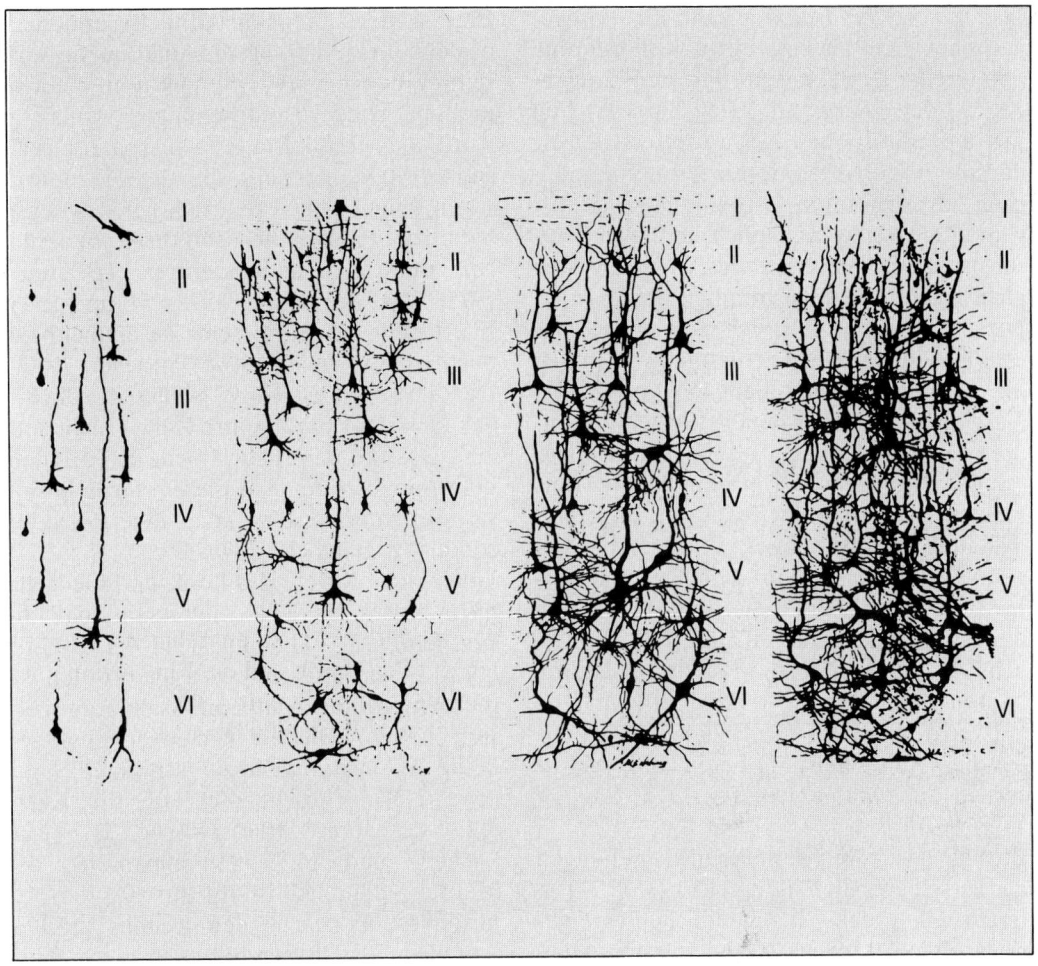

Abb. 36   Nervenzellen und ihre Faserverbindungen im Verlauf der Kindheitsentwicklung. Von links nach rechts: Neugeborenes, 10 Tage, 10 Monate, 2 Jahre altes Kind (aus *Falck* 1971, 509).

strukturen und damit zur plastischen Ausgestaltung seiner hochgradig adaptationsfähigen Hirnareale gegeben werden (*Israel* 1976, 501). Unterbleiben derartige Förderreize oder werden sie nicht in ausreichender Menge geboten, dann kommt es zu einer qualitativ verschlechterten Infraarchitektonik der Neuronenverbände bzw. zu einer geringeren funktionellen Ausreifung (*Pikkenhain* 1979, 45; *Le Boulch* 1978, 225 f.).

Die zunehmende Vernetzung und Ausdifferenzierung der Neuronen bildet demnach das anatomische Substrat für die funktionelle Ausreifung des Gehirns: Potentielle Strukturen werden in funktionelle verwandelt, ein Vorgang, der durch Außenreize beschleunigt und optimiert wird.

Das *motorische Training* kann aus ontogenetischer Sicht als eine bewußte Förderung potentieller Bewegungsfertigkeiten bezeichnet werden (*Bernstein* 1975, 130). Wichtig für den motorischen Lernprozeß ist dabei, daß die in der Ausdifferenzierung befindlichen Hirnstrukturen Lerneinflüssen in ausgeprägtem Maße zugänglich sind. Nicht umsonst sagt der Volksmund: „Was Hänschen nicht lernt, lernt Hans nimmermehr."

Diese Aussage bezieht sich nicht nur auf das „Endprodukt" eines Lernvorgangs, nämlich die Ausbildung einer neuen Neuronenvermaschung bzw. einer neuen „Schleife", sondern auch auf deren Entstehungsprozeß, der mit der Synthese von Eiweißmolekülen verbunden ist. Es kommt nicht von ungefähr, daß ältere Leute weniger gut lernen als jüngere: Die Fähigkeit zur schnellen und ausreichenden Eiweißbildung, und damit auch die *Lernfähigkeit,* nimmt im Laufe des Lebens ab. Im Vordergrund steht bei älteren Leuten der betonte Abfall der Aufnahme (Erwerb), nicht der des Behaltens, da hierbei die Syntheseleistung bereits abgeschlossen ist (*Cronholm/Schalling* 1973, 23; *Ott* 1977, 194).

Bezüglich der wechselseitigen Beziehungen der verschiedenen Rindenfelder (s. S. 71) ist festzustellen, daß bei Jugendlichen eine geringere bioelektrische Aktivität vorzufinden ist als bei Erwachsenen. Dies gilt für den Ruhe-, Vorstart- und Arbeitszustand (*Sologub* 1982, 30).

Eine weitere ontogenetische Besonderheit besteht darin, daß sich die funktionelle Ausreifung bestimmter Hirnstrukturen nicht simultan, sondern nacheinander vollzieht: Kortikale Mechanismen reifen später aus als subkortikale oder supraspinale. Die motorischen Felder entwickeln sich *vor* den sensiblen bzw. sensorischen und diese wiederum *vor* den Assoziationszentren (*Bernstein* 1975, 116; *Le Boulch* 1978, 54 und 231). Interessant ist in diesem Zusammenhang noch eine *phylogenetische* Tatsache:

Die *Assoziationszentren* stellen Zonen hoher Plastizität dar, da ihre Zellen nicht spezialisiert und damit auch nicht im vorhinein determiniert sind. Aus diesem Grunde sind sie für fördernde bzw. adaptive Reize besonders zugänglich.

Unter dem Aspekt des Lern- und Gedächtnisprozesses ist dabei interessant, daß die *Lernfähigkeit* – als ein Faktor der „Intelligenz" – bei den Lebewesen am größten ist, die den größten Anteil an Assoziationszentren haben: Niedere Säugetiere besitzen keine Assoziationszentren, schwache Nager etwa 2,2%, Fleischfresser wie die Katze 3,4%, Primaten (Affen) zwischen 11,3 (Makacken) und 16,9% (Schimpansen), der Mensch schließlich besitzt mit 30% der Hemisphärenoberfläche den weitaus größten Anteil und stellt zumindest in dieser Hinsicht die „Krone" der Schöpfung dar (*Le Boulch* 1978, 58).

Literatur

1. *Atkinson, R. C., R. M. Shiffrin:* Human memory: A proposed system and its control processes. In: The psychology of learning and motivation: Advances in research and theory, vol. 2, 89–193. *Spence, K. W., I. T. Spence* (eds.). Academic Press, New York 1968
2. *Atkinson, R. C., R. M. Shiffrin:* The control of short-term memory. Scient. Am. 225 (1971), 82–90
3. *Baddeley, A. D., G. Hitch:* In Memoriam: Unser Gedächtnis. Psychol. heute 10 (1977), 57–62
4. *Bernstein, N. A.:* Bewegungsphysiologie. Barth Verlag, Leipzig 1975
5. *Beulke, H.:* Kybernetische Gesichtspunkte zur Steuerung und Regelung sportlicher Bewegungsprozesse. Leistungssport 3 (1980), 171–189
6. *Bührle, M., D. Schmidtbleicher:* Maximalkraft – Schnellkraft – Bewegungsschnelligkeit. In: Leichtathletik im Spannungsfeld von Wissenschaft und Praxis, Mainzer Studien zur Sportwissenschaft 5/6. *Augustin D., N. Müller* (Hrsg.). Schors Verlag, Mainz 1981
7. *Burke, R., R. Edgerton:* Motor unit properties and selective involvement in movement. In: Exercise and sport sciences review, pp. 31–69. Academic Press, London 1975

8. *Cratty, B. J.:* Motorisches Lernen und Bewegungs-verhalten. Limpert Verlag, Frankfurt 1975 u. 1979

9. *Cronholm, B., D. Schalling:* A study of memory in aged people. In: Memory and transfer of information, pp. 23 f. *Zippel, H. P.* (ed.). Plenum Press, New York–London 1973

10. *De Marées, H.:* Sportphysiologie. Troponwerke, Köln-Mühlheim 1979

11. *Desmedt, J., E. Gordaux:* Ballistic skilled movements: Load compensation and patterning of motor commands. In: Cerebral motor control in man. Long loop mechanisms. *J. Desmedt* (ed.). Karger, Basel 1978

12. *Destrade, C., R. Jaffard, B. Cardo:* Post-trial hippocampal and lateral hypothalamic electrical stimulation: Effects on long-term memory and on hippocampal cholinerg mechanisms. In: Biological aspects of learning, memory formation and the ontogeny of the CNS, pp. 189–201. *Matthies, H., M. Krug, N. Popov* (eds.). Akademie Verlag, Berlin 1979

13. *De Wied, D.:* Peptides and behaviour. In: Memory and transfer of information, pp. 373–385. *Zippel, H. P.* (ed.). Plenum Press, New York–London 1973

14. *Falck, I., U. Lehr:* Z. f. Gerontol. 13,2 (1980), 103. Nach: *Akert, K.:* Klin. Wschr. 49 (1971), 509

15. *Feinstein, B., B. Lindegard, E. Nyman:* Morphologic studies of motor units in normal human muscle. Acta anat. 23 (1955), 127–142

16. *Findeisen, D. G. R., P.-G. Linke, L. Pickenhain:* Grundlagen der Sportmedizin, Barth Verlag, Leipzig 1980

17. *Fukunaga, T.:* Die absolute Muskelkraft und das Muskelkrafttraining. Sportarzt u. Sportmed. 11 (1976), 255–265

18. *Goldstein, L., J. M. Nelson:* Some views on the neurophysiological and neuropharmacological mechanisms of storage and retrieval of information. In: Memory and transfer of information, pp. 155 f. *Zippel, H. P.* (ed.). Plenum Press, New York – London 1973

19. *Grimm, R. J., L. M. Nasher:* Long loop dyscontrol. In: Spinal and supraspinal mechanism of voluntary motor control and locomotion. *Desmedt, J. E.* (ed.). Karger, Basel 1978

20. *Hebb, D. O.:* The organization of behavior. Wiley & Sons, New York 1949

21. *Hecht, A.:* Zur Adaption der Muskelzelle an einen Belastungsreiz und Möglichkeiten ihrer Trainierbarkeit. Medizin u. Sport 12 (1972), 358–367

22. *Henatsch, H.-D.:* Zerebrale Regulation der Sensomotorik. In: Sensomotorik. *Haase, J.,* et al. (Hrsg.). Urban & Schwarzenberg, München – Berlin – Wien 1976

23. *Hess, W. R.:* Teleokinetisches und ereismatisches Kräftesystem in der Biomotorik. Helv. physiol. pharmacol. Acta 1 (1943), 62–63

24. *Hess, W. R.:* Das Zwischenhirn. Syndrome, Lokalisationen, Funktionen. Schwabe, Basel 1949

25. *Hollmann, W., T. Hettinger:* Sportmedizin – Arbeits- und Trainingsgrundlagen. Schattauer, Stuttgart – New York 1976 u. 1980

26. *Hotz, A., J. Weineck:* Optimales Bewegungslernen. perimed Fachbuch-Verlagsgesellschaft, Erlangen 1983

27. *Huston, J. P., C. Mueller:* Memory facilitation by post-trial stimulation and other reinforcers: A central theory of reinforcement. In: Biological aspects of learning, memory formation and ontogeny of the CNS, pp. 175–186. *Matthies, H., M. Krug, N. Popov* (eds.). Akademie Verlag, Berlin 1979

28. *Israel, S.:* Die Bewegungskoordination frühzeitig ausbilden. Körpererziehung 26 (1976), 501–505

29. *Jung, R.:* Einführung in die Bewegungsphysiologie. In: Sensomotorik. *Haase, J.,* et al. (Hrsg.). Urban & Schwarzenberg München–Berlin–Wien 1976

30. *Kammerer, E., C. Rauca, H. Matthies:* Incorporation of choline into acetylcholine during learning experiment. In: Biological aspects of learning, memory formation and ontogeny of the CNS, pp. 145–151. *Matthies, H., M. Krug, N. Popov* (eds.). Akademie Verlag, Berlin 1979

31. *Keele, S. W.:* Attention and human performance. Goodyear, Pacific Palisades 1973

32. *Knoche, H.:* Lehrbuch der Histologie. Springer, Berlin–Heidelberg–New York 1979

33. *Kornhuber, H. H.:* Neural control of input into long term memory: Limbic system and amnestic syndrome in man. In: Memory and transfer of information, pp. 1–22. *Zippel, H. P.* (ed.). Plenum Press, New York–London 1973

34. *Kugler, J.:* Gedächtnis und Gedächtnisleistung neurophysiologisch beurteilt. Sandorama 4 (1981), 5–9

35. *Kuhn, W.:* Motorisches Gedächtnis. Hofmann, Schorndorf 1984

36. *Le Boulch, J.:* Vers une science du mouvement humain. Les Edition ESF, Paris 1978

37. *Marteniuk, R. G.:* Information processing in motor skills. Holt, New York 1976

38. *Martin, D.:* Grundlagen der Trainingslehre. Hofmann, Schorndorf 1977

39. *Massaro, D. W.:* Forgetting: Interference or decay? J. Exp. Psychol. 83 (1970), 238–243

40. *Matthies, H.:* Biochemical, electrophysiological and morphological correlates of brightness discrimination in rats, In: Brain mechanisms in memory and learning: From the single neuron to man. *Brazier, M. A. B.* (ed.). Raven Press, New York 1979

41. *Ott, T.:* Mechanismen der Gedächtnisbildung. Fischer Verlag, Jena 1977

42. *Penfield, W.:* Memory mechanism. Trans. Am. Neurol. Ass. 76 (1951), 15–31

43. *Pickenhain, L.:* Physiologische Grundlagen der Bewegungsprogrammierung. Theorie u. Praxis der Körperkultur (1979), 44–47

44. *Rahmann, H.:* The possible functional role for gangliosides in synaptic transmission and memory formation. In: Biological aspects of learning, memory formation and ontogeny of the CNS, pp. 83–110. *Matthies, H., M. Krug, N. Popov* (eds.), Akademie Verlag, Berlin 1979

45. *Roberts, A., R. Billeter, H. Howald:* Anaerobic muscle enzyme changes after interval training. Int. J. of Sports Med. 3 (1982), 18–21

46. *Scammon, S.:* The measurement of man. University Press, Minnesota 1930

47. *Schmidt, R. F.:* Grundriß der Neurophysiologie. Springer, Berlin–Heidelberg–New York 1979

48. *Sinz, R.:* Neurophysiologie und biochemische Grundlagen des Gedächtnisses. In: Zur Psychologie des Gedächtnisses. *Klix, F., H. Sydow* (Hrsg.). Huber, Bern 1977

49. *Sologub, J. P.:* Elektroenzephalographische Untersuchungen über die Entwicklung des Trainingszustandes bei Sportlern. In: Anpassungsmechanismen an sportliche Belastung. *Tittel, K., L. Pickenhain* (Hrsg.). Barth Verlag, Leipzig 1982

50. *Stark, H., T. Ott, H. Matthies:* Effects of neurohormones on memory consolidation. In: Biological aspects of learning, memory formation and ontogeny of the CNS, pp. 313–317. *Matthies, H., M.*

Krug, N. Popov (Hrsg.). Akademie Verlag, Berlin 1979

51. *Strata, P.:* Das Kleinhirn. In: Sensomotorik. *Haase, J.,* et al. (Hrsg.). Urban & Schwarzenberg, München–Berlin–Wien 1976

52. *Strauss, H.:* Sportmedizin und Leistungsphysiologie. Enke, Stuttgart 1983

53. *Strick, P., J. Preston:* Multiple representation in the primate motor cortex. Brain Research 154 (1978), 366–370

54. *Struppler, A.:* Neuere Vorstellungen über die Kontrolle der Motorik. Krankengymnastik 29 (1977) 644–651

55. *Trincker, D.:* Taschenbuch der Physiologie, Bd. III. Fischer, Stuttgart 1974

56. *Vossius, G.:* Grundlagen der biologischen Kybernetik. In: Allgemeine Neurophysiologie, *ten Bruggencate, G.,* et al. (Hrsg.). Urban & Schwarzenberg, München–Wien 1980

57. *Weineck, J.:* Optimales Training. perimed Fachbuch-Verlagsgesellschaft, Erlangen 1983

58. *Wittekopf, G., G. Marhold, K. S. Pieper:* Biologische und biomechanische Grundlagen der trainingsmethodischen Kategorie „Kraftfähigkeiten" und Methoden ihrer Objektivierung. Medizin u. Sport (1981), 225–231

59. *Woolridge, D. E.:* Mechanik der Gehirnvorgänge. Oldenbourg Verlag, Wien–München 1967

Herz-Kreislauf-System und sportliches Training

Das Herz-Kreislauf-System verbindet alle Körperorgane zu einer funktionellen Einheit. Seine Hauptaufgaben liegen in der Versorgung der Billionen von Zellen der verschiedenen Körpergewebe mit Nähr- und Wirkstoffen bzw. mit Sauerstoff sowie im Abtransport von Stoffwechselendprodukten.

In diesem Kreislaufsystem bildet das Herz die treibende Kraft für die Blutzirkulation; das Blut stellt das Transportmittel dar, das Blutgefäßsystem die Transportwege. Gefäße, in denen das Blut vom Herzen wegtransportiert wird, heißen *Arterien,* Gefäße, in denen das Blut zum Herzen hintransportiert wird, heißen *Venen.* Arterien führen im allgemeinen sauerstoffreiches (arterialisiertes) Blut mit sich, Venen sauerstoffarmes (venöses) Blut. Ausnahme: Die Lungenarterien transportieren venöses, die Lungenvenen arterielles Blut.

Das Kreislaufsystem läßt sich in einen *großen* oder *Körperkreislauf* und einen *kleinen* oder *Lungenkreislauf* unterteilen. Beide Systeme sind in der Form einer Acht hintereinandergeschaltet, in deren Zentrum das Herz liegt, das durch seine Pumptätigkeit das Blut durch die Arterien zu den Verbraucherorganen transportiert.

Der *Körperkreislauf* – ihm obliegt die Versorgung aller Organe des Körpers – beginnt in der linken Herzkammer und endet im rechten Vorhof des Herzens.

Der *Lungenkreislauf* beginnt mit der rechten Herzkammer und endet im linken Vorhof. Er dient dem Gasaustausch: Kohlen-dioxidreiches Blut wird über die Lungenarterien zu den Lungen geführt und dort über Diffusionsvorgänge (vgl. S. 129) in sauerstoffreiches Blut umgewandelt; über die Lungenvenen erfolgt die Weiterleitung des sauerstoffgesättigten Blutes in den linken Vorhof des Herzens.

Ein Nebensystem des großen Blutkreislaufes ist der *Pfortaderkreislauf.* Er führt das nährstoffbeladene venöse Blut der Verdauungsorgane über die Pfortader (Vena portae) zur Leber. Die *Leber* stellt *das* Stoffwechselorgan des Körpers dar: Sie nimmt eine beherrschende Rolle im Zuckerstoffwechsel ein und steht in enger Beziehung zum Fett- und Eiweißstoffwechsel; sie ist weiterhin an der Blutbildung und am Blutabbau sowie an der Entgiftung schädlicher Substanzen beteiligt, die über den Magen-Darm-Trakt aufgenommen werden. Nach Durchfließen der Leber mündet das Blut über die Lebervenen in die untere Hohlvene und von dort in den rechten Vorhof. Abbildung 37 gibt eine Übersicht über den Körper-, Lungen- und Pfortaderkreislauf.

Herz- und Gefäßsystem müssen sich in ihrer Ver- und Entsorgungsfunktion auf die jeweiligen Bedürfnisse des Organismus einstellen. Diese dynamische Anpassung an veränderte Stoffwechselaktivitäten des Körpers erfolgt über Änderungen der Förderleistung des Herzens sowie eine Umverteilung des Blutes (s. S. 106) zugunsten der jeweils beanspruchten Organsysteme, eine Leistung, die entscheidend durch das Gefäßsystem erbracht wird.

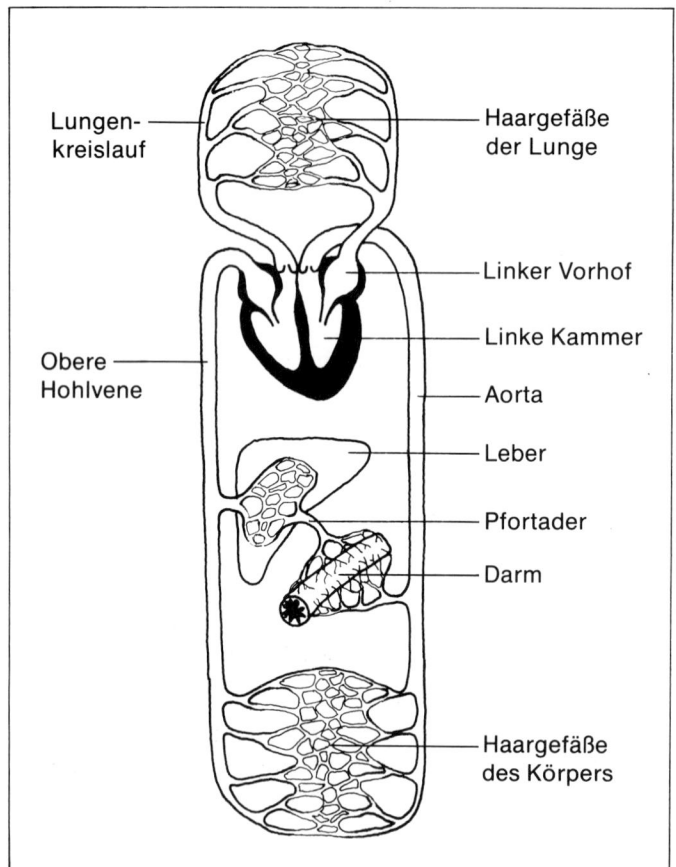

Lungen-kreislauf

Haargefäße der Lunge

Linker Vorhof

Linke Kammer

Obere Hohlvene

Aorta

Leber

Pfortader

Darm

Haargefäße des Körpers

Abb. 37   Schematische Darstellung des Blutkreislaufes.

Anatomisch-physiologische Grundlagen zum Aufbau und zur Funktion des Herzens

Das Herz, ein kegelförmiges, muskuläres Hohlorgan, liegt eingebettet zwischen den beiden Lungenflügeln. Die Herzspitze liegt dem Zwerchfell auf, die Herzachse verläuft von rechts-oben-hinten nach links-unten-vorn. Gut 2 Drittel des Herzens liegen in der linken Brustkorbhälfte, 1 Drittel in der rechten.

Die Größe des Herzens – sie entspricht im allgemeinen etwa der Faust seines Trägers – hängt von einer Reihe von Faktoren wie Alter, Geschlecht, Konstitution und Ausdauertrainiertheitsgrad ab. Beim Untrai-

nierten beträgt das Herzgewicht etwa 250–300 g (Frau) bzw. 300–350 g (Mann), das Herzvolumen etwa 500–600 ml (Frau) bzw. 700–800 ml (Mann). Durch Ausdauertraining werden diese Funktionsgrößen in nicht unerheblichem Maße beeinflußt (s. S. 86).

Der Aufbau des Herzens

Das Herz ist aus 2 nebeneinanderliegenden Einzelpumpen aufgebaut, dem linken und dem rechten Herzen, die durch eine Längsscheidewand (Septum) voneinander getrennt sind (Abb. 38). Funktionell bilden linkes und rechtes Herz eine Einheit: Gemeinsam sorgen sie für die Aufrechterhal-

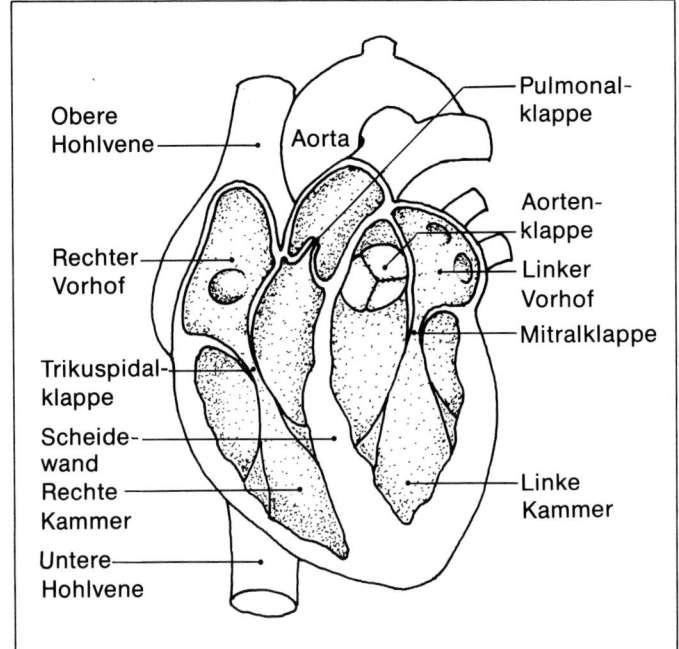

Abb. 38 Schematische Darstellung des Herzens.

tung des Blutstromes in den Gefäßen. In Ruhe fördert jede dieser Pumpen ungefähr 7000 l Blut pro Tag, bei Belastung erhöht sich dieser Betrag um ein Mehrfaches.

Das Herz untergliedert sich in 4 Hohlräume (vgl. Abb. 38): in die beiden muskelstarken Kammern (Ventrikel) und die beiden muskelschwachen Vorhöfe (Atrien).

Zwischen den Vorhöfen und den Kammern befinden sich die *Segelklappen,* die durch Ausstülpungen der Herzinnenhaut (Endokard) gebildet werden. In der linken Herzhälfte besteht die Klappe aus 2 Zipfeln (Mitralklappe), in der rechten Herzhälfte aus 3 Zipfeln (Trikuspidalklappe). Die Segelklappen sind durch Sehnenfäden mit der Kammerwand verbunden; ein Zurückschlagen der Klappen in die Vorhöfe wird damit verhindert.

Zwischen den Kammern und den aus ihnen entspringenden Gefäßen liegen die *Taschenklappen* (Aorten- und Pulmonalklappe).

Aufgabe des Klappenapparates ist es, den Blutstrom nur in eine Richtung zu ermögli-chen und damit ein Zurückströmen des Blutes von den Kammern in die Vorhöfe bzw. von den Gefäßen in die Kammern zu verhindern.

In den rechten Vorhof münden 2 Venen: die obere und untere Hohlvene (Vena cava superior et inferior). Sie führen das sauerstoffarme, venöse Blut aus dem Körper zum Herzen.

In den linken Vorhof münden die 4 Lungenvenen, die das in der Lunge mit Sauerstoff angereicherte Blut heranführen.

Aus den Kammern entspringt je ein großes Gefäß: aus der rechten Kammer die Lungenarterie (Arteria pulmonalis), aus der linken die große Körperschlagader (Aorta).

Der Aufbau der Herzwand

Die Herzwand läßt sich in 3 verschiedene Schichten aufgliedern: in die Herzinnenhaut (Endokard), den Herzmuskel (Myokard) und in die äußere, seröse Herzhaut (Epikard). Umgeben ist das Herz vom Herzbeutel (Perikard), der den Arbeitsraum des Herzens darstellt. Zwischen Herzaußenhaut und Herzbeutel befindet sich ein mit Flüssigkeit gefüllter Gleitspalt, der es dem Herzen gestattet, ohne Reibungsverluste im Herzbeutel zu schlagen.

Den stärksten Teil des Herzens stellt die mittlere Muskelschicht dar. Sie ist aus *Herzmuskelzellen* aufgebaut, die wie die Skelettmuskelzellen eine Querstreifung aufweisen, aber wesentlich dünner und kürzer sind und untereinander durch Querverbindungen netzartig verbunden sind. Außerdem weisen die Herzmuskelzellen einen wesentlich höheren Prozentsatz an Mitochondrien auf: Beim Herzmuskel betragen die Mitochondrien bis zu 30% des Gesamtzellvolumens, beim Skelettmuskel etwa 5% (*Kleitke* 1977, 149).
Die Muskelschicht der linken Kammer ist fast dreimal so dick wie die der rechten (*Nöcker* 1976, 72), da sie eine größere Druckarbeit leisten muß: Um das für den Körperkreislauf notwendige Druckgefälle zu erreichen, bedarf es einer systolischen Druckentwicklung von etwa 150 mm Hg. Diese funktionelle Mehrbelastung bedingt eine größere Muskelmasse der linken Kammer im Vergleich zur rechten Kammer, die lediglich den Widerstand des Lungenkreislaufes von etwa 20 mm Hg zu überwinden hat.

Die Sauerstoffversorgung des Herzens

Die Blutversorgung des Herzmuskels selbst wird durch die *Herzkranzgefäße* (Koronargefäße) gesichert. Die Zufuhr von sauerstoffreichem Blut erfolgt über die rechte und linke Kranzarterie, die als erste Abzweigungen der Aorta unmittelbar über den Aortenklappen entspringen. Das Herz verbraucht selbst etwa 8% der ausgestoßenen Blutmenge. 85% des den Herzmuskel versorgenden Blutes fließen durch die linke

Koronararterie – sie versorgt die Vorder- und Seitenwand des linken Ventrikels und die Herzscheidewand –, 15% durch die rechte Koronararterie – sie versorgt den rechten Ventrikel und einen Teil der Hinterwand des linken Ventrikels (*Markworth* 1983, 158). Der venöse Abfluß erfolgt überwiegend durch den *Koronarvenensinus* (Endabschnitt der großen Herzvene) in den rechten Vorhof.

Die Sauerstoffausschöpfung des Herzmuskels ist wesentlich größer als die des Skelettmuskels. Sie beträgt bereits unter Ruhebedingungen etwa 70% (Skelettmuskel: etwa 20–25%). Die Sauerstoffentnahme seitens des Herzmuskels aus dem Blut ist selbst bei schwerer körperlicher Arbeit nicht wesentlich größer als in Körperruhe (16–17 Vol.-%): Bei schwerster körperlicher Belastung kann der Wert auf 18–19 Vol.-% anwachsen. Ist belastungsbedingt mehr Sauerstoff erforderlich, so kann das Herz seinen Zusatzbedarf also weniger durch eine weitere Steigerung der Sauerstoffausschöpfung sichern, als vielmehr durch ein erhöhtes Blutangebot. Allerdings kann das Herz eines Untrainierten seine Durchblutung maximal nur auf das Vierfache steigern – von etwa 250 ml pro Minute auf etwa 1000 ml (*Dehn/Mitchell* 1983, 89) – und nicht auf das Dreißigfache des Ruhewertes wie der Skelettmuskel, der unter Belastung zusätzlich noch seine Sauerstoffausschöpfung verdoppeln kann (*Hollmann/Hettinger* 1980, 385).
Diese begrenzte Möglichkeit des Herzens, die Sauerstoffversorgung zu steigern, macht es verständlich, daß das Herz besonders empfindlich auf jede Störung seiner Koronardurchblutung – wie sie z. B. bei einer Verengung (Stenose) der Herzkranzgefäße gegeben ist – reagiert.

Das Erregungsbildungs- und Erregungsleitungssystem des Herzens

Die Herztätigkeit ist durch das Phänomen der *Automatie* gekennzeichnet. Das Kontraktionsgeschehen wird durch Erregungen ausgelöst, die im Herzen selbst entstehen, und zwar im Reizbildungs- und Reizleitungssystem. Dabei ist jeder Anteil zur Impulsgebung befähigt. Es gilt jedoch die Regel, daß die Führung dem Zentrum überlassen bleibt, das die höchste Automatiefrequenz besitzt. Im Normalfall ist dies der *Sinusknoten* – er befindet sich im rechten Vorhof, unterhalb der Einmündungsstelle der oberen Hohlvene – mit einer Impulsfrequenz von etwa 60–80 pro Minute. Die Eigenfrequenz des sekundären Zentrums, des *Vorhofkammerknotens* (Atrioventrikular- bzw. AV-Knoten), liegt bei 40–50 pro Minute, die der tertiären Zentren, d. h. im *His-Bündel*, in den *Schenkeln* (rechter und linker Schenkel) und in den *Purkinje-Fasern*, zwischen 20 und 40 pro Minute (*Fiehring/Giegler* 1970, 15). Vom Sinusknoten bis zum Purkinjeschen Fasernetz nimmt demnach die Frequenz der Impulsbildung zunehmend ab.

Die Herztätigkeit ist weitgehend dadurch abgesichert, daß bei Versagen des führenden Schrittmachers kurzfristig ein anderes Zentrum dessen Aufgabe übernehmen kann.

Wie Abbildung 39 zeigt, wird die Erregung vom Sinusknoten ausgehend über die Vorhöfe zum AV-Knoten und von dort über das His-Bündel in den rechten und linken Schenkel und schließlich über die Purkinje-Fasern in das Kammermyokard geleitet.

Extrakardiale Einflüsse auf die Herztätigkeit

Die Herzfrequenz kann bei Bedarf – z. B. bei sportlicher Belastung – verändert werden. Die Anpassung der Herztätigkeit an die wechselnden Bedürfnisse erfolgt über die Einflußnahme der vegetativen Herznerven. Unter dem Einfluß des *Sympathikus* – er ist der Förderungs- oder Leistungsnerv des Herzens – werden die Herzfrequenz, die Geschwindigkeit der Erregungsleitung und

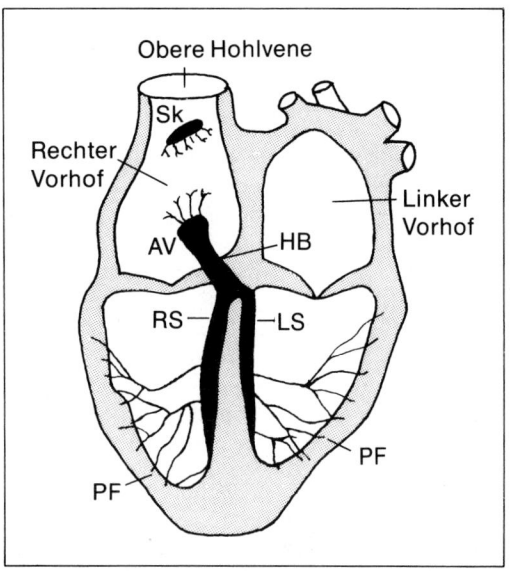

Abb. 39 **Schematische Darstellung des Erregungsbildungs- und Erregungsleitungssystems des Herzens. Sk = Sinusknoten, AV = Atrioventrikularknoten, HB = His-Bündel, RS/LS = rechter und linker Schenkel. PF = Purkinje-Fasern.**

die Kraft der einzelnen Herzmuskelkontraktionen erhöht. Unter dem Einfluß des *Vagus* – er ist der Hemmungs- oder Erholungsnerv des Herzens – kommt es gegensinnig zu einer Drosselung der Herztätigkeit.

Im Normalrhythmus heben sich die Wirkungen von Sympathikus und Vagus gegenseitig auf. Das Herz schlägt automatisch in der vom Sinusknoten vorgegebenen Frequenz.

Auf dem Nervenwege kommt es auch zur sogenannten *respiratorischen Arrhythmie*: Die inspirationsbedingte Vergrößerung des Brustkorbes führt zu einem erhöhten Blutrückfluß zum rechten Herzen; zur Bewältigung des vermehrten Blutangebotes kommt es zu einer Herzfrequenzbeschleunigung während der Einatmung. Wichtig für die respiratorische Arrhythmie sind dabei auch Impulse aus dem Atemzentrum.

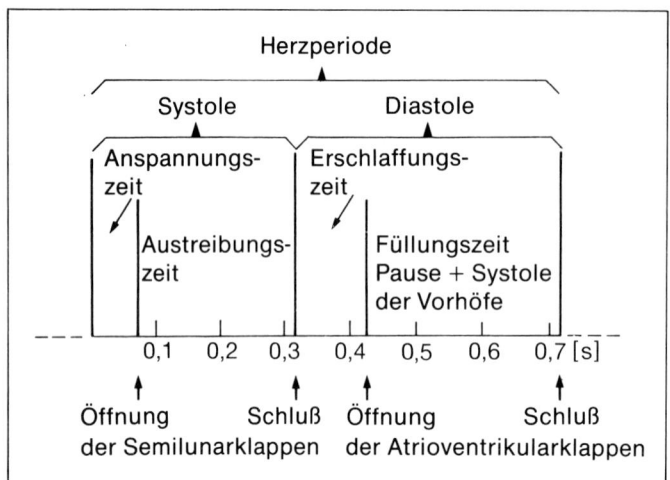

Abb. 40 Schematische Darstellung der einzelnen Phasen einer Herzperiode bei einer Herzfrequenz von 84 Schlägen pro Minute (*Findeisen/Linke/Pickenhain* 1980, 99).

Arbeitsphasen des Herzens

Die Herztätigkeit ist durch eine rhythmische Aufeinanderfolge von Kontraktion (Systole) und Erschlaffung (Diastole) gekennzeichnet. Bei einer Ruheherzfrequenz von etwa 70 Schlägen pro Minute wird für einen Herzzyklus – er beinhaltet Systole und Diastole – eine Zeit von etwas weniger als 1 Sekunde benötigt, bei einer Belastungsherzfrequenz von etwa 180–200 verkürzt sich diese Zeit auf etwa 0,3 Sekunden. Eine Übersicht über die einzelnen Phasen eines Herzzyklus bzw. einer Herzperiode gibt Abbildung 40.

Während der Kammersystole befinden sich die Vorhöfe im Zustand der Diastole und umgekehrt. Die Phase der Kammersystole läßt sich in eine Anspannungs- und eine Austreibungszeit unterteilen.
Die *Anspannungszeit* beinhaltet die Zeit der Erregungsausbreitung in der Herzkammer sowie die Zeit der isometrischen Kontraktion des Herzmuskels. Im Verlauf dieser isometrischen Kontraktion steigt der Druck in den Ventrikeln schnell bis zur Höhe des diastolischen Druckes, der in den abführenden großen Arterien herrscht – er beträgt z. B. in der Aorta etwa 10,7 kPa bzw. 80 mm Hg.

Die weitere Drucksteigerung der Kammern führt zur Öffnung der Taschenklappen, und es beginnt die überwiegend isotonische Phase der Herzkontraktion, die *Austreibungszeit*. In dieser Phase kommt es zu einer Verkürzung der Herzmuskelfasern und damit zum Blutauswurf in die Aorta bzw. Pulmonalarterie. Allerdings wird nicht das gesamte Ventrikelvolumen – es beträgt beim Untrainierten etwa 130 ml – ausgeworfen, sondern es bleibt etwas weniger als die Hälfte als Restvolumen zurück. Das Schlagvolumen (s. S. 85) beträgt in Ruhe etwa 70 ml.

Auf die Kammersystole folgt die Kammerdiastole. In ihrem 1. Abschnitt – auch *Erschlaffungszeit* genannt – sind alle Klappen geschlossen. Im weiteren Verlauf kommt es wegen der Entspannung der Kammermuskulatur zu einem raschen Druckabfall und somit zur Öffnung der zwischen Vorhof und Kammer befindlichen Segelklappen. Dadurch strömt Blut aus den Vorhöfen in die Kammern ein, die *Füllungszeit* beginnt. Die Füllung erfolgt zunächst passiv entsprechend dem Druckgefälle des Blutes, dann aktiv durch eine kurze enddiastolische Vorhofkontraktion.

Die Blutbewegung im Herzen wird durch die Bewegung der *Klappen*- bzw. *Ventilebe-*

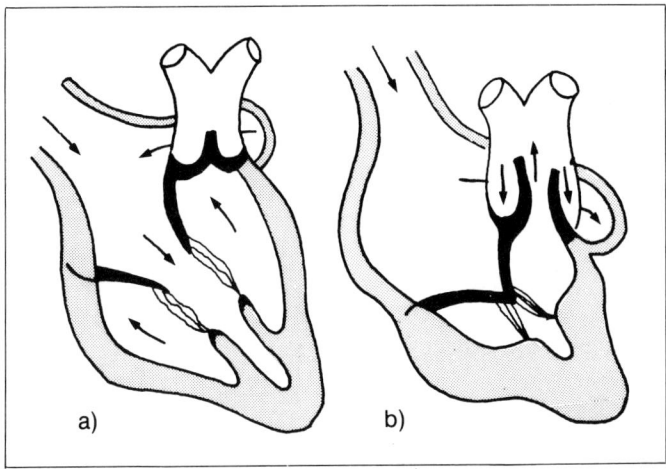

a)   b)

Abb. 41 Schematische Darstellung der Bewegung der Klappenebene bei der Diastole (a) und bei der Systole (b) der Kammern (nach *Landois* in *Nöcker* 1976, 82).

ne gefördert (Abb. 41): Während der Kammersystole wird die Ventilebene in Richtung Herzspitze gesenkt; es kommt so zu einer Vergrößerung der Vorhöfe, und das Blut wird aufgrund des entstehenden Unterdrukkes aus den Venen angesaugt. Während der Kammerdiastole verlagert sich die Klappenebene wieder nach oben und stülpt sich so förmlich über das im Vorhof befindliche Blut. Auf diese Weise kommt es zu Beginn der Kammerdiastole zu einer sehr raschen initialen Füllung: Der Ventrikel hat im 1. Drittel der Diastole bereits mehr als 3 Viertel seiner Füllung erreicht, bevor die enddiastolische Vorhofkontraktion erfolgt.

Die schnelle Anfangsfüllung ist vor allem für die Effektivität der Herzarbeit in höheren Frequenzbereichen von Bedeutung: Die überproportionale Verkürzung der Diastolenzeit bei einer Belastungsherzfrequenz von 180–200 Schlägen pro Minute wirkt sich somit nicht allzu ungünstig auf das Füllungsvolumen der Kammer und damit auf die Funktionsgrößen Schlagvolumen und Herzminutenvolumen aus.

Elektrische Aktivität des Herzens

Die Erregungs- und Kontraktionsvorgänge des Herzens lassen sich qualitativ und quantitativ durch die Aufzeichnung der Herzstromkurve – *Elektrokardiogramm (EKG)* – beurteilen (Abb. 42).

Die Aufzeichnung eines EKGs erfolgt über verschiedene Ableitungsmethoden. Eine Methode allein ist nicht in der Lage, die elektrischen Vorgänge des Herzens, die eine dreidimensionale Ausbreitung erfahren, ausreichend genug zu erfassen. So hat sich ein Ableitungsprogramm herauskristallisiert, das in seiner Gesamtheit den klinischen Fragestellungen weitgehend gerecht wird.

Das EKG (vgl. Abb. 42) ist durch charakteristische Zacken und Strecken gekennzeichnet:

Die *P-Zacke* gibt Zeit und Ausmaß der Vorhoferregung wieder. Die *PQ-Strecke* entspricht der Dauer der Überleitung der Erregung von den Vorhöfen zu den Kammern und wird als *Überleitungszeit* bezeichnet. Sie beträgt normalerweise etwa 0,15–0,18 Sekunden. Ihre verhältnismäßig lange Dauer ist von großer Wichtigkeit für eine geordnete Herztätigkeit, da sie gewährleistet, daß Vorhof und Kammer sich nicht gleichzeitig,

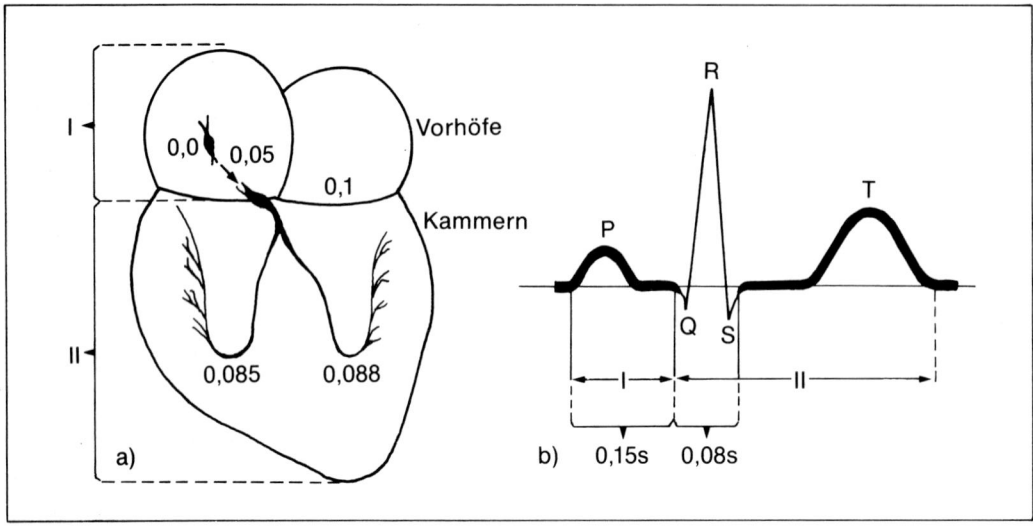

Abb. 42 Schematische Darstellung des Reizleitungssystems (a), die den Erregungsablauf im Herzen im Verhältnis zum EKG (b) zeigt. I = Vorhoferregung (P-Zacke); II = Kammererregung (QRS-Komplex).

sondern hintereinander kontrahieren. Der
QRS-Komplex entspricht der Ausbreitung
der Erregung im Kammerbereich, die *ST-
Strecke* der vollständigen Erregung der
Kammern. Die *T-Zacke* spiegelt den Erre-
gungsrückgang in den Kammern wider.

Im *sportlichen Bereich* wird das EKG meist
für Herzfrequenzaufzeichnungen benutzt:
Diese Herzfrequenzprofile ermöglichen
gute Aufschlüsse über die sportartspezifische physische und/oder psychische Belastung des Sportlers. Darüber hinaus ermöglicht das EKG z. T. auch Aussagen über
Veränderungen der kardialen Leistungsfähigkeit im Laufe eines Trainingsprozesses.
Sowohl pathologische als auch positiv-adap-
tative Veränderungen lassen sich aus dem
EKG herauslesen: Erhöhte R-Zacken können als Ausdruck der Linkshypertrophie des
Sportherzens (*Karvonen* 1959), eine Vergrößerung der T-Zacke als Indikator einer
verbesserten Koronardurchblutung mit opti-
mierter myokardialer Blutversorgung gewertet werden (*Mayhew* 1971, 173).

Kenngrößen der Herzfunktion

Wie bereits erwähnt, hat das Herz die Aufgabe, über seine Pumpfunktionen die Körperzellen mit Sauerstoff und Nährstoffen zu
versorgen sowie den Abtransport von Kohlendioxid und Stoffwechselschlacken zu gewährleisten. Je nach Bedarf muß das Herz
eine mehr oder weniger große Auswurflei-
stung vollbringen. Die pro Zeiteinheit ge-
förderte Blutmenge wird dabei als *Herzzeitvolumen* bezeichnet. Dieses Herzzeitvolumen stellt das Produkt aus *Herzfrequenz*
und *Schlagvolumen* dar. Die Größe dieses
Herzzeitvolumens bildet einen wichtigen
Begrenzungsfaktor der körperlichen Leistungsfähigkeit.

Herzfrequenz

Unter Herzfrequenz (HF) wird die Anzahl der Herzschläge pro Minute verstanden. Sie beträgt in Ruhe beim Untrainierten etwa 60–80 Schläge.

Zahlreiche Faktoren wie Lebensalter, Körpertemperatur, körperliche Belastung, emotionaler Zustand, Tag-Nacht-Rhythmus, Trainingszustand etc. beeinflussen sie.

> Das Herz wird durch die Variation seiner Frequenz in die Lage versetzt, das Herzzeitvolumen unter energetisch optimalen Bedingungen zu fördern.

Die Herzfrequenz wird bei *Belastungsbeginn* über die *kortikale Mitinnervation* erhöht: Die Erregung der motorischen Hirnrinde (Kortex) – z. B. durch eine vorgestellte oder reale körperliche Tätigkeit – führt zu einer Mitinnervation des Kreislaufzentrums im verlängerten Rückenmark (Medulla oblongata) und bewirkt eine Herzfrequenzsteigerung. *In der Folge* kommt es über die Einflußnahme *stoffwechselsensibler Rezeptoren der Muskulatur* zu einer weiteren Steigerung der Herzfrequenz: Sie sorgen nicht nur für eine lokale Gefäßweitstellung mit verbesserter Durchblutung der Arbeitsmuskulatur, sondern senden gleichzeitig Impulse zum Kreislaufzentrum, wodurch es wie bei der kortikalen Mitinnervation zu einer Erhöhung des Sympathikotonus und damit zur Anhebung der Herzfrequenz kommt (*Stegemann* 1971, 97).

Bei körperlichen Belastungen kann die Herzfrequenz beim Untrainierten etwa um das Dreifache ansteigen und Werte über 200 Schläge pro Minute erreichen.

Kinder und Jugendliche haben sowohl in Ruhe als auch bei Belastung aufgrund ihrer kleineren Herzen und kürzeren Herzmuskelfasern eine höhere Herzfrequenz (vgl. Abb. 141): Belastungsherzfrequenzen bis zu 240 Schlägen pro Minute sind möglich.

Schlagvolumen

> Das Schlagvolumen (SV) entspricht derjenigen Menge Blut, die bei jeder Kontraktion aus der Herzkammer in die Blutbahn ausgeworfen wird. Es beträgt in Ruhe etwa 70 ml und erhöht sich bei Belastung.

Die Höhe des Schlagvolumens ist eng mit der Größe des Herzens korreliert.

Die Veränderung des Schlagvolumens unterliegt einer dreifachen Regelung: Das Schlagvolumen wird in erster Linie durch die Herzmuskelfaserlänge (Vordehnung) bestimmt, es wird aber auch durch den Druck in der Aorta (peripherer Widerstand) beeinflußt und schließlich durch Sympathikus-Wirkung (Kontraktilitätszunahme der Herzmuskulatur) verändert (*Ganong* 1972, 526 f.).

Nach dem Gesetz von *Frank-Starling* ist die Kraft der Herzkontraktion und damit die Größe des Schlagvolumens proportional der initialen Länge der Herzmuskelfasern. Die Länge der Herzmuskelfasern ist ihrerseits proportional abhängig von der Herzkammerfüllung. Abbildung 43 verdeutlicht diese Zusammenhänge.
Jede Erhöhung der Kammerfüllung, wie z. B. durch einen erhöhten venösen Rückfluß bei körperlicher Belastung durch die Muskelpumpe, bzw. Erniedrigung, wie z. B. bei einem verringerten venösen Rückfluß beim Vorgang der Preßatmung (s. S. 133), führt demnach zu einer Steigerung bzw. Senkung des Schlagvolumens.
Neben der Vordehnung der Herzmuskelfasern wird das Schlagvolumen auch durch den Widerstand, gegen den die Ventrikel das Blut auswerfen müssen, bestimmt: Mit der Zunahme des zu überwindenden Widerstandes nimmt bei Belastungsbeginn das Schlagvolumen zu.

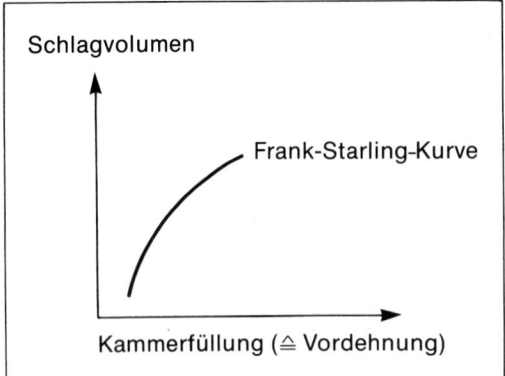

Abb. 43 Schematische Darstellung des Zusammenhangs zwischen enddiastolischer Kammerfüllung und Ventrikelleistung, ausgedrückt durch die Größe des Schlagvolumes (verändert nach *Ganong* 1972, 527).

Schließlich hat die Wirkung des *Sympathikus* mit seiner Kontraktilitätszunahme des Myokards als 3. Faktor großen Einfluß auf das Schlagvolumen. Eine Stimulierung der sympathischen Herznerven – wie sie für jede Leistungseinstellung charakteristisch ist – führt zu einer Verschiebung der „Frank-Starling-Kurve" (Abb. 43) nach oben links und damit zu einem positiv inotropen Effekt (Anstieg der Kontraktionskraft des Herzens); diese Wirkung wird noch durch im Blut zirkulierendes Adrenalin und Noradrenalin gesteigert.

Herzminutenvolumen

Das Herzzeitvolumen gibt die Menge Blut an, die pro Zeiteinheit vom Herzen in die Blutbahn befördert wird.

Normalerweise wird die Blutmenge pro Minute angegeben: Herzminutenvolumen (HMV). Wie bereits erwähnt, ergibt sich diese Größe aus dem Produkt von Herzfre-

quenz und Schlagvolumen. Das HMV beträgt in Ruhe etwa 5 Liter und kann bei Belastung beim Untrainierten auf etwa den vierfachen Wert erhöht werden.
Der Untrainierte steigert sein HMV vorwiegend durch Herzfrequenzzunahme, der Trainierte durch Schlagvolumenzunahme (s. S. 91). Energetisch ist die Schlagvolumenzunahme günstiger (geringerer Sauerstoffverbrauch) als die Frequenzzunahme.

Herzleistung

Das Herz erbringt bei seiner ununterbrochenen Tätigkeit ein erstaunliches Maß an mechanischer Arbeit. Es leistet Druck-, Volumen- und Beschleunigungsarbeit. Im Vordergrund stehen die Druck- und Volumenarbeit. Die tägliche Arbeitsleistung liegt in Ruhe bei etwa 10 000 mkp, was einem Blutauswurf von über 7000 l entspricht.

Die Anpassung des Herzens und seiner Funktionsgrößen an sportliches Training

Bei körperlicher Belastung steigen der Sauerstoff- und Nährstoffbedarf im Organismus proportional zur geleisteten Arbeit an. Dieser gesteigerte Bedarf wird vom Herzen durch eine Erhöhung des Herzminutenvolumens (HMV) abgedeckt. Die Zunahme des HMV erfolgt durch eine Vergrößerung von Herzfrequenz und Schlagvolumen.
Bei ausreichender Trainingsintensität, -dauer und -häufigkeit kommt es bei einem *Ausdauertraining* aufgrund der erhöhten funktionellen Beanspruchung zu adaptiven Veränderungen im Bereich des Herzens und seiner Funktionsgrößen, die sich letztlich in der Ausbildung eines *Sportherzens* manifestieren und nachfolgend beschrieben werden sollen.

Morphologische Veränderungen

Herzvergrößerung

Ausdauertraining führt sowohl zu einer *Hypertrophie* des Herzens, verbunden mit einer Gewichtszunahme, als auch zu einer *Dilatation* (Erweiterung) der Herzhöhlen. Die physiologische Bedeutung der Herzhypertrophie liegt darin begründet, daß durch die vermehrte Neusynthese funktionstragender Zellelemente die Arbeitsleistung je Gewichtseinheit Myokard wieder auf den Ausgangswert reduziert wird (*Hollmann/Hettinger* 1980, 464).

Die trainingsbedingte Vergrößerung des *Sportherzens* ist jedoch überwiegend auf die funktionelle Erweiterung – *Dilatation* – der Herzhöhlen zurückzuführen. Ursächlich spielen dabei der vermehrte Rückstrom venösen Blutes zum Herzen bei intensiver Muskeltätigkeit sowie die regulative Weitstellung des Herzens auf nervalem Wege die Hauptrolle.
Das Sportherz verfügt mit seinen erweiterten Hohlräumen über eine größere *Restblutmenge* als das Herz des Untrainierten. Das Restblut – es entspricht derjenigen Blutmenge, die am Ende der Systole im Herzen verbleibt – kann beim Trainierten mehr als doppelt so groß sein als beim Untrainierten. Die Bedeutung einer erhöhten Restblutmenge liegt darin begründet, daß sie unter Belastung, wenn die Durchblutungsanforderungen der Muskulatur sprunghaft ansteigen, als Schlagvolumenreserve dienen kann; des weiteren stellt das Restblut bei Engpässen im Blutrückstromvolumen, wie z. B. bei der Preßatmung, ein Sofortdepot dar.

> In Ruhe beläuft sich das Verhältnis von Restvolumen zu Schlagvolumen beim Trainierten wie beim Untrainierten auf etwa 2 Drittel zu 1 Drittel (*Hollmann/Hettinger* 1980, 471).

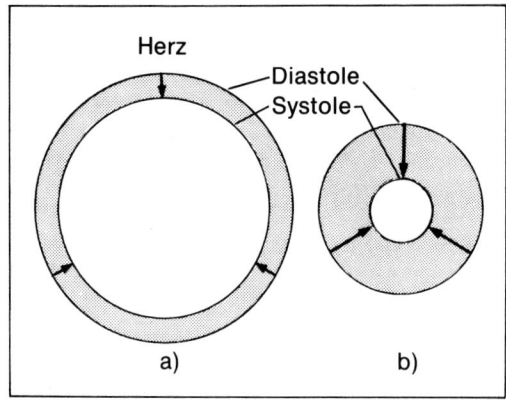

Abb. 44 Schematische Darstellung der erforderlichen Faserverkürzung zum Erreichen eines bestimmten Schlagvolumens bei großem (a) und kleinem (b) Herzen (nach *Findeisen/Linke/Pickenhain* 1980, 105).

Die funktionelle Dilatation des Herzens bedeutet energetisch eine wesentliche Ökonomisierung des Herzens. Wie Abbildung 44 deutlich macht, benötigt das Sportherz für die gleiche Auswurfmenge (Schlagvolumen) eine wesentlich geringere Faserverkürzung.

Einen Überblick über trainingsbedingte Veränderungen von Herzgewicht (als Ausdruck der Herzmuskelhypertrophie) und Herzvolumen gibt Tabelle 6.
Die bislang im Sportbereich gefundenen höchsten Werte für das absolute bzw. relative Herzvolumen betragen beim Mann 1700 ml bzw. 20 ml/kg (*Hollmann/Hettinger* 1980, 445), bei der Frau 1150 ml bzw. 16,8 ml/kg (*Medved/Pavasit/Stuka* 1975, 174).
Als kritischer Wert für die Hypertrophie des Herzens galt bisher ein Herzgewicht von 500 g, jenseits dessen die Sauerstoffversorgung der Herzmuskelfasern nicht mehr voll gewährleistet ist. Dieser Absolutwert ist jedoch nach neueren Untersuchungen nicht mehr haltbar. Mit Hilfe der Echokardiographie ist man heute in der Lage, ein relatives, auf das Körpergewicht bezogenes, kritisches Herzgewicht zu bestimmen. Nach *Dickhuth* (1985) wird dieses *relative Herzgewicht* der

Herzgewicht/Herzvolumen	Untrainierte (Männer)	Trainierte (Männer)
Absolutes Herzgewicht [g]	250–300	350–500
Relatives Herzgewicht [g/kg]	4,8	8,0
Absolutes Herzvolumen [ml]	600–800	900÷1300
Relatives Herzvolumen [ml/kg]	11–12	14–17

Tab. 6   Absolutes und relatives Herzgewicht und -volumen bei Untrainierten und Trainierten (nach Angaben von *Mellerowicz/Meller* **1972, 16;** *Israel/Weber* **1972, 55;** *Strauzenberg/Schwidtmann* **1976, 497;** *Nöcker* **1976, 109).**

physiologischen Herzhypertrophie bei trainierenden Menschen besser gerecht. Grenzwert ist danach ein Herzgewicht von 7–7,6 g/kg Körpergewicht. Das bedeutet z. B. ein kritisches Herzgewicht von rund 650 g bei einem 90 kg schweren Ausdauersportler (*Dickhuth* 1985, 80).

Das *Sportherz* ist ein in allen Herzabschnitten harmonisch vergrößertes Herz, das nichts mit der kompensatorischen Herzvergrößerung auf der Grundlage einer Herzmuskelschädigung zu tun hat. Das Sportherz ist überdurchschnittlich leistungsstark und bildet sich bei Verringerung des Trainings wieder zurück, ohne daß krankhafte Veränderungen auftreten (*Nöcker* 1976, 110; *Findeisen/Linke/Pickenhain* 1980, 103).

Wie die Untersuchungen von *Keul* et al. (1980, XIV) zeigen, ist die Ausdauerleistungsfähigkeit bzw. die Wettkampfleistung in den Ausdauerdisziplinen eng mit der Herzgröße der Sportler korreliert: Die in ihrer jeweiligen Disziplin besten Ausdauersportler haben die jeweils größten Herzen.

Formveränderungen des Herzens

Mit einer Vergrößerung des Herzens ändert sich auch seine Form (Abb. 45), was in der Arztpraxis zu Fehldiagnosen führen kann.

Die Vergrößerung und damit einhergehende Formveränderung des Sportherzens erfolgt harmonisch und erstreckt sich auf alle 4 Herzkammern.

Wie aus Abbildung 45 zu ersehen ist, vergrößern sich beim *linken Ventrikel* der Längendurchmesser und der Ventrikelbogen, die Herzspitze wird zunehmend abgerundet. Dadurch vergrößert sich das Herz nach links und schiebt sich vermehrt in den Retrokardialraum hinein. Die Vergrößerung des *rechten Ventrikels* läßt sich durch das Verstreichen der Herztaille erkennen.

Die Größenzunahme der Vorhöfe geht mit einer gleichzeitigen Erweiterung der Lungenvenen sowie der arteriellen Gefäße einher.

Adaptative Veränderungen im Bereich der kardialen Gefäßversorgung

Parallel zur Vergrößerung des Herzens kommt es durch Ausdauertraining zu einer Erweiterung der Koronareingänge (-ostien), zu einer Querschnittszunahme der Herzkranzarterien und zu einer verstärkten Ausbildung von Kollateralen – also zu Veränderungen, die zu einer weiteren Verbesserung der Blutversorgung der Herzmuskulatur in Ruhe und bei Belastung beitragen und die Leistungsfähigkeit des Herzens erhöhen (*Bühlmann/Froesch* 1974, 48; *Gottschalk/Israel/Berbalk* 1982, 57; *Israel* 1978, 750).

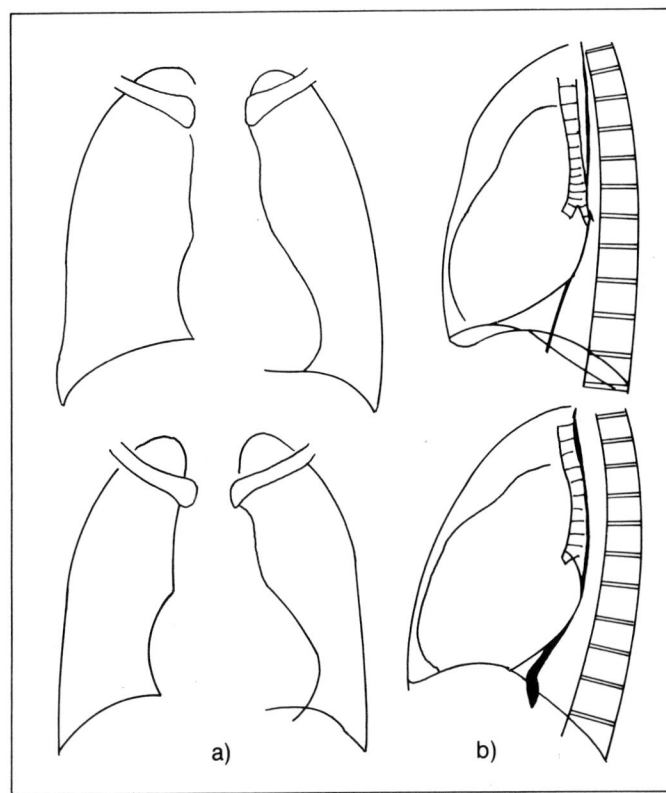

a)   b)

Abb. 45   Die Formveränderungen des Sportherzens (unten) im Vergleich zum Normalherzen des Untrainierten (oben) im Vorder- (a) und Seitenbild (b) (nach *Reindell* et al. 1960, 20).

Funktionelle Veränderungen

Vergrößerung von Schlagvolumen, Herzminutenvolumen, Sauerstoffpuls und maximaler Sauerstoffaufnahme – Herzfrequenzabnahme:
Die Vergrößerung des Herzens und die Verbesserung der kardialen Durchblutung sind wesentliche Vorbedingungen für die Erhöhung wichtiger Funktionsgrößen der Leistungsfähigkeit des Herzens und damit für die bei Ausdauerbelastungen erforderliche Steigerung der maximalen Sauerstoffaufnahmefähigkeit.
Abbildung 46 läßt die enge Korrelation zwischen Schlagvolumen, Herzminutenvolumen, maximaler Sauerstoffaufnahme (s. auch S. 177) und Herzgröße erkennen.

Was das Schlagvolumen betrifft, muß jedoch darauf hingewiesen werden, daß eine Herzvergrößerung nicht die ausschließliche Voraussetzung für eine Steigerung des Schlagvolumens darstellt: Auch über verstärkte sympathische Antriebe, einen verstärkten venösen Rückstrom (vgl. S. 100) oder eine Änderung im Biochemismus des Herzmuskels als Folge des Ausdauertrainings kann es zu einem erhöhten Schlagvolumen kommen (*Hollmann/Hettinger* 1980, 445).

Ein hohes *Schlagvolumen* ist die Grundlage für eine ökonomische Herzarbeit im submaximalen Bereich – Volumenarbeit ist energetisch günstiger als Frequenzarbeit – und eine Vorbedingung für ein hohes Maximum der Transportleistungsfähigkeit des Herzens bei Höchstbelastungen.

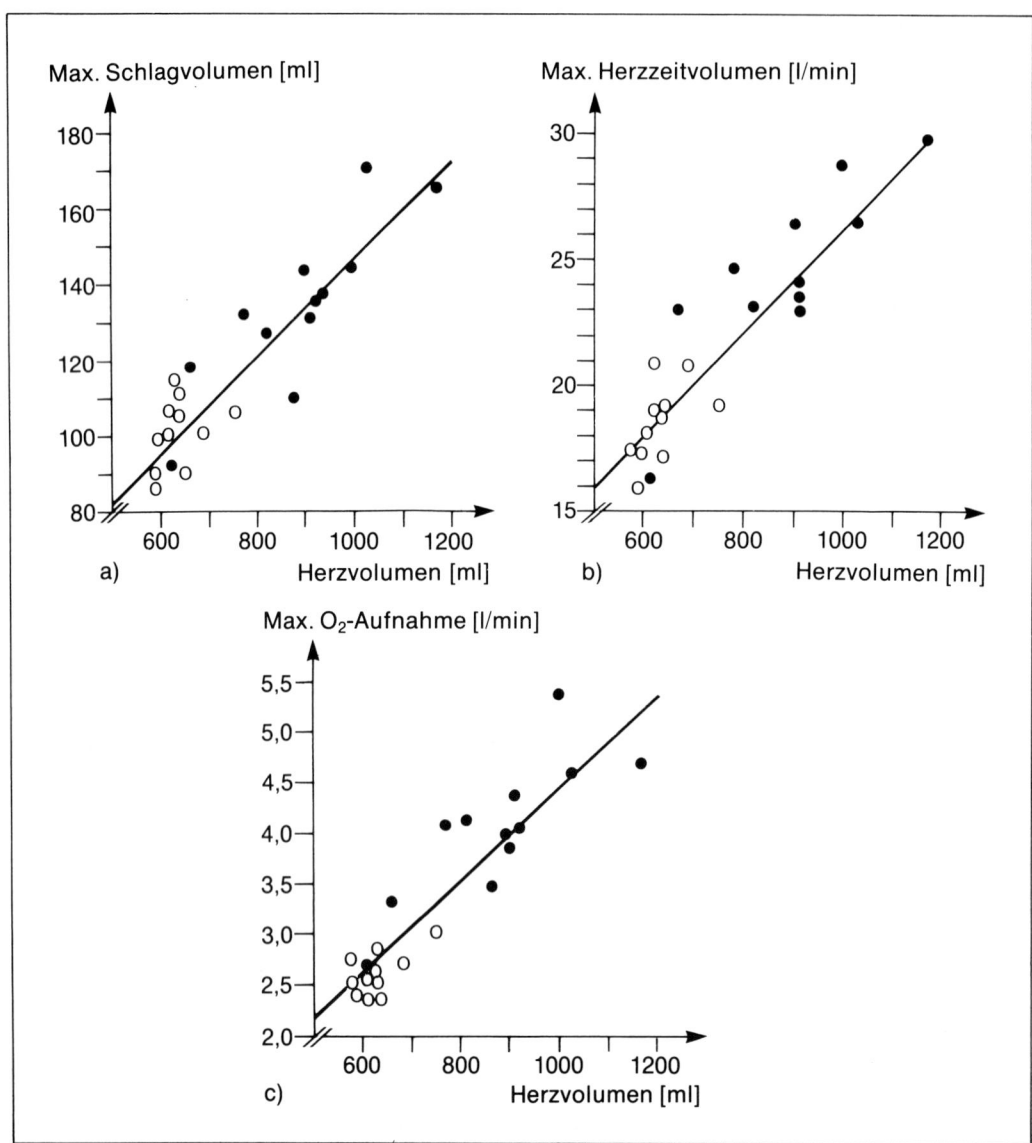

Abb. 46   Die Beziehung zwischen dem Herzvolumen und dem Schlagvolumen (a) bzw. dem Herzminutenvolumen (b) und der Sauerstoffaufnahme (c) (nach *Astrand/Cuddy/Saltin/Stenberg* 1964, 268).

In Ruhe hat der Untrainierte ein Schlagvolumen von etwa 70 ml, der Ausdauertrainierte von etwa 105 ml. Bei Belastung kann der Untrainierte sein Schlagvolumen auf etwa 120 ml (*Hollmann/Hettinger* 1980, 445), der Trainierte auf mehr als das Doppelte (auf Werte über 200 ml) erhöhen.

Während beim Untrainierten das Schlagvolumen bei hohen Herzfrequenzen jedoch wieder abfällt – es erreicht bei 110–120 Schlägen pro Minute sein Maximum (*Hollmann/Hettinger* 1980, 471) –, bleibt es beim Ausdauertrainierten auch bei Frequenzen bis um 200 Schläge pro Minute konstant (*Strauzenberg/Schwidtmann* 1976, 498).

> Aufgrund des erhöhten Schlagvolumens kann der Trainierte sein *Herzminutenvolumen* von in Ruhe etwa 5 l auf maximale Werte von etwa 40 l (HF 200 × SV 200 = 40 l) um das 8fache steigern. Der Untrainierte erreicht hingegen nur einen Wert um maximal 20–25 l, was einer 4- bis 5fachen Steigerungsrate entspricht.

Neben dem Schlag- und Herzminutenvolumen erhöht sich auch der Sauerstoffpuls, der ebenfalls eng mit der Herzgröße korreliert ist (Abb. 47).

> Der *Sauerstoffpuls* gibt diejenige Menge Sauerstoff an, die pro Herzaktion vom Organismus aufgenommen wird.

Wie Abbildung 48 erkennen läßt, steigt der Sauerstoffpuls mit zunehmender Belastung bis zu seinem Maximalwert an, der bei Trainierten wesentlich höher liegt als bei Untrainierten.

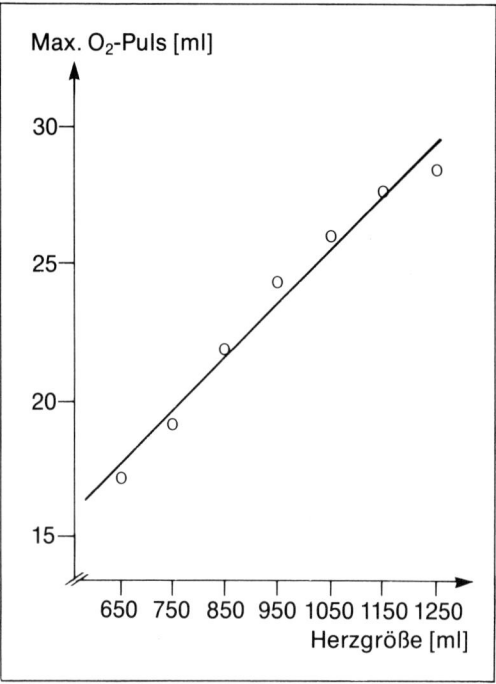

Abb. 47   Beziehung zwischen der Herzgröße und dem maximalen Sauerstoffpuls (verändert nach *Findeisen/Linke/Pickenhain* 1980, 109).

> Im submaximalen Belastungsbereich ermöglicht die Größe des Sauerstoffpulses eine gute Einschätzung der Ökonomie und Leistungsreserven des kardiozirkulatorischen Systems: Ein höherer Wert bringt eine größere Herz-Kreislauf-Leistungsreserve zum Ausdruck (*Hollmann/Hettinger* 1980, 405).

Wie die bisherigen Ausführungen erkennen lassen, sind Herzgröße, Schlagvolumen, Herzminutenvolumen und Sauerstoffpuls eng miteinander korreliert. Durch Ausdauertraining kommt es zu einer parallelen Vergrößerung dieser Einzelparameter und damit insgesamt zu einer Steigerung der maximalen Sauerstoffaufnahmefähigkeit, dem Bruttokriterium der Ausdauerleistungsfähigkeit. Tabelle 7 verdeutlicht die engen Zu-

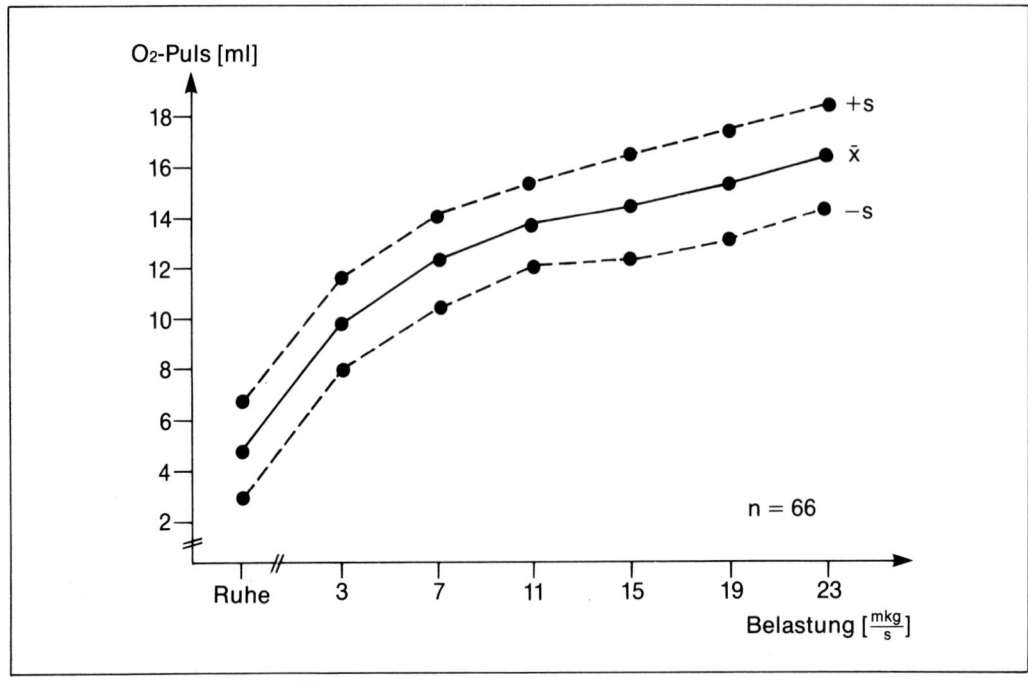

Abb. 48   Das Verhalten des Sauerstoffpulses von Untrainierten (Männer) bei ansteigender Belastung (nach Hollmann/Heck in Hollmann/Hettinger 1980, 405).

Name	Disziplin	Zeitraum [Jahr]	Bestzeit [min]	HV/kg [ml]	O_2-P_{max} [ml]	VO_{2max}/kg [ml]
W.	1500 m	1971	3:42,2	14,1	—	—
		1972	3:40,5	15,3	22,7	54,3
		1973	3:39,5	15,1	26,8	61,4
		1974	3:39,0	16,4	30,5	69,2
		1975	3:36,4	17,6	—	—
O.	5000 m	1973	14:05,6	13,7	19,25	52,0
		1974	13:51,2	15,6	22,4	62,0
H.	3000 m Hindernis	1974	8:40,4	15,1	22,3	47,5
		1975	8:27,4	16,8	23,4	54,3
E.	1500 m Freistil	1972	18:03,0	13,3	17,0	46,2
		1973	17:48,0	13,2	18,0	46,2
		1974	17:03,8	15,0	21,5	52,0
W.	400 m Freistil	1972	4:25,5	11,0	20,2	52,0
		1973	4:15,4	10,5	20,5	49,3
		1974	4:09,2	13,3	21,4	50,6

Tab. 7   Vergleich zwischen Bestzeiten, relativem Herzvolumen (HV/kg), maximalem Sauerstoffpuls (O_2-P_{max}) und relativer Sauerstoffaufnahme (nach Keul et al. 1980, XIV).

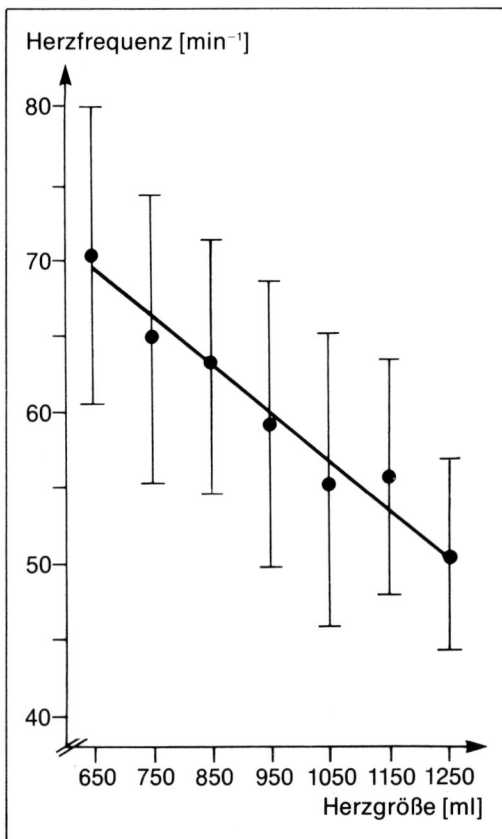

Abb. 49   Beziehungen zwischen der Herzgröße und der Herzfrequenz unter Ruhebedingungen (aus *Findeisen/Linke/Pickenhain* 1980, 106).

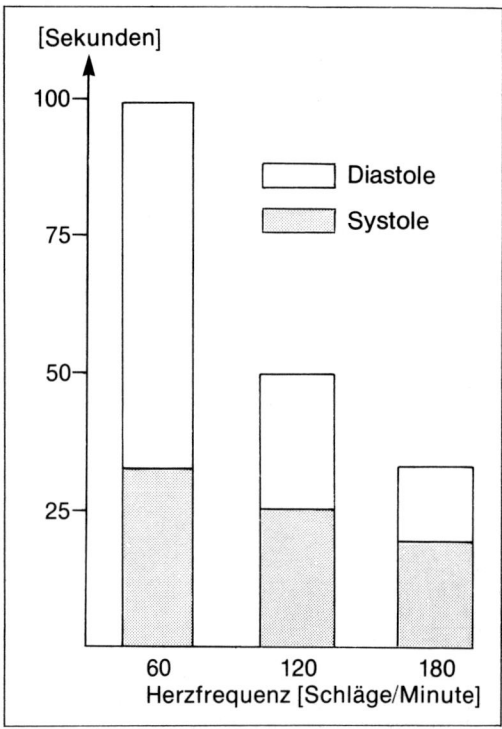

Abb. 50   Das Verhältnis von Diastolen- zu Systolendauer bei unterschiedlichen Herzfrequenzen (aus *Dehn/Mullins* 1977, 369).

sammenhänge zwischen der Größe dieser Leistungsparameter und der sportartspezifischen Leistungsfähigkeit im Wettkampf: Eine Verbesserung der einzelnen Leistungsgrößen ist stets mit einer Steigerung der individuellen Wettkampfleistung verbunden.

Eine ausdauertrainingsbedingte Vergrößerung des Herzens hat nicht nur Einfluß auf Schlagvolumen, Herzminutenvolumen und Sauerstoffpuls, sondern auch auf eine in der Sportpraxis gut meßbare Größe, nämlich die *Herzfrequenz*.
Wie Abbildung 49 zum Ausdruck bringt, ist die Herzfrequenz in Ruhe bei den Sportlern mit den größten Herzen am geringsten.

Kinder und Jugendliche haben sowohl in Ruhe als auch bei Belastung aufgrund ihrer kleineren Herzen (vgl. Abb. 141) eine höhere Herzfrequenz.

Da eine Herzfrequenzabnahme um 10 Schläge/min eine Sauerstoffenergieeinsparung von nahezu 15% bewirkt (*Strauzenberg/Schwidtmann* 1967, 497), wirkt sie sich besonders günstig im Sinne einer Ökonomisierung der Herzarbeit aus. Eine geringere Herzfrequenz verbessert darüber hinaus auch noch die kardiale Blutversorgung, da bei niedrigeren Frequenzen das Verhältnis von Diastole – in ihr wird das Herz mit Blut versorgt – und Systole günstiger ist (Abb. 50).

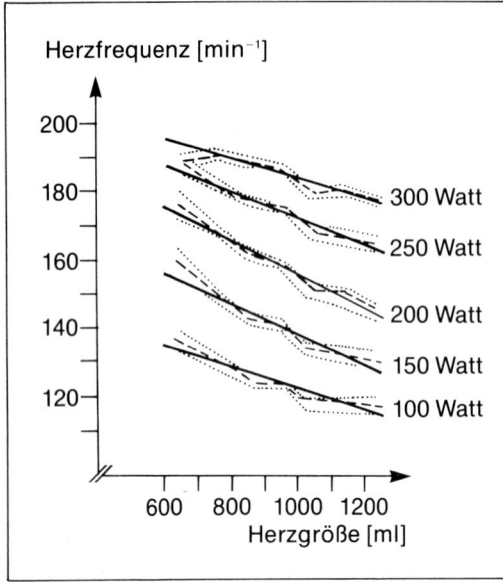

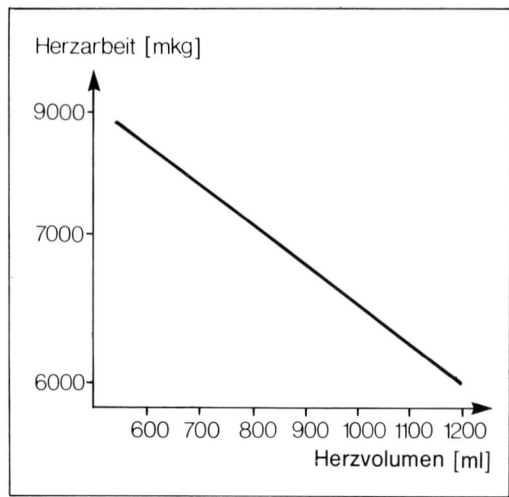

Abb. 52   Die Beziehungen des Herzvolumens zur Herzarbeit in 24 Stunden bei ausdauertrainierten Personen (in Anlehnung an *Israel* 1968).

Die trainingsbedingte Herzfrequenzabnahme – die in der Literatur bislang angegebene niedrigste Ruheherzfrequenz eines gesunden Sportlers liegt bei 29 Schlägen/min (*Bogard*, in *Strauzenberg/Schwidtmann* 1976, 496) – ist jedoch nicht nur auf die Herzvergrößerung, sondern auch auf die vegetative Umstellung (verstärkter Einfluß des Vagus = Vagotonie) und die verbesserte periphere Sauerstoff- und Substratausnutzung aufgrund einer vermehrten Kapillarisierung (s. S. 104) zurückzuführen: Durch die Optimierung der zellulären Energieversorgung genügt eine geringere Menge an Blut und damit eine niedrigere Herzfrequenz, um die nötige Versorgung zu gewährleisten (*Weineck* 1983, 332).

Das trainierte Herz zeigt jedoch nicht nur in Ruhe, sondern auch im submaximalen Belastungsbereich eine geringere Herzfrequenz auf den jeweiligen Belastungsstufen (Abb. 51).

Bei *Belastungsbeginn* stellt sich das trainierte Herz schneller und exakter auf die Belastungsanforderungen ein und steigert das erforderliche Herzzeitvolumen mehr über die ökonomischere Schlagvolumenzunahme und weniger über die Frequenzzunahme.

Das große Herz des Trainierten reagiert auf Belastung vorwiegend mit einer Volumen-, das kleine Herz des Untrainierten mit einer Frequenzreaktion.
In der *Ausbelastungsphase* zeigt das trainierte Sportherz eine weit überdurchschnittliche Leistungsfähigkeit: Durch das erhöhte Schlagvolumen, die gesteigerte Kraft und Geschwindigkeit der Herzmuskel-Kontraktion (*Lioschenko/Stepanowa* 1980, 18) erreicht es ein etwa doppelt so hohes Herzzeitvolumen (vgl. S. 91) wie das Herz des Untrainierten.
In der *Nachbelastungsphase* nähert sich das Sportherz schnell wieder den Ausgangsverhältnissen in Ruhe: Innerhalb der ersten Er-

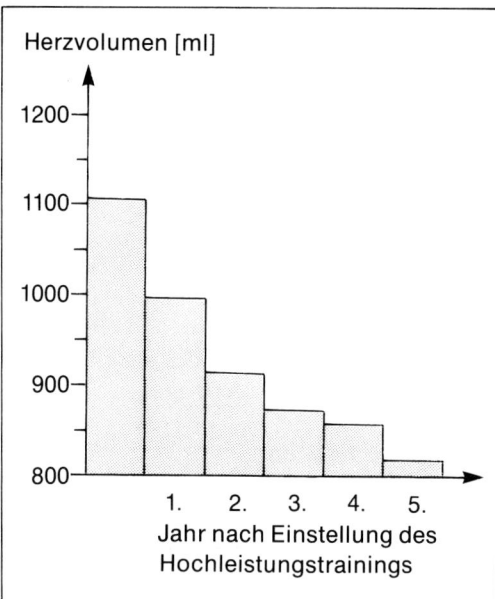

Abb. 53   Rückbildung des Herzvolumens eines Marathonläufers nach Beendigung des Hochleistungstrainings (verändert nach *Israel* 1968).

holungsminute fällt die Belastungsherzfrequenz des Trainierten von z. B. 180 Schlägen/min um 60 Schläge auf etwa 120 Schläge/min ab; beim Untrainierten dagegen erfolgt dieser Abfall wesentlich langsamer.

Insgesamt kommt es beim Sportherzen zu einer vielfältigen Ökonomisierung der Herzarbeit, die sich summarisch in der wesentlich geringeren täglichen Herzarbeit ausdrückt (Abb. 52).

Die Ausbildung eines Sportherzens ist weder geschlechts- noch altersabhängig: Bei entsprechendem Training entwickeln sowohl Frauen als auch Kinder und Jugendliche ein überdurchschnittlich leistungsfähiges Herz mit den aufgezeigten morphologischen und funktionellen Veränderungen.

Beim Ausbleiben oder bei der Reduktion der Trainingsreize bildet sich das Sportherz wieder zurück (Abb. 53).

Nach Beendigung eines Hochleistungstrainings sollte jedoch nicht abrupt mit dem Ausdauertraining aufgehört werden, da es sonst zum Phänomen des akuten Entlastungssyndroms kommen kann, das im allgemeinen 4 bis 20 Tage nach Trainingsunterbrechung auftritt und mehrere Monate dauern kann (*Findeisen/Linke/Pickenhain* 1980, 250).

Das *akute Entlastungssyndrom* ist gekennzeichnet durch Herzstiche oder Druckgefühl in der Herzgegend, Herzrhythmusstörungen, Unruhezustände, Schweißausbrüche, Schlaf- und Appetitstörungen, Unwohlsein, Völlegefühl und Druck im Oberbauch, Schwindel, psychische Verstimmung und langdauernde Leistungsminderung. Die einzelnen Erscheinungsbilder können dabei mehr oder weniger ausgeprägt und in unterschiedlicher Häufigkeit auftreten.

Ursächlich liegt dem akuten Entlastungssyndrom eine funktionell bedingte Dysregulation (Regulationsstörung) zugrunde. Beim plötzlichen Trainingsabbruch kommt es zu einem Mißverhältnis zwischen den Hochleistungsregulationen einerseits und der fehlenden Belastung andererseits: Der hochtrainierte Organismus ist nicht in der Lage, seine Umstellung in die abrupte Ruhestellung harmonisch zu vollziehen (*Nöcker* 1976, 125).

Das akute Entlastungssyndrom läßt sich durch allmähliches Reduzieren der gewohnten Trainingsbelastungen beim sogenannten *Abtrainieren* vermeiden. Da die Rückbildung der Anpassungserscheinungen an die sportlichen Belastungen nicht innerhalb weniger Tage und Wochen stattfinden kann, ohne daß ernsthafte Beschwerden auftreten, sollte das Abtrainieren mindestens für 1 Jahr geplant und unter ärztlicher Kontrolle durchgeführt werden (*Findeisen/ Linke/Pickenhain* 1980, 249).

Anatomisch-physiologische Grundlagen zum Aufbau und zur Funktion des Gefäßsystems

Das Gefäß- bzw. Kreislaufsystem stellt ein Transport- und Verteilersystem dar, das mit Hilfe des Blutes alle Körperorgane zu einer funktionellen Einheit verbindet. Die Blutgefäße bilden ein geschlossenes Röhrensystem, das Blut vom Herzen in das Gewebe und aus dem Gewebe zurück zum Herzen transportiert. Die Blutströmung kommt vor allem durch die Pumpleistung des Herzens zustande. Die Durchflußmenge richtet sich nach den Stoffwechselbedürfnissen der Organe (z. B. arbeitender Muskel) und wird durch lokale, chemische und übergeordnete nervöse Mechanismen, welche zu einer Gefäßweitstellung (-dilatation) oder -engstellung (-konstriktion) führen, geregelt. Während das gesamte Blut durch die Lungen fließt, besteht im Körperkreislauf eine variable Durchströmung verschiedener, parallel geschalteter Kreislaufgebiete (vgl. Abb. 56): Auf diese Weise kann sich die lokale Strömungsgröße beträchtlich ändern, ohne daß es zu einer Veränderung der Gesamtdurchströmung kommt.

> Anatomisch und funktionell unterscheidet man Arterien, Arteriolen, Kapillaren und Venen.

Die Aufgabe der Arterien, der Arteriolen und der Venen liegen ausschließlich im Transport des Blutes. Der Austausch der Gase, der Nährstoffe, der Elektrolyte und des Wassers hingegen erfolgt nur in den Kapillaren.

Aufbau und Funktion der verschiedenen Gefäße

Wie aus Abbildung 54 zu ersehen ist, sind Arterien und Venen prinzipiell gleich aufgebaut. Aufgrund ihrer unterschiedlichen mechanischen Beanspruchung und Funktion weisen sie jedoch in der Feinstruktur charakteristische Unterschiede auf.

Arterien, Arteriolen

Die Arterienwand ist aus 3 Schichten aufgebaut. Die innere Schicht (Tunica intima) bildet das Endothel, eine spiegelglatte Auskleidung der Gefäße, die für geringen Reibungswiderstand sorgt; sie keine eigene Blutversorgung und wird per Diffusion aus dem Blutstrom versorgt. Die mittlere Schicht (Tunica media) setzt sich aus glatter Muskulatur – ihre Spannungs- und Längenveränderungen spielen bei der Durchblutungsregulation eine wichtige Rolle – und elastischen Fasern zusammen, die ring-, spiral- und längsförmig angeordnet sind. Mit zunehmendem Alter und geringerer funktioneller Beanspruchung werden die elastischen Fasern in kollagene umgewandelt. Die äußere Schicht (Tunica externa) schließlich besteht aus lockerem Bindegewebe, das die Gefäße vor mechanischer Überdehnung schützt und sie mit dem umgebenden Gewebe verbindet.

Je nach Überwiegen der einzelnen Bestandteile unterscheidet man Arterien vom elastischen bzw. muskulösen Typ.
Die herznahen Arterien sind *Arterien vom elastischen Typ*. Für die *Windkesselfunktion* der großen Arterien, vor allem der Aorta, ist dies von größter Bedeutung. Wie aus Abbildung 55 hervorgeht, wird während der Systole Energie in Form der elastischen Spannung der Gefäßwände gespeichert, die

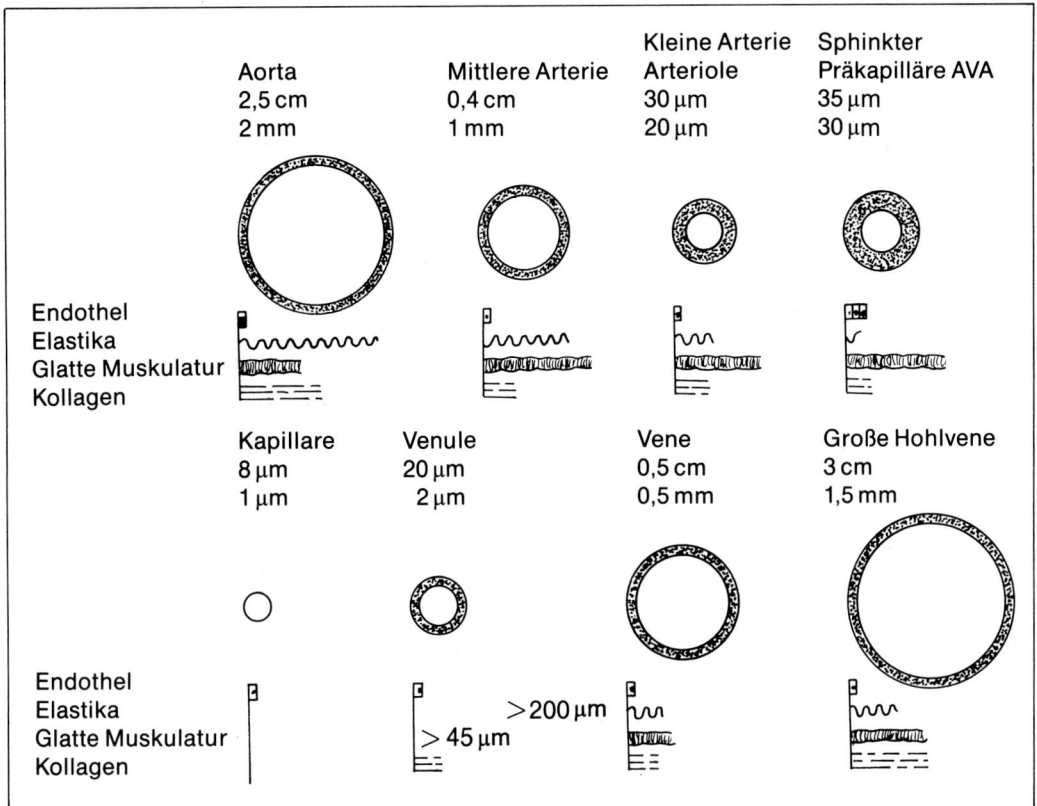

**Abb. 54   Aufbau der verschiedenen Blutgefäßtypen. Die Zahlenangaben beziehen sich auf Durchmesser (oben)
und Wandstärke (unten) der jeweiligen Blutleiter. AVA = arteriovenöse Anastomose.**

während der Diastole des Herzens wieder abgegeben werden kann (Umwandlung der potentiellen in kinetische Energie). Dadurch wird der rhythmisch pulsierende Blutstrom in einen kontinuierlichen, gleichmäßigen Blutstrom umgewandelt. Das in der Systole gespeicherte und in der Diastole weiterbeförderte Blutvolumen und das in der Systole unmittelbar in die Peripherie abgegebene Volumen sind unter Ruhebedingungen etwa gleich groß (*Findeisen/Linke/Pikkenhain* 1980, 118).

Mit zunehmender Entfernung vom Herzen sinkt der Anteil der elastischen Fasern, der Anteil der glatten Muskelfasern hingegen steigt zunehmend an, kleine herzferne Arterien und Arteriolen werden daher *Arterien vom muskulären Typ* genannt.

> Da sich die *Arteriolen* je nach Bedarf der betreffenden Organe aktiv weit (Vasodilatation) und eng (Vasokonstriktion) stellen können, werden sie auch als *Widerstandsgefäße bezeichnet.*

Die Arteriolen spielen eine entscheidende Rolle bei der Regulierung des peripheren Gefäßwiderstandes und auf diesem Wege für die Durchblutung der Körpergewebe.

Das *Hagen-Poiseuillesche Gesetz* beschreibt die Beziehung zwischen Strömung in einem engen langen Rohr (vergleichbar mit einem Blutgefäß), Viskosität (innere Reibung) der Flüssigkeit und Radius des Rohres:

$$R \text{ (Widerstand gegenüber der Strömung)} = \frac{8 \eta L}{\pi r^4}; \quad \begin{array}{l} \eta = \text{Viskosität} \\ L = \text{Rohrlänge} \\ r = \text{Rohrradius} \end{array}$$

Da sich die Strömung direkt und der Widerstand indirekt proportional mit der 4. Potenz des Radius ändern, werden Blutströmung und Widerstand stark durch Kaliber(Durchmesser)änderungen der Gefäße beeinflußt: Eine Radiuszunahme um z. B. nur 16% bewirkt in einem Blutgefäß eine Verdoppelung des Strömungsvolumens, d. h., eine Radiusverdoppelung vermindert den Widerstand auf $\frac{1}{16}$ des Ausgangswertes. Daher wird die Organdurchblutung durch kleinste Lumenveränderungen der Arteriolen wirksam gesteuert, und Änderungen des Arteriolendurchmessers haben ausgeprägte Wirkung auf den arteriellen Blutdruck im Körperkreislauf (*Ganong* 1972, 537).

Kapillaren

An ihrem Ende verzweigen sich die Arteriolen in die *Kapillaren* (Haargefäße). Ihre Wand ist außergewöhnlich dünn und besteht nur noch aus einer einzigen Schicht, dem Endothel, das den Stoff- und Flüssigkeitsaustausch – die Hauptfunktion der Kapillaren – zwischen Blut und Gewebe ermöglicht.
Der Stoff- und Flüssigkeitsaustausch vollzieht sich weitestgehend über Diffusions-, in geringerem Maße über Filtrationsvorgänge. Die *Diffusion* erfolgt über feinste Poren bzw. „Fenster" im Kapillarendothel: Die kleinmolekularen Natrium- und Chloridionen passieren sie leicht, die größeren Zuckermoleküle schwerer und die großen Eiweißmoleküle nur in ganz geringem Umfang. Sauerstoff und Kohlendioxid diffun-

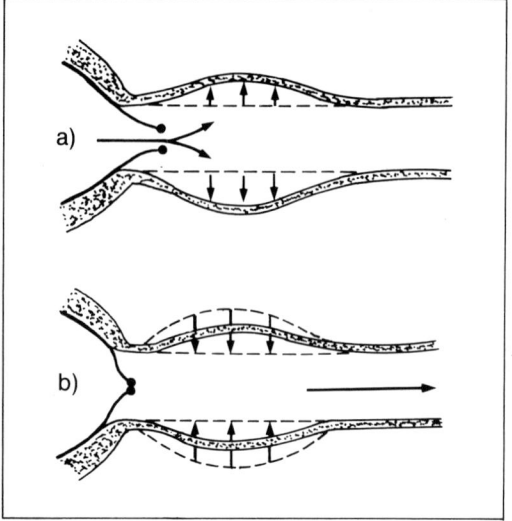

Abb. 55   Schematische Darstellung der Windkesselfunktion der Aorta: a) Dehnung der Gefäßwand während der Systole des Herzens, b) Rückkehr der gedehnten elastischen Elemente in die Ausgangslage und damit Weitertreibung des gespeicherten Blutes in die Kreislaufperipherie während der Diastole.

dieren aufgrund ihrer Lipoidlöslichkeit überall durch die Kapillarwand. In welchem Maße und in welche Richtung die verschiedenen Moleküle aus dem Intra- bzw. Extravasalraum diffundieren, hängt vom jeweiligen Konzentrationsgefälle ab.
Die *Filtration* zwischen Blut und Gewebe ist abhängig von den an der Kapillarwand einwirkenden Drücken. Der *hydrostatische Druck* (Blutdruck) in den Kapillaren preßt Flüssigkeit aus der Blutbahn in den Zwischenzellenraum (Interstitium); dabei wirkt ihm der dort herrschende Gewebsdruck entgegen. Der *kolloidosmotische Druck* (Eiweißdruck) – er entsteht durch die im Blut befindlichen Eiweißkörper, die wegen ihrer Größe die Gefäßbahn nicht verlassen können – zieht Flüssigkeit gefäßeinwärts. Da der hydrostatische Druck im Bereich des Kapillareinganges etwa 40 mm Hg, der kolloidosmotische Gegendruck jedoch nur etwa 25 mm Hg beträgt, kommt es zu einem Flüssigkeitsstrom aus der Kapillare ins Gewebe. Im Bereich des Kapillarausganges jedoch ergibt sich ein Flüssigkeitsrückstrom

aus dem Gewebe in die Kapillare, da nun der kolloidosmotische Druck größer ist als der hydrostatische. Die durch die Kapillarwände des Organismus verschobenen Flüssigkeitsmengen sind außergewöhnlich groß und betragen etwa 60 l pro Minute. Unter normalen Bedingungen herrscht ein Gleichgewicht zwischen auswärts und einwärts gerichteter Filtration. Überwiegt die Auswärtsfiltration, dann kommt es zur Ödembildung (Wasseransammlung im interstitiellen Raum).

> Die Gesamtzahl der Kapillaren beläuft sich auf etwa 5 Milliarden. Obwohl ihre durchschnittliche Länge nur 0,5–1 mm beträgt, bilden sie mit einer Gesamtlänge von etwa 100 000 km den Hauptteil des menschlichen Gefäßsystems (*Markworth* 1983, 144).

Die *Kapillardichte* in den einzelnen Organen ist aufgrund des jeweils unterschiedlichen Blutbedarfs sehr verschieden: Eine starke Kapillarisierung findet sich u. a. in der Netzhaut, der grauen Substanz des Zentralnervensystems und in den Muskeln (im Skelettmuskel liegt ein Verhältnis von Kapillaren zu Muskelfasern von 1 zu 1,77 vor, im Herzmuskel von 1 zu 0,94), eine wesentlich schwächere in den bradytrophen Geweben*, wie z. B. den Sehnen, Bändern und Faszien (*Tittel* 1978, 454).

> Da die Gesamtmenge des Blutes nicht ausreicht, um alle Organbezirke gleichzeitig optimal mit sauerstoffhaltigem Blut zu versorgen, wird die Anzahl der durchbluteten Kapillaren nach dem Bedarf der Gewebe reguliert.

Bei körperlicher Ruhe werden zahlreiche Kanäle der Mikrozirkulation zugunsten einer verbesserten Gewebedurchblutung in anderen Bereichen geschlossen. Durch den Verschluß der den Kapillaren vorgeschalteten präkapillären Sphinkter** können damit ganze Kapillargebiete zeitweilig völlig von der Durchblutung ausgeschlossen werden: So sind z. B. in Ruhe 3 Viertel aller Muskelkapillaren verschlossen und somit nicht von Blut durchströmt.

Bei körperlicher Belastung ergeben sich wesentliche Verschiebungen in der Durchblutung der verschiedenen Organsysteme (Abb. 56).

> Während die Durchblutung lebenswichtiger Organe (z. B. Gehirn) sowohl in Ruhe als auch bei Belastung in etwa gleichbleibt, kommt es in den „Leistungsorganen" zu einer gewaltigen Durchblutungszunahme: Bei einem Anstieg des Herzminutenvolumens (HMV) von etwa 6 l (Ruhe) auf 24 l (Belastung) steigert sich das Blutstromvolumen im Koronarkreislauf von 250 ml auf 1000 ml (4fache Erhöhung) und in der Skelettmuskulatur von 650 ml auf 20 850 ml (32fache Erhöhung) (*Mitchell/Blomquist* 1971, 1020).

Da die Verdauungsorgane nach dem Essen besonders stark durchblutet werden, ist es ungünstig, größere Muskelgruppen und damit den Gesamtorganismus unmittelbar nach der Einnahme einer Mahlzeit intensiv zu belasten.

Venen

Die *Venen* weisen im Gegensatz zu den Arterien eine relativ dünne Gefäßwand auf,

---

* Gewebe mit geringer Sauerstoffversorgung

** Arteriolenabschnitte mit ringförmig verschließender Muskulatur

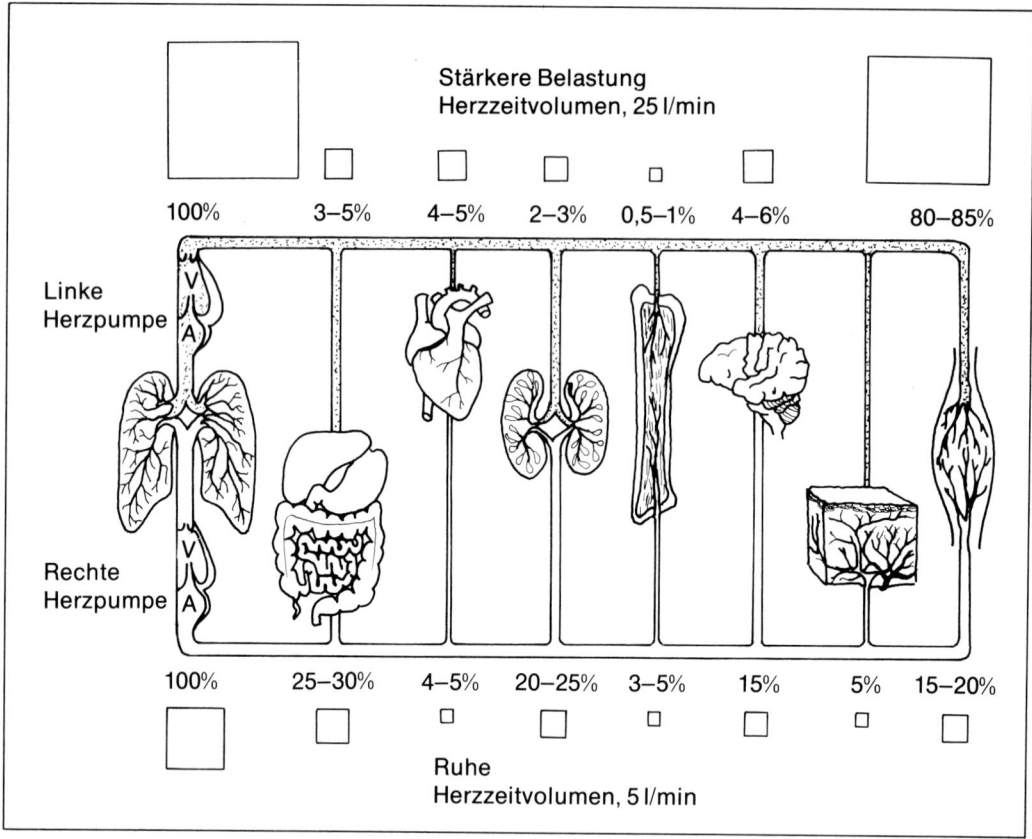

Stärkere Belastung
Herzzeitvolumen, 25 l/min

100%   3–5%   4–5%   2–3%   0,5–1%   4–6%   80–85%

Linke
Herzpumpe

Rechte
Herzpumpe

100%   25–30%   4–5%   20–25%   3–5%   15%   5%   15–20%

Ruhe
Herzzeitvolumen, 5 l/min

Abb. 56   Schematische Darstellung der Durchblutungsgrößen (Relativprozent) wichtiger Organbereiche im Ruhezustand (unten) und bei Belastung (oben) (aus *Findeisen/Linke/Pickenhain* 1980, 114).

die außerordentlich gut dehnbar ist. Aufgrund ihres großen Fassungsvermögens – unter Ruhebedingungen befindet sich etwa die Hälfte des gesamten Blutes in ihnen – dienen sie als Blutreservoir des gesamten Kreislaufes. Sie werden deshalb auch als *Kapazitätsgefäße* bezeichnet. Durch die Fähigkeit, sich aktiv verengen zu können, sind sie in der Lage, das Herzzeitvolumen durch ein vermehrtes venöses Angebot zu erhöhen.

Die Venen – ihre Zahl ist wesentlich größer als die der Arterien (zumeist gehören zu einer Arterie 2 Venen) – besitzen im Extremitätenbereich *Klappen*, die ein Zurückfließen des Blutes in die Peripherie verhindern

und somit den Rückstrom des Blutes zum Herzen regulieren.

Während sich die Arterien über die Aorta, die großen Arterien, die Arterienäste, die Arteriolen und Kapillaren in immer kleinere Gefäße aufzweigen, sammeln umgekehrt kleinste Venen (Venulen) postkapillär das Blut wieder und leiten es über die Venenäste in die großen Venen, die schließlich mittels der oberen und unteren Hohlvene im rechten Vorhof münden.

Abbildung 57 gibt einen zusammenfassenden Überblick über das arterielle und venöse System.

Zwischen dem arteriellen und dem venösen System bestehen Kurzschlußverbindungen –

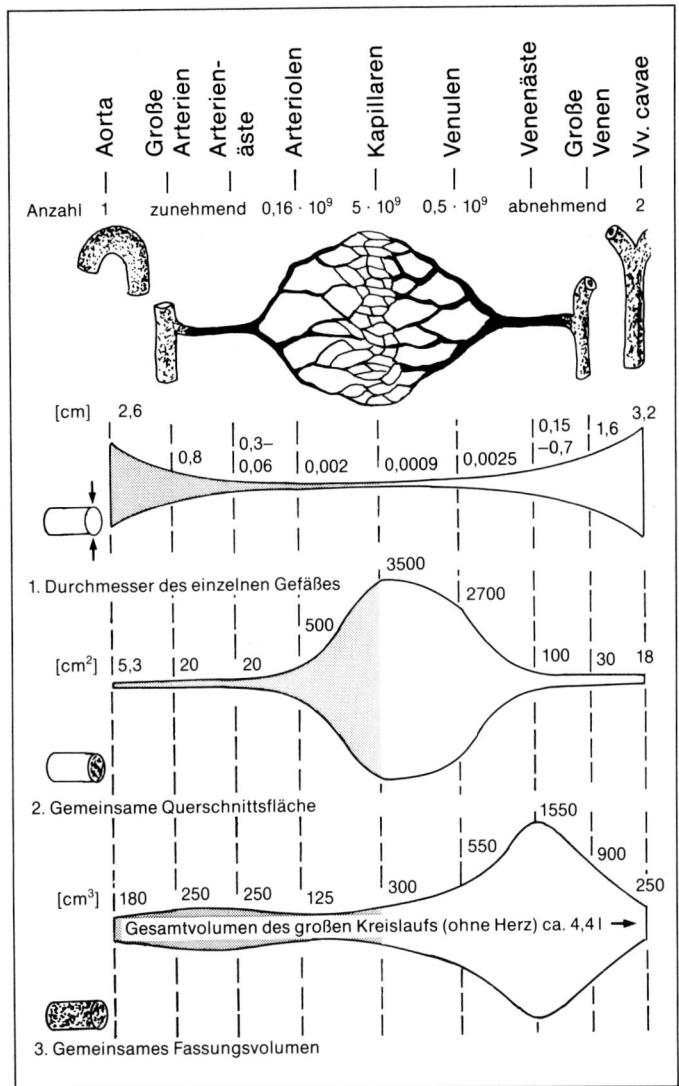

Abb. 57 Anzahl und Durchmesser der einzelnen Gefäße, gemeinsame Querschnittsfläche und gemeinsames Fassungsvolumen der verschiedenen Gefäßabschnitte (nach *Silbernagl/Despopoulos* 1983, 157).

sogenannte *arteriovenöse Anastomosen* –, die viele Arteriolen mit den Venulen verbinden. Unter Ruhebedingungen fließ das Blut durch diese Kurzschlußverbindungen unter Umgehung des Kapillarbettes direkt aus den Arteriolen in die Venulen. Bei Belastung hingegen werden diese arteriovenösen Anastomosen geschlossen, das Blut durchfließt das Kapillarbett, und die arbeitenden Gewebe können entsprechend ihrem erhöhten Bedarf mehr Sauerstoff aufnehmen.

Blutdruck und Blutdruckregulation

Die treibende Kraft für die Zirkulation des Blutes ist der arterielle Blutdruck. Er wird durch die Pumpleistung des Herzens erzeugt und schwankt zwischen systolischem (16 kPa = 120 mm Hg) und diastolischem Blutdruck (10 kPa = 80 mm Hg). Die angegebenen Werte entsprechen Meßwerten der Armarterie. Der systolische Blutdruck entspricht dabei dem Druck, den das Herz in seiner

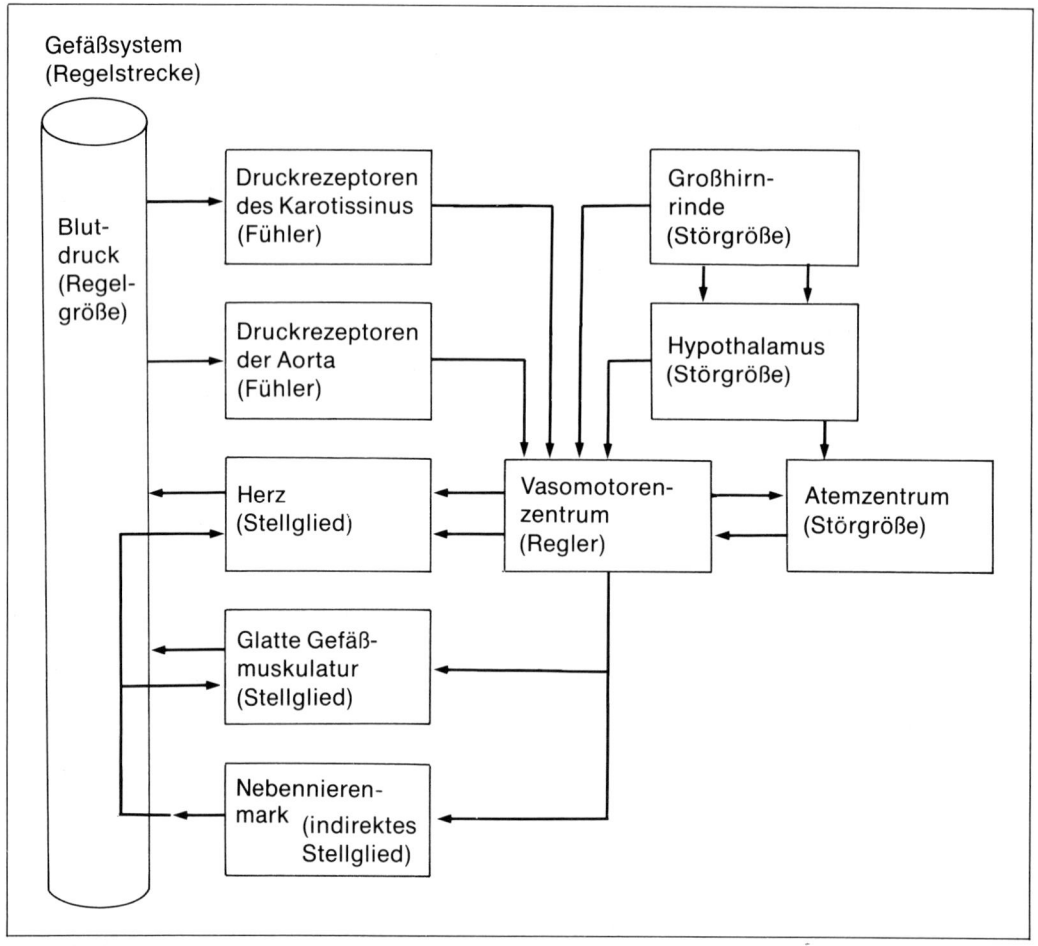

Abb. 58   Schematische Darstellung der Blutdruckregulation im Regelkreismodell.

Kontraktionsphase erzeugt. Der diastolische Blutdruck wird durch die bereits erwähnte Windkesselfunktion der großen Gefäßstämme, insbesondere der Aorta, hervorgebracht und in starkem Maße vom peripheren Widerstand, vor allem der Arteriolen, beeinflußt.

Der *arterielle Blutdruck,* als Produkt aus Herz-Auswurfleistung und peripherem Widerstand, wird durch Einflüsse auf einen oder beide Parameter verändert. Für einen optimal regulierten Blutdruck ist daher stets das geordnete Zusammenwirken von Herzzeitvolumen und peripherem Widerstand des Gefäßsystems entscheidend.

Da ein zu geringer Blutdruck zur Minderversorgung der Gewebszellen und damit zum Zelltod, ein dauernd erhöhter Blutdruck zur Schädigung des arteriellen Gefäßsystems, insbesondere des Herzens, des Gehirns und der Nieren, führen würde, ist die Konstanterhaltung eines mittleren Blutdrucks eine der Hauptaufgaben der Blutdruckregulation.

Ein kompliziertes Reglersystem mit einer Vielzahl von regulatorischen Einflüssen nervöser, hormoneller und reflektorischer Art sichert einen gleichbleibenden und den jeweiligen Bedürfnissen der Gewebe angepaßten Blutdruck.

Die Blutdruckregulation läßt sich übersichtlich im Regelkreismodell darstellen. Wie aus Abbildung 58 zu ersehen ist, stellt in diesem Regelkreismodell das arterielle Gefäßsystem (Blutbahn) die *Regelstrecke* dar, der Blutdruck bildet die *Regelgröße,* die Druckrezeptoren des Karotissinus (Erweiterung der Kopfschlagader) und der Aorta sind die *Fühler,* das Vasomotorenzentrum (Gefäßnervenzentrum) ist der *Regler,* das Herz (es beeinflußt über die Änderung des Herzminutenvolumens den Blutdruck) und die glatte Gefäßmuskulatur (sie wirkt über Gefäßeng- bzw. -weitstellung auf den peripheren Widerstand und damit auf den Blutdruck ein) entsprechen den *Stellgliedern.* Indirektes Stellglied ist auch das Nebennierenmark, das über die Ausschüttung von Adrenalin (etwa 80%) und Noradrenalin (etwa 20%) die Herzleistung und den Gefäßtonus moduliert.

Auf die Gefäßengstellung bzw. die Herzleistung fördernd wirkt der *Sympathikus* (via Adrenalin und Noradrenalin), auf die Gefäßweitstellung bzw. die Herzleistung senkend wirkt der *Parasympathikus* (via Azetylcholin).
Sinnvoll wird diese Regelung bei den *Herzkranzgefäßen* durchbrochen, wo der Parasympathikus die verengenden und der Sympathikus die erweiternden Impulse übermittelt. Dies ist bei körperlicher Belastung für die Steigerung der Arbeitsleistung des Herzens und den damit verbundenen erhöhten Blutbedarf von großer Bedeutung.
Ähnlich liegen die Verhältnisse im Bereich des Magen-Darm-Traktes: Bei starker Füllung der Bauchgefäße – z. B. bei der Verdauung – wird die Durchblutung der übrigen Körpergefäße durch den Parasympathikus gedrosselt. Dies führt unter anderem zu einer verminderten Hirndurchblutung und der allgemein bekannten postprandialen (nach dem Essen auftretenden) Müdigkeit.

Der Blutdruck wird schließlich noch über das Großhirn (Kortex) und das Atemzentrum beeinflußt. Zwischen Großhirn und Vasomotorenzentrum – es befindet sich im verlängerten Rückenmark (Medulla oblongata) – bestehen direkte und indirekte (via Hypothalamus) Verbindungen, über die psychisch-emotionale Faktoren blutdruckverändernd wirken können. Die Verbindung von Atemzentrum und Vasomotorenzentrum führt komplex über nervöse und mechanische Vorgänge zu einem leichten Anstieg des mittleren Blutdrucks während des größten Teils der Exspirationsphase und zu Beginn der Inspirationsphase (*Wetterer* 1973, 137).

Da es im Alter zu degenerativen Veränderungen im Bereich des Gefäßsystems kommt – es degenerieren insbesondere die elastischen Fasern der Gefäßwände, die Aorta wird weiter, die Windkesselfunktion läßt nach, die Arterien werden starrer und der elastische Gefäßwiderstand nimmt zu (*Rohen* 1975, 132) –, nimmt der Blutdruck im Laufe des Altersganges etwas zu, allerdings bei weitem nicht in dem Maße, wie es die alte Faustregel (systolischer Blutdruck = 100 + Lebensjahre) fälschlicherweise angibt.

Ausdauertraining bewirkt Veränderungen in der Regulation des peripheren Kreislaufs und damit auch des Blutdruckes. Im Vergleich mit der Normalbevölkerung findet man bei trainierten Sportlern einen erniedrigten systolischen und diastolischen Blutdruck (vgl. Abb. 208, S. 425).
Die Erniedrigung des Blutdruckes ist ursächlich auf Veränderungen im Bereich des Herzminutenvolumens, des peripheren Widerstandes und des elastischen Widerstandes der Gefäße zurückzuführen. Der in Ruhe erniedrigte Blutdruck wirkt sich günstig im Hinblick auf eine Entlastung des Herzens (Verringerung der unökonomischen Druckarbeit) und der Gefäße aus, was auch aus gesundheitlicher Sicht (s. S. 424) nicht ohne Bedeutung ist.

Unter Belastung kommt es zu einem Blutdruckanstieg, der sog. *Arbeitshypertonie.* Da das Herzzeitvolumen ansteigt und der periphere Widerstand auf etwa ein Drittel sinkt (*Hollmann/Hettinger* 1980, 383), muß der systolische Blutdruck erhöht werden, damit das Druckgefälle und damit die Strömungsgeschwindigkeit sich bedarfsgemäß vergrößern können.

Je nach Arbeitsintensität und Art der Belastung kommt es zu einem unterschiedlich hohen Anstieg des systolischen Blutdruckes; der diastolische bleibt in etwa gleich oder sinkt sogar etwas ab (nur in Sonderfällen steigt auch er an). Beim „Jogging" z. B. werden systolische Werte von etwa 160 mm Hg ($\approx$ 21 kPa), bei maximaler Ausbelastung im Dauerlauf Werte von etwa 200 mm Hg ($\approx$ 27 kPa), bei Klimmzügen mit ausgeprägter Preßatmung Werte über 200 mm Hg ($\approx$ 27 kPa) erreicht. Beim kalten Aufguß nach einem Saunaaufenthalt steigt der systolische Blutdruck auf Werte um 360 mm Hg ($\approx$ 48 kPa), der diastolische auf Werte um 180 mm Hg ($\approx$ 24 kPa), Werte, die eine enorme Zusatzbelastung für das Herz darstellen (*Hollmann/Hettinger* 1980, 385).

Trainierte und Untrainierte unterscheiden sich bei gleicher Arbeitsbelastung kaum hinsichtlich des systolischen Blutdruckes, jedoch ausgeprägt hinsichtlich der Blutdruckamplitude (sie entspricht der Differenz zwischen systolischem und diastolischem Blut und drückt die Vergrößerung des Schlagvolumens aus): Sie ist beim Trainierten infolge des größeren Schlagvolumens wesentlich größer.

Nach Belastungsende kommt es beim Ausdauertrainierten im Sinne der schnelleren Umstellung auf Erholung zu einem schnelleren Blutdruckabfall auf die Ruhewerte als beim Untrainierten.

Der Einfluß sportlichen Trainings auf das Gefäßsystem

Die Energiebereitstellung bzw. -umwandlung in der Muskelzelle ist abhängig vom Sauerstoff- und Substrattransport zum Muskel und vom Abtransport der Stoffwechselschlacken über die Kapillaren. Eine wesentliche Größe für die metabolische (den Stoffwechsel betreffende) Leistungsfähigkeit des Muskels ist demnach die vermehrte Durchblutung durch die Vergrößerung der kapillären Austauschfläche in der Peripherie (*Barclay/Stainsby* 1975, 119).

Eine Vergrößerung des Sauerstoffangebotes und damit der aeroben Leistungsfähigkeit ist demnach in starkem Maße von hämodynamischen Faktoren wie verbesserter Kapillarisierung, Kollateralentwicklung und zweckmäßiger intramuskulärer Blutverteilung abhängig.

Verbesserte Kapillarisierung

Der Begriff der *Kapillarisierung* ist umstritten. Es kann sich hierbei um eine Öffnung von Ruhekapillaren, eine Verlängerung und Erweiterung vorhandener Kapillaren oder um eine echte Kapillarneubildung handeln (*Hollmann/Hettinger* 1980, 310).

> Während in Ruhe nur etwa 3–5% der vorhandenen Kapillaren eröffnet sind, werden bei Ausdauerbelastungen sämtliche Kapillaren eröffnet und zusätzlich erweitert. Die Zahl der offenen Kapillaren steigt auf das 30–50fache an. Die gleichzeitige Kapillarerweiterung vergrößert die Gesamtoberfläche auf etwa das 100fache.

Dadurch ist gewährleistet, daß trotz der gewaltig angestiegenen Durchströmung und

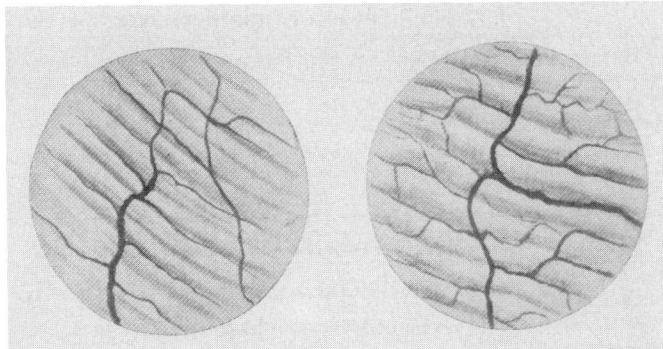

Abb. 59   Die Kapillarversorgung des untrainierten und des trainierten Muskels. Links: Untrainierter Muskel mit relativ geringer Kapillarversorgung und fehlenden Querverbindungen zwischen den einzelnen Kapillaren. Rechts: Trainierter Muskel mit deutlicher Vermehrung der Kapillaren und der zwischenkapillären Querverbindungen über die Muskelfaser hinweg (nach Vannotti/Pfister 1934, 127).

der auf das Doppelte beschleunigten Kreislaufzeit die Verweilzeit des Blutes in den Kapillaren normal bleibt und somit optimale Bedingungen für den Sauerstoff- und Substrataustausch vorherrschen (*Strauzenberg/ Schwidtmann* 1976, 499).
Ausdauertraining führt zu einer Erhöhung der Kapillardichte bzw. -oberfläche durch Kapillarneubildung (Abb. 59).
Sowohl im Tierversuch (*Vannotti/Pfister* 1934, 127; *Tittel* et al. 1966 u. a.) als auch bei Untersuchungen am Menschen (*Nygaard* 1976, 291; *Andersen/Henriksson* 1977, 677; *Brodal/Ingjer/Hermansen* 1977, 705; u. a.) konnte eine vermehrte Kapillarisierung der ausdauertrainierten Muskulatur festgestellt werden. Obwohl von *Appell* (1980, 565) eher eine vermehrte Schlängelung und Erweiterung bereits vorhandener Kapillaren postuliert wird, scheint eine echte Kapillarneubildung wahrscheinlich: Für diese Annahme sprechen Befunde von *Brodal/Ingjer/ Hermansen* (1977, 705 f.) – sie wiesen bei Muskelquerschnitten pro Muskelfläche bzw. pro Muskelfaser eine erhöhte Zahl an Kapillaren nach – von *Hudlizka* (1976) – er konnte bei chronischer elektrischer Reizung des Muskels zuerst eine Erweiterung einzelner Kapillaren, später das Aussprossen und Wachsen neuer Kapillaren beobachten – und von *Wissler* (1981, 1/2) – er entdeckte im Blut von Leukozyten gebildete hormonähnliche Signalstoffe, sog. *Angiotropine*, die

die Neubildung und Aussprossung von Blutgefäßen auslösen (vgl. S. 110). Wie Abbildung 59 erkennen läßt, kommt es im Rahmen der Kapillarneubildung auch zu vermehrten Querverbindungen – sog. *Anastomosen* – zwischen den einzelnen Kapillaren. Interessant ist dabei noch die Tatsache, daß die Kapillardichte bei den ST-Fasern im Vergleich zu den FT-Fasern erhöht ist (*Vihko* et. al. 1975, 302).

Kollateralenbildung

Neben der Kapillarneubildung soll es durch Ausdauertraining auch zur Entwicklung von *Kollateralen* kommen (*Sanne/Sivertsson* 1968, 257). Entscheidend für den Gefäßzuwachs scheinen Veränderungen der Strömungsgeschwindigkeit mit den dabei auftretenden Schwerkräften des strömenden Blutes und der erhöhte Gefäßinnendruck zu sein (*Schoop* 1964, 502).
Der Herausbildung von Kollateralkreisläufen ist vor allem aus präventiver Sicht hohe Bedeutung zuzumessen: Kommt es zum Verschluß einer Hauptarterie, dann können kleinere Gefäßstämme die Hauptströmung übernehmen. Die Ausbildung eines Kollateralkreislaufes ist allerdings nur möglich, wenn die Gefäße untereinander in Verbindung stehen (*Rohen* 1975, 135) (Abb. 60).

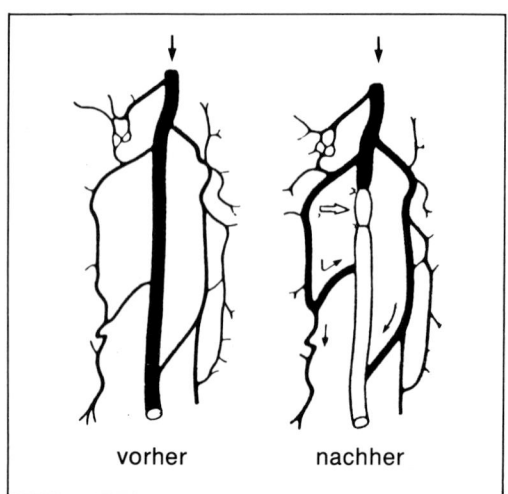

vorher   nachher

Abb. 60   Entwicklung eines Kollateralkreislaufes nach Verschluß eines Gefäßes (nach *Benninghoff* in *Rohen* 1975, 135).

Blutverteilung

Schließlich führt Ausdauertraining noch zu einer verbesserten *intramuskulären Blutverteilung* (*Treumann/Schröder* 1968, 1024) und damit zu einer ökonomisierten und effektivierten Blutversorgung des Muskels: Die „Uniformität" der Durchblutung nimmt zu, wobei hier die Durchblutung der einzelnen Kapillaren ihrer Diffusionskapazität entspricht, d. h., die Stromstärke in den kürzeren Kapillaren ist geringer als in den längeren. Dies gestattet dem trainierten Muskel in Ruhe eine geringere, bei Belastung eine höhere Durchblutungsrate als dem untrainierten. Nach *Hollmann/Hettinger* (1980, 316) läßt sich diese optimierte intramuskuläre Blutverteilung auch mit einer trainingsbedingten Verbesserung der intramuskulären Koordination im Sinne einer verstärkten Durchblutung der jeweils eingesetzten motorischen Einheiten in Verbindung bringen.

Zusammenfassend läßt sich feststellen, daß es durch Ausdauertraining zu morphologischen und funktionellen Verbesserungen im Bereich des Gefäßsystems kommt, die im Zusammenwirken mit den anderen Herz-Kreislauf-Parametern zu einer Steigerung der Ausdauerleistungsfähigkeit des Organismus führen.

Anatomisch-physiologische Grundlagen zum Aufbau und zur Funktion des Blutes

Das Blut verbindet aufgrund seiner spezifischen Zusammensetzung und ständigen Zirkulation die Funktionskreise der verschiedenen Organe und Organsysteme des Körpers zu einer funktionellen Einheit.

Funktionen des Blutes

Das Blut erfüllt eine Reihe von Aufgaben, die für die Funktionstüchtigkeit des menschlichen Organismus lebenswichtig sind. Im einzelnen lassen sich folgende wichtige Funktionen, die sich z. T. gegenseitig bedingen bzw. ergänzen, unterscheiden:

Transportfunktion

Die Transportfunktion des Blutes stellt eine allgemeine, übergeordnete Funktion dar, die die Voraussetzung für eine Vielzahl spezifischer Einzelfunktionen ist.
Die Transportfunktion ermöglicht folgende Aufgaben des Blutes:

Atemfunktion (s. S. 128)
Der Gastransport – Antransport von Sauerstoff von der Lunge zu den Körperzellen, Abtransport von Kohlendioxid aus dem Gewebe zur Lunge – stellt die Grundvoraussetzung für die Atmung dar.

Nährfunktion
Versorgung der Körperzellen mit Nährstoffen (Kohlehydrate, Fette, Eiweiße).

Spülfunktion
Entsorgung der Gewebe: Abtransport von Stoffwechselprodukten.

Steuerungsfunktion
Chemische Steuerung des Gesamtorganismus über Hormone und andere Wirkstoffe (Vitamine, Fermente).

Wasser- und Elektrolyttransportfunktion
(s. S. 520)

Wärmetransportfunktion
Durch das Blut erfolgen der Abtransport der im Stoffwechsel entstehenden Wärme an die Körperoberfläche sowie die Verteilung der Wärme im gesamten Organismus, um die Temperatur überall möglichst gleich zu halten. Aufgrund der hohen spezifischen Wärme des Wasseranteils kommt dem Blut eine Sonderrolle bei der Regulation des Wärmehaushaltes (s. S. 566) zu.

Pufferfunktion

Gleichermaßen wichtig wie die Transportfunktionen und eng damit verbunden ist die Bedeutung des Blutes für die Konstanterhaltung des physikochemischen Gleichgewichts (Homöostase). Durch Bindung der im Stoffwechsel entstandenen Wasserstoffionen an die Pufferkapazität des Blutes (s. S. 114) wird der pH-Wert des Blutes relativ konstant gehalten (Isohydrie). Diese Konstanz der Wasserstoffionen ist wichtig für die optimale Funktionsfähigkeit der Enzyme.

Abwehrfunktion

Über den Transport von Antikörpern und Abwehrzellen (s. S. 114) sorgt das Blut für die Abwehr bzw. Eliminierung eingedrungener Krankheitserreger oder Fremdkörper.

Zusammensetzung des Blutes

Wie Tabelle 8 erkennen läßt, setzt sich das Blut aus verschiedenen Bestandteilen zusammen, die spezielle Funktionen zu erfüllen haben.

> Das durchschnittliche Blutvolumen eines untrainierten Erwachsenen beträgt etwa 5 l, entsprechend 7–8% des Körpergewichts.

Das Blutvolumen ist abhängig von Körpergröße und -gewicht sowie dem Trainingszustand (s. S. 112). Im allgemeinen besitzt die Frau 65 ml Blut pro kg, der Mann 75 ml pro kg (*Nöcker* 1976, 127). Allerdings gelten die niedrigeren Werte der Frau nur für das Gesamtkörpergewicht: Bezogen auf die aktive Körpermasse – sie ist überwiegend durch die Muskulatur bestimmt – bestehen keine größeren geschlechtsspezifischen Unterschiede in der relativen Blutmenge (*Findeisen/ Linke/Pickenhain* 1980, 126).

Das Blut stellt eine Suspension von *Zellen* (rote Blutkörperchen, weiße Blutkörperchen, Blutplättchen) in einer *Flüssigkeit* (Plasma) dar. Der Volumenanteil der festen Bestandteile (Zellen) des Blutes wird als *Hämatokrit* bezeichnet und beträgt bei erwachsenen Männern durchschnittlich etwa 46 ± 1,5, bei Frauen etwa 42 ± 2,4%. Das restliche Volumen von 54–58% besteht aus einer eiweiß- und elektrolythaltigen Flüssigkeit, dem *Blutplasma*.
Als *Blutserum* wird ein Blutplasma bezeichnet, aus dem das Protein Fibrinogen – ihm kommt bei der Blutgerinnung eine wichtige Rolle zu – entfernt worden ist.

Blutplasma

Das Blutplasma enthält über 90% Wasser, 7–8% Proteine und verschiedenartige Mine-

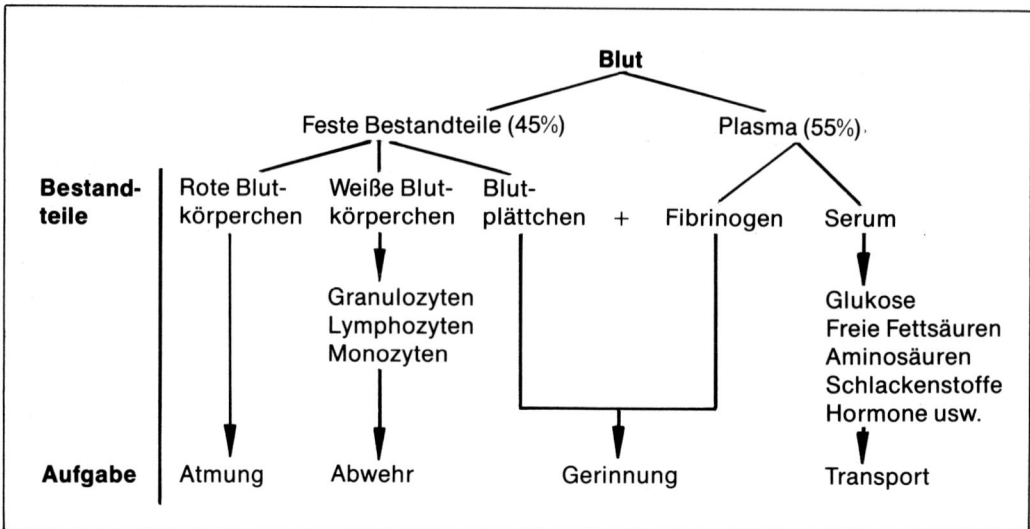

Tab. 8 Die Bestandteile des Blutes und ihre funktionelle Bedeutung.

ralbestandteile (die Elektrolytmenge, hauptsächlich aus Natrium- und Chloridionen bestehend, beläuft sich auf etwa 0,9 g%). Außerdem enthält es sämtliche über den Magen-Darm-Trakt aufgenommene Nährstoffe – unter anderem 100 mg% Glukose – sowie harnpflichtige Substanzen und Hormone.

Die *Bluteiweißkörper* – sie werden überwiegend in der Leber gebildet – setzen sich aus Albuminen (etwa 5%, bezogen auf den Gesamtanteil der Proteine am Plasma), Globulinen (etwa 2,5%) und Fibrinogen (etwa 0,3%) zusammen. Durch ihre physikochemischen Eigenschaften werden die Plasmaproteine zu vielfältigen lebenswichtigen Aufgaben befähigt:

– Regelung des Wassertransportes und des Wasserhaushaltes über den kolloidosmotischen Druck (die Albumine besitzen aufgrund ihrer großen Teilchenzahl und ihrer ausgeprägten Wasseraffinität ein hohes Wasserbindungsvermögen).
– Transport- bzw. Vehikelfunktion für zahlreiche Stoffe (z. B. Hormone, Enzyme).
– Eiweißspender für die verschiedenen Gewebe des Organismus: Zusammen mit

den Aminosäuren aus der Nahrung sind die Plasmaproteine die wichtigsten Zellbausteine.
– Pufferfunktion (s. S. 114).
– Blutgerinnung unter Beteiligung des Fibrinogens (s. S. 111).
– Abwehrfunktion: Die Globuline enthalten die für die spezifische Abwehrbereitschaft des menschlichen Organismus verantwortlichen Antikörper und werden deshalb auch als *Immunglobuline* bezeichnet.

Die *Bedeutung des Wasseranteils* des Plasmas liegt darin begründet, daß er in engem funktionellem Zusammenhang mit den Flüssigkeitsräumen der übrigen Organsysteme des Körpers den ständigen Stoffaustausch zwischen den intra- und extrazellulären Wasserbestandteilen ermöglicht.
Der größte Teil des Körperwassers befindet sich innerhalb der Zellen: Die intrazelluläre Flüssigkeitsmenge beträgt etwa 30 l beim Erwachsenen. Interstitielles Wasser (etwa 10 l) und Plasmawasser (etwa 4,5 l) bilden das Wasserreservoir des Extrazellulärraumes.

Blutzellen

Rote Blutkörperchen (Erythrozyten)

Die roten Blutkörperchen bilden die Hauptfraktion der zellulären Bestandteile des Blutes. Ihre Zahl beträgt im Durchschnitt etwa 4,5–5 Millionen pro mm^3. Frauen haben eine um etwa 10% niedrigere Erythrozytenzahl.

Die roten Blutkörperchen haben einen Durchmesser von etwa 7–8 µm, sind stark verformbar – dies ermöglicht die Passage durch das enge Strombett der Kapillaren – und besitzen eine Lebensdauer von etwa 3 Monaten. Ihre Bildungsstätte ist das rote Knochenmark (insbesondere in den platten Knochen des Brust- und Hüftbeins, der Rippen und der Schädelknochen), in dem täglich etwa 200 Milliarden Erythrozyten gebildet werden. Ihr Abbau erfolgt überwiegend in der Milz und in der Lunge.

Die Erythrozyten bestehen zu etwa 65% aus Wasser und zu 35% aus Trockensubstanz, die sich ihrerseits zu mehr als 90% aus Hämoglobin, dem eisenhaltigen Blutfarbstoff, und zu etwas weniger als 10% aus einer Gerüststruktur zusammensetzt.

Die außergewöhnlich hohe Gesamtzahl an Erythrozyten – 5 l Blut enthalten etwa 25 Billionen rote Blutkörperchen – und ihre sehr große Gesamtoberfläche von etwa 3500 m^2 – dies entspricht der Größe eines halben Fußballfeldes – sind entscheidend für die Funktion der Sauerstoffübertragung und damit für die Atemfunktion.

Das *Hämoglobin* stellt eine Komplexverbindung aus Eiweiß (Globinanteil) und einem eisenhaltigen Farbstoff (Häm-Anteil) dar. Jedes Hämoglobinmolekül besitzt 4 Häm-Anteile, deren 4 Eisenatome je 1 Molekül Sauerstoff reversibel binden können. Die *Sauerstofftransportkapazität* des Blutes ist demnach vom absoluten Hämoglobingehalt abhängig. Dieser beträgt bei Männern etwa 16 g% (16 g pro 100 ml Blut), bei Frauen etwa 14,5 g%.

Neben dem Sauerstofftransport (s. S. 128) ist das Hämoglobin auch für den *Kohlensäuretransport* zuständig. Beide Transportfunktionen sind eng miteinander gekoppelt: Das mit Sauerstoff beladene Hämoglobin (Oxyhämoglobin) gibt entsprechend den physikalischen Gesetzmäßigkeiten am Ort der geringeren Konzentration, das heißt im Gewebe, sein Sauerstoffmolekül ab – es wird dabei in reduziertes Hämoglobin übergeführt – und nimmt das im Gewebe in hoher Konzentration vorliegende Kohlendioxid auf. Allerdings erfolgt die Kohlensäurebindung nicht über den Eisen-, sondern über den Globinanteil; ein Teil des Kohlendioxids wird auch im Plasma gebunden.

Da das Oxyhämoglobin eine stärkere Säure darstellt als das reduzierte Hämoglobin, kommt es durch die Aufnahme der Kohlensäure ($CO_2 + H_2O \rightleftharpoons H_2CO_3$) bei gleichzeitiger Reduktion des Hämoglobins zu keiner Veränderung des biochemischen Milieus (der pH-Wert bleibt konstant).

Mit der Oxydation und Reduktion des Hämoglobins und dem damit verbundenen unterschiedlichen Alkalibindungsvermögen hängt auch die dritte wichtige Funktion des roten Blutfarbstoffes zusammen, nämlich seine *Pufferfunktion*. Im oxygenierten Zustand bindet das Hämoglobin als wesentlich stärkere Säure fast doppelt so viel Alkali wie im reduzierten Zustand! Dies hat den Vorteil, daß im Bereich des Gewebes, wo durch die Stoffwechselaktivitäten saure Valenzen (H^+-Ionen) vermehrt anfallen, mit der Reduktion des Hämoglobins Alkali freigesetzt wird und somit zur Pufferung herangezogen werden kann.

Weiße Blutkörperchen (Leukozyten)

Die weißen Blutkörperchen werden z. T. im Knochenmark, z. T. in den lymphatischen

Organen (z. B. Thymus, Lymphknoten, Milz) gebildet. Die tägliche Produktionsrate, die bei Bedarf um ein Vielfaches gesteigert werden kann, beträgt etwa 10 Milliarden. Ihre Lebensdauer (etwa 2 Tage) und ihre Zahl (etwa 6000–8000 pro mm^3) ist wesentlich geringer als die der roten Blutkörperchen.

Bei den Leukozyten lassen sich aufgrund ihrer unterschiedlichen Form und Anfärbbarkeit 3 Arten unterscheiden: Granulozyten (50–70%), Lymphozyten (20–40%) und Monozyten (4–8%).

Die gemeinsame Aufgabe der Leukozyten ist die biologische *Abwehrfunktion*. Dabei unterscheidet man 2 Abwehrsysteme: das unspezifische Granulozytensystem und das spezifische Immunsystem der Lymphozyten (*Kahle/Leonhardt/Platzer* 1973, 88).
Das *unspezifische Abwehrsystem* hat eine augenblickliche und lokale Vernichtung von in den Körper eingewanderten Fremdkörpern, Schmutzpartikeln oder Bakterien zum Ziel. Sie wird durch die neutrophilen Granulozyten – sie machen den größten Teil der Granulozytenfraktion aus – und die Monozyten über die sogenannte *Phagozytose* erreicht. Aufgrund von chemischen Reizen, die von Wunden, Entzündungsherden etc. stammen, wandern sie in das Gewebe ein – dieser Vorgang wird als Chemotaxis bezeichnet – und eliminieren die körperfremden Partikel: Die Krankheitserreger werden vom Zelleib umschlossen und durch Fermente aufgelöst und unschädlich gemacht. Bei diesem Vorgang verfetten die Granulozyten und degenerieren: Es entsteht Eiter.
Das *spezifische Abwehrsystem* setzt den gesamten Körper in die Lage, langfristig Fremdproteine (Antigene) zu erkennen und gegen diese Abwehrstoffe, sogenannte *Antikörper*, zu bilden, welche die *Antigene* chemisch binden. Die Bildung von Antikörpern und Immunglobulinen erfordert Zeit und erfolgt hauptsächlich in den lymphatischen Organen (s. o.).

Neben der Abwehrfunktion scheinen die Leukozyten noch eine Rolle bei der Gefäßneubildung (Kapillarisierung) zu spielen: Durch die Freisetzung von hormonähnlichen Signalstoffen, den sogenannten *Angiotropinen*, lösen sie die Sprossung von Blutgefäßen aus und steuern somit die Entwicklung des Gefäßsystems (*Wissler* 1981, 1).
Die bei Ausdauerbelastungen ausgeprägte Arbeitsleukozytose – *Ahlborg/Brohult* (1967, 41) beobachteten einen maximalen Leukozytenanstieg bis zu 60 000 pro mm^3 – erfährt dadurch eine hochgradig funktionelle Bedeutung für die Verbesserung der peripheren Durchblutung.
Jede Vermehrung der Leukozyten – sie kann ebenso durch intensive bzw. längerdauernde sportliche Belastungen wie durch eine Reihe anderer Stressoren (z. B. Hitze, Schmerz, Anspannung) durch Entspeicherung der Blutdepots zustande kommen – nennt man *Leukozytose*, jede Verminderung *Leukopenie*.

Blutplättchen (Thrombozyten)

Die Blutplättchen wirken mit bei der Blutstillung (s. u.). Ihre Zahl beträgt durchschnittlich 150 000–380 000 pro µl Blut.

Blutstillung

Die Blutstillung führt über eine Folge komplexer, untereinander abhängiger Reaktionen zum Verschluß verletzter Gefäße und schützt so den Organismus vor lebensbedrohlichen Blutverlusten: Der Verlust von etwa der Hälfte bis 2 Drittel des Gesamtvolumens würde zum Tod durch Kreislaufversagen führen.
Bei Gewebsverletzungen mit Eröffnung von Blutgefäßen kommt es deshalb zum Ablauf folgender Reparaturmechanismen:
Bei Verletzungseintritt erfolgt vor und hinter der Verletzungsstelle eine Gefäßengstellung (Vasokonstriktion), die zu einem lokalen Blutdruckabfall führt. Parallel dazu

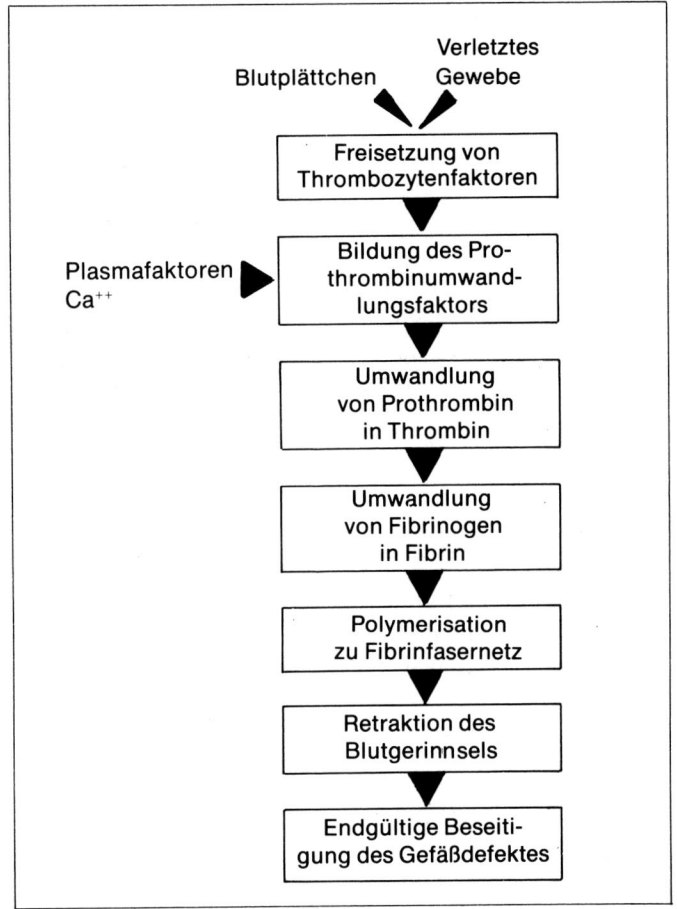

Tab. 9 Schematische, stark vereinfachte Darstellung des Ablaufs der Blutgerinnung nach Gewebsverletzungen.

kommt es im Bereich der Wundränder zur Bildung eines anfänglich noch reversiblen Thrombozyten-Pfropfes (sog. *weißer Thrombus*), der die Blutung bei kleineren Gefäßen zum Stehen bringt.

Dieser anfängliche Thrombozyten-Pfropf entsteht dadurch, daß es bei der Blutgefäßverletzung u. a. zum Einreißen des Endothels mit Freilegung der darunter liegenden Kollagenschicht kommt; sobald Thrombozyten mit Kollagen in Kontakt treten, legen sie sich dort an und setzen u. a. ADP frei, das die Anlagerung weiterer Blutplättchen fördert und so rasch zur weiteren Gefäßabdichtung beiträgt.

Danach beginnt die eigentliche Blutgerinnung. Das noch lockere Thrombozytenag-

gregat wird durch das sich bildende Fibrin verfestigt und in das definitive Gerinnsel umgewandelt, in dem rote Blutkörperchen festgehalten werden (sog. *roter Thrombus*). Der zur Fibrinbildung führende Gerinnungsmechanismus besteht aus einer Reihe komplexer, voneinander abhängiger Einzelreaktionen: Aus den Thrombozyten werden verschiedene Thrombozytenfaktoren freigesetzt, die mit Plasmafaktoren und Kalzium den *Prothrombinumwandlungsfaktor* bilden. Durch diesen wird die Umwandlung des in der Leber unter dem Einfluß von Vitamin K gebildeten Fermentes *Prothrombin* zu *Thrombin* in Gang gesetzt. Thrombin wiederum katalysiert die Umwandlung des im Blut vorhandenen löslichen *Fibrinogens* in das unlösliche *Fibrin,* das durch Polymerisation ein dichtes Netzwerk bildet, das sich anschließend zusammenzieht (Retraktion) und den Gefäßdefekt endgültig behebt. Tabelle 9 faßt die aufgezeigten Vorgänge zusammen.

Die Gerinnungsmechanismen sind so geregelt, daß eine intravasale (innerhalb des Gefäßes stattfindende) Gerinnung in einem unverletzten Gefäß normalerweise nicht eintritt. Damit aber bei Gefäßverletzungen die oben beschriebene Blutstillung ordnungsgemäß ablaufen kann, muß das Blut im Verlauf des Gerinnungsvorganges lokal von gerinnungshemmenden Substanzen befreit werden; gleichzeitig müssen jedoch in die Blutzirkulation gelangte aktivierte Gerinnungsfaktoren entfernt werden, um eine intravasale Pfropf(Thrombus)-bildung zu vermeiden. Im Organismus besteht deshalb ein ausgewogenes Verhältnis zwischen gerinnungsfördernden und gerinnungshemmenden Mechanismen, die einerseits durch gezielte und örtlich begrenzte Gerinnselbildung Blutverluste bei Verletzungen so gering wie möglich halten, andererseits dafür Sorge tragen, daß das Blut „flüssig" und damit in einem optimalen Funktionszustand gehalten wird.

Die Anpassung des Blutes an sportliches Training

Bei der Anpassung des Blutes an körperliche Belastungen unterscheidet man zwischen kurzfristigen und längerfristigen Anpassungen. Im Mittelpunkt des Interesses stehen dabei die Anpassungsphänomene längerfristiger Natur, die vor allem durch Ausdauertraining erzielt werden.

Kurzfristige Anpassungen

Unmittelbar mit Beginn körperlicher Belastungen kommt es zu einer relativen Zunahme der zellulären Bestandteile im Blut, da es aufgrund einer Wasserverschiebung aus dem intra- in den extravasalen Raum zu einem etwa 5–10prozentigen Wasserverlust und damit zu einer vorübergehenden „Bluteindickung" kommt. Der Flüssigkeitsaustritt erfolgt dabei über die Kapillaren und ist bei kurzzeitigen hohen Belastungen ausgeprägter als bei Ausdauerbelastungen: Der höhere Kapillardruck und der stärker angestiegene kolloidosmotische Druck im Zwischenzellraum (Interstitium) – er kommt durch die vermehrte Anhäufung von Stoffwechselprodukten (wie z. B. Laktat) infolge des erhöhten Energiebedarfs zustande – spielen dabei die entscheidende Rolle.

Längerfristige Anpassungen

Bei einem Ausdauertraining ausreichender Dauer und Intensität kommt es langfristig zu einer Vergrößerung des Blutvolumens um 1–2 Liter (*Mellerowicz/Meller* 1972, 9). Wie Abbildung 61 verdeutlicht, steht die Blutvolumenzunahme dabei in einem engen Zusammenhang mit der trainingsbedingten Herzgrößenzunahme.

Eingeleitet wird diese Blutvolumenzunahme durch eine Vermehrung der im Blut befindlichen Eiweißanteile: Dabei kommt es innerhalb der Eiweißkörper trainingsbedingt zu deutlichen Verschiebungen dahingehend, daß sich die kleinmolekularen Albumine prozentual mehr als die großmolekularen Globuline vermehren; dadurch erhöht sich die Wasserbindungsfähigkeit des Blutes, die einen Anstieg des Plasmavolumens nach sich zieht (*Nöcker* 1976, 135). Erst in der Folge nimmt dann die Zahl der für den Sauerstofftransport entscheidenden roten Blutkörperchen zu. Im Gegensatz zum Höhentraining (s. S. 596) kommt es jedoch nicht zu einer relativen Konzentrationszunahme der Erythrozyten, sondern aufgrund der erhöhten Gesamtblutmenge nur zu einer *absoluten* Zunahme.

Da die Erythrozytenzunahme jedoch geringer ist als die Zunahme des Blutvolumens,

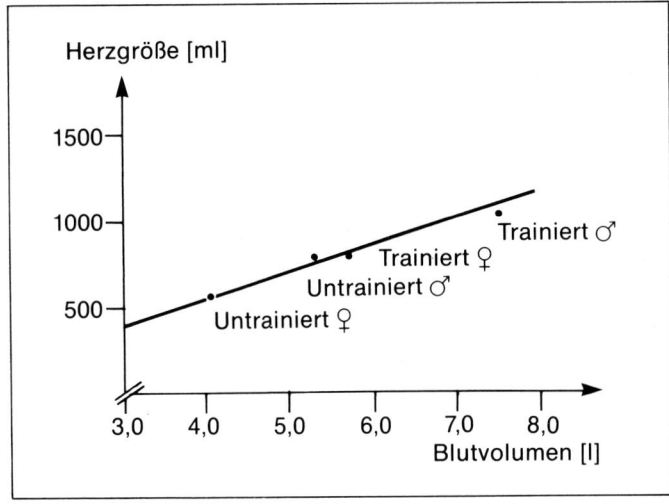

Abb. 61 Die Relation zwischen Herzgröße und Blutvolumen bei Trainierten und Untrainierten (nach *Sjöstrand* in *Nöcker* 1976, 88).

	Untrainierte	Ausdauertrainierte
Blutvolumen	76 ml/kg	95 ml/kg (+ 25%)
Plasmavolumen	43 ml/kg	55 ml/kg (+ 28%)
Zellvolumen	34 ml/kg	40 ml/kg (+ 18%)

Tab. 10 Blut-, Plasma- und Zellvolumen bei Untrainierten und Ausdauertrainierten (nach *de Marées/ Mester* 1982, 28).

verringert sich die *Viskosität* des Blutes. Diese Verringerung der Blutviskosität ist auch noch von einer verminderten Aggregationstendenz der roten Blutkörperchen und einer gesteigerten Erythrozytenverformbarkeit begleitet (*Diem* et al. 1984, 287). Es kommt demnach zu hämorheologischen (die Fließeigenschaften des Blutes betreffende) Veränderungen durch Ausdauertraining, die auch im Bereich der Rehabilitation von Patienten mit Durchblutungsstörungen positiv verwertet werden können.
Tabelle 10 gibt einen Überblick über die Veränderungen des Blut-, Plasma- und Zellvolumens bei Ausdauertrainierten im Vergleich mit Untrainierten.

Bei einer 25prozentigen Zunahme des Blutvolumens ist das Plasmavolumen zu 2 Dritteln und das Erythrozytenvolumen zu 1 Drittel beteiligt.

Die vergrößerten Blut- und Zellvolumina stellen wichtige Voraussetzungen für die Verbesserung der Ausdauerleistungsfähigkeit dar:

Durch die *absolute* Zunahme an *Erythrozyten* und *Hömoglobin* erhöht sich die *Sauerstofftransportkapazität* des Blutes.
Durch die *relative* Abnahme des Erythrozytenanteils – der Hämatokrit sinkt von 45 auf 42 Vol.-% – erniedrigt sich die *Viskosität* des Blutes: Das Herz kann die durch die verringerte Druckarbeit eingesparte Energie für ein erhöhtes Herzzeitvolumen verwenden.
Das größere Plasmavolumen kann vom Organismus als *Wasserreserve* bei der *Wärmeregulation* (s. S. 566) herangezogen werden; dadurch können andere Wasserreservoirs des Körpers länger

geschont und die körperliche Leistungs-fähigkeit – sie steht in enger Abhängig-keit zu einem optimal geregelten Was-serhaushalt – länger auf einem höheren Niveau gehalten werden.
Durch die Vermehrung des Blutvolu-mens nimmt auch die *Pufferkapazität* des Blutes zu, da sich die Absolut-menge der im Blut befindlichen Puffer-systeme erhöht; diese Zunahme stellt eine wesentliche Voraussetzung für die geringere lokale und allgemeine kör-perliche Ermüdbarkeit des Ausdauer-trainierten dar.

Zu den Puffersystemen des Blutes zählen das Hämoglobin-Oxyhämoglobinsystem (vgl. S. 109), die Plasmaproteine, die Bikar-bonate und die Phosphate. Die Gesamtpuf-ferkapazität verteilt sich dabei folgenderma-ßen auf diese einzelnen Puffersysteme: Bi-karbonate etwa 64%, $Hb-HbO_2$ etwa 29%, Plasmaproteine 6%, Phosphate etwa 1% (*Weineck* 1983, 77).

Neben der absoluten Zunahme des Plasma-volumens, der Erythrozyten und des Hämo-globins – 1–2 l Blut entsprechen einer Zu-nahme von 160–320 g Hämoglobin – führt körperliches Training im Blut noch zu weite-ren Veränderungen:

Beim Ausdauertrainierten steigen im Blut die Konzentrationen an Kalzium- und Ka-liumionen an, was für den normalen Ablauf der Muskelkontraktionen bei längerdauern-der Belastung und für die Funktionsfähig-keit des Nervensystems von Bedeutung ist. Bei kurzfristigen, intensiven Belastungen kommt es auf vegetativ-hormonellem Wege über die Reizung des Sympathikus zu einer vermehrten Granulozytenproduktion; bei Ausdauerbelastungen wird durch das Über-wiegen des Parasympathikus die vermehrte Produktion von Lymphozyten angeregt, was

die allgemeine *Abwehrlage* verbessert (*Nök-ker* 1976, 132).
Regelmäßiges Training führt darüber hinaus auch zu einer besseren *Blutverteilung* im Or-ganismus: Der Trainierte ist in der Lage, schneller eine optimale, belastungsadäquate Umverteilung seines Blutvolumens herbei-zuführen als der Untrainierte.
Schließlich ist der Trainierte aufgrund der verbesserten funktionellen Gesamtsituation – hier spielt insbesondere die verbesserte Gefäßversorgung (s. S. 104) eine wichtige Rolle – vermehrt in der Lage, den an die roten Blutkörperchen gebundenen Sauer-stoff effektiver auszuschöpfen: Bei maxima-ler Belastung steigert der hochgradig Aus-dauertrainierte seine Extraktionsrate – sie entspricht der arteriovenösen Sauerstoffdif-ferenz – von 5 Vol.-% in Ruhe auf 16–18 Vol.-%; der Untrainierte erreicht maximal 10–12 Vol.-% (*Hollmann/Hettinger* 1980, 385).

Betrachtet man zusammenfassend das ge-samte Herz-Kreislauf-System mit dem Her-zen als Antriebspumpe, dem Gefäßsystem als Verteilersystem und dem Blut als multi-funktionellem Transportmittel, so läßt sich erkennen, daß Training – insbesondere Aus-dauertraining – zu komplexen adaptativen Veränderungen führt, die insgesamt eine Verbesserung der Leistungsfähigkeit des Gesamtorganismus ermöglichen.

Aus *präventiver Sicht* ist dabei fast aus-schließlich ein der jeweiligen Leistungs-fähigkeit angepaßtes *Ausdauertraining* von Bedeutung; Kraft- und Schnellig-keitstraining bewirken im Bereich des Herz-Kreislauf-Systems keine Anpas-sungserscheinungen, die gesundheitli-che Relevanz im Sinne der Prophylaxe von degenerativen Herz-Kreislauf-Er-krankungen haben.

Literatur

1. *Ahlberg, B., J. Brohult:* Immediate and delayed metabolic reactions in well-trained subjects after prolonged physical exercise. Acta med. scand. 182 (1967), 41 f.
2. *Andersen, P., J. Henriksson:* Capillary supply of the quadriceps femoris muscle of man adaptive response to exercise. 270 (1977), 677 f.
3. *Appell, H.-J.:* Morphologische Untersuchungen zur Wirkung des Höhentrainings. Leistungssport 1 (1980), 54–60
4. *Astrand, P. O., T. E. Cuddy, B. Saltin, J. Stenberg:* Cardiac output during submaximal work. J. appl. Physiol. 19 (1964), 268
5. *Barclay, J., W. Stainsby:* The role of blood flow in limiting maximal metabolic rate in muscle. Med. and Sci. in Sports 2 (1975), 116–119
6. *Bar-Or, O.:* Pediatric sports medicine for the practitioner. Springer, New York-Berlin-Heidelberg-Tokyo 1983
7. *Brodal, P., F. Ingjer, L. Hermansen:* Capillary supply of skeletal muscle fibers in untrained and endurance-trained men. Am. J. Physiol. 6 (1977), 705 f.
8. *Bühlmann, A., E. Froesch:* Pathophysiologie. Springer, Berlin-Heidelberg-New York 1974
9. *Dehn, M. M., J. H. Mitchell:* Das Kreislaufsystem. In: Sportmedizin und Leistungsphysiologie. *Strauß, H.* (Hrsg.). Enke, Stuttgart 1983
10. *Dehn, M. M., J. Mullins:* Physiologic effects and importance of exercise in patients with coronary artery disease. Cardiovasc. Med. 2 (1977), 369 f.
11. *de Marées, H., J Mester:* Sportphysiologie II. Diesterweg/Sauerländer, Frankfurt-Aarau 1982
12. *Dickhuth, H.:* Sportlerherz – Wie groß darf es sein? Kongreßbericht, Medical Tribune 24 (1985), 80–81
13. *Diehm, C., G. Gallasch, A. Wirth, G. Schettler:* Hämorheologische Veränderungen nach körperlichem Training. Dt. Zschr. Sportmedizin 8, 35 (1984), 286–287
14. *Fiehring, W., I. Giegler:* Elektrokardiographie in der Praxis. Fischer, Jena 1970
15. *Findeisen, D., P.-G. Linke, L. Pickenhain:* Grundlagen der Sportmedizin. Barth Verlag, Leipzig 1980
16. *Ganong, W. F.:* Medizinische Physiologie. Springer, Berlin-Heidelberg-New York 1972
17. *Gottschalk K., S. Israel, A. Berbalk:* Neue Aspekte der Kardiodynamik und der Adaptation des Herz-Kreislaufsystems. Medizin u. Sport 22 (1982), 56–59
18. *Hollmann W., T. Hettinger:* Sportmedizin – Arbeits- und Trainingsgrundlagen. Schattauer, Stuttgart-New York 1980
19. *Hudlicka, O.:* Relations between flow and metabolism in different muscles. In: Int. Symposium „Begrenzende Faktoren der körperlichen Leistungsfähigkeit", Gravenbruch 1971
20. *Hüllemann, K. D.* (Hrsg.): Leistungsmedizin – Sportmedizin. Thieme, Stuttgart 1976
21. *Israel, S.:* Sport, Herzgröße und Herz-Kreislaufdynamik. Barth, Leipzig 1968
22. *Israel, S.:* Sportherz. Theorie und Praxis der Körperkultur 10 (1978), 742–753
23. *Israel, S., J. Weber:* Probleme der Langzeitausdauer im Sport. Barth, Leipzig 1972
24. *Kahle, W., H. Leonhardt, W. Platzer:* Atlas der Anatomie. Bd. 1–3. Thieme, Stuttgart 1973
25. *Karvonen, M. J.:* Effects of vigorous exercise on the heart. In: Work and heart. *Rotenbaum, F. F., E. L. Balknap* (Hrsg.). Hoeber Verlag, New York 1959
26. *Keul, J.,* et al.: Über den Stoffwechsel des Herzens bei Hochleistungssportlern. Z. Kreisl.Forsch. 3 (1966), 248 f.
27. *Keul, J., M. Lehmann, H.-H. Dickhuth, A. Berg:* Vergleiche von Herzvolumen, nomographisch ermittelter Sauerstoffaufnahme und Wettkampfleistung bei Ausdauersportarten. Dt. Zschr. Sportmedizin 5 (1980), 148–154
28. *Kleitke, B.:* Biochemische Adaption des Herzmuskels. Medizin und Sport 6 (1977), 249–254
29. *Lioschenko, W. G., S. W. Stepanowa:* Die Herztätigkeit bei Muskelarbeit maximaler Intensität. Medizin u. Sport 20 (1980), 18–19
30. *Markworth, P.:* Sportmedizin 1 – Physiologische Grundlagen. Rowohlt, Reinbek 1983
31. *Mayhew, J. L.:* Effect of endurance training on the T wave of the electrocardiogramm of adult men. Med. and Sci. in Sports 4 (1971), 172–174
32. *Medved, R., V. Pavisit, K. Stuka:* Das größte gesunde Sportherz bei Frauen. Sportarzt u. Sportmed. 8 (1975), 174–175
33. *Mellerowicz, H., W. Meller:* Training. Springer, Berlin-Heidelberg-New York 1972
34. *Mitchell, J. H., D. J. Sproule, C. B. Chapman:* The physiological meaning of the maximal oxygen intake test. J. clin. Invest. 37 (1958), 538 f.
35. *Musshoff, K., H. Reindell, H. Klepzig, H. W. Kirchhoff:* Herzvolumen, Schlagvolumen und körperliche Leistungsfähigkeit. Cardiologia 31 (1957), 359 f.
36. *Nöcker, J.:* Physiologie der Leibesübungen. Enke, Stuttgart 1976
37. *Nygaard, E.:* Adaptational changes in human skeletal muscle with different levels of physical activity. Acta physiol. scand., Suppl. 440 (1976), 291 f.
38. *Reindell, H.,* et al.: Herz-Kreislaufkrankheiten und Sport. Barth, München 1960
39. *Rohen, J. W.:* Funktionelle Anatomie des Menschen. Schattauer, Stuttgart-New York 1975
40. *Rost, R.,* et al.: Die Kreislaufverhältnisse während der Preßdruckprobe. Sportarzt u. Sportmed. 6 (1974), 119–125

41. *Sanne, H., R. Sivertsson:* The effect of exercise on the development of collateral circulation after experimental occlusion of the femoral artery in the cat. Acta physiol. scand. 73 (1968), 257 f.

42. *Schoop, W.:* Bewegungstherapie bei peripheren Durchblutungsstörungen. Med. Welt 10 (1964), 502

43. *Schüler, K.:* Rotes Blutbild und Blutvolumen beim Sportler. Medizin u. Sport 4 (1970), 102–109

44. *Silbernagl, S., A. Despopoulos:* Atlas der Physiologie. dtv, Thieme, Stuttgart 1983

45. *Stegemann, J.:* Leistungsphysiologie. Thieme, Stuttgart 1971

46. *Stegemann, J.:* Herz und Kreislauf im Sport. In: Zentrale Themen der Sportmedizin, *Hollmann, W.* (Hrsg.), Springer, Berlin-Heidelberg-New York 1972, 42–56

47. *Strauzenberg, S., H. Schwidtmann:* Sportliche Belastung und Herzfunktion. Theorie und Praxis der Körperkultur 4 (1976), 492–502

48. *Tittel, K., W. Knacke, B. Brauer, H. Otto:* Der Einfluß körperlicher Belastungen unterschiedlicher Dauer und Intensität auf die Kapillarisierung der Herz- und Skelettmuskulatur bei Albinoratten. In:

XVI. Weltkongreß für Sportmedizin, Hannover 1966, Kongreßbericht, *Hanekopf, G.* (Hrsg.), Deutscher Ärzte-Verlag, Köln-Berlin 1966

49. *Tittel, K.:* Beschreibende und funktionelle Anatomie des Menschen. Fischer, Stuttgart-New York 1978

50. *Treumann, F., W. Schroeder:* Trainingseinfluß auf Muskeldurchblutung und Herzfrequenz. Z. Kreislaufforsch. 11 (1968), 1024 f.

51. *Vanotti, A., H. Pfister:* Untersuchungen zum Studium des Trainiertseins. Arbeitsphysiologie 7 (1934), 127 f.

52. *Vihko, V.,* et al.: Selected skeletal muscle variables and aerobic power in trained and untrained men. J. Sports Med. 15 (1975), 296–304

53. *Weineck, J.:* Optimales Training. perimed Fachbuch-Verlagsgesellschaft, Erlangen 1983

54. *Wetterer, E.:* Bau und Funktionen des Gefäßsystems. In: Kurzgefaßtes Lehrbuch der Physiologie, 106–146. *Keidel, D.* (Hrsg.). Thieme, Stuttgart 1973

55. *Wissler, J. H.:* Angiotropine steuern das Gefäßwachstum. Periskop 11, 1–2

Atmungssystem und sportliches Training

Der menschliche Organismus benötigt für die Aufrechterhaltung seiner vitalen Funktionen (Grundumsatz) und für seine aktive Auseinandersetzung mit der Umwelt (Leistungsumsatz) ständig Energie, die er sich durch die Zufuhr von energiereichen Nährstoffen (Kohlehydrate, Fette, Eiweiße) über die Nahrungsaufnahme sichert.

> Zum Abbau der mit der Nahrung aufgenommenen Nährstoffe und ihre Transformation in unmittelbar verwendbare Energie (ATP) benötigt der Mensch Sauerstoff.

Die Anwesenheit von Sauerstoff ermöglicht die energieliefernden Verbrennungsvorgänge im Organismus. Bei der Oxidation der Nährstoffe entstehen neben Energie Wasser und Kohlendioxid. Die Aufnahme von Sauerstoff und die Abgabe von Kohlendioxid steht im Mittelpunkt des Gasstoffwechsels, der als *Atmung* bezeichnet wird.

Man unterscheidet zwischen äußerer und innerer Atmung. Die *äußere Atmung* erfolgt vor allem über die Lunge und ist durch die Aufnahme von Sauerstoff und die Abgabe von Kohlendioxid gekennzeichnet. Die innere Atmung – sie wird auch als Gewebsoder Zellatmung bezeichnet – beinhaltet die Aufnahme des Sauerstoffs aus dem Blut in das Gewebe und die Abgabe des im Zellstoffwechsel entstandenen Kohlendioxids an das Blut.
Die Lunge steht demnach am Anfang und am Ende dieses lebenswichtigen Kreisprozesses, in dem der Blutkreislauf eine Mittlerrolle spielt. Der Gasaustausch zwischen Blut und Umwelt vollzieht sich im wesentlichen in der Lunge und wird als *Lungenatmung* bezeichnet. Der Gasaustausch durch die Hautoberfläche – *Hautatmung* – ist demgegenüber gering; er beträgt nur etwa 1 bis 2% der Lungenatmung (*Findeisen/Linke/Pickenhain* 1980, 136).
Neben der Arterialisierung des venösen Blutes hat die Lungenatmung durch die Abgabe des Kohlendioxids noch eine wichtige Funktion für die Konstanterhaltung des Säure-Basen-Haushaltes und damit des pH-Wertes im Organismus.

Anatomisch-physiologische Grundlagen zum Aufbau und zur Funktion des Atmungssystems

Bevor die Luft zum eigentlichen Austauschorgan, der Lunge mit ihren Lungenbläschen (Alveolen), gelangt, muß sie den Weg durch die Luftwege nehmen, die an der eigentlichen Atmung (Gasaustausch) nicht beteiligt sind (Abb. 62).
Man unterscheidet zwischen oberen und unteren Atemwegen.

Die *oberen Atemwege* setzen sich zusammen aus Nasenhöhle – bei Nasenatmung – bzw. Mundhöhle – bei Mundatmung – und Rachen (Pharynx). An der Nahtstelle zwischen oberen und unteren Atemwegen befindet sich der Kehlkopf (Larynx), der – je nach Autor – zu den oberen Luftwegen (*Schiebler*

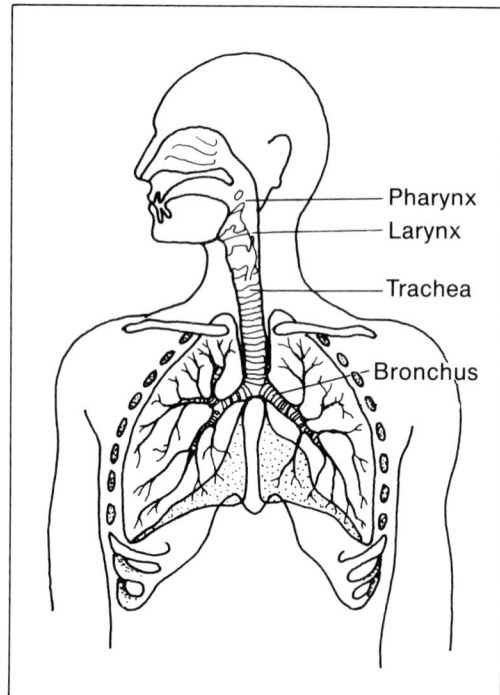

Pharynx
Larynx
Trachea
Bronchus

Abb. 62   Übersicht über Lage und Gliederung des Atmungstraktes.

höhle wird durch feine, mit Schleimhaut überzogene Knochenlamellen (Nasenmuscheln) in mehrere Gänge untergliedert – den Vorteil, daß die eingeatmete Luft gereinigt, vorgewärmt, angefeuchtet und einer Geruchskontrolle unterzogen wird.

Die *Reinigung* der Luft erfolgt dabei zum einen *passiv* durch die feuchte, klebrige Oberfläche der Schleimhäute – an ihr bleiben bis zu 80% der mitgeführten Staubteilchen und Bakterien hängen (*Nöcker* 1976, 139) –, zum anderen *aktiv* über das Flimmerepithel, dessen Flimmerhärchen die eingedrungenen Fremdpartikel rachenwärts befördern und auf diesem Wege ausscheiden.

Die Anpassung der eingeatmeten Luft an die Körpertemperatur erfolgt auch bei extremen Außentemperaturen ohne Schwierigkeiten. Wie Tierversuche von *Moritz/ Henriques/McLean* (1945, 311) zeigten, erreicht Luft bei Temperaturen von $-100°$ C bis $+500°$ C die Alveolen in körperwarmem Zustand.

Die *Anfeuchtung* der Luft wird über die Sekretionsleistung der Schleimhäute reguliert. Während Reinigung, Erwärmung und Anfeuchtung der Luft im Bereich der unteren und mittleren Nasenmuschel erfolgt (= Atmungsregion), findet die Geruchsprüfung durch das Sinnesepithel auf der oberen Nasenmuschel unter dem Dach der Nasenhöhle innerhalb eines etwa 5 cm² großen Schleimhautbezirkes (= Riechregion) durch 5–7 Millionen kleinste Riechzellen statt (*Tittel* 1978, 473).

Die *Nasenatmung* bietet somit eine Reihe von Vorteilen, die bei der *Mundatmung* nur zum Teil gegeben sind. Da aber der aerodynamische Strömungswiderstand bei *Mundatmung* nur etwa halb so groß ist wie bei *Nasenatmung* (*Bühlmann/Froesch* 1974, 3), muß bei körperlichen Belastungen, bei denen ein großes Atemminutenvolumen erforderlich ist, zwangsläufig auch auf die Mundatmung zurückgegriffen werden.

1977, 380) bzw. zu den unteren (*Tittel* 1978, 471) gerechnet wird.

Die *unteren Atemwege* werden von der Luftröhre (Trachea) und ihren Verzweigungen, den Luftröhrenästen (Bronchien), gebildet. Durch die oberen und unteren Atemwege wird die eingeatmete Luft einer mehrfachen und vielschichtigen Kontrolle und Aufbereitung unterzogen, bevor sie zu den Austauschorganen der Lungenbläschen (Alveolen) in den Lungen gelangt.

Nase und Nasenhöhlen

Die Luft strömt durch die paarigen Nasenlöcher und Nasenhöhlen in den Respirationstrakt ein. Der Mundhöhle kommt bei der Mundatmung die gleiche Aufgabe zu. Allerdings hat die Nasenatmung aufgrund ihrer großen Schleimhautoberfläche – die Nasen-

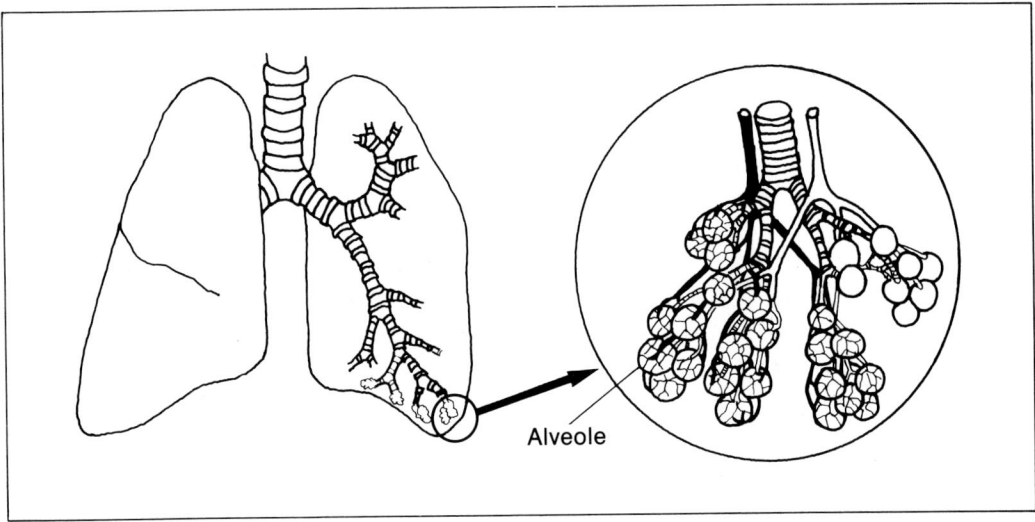

Abb. 63   Bronchialbaum der linken Lunge und Bau des respiratorischen Kapillarnetzes im Bereich einiger Lungenbläschen.

Rachen

Die beiden Nasenhöhlen – sie stehen in Verbindung mit den Nasennebenhöhlen und dem Mittelohr – münden dorsal in den oberen Abschnitt des Rachens. Im mittleren Abschnitt – in ihn mündet die Mundhöhle – kommt es zur Kreuzung von Atem- und Speiseweg, wobei die Luft nach ventral in den Kehlkopf, die Speise nach dorsal in die Speiseröhre geleitet wird.

Kehlkopf

Der Kehlkopf ist aus verschiedenen, meist hyalinen Knorpelelementen (Ringknorpel, 2 Stellknorpel, Schildknorpel) und der zugehörigen Muskulatur aufgebaut. Zwischen Stellknorpeln und Schildknorpelinnenseite sind die beiden Stimmbänder ausgespannt. An den Stellknorpeln ansetzende Muskeln können die zwischen den Stimmbändern liegende Stimmritze öffnen und schließen und damit die Passage der Luft maßgeblich beeinflussen. Bei ruhiger Atemlage ist die Stimmritze weit geöffnet, bei der Sprachbil-

dung wird sie bedarfsgerecht verengt und beim Preßvorgang völlig verschlossen.
Der Eingang zum Kehlkopf ist durch den *Kehldeckel* geschützt, der sich an der Innenseite des Schildknorpels befindet: Beim Schluckakt legt er sich über den Kehlkopf und verhindert so das Eindringen von Speiseanteilen in den Kehlkopf.

Als *Funktionen des Kehlkopfes* ergeben sich demnach:
– Verbindung von oberen und unteren Atemwegen
– Schutz der unteren Atemwege gegen das Eindringen von größeren Partikeln („Verschlucken") mittels Hustenreflex
– Stimmbildung.

Luftröhre

An den Kehlkopf schließt sich die etwa 12 cm lange und 2 cm breite Luftröhre an. Um einen möglichst freien Luftstrom zu gewährleisten, ist sie mit etwa 16–20 hufeisenförmigen hyalinen Knorpelspangen versehen, die untereinander durch kurze elastische Bänder und dorsal durch glatte Muskulatur verbunden sind.

Die Luftröhre ist ebenso wie die anderen Atemwege mit einem *Flimmerepithel* ausgekleidet, das für den Abtransport von in die Lunge eingeatmeter Partikel sorgt. Im Experiment dauert der Partikeltransport von der Lunge bis zur Luftröhre etwa 45 Minuten (*Rohen* 1975, 178).

Bronchien

In Höhe des 4. Brustwirbels teilt sich die Luftröhre in die beiden *Hauptbronchien,* die sich in den beiden Lungenflügeln in immer kleinere Äste aufzweigen und schließlich in den Lungenbläschen enden (Abb. 63).

> Insgesamt teilt sich das Bronchialsystem etwa 20-23mal dichotom (= in 2 gleiche Teile oder Äste untergliedert) auf. Das ergibt etwa 1 Million terminaler Äste, an denen rund 300 Millionen Lungenbläschen hängen (*Rohen* 1975, 178).

Lungen

Der sich vom Hauptbronchus bis zu den Lungenbläschen erstreckende Bereich der Luftwege liegt bereits innerhalb der Lunge, die sich rechts in 3, links in 2 Lappen aufgliedert.

Durch die starke Aufzweigung des Bronchialbaumes entsteht in den Lungen eine große innere Oberfläche: Die Gesamtoberfläche der Membranen, an denen der Gasaustausch stattfindet, beträgt etwa 70–120 m^2; sie ist damit etwa 40–60mal größer als die Körperoberfläche (*Rohen* 1975, 178; *Tittel* 1978, 479).

Da sich der Gasaustausch in der Lunge in den Lungenbläschen abspielt, stellen die Al-

veolen die eigentlichen Funktionselemente der Lunge dar.

Die *Alveolarwand* besteht aus einem korbartigen elastischen Fasernetz, das von einer Vielzahl von Kapillaren umgeben ist. Aufgrund der elastischen Fasern – sie werden erst im Alter von 6–7 Jahren voll entwickelt (*Demeter* 1981, 45) –, kann sich die Alveole bei der Einatmung vergrößern (auf 0,3–0,5 mm) bzw. bei der Ausatmung verkleinern (auf 0,1–0,2 mm). Der Gasaustausch zwischen Alveolarluft und dem Blut der *A. pulmonalis* erfolgt in den kapillären Verzweigungen der Alveolarwand. Aufgrund des engen Kontaktes zwischen Blut und Alveolarluft – der Diffusionsweg (bestehend aus Alveolarwand und Kapillarwand) beträgt nur etwa 1 Mikrometer – kann der Gasaustausch durch Diffusion in optimaler Weise erfolgen.

Neben ihrer Hauptfunktion, der *Atemfunktion,* kommt den Lungenbläschen noch eine gewisse *Schutzfunktion* zu: Da sie kein Flimmerepithel besitzen, erfolgen die Aufnahme und der Abtransport von Staubpartikeln durch die *Alveolar-Phagozyten* (Freßzellen).

> Die Anzahl der Alveolen ist bei der Geburt definitiv festgelegt. Das Wachstum der Lunge vollzieht sich nur durch die Vergrößerung und die weitere Differenzierung der bereits angelegten Lungenbläschen.

Die Alveolen haben im 1. Lebensjahr eine Größe von 0,05 mm, im 6. von 0,12 mm, im 12. von 0,14 mm, im 15. von 0,17 mm; im 18. Lebensjahr erreichen sie die Erwachsenengröße von etwa 0,20 mm (*Demeter* 1981, 45 f.). Die Vergrößerung der Alveolen im Altersgang ist für die Abnahme der Atemfrequenz (s. S. 126) mit zunehmendem Alter verantwortlich.

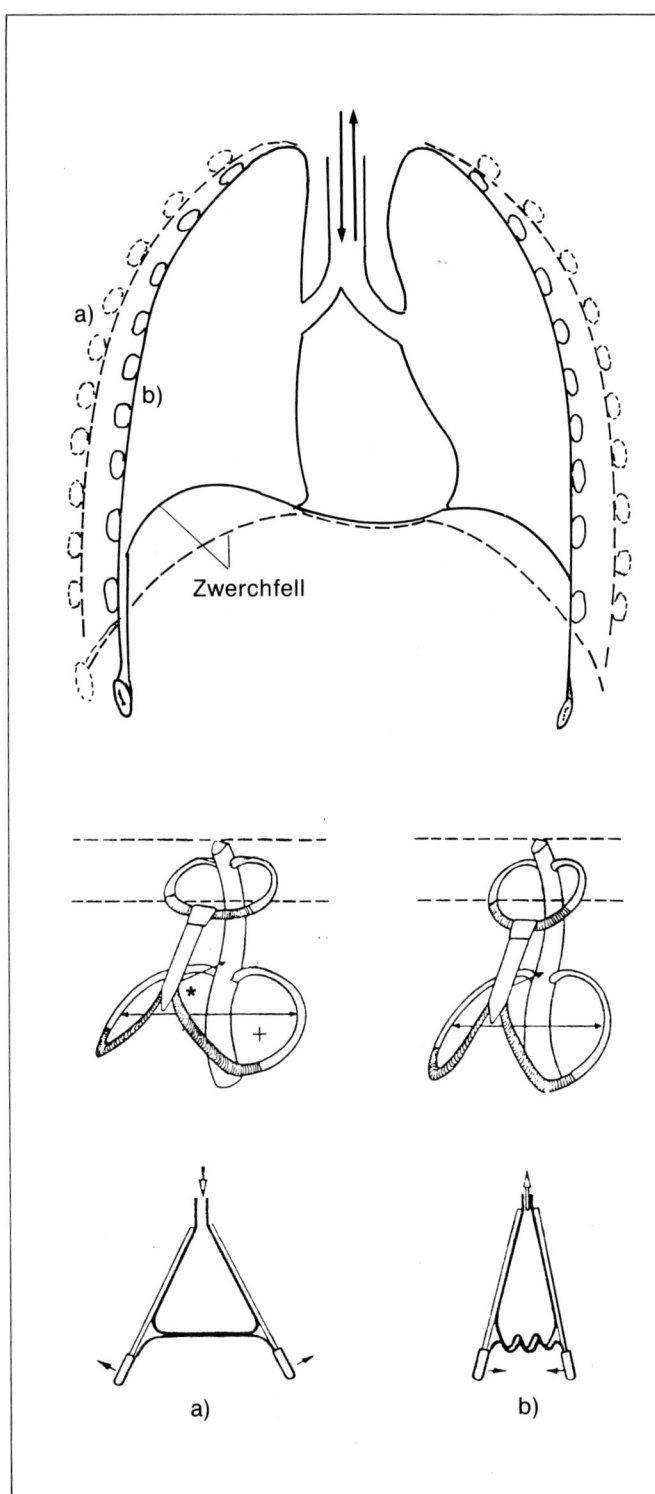

Abb. 64 Veränderung des Brustkorbes bei Inspiration (a) und Exspiration (b). Wird das Volumen vergrößert (Höhertreten des Brustbeines, Vergrößerung des sagittalen (*) und transversalen (+) Brustkorbdurchmessers), so erfolgt die Einatmung, wird es verkleinert (Gegenbewegung), erfolgt die Ausatmung nach dem Prinzip des Blasebalges.

Die gesamte Lunge ist von einer dünnen, bindegewebigen Haut, der *Pleura,* umgeben. Sie wird aus 2 Blättern gebildet: Das innere Blatt liegt der Lunge auf und wird als „Lungenfell" bezeichnet, das äußere kleidet die Innenfläche des Brustkorbes aus und heißt „Brustfell". Zwischen beiden Blättern befindet sich ein kapillärer Spalt, der von einer serösen Flüssigkeit ausgefüllt wird. Dadurch haften die beiden Blätter fest aneinander, ohne ihre Gleitfähigkeit zu verlieren.

Atemmechanik

Die Atmung (Ventilation) erfolgt über Volumenveränderungen des Brustraumes. Durch eine Senkung des *Zwerchfells* und ein gleichzeitiges Anheben der *Rippen* kommt es zu einer Vergrößerung des Brustraumvolumens und damit zu einem intrathorakalen Druckabfall, der ein Einströmen (= Einatmung) der Luft über die vorgeschalteten Atemwege bewirkt. Die *Einatmung* stellt im wesentlichen einen aktiven Vorgang dar, der durch die Kontraktion der thorakalen Atemmuskeln und des Zwerchfells erfolgt. Die *Ausatmung* hingegen kommt überwiegend passiv zustande, indem die während der Einatmung gedehnte Lunge – sie liegt der Brustwand über die Pleura luftdicht an und muß ihrer Bewegung folgen – infolge ihrer Eigenelastizität wieder in ihren Ausgangszustand zurückstrebt (Abb. 64).

Atemmuskulatur

Bei der Atmung unterscheidet man Brustatmung und Bauchatmung. Bei der *Brustatmung* erfolgt die Brustkorberweiterung durch Anheben der an den Wirbelkörpern fixierten Rippen mittels der äußeren Zwischenrippenmuskeln (*Mm. intercostales externi*). Dabei drehen sich die Rippen um

ihre Längsachse nach außen, wodurch es zu einer transversalen und sagittalen Durchmesser- und damit Volumenvergrößerung des Thorax kommt (s. Abb. 64) (*Weineck* 1983, 66/67).

Das Senken der Rippen bei der Ausatmung kann bei forcierter Atmung (z. B. nach körperlicher Belastung) durch die Kontraktion der inneren Zwischenrippenmuskeln (*Mm. intercostales interni*) unterstützt werden.

Den Motor der *Bauchatmung* stellt das *Zwerchfell* dar, eine horizontale Muskelplatte, die den Brust- und Bauchraum voneinander trennt. Bei der Kontraktion flacht sich die Zwerchfellkuppel ab und vergrößert so den Brustraum; im erschlafften Zustand verlängern sich die Muskelfasern des Zwerchfells, die Zwerchfellkuppel tritt nach oben und es kommt zu einer Verkleinerung des Brustraumes.

> Während sich bei der *Brustatmung* vor allem die Thoraxdurchmesser vergrößern, nimmt bei der *Bauchatmung* die Höhe des Brustraumes zu.

Im allgemeinen erfolgen die Atembewegungen von Brust- und Bauchatmung nicht isoliert, sondern gleichgerichtet. In Ruhe ist die Bauchatmung mit 70% an der Volumarbeit beteiligt; ihr kommt also insgesamt die größere Bedeutung zu (*Rein/Schneider* 1971, 151).
Da bei Säuglingen und Kleinkindern die Rippen noch horizontal stehen – jede Hebung oder Senkung müßte das Brustraumvolumen verkleinern –, dominiert bei ihnen die Zwerchfell- bzw. Bauchatmung (*Demeter* 1981, 47).

Die Muskeln der Brust- und Bauchatmung werden als *eigentliche Atemmuskeln* bezeichnet.

Bei verstärkter Ein- und/oder Ausatmung werden neben den eben genannten eigentlichen Atemmuskeln noch zusätzliche Muskeln eingesetzt, die sog. *Atemhilfsmuskeln.*

Wird bei körperlicher Arbeit ein Atemminutenvolumen (s. S. 126) von 50 l pro Minute überschritten, beginnen die Atemhilfsmuskeln den Atemvorgang zunehmend zu unterstützen (*Hollmann* 1972, 58).

Zu den Hilfsmuskeln der *Einatmung* gehören alle Muskeln, die rippenhebend und somit brustkorberweiternd wirken, wie z. B. der *M. sternocleidomastoideus* (Kopfwendemuskel) oder die *Mm. scaleni* (Rippenhaltermuskeln) sowie bei aufgestützten Armen der *M. pectoralis major* (großer Brustmuskel) (*Weineck* 1983, 68).

Zu den Hilfsmuskeln der *Ausatmung* zählen insbesondere die Bauchmuskeln – vor allem der *M. rectus abdominis,* der *M. obliquus externus abdominis* und der *M. obliquus internus abdominis* (gerade und schräge äußere und innere Bauchmuskeln) –, die bei ihrer Kontraktion rippensenkend und somit über die sog. *Bauchpresse* brustkorbverkleinernd wirken.

Atemarbeit

Bei Ruhe – entsprechend einer alveolären Ventilation von 6 l/min – ist die Atemarbeit etwa bei einer Frequenz von 15 Atemzügen/min am geringsten. Die verschiedenen Anteile der inspiratorischen Atemarbeit verteilen sich nach *Findeisen/Linke/Pickenhain* (1980, 140) dabei zu 63% auf elastische Widerstände, zu 28,5% auf Strömungswiderstände der Luft und zu 8,5% auf die nichtelastischen Gewebswiderstände.

In Ruhe werden Atemfrequenz und Atemvolumen reflektorisch so eingestellt, daß ein Minimum an Atemarbeit geleistet wird.

Der Ruhewert der Atemarbeit wird mit 0,5 mkp/min bzw. etwa 7 J/min angesetzt. Bei einem Wirkungsgrad der Atemmuskulatur von etwa 10% sind bei Ruheatmung pro Tag etwa 700 mkp bzw. etwa 60–80 kJ – entsprechend etwa 1% des Grundumsatzes – aufzubringen. Im Gegensatz zur Ruheatmung, bei der in der Ausatmungsphase nur eine relativ geringe Arbeit gegen Strömungs- und Reibungswiderstände geleistet wird, nimmt bei körperlicher Belastung die Atemarbeit wesentlich zu. Sie kann bis auf 200 mkp/min bzw. etwa 20–30 kJ/min ansteigen, wobei durch den gleichzeitig beträchtlich abfallenden Wirkungsgrad der Atemarbeit zeitweilig 25–30% des Gesamtumsatzes beansprucht werden (*Findeisen/Linke/Pickenhain* 1980, 141).

Bezogen auf die Sauerstoffaufnahme benötigt die Atemmuskulatur in Ruhe etwa 1%, bei erschöpfender Belastung etwa 12% der Gesamtaufnahme (*Stegemann* 1971, 125).

Fazit: In Ruhe benötigt die Atmung etwa 1% des Grundumsatzes bzw. 1% der Gesamtsauerstoffaufnahme; bei erschöpfender körperlicher Belastung hingegen bis zu 25–30% des Grundumsatzes bzw. bis zu 12% der Gesamtsauerstoffaufnahme.

Statische und dynamische Ventilationsgrößen der Lunge

Voraussetzung für die nach den Gesetzen der Diffusion ablaufende Sauerstoffaufnahme und Kohlendioxidabgabe (s. S. 129) in den Lungenbläschen ist die ständige Er-

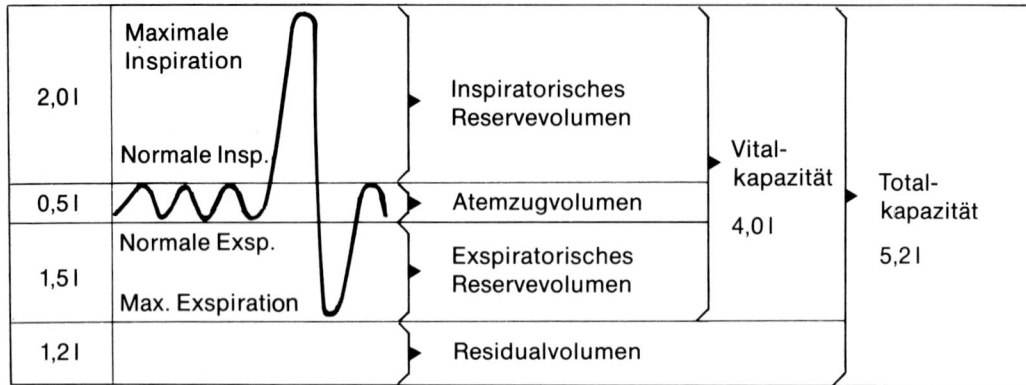

Abb. 65 Einteilung der Lungenvolumina und Lungenkapazitäten. Die Zahlenangaben beziehen sich auf Durchschnittswerte 20- bis 30jähriger Männer.

neuerung der Alveolarluft durch die Ventilation. Die bei den einzelnen Atembewegungen geförderten Luftvolumina lassen sich über die Spirometrie erfassen.

Man unterscheidet statische und dynamische Ventilationsgrößen der Lunge.

Statische Ventilationsgrößen der Lunge

Bei den *statischen* Ventilationsgrößen handelt es sich um Funktionsgrößen, bei denen der Zeitfaktor unberücksichtigt bleibt.

Einen Überblick über die Einteilung der Lungenvolumina und Lungenkapazitäten gibt Abbildung 65. Unter den *Lungenvolumina* versteht man die 4 Anteile, in die sich die Totalkapazität der Atemwege bezüglich der Ein- und Ausatmung aufteilen läßt. Als *Lungenkapazitäten* bezeichnet man die Summe einzelner dieser 4 Anteile, die zur Charakterisierung der Lungenfunktion herangezogen werden (*Findeisen/Linke/Pickenhain* 1980, 145).

Je nach Atemstellung unterscheidet man:

Atemzugvolumen (AZV)
etwa 500 ccm
= Luftvolumen, das mit jedem Atemzug bei ruhiger Atmung befördert wird.

Inspiratorisches Reservevolumen (IRV)
etwa 2000 ccm
= Luftvolumen, das nach normaler Einatmung durch maximale Inspiration noch eingeatmet werden kann.

Exspiratorisches Reservevolumen (ERV)
etwa 1500 ccm
= Luftvolumen, das nach normaler Ausatmung durch maximale Exspiration noch ausgeatmet werden kann.

Residualvolumen (RV)
etwa 1200 ccm
= Luftvolumen, das auch bei tiefster Ausatmung noch in der Lunge zurückbleibt.

Vitalkapazität (VK)
etwa 4 l
= Luftvolumen, das nach tiefster Einatmung maximal ausgeatmet werden kann. Es entspricht der Summe von AZV + IRV + ERV.

Totalkapazität (TK)
etwa 5,2 l
= Größtmöglicher Luftgehalt der Lunge nach maximal tiefer Einatmung. Es entspricht der Summe von AZV + IRV + ERV + RV.

Die einzelnen Volumina sind in ihrer Größe abhängig vom Alter, Geschlecht, Trainingszustand sowie von Körpergröße und -gewicht.

Bei *Frauen* sind die Lungenvolumina um etwa 10% kleiner als bei Männern gleichen Alters und gleicher Größe. Mit zunehmendem *Alter* nehmen die Lungenvolumina ab, mit erhöhtem *Trainingszustand* zu (*Hollmann* 1972, 59).

Die *Vitalkapazität* – sie beträgt bei der Frau durchschnittlich 3,5 l, beim Mann 4,5 l – stellt eine beliebte Lungenfunktionsgröße in der sportmedizinischen Untersuchung dar. Ihr Aussagewert für die Beurteilung der sportlichen Leistungsfähigkeit ist jedoch gering, da sie nur Auskunft über die mögliche Breite des Lungenvolumens, nicht aber Anhaltspunkte über die Leistungsfähigkeit gibt. Es gilt lediglich die Faustregel, daß eine maximale Sauerstoffaufnahmefähigkeit von 4 l und mehr – als Bruttokriterium der Ausdauerleistungsfähigkeit und damit des kardiopulmonalen Systems (s. S. 177) – eine Vitalkapazität von mindestens 4,5 l voraussetzt (*Astrand/Rodahl* 1970).
Im Gegensatz zum *Residualvolumen* – es vergrößert sich zwischen dem 25. und 60.

Lebensjahr bis auf 30–35% der Totalkapazität (*Hollmann* 1972, 60) – nimmt die *Vitalkapazität* mit zunehmendem Lebensalter ab und beträgt mit 60 Jahren nur noch etwa die Hälfte der Kapazität der Jugendzeit (*Nöcker* 1976, 145). Als Ursache gelten eine zunehmende Versteifung des Brustkorbes und eine Abnahme der Lungenelastizität.

Dynamische Ventilationsgrößen der Lunge

Bei den dynamischen Ventilationsgrößen spielt, im Gegensatz zu den statischen, der *Zeitfaktor* eine Rolle. Zu ihnen werden der Atemstoßtest und der Atemgrenzwert gezählt.

Der *Atemstoßtest* – auch Tiffeneau-Test oder 1-Sekunden-Kapazität genannt – gibt Auskunft über dasjenige Luftvolumen, das nach maximaler Einatmung in der 1. Sekunde ausgeatmet werden kann.
Der Normalwert beträgt bei einer gesunden Person des 3. Lebensjahrzehnts etwa 80% der Vitalkapazität; bei Personen mit Vitalkapazitäten über 5 l oder gar über 7 l sinkt er auf 75 bzw. 70% ab (*Hollmann/Heiny* in *Hollmann* 1972, 60).
Durch den Atemstoßtest besteht die Möglichkeit, obstruktive Ventilationsstörungen mit erhöhtem bronchialem Widerstand – z. B. bei Rauchern – zu diagnostizieren.

Der *Atemgrenzwert* drückt die ventilatorische Leistungsfähigkeit des Atmungssystems aus. Die Ermittlung dieses Wertes erfolgt durch eine maximal schnelle und tiefe Ein- und Ausatmung über 10 Sekunden, wobei das Produkt aus Atemfrequenz und Atemtiefe durch Multiplikation mit 6 auf 1 Minute umgerechnet wird.
Der Normalwert beträgt für gesunde Personen des 3. Lebensjahrzehnts um 160 l/min (Männer) bzw. 110 l/min (Frauen) (*Hollmann* 1972, 61), bei ausdauertrainierten Männern werden 400 l/min erreicht. Zieht man vom Atemgrenzwert das Atemminu-

tenvolumen (s. u.) ab, so erhält man die *Atemreserve,* die beim Trainierten fast doppelt so groß ist wie beim Untrainierten (*Nöcker* 1976, 146).

Da selbst bei schwerster körperlicher Arbeit das Atemminutenvolumen niemals die Größe des Atemgrenzwertes erreicht – die Ventilation liegt auch beim Leistungssportler während einer mehrere Minuten dauernden Höchstleistung nur bei 65–75% dieses Wertes (*Bühlmann/Froesch* 1974, 5) –, ist der maximale Ventilationswert nicht als leistungsbegrenzender Faktor anzusehen.

Das *Atemminutenvolumen* (AMV) ergibt sich aus dem Produkt von Atemfrequenz und Atemzugvolumen. Bei körperlicher Belastung muß sich die Atmung dem erhöhten Sauerstoffbedarf des Körpers anpassen. Durch die Erhöhung des AMV trägt die Atmung dem erhöhten Sauerstoffbedarf des Körpers unter Belastung Rechnung. Das AMV wird über das Atemzentrum des Gehirns (s. S. 130) so reguliert, daß der Sauerstoffbedarf der Körperzellen zu jedem Zeitpunkt ausreichend gedeckt ist. Unter Ruhebedingungen genügt ein AMV von 6–8 l/min, bei Belastung steigt das AMV bei untrainierten Männern auf 100–120 l/min., bei ausdauertrainierten bis auf 250 l/min (*Hollmann* 1972, 66).

Bis zu einer Belastungsintensität von 50% der maximalen Herz-Kreislauf-Leistungsfähigkeit steigt das AMV proportional zur Sauerstoffaufnahme an. Bei höheren Belastungen erhöht sich das AMV unproportional, und die Atmung wird aufgrund der Arbeitshyperventilation unökonomischer (*Hollmann/Hettinger* 1980, 400).

Die Größe des AMV ergibt sich je nach Vitalkapazität, Alter, Geschlecht, Trainiertheitsgrad u. a. über einen unterschiedlichen Anteil an Atemfrequenz bzw. Atemzugvolumen.

Die normale *Atemfrequenz* beträgt beim Erwachsenen in Ruhe etwa 12 – 16 Atemzüge/min, bei körperlicher Belastung können Atemfrequenzen von 40 – 50, bei Spitzenausdauertrainierten sogar von bis zu 60 Atemzüge/min erreicht werden. Das normale *Atemzugvolumen* beträgt beim Erwachsenen in Ruhe etwa 500 ml; bei Belastung kann es maximal bis auf 55% der Vitalkapazität ansteigen. Bei hochausdauertrainierten Sportlern mit einer Vitalkapazität von 8 l ergibt sich daraus ein Atemzugvolumen von über 4 l.

Die Atemfrequenz und das Atemzugvolumen von Kindern und Jugendlichen nähern sich erst im Laufe der Entwicklung den Erwachsenenwerten an. Die Atemfrequenz in Ruhe beträgt beim Neugeborenen etwa 50 Atemzüge/min, beim Sechsjährigen 25 Atemzüge/min und erreicht etwa mit der Pubertät die Erwachsenenwerte. Bei körperlicher Anstrengung können Schulkinder Atemfrequenzen bis zu 70 Atemzüge/min erreichen.

Das Atemzugvolumen steigt von etwa 18 ml beim Neugeborenen auf etwa 120 ml beim Zweijährigen an; in der Folge kommt es zu einer kontinuierlichen Zunahme, bis mit 18 Jahren der Erwachsenenwert erreicht wird. Sowohl die Atemfrequenz als auch das Atemzugvolumen stehen in engem Zusammenhang mit dem Lungenwachstum. So wirkt sich z. B. die zunehmende Größe der Lungenbläschen – die Lunge erhält insbesondere in der Zeit der Pubertät eine gewaltige Massenzunahme mit einem Gipfel im 14. Lebensjahr – direkt auf beide Parameter aus: Die Atemfrequenz sinkt, und das Atemzugvolumen steigt an (*Demeter* 1981, 118).

Das Verhältnis von AMV (l/min) und Sauerstoffaufnahme (l/min) ergibt das *Atemäquivalent* (AÄ).

$$Atemäquivalent = \frac{AMV}{Sauerstoffaufnahme}$$

In Ruhe beträgt das Verhältnis etwa 28:1, d. h. zur Aufnahme von 1 l Sauerstoff werden 28 l Luft benötigt. Bei Belastungsbeginn kommt es als Ausdruck einer Ökonomisierung der Atmung (die Belüftung und die Durchblutung der Lunge werden optimal auf die erhöhten Anforderungen des Organismus eingestellt) vorübergehend zu einem Abfall des Atemäquivalents auf einen Wert von etwa 20 und im Bereich der Grenzbelastung zu einem Anstieg auf maximal etwa 30–35 (Untrainierte) bzw. 40–50 (Hochausdauertrainierte). Ein Anstieg des AÄ bei Belastung auf Werte über 25 läßt nach *Hollmann/Hettinger* (1980, 529) auf ein Ansteigen des Laktatspiegels schließen; Werte zwischen 30 und 40 oder noch höher zeigen den Bereich maximaler Laktatproduktion an. Das Atemäquivalent stellt demnach einen wertvollen Parameter zur Beurteilung der Belastungssituation des Sportlers dar.

Lungen- und Totraumventilation

Als *alveoläre Ventilation* bezeichnet man den Anteil der Gesamtventilation, der in den Lungenbläschen mit dem Blut zum Gasaustausch kommt. Die Differenz zwischen Gesamtventilation und alveolärer Ventilation ergibt die *Totraumventilation*.

Als *Totraum* wird der Anteil der zuführenden Luftwege bezeichnet, der nicht am Gasaustausch teilnimmt (Nase/Mund-, Rachen-, Kehlkopf-, Luftröhren- und Bronchialraum).

Man unterscheidet dabei einen anatomischen und einen funktionellen Totraum. Der *anatomische Totraum* umfaßt die Atemwege bis zur Bronchiolen-Alveolen-Grenze, der *funktionelle Totraum* alle Räume, in denen kein Gasaustausch stattfindet, demnach auch die nicht durchbluteten, aber belüfteten Lungenbläschenbezirke. Die Beziehung Belüftung (Ventilation) und Durchblutung (Perfusion) in den Lungenbläschen ist so gesteuert, daß z. B. in Ruhe schlecht belüftete Bereiche reflektorisch weitgehend auch nicht durchblutet werden; dadurch soll ein Absinken der arteriellen Sauerstoffsättigung

verhindert werden (*Hollmann* 1972, 69). Der *funktionelle Totraum* ist dafür verantwortlich, daß sich dem arterialisierten Blut, das aus der Lunge zum Herzen zurückströmt, immer 1–2% venöses Blut beimischen (*Markworth* 1983, 202).

Das Volumen des anatomischen Totraumes beträgt beim Erwachsenen etwa 150 ml. Dieses Volumen bewirkt, daß bei jedem ruhigen Atemzug von etwa 450 ml nur 300 ml (= 2 Drittel der eingeatmeten Luft) bis in die Lungenbläschen strömen und dort am Gasaustausch teilnehmen können (Abb. 66). Umgekehrt bleiben nach jeder Ausatmung stets 150 ml Alveolarluft liegen.

Da bei der Einatmung jeweils zuerst die 150 ml zum Teil verbrauchter Restluft und danach erst die Frischluft in die Alveolen gelangen, wirkt sich das Volumen des anatomischen Totraums für die Frischluftversorgung der Lunge nachteilig aus. Dieser Nachteil wird jedoch durch eine Reihe anderer Vorteile des Totraumes – Luftzuleitung, Reinigung, Erwärmung und Anfeuchtung der Luft – ausgeglichen.

Bei sportlicher Belastung verbessert sich der prozentuale Anteil der alveolären Ventilation am Atemminutenvolumen (AMV) gegenüber der Totraumventilation aufgrund eines erhöhten Atemzugvolumens bei in etwa gleichbleibendem Totraum: Während unter Ruhebedingungen (Atemzugvolumen etwa 500 ml) die alveoläre Ventilation etwa 70%, die Totraumventilation etwa 30% des AMV ausmacht, steigt sie bei körperlicher Anstrengung (Atemzugvolumen etwa 3000 ml) auf etwa 95% gegenüber einer Totraumventilation von nur noch 5% (*Markworth* 1983, 201).

Fazit: Für den Sportler ist es bei Belastung günstiger, tiefer (Erhöhung des Atemzugvolumens) anstatt schneller (Erhöhung der Atemfrequenz) durchzuatmen.

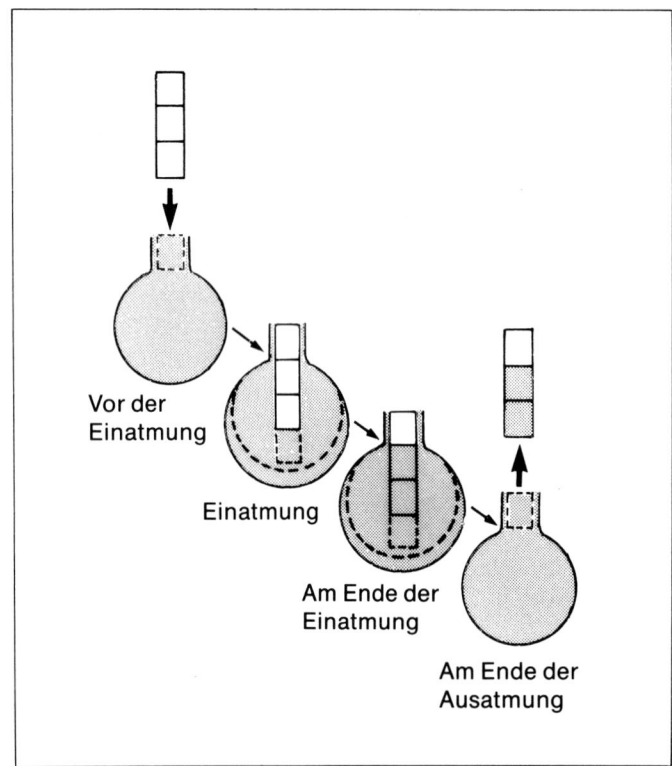

Vor der
Einatmung

Einatmung

Am Ende der
Einatmung

Am Ende der
Ausatmung

Abb. 66   Der anatomische Totraum in seiner Beziehung zur Einatmungs- und Alveolarluft. Die weißen Rechtecke stellen Einatmungsluft dar, die gerasterten Alveolarluft; jedes Rechteck entspricht 100 ml Luft (nach *Findeisen/Linke/Pickenhain* 1980, 138).

Allgemein gilt jedoch, daß sich bei gesunden Personen die Atemfrequenz und das Atemzugvolumen unter allen Belastungsstufen automatisch optimal aufeinander einstellen und jede bewußte Änderung des individuellen Atemrhythmus zu einer Herabsetzung der Atemökonomie führt. Deshalb sollte im allgemeinen in dem Atemrhythmus geatmet werden, der sich aufgrund der Belastungs- und Bewegungserfordernisse unbewußt ergibt (*Milic-Emili/Petit* 1960, 359).

Es muß allerdings darauf hingewiesen werden, daß bei Ausdauertrainierten das Ventilationsvolumen stärker über die Zunahme des Atemzugvolumens als durch die Atemfrequenz gesteigert wird und daß zu Beginn einer körperlichen Belastung beim Trainierten schneller ein größeres Atemzugvolumen als beim Untrainierten erreicht wird (*Hollmann* 1972, 62).

Alveolärer Gasaustausch

Die über die Luftwege eingeatmete Außenluft enthält 79,04% Stickstoff, 20,93% Sauerstoff und 0,03% Kohlendioxid. Der Stickstoff nimmt als inertes Gas nicht an den Stoffwechselvorgängen des Organismus teil und spielt deshalb beim Gasaustausch keine Rolle.

Da der Sauerstoff durch die *alveolokapilläre Membran* ins Blut diffundiert und das Kohlendioxid aus dem Blut in die *Alveolarluft* übertritt, weist die alveoläre Luft eine andere Gaszusammensetzung auf als die Außenluft: Der Sauerstoffgehalt beträgt nur noch etwa 14–15%, der Kohlendioxidgehalt ist auf 5–6% erhöht. Eine weitere Änderung findet sich schließlich in der *Ausatemluft,* in der die Alveolarluft mit der Frischluft des Totraumes gemischt wird und der Sauerstoffgehalt nunmehr 15–17%, der Kohlendioxidgehalt 4–5% beträgt.

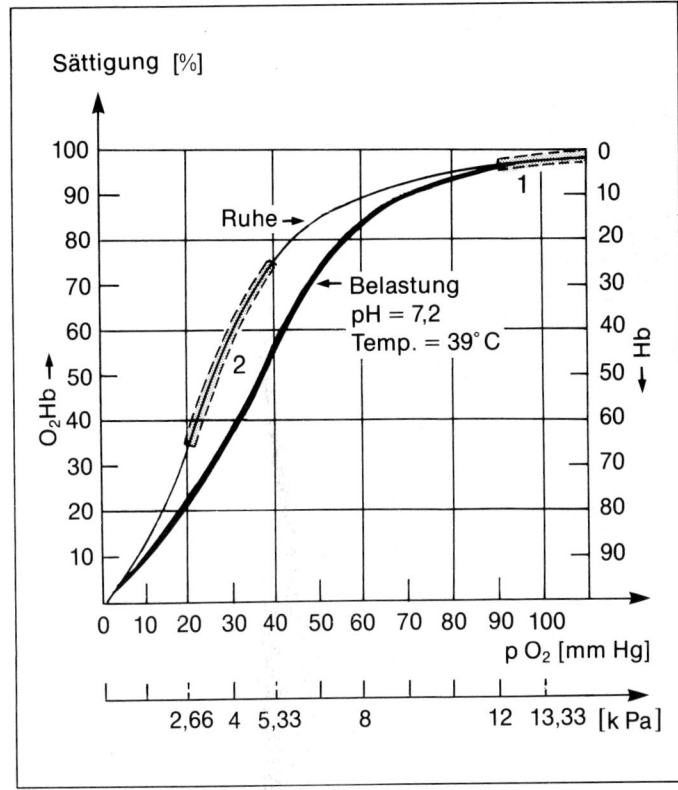

Abb. 67 Die Sauerstoffbindungskurve in Ruhe und bei körperlicher Belastung. Der flache rechte obere Bereich (1) der Sauerstoffbindungskurve spiegelt die Verhältnisse in der Lunge wider, der linke steil verlaufende Bereich (2) die Verhältnisse in den Geweben.

Entscheidend für den Gasaustausch zwischen Alveolarluft und Blut ist der Partialdruckgradient für Sauerstoff bzw. Kohlendioxid, entlang welchem Sauerstoff ins Blut diffundiert bzw. Kohlendioxid aus dem Blut in die Alveolarluft.

In der Außenluft beträgt der Partialdruck für Sauerstoff (pO_2) etwa 21 kPa, der pCO_2 etwa 0,03 kPa; in der Alveolarluft etwa 14 kPa bzw. 5 kPa. Beachte die mehr als hundertfache Erhöhung des pCO_2! Im venösen Blut hingegen liegt in Ruhe ein pO_2 von etwa 5 kPa und ein pCO_2 von etwa 6 kPa vor; bei Belastung ändern sich diese Werte zusätzlich im Sinne erhöhter Druckgradienten (der pO_2 fällt, der pCO_2 steigt noch wei-

ter an), was die Diffusionsvorgänge verstärkt.

Die *Diffusionskapazität* der Lunge für Sauerstoff – sie ist neben der Austauschfläche und der Diffusionsstrecke vor allem von der Kontaktzeit des Blutes mit der Luft in den Lungenbläschen abhängig – beträgt in Ruhe etwa 20–50 ml/min/mm Hg. Unter körperlicher Belastung nimmt die Diffusionskapazität zu, da zusätzliche Kapillarbereiche eröffnet werden, die in Ruhe verschlossen oder kaum durchblutet sind. Nach *Shephard* (1969) liegt einer maximalen Sauerstoffaufnahme (s. S. 177) von 4 l eine Diffusionskapazität von 60 ml/min/mm Hg, einer von 6 l eine von 100 ml/min/mm Hg zugrunde.
Obwohl die Diffusionskapazität aufgrund allmählich einsetzender Alterungsvorgänge der alveolokapillären Membran bereits jen-

seits des 20. Lebensjahres abnimmt (*Riley/ Cournand* 1951, 77), stellt sie wegen der riesigen alveolären Gesamtoberfläche von etwa $100 \, m^2$ keine leistungslimitierende Größe dar.

Der Gastransport im Blut

Nach der Ventilation, Perfusion und Diffusion bildet der Gastransport im Blut die Schlußphase des Gasaustausches.

Da Sauerstoff nur schlecht wasserlöslich ist, wird nur ein verschwindend kleiner Teil dieses lebenswichtigen Gases im Blutplasma physikalisch gelöst zu den Körperzellen transportiert; der größte Teil wird über das Hämoglobin – dem im roten Blutkörperchen (Erythrozyten) enthaltenen Farbstoff, der als Sauerstoffträger fungiert – transportiert.

Die *Sauerstoffsättigung* des Blutes beträgt in Ruhe etwa 98%. Bei Belastungen im Grenzbereich kann es zu einer etwas geringeren Sättigung kommen, da sich die Kontaktzeit des Blutes in den Lungenkapillaren mit der Alveolarluft aufgrund der stark erhöhten Blutströmungsgeschwindigkeit von etwa 0,8 s auf 0,3 s verkürzt (*Roughton* 1945, 621).

Die *Sauerstoffbindungskurve* gibt an, wieviel Prozent der Hämoglobinmoleküle bei gegebenem Sauerstoffpartialdruck im Blutplasma mit Sauerstoff beladen sind (Abb. 67).

Beim in der Alveolarluft vorherrschenden Sauerstoffpartialdruck (pO_2 = 13,3 kPa ≙ 100 mm Hg) ist praktisch das gesamte Hämoglobin (Hb) in sauerstoffgesättigtes Hb (= Oxy-Hb) übergeführt. Die Sauerstoffsättigung beträgt, wie bereits erwähnt, nur etwa 98%, da durch die Kurzschlußverbindungen in der Lunge dem arteriellen Blut immer ein geringer Anteil venösen Blutes beigemischt ist.

Im oberen Teil verläuft die Bindungskurve so flach, daß auch relativ große Schwankungen im Sauerstoffgehalt der Luft (wie z. B. in größeren Höhen) und damit des pO_2 in der Lunge die Sauerstoffaufnahme nur wenig beeinflussen können.

Im Gewebsbereich verläuft die Bindungskurve dagegen steil: Dadurch ist gesichert, daß auch bei Vergrößerung der Sauerstoffabgabe – wie dies beim Durchfluß des Blutes durch die Gewebe der Fall ist – der pO_2 im Blut nur relativ gering abfällt und noch mit ausreichender Stärke den Sauerstoff in das Gewebe treibt.

Bei körperlicher Belastung kommt es zu einer „Rechtsverschiebung" der Sauerstoffbindungskurve (vgl. Abb. 67). Diese Verlagerung – sie erfolgt durch einen belastungsinduzierten Anstieg der Körpertemperatur, eine Zunahme des pCO_2 sowie einen Abfall des pH-Wertes im Blut (*Rein/Schneider* 1971, 35/36) – begünstigt die Sauerstoffabgabe im Gewebe und beeinträchtigt die Sauerstoffsättigung im Bereich der Lunge nur unwesentlich.

Regulation der Atmung

Erst durch die genaue Anpassung an die jeweils gegebenen Bedürfnisse des Organismus kann die Atmung in vollem Umfang ihre Aufgaben erfüllen. Sofort mit Belastungsbeginn paßt sich die äußere Atmung durch eine Zunahme von Atemfrequenz und Atemzugvolumen (= erhöhtes AMV) quantitativ und qualitativ vollautomatisch den Anforderungen des Körpers an.

Die Gewährleistung des notwendigen Atemvolumens obliegt dem Atemzentrum im verlängerten Rückenmark (Medulla oblongata) und wird durch nervöse und chemische Reize von seiten des Blutes gesichert.

Unter *Ruhebedingungen* scheint die Atmung vorwiegend durch die Blutgase und die Wasserstoffionenkonzentration gesteuert zu werden. *Chemorezeptoren* (Meßfühler, die Informationen über die chemische Zusammensetzung des Blutes erfassen) im Bereich des Aortenbogens und an der Teilungsstelle der linken und rechten Gehirnschlagader (*A. carotis communis*) informieren das Atemzentrum über auftretende Änderungen. Dabei scheint ein Anstieg des pCO_2 (schon ein Anstieg des pCO_2 um 0,2 kPa [≙ 1,5 mm Hg] führt zu einer Verdoppelung der Atmung) einen wesentlich kräftigeren Atemreiz darzustellen als die Senkung des pH-Wertes oder des pO_2 (*Rein/Schneider* 1971, 160).

Das Atemzentrum ist jedoch nicht nur auf *chemischem*, sondern auch auf *nervalem* Wege regulativ zu beeinflussen. Höhere Gehirnzentren im Bereich der Hirnrinde (Kortex) können die Atmung willkürlich verändern (z. B. Atem anhalten). Außerdem wird das Atemzentrum ebenso wie das Herz-Kreislauf-Zentrum über die sog. *zentrale Mitinnervation* schon allein bei der Vorstellung einer Bewegungshandlung parallel zu den motorischen Systemen des Gehirns aktiviert, so daß die Atmung bereits im *Vorstartzustand* (s. S. 445) um ein Vielfaches ansteigen kann. Des weiteren scheinen bei Belastungsbeginn Impulse von den Dehnungsrezeptoren der Muskeln und Sehnen das Atemzentrum zu erregen (*Stegemann* 1971, 97 u. 141).

Unter *Belastungsbedingungen* steigt das Atemminutenvolumen zunächst ungefähr linear mit der Größe der Arbeit, d. h. mit dem Sauerstoffbedarf an. Die Ventilationssteigerung von etwa 6 l/min (in Ruhe) auf Werte bis zu 200 l/min oder mehr kann bei Belastung jetzt aber nicht mehr auf die soeben diskutierten chemischen Regulatoren zurückgeführt werden, da bis zum Erreichen der individuellen Dauerleistungsgrenze die Partialdrücke von Kohlendioxid und Sauerstoff sowie der pH-Wert des Blutes nur geringfügig verändert werden. Als Regulatoren der Atmung scheinen nun Rezeptoren in der Muskulatur oder im Bindegewebe zu agieren, die beim Freiwerden von Stoffwechselprodukten (Metaboliten) erregt werden: So wird erreicht, daß das Atemzeitvolumen (wie auch die gesamte Kreislaufleistung) dem Energiebedarf angepaßt wird (*Rein/Schneider* 1971, 166). Bei schwerer körperlicher Arbeit, wenn es zu einer Zunahme des pCO_2 und zu einer Abnahme des pH-Wertes im arteriellen Blut kommt, addiert sich dieser Atemreiz zu dem der Muskelrezeptoren, so daß sowohl Atmung wie Pulsfrequenz steiler – und nicht mehr linear zum Sauerstoffbedarf – ansteigen. Die Atmung kann dann etwa das 20- (Untrainierte) bis 40fache (Ausdauertrainierte) der Ruheatmung erreichen.

Die Anpassung des Atmungssystems an sportliches Training

Durch regelmäßig durchgeführtes *Ausdauertraining* kommt es zu *funktionellen* und z. T. auch *morphologischen* Veränderungen des Atmungssystems.

Training führt zu einer Optimierung der Atmungsregulation und damit zu einer *Ökonomisierung* der Atmung insgesamt.

Der Trainierte stellt sich bei Belastungsbeginn nicht nur quantitativ schneller auf die Erfordernisse der Körperarbeit ein, sondern steigert auch qualitativ das Atemminutenvolumen mehr über eine Zunahme des Atemzugvolumens als über die Atemfrequenz: Dadurch wird zum einen die Totraumventilation zugunsten einer effizienteren alveolären Frischluftventilation reduziert, zum anderen werden die energetischen Kosten über die geringere Atemfrequenz bei vergleichbarer Leistung gesenkt. Das Atemminutenvolumen und das Atemäquivalent (s. S. 126) – es gilt als Indikator für die Atemökonomie – verringern sich durch Training signifikant im Bereich mittlerer und submaximaler Belastungsstufen. Der ausdauertrai-

nierte Leistungssportler (mit einer Sauerstoffaufnahme von 5–6 l/min) kann bei einer
Sauerstoffaufnahme von 3 l/min – sie entspricht dem Maximum des Untrainierten –
ein Atemäquivalent von etwa 25 aufweisen;
der Untrainierte ist bei dieser Leistung bei
einem Atemäquivalent von 30–40 angelangt
(*Hollmann/Hettinger* 1980, 379). Nach körperlicher Belastung kommt es beim Ausdauertrainierten zu einer schnelleren Normalisierung der Atmung im Hinblick auf das
Erreichen des Ruheausgangswertes; dabei
erfolgt der Rückgang bei jüngeren Sportlern
schneller als bei älteren (*Hollmann* 1972,
68).

Da es vor allem zum Zeitpunkt der Pubertät
zu einer beträchtlichen Massenzunahme und
Vergrößerung der Alveolaroberfläche der
Lunge kommt – das Volumen des Lungen-
parenchyms nimmt zwischen dem 12. und
16. Lebensjahr um fast 50% zu (*Demeter*
1981, 118) – kann ein Ausdauertraining in
diesem Zeitraum zur Ausbildung einer *Lei-
stungslunge* mit parallel dazu gesteigertem
Brustkorbwachstum führen (vgl. auch *Mel-
lerowicz/Meller* 1972, 17).
Des weiteren bewirkt Ausdauertraining eine
Hypertrophie der Atemmuskulatur: Betroffen sind vor allem die äußeren Zwischenrippenmuskeln (Mm. intercostales externi), die
für die Brustatmung verantwortlich sind,
und das Zwerchfell, das den Motor der
Bauchatmung darstellt. Diese hypertrophierte Atemmuskulatur kann die erforderlichen Atembewegungen nicht nur ökonomischer, sondern auch vertiefter ausführen.

Die sowohl morphologisch als auch funktionell verbesserten Voraussetzungen im Bereich des gesamten Atmungssystems bringen es mit sich, daß der Trainierte auch
weniger oft bzw. in wesentlich geringerem
Umfang atmungsbedingten Störfaktoren
wie „Seitenstechen" und „totem Punkt" ausgesetzt ist als der Untrainierte.

Das bei untrainierten Personen häufig zu
beobachtende *Seitenstechen* beruht auf einer
mangelhaften Sauerstoffversorgung des
Zwerchfells bei ungenügender Anpassung
an körperliche Belastung, z. B. durch unge-
nügendes Warmlaufen. Erfolgt die Belastung nach einer umfangreichen Mahlzeit,
dann wird die Kreislaufumstellung zusätzlich erschwert und das Auftreten des Seiten-
stechens begünstigt (*Findeisen/Linke/Pik-
kenhain* 1980, 223).
Der *tote Punkt* hängt ebenfalls mit dem Problem einer zu trägen Einstellung auf körperliche Belastung zusammen. Dadurch entsteht auch hier ein Mißverhältnis zwischen
geleisteter Muskelarbeit und momentaner
Leistungsfähigkeit der vegetativen Systeme
Atmung und Kreislauf bezüglich der Absicherung der eingegangenen Muskelaktivität. Es kommt zu einer Leistungskrise, die
je nach Belastung und Trainingszustand früher oder später (zwischen ½ und 6 Minuten
nach Belastungsbeginn) eintritt (*Samek/Cer-
mak/Kral* 1972, 89). Der Sportler verspürt
bleierne Schwere in den belasteten Muskeln
– sie ist auf die ungenügende Sauerstoffversorgung des Muskels und die dadurch
bedingte anaerobe Energiebereitstellung
(= Übersäuerung) zurückzuführen –, starke
Atemnot, Schwächegefühl und den
Wunsch, die Arbeitsleistung abzubrechen
(*Prokop* 1957, 37; *Heiss* 1960, 124; *Jakowlew* 1977, 161; *Hollmann/Hettinger* 1980,
546/547).
Wenn der Sportler die Belastung jedoch
weiterführt oder sie nur kurzfristig geringfügig vermindert, dann treten diese Beschwerden relativ rasch in den Hintergrund, und er
kann seine in Angriff genommene Belastung
zu Ende führen. Der Vorgang der Überwin-
dung des „toten Punktes" wird als „zweiter
Wind" bzw. als „zweite Luft" bezeichnet.
Zur Vermeidung des *toten Punktes* empfiehlt sich ebenso wie beim Seitenstechen
ein ausreichendes und disziplinspezifisches
Erwärmen.

Zusammenfassend läßt sich feststellen, daß der Trainierte durch seine verbesserte Umstellungsfähigkeit auf Belastung, seine ökonomischere Atmung und seine größeren Atmungsreserven zu einer insgesamt höheren Leistung des Atmungssystems befähigt wird und dadurch Engpässen in der Sauerstoffversorgung in wesentlich wirksamerer Weise begegnen kann als der Untrainierte.

Das Problem der Preßatmung

Bei der *Preßatmung* wird Luft gegen die verschlossene Stimmritze gedrückt. Die Preßatmung kann sowohl willkürlich in Gang gesetzt werden (z. B. beim sogenannten *Valsalva*-Preßversuch) als auch unwillkürlich im Rahmen zahlreicher sportlicher Aktivitäten mit erhöhten Kraftanforderungen (z. B. Gewichtheben).

Die Preßatmung sollte im allgemeinen vermieden werden, da durch die Erhöhung des intrathorakalen Druckes der venöse Rückstrom zum Herzen erheblich beeinträchtigt wird.
Nach *Rost* et al. (1974, 122) kommt es bei der Preßatmung zu einem Abfall des Herzminutenvolumens bis zu 55%, wobei sich das Schlagvolumen vorübergehend auf weniger als 1 Drittel des Ausgangswertes verringert. Kollapserscheinungen als Folge des Pressens sind bekannt. Es handelt sich dabei ursächlich um eine zerebrale (das Gehirn betreffende) Mangeldurchblutung.
Erschwerend kommt noch hinzu, daß während des Preßvorganges keine Arterialisierung des Blutes stattfindet und die Sauerstoffsättigung im Blut bei Pressung und gleichzeitiger körperlicher Arbeit innerhalb von 12 s von durchschnittlich 95 auf etwa 70% Sättigung abfällt (*Hollmann* 1965, 27).

Beim kreislaufgesunden und *trainierten Sportler* spielt die Preßatmung im allgemeinen keine negative Rolle. Für die Entwicklung maximaler Kräfte ist sie sogar erforderlich: Wie sowjetische Sportphysiologen feststellten, ist die Kraft der Muskelkontraktion während der Einatmung am geringsten, während der Ausatmung etwas stärker, am stärksten ist sie jedoch beim Pressen (*Findeisen/Linke/Pickenhain* 1980, 155).
Für den *Freizeitsportler* sowie den *koronargefährdeten Patienten* sind Kraftübungen mit forcierter Preßatmung nicht geeignet bzw. kontraindiziert, da mit der Reduktion des Herzminutenvolumens in gleichem Maße die Koronardurchblutung abnimmt (um etwa 45%). Auch bei Personen mit Sklerosen (degenerative Gefäßverengungen) in anderen Gefäßbereichen, insbesondere bei Zerebralsklerose, sollte von solchen Übungen abgesehen werden, da die Druckanstiege während des Pressens erheblich über vergleichbaren Drucksteigerungen bei einem dynamischen Training mit leichteren Gewichten liegen (*Rost* et al. 1974, 124; *Weineck* 1983, 340).

Literatur

1. *Astrand, P. O., K. Rodahl:* Textbook of work physiology. McGraw-Hill Comp., New York 1970
2. *Bühlmann, A. A., E. R. Froesch:* Pathophysiologie. Springer, Berlin–Heidelberg–New York 1974
3. *Demeter, A.:* Sport im Wachstums- und Entwicklungsalter. Barth, Leipzig 1981
4. *Findeisen, D. G. R., P.-G. Linke, L. Pickenhain:* Grundlagen der Sportmedizin. Barth, Leipzig 1980
5. *Heiss, F.:* Praktische Sportmedizin. Thieme, Stuttgart 1960
6. *Hollmann, W.:* Körperliches Training als Prävention von Herz-Kreislaufkrankheiten. Hippokrates, Stuttgart 1965
7. *Hollmann, W.:* Lungenfunktion, Atmung und Stoffwechsel im Sport. In: Zentrale Themen der Sportmedizin, S. 56–80. *Hollmann, W.* (Hrsg.). Springer, Berlin–Heidelberg–New York 1972
8. *Hollmann, W., Th. Hettinger:* Sportmedizin – Arbeits- und Trainingsgrundlagen. Schattauer, Stuttgart–New York 1980

9. *Jakowlew, N. N.:* Sportbiochemie. Barth, Leipzig 1977
10. *Markworth, P.:* Sportmedizin. Rowohlt, Reinbek 1983
11. *Mellerowicz, H., W. Meller:* Training, Springer, Berlin–Heidelberg–New York 1972
12. *Milic-Emili, G., J. M. Petit:* Mechanical efficiency of breathing. J. appl. Physiol. 15 (1960), 359 f.
13. *Moritz, A. R., F. Henriques, R. McLean:* The effect of inhaled heat on the air passages and lungs. An experimental investigation. Am. J. Path. 21 (1945), 311
14. *Nöcker, J.:* Physiologie der Leibesübungen. Enke, Stuttgart 1976
15. *Prokop, L.:* Sportphysiologie. Huber, Bern 1957
16. *Rein, H., M. Schneider:* Physiologie des Menschen. Springer, Berlin–Heidelberg–New York 1971
17. *Riley, R. L., A. Cournand:* Analysis of factors effecting partial presures of oxygen and carbon dioxide in gas and blood of lungs theory. J. appl. Physiol. 4 (1951), 77 f.
18. *Rohen, J. W.:* Funktionelle Anatomie des Menschen. Schattauer, Stuttgart–New York 1975
19. *Rost, R.,* et al.: Die Kreislaufverhältnisse während der Preßdruckprobe. Sportarzt u. Sportmed. 6 (1974), 119–125
20. *Roughton, F. J. W.:* The average time spence by blood in human lung capillary and its relation to rates of co-uptake and elimination in man. Am. J. Physiol. 143 (1945), 621 f.
21. *Samek, L., V. Cermak, J. Kral:* Toter Punkt und „zweiter Wind“. Sportarzt u. Sportmed. 2 (1952), 89–94
22. *Schiebler, T. H.:* Anatomie des Menschen. Springer, Berlin–Heidelberg–New York 1977
23. *Shephard, R.:* Endurance fitness. University Press, Toronto 1969
24. *Stegemann, J.:* Leistungsphysiologie. Thieme, Stuttgart 1971
25. *Tittel, K.:* Beschreibende und funktionelle Anatomie des Menschen. Fischer, Stuttgart–New York 1978
26. *Weineck, J.:* Sportanatomie, perimed Fachbuch-Verlagsgesellschaft, Erlangen 1983
27. *Weineck, J.:* Optimales Training, perimed Fachbuch-Verlagsgesellschaft, Erlangen 1983

Passiver Bewegungsapparat und sportliches Training

Die Anpassung des passiven Bewegungsapparates an sportliches Training

> Während die Muskelmasse eines 70 kg schweren untrainierten Mannes etwa 30,6 kg wiegt und damit etwa 43,5% des Gesamtkörpergewichts ausmacht, wiegt sein Skelett vergleichsweise nur 12,5 kg und macht 17,5% des Gesamtkörpergewichts aus (*Tittel* 1978, 88).

Sportliches Training führt nicht nur zu Anpassungserscheinungen im Bereich des Herz-Kreislauf-Systems und des aktiven Bewegungsapparates (Muskulatur), sondern auch zu Veränderungen des passiven Bewegungsapparates (Knochen, Knorpel, Sehnen und Bänder).

Im heutigen Spitzensport stellt der passive Bewegungsapparat, speziell der Gelenkknorpel, oftmals die leistungsbegrenzende Größe sportlicher Höchstleistungen dar: Trainingsumfang und Trainingsintensität können nicht beliebig gesteigert werden, da die Belastbarkeit des passiven Bewegungsapparates nicht ohne entsprechende Verschleißerscheinungen überschritten werden kann. In nicht wenigen Sportarten sind frühzeitige degenerative Veränderungen des Binde- und Stützgewebes verantwortlich für die Beendigung der sportlichen Laufbahn.

Knochen, Knorpel, Sehnen und Bänder passen sich funktionell und strukturell in unterschiedlicher Weise an sportliche Belastungen an. Allerdings erfolgt die Anpassung dieser Strukturen im Vergleich zur Muskulatur – hier läßt sich bereits innerhalb einer Woche ein deutlicher Kraftzuwachs feststellen – relativ langsam und benötigt mehrere Wochen bis Monate. Ursächlich spielen bei diesen Geweben die geringe Kapillardichte bzw. das Fehlen von Kapillaren und der damit verbundene *bradytrophe* (verlangsamte) Stoffwechsel eine entscheidende Rolle für den langsamen Verlauf der Adaptationsmechanismen.

Die Anpassung des Knochens an Belastung

> Der Knochen ist in seiner Reaktion auf Belastungen mit der Funktionsweise eines *Reglersystems* vergleichbar: Die konstant zu haltende Regelgröße ist die im Knochenquerschnitt auftretende *Spannung*, die veränderliche Störgröße ist die Beanspruchung durch äußere Kräfte. Hohe Spannungen bedingen ganz allgemein eine *Knochenhypertrophie*, die bei gleichbleibender Beanspruchung die Spannung wieder absinken läßt, was bei Unterschreiten des Sollwertes schließlich zur *Knochenatrophie* (Abnahme von Knochensubstanz) führt. Durch wechselnden An- und Abbau reguliert sich die Spannung nach und nach auf die Sollgröße ein, bei der sich der Knochen im Fließgleichgewicht befindet; der Knochen ist nun *funktionell angepaßt* (*Tittel/Schmidt* 1974, 130.)

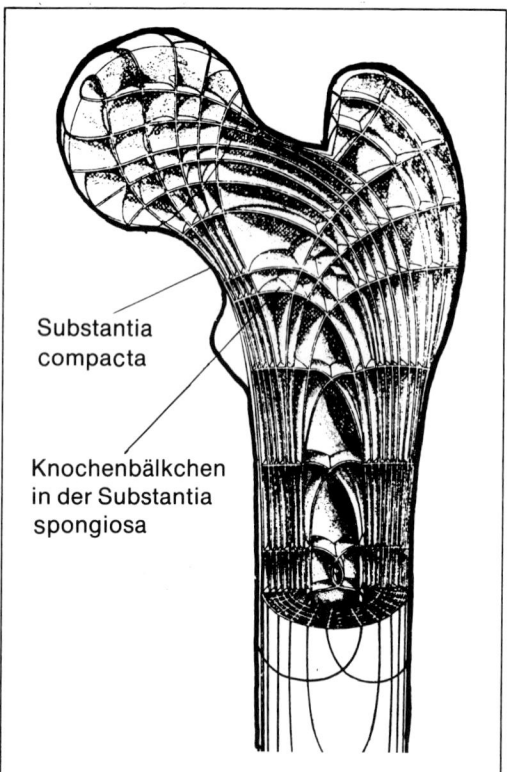

Substantia
compacta

Knochenbälkchen
in der Substantia
spongiosa

Abb. 68   Schematisierte Darstellung der dreidimensionalen Anordnung der Knochenbälkchen, deren Verlaufslinien den jeweiligen Druck-, Zug-, Dreh- und Schubkräften des betreffenden Knochens entsprechen (*Weineck,* verändert nach *Kummer* 1966, 31).

> Der Knochen reagiert auf mechanische Beanspruchungen mit zweckmäßigen Änderungen seiner Architektonik, was zu einer erhöhten Widerstandskraft in der Hauptbeanspruchungsrichtung führt.

Über eine belastungsbedingte erhöhte Synthese von organischer Knochengrundsubstanz (Kollagensynthese) und eine gesteigerte Einbaurate an Kalzium – beides erfolgt über eine vermehrte Aktivität der *Osteoblasten* (knochenaufbauende Zellen) – kommt es zu den erforderlichen An- und

Umbauten, die eine erhöhte mechanische Belastbarkeit garantieren (*Booth/Gould* 1975).

Im allgemeinen lassen sich folgende Anpassungserscheinungen des Knochens und seiner Verbindungen feststellen:

Kortikalishypertrophie

Im Bereich der langen Röhrenknochen kommt es bei Trainierten zu einer erheblichen Dickenzunahme der kompakten Knochenrinde (*Jones/Priest* 1977, 204; *Schmidt* 1979, 119). So ist z. B. bei einem Läufer die *Kortikalis* des Schienbeines (Tibia) etwa doppelt so stark wie bei einem Bewegungsverarmten (*Israel* et al. 1983, 146).
Auch bei anderen Knochenstrukturen, wie z. B. den Wirbelkörpern, ergeben sich belastungsinduzierte adaptative Veränderungen in der Form einer Wirbelkörperbreitenzunahme (*Tittel/Schmidt* 1974, 130).

Spongiosahypertrophie

Mechanische Belastung führt zu einer Verstärkung der Knochenbälkchenstruktur der *Substantia spongiosa* (Schwammsubstanz) und zu ihrer belastungsadäquaten Ausrichtung (Abb. 68).

Verstärkte Ausprägung von Knochenvorsprüngen

Wie Abbildung 69 erkennen läßt, kommt es im Bereich der Ansatzzonen von Muskeln, Sehnen bzw. Gelenkkapseln durch sportliche Betätigung zu einer verstärkten Ausprägung von Knochenvorsprüngen, deren Häufigkeit in engem Zusammenhang mit der Dauer der sportlichen Tätigkeit steht (*Medved/Petrovcic* 1961, 66).
Im Bereich der Ansatzzonen von kräftigen Muskeln kommt es zudem in der Knochen-

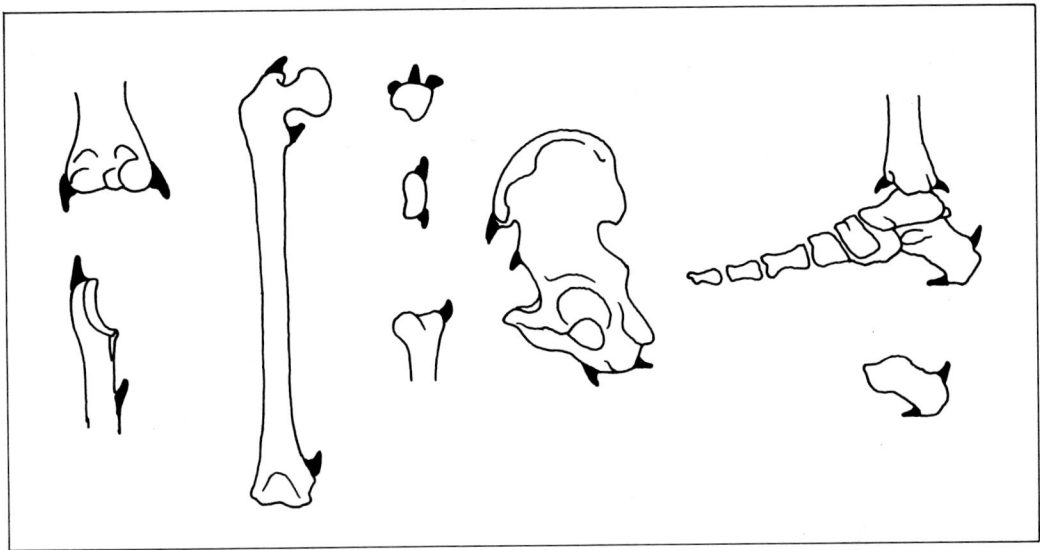

Abb. 69   Verstärkte Ausprägung von Knochenvorsprüngen („Spornbildungen") am Becken- und Beinskelett im Ursprungs- bzw. Ansatzbereich von Muskeln, Sehnen bzw. Gelenkkapseln (nach *Tittel/Schmidt* 1974, 132).

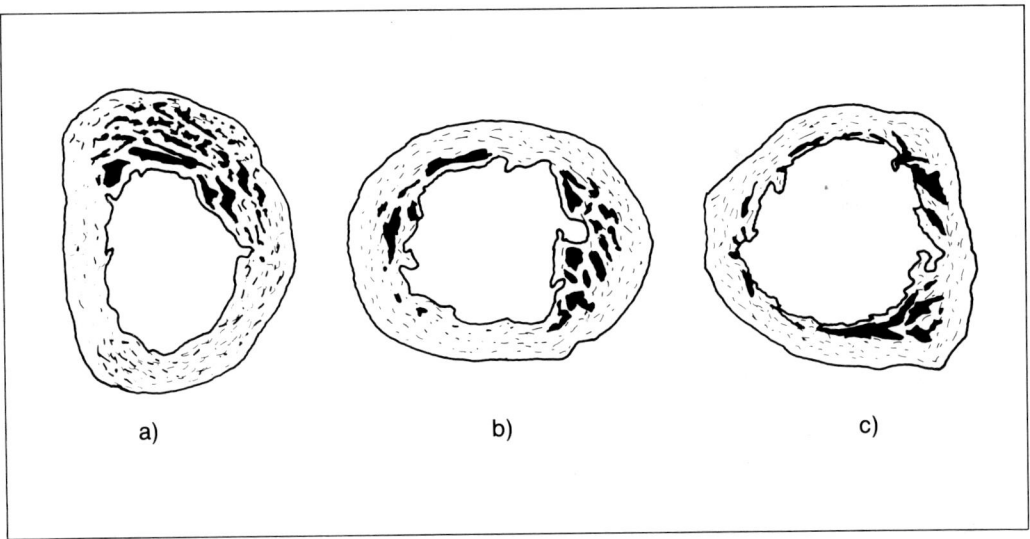

a)   b)   c)

Abb. 70   Knochenschliffe aus dem Oberarmknochen (Humerus) zur Darstellung der sich im Bereich der Ansatzgebiete kräftiger Muskeln in der Knochenkompakta ausprägenden 0,3–0,7 mm großen von mesenchymalem Gewebe angefüllten Hohlräume (nach *Schabadasch* 1935, 203). a) In Höhe der Deltarauhigkeit (Tuberositas deltoidea), b) in Höhe der Großhöckerleiste (Crista tuberculi majoris), c) aus der Speiche (Radius) in Höhe der Speichenrauhigkeit (Tuberositas radii).

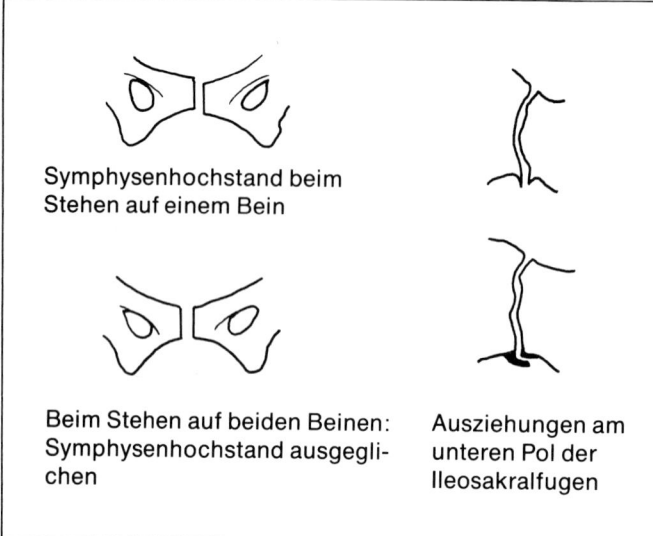

Symphysenhochstand beim
Stehen auf einem Bein

Beim Stehen auf beiden Beinen:
Symphysenhochstand ausgeglichen

Ausziehungen am
unteren Pol der
Ileosakralfugen

**Abb. 71   Anpassung an spezifische
Belastungen durch erhöhte Beweglichkeit und parallel dazu ablaufende
lokale Knochenreaktionen (nach
Tittel/Schmidt 1974, 133).**

kompakta (dichte Knochensubstanz der
Knochenrinde) zur Ausbildung von Hohlräumen, die mit *mesenchymalem Gewebe*
(embryonalem Bindegewebe) angefüllt sind
(Abb. 70), und die in ihren Ausmaßen eine
deutliche Proportionalität zur Größe der
hier angreifenden Muskelzugleistungen aufweisen.

Erhöhte Beweglichkeit der Knochenverbindungen und lokale Knochenreaktionen

Als Anpassung an spezifische sportliche Belastungen ergeben sich im Bereich verschiedener Knochenverbindungen (z. B. der
Symphyse oder des Iliosakralgelenkes) charakteristische Veränderungen im Sinne einer erhöhten Beweglichkeit, die von lokalen
Knochenreaktionen begleitet wird. Die vermehrte Beweglickeit führt sehr bald zu
arthrotischen   Gelenkkonturauziehungen
bzw. zu abstützenden Randzackenbildungen
(Abb. 71) (*Tittel/Schmidt* 1974, 132).

Zusammenfassend läßt sich feststellen, daß
es durch sportliche Belastung im Bereich

des Knochens zu ausgeprägten Veränderun-
gen kommt. Die große Plastizität und hohe
Reaktionsfähigkeit von Spongiosa und
Kompakta sind dafür verantwortlich, daß im
Laufe des Lebens ein 4- bis 5maliger Ab-,
Um- und Wiederaufbau des gesamten Ske-
letts erfolgt (*Tittel/Schmidt* 1974, 133).

> Das menschliche Knochengewebe be-
> findet sich in ständiger Konstruktion
> und Dekonstruktion, wobei eine konti-
> nuierliche und ausreichend intensive
> Reizzufuhr – z. B. in Form sportlicher
> Trainingsreize – als auslösendes Agens
> eine dominierende Rolle spielt.

Wird das Knochensystem überfordert, dann
kommt es zu *Ermüdungs-* bzw. *Erschöp-
fungsbrüchen*, die auf eine überlastungsbe-
dingte Demineralisierung der jeweils betroffenen Knochenstrukturen zurückzuführen
sind. Vielfach induziert der Spitzensport
adaptative Veränderungen, die sich im
Grenzbereich physiologischer Anpassung
ansiedeln lassen, die z. T. aber auch die
Grenze zu pathologischen Veränderungen
überschreiten.

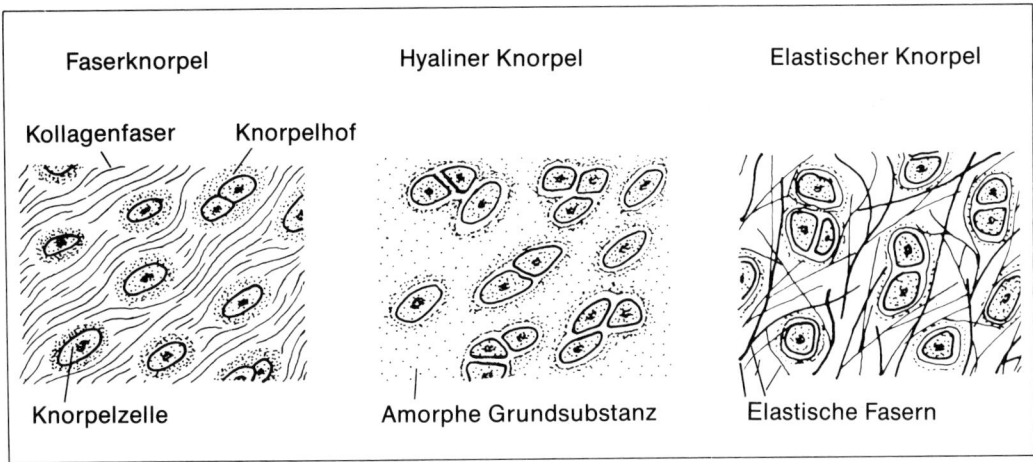

Abb. 72 Darstellung der 3 Knorpelarten (nach *Weineck* 1983, 24).

Die Anpassung des Knorpels an Belastung

Wie jedes Binde- und Stützgewebe wird auch der Knorpel aus Zellen, den sog. Chondrozyten, und Interzellularsubstanz (Grundsubstanz) aufgebaut. Man unterscheidet 3 Knorpelarten: Faserknorpel, hyalinen und elastischen Knorpel (Abb. 72). Typisch für alle 3 Knorpelarten ist die Existenz von Chondronen. Darunter versteht man Knorpelterritorien, die von einer oder mehreren Knorpelzellen (Chondrozyten) gebildet und von einer Knorpelkapsel und einem Knorpelhof (erhöhtes Vorkommen von Mukosubstanzen) umgeben werden (*Weineck* 1983, 25).

Für die sportliche Belastbarkeit von besonderem Interesse ist der *hyaline Gelenkknorpel*. Er hat die Aufgabe, eine möglichst reibungslose Artikulation (gelenkige Verbindung) zu gewährleisten und die bei der Bewegung auftretenden, oft sehr hohen Belastungsspitzen so zu verarbeiten, daß kein irreversibler Schaden auftritt. Für die Schmierung des hyalinen Knorpels sind Glykoproteine der Synovialflüssigkeit (Gelenkschmiere) verantwortlich (*Heilmann* 1980, 358).

Die elastischen Eigenschaften des hyalinen Knorpels werden bedingt durch die Proteoglykan-Aggregate. Sie setzen sich aus sauren Mukopolysacchariden zusammen, die in einem Netzwerk von Kollagenfibrillen eingelagert sind (Abb. 73) und so nur begrenzt quellen können. Der dadurch entstehende Quelldruck ist die Voraussetzung für das elastische Verhalten des hyalinen Knorpels (*Speer/Danners* 1979, 267; *Heilmann/ Hanschke* 1979).

Bei kurz- bzw. längerzeitigen Belastungen des hyalinen Knorpels lassen sich akute und chronische Anpassungsphänomene beobachten.
Bei *kurzzeitigen* Belastungen kommt es akut zu einer Dickenzunahme des hyalinen Knorpels durch eine zeitlich begrenzte Flüssigkeitsaufnahme um 12–13% (*Holmdahl/Ingelmark* 1948, 309), die nach einer etwa einstündigen Erholungszeit wieder auf die Vorbelastungswerte zurückgeht. Die Flüssigkeitsaufnahme – sie wird auch als *funktionelle Schwellung* bezeichnet – erfolgt z. T. aus der Synovia, z. T. von der Markhöhle des Knochens her und ist bei jüngeren Individuen ausgeprägter als bei älteren.
Durch den vorübergehenden, belastungsbedingten Quellungszustand – er wird gezielt

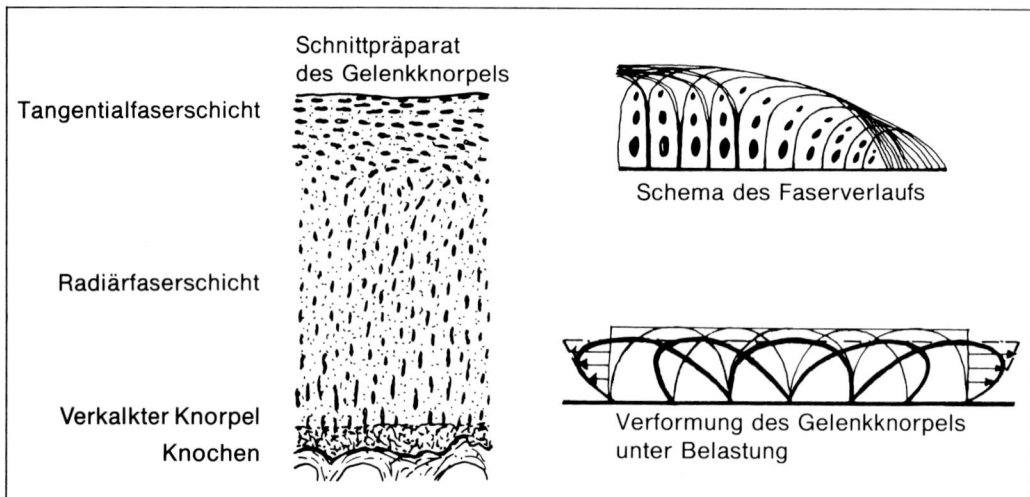

Tangentialfaserschicht

Schnittpräparat
des Gelenkknorpels

Schema des Faserverlaufs

Radiärfaserschicht

Verkalkter Knorpel
Knochen

Verformung des Gelenkknorpels
unter Belastung

Abb. 73   Anordnung und Funktion der kollagenen Fasern im Gelenkknorpel (nach *Benninghoff/Goerttler* 1975).

z. B. beim „Einlaufen" im Sinne der Verletzungsprophylaxe herbeigeführt (vgl. S. 450) – ist der hyaline Knorpel resistenter gegen erhöhte Druck- und Scherkräfte: Durch die mehr oder weniger stark ausgeprägte Dickenzunahme wird die (speziell im Kniegelenk) vorhandene Inkongruenz der Gelenkflächen vermindert und dadurch die Kontaktfläche vergrößert, wodurch die mechanischen Eigenschaften der Druckelastizität und damit die Fähigkeit zur Stoßdämpfung günstig beeinflußt werden (*Tittel* 1973, 153).

Bei *längerzeitigen* Belastungen (z. B. in Form eines regelmäßigen Trainings) kommt es zu einer Hypertrophie des Knorpels, wobei sich die Knorpelzellen und die Chondrone vergrößern, die Zahl der Zellen innerhalb der Chondrone zunimmt und die Stoffwechselaktivität der Knorpelzellen erhöht wird – alles Mechanismen, die den hyalinen Knorpel befähigen, erhöhte mechanische Belastungen ohne Gelenkschädigung zu bewältigen (*Holmdahl/Ingelmark* 1948, 309; *Astrand/Rodahl* 1970; *Paul/Schulze/Marx* 1979, 83).

Die gesteigerte Stoffwechselleistung der Chondrozyten äußert sich in einer erhöhten Synthese von Mukopolysacchariden – sie vergrößern die Wasserbindungskapazität und damit das Quellungsvermögen des hyalinen Knorpels – und von kollagenen Fasern – sie garantieren die mechanische Stabilität des Verbundbausystems „hyaliner Knorpel". Beide Faktoren versetzen das Knorpelgewebe in die Lage, seiner Funktion, dem Abfangen von Druck- und Scherkräften, gerecht zu werden.

Vergleichbare Adaptationsmechanismen ergeben sich für den Faserknorpel bzw. den elastischen Knorpel, nur erfolgt hier die Synthese der verschiedenen Knorpelanteile in entsprechend modifizierter Form.

Zu beachten ist, daß im Alter die Adaptationsfähigkeit der Knorpelzellen abnimmt, da sich ihre Syntheseleistung verringert (*Krakovits* 1969, 113). Die Belastungsverträglichkeit nimmt demnach mit zunehmendem Alter ab.

Die Anpassung von Sehnen und Bändern an Belastung

Auch diese Bindegewebsstrukturen sind zur Anpassung an Belastungsreize in der Lage. So weisen z. B. die Strecksehnen des Beines, die allgemein höheren mechanischen Belastungen ausgesetzt sind, eine um 20% höhere Zugfestigkeit auf als die entsprechenden Beugesehnen (*Benedict/Walker/ Harris* 1968, 53). Da diese Unterschiede am Föten noch nicht bestehen, muß ein Trainingseffekt angenommen werden (*Blanton/ Biggs* 1970, 181).

> Durch Training werden der Sehnenquerschnitt sowie die Zug- bzw. Rißfestigkeit der Sehnen erhöht (*Ingelmark* 1948, 113; *Tittel/Otto* 1970, 30).

Für die Zugaufnahme des Sehnengewebes kommen nur feste Proteinketten in Frage, die in bestimmten Bereichen zu kristallgitterähnlichen Strukturen (Micellen) zusammentreten. Während das Sehnengewebe junger Individuen relativ undifferenziert ist und aufgrund des schwächeren micellaren Gerüstes und des größeren Anteils an Zwischensubstanz eine nur gering entwickelte Zugfestigkeit aufweist, läßt das Sehnengewebe im ausgereiften und insbesondere im trainingsmäßig beanspruchten straffen Bindegewebe eine deutlich micellare Ordnung (unter Zurückdrängung der Zwischensubstanz) erkennen, was sich funktionell in einer Steigerung der Zugfestigkeit äußert (*Tittel* 1973, 151, und 1978, 54).

> Die belastungs- bzw. trainingsbedingte Zunahme der Zugfestigkeit der Sehnenfibrillen ist die Folge sowohl qualitativer – Verfestigung des Micellargerüstes (= Erhöhung der Zugfestigkeit) – als auch quantitativer Anpassungen –

> Micellvermehrung bzw. Hypertrophie (= Vergrößerung des Sehnenquerschnitts) (*Tittel* 1978, 54).

Mit diesen strukturellen und funktionellen Adaptationen geht eine geringfügige Abnahme der Dehnungsfähigkeit der Sehnenfibrillen einher.

Vergleichbare Adaptationsmechanismen ergeben sich für den *Bandapparat*: Auch hier führt Training zu einer entsprechenden qualitativen und quantitativen Strukturverbesserung.

Faßt man das bislang Gesagte zusammen, dann läßt sich feststellen, daß nicht nur der aktive, sondern auch der passive Bewegungsapparat mit seinen unterschiedlichen Strukturen auf Belastungs- bzw. Trainingsreize mit spezifischen Adaptationen antwortet: Mehrbelastung führt zu einer Kräftigung, Minderbelastung zu einer Schwächung von Knochen, Knorpel, Sehnen und Bändern.

Literatur

1. *Astrand, P. O., K. Rodahl:* Textbook of work physiology. McGraw-Hill Comp., New York 1970
2. *Benedict, J. V., L. B. Walker, E. H. Harris:* Stress strain characteristics and tensile strength of unembalanced human tendon. J. biomech. 1 (1968), 53–63
3. *Benninghoff, A., K. Goerttler:* Lehrbuch der Anatomie des Menschen. Neu bearbeitet von *Ferner, H.* und *J. Staubesand,* Urban & Schwarzenberg, München-Berlin-Wien 1975
4. *Berthold, F., P. Thierbach:* Zur Belastbarkeit des Halte- und Bewegungsapparates aus sportmedizinischer Sicht. Med. u. Sport 6, 21 (1981), 165–171
5. *Blanton, B. L., N. L. Biggs:* Ultimate tensile strength of fetal and adult human tendons. J. biomech. 3 (1970), 181–189
6. *Booth, F. W., E. W. Gould:* Effects of training and disuse on connective tissue. Exerc. Sport scienc. Rev. 3, Academic Press, New York 1975

7. *Heilmann, H.-H.:* Aufbau und Umbau des normalen und pathologisch veränderten Gelenkknorpels. Med. u. Sport 12, 20 (1980), 358–367

8. *Heilmann, H.-H., M. Hanschke:* Die Osteoarthrose aus der Sicht des Biochemikers. Kongreßband zum Orthopädiekongreß vom 4.–6. Juni 1978 in Dresden, S. 209–212. Dresden 1979

9. *Holmdahl, D. E., B. E. Ingelmark:* Der Bau des Gelenkknorpels unter verschiedenen funktionellen Verhältnissen. Acta anat. 6 (1948), 309

10. *Ingelmark, B. E.:* Der Bau der Sehnen während verschiedener Altersperioden und unter wechselnden funktionellen Bedingungen. Acta anat. 6 (1948), 113–140

11. *Israel, S.,* et al.: Die positive Kreuzadaptation. Med. u. Sport 5 (1983), 140–148

12. *Jones, H. H., I. D. Priest:* Humeral hypertrophy in response to exercise. J. Bone & Joint Surg. 59 A (1977), 204–208

13. *Krakovits, G.:* Die Elastizität der Gelenkknorpel. Anat. Anz. 124 (1969), 113–119

14. *Kummer, B.:* Photoelastic studies on the functional structure of bone. Folia biotheoret. 6 (1966), 31–40

15. *Medved, R., F. Petrovcic:* Beobachtungen einiger osteoartikulärer Veränderungen am Fuß und den Sprunggelenken von Fußballspielern. Med. u. Sport 1 (1961), 65–71

16. *Paul, B.:* Über die Belastung des Binde- und Stützgewebes, speziell des Gelenkknorpels. Med. u. Sport 1, 13 (1973) 13–19

17. *Paul, B., G. Schulze, I. Marx:* Chondro-synoviale Korrelation im Anfangsstadium von degenerativen Gelenkveränderungen. Med. u. Sport 3, 19 (1979), 82–84

18. *Roschtschupkin, G. W.:* Beobachtungen über den Zustand des Knochen-Band-Apparates junger Dreispringer. Lehre der Leichtathletik 36/37, 40 (1974), 1414

19. *Schabadasch, A.:* Beiträge zur synthetischen Erforschung des Mikroaufbaues des Röhrenknochens. Morph. Jb. 76 (1935), 203–258

20. *Schmidt, H.:* Anpassung des Binde- und Stützgewebes an sportliche Belastung – ein sportmedizinisches und trainingsmethodisches Problem. Med. u. Sport 20 (1979), 119–127

21. *Speer, D. P., L. Dahners:* The collagenous architecture of articular cartilage. Correlation of scanning electron microscopy and polarized light microscopy observations. Clin. Orthop. 139 (1979), 267–275

22. *Tipton, C. M., R. D. Matthies, J. A. Maynard, R. A. Carey:* The influence of physical activity on ligaments and tendons. Med. and Sci. in Sports 7 (1975), 3, 165–175

23. *Tittel, K.:* Zur Anpassungsfähigkeit einiger Gewebe des Bewegungs- und Halteapparates an Belastungen unterschiedlicher Dauer und Intensität. Med. u. Sport 5, 13 (1973), 147–156

24. *Tittel, K.:* Beschreibende und funktionelle Anatomie des Menschen. Fischer, Stuttgart-New York 1978

25. *Tittel, K., H. Otto:* Der Einfluß eines Lauftrainings unterschiedlicher Dauer und Intensität auf die Hypertrophie, Zugfestigkeit und Dehnungsfähigkeit des straffen, kollagenen Bindegewebes (am Beispiel der Achillessehne). Med. u. Sport 10 (1970), 308–315

26. *Tittel, K., H. Schmidt:* Die funktionelle Anpassungsfähigkeit des passiven Bewegungsapparates an sportliche Belastungen, Med. u. Sport 4/5/6, 14 (1974), 129–136

27. *Weineck, J.:* Sportanatomie. perimed Fachbuch-Verlagsgesellschaft 1983

28. *Wuschech, H., W. D. Albrecht, H. Steudel, E. Ahrendt:* Leistungssportliche Belastungsprobleme des Stütz-, Halte- und Bewegungsapparates aus chirurgisch-orthopädischer Sicht. Med. u. Sport 4, 13 (1973), 98–106

Hormone und sportliches Training

Allgemeine anatomisch-physiologische Grundlagen

> *Hormone* sind Regulationsstoffe (Wirkstoffe), die vom Organismus selbst – oft in anatomisch abgegrenzten endokrinen Organen (Drüsen) – produziert werden, auf dem Blutwege ein oder mehrere Erfolgsorgane erreichen und deren Stoffwechsel in charakteristischer Weise beeinflussen (*Buddecke* 1971, 296).

Hormone stellen für den Organismus lebenswichtige Wirkstoffe dar, die den Stoffwechsel, den Wasser- und Elektrolythaushalt, das Wachstum, die sexuelle Entwicklung und die Sexualfunktion regulieren.

Als Wirkstoffe nehmen sie nicht direkt am Betriebsstoffwechsel des Organismus teil, sondern beeinflussen spezielle Stoffwechselvorgänge, indem sie als Enzyminduktoren wirken oder spezielle Transportsysteme in den Zellmembranen hemmen oder fördern. Ähnlich wie die Enzyme und Vitamine sind die Hormone Biokatalysatoren, d. h., sie wirken in kleinsten Mengen und Konzentrationen im Zellbereich (*Findeisen/Linke/Pikkenhain* 1980, 198).

Man unterscheidet Drüsen- und Gewebshormone.

Die *Drüsenhormone* werden in bestimmten, anatomisch abgegrenzten innersekretorischen (endokrinen) Organen produziert, die *Gewebshormone* beschränken sich in ihrer Produktion nicht auf bestimmte Organe.

Die hormonelle Ausschüttung erfolgt überwiegend in das Blut, wo die Hormone weitgehend an Blutproteine gebunden und somit gegen ein vorzeitiges Ausscheiden durch die Nieren geschützt werden.

Der hormonelle Wirkstoffspiegel wird durch ein vor allem nerval kontrolliertes *Reglersystem* gesteuert: Ein Hormonüberschuß hemmt, ein Hormonmangel fördert die Produktion der jeweils erforderlichen Wirkstoffe (humorale Rückkopplung). Da bereits kleinste Hormonmengen z. T. große Wirkungen entfalten, ist eine außergewöhnlich feine Abstimmung der Tätigkeit der verschiedenen hormonproduzierenden Drüsen erforderlich. Dies um so mehr, als die meisten Hormondrüsen innerhalb des Organismus nicht isoliert voneinander arbeiten, sondern in enger Wechselbeziehung zueinander stehen – man spricht vom sogenannten *hormonellen Konzert* – und somit geringe Fehlsteuerungen kurz- oder langfristig zu beträchtlichen Homöostasestörungen führen und sich negativ auf die organismische Leistungsfähigkeit auswirken können.

Die verschiedenen Hormondrüsen und ihre Hormone – Der Einfluß sportlichen Trainings

In der Folge sollen nur die *Drüsenhormone* dargestellt werden, da sie für die körperliche bzw. sportliche Leistungsfähigkeit von besonderer Bedeutung sind.

Einen Überblick über die Lokalisation der verschiedenen Hormondrüsen gibt Abbildung 74.

Hypophyse

> Die Hypophyse nimmt trotz ihrer gerin-
> gen Größe – sie ist eine der kleinsten
> innersekretorischen Drüsen überhaupt
> und wiegt nur ein halbes Gramm – eine
> Sonderrolle im System der inneren
> Drüsen ein, da sie im Zusammenwirken
> mit dem Hypothalamus fast alle inner-
> sekretorischen Drüsen steuert.

Man unterscheidet die Hormone des Hypophysenvorderlappens (HVL) und des Hypo-
physenhinterlappens (HHL).
In der Folge sollen vor allem die für die
körperliche bzw. sportliche Leistungsfähigkeit wichtigen Hormone dargestellt werden.

Hypophysenvorderlappenhormone

Mit Ausnahme des Wachstumshormons wirken alle im Hypophysenvorderlappen
(HVL) gebildeten Wirkstoffe als Steue-
rungshormone auf andere endokrine Drüsen.

Wachstumshormon

1. Wachstumswirkung

Das Wachstum des Organismus ist zwar abhängig von der geordneten Funktion des
Stoffwechsels und einer ausreichenden Ernährung, aber der eigentliche Wachstums-
impuls geht vom *Wachstumshormon* – auch
somatotropes Hormon (STH) bzw. *Human
Growth Hormon* (HGH) genannt – aus.
Das allgemeine Wachstum wird allerdings
nicht allein durch das STH gesteuert (s.
S. 154).
Die Wachstumswirkung des STH betrifft sowohl das Dicken- und Längenwachstum des
noch nicht verknöcherten Knorpels – seine
Wirkung ist nur so lange möglich als die
Wachstumsfugen der Knochen noch nicht

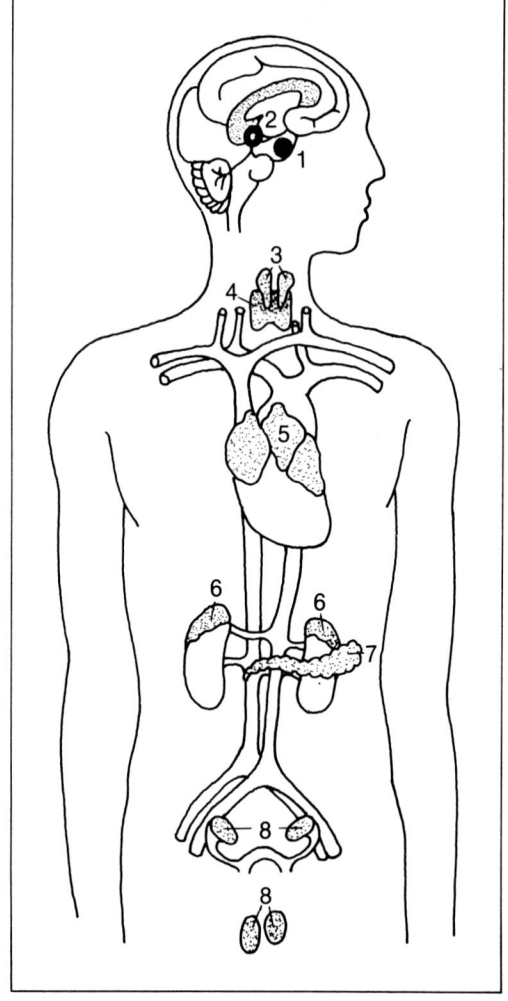

Abb. 74   **Lage der Hormondrüsen: 1 = Hirnanhang-
drüse (Hypophyse), 2 = Zirbeldrüse (Epiphyse),
3 = Nebenschilddrüse, 4 = Schilddrüse, 5 = Innere
Brustdrüse (Thymus), 6 = Nebennieren, 7 = Insel-
organ (Langerhans-Inseln in der Bauchspeicheldrüse),
8 = Keimdrüsen (Eierstöcke bzw. Hoden).**

geschlossen sind – als auch das Wachstum
der Haut und der inneren Organe.
Bei der Wachstumswirkung auf den Knochen handelt es sich um eine Stimulierung
der DNA-Biosynthese, die eine Teilung der
Knorpelzellen an den Wachstums(Epiphysen)fugen zur Folge hat, und um eine verstärkte Synthese der extrazellulären Grund-

substanz (Kollagen, Chondroitinsulfat). Ausfall bzw. Überproduktion von STH führt im Kindesalter zu Klein- bzw. Riesenwuchs. Nach Abschluß des Wachstums beschränkt sich die Wirkung des STH auf die Hände, Füße, den Unterkiefer sowie die Weichteile des Gesichts (Vergröberung der Gesichtszüge), ein Symptomenbild, das als *Akromegalie* bezeichnet wird (*Buddecke* 1971, 322).

2. Wirkungen auf Protein-, Lipid- und Kohlehydratstoffwechsel

Die *eiweißaufbauende* (proteinanabole) Wirkung des STH ist einerseits auf eine beschleunigte Aminosäureninkorporation in die Zelle, andererseits auf eine direkte Wirkung auf die Proteinbiosynthese zurückzuführen. Für den Muskelaufbau ist dies – wie auch die Dopingversuche mit STH zeigen – von besonderer Bedeutung.
Im *Fettstoffwechsel* wirkt STH zum einen hemmend auf die Lipidsynthese, zum anderen führt seine lipolytische Wirkung (Abbau der Lipiddepots) zu einem Anstieg der freien Fettsäuren im Blut, bei deren Oxidation Energie für die Proteinbiosynthese gewonnen wird (*Buddecke* 1971, 321).
Im *Kohlehydratstoffwechsel* wirkt STH als Insulinantagonist hemmend auf die Glukoseverwertung insbesondere in der Muskulatur, was zu einem Blutzuckeranstieg führt. Umgekehrt fördert es in der Leber die Glukoneogenese (Glykogenaufbau).

Während *körperlicher Belastungen* kommt es *akut* nur bei Ausdauerbeanspruchungen mittlerer Intensität zu einem Anstieg des Wachstumshormons, nicht jedoch bei Belastungen geringer oder maximaler Intensität. Ursächlich steht hier die lipolytische Funktion des Wachstumshormons im Vordergrund: Es sichert dem Ausdauertrainierten bei längerer Belastungsdauer eine ausreichende Fettmobilisation bei erniedrigten Katecholaminspiegeln (s. S. 148) und stellt

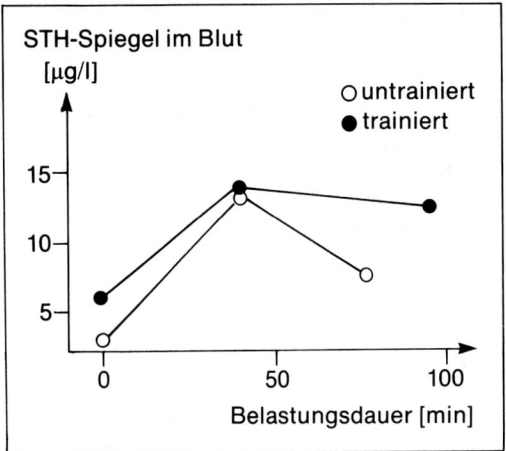

Abb. 75   **Die STH-Spiegel während mittleren Belastungen längerer Dauer (= Ausdauerbelastungen) (nach *Hartley* 1975, 35).**

ihm somit genügend freie Fettsäuren zur Energiegewinnung zur Verfügung (*Hartley* 1975, 35).
Wie Abbildung 75 zeigt, steigt sowohl beim untrainierten als auch beim trainierten Sportler der STH-Spiegel im Blut bei Ausdauerbelastungen an. In der Folge kann der erhöhte Blutspiegel dann jedoch beim Ausdauertrainierten auf einem höheren Niveau gehalten werden.

Training befähigt den Hypophysenvorderlappen, über längere Zeiträume hinweg das für die Lipolyse notwendige Wachstumshormon vermehrt auszuschütten und damit die Energiegewinnung über die Fettsäureoxidation zu optimieren.

Längerfristige und regelmäßige körperliche Belastungen (z. B. durch ein sportliches Krafttraining) führen zu einer vermehrten Ausschüttung des Wachstumshormons und beeinflussen damit den Muskelaufbau positiv (*Nöcker* 1976, 234).

Neben dem *direkt* wirkenden Wachstumshormon produziert der Hypophysenvorderlappen weitere Hormone – die sogenannten
glandotropen Hormone –, die indirekt über
andere inkretorische Drüsen wirken, nämlich das TSH, das ACTH und die gonadotropen Hormone.

TSH

Das *thyreoideastimulierende Hormon* (TSH)
bzw. *thyreotrope Hormon* ist für die normale Funktion der *Schilddrüse* unentbehrlich. Unter der Wirkung von TSH kommt es
zu einer Stimulierung der Schilddrüsentätig-
keit mit erhöhter Aufnahme und Speicherung von Jod aus dem Blutplasma und gesteigerter Produktion von Schilddrüsenhor-
monen (s. dort).

ACTH

Das *adrenokortikotrope Hormon* (ACTH)
kontrolliert als glandotropes Hormon die
Bildung und Ausschüttung der Nebennierenrindenhormone (s. dort). Seine Wirkung
betrifft vorzugsweise die *Glukokortikoide*
(s. S. 150), weniger die *Mineralokortikoide*
(z. B. Aldosteron, s. S. 153).
ACTH, Glukokortikoide und ein im Zwischenhirn (Hypothalamus) gebildeter, sogenannter *Releasing-Faktor* (RF = freisetzen-
der Faktor) – er gelangt über spezielle Blutgefäße zum HVL und regt dort die ACTH-
Bildung an – sind Glieder eines Regelkreises, der die Glukokortikoidbildung und
-ausschüttung überwacht: Hohe Glukokorti-
koidblutspiegel üben eine hemmende, niedrige, eine stimulierende Wirkung auf Zwischenhirn bzw. HVL aus.
Kälte und Streß (z. B. durch körperliche Belastung) können durch direkte Wirkung auf
den Hypothalamus zusätzlich wirksam werden und eine vermehrte ACTH-Ausschüt-
tung veranlassen (s. S. 569) (*Buddecke* 1971,
330)

Durch *Training* kommt es zu Funk-
tionsveränderungen des hypothalamo-
hypophysär-adrenalen Systems in dem
Sinne, daß bei der Einwirkung von
Streßfaktoren hormonell ökonomischer
und damit belastungsadäquater reagiert
wird: Die ACTH-Spiegel steigen beim
Trainierten bei vergleichbaren Belastungen weniger stark an und verhindern damit eine hormonelle Erschöpfung bei Langzeitbelastungen (vgl. auch
S. 152) (*Frenkl* et al. 1970, 122).

Gonadotrope Hormone

Die Bildung und Wirkung der Sexualhormone, die in den *Gonaden* (Keimdrüsen),
d. h. in den *Testes* (Hoden) bzw. in den *Ovarien* (Eierstöcken), z. T. in der Nebennierenrinde und während der Schwangerschaft
auch in der Plazenta (Gebärmutter) gebildet
werden, ist abhängig von den gonadotropen
Hormonen des HVL.

Es werden 3 gonadotrope Hormone unterschieden, nämlich das *FSH* (follikelstimulie-
rendes Hormon), das *LH* (luteinisierendes
Hormon) und das *LTH* (luteotropes Hormon).
Das FSH fördert bei der Frau die Follikel-
reifung im Ovar und setzt zusammen mit
dem LH die Östrogenproduktion in Gang.
Beim Mann regt es die Samenbildung an.
Das LH stimuliert bei der Frau die Östro-
genbildung (zusammen mit dem FSH), beim
Mann die Testosteronbildung.
Das LTH wirkt auf die Entwicklung der
Brustdrüse sowie die Milchbildung (zusammen mit anderen Hormonen).

Einen Überblick über die hormonelle Kontrolle der Sexualhormone gibt Abbildung 76.

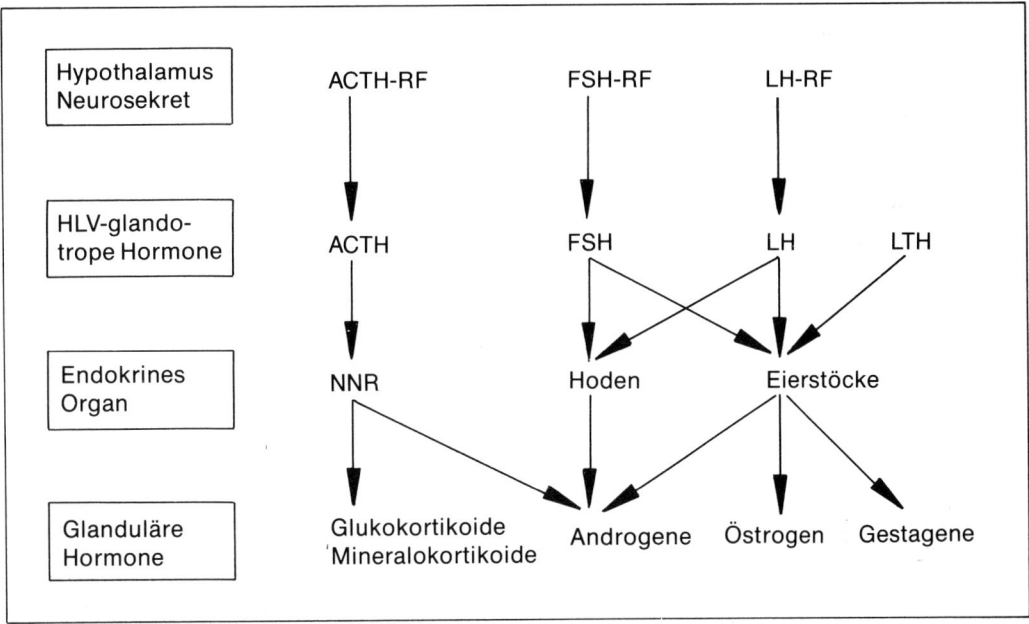

Abb. 76   Die hormonelle Kontrolle bei der Bildung der Sexualhormone (vereinfachte Darstellung.
RF = Releasing-Faktor, weitere Abkürzungen vgl. Text).

Durch sportliches Training kommt es (wie bei Tierversuchen nachgewiesen) zu einer Hypertrophie des Hypophysenvorderlappens (*Beickert* 1954, 115; *Mellerowicz/Meller* 1972, 24). Dadurch wird die hormonelle Regulationsbreite erweitert und somit an die erhöhten Anforderungen angepaßt.

Hypophysenhinterlappenhormone

Die vom Hypophysenhinterlappen (HHL) abgegebenen Hormone sind *Oxytocin* und *Vasopressin* – auch *Adiuretin* oder *antidiuretisches Hormon* (ADH) genannt. Ihr eigentlicher Bildungsort sind Ganglienzellen bestimmter Hypothalamuskerne, der HHL ist nur ihr *Speicherorgan*.
Beide Hormone regen die Kontraktion der glatten Muskulatur v. a. der Gefäßwände an und beeinflussen so den Blutdruck. Oxyto-

cin wirkt vor allem auf den Uterus. ADH verstärkt die Wasserrückresorption im distalen Tubulus der Nieren und vermindert auf diesem Wege die Wasserausscheidung. ADH ist damit im wesentlichen für die Aufrechterhaltung der Isotonie (eines gleichbleibenden osmotischen Druckes) des Blutes verantwortlich.

Bei stärkeren bzw. längerdauernden körperlichen und/oder psychischen Belastungen kommt es zu einer erhöhten *ADH*-Ausschüttung und somit zur Wasserretention. Auf diese Weise werden die körpereigenen Wasservorräte für ihre verschiedenen kreislauf- und thermoregulatorischen Aufgaben zurückgehalten. Die Harngewinnung im unmittelbaren Anschluß an erhöhte Muskelarbeit (z. B. bei Dopingkontrollen) kann deshalb bisweilen Schwierigkeiten bereiten.

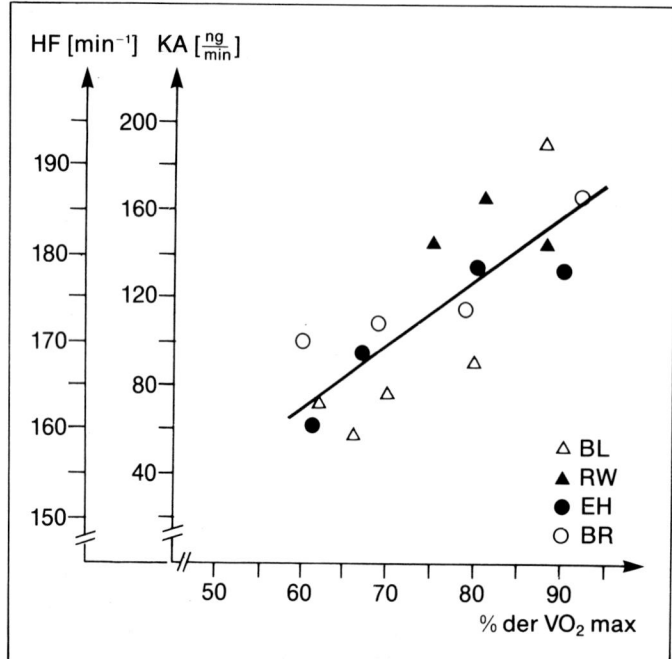

Abb. 77 Die Beziehung zwischen der Belastungsintensität (in Prozent der maximalen Sauerstoffaufnahme = VO₂ max) und der Katecholaminausschüttung (KA) bzw. der Herzfrequenz (HF) (verändert nach *Howley/Skinner/Mendez/Buskirk* 1970, 195).

ADH löst an allen Blutgefäßen – vor allem aber im Bereich der Haut – Konstriktionen aus, die zu einer allgemeinen Blutdrucksteigerung führen; die Skelettmuskulatur ist davon jedoch fast nicht betroffen.

> ADH ist neben Adrenalin ein zweiter Wirkstoff, der die Blutverteilung im Körper beeinflußt und der Belastungssituation anpaßt.

Nebennieren

Die Nebennieren produzieren in der Nebennierenrinde (NNR) bzw. im Nebennierenmark (NNM) eine Reihe von lebens- und leistungswichtigen Hormonen.

Hormone des Nebennierenmarks

Die Zellen des NNM produzieren etwa zu 60–80% *Adrenalin* und zu 20–40% *Noradrenalin*. Bei den postsynaptischen sympathischen Nervenendigungen (sympathischer Grenzstrang) liegt ein Verhältnis von Adrenalin zu Noradrenalin von etwa 10:90% vor (*Findeisen/Linke/Pickenhain* 1980, 201).

Die Ausschüttung bzw. Abgabe der *Katecholamine* (Adrenalin und Noradrenalin) an das Blut wird durch nervale sympathische Reize gesteuert. Während in Ruhe nur sehr geringe Hormonmengen an den Kreislauf abgegeben werden, kommt es bei körperlichen und/oder psychischen Belastungen zu einer stark erhöhten Ausschüttung, was wichtige Funktionssysteme (Herz-Kreislauf, Stoffwechsel) zu einer erhöhten Aktivität befähigt.

Adrenalin und Noradrenalin wirken vor allem im Bereich der vegetativen Regulation

und des Stoffwechsels: Sie beeinflussen die Herztätigkeit (Anstieg der Herzfrequenz und des Schlagvolumens), den Kreislauf (durch Veränderung der Gefäßdurchblutung) und besitzen eine zentralerregende Wirkung, die zu einer Verschiebung der emotionalen Stimmungslage (z. B. zu Aggressivität) führen kann.
Adrenalin ist vor allem stoffwechselaktiv, Noradrenalin vor allem gefäßaktiv.
Erhöhte Katecholaminspiegel – wie z. B. bei Belastung – führen im Bereich des *Splanchnikusgebietes* (Darmeingeweide) zu einer starken Gefäßengstellung der arteriellen Gefäße und sorgen so für eine Blutumverteilung zugunsten der Arbeitsmuskulatur (*Rowell* 1974).

Adrenalin bewirkt durch die Aktivierung der Leberphosphorylase – ein Enzym, das Glukose aus Glykogen freisetzt – und der Lipase – ein Enzym, das aus dem Fettgewebe Fettsäuren freisetzt – eine Erhöhung der Glukose- und Fettkonzentration im Blut und bereitet auf diese Weise den Organismus stoffwechselmäßig auf Leistung vor bzw. sorgt für eine leistungsadäquate Energiebereitstellung während der Belastung.

> Die für das einzelne Individuum gemessenen Noradrenalin- und Adrenalinspiegel sind der Belastungsstärke in etwa adäquat und proportional (*Nowacki/Schmid* 1970, 1686).

Es besteht eine enge Beziehung zwischen Belastungsintensität – ausgedrückt durch die Herzfrequenz bzw. die maximale Sauerstoffaufnahme – und der *Katecholaminausschüttung*.
Abbildung 77 verdeutlicht, daß es ab einer Herzfrequenz von etwa 150 Schlägen pro Minute zu einem deutlichen Anstieg der Katecholaminausschüttung kommt.

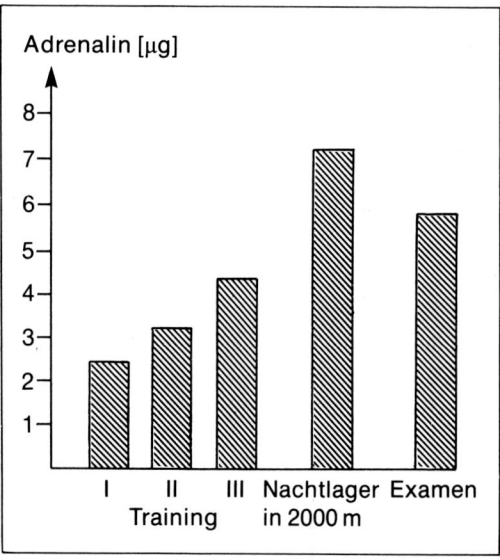

Abb. 78 **Die Adrenalinausscheidung bei verschiedenen körperlichen und psychischen Belastungen während eines Ausbildungslehrganges für Skilehrer (nach *Nowacki/Schmid* 1970, 1683).**

> Bei maximalen Belastungen können die Katecholaminspiegel um mehr als das 10fache im Vergleich zum Ausgangswert erhöht werden (*Lehmann* et al. 1980, 199).

Psychische Belastungen können zu einem höheren Katecholaminanstieg führen als physische (Abb. 78). Bei sportlichen Belastungen – z. B. auch im Rahmen des Vorstartzustandes (s. S. 445) – wirken psychischer und physischer Streß additiv.
Wie aus Abbildung 79 hervorgeht, steigt der Katecholaminspiegel bei vergleichbarer Leistung beim Untrainierten mehr an als beim Trainierten. Er fällt beim Trainierten im weiteren Belastungsverlauf nicht ab, was bei längerdauernden Belastungen (z. B. bei einem Marathonlauf) entscheidend für die Qualität der energetischen Leistungsabsicherung sein kann.

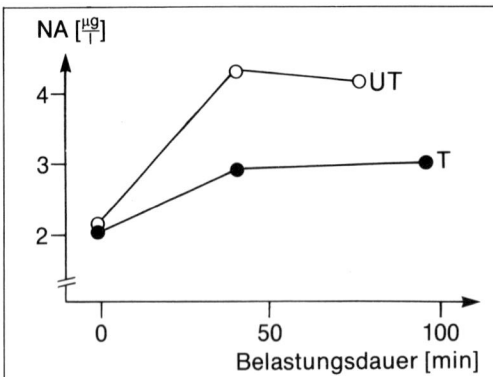

Abb. 79 Das Verhalten des Noradrenalins (NA) im Blut von Untrainierten (UT) und Trainierten (T) bei vergleichbarer Leistung (nach *Hartley* 1975, 35).

Im Laufe des Trainingsprozesses nimmt die Katecholaminausscheidung für eine gegebene Belastung ab: Die gleiche Belastung kann mit einer geringeren hormonellen Aktivierung – ein Ökonomisierungseffekt – geleistet werden. Dadurch besteht die Möglichkeit, die synchron ablaufenden psychischen Beeinflussungen durch die Trainings- bzw. Wettkampfbegleitumstände durch zusätzliche Reaktionen – z. B. Mobilisierung der letzten Energiereserven beim Endspurt – kompensieren zu können (*Metze/Linke/Mantel* 1971, 330).

Bei der Realisierung von maximalen Leistungen weist der trainierte Sportler gegenüber dem weniger trainierten sowohl im Vorstartzustand als auch bei Belastung eine größere hormonelle Mobilisationskapazität auf (*Jäger* et al. 1974, 134).

Die Zunahme der sympathikoadrenalen Aktivität vor Wettkämpfen ist eine unabdingbare Voraussetzung, um Spitzenleistungen, auch bei kombinierten Kraft-Ausdauer-Leistungen, erzielen zu können (*Nowacki/Schmid* 1970, 1687).

Hormone der Nebennierenrinde

Die Nebennierenrinde (NNR) ist ein lebenswichtiges Organ, dessen Ausfall bzw. Entfernung immer den Tod des betreffenden Individuums zur Folge hat.

Das Nebennierenrindengewebe läßt histologisch verschiedene Strukturen erkennen, die Hormone mit Wirkung auf den Kalium-Natrium-Haushalt (Mineralokortikoide), den Kohlehydrat-, Fett- und Proteinstoffwechsel (Glukokortikoide) und Hormone androgener Wirkung produzieren (*Buddecke* 1971, 322).

Biosynthese und Ausschüttung der NNR-Hormone werden durch das im HVL gebildete übergeordnete *ACTH* (s. S. 146) reguliert.

Bisher wurden aus der NNR etwa 30 verschiedene Kortiko(Rinden)steroide isoliert; mindestens 7 davon sind lebensnotwendig. Wie Abbildung 80 zeigt, besitzen alle *Kortikosteroide* als Grundgerüst den Steranring. Alle Steroidhormone lassen sich biogenetisch vom *Progesteron* ableiten, das z. T. aus *Cholesterin*, z. T. aus *Acetyl-CoA* (aktivierte Essigsäure, s. S. 43) entsteht. Die Synthese von Steroidhormonen aus Cholesterin – die NNR ist mit 5 g Cholesterin/100 g Frischgewebe das cholesterinreichste Organ des Organismus (*Buddecke* 1971, 322) – steht anscheinend unter dem Einfluß des ACTH, das bei psychophysischen Belastungen eine erhöhte Umsatzrate bewirkt.

Glukokortikoide

Unter den Glukokortikoiden sind *Kortisol* und *Kortikosteron* die wichtigsten physiologischen Vertreter. Ihre hauptsächlichen Stoffwechselwirkungen sind:

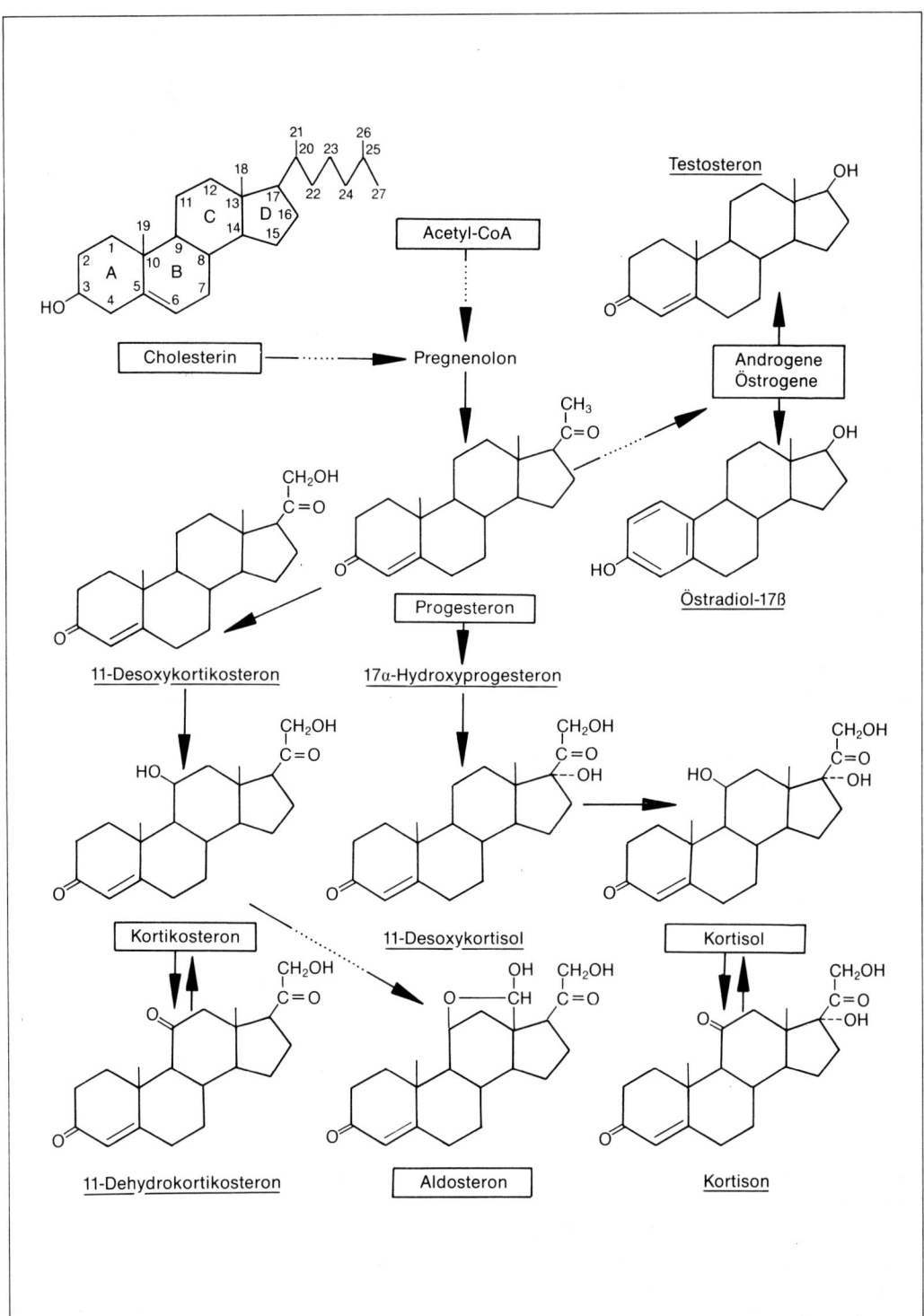

Abb. 80 Biosynthese der Nebennierenrindenhormone.

1. Glukoneogenese (Glykogenneubildung) in der Leber aus Proteinen.

Mechanismus (*Buddecke* 1971, 324): Glukokortikoide hemmen die Biosynthese der Proteine, fördern hingegen ihren Abbau in den peripheren Organen, insbesondere in der Muskulatur und im Knochengewebe (= antianaboler Effekt). Die Abnahme des Proteingehaltes kann sich im Knochen infolge des Verlustes an Kollagen in einer Entmineralisierung (Osteoporose) bemerkbar machen. Als Folge des Proteinabbaus nimmt die Konzentration der freien Aminosäuren (AS) im Blut zu, die von der Leber aufgenommen und abgebaut werden. Das auf dem Weg der Glykogenneubildung gebildete Glukose-6-phosphat wird z. T. zur Glykogensynthese verwendet, z. T. aber auch als freie Glukose ans Blut abgegeben.

> Bei langdauernden Belastungen spielt die Glukosegewinnung aus dem Proteinpool eine wichtige Rolle für die sportliche Leistungsfähigkeit.

2. Lipolyse

Die Wirkung auf den Lipidstoffwechsel, die sich in einer Mobilisation der Lipiddepots und einem Anstieg der freien Fettsäuren im Blut äußert, scheint sekundärer Natur zu sein.

3. Entzündungshemmende Wirkung

In Konzentrationen, die vielfach höher sind als sie der physiologischen Produktion entsprechen, bewirkt Kortisol eine generelle Hemmung der Proteinbiosynthese. Da hierbei alle zellulären Abwehrreaktionen – u. a. auch die Fibrinbildung und die Leukozyteneinwanderung in Entzündungsgebiete – verlangsamt oder aufgehoben werden, besitzt das Kortisol einen entzündungshemmenden Effekt, der im Sportbereich vor allem bei

chronischen Entzündungsvorgängen ausgenutzt werden kann (Vorsicht: verringerte Belastbarkeit des Sehnen- und Bandapparates bei Kortisontherapie!) (*Buddecke* 1971, 325).

Im Sport kommt es bei intensiven und/oder langdauernden Streßeinwirkungen bzw. Belastungen – sie können psychischer, physischer oder kombinierter Natur sein – zu einem steilen Anstieg der Glukokortikoide. Bei gegebener Belastung ist der Anstieg beim Trainierten als Ausdruck einer erhöhten Ökonomie geringer als beim Untrainierten (*Tharp* 1975, 7).

> Bei langdauernden Belastungen – z. B. einem Marathonlauf – kann es beim schlecht trainierten Athleten zu einem Abfall der Glukokortikoidausschüttung mit verringerter Leistungsfähigkeit kommen. Spitzenathleten hingegen weisen keinen derartigen Abfall auf (*Viru/Körge* 1971, 177/178).

Eine völlige Ausschöpfung der körpereigenen Energiereserven bzw. eine völlige Erschöpfung der hormonellen Kapazität der Nebennierenrinde ist aufgrund eines ACTH-gesteuerten Schutzmechanismus nicht möglich, da es vor diesem lebensbedrohlichen Zustand zu einer nervalen *Hemmung der adrenokortikalen Aktivität* kommt (*Viru/Körge* 1971, 180). Im gedopten Zustand (s. S. 533) kann es zu einer Aufhebung dieser Schutzfunktion kommen!

> Im Trainingsprozeß kann die Bestimmung der *adrenokortikalen Aktivität* Aufschluß über die individuelle Belastungsverträglichkeit geben: Liegt bei einer intensiven bzw. umfangreichen Belastungsfolge ein Abfall ihrer Aktivität vor, dann ist mit der Herausbildung

eines *Übertrainingssyndroms* zu rechnen (s. S. 456); in diesem Falle ist die Trainingsbelastung zu reduzieren (*Strauzenberg/Clausnitzer* 1972, 1134).

Mineralokortikoide

Das wirksamste Mineralokortikoid ist *Aldosteron*. Obwohl Glukokortikoide und Mineralokortikoide prinzipiell stets sowohl im Kohlenhydrat-, Eiweiß- und Fettstoffwechsel wie im Mineralstoffwechsel wirksam sind, ist Aldosteron im Mineralstoffwechsel doch 1000mal wirksamer als z. B. Kortisol. Der Einfluß der Mineralokortokoide besteht vor allem in einer verstärkten Rückresorption von *Natriumionen* – dadurch wird der Kochsalzgehalt im Blut weitgehend konstant gehalten (Isotonie) – und einer Sekretion von *Kaliumionen* im distalen Nierentubulus. Des weiteren begünstigen sie den Austritt von Kalium aus der Zelle und den Eintritt von Natrium in die Zelle.
Da diese Elektrolytverschiebungen entsprechende Wasserbewegungen zur Folge haben, kann sich das Flüssigkeitsvolumen der Körperkompartimente (Intra- und Extrazellulärraum, Interstitium) unter der Mineralokortikoidwirkung erheblich verändern.
Das *Aldosteron* spielt eine wichtige Funktion bei der Aufrechterhaltung des intravaskulären Blutvolumens bzw. des Blutdruckes. Kommt es zu einer belastungsbedingten *Dehydratation* (s. S. 521) und damit zu einem Abfall des Blutplasmavolumens bzw. des Blutdruckes, dann erfolgt ein starker Anstieg in der Aldosteronausschüttung (*Viru/Körge* 1971, 178).

Bei schlecht trainierten Sportlern kann es bei längeren Belastungen zu einem Abfall des Aldosteronspiegels im Blut und damit zu Regulationsstörungen im Bereich des Wasser-Elektrolyt-Haus-

haltes bzw. in der Wärmeregulation mit nachfolgender Beeinträchtigung der Leistungsfähigkeit kommen, die u. U. von einer hochgradigen Muskelschwäche und allgemeiner Mattigkeit begleitet ist. Bei Spitzenathleten ist im allgemeinen kein solcher Abfall zu beobachten.

Androgene

Die dritte in der Nebennierenrinde gebildete Hormongruppe stellen die *Androgene* dar. Im Gegensatz zu den Glukokortikoiden wirken sie eiweißaufbauend (anabol). Auf weitere Wirkungen soll in diesem Zusammenhang nicht weiter eingegangen werden, da sie bei der Darstellung der Sexualhormone (s. S. 157) näher ausgeführt werden.

Zusammenfassend läßt sich feststellen, daß ein reaktionsstarkes und dynamisch reagierendes sympathikoadrenales System von besonderer Bedeutung für die sportliche Leistungsfähigkeit ist. Neben *funktionellen* Verbesserungen bedingt ein körperliches bzw. sportliches Training – vor allem bei längerdauernden Belastungen – auch *morphologische* Anpassungserscheinungen, nämlich eine *Hypertrophie* der Nebennierenrinde (*Linzbach* 1947, 534; *Leubner* 1957, 205; *Hort* 1951, 197; *Beickert* 1954, 115; *Zirr* 1959; *Strauzenberg/Clausnitzer* 1972, 1133).
Wie Abbildung 81 erkennen läßt, kommt es parallel zur Vergrößerung kardialer Leistungsparameter zu einer Zunahme der adrenalen Kapazität. Die „trainierte NNR" von größerem Gewicht und Volumen kann mehr Kortikoide bilden, speichern und bei Streß verschiedener Art – wie z. B. körperlichen Belastungen (insbesondere im Ausdauerbereich) – ins Blut abgeben. Dadurch leistet sie einen wichtigen Beitrag zur Steigerung der sportlichen Leistungsfähigkeit.

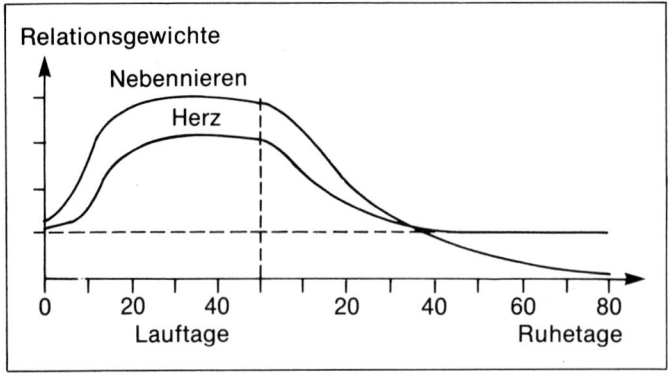

Abb. 81   Relative Herz- und NNR-Gewichte von Versuchstieren während und nach einer Trainings-periode (nach *Hort* 1951, 197).

Hormone der Schilddrüse

Die Schilddrüse (SD) ist ein beim Menschen etwa 20–25 g schweres, gut durchblutetes Organ, das chemisch durch seinen hohen *Jodgehalt* charakterisiert ist: Bis zu ¼ der Gesamtjodmenge von 50 mg sind beim Menschen in der Schilddrüse festgelegt; sie übertrifft hierin andere Organe, z. B. den Muskel um ein Mehrhundertfaches (*Buddecke* 1971, 299).

Die in den Drüsenfollikeln gebildeten Hormone *Thyroxin* (T_4) und *Trijodthyronin* (T_3) – ihre Wirkung im Stoffwechselbereich ist prinzipiell gleich – werden im sogenannten Schilddrüsenkolloid gespeichert und unter dem Einfluß des *thyreoideastimulierenden Hormons* (TSH) des Hypophysenvorderlappens mobilisiert und in die Blutbahn abgegeben. Jodzufuhr in ausreichender Menge ist die Voraussetzung zur Bildung der Schilddrüsenhormone.

Die Wirkung von Thyroxin (lange Wirkungsdauer) und Trijodthyronin (kurze Wirkungsdauer) besteht in einer allgemeinen Steigerung des Grundumsatzes – 1 mg zusätzliches Thyroxin steigert den Grundumsatz um 3% (*Buddecke* 1971, 301) –, einer Erhöhung des Energiebedarfs bzw. des Sauerstoffverbrauchs sowie der Wärmeproduktion.

Im *Proteinstoffwechsel* wirken sie eiweißaufbauend (anabol), was ihre wachstumsfördernde Wirkung erklärt. Nur bei erhöhten Hormonwerten kommt es zum Eiweißabbau. Für den Eiweißstoffwechsel unter Belastung ist dabei von Bedeutung, daß die Schilddrüsenhormone die Enzymsynthese stimulieren und eine Vergrößerung der Mitochondrienmasse verursachen (was vor allem für Ausdauersportler von Bedeutung ist, s. S. 170) (*Demeter* et al. 1975, 384).

Die Wirkungen auf den *Kohlehydratstoffwechsel* stehen im Dienste einer verstärkten Energiebereitstellung: Thyroxin steigert die Glykogenolyse in Leber und Skelettmuskulatur wie auch die Glukoseaufnahme aus dem Darm.

Der *Fettstoffwechsel* wird durch die lipolytische Aktivität der Schilddrüsenhormone ebenfalls stark beeinflußt: Durch die Depotfettmobilisierung kommt es zu einem Anstieg der freien Fettsäuren im Blut und zu einer Steigerung des Cholesterinumsatzes (*Demeter* 1975, 385).

Schließlich beeinflussen die Schilddrüsenhormone Wachstum und Teilung von Zellen und Geweben, was zusammen mit ihrer bereits erwähnten anabolen Wirkung das allgemeine Wachstum fördert: Ihr Fehlen führt zu Wachstumsstillstand und Schwachsinn.

Bei körperlicher Belastung kommt es zu einem Anstieg der Schilddrüsenfunktion mit vermehrter Hormonausschüttung (*Demeter* et al. 1975, 385; *Balsam/Leppo* 1975, 212).

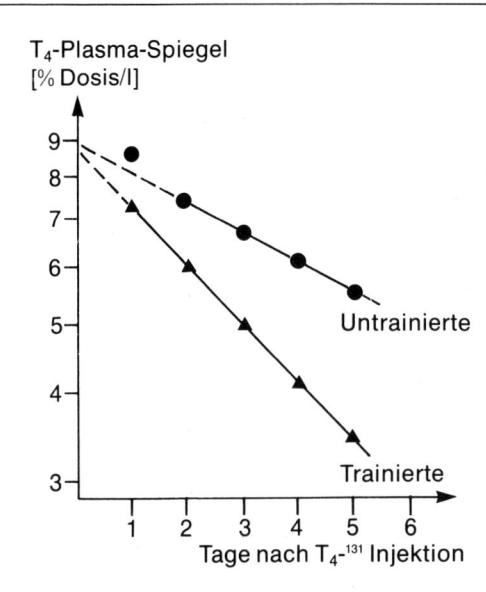

T4-Plasma-Spiegel
[% Dosis/l]

Untrainierte

Trainierte

1 2 3 4 5 6
Tage nach T4-¹³¹ Injektion

Abb. 82   Der Einfluß körperlicher Belastung auf den Thyroxin (T4)-Umsatz. Der verstärkte Umsatz bei den trainierten Athleten entspricht einer 75prozentigen Steigerung (nach *Irvine* in *Terjung/Winder* 1975, 21).

Je besser der Trainingszustand des Athleten ist, um so größer ist der SD-Hormonumsatz (Abb. 82).

Beachte: Beim trainierten Athleten ist zwar der Schilddrüsenumsatz bei Belastung erhöht, er bleibt aber euthyreot (im Normbereich) (*Terjung/Winder* 1975, 24).

Auch bei der Schilddrüse scheint es trainingsbedingt nicht nur zu einer funktionellen Leistungssteigerung zu kommen, sondern auch zu morphologischen Veränderungen im Sinne einer mäßigen Hypertrophie (bei euthyreoter Funktion) (*Meller/Mellerowicz* 1972, 24).

Hormone der Nebenschilddrüsen

Beim Menschen besteht die Nebenschilddrüse (NSD) aus 2–6 an der Rückseite der Schilddrüse liegenden pfefferkorngroßen Drüsen (Epithelkörperchen).

Das in den Epithelkörperchen der NSD gebildete *Parathormon* bewirkt einerseits eine *erhöhte Kalziumaufnahme* im Verdauungstrakt, andererseits über die Aktivierung der *Osteoklasten* (Knochen abbauende Zellen) eine Kalziumfreisetzung aus dem Knochen. Beide Mechanismen führen zu einer *Erhöhung des Blutkalziumspiegels* (bei Kalziummangel im Blut kommt es als Zeichen neuromuskulärer Übererregbarkeit zu tetanischen Krämpfen). Das bei der Kalziumfreisetzung gleichzeitig freigesetzte Phosphat wird durch direkte Wirkung des Parathormons auf den distalen Nierentubulus vermehrt ausgeschieden.

Nach Untersuchungen mit ⁴⁵Ca-Isotopen ist der Kalziumstoffwechsel der Knochen außerordentlich stark: Im Tierversuch fand man, daß bei intensiver Belastung etwa die Hälfte des gesamten Kalziumbestandes der Knochen innerhalb von 40 Stunden ausgetauscht werden kann. Demnach werden auch die Mineralien des Skelettsystems biochemisch je nach Belastungsstatus mehr oder weniger stark eingesetzt (*Findeisen/Linke/Pickenhain* 1980, 207).

In den parafollikulären Zellen der Nebenschilddrüse wird noch ein zweites, den Kalziumhaushalt regulierendes Hormon gebildet, nämlich das *Kalzitonin*. Es führt über seine stimulierende Wirkung auf *Osteoblasten* (knochenaufbauende Zellen) zu einer gesteigerten *Mineralisierung* des Knochens.

Die Konstanz des Blutkalziumspiegels wird durch die antagonistische Wirkung des blutkalziumsenkenden *Kalzitonins* und des blutkalziumsteigernden *Parathormons* gewährleistet.

Die Ausschüttung dieser Hormone wird durch den Blutkalziumspiegel reguliert. In diesen Regelkreis eingeschaltet ist das Skelett, das 99% der Kalziumvorräte des Organismus als Reservoir enthält und überschüssiges Blutkalzium aufnehmen oder fehlendes Blutkalzium ergänzen kann (*Buddecke* 1971, 308).

> Körperliche Belastung bzw. Entlastung führt über eine Aktivierung der Osteoblasten (knochenaufbauende Zellen) bzw. Osteoklasten (knochenabbauende Zellen) zu einer gesteigerten Mineralisierung bzw. Entmineralisierung der betroffenen Knochen. Indirekt kommt es dadurch auch zu einer Aktivitätszunahme der kalziumumsetzenden Hormone.

Hormone der Bauchspeicheldrüse

Die Bauchspeicheldrüse (Pankreas) enthält über das Gesamtgewebe verteilt rundliche Zellhaufen, die als Inselzellen bezeichnet werden. Sie machen etwa 1–3% des Pankreasdrüsengewebes aus – beim Menschen etwa 1,5 Millionen Zellen – und lassen sich in 2 Zelltypen gliedern, von denen die Alpha-Zellen das Hormon *Glukagon*, die Beta-Zellen das *Insulin* produzieren (*Buddecke* 1971, 312).
Während das übrige Drüsengewebe der Bauchspeicheldrüse der äußeren Sekretion dient, geben die Alpha- bzw. Beta-Zellen ihre *Inkrete* (Hormone) an die sie umspinnenden Blutgefäße ab.

Wirkungen des Insulins

1. Steigerung der Zellpermeabilität

In insulinabhängigen Organen (z. B. Muskulatur, Leber, Nerven- und Fettgewebe) wird die Aufnahme von Monosacchariden (Zuckern), Aminosäuren und Fettsäuren durch Insulin erhöht.

> Die auffallendste Wirkung des Insulins auf den Gesamtorganismus ist die Senkung des normalen oder erhöhten Blutglukosespiegels.
> Insulinmangel führt zur Zuckerkrankheit (Diabetes mellitus).

2. Einfluß auf den Kohlehydratstoffwechsel

Insulin fördert vorwiegend die *Glykogenbildung* im Muskel und in anderen Organen (Voraussetzung ist eine ausreichende Präsenz von Kohlehydraten). Beim Absinken des Blutzuckers kommt es unter seiner Einwirkung zu einer Verschiebung der Glykogenbestände aus der Leber in die Muskulatur, was insbesondere bei körperlicher Belastung von großer Bedeutung ist. Des weiteren fördert Insulin die Glukoseverbrennung im peripheren Zellstoffwechsel (*Findeisen/Linke/Pickenhain* 1980, 208).

3. Einfluß auf den Fettstoffwechsel

Von der mit der Nahrung aufgenommenen Glukose werden – sofern sie nicht unmittelbar dem Abbau und der Oxidation unterliegt – 3% zu Glykogen, jedoch 30% in Fette umgewandelt. Unter Insulineinfluß laufen beide Prozesse verstärkt ab (*Buddecke* 1971, 314).

4. Einfluß auf den Eiweißstoffwechsel

Insulin fördert die Proteinbiosynthese aus Aminosäuren.

Wirkungen des Glukagons

Glukagon besitzt eine leberspezifische Glykogen mobilisierende Wirkung, die zu einem Blutzuckeranstieg führt. Dadurch wird Glukose aus den Kohlehydratbeständen der Leber freigesetzt und kann unter Insulinwirkung in der Peripherie eingesetzt werden.

Körperliches Training scheint nicht nur einen den *Insulinbedarf senkenden Einfluß* zu haben – ein Faktor, der vor allem bei der Diabetes-Therapie eine wichtige Rolle spielt (s. S. 427) –, sondern auch die *Insulinsensitivität* der Gewebe zu erhöhen, was zu einer weiteren Insulineinsparung im Sinne einer erhöhten Ökonomie führt (*Björntorp* et al. 1970, 631, *Constam* 1975, 88; *Goldstein* et al. 1953, 212).

Hormone der Keimdrüsen

Die Aktivität der Keimdrüsen (Gonaden) – Hoden (Testes) beim Mann und Eierstöcke (Ovarien) bei der Frau – wird über das Nervensystem oder hormonelle Wirkstoffe anderer endokriner Drüsen beeinflußt (Abb. 76, S. 147).
Die ursprünglich bisexuelle Anlage der Gonaden ist die Ursache dafür, daß Androgene (männliche Sexualhormone) und Östrogene (weibliche Sexualhormone) bei beiden Geschlechtern – allerdings in geschlechtsspezifischen Mengen – produziert werden.

> Neben ihren geschlechtsspezifischen Wirkungen lassen die Sexualhormone auch Wirkungen auf den Allgemeinstoffwechsel und auf das psychische Verhalten erkennen.

Wirkungen der Androgene

Obwohl der Organismus verschiedene Hormone produziert, die in erhöhter Dosis einen Vermännlichungseffekt besitzen, so ist es vor allem das *Testosteron* – es wird beim erwachsenen Mann in einer Menge von

5–10 mg, bei der Frau von weniger als 0,1 mg täglich produziert (*Baulieu/Robel* in *Lamb* 1975) –, das in dieser Hinsicht einer besonderen Erwähnung bedarf.

1. Genitale Wirkung

Die genitalen Wirkungen sind durch Anregung des Wachstums der männlichen Fortpflanzungsorgane gekennzeichnet. Auch die Ausbildung der sekundären Geschlechtsmerkmale (Bartwuchs etc.) ist androgenabhängig.

2. Extragenitale Wirkung

Im Vordergrund der extragenitalen Wirkung der Androgene steht die *eiweißaufbauende* (anabole) Komponente, die speziell zu einer Zunahme der Muskelmasse bei gleichzeitiger Abnahme des Fett- und Wassergehaltes führt. Diese proteinanabole Wirkung ist für den Sportler von besonderer Bedeutung, vor allem in den kraftorientierten Sportarten.
Die Wirkung der Androgene auf das Knochengewebe ist dosisabhängig. Kleine Androgendosen – wie sie bis zur *Pubertät* gebildet werden – bewirken eine Proliferation des epiphysären Säulenknorpels mit Zunahme der Mukopolysaccharid- und Kollagenbiosynthese (präpubertärer Wachstumsschub). Höhere Konzentrationen fördern die Kalziumaufnahme und Kalzifizierungsprozesse, führen jedoch auch zu einem Schluß der Wachstumsfugen (Epiphysenfugen) (*Buddecke* 1971, 334).
Erhöhte Testosteronspiegel führen im psychischen Bereich vielfach zu einer erhöhten *Aggressivität* (*Lamb* 1975, 2).

Wirkungen der Östrogene

Wie die Androgene besitzen auch die *Östrogene* eine genitale und extragenitale Wirkung. Im Gegensatz zu den Androgenen haben die Östrogene – ihr wichtigster Vertreter ist das *Östradiol* (vgl. Abb. 80, S. 151) –

keine oder nur eine sehr schwache protein-anabole Wirkung, fördern aber die Entwicklung des subkutanen (Unterhaut-)Fettgewebes in einer für das weibliche Geschlecht charakteristischen topographischen Form (*Buddecke* 1971, 336).

Die vollständige Entwicklung der weiblichen Geschlechtsorgane und der sekundären Geschlechtsmerkmale erfolgt durch die ergänzende Wirkung der *Gestagene* (s. S. 147) – ihre spezielle Wirkung soll hier nicht weiter dargestellt werden –, deren wichtigster Vertreter das *Progesteron* ist.

Sportliches Training beeinflußt in unterschiedlicher Weise die Bildung und Ausschüttung der Sexualhormone. Während bei einem kraftbetonten Training die endogene Testosteronbildung – und damit verbunden der eiweißaufbauende Effekt – anzusteigen scheint (s. S. 377), scheint Ausdauertraining sowohl bei Frauen (s. S. 383) als auch bei Männern Auswirkungen auf die Hypothalamus-Hypophysen-Gonadenachse in dem Sinne zu haben, daß es zu einer verminderten Sexualhormonausschüttung kommt: Bei beiden Geschlechtern scheint sich die Hypophysen-Gonaden-Achse auf ein niedrigeres Niveau einzupendeln (*Wheeler* et al. 1984, 514).

Epiphyse, Thymus

Ergänzend zu den bisher genannten hormonproduzierenden Drüsen sollen noch die *Epiphyse* und der *Thymus* genannt werden (vgl. Abb. 74, S. 144). Die innere Brustdrüse (Thymus) regelt das kindliche Wachstum bis zur Geschlechtsreife und ist am Aufbau des Immunsystems beteiligt; nach der Geschlechtsreife bildet sie sich zurück und wird in Fettgewebe umgewandelt.

Die Zirbeldrüse (Epiphyse) – auch Kindheitsdrüse genannt – hemmt die Geschlechtsentwicklung; mit beginnender Reife erlischt ihre Tätigkeit.

Zusammenfassend läßt sich feststellen, daß sportliche Leistungsfähigkeit und hormonelles Regulationssystem in einer engen Wechselbeziehung zueinander stehen. Einerseits macht die hormonelle Steuerung sportliche Leistungen erst möglich, andererseits beeinflussen sportliche Belastungen in spezifischer Form die Bildung und Ausschüttung leistungsrelevanter Hormone: Im Zuge der Verbesserung der sportlichen Leistungsfähigkeit kommt es vielfach nicht nur zu einer funktionellen Verbesserung des hormonellen Regulationssystems mit erweiterter Steuerungsamplitude, erhöhter Ökonomie und gesteigerter Effektivität, sondern auch zu morphologischen Veränderungen der hormonproduzierenden Drüsen im Sinne einer Organhypertrophie.

Festzuhalten ist schließlich auch noch, daß das hormonelle Steuerungssystem nicht nur im Sinne einer *Leistungsmaximierung*, sondern auch im Sinne einer *Leistungsbegrenzung* wirkt: Über entsprechende Schutzmechanismen wird der Organismus davor bewahrt, seine Energiespeicher vollständig zu entleeren und damit seine Existenz zu gefährden. Die *autonom geschützten Reserven* erfahren also auch hormonell bedingt eine adäquate Absicherung.

Literatur

1. *Balsam, A., L. E. Leppo:* Effect of physical training on the metabolism of thyroid hormones in man. J. appl. Physiol. 38 (1975), 2, 212–215
2. *Beickert, A.:* Zur Entstehung und Bewertung der Arbeitshypertrophie des Herzens, der Nebennieren und Hypophyse. Arch. Kreislaufforsch. 21 (1954), 115 f.
3. *Björntorp, P.,* et al.: The effect of physical training on insulin production in obesity. Metabolism 19 (1970), 631–638
4. *Buddecke, E.:* Grundriß der Biochemie. de Gruyter, Berlin 1971

5. *Constam, G.:* Diabetes mellitus – Die Grundlagen der Bewegungstherapie. Ärztl. Praxis 3 (1975), 87–90

6. *Demeter, A., T. Pop, Z. Civara, J. Uta:* Das Verhalten der Schilddrüsenfunktion bei Sportlern vor und nach körperlicher Belastung. Med. u. Sport 12, 15 (1975), 384–387

7. *Findeisen, D. G. R., P.-G. Linke, L. Pickenhain:* Grundlagen der Sportmedizin. Barth, Leipzig 1980

8. *Frenkl, R., L. Osalay, G. Scakvary, G. Langfy:* Untersuchung der ACTH-Wirkung auf den Steroidspiegel des Plasmas im trainierten und im untrainierten Organismus. Med. u. Sport 4 (1970), 122–124

9. *Goldstein, M.,* et al.: Action of muscular work on transfer of sugars across cell barriers: Comparison with action of insulin. Am. J. of Physiol. 173 (1953), 212 f.

10. *Hartley, L. R.:* Growth hormone and catecholamine response to exercise in relation to physical training. Med. and Sci. in Sports 1, 7 (1975), 34–36

11. *Hort, W.:* Morphologische und physiologische Untersuchungen an Ratten während eines Lauftrainings und nach dem Training. Virchows Archiv 320 (1951), 197 f.

12. *Howley, E. T., J. S. Skinner, J. Mendez, E. R. Buskirk:* Effect of different intensities of exercise on catecholamin excretion. Med. and Sci. in Sports 2, 4 (1970), 193–196

13. *Jäger, H.-G., N. Englert, J. Kozel, J. Metz, H. Weicker:* Kohlenhydrat-, Fett- und Katecholaminstoffwechselregulation unter verschiedenen Belastungsformen bei Schwimmtraining. Sportarzt u. Sportmed. 6 (1974), 134–136 u. 7 (1974), 160–162

14. *Lamb, D. R.:* Androgens and exercise. Med. and Sci. in Sports 1, 7 (1975), 1–5

15. *Lehmann, M., J. Keul, M. Da Prada, W. Kindermann:* Plasmakatecholamine, Glukose, Laktat und Sauerstoffaufnahmefähigkeit von Kindern bei aeroben und anaeroben Belastungen. Dt. Z. Sportmed. 8 (1980), 230–236

16. *Lehmann, M., J. Keul, P. Schmid, W. Kindermann, G. Huber:* Plasmakatecholamine, Glukose, Laktat sowie aerobe und anaerobe Kapazität bei Jugendlichen. Dt. Z. Sportmed. 10 (1980), 287–295

17. *Leubner, H.:* Nebennieren und Sport. Internat. J. prophyl. Med. u. Soz. hyg. 1 (1957), 205 f.

18. *Linzbach, A. J.:* Mikrometrische und histologische Analyse hypertropher menschlicher Herzen. Virchows Arch. 314 (1947), 534 f.

19. *Mellerowicz, H., W. Meller:* Training. Springer, Berlin-Heidelberg-New York 1972

20. *Metze, R., P. G. Linke, E. Mantel:* Der Katecholaminumsatz bei trainierten und untrainierten Jugendlichen. Med. u. Sport 11 (1971), 327–331

21. *Nöcker, J.:* Physiologie der Leibesübungen. Enke, Stuttgart 1976

22. *Nowacki, P., E. Schmid:* Über die sympathikoadrenale Reaktion im Training und Wettkampf bei verschiedenen Sportarten. Med. Welt 39, 21 (1970), 1682–1688

23. *Rowell, L. B.:* Human cardiovascular adjustments to exercise and maximal stress. Physiol. Reviews 54 (1974), 75–159

24. *Strauzenberg, S., C. Clausnitzer:* Die Bedeutung der Erfassung der Steroiddynamik für die Beurteilung der Ermüdung nach körperlichen Belastungen. Theorie und Praxis der Körperkultur (1972), 12, 1133–1134

25. *Terjung, R. L., W. W. Winder:* Exercise and thyroid function. Med. and Sci. in Sports 1, 7 (1975), 20–26

26. *Tharp, G. D.:* The role of glucocorticoids in exercise. Med. and Sci. in Sports 1, 7 (1975), 6–11

27. *Viru, A., P. Körge:* Metabolic processes and adrenocortical activity during marathon races. Int. Z. angew. Physiol. 29 (1971), 173–183

28. *Wheeler, G. D.,* et al.: Reduced serum testosterone and prolactin levels in male distance runners. J. Am. med. Ass. 4, 252 (1984), 514–516

28. *Zirr, D.:* Über Trainingswirkungen auf die Nebennierenrinde. Staatsexamensarbeit aus dem Institut für Leibeserziehung der FU Berlin, 1959

Teil IV:
Das Training der motorischen Haupt-beanspruchungsformen

Vorbemerkungen

Die *motorischen Hauptbeanspruchungsformen* lassen sich in 2 Teilbereiche unterteilen.

Man unterscheidet:
1. Die (überwiegend) *konditionellen* Eigenschaften (Ausdauer, Kraft, Schnelligkeit).
2. Die (überwiegend) *koordinativen* Eigenschaften (Beweglichkeit, Gewandtheit).

Da beide Eigenschaftsbereiche in mehr oder weniger engen Wechselbeziehungen zueinander stehen – dies gilt vor allem für die Schnelligkeit –, ist eine derartige Einteilung nicht ohne eine gewisse Willkür zu vollziehen. Dennoch erscheint eine solche Einteilung sinnvoll, da die *konditionellen* Eigenschaften vor allem auf *energetischen Prozessen*, die *koordinativen* vor allem auf *zentralnervösen Steuer- und Regelungsprozessen* beruhen.

> Die konditionellen Eigenschaften stellen im allgemeinen die materielle Basis der koordinativen dar.

In der Sportpraxis treten die konditionellen Eigenschaften in den seltensten Fällen als „Reinformen" auf, wie z. B. beim Gewichtheber als Vertreter der (Maximal-)Kraft oder beim Marathonläufer als Vertreter der (allgemeinen aeroben) Ausdauer. Wie Abbildung 83 verdeutlicht, liegen im allgemeinen *Mischformen* vor, die auf graduell unterschiedlichen anatomisch-physiologischen Voraussetzungen basieren.

Aus Gründen der besseren Überschaubarkeit sollen in der Folge die verschiedenen motorischen Hauptbeanspruchungsformen mit ihren Subkategorien einzeln dargestellt werden. Wegen der vorliegenden Wechselbeziehungen lassen sich dabei gewisse Überschneidungen nicht vermeiden.

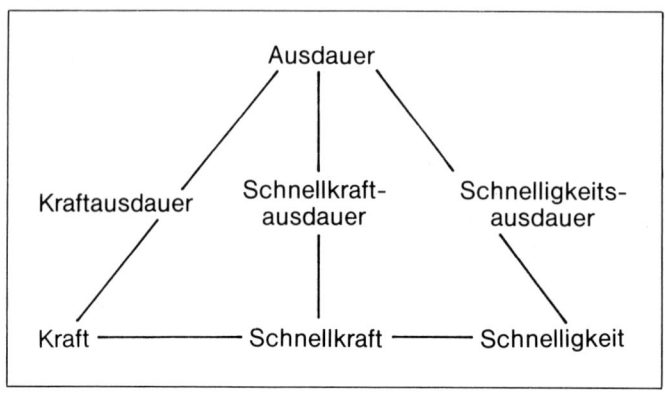

Abb. 83   Wechselbeziehungen der konditionellen physischen Leistungsfaktoren.

Ausdauertraining

Begriffsbestimmung

> Unter Ausdauer wird allgemein die psycho-physische Ermüdungswiderstandsfähigkeit des Sportlers verstanden.

Nach *Frey* (1977, 351) beinhaltet dabei die *psychische Ausdauer* die Fähigkeit des Sportlers, einem Reiz, der zum Abbruch einer Belastung auffordert, möglichst lange widerstehen zu können, die *physische Ausdauer* die Ermüdungswiderstandsfähigkeit des gesamten Organismus bzw. einzelner Teilsysteme.

Arten der Ausdauer

Die Ausdauer läßt sich in ihren Erscheinungsformen, je nach Betrachtungsweise, in verschiedene Arten unterteilen. Unter dem Aspekt des Anteils an beteiligter Muskulatur unterscheidet man *allgemeine* und *lokale* Ausdauer, unter dem Aspekt der Sportartspezifität *allgemeine* und *spezielle* Ausdauer, unter dem Aspekt der muskulären Energiebereitstellung die *aerobe* und *anaerobe* Ausdauer, unter dem Aspekt der Zeitdauer die *Kurz-, Mittel-* und *Langzeitausdauer* und unter dem Aspekt der beteiligten motorischen Hauptbeanspruchungsformen die *Kraft-, Schnellkraft-* und *Schnelligkeitsausdauer*.

Die *allgemeine* (Muskel-)Ausdauer umfaßt mehr als ½–⅙ der gesamten Skelettmuskulatur – die Muskulatur eines Beines stellt beispielsweise etwa ⅙ der Gesamtmuskelmasse dar – und wird vor allem durch das Herz-Kreislauf-Atmungssystem (ausgedrückt insbesondere in der maximalen Sauerstoffaufnahme, s. S. 177) und die periphere Sauerstoffausnutzung limitiert (*Gaisl* 1979, 240).

Die *lokale* (Muskel-)Ausdauer beinhaltet eine Beteiligung von weniger als ½–⅙ der Gesamtmuskelmasse und wird neben der allgemeinen Ausdauer in besonderem Maße durch die spezielle Kraft, die anaerobe Kapazität und die durch diese limitierten Kraftformen, wie Schnelligkeits-, Kraft- und Schnellkraftausdauer (Abb. 84) sowie durch die Qualität der disziplinspezifischen neuromuskulären Koordination (Technik) bestimmt (*Haber/Pont* 1977, 358). Während die *allgemeine* Ausdauer – charakterisiert durch die erhöhte Kapazität des Herz-Kreislauf-Systems – die *lokale* Ausdauer vielschichtig leistungslimitierend beeinflussen kann (dies gilt insbesondere für die schnellere Wiederherstellung nach Belastung), hat diese normalerweise keinen Einfluß auf die allgemeine Ausdauerleistungsfähigkeit (z. B. hinsichtlich einer Herzvergrößerung etc.).

Neben einer allgemeinen und lokalen Ausdauer kommt in der Sportpraxis auch noch eine *allgemeine* und *spezielle* Ausdauer zur nominellen Anwendung. In dieser antithetischen Gegenüberstellung wird unter *allgemeiner* Ausdauer die sportartunabhängige Form – auch *Grundlagenausdauer* genannt –, unter *spezieller* Ausdauer hingegen die

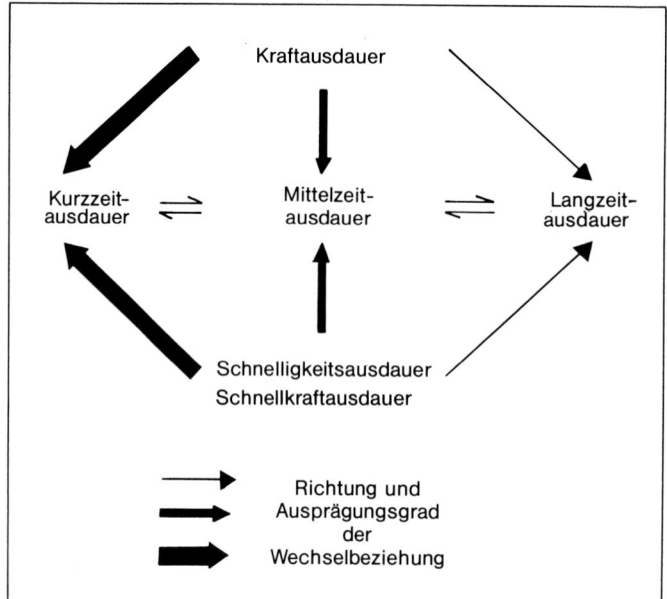

Abb. 84 Wechselbeziehungen zwischen den einzelnen Ausdauerfähigkeiten (in Anlehnung an *Harre* 1976, 148).

für eine Sportart spezifische Manifestationsform verstanden.

Die *lokale* und die *spezielle* Ausdauer überschneiden sich in vielen Punkten bzw. sind z. T. synonym zu verwenden.

Unter dem Gesichtspunkt der muskulären Energiebereitstellung unterscheidet man weiter *aerobe* und *anaerobe* Ausdauer. Bei der *aeroben* Ausdauer (s. auch S. 176) steht ausreichend Sauerstoff zur oxidativen Verbrennung der Energieträger zur Verfügung, bei der *anaeroben* Ausdauer ist die Sauerstoffzufuhr aufgrund der hohen Belastungsintensität – sei es über eine hohe Bewegungsfrequenz oder über einen vermehrten Krafteinsatz – zur oxidativen Verbrennung unzureichend, die Energie wird anoxidativ bereitgestellt.

Da es in der Sportpraxis in den meisten Fällen nicht zu einer reinen oxidativen bzw. anoxidativen Energiebereitstellung, sondern zu einer belastungs- und intensitätsabhängigen Mischung beider Formen kommt, hat sich im Bereich der *allgemeinen* Ausdauer eine Unterteilung in *Kurzzeit-, Mittel-*

zeit- und Langzeitausdauer als sinnvoll erwiesen.

Bei der *Kurzzeitausdauer* (KZA) sind maximale Ausdauerbelastungen von etwa 45 s bis 2 min einzuordnen, die überwiegend durch die anaerobe Energiebereitstellung bestritten werden. Die *Mittelzeitausdauer* (MZA) stellt den Abschnitt einer zunehmenden aeroben Energiegewinnung dar – entsprechend Belastungen von etwa 2–8 min –, und die *Langzeitausdauer* (LZA) beinhaltet alle Belastungen, die über 8 min hinausgehen und fast ausschließlich durch die aerobe Energiegewinnung unterhalten werden (*Keul* 1975, 632).

Aufgrund der differenzierten Stoffwechselanforderungen ist die Langzeitausdauer noch in die LZA I, II, III aufteilbar (*Harre* 1976, 149). Die LZA I umfaßt dabei die Belastungszeiten bis 30 min – sie ist durch überwiegenden Glukose-Metabolismus charakterisiert –, die LZA II umfaßt die Zeit von etwa 30 bis etwa 90 min – hier stehen sowohl der Glukose- als auch der Fettstoffwechsel in einem zeitabhängigen dynamischen Mischungsverhältnis im Vordergrund –, und die LZA III beinhaltet Bela-

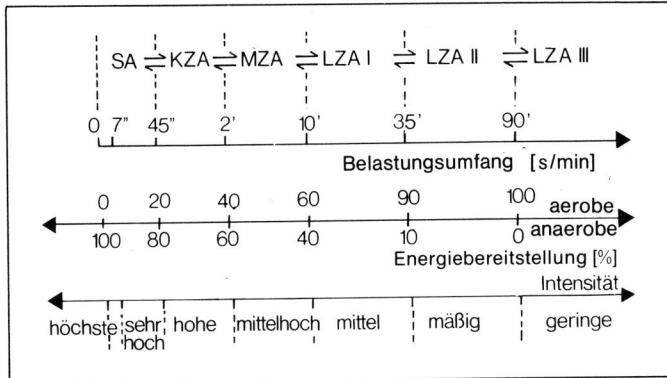

Abb. 85 Die verschiedenen Ausdauerfähigkeiten im Zusammenhang mit der Energiebereitstellung, dem Umfang und der Intensität der Belastung. SA = Schnelligkeitsausdauer, KZA = Kurzzeitausdauer, MZA = Mittelzeitausdauer, LZA = Langzeitausdauer.

stungen über 90 min, für die der Fettstoffwechsel der Hauptenergieträger ist.

Einen Überblick über die verschiedenen Ausdauerfähigkeiten aus *energetischer* Sicht gibt Abbildung 85.

Eine weitere Komplizierung erfährt der Ausdauerbegriff durch die Wechselbeziehungen der Ausdauer mit den beiden anderen konditionellen Leistungsfaktoren, nämlich der Kraft und der Schnelligkeit.
Da die Kraft-, Schnellkraft- und Schnelligkeitsausdauer in der Sportpraxis aber zumeist mehr von der Kraft-, Schnellkraftbzw. Schnelligkeitskomponente bestimmt werden, sollen sie in den entsprechenden Kapiteln näher besprochen werden.

Eine letzte Unterscheidungsmöglichkeit schließlich ergibt die Betrachtung der Ausdauer unter dem Aspekt ihrer dynamischen bzw. statischen Manifestation. Die *dynamische* Ausdauer bezieht sich auf Bewegungs-, die *statische* auf Haltearbeit. In Abhängigkeit von der bei der Haltearbeit aufzuwendenden Kraft ist diese Ausdauerkategorie mehr aerob, gemischt aerob/anaerob oder anaerob durchführbar: Liegt der Krafteinsatz unter 15% der maximalen isometrischen Stärke (MIS), erfolgt die Energiebereitstellung auf *aerobem* Wege, liegt er zwischen 15 und 50% – in diesem Kraftbereich kommt es

zu einer zunehmenden Einschränkung der Muskeldurchblutung durch den kontraktionsbedingten Gefäßverschluß –, wird sie in einem entsprechenden Mischungsverhältnis *aerob/anaerob* vollzogen, liegt die aufgebrachte Kraft über 50%, erfolgt die energetische Abdeckung auf rein *anaerobem* Wege, da die Vasokonstriktion keinen weiteren Sauerstofftransport über den Blutweg mehr ermöglicht (*Hollmann/Hettinger* 1980, 334).
Ähnliche Verhältnisse liegen bei den Interaktionen von Ausdauer und Schnelligkeit bzw. Schnellkraft vor. Bei geringer Bewegungsfrequenz wird nur eine geringe Anzahl an motorischen Einheiten in den beteiligten Muskeln gleichzeitig zur Kontraktion gebracht; die nicht beteiligten (gerade in Ruhe befindlichen) sind erholt oder können sich erholen, die Arbeit wird aerob geleistet. Erhöht sich die Bewegungsgeschwindigkeit, dann kommt es zu einer zunehmenden Rekrutierung motorischer Einheiten, die Möglichkeiten des abwechselnden Einsatzes verschiedener Einheiten werden damit immer geringer und somit auch die der ausreichenden Erholung; die Muskelarbeit wird mehr und mehr mit anaeroben Anteilen realisiert. Höchste Geschwindigkeiten schließlich erfordern aufgrund der nun notwendigen hohen und höchsten Kraftimpulse die gleichzeitige Innervation aller einsetzbaren motorischen Einheiten, was zu einer ausschließ-

lich (im Extremfall) anaeroben Arbeit führt. Muskelarbeit, die mit einer hohen koordinativen Leistung verknüpft ist, führt auch über die sogenannte „zentrale Ermüdung", d. h. die Ermüdung des bewegungssteuernden Zentralnervensystems, zu einer beschleunigten Ermüdung und damit zum Belastungsabbruch bzw. zur Verminderung der Bewegungsintensität.

Die dargestellten Formen der Ausdauer zeigen, daß es *die* Ausdauer schlechthin nicht gibt, sondern daß aus stoffwechselorientierter Sicht eine Vielzahl von graduell abgestuften sportartspezifischen Mischformen aerob/anaerober Natur vorliegt, die den Raum der sich polar gegenüberstehenden „reinen" aeroben bzw. anaeroben Energiebereitstellung ausfüllt.

Die nachfolgende Darstellung der verschiedenen Ausdauerarten und ihrer leistungsbegrenzenden Faktoren folgt dem aus sportbiologischer Sicht relevanten Einteilungsschema von *Hollmann/Hettinger* (1980, 304) (Abb. 86).

Die lokale Muskelausdauer

Bei der *lokalen Muskelausdauer* wird weniger als $1/7$–$1/6$ der Gesamtmuskelmasse des Körpers beansprucht.

Im Gegensatz zur allgemeinen Muskelausdauer spielt bei der *lokalen Muskelausdauer* das Herz-Kreislauf-System für die sportliche Leistungsfähigkeit keine entscheidende Rolle mehr.

Die lokale Muskelausdauer läßt sich unter dem Aspekt der *Energiegewinnung* in eine lokale aerobe bzw. anaerobe Muskelaus-

dauer unterteilen. Eine weitere Unterteilung ergibt sich aus der Art der *Arbeitsweise* der Muskulatur: Man unterscheidet zwischen lokaler aerober dynamischer und lokaler aerober statischer Muskelausdauer bzw. lokaler anaerober dynamischer und lokaler anaerober statischer Muskelausdauer (vgl. Abb. 86).

Die lokale aerobe dynamische Muskelausdauer

Die *lokale aerobe dynamische Muskelausdauer* wird dann beansprucht, wenn eine dynamische Arbeit mit kleinen bis mittelgroßen Muskelgruppen – z. B. eines Armes oder eines Beines – aerob durchgeführt wird (*Hollmann/Hettinger* 1980, 305).

Die lokale aerobe dynamische Muskelausdauer ist sowohl für den Leistungssport als auch für die Präventivmedizin, die Bewegungstherapie (s. S. 15) und die Rehabilitation von großer Bedeutung.

Die „periphere" Leistungsfähigkeit der Muskulatur bestimmt in vielen Sportarten die Intensität, die Qualität und die Quantität der sportartspezifischen Bewegungsabläufe. Eine ungenügend entwickelte lokale aerobe dynamische Ausdauer macht überdurchschnittliche sportliche Leistungen längerer Dauer unmöglich.

Leistungsbestimmende Faktoren und ihre Veränderungen durch Training

Art der Muskelfaserzusammensetzung

Da ST-Fasern (s. S. 44) aufgrund ihrer größeren Ermüdungsresistenz – sie sind besser kapillarisiert und weisen eine größere oxidative Kapazität auf als die FT-Fasern (S. 44) – besonders für Ausdauerbelastungen aerober Prägung geeignet sind, spielt das angebo-

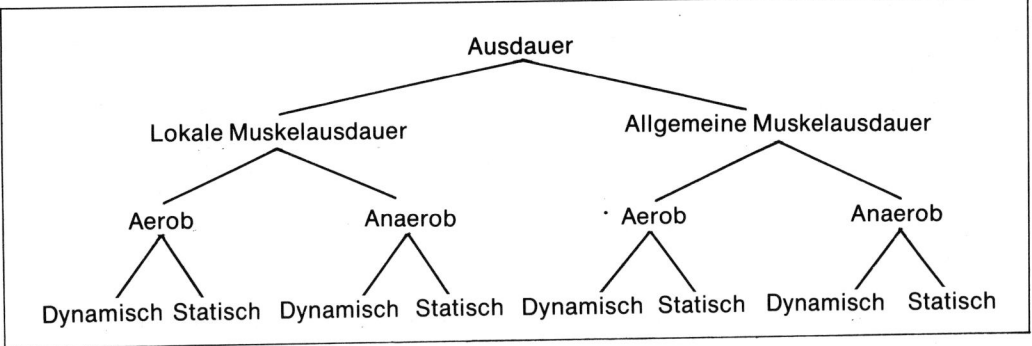

Abb. 86 Schematische Darstellung der verschiedenen Formen von Ausdauerleistungsfähigkeit (*Hollmann/Hettinger* 1980, 304).

rene bzw. durch jahrelanges hartes Training veränderte Verteilungsmuster (*Howald* 1984, 93) dieser beiden Muskelfasertypen eine nicht unbedeutende Rolle für die Ausprägung der lokalen aeroben dynamischen Ausdauerleistungsfähigkeit.

Sauerstoffangebot

Die Größe des intrazellulären Sauerstoffangebotes der Arbeitsmuskulatur ist abhängig von der *Kapillarisierung* (s. S. 104) und *Kollateralbildung*, der intramuskulären *Blutverteilung* und vom *Myoglobingehalt* des Muskels (s. S. 40).
Bei ausreichend langer und spezifischer Belastung – die Belastungsintensität bzw. die Belastungsfrequenz muß unterhalb 20–30% der maximalen statischen Kraft bzw. Bewegungsfrequenz liegen – kommt es zu einer vermehrten *Kapillarisierung* des Muskels (s. auch S. 104 und S. 595).

Maßgeblich für den Gefäßzuwachs scheinen die Scherkräfte des strömenden Blutes vom Endothel her zu sein. Desgleichen spielt der intravaskuläre Druck, der tangentielle Belastungen der Ringmuskellager der Tunica media hervorruft, eine wichtige Rolle (*Schaper* 1971; *Schoop/Jahn* 1961).

Die trainingsbedingte *Kollateralbildung* (s. S. 105) betrifft vor allem die Vergrößerung des Arteriolenquerschnittes (*Sanne/Sivertsson* 1968, 257).
Training führt auch zu einer Optimierung der *intramuskulären Blutverteilung* (s. S. 106), indem vor allem die jeweils tätigen motorischen Einheiten verstärkt uniform mit Blut versorgt werden: Bei der *uniformen* Blutversorgung entspricht die Durchblutungskapazität der Kapillarkapazität, d. h., es kommt zu einer völligen Ausschöpfung des Blutversorgungspotentials (*Treumann/Schroeder* 1968, 1024).
Im ausdauertrainierten Muskel wird des weiteren der *Myoglobingehalt* erhöht. *Holloszy* (1973, 211 f.) konnte bei ausdauertrainierten Sportlern einen Myoglobinanstieg um 80% feststellen. Myoglobin, das sich in höheren Konzentrationen in den ST-Fasern befindet (*Karlsson* et al. 1975, 362) – sie werden aufgrund der vermehrten Rotfärbung auch als „rote" Muskelfasern bezeichnet, im Gegensatz zu den „weißen" FT-Fasern – erleichtert, intensiviert und beschleunigt die Sauerstoffextraktion aus dem Kapillarblut, da es eine höhere Sauerstoffaffinität besitzt als das für den Sauerstofftransport im Blut verantwortliche Hämoglobin. Ferner stellt das Myoglobin einen intrazellulären Sauerstoffspeicher dar, aus dem in begrenztem Umfang Sauerstoff für aerobe Prozesse zur Verfügung steht. Damit

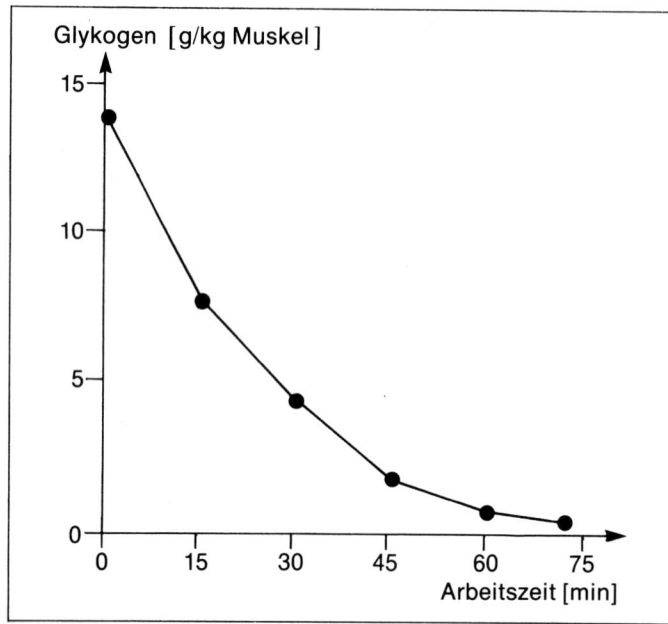

Abb. 87 Die Abnahme des Glykogengehalts des Quadrizepsmuskels bei Fahrradergometerarbeit längerer Dauer (nach *Hultmann* in *Hollmann/Hettinger* 1980, 324).

kann bei Arbeitsbeginn der noch unzureichend gesteigerte Sauerstofftransport über den Blutweg z. T. kompensiert und damit der Anteil der anaeroben Energiegewinnung verringert werden.

Energiespeicher

Ein ausreichendes Sauerstoffangebot allein wäre wirkungslos, wenn nicht auch die entsprechenden intrazellulären Energiespeicher in der Form von *Glykogen* und *Fetttröpfchen* für die unmittelbare oxidative Energiegewinnung zur Verfügung stünden. Der *intramuskuläre Glykogengehalt* beeinflußt maßgeblich die Intensität und Dauer der lokalen Ausdauerleistungsfähigkeit: Ist der Glykogengehalt des Muskels sehr stark erniedrigt, kann eine Arbeit gegebener submaximaler Belastung nicht mehr weitergeführt werden, es muß vermehrt auf die Fettverbrennung zurückgegriffen und damit eine Intensitätseinbuße in Kauf genommen werden.
Wie Abbildung 87 zeigt, kommt es bei längerdauernden Belastungen zu einer zuneh-

menden Entleerung der Glykogenspeicher. Die Abnahme des muskulären Glykogens erfolgt nicht gleichmäßig und linear, sondern phasenhaft: Die intrazellulären Glykogenspeicher nehmen in den ersten 20 min einer intensiven Belastung besonders schnell ab, während sie im Verlauf der nächsten 40–60 min wegen der verstärkten Glukoseaufnahme aus dem Blut und der erhöhten Fettverbrennung geringfügiger abfallen – allerdings bei bereits erkennbarer Tendenz zur Intensitätsminderung. Anschließend findet der finale Glykogenabfall bis zur Erschöpfung statt (*Bergström/Hultman/ Saltin* 1973, 74; *Taylor/Booth/Rao* 1972, 75).

> Je höher die muskulären Glykogendepots bei Belastungsbeginn sind, desto länger kann die lokale aerobe dynamische Ausdauerleistungsfähigkeit auf einem hohen Intensitätsniveau gehalten werden.

Saltin (1973, 140) konnte diesen Befund anhand von bioptischen Untersuchungen an Fußballspielern eindrucksvoll demonstrieren: Der Umfang und die Intensität der Laufleistungen der einzelnen Spieler standen in enger Korrelation zur Höhe der bei Beginn angetroffenen Energiespeicher.

Nach Belastungsende kommt es in der Wiederherstellungsphase über das bereits erwähnte Phänomen der Superkompensation (s. S. 482) zu einer Wiederauffüllung der Energiespeicher, eine richtige Ernährungsweise vorausgesetzt (*Nöcker* 1974, 27; *Bergström* et al. 1973, 71 f.).

Nach vollständiger Glykogenentleerung dauert es nahezu 46 Stunden, bis das Eingangsniveau wieder erreicht wird. Bemerkenswert ist dabei, daß die Resynthese der zellulären Energiespeicher in den ersten 5–10 Stunden schneller abläuft als in der Folge und daß die Resynthese in den FT-Fasern gegenüber den ST-Fasern beschleunigt ist (*Piehl* 1975, 37).

Beim Ausdauertraining kommt es durch die sukzessive Entleerung und Wiederauffüllung im Laufe der Zeit zu einer Vermehrung der Energiespeicher: Das Eingangsniveau wird stets um einen geringen Betrag überschritten, und es kann letztlich zu einer mehr als 100prozentigen Glykogenzunahme im Muskel und in der Leber kommen.

Neben erhöhten Glykogenspeichern werden aber auch die intrazellulären – also unmittelbar verfügbaren – Fettspeicher vermehrt.

Schön (1978, 78) weist auf den dreifachen prozentualen Volumenanteil an Neutralfettpartikeln (v. a. in den ST-Fasern) bei ausdauertrainierten Sportlern im Vergleich zu Normalpersonen hin.

Die parallele Zunahme der intrazellulären Glukose- und Fettspeicher ist somit neben der Erhöhung des Leberglykogens eine wichtige Voraussetzung für eine erhöhte Ausdauerleistungsfähigkeit.

Glukose und Fettsäuren tragen in Abhängigkeit von der Intensität, vom Umfang und vom Grad der Trainiertheit in unterschiedlichem Maße zur Energiebereitstellung bei (s. S. 42). Bei submaximalen und maximalen Belastungen (größer als 95% der maximalen Sauerstoffaufnahmefähigkeit) wird ausschließlich Glukose verbrannt (*Saltin* 1973, 141), bei niedrigen Belastungen (30–50% der maximalen Sauerstoffaufnahme) beträgt der Glukoseanteil 40–50%, und erst unter extremen Ausdauerbelastungen kommt es zu einem Anteil des Fettumsatzes von annähernd 90% (*Senger/Donath* 1977, 395), wobei jedoch infolge entleerter Leber- und Muskelglykogendepots ein echter Kohlehydratmangel vorliegt.

Daraus geht hervor, daß die Mobilisierung und Verwertung der freien Fettsäuren (FFS) durch die Arbeitsintensität eingeschränkt wird.

Je besser der Trainingszustand des Sportlers ist, desto mehr FFS können bei höherer Intensität noch freigesetzt, transportiert und vom Gewebe verbrannt werden (*Paul/Holmes* 1975, 182; *Senger/Donath* 1977, 395 u. a.).

Diese Tatsache ist insofern von Bedeutung, als durch die Verbrennung von FFS die Skelettmuskulatur in die Lage versetzt wird, die eigenen Glykogenvorräte und die zur Aufrechterhaltung eines normalen Blutzuckerspiegels (normal etwa 100 mg%) enorm wichtigen Glykogendepots in der Leber zu schonen.

Interessant ist in diesem Zusammenhang noch die Tatsache, daß es durch ein Höhentraining ebenfalls zu einer Verschiebung im Substratangebot und -umsatz im Sinne einer gesteigerten FFS-Mobilisation und -Oxidation kommt (*Howald/Maier* 1971, 56).

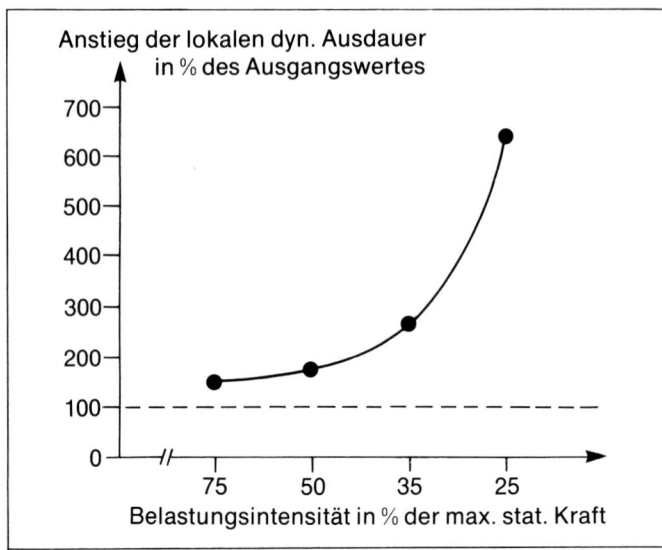

Anstieg der lokalen dyn. Ausdauer in % des Ausgangswertes

Belastungsintensität in % der max. stat. Kraft

Abb. 88 Die Zunahme der lokalen aeroben dynamischen Ausdauer bei einem 8wöchigen Training (Unterarmbeugemuskulatur) (nach *Hollmann/Hettinger* 1980, 330).

Die Ausdauerleistungsfähigkeit im höheren Intensitätsbereich wird also nicht nur durch das Niveau der initialen Glykogenspeicher in Leber und Muskel sowie die intrazellulären Fettdepots bestimmt, sondern auch durch die Fähigkeit, bei gehobener Belastungsintensität FFS verstoffwechseln zu können.

Aerobe Stoffwechselkapazität

Die oxidative Verbrennung von Kohlehydraten und Fetten ist abhängig von der Stoffwechselkapazität der *Mitochondrien*, den Kraftwerken der Zelle.

Unter dem Einfluß eines aeroben Ausdauertrainings kommt es zu einer Zunahme der Zahl, der Größe und der Oberfläche der Mitochondrien auf das 2–3fache (*Saltin* 1973, 139; *Schön* 1978, 77). Außerdem wird ihre Verteilung und Infrastruktur optimiert. Dabei haben die Mitochondrien der ST-Fasern einen anderen Aufbau und eine andere Verteilung als die der FT-Fasern: In den ST-Fasern sind sie größer, zahlreicher und regelmäßiger in der Zelle verteilt (*Karlsson* et al. 1975, 363).

Parallel zur Zunahme der Mitochondrien werden die *Enzyme* des *Zitratzyklus* und der *Atmungskette* vermehrt (*Buyze* et al., 1976, 155; *Holloszy* 1975, 156). Dabei nimmt in der Regel zuerst die Aktivität derjenigen Enzyme zu, die normalerweise weniger aktiv sind und zu den „Engpässen" in den Stoffwechselzyklen führen können (*Jakowlew* 1975, 134).

Insgesamt wirken sich die aufgezeigten Veränderungen auf die „Durchsatzkapazität" und die Regulation der Substratoxidation im Zitratzyklus und auf den Elektronentransport in der Atmungskette aus, d. h., es kommt zu einer Zunahme der oxidativen Kapazität und damit der aeroben Ausdauerleistungsfähigkeit.

Inter- und intramuskuläre Koordination

Die muskuläre Leistungsfähigkeit hängt in entscheidendem Maße von ihrem *inter-* und *intra*muskulären Koordinationsvermögen ab (s. S. 50), da jeder über das optimale Maß hinausgehende muskuläre Einsatz energetische Mehrkosten erfordert und somit schneller zu Ermüdungserscheinungen führt. Die in ermüdetem Zustand vermehrt anfallende Milchsäure beeinträchtigt die koordinativen Steuerprozesse und beschleunigt den Ermüdungsprozeß, indem zur Aufrechterhaltung einer gegebenen Belastung eine größere Zahl an motorischen Einheiten und damit ein erhöhter Blut- und Energiebedarf notwendig werden.

> Die wichtigste leistungsbegrenzende Größe der lokalen aeroben dynamischen Muskelausdauer stellt das *lokale Durchblutungsvermögen* dar (s. S. 104; *Hollmann/Hettinger* 1980, 310).

Durch sportartspezifisches Training können die leistungsbegrenzenden Faktoren und damit die lokale aerobe dynamische Muskelausdauer entscheidend verbessert werden (Abb. 88).

> Die *lokale aerobe dynamische Muskelausdauer* stellt prozentual die am stärksten trainierbare motorische Beanspruchungsform dar; ihr Ausgangswert kann bei untrainierten Personen um mehrere hundert bis mehrere tausend Prozent verbessert werden (*Hollmann/ Hettinger* 1980, 346).

Die lokale aerobe statische Muskelausdauer

> Unterschreitet die Kontraktionskraft einer kleinen Muskelgruppe 15% der maximalen isometrischen (statischen) Kraft, so ist die lokale Durchblutung des arbeitenden Muskels noch nicht behindert. Dadurch kann die Abdeckung des Energiebedarfs auf oxidativem Wege erfolgen.

Die lokale aerobe statische Muskelausdauer ist weniger aus sportlicher als aus präventivmedizinischer Sicht von Bedeutung: In der Frühmobilisation nach Herzinfarkt trägt diese Art der muskulären Beanspruchung zum allmählichen und behutsamen Wiederaufbau der körperlichen Leistungsfähigkeit bei.

Die lokale anaerobe dynamische Muskelausdauer

> Die lokale anaerobe dynamische Muskelausdauer wird beansprucht, wenn dynamische Arbeit mit kleinen bis mittelgroßen Muskelgruppen – weniger als $\frac{1}{7}$–$\frac{1}{6}$ der Gesamtmuskelmasse – gegen einen Widerstand geleistet wird, der 50–70% und mehr der maximalen statischen Kraft beträgt (*Hollmann/Hettinger* 1980, 335).

Grundlage dieser definitorischen Differenzierung ist die *intramuskuläre Durchblutung*: Jenseits einer Kontraktionsintensität von 15% der maximalen Kraft oder Bewegungsschnelligkeit setzt eine Durchblutungsstörung ein, bis schließlich bei 50% der völlige Durchblutungsstop eintritt. Zwischen 15 und 50% der maximalen Kontraktionskraft liegt demnach eine gemischte aerob/anaerobe Energiebereitstellung vor, jenseits 50% eine ausschließlich anaerobe (*Hollmann/Hettinger* 1980, 334).

Leistungsbegrenzende Faktoren und ihre Veränderung durch Training

Art der Muskelfaserzusammensetzung (s. S. 42)

Energiespeicher

Für die lokale anaerobe dynamische Muskelausdauer sind energetisch ausschließlich die *energiereichen Phosphate* (ATP und Kreatinphosphat) und die *anaerobe Glykolyse* wichtig.

Anaerobe Stoffwechselkapazität

Die *alaktazide* und *laktazide* Energiegewinnung ist ebenso wie die oxidative Energiebereitstellung von der Menge und der Aktivität der anaeroben Enzyme – sie befinden sich im Sarkoplasma des Muskels – abhängig.

Übersäuerungsresistenz

Periphere und *zentrale Ermüdung* stehen in enger Wechselbeziehung. Die Übersäuerung des Muskels durch saure Stoffwechselprodukte – vor allem Milchsäure (Laktat) – führt lokal zu einer Herabsetzung bzw. Einstellung der Enzymaktivität, zentral zu einer verminderten Impulsrate, was insgesamt zu einem mehr oder weniger schnellen Belastungsabbruch führt.

Die Resistenz gegenüber Ermüdungsfaktoren kann sowohl in psychischer als auch physischer Hinsicht durch Training beeinflußt werden.

Psychisch kommt es durch Training zu einer Zunahme der *volitiven Eigenschaften* (z. B. Willensstärke, Selbstüberwindung), physisch spielt auf zellulärer Ebene vor allem die anaerobe Stoffwechselkapazität eine Rolle: Durch die Bildung sogenannter *Iso-Enzyme* erhöht sich die Fähigkeit der anaeroben Enzyme, auch im hochgradig übersäuerten Muskel noch Arbeit leisten zu können.

> Die lokale anaerobe dynamische Muskelausdauer ist bei weitem nicht so gut trainierbar wie ihr aerobes Pendant. Die Trainierbarkeitsrate liegt bei etwa 35% (*Hollmann/Hettinger* 1980, 336).

Die lokale anaerobe statische Muskelausdauer

> Eine Beanspruchung der lokalen anaeroben statischen Muskelausdauer kann bei 2 unterschiedlichen Arbeitsformen vorliegen (*Hollmann/Hettinger* 1980, 336):
> 1. Bei Haltearbeit eines Gewichtes von mehr als 15% der maximalen isometrischen Stärke.
> 2. Bei Kontraktionsarbeit mit mehr als 50% der maximalen isometrischen Stärke, wobei die statische Belastungsdauer so lang ist, daß der dynamische Arbeitsanteil vernachlässigt werden kann.

Sowohl bei statischer Halte- als auch statischer Kontraktionsarbeit sinken die mechanische und elektrische Muskelaktivität aufgrund der nachlassenden Funktionsfähigkeit der neuromuskulären Übertragungsmechanismen rasch ab. Als mögliche Ursachen der Beeinträchtigung der Erregungsleitung ins Zellinnere werden Querschnittseinengungen bei den T-Tubuli (s. S. 36) oder Störungen des Kalziumtransportes diskutiert (*Simonson* 1971, *Kramer* 1977, 169).

Die *leistungsbegrenzenden Faktoren* entsprechen denen der lokalen anaeroben dynamischen Muskelausdauer:
- Art der Muskelfaserzusammensetzung
- Energiespeicher
- Anaerobe Stoffwechselkapazität.

> Statische Kontraktionsarbeit ist weniger ermüdend als statische Haltearbeit, da bei der statischen Kontraktionsarbeit in der Entspannungsphase die sauren Stoffwechselschlacken zum Teil eliminiert werden können (*Rohmert* 1962).

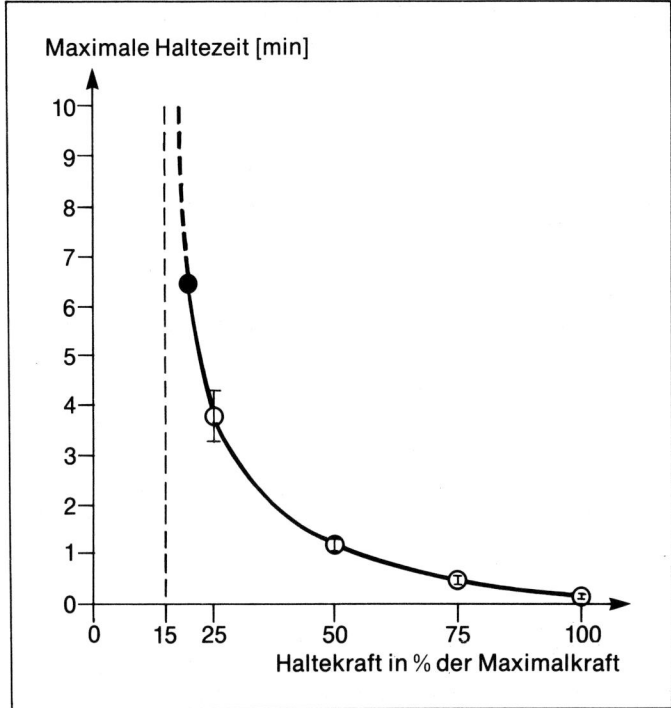

Abb. 89 Die maximale Haltezeit in Abhängigkeit von der Haltekraft (in Prozent der maximalen isometrischen Stärke) (nach *Rohmert* 1962).

Wie Abbildung 89 verdeutlicht, steht die Dauer der Haltearbeit in einer engen Wechselbeziehung zur Höhe der dabei entwickelten statischen Maximalkraft.

Je geringer die eingesetzte Haltekraft, desto geringer die Abhängigkeit von Haltezeit und Maximalkraftniveau: Die maximale Haltezeit wird theoretisch unendlich, wenn die aufgewandte Kontraktionskraft unter 15% der isometrischen Maximalkraft liegt (vgl. lokale aerobe statische Muskelausdauer!).
Je größer die Haltekraft, desto größer die Abhängigkeit von Haltezeit und Maximalkraft (*Dolgin/Lehmann* 1929).

Für die Verbesserung der lokalen anaeroben statischen Ausdauer gilt, daß je nach Anforderungsprofil entweder mehr die Maximalkraft oder die Kraftausdauer bzw. bei-des geschult werden muß: Gewichtheber und Turner werden mehr die Maximalkraftkomponente, Tennisspieler, mehr die Ausdauerkomponente und Kletterer – je nach Disziplin – beide Anteile trainieren.

Da die lokale anaerobe statische Beanspruchungsform kleiner bis mittlerer Muskelgruppen bei einer Haltedauer von *mehr als 5 Sekunden* zu beachtlichen kardiopulmonalen Reaktionen führt – es kommt zu einem schnellen Anstieg der Herzfrequenz sowie des systolischen und diastolischen Blutdruckes (*Hettinger/Hollmann/Schönenborn* 1973, 329) –, ist sie bei der Bewegungstherapie bzw. bei der Rehabilitation herzkranker Patienten mit entsprechender Zurückhaltung bzw. in entsprechend modifizierter Form zur Anwendung zu bringen.

Die allgemeine Muskelausdauer

Bei der allgemeinen Muskelausdauer wird mehr als $\frac{1}{7}$–$\frac{1}{6}$ der Gesamtmuskelmasse des Körpers beansprucht.

Man unterscheidet zwischen einer allgemeinen aeroben und einer allgemeinen anaeroben Ausdauer.

Die allgemeine aerobe Ausdauer

Die allgemeine aerobe Ausdauer ist vor allem abhängig von der Kapazität des Herz-Kreislauf-, Atmungs- und Stoffwechselsystems sowie von der Qualität der bewegungstypischen Koordination (*Hollmann/Hettinger* 1980, 347).

Die allgemeine aerobe Ausdauer beinhaltet Ausdauerleistungen, die auf der Grundlage aerober Stoffwechselleistungen und dynamischer Arbeit zustande kommen.

Aufgrund von teilweise unterschiedlichen leistungsbegrenzenden Faktoren wird die allgemeine aerobe Ausdauer in eine allgemeine aerobe Kurzzeit-, Mittelzeit- und Langzeitausdauer unterteilt.
Diese zeitliche Einteilung der verschiedenen Ausdauerarten unter dem Aspekt der *Sportbiologie* unterscheidet sich von der der *Trainingslehre*. In der Trainingslehre (*Weineck* 1983, 67) erfolgt eine Einteilung in Schnelligkeitsausdauer (bis etwa 45 s), Kurzzeitausdauer (etwa 45 s–2 min), Mittelzeitausdauer (etwa 2–10 min), Langzeitausdauer I (etwa 10–30 min), Langzeitausdauer II (etwa 30–90 min) und Langzeitausdauer III (länger als 90 min).
Bei einer Gegenüberstellung von sportbiologischer und trainingsmethodischer Einteilung ergeben sich demnach folgende Entsprechungen:

Sportbiologische Einteilung		*Trainingsmethodische* Einteilung
aerobe Kurzzeitausdauer	≙	Mittelzeitausdauer
aerobe Mittelzeitausdauer	≙	Langzeitausdauer I
aerobe Langzeitausdauer	≙	Langzeitausdauer II + III

Die allgemeine aerobe Kurzzeitausdauer

Die allgemeine aerobe Kurzzeitausdauer (KZA) stellt eine Ausdauerbeanspruchung mit einer Belastungsdauer von 2 bis etwa 10 Minuten dar.

Wie Abbildung 90 zeigt, ist die *allgemeine aerobe KZA* nicht ausschließlich von der aeroben Kapazität abhängig: Bei etwa 2 Minuten Belastungsdauer halten sich anaerobe und aerobe Energiebereitstellung in etwa die Waage, in der Folge überwiegt dann mehr und mehr die aerobe Stoffwechselkapazität.

Während der Belastungsdauer der allgemeinen aeroben KZA wird die absolut *höchste maximale Sauerstoffaufnahme* (s. S. 177) erreicht (*Astrand* et al. 1960, 448).

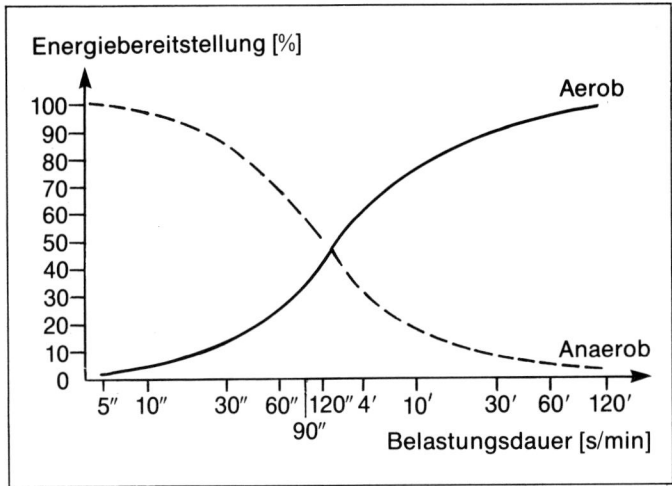

Abb. 90   Die Art der Energiebereitstellung bei maximaler Belastung in Abhängigkeit von der Arbeitszeit (verändert nach *Keul* 1975, 596).

Bei Einsatz großer Muskelgruppen kann der absolute Höchstwert der maximalen Sauerstoffaufnahme bereits nach etwa zweiminütiger Maximalbelastung erreicht werden (*Robinson* 1938/39, 251).

> Ein ausdauertrainierter Sportler ist in der Lage, etwa 10 Minuten lang 100% seiner maximalen Sauerstoffaufnahme einzusetzen.

Mit zunehmender Arbeitsdauer nimmt der Prozentsatz der maximalen Sauerstoffaufnahme ab, und zwar beim Untrainierten ausgeprägter als beim Trainierten (Abb. 91).
Für Ausdauertrainierte ergeben sich folgende Relationen (*de Marées* 1979, 531; *Hollmann/Hettinger* 1980, 350):

Maximale Sauerstoffaufnahme	Belastungszeit
100%	10 min
95%	30 min
90%	40 min
85%	60 min
80%	2 h
70%	3–4 h

Zusammenfassend läßt sich feststellen, daß die allgemeine aerobe KZA entscheidend von der maximalen Sauerstoffaufnahmefähigkeit abhängt sowie dem Vermögen, diese so lange wie möglich auf einem maximal hohen Niveau zu halten.

Die allgemeine aerobe Mittelzeitausdauer

> Die allgemeine aerobe Mittelzeitausdauer (MZA) umfaßt eine Belastungsdauer von etwa 10–30 Minuten.

Wie aus Abbildung 90 hervorgeht, überwiegt bei dieser Belastungszeit die aerobe Energiegewinnung. Aufgrund der hohen Belastungsintensität wird wie bei der allgemeinen aeroben KZA fast ausschließlich *Glukose* als Energieträger verbrannt.

Über einen Zeitraum von 30 Minuten kann die maximale Sauerstoffaufnahme nicht mehr zu 100% eingesetzt werden (s. o.): Selbst Ausdauertrainierte der absoluten Spitzenklasse erreichen nur etwa 90–95% ihrer maximalen Werte (*Hollmann/Hettinger* 1980, 349).

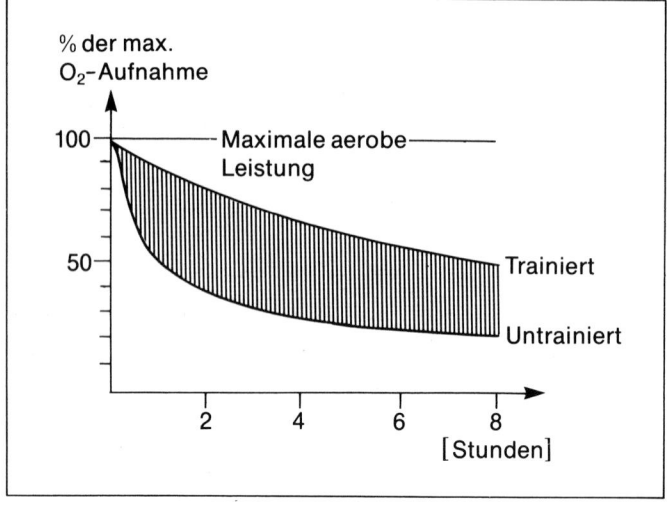

Abb. 91   Die Sauerstoffaufnahme – in Prozent der maximalen Sauerstoffaufnahme – in Abhängigkeit von Ausdauerleistungsvermögen und Belastungsdauer (nach *Astrand* in *de Marées* 1979, 531).

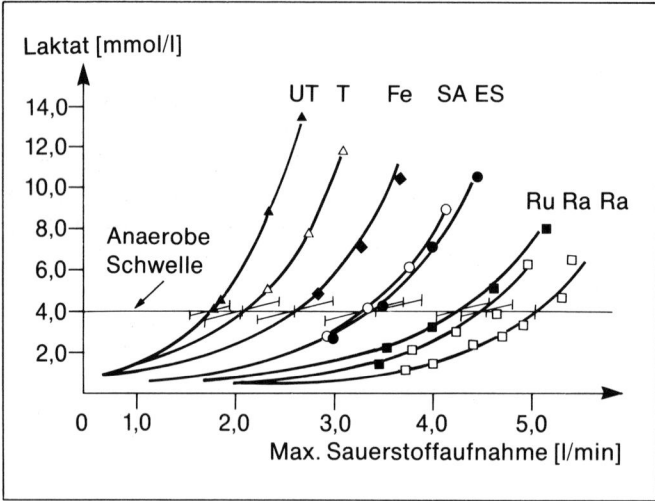

Abb. 92   Das Verhalten der Laktatkonzentration in Abhängigkeit von der maximalen Sauerstoffaufnahmefähigkeit bei Untrainierten (UT) und ausgewählten sportrepräsentativen Leistungsgruppen verschiedener Sportarten: (T) = Touristik; (Fe) = Fechten; (ES) = Eisschnellauf; (SA) = Spielsportarten; (Ru) = Rudern; (Ra) = Radsport (nach *Roth* et al. 1981, 329).

Die allgemeine aerobe Langzeitausdauer

Die allgemeine aerobe Langzeitausdauer (LZA) – sie wird auch als *Grundlagenausdauer* bezeichnet – beinhaltet Belastungszeiten, die über 30 Minuten liegen.

Leistungsbegrenzend für die allgemeine aerobe LZA sind die *maximale Sauerstoff-aufnahme*, ihre *Nutzbarkeit* über eine gegebene Zeitdauer (s. S. 175) und die Höhe der *anaeroben Schwelle* (s. S. 182).

Abbildung 92 zeigt die engen Zusammenhänge zwischen maximaler Sauerstoffaufnahmefähigkeit und der Höhe der anaeroben Schwelle. Es zeigt sich, daß die am besten ausdauertrainierten Sportler die höchsten Werte in der maximalen Sauerstoffaufnahmefähigkeit haben und bei gleicher Belastungsintensität die geringsten Laktatspiegel erreichen bzw. am spätesten die anaerobe Schwelle überschreiten.

Die maximale Sauerstoffaufnahme

Die maximale Sauerstoffaufnahmefähigkeit stellt das *Bruttokriterium der Ausdauerleistungsfähigkeit* dar und spielt bei allen aeroben Ausdauerleistungen (KZA, MZA, LZA) eine wichtige Rolle.

Unter *allgemeinen* Aspekten ist die maximale Sauerstoffaufnahme (VO_2max) von einer Reihe von Punkten abhängig:

1. Beteiligte Muskulatur

Höchstwerte in der VO_2max sind nur zu erreichen, wenn größtmögliche Muskelmassen zum Einsatz gebracht werden, wie dies z. B. beim Laufen der Fall ist.

2. Körpergewicht

Da die maximale Sauerstoffaufnahme unter anderem von der Größe der eingesetzten Muskelmasse abhängt, führt ein größeres Körpergewicht bei sonst vergleichbaren Voraussetzungen zu einer höheren VO_2max.

Fettleibige Personen besitzen, absolut gesehen, eine höhere VO_2max als Personen mit niedrigerem Gewicht. Allerdings stehen von dieser erhöhten VO_2max nur etwa 55% dem aktiven Gewebe (Muskulatur) zur Verfügung; die restlichen 45% gehen für die Versorgung des überschüssigen Fettanteils verloren (*Miller/Blyth* 1955, 139). Relativ gesehen (auf das Körpergewicht bezogen), besitzt demnach der Übergewichtige erwartungsgemäß geringe VO_2max-Werte.

Etwa 70% der Differenzen in der maximalen aeroben Kapazität der Durchschnittsbevölkerung sind auf Unterschiede im *Körpergewicht*, 1% auf Größenunterschiede und etwa 30% auf andere Ursachen – vor allem den Trainingszustand – zurückzuführen (*Wyndham* 1974).

3. Lebensalter

Die VO_2max steigt im Laufe des Lebens bis zu einem Maximalwert an, bleibt bis etwa zum 30. Lebensjahr konstant und fällt dann zunehmend ab (Abb. 181, S. 347). Bei regelmäßigem Training kann die VO_2max bis etwa zum 50. Lebensjahr konstant gehalten werden.

4. Geschlecht

Bis zum Eintritt der *Pubertät* (etwa bis zum 10.–12. Lebensjahr) liegen keine nennenswerten geschlechtsspezifischen Differenzen vor. Nicht trainierende Mädchen und Jungen erreichen ihr Maximum der VO_2max mit 14–16 bzw. 18/19 Jahren. Im 3. Lebensjahrzehnt liegen die Werte der Frau etwa 25–30% unter denen des Mannes. Wird die VO_2max allerdings auf das fettfreie Körpergewicht bezogen, dann sind keine geschlechtsspezifischen Unterschiede festzustellen (*Hollmann/Hettinger* 1980, 367).

Die maximale Sauerstoffaufnahme wird in Absolut- und Relativwerten angegeben:
Die *Absolutwerte* (l/min) für nichtausdauertrainierte Personen des 3. Lebensjahrzehnts liegen bei Frauen etwa bei 2 l/min, bei Männern etwa bei 3 l/min; entsprechende Spitzenwerte hochtrainierter Ausdauersportler betragen 4–4,5 l/min bzw. 6–8 l/min.
Die *Relativwerte* (ml/kg/min) betragen bei untrainierten Normalpersonen vom Kindesalter bis zum älteren Menschen zwischen 32–38 ml/kg/min (weibliches Geschlecht) bzw. 40–55 ml/kg/min (männliches Geschlecht). Die entsprechenden Spitzenwerte

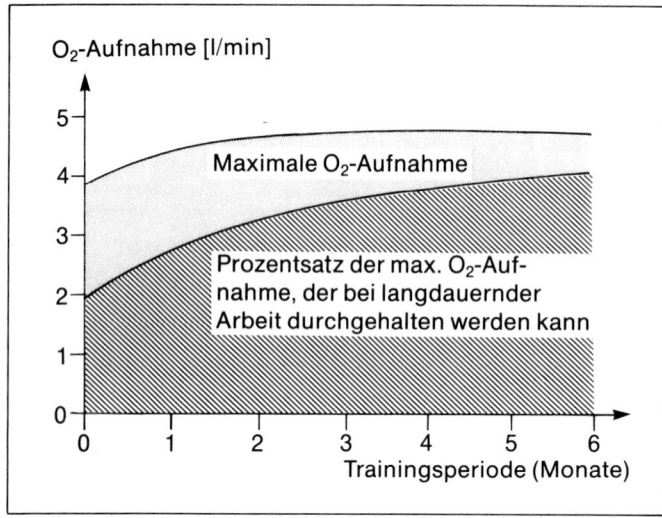

O$_2$-Aufnahme [l/min]

Maximale O$_2$-Aufnahme

Prozentsatz der max. O$_2$-Auf-
nahme, der bei langdauernder
Arbeit durchgehalten werden kann

Trainingsperiode (Monate)

Abb. 93   Beziehung zwischen der maximalen Sauerstoffaufnahme und ihrer Ausnutzbarkeit im Laufe des Trainingsprozesses (nach *Astrand/ Rodahl* in *Hollmann/Hettinger* 1980, 425).

hochausdauertrainierter Sportlerinnen und Sportler liegen bei 60–70 ml/kg/min bzw. bei 80–90 ml/kg/min.

Die Bedeutung der absoluten und relativen Angaben der VO$_2$max hängt von der *Sportart* ab: In Sportarten, bei denen das eigene Körpergewicht während der Fortbewegung nicht oder nur z. T. selbst getragen werden muß, wie z. B. beim Radfahren, Rudern oder Schwimmen – hier ist keine bzw. nur eine stark verringerte Arbeit gegen die Schwerkraft bzw. gegen Reibungswiderstände zu leisten –, ist die Aussagekraft eines hohen Absolutwertes für die Beurteilung der Ausdauerleistungsfähigkeit sehr hoch einzuschätzen: In diesen Sportarten überwiegt die Bedeutung der absoluten gegenüber der relativen VO$_2$max. In allen anderen Fällen ist stets die relative VO$_2$max von größerer Bedeutung als die absolute.

Für die Beurteilung der aeroben Leistungsfähigkeit sind jedoch nicht nur die absoluten bzw. relativen Werte der maximalen Sauerstoffaufnahme entscheidend, sondern auch die Fähigkeit des Organismus, die vorhandenen Kapazitäten entsprechend ausnützen zu können. Wie Abbildung 93 zeigt, vergrö-

ßert sich durch ein Ausdauertraining nicht nur die maximale Sauerstoffaufnahme, sondern auch die Fähigkeit, einen höheren Prozentsatz der individuellen maximalen Sauerstoffaufnahme über einen längeren Zeitraum durchzuhalten: Die aerobe Leistungsfähigkeit nimmt dabei überproportional zum Anstieg der maximalen Sauerstoffaufnahmefähigkeit zu.

Es ist durchaus möglich, daß Personen mit einer geringeren absoluten bzw. relativen maximalen Sauerstoffaufnahme eine Laufstrecke o. ä. schneller zurücklegen können als Vergleichspersonen mit höheren Werten, weil sie zu einer prozentual höheren Sauerstoffausnutzung befähigt sind.

Leistungsbegrenzende Faktoren der maximalen Sauerstoffaufnahme

Die maximale Sauerstoffaufnahme ist von einer Reihe interner und externer Faktoren abhängig (*Hollmann/Hettinger* 1980, 376).

Interne Faktoren

– Lungenventilation
– Diffusionskapazität der Lunge
– Herzminutenvolumen
– Sauerstofftransportkapazität des Blutes
– Periphere Sauerstoffverwertung
– Muskelfaserzusammensetzung.

Externe Faktoren

– Belastungsmodus
– Größe der eingesetzten Muskelmasse
– Körperposition
– Sauerstoffpartialdruck
– Klima.

> Die aerobe Leistungsfähigkeit – ausgedrückt durch die Ausprägung der VO_2max – ist von der harmonischen Entwicklung *aller* leistungslimitierenden Faktoren abhängig.

Die in der Folge aufgeführten kardiopulmonalen Leistungsparameter und ihre Beeinflussung durch Training wurden bereits ausführlich in den entsprechenden Kapiteln dargestellt. Die nachfolgenden Ausführungen stellen lediglich eine Kurzzusammenfassung bzw. eine Ergänzung dar.

Interne Faktoren

1. Lungenventilation (s. S. 127)

Die Lungenventilation ist bei *gesunden* Personen *nicht leistungsbegrenzend*, da der Atemgrenzwert maximal Werte um 400 l/min erreicht, das maximale Atemminutenvolumen bei sportlicher Belastung Maximalwerte von 250 l/min aber kaum überschreitet (s. S. 341). Auch die maximale Atemfrequenz wird im Sportbereich – hier werden Frequenzen von 60/min selten überschritten – nicht annähernd erreicht: In den Bereich des tatsächlich erreichbaren Atemgrenzwer-

tes gelangt man erst bei einer Atemfrequenz oberhalb von 120 Atemzügen/min (*Venrath/ Hollmann* 1962).

Eine leistungsbegrenzende Rolle kann der Sauerstoffbedarf der Atmungsmuskulatur – z. B. der äußeren Zwischenrippenmuskeln – spielen (s. S. 123): Bei Belastung kommt es zu einem unproportionalen Anstieg des Sauerstoffbedarfs, da die Atemarbeit im Vergleich zum Atemminutenvolumen quadratisch ansteigt.

Bei Durchschnittspersonen – mit einer VO_2max von 3 l/min und einem maximalen Atemminutenvolumen von 120 l – kann der Sauerstoffbedarf der Atmungsmuskulatur 10–12% der gesamten Sauerstoffaufnahme betragen, was z. B. bei Belastungen in großen Höhen (s. S. 587) durchaus leistungslimitierend sein kann.

2. Lungendiffusionskapazität (s. S. 129)

Die Lungendiffusionskapazität ist bei gesunden Personen normalerweise ebensowenig leistungsbegrenzend wie die Lungenventilation. Bei älteren Personen mit ausgeprägter Lungenüberblähung (Lungenemphysem) oder starken Rauchern kann sie jedoch zu einer leistungsbegrenzenden Größe werden.

> Zusammenfassend läßt sich sagen, daß das Atmungssystem beim Gesunden im allgemeinen nicht als leistungslimitierender Parameter anzusehen ist.

3. Herzminutenvolumen (s. S. 86)

> Das Herzminutenvolumen stellt einen wesentlichen leistungslimitierenden Faktor für die Ausdauerleistungsfähigkeit dar.

Die Leistungsfähigkeit des Herzens und der venöse Rückstrom bestimmen, wieviel Liter Blut pro Zeiteinheit gefördert werden können.

Je größer ein gesundes Herz ist, desto größer ist die maximale Sauerstoffaufnahme (s. S. 90, Abb. 46)

---

4. Sauerstofftransportkapazität des Blutes (s. S. 113)

Parallel zur Herzvergrößerung kommt es durch Training zu einem Anstieg des Blutvolumens, der roten Blutkörperchen und des Gesamt-Hämoglobins. Dadurch erhöht sich die Sauerstofftransportkapazität des Herz-Kreislauf-Systems und somit die Ausdauerleistungsfähigkeit.

5. Periphere Sauerstoffverwertung (s. S. 109)

Wie bei der lokalen aeroben dynamischen Ausdauer dargestellt, spielt die periphere muskuläre Sauerstoff- und Substratverwertungskapazität eine bedeutende Rolle für die maximale Sauerstoffaufnahmefähigkeit. Ein wichtiger Indikator für die Beurteilung der peripheren Sauerstoffaufnahme bzw. -verwertung ist die arteriovenöse Sauerstoffdifferenz ($AVDO_2$).

Unter $AVDO_2$ versteht man im allgemeinen die Differenz im Sauerstoffgehalt des Blutes in der Lungenarterie (= venöses Mischblut) und im arteriellen Blut. Sie gibt einen Hinweis auf die periphere Sauerstoffausschöpfung.

Eine stärkere Sauerstoffausschöpfung in der Peripherie wird ermöglicht durch die Zunahme der Zahl der durchbluteten Kapillaren (s. S. 104), durch die Steigerung des Sauerstoffverbrauchs im Gewebe, durch die

Zunahme der Säuerung (pH-Abfall) des Blutes in den Kapillaren (s. S. 130) und durch den Anstieg der Bluttemperatur in der Arbeitsmuskulatur.

Die Vergrößerung der $AVDO_2$ ermöglicht eine höhere Sauerstoffmehraufnahme in den Lungen, da eine maximale Sauerstoffaufnahme in das durch die Lungenalveolen strömende Blut nur dann möglich ist, wenn in der Peripherie dem arteriellen Blut möglichst viel Sauerstoff entzogen wird.

In *Ruhe* beträgt die $AVDO_2$ im Skelettmuskel etwa 5 Vol.-% (dies entspricht einer etwa 25prozentigen Sauerstoffausschöpfung), bei *maximaler Belastung* 10–12 (Untrainierte) bzw. 16–18 Vol.-% (Hochausdauertrainierte) – diese Werte entsprechen einer Sauerstoffausschöpfung von etwa 50 bzw. 75% (*Reindell* et al. 1960).

Die Sauerstoffextraktionsfähigkeit des Herzmuskels – als hochgradigem Dauerleister – ist selbst bei schwerer körperlicher Arbeit nicht wesentlich größer als in Ruhe (in Ruhe 16–17 Vol.-%; bei Belastung 18–19 Vol.-%) (*Keul* et al. 1965, 43 und 1966, 248).

6. Muskelfaserzusammensetzung (s. S. 42)

Die periphere muskuläre Ausdauerleistungsfähigkeit hängt in nicht unerheblichem Maße von der Verteilung der ST- und FT-Fasern ab. Durch ein Hochleistungstraining kann eine Umwandlung von FT- in ST-Fasern, die eine größere oxidative Kapazität aufweisen, erfolgen (*Howald* 1984, 12). Daher wird die maximale Sauerstoffaufnahmefähigkeit auch durch diesen Faktor beeinflußt.

Zusammenfassend kann festgestellt werden, daß die maximale Sauerstoffaufnahme von einer Reihe verschiedener interner Faktoren bestimmt wird. Als wichtigste leistungsbegrenzende Parameter gelten das *Herzminutenvolumen*, die *Sauerstofftransportkapazität des Blutes* und die *Sauerstoffverwertungskapazität der Peripherie* (Arbeitsmus-

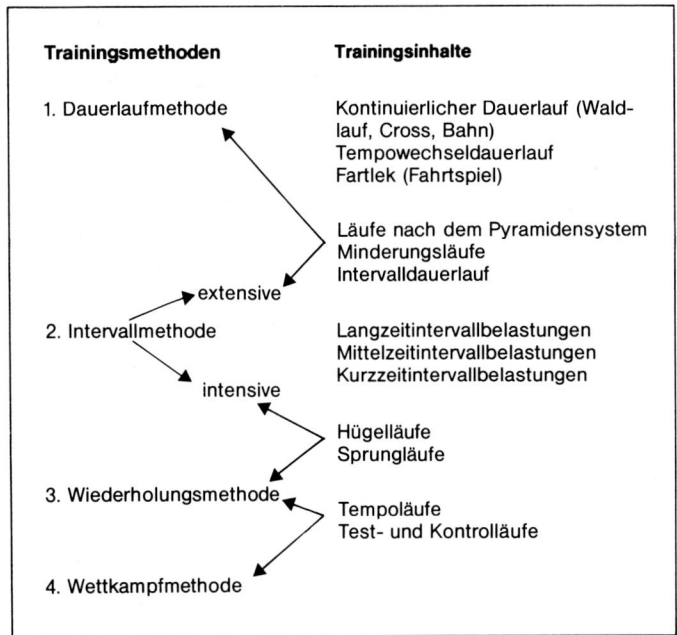

Abb. 94   Einteilung der verschiedenen Ausdauertrainingsmethoden und -inhalte, dargestellt am Beispiel des leichtathletischen Laufes.

kulatur), ausgedrückt durch die arteriovenöse Sauerstoffdifferenz.

Die Erläuterung der Einflußnahme *externer* Faktoren auf die maximale Sauerstoffaufnahme erfolgt an gegebener Stelle.

Trainingsmethoden zur Entwicklung der Ausdauerleistungsfähigkeit

Die verschiedenen Ausdauerfähigkeiten stellen aus leistungsphysiologischer Sicht verschiedene Anforderungen an die sie limitierende aerobe bzw. anaerobe Kapazität. Um eine effektive Leistungssteigerung der verschiedenen Ausdauerfähigkeiten zu ermöglichen, müssen solche Trainingsmethoden und -inhalte eingesetzt werden, die den jeweiligen metabolischen Anforderungen der Wettkampfdisziplin nahekommen und sie dementsprechend gezielt verbessern können.

Einen Überblick über die wichtigsten Ausdauertrainingsmethoden und -inhalte gibt Abbildung 94.

Die Ausdauertrainingsmethoden lassen sich aus physiologischer Sicht in 4 Hauptgruppen unterteilen: die *Dauermethode*, die *Intervallmethode*, die *Wiederholungsmethode* und die *Wettkampfmethode*. Alle anderen Formen, Varianten und Kombinationen lassen sich in diesem Rahmen ansiedeln.

Das Einteilungsschema (Abb. 94), das von den Trainingsinhalten her beliebig ergänzt werden kann, macht deutlich, daß verschiedene Trainingsmethoden und -inhalte bisweilen Zwischenstellungen innerhalb der 4 Haupttrainingsmethoden einnehmen und je nach Ausführungsmodalitäten eine unterschiedliche Zuteilung erfahren können.

Die Wirkung der Dauermethode

Bei dieser Trainingsmethode (*Weineck* 1983, 81) steht die *Verbesserung der aeroben Kapazität* im Vordergrund.

In Abhängigkeit von Umfang und Intensität der Ausdauerbelastungen sind durch die Dauermethode unterschiedliche Effekte zu erzielen. Sportler, die überwiegend mit hohen Trainingsumfängen und relativ niedrigen Intensitäten trainieren, vollziehen besondere Anpassungen im Bereich des Fettstoffwechsels, weniger hingegen in dem des Kohlehydratstoffwechsels (s. unten). Aufgrund der überwiegenden Fettsäureverbrennung und der damit verbundenen weitgehenden Schonung der Glykogenspeicher in den ST-Fasern kommt es nur zu einer mäßigen Superkompensation der Kohlehydratreserven, hingegen zu einer beachtlichen Aktivitätszunahme der Enzyme der Beta-Oxidation (aerober Fettsäureabbau). Ein derartiges Training ist demnach für lange und ultralange Wettkampfstrecken geeignet (Langzeitausdauer III, wie z. B. Marathon- bzw. 100-km- oder 24-Stunden-Lauf), da hierbei ein wesentlicher Teil der Energie über den Fettumsatz gewonnen werden muß (*Lorenz* et al. 1973, 165). Allerdings zeigt sich bei der heutigen Leistungsstärke auch hier schon eine Tendenzwende zu einer zum Umfang parallel gehenden Intensitätssteigerung.

Der Nachteil eines überwiegend umfangreichen und weniger intensiven Trainings liegt insbesondere darin, daß ein derart trainierter Sportler oft nicht in der Lage ist, hohe Arbeitsintensitäten – sei es durch Tempowechsel (Zwischenspurts o. ä.) oder im Endspurt –, die einen erhöhten Glykogenabbau erfordern, über eine längere Dauer zu ertragen. Bei Läufen über 5000 und 10000 m wäre demnach ein solchermaßen umfangbetontes Training für den internationalen Leistungsvergleich zu einseitig (*Senger/Donath* 1977, 396). Für diese Strecken (Langzeitausdauer I) hat sich allgemein ein Training im Bereich der „*anaeroben Schwelle*" – sie liegt bei einem Laktatspiegel von 4 mmol/l und ist durch eine zunehmende anaerobe Energieerzeugung, d. h. einen zunehmenden Laktatanstieg, gekennzeichnet – als am effektivsten erwiesen. Nach *Kindermann/Si-*

mon/Keul (1978, 35) liegt die „anaerobe Schwelle" bei Ausdauersportlern bei etwa 80% der maximalen Leistungsfähigkeit und einer mittleren Herzfrequenz von 174 Schlägen/min. Bei Normalpersonen liegt der Beginn des Laktatanstiegs bei etwa 40–60% der maximalen Sauerstoffaufnahmefähigkeit, d. h., der Zeitpunkt des Laktatanstiegs ist abhängig vom Grad der Trainiertheit (*Hoffmann* et al. 1975, 314).

Die *anaerobe Schwelle* gibt Auskunft über die Auswirkungen des Trainings auf den *nutzbaren* Anteil der maximalen Sauerstoffaufnahme für Ausdauerbelastungen. Dies ist insofern für die Praxis wichtig, als die maximale Sauerstoffaufnahmefähigkeit durch Training nur bis zu 15–20% gesteigert werden kann, die Fähigkeit zur Ausnutzung eines hohen Prozentsatzes dieser maximalen Sauerstoffaufnahme jedoch bis zu 45% (*Gaisl* 1979, 235). Die Bedeutung der Ausnutzung eines höchstmöglichen Prozentsatzes der maximalen Sauerstoffaufnahme wird durch das Beispiel von *Shorter* (Marathonolympiasieger 1972, Bronzemedaillengewinner 1976) und *Clayton* (Weltbestzeit über die Marathonstrecke) offenkundig: Obwohl beide eine für Spitzenläufer relativ niedrige maximale Sauerstoffaufnahmefähigkeit besitzen (73,3 bzw. 69,7 ml/kg/min) sind sie in der Lage, während des Laufes 85% ihrer maximalen Sauerstoffaufnahme auszunutzen, während die meisten anderen Marathonläufer meist nur zwischen 70 und 80% erreichen (*Costill/Fink/Pollock* 1976, 92; *Costill/Branam/Eddy* 1971, 249). Die Ausdauerleistungsfähigkeit ist also nicht allein von der vor allem endogen festgelegten maximalen Sauerstoffaufnahmefähigkeit abhängig, sondern in ausgeprägtem Maße auch von der Fähigkeit ihrer möglichst hohen Ausschöpfung. Für die Trainingsgestaltung geben dabei die anaerobe Schwelle und ihr korrelativer Pulsfrequenzwert wichtige Hinweise für die optimale Belastungsintensität bzw. den Grad der Entwicklung des Trainingszustandes.

Das *intensive* Dauerlauftraining, d. h. das Training im Bereich der „anaeroben Schwelle", kann etwa 45–60 min durchgehalten werden (*Kindermann/Simon/Keul* 1978, 37). Es dient insbesondere der Verbesserung der Muskelstoffwechselkapazität. Ein derartig intensives Training sollte allerdings pro Woche nicht öfter als 2–3mal durchgeführt werden, da sonst die Zeit für die Wiederauffüllung der entleerten Glykogenspeicher zu kurz ist (s. S. 169).

Wird das Dauerlauftraining länger durchgeführt (1–2 Stunden Dauer), dann sollte im Bereich der *„aeroben Schwelle"* – sie liegt bei einem Laktatwert von 2 mmol/l, entsprechend einer mittleren Herzfrequenz von 160 Schlägen pro min – trainiert werden. Diese Form des Ausdauertrainings – auch als *extensives* Dauerlauftraining zu bezeichnen – kann im Sinne einer *Verbesserung der Herz-Kreislauf-Parameter* (bei Herzfrequenzen von etwa 140/min wird bereits ein zur Herzvergrößerung notwendiges hohes Schlagvolumen erreicht) bzw. als „Fettstoffwechseltraining" sowie als Regenerationsmaßnahme durchgeführt werden.

Bezüglich des Muskelstoffwechsels läßt sich zusammenfassend sagen, daß je nach Belastungsintensität und Trainingsdauer unterschiedliche Wirkungen erzielt werden: Bei Herabsetzung der Belastungsintensität geht der Kohlehydratabbau immer mehr in einen Fettabbau über, und umgekehrt wird bei einer Anhebung der Intensität der Kohlehydratabbau verstärkt. Bis zum aeroben Schwellenwert bestehen niedrige energetische Flußraten, die fast ausschließlich über den Fettabbau abgedeckt werden können (*Keul/Kindermann/Simon* 1978, 26); im Bereich des anaeroben Schwellenwertes sind hohe energetische Flußraten erforderlich, die fast nur über den Kohlehydratstoffwechsel abgedeckt werden können. Zur Verbesse-

---

rung der Herz-Kreislauf-Parameter ist sowohl das *extensive* als auch das *intensive* Dauerlauftraining geeignet. Allerdings ist der Einsatz der extensiven Methode aufgrund der geringeren psychophysischen Beanspruchung in dieser Hinsicht ökonomischer.

Jahrelanges umfangreiches und intensives Ausdauertraining (Spitzensport) führt zu einer Umwandlung von FT-Fasern in ST-Fasern und erhöht über die Zunahme der ausdauerspezialisierten ST-Muskelfaserfraktion die aerobe Ausdauerleistungsfähigkeit (*Howald* 1984, 12).

Es muß allerdings festgestellt werden, daß diese trainingsbedingte Veränderung des angeborenen Verteilungsmusters reversibel ist: Bleiben die spezifischen Ausdauertrainingsreize aus, dann kommt es zur Umkehr der Umwandlungsvorgänge und damit zu einer Rückkehr zum ursprünglichen Fasermuster (*Howald* 1984, 12).

Entscheidend für die Umwandlung der FT-Fasern ist die Änderung des muskulären *Innervationsmusters* (s. S. 44): Wird den FT-Fasern über ein tägliches, mehrere Stunden dauerndes Ausdauertraining das kontinuierliche Innervationsmuster der ST-Fasern auferlegt, so wandeln sie sich in diesen Fasertyp um; beim Ausbleiben der gewohnten Trainingsreize setzt sich das ursprüngliche Innervationsmuster wieder durch, und es kommt zur Rückverwandlung.

Eine Umwandlung von ST-Fasern in FT-Fasern ist durch Training jedoch kaum zu erzwingen, weil in den Ruhephasen zwischen 2 Trainingseinheiten die ST-Fasern unweigerlich wieder unter dem ihnen eigenen Impulsmuster mit niedrigfrequenter Dauerstimulation stehen. Deshalb be-

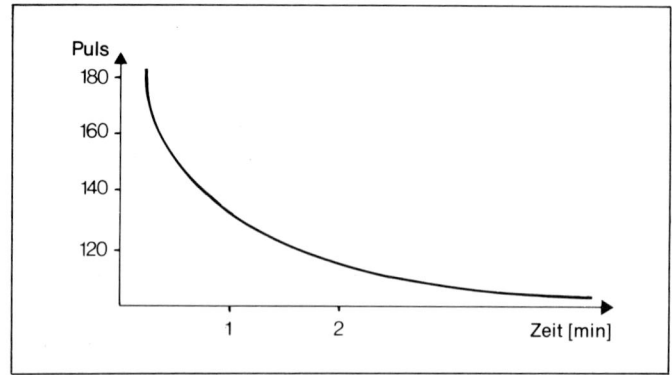

Abb. 95   Das Prinzip der „lohnenden Pause", dargestellt am Pulsverhalten nach Belastungsende.

schränken sich die Anpassungsvorgänge bei Kraft- und Intervalltraining auf die metabolische Funktion der Muskelfaser und auf deren Durchmesser (*Howald* 1984, 12).

Ein guter Langstreckenläufer wird aus diesen Gründen nie ein hervorragender Sprinter werden können, während das Dauerleistungsvermögen eines Sprinters durch entsprechendes Training sehr wohl ganz entscheidend verbessert werden kann, allerdings unter Einbußen in der Schnelligkeit.

Die Wirkung der Intervallmethode

Man unterscheidet ein *extensives* bzw. *intensives* Intervalltraining sowie eine Kurzzeit-, Mittelzeit- und Langzeitintervallmethode.

Das *extensive* Intervalltraining ist gekennzeichnet durch einen hohen Umfang und relativ geringe Intensität, das *intensive* Intervalltraining durch relativ geringen Umfang und hohe Intensität.

Die Kurzzeitintervallmethode umfaßt Belastungszeiträume von 15–60 s, die Mittelzeitintervallmethode von 1–8 min und die Langzeitintervallmethode von 8–15 min (*Harre* 1976, 156).

Charakteristisch für die Intervalltrainingsmethode ist das Prinzip der *lohnenden Pause*.

Abbildung 95 zeigt, daß nach Belastungsabbruch ein relativ schneller Abfall der Pulsfrequenz erfolgt, wobei das Ausmaß des Abfalls Rückschlüsse auf den Trainingszustand ermöglicht. Da der Abfall logarithmisch erfolgt, *ist nur ein Teil der Pause lohnend*. Bis zur vollständigen Erholung müßte unverhältnismäßig lange gewartet werden. Beim Erreichen einer Pulsfrequenz von etwa 120–140 wird deshalb schon wieder der nächste Belastungsreiz gesetzt. Daß jedoch keine vollständige Erholung abgewartet wird, hat noch einige andere Gründe:

1. Die Pause sollte 1–1,5 min nicht überschreiten, da sonst eine Rückkehr der Herz-Kreislauf-Größen sowie der Stoffwechselvorgänge zur Ruhelage die Folge wäre. Beim erneuten Arbeitsbeginn müßten dann erneut die verschiedenen Regulationsmechanismen und Energiegewinnungsstadien durchlaufen werden, was aber bei dieser Trainingsmethode nicht beabsichtigt ist (im Gegensatz zur Wiederholungsmethode).

2. Nach Belastungsende sinken der systolische und der diastolische Blutdruck rasch ab, und die Blutdruckamplitude ist dabei stark vergrößert, was auf ein großes Schlagvolumen schließen läßt. Durch den Abfall des mittleren Blutdruckes verlagert das Herz seine Arbeit von der Druckarbeit mehr zur Volumenarbeit, was als Ursache für die Vergrößerung der Herzhöhlen (Herzdilatation) angesehen wird. Das Schlagvolumen ist außerdem bei der im Bereich der „lohnenden Pause" vorliegenden Pulsfrequenz am größten (*Reindell/Rosskamm/Gerschler* 1962, 60). Dieses Schlagvo-

lumenoptimum bildet demnach in der Erholungspause einen wirksamen formativen Reiz für die Vergrößerung des Herzens.

> Beim Intervalltraining wird demnach in zweifacher Hinsicht stark auf Veränderungen der Herzgröße eingewirkt: In der Belastungsphase erfolgt über die überwiegende Herzdruckarbeit eine Hypertrophie der Herzmuskulatur, in der Erholungsphase über die vorherrschende Herzvolumenarbeit vor allem eine Dilatation der Herzhöhlen.

Aus diesem Grunde kommt es bei der Intervalltrainingsmethode in ganz besonderem Maße zu einer raschen Vergrößerung der Herzleistungsgrößen, die sich wiederum günstig auf die maximale Sauerstoffaufnahme und damit die Ausdauerleistungsfähigkeit auswirkt. *Reindell/Rosskamm/Gerschler* (1962, 45) fanden Herzvolumenvergrößerungen um 220 cm^3 innerhalb weniger Wochen.

Der hauptsächliche Unterschied zwischen der *extensiven* und der *intensiven* Intervallmethode ist im Stoffwechselbereich zu suchen. Bei einer Belastungsdauer von etwa 1–4 min und hoher Belastungsintensität kommt es zu einer verstärkten Energiebereitstellung über die Glykolyse und damit zu einer ausgeprägten Verbesserung der anaeroben Kapazität. Bei länger dauernden Läufen hingegen fällt die Intensität zwangsläufig etwas ab, und damit auch der Anteil der glykolytischen Energiegewinnung: Im Vordergrund steht somit die Verbesserung der aeroben Kapazität (*Keul/Löhmann/Adolph* 1970, 62).

Außerdem führt das Intervalltraining intensiver Prägung – d. h. bei einer Belastungsintensität, die mehr als 90% der maximalen Sauerstoffaufnahmefähigkeit bzw. mehr als 30% der maximalen isometrischen Kontraktionsstärke ausmacht (s. S. 195) – mehr zu einer selektiven Beanspruchung und damit

Speicherentleerung bzw. Hypertrophie der FT-Fasern, das extensive hingegen beansprucht mehr die ST-Fasern. Beiden Belastungsformen ist jedoch die starke Beanspruchung des Kohlehydratstoffwechsels gemeinsam, da ja auch die extensive Variante im Vergleich zum Dauerlauftraining noch ausreichend hohe Intensitäten erreicht, die stets jenseits der „anaeroben Schwelle" liegen.

Was die Verbesserung der maximalen Sauerstoffaufnahmefähigkeit betrifft, so haben die Untersuchungen von *Fox* et al. (1972, 19) gezeigt, daß die intensive Intervallmethode die höchsten Zunahmeraten und damit den höchsten Leistungszuwachs erbrachte.

Am Beginn der Vorbereitungsphase bzw. des langfristigen Trainingsprozesses der Ausdauerschulung sollte das extensive Intervalltraining stehen. Ansonsten empfiehlt sich die Anwendung beider Formen, da hierbei sowohl die aerobe als auch die anaerobe Kapazität verbessert werden kann.

Zum Schluß noch ein Wort zur *Pausengestaltung:* Die Pause sollte „aktiv" gestaltet werden (Gehen, Traben), um über die Muskelpumpe die für das große Schlagvolumen notwendige Blutmenge aus der Arbeitsmuskulatur zum Herzen zurückzupumpen; bei einer Pause, die stehend verbracht werden würde, käme es zu einem Versacken des Blutes in die peripher weitgestellten Gefäße der unteren Extremität.

> Zusammenfassend kann man sagen, daß durch die Intervallmethode ausgeprägte Trainingsreize im Hinblick auf die Herzvergrößerung sowie die Verbesserung des Kohlehydratstoffwechsels bzw. der anaeroben und aeroben Kapazität gesetzt werden, die in Abhängigkeit von der Intensität, dem Umfang und der gewählten Streckenlänge mehr oder weniger stark ausgeprägt sind. Im Gegensatz zur Dauermethode

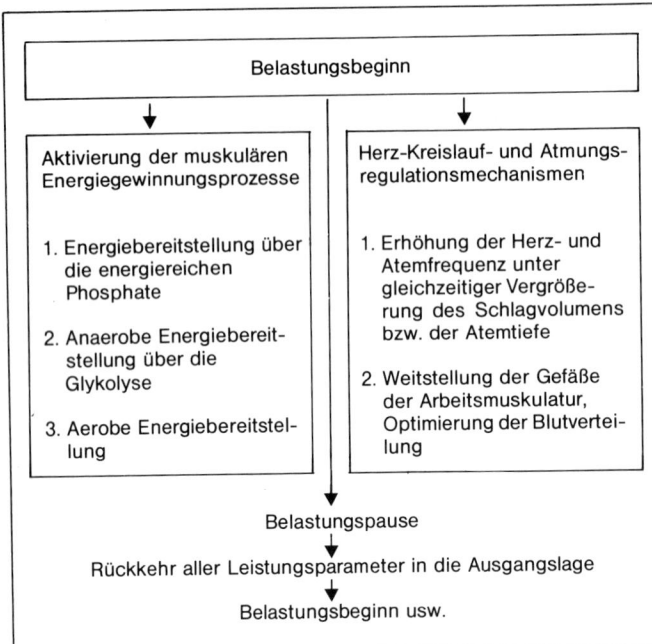

Abb. 96 **Das Prinzip der Wiederholungsmethode.**

ist bei der Intervallmethode jedoch keine so ausgeprägte Kapillarisierung festzustellen, da hier der für die Aussprossung der Haargefäße notwendige hohe mittlere Blutdruck bei erhöhter Umlaufgeschwindigkeit nicht über den erforderlichen Zeitraum von mehr als 30 min aufrechterhalten wird.

Die Wirkung der Wiederholungsmethode

Die Wiederholungsmethode (*Weineck* 1983, 86) beinhaltet – und dies gilt in gleicher Weise für die Schnelligkeits-, Kurzzeit-, Mittelzeit- und Langzeitausdauerschulung – das wiederholte Absolvieren einer gewählten Strecke, die nach einer jeweils *vollständigen Erholung* mit maximal möglicher Geschwindigkeit durchlaufen wird. Aufgrund der hohen Intensität ist nur eine geringe Wiederholungszahl möglich.

Bei dieser Trainingsmethode kehren aufgrund der vollständigen Erholung zwischen den einzelnen Belastungen alle Leistungsparameter aus dem Bereich des Atmungs-, Herz-Kreislauf- und Stoffwechselsystems in die Ausgangslage zurück. Bei jeder weiteren Belastung kommt es zu einem neuerlichen Durchlaufen sämtlicher regulativer Steuerungsprozesse. Aus diesem Grunde schult die Wiederholungsmethode in ausgeprägtem Maße das reibungslose Ineinandergreifen aller leistungsbestimmenden Regulationsmechanismen. Abbildung 96 verdeutlicht dies.

Neben der Schulung der Regulationsmechanismen setzt das Wiederholungstraining mit seinen maximalen und submaximalen Belastungen – besonders im Bereich von Läufen bis zu 400 m bzw. etwa 1 min Dauer – auch noch Reizintensitäten, die eine Hypertrophie der FT-Fasern der Arbeitsmuskulatur ermöglichen. Diese Methode ist deshalb vor allem für Sportdisziplinen geeignet, bei denen es neben einer hohen Ausdauerleistungsfähigkeit auch noch auf ein hohes

Maß an Schnelligkeit ankommt (z. B. im leichtathletischen Mittelstreckenbereich).

Schließlich spielt die Wiederholungsmethode mit ihren maximalen Belastungsanforderungen noch eine wichtige Rolle für die gezielte Vermehrung der muskulären Energiespeicher. Dabei ist die Wahl der Belastungsdauer bzw. der Streckenlänge von Bedeutung für die selektive bzw. gemischte Beanspruchung der anaeroben bzw. aeroben Energiebereitstellung.
Bei der Wahl einer kurzen Belastungsdauer bzw. Streckenlänge (bis etwa 20 s bzw. 150 m) werden im Bereich der anaeroben Energiebereitstellung vor allem die energiereichen Phosphatpools entleert und in der Wiederherstellungsphase vermehrt resynthetisiert. Das Wiederholungstraining dieser Prägung (vgl. auch Kurzzeitintervallmethode) dient insbesondere der Schnelligkeitsausdauer (s. S. 228).
Bei der Wahl einer Belastungsdauer von etwa 30–60 s wird vorzugsweise die anaerobe Energiebereitstellung, bei etwa 2 min zu etwa gleichen Teilen die aerobe und anaerobe Kapazität und bei längerwährender Belastung vor allem die aerobe Energiegewinnung beansprucht.

Da das Phänomen der Superkompensation dann besonders ausgeprägt ist, wenn die Energiespeicher – hierbei insbesondere die Glykogenspeicher – vollständig und rasch entleert werden (*Keul* 1975, 596; *Jakowlew* 1978, 513), bietet sich die Wiederholungsmethode in dieser Hinsicht als *die* optimale „Entleerungsmethode" an: *Saltin* (1973, 142) stellte bei 5–6 Läufen über 50–60 s eine vollständige Entleerung der FT-Fasern fest; bei Ausdauerläufen von 60–70% des maximalen Sauerstoffaufnahmevermögens kam es vergleichsweise erst nach 2–3 Stunden zu einer Entleerung der ST-Fasern. Das Beispiel macht weiterhin deutlich, daß je nach gewählter Streckenlänge selektiv ein bestimmter Fasertyp in sehr kurzer und damit zeitsparender Weise entleert werden kann.

> Die Wiederholungsmethode stellt demnach eine sehr effiziente Methode zur Verbesserung der speziellen Ausdauer dar, die in außergewöhnlich komplexer, aber sehr differenziert steuerbarer Weise zur Verbesserung der Regulationsmechanismen und -kapazitäten des Herz-Kreislauf- und Atemsystems sowie des Stoffwechsels beiträgt.

Die Wirkung der Wettkampfmethode

Der Begriff Wettkampfmethode (*Weineck* 1983, 88) hat nur dann seine Berechtigung, wenn eine dichte Wettkampffolge – in der Art eines Wettkampfblockes – gezielt als methodisches Verfahren eingesetzt wird. Beispielsweise wird ein 800-m-Läufer in einer Woche mehrere Wettkämpfe bestreiten, die in der Streckenlänge zumeist mit seiner eigentlichen Spezialstrecke differieren, also darunter oder darüber liegen (over/under distance running). Bei dieser Methode - sie ist ausschließlich dem Leistungssport vorbehalten – werden Wettkämpfe als Trainingsinhalte verwendet; sie dienen einer vertieften Ausschöpfung der Funktionspotentiale und sollen über eine nachfolgende verlängerte Erholungsphase zu einer erhöhten Superkompensation führen. Die Wettkampfmethode wird demnach ausschließlich als Vorbereitung auf den saisonalen Höhepunkt verwendet.
Mit Hilfe der Wettkampfmethode werden ausschließlich die speziellen Ausdauerfähigkeiten der Wettkampfdisziplin geschult. Neben diesem Höchstmaß an Spezifität bietet diese Methode jedoch auch noch die Möglichkeit zum Erwerb von Wettkampferfahrung und Wettkampfhärte, zur Verbesserung des taktischen Verhaltens sowie des taktischen Studiums der Gegner.
Der besondere Vorzug der Wettkampfmethode liegt aber vor allem in der Tatsache begründet, daß im Wettkampf Funktionszu-

stände einzelner Systeme erreicht werden, die weder im normalen Training noch bei Testwettkämpfen oder sonstigen Leistungskontrollen erreicht werden (*Michailow* 1973, 372). Eine häufige Wettkampfteilnahme trägt demnach aufgrund der vollständigen Beanspruchung aller psychophysischen Leistungsreserven in ausgeprägtem Maß zu einer Verbesserung des Trainingszustandes bei: Vor allem bei bereits auf hohem Niveau stehenden Athleten ermöglicht dieses „Mehr" an Belastung im Wettkampf weitere Störungen der Homöostase mit entsprechenden Adaptationsmechanismen.

Schließlich stellt der Wettkampf die spezifischste Form der Kontrolle aller leistungsbestimmenden psychophysischen Faktoren dar und gibt Aufschluß darüber, ob der Trainingsaufbau bzw. die eingesetzten Trainingsmethoden und -inhalte richtig gewählt wurden.

> Die Wettkampfmethode ist die komplexeste Trainingsmethode, da sie alle für die jeweilige Sportart speziellen Fähigkeiten zugleich schult.

Einschränkend muß allerdings erwähnt werden, daß die zu häufige Wettkampfteilnahme dazu führen kann, daß sich der Sportler an die Wettkampfsituation gewöhnt und dann nicht mehr ausreichend stimuliert werden kann, was die Wertigkeit dieser Methode beeinträchtigen würde.

Literatur

1. *Astrand, I.,* et al.: Myohemoglobin as an oxygenstore in man. Acta physiol. scand. (1960), 454–460
2. *Bergstrom, J., E. Hultman, B. Saltin:* Muscle glycogen consumption during cross-country skiing (The Vasa ski race). Int. Z. f. angew. Physiol. 31 (1973), 71–75
3. *Buyze, G.,* et al.: Serum enzyme activity an physical condition. J. Sports Med. 16 (1976), 155–164
4. *Costill, D.,* et al.: Glycogen depletion pattern in human muscle fibers during distance running. Acta physiol. scand. 3 (1973), 374–383
5. *Costill, D., G. Branam, D. Eddy:* Determinants of marathon running. success. Int. Z. f. angew. Physiol. 29 (1971), 249–254
6. *Costill, D., W. Fink, M. Pollock:* Muscle fiber composition and enzyme activities of elite distance runners. Med. and Sci. in Sports 2 (1976), 96–100
7. *de Marées, H.:* Sportphysiologie. Troponwerke, Köln-Mühlheim 1979
8. *Dolgin, P., G. Lehmann:* Ein Beitrag zur Physiologie der statischen Arbeit. Arbeitsphysiol. 2 (1929), 248 f.
9. *Fox, E.,* et al.: Intensity and distance of interval training programs and champs in aerobic power. Med. and Sci. in Sports 5 (1972), 18–22
10. *Frey, G.:* Zur Terminologie und Struktur physischer Leistungsfaktoren und motorischer Fähigkeiten. Leistungssport 5 (1977), 339–362
11. *Gaisl, G.:* Der aerob-anaerobe Übergang und seine Bedeutung für die Trainingspraxis. Leistungssport 4 (1979), 235–243
12. *Haber, P., J. Pont:* Objektivierung der speziellen Ausdauer für zyklische Sportarten im Kurzzeitausdauerbereich mittels Mikroblutgas-Analyse. Sportarzt u. Sportmedizin 12 (1977), 357–362
13. *Harre, D.:* Trainingslehre. Sportverlag, Berlin 1976
14. *Hettinger, T., W. Hollmann, M. Schönenborn:* Über den Einfluß isometrischer (statischer) Beanspruchung mittelgroßer Muskelgruppen auf den Kreislauf aus der Sicht rehabilitativer Kardiologie. Herz/Kreislauf 8 (1973), 329 f.
15. *Hoffmann, H.,* et al.: Die Abhängigkeit der Laktatkonzentration im Blut von der Arbeitsintensität. Med. u. Sport 10 (1975), 313–316
16. *Hollmann, W., Th. Hettinger:* Sportmedizin – Arbeits- und Trainingsgrundlagen. Schattauer, Stuttgart-New York 1980
17. *Holloszy, J.:* Effects of exercise on mitochondrial oxygen uptake and respiratory enzyme activity in skeletal muscle. J. biol. Chem. 242 (1967), 2278 f.
18. *Holloszy, J.:* Adaptation of skeletal muscle to endurance exercise. Med. and Sci. in Sports 3 (1975), 155–164
19. *Howald, H.:* Morphologische und funktionelle Veränderungen der Muskelfasern durch Training. Schweiz. Z. Sportmed. 31 (1984), 5–14 u. Manuelle Medizin (1984), 86–95
20. *Howald, H., R. Maier:* Kohlenhydrat- und Fettstoffwechsel beim 15 km Skilanglaufen. Schweiz. Z. Sportmedizin 3 (1971)
21. *Jakowlew, N.:* Biochemische Adaptationsmechanismen der Skelettmuskeln an erhöhte Aktivität. Med. u. Sport 5 (1975), 132–138

22. *Jakowlew, N.:* Die biochemische Grundlage der Ermüdung und ihre Bedeutung in der sportlichen Praxis. Leistungssport 6 (1978), 513–516
23. *Karlsson, J.,* et al.: Das menschliche Leistungsvermögen in Abhängigkeit von Faktoren und Eigenschaften der Muskelfasern. Med. u. Sport 12 (1975), 357–364
24. *Keul, J.:* Die Bedeutung des aeroben und anaeroben Leistungsvermögens für Mittel- und Langstreckenläufer(innen). Lehre der Leichtathletik 17 + 18 (1975), 593–632
25. *Keul, J., E. Doll, D. Keppler, U. Fleer, H. Reindell:* Über den Stoffwechsel des menschlichen Herzens. III. Der oxydative Stoffwechsel des Herzens unter verschiedenen Arbeitsbedingungen. Pflügers. Arch. ges. Physiol. 282 (1965), 43 f.
26. *Keul, J., E. Doll, H. Steim, Ch. Maiwald, H. Reindell:* Über den Stoffwechsel des Herzens bei Hochleistungssportlern. Z. Kreislaufforsch. 3 (1966), 248 f.
27. *Keul, J., N. Löhmann, P. Adolph:* Die Veränderung der Herzfrequenz und der arteriellen Glucose- und Lactatspiegel bei 2–4minütigen Intervalläufen. Int. Z. f. angew. Physiol. 1 (1970), 55–64
28. *Keul, J., W. Kindermann, G. Simon:* Die aerobe und anaerobe Kapazität als Grundlage für die Leistungsdiagnostik. Leistungssport 1 (1978), 22–32
29. *Kindermann, W., G. Simon, J. Keul:* Dauertraining – Ermittlung der optimalen Trainingsherzfrequenz und Leistungsfähigkeit. Leistungssport 1 (1978), 34–39
30. *Kramer, H.:* Zur Beziehung zwischen bioelektrischer und mechanischer Muskelaktivität bei isometrischen Muskelkontraktionen. Med. u. Sport 6 (1977), 169 f.
31. *Lorenz, R.,* et al.: Einfluß der Intensität von Ausdauerbelastungen auf das Verhalten des Serumglycerins. Med. u. Sport 6 (1973), 165–170
32. *Michailov, V.:* Die Mobilisierung der anaeroben Energiebereitstellung von Sportlern bei Muskelarbeit unter unterschiedlichen Bedingungen. Med. u. Sport 12 (1973), 369–373
33. *Miller, A. T., C. S. Blyth:* The influence of body fat content and the metabolic cost of work. J. appl. Physiol. 8 (1955), 139
34. *Nöcker, J.:* Die Ernährung des Sportlers. Hofmann, Schorndorf 1974
35. *Paul, P., W. Holmes:* Free fatty acid and glucose metabolism during increased energy expendiure and after training. Med. and Sci. in Sports 3 (1975), 176–184
36. *Pette, D., H. Staudte:* Differences between red and white muscles. In: Limiting factors of physical performance, pp. 23–35. *Keul* (ed.). Thieme, Stuttgart 1973
37. *Piehl, K.:* Glykogenvorrat und -schwund in menschlichen Skelettmuskelfasern. Med. u. Sport 2 (1975), 33–42
38. *Reindell, H.,* et al.: Herz-Kreislaufkrankheiten und Sport. Barth, München 1960
39. *Reindell, H., H. Rosskamm, W. Gerschler:* Das Intervalltraining. Barth, München 1962
40. *Robinson, S.:* Experimental studies of physical fitness in relation to age. Arbeitsphysiol. 10 (1938/39), 251 f.
41. *Rohmert, W.:* Untersuchung über Muskelermüdung und Arbeitsgestaltung. REFA e. V., Darmstadt 1962
42. *Roth, W., B. Pansold, E. Hasart, J. Zinner, B. Gabriel:* Zum Informationsgehalt leistungsdiagnostischer Parameter in Abhängigkeit von der Zunahme der Leistungsfähigkeit bei Sportlern. Med. u. Sport 11, 21 (1981), 326–336
43. *Saltin, B.:* Physiological effects of physical conditioning. Med. and Sci. in Sports 1 (1973), 50–56
44. *Saltin, B.:* Metabolic fundamentals in exercise. Med. and Sci. in Sports 3 (1973), 137–146
45. *Sanne, H., R. Sivertsson:* The effect of exercise on the development of collateral circulation after experimental occlusion of the femoral artery in the cat. Acta physiol. scand. 73 (1968), 257 f.
46. *Schaper, W.:* The collateral circulation of the heart. North Holland, Amsterdam 1971
47. *Schön, F.:* Licht- und elektronenmikroskopische Befunde am M. vastus lateralis und ihr Bezug zu physiologischen Meßgrößen bei Normalpersonen, Sportstudenten und Ausdauertrainierten. Dissertation, Sporthochschule Köln 1978
48. *Schoop, W., U. Jahn:* Z. Kreislaufforsch. 50 (1961), 249 f.
49. *Senger, H., R. Donath:* Zur Regulation der oxydativen Substratverwertung im Muskel bei erhöhtem ATP-Umsatz. Med. u. Sport 12 (1977), 391–400
50. *Simonson, E.:* Physiology of work capacity and fatigue. C. C. Thomas, Springfield/Illinois 1971
51. *Taylor, A., M. Booth, S. Rao:* Human skeletal muscle phosphorylase activities with exercise and training. Canad. J. Physiol. Pharm. 11 (1972), 1038–1042
52. *Taylor, A., R. Lappage, S. Rao:* Skeletal muscle glycogen stores after submaximal and maximal work. Med. and Sci. in Sports 2 (1971), 75–78
53. *Treumann, F., W. Schroeder:* Trainingseinfluß auf Muskeldurchblutung und Herzfrequenz. Z. Kreislaufforsch. 11 (1968), 1024
54. *Venrath, H., W. Hollmann:* In: Die Funktionsprüfung der Atmung. *Anthony, A., Venrath, H.* (Hrsg.), Barth, Leipzig 1962
55. *Weineck, J.:* Optimales Training. perimed Fachbuch-Verlagsgesellschaft Erlangen 1983
56. *Wyndham, C. H.:* The validity of physiological determinations. In: Fitness, health, and work capacity. *Larson, L. A.* (ed.). MacMillan, New York-London 1974

Krafttraining

Begriffsbestimmung

Die Formulierung einer präzisen Definition von „Kraft", die sowohl ihre physischen als auch psychischen Aspekte erfaßt, bereitet im Gegensatz zur physikalischen Bestimmung erhebliche Schwierigkeiten, da die Arten der Kraft bzw. der Muskelarbeit außerordentlich vielfältig sind und von einer Vielzahl von Faktoren beeinflußt werden.

Eine definitorische Klärung des Kraftbegriffs wird deshalb jeweils nur im Zusammenhang mit den nachfolgend aufgeführten Arten der Kraftmanifestation möglich sein.

Arten der Kraft

Die Kraft läßt sich in ihren Erscheinungsformen, je nach Betrachtungsweise, in verschiedene Arten unterteilen: Unter dem Aspekt des Anteils an beteiligter Muskulatur unterscheidet man *allgemeine* und *lokale* Kraft, unter dem Aspekt der Sportartspezifität *allgemeine* und *spezielle* Kraft, unter dem Aspekt der Arbeitsweise des Muskels *dynamische* und *statische* Kraft, unter dem Aspekt der beteiligten motorischen Hauptbeanspruchungsformen die *Maximalkraft*, *Schnellkraft*, *Kraftausdauer* und unter dem Aspekt des Körpergewichtsbezuges die *absolute* und *relative* Kraft.

Unter *allgemeiner* Kraft wird dabei das entwickelte Kraftniveau der Hauptmuskelgruppen (Rumpf- und Extremitätenmuskulatur) verstanden. Die *lokale* Kraft bezieht sich auf den Einsatz einzelner Muskeln bzw. Muskelgruppen.

In der Gegenüberstellung von *allgemeiner* und *spezieller* Kraft beinhaltet der Begriff *allgemeine* Kraft die sportartunabhängige Kraft der Hauptmuskelgruppen (s. o.). Die *spezielle* Kraft hingegen umfaßt die an einem sportlichen Bewegungsablauf beteiligten leistungsbestimmenden Muskelgruppen. Koordinative Aspekte spielen bei dieser Kraft eine wichtige Rolle. *Lokale* und *spezielle* Kraft können unter gegebenen Umständen identisch sein.

Unter *dynamischer* Muskelarbeit – sie läßt sich in *positiv* (überwindend) und *negativ* (nachgebend) dynamische Muskelarbeit unterteilen (s. S. 207) – versteht man Muskelarbeit, bei der es zu einer Kontraktion bzw. Dehnung, also zu einer Längenveränderung kommt. Bei der *statischen* (oder isometrischen) Muskelarbeit wird nur Spannung (Kraft) entwickelt, ohne äußerlich sichtbare Verkürzung oder Dehnung des Muskels.

Aus trainingsmethodischer Sicht wird die dynamische Kraft in *Maximalkraft*, *Schnellkraft* und *Kraftausdauer* unterteilt. Obwohl aufgrund der engen Zusammenhänge dieser Manifestationsformen eine derartige Einteilung problematisch ist, entspricht sie summarisch der im Training überwiegend praktizierten Belastungsgestaltung von Maximalkraftsportlern (z.B. Gewichtheber), Schnellkraftsportlern (z.B. Weit-, Dreispringer) und Kraftausdauersportlern (z.B. Ruderern).

Die *absolute* bzw. *relative* Kraft schließlich stellt die vom Körpergewicht unabhängige bzw. die auf das Körpergewicht bezogene Kraftentwicklung dar (s. S. 194).

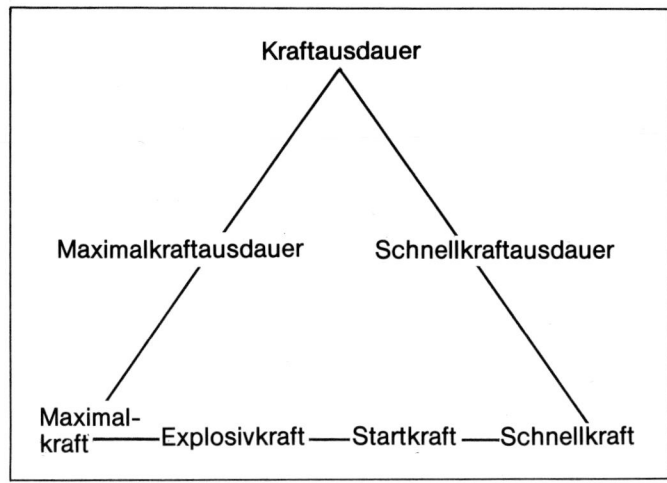

Abb. 97   Die Wechselbeziehungen der 3 Hauptformen der Kraft.

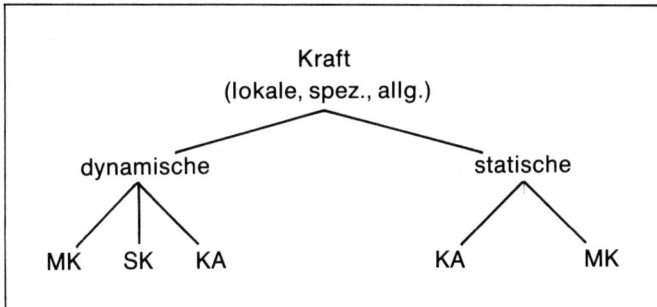

Abb. 98   Schematische Darstellung der verschiedenen Manifestationsformen der Kraft. MK = Maximalkraft; SK = Schnellkraft; KA = Kraftausdauer.

Die Kraft tritt in den verschiedenen Sportarten niemals in einer abstrakten „Reinform", sondern stets in einer Kombination bzw. mehr oder weniger nuancierten Mischform der konditionellen physischen Leistungsfaktoren auf (Abb. 97).

Allgemein gilt:
Die *statische* Kraft steht in engster Beziehung zur *dynamischen* Kraft und bestimmt entscheidend deren Ausprägungsgrad.
Die *statische* Kraft ist stets größer als die (positiv) *dynamische* Kraft.

Die verschiedenen Manifestationsformen der Kraft (Abb. 98) sind aus sportbiologischer Sicht auf das engste miteinander verbunden. Für das allgemeine Verständnis der Kraftproblematik genügt die Darstellung der beiden Hauptarten, nämlich der statischen und dynamischen Kraft. Ihre Subkategorien werden nur ergänzend im jeweils erforderlichen Umfang ausgeführt.

Da die statische Kraft eine leicht bestimmbare Größe darstellt und weitgehend die gleichen leistungsbegrenzenden Faktoren aufweist wie die dynamische Kraft, soll sie zuerst erläutert werden.

Statische Kraft

> Die *statische Kraft* ist diejenige Spannung, die ein Muskel oder eine Muskelgruppe in einer bestimmten Position willkürlich gegen einen fixierten Widerstand auszuüben vermag (*Hollmann/ Hettinger* 1980, 184).

Die statische Kraft läßt sich in statische Maximalkraft und statische Kraftausdauer unterteilen.

Statische Maximalkraft

Leistungsbestimmende Faktoren – Veränderungen durch Training

Als leistungsbestimmende Faktoren gelten für die statische Maximalkraft:

- Muskelfaserquerschnitt
- Muskelvolumen
- Muskelstruktur
- Muskelfaserart
- Muskuläre Energiebereitstellung
- Muskelfaserlänge und Zugwinkel
- Koordinative Leistungsfähigkeit
- Motivation
- Geschlecht und Alter
- Tagesperiodik.

Muskelfaserquerschnitt

Die maximale statische Kraft ist in erster Linie vom Muskelquerschnitt abhängig, der sich summarisch aus den Querschnitten der verschiedenen motorischen Einheiten zusammensetzt.
Der Muskelfaserquerschnitt der Frau beträgt durchschnittlich etwa 75% des Wertes beim Mann (s. S. 375).

> Die Kraft eines Muskels pro cm^2 beträgt $6{,}7 \pm 1$ kg beim Mann und $6{,}3 \pm 0{,}9$ kg bei der Frau (*Fukunaga* 1968, 26).

Der Muskelquerschnitt hängt ab von seinem Anteil an Myofibrillen, Sarkoplasma, interstitiellem Bindegewebe und Fett.

> Das durch Training bewirkte Dickenwachstum (Hypertrophie) des Muskels kommt vor allem durch eine Verdikkung der einzelnen Muskelfasern mit Vermehrung der Myofibrillen zustande. Eine *Hyperplasie* (Vermehrung der Muskelfasern) konnte nur im Tierversuch, nicht aber beim Menschen nachgewiesen werden (*Reitsma* 1965; *Gonyea/Ericson/Bonde-Peterson* 1977, 105).

Als *Hypertrophiereiz* wird allgemein eine erhöhte *Muskelspannung* angesehen. Obwohl der genaue Mechanismus der Muskelhypertrophie im einzelnen noch nicht endgültig geklärt ist, gilt wahrscheinlich folgende Hypothese (*Meerson* 1973, 425; *Hollmann/Hettinger* 1980, 227):
Jeder intensive überschwellige Außenreiz – beim Krafttraining handelt es sich um einen Spannungsreiz – löst im Organismus, in diesem Falle im Muskel, eine Reaktion aus. Sie besteht in einer Verstärkung der von dem Reiz angegriffenen Position, wodurch einer zukünftigen erneuten Belastung besser begegnet werden kann.

Da jede Hypertrophie auf einer Zunahme der Nukleinsäuren- und Eiweißsynthese beruht, muß sich RNS in verstärktem Maße an die Ribosomen (s. S. 32) zwecks spezifischer Eiweißneubildung anlagern. Dies setzt eine verstärkte Aktivität des genetischen Apparates voraus. Aus diesem Grunde muß der Reiz primär auf die DNS-Gene wirken, um

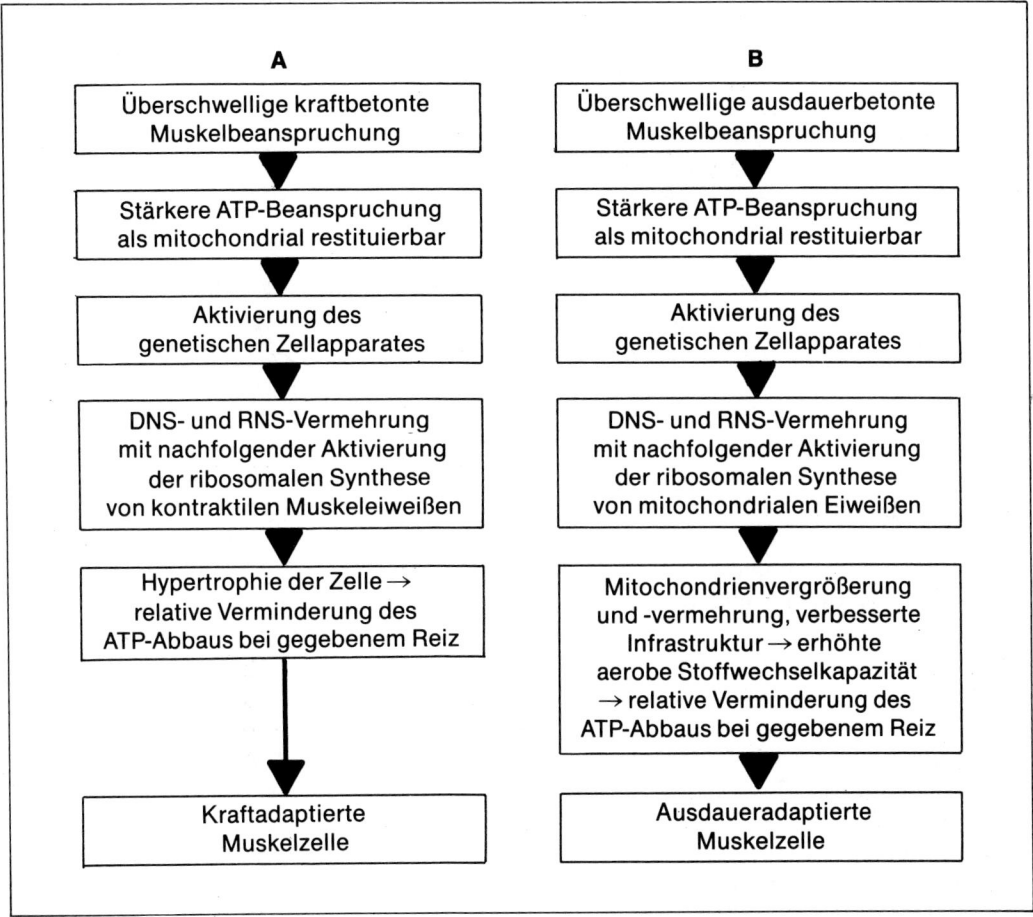

Tab. 11 Hypothetisches Modell zur Hypertrophiesteuerung durch Krafttraining (A) bzw. zur Anpassung an ein aerobes Ausdauertraining (B) (nach *Meerson*, verändert von *Weineck*).

von hier aus die vermehrte RNS-Synthese in Gang zu setzen. Der spezifische Auslösereiz kommt vermutlich über einen ungewohnt intensiven oder anormal häufig ausgelösten ATP- und KP-Abbau zustande, wie dies z. B. beim Krafttraining oder Ausdauertraining der Fall ist.

Eine zusammenfassende Übersicht über die durch Trainingsreize unterschiedlicher Intensität, Häufigkeit und Dauer ausgelösten Adaptationsmechanismen gibt Tabelle 11.

Die Muskelhypertrophie stellt einen Vorsorgemechanismus dar, durch den ungewohnt intensive Spannungsreize auf eine größere Zellmasse verteilt werden und so einen relativen Schutz vor Überlastung bieten, da die Belastung der einzelnen Muskelfaser geringer wird.

Die Muskelfaserhypertrophie ist bei den Krafttrainingsmethoden am größten, bei denen am intensivsten der ATP-Abbau gefordert wird, wie dies z. B. bei der Elektrostimulation, der Bodybuildingmethode (*Weineck* 1983, 152) und dem desmodromischen Training (s. S. 209) der Fall ist. Durch Krafttraining kommt es nicht nur zu einer Hypertrophie der einzelnen Muskelfasern, sondern auch zu einer Vermehrung des Sarkoplasmas – hier laufen die anaeroben Energieprozesse ab – sowie des absoluten Bindegewebsanteils (relativ bleibt sein Prozentsatz jedoch konstant bei etwa 30%).

Muskelvolumen

Das Muskelvolumen – es ergibt sich aus dem Produkt von Muskelquerschnitt mal Muskellänge – begrenzt die maximal mögliche Kontraktionskraft. Wie Abbildung 99 verdeutlicht, besteht zwischen maximaler Muskelkraft und Körpergewicht (bei normaler Körperzusammensetzung) eine enge Korrelation.

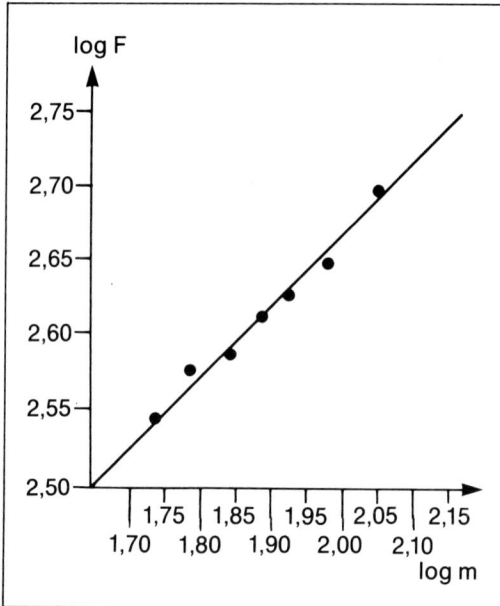

Abb. 99   Die Abhängigkeit von Körpermasse (log m) und maximaler Kraft (log F) (nach *Zaciorskij* 1977, 14).

Bei gleichem Entwicklungsniveau des Trainingszustandes können Personen mit größerer Körpermasse mehr Kraft entwickeln. Die Abhängigkeit zwischen Kraft und Eigenmasse drückt sich um so deutlicher aus, je höher und gleichwertiger die sportliche Qualifikation der Vergleichspersonen ist (*Zaciorskij* 1977, 13).

Beim Vergleich der Kraft von Personen mit unterschiedlichem Körpergewicht wird der Begriff der *relativen Kraft* verwendet. Die relative Kraft stellt, wie bereits erwähnt, die auf das Körpergewicht bezogene Kraft dar. Bei Personen vergleichbaren Trainingszustandes, aber unterschiedlicher Körpermasse, steigt die absolute Kraft mit der höheren Masse an, fällt aber relativ ab (Tab. 12).
Der Abfall der relativen Kraft erklärt sich dadurch, daß die Körpermasse des Sportlers proportional zum Körperumfang dem Produkt seiner 3 linearen Abmessungen entspricht, die Kraft aber proportional dem physiologischen Querschnitt ist, d. h. dem Quadrat der linearen Abmessungen. Aus diesem Grunde steigt mit zunehmender Vergrößerung der Körperabmessungen die Masse schneller als die Muskelkraft an (*Zaciorskij* 1977, 13).

In Sportarten, in denen der eigene Körper bewegt oder gehalten werden muß – wie z. B. beim Turner, der an den Ringen den Kreuzhang ausführt –, ist die relative Kraft wichtiger als die absolute, ansonsten (z. B. beim Gewichtheber) ist es umgekehrt.

Muskelstruktur

Da die maximale statische Kraft vom physiologischen Querschnitt abhängig ist, spielt die Struktur des Muskels – parallele Faser-

Masse des Sportlers [kg]	Ergebnis [kp]	Logarithmus der Körpermasse	Logarithmus des Ergebnisses	Relative Kraft [kp/kg]
56,0	116,0	1,7482	2,0644	2,07
60,0	124,0	1,7781	2,0934	2,06
67,5	135,5	1,8290	2,1319	2,00
75,0	146,0	1,8750	2,1643	1,94
82,5	157,5	1,9160	2,1974	1,90
90,0	159,5	1,9542	2,2029	1,77
etwa 120,0	188,5	2,0792	2,2753	1,74

Tab. 12 Die Abhängigkeit der Kraft eines Gewichthebers von der Körpermasse (nach Werten von Weltrekordinhabern im Drücken – Stand 1. 1. 1963) (*Zaciorskij* 1977, 14).

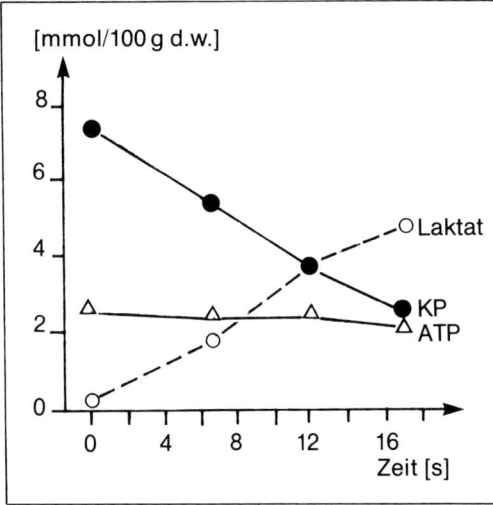

Abb. 100 Konzentrationsänderungen von ATP, KP und Laktat im M. vastus lateralis nach maximalen Kontraktionen (nach *Bergström* et al. 1971, in *Asmussen* 1979, 316).

anordnung, Einfach- bzw. Doppelfiederung (*Weineck* 1986, 50) – für die Kraftentfaltung eine wichtige Rolle. Allerdings ist die Struktur des Muskels anatomisch vorgegeben und nicht durch Training zu beeinflussen.

Muskelfaserart

Die Trainierbarkeit und auch die Höhe der maximalen Kraft hängt u. a. von der Muskelfaserzusammensetzung ab: Je höher der Anteil an FT-Fasern ist, desto besser ist der Muskel auf Kraft trainierbar und desto größer ist seine maximale Kraft.

Die FT-Fasern (s. S. 43) sind durch einen größeren Muskelfaserquerschnitt, durch eine erhöhte anaerobe Kapazität (s. S. 44) und durch ein hochfrequentes salvenförmiges Innervationsmuster gekennzeichnet, Faktoren die additiv zu einer größeren maximalen Kraftentwicklung beitragen.

Krafttraining führt vor allem zu einer Querschnittsvergrößerung der FT-Fasern: Oberhalb 25% der isometrischen Maximalkraft der Einzelmuskelfaser kommt es zu ihrer selektiven Beanspruchung (*Karlsson* et al. 1975, 357). Die FT-Fasern tragen demnach zu einem wesentlich größeren Anteil zur Maximalkraft bei als die ST-Fasern (*Edström/Ekblom* 1972, 175; *Gollnick* et al. 1972, 312 f., *Bührle/Schmidtbleicher* 1977, 8).

Muskuläre Energiebereitstellung

Energetisch spielen bei der Entwicklung der Maximalkraft die *energiereichen Phosphate* (ATP, KP) die entscheidende Rolle, da der Zeitraum der maximalen Kraftentwicklung nur im Bereich von wenigen Sekunden liegt: Eine bis zur Erschöpfung durchgeführte Maximalbelastung führt schnell zu einer intrazellulären Übersäuerung (Laktatanstieg) und damit zum Leistungsabfall in submaximale Bereiche (Abb. 100).

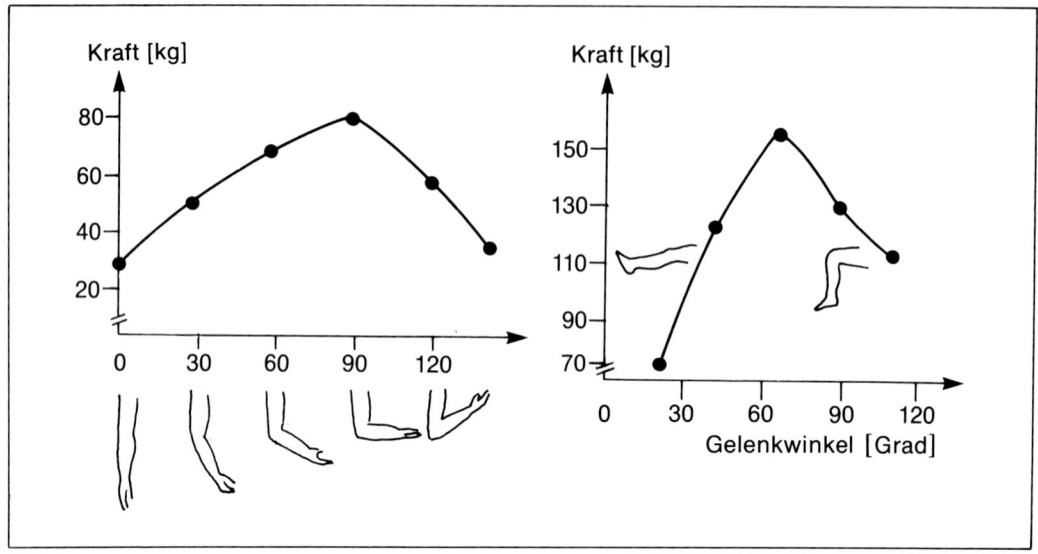

Abb. 101   **Die Abhängigkeit der Kraft von den Gelenkwinkeln, dargestellt an der Armbeuge- bzw. Beinstreck-kraft (nach *Williams/Stutzmann*, in *Zaciorskij* 1977, 33).**

Durch Training werden die energiereichen Phosphatspeicher, insbesondere der des Kreatinphosphats, erhöht und die Aktivität der sie umsetzenden Enzyme gesteigert (*Pansold* 1973, 110; *Thorstensson* et al. 1975, 313 f.).

Muskelfaserlänge und Zugwinkel

Wie Abbildung 101 erkennen läßt, ist die maximale Kontraktionskraft abhängig vom Gelenkwinkel, der die Ausgangslänge des Muskels bzw. seinen Zugwinkel bestimmt. Daß die Kraft und damit auch der Kraftzuwachs in Abhängigkeit von der Winkelstellung der Gliedmaßen zueinander nicht absolut linear verläuft, kommt insbesondere durch die sich verändernden Hebelverhältnisse und durch die Tatsache zustande, daß in den verschiedenen Winkelstellungen verschiedene Muskelpartien oder sogar verschiedene Muskeln zum Einsatz kommen.

Bei der Auswahl der Trainingswinkel sollte diejenige Winkelstellung gewählt werden, die die Ausgangsstellung einer sportlichen Bewegung darstellt (z. B. Startstellung beim Sprint im Moment der „Fertig"-Stellung) oder den größten Transfer auf die anderen Winkelstellungen aufweist.

Wie *Zaciorskij/Raizin* (1975, 19) zeigen konnten, ist z. B. die Wirkung von Trainingsübungen bei einem Kniegelenkswinkel von 70 Grad (tiefe Kniebeuge) auf die Arbeitswinkel von 50, 70, 90 und 110 Grad höher als bei einem Kniegelenkswinkel von 130 Grad; umgekehrt ist die Wirkung letzterer Übungen auf die Leistung bei Arbeitswinkeln von 130 und 150 Grad größer.

Koordinative Leistungsfähigkeit des Muskels

Koordinative Aspekte spielen für die maximal entwickelbare Kraft eine wichtige

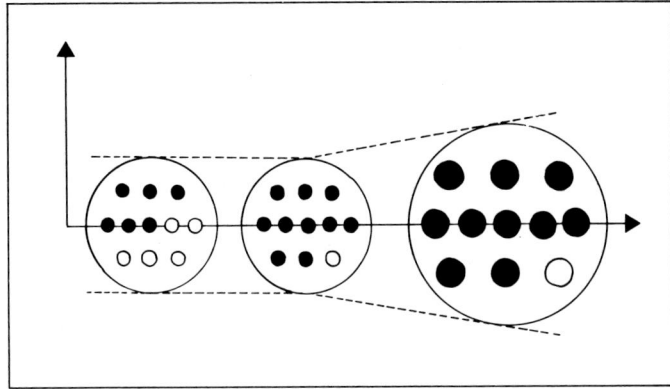

Abb. 102 Mechanismus des Kraft-training: Zuerst kommt es zu einer verbesserten intramuskulären Inner-vation, dann erst folgt die Muskel-faserhypertrophie, ● kontrahierte, ○ nicht kontrahierte Muskelfaser (verändert nach *Fukunaga* 1976, 265).

Rolle. Für die maximale statische Kraft ist dabei vor allem die *intra*muskuläre Koordination – sie betrifft die Koordination bzw. Innervationsfähigkeit innerhalb eines Muskels – entscheidend. Die Abstufung der Kraft ist variierbar durch die Zahl der aktivierten motorischen Einheiten sowie durch die Frequenz und die Synchronisierung der die motorischen Einheiten aktivierenden Nervenimpulse: In Ruhe beträgt ihre Frequenz pro Sekunde etwa 5–6, bei maximaler Anspannung 35–40.

Im Bereich von etwa 20–80% der Maximalkraft hat die Regulierung durch die Einbeziehung einer unterschiedlichen Anzahl von motorischen Einheiten die größte Bedeutung. Bei maximalen Muskelanspannungen spielt auch die Synchronisierung der Aktivität der motorischen Einheiten eine wichtige Rolle: Bei untrainierten Personen werden gewöhnlich nicht mehr als 20% der einlaufenden Impulse synchronisiert, bei trainierten Sportlern können nahezu 100% erreicht werden (*Zaciorskij* 1977, 17).

Bei maximaler statischer Kraftentwicklung werden alle willkürlich mobilisierbaren motorischen Einheiten mit maximaler Impulsfrequenz synchron in Aktion versetzt.

Im Laufe eines Krafttrainings können demnach über das Phänomen der Synchronisation (Gleichzeitigkeit) immer mehr Muskelfasern einer motorischen Einheit zur Entwicklung der maximalen isometrischen Kraft herangezogen werden.
Wie Abbildung 102 verdeutlicht, ist im 1. Stadium eines Krafttrainings der Kraftzuwachs auf eine verbesserte *intramuskuläre* Innervation zurückzuführen, d. h., es können bei einer willkürlichen maximalen Kontraktion mehr Muskelfasern zur Kontraktion gebracht werden. Erst im weiteren Verlauf des Trainings kommt es dann zu einem Ansteigen der Kraft durch die Vergrößerung des Muskelfaser- und damit auch des Gesamtmuskelquerschnitts (*Friedebold/ Nüssgen/Stoboy* 1957, 401).

Motivation

Wie Abbildung 103 veranschaulicht, läßt sich die Leistungskapazität des Menschen in verschiedene Bereiche einstufen, deren Mobilisierung unterschiedliche Willensleistungen verlangt.
Nach *Hettinger* (1966, 32) erfordert der Bereich der automatisierten Leistungen (bis 15%) und der physiologischen Leistungsbereitschaft (15–35%) nur geringe bis mittlere Willensanstrengungen. Die Mobilisierung der gewöhnlichen Einsatzreserven (35–65%) macht ausgeprägte Willenskräfte notwendig

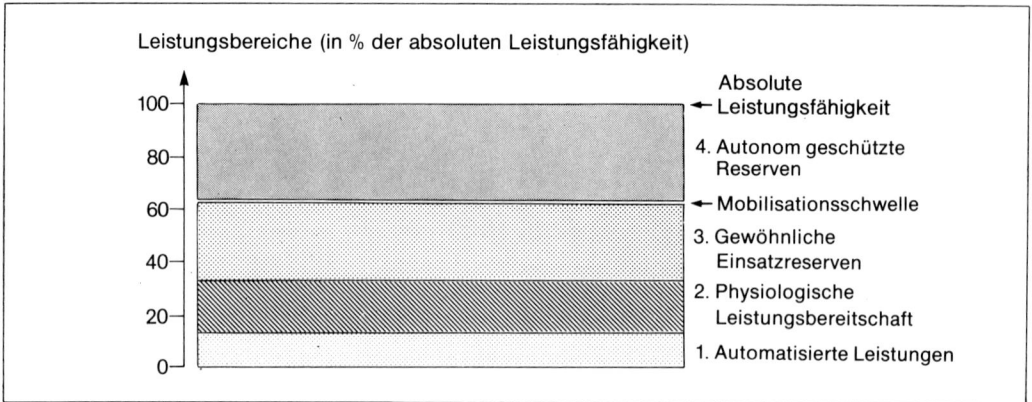

Abb. 103   Schema der Leistungsbereiche (in Anlehnung an _Graf_, in _Hettinger_ 1966, 31).

und geht mit einer relativ starken Ermüdung einher. Die autonom geschützten Reserven (65–100%) schließlich sind im allgemeinen nur zugänglich über eine Enthemmung durch Affekte, Hypnose oder Pharmaka (z. B. Dopingmittel). Hier handelt es sich um Leistungen, die u. U. zur völligen Erschöpfung führen können. Die Grenze zwischen dem Bereich der gewöhnlichen Einsatzbereitschaft und den autonom geschützten Reserven bezeichnet man als Mobilisationsschwelle.

> Die _Mobilisationsschwelle_ läßt sich unter Motivationsbedingungen (_Stoboy_ 1973, 151) und durch entsprechendes Training verschieben, so daß ein hochtrainierter bzw. hochmotivierter Sportler im Vergleich zu einem untrainierten kräftigen Mann mit gleichem Muskelquerschnitt größere Kräfte entwickeln kann.

Als Ursache hierfür kann u. a. die bereits erwähnte erhöhte Zahl an gleichzeitig innervierten motorischen Einheiten beim Trainierten angeführt werden.
Hemmende Reflexe, die normalerweise durch den Vollzug einer starken körperlichen Anstrengung ausgelöst werden, erfah-

ren durch geeignete neue Reize – z. B. Training – ihrerseits eine Hemmung (_Hollmann/ Hettinger_ 1980, 191).
Damit wird auch verständlich, daß unter Hypnosebedingungen der Anstieg an Maximalkraft beim Untrainierten bei etwa 30%, der beim Trainierten jedoch nur noch bei etwa 10% liegt (_Hettinger_ 1966, 29): Der Trainierte hat die Mobilisationsschwelle bereits in ausgeprägterem Maße in den Bereich der autonom geschützten Zone hineinverschoben.

Geschlecht und Alter

Wie Abbildung 104 zeigt, unterscheidet sich die Kraft der Frau von der des Mannes (s. auch S. 375).
Aufgrund der geringeren Muskelmasse und des geringeren Muskelquerschnittes der Frau (s. S. 374), liegt die Kraft der Frau im Mittel bei etwa 70% der des Mannes, bei z. T. erheblichen Unterschieden bezüglich verschiedener Muskelgruppen (vgl. auch S. 376).
Mit zunehmendem Alter (s. S. 348) nimmt die maximale statische Kraft ab. Die Verlustquote der verschiedenen Muskelgruppen ist abhängig von der Alltagsbeanspruchung bzw. dem Niveau der koordinativen Leistungsfähigkeit. Der altersbedingte Rückgang der statischen Muskelkraft kann durch

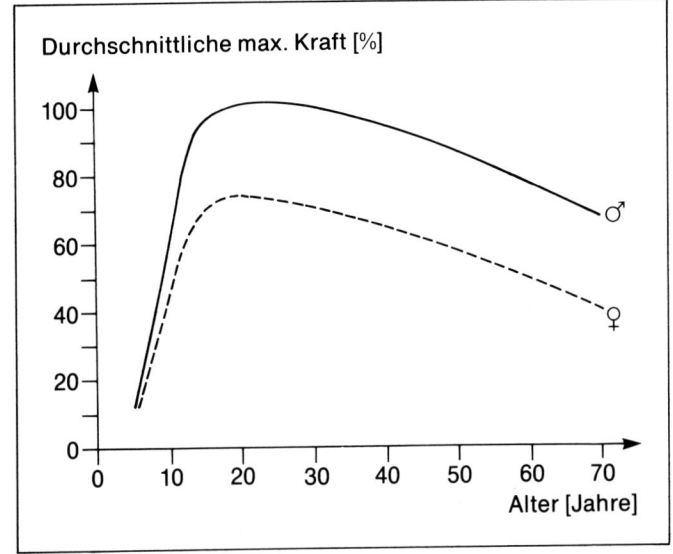

Abb. 104   Die maximale statische Kraft bei männlichen (♂) und weiblichen (♀) Personen im Laufe des Lebens (*Hollmann/Hettinger* 1980, 204).

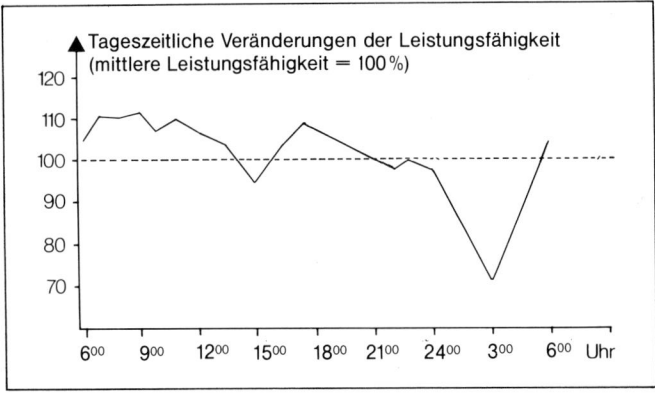

Abb. 105   Die tageszeitlichen Veränderungen der Leistungsfähigkeit des Menschen (nach *Graf*, in *Hettinger* 1966, 86).

ein adäquates Krafttraining etwa bis zum 50.–60. Lebensjahr aufgehalten bzw. verzögert werden.

Tagesperiodik

Abbildung 105 zeigt die tageszeitlichen Veränderungen der Leistungsfähigkeit des Menschen. Der Verlauf dieser Tagesrhythmuskurve ist die Resultante des Verhaltens sämtlicher Körperfunktionen. In gewissen Grenzen gilt das auch für die Muskelkraft. *Huesch* (in *Hettinger* 1966, 87) fand Tagesschwankungen der Kraft um 5%. Das Maxi-

mum der Kraft lag am Vormittag, das Minimum in der Nacht. Hierbei ist allerdings zu berücksichtigen, daß durch Trainingsgewohnheiten (z. B. Training am Abend) die Zeitpunkte hoher Leistungsfähigkeit gesteuert werden können.

Statische Kraftausdauer

In engster Abhängigkeit zur statischen Maximalkraft steht die statische Kraftausdauer: Je größer die zu leistende Haltearbeit ist, je mehr also die Kraftkomponente im Vordergrund steht, desto mehr hängt sie vom Niveau der statischen Maximalkraft ab; je geringer hingegen die Kraftkomponente ist, desto mehr hängt sie von der Ausdauerleistungsfähigkeit der jeweiligen Arbeitsmuskulatur ab. Die Übergänge sind fließend. Wie Abbildung 106 erkennen läßt, nimmt die Haltezeit mit zunehmender Haltekraft ab.

Bei einer Belastung zwischen 15 und 50% der statischen Maximalkraft wird die Durchblutung zunehmend beeinträchtigt, die Energiegewinnung erfolgt gemischt aerob/anaerob. Ab 50% der maximalen isometrischen Anspannung des Muskels werden alle Gefäße durch den Muskelinnendruck verschlossen, die Energieversorgung erfolgt nun ausschließlich anaerob und die Haltezeit verkürzt sich aufgrund der anfallenden sauren Stoffwechselprodukte rapide und beträgt im Belastungsbereich von 100% nur einige Sekunden.

Die *statische Maximalkraft* bzw. die *statische Kraftausdauer* spielen im Sportbereich vor allem in den Sportarten eine wichtige Rolle, in denen kurz- oder längerfristig maximale bzw. submaximale Haltearbeit geleistet werden muß, wie dies z. B. bei Geräteturnern (z. B. Kreuzhang an den Ringen), Gewichthebern (Fixieren der gestoßenen/gerissenen Hantel) Ringen oder Felskletterern der Fall ist.

Ansonsten spielt die statische Kraft im Sport eine wesentlich geringere Rolle als die dynamische Kraft.

Dynamische Kraft

Die dynamische Kraft stellt im Gegensatz zur statischen Kraft eine Manifestationsform der Kraft dar, die innerhalb eines gezielten *Bewegungsablaufes* zum Tragen kommt.

Die dynamische Kraft läßt sich in *Maximalkraft, Schnellkraft* und *Kraftausdauer* unterteilen.

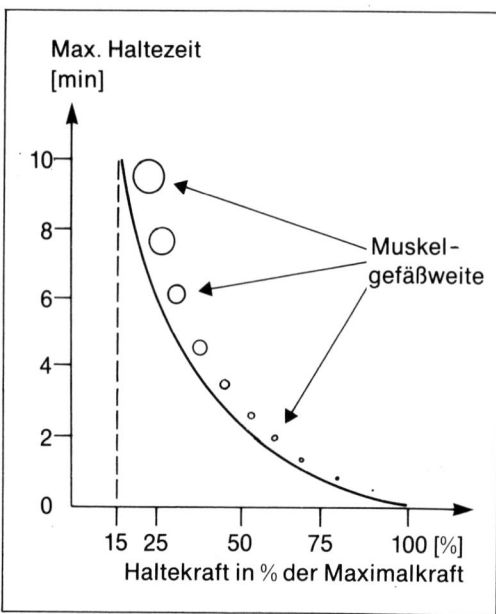

Abb. 106   Die maximale Haltezeit in Abhängigkeit von der Haltekraft (nach *Rohmert*, in *de Marées* 1979, 102).

Maximalkraft

Die *dynamische Maximalkraft* ist die höchste Kraft, die das Nerv-Muskel-System bei willkürlicher Kontraktion innerhalb eines Bewegungsablaufes zu realisieren vermag (vgl. *Frey* 1977, 341).

Leistungsbestimmende Faktoren

– Niveau der statischen Kraft
– Koordinative Leistungsfähigkeit der Muskulatur
– Muskelvordehnung
– Bewegungsgeschwindigkeit
– Art der Kraftentwicklung (positiv/negativ dynamisch)
– Ermüdungsgrad.

Niveau der statischen Kraft

Da die dynamische Maximalkraft auf das engste mit der statischen Maximalkraft korreliert ist (*Zaciorskij* 1978, 8), sind deren leistungsbestimmende Faktoren (s. S. 192) auch für die dynamische Maximalkraft und deren Subkategorien (z. B. Schnellkraft) entscheidend.

Koordinative Leistungsfähigkeit der Muskulatur

Als weiterer Faktor kommt die *intermuskuläre Koordination* hinzu. Das optimale *intermuskuläre* Zusammenspiel der bei einer gegebenen Bewegung kooperierenden Muskelsysteme bestimmt neben der bereits dargestellten *intramuskulären* Koordination entscheidend die sportliche Leistungsfähigkeit. Auch die kleinste Fehlsteuerung, sei es im Bereich der Synergisten oder der Antagonisten, führt zu einer Verringerung der maximal möglichen dynamischen Kraftentwicklung. Die perfekte sportartspezifische Technik – als Ausdruck einer optimalen, den biomechanischen Gesetzmäßigkeiten entsprechenden Koordinationsleistung – beeinflußt daher entscheidend den Ausprägungsgrad der potentiell möglichen Kraftentwicklung.

> Eine Leistungsverbesserung in der dynamischen Kraftentwicklung ist nur durch ein kombiniertes Kraft- und Techniktraining zu erreichen.

Muskelvordehnung

Einen nicht zu vernachlässigenden Faktor für die maximale dynamische Kraftentwicklung – dies gilt in besonderem Maße auch für Schnellkraftleistungen – stellt die Muskelvordehnung dar. Die Muskelausgangslänge beeinflußt seine Leistungsfähigkeit:

Ist der Muskel *über*dehnt – wie dies z. B. beim „Polizeigriff" der Fall ist –, dann kommt es über die Abnahme des Überlappungsbereiches der Aktin- und Myosinfilamente zu einer Verringerung der Zahl knüpfbarer Brückenbindungen und somit zu einer geringen Kraftentwicklung. Ist der Muskel bereits zu stark verkürzt, dann haben sich die Aktin- und Myosinfilamente bereits so weit teleskopartig ineinandergeschoben, daß sie gegen die Z-Membran stoßen und eine weitere Kontraktion erschwert bzw. unmöglich wird. Aus diesem Grunde nimmt die Kraft mit zunehmender Verkürzung ab und wird bei maximaler Verkürzung gleich Null.

> Das Optimum der Kontraktionskraft liegt zwischen 90 und 110% der Ruhelänge des Muskels (*Hasselbach* 1975).

In diesem Bereich ist der Muskel gegenüber dem völlig entspannten Zustand bereits etwas *vor*gedehnt, und die Aktin- und Myosinfilamente überlappen sich noch so weit, daß ein Maximum an Brückenbindungen (≙ Kraftmaximum) pro Zeiteinheit eingegangen werden kann.
Schließlich kommt durch die *Vordehnung* zur aktiv entwickelten Kraft durch die Muskelfilamente noch die Kraft der elastischen muskulären Strukturen – sie betrifft vor allem die bindegewebigen Anteile des Muskels – hinzu.

> Die Gesamtkraft des Muskels steigt mit zunehmender Vordehnung so lange an, wie die Zunahme der elastischen Kraft durch die Dehnung größer ist als die Abnahme der aktiven Muskelkraft.

Bewegungsgeschwindigkeit

Wie Abbildung 107 zeigt, steht die maximal entwickelbare Kraft mit der Bewegungsgeschwindigkeit – sie ist abhängig vom Gewicht der verlagerten Masse – in enger Korrelation.

Bei der Ausführung von Bewegungen mit maximalem Muskeleinsatz beeinflußt das Gewicht der verlagerten Masse die Größe der entwickelbaren Kraft dahingehend, daß eine Abnahme des Gewichtes (= Erhöhung der Bewegungsgeschwindigkeit) mit einer Abnahme der einsetzbaren Kraft einhergeht.

Dieses Phänomen läßt sich folgendermaßen erklären:

Bei hohem Gewicht und langsamer Geschwindigkeit können fast alle verfügbaren motorischen Einheiten eingesetzt werden und somit viele Brückenbindungen pro Zeiteinheit zwischen den Aktin- und Myosinfilamenten geknüpft werden, was einer höheren Kraftentwicklung entspricht. Mit zunehmender Geschwindigkeit nimmt die Zahl der knüpfbaren Brückenbindungen ab und damit auch die entwickelbare Kraft.

Für die maximale Entwicklung der Muskelmasse (durch Hypertrophie) müssen daher Trainingsmethoden gewählt werden (s. S. 209), die eine ausreichend hohe Kraftentwicklung ermöglichen. Nur schnellkräftig durchgeführte Bewegungen führen allein nicht zu einer maximalen Entwicklung der dynamischen Kraft: Aufgrund der zu kurzen Einwirkungsdauer des Kraftreizes kommt es nur zu einer Verbesserung der intramuskulären Koordination, nicht aber zu einer ebenfalls notwendigen Hypertrophie der belasteten Muskelgruppen (= Verteilung der Belastung auf eine größere Muskelmasse).

Art der Kraftentwicklung

Die Höhe der erreichbaren dynamischen Maximalkraft ist abhängig von der Art der Kraftentwicklung. Wie Abbildung 108 er-

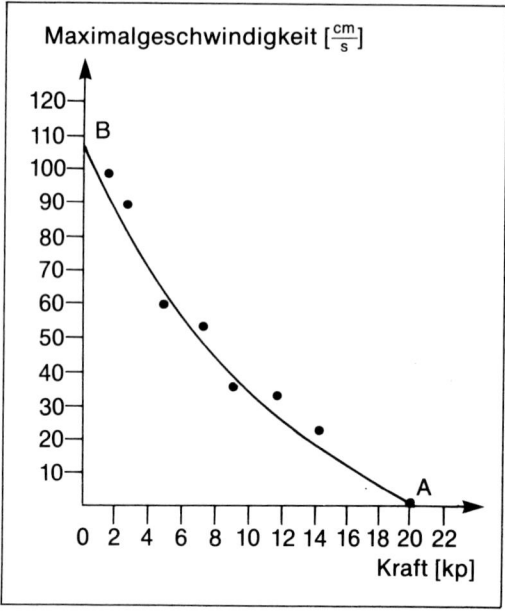

Abb. 107 **Abhängigkeit zwischen Kraft und Geschwindigkeit bei Bewegungen mit unterschiedlicher Belastung (A = isometrische Bedingungen; B = Bewegung ohne Belastung) (nach *Zaciorskij* 1977, 8).**

kennen läßt, ist die negativ dynamische (nachgebende) Kraft bei jeder Geschwindigkeit größer als die positiv dynamische (überwindende) Kraft. Das isometrische Maximum liegt zwischen beiden.

Aus Abbildung 108 läßt sich auch ersehen, wie eng die isometrische Maximalkraft mit der positiv und negativ dynamischen Maximalkraft (s. auch S. 210) verknüpft ist.

Ermüdungsgrad

Wie aus Abbildung 109 ersichtlich, fällt die positiv dynamische Maximalkraft – vergleichbares gilt für die statische Maximalkraft – bei zunehmender Ermüdung (Wiederholungszahl) relativ rasch ab, während die negativ dynamische Maximakraft ansteigt.

Daß die negativ dynamische Kraft (Bremskraft) mit zunehmender Ermüdung zunimmt, hängt damit zusammen, daß mit

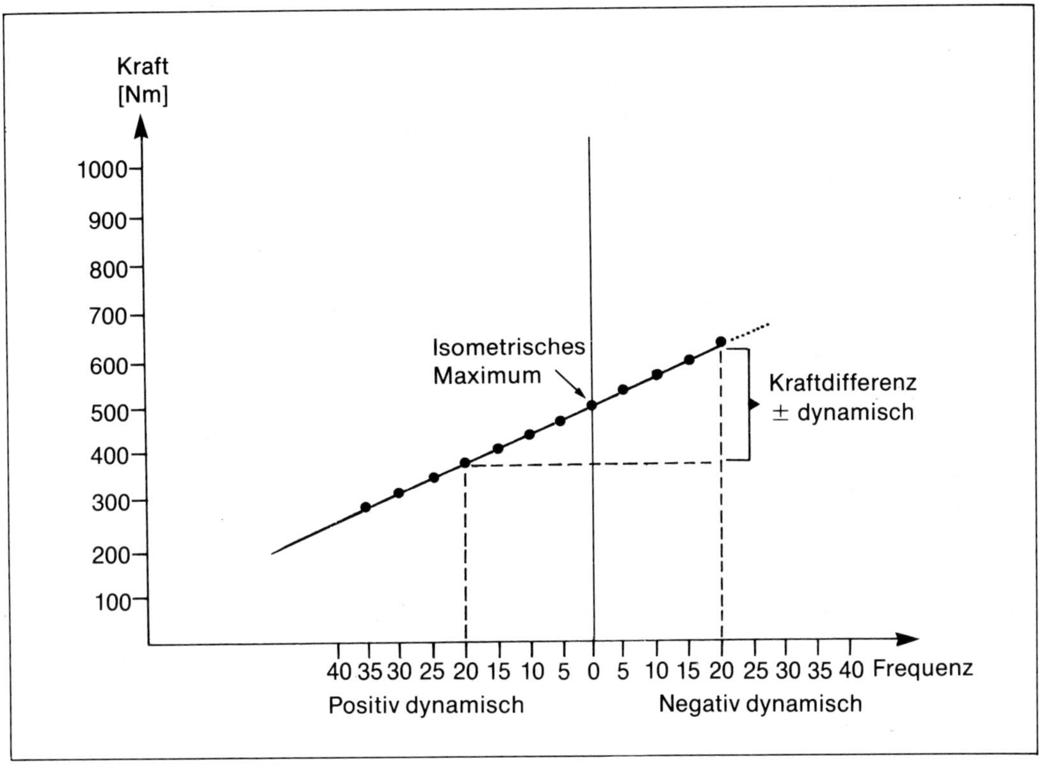

Kraft
[Nm]

1000—
900—
800—
700—
600—
500—
400—
300—
200—
100—

Isometrisches
Maximum

Kraftdifferenz
± dynamisch

40 35 30 25 20 15 10 5 0 5 10 15 20 25 30 35 40 Frequenz

Positiv dynamisch   Negativ dynamisch

Abb. 108   Die positiv und negativ dynamische Kraft bei verschiedenen Bewegungsgeschwindigkeiten unter Berücksichtigung des Drehmomentes (*Weineck/Schnell* 1985, unveröffentlicht).

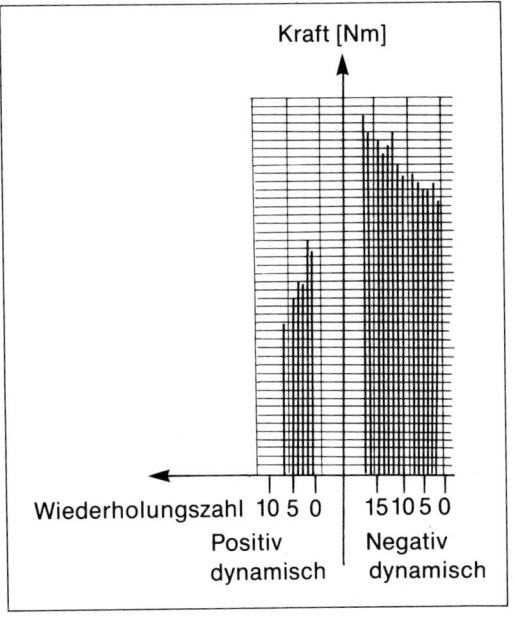

Kraft [Nm]

Wiederholungszahl 10 5 0   15 10 5 0

Positiv   Negativ
dynamisch   dynamisch

Abb. 109   Die Veränderung der Kraftmaxima bei gegebener Bewegungsgeschwindigkeit (und maximaler Kontraktion im 5-Sekunden-Abstand) bei zunehmender Ermüdung (Wiederholungszahl) (*Weineck/Schnell* 1986).

steigender Wiederholungszahl die muskulä-ren ATP-Spiegel zusehends abfallen und da-mit die Weichmacherwirkung des ATP mehr und mehr entfällt: Die Brückenbin-dungen zwischen den Myosinköpfen und den Aktinfilamenten können sich immer schwerer lösen und erhöhen somit die Wi-derstandskraft gegen muskuläre Dehnungs-kräfte. Die negativ dynamische Kraft kann allerdings nicht beliebig durch Ermüdung erhöht werden, da es im Grenzbereich – er variiert interindividuell z. T. beachtlich – über die Sehnenrezeptoren (Golgi-Rezepto-ren) zu einem reflektorischen Arbeitsab-bruch kommt. Damit wird der Muskel vor dem Zerreißen geschützt.

Da die Maxima der negativ dynamischen Kraftentwicklung höher als die der isometri-schen und positiv dynamischen liegen, ist das negativ dynamische Maximalkrafttrai-ning bei ausreichend langer Belastungs-dauer besonders effektiv für eine maximale Kraftentwicklung. Die höchste Kraftent-wicklung sowohl für dynamische als auch statische Kraftparameter läßt sich allerdings durch das desmodromische Krafttraining er-reichen (s. S. 209).

Schnellkraft

> Die Schnellkraft beinhaltet die Fähig-
> keit des Nerv-Muskel-Systems, Wider-
> stände mit höchstmöglicher Kontrak-
> tionsgeschwindigkeit zu überwinden
> (*Harre* 1976, 124; *Frey* 1977, 343).

Bei ein und derselben Person kann dabei die Schnellkraft (*Weineck* 1983, 125) in unter-schiedlichen Extremitäten (Arme, Beine) verschieden ausgeprägt sein. Ein Sportler (z. B. ein Boxer) kann über schnelle Arm-, aber langsame Beinbewegungen verfügen (*Smith* in *Hollmann/Hettinger* 1980, 275). Wie bereits mehrfach erwähnt, bestehen en-ge Zusammenhänge zwischen isometrischer

Maximalkraft und Bewegungsgeschwindig-keit: Ein Zuwachs an isometrischer Kraft ist stets mit einer Verbesserung der Bewe-gungsgeschwindigkeit verbunden (vgl. auch *Bührle/Schmidtbleicher* 1981, 262).

Dabei ist festzuhalten, daß für die Schnell-kraft mit der Erhöhung einer zu überwin-denden Last die Bedeutung der Kraft zu-nimmt. Während zum Beispiel beim Beugen des Ellbogens mit einem Gewicht von 13% des Maximums die Hebegeschwindigkeit um 39% von der Maximalkraft abhängt, erhöht sich dieser Prozentsatz beim Heben einer Last von 51% des Maximums bereits auf 71% (*Werchoshanskij* 1978, 60).

> Der Korrelationsgrad zwischen Maxi-
> malkraft und Bewegungsgeschwindig-
> keit erhöht sich mit der Vergrößerung
> der Last.

Die Abbildung 110 verdeutlicht, daß die Kraft-Zeit-Kurven bei verschiedenen dyna-mischen Belastungen bzw. bei isometrischer Kraftentwicklung den gleichen Anstieg auf-weisen, was bedeutet, daß sich das Schnell-kraftvermögen in gleicher Weise bei der dy-namischen wie auch bei der isometrischen Kontraktion realisiert.

Die Steilheit der Kraftanstiegskurve – als Parameter für das *Schnellkraftvermögen* – hängt nach *Bührle/Schmidtbleicher* (1981, 268) hauptsächlich von 3 Faktoren ab:
1. Von der Zahl der bei Bewegungsbeginn gleichzeitig aktivierten motorischen Einhei-ten (= intramuskuläre Koordination).
2. Von der Kontraktionsgeschwindigkeit der aktivierten Muskelfasern.
Wie biochemische Untersuchungen zeigen, ist der Ausprägungsgrad des anfänglichen Kraftimpulses direkt mit dem prozentualen Anteil an FT-Fasern korreliert – im Gegen-satz zur Entwicklung des Kraftmaximums, bei dem sowohl FT- als auch ST-Fasern be-teiligt sind (*Bosco/Komi* 1979, 275).

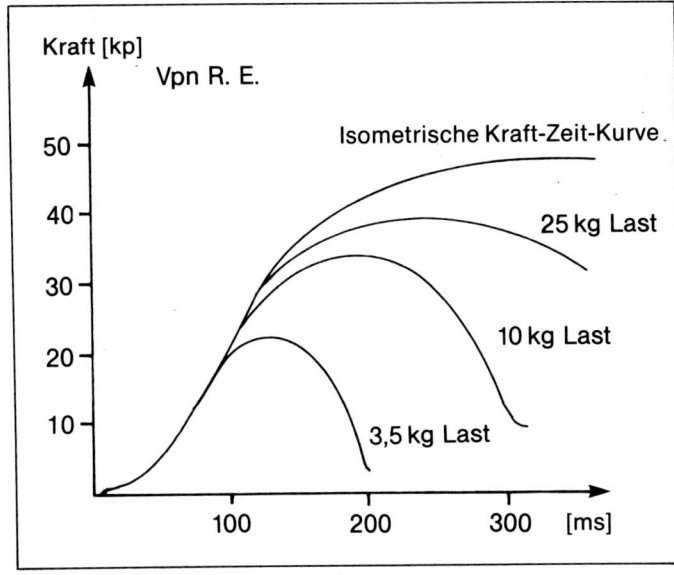

Abb. 110   **Kraft-Zeit-Kurven bei verschiedenen dynamischen Belastungsstufen sowie bei isometrischer Anspannung** (*Bührle/Schmidtbleicher* 1981, 267).

3. Von der Kontraktionskraft der eingesetzten Muskelfasern, d. h. vom Muskelquerschnitt.

In diesem Zusammenhang spielen neben der *Maximalkraft* – sie stellt die Hauptkomponente der Schnellkraft dar – die *Explosivkraft* und die *Startkraft* eine wichtige Rolle für den Ausprägungsgrad der Schnellkraft (*Bührle/Schmidtbleicher* 1981, 23 ff.).

Unter *Explosivkraft* wird dabei die Fähigkeit verstanden, einen möglichst steilen Kraftanstiegsverlauf realisieren zu können: Der Kraftzuwachs pro Zeiteinheit steht im Vordergrund. Die *Explosivkraft* ist abhängig von der Kontraktionsgeschwindigkeit der motorischen Einheiten der FT-Fasern, der Zahl der kontrahierten motorischen Einheiten und der Kontraktionskraft der rekrutierten Fasern.

Unter *Startkraft* – einer Subkategorie der Explosivkraft – versteht man die Fähigkeit, einen möglichst hohen Kraftanstiegsverlauf zu Beginn der muskulären Anspannung realisieren zu können. Die *Startkraft* ist bei Bewegungen leistungsbestimmend, die eine

hohe Anfangsgeschwindigkeit erfordern (Beispiel: Boxer und Fechter); sie basiert auf der Fähigkeit, zum Kontraktionsbeginn möglichst viele motorische Einheiten einsetzen zu können und damit eine hohe Anfangskraft zu erzielen.

Bei niedrigen Widerständen dominiert die Startkraft, bei zunehmender Last und damit verlängertem Krafteinsatz die Explosivkraft, bei sehr hohen Lasten schließlich die Maximalkraft (*Letzelter* 1978, 136).

Eine zusammenfassende Übersicht über die Komponenten der Schnellkraft gibt Abbildung 111.

Kraftausdauer

Die *dynamische Kraftausdauer* (*Weineck* 1983, 127) stellt die Ermüdungswiderstandsfähigkeit der Muskulatur bei lang andauernden dynamischen Kraftleistungen dar.

Die leistungsbegrenzenden Faktoren der dynamischen Kraftausdauer entsprechen – abgesehen von den intra- und intermuskulären

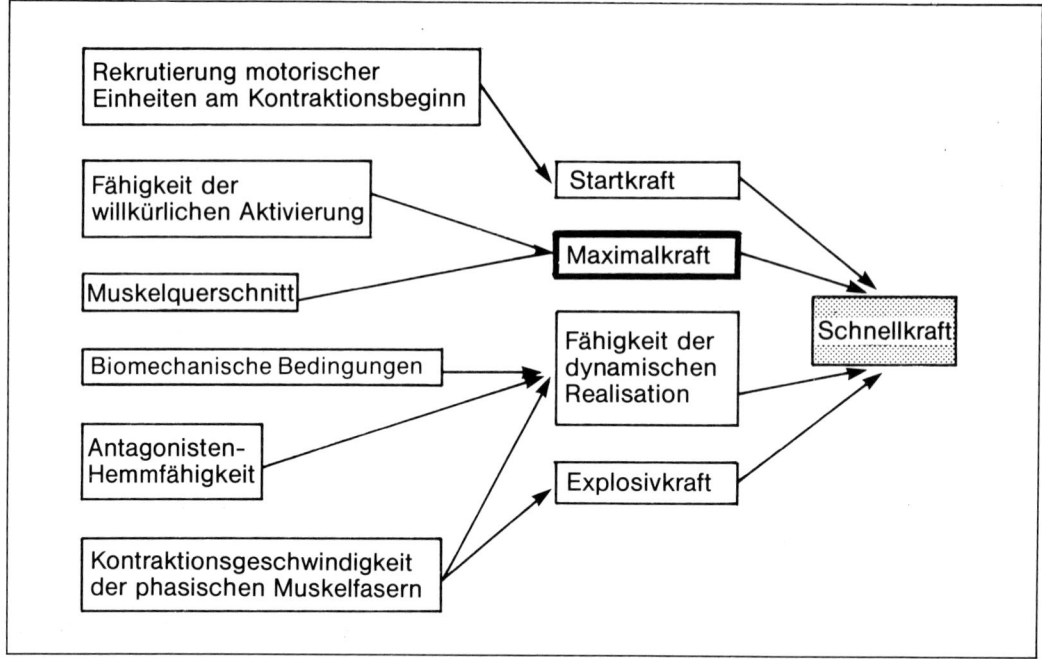

Abb. 111 Einflußgrößen und Komponenten der Schnellkraft (nach *Bührle/Schmidtbleicher* 1981, 25).

koordinativen Komponenten bei gegebener Bewegungsausführung – denen der statischen Kraftausdauer.

Kriterien für die Kraftausdauer sind Reizstärke (in % der maximalen Kontraktionskraft) und Reizumfang (Summe der Wiederholungen). Die Art der Energiebereitstellung ergibt sich dabei aus der Kraftintensität, dem Reizumfang bzw. der Reizdauer (*Frey* 1977, 345/46).

Wie Abbildung 112 verdeutlicht, nimmt mit der Erhöhung der zu überwindenden Last die Zahl der möglichen Wiederholungen ab.

Eine Sonderform der Kraftausdauer stellt die *Schnellkraftausdauer* dar. Sie ist in all den Sportarten von außergewöhnlicher Bedeutung, in denen über einen längeren Zeitraum schnellkräftige Extremitäten- oder Rumpfbewegungen leistungs(mit)bestimmend sind, wie z. B. beim Boxer, Fechter, Eiskunstläufer sowie bei allen Spielern (Fußballer, Volleyballer u. a.).

Die Schnellkraftausdauer ist maßgeblich von einer schnellen Erholungsfähigkeit der beteiligten Muskulatur und somit von einer gut entwickelten allgemeinen und lokalen aeroben und anaeroben Ausdauerleistungsfähigkeit abhängig.

Durch dynamisches Kraftausdauertraining kommt es zu einer Verbesserung der muskulären Pufferkapazität, zu einer Vermehrung der beanspruchten Energiespeicher – insbesondere der Kreatin- und Glykogenspeicher (*Saltin* 1973, 137, *Jakowlew* 1975, 133) – und zu einer besseren Erholungsfähigkeit der Arbeitsmuskulatur.

Trainingsmethoden zur Entwicklung der Kraftfähigkeiten

Das Krafttraining unterliegt verschiedenen Gesetzmäßigkeiten, deren Kenntnis die Ef-

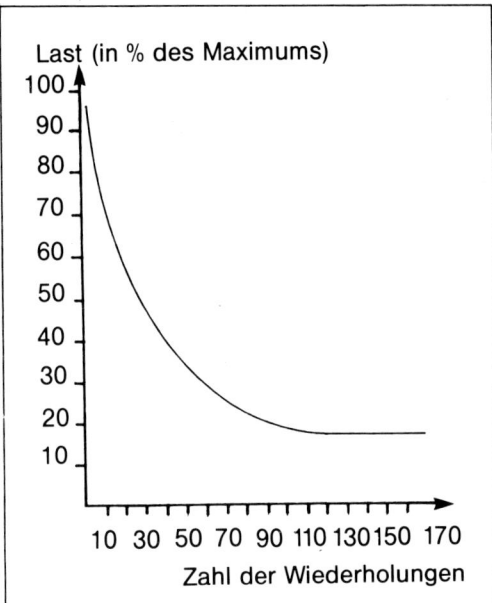

Abb. 112 Graphische Darstellung der Abhängigkeit zwischen Lastgröße und Wiederholungszahl (nach *Saziorski/Wolkow/Kulik,* **in** *Matwejew* **1981, 52).**

fektivität des Trainings maßgeblich beeinflußt.

Grundsätzlich gilt:

Untrainierter Sportler
– Je untrainierter ein Sportler ist, um so allgemeiner und umfangbetonter sollte sein Training sein. Das allgemeine Training bildet die Grundlage für die Belastungen eines u. U. später durchzuführenden speziellen Trainings.
– Bereits relativ geringe Belastungen genügen, um einen ausgeprägten Kraftzuwachs zu erzielen (eigenes Körpergewicht, geringe Zusatzlasten wie Sandsack etc.).
– Da der muskuläre Kraftzuwachs relativ rasch erfolgt, die Anpassungsvorgänge beim passiven Bewegungsapparat aber relativ langsam vonstatten gehen, ist auf eine ausreichende Adapta-

tionszeit der „nachhinkenden" Strukturen und eine strenge Progressivität der Belastungen zu achten!

Trainierter Sportler
– Je trainierter ein Sportler ist, desto differenzierter und spezifischer sollte sein Training sein. Das spezielle Training erfordert den Einsatz spezieller Trainingsinhalte und konzentriert sich vor allem auf die am sportlichen Bewegungsablauf beteiligten Muskeln. Dies erfordert ein fundiertes Verständnis funktionell-anatomischer Zusammenhänge und leistungsrelevanter sportartspezifischer Faktoren für eine optimale Trainingsgestaltung.

Für die sportliche Trainingspraxis erscheint eine Aufgliederung der verschiedenen Trainingsmethoden unter dem Aspekt des dynamischen und statischen Krafttrainings als sinnvoll.

Dynamisches Krafttraining

Das *dynamische Krafttraining* wird in ein positiv dynamisches und ein negativ dynamisches Krafttraining unterteilt:

Positiv dynamisches Krafttraining = überwindendes = konzentrisches = verkürzendes = beschleunigendes Krafttraining.
Negativ dynamisches Krafttraining = nachgebendes = exzentrisches = bremsendes = verzögerndes Krafttraining.

Die Verbindung von negativ dynamischer und positiv dynamischer Arbeitsweise findet sich bei *allmählichem* Übergang im *isokinetischen* und *desmodromischen* Training (mit einigen zusätzlichen Besonderheiten im Kraftverlauf, s. S. 209), bei *abruptem* Übergang unter Ausnutzung des Dehnungsreflexes beim *plyometrischen* Training (s. S. 211).

Positiv dynamisches Training

Bei dieser in der Sportpraxis häufigsten Trainingsform kommt es nach der Formel: Arbeit = Kraft (kp) × Weg (m) zu einer Kraftentwicklung, die mit einer Muskelverkürzung einhergeht.

Vorteile des positiv dynamischen Trainings

– Es können die an der Bewegungskette beteiligten Muskeln sowie die jeweilige Anspannungsart der Wettkampfübung durch Imitationsübungen spezifisch geübt werden.
– Neben der Kraftzunahme kommt es auch zu einer Verbesserung des neuromuskulären Zusammenspiels.
Das positiv dynamische Krafttraining wird deshalb besonders für die Sportarten von Bedeutung sein, in denen ein hohes Maß an Kraft und Bewegungsschnelligkeit in Verbindung mit erhöhten technischen Anforderungen im Vordergrund steht (wie z. B. in den leichtathletischen Sprüngen und Würfen).

Nachteile des positiv dynamischen Trainings

– Die Trainingsreize sind oft unterschwellig, da sich die bei der Bewegung aufwendbare Kraft nach der im Verlauf der Bewegung vorhandenen Kraft richten muß und die notwendige Anspannung der Muskulatur nicht lange genug aufrechterhalten wird, um die zum Aufbau der Muskulatur notwendigen chemischen Reaktionen in Gang zu bringen (*Hettinger* 1965, 66).
– Bei einer bestimmten sportlichen Bewegung werden nicht alle, sondern nur ein bestimmter Teil der Muskelfasern eines Muskels innerviert. Dies führt zu einer geringeren Maximalkraftentwicklung (s. auch S. 210).
– Im Bereich der ungünstigsten Arbeitswinkel, z. B. beim Drücken in der Rückenlage beim Abheben des Gewichtes von der Brust, werden enorm hohe Spannungen ent-

wickelt, die dann mit zunehmendem Bewegungsvollzug und ansteigender Gewichtsbeschleunigung sehr stark abnehmen. Auf diese Weise werden die Muskelanteile bzw. die Muskelgruppen, die am Beginn der Bewegung eingesetzt werden, sehr hoch (oft verbunden mit Muskelkaterbildung) und die an der Endstreckung beteiligten meist ungenügend belastet.

Negativ dynamisches Training

Das *exzentrische* Training ermöglicht muskuläre Spannungsspitzen, die weit über den positiv dynamischen und statischen Maximalkraftwerten liegen:
Das *exzentrische* Kraftmaximum liegt 30–40% über dem isometrischen, das *isometrische* wiederum 10–15% über dem *dynamisch-konzentrischen* (*Bührle/Schmidtbleicher* 1981, 14 und 258). Aus diesem Grunde fördert es auch bei schon hochgradig trainierten Sportlern noch deutlich den Muskelzuwachs.
Da die nachgebende Muskelarbeit weniger Energie erfordert als die überwindende – bei gleicher Leistung ist der Sauerstoffverbrauch wesentlich kleiner (*Hollmann/Hettinger* 1980, 177) –, ist *exzentrische* Muskelarbeit auch gut in der Rehabilitation zu verwenden (z. B. bergab gehen).

Positiv und negativ dynamische Mischformen

1. Isokinetisches Krafttraining

Bei dieser Trainingsform wird sowohl positiv als auch negativ dynamische Arbeit geleistet. Hauptkriterium beim isokinetischen Training ist jedoch die Tatsache, daß sich der Widerstand (die Krafteinwirkung auf den Skelettmuskel) verändert und sich damit den verändernden Hebelverhältnissen anpaßt.

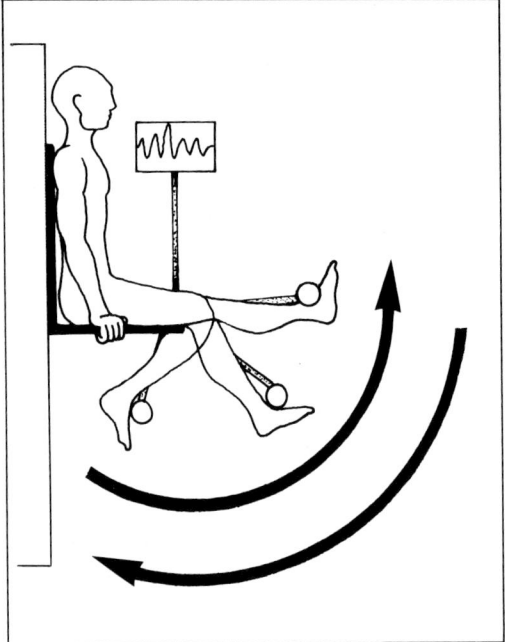

Abb. 113   Das Prinzip des desmodromischen Trainings: Gegen eine mit gegebener Geschwindigkeit hin und her wandernde Widerstandsleiste wird ständig Druck ausgeübt. Dadurch kommt es zu einer vollständigen energetischen Auslastung der jeweils belasteten Muskelgruppen und damit zu einem maximalen Spannungsreiz der einzelnen Muskelfasern (→ ausgeprägte Muskelhypertrophie).

Vorteile des isokinetischen Trainings

– Im Gegensatz zum auxotonischen Krafttraining wird beim isokinetischen während des gesamten Bewegungsvollzuges mit vollem Krafteinsatz gearbeitet.
– Die den unterschiedlichen Hebelverhältnissen angepaßte Belastung kräftigt die Muskulatur in allen Bewegungsabschnitten gleichmäßig.
– Da durch den gleichmäßigen Kraftverlauf keine Belastungsspitzen auftreten, werden die Aufwärmzeit verkürzt und Muskelkatersymptome vermieden.
– Das isokinetische Training bietet die Möglichkeit, schwache Muskelgruppen speziell zu kräftigen; dies erweist sich insbeson-

dere in der Rehabilitation (z. B. nach Beinbrüchen) als günstig.
– Beim Schwimmen, Rudern oder Kanusport entspricht der gleichförmige Kraftverlauf des isokinetischen Trainings der Bewegungsstruktur dieser Sportarten und ist deshalb besonders spezifisch auf diese „isokinetischen" Sportarten zugeschnitten.

Nachteil des isokinetischen Trainings

Für alle Sportarten, für die eine Bewegungsbeschleunigung mit veränderlichen Kraftverlaufsmerkmalen charakteristisch ist, wie z. B. in den leichtathletischen Läufen, Sprüngen und Würfen, ist das isokinetische Training weniger geeignet (*Krüger* 1972, 55). Hier geht die sportartspezifische Bewegungsdynamik zugunsten eines größeren Muskelwachstums verloren. Das isokinetische Training kann in diesen Sportarten also nur zur Entwicklung der allgemeinen Kraft bzw. der Kraftausdauer (z. B. in der Vorbereitungsetappe oder im Anfängertraining), nicht aber zur Verbesserung von Schnellkraft und wettkampfspezifischer Kraft Verwendung finden.

2. Desmodromisches Krafttraining

Das von *Schnell* (*Spitz/Schnell* 1983) entwickelte desmodromische Krafttraining ist mit dem isokinetischen Krafttraining verwandt und beinhaltet ebenfalls einen stetigen Wechsel von positiv und negativ dynamischer Kraftarbeit.
Der wesentliche Unterschied besteht jedoch in 2 Punkten:
1. Die Bewegungsgeschwindigkeit ist apparativ-maschinell vorgegeben (desmodromisch = motor- bzw. zwangsgesteuert) und kann je nach sportartspezifischem Bedarf verändert werden.
2. Die jeweils belastete Muskulatur hat durch den fortlaufend ausgeübten Druck gegen die Widerstandsleiste (Abb. 113) zu keinem Zeitpunkt die Möglichkeit, sich zu ent-

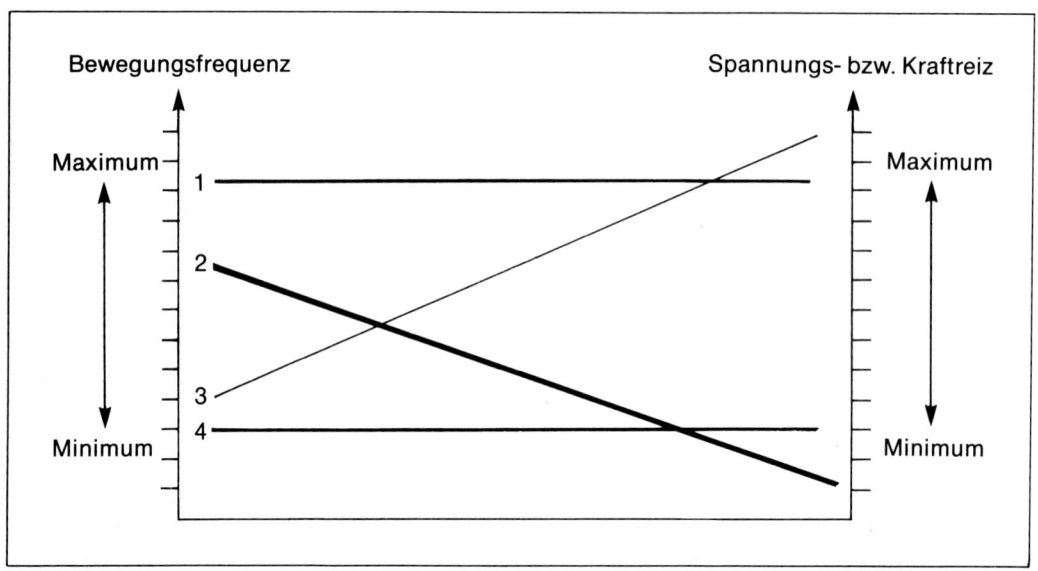

Abb. 114   Die unbegrenzte Variierbarkeit des desmodromischen Krafttrainings bezüglich Bewegungsschnelligkeit und eingesetzter Kraft:
Linie 1 = hohe Bewegungsfrequenz und hohe Kraft,
Linie 2 = mittlere Bewegungsfrequenz und niedrige Kraft,
Linie 3 = niedrige Bewegungsfrequenz und hohe Kraft,
Linie 4 = niedrige Bewegungsfrequenz und niedrige Kraft.

spannen, wie dies beim traditionellen Training an den Umkehrpunkten (Endstreckung bzw. -beugung) der Fall ist. Dadurch wird verhindert, daß der Muskel sein energetisches Potential (Resynthese von ATP aus KP) zu erneuern vermag: Es kommt zur vollständigen Ausschöpfung der muskulären ATP-Vorräte und damit zur völligen Auslastung der an der Bewegung beteiligten Muskelfasern. Der hohe ATP-Umsatz bzw. die damit verbundene hohe Spannungsbelastung jeder einzelnen Muskelfaser – auch die „letzte" Muskelfaser wird hierbei in ihrem Leistungspotential ausbelastet – stellt die Ursache für das beim desmodromischen Training besonders ausgeprägte Muskelwachstum (Hypertrophie) dar (vgl. S. 193). Da das desmodromische Krafttraining sowohl in bezug auf die Geschwindigkeit als auch auf die eingesetzte Kraft übergangslos allen spezifischen Erfordernissen sportlicher Kraftmanifestationen angepaßt werden

kann, eignet es sich im besonderen Maße zur Entwicklung spezifischer dynamischer (und auch statischer) Kraftgrößen (Abb. 114).
Ein weiterer Vorteil des *desmodromischen* Trainings liegt darin begründet, daß die Weite der Bewegungsamplitude variiert und damit spezifischen Bedürfnissen angepaßt werden kann. Eine derartige Begrenzung der Kraftschulung auf einen bestimmten Bewegungsbereich ist nicht nur für Maximalkraft-, Schnellkraft- und Kraftausdauersportler von Interesse – es erlaubt die spezielle Schulung muskulärer Kraftparameter im Bereich einer sportartspezifischen Bewegungsamplitude –, sondern auch für Personen, die sich in der *Rehabilitationsphase* eines muskulären Wiederaufbaus nach Band-, Sehnen-, Muskel- oder Knochenverletzungen befinden: Über die graphische Aufzeichnung der jeweils entwickelten Kraft ist ein hochgradig kontrolliertes, streng pro-

gressives Training begrenzt belastbarer Strukturen möglich und damit die Vermeidung von Überlastungsschäden.

Physiologisch beruht die hohe Effektivität des desmodromischen Krafttrainings auf folgenden Mechanismen:

> Durch die Kombination von *positiv* und *negativ* dynamischem Training einerseits und einer ununterbrochenen, kontinuierlichen Kraftleistung andererseits sind Trainingsreize erreichbar, die in dieser komplexen Form in keiner anderen Trainingsmethode realisierbar sind. Da die desmodromische Arbeitsweise ein hohes Maß an Muskelspannung und damit an ATP-Abbau bedeutet (s. S. 193), bewirkt sie eine besonders ausgeprägte und schnelle Muskelquerschnitts- und damit Kraftzunahme. Der ATP-Abbau als entscheidender Hypertrophiereiz erfährt durch die ununterbrochene Dauerspannung (= durchgehende Durchblutungsblockierung) bei gleichzeitiger dynamischer Arbeit eine zusätzliche Intensivierung und wirkt sich deshalb besonders günstig im Sinne einer Kraftzunahme aus.

3. Plyometrisches Training

Das plyometrische Training wird oftmals auch als „Elastizitätstraining" (*Zanon* 1975, 352 f.), als „reaktives Training" (*Schröder* 1975, 929), als „exzentrisches Training" (*Schmidtbleicher* et al. 1978, 488) sowie in seiner Subkategorie als „Niedersprungtraining" bzw. als „Schlagmethode" (*Tschiene* 1976, 14) bezeichnet.

Bei dieser Trainingsmethode kommt es zu einer komplexen Koppelung des Effekts des negativ dynamischen Trainings mit dem des positiv dynamischen. Auf muskelphysiologischer Ebene (s. S. 55) werden dabei Momente des Dehnungsreflexes, der Vorinner-

vation und der elastischen Komponente des Muskels ausgenützt. Dies sei kurz am Beispiel des *Niedersprungtrainings* verdeutlicht: Durch den Niedersprung werden die späteren Agonisten gedehnt; der über die Muskelspindeln ausgelöste Dehnungsreflex führt zu einer vermehrten Innervation von ansonsten nicht aktivierten Muskelfasern und damit zu einer höheren und schnelleren Kraftentwicklung bei der anschließenden Kontraktion.

In diesem Zusammenhang spielt die Vorinnervation des Muskels unmittelbar vor dem Aufsprung eine wichtige Rolle: Sie schafft zum einen eine optimale Innervationsbasis für die nachfolgende Muskelaktivität, zum anderen verändert sie den Spannungs- und dadurch auch den Elastizitätszustand des Muskels, der nach dem Niedersprung für die Größe und Geschwindigkeit der Muskelvordehnung verantwortlich ist (*Schmidtbleicher* et al. 1978, 488).

Schließlich wird noch die elastische Komponente des Muskels – in Anlehnung an das Modell der Hintereinanderschaltung von elastischen und kontraktilen Elementen – als Energiespeicher (über den Elastizitätsmodul, der durch Training zunimmt und damit eine größere Energiespeicherung erlaubt, s. *Goldberg* et al. 1975, 195), ausgenutzt: Es kommt dabei über die Dehnung der elastischen Komponente zu einer Speicherung von kinetischer Energie, die dann der durch Muskelkontraktion erzeugten Energie hinzugefügt wird.

Insgesamt kommt es demnach über den Muskeldehnungsreflex, über die Ausnutzung der elastischen Komponente des Muskels und die als Zwischenglied wichtige Vorinnervation beim plyometrischen Training zu einer erhöhten Kraftentwicklung, die für ein spezielles Krafttraining verwertet wird.

Bei dieser Trainingsmethode ist jedoch sehr genau auf das richtige Verhältnis von bremsender und beschleunigender Kraft zu achten. Die optimale Fallhöhe z. B. beim Niedersprungtraining ist dann gegeben, wenn die maximale Sprunghöhe erreicht wird.

Das *plyometrische Training* ist eine Trainingsmethode des *Leistungssportes*. Es setzt eine gut entwickelte Kraft und einen entsprechend vorbereiteten aktiven und passiven Bewegungsapparat voraus. Eine unsachgemäße Anwendung (z. B. ohne vorheriges Aufwärmen) ist mit erheblichen Verletzungsrisiken verbunden.

Statisches oder isometrisches Krafttraining

Beim *statischen* oder *isometrischen* Krafttraining ist die physikalische Arbeit gleich Null, da das Produkt Kraft × Weg = Null ist. Es kommt bei dieser Trainingsmethode also nicht zu einer sichtbaren Kontraktion oder Dehnung wie beim positiv oder negativ dynamischen Training, sondern nur zu einer hohen Spannungsentwicklung.
Die optimale Anspannungszeit liegt bei etwa 6–8 s (*Marhold* 1964, 615, *Werchoshanskij* 1974, 123).
Als Atmungstyp ist beim isometrischen Training die sogenannte „hechelnde Atmung" zu wählen.

Vorteile des statischen Trainings

– Einfache Durchführung – kein apparativer Aufbau notwendig.
– Hohe Kraftzuwachsraten – die Spannungssteigerung erhöht sich parallel zum Kraftgewinn.
– Zeitsparendes Training, d. h. hohe Trainingseffektivität.
– Möglichkeit einer lokalen, zielgerichteten Einflußnahme auf eine beliebige Muskelgruppe bei gefordertem Gelenkwinkel.
– Es kann auch die Fähigkeit zur schnellen bis explosiven Kraftausübung verbessert werden, wenn in der Anfangsstellung der jeweils notwendigen Arbeitsamplitude (z. B. „Fertigstellung" beim Sprintstart) belastet wird.

– Das isometrische Training ist hervorragend in der Rehabilitation geeignet.

Nachteile des statischen Trainings

– Es tritt die Funktion der wichtigen Regelkreise und Koordinierungssysteme in den Hintergrund. Beim Training für dynamische Sportarten ist das isometrische Training vor allem als Ergänzungstraining zu anderen Methoden der Kraftentwicklung zu sehen.
– Negativer Einfluß auf die Muskelelastizität bzw. Lockerheit und Dehnungsfähigkeit als Folge der maximalen Muskelanspannung (*Marhold* 1964, 617).
– Bei einförmiger statischer Trainingsweise stagniert die Kraftzunahme sehr bald, da sich das erreichte Kraftniveau stabilisiert und eine sogenannte *Maximalkraftbarriere* eintritt.
– Monotonie des Trainings.
– Das isometrische Training sorgt aufgrund der maximalen Spannungsentwicklung zwar für eine schnelle Querschnittszunahme, aber nicht für eine Kapillarisierung des Muskels. Diese Trainingsmethode ist daher nicht Herz-Kreislauf-wirksam.
– Die isometrische Anspannung großer Muskelgruppen führt zu einer forcierten Preßatmung; dies ist insbesondere im Kinder- und Altentraining zu vermeiden.

Elektrostimulation

Eine *Sonderform* des *isometrischen* Trainings stellt das Muskeltraining durch *Elektrostimulation* dar: Ebenso wie beim isometrischen Training wird bei fixiertem Widerstand gearbeitet.
Man nennt diese Trainingsmethode auch „Elektromuskulation" (*Commandre* 1977, 4) oder „isotronisches" bzw. „elektrisches" Training (*Nell* 1972, 462).
Bei der *Elektrostimulation* erfolgt die Muskelkontraktion nicht über einen zentralnervös gesteuerten Willkürimpuls, sondern über einen elektrischen Reiz. Der Muskel

kann dabei direkt (die Reizelektrode wird direkt auf den zu trainierenden Muskel gelegt) oder indirekt (hier wird der den Muskel versorgende Nerv gereizt) zur Kontraktion gebracht werden.

Durchführungsmodalitäten (nach *Andrianowa* 1974, 141):
– Dauer des Reizzyklus: 10 s
– Pause zwischen den Zyklen: 50 s
– Gesamtzahl der Zyklen: 10
– Eine Trainingseinheit pro Muskel: 10 min.

Vorteile der Elektrostimulation

– Durch die maximale Aktivierung des kontraktilen Apparates bei indirekter Stimulation kommt es zu einer höheren Muskelspannung und damit zu einem ausgeprägten Muskelwachstum.
– Die elektrisch hervorgerufene Muskelanspannung wird länger gehalten und bewirkt dadurch ebenfalls einen intensiven Muskelwachstumsreiz.
– Da bei der Elektrostimulation die Ermüdungshemmung des ZNS (s. unten) umgangen wird, ist eine höhere Wiederholungszahl und damit ein höherer Belastungsumfang möglich; im Zusammenhang mit der hohen Belastungsintensität führt auch dies zu vermehrter Muskelmasse.
– Es ist ein isoliertes und damit gezieltes Training wichtiger Muskelgruppen möglich; daraus läßt sich auch seine vorzügliche Eignung für Rehabilitationszwecke ableiten.
– Bei einem 30minütigen Training werden die gleichen Resultate erzielt wie bei einem 1–2stündigen Training herkömmlicher Art (*Viani* et al. 1975, 38).

Hauptvorteil des Elektrostimulationstrainings ist demnach – neben seinen Anwendungsmöglichkeiten in der Rehabilitation – die schnelle und in höchstem Maße ausgeprägte Muskelhypertrophie.

Dieser positiven Wirkung stehen aber eine Reihe negativer Auswirkungen gegenüber.

Nachteile der Elektrostimulation

– Die Funktion der wichtigen Regelkreise und Koordinierungssysteme tritt völlig in den Hintergrund (*Commandre* 1977, 8; *Beulke* 1978, 226/229).
– Die Elektrostimulation macht die Steuer- und Protektionsfunktion der Propriorezeptoren unwirksam (*Weineck* 1983, 194).
– Bei der direkten Elektrostimulation werden im wesentlichen die außen liegenden Muskelfasern supramaximal innerviert, während für einen großen Teil der innen liegenden Muskelfasern – vor allem bei sehr kräftigen Muskeln – die Innervationsschwelle nicht erreicht wird und sie damit am Kontraktionsvorgang des Muskels nicht teilnehmen (*Beulke* 1978, 228).
– Die physiologischen und psychologischen Schutzmechanismen der Ermüdung sind durch die von außen herangetragenen Stimulationssignale außer Kraft gesetzt: Daraus ergeben sich verschiedene Möglichkeiten der muskulären Schädigung.

Mischformen der dynamischen und statischen Trainingsmethode

Intermediäres Krafttraining

Beim *intermediären* Krafttraining werden dynamische und statische Anteile im Verlauf einer Bewegung hintereinandergeschaltet.

Beim Drücken in der Rückenlage z. B. würde diese Methode so aussehen: Abheben des Gewichtes von der Brust – 5 s in einer bestimmten Winkelstellung halten – Bewegungsfortführung – wieder 5 s in einer neuen Winkelstellung halten etc., etwa über 5 Stationen.

Durch diese Trainingsmethode wird versucht, die Anspannungszeit des Muskels in den verschiedenen Abschnitten einer sportlichen Bewegung durch isometrische Einschübe zu verlängern und damit erhöhte Wachstumsreize zu setzen. Der Nachteil dieser Methode liegt darin begründet, daß die Feinsteuerung der Bewegung u. U. koordinativ verschlechtert wird.

Konträres Krafttraining

Bei dieser Methode – sie wird auch „Explosivkraftmethode" genannt (*Dobrowolskij/Golowin* 1974, 1409) – wird dem dynamischen Teil einer Bewegung ein statischer vorgeschaltet. Durch diese Vorspannung gelingt es, eine vergleichsweise größere Anzahl neuromotorischer Funktionseinheiten zu innervieren: Entfällt dann die initiale Bewegungsblockade (statischer Anteil), dann gewährleisten die vermehrt innervierten Muskelfasern eine erhöhte Kontraktionskraft und -geschwindigkeit (dynamischer Anteil). Diese Trainingsmethode ist somit vor allem für das Training der Schnellkraft vorteilhaft.

Krafttraining als Gesundheitstraining

Abgesehen von der Bedeutung, die das Krafttraining für das Erreichen der persönlichen Bestleistung im Leistungssport hat, ist auch für den Gesundheitssportler ein gemäßigtes, muskelerhaltendes Krafttraining ohne oder mit geringen Zusatzlasten von nicht zu unterschätzender Bedeutung. Bedenkt man, daß etwa 70% der Altersunfälle auf eine verminderte Geh-, Lauf- und Sprungfähigkeit, verbunden mit einer verschlechterten Koordinationsfähigkeit, zurückzuführen sind, dann wird deutlich, daß sich die Durchführung eines Minimaltrainings des aktiven Bewegungsapparates – eine ausreichende Beweglichkeitsschulung mit eingeschlossen – durchaus lohnt. Außerdem beugt die sich über ein ganzes Leben erstreckende Kräftigung der Hauptmuskel-

gruppen (besonders Bauch- und Rückenmuskulatur) einem frühzeitig einsetzenden Haltungsverfall mit den entsprechenden Folgeschäden vor.

Durch ein lebensbegleitendes altersspezifisches Krafttraining können auch degenerative Prozesse der Wirbelsäule, wie z. B. die lumbalen (die Lendenwirbelsäule betreffenden) Bandscheibendegenerationen, positiv beeinflußt werden. Wie Abbildung 115 verdeutlicht, weisen die regelmäßig Trainierenden eine geringere Morbidität bezüglich der Syndrome „lumbaler Rückenschmerz" und „lumbale Bandscheibendegeneration" auf als Untrainierte.

Ein gezieltes Krafttraining ist auch in der Lage, arthrotische Veränderungen zum Teil funktionell zu kompensieren, so daß dadurch ein echter therapeutischer Effekt erzielt werden kann (*Bringmann* 1984, 99).

Nach *Hollmann/Hettinger* (1980, 270) verzögert ein dynamisches Krafttraining die *arthrotischen Degenerationen* in den großen Gelenken.

Schließlich reduziert bzw. verzögert ein dosiertes allgemeines Krafttraining die im Altersgang auftretende *Osteoporose*. Der Verlust an Mineralsalzen in den Knochen beträgt bei untrainierten Männern ab 50 Jahren etwa 0,4%, bei untrainierten Frauen bereits ab 30–35 Jahren 0,75–1% pro Jahr. Diese Rate vergrößert sich bei den Frauen während und nach der Menopause auf 2–3%, so daß eine Frau im Alter von 70 Jahren etwa 30% ihrer mineralhaltigen Knochenmasse verloren hat. Wie die Untersuchung von *Smith* (1982, 72 f.) zeigt, steigert schon ein minimales allgemeines Übungsprogramm den Mineralgehalt der Knochen – dies gilt auch noch für Probanden jenseits des 9. Lebensjahrzehnts (!) – und beugt so der Osteoporose vor. Diese prophylaktische Maßnahme äußert sich in einer erhöhten Knochenstabilität und damit verringerten Bruchgefährdung bei Alltagsunfällen.

In der Rehabilitation sorgt ein entsprechendes Krafttraining nach Phasen der Immobilisation bzw. Bettlägrigkeit für ein schnelles

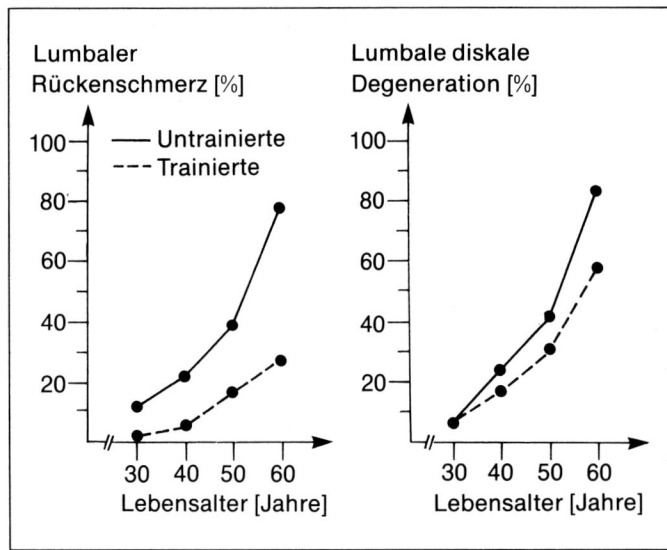

Abb. 115 Prozentuale Verteilung der Syndrome „lumbaler Rückenschmerz" und „lumbale diskale Degeneration" bei männlichen Untrainierten und Trainierten zwischen dem 30. und 60. Lebensjahr (nach *Bringmann* 1984, 98).

Wiedererlangen der ursprünglichen Kraftverhältnisse.

Schließlich kann durch Krafttraining auch eine Steigerung der bioelektrischen Hirnaktivität und damit der Trophik der Hirnzellen für die Erhaltung der psychophysischen Leistungsfähigkeit erreicht werden, was aus gerontologischer Sicht von Bedeutung ist (*Kiselkova/Dobrev* 1968, 688).

Zu beachten ist, daß beim Krafttraining des Gesundheitssportlers so weit wie möglich jegliche Preßatmung (s. S. 133) vermieden wird, weil durch die Erhöhung des intrathorakalen Druckes (Druck im Brustinnenraum) der venöse Rückstrom erheblich beeinträchtigt wird.

In diesem Zusammenhang ist auf die allgemein übliche Benutzung der *Trimm-Pfade* als Kombination von simultanem Ausdauer- und Krafttraining hinzuweisen. Die Mischung Lauf-/Kraftübungen stellt eine recht wenig beachtete Risikokomponente dar, da bei den mit dem Lauf kombinierten zusätzlichen Kraftübungen zum Teil erhebliche *Arbeitshypertonien* verursacht werden (*Weineck* 1982, 515), die mit einer ausgeprägten

Preßatmung einhergehen. Als ungünstig sind insbesondere statisch ausgerichtete Belastungen wie Klimmzüge, Liegestützen und Bauchmuskelübungen anzusehen.

Aus diesem Grunde sollte ein allgemein schulendes Krafttraining *vor* dem Lauftraining erfolgen, nicht aber in unmittelbarer Kombination mit diesem. Insbesondere für ältere und koronargefährdete Trimmer stellt diese Verbindung ein nicht kalkulierbares Risiko und damit eine Kontraindikation dar.

Krafttraining und Muskelkater

Ein in der Sportpraxis allgemein bekanntes Phänomen ist der Muskelkater. Der Begriff Muskelkater hat sich in der deutschen Sprache für Bewegungsschmerzen in der Muskulatur eingebürgert, die einige Zeit nach ungewohnt intensivem Training auftreten.

Symptomatik: Die betroffenen Muskeln sind hart, geschwollen und steif, empfindlich gegen Berührung, schmerzhaft bei jedem Bewegungsversuch und unfähig zu großen Anstrengungen (*Wietoska/Böning* 1979, 398).

> Die Muskelkatersymptomatik tritt meist erst 1 oder 2 Tage nach der Belastung auf, ist während der nächsten 1–2 Tage am stärksten und klingt dann allmählich ab.

Ursächlich ist nicht, wie dies über lange Zeiträume hin angenommen wurde, eine Anhäufung von sauren Stoffwechselzwischen- und -endprodukten – insbesondere des Laktats – im Muskelgewebe für die Ausbildung eines Muskelkaters verantwortlich (*Schwane* et al. 1983, 54; *Stoboy* 1983, 18). Zwar ist die Laktatanschoppung in der Arbeitsmuskulatur nach ungewöhnlich intensiver Belastung oft sehr groß, aber sie verschwindet spätestens 1 Stunde nach der Belastung vollständig aus dem Muskel und dem zirkulierenden Blut. Auch weist ein entsprechend austrainierter Sportler – hier ist vor allem an die 400-m-Läufer zu denken, die im Wettkampf die höchsten Laktatwerte erreichen – am nächsten Tag keinen Muskelkater auf. Die oft massive, belastungsbedingte Anflutung intrazellulär gebildeter Milchsäure führt auch nicht, wie früher vermutet, zu einer Schädigung intrazellulärer Strukturen, wie z. B. der Mitochondrien (*Howald* 1979, *Friden/Sjöström/Ekblom* 1983, 174).

Die Entstehung eines Muskelkaters hängt einerseits mit der *Intensität* bzw. der *Dauer* der muskulären Belastung zusammen, wobei intensive Belastungen eher zu einem Muskelkater führen als längerdauernde bzw. umfangreiche (*Tiidus/Ianuzzo* 1983, 461).
Andererseits löst *negativ dynamische* (exzentrische) Muskelarbeit eher einen Muskelkater aus als *positiv dynamische* (konzen-

trische), und dies sogar bei niedrigerer Belastungsintensität.
Wie Untersuchungen von *Watrous, Armstrong* und *Schwane* (1981, 80) zeigen, führt Bergablaufen mit 10% Neigung bei 60% der maximalen Sauerstoffaufnahme zu einem schweren Muskelkater, nicht jedoch Laufen auf ebenem Boden mit 80% der maximalen Sauerstoffaufnahme. Ursache: Wie EMG-Untersuchungen zeigen, verteilt sich bei negativ dynamisch arbeitenden Muskeln die Spannung, die gleich groß ist wie bei positiver Arbeit, auf weniger Muskelfasern. Diese werden dadurch mechanisch stärker beansprucht und sind so vermehrt der Entstehung eines Muskelkaters ausgesetzt (*Asmussen* 1956, 113).

Entstehungsmechanismus des Muskelkaters

Wie bioptische Muskelbefunde zeigen (*Friden/Sjöström/Ekblom* 1981, 506; *Friden/Kjörell/Thornell* 1984, 16), liegt der Entstehung des Muskelkaters eine Mikrotraumatisierung vor allem des muskulären Bindegewebes zugrunde (Abb. 116).
Durch die lokale Überbeanspruchung des Muskels – sie kommt, wie bereits erwähnt, vor allem durch exzentrische Arbeit zustande, da hier erhöhte Belastungsspitzen auftreten – werden Veränderungen muskulärer Strukturen induziert, die zu einer schweren Beeinträchtigung der kontraktilen Funktion führen. Daß neben Veränderungen im Myofibrillenbereich vor allem die Z-Streifen betroffen sind, hängt damit zusammen, daß sie die schwächste Stelle innerhalb eines Sarkomers – es stellt die kleinste Einheit einer Muskelfaser dar – ausmachen (*Friden/Kjörell/Thornell* 1984, 16).

Der Schädigungsmechanismus der Z-Scheiben wird wie folgt erklärt:
Bei negativ dynamischer Arbeit werden die Filamente trotz Kontraktion auseinandergezogen bzw. sogar auseinandergerissen. Es

kommt auf beiden Seiten der Z-Scheiben zu entgegengesetzt gerichteten Zugbewegungen der Myosinköpfchen, die versuchen, trotz der hohen äußeren Kräfte, ihre Kontraktionsarbeit zu verrichten und den Muskel bzw. das Sarkomer zu verkürzen. Folgen davon sind verbreiterte bzw. zerrissene Z-Scheiben (*Silbernagl/Despopoulos* 1983, 36).

Wie die Untersuchungen von *Friden* et al. (1983, 174) zeigen, ist der Schädigungsgrad der FT-Fasern höher und die Wiederherstellung langsamer als bei den ST-Fasern. Es wird vermutet, daß die ST-Fasern durch die breiteren Z-Bänder eine stärkere mechanische Bindung zwischen den kontraktilen Einheiten besitzen.

Daß es sich beim Muskelkater vor allem um eine Mikrotraumatisierung von bindegewebigen Strukturen handelt, geht auch daraus hervor, daß es im Blut zum Auftreten hoher Konzentrationen an Prolin und Hydroxyprolin kommt als Ausdruck einer stark gesteigerten Umsatzrate bzw. Umwandlung im Bindegewebsbereich (*Abraham* 1971, 11).

Der beschriebene Entstehungsmechanismus des Muskelkaters macht es verständlich, warum vor allem bei ungewohnten Belastungen ein Muskelkater auftritt: Die bindegewebigen Strukturen – sie haben unter anderem eine mechanische Schutzfunktion für den Muskel im Sinne einer Überdehnungsbarriere – sind durch eine gegebene Belastung überfordert und werden dadurch mikrotraumatisiert. Durch Training erfahren die Bindegewebsstrukturen ebenso wie die Muskulatur eine Kräftigung und sind daher besser auf mechanische Zugbelastungen vorbereitet (s. S. 194). Dies wiederum erklärt, warum trainierte Personen selbst bei höchsten Trainingsintensitäten mit gewohnter Belastung keinen Muskelkater bekommen, aber bei wesentlich niedrigeren Belastungen bei ungewohnten Trainingsmethoden bzw. -übungen ebenso wie Untrainierte davon betroffen werden.

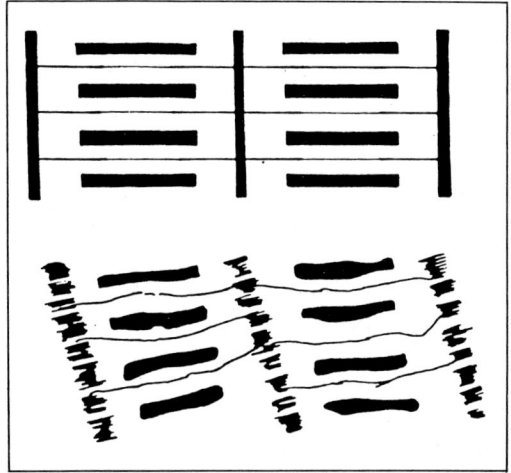

Abb. 116 Schematisierte Darstellung bioptischer Befunde bei Muskelkater. Die Z-Streifen im Sarkomer sind stark verbreitert, verschwommen und teilweise zerrissen. Die Myofibrillen zeigen kein geordnetes Muster mehr (nach *Friden/Sjöström/Ekblom* 1981, 506).

Vorbeugung

Das einfachste Rezept zur Verhütung eines Muskelkaters ist die vorsichtige Steigerung der körperlichen Belastung. Dadurch hat die Skelettmuskulatur Zeit, sich den ihr auferlegten Spannungen in funktioneller Weise anzupassen. Bestimmend ist neben der beschriebenen Neuordnung des kontraktilen Apparates der Muskulatur auch eine verbesserte Koordination (*Friden* et al. 1983, 177 f.).

Koordinative Mängel – sei es durch ein Übungsdefizit nach längerer Trainingspause oder durch Belastungen im ermüdeten Zustand – führen zu unkontrollierten bzw. unsynchronisierten Kontraktionen der Muskulatur, die den oben beschriebenen Mikrotraumatisierungsmechanismus auslösen können.

Behandlung

Da dem Muskelkater eine mechanische Schädigung zugrunde liegt, ist eine Schonung bzw. eine Belastung geringer Intensität als sinnvoll anzusehen. Angebracht erscheinen auch Sauna und heiße Bäder, da sie aufgrund der verbesserten Durchblutung den Heilungsprozeß fördernd unterstützen. Massagen sind kontraindiziert, da sie eine weitere mechanische Irritation des Muskels darstellen: Die physikalischen und biochemischen Erscheinungen des Muskelkaters werden dadurch nicht abgebaut, sondern sogar noch verstärkt (*Eltze/Giersberg* 1983, 16, S. 280 f.).

Literatur

1. *Abraham, W. M.:* Factors in delayed muscle soreness. Med. and Sci. in Sports 7 (1977), 11–20
2. *Andrianowa, G.,* et al.: Die Anwendung der Elektrostimulation für das Training der Muskelkraft. Leistungssport 2 (1974), 138–142
3. *Armstrong, L. E.,* et al: Muscle soreness reports following exhaustive long distance running. Track & Field quart. Rev., Kalamazoo (Michigan) 3 (1982), 47–49
4. *Asmussen, E.:* Observation on experimental muscular soreness. Acta Rheumat. Scand. 2 (1956), 109–116
5. *Bergström, J., R. C. Harris, E. Hultmann, L.-A. Nordesjo:* Energie rich phosphagens in dynamic and static work. In: Muscle metabolism during exercise, pp. 341–355. *Pernow, Saltin* (eds.). Plenum Press, New York 1971
6. *Beulke, H.:* Kritische Aspekte zur Elektrostimulation als Trainingsmittel. Leistungssport 3 (1978), 224–235
7. *Bosco, C., P. V. Komi:* Mechanical characteristics and fiber composition of human leg extensor muscles. Europ. J. Appl. Physiol. 41 (1979), 275–284
8. *Bringmann, W.:* Die Bedeutung der Kraftfähigkeiten für Gesundheit und Leistungsfähigkeit. Med. u. Sport 4, 24 (1984), 97–100
9. *Bührle, M., D. Schmidtbleicher:* Der Einfluß von Maximalkrafttraining auf die Bewegungsschnelligkeit. Leistungssport 1 (1977), 3–10
10. *Bührle, M., D. Schmidtbleicher:* Komponenten der Maximal- und Schnellkraft. Sportwissenschaft 11 (1981), 11–27
11. *Bührle, M., D. Schmidtbleicher:* Maximalkraft – Schnellkraft – Bewegungsschnelligkeit. In: Leichtathletiktraining im Spannungsfeld von Wissenschaft und Praxis. *Augustin, D., N. Müller* (Hrsg.). Mainzer Studien zur Sportwissenschaft 5/6; Schors Verlag 1981
12. *Commandre, F.:* Electromusculation. Médecine du Sport 6 (1977), 4–9
13. *de Marées, H.:* Sportphysiologie. Troponwerke, Köln-Mühlheim 1979
14. *Dobrowolskij, D., E. Golowin:* Eine Methode zur Ausbildung der Explosivkraft. Lehre der Leichtathletik 36/37 (1974), 1409
15. *Edström, L., B. Ekblom:* Differences in sizes of red and white muscle fibers in vastus lateralis of musculus quadriceps femoris of normal individuals and athletes. Relation to physical performance. Scand. J. of Clin. Lab. Invest. (1972), 175–181
16. *Eltze, C., B. Giersberg:* Über Muskelkater und seine Behandlung mit Vibrationsmassage. Dt. Z. Sportmed. 9 (1983), 280–284
17. *Frey, G.:* Zur Terminologie und Struktur physischer Leistungsfaktoren und motorischer Fähigkeiten. Leistungssport 5 (1977), 339–362
18. *Friedebold, G., W. Nüssgen, H. Stoboy:* Die Veränderungen der elektrischen Aktivität der Skelettmuskulatur unter den Bedingungen eines isometrischen Trainings. Z. ges. Exp. Med. 129 (1957), 401
19. *Fridén, J., U. Kjörell, L.-E. Thornell:* Delayed muscle soreness and cytoskeletal alterations: An immunocytological study in man. Int. J. Sports Med. 1 (1984), 15–18
20. *Fridén, J., J. Seger, M. Sjöström, B. Ekblom:* Adaptive response in human skeletal muscle subjected to prolonged eccentric training. Int. J. Sports Med. 4 (1983), 177–183
21. *Fridén, J., M. Sjöström, B. Ekblom:* A morphological study of delayed muscle soreness. Experentia 37 (1981), 506
22. *Fridén, J., M. Sjöström, B. Ekblom:* Myofibrillar damage following intense eccentric exercise in Man. Int. J. Sports Med. 4 (1983), 170–176
23. *Fukunaga, T.:* Die absolute Muskelkraft und das Muskelkrafttraining. Sportarzt und Sportmedizin 11 (1976), 255–265
24. *Goldberg, A.,* et al.: Mechanism of workinduced hypertrophy of skeletal muscle. Med. and Sci. in Sports 3 (1975), 185–197
25. *Gollnick, P.,* et al.: Enzyme activity and fiber composition in skeletal muscle of untrained and trained men. J. Appl. Physiol. (1972), 312–319
26. *Gonyea, W., G. C. Ericson, F. Bonde-Petersen:* Skeletal muscle fiber splitting induced by weightlifting exercise in cats. Acta physiol. scand. 99 (1977), 105
27. *Harre, D.:* Trainingslehre. Sportverlag, Berlin 1976
28. *Hasselbach, W.:* Muskelphysiologie des Menschen, Bd. 4. Urban und Schwarzenberg, München–Berlin–Wien 1975
29. *Hettinger, T.:* Das Isometrische Training der Muskelkraft. Sportarzt 2 (1965), 66 u. 69
30. *Hettinger, T.:* Isometrisches Muskeltraining. Thieme, Stuttgart 1966

31. *Hollmann, W., T. Hettinger:* Sportmedizin – Arbeits- und Trainingsgrundlagen. Schattauer, Stuttgart–New York 1980

32. *Howald, H.:* Kongreßbericht zum Heidelberger Orthopädie-Symposium. In: FAZ vom 3. 11. 79.

33. *Jakowlew, N.:* Biochemische Adaptationsmechanismen der Skelettmuskeln an erhöhte Aktivität. Med. u. Sport 5 (1975), 132–138

34. *Karlsson, J.,* et al.: Das menschliche Leistungsvermögen in Abhängigkeit von Faktoren und Eigenschaften der Muskelfasern. Med. u. Sport 12 (1975), 357–365

35. *Kiselkova, E., P. Dobrev:* Der Einfluß von Kraftübungen mit Gewichten auf die bioelektrische Hirnaktivität bei Menschen im fortgeschrittenen Alter. Vâpr. fiz. Kult 13 (1968), 688–691

36. *Krüger, A.:* Die Anwendungsmöglichkeiten des isokinetischen Krafttrainings für die Leichtathletik. Lehre der Leichtathletik 16 (1972)

37. *Krüger, A.:* Isokinetisches Krafttraining. Für die Mappe des Technikers. DSV 2 (1973), 2–4

38. *Letzelter, M:* Trainingsgrundlagen. Rowohlt, Hamburg 1978

39. *Marhold, G.:* Über das isometrische Training der Muskelkraft im Sport. Theorie und Praxis der Körperkultur 7 (1964), 613–618

40. *Matwejew, L. P.:* Grundlagen des sportlichen Trainings. Sportverlag, Berlin 1981

41. *Meerson, F. S.:* Mechanismus der Adaptation. Wissenschaft i. d. UdSSR 7 (1973), 425

42. *Nell, T.:* Elektrisches Krafttraining. Lehre der Leichtathletik 13 (1972), 452

43. *Pansold, B.,* et al.: Alaktazide und laktazide Energiebereitstellung bei Schwimmbelastungen. Med. u. Sport 4 (1973), 107–112

44. *Reitsma, W.:* Regenerative, volumentrische en numerike hypertrophie van skeletspieren bij kikker en rat: Acad. Proefschrift, Vrije Universiteit Te Amsterdam 1965

45. *Saltin, B.:* Metabolic fundamentals in exercise. Med. and Sci. in Sports 3 (1973), 137–146

46. *Schmidtbleicher, D.,* et al.: Auftreten und funktionelle Bedeutung des Muskeldehnungsreflexes bei Lauf- und Sprintbewegungen. Leistungssport 6 (1978), 480–490

47. *Smith, E. L.:* Exercise for prevention of osteoporosis: a review. The Physician and Sportsmedicine 10/3 (1982), 72–80

48. *Schröder, W.:* Methodische Hinweise zum Vermeiden von Verletzungen im Krafttraining. Theorie und Praxis der KK 1 (1970, 31–40

49. *Schröder, W.:* Die Berücksichtigung des biomechanischen Prinzips der Anfangskraft im Schnellkrafttraining. Theorie und Praxis der Körperkultur 10 (1975), 929–932

50. *Schwane, J., S. Johnson, C. Vandenakker, R. Armstrong:* Delayed-onset muscular soreness and plasma CPK and LDH activities after downhill running. Med. and Sci. in Sports and Exercise 1 (1983), 51–56

51. *Silbernagl, S., A. Despopoulos:* Atlas der Physiologie. dtv, Thieme, Stuttgart 1983

52. *Spitz, L., J. Schnell:* Desmodromisches Muskeltraining. Symposium: Grundlagen des Maximal- und Schnellkrafttrainings. Freiburg, 6–8. Okt. 1983

53. *Stoboy, H.:* Theoretische Grundlagen zum Krafttraining. Schweizer Z. Sportmedizin 4 (1973), 149–162

54. *Stoboy, H.:* Muskelhärte und Muskelschmerz. In: Sport: Leistung und Gesundheit. *Heck, H., W. Hollmann, H. Liesen, R. Rost* (Hrsg.). Deutscher Ärzte-Verlag, Köln 1983

55. *Thorstensson, A., B. Sjödin, J. Karlsson:* Enzyme activities and muscle strength after „sprinttraining" in man. Acta physiol. scand. 94 (1975), 313 f.

56. *Tiidus, P., D. Ianuzzo:* Effects of intensity and duration of muscular exercise on delayed soreness and serum enzyme activities. Med. and Sci. in Sports and Exercise 6 (1983), 461–465

57. *Tschiene, P.:* Zu einigen aktuellen methodischen und strukturellen Fragen zum Hochleistungstraining. Leistungssport 1 (1976), 12–20

58. *Viani, J., B. Calligaris, F. Commandre:* Entraînement isotonique par excitation électrique. Med. du Sport 3 (1975), 38–41

59. *Wartrous, B., R. B. Armstrong, J. A. Schwane:* The role of lactic acid in delayed onset muscular soreness. Med. and Sci. in Sports 13 (1981), 80 f.

60. *Weineck, J.:* Die „Trimm-Dich-Pfade" – wer nützt sie, wem nützen sie? Moderne Medizin 5 (1982), 513–515

61. *Weineck, J.:* Optimales Training. perimed Fachbuch-Verlagsgesellschaft, Erlangen 1983

62. *Weineck, J.:* Sportanatomie. perimed Fachbuch-Verlagsgesellschaft, Erlangen 1983

63. *Weineck, J., J. Schnell:* Desmodromisches Training. Videoinformation, Erlangen/Peutenhausen 1986

64. *Werchoshanskij, J.:* Zum speziellen Krafttraining der Werfer und Springer. Lehre der Leichtathletik 27 (1978), 897–900; 28 (1978), 933–936

65. *Wietoska, B., D. Böning:* Was ist eigentlich Muskelkater? – Gesichertes und Ungesichertes in der medizinischen Literatur. Dt. Z. Sportmed. 12 (1979), 397–401

66. *Zaciorskij, V., L. Raizin:* Die Übertragung des kumulativen Trainingseffektes bei Kraftübungen. Leistungssport 1 (1975), 17–24

67. *Zaciorskij, V.:* Die körperlichen Eigenschaften des Sportlers. Bartels & Wernitz, Berlin–München–Frankfurt 1977

68. *Zanon, S.:* Zur Beziehung zwischen maximaler relativer statischer und relativer elastischer Kraft im Training des Weitspringens. Leistungssport 5 (1975), 352–359

Schnelligkeitstraining

Begriffsbestimmung

> Schnelligkeit ist die Fähigkeit, aufgrund der Beweglichkeit der Prozesse des Nerv-Muskel-Systems und des Kraftentwicklungsvermögens der Muskulatur motorische Aktionen in einem unter den gegebenen Bedingungen minimalen Zeitabschnitt zu vollziehen (*Frey* 1977, 349).

Arten der Schnelligkeit

Die Schnelligkeit manifestiert sich im Sport in unterschiedlichen Erscheinungsformen. Man unterscheidet Reaktionsschnelligkeit, azyklische und zyklische Schnelligkeit sowie Fortbewegungsschnelligkeit.

Reaktionsschnelligkeit

> Eine gut entwickelte Reaktionsschnelligkeit befähigt den Sportler, auf Außenreize mit einer minimalen Zeitverzögerung zu reagieren.

Man unterscheidet *einfache* und *komplexe* Reaktionen: Die *einfache* Reaktion stellt eine stereotype Bewegungsantwort auf einen stereotypen Auslösereiz dar, wie dies z. B. beim leichtathletischen Sprintstart der Fall ist.
Die *komplexe* Reaktion beinhaltet zumeist eine Auswahlreaktion auf variierende Signale. Beispiel: In den Sportspielen muß je nach Spielsituation und Gegner- bzw. Mitspielerverhalten situationsadäquat reagiert werden.
Wie aus Abbildung 117 hervorgeht, nimmt bei den komplexen Reaktionen die Verarbeitungszeit mit zunehmenden Auswahlmöglichkeiten zu.

> Die einfache Reaktionsschnelligkeit kann durch Training um 10–15%, die komplexe um 30–40% verbessert werden.

Die *Reaktionsschnelligkeit* – Synonym *Reaktionsgeschwindigkeit* – läßt sich über die Reaktionszeit messen. Unter *Reaktionszeit* wird dabei diejenige Zeit verstanden, die vom Geben eines Signals bis zum Beginn einer willkürlichen Reaktion verstreicht.

Die Reaktionszeit und die ihr innewohnende Latenzzeit setzt sich aus 5 Komponenten zusammen:
– Auftreten einer Erregung im Rezeptor (Signal)
– Überführung der Erregung auf das ZNS
– Übergang des Reizes in die Nervennetze und Bildung des effektorischen Signals (hierbei wird, vor allem bei komplexen Reaktionen, die meiste Zeit benötigt)
– Eintritt des Signals vom ZNS in den Muskel
– Reizung des Muskels mit Auslösung einer mechanischen Aktivität (*Zaciorskij* 1972, 52).

Die Reaktionszeit – die nachfolgenden Angaben gelten für Durchschnittspersonen – ist bei *optischen* (0,15–0,2 s), *akustischen*

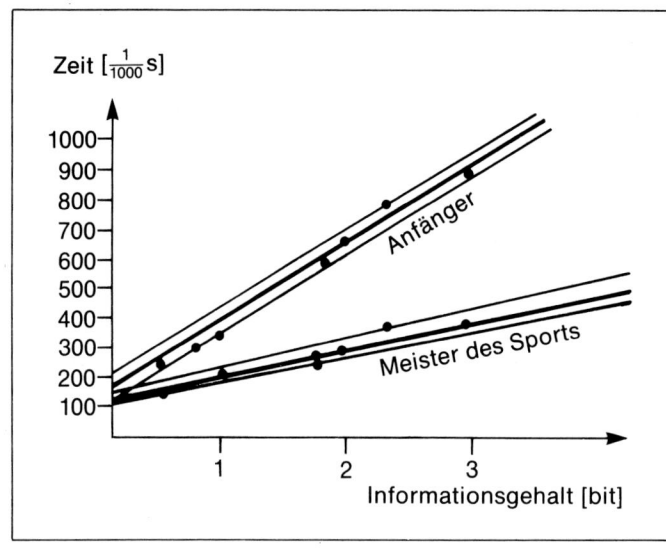

Abb. 117 Die Verarbeitungszeit bei unterschiedlich komplexen Informationen bei Sportlern verschiedener Qualifikation (nach Zaciorskij 1977, 57).

(0,12–0,27 s) und *taktilen* (0,09–0,18 s) Signalen unterschiedlich lang (*Zaciorskij* 1977, 55; *Hollmann/Hettinger* 1980, 273). Personen bzw. Sportler, die auf ein akustisches Signal schnell reagieren, können bei optischer Reizgebung unverhältnismäßig schlechter abschneiden und umgekehrt (*Freitag/Steinbach/Tholl* 1969, 164). Auch bestehen keine Beziehungen zwischen der Reaktionszeit und der Bewegungsgeschwindigkeit: Bewegungsschnelle Sportler können über relativ schlechte Reaktionszeiten verfügen und umgekehrt. Weiterhin ist bemerkenswert, daß die Reaktionszeit bei körperlichen Belastungen mit zunehmender Belastungsstufe eine Verlängerung erfährt und daß mit einem verbesserten Ausdauertrainingszustand eine Tendenz zu einer verkürzten Reaktionszeit auf gegebener Belastungsstufe besteht (*Szmodis* 1977, 39 f.). Wie die Abbildung 118 zeigt, verändert sich die Reaktionszeit im Laufe des Lebens.

Azyklische Schnelligkeit

Die *azyklische* Schnelligkeit beinhaltet motorische *Einzelaktionen* bzw. *Einzelbewegungen* (z. B. Wurf).

Die Geschwindigkeit von Einzelbewegungen, z. B. eines Armes oder eines Beines, kann bei ein und derselben Person unterschiedlich sein.

Die *azyklische Schnelligkeit* manifestiert sich im Sport in der Form der Wurf-, Stoß-, Sprung-, Schuß- oder Schlagkraft. Ihre leistungsbestimmenden Faktoren wurden bereits unter dem Kapitel Kraft bzw. Schnellkraft behandelt (s. S. 204).

Zyklische Schnelligkeit – Fortbewegungsschnelligkeit

Die *zyklische Schnelligkeit* beinhaltet eine sich rhythmisch wiederholende *Folge von motorischen Aktionen,* unabhängig davon, ob es sich um Bewegungen der oberen oder unteren Extremität(en) sowie des Rumpfes handelt. Die *Fortbewegungsgeschwindigkeit* stellt eine Sonderform der zyklischen Schnelligkeit dar und bezieht sich auf die lokomotorische Leistungsfähigkeit der unteren Extremitäten.

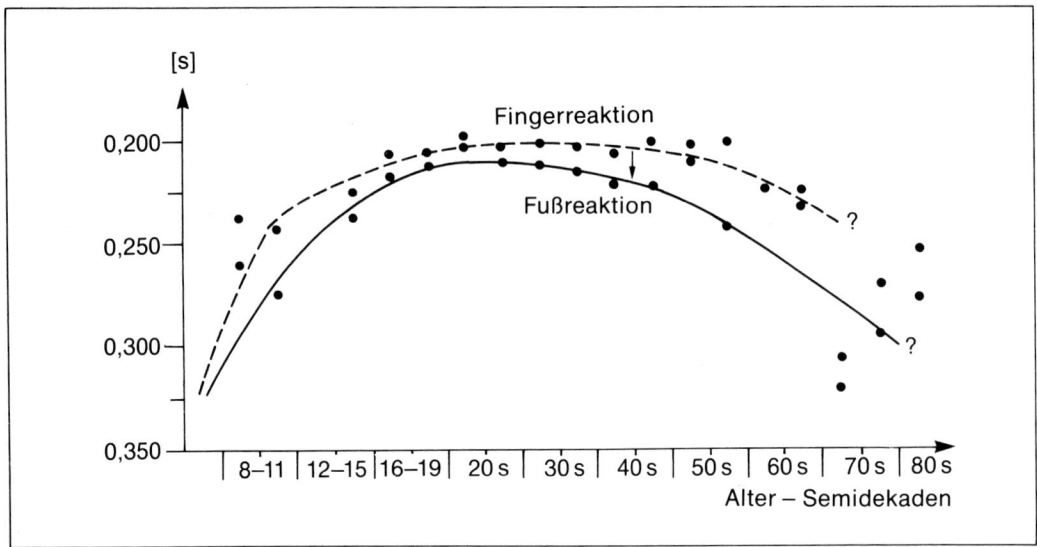

Abb. 118   Das Verhalten der Reaktionszeit im Laufe des Lebens am Beispiel der optischen Reaktionszeit (nach *Miles/Cowdry*, in *Hollmann/Hettinger* 1980, 275).

Die *Bewegungsfrequenz* als Ausdrucksform der zyklischen Schnelligkeit ist abhängig von der Geschwindigkeit der jeweiligen Einzelbewegungen. Die Maximalwerte der Bewegungsfrequenz fallen in den verschiedenen Gelenken sehr unterschiedlich aus (Tab. 13).

Die maximal erreichbare Geschwindigkeit innerhalb eines zyklischen Bewegungsablaufes wird als *Grundschnelligkeit* bezeichnet. Es spielt dabei keine Rolle, ob es sich um eine hochfrequente Bewegungsfolge innerhalb einer Einzelbewegung (z. B. eines Armes) oder innerhalb einer lokomotorischen Aktion (z. B. Fortbewegung) handelt.

Die *Grundschnelligkeit* hängt von folgenden leistungsbestimmenden Faktoren ab:

– Art der Muskulatur
– Kraft der Muskulatur
– Art der Energiebereitstellung

– Koordinative Leistungsfähigkeit
– Elastizität, Dehnbarkeit und Entspannungsfähigkeit der Muskulatur
– Erwärmungszustand
– Ermüdung
– Alter und Geschlecht.

Art der Muskulatur

Die Kontraktionsschnelligkeit eines Muskels ist in hohem Maße vom Typ seiner Muskelfasern abhängig. Bioptische Untersuchungen (*Karlsson* et al. 1975, 358, *Coyle* et al. 1979, 14; *Inbar/Kaiser/Tesch* 1981, 156) konnten zeigen, daß der Anteil an schnellzuckender Muskulatur (FT-Fasern) positiv mit der Schnelligkeit der Bewegungen korreliert. „Geborene Sprinter" weisen einen höheren Prozentsatz an FT-Fasern auf als zum Beispiel Langstreckenläufer (vgl. S. 44, Abb. 17).

Wie bereits ausgeführt wurde (s. S. 46), ist das genetisch vorgegebene Verteilungsmuster von FT- und ST-Fasern durch ein schnelligkeitsbetontes Training nicht oder

Gelenk	Maximale Bewegungs- frequenz (pro min)
Fingerzwischengelenke	300–400
Mittelhandgelenke	480–540
Handgelenk	690
Ellenbogengelenk	530
Schultergelenk	310

Tab. 13 Die Bewegungsfrequenz (pro Minute) in unterschiedlichen Gelenken (nach *Amar*, in *Simkin* 1960).

nur geringfügig und vorübergehend zugunsten einer Zunahme der FT-Faser-Fraktion möglich. Allerdings ist durch ein spezielles Schnelligkeits- oder Krafttraining der Querschnitt und damit die Kraft der FT-Fasern im Sinne einer Leistungsoptimierung zu beeinflussen: Oberhalb 25% der isometrischen Maximalkraft (*Karlsson* et al. 1975, 357) oder 90% des maximalen Sauerstoffaufnahmevermögens (*Piehl* 1975, 33) – dies entspräche etwa der Kraftentwicklung bei einem scharfen Tempolauf – kommt es zu einer selektiven Beanspruchung der FT-Fasern und damit zu einer übungsbedingten Dickenzunahme.

Kraft der Muskulatur

Die unterschiedliche Leistungsfähigkeit im Schnelligkeitsbereich – dies gilt besonders für ihre Teilkomponente, die Beschleunigungsphase – basiert auf einem unterschiedlich hohen Ausgangsniveau an Koordinations- und Kraftvermögen. Eine Verbesserung der Kraft geht stets auch mit einer Erhöhung der Bewegungsschnelligkeit einher (*Bührle/Schmidtbleicher* 1977, 7; 1981, 271). *Karl* (1972, 275) erklärt diese Tatsache dahingehend, daß durch die Zunahme des Muskelquerschnitts mehr Brückenbindungen pro Zeiteinheit für das Ineinandergleiten von Aktin und Myosin zur Verfügung stehen und somit die Kontraktionsgeschwindigkeit angehoben wird. Durch den erhöhten Muskelfaserquerschnitt der synchron aktivierten motorischen Einheiten kommt es außerdem zu einer Verringerung der Last pro Einheit und damit zu einer schnelleren Kontraktion (*Paerisch* 1974, 128).

Die Größe der Kraftimpulse ist von ausgeprägtem Einfluß auf die Schrittlänge bzw. die Schrittfrequenz: Ist der Kraftimpuls in der Stützphase größer, vergrößert sich die Schrittlänge und verkürzt sich die Stützzeit, was zu einer Erhöhung der Schrittfrequenz führt. Für die Vergrößerung der Laufgeschwindigkeit ist demnach der Kraftimpuls in Verbindung mit koordinativen Qualitäten leistungsbestimmend.

Groh (in *Knebel* 1972, 27) verdeutlicht dies folgendermaßen: Ein Läufer von 70 kg hat einen mittleren Kraftimpuls von 45,5 kp/s. Daraus errechnet sich – bei einer mittleren Stützzeit von 0,1 s – die mittlere Stützkraft des Fußballens von 455 kp. Um nun eine Verkürzung der Laufzeit von rund einer Sekunde zu erreichen, müßte ein Läufer von 70 kp mit jedem Laufschritt einen zusätzlichen Kraftimpuls von 7 kp/s aufbringen. Das entspricht – bei 0,1 s Stützzeit – einer zusätzlichen Abstoßkraft des Fußballens von 70 kp bei jedem Laufschritt.

Die eben skizzierte Bedeutung des Kraftimpulses zeigt eindeutig die Wichtigkeit der Kraftkomponente für die Erhöhung der Sprintleistung.

Art der Energiebereitstellung

Die Maximalgeschwindigkeit des Muskels ist in hohem Maße vom Niveau der *energiereichen Phosphate* sowie ihrer möglichen *Mobilisationsgeschwindigkeit* abhängig. Mit ihrer Abnahme verringert sich auch die maximale Geschwindigkeit (Abb. 119). Durch spezielles Training können die energiereichen Phosphate – hier insbesondere die *Kreatinphosphatspeicher* (*Pansold* 1973, 110) im Muskel vermehrt werden. Parallel dazu steigt die Aktivität der am Umsatz dieser energiereichen Substrate beteiligten Enzyme.

Thorstensson et al. (1975, 313 f.) fanden nach einem zweimonatigen, 3–4× wöchentlichen Sprinttraining Anstiege der ATP-ase um 30% (dieses Enzym katalysiert die Reaktion: ATP $\rightleftharpoons$ ADP + P + Energie), der Myokinase um 20% (dieses Enzym katalysiert die Reaktion: ADP + ADP $\rightleftharpoons$ ATP + AMP) und der Kreatinphosphokinase (CPK) um 36% (dieses Enzym katalysiert die Reaktion: CP + ADP $\rightleftharpoons$ ATP + C).

Durch die Vermehrung der Energiespeicher bzw. die Zunahme der Enzymaktivitäten steigt die Kontraktionsgeschwindigkeit des Muskels an (vgl. *Barany,* zitiert nach *Piehl* 1975, 34, 38).

Koordinative Leistungsfähigkeit

Eine hohe Bewegungsfrequenz kann nur bei schnellstem Wechsel zwischen Erregung und Hemmung und entsprechenden Regulationen des Nerv-Muskel-Systems in Verbindung mit einem optimalen Krafteinsatz erreicht werden (*Harre* 1976, 163).

Erst eine optimale inter- und intramuskuläre Bewegungskoordination ermöglicht es, das Zusammenspiel von Agonisten und Antagonisten zu verbessern sowie die Zahl der gleichzeitig aktivierten motorischen Einheiten zu erhöhen und somit die Beschleunigungskraft der Arbeitsmuskulatur anzuheben.

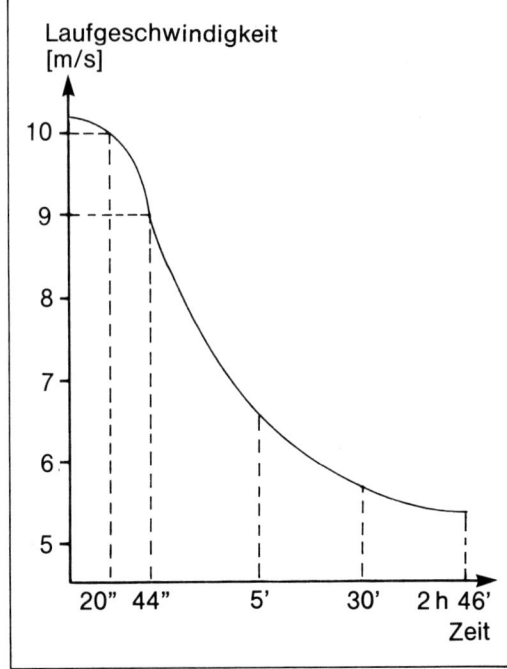

Abb. 119   Die maximale Geschwindigkeit in Abhängigkeit von der Zeitdauer (verändert nach *Farfel* et al., in *Matwejew* 1981, 52).

Elastizität, Dehnbarkeit und Entspannungsfähigkeit der Muskulatur

Wenn die Elastizität, die Dehnbarkeit und die Entspannungsfähigkeit der Muskeln unzureichend sind, kommt es zu einer Verringerung der Bewegungsamplitude (*Harre* 1976, 164) sowie zu einer Verschlechterung des neuromuskulären bzw. koordinativen Zusammenspiels, da die arbeitende Muskulatur (Agonisten) während der Bewegung einen höheren Widerstand der Antagonisten überwinden muß. Diese durch innere Reibung und erhöhten Muskeltonus gehemmten Bewegungsabläufe erfordern nicht nur einen erhöhten, wenig effektiven Energiebedarf, sondern führen auch in kürzerer Zeit zu einer Verringerung der Bewegungsschnelligkeit.

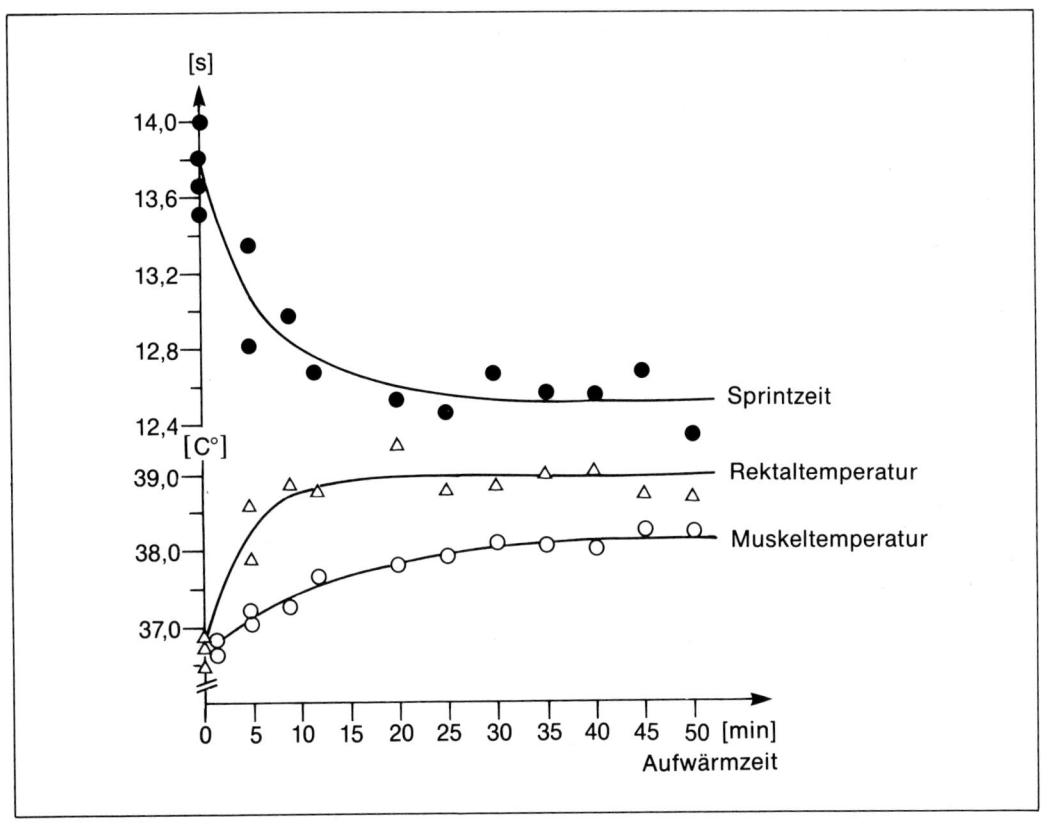

Abb. 120   **Die Bedeutung des Aufwärmens für die Sprintleistung (nach *Asmussen/Böje*, in *Hollmann/Hettinger* 1980, 548).**

Erwärmungszustand

Eine hohe Bewegungsfrequenz setzt einen optimalen Erwärmungszustand voraus: Da durch das Aufwärmen der Muskulatur einerseits die Viskosität (innere Reibung) herabgesetzt, die Dehnfähigkeit und Elastizität erhöht wird, andererseits aber auch die Leitungsgeschwindigkeit des Nervensystems zunimmt und damit die Reaktionsfähigkeit sowie die Steuerungsprozesse verbessert werden – alle biochemischen Reaktionen laufen bei einem Temperaturoptimum schneller ab (*Stoboy* 1972, 31) –, ist zum Erreichen der individuellen Maximalgeschwindigkeit ein ausreichendes Aufwärmen notwendig. Nach *Hill* (1956, 165) soll die Erhöhung der Körpertemperatur um 2° C eine Steigerung der Kontraktionsgeschwindigkeit um etwa 20% bewirken.

Abbildung 120 verdeutlicht, daß durch Aufwärmen die Sprintzeit verbessert wird. Es zeigt sich, daß sich die Sprintzeit so lange verbessert, bis ein Temperaturoptimum in der Arbeitsmuskulatur erreicht wird; weiteres Aufwärmen führt zu keiner zusätzlichen Steigerung mehr.
Tabelle 14 stellt die Wirkung einer adäquaten Aufwärmarbeit auf die sportartspezifische Leistungsfähigkeit im Sprint bzw. auf der Mittelstreckendistanz dar. Sie läßt erkennen, daß die prozentuale Leistungssteigerung durch Aufwärmen sowohl im kurzen wie langen Sprint als auch über die längere Distanz in etwa gleich groß ist.

Strecke	100 m	400 m	800 m
Verbesserung durch Aufwärmen (in s)	0,3–0,4	1,5–3,5	3–6
Verbesserung durch Aufwärmen (in %)	3–4	3–6	2,5–5

Tab. 14 Verbesserung der Laufleistung durch ein 15- bis 30minütiges Einlaufen mit einer Geschwindigkeit von 12 km/h (nach *Högberg/Ljunggreen,* in *de Marées* 1979, 336).

Ermüdung

Bei muskulärer Ermüdung kommt es zu einer mehr oder weniger ausgeprägten metabolischen Azidose (stoffwechselbedingte Übersäuerung), die über sensible afferente Leitungsbahnen zentralwärts zur Hirnrinde gemeldet wird. Diese afferenten Impulse lösen in den für die motorische Steuerung verantwortlichen Zentren eine Hemmung aus, die eine Abnahme der Zahl und der Frequenz der Entladungen der motorischen Neuronen bewirkt (*Reindell* et al., zitiert nach *Koitzsch* 1972, 629).

Eine maximale Geschwindigkeit ist im ermüdeten Zustand nicht zu erreichen, da die Steuerungsprozesse des ZNS beeinträchtigt sind und die für die Schnelligkeitsentwicklung erforderliche hohe Koordinationsfähigkeit in ihrer Leistung herabgesetzt ist.

Geschlecht und Alter

Die Grundschnelligkeit untrainierter weiblicher Personen liegt durchschnittlich um 10–15% niedriger als die männlicher (*Hollmann/Hettinger* 1980, 284).

Die geringere Grundschnelligkeit der Frau ist vor allem auf die geringere Kraft, nicht aber auf koordinative Parameter zurückzuführen: Die Bewegungsfrequenz der Frau unterscheidet sich z. B. im leichtathletischen Sprint nicht von der des Mannes (*Letzelter* et al. 1979, 299).

Die Grundschnelligkeit ist derjenige physische Leistungsfaktor, der mit zunehmendem Alter am frühesten und ausgeprägtesten eine Abnahme erfährt. Dies hängt vor allem mit der altersbedingten Abnahme der Kraft sowie der koordinativen Leistungsfähigkeit zusammen, welche die Grundschnelligkeit im wesentlichen limitieren.

Der 100-m-Lauf

Die *Grundschnelligkeit* spielt in vielen Sportarten eine leistungsdeterminierende Rolle in der Form der *Fortbewegungsschnelligkeit.* Da der 100-m-Lauf *die* Sportdisziplin ist, in der sie in der „reinsten" Form zum Ausdruck kommt, soll seiner Charakteristik besondere Aufmerksamkeit geschenkt werden.

Der 100-m-Lauf setzt sich aus 4 verschiedenen Abschnitten zusammen, die in unterschiedlicher Weise die Gesamtleistung beeinflussen:
1. Reaktionsphase
2. Beschleunigungsphase
3. Phase der Schnellkoordination
4. Schnelligkeitsausdauer.

1. Reaktionsphase

Die Reaktionsphase ist, wie aus dem Namen bereits hervorgeht, durch die Reaktionsgeschwindigkeit des Läufers bestimmt.

Die Aufzeichnung des Verlaufs der Kräfte, die vom Startschuß bis zum Verlassen des Startblockes auftreten (*Schauber/Singer* 1975, 433), läßt erkennen, daß zum Aufbau der Muskelkräfte nach erfolgtem Startschuß eine gewisse Zeit benötigt wird. Diese *Reaktionszeit* hängt von sinnesphysiologischen Gesetzmäßigkeiten ab, die aller Wahrscheinlichkeit nach ein Unterschreiten eines bestimmten Grenzwertes nicht erlauben (etwa 0,10 s).

Die Bedeutung der Reaktionszeit spielt bei der heutigen Zeitmessung mit einer Genauigkeit von 1/100 s für die Plazierung oft eine entscheidende Rolle. Zwar kann durch Starttraining die Reaktionszeit nicht unter den individuell angeborenen Minimalwert reduziert werden, aber die Zuverlässigkeit im Erreichen des optimalen Wertes läßt sich verbessern (*Oberste/Bradtke* 1974, 430).

Wie Untersuchungen der Reaktionszeiten bei internationalen Wettkämpfen zeigen, ist bei den besten Läufern eine höhere *Stabilität* der Reaktionszeit festzustellen als bei den weniger guten (*Dostál* 1981, 329).

2. Beschleunigungsphase

Das *Beschleunigungsvermögen* stellt die wichtigste Fähigkeit des Sprinters dar: Schnellere Sprinter haben auch eine bessere Startzeit.

Nach *Ballreich* (1969, 145) sind Unterschiede in der Sprintschnelligkeit zu 85% auf unterschiedliche Beschleunigungsniveaus zurückzuführen (Abb. 121).

Als Indikator der Beschleunigungsphase – sie schwankt je nach Qualifikation des Sprinters zwischen 28,5 und 36,5 m – dient die Zunahme der Schrittlänge. Die maximale Laufgeschwindigkeit wird etwa 4–5 Sekunden nach dem Start erreicht (*Volkov/Lapin* 1979, 336).

Wie stark Beschleunigungsvermögen und *Beinkraft* zusammenhängen, läßt sich aus den hohen Korrelationskoeffizienten für horizontale und vertikale Sprünge (0,64 bzw. 0,50) ersehen: Gruppen mit signifikant besserer Sprintleistung verfügen über eine bessere horizontale und vertikale Sprungkraft.

3. Phase der Schnellkoordination

Die Phase der *Schnellkoordination* oder *Aktionsschnelligkeit* wird durch die Grundschnelligkeit bestimmt.

Nach *Zaciorskij* (1972, 51) sind die Fähigkeit zu einer schnellen Temposteigerung (Beschleunigungsvermögen) und die Fähigkeit, sich mit hoher Geschwindigkeit vorwärts zu bewegen, relativ unabhängig voneinander. In einigen Sportarten ist nur die Startbeschleunigung wichtig (wie z. B. in den Sportspielen), in anderen nur die Höchstgeschwindigkeit auf der Strecke (wie z. B. beim Weit- und Dreisprung).

Die Fähigkeit eines Sportlers, Bewegungen schneller auszuführen, ist ziemlich spezifisch. Nach *Zaciorskij* (1972, 51) zeigt sich dies besonders darin, daß zwischen Geschwindigkeiten in unterschiedlich koordinierten Bewegungen bei ein und derselben Person keine Korrelation besteht (Laufen/Schwimmen). Die direkte Übertragung der Schnelligkeit erfolgt demnach nur bei Bewegungen, die eine ähnliche Koordination aufweisen: Eine Verbesserung der Leistung im Sprung aus dem Stand wirkt sich damit sofort auf die Kennziffern im Sprint, im Kugelstoßen und in anderen Übungen aus, bei denen das Tempo der Beinstreckung von Bedeutung ist; hingegen spiegelt sich dies in der Geschwindigkeit beim Schwimmen oder Boxen u. ä. nicht wider.

Die Schnellkoordination hängt vorwiegend von der Koordinations-, Innervations- und Zuckungsfähigkeit der eingesetzten Muskeln ab, also von der Tüchtigkeit des neuromuskulären Systems. Hinzu kommt nach *Groh* (in *Knebel* 1972, 28) die Größe des Kraftimpulses in der Stützphase: Große Kraftstöße erzeugen eine große Schrittlänge, kurze Stützzeiten und große Schrittfrequenz.

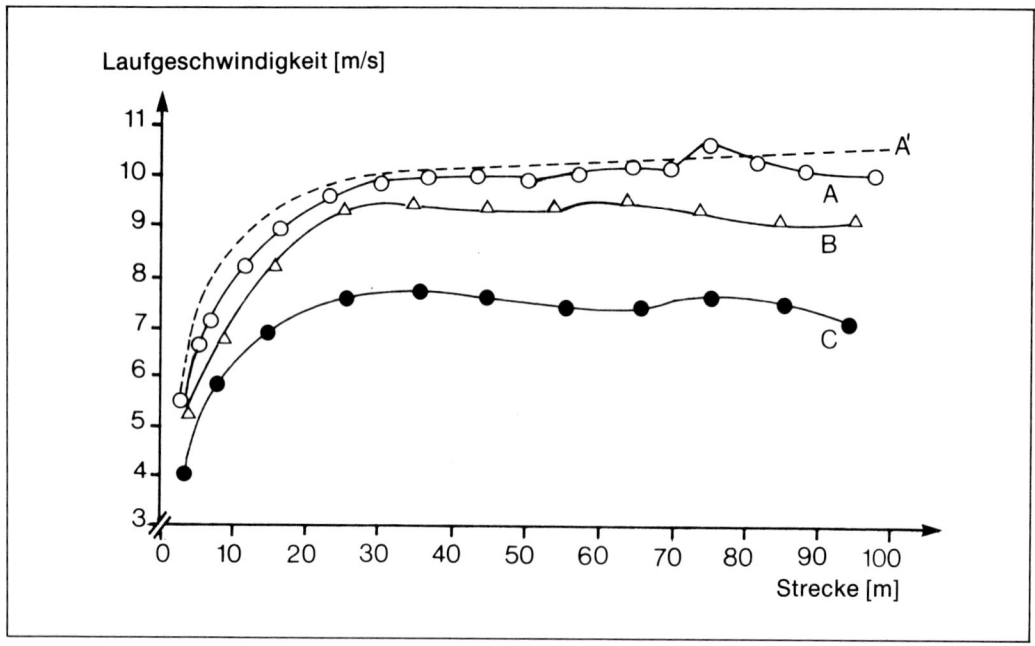

Abb. 121   Die Geschwindigkeitskurve beim 100-m-Lauf bei einem erstklassigen Sprinter (A), einem zweitklassigen (B) und einem Sportstudenten (C) in Verbindung mit einer idealisierten Kurve (A') (nach *Ikai* 1967, 232).

4. Schnelligkeitsausdauer

Kräftige und schnelle Muskeln können nach *Gundlach* (1969, 225) gleichzeitig ein gutes oder ein schlechtes Ausdauervermögen besitzen. Diese Fähigkeit ist in ausgedehnterem Maße trainierbar als z. B. die Innervationsgeschwindigkeit oder Kontraktilität des Muskels. Die Erhöhung der Schnelligkeitsausdauer befähigt den Sportler, die Phase der Schnellkoordination bzw. der höchsten Geschwindigkeit über einen längeren Zeitraum aufrechtzuerhalten.

Methoden zur Verbesserung der Schnelligkeitsfähigkeiten

Da sich nach *Ballreich* (1969, 145) die Reaktionsgeschwindigkeit, die Sprintbeschleunigung und die Sprintausdauer nicht gegenseitig beeinflussen, erfordert jede Komponente spezielle Trainingsinhalte (*Weineck* 1983, 178).

Als Methode der Wahl für die Verbesserung der Schnelligkeitsparameter gilt die *Wiederholungsmethode* (s. S. 186): Nur im erholten Zustand ist das neuromuskuläre System imstande, maximale Reaktions- und Aktionsgeschwindigkeiten zu realisieren. Eine Übersäuerung der Muskulatur – sie läßt sich am pH-Abfall bzw. Laktatanstieg im arteriellen Blut erkennen – bedingt eine Abnahme der Kontraktionsgeschwindigkeit. Häufiges Trainieren im leicht ermüdeten Zustand führt zum Einschleifen eines submaximalen Bewegungsstereotyps und damit zu einer Verschlechterung der Sprintfähigkeit.

Energetisch spielen beim Sprint ausschließlich *anaerobe Mechanismen* eine Rolle. Es werden jedoch nicht nur die energiereichen Phosphate (ATP, KP) zur Energiegewinnung herangezogen, sondern auch schon zu

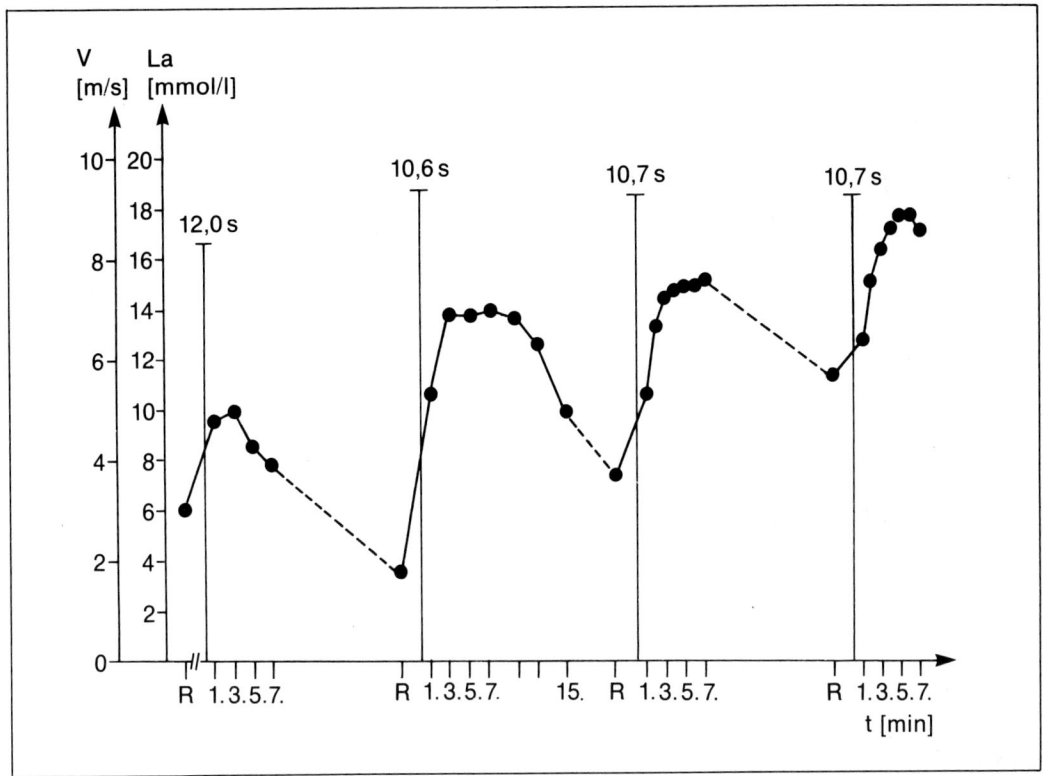

Abb. 122 Das Verhalten der arteriellen Laktatwerte nach einem bzw. mehreren 100-m-Läufen (1. Lauf mit submaximaler Geschwindigkeit). Erholungspause zwischen den Läufen 20 min (nach *Mader* et al., in *Hollmann/ Hettinger* 1980, 287). V = Geschwindigkeit; La = Laktat; R = Ruhe.

einem gewissen Prozentsatz die intrazellulären Glukosespeicher (via Glykolyse). Wie Abbildung 122 erkennen läßt, kommt es beim Absolvieren eines bzw. mehrerer 100-m-Läufe zu einem bemerkenswerten Anstieg an Milchsäure als Ausdruck *laktazider* anaerober energetischer Prozesse.

Abbildung 122 verdeutlicht, warum für den Sprint vor allem die *Wiederholungsmethode* geeignet ist: Nur die Einhaltung ausreichender Pausen – wie dies bei den „vollständigen" Pausen der Wiederholungsmethode i. a. gewährleistet ist – ermöglicht maximale Geschwindigkeiten und damit einen optimalen Trainingseffekt. Das *Intervalltraining* intensivster Prägung ist daher nur zur Schulung der Sprint- und Schnelligkeitsausdauer, nicht jedoch für die Verbesserung maximaler Bewegungsfrequenzen geeignet.

Das Training der Schnelligkeit in ihren verschiedenen Manifestationsformen, insbesondere des Sprints, hat zwar große Bedeutung für die schnelligkeitsorientierten Sportarten (z. B. Mannschaftsspiele, Leichtathletik), ist jedoch unter dem Aspekt von *Gesundheit* und *Prävention* ebenso *nutzlos* wie ein Krafttraining für die Verbesserung von Herz-Kreislauf-Parametern. Für den älteren oder organisch vorgeschädigten Menschen stellt der Sprint sogar einen Übungsexzeß dar, der ihm mehr schaden als nutzen kann (*Hollmann/Hettinger* 1980, 277).

Literatur

1. *Ballreich, R.:* Weg- und Zeitmerkmale von Sprintbewegungen. Bartels & Wernitz, Berlin 1969
2. *Bührle, M., D. Schmidtbleicher:* Der Einfluß von Maximalkrafttraining auf die Bewegungsschnelligkeit. Leistungssport 1 (1977), 3–10
3. *Bührle, M., D. Schmidtbleicher:* Komponenten der Maximal- und Schnellkraft. Sportwissenschaft 11 (1981), 11–27
4. *Coyle, E., D. Costill, G. Lesmes:* Leg extension power and muscle fiber composition. Med. and Sci. in Sports II (1979), 12–15
5. *de Marées, H.:* Sportphysiologie. Köln–Mühlheim 1981
6. *Dostál, E.:* Analyse der Reaktionszeiten im Sprint bei den Europameisterschaften in Prag 1978. In: Leichtathletiktraining im Spannungsfeld von Wissenschaft und Praxis. *Augustin, D., N. Müller* (Hrsg.). Mainzer Studien zur Sportwissenschaft 5/6, Schors Verlag 1981
7. *Freitag, W., M. Steinbach, R. Tholl:* Zum Problem der Reaktionszeit. Praxis der Leibesübungen 8 (1969), 164–165
8. *Frey, G.:* Zur Terminologie und Struktur physischer Leistungsfaktoren und motorischer Fähigkeiten. Leistungssport 5 (1977), 339–362
9. *Gundlach, H.:* Testverfahren zur Prüfung der Sprintschnelligkeit. Theorie und Praxis der Körperkultur 3 (1969), 224–229
10. *Harre, D.:* Trainingslehre. Sportverlag, Berlin 1976
11. *Hill, A. V.:* The design of muscles. Brit. med. Bull. 12 (1956), 165 f.
12. *Hollmann, W., T. Hettinger:* Sportmedizin – Arbeits- und Trainingsgrundlagen. Schattauer, Stuttgart–New York 1980
13. *Ikai, M.:* Biomechanics of sprint running with respect to the speed curve. In: Biomechanics I. First International Seminar Zürich. pp 232–290. Karger, Basel–New York 1967
14. *Inbar, O., P. Kaiser, P. Tesch:* Relationships between leg muscle fiber type distribution and leg exercise performance. Int. J. of Sports Med. 2 (1981), 154–159
15. *Jonath, U.:* Praxis der Leichtathletik, eine Enzyklopädie. Bartels und Wernitz, Berlin–München–Frankfurt 1972
16. *Karl, H.:* Sportärztliches Seminar in Davos, 1972. Sportarzt und Sportmedizin 10 (1972), 275
17. *Karlsson, J.* et al.: Das menschliche Leistungsvermögen in Abhängigkeit von Faktoren und Eigenschaften der Muskelfasern. Med. u. Sport 12 (1975), 357–365
18. *Knebel, K.:* Biomedizin und Training. Bartels und Wernitz, Berlin–München–Frankfurt 1972
19. *Koitzsch, J.:* Zur Kennzeichnung leistungsbestimmender Merkmale der Sprintdisziplinen. Theorie und Praxis der Körperkultur (1972), 624–632
20. *Letzelter, M.,* et al.: Schrittgestaltung im 100-m-Lauf der Männer und Frauen bei den Olympischen Spielen 1976. Leistungssport 4 (1979), 296–304
21. *Matwejew, L.:* Periodisierung des sportlichen Trainings. Bartels und Wernitz, Berlin–München–Frankfurt 1972
22. *Matwejew, L.:* Grundlagen des sportlichen Trainings. Sportverlag, Berlin 1981
23. *Oberste, W., M. Bradtke:* Die Bedeutung der motorischen Reaktionszeit im Sprint. Leistungssport 6 (1974) 424–430
24. *Paerisch, M.:* Die Auswirkungen sportlichen Trainings auf das neuromuskuläre System. Med. u. Sport 4–6 (1974), 126 f.
25. *Pansold, B.,* et al.: Alaktazide und laktazide Energiebereitstellung bei Schwimmbelastungen. Med. u. Sport 4 (1973), 107–112
26. *Piehl, K.:* Glykogenvorrat und -schwund in menschlichen Skelettmuskelfasern. Med. u. Sport 2 (1975), 33–42
27. *Schauber, H., R. Singer:* Untersuchung des Kraftverlaufs beim Tiefstart. Leistungssport 6 (1975), 433–452
28. *Simkin, N. W.:* Physiologische Charakteristik von Kraft, Schnelligkeit und Ausdauer. Hrsg. von DHfKK Leipzig. Sportverlag, Berlin 1960
29. *Stoboy, H.:* Neuromuskuläre Funktion und körperliche Leistung. In: Zentrale Themen der Sportmedizin. *Hollmann, W.* (Hrsg.). Berlin–Heidelberg–New York 1972
30. *Szmodis, I.:* Exercise effects on the tissue of reactions to auditory stimuli. Europ. J. Appl. Physiol. 37 (1977), 39 f.
31. *Thorstensson A., B. Bjödin, J. Karlsson:* Enzyme activities and muscle strength after „sprint-training" in man. Acta physiol. scand 3 (1975), 313–318
32. *Volkov, N. I., V. I. Lapin:* Analysis of the velocity curve in sprint running. Med. and Sci. in Sports 11 (1979), 332–337
33. *Weineck, J.:* Optimales Training. perimed Fachbuch-Verlagsgesellschaft, Erlangen 1983
34. *Zaciorskij, V. M.:* Die körperlichen Eigenschaften des Sportlers, Bartels & Wernitz, Berlin–München–Frankfurt 1972 u. 1977

Beweglichkeitstraining

Begriffsbestimmung

> Die Beweglichkeit ist die Fähigkeit und Eigenschaft des Sportlers, Bewegungen mit großer Schwingungsweite selbst oder unter dem unterstützenden Einfluß äußerer Kräfte in einem oder in mehreren Gelenken ausführen zu können.

Als Synonyma für Beweglichkeit gelten allgemein *Flexibilität* bzw. *Biegsamkeit*. *Gelenkigkeit* (die Struktur des Gelenkes betreffend) und *Dehnungsfähigkeit* (die Muskeln, Sehnen, Bänder und Kapselapparate betreffend) hingegen sollten als Komponenten und damit als Unterbegriffe der Beweglichkeit verstanden werden (*Frey* 1977, 351).

Arten der Beweglichkeit

Man unterscheidet zwischen *allgemeiner* und *spezieller, aktiver* und *passiver* Beweglichkeit:
Von *allgemeiner Beweglichkeit* wird gesprochen, wenn sich die Beweglichkeit in den wichtigsten Gelenksystemen (Schulter- und Hüftgelenk, Wirbelsäule) auf einem ausreichend entwickelten Niveau befindet. Es handelt sich hierbei also um einen relativen Maßstab, da die allgemeine Beweglichkeit je nach Anspruchsniveau (Freizeit-, Hochleistungssportler) verschieden stark ausgeprägt sein wird (*Martin* 1977, 158).
Von *spezieller Beweglichkeit* wird gesprochen, wenn sich die Beweglichkeit auf ein bestimmtes Gelenk bezieht. So benötigt z. B. der Hürdenläufer eine ausgeprägte Beweglichkeit im Hüftgelenk, der Rückenkraulschwimmer im Schultergelenk etc.
Als *aktive Beweglichkeit* bezeichnet man die größtmögliche Bewegungsamplitude in einem Gelenk, die der Sportler aufgrund der Kontraktion der Agonisten – und der dazu parallel verlaufenden Dehnung der Antagonisten – realisieren kann. Innerhalb der aktiven Beweglichkeit unterscheidet man noch zwischen *aktiv-statischer* und *aktiv-dynamischer* Beweglichkeit. Eine Sonderform der aktiv-dynamischen Beweglichkeit stellt die „dynamic flexibility" dar, die auf „Bewegungswucht" (*Fetz* 1969, 41) ausgerichtet ist: Man denke z. B. an den gestreckten Schwungbeineinsatz beim Straddle als Unterstützung der vertikalen Beschleunigungskräfte. Bei der „dynamic flexibility" spielen koordinative Momente eine bedeutende Rolle. Nur wenn durch die richtige Steuerung der Muskelspannung die zu dehnenden Muskeln genügend stark nachgeben und gedehnt werden können, ist die motorische Aufgabe lösbar (*Meinel* 1976, 214).

> Die Beweglichkeit ist somit auch als teilweise koordinativ bedingte motorische Fähigkeit zu bezeichnen.

Als *passive Beweglichkeit* bezeichnet man die größtmögliche Bewegungsamplitude in einem Gelenk, die der Sportler durch Einwirkung äußerer Kräfte (Partner, Zusatzgeräte) allein durch die Dehnung bzw. Entspannungsfähigkeit der Antagonisten erreichen kann (*Harre,* 1976, 172).

> Die passive Beweglichkeit ist stets größer als die aktive Beweglichkeit.

Die Differenz zwischen passiver und aktiver Beweglichkeit bezeichnet man als *Bewegungsreserve* (*Frey* 1977, 352). Sie gibt u. a. Aufschluß über die Verbesserungsmöglichkeiten der aktiven Beweglichkeit durch eine gezielte Kräftigung der Agonisten bzw. vermehrte Dehnfähigkeit der Antagonisten.

Bedeutung der Beweglichkeit

Die Beweglichkeit ist eine elementare Voraussetzung für eine qualitativ und quantitativ gute Bewegungsausführung (*Harre* 1976, 170). Ihre optimale, d. h. den Erfordernissen der jeweiligen Sportart angepaßte, Ausbildung wirkt in komplexer Weise positiv auf die Entwicklung physischer Leistungsfaktoren (z. B. Kraft, Schnelligkeit u. a.) bzw. sportlicher Fertigkeiten (z. B. Techniken).

Bei erhöhter Beweglichkeit können Übungen mit großer Bewegungsamplitude kräftiger, schneller, leichter, fließender und ausdrucksvoller ausgeführt werden (*Bull/Bull* 1980, 678).

Die Beweglichkeitsschulung ist damit ein nicht austauschbarer Bestandteil des Trainingsprozesses. Darüber hinaus hat das Beweglichkeitstraining in den verschiedenen Sportarten weitere wichtige Funktionen:

– Im Sinne der Verletzungsprophylaxe:
Die Verletzungsanfälligkeit von Muskeln und Sehnen nimmt ab, wenn die Muskulatur bis an ihre funktionellen Grenzen beansprucht wird, wie das bei Dehnübungen der Fall ist.

– Im Sinne der Ausschöpfung des Leistungspotentials:
Wenn Sportler über längere Zeiträume unverletzt bleiben, können sie eher ihr Leistungspotential ausschöpfen, da sie regelmäßiger trainieren und so ihre sportliche Leistungsfähigkeit ungestört weiterentwickeln können.

– Im Sinne einer optimierten Trainingseinstellung:

Wenn der Muskel- und Sehnenapparat keine Probleme verursacht, dann ist die mentale Einstellung zu einem harten, längerfristigen Training positiver (*Martin/Borra* 1983, 1211).

Leistungsbegrenzende Faktoren – Veränderungen durch Training

Die Beweglichkeit wird durch folgende anatomisch-physiologische Faktoren – sie sind überwiegend mechanischer Art – begrenzt:

– Gelenkstruktur
– Muskelmasse und Muskelkraft
– Muskeltonus
– Muskeldehnungsfähigkeit
– Dehnungsfähigkeit der Sehnen, Bänder, Gelenkkapseln und der Haut
– Alter und Geschlecht
– Erwärmungszustand des aktiven und passiven Bewegungsapparates – Tageszeit.

Gelenkstruktur

Wie bereits bei der terminologischen Begriffserklärung erwähnt wurde, ergibt sich die *Gelenkigkeit* aus der Gestalt und Führung der gelenkbildenden Knochen bzw. Gelenkflächen und kann somit aufgrund der unterschiedlichen individuellen anatomischen Gegebenheiten – sie sind erblich (*Farfel* 1979, 32) – mehr oder weniger stark differieren. Die Gelenkigkeit kann ebenso wie die Dehnungsfähigkeit – allerdings in begrenzterem Umfang – durch intensives Beweglichkeitstraining verbessert werden. Wie Untersuchungen am Ballettänzerinnen und -tänzern (*Berquet* 1979, 3225) zeigen, findet sich in Abhängigkeit von der Dauer des Balletttrainings im Bereich der trainierten Gelenke – vor allem im Hüftgelenk – eine erhöhte Beweglichkeit, die auf belastungsinduzierte Veränderungen der jeweiligen Gelenke zurückzuführen ist.

Muskelmasse

Die Muskelmasse kann, wenn sie extrem entwickelt wird, wie z. B. bei einem Gewichtheber oder Bodybuilder, zu einer z. T. rein mechanisch bedingten Beweglichkeitseinschränkung führen („sie können vor lauter Kraft nicht mehr laufen"). Eine Beugeeinschränkung als mechanischer Hinderungsgrund für eine verminderte Beweglichkeit stellt im Sportgeschehen jedoch eine Ausnahme dar. Das Beispiel der Turner – sie imponieren durch eine außergewöhnlich gut entwickelte Muskulatur bei gleichzeitig hervorragend ausgebildeter Beweglichkeit – zeigt, daß eine Zunahme der Muskelmasse nicht zwangsläufig zu einer Einschränkung der Flexibilität führen muß.

Hellenbrandt (zitiert nach *Harre* 1976, 171) konnte zeigen, daß die Dehnfähigkeit der Muskulatur bei Hypertrophie nicht leidet. Eine stark hypertrophierte Muskulatur und damit eine erhöhte Muskelkraft sollte im Hinblick auf die Beweglichkeit nicht nur unter dem Aspekt möglicher Einschränkungen, sondern auch erweiterter Möglichkeiten betrachtet werden. Die *aktive Beweglichkeit* – sie ist im Sportbereich überwiegend von Bedeutung – ist nicht nur von der Dehnungsfähigkeit der *Antagonisten*, sondern auch von der Kraft der *Agonisten* abhängig: Ein Spitzwinkelstütz am Barren oder Spreizsprünge mit höchster Bewegungsamplitude während einer Bodenturnübung sind nur bei hochgradig entwickelter muskulärer Leistungsfähigkeit möglich; die Kraft ist in diesem Falle mitbestimmend für das Ausmaß der Bewegungsweite.

Muskeltonus

Die Dehnungsfähigkeit der Muskulatur wird zum einen durch die Dehnungswiderstände muskulärer Strukturen, zum anderen durch den Tonus bzw. die Entspannungsfähigkeit der Muskeln begrenzt.

Für den Muskeltonus bzw. die Entspannungsfähigkeit spielen die Muskelspindeln – es handelt sich um Dehnungsrezeptoren, die parallel zu den Muskelfasern verlaufen – eine bedeutende Rolle. Über die Muskelspindeln erfolgt zentralnervös die Steuerung des Muskeltonus – die Rücken- bzw. Bauchmuskulatur muß z. B. stets eine bestimmte Mindestspannung (Ruhetonus) aufweisen, um die aufrechte Körperhaltung zu gewährleisten –, der je nach Notwendigkeit gesenkt (zum Beispiel im Schlaf) oder erhöht wird (bei muskulärer Betätigung).

Für die Dehnungsfähigkeit spielen der Muskeltonus bzw. die Muskelentspannungsfähigkeit insofern eine wichtige Rolle, als ein erhöhter Muskeltonus bzw. eine verminderte Muskelentspannungsfähigkeit den muskulären Widerstand für Dehnungsübungen aller Art heraufsetzen und damit die Beweglichkeit insgesamt einschränken können. Dies wird vor allem in den Sportarten zu einer Leistungsminderung führen, bei denen eine gute Vordehnung der Arbeitsmuskulatur mit nachfolgender höherer Kontraktionskraft bzw. -schnelligkeit (s. auch plyometrisches Training, S. 211) mit leistungsbestimmend ist, wie z. B. beim Speer- oder Diskuswurf. Die individuelle Entspannungsfähigkeit bzw. die durch Lockerungsübungen oder Massage erzielbare Senkung des Muskeltonus auf ein Optimum ist demnach Voraussetzung für die Entwicklung einer erhöhten sportlichen Beweglichkeit.

Die Muskelspindeln haben aber nicht nur Bedeutung für die „Sollwert"-Einstellung bzw. Aufrechterhaltung des Muskeltonus (durch Zu- oder Abschalten von Muskelfasern), über den gleichen Mechanismus schützen sie auch die Muskulatur vor allzu starker Überdehnung und beeinflussen damit indirekt das Maß der muskulären Dehnfähigkeit.

Die Empfindlichkeit der Muskelspindeln auf Dehnungsreize – sie wird durch das sogenannte gamma-motorische System gesteuert (vgl. S. 56) – kann durch verschiedene Faktoren eine Minderung bzw. Zunahme erfahren. Diese Tatsache ist für das Beweglichkeitstraining wichtig:

– Muskuläre Ermüdung nach langdauernder physischer Belastung (im Extremfall mit Muskelkatersymptomen verbunden) hebt die Empfindlichkeitsschwelle der Muskelspindeln; schon bei leichten Dehnungsübungen tritt eine frühzeitige Dehnungshemmung ein (Signale sind Schmerzgefühl, reflektorische Abwehrspannung der Muskulatur). Konsequenz: kein Beweglichkeitstraining bei Ermüdung.

– Morgens, nach dem Aufstehen, ist die Empfindlichkeitsschwelle der Muskelspindeln ebenfalls erhöht. Konsequenz: Das „Tief" für die Beweglichkeitsschulung im tageszeitlichen Verlauf muß durch intensiveres und längeres Warmmachen der Muskulatur kompensiert werden.

– Im „Vorstartzustand" ist die Empfindlichkeit der Muskelspindeln herabgesetzt; desgleichen wird sie bei allmählichem Warmmachen durch zunehmend intensivere Dehnungsübungen bzw. wiederholtes Halten einer Dehnungsstellung gesenkt. Die Muskelspindeln haben sich an die ansteigende Dehnungsstellung „gewöhnt", es kommt zu einer neuen „Sollwert"-Einstellung.

Muskeldehnungsfähigkeit

Den entscheidenden Dehnungswiderstand in der Muskulatur bieten nicht die kontraktilen Elemente der Muskelfasern – ihr Widerstand nimmt erst bei Ermüdung, also ATP-Abfall (= fehlende Weichmacherwirkung) zu (vgl. S. 202) –, sondern die bindegewebigen muskulären Bestandteile, wie z. B. die Muskelfaszien und Muskelhüllen (Endo- und Perimysium).

Die Verbesserung der Elastizität des Muskels – dies gilt in vergleichbarem Maße auch für den Sehnen-, Bänder- und Kapselapparat – ist auf unterschiedliche Art und Weise zu erreichen: zum einen *auf Dauer* durch eine Beeinflussung der mechanischen Eigenschaften des Muskels durch biochemische bzw. strukturelle Veränderungen aufgrund eines kontinuierlichen Dehnungstrainings (*Cotta* 1978, 149), zum anderen *vorübergehend* durch sportartspezifisches Warmmachen (s. S. 454). Hierbei wird die Dehnfähigkeit der elastischen Strukturen proportional zum Anstieg der Körpertemperatur (bis zu einem Optimum) erhöht, die Viskosität (innere Reibung) des Muskels aber durch eine vermehrte „Verflüssigung" des Sarkoplasmas erniedrigt (s. auch Kapitel „Aufwärmen", S. 450). Allerdings ist festzuhalten, daß die Viskosität nur etwa $\frac{1}{10}$ der Gesamtwiderstandsgröße ausmacht (*Johns/ Wright* 1962, 824).

Dehnungsfähigkeit der Sehnen, Bänder, Gelenkkapseln und der Haut

> Die Beweglichkeit wird in entscheidendem Maße vom Widerstand der Muskelfaszien (s. o.), der Sehnen und Gelenkkapseln beeinflußt (*Ramsey/Street* 1940, 11; *Johns/Wright* 1962, 824).

Der Sehnen-, Bänder- und Kapselapparat ist im Gegensatz zur Muskulatur nur sehr begrenzt in seinem Dehnungsvermögen zu verbessern, was an seiner gelenkstabilisierenden Funktion und dem damit verbundenen erhöhten Elastizitätsmodul (d. h., die Dehnungsfähigkeit ist aufgrund der Materialbeschaffenheit wesentlich geringer) liegt.

Alter und Geschlecht

Nach *Cotta* (1978, 149) zeigen Sehnen, Bänder und Faszien mit zunehmendem Alter eine Verminderung der Zellzahl, einen Mukopolysaccharid- und Wasserverlust und eine Abnahme der elastischen Fasern.
Bedeutung der Zellzahl: Eine optimale mechanische Leistung kann von den Geweben

nur erbracht werden, wenn die in ihnen befindlichen Zellen kontinuierlich erhebliche Syntheseleistungen erbringen, um den parallel laufenden Abbau der für das Gewebe typischen Substanzen auszugleichen.

Bedeutung der Mukopolysaccharide: Die Polysaccharidproteinkomplexe verkitten das räumliche Netzwerk von Kollagenfibrillen und Fibrillenbündeln und bestimmen durch ihr hohes Wasserbindungsvermögen zu einem wesentlichen Anteil das mechanische Verhalten des Gewebes (*Cotta* 1978, 148).

Bedeutung des Wasserverlustes: Die altersabhängig eintretende Wasserverarmung (um etwa 10–15%) und die zunehmende Verfestigung des Gewebes ändern die mechanischen Eigenschaften des Gewebes insofern, als Dehnungswiderstand und Zugfestigkeit des Gewebes zunehmen, während die Dehnbarkeit mit dem Alter eine Verminderung erfährt.

Die Muskulatur als größtes Organsystem ist den altersbedingten Veränderungen besonders stark ausgesetzt (*Cotta* 1978, 150). Es kommt also insgesamt zu einer Abnahme der Dehnungsfähigkeit der für die Beweglichkeit zuständigen Strukturen. Regelmäßiges Training kann zwar diese altersphysiologisch gegebenen Gesetzmäßigkeiten nicht außer Kraft setzen, aber den Grad dieser Vorgänge entscheidend beeinflussen.

Die Elastizität und Dehnungsfähigkeit der Muskulatur sowie der Bänder und Sehnen und damit die Beweglichkeit insgesamt sind beim weiblichen Geschlecht etwas erhöht. So haben nicht nur Mädchen gegenüber Jungen in allen Entwicklungsphasen in dieser Hinsicht Vorteile (*Koinzer* 1978, 146), sondern auch Frauen gegenüber Männern (vgl. auch S. 384). Diese Tatsache findet ihre Ursache in den hormonellen Unterschieden: Der höhere Östrogenspiegel führt einerseits zu einer etwas vermehrten Wasserretention (*Ganong* 1972, 413), andererseits zu einem erhöhten Fettgewebs- bzw. verringerten

Muskelmassenanteil: Beim Oberarmquerschnitt z. B. beträgt der Muskelanteil der Frau etwa 75,7% des Anteils des Mannes, der Fettanteil hingegen fast das Doppelte (*Fukunaga* 1976, 259). Die Dehnungsfähigkeit ist bei der Frau somit aufgrund der etwas geringeren Gewebsdichte erhöht.

> Die Beweglichkeit stellt die einzige motorische Hauptbeanspruchungsform dar, die bereits beim Übergang vom Kindes- zum Jugendalter ihre Maximalwerte erreicht, um anschließend wieder abzunehmen.

Erwärmungszustand des aktiven und passiven Bewegungsapparates – Tageszeit

Wie aus Tabelle 15 ersichtlich wird, ist die Beweglichkeit in besonders ausgeprägtem Maße von der Außen- bzw. Innentemperatur sowie von Mechanismen abhängig, die diese erhöhen (Warmmachen, heißes Bad). Es zeigt sich, daß alle Aufwärmformen dem Nicht-Aufwärmen zur Erhöhung der Beweglichkeit überlegen sind.

Bemerkenswert ist, daß die Beweglichkeit wie keine andere motorische Eigenschaft starken tageszeitlichen Schwankungen unterworfen ist. Am frühen Morgen ist sie wesentlich schlechter als z. B. am Mittag oder am Abend (s. S. 236; *Grosser* 1977, 40).

Ermüdung

Wenn die Muskulatur durch starke anaerobe Belastungen übersäuert wird – wie dies z. B. beim Läufer durch schnelle intervallartige Tempoläufe oder Tempodauerläufe der Fall sein kann – und in der Folge nicht durch regenerative Maßnahmen – beim Läufer z. B. durch Auslaufen – ausreichend von sauren Stoffwechselrückständen (vor allem

8 Uhr	12 Uhr	Nach 10 min Aufenthalt im Freien (nackt) Temp. 10 °C 12 Uhr	Nach 10 min Aufenthalt in der Wanne Temp. 40 °C 12 Uhr	Nach 20 min Erwärmung 12 Uhr	Nach ermüdendem Training 12 Uhr
− 14	+ 35	− 36	+ 78	+ 89	− 35 [mm]

Tab. 15   Die Veränderung der Beweglichkeit unter verschiedenen Bedingungen (*Ozolin*, zitiert nach *Zaciorskij* 1973, 4).

Milchsäure) befreit wird, kommt es zur Wiederherstellung einer normalen Osmolarität, zu einer erhöhten Wasseraufnahme in die Muskelzellen und zu einem Anschwellen der Muskelzellen, was zu einer allgemeinen Muskelsteifigkeit mit entsprechender Abnahme der Gelenksbeweglichkeit führt (*Martin/Borra* 1983, 1211).

Eine Verringerung der muskulären ATP-Spiegel nach erschöpfenden Belastungen führt ebenfalls zu einem Abfall der Beweglichkeit. Aufgrund der fehlenden „Weichmacher-Wirkung" des ATPs können die zwischen den Aktin- und Myosinfilamenten eingegangenen Brückenbindungen nicht mehr so schnell gelöst werden wie im erholten Zustand (s. S. 460).

Trainingsmethoden zur Entwicklung der Beweglichkeit

Entsprechend den beweglichkeitsbegrenzenden Faktoren unterscheidet man unterschiedliche Methoden und Inhalte zur Steigerung der Flexibilität (*Weineck* 1983, 197).

> Die Methode der Wahl ist beim Beweglichkeitstraining die *Wiederholungsarbeit.*

Da die Wirkung einer einzigen bzw. einzelner maximaler Dehnungen für den Trai-

ningseffekt ungenügend ist, empfiehlt es sich, die Zahl der Wiederholungen auf etwa 15, die der Serien auf etwa 3–5 festzulegen (*Harre* 1976, 174; *Sermejew* 1964, 434).

Die spezifischen Inhalte zur Ausbildung der Beweglichkeit sind *Dehnungsübungen* und *Lockerungsübungen*.

Bei den Dehnungsübungen handelt es sich dabei um einfache Bewegungen aus der Grund- und Zweckgymnastik, die entsprechend ihrer Anwendung auf bestimmte Muskelgruppen einwirken (*Matwejew/Kolokolowa* 1962, 99).

Bei den *Lockerungsübungen* werden die Muskeln in den Übungspausen ausgeschüttelt und gelockert und somit in einen optimalen Entspannungszustand übergeführt.

In der Sportpraxis unterscheidet man eine Vielzahl von verschiedenen Dehnungsübungen bzw. -techniken. Die 3 wesentlichen seien hier aufgeführt (vgl. auch *Beaulieu* 1981, 60).

Aktive Dehnungsübungen

Hierbei handelt es sich um gymnastische Übungen, die mittels Federn und Schwingen die normalen Grenzen der Gelenkbeweglichkeit erweitern. Sie lassen sich in aktiv dynamische und aktiv statische Dehnungsübungen unterteilen.

Bei den *aktiv dynamischen* Dehnungsübungen (den sog. „Ballistics") erfolgt die Dehnungsarbeit über mehrfach wiederholte federnde Bewegungen. Bei den *aktiv stati-*

schen kontrahieren sich die Antagonisten der zu dehnenden Muskeln isometrisch in der finalen Dehnungsstellung (= Halten der Endstellung). Dieser Fixierung in der Endstellung können 3–4 schwingende Bewegungen vorhergehen (Federn und Halten = „Ballistic and Hold"). Nach *Dordel* (1975, 44) hat die *aktiv statische* Dehnung den geringeren Effekt, weil die Antagonisten der durch Dehnung gespannten Beugemuskeln durchweg nicht die isometrische Kraft aufbringen können, die für eine reizwirksame Längenänderung des zu dehnenden Muskels nötig ist. Die *aktiv dynamische* Arbeitsweise hingegen setzt über die erzeugten Schwungkräfte stärkere Dehnungsreize und ist somit übungsintensiver.

Der *Vorteil* der *aktiven* Dehnungsübungen liegt darin begründet, daß die Dehnung bestimmter Muskelgruppen durch die aktive Kontraktion ihrer Antagonisten erfolgt und somit zu deren Kräftigung beiträgt. Diese Methode ist insbesondere in den Sportarten von Bedeutung, bei denen die „dynamic flexibility" (s. S. 231) eine leistungsbestimmende Rolle spielt.

Im Sinne der dauerhaften Steigerung der Gelenkbeweglichkeit bzw. der Verletzungsprophylaxe hat diese Methode jedoch auch einige entscheidende *Nachteile:*

Die schwunghaften Dehnungsreize der „Ballistics" führen zu einer geringer ausgeprägten und weniger lang anhaltenden erhöhten Dehnungsfähigkeit der Muskulatur, da es hierbei vor allem zu einer kurzfristigen Beeinflussung der elastischen, weniger jedoch zu einer anhaltenden Zustandsveränderung der plastischen Komponenten des Muskels kommt (*Sapega* et al. 1981, 59).

Durch die abrupten, schwunghaften und damit nur kurzzeitig einwirkenden Dehnungsreize kommt es zur ausgeprägten Auslösung des muskulären Dehnungsreflexes via Muskelspindeln – er ist bei dieser aktiven Art der Dehnung mehr als zweimal so stark wie bei der statischen Stretching-Methode (*Walker* 1961, 801 f.) – und damit zu einer Dehnungseinschränkung, die ein nicht zu unter-

schätzendes Verletzungsrisiko beinhaltet. Diese Dehnungseinschränkung läuft nach folgendem Schema ab:

Wird der Muskel gedehnt, dann werden auch die parallel geschalteten Muskelspindeln gedehnt. Es werden Nervenimpulse (Erregungen) ausgelöst, deren Frequenz dem Grad der Dehnung proportional ist. Diese Erregungen treten über sensible afferente Bahnen am Hinterhorn in das Rückenmark ein und werden über sogenannte Reflexkollateralen und eine synaptische Umschaltstelle direkt den motorischen Vorderhornzellen zugeführt, die über efferente motorische Bahnen die Muskelfasern über die motorischen Endplatten innervieren.

Je mehr Vorderhornzellen synchron erregt werden und je rascher ihre Impulse folgen, desto mehr Muskelfasern werden zur Kontraktion gebracht und desto größer ist die Kraft, die einer Muskeldehnung entgegengesetzt wird. Wird diese Gegenkraft aufgrund einer überstarken Dehnung überschritten, so kann es zu einem Muskelfaser- bzw. Muskelriß kommen.

Passive Dehnungsübungen

Bei den passiven Dehnungsübungen spielen äußere Kräfte eine Rolle, d. h., es kommt über Partnerhilfe o. ä. zu einer verstärkten Dehnung bestimmter Muskelgruppen, ohne daß deren Antagonisten dabei gekräftigt werden.

Auch die passiven Dehnungsübungen lassen sich unterteilen in dynamische und statische. Bei den *passiv dynamischen* Dehnungsübungen kommt es zu einem rhythmischen Wechsel von Erweiterung und Verringerung der Bewegungsamplitude, bei den *passiv statischen* wird die maximale Dehnungshaltung einige Sekunden (etwa 5–6) beibehalten.

Die passive Beweglichkeitsschulung stellt bei korrekter Ausführung eine sehr effektive und nützliche Form dar. Bei inadäquater Ausführung (durch zu abruptes oder zu starkes Dehnen) beinhaltet sie jedoch keine geringe Verletzungsgefährdung, vor allem bei der passiv dynamischen Durchführung, da hier wiederum das Problem der Auslösung des Muskeldehnungsreflexes eine Rolle spielt.

Der Nachteil einer rein passiven Flexibilitätsschulung liegt darin begründet, daß sie im Gegensatz zur aktiven Methode nicht zu einer parallelen Kräftigung der Antagonisten führt und somit für bestimmte Sportarten von geringerem Wert ist.

Statische Dehnungsübungen ("Stretching")

Stretching (aus dem Englischen to stretch = dehnen) beinhaltet ein langsames Einnehmen einer Dehnungsposition und ein nachfolgendes Halten (statischer Anteil) über 10–60 Sekunden.

Im Gegensatz zu den vorhergehenden Methoden bzw. ihren Varianten versucht die Stretching-Methode die Auslösung des *Muskeldehnungsreflexes* so weit wie möglich zu reduzieren, was das Verletzungsrisiko bei dieser Dehnungstechnik auf ein Minimum verringert. Des weiteren wird beim Stretching der sog. *inverse Dehnungsreflex* der Sehnenspindeln – sie befinden sich am Muskel-Sehnen-Übergang – ausgenutzt.

Zum besseren Verständnis des *inversen Dehnungsreflexes* soll kurz auf die Funktion der Sehnenspindeln eingegangen werden. Die Sehnenspindeln sind primär Spannungsrezeptoren und schützen den Muskel vor einer zu großen Spannungsentwicklung (= Schutz vor Selbstzerreißung). Sie sprechen jedoch auch auf Dehnungsreize an. Allerdings liegt ihre Reizschwelle bei Dehnungsreizen erheblich höher als bei den Muskelspindeln. Aus diesem Grunde ist eine erheblich ausgeprägtere Dehnung der Funktionseinheit Muskel/Sehne notwendig, um die Sehnenspindeln im Sinne eines Dehnungsrezeptors in Funktion treten zu lassen.

Wenn die Muskeldehnung einen kritischen Schwellenwert überschreitet, kommt es plötzlich unter Einwirkung der Sehnenspindeln zu einer Beendigung der schützenden Muskelanspannung (die bis dahin von den Muskelspindeln dehnungsproportional induziert wurde) und somit zur Entspannung der jeweiligen Muskeln. Man spricht von Eigenhemmung bzw. autogener Inhibition, einem Vorgang, der dem Schutz des Muskels bzw. des Muskelansatzes dienen soll.

> Zur Auslösung des inversen Dehnungsreflexes kann es demnach auf 2 Arten kommen: Zum einen durch eine sehr starke (maximale) Kontraktion, zum anderen durch einen starken Dehnungsreiz. Beide Mechanismen kommen je nach Stretching-Methode in mehr oder weniger ausgeprägter Weise zum Tragen.

Wie bei den aktiven und passiven Dehnungsübungen bzw. Methoden gibt es auch beim Stretching verschiedene Varianten bzw. Kombinationen. Festzuhalten ist jedoch, daß nur diejenigen Trainingsmethoden unter der Bezeichnung "Stretching" zusammenzufassen sind, bei denen die Auslösung des Dehnungsreflexes weitestgehend vermieden wird. Unter einer Vielzahl von verschiedenen Stretching-Methoden haben sich folgende 3 im allgemeinen durchgesetzt (vgl. auch *Sölveborn* 1983, 112/113):

1. Passives Ausziehen oder "zähes Dehnen"

Diese Art des Stretchings stellt die ursprüngliche Trainingsform dar und beinhaltet das Beibehalten einer Dehnungsstellung im Extrembereich. Es wird in 2 Anteile untergliedert, nämlich den leichten und den intensiven Stretch.

Beim *leichten Stretch* ("easy stretch") bleibt man 10–30 s in der Extremlage, wobei gespürt werden sollte, wie das Spannungsgefühl abnimmt, wenn die Muskeln „Zeit haben", ihre größte Ausdehnung zu erreichen. Beim *intensiven Stretch* („development stretch") dehnt man noch etwas nach und verbleibt dann weitere 10–30 s in der Endstellung. Das Auftreten von Schmerzgefühlen ist zu vermeiden, da sich hierdurch die Muskelanspannung im gedehnten Muskel reflektorisch stark erhöht, was die Dehnarbeit behindert.

2. Anspannen-Entspannen („contract-relax-Methode") – Dehnung unter Ausnutzung der Eigenhemmung

Bei dieser Methode wird der zu dehnende Muskel unmittelbar vorher maximal angespannt. Dadurch wird die hemmende Wirkung der Sehnenspindeln auf den Dehnungsreflex ausgenutzt: Über die bereits beschriebene Eigenhemmung kommt es zur Entspannung des Muskels, und es kann eine erweiterte Dehnungsstellung eingenommen werden.
Vor Beginn der Dehnung einer bestimmten Muskelgruppe werden die Muskeln etwa 10–30 s isometrisch angespannt, dann 2–3 s völlig entspannt und in der Folge 10–30 (60) s gedehnt (vgl. *Sölveborn* 1983, 13).

> Beachte:
> Je stärker die vorherige Kontraktion des zu dehnenden Muskels, desto stärker seine Entspannung und desto effektiver die nachfolgende Dehnungsarbeit.

3. Anspannen-Entspannen – Dehnung unter Ausnutzung der reziproken Hemmung

Bei dieser Methode wird die sog. „reziproke Hemmung" ausgenutzt: Wird ein Muskel kontrahiert, dann kommt es reflektorisch zur Entspannung seines Antagonisten. Dabei gilt:

> Je stärker die Kontraktion des Agonisten, desto stärker die Entspannung des Antagonisten.

Für diese Art des Stretching wird die *reziproke Hemmung* dahingehend ausgenutzt, daß der Antagonist des zu dehnenden Muskels maximal kontrahiert wird. Dadurch kann der nun reflektorisch entspannte Agonist optimal in den Dehnungsprozeß einbezogen werden.

Diese Methode ist jedoch nicht generell anwendbar, da z.B. die Kontraktion bestimmter Muskelgruppen wie der Finger- und Handgelenkbeuger zur Anspannung der antagonistischen Strecker im Sinne einer Handgelenkstabilisierung führt. Die angestrebte Entspannung ist in diesem Falle also nicht erreichbar und verbietet die Anwendung dieser Stretching-Methode bei diesen Muskelgruppen.

Im amerikanischen Schrifttum wird noch zwischen statischem Stretching – es entspricht der oben dargestellten „Zähdehnung" –, dynamischem Stretching – es basiert auf einem schnellen, abprallenden, sozusagen „ballistischen" Anlauf und wird als weniger effektiv angesehen – und PNF-Stretching (s. unten) unterschieden.

Sölveborn (1983, 116) faßt die 6 wichtigsten amerikanischen Stretching-Methoden wie folgt zusammen:

1. **Ballistic and Hold** („Federn und Halten"): Hier wird mehrmals hintereinander eine schwingende Bewegung ausgeführt, und bei der 3. oder 4. Schwingung hält man mit eigener Kraft das zu trainierende Körperglied jeweils für etwa 6 s in der Extremlage fest.

2. **Passive Lift and Hold** („Passives Dehnen und Halten"): Ein Trainingspartner bringt das Körperglied passiv in die Extremlage, die 6 s lang beibehalten wird, indem die Muskeln isometrisch angespannt werden. Derartige passive Dehnungen mit anschließender aktiver Fixation werden abwechselnd 1 min lang in Intervallen zu jeweils 6 s ausgeführt.

3. **Prolonged Stretch** („Ausgedehnter Stetch"): Hierunter versteht man eine ausschließlich passive Dehnung mit Hilfe eines Trainingspartners, der das Bewegungsausmaß allmählich bis in die Extremlage hinein steigert und dort ungefähr 1 min lang unmittelbar vor der Schmerzgrenze verbleibt.

4. **Active PNF:** Die Bewegung wird zunächst durch aktive Muskelarbeit 6 s lang so weit wie möglich vollzogen. Danach erfolgt eine maximale isometrische Muskelanspannung mit der entgegenwirkenden Muskelgruppe als Widerstand, z. B. unter Mithilfe eines Trainingspartners. Anschließend versucht man das Bewegungsausmaß durch aktive Muskelarbeit noch weiter zu steigern, indem man in Intervallen von jeweils 6 s die Antagonisten 1 min lang gegen Widerstand anspannt.

5. **Passive PNF:** Hier wird das zu beübende Gelenk unter Mithilfe eines Trainingspartners innerhalb von 6 s passiv bis zur Extremlage geführt, wonach man, wie bei der vorher aufgezeigten Methode, die antagonistischen Muskeln gegen den Widerstand des Partners isometrisch anspannt. Passive Dehnung und Anspannung der Antagonisten werden abwechselnd ebenfalls in Intervallen von 6 s über 1 min hinweg ausgeführt.
(Nach amerikanischer Auffassung ist der passiven PNF-Technik der Vorzug zu geben und nur gelegentlich die aktive PNF-Technik anzuwenden.)

6. **Relaxation Method** („Entspannungsmethode"): Unter Mitwirkung eines Partners wird eine langsame passive Dehnung ausgeführt, bis die Extremlage erreicht ist. Diese wird 1 min lang beibehalten, während der Ausübende sich durch Selbstkontrolle psychisch entspannt. Indem man sich den Spannungszustand des Muskels bewußt macht, trägt man wesentlich dazu bei, den Streckreflex zu hemmen.
Die Entspannungsmethode wird als ein wirkungsvolles Mittel zur Überbrückung physischer und psychischer Hemmungen empfohlen.

Wie die Untersuchungen von *Hartley* und *Russel* (in *Sölveborn* 1983, 115) zeigen, haben alle 6 Methoden eine positive Wirkung auf die Beweglichkeit und führen zu einer Verlängerung des flexibilitätsbegrenzenden Weichteilgewebes.
Insgesamt kann festgehalten werden, daß es durch die beim Stretching langanhaltende Dehnung zu einer ausgeprägten und dauerhaften Verbesserung der Beweglichkeit kommt, die auf intermolekulare Veränderungen der plastischen Muskelkomponenten zurückzuführen ist (*Warren/Lehmann/Koblanski* 1971, 465 f. und 1976, 122 f.; *Sapega* et al. 1981, 60).

Bei der Durchführung des Stretching – es gilt heute als die effektivste und verletzungsärmste Methode zur Beweglichmachung bzw. zur Verletzungsprophylaxe (innerhalb der Vorbereitung auf sportliche Belastungen) sind einige Punkte zu beachten:

- Die Steigerung der Beweglichkeit ist ein allmählicher Prozeß, der mehrere Wochen benötigt. Deshalb sollte die Beweglichkeitsschulung rechtzeitig vor Beginn der Wettkampfsaison – mindestens 6 Wochen vor Beginn der Vorbereitungsperiode – begonnen werden. Optimal wäre eine ganzjährliche, tägliche Flexibilitätsarbeit.
- Dem eigentlichen Stretching sollte eine zumindest 5minütige Aufwärmarbeit (Warmlaufen) vorausgehen.
- Die Intensität des Stretching sollte im Verlauf der Dehnungsarbeit zunehmen, wobei jede forcierte Dehnung zu vermeiden ist.
- Die leistungsrelevanten Muskelgruppen sollten abwechselnd gedehnt werden.
- Die Dehnungsposition sollte langsam und kontinuierlich eingenommen werden und mindestens 10 Sekunden gehalten werden, da sonst der inverse Dehnungsreflex der Sehnenspindeln nicht ausgelöst wird.
- Bei der Dehnung sollte tief und ruhig geatmet werden.

Die detonisierende Wirkung des Stretching wird noch dadurch verstärkt, daß auf eine regelmäßige und *ruhige Atmung* geachtet wird. Preßatmung oder Atemanhalten – wie es beim üblichen Beweglichkeitstraining vielfach zu beobachten ist – wird beim Stretching völlig vermieden, da es dadurch zu einer nicht erwünschten muskulären Tonuszunahme kommt: Die durch Preßatmung (s. S. 133) bewirkte Erhöhung des inneren Lungendrucks bei Anspannung verändert über den sogenannten *pneumomuskulären Reflex* den funktionellen Zustand der Skelettmuskulatur im Sinne eines Spannungs- bzw. Kraftanstieges, der bei Kraftleistungen erwünscht, beim Beweglichkeitstraining jedoch unerwünscht ist (*Marsak* in *Zaciorskij* 1977, 29).

- Stretching sollte, falls zeitlich möglich, nicht nur *vor,* sondern auch *nach* der sportlichen Belastung zur Anwendung kommen: Dadurch wird eine schnellere Muskelerholung erreicht, weil sich der Muskel durch Stretching in der Nachbelastungsphase schneller entspannt und die Muskelübersäuerung schneller beseitigt wird.

Zusammenfassend läßt sich feststellen, daß die Stretching-Methode bei richtiger Ausführung die Methode mit der geringsten Verletzungsgefahr ist, die höchsten Beweglichkeitszuwachsraten aufweist und am längsten eine augenblicklich erhöhte Dehnbarkeit der Muskulatur garantiert: Die maximale Dehnbarkeit hält im gedehnten Muskel etwa für 4 Stunden an und gibt damit auch für längere Trainingsbelastungen eine hohe verletzungsprophylaktische Sicherheit (*Beaulieu* 1981, 61).

Stretching stellt jedoch nur eine Möglichkeit unter anderen (s. o.) zur Verbesserung der Beweglichkeit dar. Insgesamt ist die Beweglichkeit nur dann optimal zu schulen, wenn alle zur Verfügung stehenden Inhalte in der günstigsten Kombination zur Anwendung gelangen. Die Auswahl der Dehnungsübungen bzw. deren Kombination ergibt sich aus der analytischen Betrachtung der Wettkampfdisziplin: Wie laufen die Bewegungen ab, in welchen Bewegungsabschnitten ist ein besonderes Maß an Beweglichkeit erforderlich, welche Art der Beweglichkeit ist notwendig?

> Die Beweglichkeit soll nur so weit verbessert werden, wie dies zur Herausbildung der optimalen Bewegungstechnik und der effektiven Nutzung der motorischen Fähigkeiten in der Sportart erforderlich ist (*Matwejew* 1981, 174).

Eine angeborene oder erworbene *Hypermobilität* kann zur Erzielung sportlicher Leistungen sowohl ein Hinderungsgrund als auch eine Voraussetzung sein. Die auf einer genetisch bedingten, allgemeinen Bindegewebsschwäche beruhende *generalisierte* Hypermobilität ist aufgrund der hohen Verletzungsgefährdung kaum für sportliche Spitzenleistungen geeignet. Eine *lokale* Überbeweglichkeit – z. B. im Bereich der Lendenwirbelsäule oder im Bereich des Hüftgelenkes – stellt jedoch für manche Sportarten (z. B. das Geräteturnen) eine unverzichtbare Notwendigkeit dar.

Literatur

1. *Berquet, K.:* Orthopäden studieren Beweglichkeit. Medical Tribune. Kongreßbericht 32 (1979), 3225
2. *Beaulieu, J. E.:* Developing a stretching program. Physician Sports Med., Minneapolis 11 (1983), 59–69
3. *Bull, K.-J., C. Bull:* Körperliche Beweglichkeit und Leistungsfähigkeit. Theorie und Praxis der Körperkultur 9 (1980), 677–684
4. *Cotta, H.:* Orthopädie. Thieme, Stuttgart 1978
5. *De Vries, H. A.:* Physiology of exercise for physical education and athletics. *Dubuque, I. A.* (ed.). W. Brown, Iowa 1974
6. *Dordel, H.-J.:* Die Muskeldehnung als Maßnahme der motorischen Leistungsverbesserung. Leibeserziehung 2 (1975), 40–45
7. *Farfel, W.:* Sensomotorische und physische Fähigkeiten. Leistungssport 1 (1979), 31–34
8. *Fetz, F.:* Grundbegriffe der Bewegungslehre der Leibesübungen. Limpert, Frankfurt 1969
9. *Frey, G.:* Zur Terminologie und Struktur physischer Leistungsfaktoren und motorischer Fähigkeiten. Leistungssport (1977), 339–362
10. *Fukunaga, T.:* Die absolute Muskelkraft und das Muskelkrafttraining. Sportarzt und Sportmedizin 11 (1976), 255–266
11. *Ganong, W.:* Medizinische Physiologie. Springer. Berlin–Heidelberg–New York 1972
12. *Grosser, M.:* Gelenkbeweglichkeit und Aufwärmeffekt. Leistungssport 1 (1977), 38–43
13. *Harre, D.:* Trainingslehre. Sportverlag, Berlin 1976
14. *Johns, P. J., V. I. Wright:* Relative importance of various tissues in joint stiffness. J. appl. Physiol. 17 (1962), 824 ff.
15. *Koinzer, K.:* Zur Geschlechtsdifferenzierung konditioneller Fähigkeiten und ihrer organischen Grundlagen bei untrainierten Kindern und Jugendlichen im Schulalter. Med. u. Sport (1978), 144–150
16. *Martin, D.:* Grundlagen der Trainingslehre. Hofmann, Schorndorf 1977
17. *Martin, D. E., M. Borra:* Was ist Beweglichkeit? Lehre der Leichtathletik 23 (1983), 1211–1218
18. *Matwejew, L. P.:* Grundlagen des sportlichen Trainings. Sportverlag, Berlin 1981
19. *Matwejew, L., W. Kolokolowa:* Allgemeine Grundlagen der Körpererziehung. Sportverlag, Berlin 1962
20. *Meinel, K.:* Bewegungslehre. Volk und Wissen, Berlin 1976
21. *Ramsey, R. W., S. Street:* The isometric length-tension-diagram of isolated skeletal muscle fibers of the frog. J. cell. comp. Physiol. 15 (1940), 11 f.
22. *Sapega, A., T. Quedenfeld, R. Moyer, R. Butler:* Biophysical factors in range-of-motion exercise. Physician Sports Med., Minneapolis 12 (1981) 57–65
23. *Sermejew, B.:* Der Einfluß von speziellen Übungen auf die Beweglichkeit der Schüler. Theorie und Praxis der Körperkultur 5 (1964), 434–436
24. *Sölveborn, S.-A.:* Das Buch vom Stretching – Beweglichkeitstraining durch Dehnen und Strecken. Mosaik Verlag, München 1983
25. *Warren, C. G., J. F. Lehmann, J. N. Koblanski:* Elongation of rat tail tendon: effect of load and temperature. Arch. Phys. Med. Rehabil. (1971), 465–474
26. *Weineck, J.:* Optimales Training. perimed Fachbuch-Verlagsgesellschaft, Erlangen 1983
27. *Zaciorskij, V.:* Die körperlichen Eigenschaften des Sportlers. Bartels und Wernitz, Berlin–München–Frankfurt 1972 und 1977

Training der koordinativen Fähigkeiten

Begriffsbestimmung

> Allgemein ist unter *Koordination* das Zusammenwirken von Zentralnervensystem und Skelettmuskulatur innerhalb eines gezielten Bewegungsablaufes zu verstehen.
>
> Die *koordinativen Fähigkeiten* sind Fähigkeiten, die primär koordinativ, d. h. durch die Prozesse der Bewegungssteuerung und -regelung bestimmt werden (*Hirtz* 1981, 348). Sie befähigen den Sportler, motorische Aktionen in vorhersehbaren (Stereotyp) und unvorhersehbaren (Anpassung) Situationen sicher und ökonomisch zu beherrschen und sportliche Bewegungen relativ schnell zu erlernen (*Frey* 1977, 356).

Arten der koordinativen Fähigkeiten

Je nachdem, ob sich die koordinativen Fähigkeiten auf die *Gesamtmotorik* oder auf die *Feinmotorik* (z. B. der Hand) beziehen, spricht man von *Gewandtheit* – der Begriff wird in der Trainingslehre synonym für koordinative Fähigkeiten verwendet – bzw. von *Geschicklichkeit*.

Der Begriff *Technik* wird dann verwendet, wenn sich die koordinative Beanspruchung auf einen *sportartspezifischen* Bewegungsablauf bezieht. Je nach Betrachtungsweise unterscheidet man körper- bzw. gerätebezogene Techniken. Die *Körpertechnik* bezieht sich dabei auf eine optimale Bewegungsausführung des gesamten Körpers oder einzelner Teile (Hand, Fuß oder Rumpf), die den Gesetzmäßigkeiten (z. B. Beachtung biomechanischer Gesetze) bzw. Anforderungen der jeweiligen Sportart (z. B. Ausdruck, Ökonomie etc.) entsprechen. Die *gerätebezogene Technik* äußert sich in einer sportartspezifischen Beherrschung der jeweiligen Geräte (z. B. Ball-, Wurf- oder Stoßtechnik).

Innerhalb der koordinativen Fähigkeiten unterscheidet man schließlich noch die *allgemeinen* von den *speziellen* koordinativen Fähigkeiten.

Die *allgemeinen* koordinativen Fähigkeiten sind das Ergebnis einer vielfältigen Bewegungsschulung in verschiedenen Sportarten. Sie treten daher auch in den verschiedenen Bereichen des Alltagslebens und des Sports dadurch zutage, daß beliebige Bewegungsaufgaben rationell und schöpferisch gelöst werden können (vgl. auch *Harre/Deltow/Ritter*, zitiert nach *Raeder* 1970, 69).

Die *speziellen* koordinativen Fähigkeiten werden hingegen mehr im Rahmen der entsprechenden Wettkampfdisziplin ausgebildet und sind nach *Osolin* (1952, 164) durch das Variationsvermögen in der Technik der betreffenden Sportart gekennzeichnet. Für die speziellen koordinativen Fähigkeiten ist das Auftreten typischer Komplexkonstellationen charakteristisch: Je nach Sportart erfahren bestimmte Komponentenverbindungen mit spezifischen infrastrukturellen Gewichtungsrelationen eine akzentuierte Vorrangstellung.

Bedeutung der koordinativen Fähigkeiten

Allgemein gilt:

> Je komplexer bzw. komplizierter eine Bewegung bzw. eine Bewegungsfolge abläuft, desto größer wird die Bedeutung der koordinativen Fähigkeiten.

Eine Verbesserung der koordinativen Leistungsfähigkeit wirkt sich in vielfacher Hinsicht positiv auf die sportliche Leistungsfähigkeit aus:

– Präzisierung, Ökonomisierung und Effektivierung sportlicher Bewegungsabläufe:
Eine gute Bewegungskoordination erlaubt es, gleiche Bewegungen mit einem geringeren Aufwand an Muskelkraft bzw. -energie zu vollziehen, was sich günstig im Sinne eines späteren Ermüdungseintritts auswirkt. Beispiel: Bei laufungewohnten Radfahrern und Schwimmern verringerte sich bei einem 2–3 Wochen dauernden Lauftraining (täglich 15–30 min) der Sauerstoffverbrauch im Schnitt um 13%; daß der Übungseffekt ausschließlich auf eine verbesserte Bewegungskoordination zurückzuführen war, ging aus unveränderten kardiopulmonalen Leistungswerten hervor (*Hollmann/Hettinger* 1980, 152).
– Optimierung des Bewegungsflusses:
Vor allem in den Ausdruckssportarten führt die Harmonisierung der Bewegungsausführung zu einer Steigerung ästhetischer Wertekriterien und damit zu einer unmittelbaren Verbesserung der sportlichen Leistungsfähigkeit.
– Entlastung der Großhirnrinde:
Ein perfekt beherrschter, automatisierter Bewegungssterotyp kann an untergeordnete Hirnzentren abgegeben werden; dadurch wird es dem Sportler möglich, seine be-

wußte Aufmerksamkeit anderen sportartrelevanten Faktoren zuzuwenden.
– Steigerung der sensomotorischen Lernfähigkeit:
Je höher das Niveau der koordinativen Fähigkeiten ist, desto schneller können neue bzw. schwierige Bewegungen erlernt werden.
– Unfall- und Verletzungsprophylaxe:
Je gewandter, d. h. koordinativ leistungsstärker, ein Sportler ist, desto leichter wird er in unvermutet eintretenden Situationen schnell und zielgerichtet reagieren und damit Stürze, Kollisionen etc. vermeiden können.

Leistungsbestimmende Faktoren – Veränderungen durch Training

Die koordinativen Fähigkeiten (vgl. allgemeine Ausführungen zur Koordination S. 243) hängen von einer Reihe unterschiedlicher, z. T. komplex verknüpfter Einzelfaktoren ab.
Als leistungsbegrenzende Faktoren gelten:

– Intra- und intermuskuläre Koordination
– Funktionszustand der Analysatoren
– Motorische Lernfähigkeit
– Bewegungsschatz – Bewegungserfahrung
– Motorische Anpassungs- und Umstellungsfähigkeit
– Alter und Geschlecht
– Ermüdung und andere Faktoren.

Intra- und intermuskuläre Koordination

Die Qualität bzw. Feinabstimmung einer Bewegung hängt ab von der intra- und intermuskulären Feinsteuerung (s. S. 170). Ihre Verbesserung führt zu einer Bewegungsoptimierung.

Funktionszustand der Analysatoren

Die Qualität der Informationsaufnahme und -verarbeitung durch die Sinnesorgane (Analysatoren) bestimmt entscheidend die Entwicklung bzw. den qualitativen Ausprägungsgrad der koordinativen Fähigkeiten.

Analysatoren stellen Teilsysteme der Sensorik dar, die Informationen auf der Grundlage von Signalen ganz bestimmter Qualität empfangen, umkodieren, weiterleiten und aufbereitend verarbeiten. Zu einem Analysator rechnet man jeweils spezifische Rezeptoren, afferente Nervenbahnen und sensorische Zentren in verschiedenen Hirngebieten.

Je mehr ein Sportler in der Lage ist, seine eigene Bewegung sowie die Umweltsituation analysatorisch zu erfassen, desto besser wird er sich auf veränderte Gegebenheiten einstellen und sie im Rahmen seiner individuellen Möglichkeiten motorisch lösen können (*Zaciorskij* 1972, 106).
Für die motorische Koordination sind im wesentlichen 5 Analysatoren wichtig. Sie beeinflussen in differenzierter Form den Prozeß der Steuerung und Regelung der Bewegungshandlungen und wirken zumeist eng zusammen bzw. ergänzen sich (*Schnabel* 1977, 25 f.):

Der kinästhetische Analysator
Die Rezeptoren des kinästhetischen Analysators befinden sich in allen Muskeln, Sehnen, Bändern und Gelenken. Sie geben Auskunft über die Stellung der Extremitäten bzw. des Rumpfes sowie über die auf sie einwirkenden Kräfte. Darüber hinaus hat die bei vielen sportlichen Bewegungsabläufen erforderliche Feinabstimmung von Raum- und Zeitparametern die differenzierte kinästhetische Information zur Voraussetzung. Je genauer die Trainierenden die Bewegungen zu empfinden und wiederzugeben vermögen, um so eher beherrschen sie neue Fertigkeiten (*Zaciorskij* 1977, 106).

Der taktile Analysator
Die Rezeptoren des taktilen Analysators sind in der Haut lokalisiert und informieren über Form und Oberfläche berührter Gegenstände.

Der statikodynamische Analysator
Der statikodynamische Analysator ist im Vestibularapparat des Innenohres lokalisiert und informiert über Richtungs- und Beschleunigungsänderungen des Kopfes.

Der optische Analysator
Die Rezeptoren des optischen Analysators werden als Distanz- oder Telerezeptoren bezeichnet und geben Auskunft über Eigen- bzw. Fremdbewegungen (zentrales und peripheres Sehen) und stellen gewissermaßen die optische Führung des Bewegungsvollzuges dar.

Der akustische Analysator
Der akustische Analysator spielt im allgemeinen eine untergeordnete Rolle, da der Informationsgehalt der im Bewegungsakt aufgenommenen unmittelbaren akustischen Signale relativ begrenzt ist.

Die Bedeutung der einzelnen Analysatoren kann von Sportart zu Sportart außerordentlich differieren (vgl. auch *Hotz/Weineck* 1983, 62).
Durch eine trainingsbedingte verbesserte Aufmerksamkeitslenkung (s. S. 253) kommt es zu einer zunehmenden Optimierung der informationsaufnehmenden und -verarbeitenden Prozesse der Analysatoren. Bewegungen können präziser erfaßt, korrigiert und gelernt werden.

Motorische Lernfähigkeit

Die *motorische Lernfähigkeit* beruht vor allem auf den Mechanismen der Informationsaufnahme, -verarbeitung und -speicherung. Im Vordergrund stehen demnach *perzeptive* (Analysatoren), *kognitive* (Bewerten/Zuordnen) und *mnemische* Prozesse (gedächtnisabhängige Vorgänge), die auf neurophysiologischen Syntheseleistungen beruhen (*Hotz/Weineck* 1983, 32).

Die motorische Lernfähigkeit ist zu einem nicht unerheblichen Anteil vom Niveau der sportartspezifischen „Intelligenz" und der Fähigkeit des Sportlers abhängig, das Wesentliche einer Bewegung bzw. einer Bewegungsfolge zu erfassen und in der Folge umzusetzen. Bei diesem psychomotorischen Erkennungs- und Umsetzungsprozeß spielt die Bewegungserfahrung bzw. der vorhandene Bewegungsschatz eine wichtige Rolle.

Bewegungsschatz – Bewegungserfahrung

Für die Entwicklung bzw. die Güte der koordinativen Fähigkeiten stellt der *Bewegungsschatz* deshalb einen so leistungsbestimmenden Faktor dar, weil jede Bewegung, wie neu sie auch sein mag, immer auf der Grundlage alter Koordinationsverbindungen ausgeführt wird (*Zaciorskij* 1972, 106; *Harre* 1976, 180). Je größer demnach der Bewegungsschatz an bedingt reflektorischen motorischen Verbindungen (erlernten Reflexen und Antwortschemata) ist, um so mehr wird das ZNS entlastet und die Bewegung über mehr oder weniger automatisierte Ablaufmuster vollzogen.

Dieser Mechanismus ist in gewisser Weise mit einer Art Baukastensystem zu vergleichen: Je mehr „Fertigteile" – sie würden den bedingt reflektorischen Verbindungen entsprechen – zur Verfügung stehen, um so weniger Aufmerksamkeit muß den einzelnen Bauelementen gewidmet und um so mehr kann das Augenmerk auf den Gesamtbau – er entspräche der motorischen Handlung – gelegt werden.

Die *Bewegungserfahrung* schließlich befähigt den Sportler, bei der Komposition der Bewegungselemente zu einer Bewegungshandlung in kürzester Zeit und auf effektiv-

ste Weise die notwendigen Bewegungsanteile auszuwählen (s. auch S. 60).

Motorische Anpassungs- und Umstellungsfähigkeit

Die *motorische Anpassungs- und Umstellungsfähigkeit* steht in starker Abhängigkeit zur motorischen Lernfähigkeit und Steuerungsfähigkeit, die ihrerseits auf den koordinativen Komponenten der kinästhetischen Differenzierungsfähigkeit, der räumlichen Orientierungsfähigkeit und der Gleichgewichtsfähigkeit basiert.

Eine optimale Anpassung an situative Veränderungen ist nur möglich, wenn zum einen eine ausreichende Bewegungserfahrung, d. h. eine ausreichende Vergleichsbasis über vorhergegangene Lernprozesse, zur Verfügung steht, zum anderen der Anpassungsvorgang ausreichend schnell und präzise ausgesteuert wird, um zu einer zufriedenstellenden Bewegungslösung (Reaktion auf die Erfordernisse der Umwelt) zu gelangen.

Die Geschwindigkeit des Entscheidungs- und Umstellungsprozesses spielt vor allem in den Spiel- und Kampfsportarten eine entscheidende Rolle: Technik *und* situative Anpassung stellen hier wichtige limitierende Leistungsgrößen dar.

Alter und Geschlecht

Der Ausprägungsgrad der koordinativen Fähigkeiten ist altersabhängig (Abb. 123), da sich die Prozesse der Informationsaufnahme und -verarbeitung aufgrund der physiologischen *Altersinvolution* (S. 347) verschlechtern. Dies trifft in besonderem Maße für Bewegungsabläufe zu, die im Alltagsleben nicht mehr ausreichend geschult werden. „Wer rastet, der rostet" gilt demnach nicht nur für die konditionellen, sondern auch für die koordinativen Eigenschaften des Sportlers.

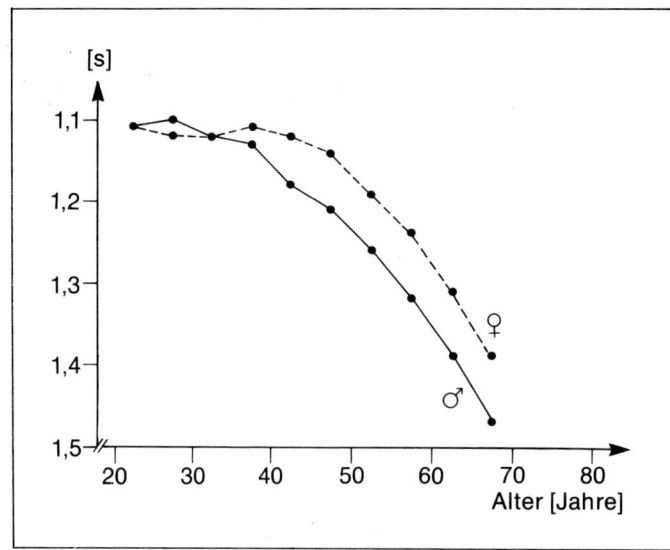

Abb. 123   Geschicklichkeit bei Frau und Mann in Abhängigkeit vom Alter (nach *Miles* 1942, 34).

Wie Abbildung 123 ebenfalls erkennen läßt, ist die Handgeschicklichkeit der Frau höher als beim Mann.

> Die Handgeschicklichkeit der Frau ist im Mittel zwischen 5 und 10% höher als beim Mann (*Miles* 1942, 34; *Müller/Vetter* 1954, 255; *Rutenfranz/Hettinger* 1959, 65).

Die verringerte Handgeschicklichkeit des Mannes ist mit großer Wahrscheinlichkeit auf ein Übungsdefizit zurückzuführen (S. 386), da verschiedene andere Untersuchungen (*Israel/Buhl* 1980, 195) erkennen lassen, daß sich die koordinativen Fähigkeiten im allgemeinen bei Frau und Mann nicht unterscheiden. Aufgrund der hohen Schwierigkeit, den Komplex der koordinativen Fähigkeiten im Altersgang geschlechtsspezifisch darzustellen, steht jedoch eine definitive wissenschaftliche Klärung noch aus.

Ermüdung und andere Faktoren

Ermüdung (zentrale/periphere) bewirkt eine zunehmende Hemmung in den für die motorische Steuerung verantwortlichen zentralnervösen Strukturen (s. S. 460). Die Weiterführung einer gegebenen koordinativen Aufgabe wird vermehrt durch den Einsatz von sogenannten Hilfsmuskeln bewerkstelligt. Dadurch kommt es zu unökonomischen und unrationellen Bewegungsexkursionen, die sich in ausladenden Bewegungen und einem Abbau der figuralen Leistung manifestieren.

Alkohol, Nikotin und *Schlafmangel* beeinflussen das Erregungsniveau der *Formatio reticularis* – sie moduliert insbesondere die Aufnahmefähigkeit der Hirnrinde für afferente Erregungen der verschiedenen Sinnesorgane, indem sie die Reizschwelle der Hirnrinde erhöht oder erniedrigt (*Hotz/Weineck* 1983, 36) – und führen auf diese Weise zu einer Verschlechterung der Leistungsfähigkeit des neuromuskulären Systems.

Es ist deshalb nicht verwunderlich, daß es bei Müdigkeit und unter Alkoholeinfluß zu einer erhöhten Fehlsteuerungsrate und damit zu einer gesteigerten Unfall- und Verletzungsinzidenz im Sportbereich kommt.

Methoden zur Verbesserung der koordinativen Fähigkeiten

Die Verbesserung der koordinativen Fähigkeiten bzw. der Technik als ihrem sportartspezifischen Korrelat erfolgt über die Ganzheits- und Zergliederungsmethode, die Methode des massierten und des verteilten Lernens sowie verschiedene mentale Trainingsmethoden.

Ganzheitsmethode

Die *Ganzheitsmethode* beinhaltet – wie der Name sagt – ein ganzheitliches Lernen. Die Bewegung wird auf direktem Wege in toto gelernt. Diese Methode eignet sich insbesondere bei einfachen Bewegungsabläufen und erweist sich vor allem im „besten Lernalter" (Lernen auf Anhieb) als vorteilhaft.

Zergliederungsmethode

Bei der *Zergliederungsmethode* werden schwierige und/oder komplexe Bewegungsabläufe – meist in Form einer methodischen Übungsreihe – in ihre funktionellen Einzelbestandteile zerlegt und vom Einfachen zum Schwierigen fortschreitend zur Gesamtbewegung geführt. Diese Methode sollte immer dann verwendet werden, wenn ein ganzheitliches Lernen nicht möglich ist oder wenn vom Lernenden genaue Bewegungsdetails mit vertieften Kausalzusammenhängen gewünscht werden (vor allem Jugend- und Erwachsenenalter).

Methode des massierten und verteilten Lernens

Unter *massierter* Lernmethode versteht man ein intensives, ununterbrochenes Lernen, unter *verteilter* ein mehrfach unterbrochenes Lernen.

Die Frage, ob die „massierte" oder die „verteilte" Lernmethode für den sportlichen Lernprozeß günstiger ist, konnte bislang aufgrund der Vielzahl von Variablen nur tendentiell erörtert, nicht aber experimentell bewiesen werden (*Goodenough/Brian* 1929, 127; *Niemeyer* 1958, 122; *Merz* 1971, 434; *Cratty* 1975, 357; *Zieschang* 1977, 272).

Zu Beginn eines *grobmotorischen* Lernprozesses – an dem größere Muskelgruppen beteiligt sind und der bei steigender Versuchszahl mit einer zunehmenden psychophysischen Ermüdung verbunden ist – sollte dem „massierten" Lernen der Vorzug gegeben werden (*Goodenough/Brian* 1929, 127; *Niemeyer* 1958, 122). Ein derartig „massiert" strukturierter Lernbeginn gibt, im Gegensatz zu einem „verteilten" Lernbeginn, eine ausreichende Zielorientierung des zu erlernenden Bewegungsablaufes und gewährleistet damit eine günstige Grundlage für die Aktivierung der Gedächtnisprozesse. Auf dieser Basis kann die bereits „erfaßte" Bewegungsschleife durch bewußte oder unbewußte *mentale Verstärkereffekte* zusätzlich eingeschliffen werden. In diesem Sinne sind auch das *Reminiszenzphänomen* (*Reed* 1971, 151; *Irion* 1972, 178; *Foppa* 1975, 257) und der aus der Sportpraxis bekannte *Lernzuwachs* nach einer längeren Übungspause zu verstehen. Zu beachten ist jedoch beim „massierten" Lernbeginn, daß nur bis zum Eintritt erster Ermüdungszeichen geübt werden soll: Sinkende Aufmerksamkeit und Konzentrationsfähigkeit führen zu ungenaueren Bewegungsschleifen und verursachen unter Umständen die Schwächung oder Löschung – retroaktive Hemmung – der zuvor angelegten „guten" Gedächtnisspur (*Cratty* 1975, 400).

Als *Fortsetzung* des „massierten" Lernauftaktes bietet sich ein „verteiltes" Lernen an, da nun günstige Effekte auf die Progredienz der bereits initiierten Syntheseprozesse erzielt werden können.

Mentale Trainingsmethoden

Eine weitere Möglichkeit zur Verbesserung der koordinativen Fähigkeiten bzw. der sportlichen Technik bilden *mentale Trainingsmethoden* in der Form des mentalen Trainings, des observativen Trainings und des verbalen Trainings.

> Unter *mentalem Training* wird das Erlernen oder Verbessern eines Bewegungsablaufes durch intensives Vorstellen desselben ohne gleichzeitiges reales Üben verstanden (*Weineck* 1983, 272).

Voraussetzung für das *mentale Training* ist eine klare Bewegungsvorstellung.

Beim mentalen Training spielt vor allem der *Carpenter-Effekt* eine bedeutende Rolle: Durch die intensive Bewegungsvorstellung kommt es zu einer zentralen Erregung des motorischen Rindenfeldes des Gehirns und damit zu Mikrokontraktionen der Muskeln (*Kohl/Krüger* 1972, 125/126; *Pietka* 1976, 24; *Beck* 1977, 212). Es ist deshalb nicht erstaunlich, daß bei der Vorstellung von Bewegungen eine Intensivierung des Gasstoffwechsels, eine Beschleunigung von Atmung und Herzfrequenz, eine Blutdruckerhöhung, eine erhöhte Empfindlichkeit des peripheren Sehens und eine stärkere Erregbarkeit der peripheren Nerven vorgefunden werden.

Die Lehr- und Trainingsmethodik nutzt die innere Mitbewegung für den technischen Lern- bzw. Stabilisierungsprozeß. Wiederholtes Beobachten von Filmen, Lehrbildreihen, Bewegungsdemonstrationen etc. führt im ZNS zur Ausbildung von „Spuren", die die Bahnung motorischer Koordinationsmuster beschleunigen.

Vorteile des mentalen Trainings (MT):

– MT verkürzt die Lernzeiten für die Aneignung von sportlichen Techniken.

– Die gedankliche Übung eines Bewegungsablaufes erhöht die Stabilität einer Bewegungsfertigkeit.

– MT erhöht die Präzision und damit auch die Ausführungsgeschwindigkeit einer Bewegung.

– MT erlaubt relativ hohe Wiederholungsfrequenzen pro Zeiteinheit und wirkt damit energiesparend.

– MT bietet in Sportarten mit intensivem bzw. quantitativ umfassendem Trainingsaufwand eine Möglichkeit der Ökonomisierung.

– Die Anwendung des MT hat sich besonders in Verletzungspausen zur Erhaltung der Bewegungsvorstellung bzw. zur Minderung atrophischer Prozesse bewährt.

– MT kann zur Simulierung von Vorstart- und Wettkampfsituationen verwendet werden: Der Athlet geht dadurch unbelasteter an den Wettkampf heran, da er den Ablauf bereits vorher einige Male vorstellungsmäßig abrollen ließ.

– MT läßt sich beim Aufwärmen ergänzend verwenden und verkürzt dadurch die Aufwärmzeiten (Energieersparnis).

– MT erweist sich als günstig bei Sportarten mit beschränkter Trainingszeit (Hallen-, Anlagenbelegung).

– MT erlaubt „geistige" Zeitlupenstudien und ermöglicht damit insbesondere bei technisch schwierigen Bewegungsabläufen eine Verbesserung der Bewegungsvorstellung.

– MT ist günstig bei verletzungsgefährlichen Sportarten anzuwenden.

– MT verringert bei Sportarten mit erhöhter Verletzungsgefahr die Angst, da durch die intensive Bewegungsvorstellung nicht sicher erfaßte Bewegungselemente erkannt und damit besser realisierbar werden.

– MT ist gut für die Korrektur fehlerhaft erlernter Bewegungstechniken, da über die wiederholte Bewegungsvorstellung alte Bewegungsschemata aufgelockert und andere neu programmiert werden können.

Nachteile des mentalen Trainings:

– Der Effekt des MT hängt von der Bewegungserfahrung und der klaren Bewegungserkenntnis ab, es ist also vor dem 12. Lebensjahr kaum anwendbar.
– MT eignet sich nicht für jede Sportart in gleichem Maße: Es scheint für Disziplinen mit hohen technischen Anforderungen speziell geeignet.
– Aufgrund der hohen konzentrativen Ermüdung ist MT zeitlich nur begrenzt anwendbar (etwa 2–3 min pro Trainingseinheit).
– MT umfaßt nicht die Bewegung der Muskeln und Gliedmaßen selbst und die davon abhängige Kontrolle (über entsprechende Rückkopplungsvorgänge), ob die Bewegung auch richtig ausgeführt wird.
– Wird MT ausschließlich oder zu lange ausgeführt, so können sich mangels Kontrolle unter Wirklichkeitsbedingungen fehlerhafte Bewegungsabläufe entwickeln und einprägen.

Verwandte Formen des mentalen Trainings stellen das observative und verbale Training dar.
Das *observative Training* basiert auf dem planmäßigen, wiederholten und gezielten Beobachten sportlicher Bewegungsvollzüge anderer Sportler. Dabei werden über die visuelle Wahrnehmung und der unmittelbar damit gekoppelten Fähigkeit der Nachahmung (*Carpenter-Effekt,* s. o.) spezifische Verbesserungen, v. a. im technischen Ablauf einer Bewegungsaufgabe, erzielt (*Kemmler* 1973, 21).
Das *observative Training* ist besonders bei Kindern im besten motorischen Lernalter zwischen 9 und 11 Jahren über die Verbindung Vormachen/Nachmachen mit großem Erfolg einzusetzen. Aber auch dem Spitzensportler bringt diese Trainingsform für die Bewegungspräzisierung und -steuerung noch hinreichende Vorteile, da hierbei auch die Selbstbeobachtung und die Selbstkontrolle verbessert werden.

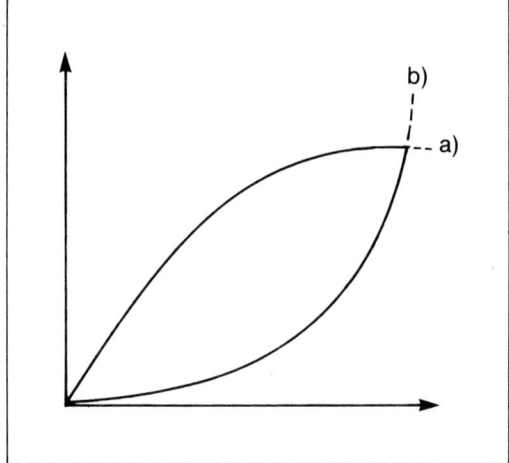

Abb. 124   a) Kurve für Bewegungslernen mit anfangs schnellem und später immer langsamer werdendem Anstieg. b) Kurve für Bewegungslernen für schwierige Aufgabenstellungen oder für Personen, die nur langsam lernen (verändert nach *Cratty* 1975, 338/339).

Das Prinzip des *verbalen Trainings* besteht darin, daß der gesamte Bewegungsvorgang in allen Einzelheiten verbalisiert wird. Auch hier spielt der *Carpenter-Effekt* eine bedeutende Rolle, da die Verbalisierung zumeist eng mit einer ideomotorischen Vorstellung verbunden ist.

Faktoren, die den psychomotorischen Lernprozeß beeinflussen

Individuelles Lerntempo

Wie aus Abbildung 124 zu ersehen ist, ist der Lernverlauf bei verschiedenen Personen unterschiedlich.
Die unterschiedlichen „Lernkurven"lassen sich aus *neurophysiologischer* Sicht als die Resultanten verschieden intensiv ablaufender *synaptischer Vernetzungsvorgänge* deuten, die je nach „Synthesekapazität" der „Gedächtnisstoff"-aufbauenden Mechanismen eine bessere oder schlechtere Lernleistung ergeben.

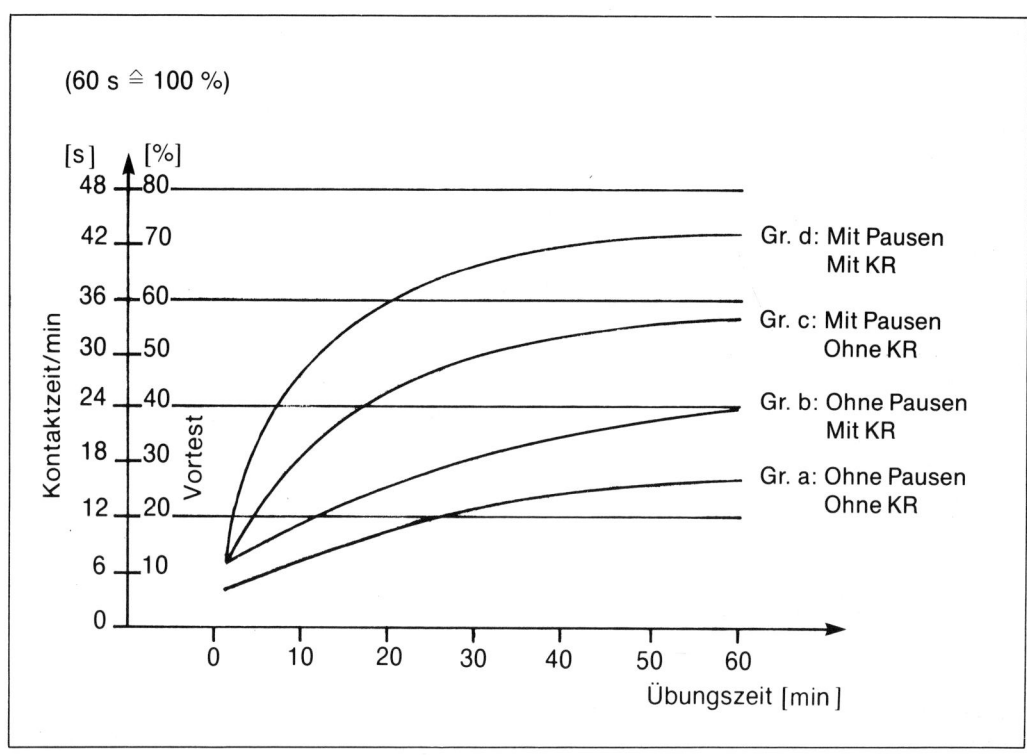

Abb. 125   Der Einfluß von Pausen und Bekanntgabe der Lernresultate (KR) auf das Erlernen einer einfachen sensumotorischen Fertigkeit (nach *Rutenfranz/Iskander* 1971, 48).

Motivation

Motivation – welcher Genese auch immer – ist der beste Lernverstärker, da alle am Lernprozeß beteiligten Systeme durch die erhöhte Aufmerksamkeit und Lernbereitschaft schärfer auf die Wahrnehmungs-, Entscheidungs- und Ausführungsmechanismen eingestellt werden. Motivation erhöht und beschleunigt die dem Lernprozeß zugrundeliegenden molekularbiologischen Gedächtnisprozesse.

Lernkontrolle als Lernstimulus

Jeder längere Übungsprozeß führt, in Abhängigkeit von der aufgebrachten psycho-physischen Gesamtbelastung, zu einem zunehmenden Motivationsschwund und damit zu einer geringeren übungsorientierten Aufmerksamkeit. Die ständige Bekanntgabe der Lernresultate (Abb. 125) kann dazu beitragen, die allgemeine Motivationslage und damit die Lernleistung hoch zu halten bzw. zu steigern.

Übungsintensität

Wie Abbildung 126 zum Ausdruck bringt, steigt der Lerneffekt mit zunehmender Übungsintensität bzw. Wiederholungszahl an, allerdings nur bis zu einem bestimmten Optimum: Wird dieses überschritten, dann sinkt er aufgrund der zunehmenden Ermüdung wieder ab.

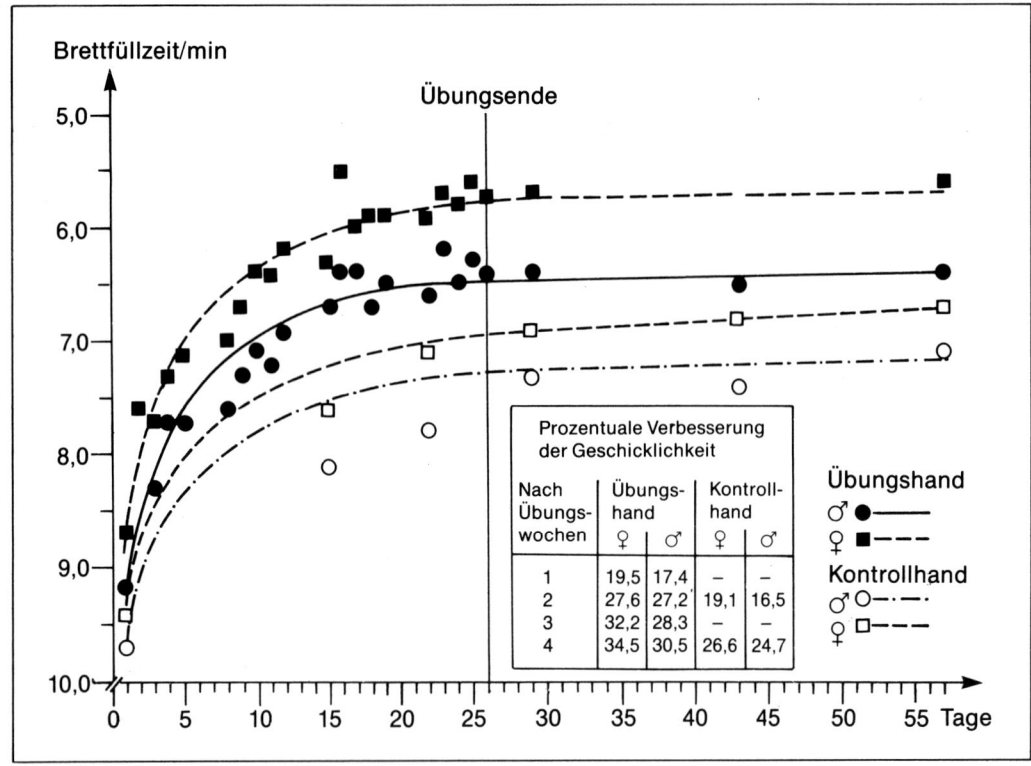

Abb. 126   Die Zunahme der Handgeschicklichkeit in Abhängigkeit von Übungsintensität bzw. Wiederholungszahl (nach *Hettinger*, in *Hollmann/Hettinger* 1980, 156).

„Überlernen"

Unter „Überlernen" – der Ausdruck wird aufgrund der negativen Assoziationsmöglichkeiten in der Folge durch „Lernvertiefung" ersetzt – wird allgemein die Tatsache verstanden, daß eine gelernte Bewegung, die über das Erreichen des primären Lernzieles hinaus noch weiter gefestigt wird – die Prozentangaben des Optimums dieser *Lernvertiefung* reichen von 100–300% –, besonders leicht behalten und schwer vergessen wird (*Krueger* 1930, S. 152, *Rubin-Rabson* 1941, S. 33 f., *Bell* 1950, S. 648; *Melnick* 1968, S. 60 f.; Übersicht: *Cratty* 1975, S. 405).

Die Ursache dieser *Behaltensstabilität* durch Lernvertiefung ist darin zu suchen, daß die Weiterführung des Lernprozesses zu einer

Intensivierung der an der Gedächtnisbildung beteiligten Regulationsprozesse beiträgt und somit den Einbau im *Langzeitgedächtnis* fördernd unterstützt.

Kontralateraler Lerneffekt

Wie aus den Abbildungen 126 und 127 hervorgeht, wird durch tägliches Üben (beachte den steilen Eingangsanstieg!) nicht nur die trainierte Hand geschult, sondern auch die Kontrollhand.

Der etwa 30prozentige Lerneffekt auf der Seite der nicht geübten Hand (*Hollmann/Hettinger* 1980, 157) läßt sich folgendermaßen erklären: Wie die Untersuchungen am gespaltenen Hirn (*Sperry* 1961, 1749) zeigen, werden beim Lernen beide Hirnhälften

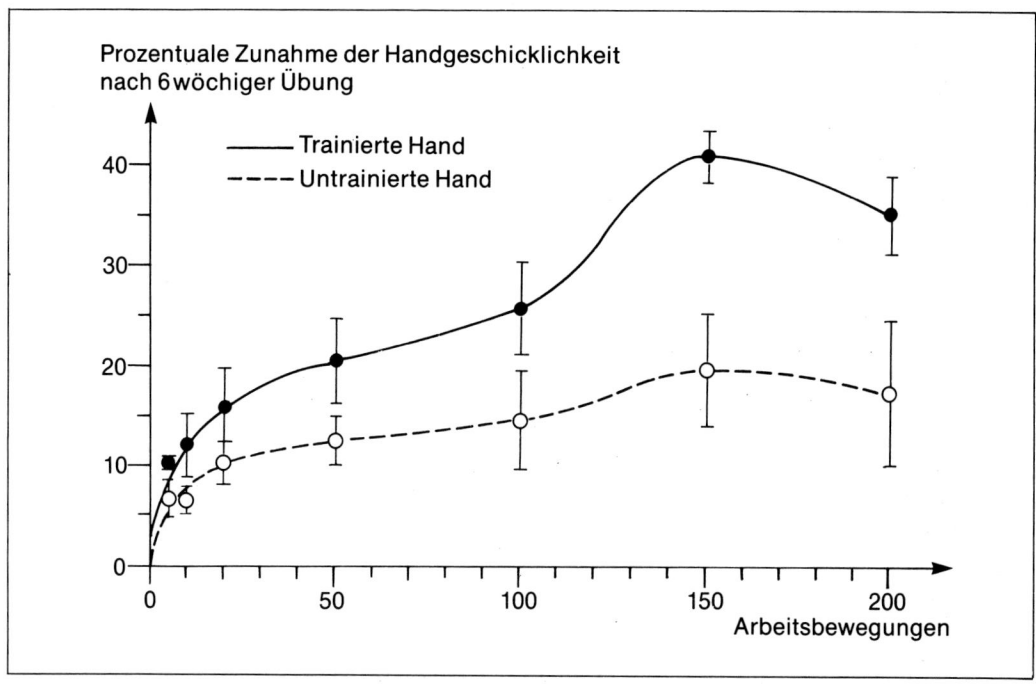

Abb. 127 Veränderung der Fingergeschicklichkeit (*O'Connor-Test*) bei Frauen und Männern durch tägliches Üben und Vergleich zur nichtgeübten Kontrollhand (nach *Hettinger* et al., in *Hollmann/Hettinger* 1980, 159).

über den *Balken* (Corpus callosum) in den Lernprozeß einbezogen. Der Balken stellt mit seinen 300 Millionen Einzelleitungen (*Woolridge* 1967, 42) das größte „Einzelkabel" des Menschen dar. Er wirkt demnach gedächtnisduplizierend. Wird er durchtrennt, dann hat z. B. beim visuellen Lernvorgang nur ein Auge gelernt.

Daß die Gedächtnisspuren in den Assoziationsfeldern beider Hirnhälften aufgezeichnet werden, läßt sich biochemisch durch einen sowohl gleichseitigen als auch gegenseitigen Anstieg spezifischer Transmitterstoffe feststellen.

> Der Transfer von einer Seite auf die andere ist nicht mit der gleichen Perfektion der Fertigkeitsbeherrschung auf beiden Seiten verbunden. Dies liegt an der Tatsache, daß beim Übungsprozeß

> eine eindeutige Speicherlateralität zugunsten der Übungsseite vorliegt (*Kometiani* 1979, 13).

Bewegungserfahrung

Der Bewegungserfahrene weiß, welche *bewegungsrelevanten* Größen bei der Bewegungsausführung bestimmend sein werden. Er ist bereits „vor"-informiert. Ein (somit erwartungsgesteuerter) „Blick" genügt, und sein extrapyramidalmotorisches System trifft im physiologischen Sinne die richtige Bereichseinstellung und in kognitiv-psychologischer Hinsicht die „selektive Aufmerksamkeitslenkung", ohne daß *kortikale* oder energetisch aufwendige *bewußte* Steuerungsprozesse notwendig werden.

Das Bewegungswissen dient als „Vor"-Information und hat in seiner Antizipationscharakteristik prämotorische Relevanz.

Bewegungsvorstellung

Die Qualität einer Bewegungshandlung kann nie besser sein als das sinnlich-gedanklich „vorangestellte" Leitbild (*Pöhlmann/Kirchner* 1979, 554). Die Bewegungsvorstellung als kognitive Orientierungsgrundlage ist wesentlich am Programmierungsvorgang der Verknüpfung interner und externer Bewegungsschleifen beteiligt.

Eine umfassende Bewegungsvorstellung impliziert eine Fokussierung auf wesentliche Aspekte des Lernprozesses und beschleunigt dadurch das „Einschleifen" der zu lernenden Bewegungselemente.

Umlernen

Das Lernen einer Bewegung führt zur Ausbildung einer *Bewegungsstereotypie,* die auch als „automatisierte Bewegung" bezeichnet wird und durch eine fixierte *neuronale Vermaschung* (Bewegungsschleife) gekennzeichnet ist.

Das Auslöschen bzw. Zerstören einer Bewegungsschleife als Charakteristikum eines Umlernprozesses ist daher nur mit großen Schwierigkeiten möglich (*Hotz* 1981, 183 f.):

Das Problem des *Umlernens* besteht vor allem darin, daß anstelle einer bestehenden (aber untauglich gewordenen)

eine nahezu gleiche (den aktuellen Erfordernissen genügende) Bewegungsschleife herausgebildet werden muß. Dabei besteht für den Lernenden die Gefahr, daß er versucht, seiner Lerngewohnheit entsprechend Bekanntes zu modifizieren, anstatt die bisherige Bewegungsschleife vollständig zu löschen und die gewünschte von Grund auf neu aufzubauen.

Weil normalerweise Umstrukturierungen auf einer Neuordnung automatisierter Teilprozesse beruhen und damit in alten Reiz-Antwort-Mechanismen verharren, gilt es auf höchster Bewußtseinsstufe die Charakteristika der neuen Bewegung „einzuschleifen".

Eine Möglichkeit der *bewußten Verhaltensmodifikation* bietet das *mentale Training* (u. a. *Weineck* 1983, 272). Die wiederholte geistige Vorstellung führt zu einer Präzisierung des *inneren Modells* der angestrebten Bewegung und damit zu einer größeren Trennschärfe gegenüber der zu löschenden. Über den *Carpenter-Effekt* kommt es zusätzlich zur Aktivierung der an der Bewegung beteiligten Neuronensysteme und damit zu einer Effektivierung des „Einschleifens" der neuen Bewegungsschleife im Sinne einer biochemischen Fixierung.
Das Bewußtmachen der falschen Bewegung und der parallele Einbau der richtigen führt jedoch nicht immer zwangsläufig und definitiv zum Ziel. Auch wenn die kognitive Trennschärfe zwischen altem und neuem (aber leider ähnlichem) Bewegungsablauf eine hohe Ausprägung erreicht, sind Rückfälle in alte Fehler vor allem in Streßsituationen nicht auszuschließen.

Eine völlig anders geartete Möglichkeit, eine falsch gelernte Bewegung zu eliminieren, besteht darin, durch einen „Konditionsschub" veränderte Bewegungsvoraussetzungen zu schaffen, die dann neue Koordinationsmuster bedingen. Dadurch wird die Löschung „alter" Bewegungsschleifen erleichtert.

> Zusammenfassend kann das *Bewegungsumlernen* als ein *planmäßiger* und *bewußter* Aufbau von Koordinationsschemata – auch außerhalb bisheriger Automatismen – z. T. durch Neukonstruktionen, z. T. durch Entflechtungen bestehender Koordinationszusammenhänge charakterisiert werden.

Übungspause – Verlernen

Übungspausen führen schon nach relativ kurzer Zeit zu einem langsamen Erlöschen der durch Übung erworbenen Bewegungsschleifen bzw. der bedingt reflektorischen Bewegungsmuster (Bewegungsstereotypien).
Bereits nach einem bzw. mehreren Tagen tritt ein sogenanntes *Übungsdefizit* ein: Der Sportler muß sich „einlaufen", „einspringen", „einschwimmen", „einturnen" etc., um seine bedingt reflektorischen motorischen Verbindungen wieder optimal zu reaktivieren bzw. auf die aktuellen Verhältnisse einzustellen.
Bei längeren Übungspausen kommt es zu einem zunehmenden *Verlernen*. Automatisierte Bewegungen gehen Gedächtnis-physiologisch bzw. bedingt reflektorisch verloren, wenn sie nicht von Zeit zu Zeit wieder aufgefrischt werden.
Bemerkenswert ist die Tatsache, daß „verlernte" Bewegungen bei einer Reaktivierung schneller wiedergewonnen werden als durch *Neulernen*. Ursächlich scheint hier die verringerte Bahnungszeit für bereits einmal gebahnte Reflexe zu sein: Die „Bewegungsspuren" wurden zwar verwischt, aber nicht vollständig aus dem Bewegungsgedächtnis eliminiert.

Lernphase

In Abhängigkeit von der Lernphase – ausführliche Darstellung s. S. 70 – erfolgt der psychomotorische Lernprozeß unter unterschiedlicher Mithilfe der verschiedenen Analysatoren. Der Anfänger lernt überwiegend über den optischen Analysator, der Spitzensportler vor allem über den kinästhetischen.

Zusammenfassend kann festgehalten werden, daß der psychomotorische Lernprozeß von einer Reihe von Faktoren abhängt – auf die besondere Bedeutung der Aufmerksamkeit wurde bereits hingewiesen (s. S. 62) –, die die Effektivität des Bewegungslernens entscheidend beeinflussen können. Eine Optimierung der Rahmenbedingungen führt zu besseren Lernerfolgen und damit zu einem höheren Niveau der koordinativen Fähigkeiten.

Literatur

1. *Beck, E.:* Mentales Training in der Vorbereitung des Fechters. Leistungssport 3 (1977), 212–213
2. *Bell, H. M.:* Retention of pursuit rotor skill after one year. J. exp. Psychol. 40 (1950), 648–649
3. *Cratty, B. J.:* Motorisches Lernen und Bewegungsverhalten. Limpert, Frankfurt 1975 und 1979
4. *Foppa, K.:* Lernen, Gedächtnis, Verhalten. Ergebnisse und Probleme der Lernpsychologie. Köln–Berlin 1975
5. *Frey, G.:* Zur Terminologie und Struktur physischer Leistungsfaktoren und motorischer Eigenschaften. Leistungssport 5 (1977), 339–362
6. *Fuhrer, U.:* Mentales Training als psychologische Trainingsmethode. Lehre der Leichtathletik 37 (1975), 1313–1314
7. *Goodenough, F. L., C. R. Brian:* Certain factors underlying the acquisition of motor skills by preschool youngsters. J. exp. Psychol. 12 (1929), 127 f.
8. *Harre, D.:* Trainingslehre. Sportverlag, Berlin 1976
9. *Hirtz, P.:* Koordinative Fähigkeiten – Kennzeichen, Altersgang und Beeinflussungsmöglichkeiten. Med. u. Sport 21 (1981), 348–351
10. *Hollmann, W., T. Hettinger:* Sportmedizin – Arbeits- und Trainingsgrundlagen. Schattauer, Stuttgart–New York 1980

11. *Hotz, A.:* Kreativität dank Umlernen. Allg. Schweiz. Militärzeitschrift 3 (1981), 183–184

12. *Hotz, A., J. Weineck:* Optimales Bewegungslernen. perimed Fachbuch-Verlagsgesellschaft, Erlangen 1983

13. *Irion, A. L.:* The relation of "set" to retention. Psychol. Rev. 55 (1948), 336–341

14. *Israel, S., B. Buhl:* Die sportliche Trainierbarkeit in der Pubeszenz. Theorie und Praxis der Körperkultur 29, Beiheft 2 (1980), 33–35

15. *Kemmler, R.:* Psychologisches Wettkampftraining. blv Leistungssport, München–Berlin–Wien 1973

16. *Kohl, K., A. Krüger:* Psychische Vorgänge bei der Sportmotorik. Leistungssport 2 (1972), 123–127

17. *Kometiani, P. A.:* On the mechanisms of the participation of genetic apparatus in the memory phenomena. In: Biological aspects of learning, memory formation and ontogeny of the CNS, pp. 11–18. *Matthies, H., M. Krug, N. Popov* (eds.). Akademie Verlag, Berlin 1979

18. *Krueger, W. C. F.:* Further studies in overlearning. J. exp. Psychol. 13 (1930), 152–163

19. *Melnick, M. J.:* Effects of overlearning on the retention of a gross motor skill. Res. Q. 42 (1968), 60–69

20. *Merz, F.:* Stichworte „fraktioniertes Lernen", „globales Lernen", „massiertes Lernen", „verteiltes Lernen". In: Lexikon der Psychologie, Bd. 2, S. 431–434, 440. *Arnold, W., H.-J. Eysenck, R. Meili* (Hrsg.). Göttingen 1971

21. *Miles, W. R.:* Psychological problems of age. Publ. Health Rep. (Wash.), Suppl. 168 (1942), 34

22. *Müller, E. A., K. Vetter:* Die Abhängigkeit der Handgeschicklichkeit von anatomischen und physiologischen Faktoren. Arbeitsphysiol. 15 (1954), 255 f.

23. *Niemeyer, R. K.:* Part versus whole methods and massed versus distributed practice in the learning of selected large muscle activities. Proceed. College Phys. Educ. Ass. 5 (1958), 122–125

24. *Osolin, N.:* Das Training des Leichtathleten. Sportverlag, Berlin 1952

25. *Pietka, L., L. Spitz:* Probleme der Optimierung und Individualisierung der Technik des beidarmigen Reißens im Gewichtheben. Leistungssport 1 (1976), 22–23

26. *Pöhlmann, R., G. Kirchner:* Die Sinnesempfindungen steuern und kontrollieren unsere Bewegungen. Körpererziehung (1979), 202–210

27. *Raeder, J.:* Zu Problemen der Belastung und Erholung in der körperlichen Erziehung und Bildung der Kinder und Jugendlichen – Zur Ausbildung der Bewegungseigenschaften Gewandtheit und Beweglichkeit. Theorie und Praxis der Körperkultur 1 (1970), 68–77

28. *Reed, G. S.:* Geschicklichkeit und Übung. In: Das menschliche Lernen und seine Entwicklung, S. 119–160. *Lunzer, E. A., J. F. Morris* (Hrsg.). Stuttgart 1971

29. *Rubin-Rabson, G.:* Mental and keyboard overlearning in memorizing piano music. J. Musicol. 3 (1941), 33–40

30. *Rutenfranz, J., T. Hettinger:* Untersuchungen über die Abhängigkeit der körperlichen Leistungsfähigkeit von Lebensalter, Geschlecht und körperlicher Entwicklung. Z. Kinderheilk. 83 (1959), 65 f.

31. *Rutenfranz, J., A. Iskander:* Untersuchungen über die Beeinflussung des Erlernens einer einfachen sensumotorischen Fertigkeit durch die Bekanntgabe der Lernresultate bei verschiedenen Übungsbedingungen. Angew. Physiologie 29 (1971), 44–54

32. *Schnabel, G.:* Zur Bewegungskoordination. In: Bewegungslehre des Sports. *Rieder, H.* (Hrsg.). Hofmann, Schorndorf 1977

33. *Sperry, R. W.:* Cerebral organization and behavior. Science 133 (1961), 1749–1757

34. *Ter-Owanesian, A.:* Die technisch-taktische Vorbereitung im Training. Für die Mappe des Technikers, DSV 5 (1971)

35. *Weineck, J.:* Optimales Training. perimed Fachbuch-Verlagsgesellschaft, Erlangen 1983

36. *Wooldridge, D. E.:* Mechanik der Gehirnvorgänge. Oldenbourg, Wien–München 1967

37. *Zaciorskij, V.:* Die körperlichen Eigenschaften des Sportlers. Bartels und Wernitz, Berlin–München–Frankfurt 1972 u. 1977

38. *Zieschang, K.:* Zur zeitlichen Gestaltung von Lernprozessen im Sport. Sportwissenschaft (1977), 272–284

Teil V:
Jugend und Sport

Allgemeine sportbiologische Grundlagen zum Kindes- und Jugendalter

„Das Kind ist kein Miniaturerwachse-
ner, und seine Mentalität ist nicht nur
quantitativ, sondern auch qualitativ von
der des Erwachsenen verschieden, so
daß ein Kind nicht nur kleiner, sondern
auch anders ist." *Claparède* 1937

Kinder und Jugendliche benötigen für eine
harmonische psychophysische Gesamtentwicklung ein ausreichendes Maß an Bewegung. Dieses Bedürfnis wird im allgemeinen
von den Kindern durch ihren ausgeprägten
Bewegungsdrang von selbst gesteuert. Die
größere Bewegungsaktivität bei Kindern gegenüber Erwachsenen wird einerseits auf
die Dominanz zerebraler Antriebe (insbesondere des Pallidums) zurückgeführt, andererseits darauf, daß die mit der Bewegung
verbundene Anstrengung von Kindern sub-
jektiv als geringer empfunden wird als von
Erwachsenen (Abb. 128) (*Bar-Or* 1982, 27).

Da Bewegung – sie wird durch Erziehung
und Schule (Sitzzwang) zum Teil erheblich
eingeschränkt – eine Entwicklungsnotwen-
digkeit (s. S. 299) darstellt, ist körperliche
bzw. sportliche Aktivität im Kindes- und Jugendalter vorbehaltlos zu befürworten.

Wie die nachfolgenden Ausführungen verdeutlichen sollen, stellen Kinder bzw. Jugendliche weder „Erwachsene en minia-
ture" dar, noch liegt bei ihren sportlichen
Aktivitäten ein „reduziertes Erwachsenentraining" vor.

Einer der wesentlichen Gründe für die
sportbiologische   Unterschiedlichkeit
von Kindern bzw. Jugendlichen im Vergleich zu Erwachsenen ist durch die
Tatsache gegeben, daß sich Kinder
bzw. Jugendliche noch im *Wachstum*
befinden und sich hiermit eine Vielzahl
von physischen, psychischen sowie psychosozialen Veränderungen und Ent-
wicklungsbesonderheiten ergeben, die
für die körperliche bzw. sportliche Aktivität bzw. Belastbarkeit entsprechende Konsequenzen bedingen.

Einer speziellen Besprechung der anatomisch-physiologischen und psychologischen
Charakteristika der einzelnen Altersstufen
soll deshalb eine allgemeine Darstellung der
wachstumsbedingten Besonderheiten des
Kindes- und Jugendalters vorangestellt werden.

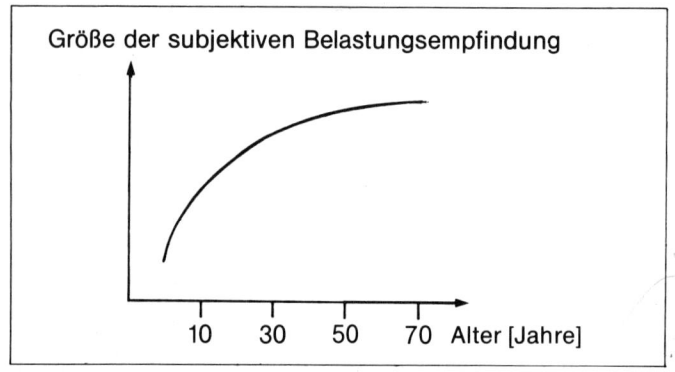

Größe der subjektiven Belastungsempfindung

10   30   50   70 Alter [Jahre]

**Abb. 128   Altersabhängigkeit in der
subjektiven Belastungsempfindung,
bezogen auf die maximale Herzfrequenz (nach *Bar-Or* 1982, 27).**

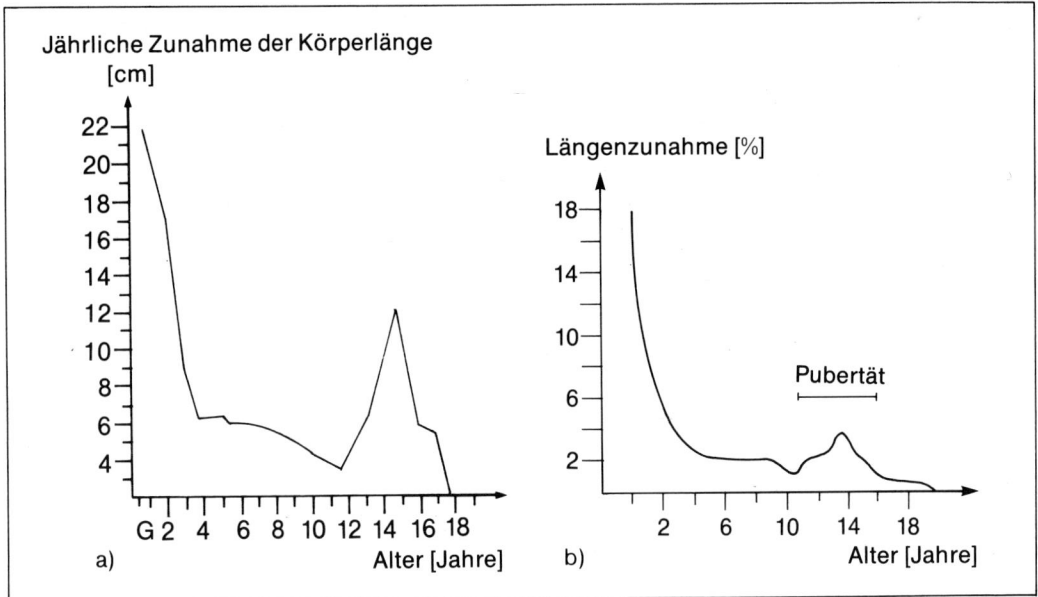

Abb. 129   Die jährliche Wachstumszunahme im Kindes- und Jugendalter. a) jährliche Größenzunahme in Zentimeter (nach *Eiben* 1979, 193), b) jährliche Größenzunahme in Prozent der Körpergröße (nach *Stolz*, in *Nöcker* 1976, 275).

Wachstumsbedingte Besonderheiten – Konsequenzen für die psychophysische Belastbarkeit

Wachstum und Körpergröße bzw. Körperproportionen

Wie aus Abbildung 129 zu ersehen ist, verläuft die Größenzunahme des Körpers – Vergleichbares gilt für die Gewichtszunahme bzw. die Entwicklung der einzelnen Organsysteme – nicht linear, sondern in Schüben.

Die *Wachstumsgeschwindigkeit* ist im 1. Lebensjahr am größten, fällt aber bereits innerhalb des Kleinkindalters steil ab und erreicht im Vorschulalter relativ

stabile Werte, die dann bis zum Eintritt der Pubertät eine ziemliche Konstanz aufweisen. In der *Pubertät* kommt es über den puberalen *Wachstumsschub* (s. S. 260) nochmals zu einem verstärkten Längenwachstum. Der Wachstumsstop erfolgt mit dem Schluß der Wachstumsfugen (Epiphysenfugen) etwa 2–3 Jahre nach der Pubertät.

Wie die Abbildungen 130 und 131 erkennen lassen, weisen die einzelnen Körpersegmente in den verschiedenen Altersstufen eine unterschiedliche Wachstumsintensität auf. Dadurch kommt es zu Veränderungen der *Körperproportionen*, die für die verschiedenen Entwicklungsperioden charakteristisch sind und in typischer Weise die sportliche Leistungsfähigkeit beeinflussen.

Ein Problem besonderer Art stellt die vorübergehende Wachstumsbeschleunigung

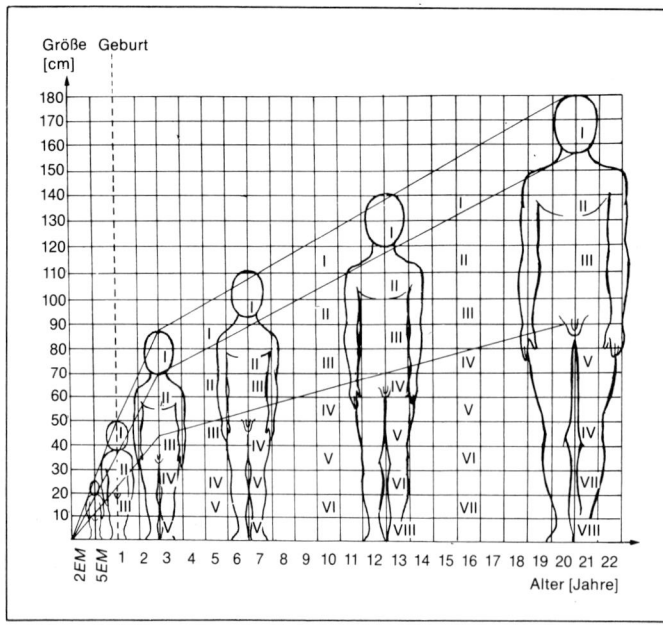

Abb. 130 Veränderungen der Körpergröße und der Proportionen zwischen den Körpersegmenten während des Wachstums (nach *Demeter* 1981, 10).

der Pubertätszeit dar. Dieser Wachstumsschub setzt im allgemeinen bei den Mädchen zwischen dem 11. und 13., bei den Jungen zwischen dem 13. und 15. Lebensjahr ein. Dabei ist festzustellen, daß die einzelnen Skelettabschnitte ihren Wachstumsschub zu unterschiedlichen Zeitpunkten erfahren: Füße und Hände reifen früher als Unterschenkel und Unterarme und diese wiederum schneller als Oberschenkel und Oberarme; es läßt sich eine *zentripetale Wachstumsgesetzmäßigkeit* erkennen (*Zurbrügg*, 1982, 53).

Der Beginn der Pubertät bildet einen tiefgreifenden Einschnitt in der psychophysischen Entwicklung des Kindes bzw. Jugendlichen, der mit seinen „revolutionären" Veränderungen kein Äquivalent im Erwachsenenleben hat.

Ein zusätzliches Problem für die körperliche bzw. sportliche Belastung bzw. Belastbarkeit in der Gruppe oder im Klassenverband stellt das Phänomen der *Akzeleration* bzw. *Retardation* (s. S. 319) dar, das zu einer weiten Streuung der Wachstums- und Bela-

stungsparameter führt und in besonderem Maße berücksichtigt werden muß.

Beim *Normalentwickler* stimmen *kalendarisches* und *biologisches Alter* überein. Beim *Frühentwickler – Akzelerierten* – liegt eine beschleunigte Aufeinanderfolge der körperlichen Entwicklungsphasen von einem oder mehr Jahren vor, beim *Spätentwickler – Retardierten* – eine verzögerte von einem oder mehr Jahren.

Es muß jedoch festgestellt werden, daß bei allen 3 Entwicklungstypen ein *harmonisches Wachstum* hinsichtlich organischer Leistungsfähigkeit, Organmaßen und Skelettsystem vorliegt. Das vielzitierte disharmonische Wachstum insbesondere beim *Akzelerierten* mit beschleunigter Skelettentwicklung bei zeitweise zurückgebliebener Organentwicklung ist aufgrund von zahlreichen Untersuchungen heute nicht mehr haltbar (*Hollmann/Hettinger* 1980, 607).

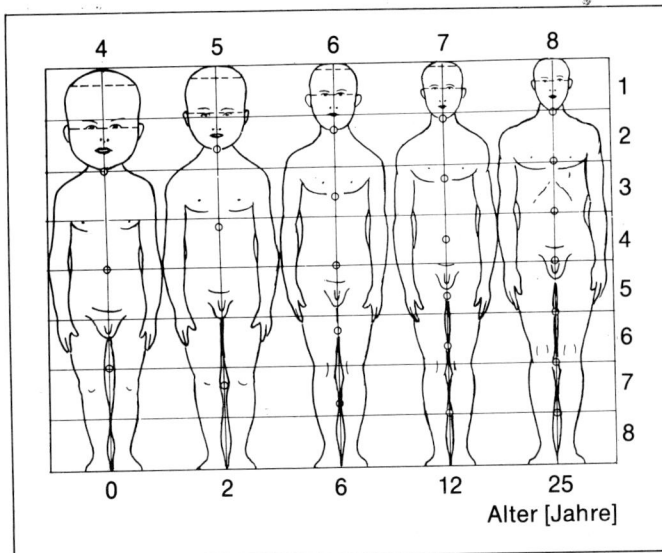

Abb. 131 Altersabhängiges unterschiedliches Verhältnis zwischen Kopf- und Körperhöhe. Die Zahlen am Oberrand geben an, wievielmal die Kopfhöhe in der Körperhöhe enthalten ist (nach *Stratz*, in *Demeter* 1981, 11).

Das Kindes- bzw. Jugendalter als „Durchgangsstadium" zum Erwachsenenalter weist, in enger Verbindung mit dem Wachstum eine Reihe weiterer Besonderheiten auf, die für die psychophysische bzw. sportliche Belastbarkeit von Bedeutung sind.

Wachstum und Stoffwechsel

Beim wachsenden Kind bzw. Jugendlichen spielt der *Baustoffwechsel* eine ganz besondere Rolle. Aufgrund der intensiven Wachstums- und Differenzierungsprozesse, die eine Vielzahl von Ein-, Um- und Aufbauvorgängen erfordern, kommt es zu einer Erhöhung des *Grundumsatzes:* Bei Kindern ist der Grundumsatz im Vergleich zu Erwachsenen um etwa 20–30% erhöht (*Demeter* 1981, 48). Des weiteren sind der Vitamin-, Mineral- und Nährstoffbedarf erhöht. Vor allem der Eiweißbedarf steigt stark an: Kinder benötigen bis zu 2,5 g pro kg Körpergewicht, was in etwa dem Bedarf eines erwachsenen „Kraft"-Sportlers entspricht. Zusätzliche Belastungen können diesen Bedarf noch steigern.

Bei einer hochgradig umfangreichen und intensiven körperlichen bzw. sportlichen Belastung – wie sie z. B. im Trainingsprozeß mancher Sportarten gefordert wird, in denen Spitzenleistungen bereits im Kindesalter erbracht werden (Eiskunstlauf, Geräteturnen etc.) – kann es prinzipiell zu einem Dominieren des *Betriebsstoffwechsels* zu Lasten des *Baustoffwechsels* kommen, was zu einer Beeinträchtigung der Wachstumsvorgänge des kindlichen Organismus bzw. zu einer Verminderung der Belastbarkeit insgesamt führen kann. Ausreichende Erholungs- und Wiederherstellungszeiträume sind daher gerade bei Kindern bzw. Jugendlichen von ganz besonderer Wichtigkeit.

Wachstum und passiver Bewegungsapparat

Das „Mark-Jansen-Gesetz" (*Berthold/ Thierbach* 1981, 165) besagt, daß sich die Empfindlichkeit des Gewebes proportional

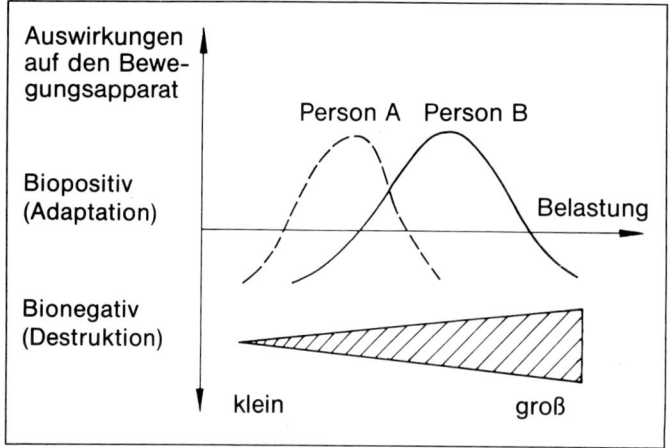

Abb. 132   Schematische Darstellung der Auswirkung von Belastungen auf den Bewegungsapparat (Berthold/Thierbach 1981, 165, modifiziert nach Nigg et al.).

zur Wachstumsgeschwindigkeit verhält. Das Kind bzw. der Jugendliche ist demnach im Vergleich zum Erwachsenen in wesentlich ausgeprägterem Maße der Gefahr von Belastungsschäden durch *unphysiologische* Belastungsreize ausgesetzt. Dies gilt vor allem für den puberalen Wachstumsschub, der mit einer ganz besonders hohen orthopädischen Überlastungsgefahr verbunden ist. Dabei ist zu beachten, daß die Belastungsverträglichkeit bei kalendarisch und auch biologisch gleichaltrigen Kindern sehr unterschiedlich sein kann.

Abbildung 132 verdeutlicht, daß eine gegebene Belastung je nach orthopädischer Ausgangssituation „biopositiv" oder „bionegativ", das heißt als biologisch günstiger oder ungünstiger Trainingsreiz, wirken kann.

Als Besonderheiten im Kindes- und Jugendalter gelten:

– Die Knochen sind wegen der relativen Mehreinlagerung von weicherem organischem Material zwar erhöht biegsam, aber vermindert zug- und druckfest, was zu einer insgesamt verminderten Belastbarkeit des gesamten Skelettsystems führt.

– Das Sehnen- und Bändergewebe ist aufgrund der schwächer ausgeprägten micellaren Ordnung – die Micellen bilden kristallgitterähnliche Strukturen – und des größeren Anteils an Zwischenzellsubstanz noch nicht ausreichend zugfest (*Tittel* 1979, 125).

– Das Knorpelgewebe bzw. die noch nicht verknöcherten Wachstumsfugen weisen aufgrund ihrer hohen, wachstumsbedingten Teilungsrate eine hohe Gefährdung gegenüber allen starken Druck- und Scherkräften auf.

Die individuelle Belastbarkeit des Knochen-, Knorpel-, Sehnen- und Bänderapparates stellt für die Trainingsgestaltung vor allem im Kindes- und Jugendalter die limitierende Leistungsgröße dar, da die im Wachstum befindlichen Strukturen des passiven Bewegungsapparates noch nicht die Belastungsresistenz des Erwachsenen aufweisen.

Insgesamt läßt sich feststellen, daß wachstumsadäquate, d. h. submaximale Belastungsreize, die *vielfältig* und nicht einseitig den Gesamtkomplex des passiven Bewegungsapparates beanspruchen, einen geeigneten Reiz sowohl für das Wachstum als auch für die Strukturverbesserung bieten. Einseitige, maximale oder unvorbereitet an den wach-

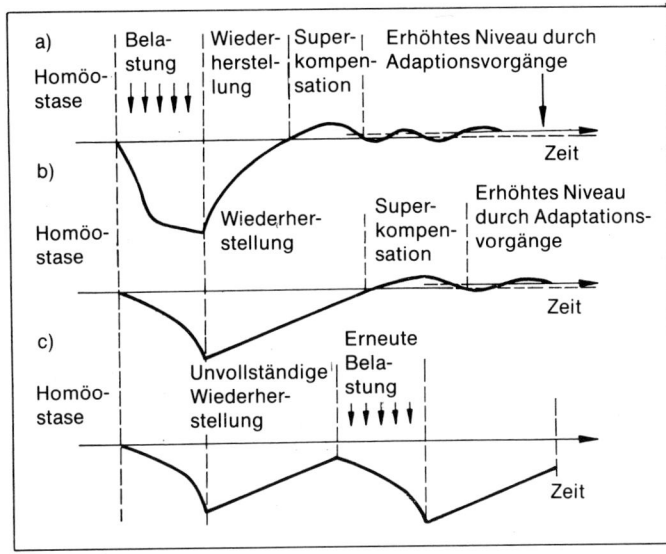

Abb. 133 Hypothetischer zeitlicher Verlauf der Wiederherstellungs- und Adaptationsvorgänge am Muskelsystem (a), am Binde- und Stützsystem (b) und nach unvollständiger Wiederherstellung (c) (*Dietrich* 1979, modifiziert nach *Mateer*, in *Berthold/Thierbach* 1981, 166).

senden Organismus herangetragene Belastungen hingegen können unmittelbar oder langfristig (Spätschaden) zur Zerstörung der genannten Gewebe führen.

In diesem Zusammenhang muß noch auf die Tatsache hingewiesen werden, daß sich die Strukturen des *passiven Bewegungsapparates* des Kindes bzw. Jugendlichen adäquaten Belastungen vermehrt im biopositiven Sinne anpassen, daß aber die Geschwindigkeit dieser Adaptation nicht mit der des *aktiven Bewegungsapparates* vergleichbar ist: Während der Muskel schon eine Woche nach einem Trainingsreiz funktionelle und morphologische Veränderungen aufweisen kann, erfolgt dies bei Knochen, Knorpel, Sehnen und Bändern erst im Verlauf von Wochen. Dieser langsame Adaptationsverlauf, verbunden mit der erhöhten, durch das Wachstum bedingten Anfälligkeit gegenüber Überlastungen, erfordert deshalb bei Kindern eine *strenge Progression* der Belastung, um den Strukturen der passiven Bewegungsträger eine ausreichende Anpassungszeit zu

gewähren und um auf diese Weise Überschreitungen der Belastbarkeit mit entsprechenden Folgeschäden zu vermeiden (*Weineck* 1982, 35).

Abbildung 133 zeigt, daß die *Wiederherstellungszeit* beim passiven Bewegungsapparat wesentlich langsamer verläuft und daß zu früh einsetzende Belastungsreize zu einer unvollständigen Erholung und damit zu einer vermehrten Gefährdung der betroffenen Strukturen führen können.

Wachstum und Muskulatur

Die kindliche Skelettmuskelzelle ist der des Erwachsenen sehr ähnlich. Die Unterschiede bestehen überwiegend in der quantitativen Ausbildung von Substrukturen der Muskelzelle (*Buhl/Gürtler/Häcker* 1983, 854).

Der Anteil der ST-Fasern beträgt bei 6jährigen Kindern bei den Mädchen 55,6 ± 8,5%, bei den Jungen 62,1 ± 14,2%; bei 12jährigen Kindern macht er bei den Mädchen 64,2 ± 11%, bei den Jungen 72,8 ± 11% aus (*Bell* et al. 1980; *Buhl/Gürtler/Häcker* 1983, 854).

Bis zum Beginn der Pubertät unterscheiden sich Jungen und Mädchen kaum hinsichtlich

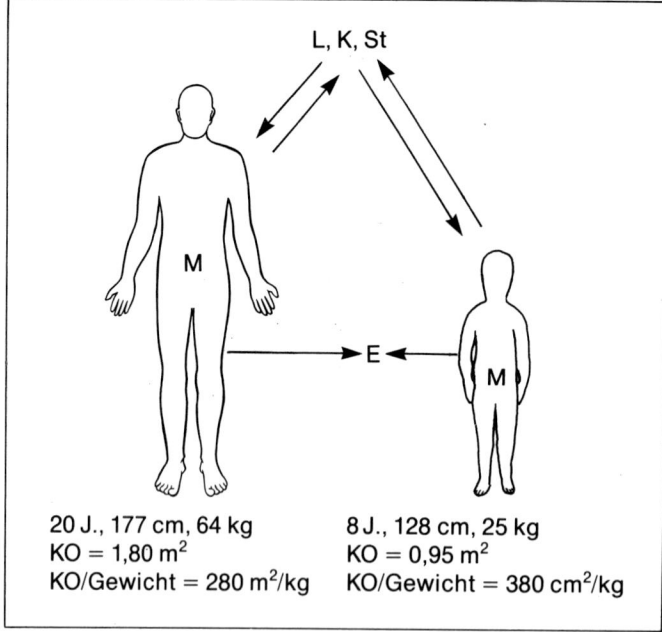

L, K, St

M

E

M

20 J., 177 cm, 64 kg
KO = 1,80 m²
KO/Gewicht = 280 m²/kg

8 J., 128 cm, 25 kg
KO = 0,95 m²
KO/Gewicht = 380 cm²/kg

Abb. 134   Schematische Darstellung der Wärmebildung und -abgabe beim Kind bzw. Erwachsenen. L = Leitung (oder Konduktion), K = Konvektion, St = Strahlung, E = Evaporation (Schweißbildung), M = metabolische (durch den Stoffwechsel erzeugte) Wärmeproduktion, KO = Körperoberfläche. Die Länge der Pfeile gibt die Wärmeaustauschrate pro kg Körpergewicht an (nach *Bar-Or* 1983, 263).

ihrer Muskelmasse bzw. Muskelkraft. Der Muskelanteil an der Gesamtkörpermasse ist im Vergleich zum Erwachsenen verringert und beträgt gleichermaßen etwa 27%. Erst mit Beginn der Pubertät und den damit verbundenen hormonellen Veränderungen kommt es zu ausgeprägten Zuwachsraten bezüglich der Muskelmasse bzw. zu einer markanten geschlechtsspezifischen Auseinanderentwicklung der körperbaulichen Merkmale.

Der Muskelanteil steigt in der Pubertät (s. S. 271) bei den Jungen auf durchschnittlich 41,8%, bei den Mädchen auf nur 35,8%.

Auch hinsichtlich der anaeroben bzw. aeroben Stoffwechselkapazität bestehen im Kindes- und Jugendalter im Vergleich zum Erwachsenen charakteristische Unterschiede. Da die anaerobe Kapazität erst mit dem Eintritt in die Pubertät stärker zunimmt – beim Kleinkind ist die Milchsäurebildung

noch sehr eingeschränkt, ihr Maximum wird zwischen dem 20. und 30. Lebensjahr erreicht (*Keul* 1982, 31) –, sollten Belastungen, die zu einem erhöhten Laktatanfall führen, im Kindesalter keine betonte Anwendung erfahren (spezielle Ausführungen zur *anaeroben Kapazität* im Kindesalter s. S. 283).

Bemerkenswert ist bei 6- und 12jährigen Kindern, daß die glykolytische Kapazität der FT-Fasern bei den Jungen mit 32–36% gegenüber den Mädchen (20–22%) deutlich erhöht ist (*Buhl/Gürtler/Häcker* 1983, 854/855).

Der geringeren glykolytischen Kapazität steht beim Kind eine größere Fähigkeit für oxidative Stoffwechselvorgänge gegenüber: Der höhere Anteil an oxidativen Enzymen gegenüber den glykolytischen erlaubt es der Muskelzelle des Kindes, freie Fettsäuren schneller zu verwerten und damit die Glukosespeicher zu schonen, als dies beim Erwachsenen der Fall ist (*Berg/Keul/Huber* 1980, 490f.). Für diese Tatsache spricht auch die Feststellung, daß die Zahl der Mitochondrien – als Ort der aeroben Ener-

giegewinnung – bei Kindern gegenüber Erwachsenen erhöht ist (*Bell/Mac Dougall/Bil-
leter/Howald* 1980, 28).

Wachstum und Thermoregulation

Wie Abbildung 134 zeigt, lassen sich zwischen Kindern und Erwachsenen Unterschiede in der *Thermoregulation* feststellen
(s. S. 566).
Das Kind besitzt zwar eine absolut kleinere
Körperoberfläche als der Erwachsene, aber
seine relative, auf das Körpergewicht bezogene Oberfläche ist um etwa 36% größer als
die des Erwachsenen (*Bar-Or* 1983, 262).
Trotz ihrer größeren relativen Körperoberfläche haben *Kinder* eine *kleinere Schweißrate* als Erwachsene: Obwohl der Schweiß-
apparat der Kinder mit dem 3. Lebensjahr
voll entwickelt ist, schwitzen Kinder sowohl
absolut als auch relativ weniger als Erwachsene (Abb. 135).

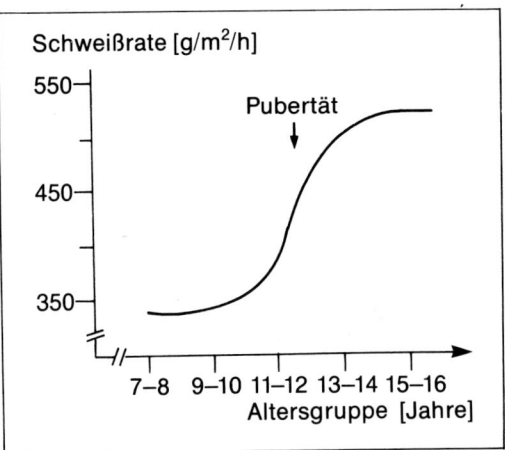

Abb. 135 **Die Entwicklung der Schweißrate im Kindesalter bei relativ gleicher Arbeitsleistung (*Bar-Or*
1983, 265, nach Angaben von *Araki* et al.).**

Die Zahl der aktiven Schweißdrüsen ist
bei Kindern kleiner als beim Erwachsenen. Es ist jedoch weniger die geringere
Zahl als vielmehr die *geringere Exkre-
tionsleistungsfähigkeit* der Schweißdrüsen, die für die niedrigere Schweißrate
bei Kindern im Vergleich zum Erwachsenen verantwortlich ist: Sowohl in
Ruhe als auch bei verschiedenen Belastungen ist die Schweißrate pro
Schweißdrüse beim Kind etwa um das
2,5fache kleiner als beim Erwachsenen
(*Bar-Or* 1983, 264).

Des weiteren setzt im Vergleich zum Erwachsenen die Schweißabgabe über die
Schweißdrüsen beim Kind bei einer höheren
Körperkerntemperatur ein. Ursächlich
scheint hier ein höherer Schwellenwert im
Hypothalamus (Wärmeregulationszentrum)
eine Rolle zu spielen.
Kinder benötigen in heißer Umgebung *längere Akklimatisationszeiten* und weisen eine

*geringere Belastungsfähigkeit unter Hitzebe-
dingungen* auf als Erwachsene: Bei vergleichbarer Arbeit erhöht sich beim Kind
die *Körperkerntemperatur* aufgrund der geringeren Kühlungsmöglichkeiten durch die
Schweißproduktion schneller und wirkt dadurch in der Folge leistungsbegrenzend
(s. S. 577).

Zusammenfassend ist festzustellen, daß
Kinder eine geringere thermoregulatorische Kompensationsfähigkeit besitzen
und bei Belastung auf erhöhte Außentemperaturen empfindlicher reagieren
als Erwachsene.

Wachstum und Gehirnentwicklung

Abbildung 35 (S. 72) zeigt, daß die Wachs-
tumskurven der Kopf/Gehirnentwicklung
bzw. des allgemeinen Körperwachstums einen sehr unterschiedlichen Verlauf nehmen.
Auffällig ist dabei vor allem die schnelle
Entwicklung des Gehirnes: Mit 6 Jahren
werden bereits 90–95% der Größe des Erwachsenen erreicht. Das allgemeine Körperwachstum hingegen hat zu diesem Zeit-

punkt vergleichsweise noch nicht einmal die Hälfte des Erwachsenenwertes erlangt.

Wie aus Abbildung 36 (S. 73) hervorgeht, erfahren die Nervenzellen des Zentralnervensystems bereits im Laufe der ersten Lebensjahre eine zunehmende Vernetzung, die für das spätere Funktionspotential von großer Bedeutung ist. Man nimmt an, daß diese Faseraussprossungen besonders intensiv etwa bis zum 3. Lebensjahr erfolgen (*Falck, Lehr* 1980, 103, nach *Akert* 1971, 509; *Le Boulch* 1978, 54; *David* 1981, 9) und durch entsprechende Übung intensiviert werden können.

Aus motorischer Sicht ist es deshalb wichtig, daß dem Kleinkind ausreichende Reize zum Ausbau seiner Vernetzungsstrukturen und damit zur plastischen Ausgestaltung seiner Hirnareale gegeben werden. Unterbleiben derartige Förderreize oder werden sie nicht in ausreichender Menge geboten, dann kommt es zu einer weniger ausgeprägten Infrastruktur der betroffenen zerebralen Strukturen bzw. zu einer geringeren funktionellen Ausreifung (*Pickenhain* 1979, 45).

Aufgrund der schnellen Gehirnentwicklung und der damit verbundenen hohen Leistungsfähigkeit im Bereich der koordinativen Fähigkeiten – dem „sportlichen Äquivalent" des bereits ausgezeichnet funktionierenden Zentralnervensystems – stehen im Belastungsspektrum der Kinder vor allem die optimale Ausbildung *vielfältiger* sportmotorischer Fertigkeiten und Techniken sowie die Erweiterung des Bewegungsschatzes bzw. der Bewegungserfahrung im Vordergrund. Die Verbesserung der konditionellen Fähigkeiten erfolgt parallel dazu, jedoch nur in dem Maße, wie es die umfassende koordinative Ausbildung erforderlich macht. Die konditionellen Fähigkeiten werden im Kindesalter also nicht maximal, sondern optimal ausgebildet.

Psychophysische Kurzcharakteristik der einzelnen Altersstufen – Konsequenzen für die Sportpraxis

Zur Optimierung der körperlichen bzw. sportlichen Belastungsanforderungen bedarf es einiger Basiskenntnisse bezüglich der psychophysischen Besonderheiten der einzelnen Altersstufen. Nur diese Kenntnisse ermöglichen die Setzung optimaler alters- und entwicklungsgemäßer Reize, die den Belangen und Bedürfnissen der Kinder und Jugendlichen entsprechen.

Für das bessere Verständnis der Folgeausführungen soll zuerst noch eine kurze begriffliche Abgrenzung von Entwicklung, Wachstum und Entwicklungsphasen erfolgen:

Entwicklung bezeichnet die Summe der Wachstums- und Differenzierungsvorgänge des Organismus, die schließlich zu seiner endgültigen Größe, Gestalt und Funktion führen (*Keller/Wiskott* 1977, 1.1).

Wachstum ist die mengenmäßige Zunahme an Länge, Gewicht, Kraft, Volumen, Produktionsmenge an Sekreten etc., d. h., es ist ein *quantitativ* fixierbares Mehr. Der Begriff Wachstum ist dem Entwicklungsbegriff untergeordnet.

Entwicklungsphasen sind Abschnitte eines einheitlichen Entwicklungsverlaufes, die durch anschaulich hervortretende Entwicklungsmerkmale deutlich voneinander abhebbar sind.

Einen kurzen Überblick über die in der Folge verwendete Alterseinteilung gibt Tabelle 16. Diese Einteilung ist dabei nicht als starres Raster zu betrachten – die Übergänge sind fließend und zum Teil erheblichen individuellen Schwankungen unterworfen –, sondern als allgemeine Orientierungshilfe.

Entwicklungsstufe	Kalendarisches Alter [Jahre]
Säuglingsalter	0–1
Kleinkindalter	1–3
Vorschulalter	3–6/7
Frühes Schulkindalter	6/7–10
Spätes Schulkindalter	10–Eintritt der Pubertät (Mädchen 11/12; Jungen 12/13)
Erste puberale Phase (Pubeszenz) } Pubertät	Mädchen 11/12–13/14 Jungen 12/13–14/15
Zweite puberale Phase (Adoleszenz) }	Mädchen 13/14–17/18 Jungen 14/15–18/19
Erwachsenenalter	Jenseits 17/18 bzw. 18/19

Tab. 16   Einteilung der Entwicklungsstufen nach dem kalendarischen Alter.

Säuglings- und Kleinkindalter

Säuglings- und Kleinkindalter spielen für die Gesamtentwicklung des Kindes eine entscheidende Rolle.

Das *Säuglingsalter* umfaßt den Zeitraum von der Geburt bis zum Ende des 1. Lebensjahres und ist durch eine außergewöhnliche Zunahme an Körpergröße und Körpergewicht gekennzeichnet: Die Geburtsgröße von etwa 50 cm erhöht sich um 50% auf etwa 75 cm, das Geburtsgewicht von durchschnittlich 3000 g verdreifacht sich auf ca. 9000 g.
Parallel dazu kommt es zu einer raschen Entwicklung des Gehirnes: Bei der Geburt wiegt das Gehirn des Säuglings durchschnittlich 350 g (= ¼ des Erwachsenengehirns); mit 9 Monaten hat sich das Gehirngewicht bereits verdoppelt (*Hurlock* 1972, 106). Durch diese raschen Wachstumsprozesse kommt es vor allem zu einer schnell fortschreitenden Entwicklung und Ausdifferenzierung (s. Abb. 36, S. 73) der Großhirnfunktionen: Die anfänglichen Massenbewegungen – Außenreize werden mit ungerichteten Strampelbewegungen aller 4 Extremitäten beantwortet – gehen zunehmend zu differenzierten und koordinierten Zielbewegungen über.

Für die psychomotorische Entwicklung nehmen das Greifen bzw. „Begreifen" sowie das Gehenlernen und die damit verbundene soziale Integration eine zentrale Stellung ein.

Durch die Folge von Kopfhebe- und Rumpfdrehbewegungen sowie die dem Gehen vorgeschalteten Robb- und Krabbelaktivitäten bzw. Sitz- und Stehversuche werden die Rumpf- und Extremitätenmuskulatur zunehmend gekräftigt und auf die spätere Einnahme der aufrechten Haltung vorbereitet. Die aufrechte Haltung erweitert nicht nur entscheidend das Gesichts- und Aktionsfeld des Säuglings bzw. Kleinkindes und stellt somit eine wichtige Voraussetzung für die schnelle motorische und intellektuelle Weiterentwicklung dar, sie ist in anatomischer Hinsicht auch für die allmähliche Ausbildung der physiologischen Wirbelsäulenkrümmungen verantwortlich (Abb. 136).
Das *Kleinkindalter* umfaßt das 2.–4. Lebensjahr. Die jährliche Größen- und Gewichtszunahme hat sich bereits deutlich verringert: Am Ende des 3. Jahres ist das Kind etwa 94 cm groß und 13–14 kg schwer.
Das *Gehirn* hat im Alter von 2 Jahren bereits 3 Viertel des Erwachsenengewichts

Abb. 136   Die Entstehung der physiologischen Wirbelsäulenkrümmungen. Beim Säugling und Kleinkind bildet sich nach entsprechender Kräftigung der Nackenmuskeln und -bänder zuerst die Halslordose aus (1 und 2). Nachdem das Sitzen erlernt worden ist, entsteht beim aufrecht stehenden Kind unter Streckung des Hüftgelenkes (Neigung des Beckens nach vorne) die Lendenlordose mit kompensatorischer Brustkyphose (3) (nach *Tittel* 1978, 134).

(etwa 1260–1400 g) erreicht. Dieser rasche Wachstumsverlauf ist charakteristisch für die schnelle Entwicklung des Groß- und Kleinhirns, was für die Kontrolle der geistigen Funktionen bzw. für das Gleichgewicht des Körpers eine wichtige Rolle spielt. Das *Kleinhirn* erfährt in den ersten beiden Lebensjahren eine etwa 300prozentige Gewichtszunahme (*Hurlock* 1972, 106). Die schnelle Größenzunahme des Gehirns ist ein Grund dafür, daß die Körperproportionen anfänglich so kopfbetont verschoben sind. Das schnelle Wachstum von Groß- und Kleinhirn ermöglicht es dem Säugling und Kleinkind aber auch, daß sie von einem Zustand völliger Hilflosigkeit relativ rasch zu einem Zustand verhältnismäßiger Unabhängigkeit gelangen und eine erstaunliche psychomotorische Weiterentwicklung erfahren. Motorisch beherrscht das Kleinkind das Laufen bereits mit ziemlicher Geschwindigkeit; es springt, klettert, tanzt und rutscht, ohne das Gleichgewicht zu verlieren. Es macht Purzelbäume, führt bereits wurfähnliche Bewegungen aus und ist in der Lage,

den Ball mit dem Fuß vor sich herzutreiben bzw. wegzuschießen. Bereits jetzt läßt sich eine Bevorzugung der „besseren" Hand bzw. des „besseren" Fußes feststellen.

Um die psychomotorische Entwicklung des Säuglings bzw. Kleinkindes zu fördern, sollte ein optimales psychosoziales und motorisch anregendes Umfeld geschaffen werden, das den Bedürfnissen des Kindes entspricht und seiner Entwicklung zugute kommt.

Das Vorschulalter

Das Vorschulalter umfaßt den Zeitraum von etwa 3–6/7 Jahren (Schuleintritt) und wird als „goldenes Alter der Kindheit" bezeichnet. Die jährliche Größen- bzw. Gewichtszunahme beträgt etwa 6 cm bzw. 2–2,5 kg. Mit 4 Jahren hat das Kind seine Geburtsgröße etwa verdoppelt und sein Geburtsgewicht etwa verfünffacht und ist ungefähr 1 m groß bzw. 15 kg schwer.

Das Gehirn hat mit 6 Jahren etwa 90–95% des Erwachsenenhirngewichts erreicht, und die *Myelinisierung* der afferenten und efferenten Nervenfasern ist abgeschlossen (*Demeter* 1981, 35), was zu einer stark verbesserten Informationsaufnahme und -verarbeitung sowie zu einer gesteigerten Bewegungsgenauigkeit führt.

Diese Altersstufe läßt sich charakterisieren durch einen hochgradigen Bewegungs- und Spieldrang, eine ausgeprägte „Neu-Gier" für alles Unbekannte – was besonders deutlich im „Fragealter" der 4/5jährigen zum Ausdruck kommt –, eine hohe Fabulierfreudigkeit und affektive Lernbereitschaft. Eine geringe Konzentrationsfähigkeit – bedingt durch starkes Überwiegen der zerebralen Antriebsprozesse gegenüber den Hemmungsprozessen – liegt dem ständigen Aktivitätswechsel dieser Altersstufe zugrunde: Das Kind beteiligt sich an einer Vielzahl von Spielen, die es in mannigfaltiger Weise variiert und neugestaltet.

Das Denken des Vorschulkindes ist intuitiv, konkret, praxisbezogen, eng an die persönliche Erfahrung gebunden und von einer hohen, unreflektierten Emotionalität begleitet. Es entwickelt sich unter dem Einfluß des Spiels und praktischer Bewegungshandlungen und Bewegungserfahrungen (*Demeter* 1981, 60). Dies macht verständlich, daß sich jede Spieleinschränkung ungünstig auf die geistige Leistungsfähigkeit auswirkt. Der Eintritt in den Kindergarten (oder vergleichbare Institutionen) leitet einen ersten Lösungsprozeß vom Elternhaus ein und führt zur Erweiterung des sozialen Lernfeldes.

Das motorische Können spielt dabei für die sozialen Interaktionsprozesse eine bedeutende Rolle. Hohes Ansehen genießt, wer schnell laufen, einen Ball gut fangen oder gewandt klettern kann. Ein motorischer „Könner" ist ein begehrter Spielpartner. Motorisches Können leistet einen nicht unerheblichen Beitrag zur Steigerung der sozialen Handlungsfähigkeit und des Selbstwertgefühles.

Gegen Ende des Vorschulalters und zu Beginn des frühen Schulkindalters (zwischen dem 5. und 7. Lebensjahr) erfolgt der *erste Gestaltwandel*, der durch ein im Vergleich zum Rumpf größeres Extremitätenwachstum gekennzeichnet ist. Dadurch kommt es zu einer *Auflösung der Kleinkinderproportionen* (großer Kopf, langer Rumpf, kurze Extremitäten) und zur Annäherung an die Erwachsenenproportionen. Als *physischer Parameter der Schulreife* gilt die Fähigkeit des Kindes, mit der rechten Hand das Ohr der Gegenseite über den Kopf hinweg erfassen zu können. Das Kleinkind bzw. Vorschulkind ist dazu noch nicht in der Lage! Konsequenzen für die Sportpraxis:

Die ausgeprägte Bewegungsfreude und Lernbereitschaft der Kinder sollte *lenkend* dahingehend ausgenützt werden, daß der Erwerb einer umfassenden Fertigkeitsbasis über eine Vielzahl von Elementarübungen durch das Anbieten von *Lerngelegenheiten* erreicht wird. Die Kinder des Vorschulalters benötigen ausreichende Bewegungsmöglichkeiten, die phantasieanregend und variabel zum Laufen und Springen, Kriechen, Klettern, Steigen und Balancieren, zum Hängen, Schwingen und Schaukeln, zum Ziehen, Schieben und Tragen, zum Werfen und Fangen sowie zu anderen Bewegungsformen anregen (*Winter* 1981, 194). Die sportliche Betätigung sollte ausschließlich lust- und freudbetont und kurzweilig gestaltet werden. *Bewegungsgeschichten* – sie sollen der Begeisterung der Kinder für Erzählungen aller Art entgegenkommen – und eigenständiges Lösen von *Bewegungsaufgaben* sollten den *Bewegungsschatz* erweitern und die motorische *Kreativität* und physische *Selbsterfahrung* fördern.

Das frühe Schulkindalter

Das frühe Schulkindalter umfaßt den Zeitraum des Schulbeginns (6./7. Lebensjahr) bis etwa zum 10. Lebensjahr (Ende der Grundschule).

> Bis zum 9./10. Lebensjahr verläuft bei Mädchen und Jungen die Entwicklung von Körperhöhe und -gewicht nahezu parallel. Die jährliche Größen- bzw. Gewichtszunahme beträgt etwa 5 cm bzw. 2,5–3,5 kg.

Bis zum 8. Lebensjahr hat das Gehirn fast seine volle Größe erreicht, aber die Vernetzung der Hirnzellstrukturen und ihre Ausdifferenzierung ist noch nicht vollendet. Das Zentralnervensystem zeichnet sich bereits durch ein hohes Funktionsniveau der *Analysatoren* aus, was sich in einer sehr guten motorischen Lern- und Leistungsfähigkeit offenbart. Allerdings führen Umweltreize noch zu unreflektierten motorischen Reaktionen, da die nervalen Hemmungsprozesse weiterhin nicht genügend ausgebildet sind. Diese Altersstufe ist gekennzeichnet durch ein zu Beginn geradezu ungestümes Bewegungsverhalten, das erst gegen Ende dieser Phase auf ein Normalmaß reduziert wird. Ausdruck dieser überschäumenden Bewegungsfreude ist ein begeistertes *Sportinteresse;* die Beitrittsrate in Sportvereine ist deshalb zu diesem Zeitpunkt am höchsten. Weitere Charakteristika sind: gutes psychisches Gleichgewicht, optimistische Lebenseinstellung, Unbekümmertheit, begeisterte, aber kritiklose Kenntnis- und Fertigkeitsaneignung. Aufgrund der guten körperlichen Voraussetzungen – die Kinder sind klein, leicht und grazil und besitzen günstige Kraft-Hebel-Verhältnisse – sowie der im Vergleich zur vorherigen Altersstufe verbesserten Konzentrationsfähigkeit, verfeinerten motorischen Differenzierungsfähigkeit und präzi-

sierten Informationsaufnahme- und -verarbeitungsfähigkeit stellt das frühe Schulkindalter ein ausgezeichnetes Lernalter dar (*Winter* 1981, 255). Die bereits in dieser Altersstufe hochgradig entwickelte Fähigkeit, neue Bewegungsfertigkeiten fast im Fluge zu erlernen, geht jedoch nicht mit einer entsprechend entwickelten Fähigkeit zur Fixierung der gerade erlernten Bewegungen einher. Das noch immer vorliegende Überwiegen der Erregungsprozesse, verbunden mit ausgeprägten Irradiationsvorgängen der zentralnervösen Steuerungsprozesse, führt leicht zu einer „Verwischung" der für die jeweilige Bewegung charakteristischen Bewegungsschleifen und erschwert das Behalten (*Hotz/Weineck* 1983). Aus diesem Grunde muß neu Erlerntes in dieser Phase ausreichend oft wiederholt werden, um stabil in das Bewegungsrepertoire des Kindes integriert zu werden (*Demeter* 1981, 77/78).

Konsequenzen für die Sportpraxis:

> Die in dieser Altersstufe äußerst günstigen psychophysischen Voraussetzungen für den Erwerb motorischer Fertigkeiten – die Erweiterung des Bewegungsschatzes und die Verbesserung der koordinativen Fähigkeiten stehen im gesamten frühen und späten Schulkindalter im Zentrum der sportlichen Ausbildung – sollten dazu ausgenutzt werden, eine Vielzahl von *Basistechniken* in der Grobkoordination zu lernen und in der Folge zu verfeinern. Die *polysportive* Schulung sollte dabei im Vordergrund stehen. In Sportarten, die einer langjährigen und frühzeitig begonnenen technischen Ausbildung bedürfen (wie z. B. Eiskunstlaufen, Geräteturnen etc.), ist schon jetzt auf das Erlernen der technischen Feinform zu achten.
>
> Die Sportbegeisterung der Kinder sollte aber auch durch einen motivierenden

und von vielen Erfolgserlebnissen begleiteten Übungsbetrieb dahingehend ausgenutzt werden, bei den Kindern Einstellungen und Gewohnheiten zu entwickeln, die zu lebenslanger sportlicher Betätigung führen.

Das späte Schulkindalter

Das späte Schulkindalter beginnt mit etwa 10 Jahren und dauert bis zum Eintritt der Pubertät.

Diese Altersstufe wird allgemein als das „beste Lernalter" (Lernen auf Anhieb) bezeichnet. Die Unterschiede zur vorhergehenden Stufe sind jedoch nur graduell, die Übergänge sind fließend.

Die weitere Verbesserung der Last-Kraft-Verhältnisse – vermehrtes Breitenwachstum, Optimierung der Proportionen und relativ ausgeprägter Kraftzuwachs bei geringer Größen- und Massenzunahme (vgl. Abb. 139) – ermöglicht den Kindern, vor allem bei entsprechender Förderung, eine bereits hochgradige Körperbeherrschung („katzenhafte Gewandtheit"). Diese Tatsache ist auch darauf zurückzuführen, daß im Alter von etwa 10/11 Jahren der *Vestibularapparat* (Gleichgewichtsorgan) und die übrigen *Analysatoren* (s. S. 245) eine rasche morphologische und funktionelle Ausreifung erfahren und fast Erwachsenenwerte erreichen (*Demeter* 1981, 84). Deshalb können auch bereits im späten Schulkindalter – bei entsprechender Vorarbeit – zum Teil schon hochgradig schwierige Bewegungen mit ausgeprägten räumlich-zeitlichen Orientierungsanforderungen gelernt und beherrscht werden. Da in dieser Altersstufe weiterhin ein ausgeprägtes Bewegungsbedürfnis vorliegt und Einsatzbereitschaft, „Können wollen", Mut und Risikobereitschaft einen außergewöhnlich förderlichen Einfluß auf die motorische Entwicklungsfähigkeit ausüben, stellt dieser Altersabschnitt

eine *Schlüsselphase* für das spätere Bewegungskönnen dar: In dieser Phase Versäumtes ist später nur schwer und mit einem unvergleichbar höheren Aufwand nachzuholen.

Konsequenzen für die Sportpraxis:

Das „beste Lernalter" sollte über ein variables und weiterhin kindgemäßes, aber *zielgerichtetes Üben* den Erwerb der grundlegenden sportlichen Techniken in der Grob- und wenn möglich sogar in der Feinform sichern. Die vielseitige Erweiterung des Bewegungsschatzes sollte jedoch nicht aus einem qualitativ minderwertigen „Vielerlei" halbwegs gelernter Bewegungen bestehen, sondern aus exakt gelernten Bewegungsfertigkeiten. Die ausgezeichnete Lernfähigkeit sollte also von Beginn an zu einem genauen Bewegungslernen ausgenutzt werden; es sollte mit Nachdruck darauf geachtet werden, daß keine falsch gelernten Bewegungen „automatisiert" werden, um späteres *Umlernen* zu vermeiden.

Die koordinative Grundlage zu späteren Höchstleistungen wird im frühen und späten Schulkindalter gelegt. Es ist jedoch festzustellen, daß alle Altersstufen in einem engen gegenseitigen Abhängigkeitsverhältnis stehen: Die nachfolgenden Stufen bauen stets auf der Basis der vorhergehenden auf.

Erste puberale Phase (Pubeszenz)

Die erste puberale Phase – auch als *zweiter Gestaltwandel* bezeichnet – beginnt mit 11/12 Jahren (Mädchen) bzw. 12/13 (Jungen) und dauert bis 13/14 bzw. 14/15 Jahren.

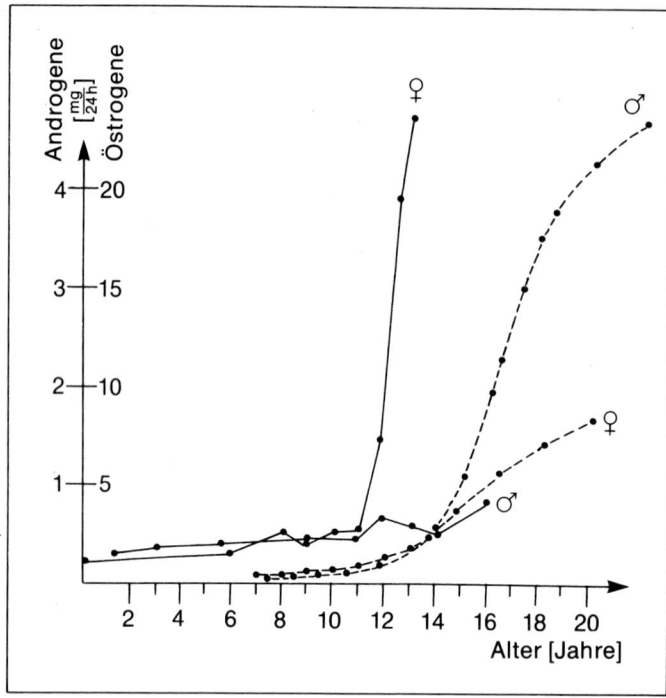

Abb. 137 Die Bildung von Testosteron (– – – –) und Östrogen (———) bei Jungen und Mädchen im Altersgang (aus *Koinzer,* modifiziert nach *Tanner* 1979, 12).

Bereits 1–2 Jahre vor der sichtbaren Entwicklung der Geschlechtsmerkmale werden im Hypothalamus (im Zwischenhirn gelegene Hirnstruktur) sogenannte *Releasing*-(Freisetzende) *Faktoren* gebildet, die auf die *Hypophyse* einwirken und die Produktion von Wachstumshormon (STH) und sog. gonadotropen (auf die Geschlechtsdrüsen gerichteten) Hormone auslösen (s. S. 147).

Die Freisetzung der geschlechtsspezifischen Hormone führt dann zur Entwicklung der *primären* und *sekundären Geschlechtsmerkmale* sowie zu typischen Veränderungen im Bereich des Körperbaus.

Wie Abbildung 137 verdeutlicht, unterscheiden sich Mädchen und Jungen bezüglich ihres Hormonstatus bis zum Eintritt der Pubertät nicht wesentlich voneinander.

Beide Geschlechter bilden, wenn auch nur in geringem Maße, andersgeschlechtliche Hormone aus. Bildungsstätte ist jeweils die Nebennierenrinde (*Koinzer* 1979, 12).

Kurz vor Eintritt der Pubertät kommt es dann zu einem sprunghaften Anstieg der geschlechtsspezifischen Sexualhormone und damit zum Beginn der Ausprägung des *Geschlechtsdimorphismus,* d. h. zu einer Divergenz der physischen Leistungsfaktoren bzw. der anthropometrischen Größen bei Mädchen und Jungen (s. S. 376).

Einen Überblick über die Größen- und Gewichtsveränderungen durch den pubertären Wachstumsschub gibt Abbildung 138. Da Mädchen früher in die Pubertät eintreten als Jungen und zwischen dem 9. und 12. Lebensjahr in beiden Körperbaumerkmalen größere Wachstumsschübe aufweisen, sind sie im Alter von 10,5–13,3 Jahren im Durchschnitt größer und im Alter von 10,1–13,8 Jahren schwerer als die Jungen (*Gärtner/ Crasselt* 1976, 120). Erst im weiteren Wachstumsverlauf übertreffen die Jungen schließlich die Mädchen in diesen Merkmalen.

Bei den männlichen Jugendlichen kommt es in der Pubertät vor allem durch den Anstieg des für den Eiweißaufbau so wichtigen (anabolen) männlichen Sexualhormons *Testosteron* (Tab. 17, Abb. 137) zu einer ausge-

Alter	Weiblich	Männlich
8– 9	20	21– 34
10–11	10–65	41– 60
12–13	30–80	131–349
14–15	30–85	328–643

Tab. 17 Die Veränderungen des Testosteronspiegels (ng/100 ml) im Kindes- und Jugendalter (nach *Reiter/ Root* 1975, 128).

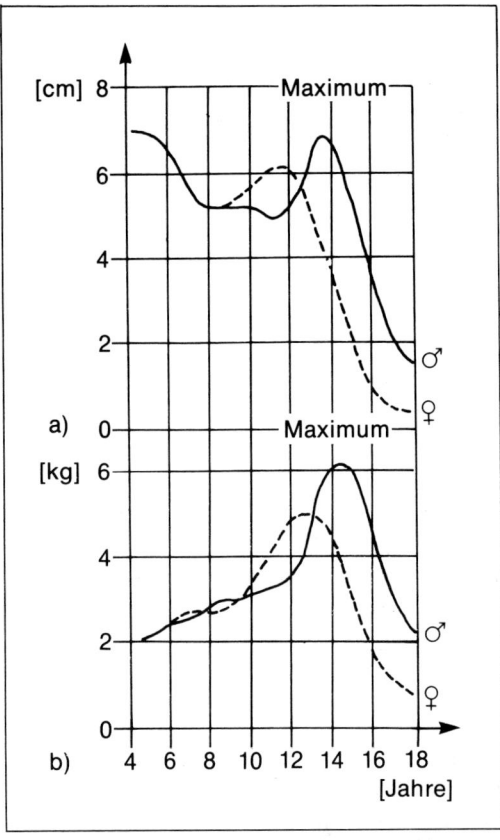

Abb. 138 Der Pubertätswachstumsschub bei Mädchen und Jungen. a) Größenzuwachs, b) Gewichtszunahme (nach *Wiesener* 1964, 20).

prägten Zunahme an Muskelmasse und parallel dazu an Muskelkraft.

Der im Vergleich zur Vorpubertät 10fache Anstieg des Testosterons bei den Jungen (*Reiter/Root* 1975, 128) bewirkt eine Vermehrung des Muskelanteils an der Gesamtkörpermasse von 27 auf 41,8% (Muskelanteil der Mädchen 35,8%).

Die sprunghaften Veränderungen in der physischen Existenz – Einbruch der Sexualität, Auflösung der kindlichen Strukturen, ausgeprägte Proportionsverschiebungen (jährliche Größenzunahme bis zu 10 cm; jährliche Gewichtszunahme bis zu 9,5 kg) – verursachen eine ausgeprägte psychische Labilität, die in starkem Maße durch die hormonelle Instabilität genährt wird. Die neue körperliche Existenz muß erst psychisch verarbeitet werden.

Mit dem Eintritt der Pubertät erhält der Prozeß der Ablösung vom Elternhaus einen neuen Schub. Charakteristisch sind kritisches Verhalten und die In-Frage-Stellung der bisherigen Autoritäten. Der Wunsch nach Selbständigkeit und Eigenverantwortung steht im Vordergrund. Die Diskrepanz zwischen Wollen und Können führt bisweilen zu verstärkten Konflikten mit der Erwachsenenwelt, zu einer Distanzierung von Eltern, Lehrern und Trainern einerseits und andrerseits zu einer vermehrten Zuwendung zu Gleichaltrigen. Die Altersgruppe ist das Maß aller Dinge. Auf gemeinsame Aktivitäten im Gruppenverband wird großer Wert gelegt.

Von der sozialen Umgebung – dies gilt im sportlichen Bereich vor allem für Lehrer und Trainer – werden Expertentum und gegenseitige Respektierung verlangt. Demokratisches Mitspracherecht bei der Gestaltung des sportlichen Übungsbetriebes und aktive Mitgestaltung stellen Grundforderungen dieser Altersstufe dar.

Die völlige Veränderung der psychophysischen und sozialen Existenz führt zu tiefgreifenden Umschichtungen in der allgemeinen Interessenslage, was nicht ohne Auswirkungen auf das Sportinteresse bleibt. Auch die Erwartungen, die an die sportliche Betätigung geknüpft werden, erfahren einen tiefgreifenden Wandel.

Mit dem Eintritt der Pubertät läßt das Sportinteresse sprunghaft nach. Die sportliche Betätigung, die im Schulkindalter „Lebenssinn" schlechthin war, gerät unter starken Konkurrenzdruck und verliert an Stellenwert. Sie beruht nun vor allem auf dem Bedürfnis nach sozialem Kontakt zu Gleichaltrigen. Vergleichendes Wetteifern und Konkurrenzbedürfnisse haben – im Gegensatz zu den vorhergehenden Altersstufen – an Boden eingebüßt.

Konsequenzen für die Sportpraxis:

Die starke Größen- und Gewichtszunahme, die bisweilen zu einer ausgeprägten Verschlechterung der Last-Kraft-Verhältnisse führt, bedingt zumeist eine Abnahme der koordinativen Leistungsfähigkeit. Die Präzision der Bewegungssteuerung läßt manche Wünsche offen: Überschießende Bewegungen sind typisch für dieses Alter. Andererseits stellt die Pubertät, und dies gilt in besonderem Maße für die erste puberale Phase, das Alter der *höchsten Trainierbarkeit* der konditionellen Eigenschaften dar. Diese neuen Gegebenheiten erfordern eine entsprechende Ausrichtung im Training. In der ersten puberalen Phase werden demnach schwerpunkthaft die *konditionellen Fähigkeiten* verbessert, die koordinativen hingegen nur stabilisiert und, nur wenn möglich, allmählich ausgebaut.

Die in dieser Altersstufe vorliegende *erhöhte Intellektualität* ermöglicht neue Formen des Bewegungslernens und der allgemeinen Trainingsgestaltung. Es sollte im Sinne des veränderten Erwartungskataloges des Jugendlichen erhöhter Wert auf Planungsbeteiligung, Eigenrealisierung im Gruppenverband und ein weitgefächertes Trainingsangebot (Lernen, Üben, Spielen) mit einer starken Individualisierung der Führung

gelegt werden. Schwelende Konflikte sollten offen und ohne den Versuch einer Bevormundung zu einer Klärung gebracht werden. Bei der Belastungsdosierung sollte der stark schwankenden Motivationslage der Jugendlichen Rechnung getragen werden.

Die erste puberale Phase stellt eine Zeit des Umbruchs dar. Fehler in der Belastungsgestaltung und vor allem in der Führung des Jugendlichen stehen an der Spitze des Ursachenkataloges, warum ein nicht unbeträchtlicher Teil der Jugendlichen gerade in einer Zeit, in der sportliche Entwicklungsreize von besonderer Wichtigkeit wären, die sportliche Betätigung einstellt. Es ist die schwierige Aufgabe des Sportlehrers bzw. Trainers – durch eine behutsame, die Eigenständigkeit des Jugendlichen und seine Wünsche respektierende partnerschaftliche Führung und durch ein individuell dosiertes Übungsprogramm –, die Motivation seines Schützlings zu sportlicher Betätigung aufrechtzuerhalten und zu stabilisieren und Konfliktsituationen mit entsprechendem pädagogischem Einfühlungsvermögen zu lösen.

Die zweite puberale Phase (Adoleszenz)

Die Adoleszenz beginnt mit 13/14 Jahren (Mädchen) bzw. 14/15 (Jungen) und dauert bis 17/18 bzw. 18/19 Jahren. Die Adoleszenz bildet den Abschluß der Entwicklung vom Kind zum Erwachsenen. Sie ist gekennzeichnet durch eine Abnahme aller Wachstums- und Entwicklungsparameter (Abb. 139 und 140).

Wie Abbildung 139 verdeutlicht, hat die Entwicklung des Körpergewichts, vor allem aber die der Körpergröße, in der ersten puberalen Phase – Phase der Streckung – einen

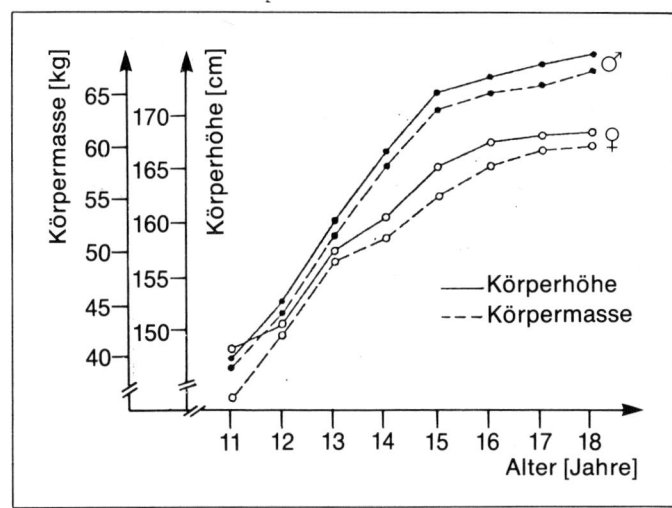

Abb. 139 Entwicklung der Körperhöhe und Körpermasse vom 11. bis zum 18. Lebensjahr (nach *Bringmann* 1980, 516).

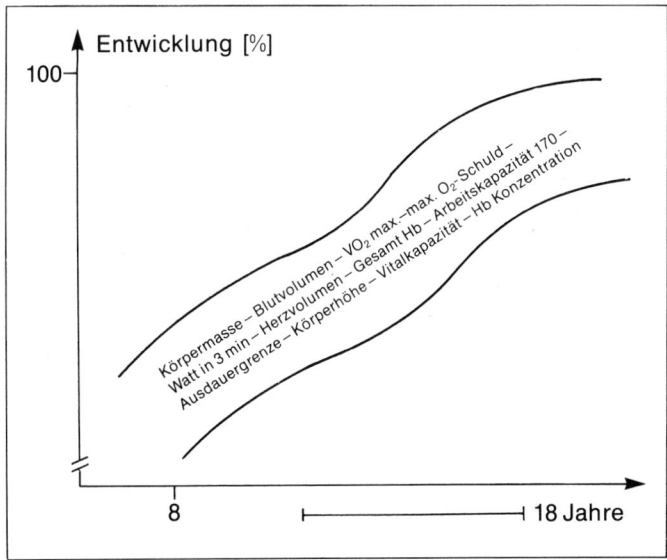

Abb. 140 Entwicklung einiger biologischer und funktioneller Parameter im Laufe der späten Vorpubertät und Pubertät (nach *Bouchard*, in *Demeter* 1981).

außergewöhnlich dynamischen Verlauf. In der zweiten puberalen Phase – Phase der Füllung und Reharmonisierung – kommt es dann zu einer zunehmenden Verlangsamung und schließlich zum Stillstand dieser Wachstumsgrößen.

Abbildung 140 zeigt, daß es *parallel* zur Veränderung der Körpergröße und des Körpergewichts zu einer *harmonischen Entwicklung der inneren Organe* kommt – ausgedrückt durch einige biologische und funktionelle Parameter.

Betrug die jährliche Größen- und Gewichtszunahme beim Jugendlichen von 13–14 Jahren noch bis zu 10 cm bzw. 9,5 kg pro Jahr, so geht sie nun nicht mehr über 1–2 cm bzw. 5 kg hinaus (*Szögy* in *Demeter* 1981, 154). Das rapide Längenwachstum wird abgelöst durch ein vermehrtes Breitenwachstum. Es kommt zur Harmonisierung der Proportionen, was sich günstig auf die weitere Verbesserung der koordinativen Fähigkeiten auswirkt. Die gesteigerte Kraftzunahme und die in diesem Alter feststellbare höchste Bewegungsengramm-Speicherfähigkeit schaffen optimale Bedingungen für Fortschritte in der sportlichen Leistungsfähigkeit. Da in der Adoleszenz in gleicher Weise konditionelle und koordinative Fähigkeiten mit höchster Intensität geschult werden können, stellt diese Altersstufe nach dem späten Schulkindalter nochmals eine Phase erhöhter motorischer Leistungsverbesserung dar. Schwierigste Bewegungen werden schnell gelernt und gut behalten.

Für den Trainingsprozeß günstig wirkt sich auch die nun feststellbare psychische Ausgeglichenheit aus. Sie ist im wesentlichen auf eine Stabilisierung der hormonellen Regulation zurückzuführen, die in der ersten puberalen Phase noch stürmische Veränderungen aufwies: Die hypothalamo-hypophysären neurohumoralen Steuermechanismen erfahren eine endgültige Einstellung; im Gegensatz zur vorherigen Phase sprechen nun erst relativ große Mengen an Steuerhormonen die Rezeptoren des übergeordneten Regulationszentrums des Hypothalamus an und setzen entsprechende rückgekoppelte Regulationen in Gang (*Demeter* 1981, 107). Die nach der ersten puberalen Phase feststellbare zunehmende Ausgeglichenheit ist außerdem durch den komplexen Einfluß von Schule, Familie und Gesellschaft bedingt, der zu einer akzentuierten Persönlichkeitsformung und vermehrten Sozialintegration führt.

Konsequenzen für die Sportpraxis:

Die ausgeglichenen Körperproportionen, die stabilisierte Psyche, die erhöhte Intellektualität und die verbesserte Beobachtungsfähigkeit lassen die Adoleszenz zum „zweiten goldenen Lernalter" werden. Die dem Erwachsenen ähnlich hohe psychophysische Belastbarkeit, gepaart mit der noch erhaltenen hohen Plastizität des Zentralnervensystems – sie ist typisch für das gesamte Wachstumsalter –, erlauben die Absolvierung einer umfangreichen und intensiven körperlichen bzw. sportlichen Belastung.

Die Adoleszenz sollte für die Perfektionierung der sportartspezifischen Techniken und den Erwerb der sportartspezifischen Kondition ausgenutzt werden.

Zusammenfassende Schlußbetrachtung zur sportlichen Belastungsgestaltung bzw. Belastbarkeit im Kindes- und Jugendalter

Belastungsmodalitäten und Belastbarkeit von Kindern und Jugendlichen lassen sich nicht über eine ausschließliche quantitative Reduktion des Belastungsgefüges des Erwachsenen optimieren.

Jeder Altersabschnitt hat seine speziellen didaktischen Aufgaben und entwicklungsspezifischen Besonderheiten.

Die Reiz- und Lernangebote haben sich nach den *sensitiven Phasen* zu richten.

Die Phase der *Vorpubertät* gilt vor allem der Verbesserung der *koordinativen Fähigkeiten* und der Erweiterung des Bewegungsschatzes, die Zeit der *Pubertät* vor allem der Schulung der *konditionellen Fähigkeiten*. Es ist dabei jedoch zu beachten, daß Koordination (Technik) und Kondition stets parallel zu entwickeln sind, allerdings mit einer entsprechenden Akzentuierung!

Literatur

1. *Akert, K.:* Struktur und Ultrastrukturen von Nervenzellen und Synapsen. Klin. Wschr. 49 (1971)
2. *Bar-Or, O.:* Physiologische Gesetzmäßigkeiten sportlicher Aktivität beim Kind. In: Kinder im Leistungssport. *Howald, H., E. Hahn* (Hrsg.). Birkhäuser, Basel–Boston–Stuttgart 1982
3. *Bar-Or, O.:* Pediatric sports medicine for the prectitioner. Springer, New York–Berlin–Heidelberg–Tokyo 1983
4. *Bell, R. D., J. D. Mac Dougail, R. Billeter, H. Howald:* Muscle fiber types and morphometric analysis of skeletal muscle in 6-year-old children. Med. Sci. Sports Ex. 12 (1980), 28–31
5. *Berg, A., J. Keul, G. Huber:* Biochemische Akutveränderungen bei Ausdauerbelastungen im Kindes- und Jugendalter. Monatsschr. Kinderheilkunde 128 (1980), 490–495
6. *Berthold, F., P. Thierbach:* Zur Belastbarkeit des Halte- und Bewegungsapparats aus sportmedizinischer Sicht. Med. u. Sport 21 (1981), 165–171
7. *Bringmann, W.:* Wirkungen von Trainingsbelastungen auf Leistungsphysiologische Parameter des Schulkindes. Theorie u. Praxis der Körperkultur 7 (1980), 516–520
8. *Buhl, H., H. Gürtler, R. Häcker:* Sportmedizinische Untersuchungsergebnisse und Erkenntnisse zur biologischen Adaptation im Kindesalter, Theorie u. Praxis der Körperkultur 11, 32 (1983), 854–859
9. *Claparède, E.:* La psychologie de l'intelligence. Scientas 1937
10. *David, E.:* Musikerleben aus der Sicht der Naturwissenschaft. Sonderdruck aus Verhandl. Naturf. Ges. Basel 91 (1981), 7–100
11. *de Marées, H.:* Sportphysiologie. Troponwerke, Köln–Mühlheim 1979
12. *Demeter, A.:* Sport im Wachstums- und Entwicklungsalter. Barth, Leipzig 1981
13. *Eiben, O. G.:* Die körperliche Entwicklung des Kindes. In: Die motorische Entwicklung im Kindes- und Jugendalter, S. 187–219. *Willimczik, K., M. Grosser* (Hrsg.). Hofmann, Schorndorf 1979
14. *Falck, I., U. Lehr:* Z. f. Gerontol. 13/2 (1980), 103. Nach *Akert, K.:* Klin. Wschr. 49 (1971), 509
15. *Gärtner, H., W. Crasselt:* Zur Dynamik der körperlichen und sportlichen Leistungsentwicklung im frühen Schulalter. Med. u. Sport 4/5/6, 16 (1976), 117–125
16. *Hollmann, W., T. Hettinger:* Sportmedizinische Arbeits- und Trainingsgrundlagen. Schattauer, Stuttgart–New York 1980
17. *Hotz, A., J. Weineck:* Optimales Bewegungslernen. perimed Fachbuch-Verlagsgesellschaft, Erlangen 1983
18. *Hurlock, E. B.:* Die Entwicklung des Kindes. Beltz, Weinheim 1972
19. *Keller, K., R. Wiskett:* Lehrbuch der Kinderheilkunde. Thieme, Stuttgart 1977
20. *Keul, J.:* Zur Belastbarkeit des kindlichen Organismus aus biochemischer Sicht. In: Kinder im Leistungssport. *Howald, H., E. Hahn,* (Hrsg.). Birkhäuser, Basel–Boston–Stuttgart 1982
21. *Koinzer, K.:* Die Berücksichtigung der geschlechtsdifferenzierten Entwicklung im Sportunterricht I u. II. Körpererziehung 1, 29 (1979), 11–18 u. 2/3, 83–88
22. *Le Boulch, J.:* Vers une science du mouvement humain. Edition ESF, Paris 1978
23. *Martin, D.:* Grundlagen der Trainingslehre. Teil II: Die Planung, Gestaltung, Steuerung des Trainings und das Kinder- und Jugendtraining. Hofmann, Schorndorf 1980
24. *Nöcker, J.:* Physiologie der Leibesübungen. Enke, Stuttgart 1976
25. *Pickenhain, L.:* Physiologische Grundlagen der Bewegungsprogrammierung. Theorie und Praxis der Körperkultur, Beiheft 1 (1979), 44–47
26. *Reiter, E. O., A. Root:* Hormonal changes of adolescence. Med. Clins. N. Am. 59 (1975), 1289
27. *Röthig, P.:* Sportwissenschaftliches Lexikon. Hofmann, Schorndorf 1983
28. *Tittel, K.:* Beschreibende und funktionelle Anatomie des Menschen. Fischer, Stuttgart–New York 1978
29. *Weineck, J.:* Grundlagen einer kindgemäßen Trainingslehre. In: Schüler. Leichtathletik, S. 29–37. *Joch, W.* (Hrsg.). Schors, Niedernhausen/Taunus 1982
30. *Weineck, J.:* Optimales Training. perimed Fachbuch Verlagsgesellschaft, Erlangen 1983
31. *Wiesener, H.* (Hrsg.): Einführung in die Entwicklungsphysiologie des Kindes. Berlin 1964
32. *Winter, R.:* Grundlegende Orientierungen zur entwicklungsgemäßen Vervollkommnung der Bewegungskoordination im Kindes- und Jugendalter. Med. u. Sport 21 (1981), 194–198; 254–256; 282–285
33. *Zurbrügg, R. P.:* Hormonale Regulation und Wachstum bei sportlich aktiven Knaben und Mädchen. In: Kinder im Leistungssport, S. 50–58. *Howald, H., E. Hahn* (Hrsg.). Birkhäuser Verlag, Basel–Boston–Stuttgart 1982

Die Leistungsfähigkeit bzw. Trainierbarkeit in den motorischen Hauptbeanspruchungsformen im Kindes- und Jugendalter

Ausdauertraining im Kindes- und Jugendalter

Die aerobe Ausdauerleistungsfähigkeit des Kindes bzw. Jugendlichen ist beachtlich. Relativ gesehen, entspricht sie der des Erwachsenen; nur in den absoluten Werten bestehen Unterschiede (*Buhl/Gürtler/Häkker* 1983, 854).

Trotz vereinzelter altersbedingter Besonderheiten (s. S. 281) zeigen Kinder und Jugendliche beim Ausdauertraining prinzipiell die gleichen Adaptationserscheinungen wie Erwachsene (*Ilg/Köhler* 1977, 915; *Lennartz/Pohl* 1977, 242; *Köhler* 1977, 606 u. a.) Bereits im Kindesalter kommt es also zu strukturellen und funktionellen Anpassungserscheinungen jener Organe und Organsysteme, die an der Aufrechterhaltung der Leistung maßgeblich beteiligt sind oder diese Leistungen begrenzen.

Die These von der Nichtvollwertigkeit des kindlichen Herzens und der funktionellen Begrenztheit des kindlichen Organismus ist demnach heute unhaltbar geworden. In keiner Entwicklungsphase läßt sich bei Kindern Vergleichbares feststellen (*Kindermann* 1974, 1768; *Ilg/Köhler* 1977, 917). Wie die Abbildung 141 zeigt, erfährt das kindliche Herz bzw. die Herzmuskelfaser im Laufe des Wachstums bzw. des Trainings eine harmonische Entwicklung. Im Laufe der Entwicklung bleibt die Zahl der Herzmuskelfasern gleich, die einzelne Faser wird nur länger und dicker. Mit steigender Herzmuskelfaserlänge nimmt die Herzfrequenz ab. In Verbindung mit der wachstums- bzw. trainingsbedingten Hypertrophie wächst auch der Herzinnenraum, und es vergrößert sich das Schlagvolumen. Auf diese Weise erfährt die Herzarbeit eine zunehmende Effektivierung und Ökonomisierung.

Da das Herz-Kreislauf-System von Kindern und Jugendlichen auf Trainingsreize nicht anders reagiert als das von Erwachsenen, ist bei der Durchführung eines Ausdauertrainings mit keiner Schädigung, sondern vielmehr mit positiven adaptativen Veränderungen zu rechnen. *Mauersberger* (1972, 52) stellte schon bei 10jährigen Einflüsse eines Trainings auf die Herzfrequenz und die Erholungsfähigkeit fest. Desgleichen konnten *Israel/Weber* (1972, 88) und *Chrustschow* et al. (1975, 366) zeigen, daß bei ausdauertrainierten Kindern und Jugendlichen schon relative (pro kg Körpergewicht) Herzvolumina von 14,9–18,1 ml (Norm: etwa 12 ml) erreicht wurden, die bereits denen von Sportherzen Erwachsener entsprechen.

Wie aus den Abbildungen 142 und 143 zu ersehen ist, nimmt die *absolute* Ausdauerleistungsfähigkeit – ausgedrückt durch Herzgröße und maximale Sauerstoffaufnahme – im Laufe des Kindes- und Jugendalters ständig zu, die *relative* Ausdauerleistungsfähigkeit (s. S. 280) bleibt im Laufe dieser Zeitspanne jedoch in etwa gleich, ein Hinweis darauf, daß sich Körperwachstum (Größe/Gewicht) und Organwachstum (z. B. Herz)

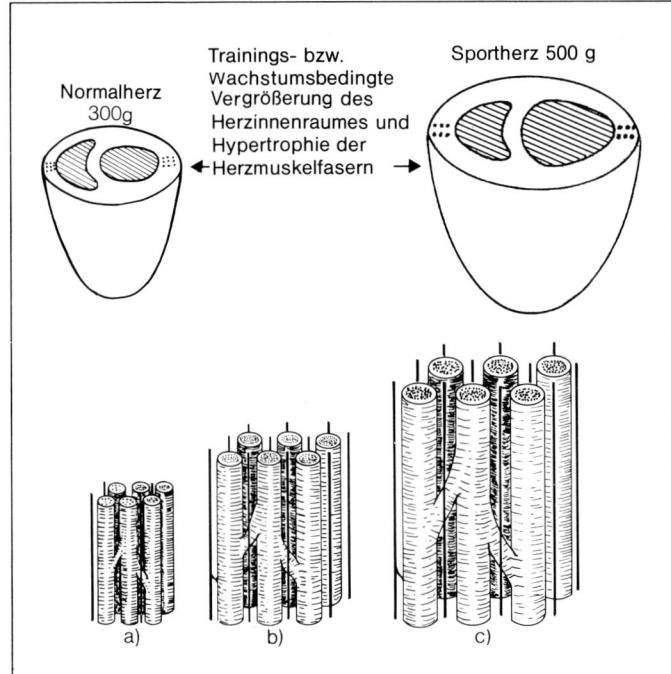

Abb. 141 Schematische Darstellung von Herzmuskelfasern mit zugehöriger Kapillare im Laufe der Entwicklung: a) Säuglingsherz, b) Erwachsenenherz, c) Sportherz (in Anlehnung an *Gauer*, aus *Blasius* in *Hollmann/Hettinger* 1976, 135).

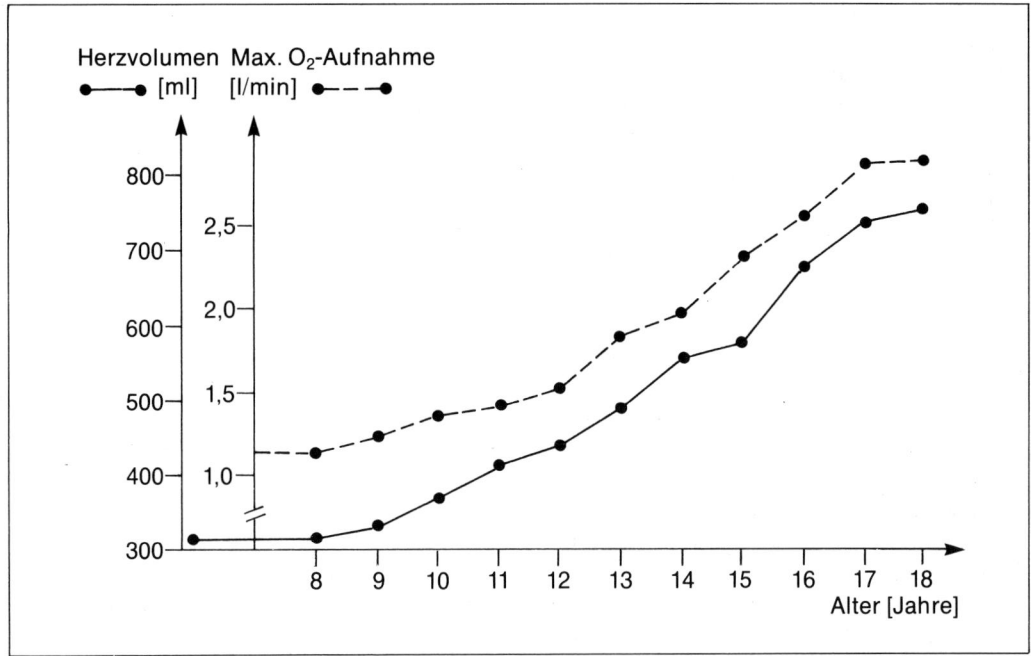

Abb. 142 Die Entwicklung der Ausdauerleistungsfähigkeit im Laufe des Kindes- und Jugendalters, ausgedrückt durch die eng miteinander korrelierten Parameter des Herzvolumens und der maximalen Sauerstoffaufnahme (nach *Hollmann/Bouchard* 1970, 160).

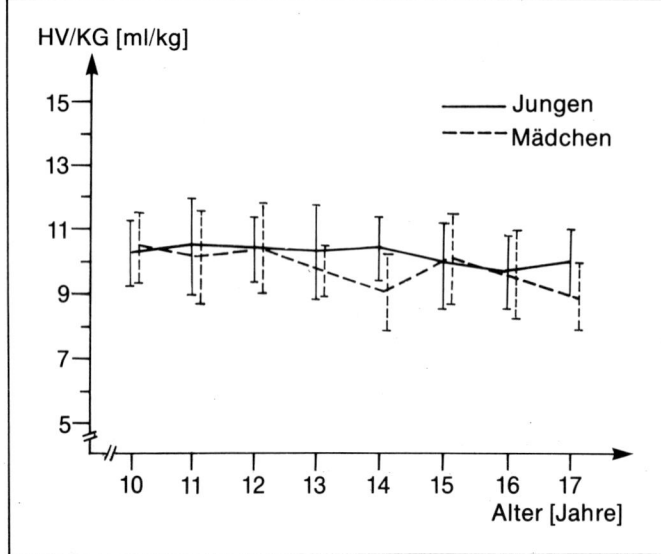

Abb. 143   Das Verhalten des relativen Herzvolumens (pro kg Körpergewicht) bei Jungen und Mädchen (nach *Hollmann/Hettinger* 1980, 606).

in einer harmonischen Gesamtentwicklung befinden.

Die körpergewichtsbezogene maximale Sauerstoffaufnahmefähigkeit – der beste Indikator für die Einschätzung der Ausdauerleistungsfähigkeit bei Kindern und Erwachsenen – erreicht bei trainierten Kindern bereits Werte um 60 ml/kg (Normwert für untrainierte Kinder 40–48 ml/kg), was den Werten erwachsener Ausdauersportler entspricht (*Labitzke/Vogt* 1976, 152).

Stand bislang die Warnung vor Überbeanspruchung bzw. Gefährdung durch sportliches Ausdauertraining im Vordergrund, so stellt sich heute vielmehr das Problem der Unterbeanspruchung aufgrund des zunehmenden Bewegungsmangels im täglichen Leben. Der Entwicklung der Ausdauerleistungsfähigkeit im Kindes- und Jugendalter ist ganz besondere Aufmerksamkeit zu schenken, da das Ausdauertraining den bei weitem größten Einfluß auf alle Parameter hat, die aus sportmedizinischer Sicht Aussagen über die körperliche

Leistungsfähigkeit gestatten, und eine ausreichend entwickelte Ausdauerleistungsfähigkeit eine wichtige Grundlage für die Förderung und Stabilisierung der allgemeinen Gesundheit darstellt, was unter anderem in einem leistungsfähigeren Immunsystem und damit einer erhöhten Resistenz gegenüber sogenannten banalen Infekten zum Ausdruck kommt (*Israel* 1979, 267; *Gürtler/Köhler/Pahlke/Peters* 1979, 17; *Peters/Pahlke/Wurster* 1981, 686.

Die Wichtigkeit der bevorzugten Schulung der Ausdauer ergibt sich weiterhin aus der Tatsache, daß sich gerade im Kindes- und Jugendalter – aufgrund des zumeist sehr niedrigen Ausgangsniveaus im Anfängertraining – Fortschritte in der Ausdauerleistungsfähigkeit auch auf andere physische Leistungsfaktoren wie Schnelligkeit, Schnellkraft, Schnelligkeitsausdauer, Kraft, Kraftausdauer und Gewandtheit auswirken (*Frolov/Jurko/Kabackova* 1976, 771; *Wurster* 1976, 61; *Pahlke/Peters* 1977, 697; *Gärtner/Crasselt* 1976, 120 u. a.).

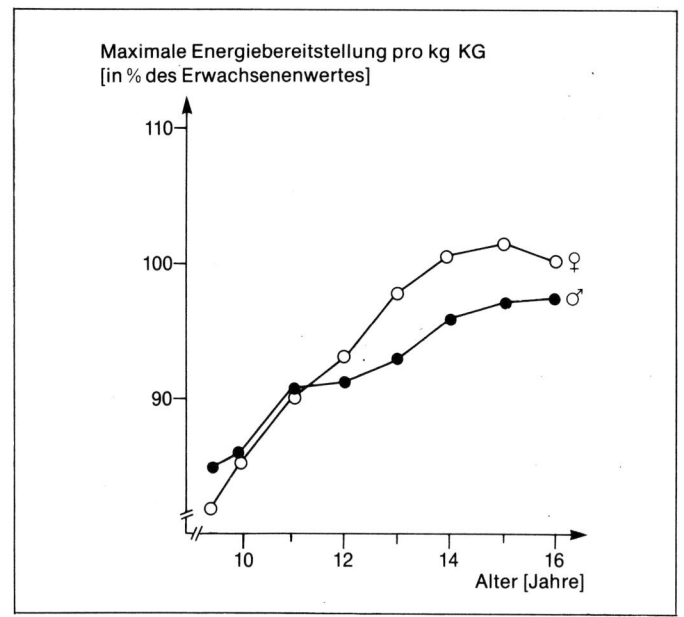

Abb. 144   Die Entwicklung der anaeroben Energiebereitstellung (verändert nach *Bar-Or* 1984, 5).

In diesem Zusammenhang sollte vor allem auf die Auswirkung eines vielseitigen und ausdauerbetonten Anfängertrainings auf Schnelligkeit und Schnellkraft hingewiesen werden. Wie eine Untersuchung von *Olijar/Fomin* (in *Tschiene* 1980, 423) verdeutlicht, ermöglicht eine ausdauerbetonte Trainingsgestaltung (60% allgemeine Ausdauer, 25% Schnellkraft- und Schnelligkeitsübungen) bei jungen Sprintern längerfristig ein höheres Leistungsniveau als eine frühe Spezialisierung (60% Schnellkraft- und Schnelligkeitsübungen, 25% allgemeine Ausdauer). Die Widerstandsfähigkeit gegen Ermüdung stellt allgemein eine wesentliche Voraussetzung für den effektiven Einsatz aller gebotenen Trainingsmethoden und -formen dar: Eine Intensivierung der Trainingsbelastungen über eine entsprechende Variation der Belastungsnormative (s. S. 27) ist nur bei gegebener Grundlagenausdauer in optimaler Weise möglich (*Rogo* 1979, 67; *Tschiene* 1980, 423).

Besonderheiten bei Ausdauerbelastungen im Kindes- und Jugendalter

Der kindliche bzw. jugendliche Organismus hat, wie bereits erwähnt, eine hohe komplexe Anpassungsfähigkeit; dies gilt insbesondere im Bereich der aeroben Leistungsfähigkeit. Untersuchungen von *Robinson* (in *Klimt* et al. 1975, 168) lassen erkennen, daß Kinder im Alter von 5–12 Jahren bei Beginn einer Maximalbelastung schon in der ersten halben Minute 41–55% der maximalen Sauerstoffaufnahme erreichen, während beim Erwachsenen die Werte bei 29–35% liegen.

Im Vergleich zum Erwachsenen haben Kinder jedoch eine geringere Fähigkeit zur anaeroben Energiegewinnung. Wie Abbildung 144 erkennen läßt, steigt die *anaerobe Kapazität* erst mit Beginn der Pubertät auf das Erwachsenenniveau an.

Auch wenn diese laktazide Kapazität durch Training zu steigern ist (*Gürtler/Buhl/Israel* 1979, 70) – langjährig trainierte Kinder und Jugendliche können, entgegen der bisherigen Lehrmeinung, nach erschöpfenden Wettkampfbelastungen sehr hohe, den Erwachsenen vergleichbare Blutlaktatwerte aufweisen –, so stellt sie dennoch keine physiologische Belastung dar, da die Laktateliminierung und damit auch die Erholungsfähigkeit beim Kind gegenüber Erwachsenen verringert ist (*Bormann/Pahlke/Peters* 1981, 199). Der Hinweis von *Scharschmidt/Pieper* (1982, 39), daß bereits mittelgradige Blutlaktatwerte von 10 mmol/l bei Bezug auf die Körper- bzw. Muskelmasse für den kindlichen Organismus *lokal* eine ebenso hohe Belastung darstellen wie beim Erwachsenen Werte von 20 mmol/l, sollte nicht zu der Annahme führen, daß Kinder in besonderem Maße für anaerobe Belastungen geeignet sind. Im Gegenteil: Untersuchungen von *Lehmann* et al. (1980, 199) zeigen, daß anaerobe Belastungen bei Kindern (in linearer Abhängigkeit zum Laktatspiegel) zu mehr als 10fach erhöhten Katecholaminspiegeln (Adrenalin, Noradrenalin) führen. Dieser für das Kind ungünstige, hohe Anstieg an Streß- bzw. Leistungshormonen muß aus 2 Gründen als unphysiologisch und nicht altersadäquat eingeschätzt werden. Zum ersten scheint es nicht sinnvoll, Kinder und Jugendliche bereits in diesem Alter an die Grenzen ihrer psychophysischen Belastbarkeit heranzuführen und später nötige Leistungsreserven vorzeitig zu mobilisieren: Die hohe „Drop-out"-Quote (Aussteiger) der Jugendlichen in den leichtathletischen Läufen – dies gilt insbesondere für den Leistungssport – weist eindeutig darauf hin, daß ein zu hartes, sprich anaerobes Training nicht den altersspezifischen Gegebenheiten entspricht (*Andresen/Krüger* 1981, 178 f.; *Bernhard* 1981, 78, *Feige* 1981, 106/135; *Polovzev/Cishik* 1981, 288 u. a.). Zum zweiten sollten nicht natürliche Schutzmechanismen zugunsten einer verfrühten und unzweckmäßigen Leistungssteigerung ignoriert werden: Die normalerweise geringere glykolytische Kapazität und die niedrigeren Katecholaminspiegel sollen den kindlichen Organismus vor einer zu starken Übersäuerung und

katabolen Stoffwechsellage (Glykogenabbau) bewahren und so die begrenzten Kohlehydratdepots für die glukoseabhängigen Organe (z. B. das Gehirn) schonen (*Keul* 1982, 32).

Das Vorliegen einer geringeren anaeroben Kapazität muß bei der Durchführung von Ausdauerbelastungen im Kindes- und Jugendalter berücksichtigt werden: Die Wahl der Trainingsmethoden und -inhalte sowie die Dosierung der Intensität und Dauer der Trainingsbelastungen haben sich den altersphysiologischen Gegebenheiten anzupassen.

Ausdauerbelastungen im Vorschulalter

Die Untersuchungsergebnisse eines 2jährigen Ausdauertrainings mit 3–5jährigen Kindern (*Frolov/Jurko/Kabackova* 1976, 771) zeigen, daß bereits im Vorschulalter Kinder auf Ausdauer trainiert werden können, ohne daß negative Folgen bzw. Überforderungen zu befürchten sind, wenn das Training kindgemäß und ohne äußere Zwänge erfolgt.
Es ist jedoch darauf hinzuweisen, daß der Ausdauerschulung in diesem Alter zwar eine *gebührende Beachtung* im Sinne der allgemeinen Konditionierung zuteil werden, daß sie aber im komplexen Gesamtspektrum der verschiedenen Leistungsfaktoren *nicht überbetont* werden sollte, da ein einseitiges Ausdauertraining Gefahr läuft, die hormonellen Antriebe für Wachstum, Entwicklung und Differenzierung zu bremsen und das dem Kind eigene motorische Aktivitätsmuster, das durch hochfrequente Bewegungen kurzer Dauer, Abwechslung, Vielseitigkeit und Vielfältigkeit der Bewegungen bzw. eine hohe Lernfreude für motorische Fertigkeiten unter starker emotionaler Beteiligung gekennzeichnet ist, einsei-

tig zu beeinflussen (*Scharschmidt/Pieper* 1981, 291; *Peters/Pahlke/Wurster* 1981, 681).

Ausdauerbelastungen im frühen und späten Schulkindalter

Um Über- bzw. Unterforderungen zu vermeiden, ist in der Ausdauerschulung das Prinzip der individuell differenzierten Belastung anzuwenden. Auch in dieser Altersstufe gilt, daß Ausdauerübungen, die mit mittlerer Intensität und unter aeroben Bedingungen ausgeführt werden, für den Organismus des Kindes nützlicher sind als Übungen mit anaerobem Charakter.
Wie ungeeignet aus diesem Grunde z. B. Läufe über 800 m oder vergleichbare Strecken für Kinder dieses Alters sind, geht aus Untersuchungen von *Klimt* et al. (1973, 57 f.) hervor, die zeigen, daß bei 8–9jährigen Kindern nach einem 800-m-Lauf nach 30 min die Laktatwerte immer noch erhöht waren und erst nach 1 Stunde (!) wieder auf das Ausgangsniveau gelangten.

Ein wettkampfmäßiger bzw. zur Leistungsermittlung herangezogener 800-m-Lauf stellt bei Kindern eine stärkere Belastung dar als ein 3000-m-Lauf mit Endspurt (*Wasmund/Nowacki* 1978, 68).

Diese Ergebnisse verdeutlichen eindringlich, daß die im Schulsport zur Überprüfung der Ausdauerleistungsfähigkeit zumeist gelaufenen Strecken (in der Mehrzahl der Lehrpläne zwischen 600 und 800 m liegend) nicht den physiologischen Altersgegebenheiten entsprechen, da diese Leistungen vor allem durch die Kapazität der anaeroben Glykolyse bestimmt werden (vgl. auch *Donath/Rosel* 1974, 326).

Aufgabe des Schulsportes bzw. des vereinsgebundenen Kindertrainings sollte die Schaffung der *Grundlagenausdauer,* nicht aber die Herausbildung spezieller Ausdauerfähigkeiten sein.

Die Grundlagenausdauer ist in dieser Altersstufe weiterhin bevorzugt über die Dauerlaufmethode mit möglichst gleichmäßiger Laufgeschwindigkeit zu erreichen, da hierbei die vorhandene Leistungskapazität insbesondere von untrainierten Kindern am ökonomischsten genutzt wird. Submaximale und maximale Intensitäten sowie Tempowechsel (Beanspruchung der anaeroben Kapazität), Zwischen- und Endspurts sollten vermieden werden.

Ausdauerbelastungen in der ersten bzw. zweiten puberalen Phase (Pubeszenz bzw. Adoleszenz)

Die höchste *Trainierbarkeit* liegt bei Kindern vor allem in den Perioden des beschleunigten Wachstums vor (*Dobrzynski* 1976, 456; *Koinzer* 1978, 145). Da der kindliche Organismus in der Pubertät die umfassendsten Veränderungen erfährt, ist die Anpassungsfähigkeit und damit die Trainierbarkeit zu diesem Zeitpunkt am größten. Insbesondere die konditionellen Eigenschaften Ausdauer und Kraft entwickeln sich vorrangig aufgrund der wachstumsbedingten Zunahme von Körpergewicht und Körperhöhe (*Bringmann* 1973, 845; *Dietrich* et al. 1974, 142 f.; *Israel/Buhl* 1980, 33).

Die Entwicklung der Ausdauer hat zum Zeitpunkt des puberalen Längenwachstumsschubes in der *ersten puberalen Phase* ihren optimalen Trainierbarkeitszeitraum: Da Herzgröße und -gewicht – Vergleichbares gilt für die Lunge – in dieser Altersstufe ihre maximale Steigerungsrate erfahren (*Demeter* 1981, 108) und das relative Herzvolumen seine Höchstwerte erreicht, ist das kardiopulmonale System in einer optimalen Entwicklungsphase und daher hochgradig trainier- und belastbar.

Die volle Entwicklung der Ausdauerleistungsfähigkeit wird nicht erreicht, wenn in der Zeit der Pubeszenz die funktionelle Anpassungsfähigkeit nur mangelhaft beansprucht wird . Damit entscheidet das Training in dieser Altersstufe über die spätere Leistungsfähigkeit (*Kindermann* 1974, 1767; *Dietrich* et al. 1974, 142 f.; *Sperling* 1975, 71) insbesondere auch deshalb, weil zu diesem Zeitpunkt eine höhere Belastungsfähigkeit bzw. -verträglichkeit vorliegt (*Köhler* 1977, 608).

Geeignete Trainingsmethoden für die Entwicklung der Ausdauerleistungsfähigkeit im Kindes- und Jugendalter

Haupttrainingsmethoden des Kindes- und Jugendalters sind die Dauer- und die (alaktazide) Kurzzeitintervallmethode bzw. intervallartige Belastungen. Nicht geeignet hingegen sind die Wiederholungsmethode, vor allem mit Streckenlängen, die eine starke Beanspruchung der anaeroben Glykolyse erfordern, und die Wettkampfmethode, insbesondere im Mittelstreckenbereich (*Weineck* 1983, 84 f.).

Krafttraining im Kindes- und Jugendalter

Bei der allgemeinen und vielseitigen körperlichen Ausbildung im Kindes- und Jugendalter spielt das Krafttraining eine wichtige Rolle. Die Praxis hat gezeigt, daß viele Kin-

der und Jugendliche ihre potenzielle Leistungsfähigkeit später nur deshalb nicht erreichen, weil die während der Wachstumsvorgänge für den Haltungs- und Bewegungsapparat gesetzten Entwicklungsreize unzureichend waren: Da nämlich enge Beziehungen zwischen körperlichen Fähigkeiten – in diesem Falle vorwiegend Kraft – und sportlichen Fertigkeiten bestehen (*Gropler/Thiess* 1975, 499 f.), ist die rechtzeitige und altersgemäße Ausbildung dieses physischen Leistungsfaktors für die spätere Leistungsentwicklung mit von entscheidender Bedeutung.

Bei der Entwicklung der Kraft ist jedoch auf die Besonderheiten des wachsenden Organismus zu achten: Der kindliche und jugendliche Knochenbau ist zwar aufgrund der geringeren Kalkeinlagerungen elastischer, dafür aber weniger druck- und biegefest. Das hat zur Folge, daß der passive Bewegungsapparat – die Verknöcherung des Skelettsystems ist erst zwischen dem 17. und 20. Lebensjahr abgeschlossen – im Vergleich zum Erwachsenen eine reduzierte Belastbarkeit aufweist (*Bringmann* 1973, 845). Allerdings lassen sich auch am passiven Bewegungsapparat über Zug- und Druckbeanspruchungen des Knochens durch muskuläre Betätigung formative Reize und damit Adaptionserscheinungen auslösen, die u. a. in der Knochenstruktur (dickere Kortikalis, breitere Knochen, Ausrichtung der Spongiosabälkchen nach den Zug- und Drucklinien) und in der höheren Zugfestigkeit des Bindegewebes deutlich werden.

Da die Muskulatur dank der Steuermechanismen der Ermüdung durch Krafttraining kaum übertrainierbar ist, sind Schädigungen der Muskulatur durch forciertes Training im allgemeinen nicht zu befürchten. Der Sportschaden am Bewegungsapparat beschränkt sich deshalb auch fast ausschließlich auf den passiven Teil (*Morscher* 1975, 8).

Die Tatsache, daß die Leistungsdisposition des kindlichen bzw. jugendlichen Organismus im Bereich des Haltungs- und Bewegungsapparates gemindert ist, spricht jedoch nicht gegen, sondern für die Notwendigkeit einer Kräftigung der Muskulatur. Die Problematik liegt in der richtigen Dosierung der Reize.

Um Schäden am Bewegungsapparat zu verhindern – dies gilt in besonderem Maße für jugendliche Leistungssportler –, ist vor allem eine frühe Spezialisierung mit einem damit verbundenen einseitigen Training der Muskulatur zu vermeiden, da es dadurch zu einer Überbeanspruchung des Skelettsystems kommen kann, die u. U. die harmonischen Wachstums- und Reifungsvorgänge beeinträchtigt (*Morscher* 1975, 9).

> Die *Trainierbarkeit* der Kraft ist – im Gegensatz zu der meist in der Literatur vertretenen Meinung – in jeder Altersstufe gegeben. Bereits 5jährige Kinder können bei entsprechendem Training (Kinder aus Gewichtheberfamilien) eine Muskelhypertrophie wie in späteren Jahren aufweisen.

Krafttraining im Vorschulalter, frühen und späten Schulkindalter

Im *Vorschulalter* ist ein Krafttraining im eigentlichen Sinne nicht angebracht. In dieser Altersstufe gilt es nur, den normalen Bewegungsdrang der Kinder bezüglich einer vielseitigen und umfassenden allgemeinen Entwicklung des aktiven und passiven Bewegungsapparates lenkend auszunutzen, um ausreichende Reize für Knochenwachstum und Muskelentwicklung zu setzen. Geeignet ist in diesem Alter vor allem das *Hindernisturnen* in Klettergärten mit Seilpyramiden, Stütz-, Hang- und Zuggeräten u. ä., die für jedes Kraftniveau geeignet sind und in vielfältiger Weise die verschiedenen Muskelgruppen ansprechen.

Auch im *frühen Schulkindalter* steht die vielseitige Kräftigung des Halte- und Bewegungsapparats im Mittelpunkt. Allerdings kann nun schon in gezielter Form der weiterhin ausgeprägte Bewegungsdrang der Kinder für ein kindgemäßes Krafttraining herangezogen werden.

> Ausschließliche *Trainingsmethode* ist das dynamische Training, da der kindliche Organismus aufgrund der geringen anaeroben Kapazität ungünstige Voraussetzungen für statische Muskelarbeit besitzt. In erster Linie soll die Schnellkraft geschult werden.

Da sich jüngere Kinder meist nur für kurze Zeit auf eine Aufgabe konzentrieren können, hat sich für diese Altersstufe das *Zirkeltraining* mit kindgemäßer Übungsauswahl als besonders günstig erwiesen: Es kommt dem Bedürfnis der Kinder nach kurzfristigen Einzelleistungen entgegen und garantiert eine gute Allgemeinausbildung des Muskelapparates (*Koske/Klimt* 1978, 226).

Im *späten Schulkindalter* erfährt die allgemeine und vielseitige Kräftigung der wichtigen Muskelgruppen durch Übungen, die das *Überwinden des eigenen Körpergewichts* beinhalten bzw. durch die Hinzunahme geringer Zusatzlasten (Medizinbälle, Eisenringe, Sandsäcke etc.), eine weitere Steigerung.

Krafttraining in der Pubeszenz und Adoleszenz

In der *ersten puberalen Phase* (Pubeszenz) kommt es durch den ausgeprägten Längenwachstumsschub zu einer vorübergehenden und individuell mehr oder weniger ausgeprägten Disharmonie der Körperproportionen. Dabei werden die Hebelverhältnisse in ihrer Relation zum Leistungspotential der Muskulatur immer ungünstiger. Da weiterhin der Wachstumsknorpel unter dem Ein-

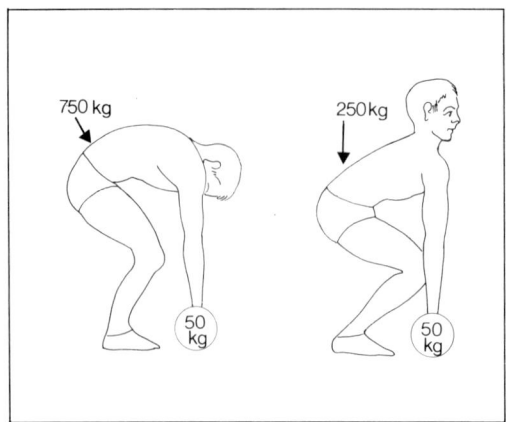

Abb. 145   Belastung der Lendenwirbelsäule bei unterschiedlicher Rumpf- und Beinstellung (in Anlehnung an *Fritzsche* 1974, 621).

Auf die Einhaltung einer korrekten Hebetechnik ist dabei höchster Wert zu legen. Wie Abbildung 145 zeigt, erhöht sich die Wirbelsäulenbelastung bei unsachgemäßer Handhabung der Hantel drastisch.

In der *zweiten puberalen Phase* (Adoleszenz) ist durch das vermehrte Breitenwachstum und der damit parallel gehenden starken Zunahme der Muskulatur der *Zeitpunkt der besten Trainierbarkeit für die Kraft* gegeben (*Komadel* 1975, 80) (Abb. 146).

fluß von Hormonen, vor allem dem Wachstums- und Sexualhormon, eine Reihe morphologischer und funktioneller Veränderungen erfährt, die seine mechanische Belastbarkeit herabsetzt, ist diese Altersstufe in bezug auf Fehlbelastungen bzw. einseitige Dauerbelastungen, insbesondere im Bereich der Wirbelsäule, vermehrt anfällig. Andererseits läßt sich, vor allem in der Füllungsphase der zweiten puberalen Phase (Adoleszenz), die höchste Kraftzuwachsrate überhaupt feststellen (*Komadel* 1975, 80; *Zurbrügg* 1982, 55).
Diese Sondersituation erfordert zum einen die Ausnutzung dieser für die Kraftentwicklung so sensitiven Phasen, zum anderen die Durchführung eines Krafttrainings, das den passiven Bewegungsapparat nicht über einseitige oder zu hohe Trainingsreize in ein Mißverhältnis zwischen Belastung und Belastbarkeit bringt und so die Entstehung von Schäden am Skelettsystem hervorruft. Aus diesem Grunde sollte in dieser Altersstufe die Entwicklung einer kräftigen Muskulatur bei weitgehender Entlastung der Wirbelsäule erfolgen. Dies gilt in besonderem Maße für das Training mit den Scheibenhanteln, das unter Beachtung konstitutioneller Faktoren etwa ab dem 14. Lebensjahr begonnen werden kann (*Fritzsche* 1974, 626).

Obwohl verschiedene Muskelgruppen z. T. unterschiedliche Entwicklungsverläufe aufweisen, läßt sich feststellen, daß Mädchen etwa mit dem 15.–17., Jungen mit dem 18.–22. Lebensjahr ihr Maximum erreichen (*Hollmann/Hettinger* 1980, 599).

In der Adoleszenz können die Belastungen bzw. Trainingsmethoden aus dem Erwachsenentraining weitgehend übernommen werden. Allerdings dominiert auch in dieser Altersstufe noch die Umfangsarbeit gegenüber Belastungen mit hoher Intensität; außerdem stellt die kontinuierliche Steigerung der Belastung weiterhin ein wesentliches Grundprinzip des Krafttrainings dar.

Zusammenfassend lassen sich für das Krafttraining im Kindes- und Jugendalter folgende Forderungen erheben:

1. Ausreichende Erholungszeiten nach einem kraftbetonten Training.
2. Keine abrupten Belastungswechsel, die auf einen unvorbereiteten Organismus treffen.

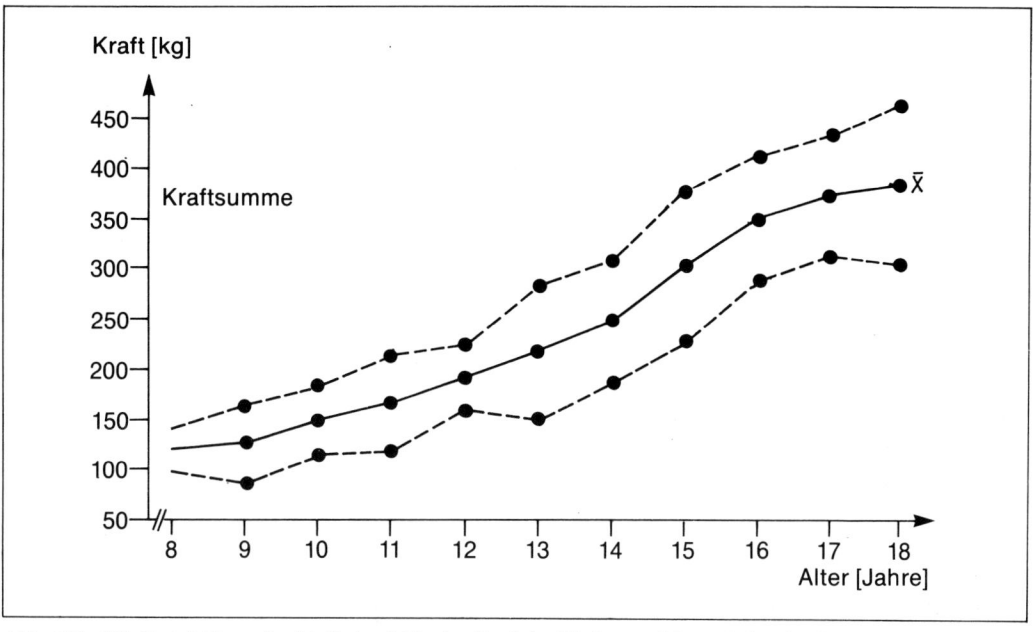

Abb. 146 Die Entwicklung der (statischen) Maximalkraft im Kindes- und Jugendalter (nach *Hollmann/Bouchard* 1970, 160).

3. Kein Hanteltraining bzw. keine Überkopfarbeit vor bzw. während des pubertären Wachstumsschubes, da es hierbei insbesondere im Bereich der Wirbelsäule zu negativen Veränderungen kommen kann (*Hollmann/Hettinger* 1980, 601; *Martin* 1980, 289 u. a.). Die Belastung mit dem eigenen Körpergewicht stellt einen ausreichenden Entwicklungsreiz in diesem Alter dar.

4. Keine einseitigen Belastungen: Die *Belastungssumme* bei einseitig ausgerichteten Belastungen kann bei gegebenen Umständen ein Teilsystem des Bewegungsapparates schädigen und damit die Funktionstüchtigkeit des Gesamtsystems in Frage stellen.

5. Keine längerdauernden statischen Belastungen: Die Wechseldruckbelastung ist sowohl für den hyalinen Gelenkknorpel als auch für den Faserknorpel der Bandscheiben günstig. Statische Belastungen verschlechtern die Durchblutungssituation der belasteten Strukturen, aktive verbessern sie; deshalb sollte *dynamisch* ausgeführten Kraftübungen uneingeschränkt der Vorzug gegeben werden.

6. Wegen der hochgradigen Gefahr von Spätschäden, sollten Jugendliche *ohne orthopädische Eingangsuntersuchung kein Hochleistungstraining* in kraftorientierten Sportarten aufnehmen.

Schnelligkeitstraining im Kindes- und Jugendalter

Die Maximalgeschwindigkeit scheint genetisch in einem relativ engen Rahmen festgelegt zu sein. *Israel* (1977, 992) hält es nicht für ausgeschlossen, daß die endgültige Ausprägung der biologischen Grundlagen der Schnelligkeit sehr frühzeitig erfolgt. Was

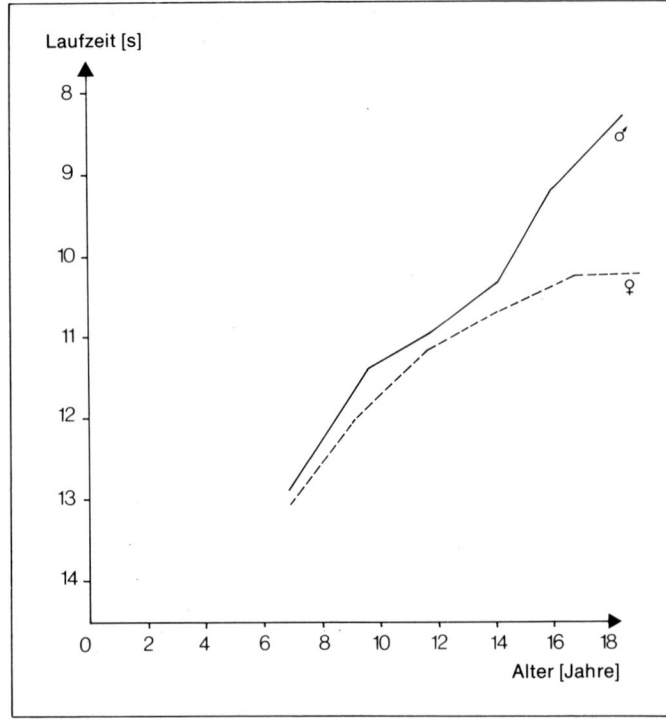

Abb. 147 60-m-Laufzeiten in den verschiedenen Altersstufen (nach *Crasselt* 1972, 543).

demnach nicht rechtzeitig entwickelt wurde, ist später nicht mehr zu erreichen (vgl. auch *Blaser* 1978, 445). Diese Feststellungen heben die Bedeutung einer möglichst frühzeitigen Schulung dieses physischen Leistungsfaktors hervor.

Die maximale Schnelligkeit – im Sinne der Laufgeschwindigkeit – erreicht bei untrainierten Mädchen und Jungen mit dem 15.–17. bzw. 20–22. Lebensjahr ihren Höhepunkt (Abb. 147).

Schnelligkeitstraining im Vorschulalter

Da zwischen dem 5. und 7. Lebensjahr eine erhebliche Vervollkommnung der Laufbewegungen eintritt, die sich auch in einer außerordentlich schnellen Verbesserung in der Laufgeschwindigkeit offenbart (*Meinel* 1976, 325), ist in diesem Zeitraum ein vermehrtes Angebot an Schnelligkeitsübungen empfehlenswert.

Schnelligkeitstraining im frühen Schulkindalter

> Die *Frequenz* und die *Geschwindigkeit der Bewegungen* erfahren im frühen Schulalter ihren höchsten Entwicklungsschub überhaupt (Abb. 148) (*Köhler* 1977, 607, *Stemmler* 1977, 278; *Koinzer* 1978, 146).

Bemerkenswert ist auch die erhebliche Verbesserung der *Reaktionsschnelligkeit* bzw. die Verkürzung der ihr zugrundeliegenden Latenzzeit (nach *Markosjan/Wasjutina* [1965, 330] vermindert sie sich von 0,50–0,60 s bei den 6- und 7jährigen auf 0,25–0,40 s bei den 10jährigen).

Diesem Zeitraum höchster Zuwachsraten der Schnelligkeitsfähigkeiten – nach *Koinzer* (1978, 146) spielen dafür neben günstigen Voraussetzungen der Beweglichkeit

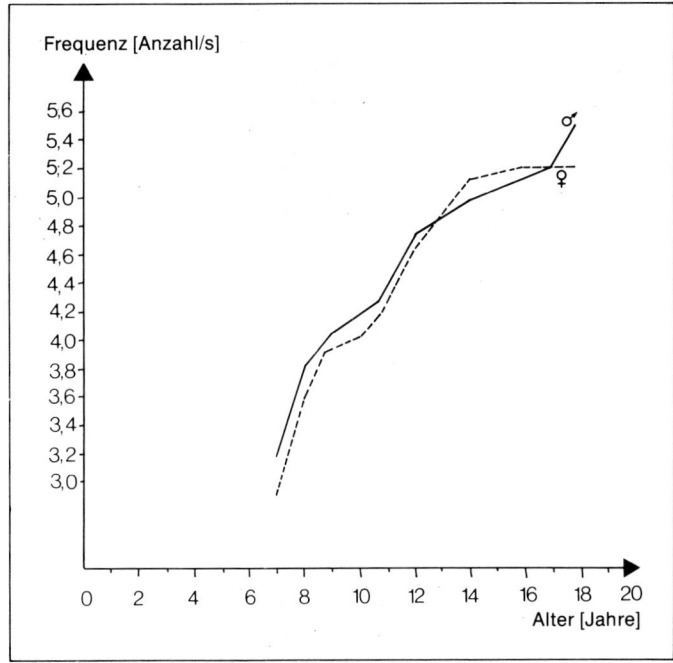

Abb. 148 Maximalfrequenzen verschiedener Bewegungen mit kleiner Amplitude (nach *Farfel* 1959).

nervaler Prozesse die recht günstigen Hebelverhältnisse eine wichtige Rolle – ist in der allseitigen Entwicklung der physischen Leistungsfaktoren durch ein akzentuiertes Heranziehen schnelligkeitsbetonter Übungen Rechnung zu tragen.

Schnelligkeitstraining im späten Schulkindalter

Nach *Markosjan/Wasjutina* (1965, 330) verkürzen sich die Latenz- und Reaktionszeit weiterhin schnell und nähern sich bis zum Ende dieser Altersstufe beinahe den Erwachsenenwerten. Da auch die Bewegungsfrequenz und die Laufgeschwindigkeit weiterhin stark zunehmen (*Kusnecova* 1974, 19, *Farfel* 1959, zitiert nach *Koinzer* 1978, 146), ergeben sich die gleichen Konsequenzen wie im frühen Schulkindalter, nämlich eine betonte Schulung der Schnelligkeitsfähigkeiten.

Sowohl für das frühe als auch das späte Schulkindalter gilt, daß das Schnelligkeits-

training vor allem die Schulung der *Reaktionsgeschwindigkeit*, des *Beschleunigungsvermögens* sowie mit besonderem Schwerpunkt die *Schnellkoordination*, nicht jedoch *Schnelligkeitsausdauer* umfassen sollte: Belastungen dieser Art lösen beim Kind aufgrund seiner geringen anaeroben laktaziden Kapazität und Verträglichkeit (s. S. 281) die „unphysiologischsten" Reaktionen im Organismus aus, die überhaupt bei körperlichen Beanspruchungen beobachtet werden können (*Hollmann/Hettinger* 1980, 602).

Schnelligkeitstraining in der Pubeszenz

Die Latenz- und Reaktionszeiten erreichen zum Ende der Pubeszenz die Erwachsenenwerte (*Markosjan/Wasjutina* 1965, 330), und die Bewegungsfrequenz, die sich später kaum noch ändert, hat ihr Maximum zwischen 13 und 15 Jahren (*Farfel* 1959, 17 f., zitiert nach *Meinel* 1976, 371).

Aufgrund der hormonell (Testosteronanstieg bei den Jungen) bedingten großen Zu-

wachsraten in der Maximal- und Schnellkraft (*Koinzer* 1978, 146) sowie der Zunahme der anaeroben Kapazität (sichtbar in
der Zunahme der Schnelligkeits- und Kraftausdauer) ergeben sich in dieser Phase hohe
Gewinne an Schnelligkeit. Außerdem können, im Gegensatz zu den vorherigen Altersstufen, vermehrt anaerobe Trainingsinhalte zur weiteren Verbesserung herangezogen werden. Diese Tatsache ist durch ein
verstärktes Training der konditionellen
Komponente der Schnelligkeit, nämlich der
Schnellkraft, auszunützen (*Frey* 1978, 185).

Schnelligkeitstraining in der Adoleszenz

Eine uneingeschränkte Schulung konditioneller und koordinativer Aspekte des
Schnelligkeitstrainings ist möglich. Die Trainingsmethoden und -inhalte entsprechen in
etwa denen der Erwachsenen und unterscheiden sich nur in quantitativer Hinsicht
von diesen.

Geeignete Trainingsmethoden

Haupttrainingsmethoden im Kindes- und
Jugendalter sind die *Wiederholungs-* und
Kurzzeitintervallmethode. Dabei ist zu beachten, daß je nach Altersstufe Belastungszeiten bzw. Streckenlängen gewählt werden,
die eine überwiegend *alaktazide,* über die
energiereichen Phosphate ATP und Kreatinphosphat erfolgende Energiebereitstellung gewährleisten. Die im Schulbereich üblichen Strecken (50 m, 75 m und 100 m) entsprechen dieser Forderung nur für die Akzelerierten und Normalentwickler bzw. lauf-
starken Schüler, nicht jedoch für die Retardierten und laufschwachen Schüler: Der
Wechsel von einer Streckenlänge zur nächsten erfolgt hier ausschließlich unter kalen-
darischem, nicht aber biologischem Aspekt.
Die Folge dieser unzeitgemäßen Erhöhung
der Streckenlänge ist, daß vom Schüler

Schnelligkeitsqualifikationen gefordert werden – nämlich die Schnelligkeitsausdauer –,
die nicht seinem physiologischen Leistungs-
profil entsprechen. Sinnvoll wäre es, die
Streckenlänge im gegebenen Rahmen zur
Wahl zu stellen.

Beweglichkeitstraining im Kindes- und Jugendalter

> Die Beweglichkeit ist die einzige moto-
> rische Hauptbeanspruchungsform, die
> bereits im späten Schulkindalter ihren
> Maximalwert erreicht, um dann wie-
> der abzunehmen (*Hollmann/Hettinger*
> 1980, 599).

Diese allgemeingültige Aussage ist jedoch
für die einzelnen Gelenksysteme nur z. T.
zutreffend bzw. bedarf einer differenzierte-
ren Betrachtung.

Aufgrund von entwicklungsbedingten Veränderungen im Bereich des aktiven und passiven Bewegungsapparates in den verschiedenen Altersstufen ist die allgemeine Beweglichkeit im Kindes- und Jugendalter unterschiedlich stark ausgeprägt. Die Notwendigkeit bzw. das Ausmaß der Beweglichkeitsschulung zur Erlangung einer ausreichend guten Beweglichkeit ist somit diffe-
renziert zu betrachten.

Beweglichkeitstraining im Vorschulalter

Bei Kindern dieser Altersstufe weist der aktive und passive Bewegungsapparat eine
hohe Elastizität auf (*Fomin/Filin*, 1975, 33),
und das Knochen- und Gelenksystem zeigt
nur eine geringe Verfestigung (*Bringmann*
1973, 845). Die Beweglichkeit der Vorschulkinder ist demnach im allgemeinen so gut,
daß   beweglichkeitssteigernde   Übungen

noch nicht oder nur für spezielle Trainings-
erfordernisse notwendig sind (*Meinel* 1976,
331). Die Beweglichkeitsschulung wird daher nur insoweit betrieben, als im Rahmen
eines vielseitigen und allgemein schulenden
Trainings auch diese Komponente der physischen Leistungsfähigkeit mit geübt wird.

Ein forciertes Beweglichkeitstraining wäre
in der Zeit des ersten Gestaltwandels (zwischen dem 5. und 6. Lebensjahr) und dem
damit verbundenen Extremitätenwachstum
sogar eine Gefahr für den instabilen Halte-
und Stützapparat.

Beweglichkeitstraining im frühen Schulkindalter

In der Entwicklung der Beweglichkeit sind
in dieser Altersstufe widersprüchliche Ten-
denzen festzustellen. Einerseits nimmt die
Beugefähigkeit im Hüft- und Schultergelenk
sowie der Wirbelsäule weiterhin zu – die
Wirbelsäule ist mit 8–9 Jahren am beweg-
lichsten (*Fomin/Filin* 1975, 7) –, andererseits kann bereits eine Verminderung vor
allem der Spreizfähigkeit der Beine im Hüftgelenk und der dorsal gerichteten Beweglichkeit im Schultergelenk beobachtet werden (*Meinel* 1976, 347). Als Konsequenz
sind im Beweglichkeitstraining gezielt Dehnungsübungen zur Verbesserung der Spreizfähigkeit im Hüftgelenk sowie Übungen zur
Erhöhung der dorsalen Schultergelenksbe-
weglichkeit einzusetzen. In den Sportarten,
die eine hohe Gelenkbeweglichkeit erfordern (z. B. Turnen, Wasserspringen, Gymnastik), kann jetzt auch mit der Aufnahme
eines speziellen Beweglichkeitstrainings begonnen werden. Aber auch bei der Spezialisierung auf eine Sportart ist immer noch die
allgemeine Beweglichkeitsschulung vorrangig, um Einseitigkeit und damit u. U. verbundene Überlastungsschäden zu vermeiden.

Beweglichkeitstraining im späten Schulkindalter

Die Beweglichkeit der Wirbelsäule, des
Hüft- und Schultergelenks nimmt nur noch
in den Richtungen zu, in denen sie geübt
wird (*Meinel* 1976, 361). Aus diesem
Grunde sollte die Hauptarbeit der Beweglichkeitsschulung in diesem Zeitraum liegen, da später nur noch ein Halten des erreichten Niveaus, jedoch keine Steigerung
mehr möglich ist (*Zaciorskij* 1973, 5; *Sermejew* 1964, 436).
Da im späten Schulkindalter in vielen Sportarten mit dem Nachwuchs- bzw. sogar schon
mit dem Hochleistungstraining begonnen
werden muß, kann jetzt auch vermehrt ein
spezielles Beweglichkeitstraining mit Spe-
zialübungen durchgeführt werden.

Beweglichkeitsschulung in der Pubeszenz

Gegen Ende des späten Schulkindalters erfolgt der Beginn des Wachstumsschubes der
ersten puberalen Phase. Die jährliche Kör-
perhöhenzunahme steigert sich auf 8–10 cm
(*Harre* 1977, 43). Dabei kommt es aufgrund
von hormonellen Veränderungen (vor allem
durch den Einfluß des Wachstums- und des
Sexualhormons) zu einer Verminderung der
mechanischen Widerstandsfähigkeit des
passiven Bewegungsapparates (*Morscher*
1975, 10). Die enorme Längenwachstumszu-
nahme einerseits und die verminderte mechanische Belastbarkeit des passiven Bewegungsapparates andererseits haben verschiedene Konsequenzen: Zum einen kann in
dieser Phase eine Verschlechterung der Beweglichkeit festgestellt werden, die ihre Ursache wahrscheinlich darin begründet findet, daß die Dehnfähigkeit der Muskeln und
Bänder dem beschleunigten Längenwachstum nachhinkt (*Frey* 1978, 186); die konse-
quente Schulung der Beweglichkeit ist somit
dringend vonnöten. Zum anderen erfordert
die geringere mechanische Belastbarkeit

eine sorgfältige Auswahl der Übungsinhalte, der Übungsintensität und des Übungsumfanges im Beweglichkeitstraining:
Es sollte auf ein ausgewogenes Verhältnis zwischen Belastung und Belastbarkeit geachtet werden. Außerdem sollten passive Dehnungsübungen, insbesondere mit Partnerunterstützung, sowie einseitige, intensive und umfangreiche Dehnungsübungen unterlassen werden.
Im einzelnen sind vor allem die Wirbelsäule und das Hüftgelenk in dieser Altersstufe besonders gefährdet.

> Da zum Zeitpunkt des Wachstumsschubes die Belastbarkeit des Wachstumsknorpels des Wirbelkörpers vermindert ist (*Morscher* 1975, 14), sollten übermäßige Torsions- und Biegebelastungen wie Überbiegung nach vorne (Hyperflexion) bzw. rückwärts (Hyperextension) oder zur Seite vermieden werden.

Bei Überschreitung der mechanischen Belastbarkeit der knorpeligen Wirbelkörperdeckplatten kann es zu Einbrüchen von Bandscheibengewebe in die Spongiosa (schwammartiges Knochenbälkchengefüge) des Wirbelkörpers und damit zur Bildung von sogenannten Schmorl-Knorpelknötchen kommen. Diese spielen bei der Entstehung der Scheuermann-Krankheit (fixierter Rundrücken mit Haltungsinsuffizienz) eine entscheidende Rolle. Auch das Hüftgelenk ist in diesem Alter besonders gefährdet. Aus diesem Grunde sollten forcierte Bück-, Spreiz- und Dehnungsübungen vermieden werden, da es dabei zu einer extremen Scher- und Zugbeanspruchung des passiven Bewegungsapparates kommt (*Müller/Hähnel*, 1976). Bei ständiger Überlastung kann es u. U. zu einer Epiphysenlösung am Hüftkopf kommen (*Morscher* 1975, 13).
Zusammenfassend läßt sich also sagen, daß in der Pubeszenz zwar ein vielseitiges allge-

meines Beweglichkeitstraining unbedingt erforderlich ist, daß aber Überlastungen des passiven Bewegungsapparates unter allen Umständen vermieden werden müssen.

Beweglichkeitstraining in der Adoleszenz

Da gegen Ende dieser Altersstufe das Skelett zu verknöchern beginnt und das Längenwachstum mit 18 bzw. 22 Jahren abgeschlossen ist (*Harre* 1976, 39), gelten für die Adoleszenz im allgemeinen die Gesetzmäßigkeiten des Erwachsenentrainings (s. S. 236).

Training der koordinativen Fähigkeiten im Kindes- und Jugendalter

Training der koordinativen Fähigkeiten im Vorschulalter

Im Verlauf der Individualentwicklung besteht keine zeitliche Übereinstimmung in der optimalen Trainierbarkeit koordinativer und konditioneller Fähigkeiten (*Israel* 1977, 989). Biologisch ist der Boden eindeutig früher für die Entwicklung der Bewegungskoordination bereitet als für die Vervollkommnung der konditionellen physischen Leistungsfaktoren. Nach neueren Untersuchungen gehören die neuromuskuläre oder sensomotorische Steuerung und Regelung von Bewegungen offensichtlich zu jenen elementaren Funktionsbereichen, deren grundlegende Aneignung und Entwicklung bereits sehr früh erfolgen.

> Mangelhafte koordinative Fähigkeiten sind zumeist nicht auf unzureichende Anlagen, sondern auf unzureichende Förderung in frühen Lebensjahren zurückzuführen (*Winter* 1976, 72).

Die erstaunlichen Unterschiede zwischen trainierten und untrainierten Kindern machen es wahrscheinlich, daß bislang die potentiellen Entwicklungsmöglichkeiten der koordinativen Fähigkeiten im Vorschulalter nicht annähernd ausgeschöpft wurden (*Meinel* 1976, 329). Es wird daher zu Recht auf die Notwendigkeit ihrer möglichst frühzeitigen Entwicklung hingewiesen, wobei es eigentlich kein zu früh gibt (*Lewin* 1965, 18f.; *Winter* 1976, 71; *Meinel* 1976, 329f.; *Israel* 1977, 989 u. a.), sondern lediglich unzulängliche, d. h. dem Entwicklungsstand der Kinder noch nicht ausreichend angepaßte Methoden (*Winter* 1976, 72).

Vorschulkinder sollten demnach schon eine Vielzahl von relativ einfachen Bewegungsfertigkeiten erwerben, um für die optimalen Lernphasen eine ausreichend entwickelte Ausgangsbasis zu besitzen und damit die Lerneffektivität zu steigern.

Allerdings sollte von Anfang an Wert darauf gelegt werden, motorische Fertigkeiten sofort korrekt zu erlernen, da später der Ersatz eines falsch erlernten motorischen Stereotyps – Bewegungsschleife (vgl. S. 65) – über das sogenannte Umlernen einen ungleich höheren Energieverbrauch und vermehrte nervale Substanz erfordert als der Erwerb einer von Beginn an exakt gelernten Bewegungsfertigkeit (*Demeter* 1981, 64; *Hotz/Weineck* 1983, 44).

Bei der gezielten Erweiterung des *Bewegungsschatzes* ist eine *vielseitige* und *variationsreiche* Aufgabenstellung mit genügend hoher Übungshäufigkeit von großer Bedeutung.

Training der koordinativen Fähigkeiten im frühen Schulkindalter

Die hohe Plastizität der Hirnrinde ermöglicht in diesem Alter in ausgeprägtem Maße die Entwicklung der koordinativen Fähigkeiten. Aufgrund der noch ungenügend aus-gebildeten *Differenzierungshemmung* – sie kommt durch ein Überwiegen der Erregungsprozesse über die Hemmungsprozesse zustande – ist der *kinästhetische Analysator* („Muskelsinn") jedoch noch wenig entwickelt, und die Genauigkeit der Bewegungen erfährt dadurch Einbußen in der Qualität der räumlich-zeitlichen Strukturmerkmale.

Das Überwiegen der Erregungsprozesse ist des weiteren mit einer ausgeprägten *Irradiation* der Erregungen verbunden: Auf diese Weise werden die noch nicht fixierten Spuren der neuronalen Aktivität leicht wieder verwischt, und die Großhirnrinde – als Ort der Gedächtnisspeicherung – ist außerstande, die funktionellen Verbindungen – Bewegungsschleifen – der gemeinsam oder sukzessive erregten Hirnzentren festzuhalten. Aus diesem Grunde ist in dieser Altersstufe die hohe Lernfähigkeit – sie erfährt in der nachfolgenden Phase eine nochmalige Steigerung – nicht mit einem entsprechenden Vermögen verbunden, gelernte Bewegungen auch dauerhaft zu behalten (*Demeter* 1981, 78).

Unzureichend entwickelte Differenzierungsfähigkeit und mangelnde „motorische Merkfähigkeit" erfordern in dieser Altersstufe für einen erfolgreichen Lernprozeß eine adäquate *Lernvertiefung* (*Hotz/Weineck* 1983, 47), die mit Hilfe eines mehrfach wiederholten Übens über das Erlernen der Zielbewegung hinaus zu einer ausreichend präzisen und gleichzeitig stabilen Bewegung führt.

> Da sich die koordinativen Fähigkeiten differenziert und zu verschiedenen Zeitpunkten entwickeln (Abb. 149), ist es für eine systematische und effektive Beeinflussung unerläßlich, die Phasen ihrer intensivsten Entwicklung zu kennen (*Hirtz* 1976, 288).

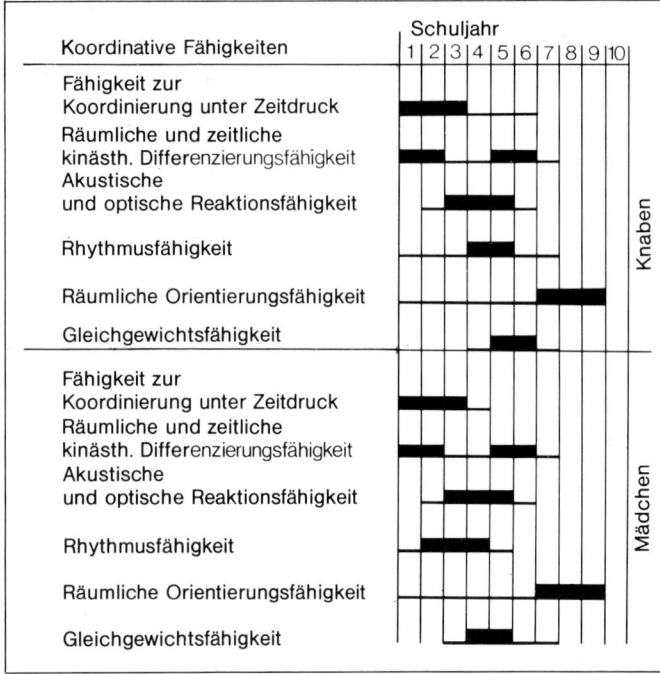

Abb. 149   Schwerpunktmäßige Vervollkommnung koordinativer Fähigkeiten im Sportunterricht der Klassen 1–10 (in Anlehnung an *Hirtz* 1978, 343).

Das frühe Schulalter (7–10 Jahre) kann nach *Hirtz* (1976, 385) und *Stemmler* (1977, 278) als intensives Entwicklungsalter für die Vervollkommnung der sportlichen Reaktionsfähigkeit, der Fähigkeit für hochfrequente Bewegungen, der räumlichen Differenzierungsfähigkeit, der Koordination unter Zeitdruck (bei Jungen und Mädchen), der Gleichgewichtsfähigkeit und der Geschicklichkeit (Mädchen) bezeichnet werden. Es muß demnach Aufgabe eines zielgerichteten Trainings (Schule, Verein) sein, diese speziellen Fähigkeiten in diesem Alter bevorzugt zu schulen.

Dabei darf jedoch nicht vergessen werden, daß dieses gute motorische Lernalter vor allem für das *Erlernen einfacher Bewegungsfertigkeiten* geeignet ist, nicht aber für Fertigkeiten, bei denen mehrere Simultan-Sequenzen mit gezieltem, schnellem, peripherem Einsatz koordiniert werden (*Ungerer* 1970, 39).

Training der koordinativen Fähigkeiten im späten Schulkindalter

Der sich im späten Schulkindalter vollziehende Abschluß der motorischen Hirnreife ermöglicht ein gutes Zusammenspiel unwillkürlicher, stammhirngebundener und willkürlicher, kortikaler Motorik (*Kiphard* 1970). Die dabei noch vorliegende hohe Plastizität der Hirnrinde sowie die verbesserte Wahrnehmungsfähigkeit (Anstieg der analysatorischen Fähigkeiten) und Informationsverarbeitung ermöglichen es den Kindern, neue Bewegungsfertigkeiten außergewöhnlich schnell zu erlernen.

> Das späte Schulkindalter stellt die *Phase der besten motorischen Lernfähigkeit* dar. In dieser „sensitiven" Phase Versäumtes läßt sich später nur schwer oder gar nicht mehr nachholen.

Eine wichtige Rolle spielen die in dieser Altersstufe ausgeprägt günstigen Kraft-Hebel-Verhältnisse – die Muskulatur der oberen Extremität verhält sich zur unteren prozentual wie 27:38; beim Erwachsenen liegt ein Verhältnis von 28:54 vor (*Demeter* 1981, 24) – und das geringe Körpergewicht.

Da diese *Phase der besten motorischen Lernfähigkeit* (*Bringmann* 1973, 846) durch eine Verbesserung der motorischen Steuerungs- und Kombinationsfähigkeit (*Meinel* 1976, 360) sowie der zeitlichen Differenzierungs-, Reaktions- und Rhythmusfähigkeit (*Hirtz* 1977, 509) gekennzeichnet ist, sollte die Schulung dieser Fähigkeiten im Trainingsprozeß im Vordergrund stehen.

Das „Lernen auf Anhieb" ist nach *Meinel* (1976, 361) um so ausgeprägter entwickelt, je feiner, genauer und vielfältiger die Kinder ihr Bewegungskönnen entwickeln konnten, d. h., je größer ihr bis dahin erworbener Bewegungsschatz ist.

Training der koordinativen Fähigkeiten in der Pubeszenz

Während der Pubeszenz erfolgt der zweite Gestaltwandel mit der bereits erwähnten jährlichen Größenzunahme von 8–10 Zentimetern. Durch die Veränderung der Proportionen (vorwiegend Extremitätenwachstum) erfährt die Schulung der koordinativen Fähigkeiten eine individuell mehr oder weniger ausgeprägte Beeinträchtigung; nach *Rutenfranz* (1965, 338) erleiden vor allem Bewegungen, die eine höhere Genauigkeit und entsprechende Feinsteuerung erfordern, einen Qualitätsverlust. Einfache, regelmäßig geübte und schon sicher beherrschte Bewegungen jedoch bleiben davon unberührt (vgl. *Meinel* 1976, 373). Die auftretende Beeinträchtigung bzw. Stagnation im Trainingsprozeß der koordinativen Fähigkeiten wird auch durch die Tatsache verständlich, daß die konditionellen physischen Leistungsfaktoren in der Pubeszenz ihre höchsten Zuwachsraten haben: Eine

sprunghafte Verbesserung konditioneller Fähigkeiten, noch dazu verbunden mit einer vergleichbaren Wachstumszunahme, geht immer mit einer Neuanpassung – sie ist wohl einer vorübergehenden Leistungsminderung gleichzusetzen – der koordinativen Fähigkeiten einher (*Brandt* 1979, 114 f.).

Als Konsequenz für das Training der koordinativen Fähigkeiten ergibt sich, daß Einbußen in der Bewegungsführung bzw. Stagnationserscheinungen in der motorischen Entwicklung eine zeitweilige Einschränkung des Neuerwerbs von komplizierten Bewegungsformen u. U. gerechtfertigt erscheinen lassen; statt dessen sollten die weitere Verbesserung und Festigung bereits beherrschter Bewegungsabläufe und sportlicher Techniken vorangetrieben werden (*Meinel* 1976, 378).

Training der koordinativen Fähigkeiten in der Adoleszenz

In dieser Entwicklungsphase kommt es zu einer allgemeinen Stabilisierung der Bewegungsführung, zu einer Verbesserung der motorischen Steuerungs-, Anpassungs- und Umstellungs- sowie der Kombinationsfähigkeit (*Meinel* 1976, 385). Insgesamt stellt die Adoleszenz nochmals eine Periode guter motorischer Lernfähigkeit dar – sie ist bei den männlichen Jugendlichen ausgeprägter als bei den weiblichen –, die eine uneingeschränkte koordinative Schulung in allen Sportarten ermöglicht.

Zusammenfassende Schlußbetrachtung zum Training der motorischen Hauptbeanspruchungsformen im Kindes- und Jugendalter

Die Darstellung der anatomisch-physiologischen Besonderheiten des Kindes- und Jugendalters bezüglich der motorischen Hauptbeanspruchungsformen läßt erkennen, daß sich Belastbarkeit und Belastungsmodalitäten im Kindes- und Jugendalter nicht mit denen Erwachsener vergleichen lassen.

Im Gegensatz zum Erwachsenenalter weisen das Kindes- und Jugendalter sogenannte *sensitive Phasen* auf, in denen die motorischen Hauptbeanspruchungsformen in unterschiedlichem Maße und zu unterschiedlichen Zeitpunkten optimal entwickelt werden können.

Prinzipiell gilt:

- Bei Kindern und Jugendlichen laufen die Anpassungsvorgänge an psychophysische Belastungen grundsätzlich nach den gleichen Gesetzmäßigkeiten ab wie bei Erwachsenen. Die Art der Belastung in den motorischen Hauptbeanspruchungsformen hat sich jedoch quantitativ und qualitativ nach den altersspezifischen Besonderheiten und die dadurch gegebene *unterschiedliche Belastbarkeit* zu richten.
- Aufgrund der außergewöhnlich raschen Entwicklung des Zentralnervensystems im *Kindesalter* ist der Schulung der *koordinativen Fähigkeiten* in diesem Zeitraum besondere Bedeutung beizumessen.
- Die *konditionellen* motorischen Hauptbeanspruchungsformen erfahren ihren großen Entwicklungsschub mit Beginn der *Pubertät* und sollten zu diesem Zeitpunkt unter Berücksichtigung der altersspezifischen Belastbarkeit betont gefördert werden.
- Höchste Trainierbarkeit heißt nicht automatisch höchste Belastbarkeit: Die hohe Trainierbarkeit der Muskulatur steht vor allem zum Zeitpunkt des puberalen Wachstumsschubes im Gegensatz zur Belastbarkeit des passiven Bewegungsapparates.
- Bewegungs- und Belastungsreize stellen für Kinder und Jugendliche eine physiologische Notwendigkeit für die optimale Entwicklung der psychophysi-

schen Leistungsfähigkeit dar. Alle Organsysteme erfahren unter adäquaten Belastungsreizen nur dann eine bestmögliche Ausprägung, wenn sie früh- bzw. rechtzeitig und dauerhaft beansprucht werden.

Es sollte das Anliegen aller erzieherisch tätigen Institutionen sein, Kindern und Jugendlichen ausreichende Bewegungs- und Belastungsmöglichkeiten zu bieten bzw. ihr Freizeitverhalten in Richtung auf lebenslange sportliche Aktivität zu beeinflussen, um im *präventiven Sinne* die Entstehung von Bewegungsmangelkrankheiten (s. S. 407) zu vermeiden.

Literatur

1. *Andresen, R., C. Krüger:* Zum Problem des „drop out" im Jugendsport (am Beispiel Volleyball) – Zwischenbericht einer Längsschnittuntersuchung. Leistungssport 3 (1981), 178–191
2. *Bar-Or, O.:* Development of children's response to exercise. In: Children and Sport. *Ilmarinen, J., I. Välimäki* (eds.). Springer, Berlin–Heidelberg–New York–Tokyo 1984
3. *Bernhard, G.:* Talentsicherung – ein Beitrag zur Wirksamkeit der Talentsuche. Lehre der Leichtathletik (1981), 169–170
4. *Blaser, P.:* Die Entwicklung der konditionellen Fähigkeiten Schnelligkeit und Schnelligkeitsausdauer im Sportschwimmen bei Schülern der 6. Klasse. Theorie und Praxis der Körperkultur 6 (1978), 445–447
5. *Bormann, T., U. Pahlke, H. Peters:* Blutlaktatkonzentrationen nach Wettkampfbelastungen im Schwimmen und Laufen bei 9jährigen Kindern. Med. u. Sport 21 (1981), 198–201
6. *Brandt, C.:* Entwicklung der visuellen Orientierungsfähigkeit bei Volleyballspielern. Theorie und Praxis der Körperkultur 2 (1979), 114–117
7. *Bringmann, W.:* Zu Fragen der Belastbarkeit im Schulsport aus sportmedizinischer Sicht. Theorie und Praxis der Körperkultur 9 (1973), 843–848
8. *Buhl, H., H. Gürtler, R. Häcker:* Sportmedizinische Untersuchungsergebnisse und Erkenntnisse zur biologischen Adaptation im Kindesalter. Theorie u. Praxis der Körperkultur 32 (1983), 11, 854–857
9. *Chrustschow, S.,* et al.: Der Einfluß von Sport auf den kardiorespiratorischen Apparat von Jugendlichen. Med. u. Sport 12 (1975), 365–369

10. *Crasselt, W.:* Anthropometrische Werte im Entwicklungsverlauf während der Wachstumsperiode. Theorie und Praxis der Körperkultur 6 (1972), 540–545

11. *Demeter, A.:* Sport im Wachstums- und Entwicklungsalter. Barth, Leipzig 1981

12. *Dietrich, R.,* et al.: Die Trainierbarkeit von Jugendlichen im Alter von 14–19 Jahren. Med. u. Sport 4./5./6. (1974), 142–147

13. *Dobrzynski, B.:* Entwicklung körperlich-sportlicher Fähigkeiten bei Kindern und Jugendlichen. Theorie und Praxis der Körperkultur 6 (1976), 456–458

14. *Donath, R., G. Rosel:* Untersuchungen zur Ausdauerentwicklung bei untrainierten Schülern. Med. u. Sport 11 (1974), 322–329

15. *Farfel, W.:* Sensomotorische und physische Fähigkeiten. Leistungssport 1 (1979), 31–34

16. *Feige, K.:* Leistungsentwicklung und Höchstleistungsalter als empirische Basis für die Optimierung der Talentförderung. Lehre der Leichtathletik 2 (1981), 103, 106, 135–139

17. *Fomin, L., W. Filin:* Altersspezifische Grundlagen der körperlichen Erziehung. Hofmann, Schorndorf 1975

18. *Frey, G.:* Entwicklungsgemäßes Training in der Schule. Sportwissenschaft 2/3 (1978), 172–204

19. *Fritzsche, G.:* Zur Methodik des Krafttrainings mit der Scheibenhantel. Theorie und Praxis der Körperkultur 7 (1974), 619–626

20. *Frolov, V., G. Jurko, P. Kabackova:* Experimentelle Untersuchungen zum Entwicklungsstand der Laufausdauer im Vorschulalter. Theorie und Praxis der Körperkultur 10 (1976), 771–772

21. *Gärtner, H., W. Crasselt:* Zur Dynamik der körperlichen und sportlichen Leistungsentwicklung im frühen Schulalter. Med. u. Sport (1976), 117–125

22. *Gropler, H., G. Thiess:* Der Einfluß von physischen Fähigkeiten, von Körperhöhe und Körpergewicht auf den Ausprägungsgrad der körperlichen Leistungsfähigkeit der Schüler, Theorie und Praxis der Körperkultur 6 (1973), 499–517

23. *Gürtler, H., H. Buhl, S. Israel:* Neuere Aspekte der Trainierbarkeit des anaeroben Stoffwechsels bei Kindern im jüngeren Schulalter. Theorie und Praxis der Körperkultur, Beiheft 1 (1979), 69–70

24. *Gürtler, H., H. Köhler, U. Pahlke, H. Peters:* Erkenntnisse zur Ausdauerleistungsfähigkeit beim Schulkind und Ableitungen für die Gestaltung der Belastung im Schulkindalter. Theorie und Praxis der Körperkultur, Beiheft 1 (1979), 16–19

25. *Harre, D.:* Trainingslehre. Sportverlag, Berlin 1976

26. *Hirtz, P.:* Untersuchungen zur Entwicklung koordinativer Leistungsvoraussetzungen bei Schulkindern. Theorie und Praxis der Körperkultur 4 (1976), 283–289

27. *Hirtz, P.:* Die koordinative Vervollkommnung als wesentlicher Bestandteil der körperlichen Grundausbildung. Körpererziehung 8/9 (1976), 381–387

28. *Hirtz, P.:* Struktur und Entwicklung koordinativer Leistungsvoraussetzungen bei Schulkindern, Theorie und Praxis der Körperkultur (1977), 11–16

29. *Hirtz, P.:* Koordinativ-motorische Vervollkommnung der Kinder und Jugendlichen. Theorie und Praxis der Körperkultur, Beiheft 1 (1979), 11–16

30. *Hollmann, W., C. Bouchard:* Untersuchungen über die Beziehungen zwischen chronologischem und biologischem Alter zu spiroergometrischen Meßgrößen, Herzvolumen, anthropometrischen Daten und Skelettmuskelkraft bei 8–18jährigen Jungen. Z. Kreislaufforsch. 59 (1970), 160

31. *Hollmann, W., T. Hettinger:* Sportmedizin – Arbeits- und Trainingsgrundlagen. Schattauer, Stuttgart 1980

32. *Hotz, A., J. Weineck:* Optimales Bewegungslernen. perimed Fachbuch-Verlagsgesellschaft, Erlangen 1983

33. *Ilg, H., H. Köhler:* Über die Vervollkommnung der Laufausdauer im Schulalter. Theorie und Praxis der Körperkultur 12 (1977), 914–925

34. *Israel, S.:* Bewegungskoordination frühzeitig ausbilden. Lehre der Leichtathletik 30 (1977), 989 f.

35. *Israel, S.:* Körperliche Leistungsfähigkeit und Gesundheit. Med. u. Sport 19 (1979), 267–269

36. *Israel, S., B. Buhl:* Die sportliche Trainierbarkeit in der Pubeszenz. Theorie und Praxis der Körperkultur, Beiheft 2 (1980), 33–36

37. *Israel, S., J. Weber:* Probleme der Langzeitdauer im Sport. Barth, Leipzig 1972

38. *Keul, J.:* Zur Belastbarkeit des kindlichen Organismus aus biochemischer Sicht. In: Kinder im Leistungssport. *Howald, H., E. Hahn* (Hrsg.). Birkhäuser, Basel–Boston–Stuttgart 1982

39. *Kindermann, W.:* Hinweise auf alters- und geschlechtsspezifische Besonderheiten im Mittelstreckenlauf. Lehre der Leichtathletik (1974), 1767–1769; 1824–1825

40. *Kiphard, E.:* Bewegungs- und Koordinationsschwächen im Grundschulalter. Hofmann, Schorndorf 1970

41. *Klimt, F.,* et al.: Körperliche Belastung 8–9jähriger Kinder durch einen 800-m-Lauf. Schweizer Z. Sportmedizin 2 (1973), 57–70

42. *Klimt, F., R. Pannier, D. Paufler, G. Tuch:* Wie tolerieren Vorschulkinder ein „Bergaufgehen" auf dem Laufband. Sportarzt und Sportmedizin 8 (1975), 163–169

43. *Köhler, E.:* Zur Trainierbarkeit von Schülern im Alter von 6–16 Jahren. Theorie und Praxis der Körperkultur 8 (1977), 606–608

44. *Koinzer, K.:* Zur Geschlechtsdifferenzierung konditioneller Fähigkeiten und ihrer organischen Grundlagen bei untrainierten Kindern und Jugendlichen im Schulalter. Med. u. Sport 5 (1978), 144–150

45. *Komadel, L.:* Sportmedizinische Probleme beim Training mit Jugendlichen. Leistungssport 1 (1975), 74–82

46. *Koske, N., F. Klimt:* Die körperliche Beanspruchung bzw. Belastung von Kindern im ersten Schuljahr durch ein Circuittraining. Dt. Z. Sportmed. 8 (1978), 223; 9, 244

47. *Kusnecova, S.:* Charakteristik der körperlichsportlichen Entwicklung im Kindesalter und Entwicklungstendenzen der Körpererziehung. Theorie u. Praxis der Körperkultur, Beiheft 1 (1974), 18–21

48. *Labitzke, H., M. Vogt:* Die Anpassungsfähigkeit des kindlichen Organismus an sportliche Belastungen. Med. u. Sport (1976), 151–154

49. *Lehmann, M., J. Keul, P. Schmid, W. Kindermann, G. Huber:* Plasmakatecholamine, Glukose, Lactat sowie aerobe und anaerobe Kapazität bei Jugendlichen. Dt. Z. Sportmed. 10 (1980), 287–295

50. *Lennartz, K., E. Pohle:* Ergebnisse einer sportmedizinischen Untersuchung acht- bis neunjähriger ausdauertrainierter Jungen. Leistungssport 3 (1977), 242–243

51. *Lewin, K.:* Turnen im Vorschulalter. Volk u. Wissen Verlag, Berlin 1965

52. *Markosjan, A., A. Wasjutina:* Die Entwicklung der Bewegungen bei Kindern. Wissensch. Z. der Humboldt-Universität Berlin, Math.-naturw. Reihe 2 (1965), 329–332

53. *Martin, D.:* Grundlagen der Trainingslehre. Teil II: Die Planung, Gestaltung, Steuerung des Trainings und das Kinder- und Jugendtraining. Hofmann, Schorndorf 1980

54. *Mauersberger, R., S. Jahne-Liersch, F. Klimt:* Untersuchungen über Herzzeitwerte bei trainierenden und nicht trainierenden Kindern. Med. u. Sport 2 (1973), 48–53

55. *Meinel, K.:* Bewegungslehre. Volk und Wissen Verlag, Berlin 1976

56. *Morscher, E.:* Pubertät und Leistungssport. Schweizer Z. Sportmed. 1 (1975), 7–17

57. *Mueller, B., H. Hähnel:* Osteochondropathien bei kindlichen und jugendlichen Turnern. Med. u. Sport (1976), 10

58. *Pahlke, U., H. Peters:* Einfluß laufausdauerakzentuierten Sportunterrichts auf Parameter der körperlichen Leistungsfähigkeit von Schülern der Klassen 7–10. Theorie und Praxis der Körperkultur (1977), 697–700

59. *Peters, H., U. Pahlke, H. Wurster:* Theoretische Positionen und Erkenntnisse zur Ausbildung der Langzeitausdauer im Sportunterricht. Theorie und Praxis der Körperkultur (1977),

60. *Polovzev, W. G., W. W. Cishik:* Pädagogische Kriterien für die Optimierung des Trainings junger Radsportler. Leistungssport 4 (1981), 288–293

61. *Rogo, M.:* Ergebnisse eines ausdauerbetonten Sportunterrichts in den Klassen 1 bis 3. Theorie und Praxis der Körperkultur, Beiheft 1 (1979), 65–67

62. *Rutenfranz, J.:* Entwicklung der körperlichen Leistungsfähigkeit im Schul- und Jugendalter. Wissensch. Z. der Humboldt-Universität Berlin, Math.-naturw. Reihe 2 (1965), 335–342

63. *Scharschmidt, F., K. S. Pieper:* Die Adaptation an sportliches Training in ausgewählten Organsystemen bei Heranwachsenden. Med. u. Sport 21 (1981), 289–296

64. *Scharschmidt, F., K.-S. Pieper:* Adaptabilität und Adaptation an sportliches Training bei Heranwachsenden. Med. u. Sport 22 (1982), 37–43

65. *Sermejew, B.:* Der Einfluß von speziellen Übungen auf die Beweglichkeit der Schüler. Theorie u. Praxis der Körperkultur 5 (1964), 434–436

66. *Sperling, O.:* Sport und Wachstum. Leistungssport 1 (1975), 71–73

67. *Stemmler, R.:* Entwicklungsschübe in der sportlichen Leistungsfähigkeit. Theorie und Praxis der Körperkultur 4 (1977), 278–284

68. *Tschiene, P.:* Ausdauerschulung als Grundlage der Verbesserung früher Sprintleistungen. Lehre der Leichtathletik 16 (1980), 423; 430

69. *Ungerer, D.:* Leistungs- und Belastungsfähigkeit im Kindes- und Jugendalter. Hofmann, Schorndorf 1970

70. *Wasmund, U., P. Nowacki:* Untersuchung über Laktatkonzentrationen im Kindesalter bei verschiedenen Belastungsformen. Dt. Z. Sportmedizin 3 (1978), 66–75

71. *Weineck, J.:* Optimales Training. perimed Fachbuch-Verlagsgesellschaft, Erlangen 1983

72. *Winter, R.:* Grundlegendes zur frühen Entwicklung von koordinativen Fähigkeiten und Bewegungsfertigkeiten sowie zur Rolle für die Persönlichkeitsentwicklung des Kindes. Wissensch. Z. der DHfK, Leipzig 1 (1976), 71–75

73. *Winter, R.:* Grundlegende Orientierungen zur entwicklungsgemäßen Vervollkommnung der Bewegungskoordination im Kindes- und Jugendalter. Med. u. Sport 21 (1981), 194–198; 254–256; 282–285

74. *Wurster, H.:* Die Entwicklung der Ausdauer im Sportunterricht der Klasse vier und fünf (Thesen). Theorie und Praxis der Körperkultur 1 (1976), 60–62

75. *Zaciorskij, V.:* Die körperlichen Eigenschaften des Sportlers. Leistungssport 1 (1973), 3–5

76. *Zurbrügg, R. P.:* Hormonale Regulation und Wachstum bei sportlich aktiven Knaben und Mädchen. In: Kinder im Leistungssport. *Howald, H., E. Hahn* (Hrsg.). Birkhäuser, Basel–Boston–Stuttgart 1982

Die Bedeutung der körperlichen bzw. sportlichen Belastung als notwendiger Entwicklungsreiz für Kinder und Jugendliche – Die Bedeutung der Schule für eine verbesserte Bewegungserziehung

Entsprechend der naturgesetzlichen Wechselbeziehungen von organischer Form und Funktion – die organische Form bestimmt die Funktion, und die Funktion entwickelt, formt und spezialisiert das Organ (s. S. 22) – stellen Bewegungsreize eine notwendige Voraussetzung für die Entwicklung bzw. Erhaltung organischer Strukturen dar. Insbesondere für Kinder und Jugendliche – sie befinden sich noch im Wachstum – sind *Bewegungsreize* entscheidende *formative Reize* für eine allseitig gesunde Entwicklung der körperlichen Leistungsfähigkeit, die nicht ohne Rückwirkungen auf die psychosoziale Integration der Kinder bzw. Jugendlichen im jeweiligen Altersverband bleibt: Das Kind, das nicht so gut Ball spielen, Rollschuh laufen, Fahrrad fahren etc. kann wie seine Alterskameraden, wird zu einer Belastung für die Gruppe, von der Gruppe vernachlässigt oder abgelehnt (*Hurlock* 1972, 122; *Dordel* 1982, 107).

Da die Größe und Funktionsfähigkeit der für die körperliche Leistungsfähigkeit wichtigen Organe etwa zu 60–70% von genetischen Faktoren und zu 30–40% von der Quantität und Qualität der spezifischen Beanspruchung abhängt (s. S. 23), gelingt es nur bei entsprechenden muskulären Beanspruchungen, die dem kindlichen bzw. jugendlichen Organismus innewohnenden Entwicklungsmöglichkeiten zur vollen Entfaltung zu bringen.

Jedes Organ reagiert bei Unterforderung nicht nur mit einer Abnahme der Leistungsfähigkeit im Sinne atrophischer Prozesse, sondern wird parallel dazu auch krankheitsanfälliger und in seiner Kompensations-breite zunehmend eingeschränkt. Bewegungsmangelzustände stellen deshalb vor allem für den wachsenden Organismus ein besonderes Problem dar.

Wie stark gerade die Kinder der hochtechnisierten Industriegesellschaften unter Bewegungsmangelerscheinungen leiden, geht aus den verschiedenen statistischen Erhebungen hervor:

> Je nach Statistik weisen 50–65% aller 8- bis 18jährigen Schüler und Schülerinnen *Haltungsschwächen* bzw. *-fehler* auf, über 30% sind *übergewichtig*, 20–25% lassen einen *leistungsschwachen Kreislauf* oder *Kreislaufregulationsstörungen* erkennen (*Hollmann/Hettinger* 1980, 596; *Wasmund-Bodenstedt/Braun* 1983, 16–18).

Insbesondere Kinder und Jugendliche, die in beengten Wohnverhältnissen und abgelegen von den ohnehin zu kleinen Spielplätzen leben – in der BRD steht pro Einwohner nur 1 m^2 Spielplatzfläche zur Verfügung (*de Marées* 1981, 378) –, entwickeln frühzeitig ein der körperlichen bzw. gesundheitlichen Gesamtentwicklung *unzuträgliches Freizeitverhalten:* An die Stelle der täglichen Bewegungszeiten treten überwiegend „passive" Aktivitäten – bei 11- bis 12jährigen Schülern bis zu 22 Stunden Fernsehen pro Woche (*Peters/Pahlke/Wurster* 1981, 685); bei kanadischen Kindern sogar zwischen 26–30 Stunden (*Sarner* 1979, 34) –, die der Entstehung typischer *Bewegungsmangelkrankheiten* (hypokinetic diseases) Vorschub leisten und die Ausgangsbasis für das in den Industrienationen charakteristische Ausmaß an *degenerativen Herz-Kreislauf-Erkrankungen* (s. S. 395) bilden. Wie die Untersuchungen von *Armstrong/Davies* (1980, 5) zeigen, treten bereits bei Kindern aufgrund der veränderten Lebens- und Verhaltensgewohnheiten vielfach die für die Entstehung degenerativer Herz-Kreislauferkrankungen charakteristischen *Risikofaktoren* (s. S. 398) auf.

Der Schulsport traditioneller Prägung (mit durchschnittlich 2–3 Stunden wöchentlich bei meist viel zu großer Klassenstärke) reicht nicht aus, um die durch das Freizeitverhalten bzw. durch die Schule selbst bedingten langen Sitzzeiten (Unterricht und Hausaufgabenbewältigung) auch nur annähernd zu kompensieren (*Schobert* 1978, 177; *Fritz* 1979, 90 u. a.).

Wie verschiedene Untersuchungen zeigen, kommt es mit Schulbeginn sogar zu einer weiteren Verschlechterung der Eingangsbefunde. Bereits innerhalb von 2 Jahren konnte bei den Schulanfängern ein Anstieg der Haltungsschwäche bzw. des Haltungsverfalls von 52 auf 65% der Schüler festgestellt werden. Zu Beginn waren 52% der Schüler als haltungsschwach, jedoch noch keiner als „haltungsverfallen" eingestuft worden, nach 2 Jahren waren nur noch 16% haltungsschwach, aber 49% „haltungsverfallen" (*Wasmund-Bodenstedt/Braun* 1983, 17). Dabei nehmen die Haltungsschwächen weniger bei den Grundschulkindern (6- bis 10jährig), sondern vor allem bei den 12- bis 15jährigen Kindern (puberaler Wachstumsschub!) zu (*Hein* 1969, 310). Siehe dazu auch Abbildung 150.
Auch der bereits erwähnte Faktor *Übergewicht* tritt bereits früh und mit rascher Weiterentwicklung in Erscheinung: Unter Be-

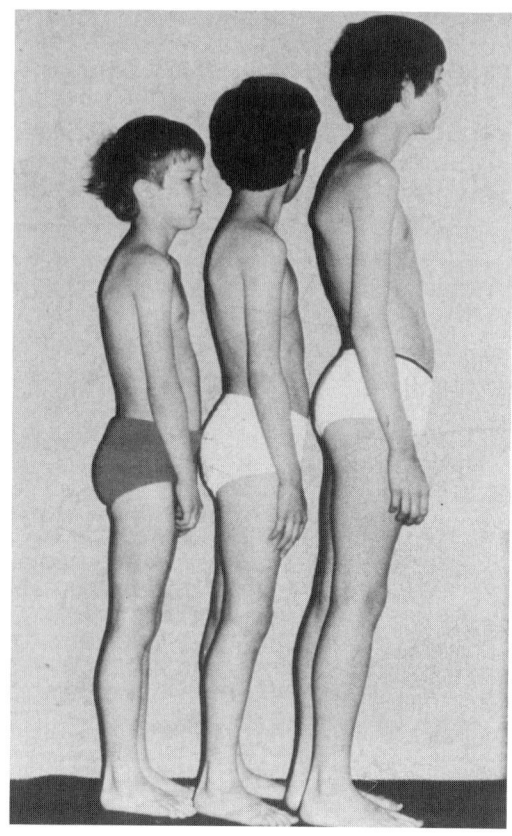

Abb. 150   Zunehmender Haltungsverfall im Laufe der Schulzeit.

rücksichtigung des Längen-Soll-Gewichts wurden bei Schuleintritt 3%, nach 2 Jahren bereits 22% der Kinder als übergewichtig eingestuft; jedes 5. Kind war demnach schon jetzt übergewichtig (*Wasmund-Bodenstedt/Braun* 1983, 18).
Der Faktor Übergewicht stellt aber einen Risikofaktor bezüglich degenerativer Veränderungen im Gefäßbereich dar: Mit steigendem Fettanteil – leicht meßbar anhand zunehmender Hautfaltendicke am Oberarm – steigen nämlich die atherogenen Blutfette an, die auch schon in jungen Jahren fettige Degenerationen im Gefäßsystem verursachen (*Freedman* et al. 1985, 515 f.).

Abb. 151   Der Bewegungsdrang als endogenes Stimulantium für die natürliche Entwicklung von Organ-, Knochen- und Muskelwachstum.

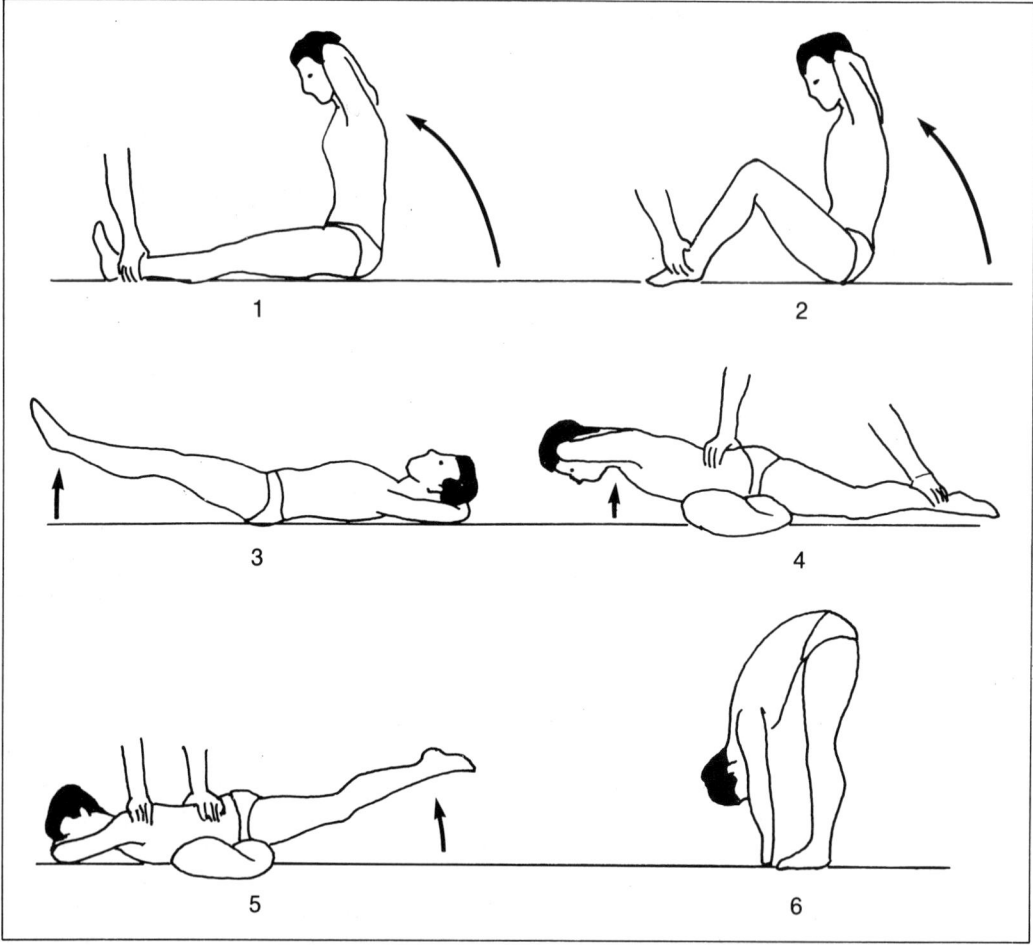

Abb. 152   Kraus-Weber-Test. Bewegungstest zur Prüfung der Funktion der Rumpfmuskulatur. Gefordert werden (nach *Kraus/Weber,* in *Kraus/Raab* 1964, 19/20):

1. **Rückenlage, Hände im Nacken.** Der Untersucher fixiert die Füße des Untersuchten.
   Ausführung: Langsames Aufrichten mit den Händen im Nacken bis zur sitzenden Stellung.
2. **Rückenlage, Hände im Nacken, Knie gebeugt.**
   Untersucher fixiert die Füße des Untersuchten.
   Ausführung: wie bei 1.
3. **Rückenlage, Hände im Nacken, Beine gestreckt.**
   Ausführung: Mit gestreckten Knien die Füße 10 s 30 cm über den Erdboden hochhalten.
4. **Bauchlage mit Kissen unter dem Bauch. Hände im Nacken.** Der Untersucher fixiert Füße und Hüften.
   Ausführung: Oberkörper heben und 10 s halten.
5. **Bauchlage mit Kissen unter dem Bauch. Hände im Nacken.** Der Untersucher fixiert Rücken und Hüften.
   Ausführung: Die gestreckten Beine heben und 10 s hochhalten.
6. **Ohne Schuhe stehen, die Hände an den Seiten, Füße geschlossen.**
   Ausführung: Mit gestreckten Knien langsam bücken und mit den Fingerspitzen den Boden zu berühren versuchen.

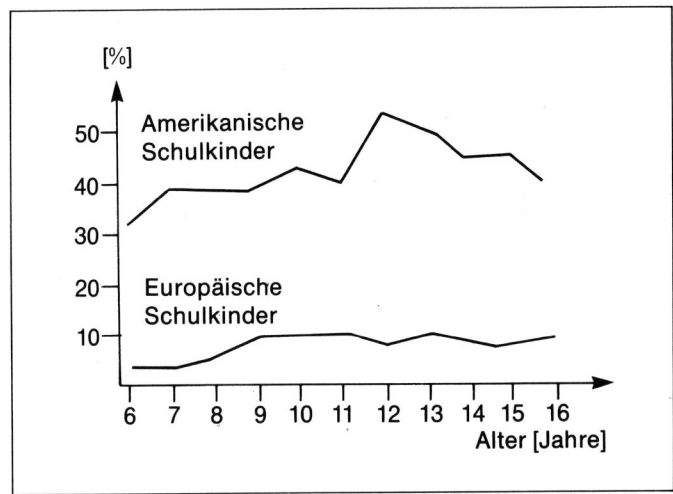

Abb. 153 Ergebnisse des Kraus-Weber-Tests bei etwa 4000 getesteten Schulkindern im Alter von 6–16 Jahren, die den Test nicht erfüllen konnten (aus *Kraus/Raab* 1964, 31).

Die frühkindliche und schulische Erziehung wirkt demnach konditionierend im Sinne einer chronischen Bewegungshemmung. Dies läuft jedoch den naturgegebenen Gesetzmäßigkeiten zuwider, da die Anlagen des Menschen auf Bewegung und körperliche Aktivität ausgerichtet sind. Insbesondere der natürliche Bewegungsdrang des Säuglings und Kleinkindes weist auf die diesbezüglich unveränderte Erbanlage hin (*Fomin/Filin* 1975, 122; *Lübs* 1979, 21). Durch diesen *Bewegungsdrang* verschafft sich das gesunde Kind selbst die notwendigen Reize, die zur Organentwicklung, zum Knochenwachstum und zur Muskelentwicklung notwendig sind (*Klimt* 1978, 3934) (Abb. 151).

Durch Bewegungsmangel (s. auch S. 407 u. 408) kommt es zur Abnahme der Leistungsfähigkeit aller die organische Gesamtleistungsfähigkeit sichernden Systeme. Die durch Training erzielbaren Leistungszuwächse der einzelnen Organsysteme erfahren eine rückläufige Entwicklung und lassen sich in ihren späteren Manifestationsbildern in stark vereinfachter Form unter den Begriffen der Haltungsschwächen, der Organleistungsschwächen und der koordinativen Schwächen zusammenfassen.

Haltungsschwächen bzw. *-schäden* – auch als *Haltungsverfall* bezeichnet – beruhen vor al-

lem auf einer *muskulären Insuffizienz,* die sich nachfolgend unter vielfältigen Schmerzzuständen im Bereich der Wirbelsäule (wie z. B. dem häufigen LWS-Syndrom, s. S. 304) oder der Füße bemerkbar machen.

Um haltungsschwache Kinder bzw. Jugendliche frühzeitig zu erfassen bzw. vor einem späteren Haltungsverfall zu bewahren, sollte insbesondere der *Minimaltest* von *Kraus-Weber* (in *Kraus/Raab* 1964, 19/20) als *Screening* Verwendung finden (Abb. 152). Schüler, die die in diesem Minimaltest geforderten muskulären Mindestleistungen nicht erbringen, sind in hohem Maße bezüglich eines späteren Haltungsverfalls gefährdet.

Wie Abbildung 153 zeigt, ist ein nicht geringer Prozentsatz der Kinder bzw. Jugendlichen nicht in der Lage, die Minimalanforderungen des Kraus-Weber-Tests zu erfüllen.

Bewegungsmangel – insbesondere im Zusammenhang mit den langen Sitzzeiten in der Schule – beeinflußt nicht nur die Muskulatur der Wirbelsäule negativ und fördert damit die Ausbildung von Haltungsschwächen bzw. -schäden, sondern auch die passiven Strukturen der Wirbelsäule, insbesondere die Zwischenwirbelscheiben (ZWS). Da die Zwischenwirbelscheiben bzw. Band-

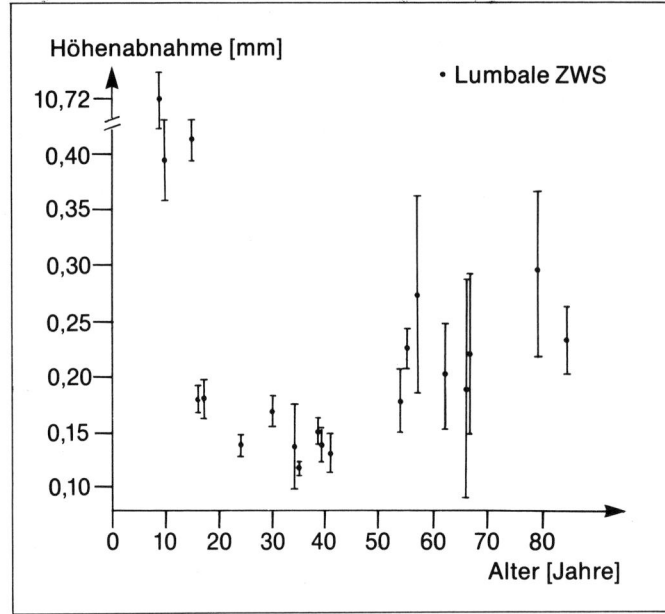

Abb. 154   Der Höhenverlust der Bandscheibe bei axialer Dauerbelastung im Altersgang (nach *Köller/Mühlhaus/Hartmann*, in *Hackenbroch* et al. 1983, 17).

scheiben durch Diffusion ernährt werden, ist gerade für sie eine axiale Dauerbelastung ungünstig. Aufgrund der fehlenden Wechseldruckbelastung – wie sie z. B. innerhalb sportlicher Aktivitäten gegeben ist – kommt es einerseits zu Ernährungsstörungen, andererseits zu Höhenveränderungen der Bandscheiben, was sich negativ auf die Stabilität bzw. die mechanische Belastung der Wirbelsäule im Sinne einer Gefügelockerung und statischen Mehrbelastung auswirkt.

Wie Abbildung 154 zu entnehmen ist, reagiert die kindliche bzw. jugendliche Bandscheibe besonders empfindlich auf axiale Dauerbelastungen mit einer ausgeprägten Höhenabnahme.

Durch axiale Dauerbelastungen wird über die Höhenabnahme der Bandscheibe eine erhöhte Stoßbelastung der Wirbelkörperabschlußplatten und des Randleistenringes des Wirbelkörpers herbeigeführt. Des weiteren kommt es zu einer verstärkten Sklerosierung der Abschlußplatten sowie zu Rißbildungen im *Anulus fibrosus* (Faserring der Bandscheibe) und der Wirbelkörperrandleiste, Veränderungen, die nicht ohne Bedeu-

tung bei einem u. U. vorliegenden Morbus Scheuermann (s. S. 314) sind.

Werden den Bandscheiben unzureichende Erholungsmöglichkeiten bzw. -zeiten geboten, dann kann es langfristig zu irreversiblen Schädigungen in diesem Strukturbereich kommen (*Köller/Mühlhaus/Hartmann* in *Hackenbroch* et al. 1983, 16).

Axiale Dauerbelastungen sind vor allem in sitzender Haltung von besonderer Schädlichkeit für die jugendliche Bandscheibe: Beim stehenden Menschen wird die Wirbelsäule aufgrund ihrer sagittalen Krümmungen gleichmäßig belastet, *beim sitzenden Menschen hingegen kommt es zu punktuellen Überlastungen einzelner Bandscheiben* vor allem im Lendenwirbelsäulenbereich und zu Druckerhöhungen innerhalb der Bandscheiben vor allem im ventralen Bereich. Mit zunehmender *Kyphosierung* (Rundrückenbildung) nimmt der intradiskale Druck zu (*Nachemson* in *Hackenbroch* et al. 1983, 58).

Belastungswechsel durch körperliche Bewegung ist eine Grundvoraussetzung für eine adäquate Ernährung der Bandscheiben.

Lange statische Dauerbelastungen, z. B. in der Form des Sitzens, wirken sich nicht nur ungünstig auf die Bandscheiben selbst aus, sondern (wie bereits dargestellt) auf die unmittelbar mit ihnen in Kontakt stehenden Wirbelkörper. Aus diesem Grunde sollte gerade im Schulbereich der Versuch gemacht werden, durch eine spezielle *aktive Pausengestaltung* (s. unten) dem Halteapparat der Wirbelsäule entsprechende Erholungsmöglichkeiten zu geben und damit einem langfristig drohenden Haltungsverfall Vorschub zu leisten.

Organleistungsschwächen lassen sich auf eine verringerte kardiopulmonale Leistungsfähigkeit zurückführen: Alle morphologischen und funktionellen Leistungsgrößen erfahren substantielle Einbußen (Atrophie der Herz- und Atemmuskulatur, Abnahme von Schlag- und Atemzugvolumen, Zunahme der unökonomischen Herz- bzw. Atemfrequenz etc.).
Organleistungsschwächen können von Haltungsschwächen bzw. -schäden abhängen, da z. B. ein „Rundrücken" zu einer Verkleinerung des Thoraxvolumens und damit der respiratorischen Leistungsgrößen führen kann.
Die *koordinativen Schwächen* – nach *Scholzmethner* (1976, 227) sind durchschnittlich 14% der Schüler motorisch auffällig (= Koordinationsschwäche), 2% sind motorisch gestört (= Koordinationsschaden) – weisen sich durch eine Verschlechterung der Qualität neuromuskulärer Steuerungsvorgänge aus. Ein zu geringes motorisches Angebot kann aber auch zu degenerativen Veränderungen im Bereich der motorischen Gehirnzellen führen (*Berne* in *Kiphard* 1973, 68) oder im frühen Kindesalter eine mangelnde synaptische Vernetzung zentralnervöser Strukturen bewirken (*Akkert* in *Hotz/Weineck* 1983, 41).

Darüber hinaus kann es durch Bewegungsmangel zu mannigfaltigen und sehr unterschiedlich ausgeprägten *vegetativen Störun-gen* in Form von Kreislaufregulationsstörungen (z. B. hypertoner Dysregulation), Verdauungsstörungen, Schlaflosigkeit, verminderter psychophysischer Streßresistenz, nervöser Überreiztheit, mangelnder Erholungsfähigkeit u. ä. kommen (*Kraus/Raab* 1964, 120; *Mellerowicz* o. J., 32; *Lübs* 1979, 25).

Neben der bereits erwähnten Adipositas (Fettleibigkeit), die bei bewegungsarmen Kindern vermehrt auftritt (s. S. 300), führt Bewegungsmangel – und dies stellt einen sehr wichtigen Faktor dar – nicht zur Ausbildung *positiver Kreuzadaptationen* (s. auch S. 25), wie dies insbesondere bei ausdauertrainierten Kindern und Jugendlichen der Fall ist. Diese Art der Trainingsadaptation stellt eine unspezifische, übergeordnete Form der Anpassung dar, die sich ganz allgemein durch einen besseren gesundheitlichen Gesamtzustand charakterisieren läßt.
Als Faktoren der *positiven Kreuzadaptation* gelten (*Israel/Buhl* 1983, 859/860):

Verbesserte Infektabwehr und schnellere Wundheilung, erhöhte Abhärtung aufgrund einer optimierten thermoregulatorischen Funktionsfähigkeit, gesteigerte Belastungs- (sowohl psychisch als auch physisch) und Sauerstoffmangeltoleranz, verbesserte emotionale Kompensationsfähigkeit und Stimmungslage, erhöhte Konzentrationsfähigkeit.

Es zeigt sich, daß *Bewegungsmangel* zu einer vielschichtigen Beeinträchtigung biologischer Funktionen führt. Bewegungsmangel läßt sich ursächlich auf vielfältige Einzelfaktoren bzw. Faktorenbündel zurückführen (Abb. 155). Wichtig ist dabei die Feststellung, daß alle Faktoren den in Abbildung 155 dargestellten Circulus vitiosus in Gang setzen können.

Wie eingangs erwähnt wurde, ist die Schule bzw. der Schulsport nicht in der Lage, den chronischen Bewegungsmangel und/oder seine Folgen zu kompensieren. Der Schule

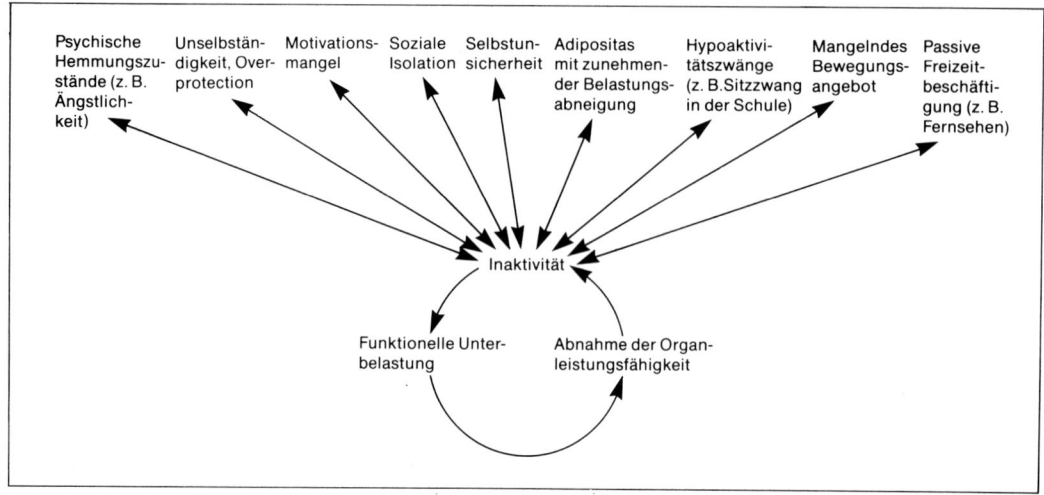

Abb. 155   Ursachen körperlicher Inaktivität und nachfolgende Herausbildung des Circulus vitiosus Inaktivität –
funktionelle Unterbeanspruchung – Abnahme der Organleistungsfähigkeit – vermehrte Inaktivität.

eröffnet sich jedoch als allgemeinbildendem
Organ die Möglichkeit, informierend und
praktisch-orientierend auf diese Fehlentwicklung einzuwirken:
– Über eine angemessene Wissensvermitt-
lung:
Dem Schüler sollten die Zusammenhänge
zwischen körperlicher Betätigung und orga-
nisch-funktioneller Leistungsfähigkeit bzw.
gesundheitlichem Wohlergehen deutlich gemacht werden.
– Über die Vermittlung freizeit- und ge-
sundheitsrelevanter Sportarten:
Der Vermittlung insbesondere der sogenannten *Life-time-Sportarten* (= Sportarten,
die ein Leben lang betrieben werden können) in Theorie und Praxis sollte ausreichend Zeit gewährt werden.
– Über die Verbesserung der Motivationslage:
Die geringe Schulsport-Zeit sollte vor allem
dahingehend genützt werden, die Motivation für eigenständiges und sinnvolles außer-
schulisches Sporttreiben zu wecken und zu
steigern (*Schobert* 1978, 177 u. a.).
– Über aktive Pausen:
Die Pausengestaltung sollte – zumindest als
Wahlmöglichkeit – „aktiv" erfolgen können.
Entsprechende Programme werden in ande-

ren Ländern bereits seit langem mit Erfolg
durchgeführt, in der BRD jedoch nur vereinzelt und vorübergehend praktiziert bzw.
erfolglos postuliert (*Bähr* 1976, 21; *Klimt*
1978, 3934; *Sarner* 1979, 34 u. a.).
– Durch Kooperation mit den Vereinen:
Da die Schule von allen Bevölkerungs-
schichten durchlaufen wird, sollte sie ihre
allgemeinen Informations- und Vermittler-
möglichkeiten dahingehend nutzen, daß sie
möglichst viele Schüler an geeignete Ver-
eine „überweist".

Zusammenfassend läßt sich festhalten, daß
der Bewegungsmangel aufgrund fehlender
Bewegungsräume bzw. -möglichkeiten und/
oder (dadurch) verändertem Freizeitverhalten vielfach bereits in der frühen Kindheit
zutage tritt. Die Schule ist aufgrund ihrer
zeitlich und oftmals auch räumlich begrenzten Möglichkeiten nicht in der Lage, selbst
aktiv das Phänomen „Bewegungsmangel"
durch die Schulsportstunden zu kompensieren. Vielmehr verstärkt sie über die unter-
richtsimmanenten Sitzzwänge die körperliche Hypoaktivität der Kinder und Jugendlichen. Sie sollte daher versuchen, durch entsprechende Informationen oder Bewegungsimpulse – z. B. in Form der „aktiven Pau-

sen" – korrigierend auf diese hypokinetische Fehlentwicklung einzuwirken:
Die „Macht der Bewegungsgewohnheit" ist frühzeitig auszubilden, wenn nicht schon in jungen Jahren der Boden für die sogenannten Bewegungsmangelkrankheiten geebnet werden soll.
Schließlich sollte es zu denken geben, wenn auf der einen Seite Kinder und Jugendliche sportliche Höchstleistungen erbringen, die ein hohes Maß an Kraft, Ausdauer oder koordinativen Fähigkeiten erfordern, auf der anderen Seite aber die überwiegende Mehrzahl der bewegungsarmen Kinder und Jugendlichen kaum in der Lage ist, eine normale Haltung einzunehmen.

Literatur

1. *Armstrong, N., B. Davies:* Coronary risk factors in children – the role of the physical educator. Bull. phys. Educ. 2, 16 (1980), 5–11
2. *Bähr, A.:* Aktive Pause – ein Beitrag der Schule zum Freizeit- und Lifetimesport. Körpererziehung 1, 54 (1976), 21–22 u. 37–39
3. *Bäker, B.:* Die verrückte Bandscheibe. Ehrenwirth, München 1980
4. *Cicurs, H., H. Hahmann:* Lehr- und Arbeitsbuch Sonderturnen. Bundesarbeitsgemeinschaft zur Förderung haltungsgefährdeter Kinder und Jugendlicher (Hrsg.). Mainz 1978
5. *de Marées, H.:* Sportphysiologie. Troponwerke, Köln–Mühlheim 1979 u. 1981
6. *Diem, L.:* Bewegungsfertigkeit und Bewegungsspiele. Welt des Kindes, 1, 51 (1973), 2–7
7. *Dordel, S.:* Schulsonderturnen als Haltungsturnen? In: Jahrbuch der Deutschen Sporthochschule, S. 107–126. *Decker, W., M. Lämmer* (Red.), Köln 1981/82
8. *Fomin, N. A., W. P. Filin:* Altersspezifische Grundlagen der körperlichen Erziehung, Hofmann, Schorndorf 1975
9. *Freedman, D. C.,* et al.: Dicke Kinder – Blutgefäße in Gefahr. Med. Tribune 40 (1985), 12
10. *Fritz, H.-J.:* Schulsonderturnen – eine Aufgabe für alle. Das Schulsonderturnen (SST) als „gezielte und planmäßige Maßnahme der Schule" – ein Problem. Sportunterricht 3, 28 (1979), 82 u. 90–93
11. *Fuchs, H.:* Ursachen der Haltungsgefährdung. Leibesübung/Leibeserziehung 3, 30 (1976), 66–68
12. *Hackenbroch, M. H., H.-J. Refior, M. Jäger* (Hrsg.): Biomechanik der Wirbelsäule. Thieme, Stuttgart–New York 1983
13. *Heeboll-Nielsen, K.:* Muscle strength of boys and girls, 1981 compared to 1956. Scand. J. Sports Sci. 4, 2 (1982), 37–43
14. *Hein, H.:* Über die Notwendigkeit jährlicher schulärztlicher Untersuchungen der Schulkinder. Öffentl. Gesundheitswesen, Stuttgart 31 (1969), 310–316
15. *Hollmann, W., T. Hettinger:* Sportmedizin – Arbeits- und Trainingsgrundlagen. Schattauer, New York 1980
16. *Hotz, A., J. Weineck:* Optimales Bewegungslernen. perimed Fachbuch-Verlagsgesellschaft, Erlangen 1983
17. *Israel, S., B. Buhl:* Die positive Kreuzadaptation. Theorie u. Praxis der Körperkultur (1983), 858–861
18. *Kiphard, E. J.:* Bewegungs- und Koordinationsstörungen im Grundschulalter. Hofmann, Schorndorf 1973
19. *Klimt, F.:* Ärztliche Gesichtspunkte zum Sport im Kindes- und Jugendalter. Therapiewoche 19, 28 (1978), 3934–3942
20. *Kraus, H., W. Raab:* Krankheiten durch Bewegungsmangel. Barth, München 1964
21. *Lübs, E. D.:* Krank durch Bewegungsmangel? In: Training als Mittel der präventiven Medizin. *Mellerowicz, H., I.-W. Franz* (Hrsg.). perimed, Erlangen 1979
22. *Matthias, H. H.:* Regelvorgänge bei der Haltung, Grundlagen der menschlichen Haltung. In: Schulsonderturnen in der Diskussion, *Volck, G., H. Reiber* (Red.). Hofmann, Schorndorf 1976
23. *Mellerowicz, H.:* Präventive Sportmedizin. Schriften aus der Sportärztlichen Hauptberatungsstelle Berlin (Bd. 10), Berlin o. J.
24. *Peters, H., U. Pahlke, H. Wurster:* Theoretische Positionen und Erkenntnisse zur Ausbildung der Langzeitausdauer im Sportunterricht. Theorie und Praxis der Körperkultur 9 (1981), 681–688
25. *Sarner, M.:* Des jeunes vieux. Bull. Feder. internat. Educ. phys. 3, 50 (1979), 34–41
26. *Schobert, H.:* Schulsport aus der Sicht des Sportarztes. Mat. Med. Nordmark 30, 7/8 (1978), 177–187
27. *Schwarz, F.:* Bewegungstherapie und Schulsonderturnen. Therapiewoche 28, 41 (1978), 7674–7679
28. *Setterlind, S.:* Entspannung – ein Teil der Gesundheitserziehung in der Schule. Motorik 3, 7 (1984), 118–128
29. *Wasmund-Bodenstedt, U., W. Braun:* Haltungsschwächen bei Kindern im Grundschulalter – Untersuchungen über den Einfluß zusätzlicher Bewegungsaktivitäten. Motorik 1, 6 (1983), 11–22
30. *Wasmund-Bodenstedt, U., H. Krombholz, U. Voigt:* Schulversuche zur täglichen Bewegungszeit und zur täglichen Sportstunde. Praxis der Leibesübungen 12 (1977), 229–230
31. *Zauner, R., A. Göb:* Sprechstunde: Rückenschmerzen. Gräfe und Unzer, München. o. J.

Charakteristische gesundheitliche Gefahren beim Sport im Kindes- und Jugendalter

Körperliche Aktivität bzw. sportliches Training ist für die harmonische Entwicklung des kindlichen bzw. jugendlichen Organismus sowie zur Herausbildung einer stabilen Gesundheit eine unabdingbare Voraussetzung (s. vorhergehendes Kapitel). Dennoch stellt die sportliche Betätigung beim Überschreiten der individuellen Belastbarkeit bzw. beim Vorliegen der im Jugendalter häufigen Infektionskrankheiten eine Gefahrenquelle dar, die zu einer Schädigung des wachsenden Organismus bzw. zu einer ernsthaften gesundheitlichen Gefährdung führen kann.

Sport und Infektionskrankheiten

Akute Infektionskrankheiten wie katarrhalische Infekte, Grippe, Angina, Mumps, Masern, Röteln, Nebenhöhlenentzündung (Sinusitis), Mandelentzündung (Tonsillitis) etc. sind im Kindes- und Jugendalter sehr häufig.

In der *Rekonvaleszenzzeit* dieser Erkrankungen sollte das Herz-Kreislauf-System nicht überlastet werden – Schnelligkeits- und Ausdauerbelastungen entfallen zu diesem Zeitpunkt –, da die Gefahr einer begleitenden *Myokarditis* (Entzündung des Herzmuskels) oder *Endokarditis* (Entzündung der Herzinnenhaut) besteht. Koordination und Beweglichkeit können geschult werden; die Kraft sollte nur sehr eingeschränkt trainiert werden.

Bei chronischer Tonsillitis oder Sinusitis besteht die Kontraindikation für Schnelligkeits- und Ausdauerbelastungen weiter, da Mandeln bzw. Nebenhöhlen Streuherde bilden, die andere bakterielle Erkrankungen – sie sind insbesondere im Herzbereich gefährlich – hervorrufen können. Außerdem werden vom Organismus Antikörper gebildet, die u. U. den Herzmuskel angreifen (*Kleinmann* 1980, 252).

Altersspezifische Sportverletzungen und Sportschäden – Ursachen und Entstehungsmechanismen

Wie bereits erwähnt, ist die Empfindlichkeit des Gewebes proportional seiner Wachstumsgeschwindigkeit (Mark-Jansen-Gesetz). Zu den Zeitpunkten eines erhöhten Wachstums ist demnach der Organismus einerseits in besonders ausgeprägter Weise trainierbar, andererseits besonders empfindlich gegenüber Belastungen, die die individuelle Belastbarkeit überschreiten. Vor allem in der Phase des puberalen Wachstumsschubs – auch zweiter Gestaltwandel genannt – weisen insbesondere die Strukturen des passiven Bewegungsapparates Besonderheiten auf, die sie für bestimmte Sportverletzungen bzw. -schäden vermehrt anfällig machen.

Diese Besonderheiten bestehen zum einen darin, daß die *Knochen* des Jugendlichen wegen der relativen Mehreinlagerung von weicherem organischem Material (Kollagenanteil) zwar erhöht biegsam sind, aber weniger zug- und druckfest. Dies führt zu einer verminderten Belastbarkeit des gesamten Skelettsystems. Desgleichen zeigt das *Sehnen-* und *Bändergewebe* durch seine schwächer ausgeprägte *Micellarstruktur* und seinen größeren Anteil an *Zwischenzellsubstanz* eine noch nicht mit den Strukturen des Erwachsenen vergleichbare Zugfestigkeit. Zum anderen weisen die noch nicht verknöcherten *Wachstumsfugen* – sie bestehen aus Knorpelgewebe – aufgrund ihrer hohen wachstumsbedingten Teilungsrate eine hohe Gefährdung gegenüber allen starken Druck- und Scherkräften auf (*Weineck* 1983, 49). Auch der *hyaline Gelenkknorpel* ist in seiner mechanischen Belastbarkeit noch eingeschränkt, was bei chronischen Überlastungen der Entstehung von Sportschäden Vorschub leisten kann.

Die erhöhte, durch das Wachstum hervorgerufene Anfälligkeit des passiven Bewegungsapparates gegenüber unphysiologischen, altersinadäquaten Belastungen wird noch verstärkt durch die Tatsache, daß sich das Stütz- und Bindegewebe im Vergleich zur Muskulatur wesentlich langsamer an Trainingsreize anpaßt (s. Abb. 5, S. 24).

Verminderte Widerstandsfähigkeit der Wirbelsäule

Durch ihre zentrale Stellung im Skelett spielt die Wirbelsäule im Sport zumeist eine übergeordnete Rolle. Bewegungsabläufe wie z. B. der Speerwurf mit seiner ruckartigen Lordosierung der gesamten Wirbelsäule im Moment der Bogenspannung oder extreme Bewegungsausschläge im lumbosakralen Übergang beim Geräteturnen und bei der rhythmischen Sportgymnastik stellen hohe Ansprüche an die Wirbelsäule. Andererseits müssen auch erhebliche Stauch-, Biege- und Scherkräfte toleriert werden, wie z. B. bei Abgängen vom Turngerät oder beim Trampolinspringen.

Um diesen Belastungen widerstehen zu können, erfahren die einzelnen Bestandteile der Wirbelsäule im Verlauf eines sportlichen Trainings strukturelle Anpassungen (s. auch S. 136). Der Wirbelkörper z. B. – er macht vom Volumen her den größten Bestandteil des Achsenskeletts aus – verändert sowohl seine äußere Form (Breitenzunahme, gedellte Deckplatten, taillenförmige Einziehung des Corpus), als auch seine Binnenstruktur (parallel zur Längsachse angeordnete, untereinander verbundene Spongiosabälkchen) (*Tittel* 1981, 4).

Allerdings weist die Wirbelsäule im Verlauf der Entwicklung des Menschen Phasen einer eingeschränkten mechanischen Belastbarkeit auf. Zu Beginn des *Wachstumsschubes* (erste puberale Phase) kommt es zu einer *Verminderung der mechanischen Widerstandsfähigkeit der knorpeligen Wirbelkörperdeckplatten,* die die Wachstumsfugen der Wirbelkörper darstellen. Unter dem Einfluß von Hormonen – insbesondere des Wachstumshormons und der Sexualhormone – erfährt der Wachstumsknorpel morphologische und funktionelle Veränderungen, die auch seine mechanische Festigkeit betreffen. Die Hormone greifen dabei in die Regulation der Zellteilungsgeschwindigkeit und die Produktion von Interzellularsubstanz ein. Somit ist die Resistenz gegenüber mechanischen Kräften, wie sie im Sport, vor allem aber im Hochleistungssport vielfältig auftreten, herabgesetzt (*Morscher* 1975, 7 f.). Dabei ist zu beachten, daß die Belastung der knorpeligen Deckplatten dann besonders gering ist, wenn das Kind bzw. der Jugendliche besonders schnell wächst. Diese Tatsache ist vor allem unter dem Aspekt der folgenden Ausführungen von Bedeutung.

Die Disharmonie zwischen Skelett- und Muskulaturentwicklung im Wachstumsalter

Beim erwachsenen Menschen können hohe Belastungen der Wirbelsäule mit Hilfe des

muskulären Korsetts abgefangen werden.
Wie die Untersuchungen von *Morris* (1961,
327 f. und 1973, 418 f.) und *Bartelink* (1967,
718 f.) zeigen, wird z. B. beim Gewichtheben durch ein entsprechendes Muskelkor-
sett bzw. den Schutzmechanismus der in-
traabdominellen und intrathorakalen
Druckerhöhung die Belastung des Lumbo-
sakral-Segments von 1500 auf 500 kp, also
auf 1 Drittel reduziert (bei einer Gewichtsbelastung von 100 kg).
Die langen, lateral gelegenen Muskeln der
Wirbelsäule *(M. splenius,   M. iliocostalis,
M. longissimus)* haben einen großen physiologischen Querschnitt – er beträgt etwa
50 cm^2 in Höhe des 3.– 5. Lendenwirbels –
und stellen somit die Arbeitsmuskulatur
dar. Die meist kurzen, medial gelegenen
Muskeln *(Mm. interspinales, Mm. rotatores,
M. multifidus,   M. semispinalis)* bilden im
Gegensatz dazu als statische Komponente
die „Stellmuskeln". Bei jeder Bewegung
wird die Wirbelsäule ständig muskulär nach-
reguliert und gesichert, was für ihre Belastbarkeit von großer Bedeutung ist. (*Tittel*
1981, 7).
Beim heranwachsenden Jugendlichen ergibt
sich nun eine *skeletomuskuläre Dispropor-
tion.* Durch die in der ersten puberalen
Phase zunehmende Disharmonie der Körperproportionen kommt es zu einer wesentlichen Änderung der skeletomuskulären
Statik und Dynamik. Gleichzeitig werden
die Hebelverhältnisse im Vergleich zum Leistungspotential der Muskulatur ungünstiger.
Innerhalb des puberalen Wachstumsschubes
gerät die Entwicklung der Muskulatur zunächst gegenüber der Skelettreifung in
Rückstand, was für die Wirbelsäule von großer Bedeutung ist: Die Rumpfmuskulatur
ist nicht mehr in der Lage, Belastungsstöße
ausreichend abzubremsen bzw. die Wirbelkörperdeckplatten wirkungsvoll zu entlasten
(*Tittel* 1981, 7). Auf diese Weise ist die jugendliche Wirbelsäule in dieser Phase vermehrt verletzungsanfällig (s. Ausführungen
S. 314). Erst in der zweiten puberalen Phase

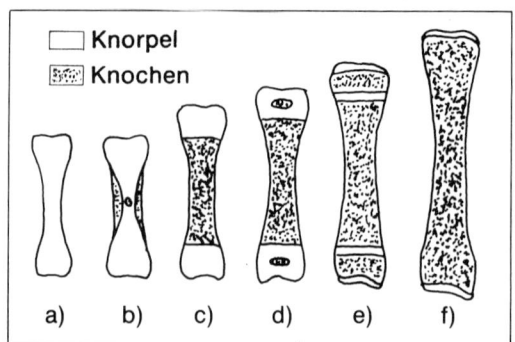

Abb. 156   Schema der Ossifikation eines langen Röhrenknochens in den verschiedenen Stufen: a) Knorpel-
stab, b) perichondraler diaphysärer Knochenmantel
und enchondraler diaphysärer Ossifikationsbezirk,
c) periostale diaphysäre Ossifikation bei noch knorpeligen Epiphysen, d) Auftreten von epiphysären
enchondralen Ossifikationszentren, e) Epiphysenfugen sind noch offen, f) Abschluß der Ossifikation und
des Längenwachstums. Es erfolgt nur noch ein geringes
periostales Dickenwachstum (nach *Schinz* et al. 1979,
58).

(Adoleszenz), deren Höhepunkt nach dem
15./16. Lebensjahr erreicht ist, entwickelt
sich die Muskulatur wieder angemessen, so
daß die Wirbelsäule durch geführte Muskelkontraktionen wieder voll beherrscht werden kann (*Schoberth* 1975, 269; *Sperling*
1975, 72).

Die Wachstumsfugen als mechanische Schwachpunkte des jugendlichen Skeletts

In den Phasen eines vermehrten Knochen-
wachstums stellen bestimmte Wachstumszonen – die *Epiphysenfugen* als primäre und
die *Apophysen* als sekundäre Wachstums-
zentren – das schwächste Glied in der Kette
der Elemente des Halte- und Bewegungsapparates dar und sind deshalb bei sportlichen
Aktivitäten im Jugendalter besonders gefährdet (*Kaiser* 1962, 214; *Lehnhardt/Diet-
schi* 1974, 1218 u. a.).

Ort der Epiphysenverletzung	Prozentualer Anteil	n
Distaler Unterarm	48,7	520
Finger	20,7	221
Distaler Unterschenkel	17,5	187
Proximaler Oberarm	4,3	46
Distaler Oberarm	4,3	46
Proximaler Unterarm	2,3	24
Distaler Oberschenkel	1,4	15
Zehen	0,7	7
Proximaler Unterschenkel	0,1	1
Gesamt	100,0	Gesamt 1067

Tab. 18 Lokalisationshäufigkeit von Epiphysenverletzungen (aus *Franke* 1980, 79).

Epiphysenfugenverletzungen

Epiphysenfugen – auch *Wachstumsfugen* genannt – entstehen, stark vereinfacht, durch die Bildung von Knochenkernen in den Epiphysen im Verlauf des Wachstums des Menschen. Am Ende der Wachstumsentwicklung verschmelzen sie knöchern mit dem Hauptknochen (Abb. 156).

In den einzelnen Skelettanteilen und in Abhängigkeit vom biologischen Alter ergeben sich z. T. erhebliche Unterschiede bezüglich des Zeitpunktes der Bildung der Knochenkerne und der Verknöcherung der Wachstumszonen.

Neben der Gewährleistung der Längenzunahme hat der Wachstumsknorpel auch die Aufgabe, mechanischen Kräften Widerstand zu leisten.
Bezüglich möglicher Spätfolgen stellen die Epiphysenverletzungen eine nicht unerhebliche Gefahrenquelle für den sporttreibenden Jugendlichen dar. Sowohl nach *Epiphysenfrakturen* als auch nach *Epiphysenlösungen* tritt meist eine Wachstumshemmung ein, die durch die traumatische Zerstörung des Wachstumsknorpels oder eine fortbestehende starke Dislokation bewirkt wird.

Epiphysenverletzungen werden fast immer durch echte Unfallereignisse verursacht und treten an bestimmten Lokalisationen gehäuft auf (Tab. 18).

Epiphysenfrakturen

Im Gegensatz zu Epiphysenlösungen kommen Epiphysenfrakturen relativ selten vor. Von allen Frakturen bei sporttreibenden Kindern sind nur etwa 15% Epiphysenfrakturen (*Louhimo* 1977, 168).
Bei den Epiphysenfrakturen findet neben der Fraktur des Epiphysenknochens eine vollständige *Trennung der Wachstumsfuge* und damit eine *Verletzung der Germinativzone* statt. Der vorzeitige Verschluß der Wachstumsfuge kann trotz idealer Reposition und Fixation nicht immer verhütet werden (*Oest/Rettig* in *Chapchal* 1983, 40). Es können Achsenfehler, Gelenkdeformierungen und Längenveränderungen im Laufe des weiteren Wachstums entstehen.

Epiphysenlösungen

Unter Epiphysenlösungen versteht man die Ablösung einer Epiphyse im Bereich der Wachstumsfuge, z. T. mit einer Verschiebung gegenüber den übrigen Knochen. Durch einwirkende Zug- und Scherkräfte nimmt die Knorpelgrundsubstanz von der

Germinativschicht in Richtung Epiphysenfuge ab. Das empfindliche Stratum germinativum (Keimschicht) bleibt dabei unberührt. Der intakt gebliebene Wachstumsbereich garantiert bei dieser Verletzungsart bei entsprechender Reposition das ungestörte Längenwachstum.

Epiphysenlösungen treten vor allem im Bereich des distalen Unterarms und der Finger sowie des distalen Unterschenkels – hier vor allem durch eine indirekte Verletzung beim Skilaufen oder Fußballspielen – auf (*Rompe/Rieder* 1976, 110).

Unter den Epiphysenlösungen stellen die *Hüftkopf-Epiphysenlösungen* des Oberschenkelknochens eine Besonderheit dar. Sie treten insbesondere zwischen dem 10. und 15. Lebensjahr auf und betreffen bevorzugt das männliche Geschlecht. Daß Jungen mehr als doppelt so häufig von *Hüftkopf-Epiphysenlösungen* betroffen sind als Mädchen, wird durch die unterschiedliche Wirkung der Geschlechtshormone erklärt: Während Östrogene (weibliche Sexualhormone) auf den wachsenden Knochen stark reifungsfördernd wirken, kommt der reifungsfördernde Einfluß der Androgene (männliche Sexualhormone) erst bei höheren Blutspiegeln zum Durchbruch. So überwinden Mädchen die gefährliche Zeit schneller als Jungen und bleiben von der Hüftkopf-Epiphysenlösung eher verschont (*Morscher* 1975, 13).

Die *Hüftkopf-Epiphysenlösung* entwickelt sich über einen längeren Zeitraum hinweg, indem nur über uncharakteristische Beschwerden und eventuelles Ermüdungshinken geklagt wird. Die vollständige Lösung zwischen Hüftkopf und Schenkelhals im Bereich der Wachstumsfuge erfolgt dann plötzlich, bisweilen auch unter alltäglichen Belastungen. Dabei verbleibt der Kopf in der Pfanne und der Schenkelhals gleitet nach vorne oben (*Oberniedermayr* 1959, 59).

Zu beachten ist, daß bei dieser Verletzung vor allem Scherkräfte eine große Rolle spielen können, denn im Unterschied zu allen anderen Wachstumsfugen des Beines steht sie nicht senkrecht zur statischen Belastung (*Rompe/Rieder* 1976, 110).

Apophysenverletzungen

An Becken, Wirbelsäule und Extremitäten treten etwa zu Beginn des 2. Lebensjahrzehnts Apophysenkerne auf, die nach und nach mit dem Hauptknochen verschmelzen. Die Apophysen – sie stellen muskuläre Ansatzstellen dar – sind zu 2 Zeitpunkten besonders gefährdet: Zum einen in Perioden intensivsten Wachstums, zum anderen in der Zeitspanne vor der Verknöcherung – sie findet in der Regel zum Ende des 2. Lebensjahrzehnts statt –, da die ehemalige Elastizität des Fugenknorpels nicht mehr gegeben, die endgültige Festigkeit nach erfolgtem knöchernem Durchbau aber noch nicht erreicht ist (*Gutschank* 1933, 256). Diese vorübergehende Resistenzminderung kann insbesondere bei den Apophysen, an denen kräftige, dynamisch hoch aktive Muskeln oder Muskelgruppen ansetzen, zu einem Mißverhältnis zwischen Belastung und relativer Belastbarkeit führen (*Albrecht/Pollähne* 1975, 849). Die Einheit aus Apophyse und zugehöriger Fuge reagiert dann bei chronischer oder akuter Überlastung entweder mit einer *aseptischen Knochennekrose* (Knochenuntergang ohne bakterielle Beteiligung) oder bei einem oftmals nur geringfügigen indirekten, durch Muskelzug ausgelösten Trauma, mit einem *Apophysenabriß* (Abb. 157) (*Walther/Hähnel* 1980, 152).

Apophysenabrisse entstehen meist durch ruckartig einsetzende Zug- und Scherkräfte, wie sie für schnellkräftige sportliche Bewegungsabläufe charakteristisch sind (*Jacob/Ganz* 1976, 380). Für die unteren Extremitäten ist dies vor allem beim Sprintstart, bei den Sprüngen bzw. bei abrupten Richtungswechseln mit brüsken Abbremsbewegungen der Fall.

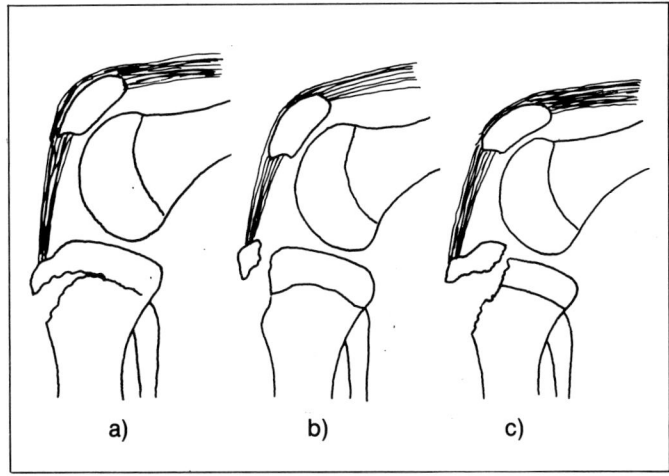

Abb. 157   Typeneinteilung der Schienbeinapophysenabrisse nach *Watson-Jones* (in *Schwarzenkopf/ Walde/Kirschner* 1980, 122):
a) Abhebung ohne Dislokation,
b) kleiner vollständiger Ausriß ohne Beteiligung der Gelenkfläche,
c) Abriß mit Beteiligung der Gelenkfläche.

Apophysenabrisse können aber auch durch koordinative Fehlsteuerungen ausgelöst werden: Wenn bei der Kontraktion der Agonisten die Antagonisten nicht oder nicht schnell genug erschlaffen, wirkt auf die Apophyse ein erheblicher Zug- bzw. Dehnungsreiz, der ebenso zu einem Apophysenabriß führen kann wie das Verfehlen des Fußballes beim Torschuß oder der Versuch der Sturzvermeidung durch eine vehemente Ausgleichsbewegung (*Horntrich/Horschig* 1968, 150; *Walther/Hähnel* 1980, 153).

> Vorwiegend betroffen sind *männliche Jugendliche,* da sie in ihrer Muskelkraft den Mädchen meist überlegen sind und sich ihre Wachstumsfugen erst später schließen.

Unter den beckennahen Apophysenfrakturen überwiegen Abrisse der *Spina iliaca anterior inferior* (vorderer unterer Darmbeinstachel) – sie dient dem *M. rectus femoris* als Ursprungsstelle; ihre Verletzung wird auch als *Sprinterfraktur* bezeichnet –, gefolgt von Ablösungen der *Spina iliaca anterior superior* (vorderer oberer Darmbeinstachel) – hier entspringen der *M. sartorius* und der *M. tensor fasciae latae,* die ebenfalls beim

Sprint maximal belastet werden (*Düben* in *Chapchal* 1983, 30).

Weitere Prädilektionsstellen sind der *Tuber ischiadicum* (Sitzbeinhöcker), der den *ischiokruralen Muskeln* als Ursprung dient und bei Sprint- und Sprungübungen, beim Fußball und Skilauf sowie bei Spagatübungen besonders gefährdet ist, sowie der *Trochanter minor* (kleiner Oberschenkelhöcker) – er dient dem kräftigen *M. iliopsoas* als Ansatzpunkt und kann beim Sprint oder Sprung durch das plötzliche Hochreißen des Oberkörpers in Mitleidenschaft gezogen werden (*Cotta/Krahl* 1975, 266).

Im Bereich des Kniegelenks kommt es bisweilen durch die plötzliche Kontraktion des *M. quadriceps femoris* aus vorhergehender Kniebeugung, wie dies z. B. beim Weit- oder Hochsprung der Fall ist, zum Abriß der *Schienbeinapophyse* (Tuberositas tibiae).

Apophysenverletzungen stellen bezüglich möglicher Spätfolgen eine geringere Gefahr für den sporttreibenden Jugendlichen dar als die Epiphysenverletzungen. Apophysenabrisse lassen sich normalerweise ohne Funktionsstörungen konservativ durch Ruhigstellen ausheilen. Nur der Abriß der Schienbeinapophyse muß operativ behandelt werden (*Cotta/Krahl* 1975, 266; *Schwarzkopf/Walde/Kirschner* 1980, 120).

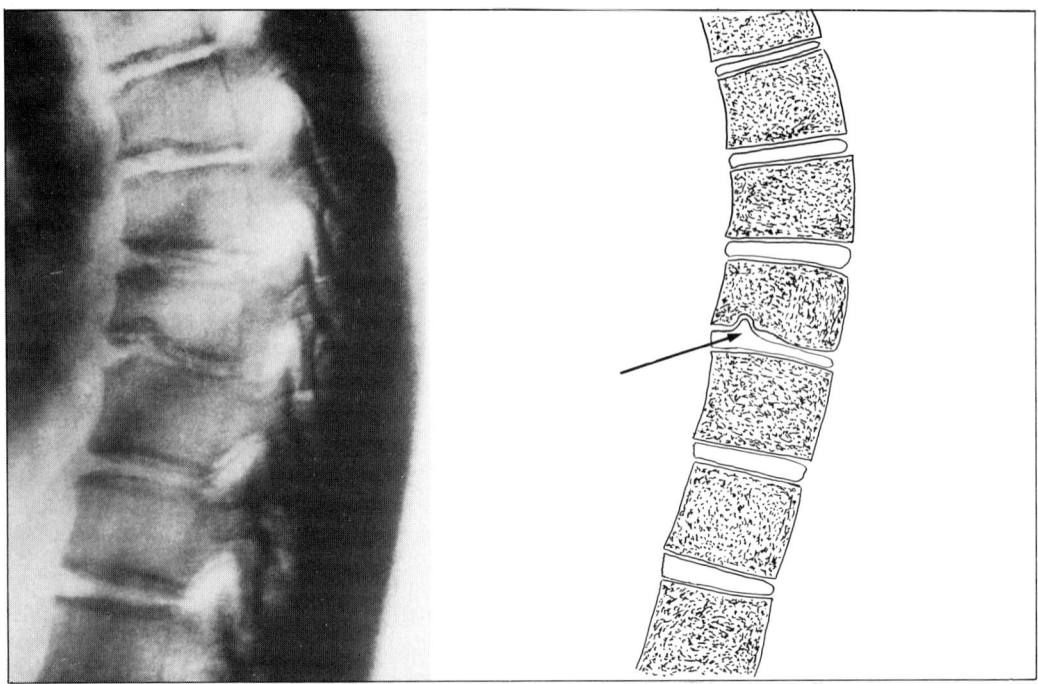

Abb. 158   Morbus Scheuermann mit charakteristischen Schmorl-Knorpelknötchen (links Röntgenbild, rechts schematisierte Zeichnung).

Morbus Scheuermann

Auch im Bereich der Wirbelsäule kann es zu einer Schädigung des Wachstumsknorpels (Wirbelkörperdeckplatte) kommen. Diese Schädigung kann insbesondere in der *Pubertät* auftreten.

Von der *Scheuermann-Krankheit* ist meist der mittlere und untere Bereich der Brustwirbelsäule betroffen.

> Die *Scheuermann-Krankheit* tritt bei der Durchschnittsbevölkerung mit einer Häufigkeit von etwa 30% auf (*Groh* 1971, 222).

Entstehungsmechanismus: Die knorpelige Deckplatte gibt infolge erhöhter Belastung bei gleichzeitig verminderter Widerstandsfähigkeit nach, so daß es zu Einbrüchen von Bandscheibengewebe in die Spongiosa des Wirbelkörpers kommt. Diese Einbrüche nennt man *Schmorl-Knorpelknötchen* (Abb. 158).

Die Scheuermann-Krankheit entwickelt sich im allgemeinen mit Beginn der ersten puberalen Phase. Wie bereits beschrieben (s. S. 312), ist zu diesem Zeitpunkt durch hormonelle Einflüsse die mechanische Widerstandsfähigkeit der knorpeligen Wirbelkörperdeckplatten vermindert. Wird ihre Belastbarkeit überschritten, so kommt es zu den erwähnten Einbrüchen von Bandscheibengewebe in die Spongiosa der Wirbelkörper.

Über die Entstehung der *Schmorl-Knorpelknötchen* hinaus kann es auch durch verzögertes Knochenwachstum zu Veränderungen der Wirbelkörperform sowie zu Verknöcherungsstörungen der Wirbelkörperdeckplatten kommen, wobei die Wirbelkörper hinten höher werden als vorne (*Groh*

1971, 226). Dieser trapezoidförmige Zuschnitt des Einzelwirbels und eine gleichgerichtete Veränderung der Bandscheiben bewirken in der Summation eine Gestaltänderung der Wirbelsäule: Es kommt zur Ausbildung der sogenannten *Adoleszenten-Kyphose*, wobei die Krümmung im erkrankten Abschnitt verstärkt ist (der Krümmungsscheitel liegt meist in der Nähe des 8. Brustwirbels). Bis zum Ende der Wachstumsphase fixiert sich diese übermäßige Kyphosierung (Buckelbildung) allmählich, d. h., sie ist aktiv und passiv nicht mehr korrigierbar (*Cotta* 1980, 201).

Begleiterscheinungen der Scheuermann-Krankheit sind eine Muskelhärte der Rückenstrecker und eine kompensatorische Lordose der nicht betroffenen Wirbelsäulenabschnitte. Die Muskelhärte entsteht dadurch, daß die vermehrte Brustkrümmung eine Dauerhalteleistung der Rückenstrecker erfordert, die zu lokalen Durchblutungs- und Stoffwechselstörungen führt: Der Rücktransport des venösen Blutes ist erschwert, Stoffwechselschlacken fallen vermehrt an und werden unzureichend eliminiert. Durch die kompensatorische Lordose werden die von der Krankheit nicht betroffenen Wirbelsäulenabschnitte überlastet und es kann zu Abnützungserscheinungen kommen, die sich in Schmerzen äußern (*Oberniedermayr* 1959, 140; *Morscher* 1970, 203).

Jede Rundrückenbildung und eine allgemeine Erhöhung der Muskelkraft, sowie die damit verbundene erhöhte Muskelspannung im Schulter-Thorax-Bereich läßt die Biegebelastung der Wirbelsäule ansteigen. Deswegen werden von der Scheuermann-Krankheit vor allem Kinder und Jugendliche in den Sportarten betroffen, in denen eine kräftige Schulter-Thorax-Muskulatur erforderlich ist. Beispiele dafür sind das Geräteturnen und das Rudern. Bei diesen Sportarten liegt die Häufigkeit des Auftretens der Scheuermann-Krankheit mit 50 bzw. 51% deutlich über dem Durchschnittswert (30%) (*Groh* 1971, 223; *Morscher* 1970, 203; *Jakob* in *Howald/Hahn* 1982, 83).

Es zeigt sich demnach, daß eine vorgeschädigte Wirbelsäule – wie dies beim Morbus Scheuermann der Fall ist – besonders empfindlich auf sportliche Belastungen bzw. Überlastungen reagiert. Sowohl im Schulsport als auch in besonderem Maße im Leistungssport kann es durch inadäquate Belastungen zu rezidivierenden Wirbelsäulentraumen im Sinne einer Verstärkung des Scheuermannschen Krankheitsbildes kommen.

Im Stadium eines floriden Morbus Scheuermann sollten demnach alle Übungen unterlassen werden, die zu einer Überlastung der funktionsgeschwächten Wirbelsäule beitragen können. Insbesondere sollte auf verstärkte oder abrupt auftretende axiale Belastungen (Sprünge, Niedersprünge, Partnerübungen wie z. B. „Reiterkämpfe", Hanteltraining mit Überkopfarbeit etc.) verzichtet werden.

Auch bei intakten Strukturen kann es im Bereich der Wirbelsäule zu Schädigungen kommen; dies gilt vor allem für den *Hochleistungssport* mit seinen intensiven und umfangreichen Belastungen. Die Gefahr einer Schädigung der kindlichen bzw. jugendlichen Wirbelsäule hängt dabei im wesentlichen von der ausgeübten Sportart ab. Als relativ häufige Schädigung der Wirbelsäule gilt die Spondylolyse bzw. die Spondylolisthesis.

Spondylolyse – Spondylolisthesis

Die *Spondylolyse* kommt vor allem in Sportarten vor, die eine ausgeprägte Hyperlordosierung erforderlich machen (z.B. in den Sportarten Geräteturnen, Wasserspringen, Speerwurf, Delphinschwimmen, Judo u. ä.). Als Folge einer chronischen Überlastung kann es zu knöchernen Zerstörungen, im weitesten Sinne zu einer Ermüdungsfraktur

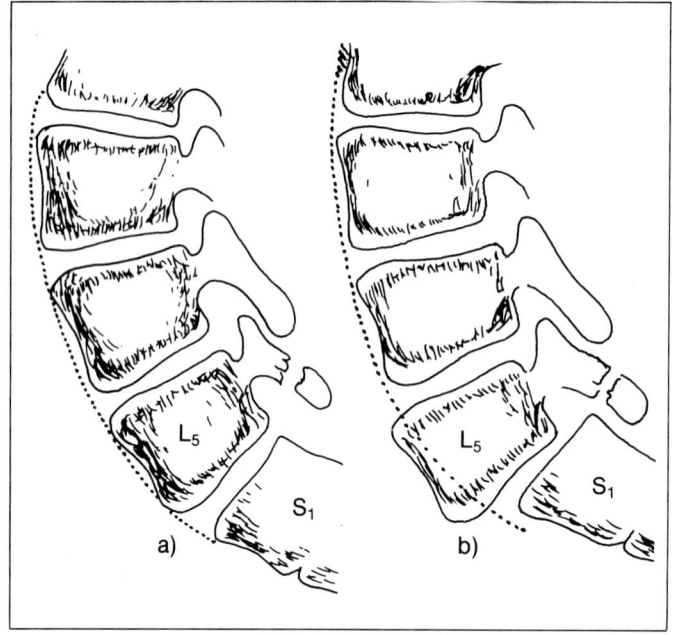

Abb. 159   Schematische Darstellung einer Spondylolyse mit Spaltbildung in der Interartikularportion L 5 ohne Gleitprozeß (a) bzw. einer Spondylolisthesis mit Wirbelgleiten von L 5 über S 1 nach ventral (b) (nach *Schmidt* 1979, 73).

im Bereich des wachsenden Zwischengelenkstückes des Wirbelbogens kommen (*Schmidt* 1979, 73).
Wie Abbildung 159 erkennen läßt, handelt es sich bei der *Spondylolyse* um eine Spaltbildung in der Interartikularportion (Teil des Wirbelbogens zwischen oberem und unterem Gelenkfortsatz) (vgl. auch Abb. 160). Ist die Spondylolyse mit einem Gleitprozeß verbunden, so spricht man von einer *Spondylolisthesis*.
Die Spaltbildung in der Interartikularportion vermindert die Stabilität der Wirbelsäule, und durch die daraus resultierende abnorme Beweglichkeit kann eine Veränderung der Bandscheibe entstehen, die unter dem spondylolytischen Wirbel liegt. Wird sie zermürbt, d. h. werden die *Sharpey-Fasern* unterbrochen, die den äußeren Faserring mit den knöchernen Randleisten der beiden benachbarten Wirbelkörper verbinden, so kann ein Wirbelgleiten – Spondylolisthesis – die Folge sein (*Oberniedermayr* 1959, 158).

Im Detail liegt der Spondylolyse bzw. der Spondylolisthesis folgender Überlastungsmechanismus zugrunde:
Wie Abbildung 160 zeigt, kommt es bei normaler Extension nur zu einer Drehung um den Drehpunkt F, der innerhalb der Bandscheibe liegt. Bei starker *Hyperextension* – wie dies z. B. bei einem turnerischen Bogengang der Fall ist – hingegen wird der Drehpunkt in einen Bereich außerhalb der Bandscheibe verlagert und befindet sich nun im Bereich der *Pars interarticularis*. Parallel dazu kommen die unteren Ränder der inferioren Facetten von L 4 auf der *Lamina arcus vertebrae* (hinterer Teil des Wirbelbogens) von L 5 zu liegen, bei gleichzeitiger ventraler Ausdehnung der Bandscheibe. In diesem Zustand ist die Bandscheibe nicht mehr in der Lage, axiale Kräfte zu übertragen, und demzufolge muß die ganze Axialkraft allein durch die Kontaktstelle zwischen dem *Processus articularis inferior* von L 4 und der *Pars interarticularis* von L 5 übertragen werden.

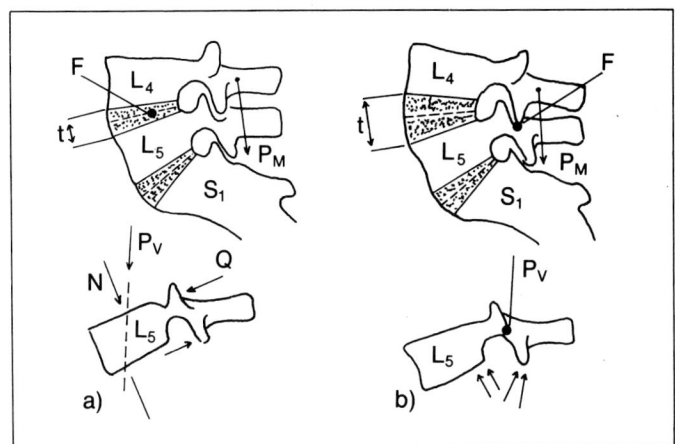

Abb. 160 Die Belastung der Inter-artikularportion des Wirbelbogens in Hyperextension: a) Extension im Normalbereich; b) Hyperextension (nach *Jacob/Suezawa*, in *Hackenbroch* et al. 1983, 91).

Eine Verschärfung der oben beschriebenen Überlastungssituation findet noch dadurch statt, daß – bedingt durch die dorsale Verlegung des Drehpunktes F und den dabei verkürzten Hebelarm des *M. erector spinae* (Rückenstrecker) – größere Axialkräfte auftreten müssen, um diesen Abschnitt im Gleichgewicht zu halten (*Jacob/Suezawa* in *Hackenbroch* et al. 1983, 91/92).

Langfristig kann es somit durch häufige Hyperlordosierungsbelastungen – vor allem bei unzureichender Erholungszeit – zur Ingangsetzung eines Ermüdungsbruchmechanismus kommen. Dies um so mehr, als die Pars interarticularis im wesentlichen aus Kortikalknochen mit nur langsam stattfindenden Reparaturvorgängen besteht und die diesen Bereich primär versorgenden Blutgefäße ebenfalls in dem diesem Trauma unterworfenen Anteil des Wirbelbogens eintreten.

Daß die Spondylolyse bzw. die Spondylolisthesis vielfach durch eine sportartspezifische Überlastung zustande kommt, läßt sich aus folgenden Vergleichszahlen ersehen: In der Durchschnittsbevölkerung treten die Spondylolyse bzw. die Spondylolisthesis mit einer Häufigkeit von 5–7% bzw. 2–4% auf, bei jungen Kunstturnerinnen hingegen fand man Spondylolysen bei bis zu 32% der untersuchten Personen (*Jakob* in *Howald/Hahn* 1982, 82).

Zusammenfassende Schlußbemerkung

Im Kindes- und Jugendalter kann es zu wachstumsbedingten spezifischen Verletzungen bzw. Schädigungen des Bewegungs- und Halteapparates kommen. Aufgrund der hormonellen Umbruchsituation ist vor allem der erste puberale Wachstumsschub von einer erhöhten Inzidenz dieser charakteristischen Verletzungs- bzw. Schädigungsbilder betroffen. Prophylaktisch sollten Kinder – insbesondere vor der Aufnahme eines sportlichen Leistungstrainings – einer fachärztlichen Sporteignungsprüfung unterzogen werden. Kinder und Jugendliche mit krankhaften Befunden oder physiologischen Varianten, die für sie im Rahmen eines Hochleistungstrainings eine Gefährdung bedeuten könnten, sollten von einem inadäquaten Leistungstraining ferngehalten werden.

Literatur

1. *Albrecht, W. D., W. Pollähne:* Partielle und komplette postraumatische Desinsertion mit appositionellen Verkalkungen im Röntgenbild des Beckenskeletts bei jugendlichen Sportlern. Rad. diagn. 16 (1975), 849 f.
2. *Bartelink, D. L.:* The role of abdominal pressure in relieving the pressure on lumbar intervertebral discs. J. Bone Jt. Surg. 398 (1967), 718–725
3. *Berthold, F., P. Thierbach:* Zur Belastbarkeit des Halte- und Bewegungsapparates aus sportmedizinischer Sicht. Med. u. Sport 6, 21 (1981), 165–171
4. *Chapchal, G.:* Sportverletzungen und Sportschäden. Thieme, Stuttgart–New York 1983
5. *Cotta, H., H. Krahl:* Apophysenläsionen bei Spiel und Sport. Orthop. Praxis 10 (1974), 300 f.
6. *Cotta, H., H. Krahl:* Apophysenverletzungen jugendlicher Fußballspieler. Sportarzt und Sportmedizin 12 (1975), 266–271
7. *Cotta, H.:* Der Mensch ist so jung wie seine Gelenke. Piper, München 1979
8. *Ehricht, H. G.:* Die Wirbelsäule in der Sportmedizin. Barth, Leipzig 1978
9. *Figner, G.:* Apophysenverletzungen Jugendlicher beim Sport. Orthop. Praxis 10 (1974), 302 f.
10. *Franke, K.:* Traumatologie des Sports. Thieme, Stuttgart–New York 1980
11. *Groh, H.:* Wirbelsäulenschäden beim Leistungssport. Sportarzt u. Sportmed. 10 (1971), 221–226 u. 11, 270–273
12. *Groher, W., W. Noack* (Hrsg.): Sportliche Belastungsfähigkeit des Haltungs- und Bewegungsapparates. Thieme, Stuttgart–New York 1982
13. *Gutschank, A.:* Doppelseitige Abrißfraktur des Tuber ossis ischii. Arch. orthop. Unfallchir. 38 (1933), 256 f.
14. *Hackenbroch, M. H., H.-J. Refior, M. Jäger* (Hrsg.): Biomechanik der Wirbelsäule. Thieme, Stuttgart–New York 1983
15. *Horntrich, J., P. Horschig:* Abrißfrakturen bei jugendlichen Sportlern. Med. u. Sport 8 (1968), 150 f.
16. *Howald, H., E. Hahn* (Hrsg.): Kinder im Leistungssport, Birkhäuser, Basel–Boston–Stuttgart 1982
17. *Hüllemann, K.-D.* (Hrsg.): Leistungsmedizin – Sportmedizin. Thieme, Stuttgart 1976
18. *Jacob, R. P., R. Ganz:* Sportverletzungen und Sportschäden bei Kindern und Jugendlichen. Therap. Umschau 33 (1976), 380 f.
19. *Kaiser, G.:* Skelettschäden bei Jugendlichen durch Überlastungen und Unfälle beim Sport. Med. u. Sport 2 (1962), 214 f.
20. *Kleinmann, D.:* Sportmedizin für die Praxis. Hippokrates Verlag, Stuttgart 1980
21. *Lehnhardt, K., C. Dietschi:* Abrißfrakturen der Beckenapophysen. Z. Orthop. 112 (1974), 1218 f.
22. *Louhimo, J.:* Epiphyseal injuries in young athletes. Finnish Central Sports Federation, International Congress on Sports Injuries, Espoo 1977
23. *Morris, J. M.:* Role of the trunk in stability of the spine. J. Bone Jt. Surg. 43 A (1961), 327–351
24. *Morris, J. M.:* Biomechanics of the spine. Arch. Surg. 107 (1973), 418–423
25. *Morscher, E.:* Klassifikation von Wirbelsäulenverletzungen. D. Orth. 9 (1980), 2–6
26. *Morscher, E.:* Pubertät und Leistungssport. Schweiz. Z. Sportmed. (1975), 7–17
27. *Oberniedermayr, A.* (Hrsg.): Lehrbuch der Chirurgie und Orthopädie des Kindesalters, Bd. 3. Berlin –Göttingen–Heidelberg 1959
28. *Plaue, R., H. Krahl:* Abrißfrakturen durch Muskelzug – typische Verletzungen jugendlicher Sportler. Med. u. Sport 11 (1971), 220 f.
29. *Rompe, G., H. Rieder:* Orthopädie und Traumatologie des Sports. In: Leistungsmedizin – Sportmedizin. *Hüllemann, K.-D.* (Hrsg.). Thieme, Stuttgart 1976
30. *Schimrigk, K.:* Muskelkater und Muskelkrampf. Medsche Welt 20 (1979), 780–788
31. *Schmidt, H.:* Spondylolisthesis und Sport – Übersicht. Med. u. Sport 3 (1979), 73–80
32. *Schoberth, H.:* Leistungssport und Wirbelsäule im Jugendalter. Leistungssport 5 (1975), 267–273
33. *Schwarzkopf, W., H.-J. Walde, P. Kirschner:* Knöcherne Bandausrisse am Tibiakopf beim Jugendlichen. Dt. Z. Sportmed. 4 (1980), 120–124
34. *Sperling, O.:* Sport und Wachstum. Leistungssport 1 (1975), 71–73
35. *Tittel, K.:* Die Belastbarkeit der Wirbelsäule aus funktionell-anatomischer Sicht. Med. u. Sport 1 (1981), 3–9
36. *Walther, H.-U., H. Hähnel:* Apophysenlösungen nach inadäquatem Trauma. Med. u. Sport 20 (1980), 152–157
37. *Weineck, J.:* Sportanatomie. perimed Fachbuch-Verlagsgesellschaft, Erlangen 1983
38. *Wuschech, H., W. D. Albrecht, H. Steudel, E. Ahrendt:* Leistungssportliche Belastungsprobleme des Stütz-, Halte- und Bewegungsapparats aus chirurgisch-orthopädischer Sicht. Med. u. Sport 4 (1973), 98–106

Das Problem der Akzeleration und Retardierung beim Sport mit Jugendlichen in Schule und Verein

Begriffsbestimmung – Allgemeine Grundlagen

Vor allem in den letzten 100 Jahren läßt sich aufgrund veränderter Umwelt- und Lebensbedingungen eine Beschleunigung im Wachstum und in den Reifungsprozessen bei Kindern und Jugendlichen feststellen (*Bormann/Reyher-Pauly* 1970, 1154). Dieses Phänomen wird als *Akzeleration* bezeichnet, ein Begriff, der erstmals 1935 von *Koch* (in *Nöcker* 1976, 275) verwendet wurde.

Man unterscheidet zwischen säkulärer und individueller Akzeleration:

> Die Wachstums- bzw. Reifungsbeschleunigung, die die *Gesamtheit der Bevölkerung* betrifft und sozusagen die Entwicklung von Generation zu Generation beschreibt, wird als *säkuläre Akzeleration* bezeichnet.
> Im Gegensatz dazu wird die beschleunigt verlaufende Entwicklung *einzelner Jugendlicher* im Verhältnis zur Entwicklungsnorm ihrer Altersgruppe *individuelle Akzeleration* genannt.
> Die verzögert verlaufende Entwicklung einzelner Kinder und Jugendlicher im Verhältnis zur Entwicklungsnorm wird als *Retardation, Retardierung* oder *Dezeleration* bezeichnet (*Sälzler* 1967, 78; *Oster* 1970, 1100).

Das Phänomen der Akzeleration läßt sich unter dem Aspekt der morphologischen, funktionellen und psychischen Reifung betrachten (*Kenntner* 1983, 33). Die *morpho-logische* Akzeleration – sie steht in der allgemeinen Betrachtungsweise zumeist im Vordergrund – betrifft dabei die Zunahme der Körpergröße, die *funktionelle* Akzeleration beinhaltet die körperliche Reifung, und die *psychische* Akzeleration beruht auf einer Vorverlegung geistig-seelischer Reifungsprozesse.

Verlaufen körperliche, geistige und seelische Entwicklung gleichermaßen schneller als im Durchschnitt, so spricht man von *harmonischer* bzw. *synchroner* Akzeleration, ist dies nicht der Fall, von *disharmonischer* bzw. *asynchroner* Akzeleration. Bei der disharmonischen bzw. asynchronen Entwicklung treten *Teilretardierungen* und *Teilakzelerierungen* auf, die einzelnen Entwicklungsmerkmale treten also teils früher, teils normal und teils später auf als beim Durchschnitt (*Kretschmer* in *Dietrich* 1966, 14).

Die *säkuläre Akzeleration* – sie tritt weltweit in Erscheinung – betrifft verschiedene *soziale Schichten* oder in verschiedenen *Lebensräumen* lebende Gruppen in unterschiedlich starkem Maße. Bezüglich der Körpergröße sind z. B. die Kinder von Lehrern, Angestellten und Geschäftsleuten von einer ausgeprägteren Akzeleration betroffen als die von Arbeitern.

Wie Tabelle 19 erkennen läßt, ist die säkuläre Akzeleration hinsichtlich der Körpergröße durch erhöhte Ausgangswerte in den verschiedenen Altersstufen charakterisiert. Die durchschnittliche Körpergröße bei Studenten nahm innerhalb von 60 Jahren um 9 cm zu: 1924 betrug sie 171,4 cm, 1961 lag der Mittelwert bei 175,8 cm und 1982 erreichte er 180,5 cm (*Kenntner* 1983, 33).

| Alter | Knaben | | | Mädchen | | |
[Jahre]	1925	1955	Zuwachs	1925	1955	Zuwachs
6,5	114	122	+ 8 cm	112	120	+ 8 cm
10	128	137	+ 9 cm	127	136	+ 9 cm
14	147	158	+ 11 cm	149	157	+ 8 cm

Tab. 19   Die durchschnittliche Körpergröße (in cm) Nürnberger Kinder im Jahre 1925 und 1955 (nach *Oster* 1970, 1101).

Unter dem *sportlichen Aspekt* spielt die *säkuläre* Akzeleration vor allem in bezug auf die Rekordentwicklung eine Rolle: Die Leistungen in den von Körpergröße und -gewicht abhängigen Sportarten werden sich durch die fortschreitende Akzeleration zwangsläufig verbessern.

Die *individuelle* Akzeleration spielt für den Sportbereich – sowohl für den Schulsport als auch Vereinssport – in zweifacher Hinsicht eine wichtige Rolle: Zum einen stellt sich die Frage, inwieweit die individuelle Akzeleration die sportliche Leistungsfähigkeit beeinflußt, zum anderen, inwieweit die sportliche Betätigung ihrerseits auf die Akzeleration einwirkt.

Ursachen der Akzeleration

Kausal ist die *säkuläre* Akzeleration nicht durch eine Ursache, sondern durch ein ganzes Ursachenbündel erklärbar.

Als wichtigste Theorien und Hypothesen gelten:

Land-Stadt-Migrationstheorie

Durch das Urbanisationstrauma (*Brennholdt-Thomson* 1957 in *Pöttinger* 1969, 36) – allgemein ist damit die Reizüberflutung in den Städten gemeint – kommt es summarisch über die erhöhte vegetativ-innersekretorische und zerebrale Aktivierung zu einer Wachstums- bzw. Reifungsbeschleunigung.

Ernährungstheorie

In Not- und Mangelzeiten tritt eine Wachstumshemmung ein, die bei besserer Versorgungslage wieder ausgeglichen wird. Ab einem gewissen Grad kann durch eine weiter verbesserte Ernährung das Größenwachstum jedoch nicht mehr gesteigert werden. Eine ausreichende Ernährung stellt demnach nur eine Grundvoraussetzung zum Erreichen des genetisch festgelegten Grenzwertes der Körpergröße dar (*Lenz* 1959 in *Kenntner* 1983, 33; *Bormann/Reyher-Pauly* 1970, 1155).

Hominisierungshypothese

Nach dieser Ansicht (*Bormann/Reyher-Pauly* 1970, 1159 f.) ist die Akzeleration nur der neueste Abschnitt und die Fortsetzung eines Prozesses, der bis in die Anfänge der Menschwerdung zurückzuverfolgen ist. Die Entwicklung hat sich dabei von Stufe zu Stufe beschleunigt, so daß mittlerweile nicht mehr Jahrhundert mit Jahrhundert, sondern unmittelbar aufeinanderfolgende Generationen miteinander verglichen werden müssen. Ein Fortschreiten dieser Entwicklung ist anzunehmen.

Erbanlagenhypothese

Nach dieser Theorie (*Lenz/Kellner* 1965, 28 f.; *Pöttinger* 1969, 34; *Sälzler* 1967, 33) sollen Erbanlagen – allerdings nicht ausschließlich – bei optimaler *Genrealisierung* durch entsprechende Umweltreize die Akzeleration beeinflussen. Ob die Akzeleration jedoch durch veränderte Erbanlagen eintritt oder ob die Umweltreize die Erbanlage überdecken und die ursprüngliche Variationsbreite noch übertreffen, ist offen.

Heterosis- und Isolatenbruchtheorie

Das ungleiche Vorhandensein der Gene von Vater und Mutter im Körper des Kindes führt nach dieser Theorie zu einem Konkurrenzverhalten der Gene und damit zu einer intensiveren Merkmalsausprägung (*Pöttinger* 1969, 33). Gleiche Denkansätze stehen hinter der Isolatenbruchtheorie (*Grimm* 1966, 81; *Dahlberg* 1947 in *Kenntner* 1983, 33). Durch Auflösung von geographischen, sozialen und religiösen „Inzuchtkreisen" kommt es über eine zunehmende Rassenmischung zu einer Zunahme der Körpergröße.

Heliogene Theorie

Nach dieser Theorie von *Koch* (1936, in *Sälzler* 1967, 18) wird die Akzeleration über eine erhöhte Sonnenbestrahlung durch die heute offenere Kleidung und durch moderne Verhaltensweisen wie Baden, Sport und Bewegung im Freien mitverursacht.

Komplextheorie

Wie die vorhergegangenen Theorien und Hypothesen erkennen ließen, ist das Phänomen der Akzeleration wahrscheinlich nicht auf eine, sondern auf verschiedene Ursachen unterschiedlicher Gewichtung zurückzuführen. *De Rudder* (1960, in *Kenntner* 1983, 33) versucht deshalb die Akzeleration mit einem *Ursachenkomplex* – Wegfall der Kinderarbeit, hohe intellektuelle Anregung, Reizsummation etc. – zu erklären.

Akzeleration bzw. Retardation und sportliche Leistungsfähigkeit

Wie verschiedene Untersuchungen (*Filin/Sirotkina* 1970, 72/73; *Kapustin* 1974, 50 f.; *Tschesnokow* 1974, 336; *Wolkow* 1975, 275) erkennen lassen, ist die sportliche Leistungsfähigkeit von Akzelerierten gegenüber Normalentwicklern bzw. Retardierten im allgemeinen erhöht: Gleichzeitig mit der Längenzunahme ist eine Leistungssteigerung zu beobachten; dies gilt sowohl für den Schwimmsport als auch für die leichtathletischen Disziplinen u. a.
Bei *Akzelerierten* sind sowohl die *anaerobe Kapazität* und die diesbezügliche Erholungsfähigkeit verbessert (*Wolkow* 1975, 275) als auch die *aerobe Leistungsfähigkeit* (Abb. 161).
Wie Abbildung 162 zum Ausdruck bringt, basiert die erhöhte Ausdauerleistungsfähigkeit der Akzelerierten auf einer parallel zum Körperwachstum erfolgenden erhöhten Organleistungsfähigkeit.

Obwohl die *Ausdauerleistungsfähigkeit* der Akzelerierten gegenüber den Retardierten erhöht ist, läßt sich bei beiden ein harmonisches Wachstum hinsichtlich organischer Leistungsfähigkeit, Organmaße und Skelettsystem feststellen. Das vielzitierte disharmonische Wachstum speziell beim Akzelerierten mit beschleunigter Skelettentwicklung bei zeitweise zurückbleibender Organentwicklung entspricht nicht den realen Gegebenheiten (*Hollmann/Hettinger* 1980, 607).

Was bei Akzelerierten und Retardierten für die Ausdauerleistungsfähigkeit gilt, hat in gleichem Maße für andere konditionelle Parameter Gültigkeit: Sowohl die *Kraft* in ihren verschiedenen Erscheinungsformen als

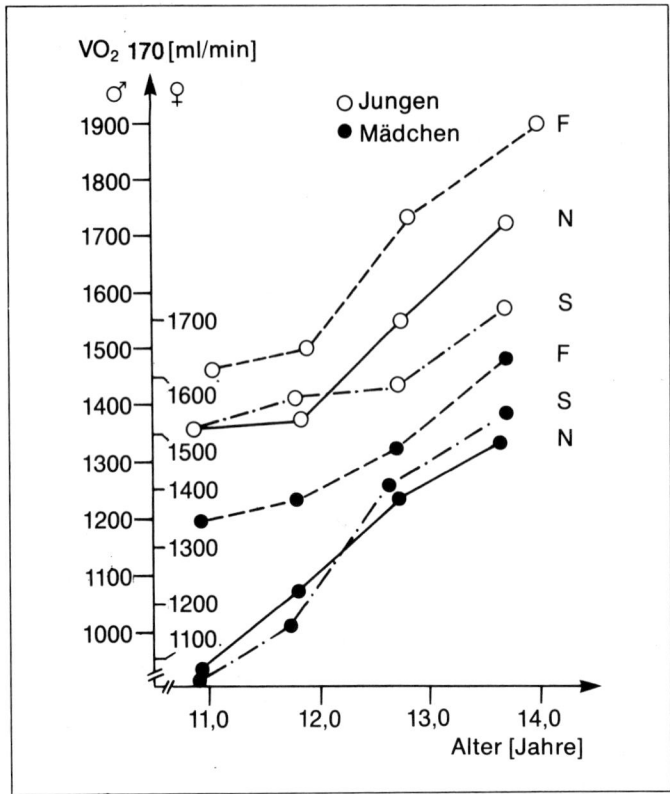

Abb. 161 Die Entwicklung der Ausdauerleistungsfähigkeit (Grundlagenausdauer) im Altersgang in Abhängigkeit von Früh- (F), Normal- (N) und Spätentwicklung (S) am Beispiel des herzfrequenzbezogenen Sauerstoffaufnahmevermögens (VO₂ 170) (nach *Koinzer* 1980, 204).

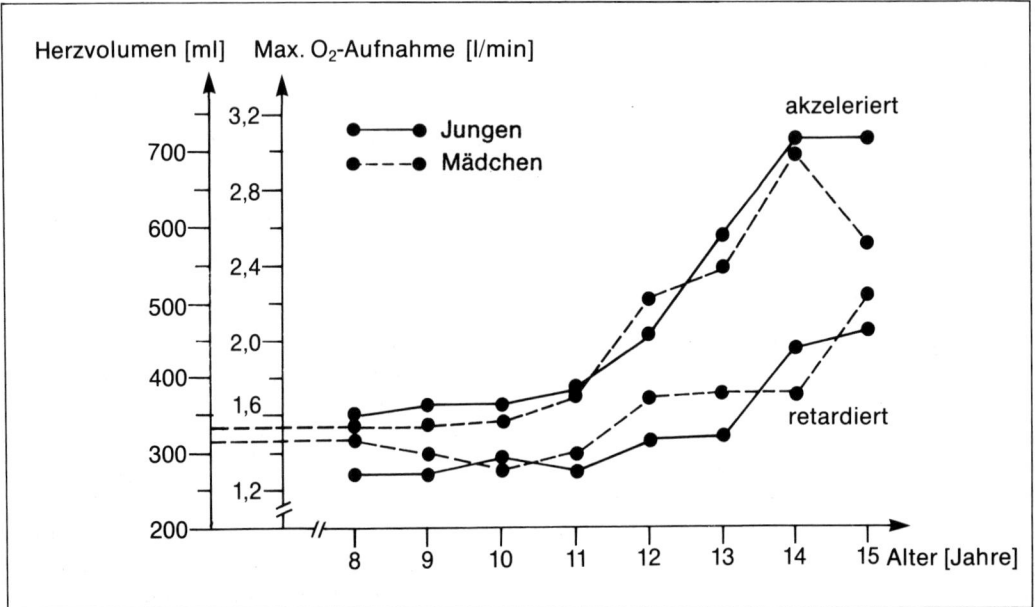

Abb. 162 Die aerobe Ausdauerleistungsfähigkeit von Akzelerierten und Retardierten, ausgedrückt durch die maximale Sauerstoffaufnahmefähigkeit bzw. das Herzvolumen (nach *Cotta/Krahl* 1974).

auch die *Schnelligkeit* ist bei Akzelerierten aufgrund ihrer fortgeschrittenen Körperentwicklung erhöht (*Frey* 1978, 174).

Im koordinativen Bereich müssen die bisweilen bei Akzelerierten erkennbaren Einbußen in der Leistungsfähigkeit nicht unvermeidlich eintreten: Bei kontinuierlicher Fortführung der sportlichen Betätigung sind die Akzelerierten annähernd auf dem gleichen Niveau wie die Normalentwickler (*Filin/Sirotkina* 1970, 72/73).

Obwohl die *Akzelerierten* im Vergleich zu den Normalentwicklern bzw. Retardierten schneller erhöhte sportliche Leistungen erzielen, bedeutet dies nicht, daß sie im Moment der Reife auch die absolut höchsten Leistungen erbringen. Meist stagniert bei den Akzelerierten nach einem initial raschen Leistungsanstieg die weitere Leistungsentwicklung recht schnell, so daß das Höchstleistungsalter nicht erreicht wird. Bei *Retardierten* wachsen die notwendigen Eigenschaften langsamer, im Moment der Reife sind ihre sportlichen Erfolge dann jedoch im allgemeinen größer und stabiler, was insbesondere für technisch komplizierte Sportarten gilt (*Tschesnokow* 1974, 337).

Wirkungen des Sports auf Akzeleration und Retardation

Akzeleration bzw. Retardation und Sport stehen in einer Wechselbeziehung zueinander: Einerseits beeinflussen Akzeleration bzw. Retardation die sportliche Leistungsfähigkeit, andererseits wirkt der Sport auf den Verlauf von Akzeleration und Retardation ein (Abb. 163 u. 164).

Regelmäßige und intensive sportliche Aktivität begünstigt den Entwicklungsverlauf bei Akzelerierten und Retardierten im Sinne einer *Synchronie* der körperlichen und seelisch-geistigen Reifungsvorgänge (*Neumann* 1964, 319).

Der Einfluß *polysportiver* Belastungen auf die Entwicklungsbeschleunigung Akzelerierter äußert sich in einem vermehrten *Breitenwachstum* mit entsprechender Gewichtszunahme, während das Längenwachstum davon weniger betroffen zu sein scheint.

Ausgeprägte disharmonische Entwicklungsverläufe lassen sich im allgemeinen nur bei Jugendlichen feststellen, die nie Sport treiben oder anderen, bisweilen einseitigen körperlichen Belastungen ausgesetzt sind. Gerade bei ihnen wäre Sport ein wichtiges kompensatorisches Mittel im Sinne der angesprochenen Entwicklungsharmonisierung (*Prokop* 1970, 1124).

Akzeleration und Retardation – Konsequenzen für den Leistungs- und Schulsport

In Schule und Verein werden Kinder und Jugendliche nach ihrem kalendarischen Alter in *Jahrgangsstufen* eingeteilt. Nach den bisherigen Ausführungen ist jedoch eine derartige Einteilung unter ausschließlich chronologischem Aspekt nicht unproblematisch. Da *kalendarisches* und *biologisches* Alter vielfach nicht übereinstimmen, kann es bei der Beurteilung bzw. Bewertung der psychophysischen Leistungsfähigkeit kalendarisch Gleichaltriger zu Fehleinschätzungen (z. B. im Bereich der Talentsuche bzw. -förderung) bzw. Benachteiligungen (z. B. bei der Notengebung) kommen.

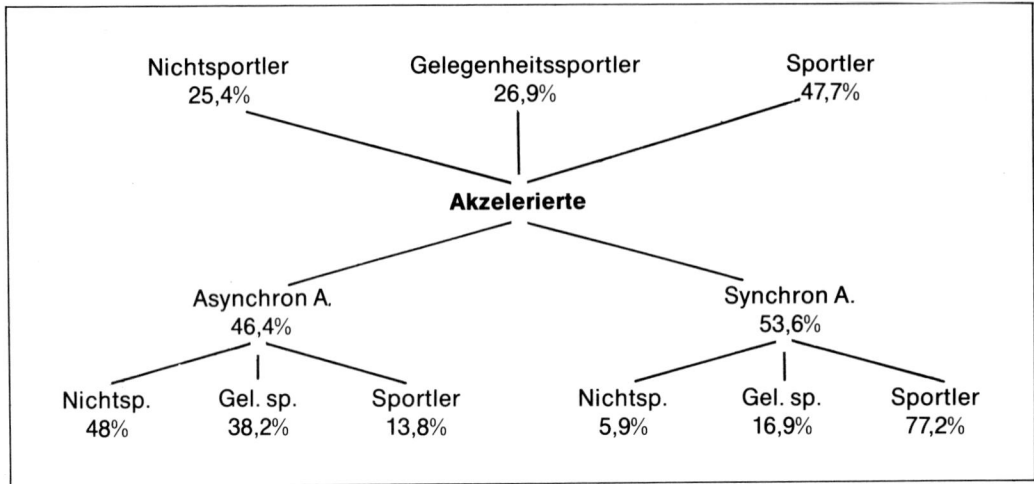

Abb. 163   Akzeleration und Sport (nach *Groher/Noack* 1982).

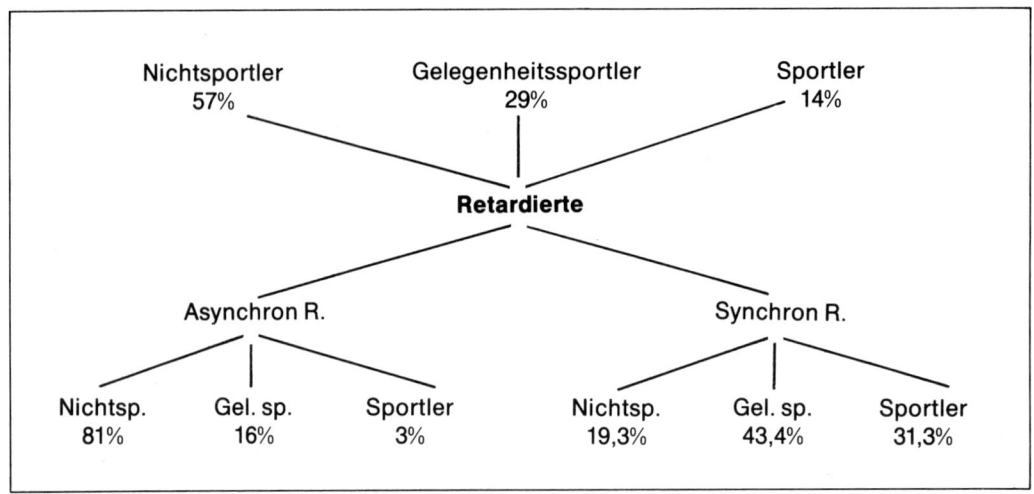

Abb. 164   Retardation und Sport (nach *Groher/Noack* 1982).

Abbildung 165 und Tabelle 20 zeigen, in welch ausgeprägtem Maße das kalendarische Alter von dem biologischen differieren kann: Im allgemeinen Schulbereich läßt sich eine Streubreite vom biologisch jüngsten zum biologisch ältesten Schüler bis zu 5 Jahren, im sportlich-selektierten Bereich sogar bis zu 7 Jahren feststellen.

Da bei den *Akzelerierten* aufgrund ihrer größeren Körperlänge und ihres erhöhten Gewichtes vor allem in allen konditionellen Be-
reichen (Kraft, Schnelligkeit, Ausdauer) eine erhöhte Leistungsfähigkeit und Belastbarkeit vorliegen – Ausdauer und Kraft sind hochsignifikant mit dem biologischen Alter, der Körpergröße und dem Körpergewicht korreliert (*Frey* 1978, 174) –, ist die Durchführung von Schülermeisterschaften bzw. die Führung von Schülerbestenlisten u. ä. kaum als sinnvoll zu bezeichnen, wenn sie, wie dies im allgemeinen der Fall ist, nach Jahrgangsstufen gestaffelt stattfinden. Ge-

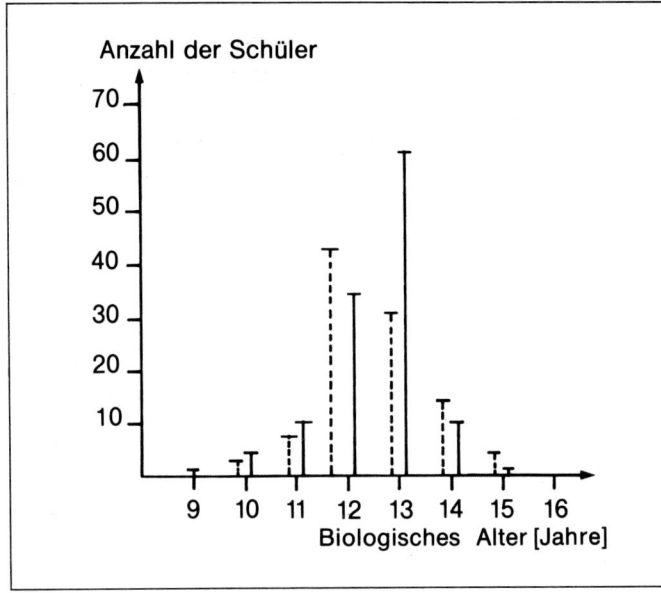

Abb. 165 Das biologische Alter von Schülern (gestrichelte Säule) und Schülerinnen (durchgezogene Säule) mit einem durchschnittlichen kalendarischen Alter von 12,9 Jahren. Die Objektivierung des Altersbefundes erfolgte über Röntgenaufnahmen der Handwurzelknochen (*Weineck* nach Daten von *Kemper/Verschuur* 1981, 97).

Durchschnittswerte	Geräteturnen	Volleyball	Kanurennsport
Größe [cm]	147	173	174
Gewicht [kg]	36,6	56,7	63,0

Tab. 20 Extremvarianten der Streuung (Größe und Gewicht) bei „selektierten" leistungstrainierten Kindern der Altersklasse der 12jährigen anläßlich der Spartakiade von 1977 in Leipzig (*Winter* 1981, 284).

winn- bzw. Plazierungschancen haben hier ausschließlich die biologischen Frühentwickler (Akzelerierte); Normalentwickler oder gar Retardierte schneiden bei diesem „Vergleich" mit den kalendarisch gleichaltrigen Akzelerierten aufgrund ihrer ungünstigeren anthropometrischen Voraussetzungen schlecht ab, insbesondere in Sportarten, in denen eben diese leistungsbestimmenden Parameter eine bedeutende Rolle spielen, wie z. B. in der Leichtathletik.

Fazit: Bei Leistungsermittlungen bzw. Wettkämpfen im Schul- und Vereinsbereich sollten Schüler im Wachstumsalter nicht ausschließlich nach kalendarischen, sondern auch nach biologischen Gesichtspunkten bewertet bzw. eingestuft werden. Eine Lei-stungszuordnung nach der Größe (und dem damit eng korrelierten Gewicht) – als Ausdruck des Entwicklungsalters – erscheint in vieler Hinsicht als ein sinnvolles und brauchbares Verfahren, um Akzelerierte und Retardierte nicht zu begünstigen bzw. zu benachteiligen.

Auf Jahrgangsbestenlisten o. ä. im Schüler- und Jugendbereich sollte man durchwegs verzichten, da sie meist einseitig die Akzelerierten bevorzugen und dazu verführen, zu früh und zu einseitig Methoden und Inhalte des Erwachsenentrainings zu übernehmen, die den Kindern bzw. Jugendlichen schnell die Begeisterung und Freude an ihrer Sportart nehmen und letztendlich die individuelle Höchstleistung eher verhindern als erreichen helfen.

Literatur

1. *Bormann, B., W. Reyher-Pauly:* Die Akzeleration. Z. Allg. med., Der Landarzt 23, 46 (1970), 1154–1164

2. *Dietrich, G.:* Entwicklungsstand und Persönlichkeitsverfassung, Reinhardt, München–Basel 1966

3. *Filin, F., K. Sirotkina:* Untersuchungen über Akzeleration und sportliche Leistung. Leibeserziehung 11 (1970), 4, 72–73

4. *Frey, G.:* Entwicklungsgemäßes Training in der Schule. Sportwissenschaft 2/3 (1978), 18–22

5. *Grimm, H.:* Grundriß der Konstitutionsbiologie und Anthropometrie. Verlag Volk und Gesundheit, Berlin 1965

6. *Hollmann, W., C. Bouchard:* Untersuchungen über die Beziehungen zwischen chronologischem und biologischem Alter zu spiroergometrischen Meßgrößen, Herzvolumen, anthropometrischen Daten und Skelettmuskelkraft bei 8–18jährigen Jungen. Z. Kreislaufforsch. 59 (1970), 160 f.

7. *Hollmann, W., T. Hettinger:* Sportmedizin – Arbeits- und Trainingsgrundlagen. Schattauer, Stuttgart–New York 1980

8. *Kapustin, P.:* Leistungssport und Wachstum. Dissertation. München 1974

9. *Kenntner, G.:* Akzeleration. Kongreßbericht, Medical Tribune 66.5.83, 18, 33

10. *Koinzer, K.:* Zur Dynamik des herzfrequenzbezogenen Sauerstoffaufnahmevermögens (VO$_2$ 170) bei Jungen und Mädchen zwischen 10 und 14 Lebensjahren. Med. u. Sport 20 (1980), 202–207

11. *Lenz, M., H. Kellner:* Die körperliche Akzeleration. Inventa, München 1965

12. *Neumann, O.:* Die leib-seelische Entwicklung im Jugendalter, S. 307–327. Barth, München 1964

13. *Nöcker, J.:* Physiologie der Leibesübungen. Enke, Stuttgart 1976

14. *Oster, H.:* Verändertes Wachstum der Jugend im 20. Jahrhundert. Z. Allg. med., Der Landarzt 46 (1970), 1100–1105

15. *Pöttinger, P.:* Die Abhängigkeit sportlicher Leistungen von den Körpermaßen bei Jugendlichen. Verlag Uni Druck, München 1969

16. *Prokop, L.:* Akzeleration und Sport, Z. Allg. med., Der Landarzt 22, 46 (1970), 1123–1127

17. *Sälzler, A.:* Ursachen und Erscheinungsformen der Akzeleration. VEB Verlag Volk und Gesundheit, Berlin 1967

18. *Tschesnokow, A. S.:* Über die Auslese von Kindern für den Sport. Leistungssport (1974), 335–338

19. *Weineck, J.:* Optimales Training. perimed Fachbuch-Verlagsgesellschaft, Erlangen 1983

20. *Winter, R.:* Grundlegende Orientierungen zur entwicklungsgemäßen Vervollkommnung der Bewegungskoordination im Kindes- und Jugendalter. Med. u. Sport 21 (1981), 194–198; 254–256; 282–285

21. *Wolkow, W.:* Funktionelle Stabilität von Kindern und Jugendlichen gegenüber Sauerstoffmangel. Leistungssport (1975), 274–276

Talentsuche und Talentförderung im Kindes- und Jugendalter

Begriffsbestimmung

Ganz allgemein läßt sich Talent folgendermaßen definieren:

> *Talent* ist eine in eine Richtung ausgeprägte, über das durchschnittliche Maß hinausgehende, noch nicht voll entfaltete Begabung (*Röthig* 1983, 398).

Im Sportbereich spielt vor allem das *motorische Talent* eine wichtige Rolle. Man unterscheidet dabei ein allgemein motorisches Talent, ein sportliches Talent und ein sportartspezifisches Talent.

> Ein *allgemein motorisches Talent* äußert sich dadurch, daß Bewegungen leichter, sicherer und schneller erlernt werden und ein ausgedehntes Bewegungsrepertoire vorliegt (*Hahn* 1982, 86).
> Unter *sportlichem Talent* kann die über dem Durchschnitt liegende Disposition verstanden werden, im sportlichen Bereich hohe Leistungen erbringen zu können (*Röthig* 1983, 398).
> Ein *sportartspezifisches Talent* ist dadurch gekennzeichnet, daß es die physischen und psychischen Voraussetzungen mitbringt, in einer speziellen Sportart herausragende Leistungen erzielen zu können (*Hahn* 1982, 86).

> *Talentsuche* bezeichnet die durch verschiedene Institutionen auf verschiedenen Ebenen durchgeführte Auswahl sportlicher Talente zur Talentförderung (*Röthig* 1983, 314).
>
> Als *Talentförderung* werden gezielte Maßnahmen zur Entwicklung sportartspezifischer Fähigkeiten und Fertigkeiten vor allem bei jungen und talentierten Sportlern bezeichnet (*Röthig* 1983, 313).

Allgemeine Grundlagen

Nach *Ulbrich* haben etwa 6% aller Personen bei normaler Verteilung innerhalb der Bevölkerung einen überdurchschnittlichen, hohen Wert *eines Merkmals*. Ein Sporttalent stellt demnach eine Extremvariante in der sportrelevanten Merkmalsausprägung dar (*Ulbrich* 1973, 374).

Bei der Kombination *mehrerer* überdurchschnittlicher Faktoren fällt der in der Bevölkerung vorkommende Prozentsatz an Personen dieser Qualifikation stark ab. Das Zusammentreffen *aller* für die optimale Ausprägung einer Sportart notwendigen Einzelfaktoren kommt schließlich nur bei einem verschwindend kleinen Prozentsatz an Personen vor.

Beispiel: Unter 1000 zehnjährigen Jungen befindet sich nur einer, der eine maximale

Sauerstoffaufnahme – sie stellt das Brutto-kriterium der Ausdauerleistungsfähigkeit dar (s. S. 177) – von 60, 65 oder 70 ml/kg/min aufweist – bei einem Normalwert von durchschnittlich 45–50 ml/kg/min (*Holl-mann* 1981, 274).

Da in vielen Sportarten nur dann hervorra-gende Leistungen erzielt werden können – dies gilt insbesondere für technisch schwie-rige Disziplinen –, wenn frühzeitig mit ei-nem entsprechenden Trainingsprozeß be-gonnen wird, kommt der *Talentsuche* und der nachfolgenden *Talentförderung* große Bedeutung zu.

Das Problem der Talentbestimmung liegt vor allem darin begründet, Parameter zu finden, die eine möglichst frühzeitige und zuverlässige Prognose der später zu erwar-tenden Leistungsfähigkeit ermöglichen.

Es können folgende *Faktorengruppen* unter-schieden werden, die Einfluß auf das sportli-che Talent haben (*Hahn* 1982, 85):
– *Anthropometrische Voraussetzungen* wie Körpergröße, Körpergewicht, Körperzu-sammensetzung, Körperproportionen, Lage des Körperschwerpunktes
– *Physische Merkmale* wie aerobe und anaerobe Ausdauer, statische und dyna-mische Kraft, Reaktions- und Aktions-schnelligkeit, Beweglichkeit u. a.
– *Technomotorische Voraussetzungen* be-züglich Gleichgewichtsfähigkeit, Raum-, Distanz- und Tempogefühl, Ball-, Was-ser-, Schneegefühl, Ausdrucksfähigkeit, Musikalität und rhythmische Fähigkeiten
– *Lernfähigkeit* wie Auffassungsgabe, Be-obachtungs- und Analysevermögen
– *Leistungsbereitschaft* wie Anstrengungs-bereitschaft, Beharrlichkeit, Trainings-fleiß, Frustrationstoleranz
– *Kognitive Fähigkeiten* wie Konzentration, motorische Intelligenz (z. B. Spielintelli-genz), Kreativität, taktisches Vermögen
– *Affektive Faktoren* wie psychische Stabili-tät, Wettkampfbereitschaft, Wettkampf-härte, Streßbewältigungsvermögen

– *Soziale* Faktoren wie Rollenübernahme, Integrationsfähigkeit, Kooperationsfähig-keit etc.

> Das *sportliche Talent* zeichnet sich dem-zufolge durch den Besitz unterschiedli-cher Fähigkeiten und Fertigkeiten aus verschiedenen Bereichen aus, die kom-plex die sportliche Leistungsfähigkeit bedingen.

Das Problem der prognostischen Aussagen über ein „Talent" liegt in der *Merkmalssta-bilität* begründet. Die Frage nach der Stabi-lität menschlicher Merkmale im Verlauf der Entwicklung des Kindes und Jugendlichen steht deshalb im Vordergrund einer wissen-schaftlich ausgerichteten Talentsuche (*Za-ciorskij* 1974, 240). Nach den bisherigen Un-tersuchungen (*Gimbel* 1976, 163; *Adolph* 1979, 9) ist schon im Alter von 8–11 Jahren eine zuverlässige Aussage über die defin-itive Körpergröße des Nachwuchssportlers möglich. Auch verschiedene Parameter aus dem kardiopulmonalen Bereich lassen schon vom 11. Lebensjahr an eine Prognose des Endstadiums im Reifealter zu.

Von allen *anthropometrischen Vorausset-zungen* ist die *Körperlänge* eine der wichtig-sten, da bei vielen Sportarten bzw. -diszipli-nen dadurch entscheidende Vorteile gege-ben sind: Im Geräteturnen, Eiskunstlauf und alpinen Skilauf sind z. B. Personen mit geringer Körpergröße bevorteilt, in der Leichtathletik (Sprung, Wurf, Stoß), im Basket- und im Volleyball hingegen Perso-nen mit großer Körperlänge.

Für die Talentbestimmung und -förderung spielt daher die frühzeitige Vorhersage der wahrscheinlichen Körpergröße eine ent-scheidende Rolle. Nach *Havlicek* (in *Gaisl* 1977, 159) läßt sich die Erwachsenengröße bei Kindern nach folgenden Berechnungs-methoden mit hoher Wahrscheinlichkeit vorherbestimmen:

Körpergröße für Knaben =

$$\frac{(\text{Körperlänge des Vaters} + \text{Körperlänge der Mutter}) \times 1{,}08}{2}$$

Körpergröße für Mädchen =

$$\frac{(\text{Körperlänge des Vaters} \times 0{,}923) + \text{Körperlänge der Mutter}}{2}$$

Da sich neben Körperlänge auch Körpergewicht, Körperproportionen und Körperbau nur sehr zögernd den Trainingseinflüssen unterwerfen, erlauben *anthropometrische Merkmale* mit hoher Zuverlässigkeit die Entdeckung von aussichtsreichen Nachwuchssportlern (*Groschenkow/Ljassotowitsch* 1974, 125).

Unter den *sportphysiologischen Parametern* der Talentbestimmung eignen sich aufgrund ihrer hohen Merkmalsstabilität die maximale Sauerstoffaufnahme (s. S. 177), die Herz- und Atemfrequenz, das Atemminutenvolumen und der Sauerstoffpuls in besonderem Maße.

Beachte: Wie bei der Körpergröße ist bei den sportphysiologischen Parametern die genaueste Auswahl zwischen 10. und 11. (Mädchen) bzw. 11. und 12. (Jungen) Lebensjahr, also vor der Pubertät möglich (*Ulbrich* 1973, 376).

Schließlich ist die Feststellung *psychosozialer Merkmale* von Bedeutung, da sie für die *Umsetzung* und *Ausprägung* der sportlichen Leistungsparameter wichtige Begleitgrößen darstellen:

Die besten körperlichen Voraussetzungen sind für eine hohe sportliche Leistungsfähigkeit unzureichend, wenn sie nicht mit entsprechenden psychosozialen Eigenschaften verbunden sind.

Probleme bei der Talentsuche und Talentförderung

Das Erstellen eines für die sportartspezifische Leistungsfähigkeit relevanten *Merkmalskataloges* ist die Grundvoraussetzung für die Talentbestimmung. Ein derartiger sportartspezifischer, wissenschaftlich fundierter Merkmalskatalog besteht jedoch für die wenigsten Sportarten; die meisten Kataloge dieser Art sind zu allgemein bzw. zu unspezifisch gehalten. Eine präzise Auswahl ist dadurch erschwert.

Aber auch die Existenz eines perfekten Merkmalskataloges würde nicht automatisch das Problem der objektiven Erfassung dieser Merkmale bzw. Merkmalskomplexe lösen.

Die Merkmale konstitutioneller und sozialer Art lassen sich relativ einfach mit Messungen und Fragebögen erfassen, obwohl sich natürlich gute Schulleistungen oder andere Faktoren aus dem sozialen Bereich rasch ändern können (*Adolph* 1979, 11).

Als wesentlich schwieriger erweist sich die Erfassung der physischen und psychischen

Sportart	Zone I		Zone II		Zone III	
	Erste Erfolge		Optimale Leistungen		Stabilisierung der Höchstleistungen	
Leichtathletik	Männer	Frauen	Männer	Frauen	Männer	Frauen
100 m	19–21	17–19	22–24	20–22	25–26	23–25
200 m	19–21	17–19	22–24	20–22	25–26	23–25
400 m	22–23	20–21	24–26	22–24	27–28	25–26
800 m	23–24	20–21	25–26	22–25	27–28	26–27
1 500 m	23–24		25–27		28–29	
5 000 m	24–25		26–28		29–30	
10 000 m	24–25		26–28		29–30	
Marathon	25–26		27–30		31–35	
110 m Hürden	22–23	18–20	24–26	21–24	27–28	25–27
400 m Hürden	22–23		24–26		27–28	
3 000 m Hindernis	24–25		26–28		29–30	
20 km Gehen	25–26		27–29		30–32	
50 km Gehen	26–27		28–30		31–35	
Hochsprung	20–21	17–18	22–24	19–22	25–26	23–24
Stabhochsprung	23–24		25–28		29–30	
Weitsprung	21–22	17–19	23–25	20–22	26–27	23–24
Dreisprung	22–23		24–27		28–29	
Kugelstoßen	22–23	18–20	24–25	21–23	26–27	24–25
Diskuswerfen	23–24	18–21	25–26	22–24	27–28	25–26
Speerwerfen	24–25	20–22	26–27	23–24	28–29	25–26
Hammerwerfen	24–25		26–30		31–32	
Zehnkampf	23–24		25–26		27–28	
Fünfkampf		21–22		23–25		26–28

Tab. 21 Die Alterszonen in verschiedenen leichtathletischen Sportarten und -disziplinen (*Lempart,* in *Adolph* 1979, 17).

Merkmale. Hoher apparativer Aufwand und z. T. umfangreiche und zeitaufwendige Tests bzw. Testbatterien und der damit verbundene hohe Kostenaufwand erschweren die routinemäßige Durchführung entsprechender Auswahlverfahren oder machen sie unmöglich. Selbst die objektive Erfassung leistungsbestimmender Faktoren mit Hilfe von sportmotorischen Tests ist noch keine Garantie für eine richtige Prognose: Da Tests weniger über potentielle Entwicklungsmöglichkeiten aussagen als vielmehr über den gegenwärtigen Ist-Zustand des Nachwuchssportlers, besteht die Gefahr, daß derartige Tests bei Kindern und Jugendlichen unweigerlich zur Aussiebung der *Ak-*

zelerierten (s. S. 319) führen, während die retardierten Kinder auf der Strecke bleiben (*Gimbel* 1976, 163).

Probleme bei der Talentförderung

Um einen möglichst breiten Leistungsstandard von internationalem Format in allen Sportarten zu erreichen, ist eine systematische Talentsuche im Kindes- und Jugendalter in allen Schulen ebenso unabdingbar wie die anschließende systematische Förderung und Betreuung der dabei gefundenen Talente in Sportschulen oder vergleichbaren Institutionen.

Alter Jahre	54–57,5 Sekunden 170 Sportler		Unter 54 Sekunden 43 Sportler		Leistung von *M. Spitz*	
	Leistung	Verbesserung	Leistung	Verbesserung	Leistung	Verbesserung
10	1:11,6					
11	1:07,0	4,6				
12	1:04,3	2,7				
13	1:01,6	2,7				
14	59,6	2,7			1:05,5	
15	58,0	1,6	1:01,0		59,3	5,7
16	57,0	2,0	57,5	3,5	55,2	4,1
17	56,4	0,6	56,0	1,5	53,6	0,6
18	55,9	0,5	55,5	0,5	53,0	0,6
19	55,6	0,3	55,0	0,5	52,6	0,4
20	55,4	0,2	54,4	0,4	51,9	0,7
21	55,2	0,2	54,0	0,6	51,4	0,5
22	55,0	0,2	53,8	0,2	51,2	0,2
23	54,9	0,1				

Tab. 22   Die altersspezifische Dynamik in der Leistungsentwicklung von Männern über 100 m Freistil (Mittelwerte) (nach *Tschiene* 1979, 160).

Der durchschnittliche Zeitraum, der benötigt wird, um eine optimale sportliche Leistung aufzubauen, beträgt etwa 6–10 Jahre (DSB 1973, 7). Dies bedeutet, daß dem jeweiligen Höchstleistungsalter in den verschiedenen Sportdisziplinen (Tab. 21) ein entsprechender Trainingszeitraum vorgeschaltet werden muß, um zum richtigen Zeitpunkt die optimale Leistungsfähigkeit zu erreichen. Ein derartiges Konzept ist eng an die Vorverlegung des Beginns eines Leistungstrainings auf immer jüngere Altersstufen gebunden und tangiert das Problem einer frühen Spezialisierung.

Die *Frühspezialisierung* betrifft vor allem Sportarten, die schon sehr früh hohe und höchste Leistungen ermöglichen, wie z. B. im Geräteturnen, Eiskunstlauf, Schwimmen u. a. In derartigen Sportarten besteht die Gefahr, daß der planmäßige Trainingsaufbau mit seiner Einengung auf eine Sportart und seinem frühen Beginn – er liegt z. T. bereits im Vorschul- bzw. frühen Schulkindalter – nicht ausreichend die Aspekte eines alters- und entwicklungsgemäßen Trainings berücksichtigt bzw. die psychophysische Belastbarkeit des Kindes überschätzt.

Aus sportbiologischer Sicht liegen die *Gefahren* einer *Frühspezialisierung* insbesondere in folgenden Punkten begründet:
– Die oftmals einseitigen Belastungen und Trainingsinhalte mißachten die Notwendigkeit einer vielseitigen, polysportiven Grundausbildung als Basis für die umfangreichen und intensiven Folgebelastungen.
– Einseitige und zu schnell erhöhte physische Belastungen können zu Überlastungen der jeweils betroffenen Systeme führen. Besonders gefährdet ist dabei der Stütz- und Halteapparat. Werden Knorpel, Knochen, Sehnen und Bänder unphysiologisch über ihre Belastbarkeit hinaus beansprucht, dann kann es früh zu Verschleißerscheinungen in diesem Bereich kommen. Vor allem einseitige muskuläre Beanspruchungen können über sogenannte *arthromuskuläre Dysbalancen* in dieser Richtung wirksam sein: Durch die funktionsbedingte Überbeanspruchung bzw. Vernachlässigung spezieller Muskelgruppen kommt es zu einer Reduktion der

Gelenkamplitude mit einer punktuellen Überlastung entsprechender Gelenkabschnitte, was frühzeitigen arthrotischen Veränderungen Vorschub leisten und den weiteren Trainingsprozeß beeinträchtigen kann.
– Einseitige bzw. monotone und zu intensive Belastungen können rasch zu einer psychischen Übersättigung bzw. Überforderung führen. Insbesondere der akzentuierte Einsatz nicht altersgemäßer Trainingsinhalte – dies betrifft z. B. die Anwendung *anaerober laktazider Belastungen* in den leichtathletischen Laufdisziplinen (vor allem im Mittelstreckenlauf oder im langen Sprint) – kann mit der Grund erhöhter dropouts (Aussteiger aus dem Leistungssport) sein.

Wie Tabelle 22 erkennen läßt, sind es nicht die Kinder bzw. Jugendlichen mit dem frühesten sportartspezifischen Trainingsbeginn, die letztlich die höchsten Endleistungen erreichen.
Wird ein Jugendlicher in frühen Jahren zu Höchstleistungen in seinen Altersklassen gebracht, so ist es noch lange nicht sicher, daß er sich auch als Erwachsener weiterentwickelt und zur Spitze zählt (*Tschesnokow* 1974, 336).
Obwohl eine zu frühe Spezialisierung in eine baldige Leistungsstagnation führen kann, ist im Hochleistungssport eine *rechtzeitige* Spezialisierung unumgänglich. Sie sollte jedoch *so spät wie notwendig* und auf der Basis eines entwicklungsgemäßen Leistungsaufbaus erfolgen, der die individuelle Entwicklung berücksichtigt, eine maßvolle Belastungssteigerung im Rahmen einer vielseitigen Grundausbildung beinhaltet und vor allem die optimale Entfaltung allgemeiner koordinativer Fähigkeiten bzw. den rechtzeitigen Erwerb sportmotorischer Spezialfertigkeiten garantiert.

Literatur

1. *Adolph, H.:* Talentsuche und Talentförderung im Sport. Diesterweg, Frankfurt 1979
2. *Deutscher Sportbund* (Hrsg.): Talentsuche und Talentförderung. Limpert, Frankfurt 1973
3. *Gaisl, G.:* Theoretische Grundlagen der Talentsuche unter besonderer Berücksichtigung von sportanthropometrischen und sportphysiologischen Gesichtspunkten. Leistungssport 2 (1977), 158–167
4. *Gimbel, B.:* Möglichkeiten und Probleme der Talentsuche im Sport. Leistungssport 3 (1976), 159–165
5. *Groschenkow, S. S., S. I. Ljassotowitsch:* Zur Prognose aussichtsreicher Sportler aufgrund morphologisch-funktioneller Daten. Leistungssport 2 (1974), 125
6. *Hahn, E.:* Kindertraining. BLV Verlagsgesellschaft, München–Wien–Zürich 1982
7. *Havlicek, J.:* Auswahl der Schüler für die leichtathletische Vorbereitung. Lehka atletika 24 (1972) 6, 14 f. und 7, 10 f.
8. *Hollmann, W.:* Der Mensch an den Grenzen seiner körperlichen Leistungsfähigkeit. Dt. Z. Sportmed. 9 (1981), 247–250
9. *Klissouras, V.:* Genetic limit of functional adaptability. Int. Z. angew. Physiol. 30 (1972), 85 f.
10. *Medved, R.,* zit. nach *J. Simonek:* Auswahl für Sprungdisziplinen. In: Vyber sportovne talentovanej mladeze pre lehku atletiku. Sport, Bratislava 1973, 66 f.
11. *Neumann, O.:* Die leibseelische Entwicklung im Jugendalter, S. 307–327. Barth, München 1964
12. *Röthig, P.* (Red.): Sportwissenschaftliches Lexikon. Hofmann, Schorndorf 1983
13. *Treutlein, G., H. M. Stork:* Talent und Umwelt. Leistungssport 6 (1976), 416–426
14. *Tschesnokow, A. S.:* Über die Auslese von Kindern für den Sport. Leistungssport 5 (1974), 335–338
15. *Tschiene, P.:* Kritische Überlegungen zu Talentsuche und -förderung. Leistungssport 3 (1979), 158–166
16. *Ulbrich, J.:* Über die Möglichkeit einer Auswahl von Sporttalenten im Kindesalter vom Gesichtspunkt der kardiopulmonalen Leistungsfähigkeit. Leistungssport 5 (1973), 374–380
17. *Ulbrich, J.:* Die Sporttalentbestimmung vom Gesichtspunkt der kardiopulmonalen Leistungsfähigkeit 4 (1974), 278 f.
18. *Ulbrich, J.:* Die Auswahl der Sporttalente vom Gesichtspunkt des Gesundheitszustandes und vom funktionell-physiologischen Gesichtspunkt. In: Teoreticke zaklady vyberu (1975), 68 f.
19. *Zaciorskij, V.:* Die körperlichen Eigenschaften des Sportlers. Bartels und Wernitz, Berlin 1972

Teil VI:
Alter und Sport

Allgemeine Grundlagen

Definition der Begriffe Alter und Altern – Biologische Altersgrenze

Alter

Der Begriff *Alter* wird in der gerontologischen Literatur in unterschiedlichen Zusammenhängen und Bedeutungen gebraucht. Es wird zwischen dem chronologischen oder kalendarischen Alter, dem biologischen oder individuellen, dem psychologischen, dem sozialen und dem funktionalen Alter unterschieden (*Singer* 1981, 19/20).

Das *kalendarische* oder *chronologische Alter* liefert als neutraler, auch in der Statistik verwendeter Begriff nur einen allgemeinen Informationsrahmen im Sinne einer numerischen Skala, in die die einzelnen Personen aufgrund ihres Geburtsdatums einzuordnen sind (*Meusel/Hubert/Schilling* 1980, 15). Das kalendarische Alter einer Person entspricht jedoch oft nicht ihrem biologischen Alter.

Das *biologische* oder *individuelle Alter* wird als das Alter bezeichnet, welches ein Organismus aufgrund der biologischen Beschaffenheit seiner Gewebe im Vergleich zu Normwerten aufweist. Es ist von biologischen Reifungsvorgängen und exogenen Einflüssen abhängig (*Röthig* 1983, 21).
Das *psychologische Alter* bezieht sich auf das individuelle Anpassungsvermögen, auf subjektive Reaktionen und auf das Selbstbild von Einzelpersonen (*Birren* 1974, 24). Es kann aber auch unter den Aspekten des Leistungsalters, der Erlebnissumme und der

geistigen Reife betrachtet werden (*Böcher* 1969, 58).
Das *soziale* oder *soziologische Alter* wird stark von der jeweiligen Gesellschaftsstruktur bestimmt. So kann ein Individuum innerhalb der gleichen Gesellschaft einmal als jung, in einer anderen Beziehung als alt gelten (*Böcher* 1969, 58).
Die Ermittlung des *funktionalen Alters* stellt den Versuch dar, biologisches, psychologisches und soziales Alter aufeinander zu beziehen und so das „echte" Alter zu bestimmen (*Singer* 1981, 20). Die Zuordnung eines bestimmten funktionalen Alters (Kindesalter, Greisenalter) impliziert damit zugleich eine bestimmte Funktionsfähigkeit.
Schließlich wird der Begriff *Alter* auch häufig zur Bezeichnung des letzten Lebensabschnittes verwendet (*Frolkis* 1975, 25; *Ahlheim* 1980, 134; *Singer* 1981, 21).

Altern

Ebensowenig wie es eine allgemeingültige Definition von „Alter" gibt, gibt es eine solche vom Begriff „Altern". Einige Definitionsversuche:

> *Altern* ist die irreversible Veränderung der lebenden Substanz als Funktion der Zeit (*Bürger* 1957, 2).
> *Altern* ist eine allgemeine Bezeichnung für einen Erscheinungskomplex, der zur Verkürzung der Lebenserwartung mit zunehmendem Alter führt (*Comfort,* in *Frolkis* 1975, 14).

> *Altern* ist die Summe aller Abnützungs-
> erscheinungen während des Lebens
> (*Selye* 1962, 4).
> *Altern* ist ein gesetzmäßig ablaufender,
> vielgliedriger biologischer Prozeß, wel-
> cher unausweichlich zur Begrenzung
> der Adaptationsmöglichkeiten des Or-
> ganismus und zur Vergrößerung der
> Sterbewahrscheinlichkeit führt (*Frolkis*
> 1975, 15).
> *Altern* ist die Folge von Veränderun-
> gen, die Individuen mit dem zeitlichen
> Fortschreiten vom Erwachsenenalter
> bis zum Lebensende in charakteristi-
> scher Weise zeigen (*Singer* 1981, 19).

Zusammenfassend und ergänzend könnte
man *Altern* sportbezogen als die Summe aller biologischen, psychologischen und sozialen Veränderungen bezeichnen, die nach
Erreichen des Erwachsenen- und Überschreiten des Höchstleistungsalters zu einer
allmählichen Abnahme der psychophysischen Anpassungs- und Leistungsfähigkeit
des Individuums führt.

Biologische Altersgrenze

Die biologische Grenze für die Lebenszeit
des Menschen wird heute allgemein mit
115–120 Jahren angegeben (*Platt* 1980, 81;
Lindauer 1982, 610; *Rotzsch* 1982, 5; *Keil*
1983, 18).
Dieses Alter hat – geburtsurkundlich ein-
wandfrei nachgewiesen – noch niemand erreicht (*Theimer* 1981, 9; *Assenbaum* 1983,
12).
Alle Altersangaben, wonach Menschen
130–150 Jahre alt wurden (*Backmann* 1945,
108–110) – *Mateeff* (1966, 97) berichtet sogar von Menschen, die 172 und 207 Jahre
lang gelebt haben sollen –, stützen sich nicht
auf verläßliche Geburtsurkunden, die es erst
seit etwa 1835 in mittel- und westeuropäi-
schen Ländern gibt, sondern auf Taufregi-

ster und Kirchenbücher. Sie können daher
nicht als ausreichende Beweise für die Rich-
tigkeit der Altersangaben herangezogen
werden.

Allgemeine Merkmale des hohen Alters

Beim Vorgang des Alterns muß zwischen
physiologischem und *pathologischem Altern*
unterschieden werden. Im ersten Fall handelt es sich um synchrone Veränderungen
aller Organe und Gewebe, im zweiten Fall
um eine stark hervortretende Insuffizienz-
bereitschaft eines Organs oder Systems (*Jablonovskij* 1953, 540).

> Die Lebenserwartung des Menschen
> wird in der Regel durch die Leistungsfä-
> higkeit bzw. Insuffizienzbereitschaft
> des schwächsten seiner lebenswichtigen
> Organe bestimmt.

Ein charakteristisches äußeres Merkmal des
Alterns ist die Verringerung der Körpergröße, die auf eine Verminderung der Band-
scheibenhöhe, eine Höhenminderung der
Wirbel, eine Zunahme der Krümmung der
Wirbelsäule (Alterskyphose) und eine Verringerung des Kollodiaphysenwinkels des
Oberschenkelknochens (Femur) zurückgeführt werden kann. Die Beweglichkeit der
Wirbelsäule ist durch die Elastizitätsab-
nahme des Bandapparates stark eingeschränkt (*Podrusnjak/Mühlbach* 1978, 435).
Im Alter kommt es weiterhin zu einer Atrophie des aktiven und passiven Bewegungsapparates, wodurch die Stützfunktion beeinträchtigt wird, und zu einer Vermehrung des
Binde- und Fettgewebes. Die Zunahme des
Fettgewebes ist wahrscheinlich auf altersbedingte Änderungen in der Sensitivität des
Fettgewebes gegenüber lipolytisch wirksamen Hormonen zurückzuführen (*Kather/Si-
mon* 1979, 1297).

Veränderungen der Haut (s. S. 341), Er-
grauen der Haare und Haarausfall gelten
seit alters her als Zeichen fortgeschrittenen
Alters. Jedoch sind weder aus dem Schwund
des Haarfarbstoffes noch aus dem Schwund
der Kopfhaare bindende Schlüsse auf das
Lebensalter zu ziehen (*Müller* 1922, 25).

Charakteristisch für Alternsveränderungen
ist schließlich noch die kontinuierliche Abnahme der Funktionstüchtigkeit der Sinnesorgane. Diese Veränderungen stehen in Zusammenhang mit dem Altern des Nervensystems (*Verzar* 1965, 112).

Theorien des Alterns

Da die historischen Theorien des Alterns
durchgehend von den modernen wissen-
schaftsorientierten Theorieansätzen verdrängt wurden, sollen nur diese dargestellt
werden.
Heute herrscht die Ansicht vor, daß die meisten Altersveränderungen auf der Ebene
der *genetischen Informationen* zu suchen
sind (*Rose* 1977, 14; *Pusch/Longin* 1980,
281). Allgemein lassen sich 2 Hauptrichtungen feststellen: Die eine nimmt an, daß die
Summation von Schädigungen des genetischen Apparates für das Altern verantwortlich ist, die andere ist der Meinung, daß das
Altern ein genetisch programmierter Prozeß
ist. Diese Hauptrichtungen werden ergänzt
von der Immuntheorie und der Streßtheorie.

Theorien, die auf der Annahme fehlerhafter Proteinsynthese als Ursache des Alterns beruhen

Zum besseren Verständnis der Folgeausfüh-
rungen sei hier in äußerster Kürze auf den
Ablauf der *Proteinbiosynthese* eingegangen:
Die genetische Information wird in der DNS
(Desoxyribonukleinsäure) – sie befindet
sich im Zellkern der verschiedenen Körper-

zellen – gespeichert und durch *Transkription*
auf die m-RNS (Messenger- bzw. Boten-Ri-
bonukleinsäure) übertragen. In der nachfolgenden *Translationsphase* gelangt die genetische Information (man könnte sie als eine
Art Bauplan verstehen) mit der m-RNS in
das Zellplasma (Zytoplasma) zu den Ribosomen und wird dort unter Beteiligung der
t-RNS (Transfer-RNS) – sie ist für die Einschleusung von Aminosäuren in die Zelle
zuständig – und mit Hilfe katalysierender
Enzyme und Co-Faktoren in die entsprechende Proteinstruktur „übersetzt".
Im Verlaufe dieser hochkomplizierten Pro-
zeßfolge können Fehler auftreten, die eine
defekte Proteinsynthese zur Folge haben.

Die Mutationstheorie

Bei der Beobachtung von Chromosomen-
anomalien bei der Leberregeneration stellte
Curtis (1968, 49) eine mit zunehmendem Alter ständig steigende Zahl von Chromoso-
menaberrationen fest. Durch Analogie-
schluß stellte er die These auf, daß auch
andere Zellen mit ähnlichen Anomalien behaftet sein müssen, und daß der alte Organismus schließlich zum großen Teil aus mu-
tierten Zellen bestehe, die immer schlechter
funktionieren und schließlich zugrunde gehen.

Die Theorie der Repair-Mechanismen

Strehler (1976, 13) geht von Störungen im
DNS-Reparatur-Mechanismus aus. Danach
sind besondere Enzyme damit betraut, etwaige Defekte der DNS – sie ist die Trägerin
der genetischen Information – festzustellen
und zu reparieren. Mit zunehmendem Alter
soll nun diese Reparaturfähigkeit verloren
gehen und so zu Störungen in der Proteinsynthese und damit zum Altern führen.

Die Fehlertheorie

In den Hypothesen von *Sinex* und *Medvedev* (in *Frolkis* 1975, 94) nimmt die Annahme von Fehlern bei der Eiweißsynthese infolge Beeinträchtigung der DNS-Moleküle einen zentralen Platz ein. Danach fällt es der alternden Zelle immer schwerer, Proteine zu produzieren, die dieselbe Leistungsfähigkeit haben wie jene der Jugend, so daß es zu einer Abnahme der Zelltätigkeit kommt.

Die Einschränkungstheorie der Zellmatrizen

Nach dieser Theorie sollen auf der Ebene der Translation durch unvollständige Ablesung des Codes Störungen in der Eiweißsynthese eintreten. Die Hypothese geht davon aus, daß eine m-RNS nur dann zur Proteinsynthese herangezogen werden kann, wenn ihr spezifischer Basencode von den verfügbaren t-RNS-Molekülen vollständig ablesbar ist, und daß keine Translation stattfindet, wenn eine oder mehrere dazu benötigte t-RNS-Spezies fehlen. Damit wäre das Ablesen einzelner Codewörter nicht mehr möglich, und das Genexpressionsmuster müßte sich zwangsläufig ändern (*Strehler*, in *Martin* 1980, 343).

Die Fehler-Katastrophentheorie

Noch entschiedener orientiert sich die Theorie von *Orgel* (*Hahn* 1979, 37) an dem Prinzip entstehender Fehler in den fundamentalen Zellfunktionen. Danach ist die Genauigkeit jeder „Kopie" der genetischen Information nicht nur auf die Abwesenheit von Fehlern in der „Matrize" (also Mutation in der DNS) angewiesen, sondern auch auf die exakte Arbeit aller an der „Kopierung" (Transkriptions- und Translationsschritte der Proteinsynthese) beteiligten Werkzeuge (Enzyme der Proteinsynthesewege). Wenn sie ungenau funktionieren, kommt es zu weite-

ren Fehlersynthesen von Proteinmolekülen und schließlich zur „Error-Katastrophe".

Die Theorie der freien Radikale

Harman (in *Theimer* 1973, 122) sieht den normalen Stoffwechsel des Organismus als eine Quelle von *Radikalen* an, die aus den verschiedensten organischen Verbindungen entstehen, wenn diese mit molekularem Sauerstoff reagieren. Die Reaktionen der freien *Radikale* verursachen seiner Meinung nach sowohl intrazellulär als auch im Zwischenzellraum zahlreiche irreversible Zustände sowie Anhäufungen von Alterspigmenten und Veränderungen der Membraneigenschaften, die zum Altern der betroffenen Strukturen führen. Einen erfolgversprechenden Weg zur Lebensverlängerung sieht *Harman* in der Verabreichung von Radikalabfängern: Die Verabreichung von Antioxydantien (z. B. Vitamin E) führte bei Mäusen zu einer Verlängerung der mittleren Lebenserwartung um 25–40% (*Harman*, in *Platt* 1976, 26).

Die Theorie der DNS-Blockierung durch Histone

Nach dieser Theorie kommt es mit zunehmendem Alter zu einer Stabilisierung der DNS-Doppelhelix, verursacht durch das vermehrte Auftreten von *Histonen* (basischen Proteinen). Dadurch wird die Entspiralisierung der DNS-Doppelhelix erschwert, wodurch es zu einer Beeinträchtigung der Proteinsynthese kommt (*Hahn* 1971, 333).

Die Theorie der Quervernetzung von Makromolekülen

Diese Theorie – sie steht der vorhergehenden im Kern der Aussage nahe – macht die sich nicht mehr erneuernden Makromoleküle des Organismus für das Altern verantwortlich. Danach unterliegt die DNS im Kern postmitotischer Zellen einem Alternsprozeß, der in intra- und intermolekularen Querverbindungen und „Versteifungen" der DNS endet und ihre Funktion als Informationsträger behindert, so daß es der m-RNS immer schwerer fällt, den Code abzulesen, und es zu Fehlern in der Proteinsynthese kommt (*Verzar* 1962, 53; 1965, 123).

Theorien, die einen genetisch determinierten Alternsablauf postulieren

Die *Programmhypothesen* gehen von der Vorstellung aus, daß die verschiedenen Etappen der Ontogenese, sowohl die früheren als auch die späteren Etappen – Reife, Abnahme der physiologischen Funktionen, Eintritt der Menopause, Seneszenz, Auftreten pathologischer Störungen, terminale Erkrankung und Tod – in ihrer Reihenfolge und Dauer klar programmiert sind (*Martin* 1980, 342).

Die Hypothese der Alternsuhren

Nach *Everitt* (1973, 272.; 1982, 13, in *Rotzsch;* 1980, 342, in *Martin*) steht das Lebensprogramm unter der Kontrolle einer „Alternsuhr". Danach sollen funktionelle Schrittmacherzellen im Hypothalamus oder in anderen regulatorischen Hirnzentren eine alterns- und lebenszeitbegrenzende Funktion haben. Auch die Existenz mehrerer Uhren ist denkbar. Sowohl die Uhren als auch ihre Programme sind inneren und äußeren Einwirkungen ausgesetzt, die den Ablauf beschleunigen oder verlangsamen können.

Die Hypothese des programmierten Sterbens

Diese Theorie von *Denckla* (1975, 31) hält selbst den Tod für programmiert. Sie geht davon aus, daß die Lebensspanne von Säugetieren durch eine biologische Uhr geregelt ist, die abwechselnd auf das endokrine System wirkt. Fehler im Immun- und Kreislaufsystem sind dafür verantwortlich, daß lebensbeendende Krankheiten bei Säugetieren ähnlich ablaufen.

Die Programmhypothese von *Kanungo*

Kanungo (*Rotzsch* 1982, 14) nimmt eine Programmierung der Teilschritte von Wachstum, Reifung, Differenzierung und Altern durch spezifische Spektren von Genen an, die jeden Abschnitt im Leben des Organismus regulatorisch und zeitlich determinieren. Die Differenzierung ist dabei ein programmierter Prozeß, der aufgrund abwechselnder Aktivierung und Unterdrückung von Genen erfolgt. Die Reihenfolge und die Dauer der Genaktivierung oder der Genunterdrückung in einem Abschnitt durch verschiedene Genprodukte oder Anreger sind in einer bestimmten Spezies festgelegt. Dadurch wird die Lebensspanne der Individuen dieser Spezies bestimmt. Die Programmgeschwindigkeit kann sich nicht nur durch Veränderungen der „produzierenden" Gene, sondern auch durch Änderungen von „integrierenden" oder „regulierenden" Genen ändern.

Die Theorie von *Cutler*

Cutler bringt das Altern mit der Evolution in Verbindung. Bei einem Vergleich von maximaler Lebenserwartung, Enzephalisationsquotient (die Neuronendichte im Zentralnervensystem hält er für den besten Korrelationsfaktor zur Lebenserwartung) und maximalem Energieverbrauch kommt er zu dem Ergebnis, daß diese 3 Parameter in der Stammesentwicklung ständig zunehmen. Das Altern ist nach *Cutler* als Wechselspiel dieser lebenssichernden Mechanismen zu interpretieren (*Cutler* in *Rotzsch* 1982, 22/23; *Hahn* 1979, 40).

Das Hayflick-Phänomen

Lange galten die Ergebnisse *Carrels,* daß sich Fibroblasten aus Hühnerherzen in vitro unbegrenzt vermehren können, als Dogma in der Alternsforschung. *Hayflick* konnte jedoch nachweisen, daß die Lebenszeit von Fibroblasten in vitro durch ihre mitotische (Zellteilungs-)Aktivität begrenzt wird. Altern scheint demnach mit einer verminderten Teilungsfähigkeit zusammenzuhängen. Diejenige Spezies ist am langlebigsten, die die größte Teilungsfähigkeit besitzt: So beträgt die Zahl der Zellteilungen bei embryonalen Fibroblasten bei der Maus 14–28, beim Huhn 15–35, beim Menschen 40–60, bei der Galapagos-Schildkröte 72–114 entsprechend einer maximalen Lebenserwartung von 3, 5, 110 bzw. 175 Jahren (*Hayflick* in *Wunderli* 1979, 34; *Hayflick* in *Rapoport* 1974, 37).

Theorien, die von Störungen im Immunsystem bzw. adaptativen Einflüssen durch Umweltereignisse ausgehen

Die Autoimmuntheorie

Die Autoimmuntheorie besagt, daß der Organismus mit dem Alter seine Autoimmunität verliert, die seine Gewebe vor dem Angriff durch Immunkörper schützt. Mit zunehmendem Alter soll die Möglichkeit des „Erkennens" der eigenen Gewebe verlorengehen. Es werden „Autoantikörper" gebildet, die eigene Gewebe angreifen. Die Folge ist das Altern (*Theimer* 1973, 138).

Die Streßtheorie

Als Ursache des Alterns sieht *Selye* den Streß an. Analog zum Phasenverlauf der Streßreaktion (Alarmphase, Resistenzphase, Erschöpfungsphase) bringt er die Erschöpfungsphase mit dem Alter in Verbindung, das durch eine Verminderung der Resistenz gekennzeichnet ist. Jedes Ereignis im täglichen Leben führt zu einer Verminderung der Adaptationsfähigkeit und damit zur Alterung (*Selye* in *Platt* 1976, 29; *Selye* in *Rotzsch* 1982, 25).

Die Adaptations-Regulationstheorie

Die Adaptations-Regulationstheorie von *Frolkis* versucht ein Gesamtverständnis des Alterns zu geben. Sie verbindet die programmierten Veränderungen mit den Störungen des genetischen Apparates und mit adaptativen Einflüssen durch Umweltereignisse. Hauptursache für den Alterungsprozeß sind die primären Veränderungen in den Regulatorgenen, die eine quantitative und qualitative Umstellung der Proteinsynthese bewirken. Dadurch kommt es zu einer Beeinträchtigung der spezifischen und unspezifischen Kopplung der Eiweißsynthese mit den Funktionen der Zelle und deren Tätigkeit, was zu Störungen des gesamten Stoffwechsels führt (*Frolkis* 1975, 395–399 und 406–407).

Zusammenfassend läßt sich feststellen, daß es – wie die große Zahl der einzelnen Theorien beweist – *die* Alternstheorie nicht gibt. Es läßt sich vielmehr erkennen, daß sich die einzelnen Theorierichtungen gegenseitig ergänzen und gemeinsam die hohe Komplexität der Alternsvorgänge aufzeigen.

Das Altern von Organen

Der menschliche Organismus setzt sich aus verschiedenen Organsystemen zusammen, die einem unterschiedlichen Alterungsprozeß unterworfen sind (*Verzar* 1962, 52; *Kaiser* 1974, 159). Zwar altert der Organismus als Ganzes, aber seine Organe, Gewebe, Zellen und subzellulären Strukturen haben ein mehr oder weniger ausgeprägtes eigenzeitliches Altern. Der komplizierte Vorgang des Alterns läuft auf jedem biologischen Organisationsniveau unterschiedlich ab, womit die Schwierigkeit einer einheitlichen Definition des Begriffes *Altern* nochmals unterstrichen wird.

Alterungsvorgänge auf molekularer und supramolekularer Ebene führen dazu, daß es zu biochemischen, physiologischen und morphologischen Veränderungen auf Organebene kommt. Diese physiologischen Alternsveränderungen werden noch durch pathologische Alternsmechanismen überlagert (*Platt* 1978, 297).

Verglichen mit den Ergebnissen der molekularbiologischen Alternsforschung ist über die Ursachen des Alterns von Geweben, Organen, Organsystemen und altersbedingten Rückbildungserscheinungen in dem so komplexen menschlichen Organismus relativ wenig bekannt. Das eigentliche Problem besteht darin, daß vielzellige Organismen hierarchisch gegliederte Systeme entwickeln, in denen jede biologische Einheit in eine nächsthöhere integriert ist. Jede dieser Stufen ist durch die Evolution geprägt und trägt die Möglichkeit zur Desorganisation in sich (*Holle* 1972, 21).

Im folgenden soll nur auf Alternsveränderungen der wichtigsten Organe eingegangen werden, jedoch keinem Organ eine führende Rolle beim Alterungsprozeß zugeschrieben werden.

Das Nervensystem

Die Ganglienzellen des Zentralnervensystems sind postmitotisch, d. h., sie haben ihre Teilungsfähigkeit eingebüßt. Mit zunehmendem Alter nimmt das Gehirngewicht ab (*Bürger* 1957, 134). Man nimmt an, daß das Gehirn aus 50–100 Milliarden Nervenzellen besteht – allein die Großhirnrinde soll 16,5 Milliarden besitzen –, von denen täglich 10000–100000 zugrunde gehen. Bis zum 80.

Lebensjahr entspricht dies einem Verlust von 300 Millionen bis 3 Milliarden Ganglienzellen. Die Funktionseinbuße dieser atrophischen Vorgänge ist allerdings relativ gering, da die verbleibenden Neuronen kompensatorisch Aufgaben übernehmen (*Platt* 1976, 73; *Theimer* 1981, 251; *Wunderli* 1979, 38).

Die Abnahme der Leistungsfähigkeit der Sinnesorgane ist ebenfalls auf die Altersatrophie der Ganglienzellen zurückzuführen. Besonders eindrucksvoll ist der Rückgang der Geschmackspapillen der Zunge: Von der ursprünglich vorhandenen Anzahl besitzt ein 75jähriger nur noch etwa 36% (*Wunderli* 1979, 39).

Für die Altersschwerhörigkeit ist ein Schwund der Ganglienzellen in der Gehörschnecke verantwortlich. Dieser Prozeß setzt schon im 2. Lebensjahrzehnt ein, erreicht aber erst später einen ins Gewicht fallenden Umfang (*Theimer* 1981, 270).

Das Herz

Durch den Anstieg des Gefäßwiderstandes (aufgrund von sklerotischen Prozessen) wird dem Herzen mit zunehmendem Alter eine erhöhte Leistung abgefordert. Es reagiert darauf mit Hypertrophie (*Theimer* 1973, 258). Zwischen dem 30. und 80. Lebensjahr nimmt das Herzgewicht bei Männern jährlich um etwa 1 g, bei Frauen um etwa 1,4 g zu (*Greenwood,* in *Platt* 1976, 83). Mit zunehmendem Alter kommt es außerdem durch Einlagerung von Lipofuszin zu einer braunen Pigmentierung des Herzmuskels sowie zu vakuoliger Verfettung und einer basophilen Degeneration des Parenchyms (*Hevelke* 1966, 77).

Auch die Herzklappen durchlaufen einen Alterungsprozeß: Über die Zunahme des Gesamtkollagens und des unlöslichen Kollagens kommt es zu einer Verfestigung des Klappengewebes.

Die Gefäße

Die Arterienwand erfährt mit zunehmendem Alter einen tiefgreifenden Umbau (s. S. 396). *Bürger* (1957, 90) betont, daß die mit den Jahren zunehmende Verhärtung der arteriellen Gefäße und die Abnahme der Elastizität, die Wandverdickung und Wandschlängelung physiologische Prozesse sind, denen niemand entgeht, der ein höheres Lebensalter erreicht. Er nennt diesen Vorgang Physiosklerose und grenzt ihn von der Arteriosklerose ab, die eine Krankheit darstellt. Durch Einlagerung von Kalziumphosphatkristallen und Cholesterin kommt es zur Verkalkung der elastischen Elemente der Tunica media (*Bürger* 1957, 111; *Theimer* 1973, 239).

Die Venen, die viel kollagenes Bindegewebe enthalten, zeigen geringere Altersveränderungen als die Arterien.

Der Alterungsprozeß der Kapillaren kann zum einen in einer Abnahme ihrer Zahl im Alter, zum anderen in einer Veränderung ihrer Wand bestehen (*Bürger* 1957, 208).

Die Lunge

Die alternde Lunge ist durch eine Erweiterung der Alveolen und eine Abnahme der Alveolenzahl mit entsprechenden Veränderungen des Strukturfasergerüstes charakterisiert (*Platt* 1976, 86). Durch die Abnahme der Alveolenzahl kommt es zu einer Abnahme der respiratorischen Gesamtoberfläche, durch die Verschiebung des löslichen Kollagenanteils zugunsten des unlöslichen Anteils zu einer Verringerung der Elastizität der Lunge. Verdickungen der Basalmembran der Lungenkapillaren führen zu einer verminderten alveolokapillären Permeabilität (*Lindner* 1972, 335; *Böhlau* 1977, 86).

Für die Abnahme der Leistungsfähigkeit der Lunge mit dem Alter sind jedoch nicht nur intrapulmonale, sondern auch extrapulmonale Ursachen verantwortlich. Da für die Funktion der Lunge die Bewegungsfähigkeit des gesamten Brustkorbes ausschlaggebend ist, führen altersbedingte Rippenknorpelverknöcherungen und Veränderungen der Wirbelsäule zu einer Einschränkung der Erweiterungsfähigkeit des Thorax.

Während die Totalkapazität (s. S. 125) im Altersgang nur geringfügig abnimmt, kommt es zu einem ausgeprägteren Rückgang der Vitalkapazität, des maximalen Atemminutenvolumens, des Atemgrenzwertes und der 1-Sekunden-Kapazität (Tiffeneau-Test) (*Ries* 1972, 200; *Korkusko* et al. 1978, 385/386).

Die Nieren

Trotz einer Abnahme von Nierenparenchymzellen im höheren Alter erfüllt die alternde Niere ihre Funktion bei der Regelung des Wasserhaushaltes noch recht gut, sofern keine krankhaften Veränderungen vorliegen (*Platt* 1976, 89; *Theimer* 1981, 272/273).

Die Leber

Nach *Rössle/Roulet* (in *Theimer* 1973, 285) verringert sich das Lebergewicht bei Männern zwischen dem 50. und 80. Lebensjahr von 1603 g auf 1344 g, bei Frauen von 1445 g auf 1174 g, was einer knapp 20prozentigen Abnahme entspricht. Außer einer erheblichen Einlagerung des Alterspigments Lipofuszin sind alle degenerativen Veränderungen umstritten.

Die relativ hohe Regenerationsfähigkeit der Leber bleibt bis in das höhere Alter erhalten (*Theimer* 1973, 285; *Beneke* et al. 1974, 728).

Die Haut

Ein Vergleich zwischen der straffen, „saftigen" Haut von jungen Menschen und der faltigen, schlaffen Haut von älteren Perso-

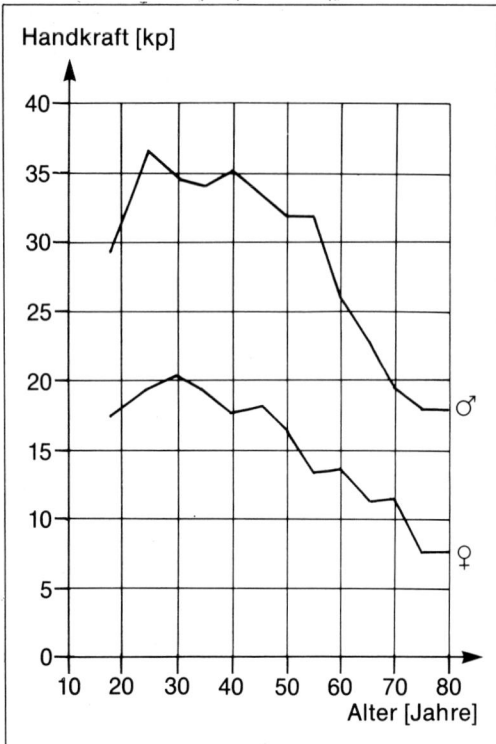

Handkraft [kp]

Abb. 166   Die Abnahme der Handkraft mit dem Lebensalter (nach *Ufland*, in *Theimer* 1973, 263).

mung von etwa 10–15% führt (*Meema/Reid* in *Theimer* 1973, 277; *Bürger/Schlomka* 1928, 111).

Die Skelettmuskulatur

Die Abnahme der Muskelkraft und der Muskelmasse gilt als eine der bekanntesten Alterserscheinungen (Abb. 166).
Sie verläuft in den verschiedenen Muskelgruppen unterschiedlich. Am stärksten schwindet die Kraft in den Beugemuskeln des Unterarmes und in den Muskeln, die den Körper aufrichten (*Ufland* in *Theimer* 1973, 263).
Der Rückgang der Muskelmasse erfolgt langsamer als die Verminderung der Muskelkraft (*Bugyi* in *Platt* 1976, 87).
Zwischen der Abnahme der Muskelmasse bzw. der nachlassenden muskulären Leistungsfähigkeit und der Abnahme der Sexualhormone besteht eine enge Korrelation (*Hettinger* 1966, 28 und 103).

Knorpel und Knochen

Als zentralen Alterungsvorgang des *Knorpels* betrachtet man die Veränderung der Mukopolysaccharide, deren wasserbindende Kraft dem Knorpel seine Wasserkissenfunktion verleiht. Darüber hinaus spielen altersbedingte Kollagenprozesse und Verkalkungsvorgänge eine entscheidende Rolle.
Auch die *Knochen* unterliegen ausgeprägten Alterungsprozessen. Die Atrophie des Knochengewebes – Osteoporose – setzt bei Frauen früher ein als bei Männern: Der Verlust an Mineralsalzen beträgt bei Frauen bereits ab 30–35 Jahre 0,75–1%, ab der Menopause sogar 2–3% pro Jahr, bei den Männern ab 50 Jahren etwa 0,4% (*Smith* 1982, 72). Dadurch kommt es zu einer Erweiterung der Spongiosamaschen und zu einer Verschmälerung der Kortikalis. Auch der Kollagengehalt nimmt ab. Insgesamt wird

nen weist schon rein äußerlich altersspezifische Veränderungen auf.
Da exponierte Haut weit ausgeprägter altert als nichtexponierte, müssen auch exogene Faktoren den Alterungsprozeß beeinflussen, allerdings erst, nachdem es zu inneren Veränderungen gekommen ist.
Obwohl die Epidermis (obere Hautschicht) bis ins hohe Alter regenerationsfähig bleibt, altert sie stark, wird dünner und durchsichtiger. Ursächlich wird eine Abnahme der Mitoseaktivität dafür verantwortlich gemacht (*Theimer* 1981, 276 und 262).
Das Dünnerwerden der Haut wird vor allem auf die Dermis (untere Hautschicht) zurückgeführt: Es kommt zum Schwund an Kollagen, dem hauptsächlichen Bestandteil dieser Schicht, und an wasserbindenden Mukopolysacchariden, was zu einer Wasserverar-

der Knochen im Alter zunehmend spröder, poröser und brüchiger und somit weniger belastungsfähig.

Altern und Leistungsminderung

Die beschriebenen altersbedingten Veränderungen im Bereich der einzelnen Organe sind insgesamt für die Leistungsminderung im Alter verantwortlich, so daß körperliche Höchstleistungen kaum mehr möglich sind. Vor allem die Veränderungen des aktiven und passiven Bewegungsapparates, des Herz-Kreislauf- und des Herz-Lungen-Systems sind für die Verringerung der körperlichen Leistungsfähigkeit während des Alterns verantwortlich. Die für die Lebensexistenz notwendigen Funktionen bleiben jedoch gewährleistet.

> Die Intensität der Lebensvorgänge und die Leistungsreserven, nicht die Funktionen als solche, sind im Alter vermindert (*Gsell* 1966, 74).

Beeinflußbarkeit des Alterungsprozesses durch Sport

Nach der Beschreibung der verschiedenen Altersveränderungen von Organen des menschlichen Körpers stellt sich die Frage nach der Beeinflußbarkeit des Alterungsprozesses, insbesondere durch den Sport.

> Die in der *Gerontologie* üblichen Untersuchungen beziehen sich fast ausschließlich auf eine Bevölkerung, bei der die sportliche Betätigung nur eine geringe Rolle spielt. Dies führt zur Beschreibung von Befunden und Abläufen, die als unveränderlich schicksalhaft erscheinen, ohne daß bisher umfangreiche und aussagefähige Paralleluntersuchungen von intensiv sporttreibenden und nicht sporttreibenden Menschen der verschiedenen Lebensalter gegenübergestellt wurden. Die Befunderhebung an einer größtenteils inaktiv lebenden Bevölkerung kann deshalb nur für diese gelten; die Gerontologie des ständig sporttreibenden Menschen muß erst noch geschaffen werden (*Brüschke* et al. 1966, 31).

Umweltfaktoren wie Ernährung, körperliche Belastung, psychischer Streß, Pharmaka u. a. haben maßgeblichen Anteil an der individuellen Variation der Alternsvorgänge (vgl. u. a. *Hauss* 1974, 89 f.).
An dieser Stelle soll jedoch nur auf den Faktor „körperliche Betätigung" im Sinne von sportlicher Belastung eingegangen werden.

Eine Beeinflussung des Alterungsprozesses scheint vor allem dort möglich, wo typische Wirkungen des Sports ebenso typischen Wirkungen des Alterns entgegengerichtet sind (*Israel* et al. 1982, 290).

> Zwischen den Alterungsprozessen und den Symptomen eines schlechten Trainingszustandes läßt sich eine gewisse Parallelität feststellen (*Hollmann* 1971, 37; *Hollmann/Liesen* 1973, 146).

Es stellt sich daher die Frage, ob es möglich ist, zumindest einigen der sogenannten Alterungsvorgängen durch körperliches Training entgegenzuwirken (*Hollmann* 1973, 238).
Inwieweit der Sport, adäquat betrieben, eine lebensverlängernde Wirkung haben

kann – wie dies in einigen Arbeiten postu- · liert wird (vgl. u. a. *Retzlaff/Fontaine/Furata* 1966, 171; *Edington/Cosmos/McCafferty* 1972, 341; *Jeannotat* 1972, 31; *van Huss* 1983, 381) –, ist noch offen. Sport ist jedoch, betrachtet man den Zusammenhang zwischen körperlicher Inaktivität und dem Schwinden der Leistungsfähigkeit des alternden Menschen, das beste Mittel, um gesund zu altern (*Kaiser,* in *Schmidt* 1972, 188). Untersuchungen an älteren Sportlern zeigen, daß der Sport, wenn er auch im hohen Alter noch betrieben wird, einen günstigen Einfluß auf den funktionellen Zustand des Organismus und damit auf sein Leistungsvermögen ausübt (*Askerow* 1966, 117; *Trogsch/Olbrich* 1974, 1020).

Da bis heute kein Medikament bekannt ist, das beim gesunden Menschen die Alterungsvorgänge bremst, kommen dem richtig ausgewählten und betriebenen Sport sowie dem körperlichen Training eine große Bedeutung zu (*Brüggemann* 1979, 3183; *Liesen* 1975, 103).

> Die bis heute einzige wissenschaftlich gesicherte Methode, den älter werdenden Menschen biologisch jünger zu erhalten als es seinem chronologischen Alter entspricht, ist körperliches Training (*Mägerlein/Hollmann* 1975, 22).

Älteren Sporttreibenden gelingt es, in bezug auf ihr biologisches Alter 10–20 Jahre jünger zu sein als Nichtsportler der entsprechenden Altersstufe; es gelingt ihnen gewissermaßen, 20 Jahre lang 40 Jahre alt zu bleiben (*Jäger* 1976, 103; *Hollmann* 1975, 10; *Hollmann/Hettinger* 1980, 624).

> Dem Sport treu bleiben heißt, länger leben und länger mehr vom Leben haben (*Strauzenberg* 1966, 219).

Klassifikation der Altersabschnitte

Der menschliche Organismus verändert sich im Laufe des Lebens. Besonders auffällig sind diese Veränderungen während der Wachstums- und Entwicklungsphase und im höheren Alter.

Das Unterfangen jedoch, bestimmte Altersgrenzen festzulegen, die das menschliche Leben in einzelne Perioden unterteilen, ist mit großer Zurückhaltung zu betrachten. Insbesondere in der zweiten Hälfte der individuellen Entwicklung des Menschen gibt es beim alternden Menschen keine ausgeprägten Einteilungsübergänge und keine schnell entstehenden fundamentalen funktionellen und stoffwechselbezogenen Veränderungen, die eine problemlose Einteilung in verschiedene Altersabschnitte ermöglichen würden (*Cebotarev/Minc* 1978, 257).

Nachfolgend wird auf die Wachstums- und Entwicklungsphase (s. S. 259) nicht eingegangen, da sie für das Thema „Alter und Sport" keine Rolle spielt. Den Ausgangspunkt für die Veränderungen bildet das sogenannte Höchstleistungsalter, das allgemein im 3. Lebensjahrzehnt liegt (*Lang* 1974, 230; *Suckert* 1979, 13).

Klassifikation der Altersabschnitte aus gerontologischer Sicht

Die Weltgesundheitsorganisation (WHO) hat den Entwicklungs- und Alterungsprozeß des Menschen in folgende 15-Jahres-Abschnitte eingeteilt:
- Jugendliches bzw. jugendbetontes Erwachsenenalter (15–30 Jahre)
- Reifealter (31–45 Jahre)
- Umstellungs- oder mittleres Alter (46–60 Jahre)
- Lebensabschnitt des älteren Menschen (61–75 Jahre)
- Lebensabschnitt des alten Menschen (76–90 Jahre)

- Lebensabschnitt des sehr alten Menschen (mehr als 90 Jahre) (*Reuter/Hunecke* 1982, 1).

In der Periode des Umstellungsalters (46–60 Jahre) – die WHO bezeichnet sie auch als die Periode des alternden Menschen – treten intensive Veränderungen in den Regulationsmechanismen auf. Es kommt zu Störungen im Hypothalamus-Hypophysen-Keimdrüsen-System, die sich auf Stoffwechsel und Funktion der Gewebe auswirken. Die Veränderungen des menschlichen Organismus während dieser Periode sind für den weiteren Altersverlauf bestimmend (*Cebotarev/Minc* 1978, 258/259).

Der Beginn des Umstellungsalters – auch als Beginn des Rückbildungsalters bezeichnet – läßt sich mit dem sogenannten *Leistungsknick* noch einigermaßen festlegen. Die Limitierung dieses Abschnittes bereitet jedoch erhebliche Schwierigkeiten. Vor allem wird zu prüfen sein, ob in bestimmten Bereichen der Folgeabschnitte die Rückentwicklungserscheinungen Phasen des Stillstandes aufweisen und eine gewisse Stabilität auftritt (*Ries* 1972, 164).

Klassifikation der Altersabschnitte nach dem Sportalter

Nicht nur die Gerontologie versuchte, das Leben in verschiedene Altersperioden einzuteilen. Auch im Sport bemühte man sich, die sportliche Leistungsfähigkeit nach dem kalendarischen Alter in Altersklassen zu erfassen. Einzelnen Entwicklungsphasen des Erwachsenenalters wurde eine bestimmte sportmotorische Leistungsfähigkeit zugeordnet. Durch die große individuelle Streubreite der Leistungsfähigkeit ergeben sich jedoch auch hier – wie in der gerontologischen Klassifikation – große Probleme. Die Charakteristik solcher „Sportalter" kann also lediglich die Bedeutung einer Orientierungshilfe haben (*Meusel* 1981, 70).

Winter (1977, 392) unterteilt das Erwachsenenalter in das frühe, mittlere, spätere und späte Erwachsenenalter.

- Das *frühe Erwachsenenalter* umfaßt dabei den Zeitraum zwischen dem 18./20. und dem 30. Lebensalter. Für den *Untrainierten* kann man es als Jahre der relativen Erhaltung der sportmotorischen Leistungsfähigkeit bezeichnen, obwohl bereits ein Rückgang der Leistungsfähigkeit – deutlich vor allem im Schnelligkeitsbereich – festgestellt werden kann. Für den sportlich *Trainierten* ist es das Alter der sportlichen Höchstleistungen, abgesehen von einigen Sportarten wie z. B. Schwimmen und Turnen.

- Das *mittlere Erwachsenenalter* liegt bei dieser Einteilung zwischen dem 30. und 45./50. Lebensjahr. Es ist das Alter der allmählichen motorischen Leistungsminderung. Bei *Nichttrainierenden* ist besonders im koordinativen Bereich, aber auch im Schnelligkeits- und Ausdauerbereich, eine ausgeprägte Leistungsminderung festzustellen. Die Kraft ist noch relativ gut erhalten. Beim *Trainierten* ist das mittlere Erwachsenenalter ein Zeitraum der möglichen Erhaltung der Leistungsfähigkeit.

- Das *spätere Erwachsenenalter* umfaßt den Lebensabschnitt zwischen 45/50 und 60/70 Jahren. Das Merkmal dieses Abschnittes ist die verstärkte motorische Leistungsminderung. Schnelligkeits-, Kraft- und Ausdauerleistungen nehmen bei sportlich Untätigen deutlich ab und erreichen ein sehr niedriges Niveau. Auch bei sportlich Aktiven sind ausgeprägte Involutionen festzustellen.

- Das *späte Erwachsenenalter,* ab etwa 60/70, ist gekennzeichnet durch eine ausgeprägte motorische Involution. Die motorische Leistungsabnahme erreicht in der Regel ein solches Ausmaß, daß sie in der Gesamtmotorik des Menschen ausnahmslos deutlich und unübersehbar wird (*Winter* 1977, 399 f.).

Leistungsfähigkeit und Belastbarkeit des älteren Menschen

Leistungsfähigkeit und Trainierbarkeit der motorischen Hauptbeanspruchungsformen im Alter

Die Struktur und Leistungsfähigkeit eines Organs wird einerseits vom Erbgut, andererseits von der Qualität und Quantität seiner Beanspruchung bestimmt. Nach heutigen Ansichten bestimmt das Erbgut etwa 60–70% der Leistungsfähigkeit, so daß 30–40% äußeren Einflüssen wie körperlichem Training vorbehalten bleiben.
Für die Entwicklung und Erhaltung der organischen Leistungsfähigkeit sind sogenannte überschwellige Reize nötig (s. S. 407). Bleiben diese Reize über einen längeren Zeitraum aus, so entstehen Funktions- und Leistungseinbußen. In manchen Fällen tritt sogar ein Verlust an funktionstüchtigem Gewebe ein (*Mägerlein/Hollmann* 1975, 23).
Für die Abnahme der körperlichen Leistungsfähigkeit nach dem 3. Lebensjahrzehnt ist zum einen eine verlangsamte und verringerte Adaptationsfähigkeit, zum anderen eine allgemein reduzierte organismische Leistungsfähigkeit verantwortlich. Sie basiert auf Veränderungen im neuromuskulären System sowie im Halteapparat und im kardiopulmonal-metabolischen Bereich (*Hollmann/Hettinger* 1980, 621).
Der bereits erwähnte *Leistungsknick* – darunter ist ein sprunghafter Rückgang von Leistungen und Funktionen des Körpers mit

dem Erreichen eines bestimmten Alters zu verstehen – tritt zwischen dem 40. und 45. Lebensjahr (*Letunow* 1973, 211; *Noder* 1975, 11; *Eitner* 1977, 208) bzw. dem 45. und 55. Lebensjahr (*Bringmann* 1977, 663) ein. *Strauzenberg* (in *Israel* et al. 1982, 293) ist sogar der Meinung, daß der Leistungsknick mit großer Streubreite erst im 6. und 7. Lebensjahrzehnt offensichtlich wird.

> Nach übereinstimmender Auffassung aller Autoren läßt sich der *Leistungsknick* durch körperliches Training verschieben.

Die außergewöhnlich hohe Leistungsfähigkeit lebenslang Ausdauertraining betreibender Sportler bestätigt dies: Bei ihnen setzt der Leistungsknick erst ab dem 70. Lebensjahr ein (*Brüschke* 1966, 32; *Haas* et al. 1970, 1506; *Pollock* et al. 1973, 246).

> Training hat einen entscheidenden Einfluß auf Form und Funktion des Körpers, und zwar in größerem Ausmaß als das Alter (*Jokl* 1975, 14).

Was die *Trainierbarkeit* betrifft, so ist festzustellen, daß der gesunde alte Mensch auf Trainingsreize grundsätzlich ebenso reagiert wie der gesunde junge Mensch, wenn es auch im Alter quantitative Unterschiede gibt (*Jokl* 1970, 35 und 39; *Badtke* 1982, 116).

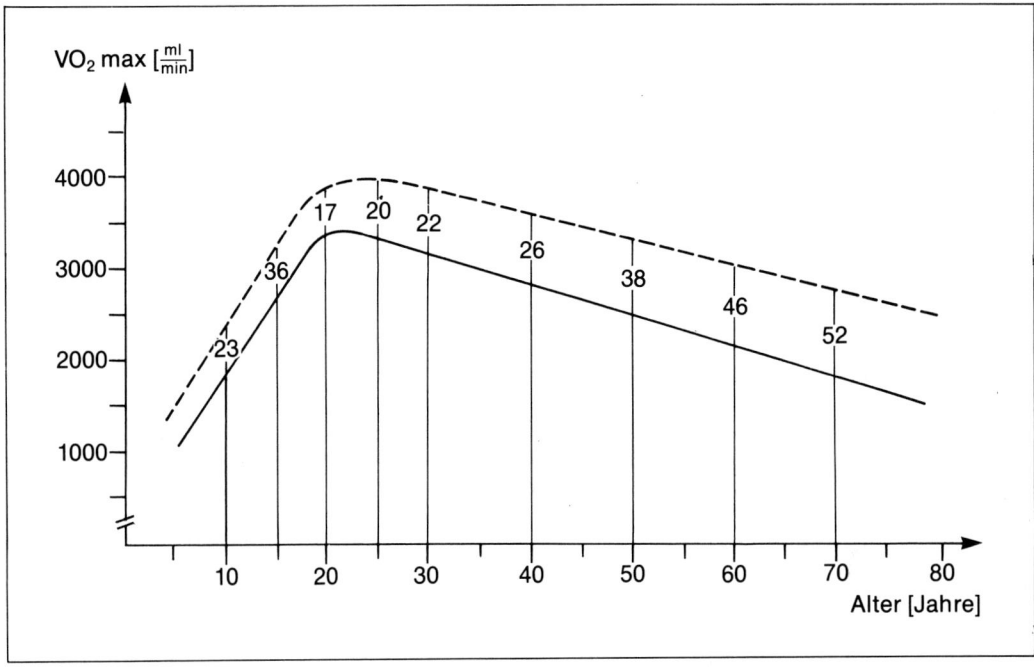

Abb. 167 Mittelwertskurven der maximalen Sauerstoffaufnahme. Alterstendenz von untrainierten (——) und trainierten (- - -) Männern. Die Zahlen zwischen den Kurven geben die Differenzen (in ml/O₂) an (nach *Koinzer/ Krüger* 1982, 278).

Aufgrund von involutionsbedingten Veränderungen nimmt die Adaptationsbreite mit zunehmendem Alter ab, und der Organismus des älteren Menschen kann nur noch Trainingsreize geringerer Intensität verarbeiten.

Da bei jedem einzelnen alten Menschen eine Fülle von Altersveränderungen vorhanden sein kann, unterliegen fast alle Funktionen des menschlichen Körpers im Alter einer viel größeren Streuung als in der Jugend. Die Belastungsgrenze gegenüber den Jugendlichen ist daher in sehr individueller und unterschiedlicher Weise herabgesetzt (*Steinmann* 1977, 132).

Bezüglich der Trainierbarkeit weiblicher Personen bestehen im Vergleich zu männlichen Personen keine Unterschiede im Be-

reich gesundheitlich relevanter Dimensionen (*Hollmann/Hettinger* 1980, 483).

Leistungsfähigkeit und Trainierbarkeit der Ausdauer

Wegen der zentralen Bedeutung einer optimalen Funktionsfähigkeit des kardiopulmonalen Systems für die Gesundheit sind die allgemeine Ausdauerleistungsfähigkeit und ihre Förderung für den Alterssport von vordringlichem Interesse.

Wie aus Abbildung 167 zu ersehen ist, erfährt die maximale Sauerstoffaufnahme – als Bruttokriterium der Ausdauerleistungsfähigkeit – nach dem Maximum im 3. Lebensjahrzehnt einen kontinuierlichen Abfall. Durch Training läßt sich die Abnahme dieses Leistungsparameters erheblich verzögern.

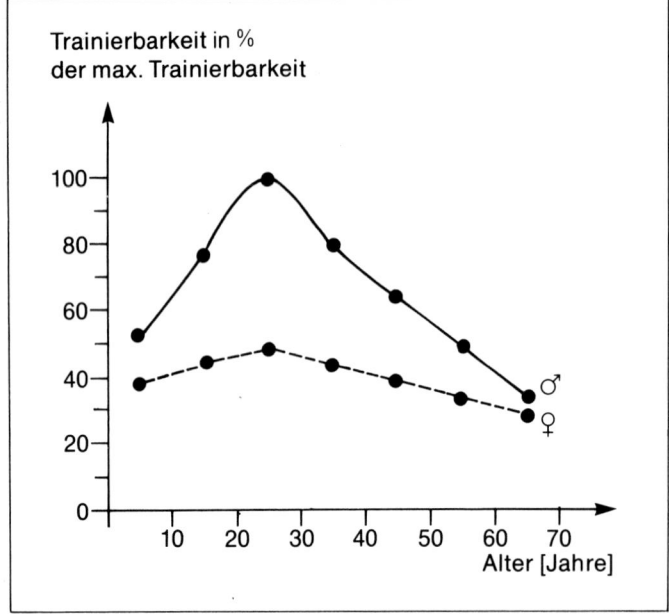

Abb. 168 Die Trainierbarkeit der Gliedmaßenmuskulatur in Abhängigkeit von Alter und Geschlecht (nach *Hettinger* 1983, 139).

Leistungsfähigkeit und Trainierbarkeit der Kraft

Mit zunehmendem Alter verringert sich die Muskelmasse und damit auch der Muskelanteil am Gesamtkörpergewicht. Es kommt zu einer Verschlechterung des Last-Kraft-Verhältnisses. Die durchschnittliche Muskelmasse eines jungen Menschen reduziert sich von 36 kg auf 23 kg bei einem 70jährigen Menschen (*Steinbach* 1972, 638; *Bringmann* 1977, 662).

> Parallel zur stetigen Abnahme der Muskelmasse kommt es zu einer zunehmenden Verringerung der Muskelkraft im Alter (vgl. Abb. 166).

Die *Trainierbarkeit* der Kraft der Extremitätenmuskulatur nimmt – ebenso wie die Kraft selbst – nach dem Höchstleistungsalter kontinuierlich ab, bei den Männern stärker als bei den Frauen (Abb. 168).

> Zwischen der Trainierbarkeit und der Ausschüttung der Sexualhormone besteht eine enge Parallelität (Abb. 169).

Leistungsfähigkeit und Trainierbarkeit der Schnelligkeit

Über die Veränderung der *Fortbewegungsschnelligkeit* gibt es kaum ausreichende Untersuchungen, weil maximale Schnelligkeitsübungen, besonders bei untrainierten älteren Personen, mit einer großen Verletzungsgefahr verbunden sind. Wegen der starken Beanspruchung des Stütz- und Bewegungsapparates und der überwiegend anaeroben Energiebereitstellung wird ein Training der Bewegungsschnelligkeit ab dem 40. Lebensjahr abgelehnt (*Krahl* 1973, 100; *Brügmann* 1975, 10; *Hollmann* et al. 1981, 92).

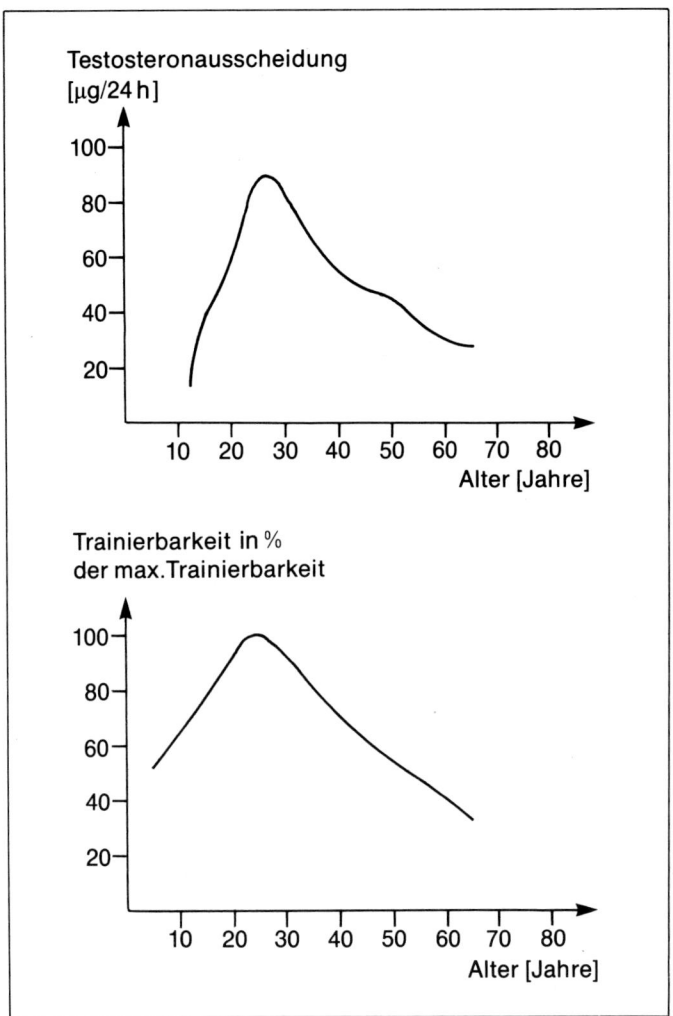

Abb. 169 Trainierbarkeit und Testosteronausscheidung bei Männern (nach *Schmidt/Hettinger*, in *Hettinger* 1983, 140).

Da die Fortbewegungsschnelligkeit in starkem Maße von der Kraft *und* von koordinativen Leistungsparametern abhängig ist, unterliegt sie im Vergleich zu den anderen konditionellen motorischen Hauptbeanspruchungsformen dem frühesten und ausgeprägtesten Abfall.

Zur Altersabhängigkeit der *Reaktionsschnelligkeit* liegen relativ differenzierte Angaben vor, da sie ohne Gefährdung für den Probanden getestet werden kann.

Bei älteren Personen sind für die Ermittlung der Reaktionszeit die Art und Weise der Signalgebung (einfach – komplex; optisch – akustisch; bei entspanntem Zustand – unter Zeitdruck) von großer Bedeutung.

Bei einfachen Reaktionsübungen – und damit wird auch die Frage der *Trainierbarkeit* angesprochen – können durch Übung Altersunterschiede bis zum 60. bzw. 70. Le-

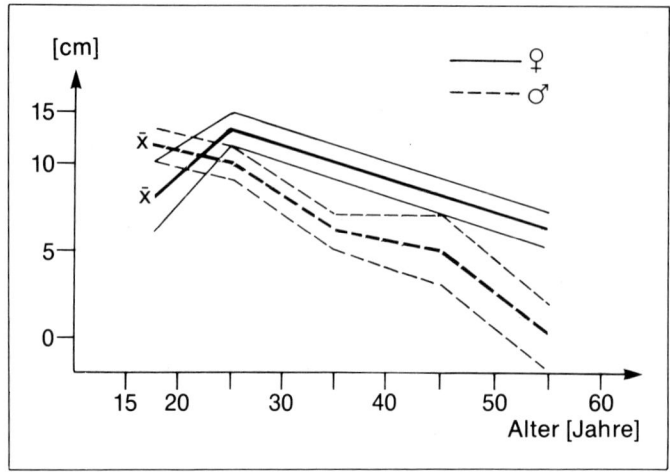

Abb. 170 **Rumpftiefbeugen zur Bestimmung der Wirbelsäulenbeweglichkeit (nach *Richter* 1974, 69).**

bensjahr fast ganz ausgeschlossen werden. Bei Wahlreaktionen hingegen sind die Erfolge weniger gut (*Murrell* 1966, 113; *Steinbach* 1972, 641).

> Die Reaktionszcit von Alterssportlern ist durchweg kürzer als die von Nichtsportlern vergleichbaren Alters. Ältere Männer weisen meist eine kürzere Reaktionszeit auf als ältere Frauen (*Clement*, in *Meusel/Hubert/Schilling* 1980, 39; *Mathey/Bellis/Hodgkins*, in *Willimczik* 1981, 107).

Leistungsfähigkeit und Trainierbarkeit der Beweglichkeit

Wie Abbildung 170 erkennen läßt, nimmt die Wirbelsäulenelastizität der Männer schon mit dem 20. Lebensjahr ab; bei den Frauen setzt dieser Reduzierungsprozeß erst mit dem 25. Lebensjahr ein und verläuft kontinuierlicher. Ab dem 25. Lebensjahr liegen die erreichten Durchschnittswerte der Frauen deutlich über den Werten der Männer, wobei sich im höheren Lebensalter eine Tendenz der noch stärkeren Differenzierung zwischen weiblichem und männlichem Geschlecht andeutet (*Richter* 1974, 71).

Untersuchungen von *Osipov* und *Protasova* (in *Israel* et al. 1982, 298) konnten zeigen, daß entsprechende Körperübungen auch im fortgeschrittenen Alter zu Verbesserungen der Wirbelsäulenbeweglichkeit führen.

> Die Beweglichkeit von aktiven und ehemaligen aktiven Sportlern ist in jeder Altersstufe besser als die von Nichtsportlern.

Bei trainierten Männern konnte eine größere Beweglichkeit festgestellt werden als bei untrainierten Männern, die im Durchschnitt um fast 9 Jahre jünger waren (*Kuta* 1971, 378).

> Neben der Bewegungsschnelligkeit ist die Beweglichkeit, insbesondere die der großen Gelenke, mit zunehmendem Alter mit den größten Leistungseinbußen belastet (*Israel* et al. 1982, 294).

Leistungsfähigkeit und Trainierbarkeit der koordinativen Fähigkeiten

Eine altersbedingte Minderung der koordinativen Qualität scheint bereits mit Beginn des 4. Lebensjahrzehnts einzusetzen (*Hollmann/Hettinger* 1980, 165).

Im hohen Alter ist die Bewegungskoordination durch folgende Merkmale gekennzeichnet (*Israel* et al. 1982, 296):
- Reduzierung des Bedürfnisses nach Bewegung
- Abnahme des Tempos von Bewegungsabläufen
- Verringerung der Fähigkeit zur Kombination von Bewegungen
- Nachlassen in der Ausführungsqualität motorischer Handlungen.

Eine nachlassende Koordinationsfähigkeit äußert sich auch in einer falschen Reaktion in unerwarteten neuen Situationen. Dies hat ein erhöhtes Unfallrisiko zur Folge, sowohl im Alltag als auch in bestimmten Sportarten (*Tilscher* 1979, 38).

Durch ein geeignetes Training können die allgemeine Koordination, die Bewegungsgenauigkeit und die Ökonomie der Bewegungen auch im höheren Alter noch verbessert werden (*Jablonovskij,* in *Israel* et al. 1982, 297).

Bei geübten Altersturnern stellte *Jokl* (1954, 38) eine weitgehend konstante Koordinationsleistung zwischen dem 40. und 70. Lebensjahr fest.

Faßt man die wesentlichen Punkte bezüglich der Leistungsfähigkeit und Trainierbarkeit der motorischen Hauptbeanspruchungsformen im höheren Alter zusammen, so läßt sich folgendes feststellen:

- Mit zunehmendem Alter kommt es zu einem Rückgang aller psychophysischen Leistungsfaktoren.
- Der Leistungsrückgang betrifft am ausgeprägtesten die Schnelligkeit, die Schnellkraft und die Beweglichkeit.
- Der Rückgang der Leistungsfähigkeit der motorischen Hauptbeanspruchungsformen läßt sich durch ein geeignetes Training mehr oder weniger lange aufhalten bzw. verzögern. Allgemein gilt: „Wer rastet, der rostet".
- Die Trainierbarkeit bleibt in allen Altersstufen erhalten, ist jedoch im höheren Alter geringer als in jüngerem Alter.
- Trainierte sind in allen Altersstufen Untrainierten überlegen.
- Training hat einen größeren Einfluß auf die psychophysische Leistungsfähigkeit des menschlichen Organismus als das Alter!

Die Belastbarkeit des Bewegungsapparates und des kardiopulmonalen Systems beim älteren Menschen

Unvernünftig betriebener Sport und unkritische Selbstüberschätzung sind häufige Ursachen vermeidbarer Verletzungen und Schäden (*Hess* 1982, 24).

Im Bereich des Gesundheits- bzw. Freizeit- und Erholungssports werden vor allem der Bewegungsapparat und das kardiopulmonale System zu den limitierenden Faktoren für die Sportausübung (*Prokop* 1964, 1; *Lang* 1974, 278; *Schmidt* 1974, 371).

Die Belastbarkeit des Bewegungsapparates

Der Bewegungsapparat (Muskulatur, Knochen, Knorpel, Sehnen, Bänder) und seine Belastbarkeit stellen häufig den leistungsbegrenzenden Faktor im Sport dar. Besonders

beim älteren Menschen treten Verschleißerscheinungen auf, die sich ungünstig auf die
sportliche Betätigung auswirken (*Meusel/
Hubert/Schilling* 1980, 41).
Im Gegensatz zum Herz-Kreislauf-System
gibt es für das Binde- und Stützgewebe
kaum geeignete Methoden, die dem sport-
medizinisch tätigen Arzt Einblicke in die
Belastungsverarbeitung dieses Systems ermöglichen. Erst subjektive Beschwerden
wie Schmerzen und faßbare klinische Veränderungen weisen auf nicht tolerierte Belastungen seitens des Knorpels, der Sehnen
und Bänder oder des Knochens hin (*Bert-
hold/Thierbach* 1981, 165).
Da im Alter das Verhältnis der Muskelmasse zum Gesamtkörpergewicht ungünstiger wird, muß ein relativ größerer Teil der
Muskelkraft für die Einflüsse der Schwerkraft auf die Bewegung verwendet werden,
so daß für die eigentlichen Zielsetzungen
der Muskelbewegungen weniger Kräfte zur
Verfügung stehen (*Steinmann* 1977, 131).
Durch mangelnde Beanspruchung, aber
auch durch gefäßbedingte Prozesse verliert
die *Muskulatur* die Fähigkeit, sich durch Ka-
pillaröffnung, Kapillardilatation und Kapil-
lardruckerhöhung an die jeweiligen Erfordernisse anzupassen. Überlastungsschäden
sind daher beim älteren Menschen leichter
möglich als beim jüngeren (*Cotta* 1978, 150/
151).
Mit zunehmendem Alter kommt es auch im
Bereich des *Knochengewebes* zu einer Reihe
von Veränderungen, die insgesamt zu einer
erhöhten Brüchigkeit der Knochen führen,
wobei bestimmte Knochen und Knochen-
stellen besonders gefährdet sind. Nach
Steinmann (1977, 131) führt 1 Drittel aller
Stürze auf den Boden im Alter zu einem
Knochenbruch.
Beim *Knorpel* läßt sich infolge eines altersbedingten Elastizitätsverlustes eine Erniedrigung der Belastungsgrenze feststellen. Es
kann zu irreversiblen Strukturveränderun-
gen des Knorpels unter Belastung kommen:
Vor allem Verschleißerscheinungen des
hyalinen Knorpels im Bereich des Hüft-,

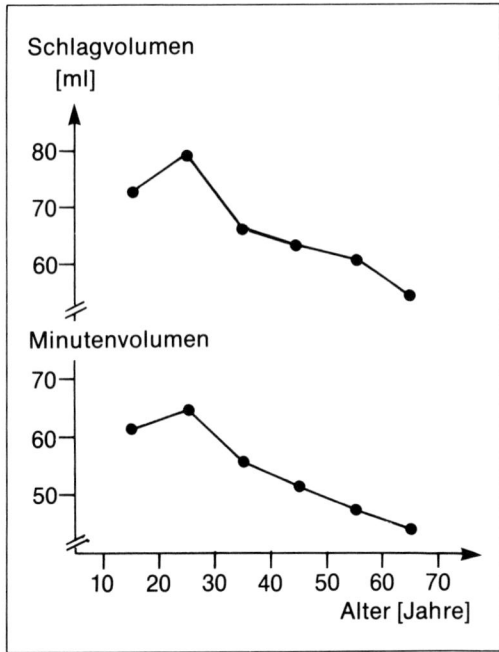

**Abb. 171   Schlagvolumen (oben) und Herzminuten-
volumen (unten) in den verschiedenen Altersstufen
(nach *Lang* 1972, 3895).**

Knie- und oberen Sprunggelenks können
bei einem Mißverhältnis zwischen Belastung
und Belastbarkeit bzw. bei prädisponieren-
den Faktoren (z. B. Gelenkfehlstellungen)
zur Ausbildung einer Arthrose, d. h. zur
Zerstörung der Gelenkknorpeloberfläche
führen.

> Die Gelenke stellen die wesentlichen
> Schwachpunkte des alternden Men-
> schen bei der sportlichen Betätigung
> dar.

Sehnen, Bänder und *Gelenkkapseln* werden
durch das Altern des Bindegewebes weniger
dehnbar und elastisch. Die Reißfestigkeit
nimmt ab. Da die Muskelsehnen durch zusätzliche Degenerationserscheinungen mit
Verkalkung und Knochenspornen keine ab-
gestufte Federung mehr aufweisen, sind sie

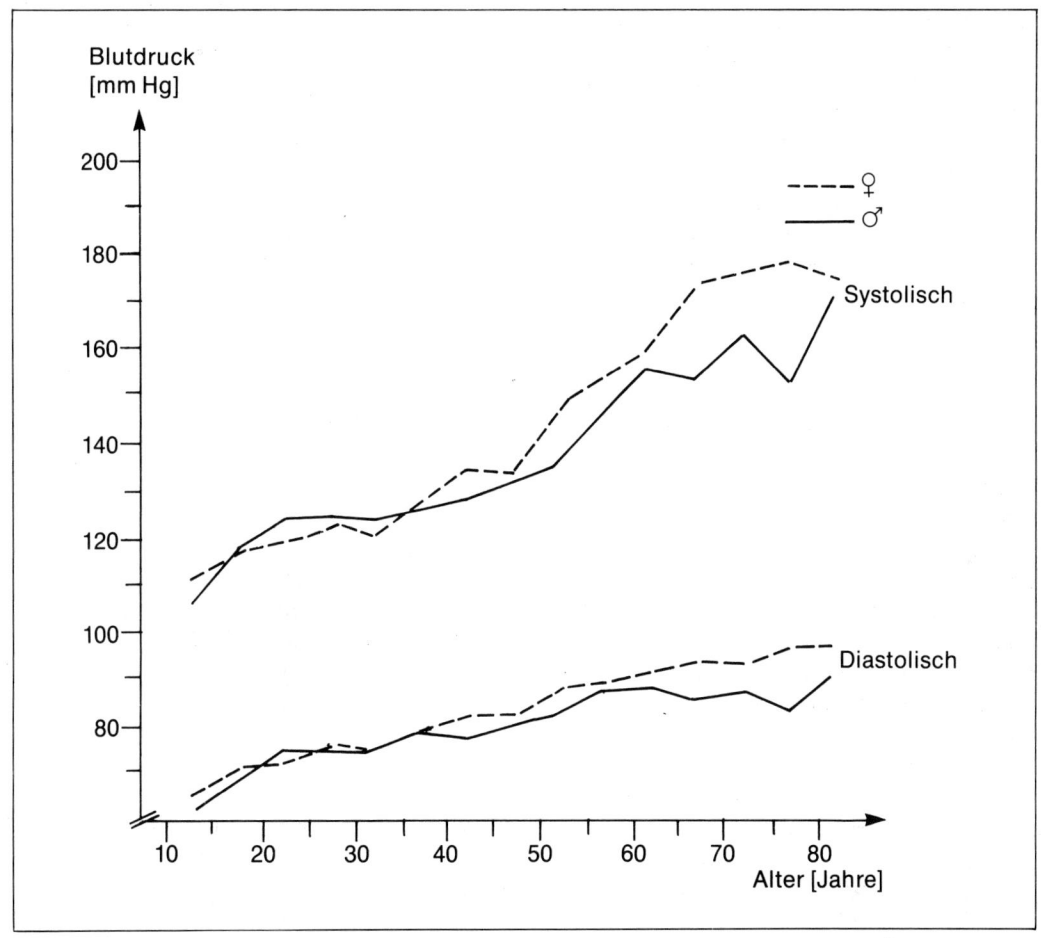

Abb. 172   Systolische und diastolische Blutdruckmittelwerte im Altersgang (nach *Hamilton* et al., in *Frey* 1958, 117).

in besonderem Maße verletzungsanfällig (beim jungen Individuum enthalten die Sehnen im Einstrahlungsbereich zuerst hyalinen und dann verkalkten hyalinen Knorpel, so daß die Sehnenfasern eine Zone mit abgestufter Federung durchlaufen, was sie vor einem Zerreißen schützt) (*Weineck* 1983, 24).

Insgesamt weist der Bewegungsapparat des älteren Menschen eine zunehmende Einschränkung der Sporttauglichkeit und Leistungsfähigkeit auf.

Die Belastbarkeit des kardiopulmonalen Systems

Nach dem 30. Lebensjahr nehmen Schlag- und Minutenvolumen infolge zunehmender Druckarbeit des linken und rechten Herzens kontinuierlich ab (Abb. 171).
Da das Schlagvolumen auch unter Belastung eine Abnahme erfährt, kann ein ausreichendes Herzminutenvolumen nur durch einen entsprechenden Anstieg der Pulsfrequenz erzielt werden. Eine Pulsfrequenzregulation ist bei älteren Menschen aber nur noch in

einem beschränkten Umfang möglich, weil
auch die maximal erreichbare Pulsfrequenz
im Alter abnimmt. Dadurch kann unter Belastung die Grenze der Leistungsfähigkeit
bei älteren Menschen oft schnell überschritten werden. Ein vermehrtes Auftreten einer
Belastungsinsuffizienz ist ab dem 60. Lebensjahr nachweisbar (*Lang* 1974, 278).

Im Alter kommt es häufiger als in der Jugend zum Auftreten von Arrhythmien
(Herzrhythmusstörungen): Die normale Erregbarkeit des Herzens kann leichter durch
Reize aus abnormen Reizzentren durchbrochen werden. Treten derartige Arrhythmien
bei Belastung auf, so können sie zu einer
vitalen Gefährdung führen (*Hentschel/Gru-
ber/Fischer* 1977, 337).

Durch die Zunahme des peripheren Gefäßwiderstandes kommt es im Alter schließlich
auch noch zu einer Erhöhung der Blutdruckwerte (Abb. 172).

> Systolischer und diastolischer Blut-
> druck steigen im Alter in Ruhe, bei sub-
> maximalen sowie maximalen Belastun-
> gen kontinuierlich an.

Nach Belastungsende kehrt der Blutdruck
beim älteren Menschen verzögert wieder auf
die Ausgangswerte zurück; dies bedeutet
eine vermehrte Belastung des Herz-Kreislauf-Systems.

Nach *Lang* (1974, 278) ist das Herz des alternden Menschen nicht physiologischer-
weise insuffizient, es ist jedoch näher an die
Insuffizienzgrenze herangerückt. Ein gesundes kardiopulmonales System ist selten der
limitierende Faktor für die sportliche Belastbarkeit: Gefahren und Einschränkungen
ergeben sich hauptsächlich durch krankhafte Veränderungen des Herz-Kreislauf-
Systems (s. S. 395).

Besonderheiten eines altersadäquaten Trainings

Die Notwendigkeit ärztlicher Betreuung beim Sport älterer Menschen

Angesichts der Häufigkeit von gesundheitlichen Einschränkungen der Leistungsfähigkeit stellt sich die Frage, ob ein bis ins hohe Alter betriebener Sport unter Berücksichtigung der zahlreichen Herz-Kreislauf-Erkrankungen und der Verschleißerscheinungen am Bewegungsapparat aus gesundheitlicher und unfallprophylaktischer Sicht überhaupt vertretbar ist.

Vom ärztlichen Standpunkt aus kann ein Training nur dann empfohlen werden, wenn kein oder nur ein geringes Risiko für den Sporttreibenden besteht.

Beim jüngeren Menschen – er kann zunächst prinzipiell als gesund und damit als sportfähig gelten – ist adäquates sportliches Training sicherlich in jedem Fall zu befürworten, ohne daß aufwendige Sportvorsorgeuntersuchungen erforderlich sind. Beim älteren Menschen hingegen hat sich im Laufe des Lebens unter Umständen eine Reihe gesundheitlicher Defizite angesammelt – vielfach ist davon auszugehen, daß das Herz-Kreislauf-System schon vorgeschädigt und die Koronarreserve eingeschränkt ist –, die in Ruhe oft keine wesentlichen Einschränkungen darstellen, unter körperlicher Belastung jedoch relevant werden können, so daß sich eine sportärztliche Untersuchung vor der Aufnahme sportlicher Aktivitäten als notwendig erweist (*Rost* 1981, 109).

Im allgemeinen muß davon ausgegangen werden, daß bei etwa der Hälfte aller 50- bis 70jährigen Männer bereits orthopädische oder kardiovaskuläre Veränderungen vorliegen, die die Belastbarkeit deutlich einschränken (*Rost/Hollmann* 1977, 217/218).

> Ältere und alte Menschen sollten sich nur dann intensiv sportlich betätigen, wenn die sportliche Kontinuität von jüngeren Lebensabschnitten her gewahrt worden ist, oder nach einer eingehenden ärztlichen Untersuchung (*Lang* 1974, 281).

Im allgemeinen wird bei der Aufnahme bzw. Wiederaufnahme einer sportlichen Betätigung nach dem 40. Lebensjahr eine eingehende sportärztliche Vorsorgeuntersuchung gefordert, die gesundheitlich bedingte Einschränkungen der Belastbarkeit aufzeigen kann (*Suckert* 1979, 14; *Brüggemann* 1979, 3184; *Wischmann* 1979, 39).

Zur Beurteilung der Frage, ob ein dem Alter entsprechend normaler Leistungsstand vorliegt, schlagen *Hentschel/Gruber/Fischer* (1977, 337) den in Abbildung 173 dargestellten Untersuchungsgang vor.

Die sportärztliche Vorsorgeuntersuchung darf sich aber keinesfalls nur auf den Ausschluß von Kontraindikationen (s. auch S. 364) beschränken. Sie muß neben der Feststellung des gesundheitlichen Befindens auch die Ermittlung der aktuellen Leistungssituation und eine darauf basierende Beratung des potentiellen Sportlers hinsichtlich seiner persönlichen Belastungsmöglichkeiten und -grenzen beinhalten

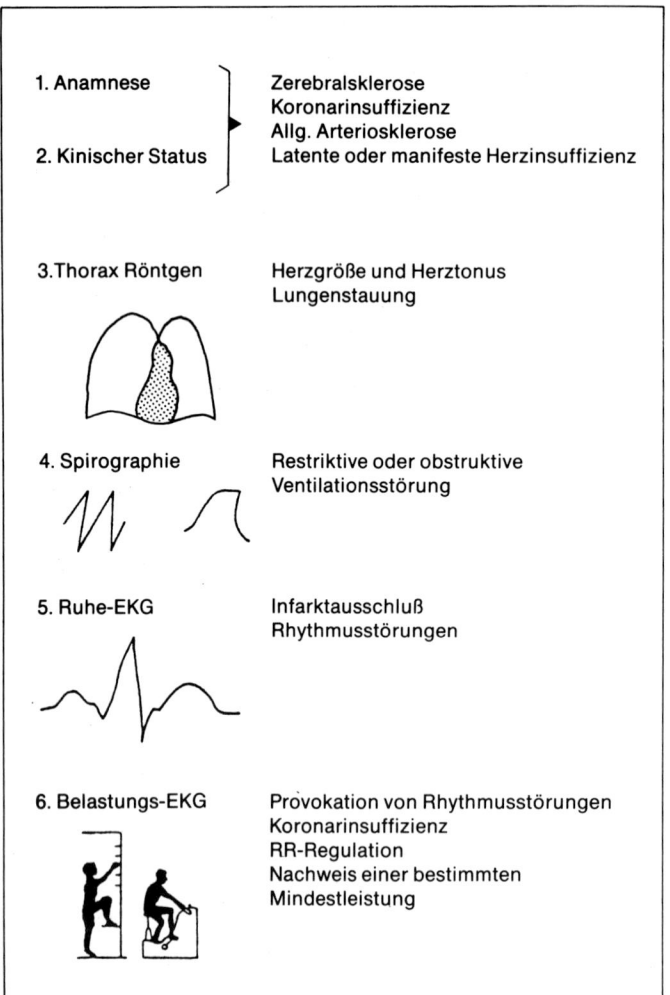

1. Anamnese ⎫   Zerebralsklerose
             ⎬   Koronarinsuffizienz
             ⎪   Allg. Arteriosklerose
2. Kinischer Status ⎭   Latente oder manifeste Herzinsuffizienz

3.Thorax Röntgen   Herzgröße und Herztonus
                     Lungenstauung

4. Spirographie   Restriktive oder obstruktive
                     Ventilationsstörung

5. Ruhe-EKG   Infarktausschluß
                     Rhythmusstörungen

6. Belastungs-EKG   Provokation von Rhythmusstörungen
                     Koronarinsuffizienz
                     RR-Regulation
                     Nachweis einer bestimmten
                     Mindestleistung

Abb. 173 Untersuchungsgang für Alterssportler. Neben der Untersuchungsmethode sind jeweils einige wichtige Fragestellungen angeführt (nach *Hentschel* et al. 1977, 337).

(*Schulz* 1979, 988). Eine sportärztliche Überwachung und Kontrolle ist notwendig, um die Übungseffektivität zu verfolgen und eventuellen körperlichen Überlastungen rechtzeitig vorzubeugen (*Scheele* 1971, 261; *Bringmann* 1977, 665).

Trotz sorgfältiger ärztlicher Untersuchungen läßt sich beim älteren Menschen jedoch nie mit absoluter Sicherheit ausschließen, daß eine myokardiale Insuffizienz oder eine Erkrankung der Herzkranzgefäße vorliegt. Somit besteht ständig die Gefahr, daß beim älteren Menschen mit einer bisher unerkannten Herzerkrankung die Leistungsgrenze des Herzens schon vor der Ermüdung der Skelettmuskulatur erreicht wird (*Lang* 1974, 234).

Auch aus diesem Grund ist eine regelmäßige sportärztliche Untersuchung notwendig. Die erste Wiederholungsuntersuchung sollte bereits nach einem Vierteljahr erfolgen, um den Anpassungsprozeß zu beurteilen. Alle weiteren Untersuchungen können halbjährlich bzw. jährlich durchgeführt werden (*Findeisen/Linke/Pickenhain* 1980, 264; *Reuter/Hunecke* 1982, 6).

Der meist beeinträchtigte Gesundheitszustand alter Menschen und die große individuelle Streubreite ihres Leistungsvermögens stellen an die medizinische Überwachung und Kontrolle hohe Anforderungen. Der beratende Arzt muß in außergewöhnlich differenzierter Form auf die Individualität des einzelnen Falles eingehen können. Eine wichtige Voraussetzung besteht darin, daß der Arzt das Belastungsspektrum der einzelnen Sportarten kennt und möglichst über eigene aktive Sporterfahrungen verfügt.

Praktische Gesichtspunkte für ein dem Alter angepaßtes Training

Wer seit seiner Jugend kontinuierlich Sport betrieben hat, kennt im allgemeinen seine persönliche Leistungsfähigkeit und Belastbarkeit recht gut und weiß, was und wieviel er sich zumuten kann. Wird die sportliche Betätigung jedoch in jungen Jahren abgebrochen oder über mehrere Jahre unterbrochen, treten Veränderungen in der Leistungsfähigkeit und Belastbarkeit ein, die unter Umständen zu einer ausgeprägten subjektiven Fehleinschätzung führen können. Um Fehlbelastungs- bzw. Überlastungsschäden bei der Aufnahme (Anfänger) bzw. Wiederaufnahme (Wiederbeginner) einer sportlichen Betätigung in der zweiten Lebenshälfte zu vermeiden, ist es wichtig, einige Grundsätze zu beachten.

Das Training im Alter orientiert sich an den „normalen" Trainingsprinzipien (*Weineck* 1983, 20). Die Trainingswirkungen sind auch im Alter von den Belastungskomponenten – Reizintensität, Reizdichte, Reizdauer, Reizumfang und Trainingshäufigkeit – abhängig.

Bei der Aufnahme bzw. Wiederaufnahme einer sportlichen Betätigung ist die Belastungssteigerung stets zunächst über eine Umfangs- und erst später über eine Intensitätserhöhung zu betreiben: Die Belastungssteuerung über eine Umfangserhöhung ist differenzierter steuerbar, und der Bewegungsapparat bzw. das kardiopulmonale Sy-

stem haben ausreichend Zeit für eine allmähliche Adaptation an die Belastungsreize.

Die *Belastungsintensität* bei *Ausdauerbelastungen* – sie sollten aufgrund ihrer präventiven Wirkung im Zentrum der sportlichen Betätigung älterer Menschen stehen – sollte zu Beginn etwa 50%, später etwa 70–80% der maximalen Kreislaufleistungsfähigkeit betragen (*Hollmann/Hettinger* 1980, 489; *Strauzenberg* 1979, 37). Als Kontrollmöglichkeit für diesen theoretischen Wert ist die Pulsfrequenz heranzuziehen. Da mit zunehmendem Alter die maximal erreichbare Herzfrequenz abnimmt, gilt für den Sportanfänger in der zweiten Lebenshälfte die Faustregel:

> Als Belastungsgrenze für die Trainingspulsfrequenz ist beim Anfänger bzw. Wiederbeginner 180 minus Lebensalter zu wählen.

Dieser Belastungshinweis ist nicht als starrer Übungsrahmen zu betrachten, sondern den individuellen Bewegungsgewohnheiten bzw. dem Gesundheitszustand des einzelnen älteren Menschen anzupassen.

> Mit einem 3mal pro Woche durchgeführten, 45 Minuten dauernden Ausdauertraining ist der größte gesundheitliche Effekt zu erzielen (*Bringmann* 1980, 135).

Der Anfänger sollte sich über intervallartige Belastungen – einige Minuten Traben, einige Minuten aktive Erholung (Gehen) – allmählich an dieses *Optimum* heranarbeiten. Ist ein über einen längeren Zeitraum kontinuierlich aufgebautes Leistungsniveau erreicht, dann kann es mit einem einmaligen ausdauerbetonten Lauftraining von 45 Minuten Dauer weitgehend erhalten werden (*Bartel* 1979, 273).

Allgemein gilt: Entsprechend den individuellen Voraussetzungen sollte schrittweise vom Minimalprogramm (1mal pro Woche 45 Minuten) zum Optimalprogramm (3mal pro Woche 45 Minuten) übergegangen werden. Ist das Optimalprogramm längerfristig aus zeitlichen Gründen nicht möglich, so sollte zumindest mit dem bereits erwähnten *Erhaltungstraining* die erreichte Leistungsfähigkeit gehalten werden (*Weineck* 1983, 325).

Bei der *Kraftschulung* sollten nur Übungen zur Anwendung kommen, die ohne Preßatmung (s. S. 133) absolviert werden können. Klimmzüge, Liegestützen ohne entsprechende Zusatzhilfen u. ä. sind für den älteren Menschen ungeeignet. Der Aufbau der Muskulatur sollte bei älteren Personen über ein gymnastisches Programm erfolgen, wobei der Krafteinsatz so dosiert werden sollte, daß ein Drittel der jeweiligen Maximalkraft nicht überschritten wird (*Rost* 1981, 163).

Die *Beweglichkeitsschulung* sollte, wenn möglich, täglich erfolgen und 1–3 Serien à 15 Wiederholungen beinhalten. Der Wirbelsäulen-, Schulter- und Hüftgelenksbeweglichkeit sollte dabei besondere Aufmerksamkeit geschenkt werden.

Die Verbesserung der *Beweglichkeit* und der *Koordination* erfolgt vorwiegend durch Übungen in Form von Schwung-, Dreh- und Pendelbewegungen (Kopf, Rumpf und Extremitäten) und durch verschiedene große und kleine Spiele (Faustball, Federball, Golf etc.). Von den Sportspielen sind besonders solche zu wählen, bei denen das Tempo selbst bestimmt werden kann. Sportspiele sollten prinzipiell nur dann zur Anwendung kommen, wenn eine ehrgeizbedingte Überanstrengung vermieden werden kann (*Bringmann* 1977, 667).

Dehnübungen sollen nur nach vorherigem, behutsamem *Aufwärmen* und Auflockern

der Muskulatur durchgeführt werden, da beim älteren Menschen die verminderte Elastizität der Muskeln, Sehnen und Bänder berücksichtigt werden muß.

Bei einem optimal gestalteten Übungsprogramm sollten 60% des Trainings der Ausdauerschulung, 30% der Schulung von Beweglichkeit und Gewandtheit und 10% der Kraftausdauerschulung gewidmet werden (*Bringmann* 1982, 395).

> Schnelligkeit und Maximalkraft sind für den Alterssportler bedeutungslose Leistungsfaktoren. Neben der Entwicklung der Ausdauerleistungsfähigkeit ist der Stabilisierung bzw. Verbesserung der koordinativen Fähigkeiten und der Beweglichkeit die größte Aufmerksamkeit zu schenken.

Möglichkeiten sportlicher Betätigung in den einzelnen Lebensabschnitten

Da die Leistungsfähigkeit und Belastbarkeit des älteren Menschen mehr von seinem biologischen als von seinem kalendarischen Alter abhängen und sich im Alter eine weite Fächerung der individuellen Leistungsfähigkeit ergibt, können Empfehlungen für die sportliche Betätigung in den einzelnen Lebensabschnitten lediglich die Bedeutung einer *Orientierungshilfe* haben.

Sportliche Betätigung im frühen Erwachsenenalter (18/20–30 Jahre)

Im Bereich des *Leistungssportes* ist dieser Lebensabschnitt das sogenannte *Höchstleistungsalter*. Systematisches Training sollte zur persönlichen Bestleistung führen.

Im *Freizeit-* und *Erholungssport* ist eine Verbesserung aller motorischer Hauptbeanspruchungsformen anzustreben. Wünschenswert ist eine wöchentlich mehrmalige und vor allem regelmäßige sportliche Betätigung. Dabei gibt es in der Wahl der Mittel und Formen der Sportausübung bei gesunden Personen zwischen 20 und 30 Jahren keine altersspezifische Beschränkung. Jeder sollte entsprechend seiner Fähigkeiten üben und trainieren (*Winter* 1977, 400).

Sportliche Betätigung im mittleren Erwachsenenalter (30–45/50 Jahre)

Für den *Leistungssport* ergeben sich keine grundlegend neuen Aspekte. Das sportartspezifische Training kann der sportlichen Zielsetzung entsprechend weitergeführt werden. Allerdings gilt allgemein die *Empfehlung, den Hochleistungssport bis zum 40. Lebensjahr zu beenden* und ungeeignete Sportarten (s. S. 363) nicht mehr weiter auszuüben (*Beck* 1967, 226; *Härting* 1962, 175; *Suckert* 1979, 18).

Vergleichbares gilt für den *Freizeit-* und *Erholungssport*. Jedoch muß das individuelle Leistungsvermögen der Sporttreibenden stärker als im frühen Erwachsenenalter beachtet werden, da sich die Unterschiede zunehmend vergrößern.

> Neben der vielseitigen Schulung der motorischen Fähigkeiten ist auf die Steigerung bzw. Erhaltung der kardiopulmonalen Leistungsfähigkeit des Organismus besonders Wert zu legen.

Eine spezielle Schulung der Schnelligkeit und neuer komplizierter Bewegungsfertigkeiten ist im mittleren Erwachsenenalter nicht mehr angebracht (*Winter* 1977, 404).

Sportliche Betätigung im späteren Erwachsenenalter (45/50–60/70 Jahre)

Bei der Sportausübung im späteren Erwachsenenalter ist die individuelle Leistungsfähigkeit noch sorgfältiger zu berücksichtigen als in den vorangegangenen Lebensphasen. Der Auffassung, daß es zur Aufnahme einer sportlichen Betätigung schon zu spät ist, muß jedoch nachdrücklich entgegengetreten werden.

Für Personen, die sich bisher wenig sportlich betätigten, gelten folgende Einschränkungen: Kraftübungen sollten nur noch im mittleren und niedrigen Intensitätsbereich betrieben werden (Kraftausdauer-, aber keine Maximalkraftübungen); die Schnellkraft- und Schnelligkeitsschulung sollte aufgegeben werden; die Schulung der Bewegungsfertigkeiten ist erheblich einzuschränken und auf einfache Formen zu reduzieren.

> Mit zunehmendem Lebensalter sollte sich die sportliche Aktivität mehr und mehr in den *Ausdauerbereich* verlagern, da die Funktionstüchtigkeit des Herz-Kreislauf-Systems die wichtigste Voraussetzung für die Gesundheit und Leistungsfähigkeit besonders im höheren Alter darstellt (*Winter* 1977, 408/409; *Eckert* 1980, 8667).

Sportliche Betätigung im späten Erwachsenenalter (ab 60/70 Jahre)

In dieser Altersgruppe ist die individuelle Dosierung bei der Sportausübung von größter Wichtigkeit. Alterssportler, die sich seit Jahren körperlich betätigt haben, können weiterhin unbedenklich Sport treiben. Voraussetzungen sind jedoch die körperliche Gesundheit, eine dem Alter entsprechende Sportart (s. S. 360) und eine mäßige Übungsintensität.

Älteren Menschen, die sich erst nach dem 60. Lebensjahr dem Sport zuwenden wollen, ist die Aufnahme eines sportlichen Trainings im üblichen Sinne kaum anzuraten. Hier ist ein ganz behutsames Heranführen an altersadäquate körperliche Beanspruchungen wie gymnastische und ausdauerfördernde Übungen unbedingt erforderlich.

Geeignete Sportarten für den älteren Menschen

> Da es sehr schwer ist, den einzelnen Lebensabschnitten bestimmte, für sie geeignete Sportarten zuzuschreiben, geht man generell von einer Eignung der Sportarten für den älteren Menschen aus, wobei der Begriff „älterer Mensch" biologisch zu interpretieren ist.

Zur Eignung der Sportarten bzw. einzelner Übungen liegen nur in seltenen Fällen systematische empirische Untersuchungen vor, die detaillierte Auskünfte über Erfahrungen bei unterschiedlichen Ausgangsvoraussetzungen – wie Trainingszustand, sportlicher Werdegang, biologisches Alter, gesundheitliche Einschränkungen – und Trainingszielen vermitteln. Daher bleibt ungewiß, welche Gefährdungen bei verschiedenen Sportlergruppen tatsächlich zu erwarten sind. Die Empfehlungen richten sich vor allem an Durchschnittssportler und beschränken sich auf generelle Charakterisierungen von Belastungsbereichen.

Wer bestimmte Sportarten regelmäßig und lebenslang betreibt, kann grundsätzlich auch technisch schwierige Disziplinen (wie Skilauf alpin, Reiten, Eislauf u. ä.) bei entsprechender Einschränkung der Belastung bis ins hohe Alter ausüben. Inwieweit langjährige Bewegungserfahrung, ein hoher Grad der Automatisierung des Bewegungsablaufes und die Fähigkeit, das eigene Kön-

nen richtig einzuschätzen, ein wettkampfmäßiges Sporttreiben bis ins hohe Alter hinein ohne erhöhtes Risiko erlauben, bleibt ohne ausreichende empirische Überprüfung. Deshalb werden auch selten Sportarten genannt, die man meiden sollte, sondern meist Warnungen ausgesprochen vor Schnelligkeitsübungen, Schnellkraftdisziplinen, Sportarten mit hoher Kraftbelastung sowie betont kämpferischem Charakter, die ein erhöhtes Verletzungsrisiko mit sich bringen (*Meusel* et al. 1980, 44/45).

> Zu den empfohlenen Sportarten für den älteren Menschen zählen vor allem *Ausdauersportarten,* da maßgebliche Veränderungen im Sinne einer höheren Leistungsfähigkeit und Belastbarkeit nur über ein entsprechendes Ausdauertraining zu erreichen sind. Die motorischen Hauptbeanspruchungsformen Kraft, Schnelligkeit, Beweglichkeit und Koordination bieten keine Anreize zur Leistungsverbesserung des kardiopulmonalen Systems (*Reindell* 1979, 183; *Liesen* et al. 1979, 219; *Kärst* 1982, 61; *Thegeder* 1982, 55).

Zur Beurteilung des Wertes der Sportarten für den älteren Menschen sollten jedoch nicht nur sportmedizinische, sondern auch sportpädagogische Kriterien herangezogen werden. So sind die mögliche Funktion der einzelnen Sportarten für den Aufbau eines lebenslang betriebenen Freizeitsportes und die Bedeutung der Sportarten für die Wiederaufnahme sportlicher Betätigung im Alter zu beachten (*Meusel* 1981, 167).

Ausdauersportarten

Für ein lebenslang betriebenes körperliches Training eignen sich besonders Wandern, Laufen, Skilanglauf, Radfahren und Schwimmen.

Spazierengehen, Wandern, Bergwandern

Spazierengehen und *Wandern* wirken sich über ihren beruhigenden und ausgleichenden Einfluß günstig auf das vegetative Nervensystem aus. Ihre entstressende Wirkung ist beachtlich. Darüber hinaus verhindert bzw. bremst die regelmäßige Durchführung dieser schonenden und gut dosierbaren körperlichen Betätigungen die Entstehung einer frühzeitigen *Altersosteoporose* (Entmineralisierung und damit Destabilisierung des alternden Knochens), insbesondere bei ansonsten bewegungsarmen älteren Menschen. Ein Trainingseffekt im Sinne einer gesteigerten kardiopulmonalen Leistungsfähigkeit ist dadurch allerdings nicht zu erreichen. Damit sind der gesundheitlichen Bedeutung dieser beiden Betätigungsformen relativ enge Grenzen gesetzt.

Anders muß ihr Wert bei Menschen über 70 Jahre gesehen werden. Hier beginnt die Trainierbarkeit des menschlichen Organismus allmählich zu erlöschen. Jetzt kommt es darauf an, den noch vorhandenen Leistungsstand des Organismus möglichst lange durch entsprechende Belastungsformen zu wahren. Da bei nicht sporttreibenden älteren Menschen die Leistungsfähigkeit des Herz-Kreislauf-Systems stark reduziert ist, können sich hier Spaziergänge und Wanderungen vorteilhaft auswirken (*Hollmann* 1971, 38).

Das *Bergwandern* gehört wegen seines hohen Gesundheits- und Erholungswertes zu den besonders empfohlenen Sportarten. Beim Bergwandern läßt sich das individuelle Trainingsmaß unter Beachtung des Tempos und in der Wahl der Steilheit des Anstieges gut dosieren. Hier gelten die altersadäquaten Trainingspulsfrequenzen für Dauerbeanspruchungen.

> Der besonders günstige Effekt des Bergwanderns, der sich bereits in Höhen von etwa 1000 m einstellt, liegt im

> zusätzlichen Trainingsreiz der verminderten Sauerstoffspannung auf metabolische und hämodynamische Vorgänge. So bewirkt dieselbe Leistung wie im Flachland unter Höhenbedingungen einen günstigeren Trainingsreiz auf das kardiopulmonale System (*Eckert* 1980, 8671).

Laufen

Das Laufen in der Form des Dauerlaufes (Jogging) ist optimal für den Gesundheitssport geeignet, da es praktisch die gesamte Skelettmuskulatur beansprucht und einen sehr guten Funktionsreiz für das Herz-Kreislauf-System bzw. den Bewegungsapparat darstellt.

Der besondere Vorteil des Laufens besteht darin, daß weder eine teure Ausrüstung noch besondere Sportstätten dazu benötigt werden. Es ist an keinen Ort und an keine Tageszeit gebunden und läßt sich sowohl im Freien als auch zu Hause durch „Laufen auf der Stelle" durchführen.

Am meisten zu empfehlen ist der *Waldlauf* auf weicher gelenkschonender Unterlage mit der günstigen Komponente des Aufenthaltes in der freien Natur unter Einwirkung von Klimareizen (*Eckert* 1980, 8670).

Eine Einschränkung erfährt das Laufen lediglich bei Personen mit orthopädischen Beschwerden bzw. bei Übergewichtigen, da ein umfangreiches Lauftraining zu Überbelastungserscheinungen im Bereich des Bewegungsapparates führen kann.

Skilanglauf

Unter den Wintersportarten stellt der Skilanglauf *die* Gesundheitssportart par excellence dar. Er beansprucht – wie das Laufen – den gesamten Organismus. Jedoch entfällt durch die weiche, gleitende Fortbewegungsweise der Stoß auf das Bein, wie er in der

Lande- und Stützphase beim Laufen vorkommt. Damit ist die Gelenkbeanspruchung herabgesetzt.

Nachteile sind die lokale und saisonale Abhängigkeit und die damit verbundenen Kosten.

Radfahren

In seiner gesundheitlichen Bedeutung ist das Radfahren hinter dem Laufen einzustufen, da eine geringere Muskelmasse mit etwas höherer Kontraktionskraft beansprucht wird als bei einem leichten Dauerlauf (*Mägerlein/Hollmann* 1975, 41). Andererseits belastet das Radfahren den Stütz- und Bewegungsapparat weniger, da es ein Sport im Sitzen ist. Durch die statische Entlastung der Hüft-, Knie- und Fußgelenke ist diese Sportart vor allem für Personen mit degenerativen Veränderungen an diesen Gelenken bzw. für Übergewichtige von besonderer Bedeutung.

Rudern

Auch das Rudern ist ein Sport, der im Sitzen ausgeübt wird, so daß das eigene Körpergewicht die unteren Extremitäten nicht belastet. Bei der gleichermaßen fließenden Bewegung werden fast alle Muskelgruppen beansprucht, wodurch für das Herz-Kreislauf-System ein sehr guter Trainingsreiz entsteht (*Brügmann* 1974, 70). Zu beachten ist jedoch, daß der Zug am Ruder nicht aus einer maximalen Vorbeugestellung des Rumpfes erfolgt: Eine Extremstellung der Gelenke und der Bewegungssegmente soll vermieden werden, da sie sowohl die Bandscheiben als auch die Wirbelbogengelenke traumatisieren kann (*Tilscher* 1979, 39).

Schwimmen

Schwimmen gehört zu den besonders empfohlenen Sportarten. Es dient der Abhärtung, fördert die Durchblutung, beansprucht vielseitig die Muskulatur, schult die Koordination und trainiert die Ausdauer (*Cotta* 1979, 275/276).

Um jedoch einen Trainingsreiz auf das Herz-Kreislauf-System zu erzielen, darf sich das Schwimmen nicht im „Baden" erschöpfen, sondern sollte mit möglichst kraftvollen und nicht zu langsamen Schwimmbewegungen durchgeführt werden (*Mägerlein/Hollmann* 1975, 44).

Durch die Entlastung des Stütz- und Bewegungsapparates – der Auftrieb reduziert das Gewicht des Körpers von z.B. 70–80 kg auf etwa 6,5–7,5 kg (*Ahlheim* 1980, 374) – eignet sich das Schwimmen vor allem für Personen mit orthopädischen Überlastungsschäden bzw. mit Übergewicht.

Bei älteren Personen sollte auf einen besonders langsamen Übergang von der Luft- in die niedrige Wassertemperatur geachtet werden, da der Kältereiz bei einer Koronarinsuffizienz einen akuten Angina-pectoris-Anfall auslösen kann (*Hollmann* 1971, 39).

Spieldisziplinen

Die großen Sportspiele (Fußball, Handball, Basketball, Volleyball) eignen sich grundsätzlich nur für diejenigen, die diese Spiele schon in jüngeren Jahren gespielt und sich dabei gewisse technisch-taktische Fertigkeiten und Fähigkeiten erworben haben, die verletzungsprophylaktische Wirkung haben. Für Anfänger bergen die Sportspiele mit ihren zeitweilig hohen und z.T. nicht kalkulierbaren dynamischen Belastungsspitzen eine zu große Gefahrenquelle für Verletzungen oder organische Überforderungen.

Die kleinen Spiele – sie bestehen aus Geschicklichkeitsspielen, kleinen Mannschaftswettbewerben und Sportspielen in stark reduzierter oder abgewandelter Form – können durch eine entsprechende Auswahl unerwünschte Belastungsformen vermeiden. Sie eignen sich daher sehr gut zum individuellen Training aller motorischen Hauptbeanspruchungsformen. Sie helfen, die

Hemmnisse des Ungeübten vor der Bewegung zu überwinden und können die Vorstufe zu einer intensiveren körperlichen Betätigung desjenigen sein, der lange Zeit mit dem Sport ausgesetzt hat (*Meusel* et al. 1980, 46; *Kreiß* 1975, 12).

Rückschlagspiele (Tennis, Tischtennis, Badminton, Squash)

Tennis als Sport für ältere Menschen ist nicht unumstritten. Für Ältere, die einen Freizeitsport erstmals aufnehmen wollen, ist Tennis ungeeignet. Die erforderlichen schnellen Reaktionen und intensiven Kurzzeitbelastungen können den Stütz- und Bewegungsapparat sehr schnell überlasten.
Wer diesen Sport seit seiner Jugend betreibt, kann ihn bei entsprechender Vorsicht und Platzwahl (keine Hartplätze) bis ins hohe Alter betreiben.

Auch beim *Tischtennis* werden vielseitige Anforderungen an Koordination, Beweglichkeit, Schnelligkeit und Konzentration gestellt. Die Laufbelastung und damit die Ausbildung der kardiopulmonalen Kapazität ist jedoch weit geringer als beim Tennis. Noch mehr als beim Tennis spielen die statische Belastung mit Kapillarkompressionen in der Muskulatur und überhöhte Pulsfrequenzen eine Rolle (*Hollmann* 1971, 40). Trotz seiner Schnelligkeit ist Tischtennis jedoch ein Spiel, das auch von älteren Menschen gespielt werden kann. Je nach Können und Fitneß kann es sportlich gespielt werden oder nur als Freizeitvergnügen (*Mägerlein/Hollmann* 1975, 52).

Badminton und *Federball* nehmen eine Zwischenstellung zwischen Tennis und Tischtennis ein. Tempo und Dynamik des Spieles können aufgrund der Spezifität des Federballes jedoch besser gesteuert werden. Ein weiterer Vorteil liegt im geringeren apparativen Aufwand und in der Möglichkeit, auf gelenkschonenden Wiesenböden zu spielen.

Squash ist eine relativ junge Sportart, die aufgrund ihrer hohen Anforderungen an Schnelligkeit und Reaktion sowie der hochgradigen Belastung des Bewegungsapparates und des kardiopulmonalen Systems jüngeren Personen vorbehalten sein sollte (*Northcote* 1984, 12).

Technische Disziplinen

Turnen

Das Geräteturnen gehört zu den sportlichen Übungen, die Kraft und Koordination, aber keine Ausdauer erfordern und im Alter nur sehr bedingt – dies gilt für die lebenslang Turnenden – bzw. nicht empfohlen werden können. Sowohl die hochgradigen statischen Belastungsmomente, verbunden mit der ungünstigen Preßatmung bzw. erhöhten Blutdruckwerten, als auch die hohe Verletzungsgefährdung des Bewegungsapparates, vor allem bei den Geräteabgängen, sprechen gegen das Geräteturnen im höheren Alter.

Reiten

Auch für das Reiten gilt, daß nur diejenigen im Alter reiten sollten, die es in jüngeren Jahren gelernt haben. Obwohl das Reiten therapeutisch als Heilmittel bei Hüftgelenksschäden, Arthrosen der Knie- und Fußgelenke und nach Knochenbrüchen eingesetzt wird, erfüllt es nicht die für den Idealsport geforderte Beanspruchung von Herz und Kreislauf und beinhaltet über die Sturzgefahr ein unberechenbares Risikoelement, das für den älteren Menschen nicht akzeptierbar ist.

Kegeln

Ein allzu großer gesundheitlicher Wert ist mit dem Kegeln nicht verbunden. Aber Kegeln macht Spaß, erfordert Geschicklichkeit, Konzentration und ein gewisses Maß an Körperbeherrschung und eröffnet nicht zu unterschätzende gesellschaftliche Interaktionsmöglichkeiten.

Gymnastik

Obwohl sich die Gymnastik in ihrer herkömmlichen Art kaum auf die Leistungsfähigkeit von Herz und Kreislauf auswirkt, ist ihr Wert für den älteren Menschen unumstritten. Der Wert der Gymnastik liegt in gut ausgewählten, wohldosierten und regelmäßig durchgeführten Übungen, die die Muskulatur kräftigen, den Bewegungsapparat elastisch und die Gelenke beweglich erhalten und so der sich im Alter einstellenden Steifheit entgegenwirken.

Regelmäßige Gymnastik ist die ideale Ergänzungssportart zu einem lebensbegleitenden Ausdauertraining eigener Wahl.

Besondere Gefahren durch Sport im Alter – Kontraindikationen

Infolge krankhafter, morphologischer und funktioneller Veränderungen des Organismus kommt es bei der Sportausübung im Alter zu besonderen Gefahrenmomenten, die einerseits durch Unkenntnis sowie Nichtbeachtung von Kontraindikationen entstehen, andererseits durch Überschätzung der eigenen Leistungsfähigkeit, übertriebenen Ehrgeiz oder „Bewegungsfanatismus" (*Hollmann* et al. 1981, 95).

Erhöhte Unfallgefahr

Beim Sport älterer Menschen besteht eine erhöhte Unfallgefahr, die durch Ungeschicklichkeit bzw. ein Nachlassen der

Koordinations- und Reaktionsfähigkeit hervorgerufen wird (*Kreiß* 1971, 42).

Gefährdung des Herz-Kreislauf-Systems

Die besondere Gefährdung des Herz-Kreislauf-Systems liegt darin begründet, daß trotz sorgfältiger Untersuchungen eine latente Herzinsuffizienz oder eine Erkrankung der Herzkranzgefäße beim älteren Menschen nie mit absoluter Sicherheit ausgeschlossen werden können. Auch fehlende Beschwerden sind keine Garantie für ein gesundes Herz (*Reindell* 1972, 182).

Ein besonderes Problem stellen ehrgeizige und wenig einsichtige Altersportler mit latent verlaufenden Herzerkrankungen dar, weshalb es z. B. bei Volksläufen immer wieder zu Todesfällen kommt. Nach *Klaus* (in *Munscheck* 1977, 136) stellen die Herz- und Gefäßkrankheiten das größte Kontingent der tödlichen, nicht traumatischen Zusammenbrüche dar, wobei der Koronartodesfall an erster Stelle steht.

Kontraindikationen

Für eine sportliche Betätigung älterer Menschen gibt es eine Reihe von *Kontraindikationen,* deren Nichtbeachtung zu erheblichen Komplikationen und Schädigungen führen kann. Im einzelnen sind dies (*Eckert* 1980, 8670):

1. Einschränkung der Herz-Kreislauf-Leistungsbreite auf organischer Grundlage (nicht durch Trainingsmangel!); Angina-pectoris-Beschwerden schon in Ruhe bzw. bei mäßigen Belastungsstufen.
2. Lungenerkrankungen mit stärkerer Belastung des kleinen Kreislaufes.
3. Ausgeprägte Blutdrucksteigerungen (systolisch über 200 mm Hg, diastolisch über 120 mm Hg)
4. Störungen des Herzrhythmus (soweit nichtnervöser Natur) und der Erregungsausbreitung im Herzmuskel

5. Alle akuten Erkrankungen der verschiedensten Organe (z. B. Grippe, Anginen, Harnwegsinfekte)
6. Aktivitätszeichen entzündlicher Herzerkrankungen
7. Chronische Lebererkrankungen
8. Niereninsuffizienz
9. Überstandener Schlaganfall (nach längerem Intervall eventuell erlaubt)

Um keine zu starren Pauschalverbote auszusprechen, werden die Kontraindikationen in absolute und relative unterteilt.

Als *absolute* Kontraindikationen gelten alle chronischen oder akuten Krankheitszustände und Komplikationen, die auf jeden Fall eine Bewegungstherapie bzw. Sportausübung verbieten.

Von einer *relativen* Kontraindikation spricht man, wenn Vor- und Nachteile eines therapeutischen Vorgehens gegeneinander abzuwägen sind. Das bedeutet im Bereich der Bewegungstherapie bzw. des Sportes fast immer ein *Dosierungsproblem* (*Halhuber* 1971, 34).

Literatur

1. *Ahlheim, H.-K.:* Wie funktioniert das? Schlank, fit, gesund. Meyers Lexikonverlag, Mannheim 1980
2. *Askerow, A.:* Körperkultur in der Prophylaxe und Behandlung älterer Personen. In: Sport und Körperkultur des älteren Menschen, 117–122. *Ries, W.* (Hrsg.). Barth, Leipzig 1966
3. *Assenbaum, W.:* Kann man das Alter bremsen?. Meine Gesundheit 4 (1983), 12–13
4. *Backmann, G.:* Altern und Lebensdauer der Organismen. Almquist & Wiksells Boktryckeri, Uppsala–Stockholm 1945
5. *Badtke, G.:* Zu einigen trainingsmethodischen Aspekten im Alterssport. Med. u. Sport 4 (1982), 116–118
6. *Bartel, W.:* Ergebnisse und methodische Erkenntnisse eines ausdauerbetonten Lauftrainings mit erwachsenen, untrainierten Bürgern. Med. u. Sport 9 (1979), 270–274

7. *Beck, O.:* Sport im Alter. Z. Alternsforschung 3/4 (1967), 223–227
8. *Beneke, G., W. Sandritter, W. Schmitt, R. Kulka:* Altersveränderungen menschlicher Herzklappen. Medsche Welt 31 (1967), 1795–1802
9. *Beneke, G.,* et al.: Probleme der Adaptation im höheren Lebensalter aus morphologischer Sicht. Aktuelle Gerontologie 4 (1974), 723–741
10. *Berthold, F., P. Thierbach:* Zur Belastbarkeit des Halte- und Bewegungsapparates aus sportmedizinischer Sicht. Med. u. Sport 6 (1981), 165–171
11. *Birren, E. J.:* Altern als psychologischer Prozeß. Lampertus, Freiburg 1974
12. *Böcher, W.:* Die psychischen Gesundheitsprobleme im höheren Lebensalter. In: Die Gesundheit im Alter, 35–116. Bundesministerium für Gesundheitswesen (Hrsg.). Bartmann, Frechen 1969
13. *Böhlau, E.:* Altern – Leistungsfähigkeit – Rehabilitation. In: Altern, Leistungsfähigkeit, Rehabilitation, 1–12, *Jokl, E., E. Böhlau* (Hrsg.). Schattauer, Stuttgart–New York 1977
14. *Bringmann, W.:* Die sportliche Leistungsfähigkeit und Belastbarkeit im höheren Lebensalter. Theorie u. Praxis der Körperkultur 9 (1977), 661–668
15. *Bringmann, W.:* Zu einigen Aspekten der regelmäßigen sportlichen Tätigkeit im mittleren Lebensalter im Zusammenhang mit Gesundheit und Leistungsfähigkeit. Med. u. Sport 5 (1980), 134–138
16. *Bringmann, W.:* Sport im höheren Lebensalter, Z. Alternsforschung 6 (1982), 391–399
17. *Brüggemann, W.:* Sport im Alter. Der Kassenarzt 36 (1979), 3183–3184
18. *Brügmann, E.:* Sport für ältere Menschen. Goldmann, München 1974
19. *Brügmann, E.:* Art der Bewegung bei älteren Menschen. Praxis der Leibesübungen. Beilage der Übungsleiter 3 (1975), 10
20. *Brüschke, G.,* et al.: Über einige medizinische Probleme des Sportes im höheren Lebensalter. In: Sport und Körperkultur des älteren Menschen, 28–42. *Ries, W.* (Hrsg.). Barth, Leipzig 1966
21. *Bürger, M.:* Altern und Krankheit. Thieme, Leipzig 1957
22. *Bürger, M., G. Schlomka:* Beiträge zur physiologischen Chemie des Alterns der Gewebe. Z. ges. exp. Med. 1/2 (1928), 105–116
23. *Cebotarev, D. F., A. J. Minc:* Die Wege der Abgrenzung des Normalen gegen das Pathologische bei älteren und alten Menschen. In: Handbuch der Gerontologie, Bd. I, 247–262. *Brüschke, G.,* et al. (Hrsg.). Fischer, Jena 1978
24. *Cotta, H.:* Orthopädie. Thieme, Stuttgart 1978
25. *Cotta, H.:* Der Mensch ist so jung wie seine Gelenke. Piper, Zürich 1979
26. *Curtis, H. J.:* Das Altern. Fischer, Stuttgart 1968
27. *Denckla, D.:* A time to die. Life Sciences 1 (1975), 31–44

28. *Eckert, W.:* Alter und Sport. Therapiewoche 10 (1980), 8667–8672

29. *Edington, D. W., A. C. Cosmos, W. B. McCafferty:* Exercise and longevity: evidence for a threshhold age. J. Gerontol. 27 (1972), 341

30. *Eitner, S.:* Ein gesundes und aktives Alter durch Vorbereitung und komplexe Betreuung. Z. Alternsforschung (1977), 201–222

31. *Everitt, A. V.:* The hypothalamic-pituitary of ageing and agerelated pathology. Exp. Geront. (1973), 265–277

32. *Findeisen, D., P.-G. Linke, L. Pickenhein:* Grundlagen der Sportmedizin. Barth, Leipzig 1980

33. *Frey, U.:* Sport und Lebensalter. Sportmedizin 5 (1958), 113–120

34. *Frolkis, W. W.:* Mechanismen des Alterns. Akademie Verlag, Berlin 1975

35. *Gsell, O.:* Alter und Krankheit. In: Das Altern, Fakten und Probleme, 72–89. Vandenhoeck & Ruprecht, Göttingen 1966

36. *Haas, W., D. Anagnostu, E. Lang, J. Schmidt:* Leistungsfähigkeit und Leistungsanamnese älterer Langstreckenläufer. Münch. med. Wschr. 34 (1970), 1504–1510

37. *Härting, F.:* Welche Bedeutung haben Leibesübungen für 40jährige? Versehrtensportler 11 (1962), 174–175

38. *Hahn von, H. P.:* Altern von Nukleoprotein. Akt. Geront. 6 (1971), 333–336

39. *Hahn von, H. P.:* Das biologische Altern. Sandoz, Nürnberg 1979

40. *Halhuber, M.:* Zur Frage der körperlichen Belastbarkeit alternder und alter Menschen. Med. des alternden Menschen 1 (1971), 33–36

41. *Hauss, H.:* Einfluß von Umweltfaktoren auf den Gesundheitszustand älterer Menschen. Z. Geront. 3/4 (1974), 89–98

42. *Hentschel, E., G. Gruber, P. Fischer:* Die Einschätzung der Belastbarkeit des Alterssportlers. Med. u. Sport 10 (1977), 336–338

43. *Hess, H.:* Orthopädische Aspekte. In: Sport, Medizin, Gesundheit, 24. *Programmed* (Hrsg.). med. pharm. Verlags GmbH

44. *Hettinger, T.:* Isometrisches Muskeltraining. Thieme, Stuttgart 1966

45. *Hettinger, T.:* Isometrisches Muskeltraining. Thieme, Stuttgart–New York 1983

46. *Hevelke, G.:* Herz und Kreislauf im Lichte der Biomorphose. In: Sport und Körperkultur des älteren Menschen, 76–81. *Ries, W.* (Hrsg.). Barth, Leipzig 1966

47. *Holle, G.:* Probleme der gegenwärtigen Alternsforschung. In: Handbuch der allgemeinen Pathologie, Bd. VI/4, 1–31. *Holle, G.* (Red.). Springer, Berlin–Heidelberg–New York 1972

48. *Hollmann, W.:* Für den alternden und alten Menschen empfehlenswerte Sportarten. Medizin des alternden Menschen 1 (1971), 37–40

49. *Hollmann, W.:* Der Einfluß von Ausdauertraining auf kardiopulmonale und metabolische Parameter im Alter. In: Sport in unserer Welt – Chancen und Probleme, 238–245. *Grupe, O.* (Hrsg.). Springer, Heidelberg–New York 1973

50. *Hollmann, W.:* Die biologische Bedeutung von Training und Sport für den älteren Menschen. Praxis der Leibesübungen, Beilage der Übungsleiter 3 (1975), 9–10

51. *Hollmann, W., T. Hettinger:* Sportmedizin – Arbeits- und Trainingsgrundlagen. Schattauer, Stuttgart–New York 1980

52. *Hollmann, W., H. Liesen:* Über den Trainingseinfluß auf kardiopulmonale und metabolische Parameter des älteren Menschen. Sportarzt u. Sportmed. 7 (1973), 145–150 u. 8, 186–190

53. *Hollmann, W., H. Liesen, R. Rost, H. Heck:* Über das Leistungsverhalten und die Trainierbarkeit im Alter. Akt. Geront. 11 (1981), 91–95

54. *Huss van, W. D.:* Sportmotorische Aktivität im Alter. In: Sportmedizin und Leistungsphysiologie, 377–390. *Strauss, H.* (Hrsg.). Enke, Stuttgart 1983

55. *Israel, S., B. Buhl, K.-H. Purkopp, A. Weidner:* Körperliche Leistungsfähigkeit und organismische Funktionstüchtigkeit im Altersgang. Med. u. Sport 10 (1982), 289–300 u. 11, 322–326 u. 12, 353–361

56. *Jablonovskij, J. M.:* Das Problem der Langlebigkeit und Sport. Theori ai i Praktika fiziceskoj kultur, Moskau 8 (1953), 536–544

57. *Jäger, M.:* Kein abruptes – ein allmähliches Ereignis. Euromed 3 (1976), 103–106

58. *Jeannotat, Y.:* L'activité physique adaptée au troisième âge permet un prolongement efficace de la jeunesse. Jeunesse et Sport 2 (1972), 30–33

59. *Jokl, E.:* Alter und Leistung. Springer, Berlin–Göttingen–Heidelberg 1954

60. *Jokl, E.:* Alter und Leistung. In: Alter und Physiotherapie, 31–44. *Böhlau, V.* (Hrsg.). Thieme, Stuttgart–New York 1970

61. *Jokl, E.:* Physical activity and aging. In: Physical exercise and activity for the aging, proceedings of an international seminar, June 1975. *Simri, U.* (Hrsg.). Wingate Institute for Physical Education and Sports, 9–16, Jerusalem 1975

62. *Kärst, W.:* Präventive Aufgaben des Sports in der Industriegesellschaft. Arbeitsmed.-Sozialmed.-Präventivmed. 3 (1982), 61–63

63. *Kaiser, H.:* Biologie des Alterns. In: Das Alter, 159–165. *Reimann, H.* (Hrsg.), Goldmann, München 1974

64. *Kather, H., B. Simon:* Gibt es molekulare Ursachen für die Tendenz zur Gewichtsabnahme im Alter? Medsche Welt 35 (1979), 1265–1267

65. *Keil, T. U.:* Kampf dem Altern: kein Therapieziel. Münch. med. Wschr. 25 (1983), 18

66. *Koinzer, K., U. Krüger:* Die Altersspezifik von Anpassungen an physische Belastungen. Theorie und Praxis der Körperkultur 4 (1982), 277–282

67. *Korkusko, O. V.*, et al.: Atmungssysteme. In: Handbuch der Gerontologie Bd. I, 371–396. *Brüschke, G.*, et al. (Hrsg.). Fischer, Jena 1978

68. *Krahl, H.:* Möglichkeiten und Grenzen beim Sport im höheren Lebensalter. Z. f. präklin. Geriatrie 5 (1973), 95–101

69. *Kreiß, F.:* Sport im Alter. Praxis der Leibesübungen 3 (1971), 42

70. *Kreiß, F.:* Spiele für Ältere. Praxis der Leibesübungen, Beilage Der Übungsleiter 3 (1975), 12

71. *Kuta, J.:* Die Gelenkbeweglichkeit im Alter und der Einfluß der Körpererziehung. Teorie a Praxe tělesné Výchovy 6 (1971), 375–379

72. *Lang, E.:* Pathophysiologie des alternden Herz-Kreislauf-Systems. Ärztliche Praxis 83 (1972), 3895–3896

73. *Lang, E.:* Welches körperliche Training ist im Alter angezeigt und vertretbar?. Z. angew. Bäder- u. Klimaheilkunde 3, Sonderabdruck (1974), 230–234

74. *Lang, E.:* Medizinische Aspekte des Freizeitverhaltens im Alter. Z. Gerontologie 4 (1974), 276–287

75. *Letunow, S. P.:* Die Adaptation des Organismus an Muskelarbeit in Abhängigkeit vom Lebensalter. In: Sport in unserer Welt – Chancen und Probleme, 207–211. *Grupe, O.* (Hrsg.). Springer, Heidelberg –New York 1973

76. *Liesen, H.:* Leistung und Leistungserhaltung beim älteren Menschen. In: Sportmedizin modern, 101–111. Bayerische Landesärztekammer (Hrsg.). Verlag Bayer. Landesärztekammer, München 1975

77. *Liesen, H.*, et al.: Körperliche Belastung und Training im Alter. Dt. Z. Sportmed. 7 (1979), 218–226

78. *Lindauer, M.:* Biologie des Alterns – der physiologische Tod. Medizinische Klinik 21 (1982), 606–612

79. *Lindner, J.:* Altern des Bindegewebes. In: Handbuch der allgemeinen Pathologie Bd. VI/4, 245–368. *Holle, G.* (Red.). Springer, Berlin–Heidelberg–New York 1972

80. *Mägerlein, H., W. Hollmann:* Aktiv über 40. Limpert, Frankfurt 1975

81. *Martin, H.:* Aktuelle Alternshypothesen in der experimentellen Gerontologie, Z. Alternsforsch. 5 (1980), 339–347

82. *Mateef, D.:* Bekämpfung der Alterserscheinungen. Wege und Perspektiven. In: Sport und Körperkultur des älteren Menschen, 97–110. *Ries, W.* (Hrsg.). Barth, Leipzig 1966

83. *Meusel, H.:* Der Altersbegriff im Sport. In: Altersport, Beiträge zur Lehre und Forschung im Sport Bd. 83, 70–75. *Singer, R.* (Hrsg.). Hofmann, Schorndorf 1981

84. *Meusel, H.:* Zur Eignung der Sportarten für den älteren Menschen aus sportpädagogischer Sicht. In: Altersport, Beiträge zur Lehre und Forschung im Sport, Bd. 83, 165–175. *Singer, R.* (Hrsg.). Hofmann, Schorndorf 1981

85. *Meusel, H., H. Hubert, J. Schilling* (Red.): Sport im Alter. Dokumentationsstudie, Hofmann, Schorndorf 1980

86. *Müller, L. R.:* Über die Altersschätzung beim Menschen. Springer, Berlin 1922

87. *Munscheck, H.:* Ursachen des akuten Todes beim Sport in der BRD. Sportarzt u. Sportmed. 5 (1977), 133–137

88. *Murrell, H.:* The effect of practice on reported age differences. In: 7th International Congress of Gerontology, vol. 6, 111–113. Wiener Medizin. Akademie (Hrsg.). Vienna Austria 1966

89. *Noder, W.:* Leistungsfähigkeit über 40. Gräfe und Unzer, München 1975

90. *Northcote, R. J.:* Squash – nichts für Leute über 40. Medical Tribune (7. 9. 84.), Nr. 36, 12

91. *Platt, D.:* Biologie des Alterns: Quelle & Meyer, Heidelberg 1976

92. *Platt, D.:* Die Bedeutung altersbedingter Organveränderungen für die Therapie. Akt. Gerontol. 6 (1978), 297–301

93. *Platt, D.:* Neues über das Altern im Experiment. Arbeitsmed.-Sozialmed.-Präventivmed. 4 (1980), 81–83

94. *Podrusnjak, E. P., R. Mühlbach:* Stütz- und Bewegungsapparat. In: Handbuch der Gerontologie, Bd. I, 414–439. *Brüschke, G.*, et al. (Hrsg.). Fischer, Jena 1978

95. *Pollock, M. L., H. S. Miller, J. Wilmore:* Kurzreferate. In: Sport in unserer Welt – Chancen und Probleme, 246–247. *Grupe, O.* (Hrsg.). Springer, Heidelberg–New York 1973

96. *Prokop, L.:* Altersgrenze im Sport. Leibesübungen/Leibeserziehung 5 (1964), 1–4

97. *Pusch, H.-J., F. Longin:* Ist das Altern in medizinischer Hinsicht ein Risikofaktor?. Münch. med. Wschr. 8 (1980), 281–285

98. *Rapoport, S. M.:* Gibt es biochemische Grundlagen zur Beeinflußbarkeit von Alternsprozessen?. In: Aktuelle Probleme der Ernährung, 36–43. *Haenel, H.* (Hrsg.). Akademie Verlag, Berlin 1974

99. *Rees, A.:* Alter und Sport. Zulassungsarbeit, Erlangen 1984

100. *Reindell, H., H. Roskamm* (Hrsg.): Herzkrankheiten. Springer, Berlin–Heidelberg–New York 1977

101. *Reindell, H.:* Sport im Seniorenalter. In: Alter und Leistung, 167–186. *Müller, N., H.-E. Rösch, B. Wischmann* (Hrsg.). Schors, Hochheim 1979

102. *Retzlaff, E., J. Fontaine, W. Furata:* Effect of daily exercise on the life span of albino rats. Geriatrics 21 (1966), 171 f.

103. *Reuter, W., J. Hunecke:* Gesunde Lebensführung in den höheren Altersstufen. Schriftenreihe zum Veteranen-Kolleg der Karl-Marx-Universität Leipzig, Leipzig 1982

104. *Richter, H.:* Eine Testbatterie zur allgemeinen Beurteilung motorischer Leitparameter unter besonderer Berücksichtigung der Anforderungen

des Freizeit- und Erholungssportes. Dissertation, Leipzig 1974

105. *Ries, W.:* Psychologie des Alterns. In: Handbuch der allgemeinen Pathologie Bd. VI/4, 150–244. *Holle, G.* (Red.). Springer, Berlin–Heidelberg–New York 1972

106. *Röthig, P.* (Red.): Sportwissenschaftliches Lexikon. Hofmann, Schorndorf 1983

107. *Rose, H.:* Biologische Grundlagen des Alterns. Z. Altersforsch. 1 (1977), 11–17

108. *Rost, R.:* Die Belastbarkeit und Trainierbarkeit des älteren Menschen. In: Alterssport, Beiträge zur Lehre und Forschung im Sport, Bd. 83, 108–114. *Singer, R.* (Hrsg.). Hofmann, Schorndorf 1981

109. *Rost, R.:* Zur qualitativen und quantitativen Bedeutung verschiedener Sportarten für den älteren Menschen aus sportmedizinischer Sicht. In: Alterssport, Beiträge zur Lehre und Forschung im Sport, Bd. 83, 157–165. *Singer, R.* (Hrsg.). Hofmann, Schorndorf 1981

110. *Rost, R., W. Hollmann:* Die Leistungsfähigkeit des „gesunden" älteren Menschen und des Patienten mit koronarer Herzkrankheit. Geriatrie 5 (1977), 217–220

111. *Rotzsch, W.:* Ursachen des biologischen Alterns. Schriftenreihe zum Veteranen-Kolleg der Karl-Marx-Universität Leipzig, Leipzig 1982

112. *Scheele, K.:* Richtlinien für den Sport des Älteren. Medizin des alternden Menschen 9 (1971), 259–261

113. *Schmidt, J.:* Höheres Alter und Sport. In: Zentrale Themen der Sportmedizin. *W. Hollmann* (Hrsg.). Springer, Berlin–Heidelberg–New York 1972, 188–198

114. *Schmidt, J.:* Bedingungen für Sport im Alter. Medsche Klin. (1974), 371–374

115. *Schulz, C.:* Die Aufgaben des Sportarztes bei der Betreuung von Gesundheitssportgruppen im höheren Lebensalter. Theorie und Praxis der Körperkultur 12 (1979), 988–990

116. *Selye, H.:* Streß und Altern. Angelsachsen Verlag, Bremen 1962

117. *Singer, R.:* Allgemeine gerontologische Grundlegung. In: Alterssport, Beiträge zur Lehre und Forschung im Sport, Bd. 83, 14–21. *Singer, R.* (Hrsg.). Hofmann, Schorndorf 1981

118. *Smith, E. L.:* Osteoporose – Turnen tut gut. Medical Tribune 37 (1982), 19. Aus: The Physician and Sportsmedicine 10 (1982), 72–83

119. *Steinbach, M.:* Alter und Sport. Z. Allgemeinmed., Der Landarzt 13 (1972), 638–641

120. *Steinmann, B.:* Medizinische Probleme des Alterssports. Sportunterricht 4 (1977), 129–134

121. *Strauzenberg, S. E.:* Der ältere Mensch als aktiver Sportler. In: Sport und Körperkultur des älteren Menschen, 218–229. *Ries, W.* (Hrsg.). Barth, Leipzig 1966

122. *Strauzenberg, S. E.:* Grundbedingungen für die Belastungsgestaltung zur gerichteten Beeinflussung der Herz-Kreislauf- und Stoffwechselfunktion bei Erwachsenen durch Freizeit- und Erholungssport. Med. u. Sport 1/2 (1979), 492–502

123. *Strehler, B. L.:* Elements of a unified theory of ageing: Integration of alternative models. In: Alternstheorien, 5–36. *Platt, D.* (Hrsg.). Schattauer, Stuttgart–New York 1976

124. *Suckert, R.:* Bewegungsapparat und Alterssport. Österr. J. Sportmed. 9 (1979), 13–18

125. *Thegeder, H.:* Training der physischen Belastbarkeit im Ausgleichs- und Freizeitsport für Berufstätige. Arbeitsmed.-Sozialmed.-Präventivmed. 3 (1982), 54–57

126. *Theimer, W.:* Altern und Alter. Thieme, Stuttgart 1973

127. *Theimer, W.:* Das Rätsel des Alterns. Kiepenheuer & Witsch, Köln 1981

128. *Tilscher, H.:* Wirbelsäule und Sport. DIA (1979), 32–40

129. *Trogsch, F., H. Olbrich:* Bericht über ein 10jähriges Trainingsexperiment zur Festigung der Gesundheit. Theorie u. Praxis der Körperkultur 11 (1974), 1010–1024

130. *Verzar, F.:* Wege der physiologischen Alternsforschung. In: Der Mensch im Alter, 52–55. *Kaiser, H.* (Red.). Umschau Verlag, Frankfurt 1962

131. *Verzar, F.:* Biologie des Alterns. In: Handbuch der praktischen Geriatrie Bd. I, 101–129. *Doberauer, W.,* et al. (Hrsg.). Enke, Stuttgart 1965

132. *Weineck, J.:* Sportanatomie. perimed Fachbuch-Verlagsgesellschaft, Erlangen 1983

133. *Weineck, J.:* Optimales Training. perimed Fachbuch-Verlagsgesellschaft, Erlangen 1983

134. *Willimczik, K.:* Die (sport)motorische Entwicklung bei älteren Menschen. In: Alterssport, Beiträge zur Lehre und Forschung im Sport Bd. 83, 91–108. *Singer, R.* (Hrsg.). Hofmann, Schorndorf 1981

135. *Winter, R.:* Die motorische Entwicklung des Menschen von der Geburt bis ins hohe Alter (Überblick). In: Bewegungslehre, 293–410. *Meinel, K.* (Hrsg.). Volkseigener Verlag, Berlin 1977

136. *Wischmann, B.:* Über das Alter und den Beitrag des Altersports zum Wohlbefinden. In: Alter und Leistung, 33–45. *Müller, N., H.-E. Rösch, B. Wischmann* (Hrsg.). Schors, Hochheim 1979

137. *Wunderli, J.:* Mensch und Altern. Karger, Basel 1979

Teil VII:
Frau und Sport

Geschlechtsspezifische anatomisch-physiologische Unterschiede (Geschlechtsdimorphismus)

Mann und Frau unterscheiden sich nicht nur bezüglich der primären und sekundären Geschlechtsmerkmale, sondern auch hinsichtlich konstitutioneller, anatomischer und physiologischer Größen voneinander.

Diese Verschiedenheit bedeutet keineswegs Minderwertigkeit des einen oder Überlegenheit des anderen Geschlechts, sondern ist nur Ausdruck einer naturgegebenen Verteilung von Sonderaufgaben, die die Erhaltung der Art sichern soll.

Bei einem Vergleich der sportlichen Leistungsfähigkeit von Mann und Frau ergeben sich dementsprechend geschlechtsspezifische Unterschiede, die zum größten Teil auf genetisch bedingte Differenzen in Körperbau und Organfunktion, aber auch auf gesellschaftspolitische Überzeugungen zurückzuführen sind: Bei den ersten Olympischen Spielen der Neuzeit 1896 in Athen z. B. durften nur Männer starten, da *Pierre de Coubertin* (der Begründer der „Neuen Spiele") der Meinung war, daß Frauensport gegen das Naturgesetz verstoße („that women's sport may be against the law of nature") (*Simri* 1981, 31). Im Zuge der Gleichberechtigung und der damit verbundenen Abnahme des geschlechtsspezifischen Rollenverhaltens (Geschlechtsstereotypen) während der letzten Jahre wurden der Frau neue Möglichkeiten eröffnet, sich sportlich und damit auch leistungssportlich zu betätigen. *Ein* Ergebnis dieses gesellschaftlichen Wandels findet seinen Niederschlag in einer fulminanten Verbesserung der sportlichen Leistungsfähigkeit der Frau, die unter anderem in einer verringerten Leistungsdifferenz zwischen Frau und Mann zum Ausdruck kommt.

Die in den letzten Jahren erfolgte rasche Steigerung der sportlichen Leistungsfähigkeit der Frau macht somit deutlich, daß ein Teil der geschlechtsspezifischen Unterschiede auf *traditionsbedingte Einflüsse* zurückzuführen ist.

Bei den Olympischen Spielen 1912 in Stockholm – bei dieser Olympiade durften die Frauen erstmals an Schwimmwettbewerben teilnehmen – erreichten die Frauen im 100-m-Freistilschwimmen etwa 77% der männlichen Leistung, heute sind es bereits über 90%.

Gemessen an den Weltrekordleistungen in vergleichbaren und objektivierbaren Sportarten liegen die Leistungen der Frauen im Schwimmen disziplinabhängig zwischen 6,4 und 10,7%, in der Leichtathletik zwischen 7,7 und 16,4% niedriger als die des Mannes (Tab. 23 und 24).

Für das Verständnis der Ursachen der Leistungsunterschiede ist die Kenntnis konstitutioneller, anatomischer und physiologischer Faktoren von besonderer Bedeutung.

Strecke	Disziplin	Weltrekord (Männer)	Weltrekord (Frauen)	Leistungsunterschied der Frau im Vergleich zum Mann [%]
100 m	Kraul	48,95	54,79	10,7
200 m	Kraul	1:47,44	1:57,75	8,8
400 m	Kraul	3:47,80	4:06,28	7,5
800 m	Kraul	7:52,33	8:24,62	6,4
1500 m	Kraul	14:54,76	16:04,49	7,2
100 m	Brust	1:01,65	1:08,29	9,7
200 m	Brust	2:13,34	2:28,33	10,1
100 m	Delphin	53,08	57,93	8,4
200 m	Delphin	1:56,65	2:05,96	7,4
100 m	Rücken	55,19	1:00,59	8,9
200 m	Rücken	1:58,14	2:09,91	9,1

Tab. 23 Die Leistungsunterschiede zwischen Frau und Mann im Bereich des Schwimmsportes beim Vergleich der augenblicklichen Weltrekorde (Stand 1. 1. 86).

Disziplin	Welt-bestleistung (Männer)	Welt-bestleistung (Frauen)	Leistungsunterschied der Frau im Vergleich zum Mann [%]
100 m	9,93	10,76	7,7
200 m	19,72	21,71	9,2
400 m	43,86	47,99	8,6
800 m	1:41,73	1:53,28	10,2
1 500 m	3:29,45	3:52,47	9,9
5 000 m	13:00,40	14:48,07	12,1
10 000 m	27:13,81	30:59,42	12,1
Marathon	2:07,12	2:21,06	9,9
Hochsprung	2,41 m	2,06 m	14,5
Weitsprung	8,90 m	7,44 m	16,4

Tab. 24 Die Leistungsunterschiede zwischen Frau und Mann im Bereich vergleichbarer leichtathletischer Disziplinen (Stand 1. 1. 86).

Konstitutionelle Unterschiede

Wie Abbildung 174 erkennen läßt, weisen Mann und Frau charakteristische konstitutionelle Unterschiede auf.

Im Mittel sind Frauen 10–15 cm kleiner und 10–20 kg leichter als Männer (*Neumann/Buhl* 1981, 155).

Die geringere Größe der Frau wird auf die schnellere *Skelettreife* und den damit verbundenen früheren Wachstumsfugenschluß zurückgeführt.

Entsprechende Untersuchungen (*Tanner* 1962, 53; *Wiesener* 1964, 31) zeigen, daß Mädchen bereits bei der Geburt, trotz ge-

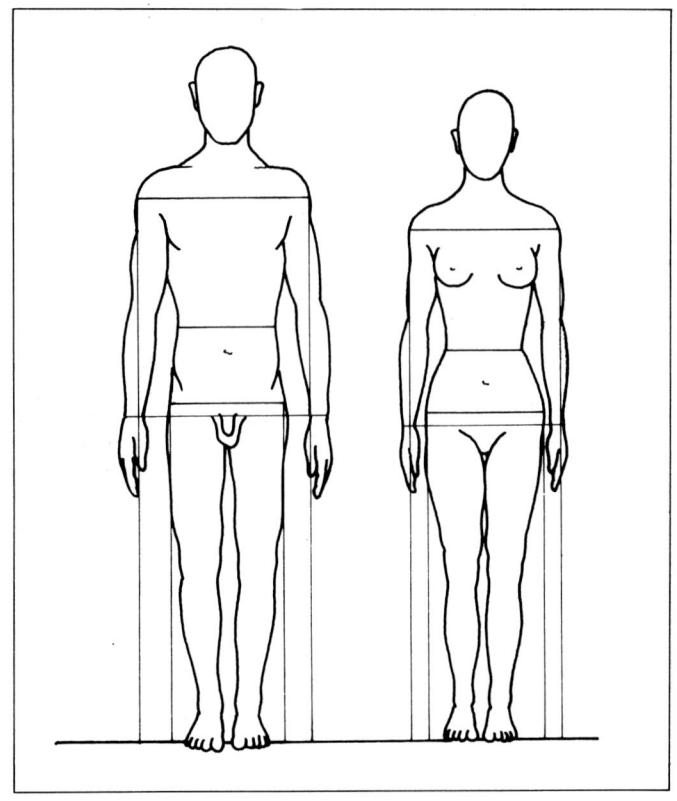

Abb. 174   Konstitutionelle Unterschiede bei Mann und Frau bezüglich Größe, Schulter- und Hüftbreite sowie Stellung der Arme und Beine.

ringeren Gewichts, hinsichtlich der Knochenentwicklung den Jungen im Durchschnitt um 2 Wochen voraus sind. Dieser Vorsprung erhöht sich in den folgenden Jahren und beträgt zum Zeitpunkt der Pubertät etwa 2 Jahre, entsprechend der Zeitspanne, die die Pubertät bei den Mädchen früher einsetzt. Ursächlich scheint dafür die im Vergleich zum männlichen Hoden stärkere Entwicklung und intensivere Sekretionsaktivität der weiblichen Eierstöcke in der Präpubertät zu sein: Die Produktion geringer Östrogenmengen während der vorpubertären Entwicklungsphase des weiblichen Geschlechts scheint sowohl eine schnellere Skelettreifung als auch ein früheres Einsetzen der Pubertät zu bewirken (*Thomas* 1983, 308).

Generell läßt sich feststellen, daß die Frau im Vergleich zum Mann einen „leichteren" *Knochenbau* besitzt – das weibliche Skelett ist graziler und im Durchschnitt um 25% leichter als das männliche (*Prokop* 1968, 5). Auch der Strebenbau der großen Röhrenknochen ist schwächer, wodurch es bei der Frau bereits bei geringerer Einwirkung von Kräften zum Bruch kommt. (*Israel* 1979, 202).

Als typisch wird für die Frau eine *Rumpfbetonung*, für den Mann eine Extremitätenbetonung angesehen.

Im Vergleich zum Mann besitzt die Frau kürzere Extremitäten, aber eine relativ größere Rumpflänge. Die Rumpflänge beträgt bei der Frau etwa 38%, beim Mann etwa 36% der Körperlänge. Diese geschlechtsspezifischen Proportionsunterschiede bewirken bei der Frau eine Verlagerung des Körperschwerpunktes nach unten, was sich im Sport vor allem für die Lauf- und Sprungleistung negativ auswirkt.

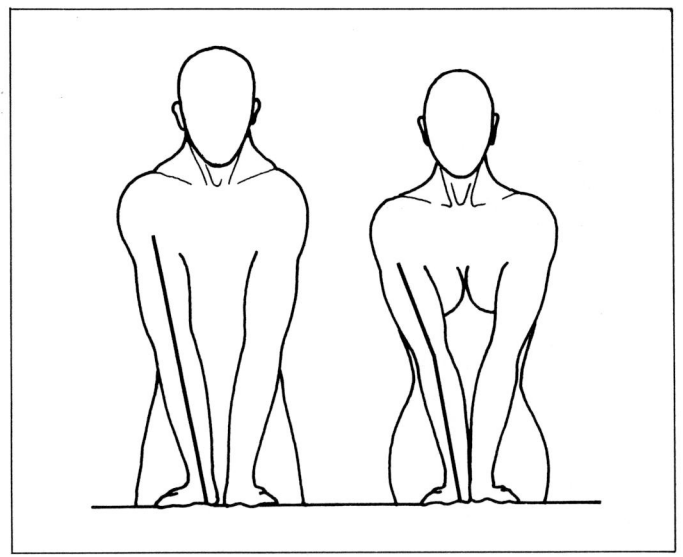

Abb. 175 **Die bei Mann und Frau auftretenden Extremwerte des Armwinkels bei völlig gestrecktem und supiniertem Unterarm: 178° beim Mann, 154° bei der Frau (nach** *Braus,* **in** *Tittel/Wutscherk* **1972, 41).**

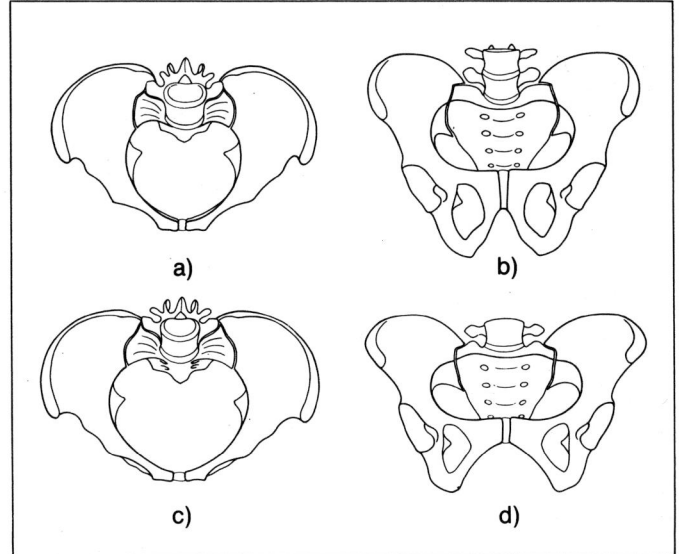

Abb. 176 **Gestaltsunterschiede zwischen männlichem (a,b) und weiblichem (c,d) Becken in der Ansicht von oben (a,c) und vorne (b,d) (nach** *Rohen* **1977, 36).**

Die Frau hat schmalere Schultern als der Mann. Durchschnittlich übersteigt die Schulterbreite der Frau die Hüftbreite nur um etwa 3 cm, beim Mann hingegen um etwa 15 cm.

Zwischen dem Ober- und Unterarm besteht bei der Frau eine x-förmige Winkelstellung und Überstreckbarkeit (Abb. 175). Die da-durch gegebene höhere Beweglichkeit ist vor allem in den Ausdruckssportarten (Wettkampfgymnastik, Bodenturnen u. a.) von Vorteil. In den leichtathletischen Wurf- und Stoßdisziplinen hingegen beeinträchtigt diese x-förmige Winkelstellung die Leistungen.

Negativ wirkt sich die X-Stellung der Arme auch bei Stützübungen aus. Dies ist auch der

Grund, warum Frauen am Stufenbarren und nicht am Parallelbarren turnen, da eine aufgrund der Hüftbreite erforderliche Weiterstellung der Holme bei verhältnismäßig geringer Schulterbreite den Stütz zusätzlich erschweren würde (*Klaus/Noack* 1961, 17).

Die größten Skelettunterschiede zwischen Mann und Frau treten im Bereich des *knöchernen Beckens* auf (Abb. 176).
Bei der Frau macht die Beckenbreite 54% der Rumpflänge aus, beim Mann nur 50% (*Schönholzer* 1967, 169). Deshalb kann das Rumpfskelett der Frau auch als beckenbreit bezeichnet werden. Bei der Frau sind die Beckenschaufeln breiter und weniger steil gestellt als beim Mann; der Beckeneingang ist queroval (beim Mann kartenherzförmig). Die Schambeinäste bilden bei der Frau einen Winkel von 90–100°, beim Mann von 70–75°.

> Durch die größere Hüftbreite kommt es bei der Frau kompensatorisch zur Ausbildung einer physiologischen X-Beinstellung, die ebenfalls die bereits erwähnte Verlagerung des Körperschwerpunktes nach unten begünstigt.

Fettgewebe und Muskulatur

Bezüglich des Anteils an *Fettgewebe* und *Muskulatur* liegen bei Frauen und Männern ausgeprägte geschlechtsspezifische Unterschiede vor.

Die Frau weist in ihren *Fettdepots* – besonders im subkutanen (unter der Haut liegenden) Bindegewebe – 1,75mal mehr Fett auf als der Mann. Der prozentuale Anteil der Fettdepots an der Gesamtkörpermasse beträgt bei der Frau 28,2%, beim Mann 18,2%; die Frau besitzt demnach einen um 10% höheren Fettanteil als der Mann (*Tittel/Wutscherk* 1972, 41).

Durch das größere Fettpolster und das im Durchschnitt leichtere Knochengerüst verfügen Frauen über eine *geringere Körperdichte* – sie liegt bei der Frau bei 1,04 g/cm^3, beim Mann bei 1,07 g/cm^3 (*Eiben* 1979, 208) – und, in Verbindung mit der größeren Rumpffülle, über einen guten Auftrieb. Die tiefere Lage des Körperschwerpunktes und die relativ größere Rumpflänge bedingen eine günstigere Schwimmlage, wobei zusätzlich die, im Vergleich zum Mann, kürzeren und leichteren Beine weniger leicht absinken. Dadurch sind zur Aufrechterhaltung der Schwimmlage weniger Muskelkräfte erforderlich – sie stehen somit für den Krafteinsatz bei der Fortbewegung zur Verfügung (*Klaus/Noack* 1961, 15). Diese Vorteile erklären die besondere Eignung der Frau für den Schwimmsport und ihre hohe Leistungsfähigkeit in diesem Bereich. Wie bereits erwähnt wurde (s. S. 371), betragen die Leistungsunterschiede in den einzelnen Schwimmdisziplinen zwischen Frau und Mann nur 6,4–10,7%.

Was die *Muskulatur* betrifft, verfügt die Frau sowohl relativ als auch absolut über weniger Muskelmasse als der Mann.

> Relativ gesehen (im Verhältnis zur Körpermasse) beträgt der Anteil der Muskulatur bei der untrainierten Frau 35,8%, beim untrainierten Mann 41,8% (*Tittel/Wutscherk* 1972, 41). Absolut gesehen verfügt die Frau über 23 kg Muskelmasse gegenüber 35 kg beim Mann.

Bezüglich der *Muskelfaserzusammensetzung* bestehen keine geschlechtsspezifischen Unterschiede: Der Anteil von ST- und FT-Fasern ist bei beiden Geschlechtern in etwa gleich (*Costill* 1976, 153).
Hinsichtlich der absoluten *Muskelkraft* pro cm^2 Muskelquerschnitt läßt sich bei der Frau aufgrund des etwas erhöhten Anteils an eingelagertem Fettgewebe ein etwas geringerer

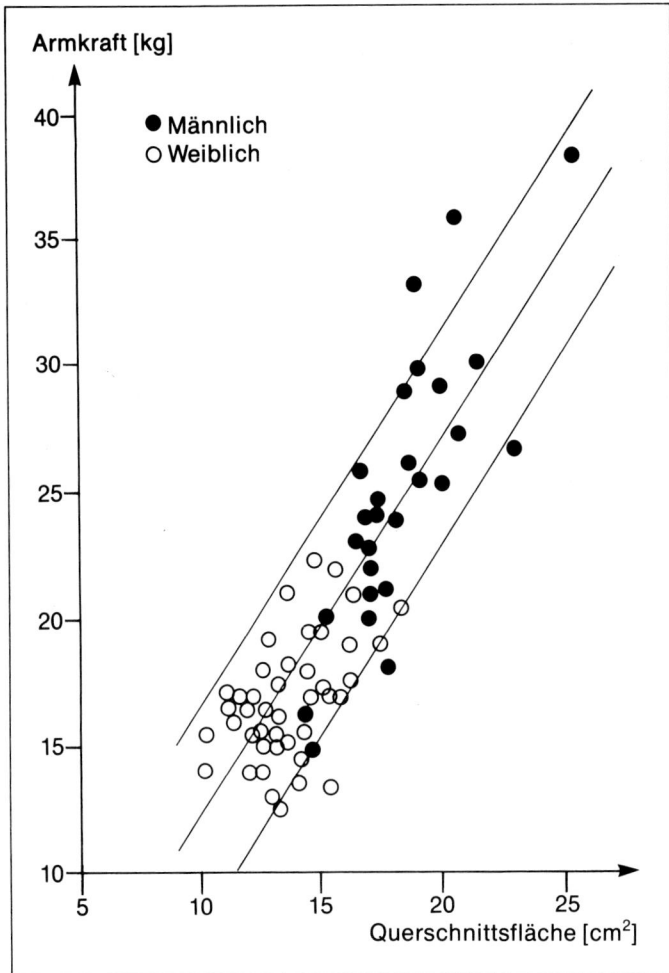

Abb. 177 Beziehung zwischen Muskelquerschnitt und Muskelkraft weiblicher und männlicher Personen (nach *Fukunaga* 1976, 260).

Durchschnittswert feststellen: Er beträgt bei der Frau 6,3 ± 0,9 kp/cm², beim Mann 6,7 ± 1,0 kp/cm² (*Fukunaga* 1976, 260).

Da die Muskelkraft eng mit dem Muskelquerschnitt korreliert ist, weist die Frau aufgrund ihrer geringeren Muskelmasse auch eine niedrigere Maximalkraft auf als der Mann (Abb. 177).

In Abhängigkeit von der Muskelgruppe beträgt die Kraft der Frau im Durchschnitt zwischen 54 und 80% der Kraft des Mannes. Wie aus Abbildung 178 ersichtlich ist, weisen die im täglichen Leben stärker belasteten Muskelgruppen einen größeren Unterschied der Kraft zwischen Mann und Frau

auf als die weniger belasteten Muskelgruppen (*Hettinger* 1972, 60). Das bedeutet jedoch, daß sich die Geschlechter auch hinsichtlich der Trainierbarkeit der Kraft unterscheiden.

Bei der *Trainierbarkeit* der Muskulatur muß ebenfalls von den einzelnen Muskelgruppen ausgegangen werden, da z.B. bei der Rumpf- und Bauchmuskulatur der Trainingseffekt bei beiden Geschlechtern nahezu gleich ist. Die Extremitätenmuskulatur ist jedoch bei Männern besser trainierbar (*Hettinger* 1972, 142 und 144). Offensichtlich weisen die Muskelgruppen, die im wesentlichen dynamische Funktion besitzen,

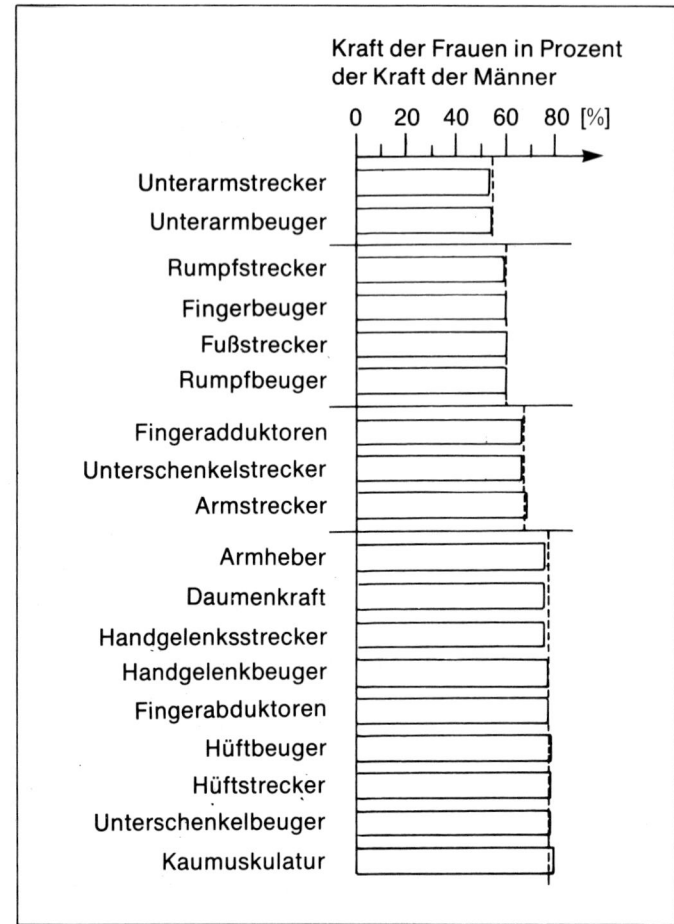

Abb. 178   Die Kraft verschiedener Muskelgruppen bei Frauen in Prozent der Kraft der Männer (nach *Hollmann/Hettinger* 1980, 202).

Alter	Mädchen	Jungen
8– 9	20	21– 34
10–11	10–65	41– 60
12–13	30–80	131–349
14–15	30–85	328–643

Tab. 25   Die Veränderungen des Testosteronspiegels (ng/100 ml) im Kindes- und Jugendalter (nach *Reiter/Root* 1975, 128).

geschlechtsspezifische Unterschiede auf, während die Muskelgruppen mit statischer Funktion in ihrer Trainierbarkeit bzw. Anpassungsfähigkeit bei Frau und Mann identisch sind. Im weiteren Sinne kann man somit, setzt man die dynamische Muskulatur gleich mit den schnellen Fasern und die statische Muskulatur mit den langsamen Fasern, auf eine unterschiedliche Trainierbarkeit von Mann und Frau hinsichtlich der schnellen Fasern schließen (*Hollmann/Hettinger* 1980, 252).

Als Ursache für die unterschiedliche Ausprägung der Muskulatur bzw. die geschlechtsspezifische Trainierbarkeit von Frau und Mann ist das vermehrte Vorkommen des männlichen Sexualhormons (Testosteron) beim Mann anzusehen, das eiweißanabole (eiweißaufbauende) Wirkung hat.

Parameter	Frau	Mann
Herzgewicht (absolut)	250–300 g	300–350 g
Herzgewicht (relativ)	4,8 g/kg	5,7 g/kg
Herzvolumen (absolut)	500–600 ml	600–800 ml
Herzvolumen (relativ)	9,5–10 ml/kg	11–12 ml/kg
Schlagvolumen (Ruhe)	40–50 ml	70 ml
Schlagvolumen (max. Bel.)	70–90 ml	120 ml
Herzminutenvolumen (Ruhe)	3–5 l	4–6 l
Herzminutenvolumen (max. Bel.)	12–14 l	20 l
Herzfrequenz (Ruhe)	70/min	60/min

Tab. 26 Kardiale Kenngrößen der Frau im Vergleich zu denen des Mannes (Durchschnittswerte Untrainierter aus der Literatur, s. Tab. 27).

Wie aus Tabelle 25 zu entnehmen ist, unterscheiden sich die Testosteronspiegel bis zum Eintritt der Pubertät bei Mädchen und Jungen kaum voneinander. Ihre körperliche Leistungsfähigkeit – dies betrifft vor allem auch die von der Muskelmasse abhängige Kraft – ist in etwa vergleichbar.

Erst durch den puberalen Hormonschub – der Testosteronspiegel steigt bei den Jungen um den etwa 10fachen Betrag an, bei den Mädchen ist der Anstieg dagegen minimal – kommt es zu ausgeprägten Veränderungen besonders bezüglich der Muskelmasse und somit der Kraft:

> Der Muskelanteil steigt in der Pubertät bei den Jungen von 27% auf 41,8%, bei den Mädchen nur auf 35,8%.

Interessant ist in diesem Zusammenhang auch die Feststellung, daß sich durch Training die endogenen Testosteronspiegel verändern lassen. Wie aus den Untersuchungen von *Fahey* et al. (1976, 31) und *Sutton* et al. (1973, 520) hervorgeht, finden sich bei den jeweils besttrainierten und leistungsstärksten Sportlerinnen und Sportlern die höchsten Testosteronspiegel: Mit dem Anstieg der Leistung kommt es zu einem Anstieg des Testosteronspiegels.

Herz-Kreislauf-Größen

Entsprechend der geringeren Muskel- und Gesamtkörpermasse sind auch die *Herz-Kreislauf-Größen* bei der Frau kleiner als beim Mann. Wie Tabelle 26 zeigt, weist die Frau sowohl absolut als auch relativ geringere Werte bezüglich des Herzens und davon abhängiger Parameter auf.

Abbildung 179 läßt erkennen, daß die Absolut- und Relativwerte des Herzgewichtes der Frau in jedem Alter unter denen des Mannes liegen.

Die geringere *Herzgröße* der Frau führt bei Belastung dazu, daß der weibliche Organismus seinen Sauerstoffmehrbedarf vorwiegend durch die unökonomische Herzfrequenzsteigerung reguliert. Neben geringeren Parametern der kardialen Leistungsfähigkeit besitzt die Frau auch niedrigere Blut-, Erythrozyten- und Hämoglobinwerte als der Mann. Die Blutmenge beträgt bei der Frau durchschnittlich 3,8 l, beim Mann 5 l; die Zahl der roten Blutkörperchen liegt bei $4,0–4,5 \cdot 10^6/mm^3$ (beim Mann $4,5–5,0 \cdot 10^6/mm^3$). Der Hämoglobingehalt – als wichtige Größe für die Sauerstofftransportfähigkeit – beträgt bei der Frau 13–14 g/100 ml, beim Mann 15–16 g/100 ml; dadurch beträgt die Gesamtmenge an Hämoglobin bei der Frau nur etwa 75–80% des männlichen Gesamtgehaltes (*Mellerowicz/Meller* 1978, 66; *Hollmann/Mader* 1980, 119).

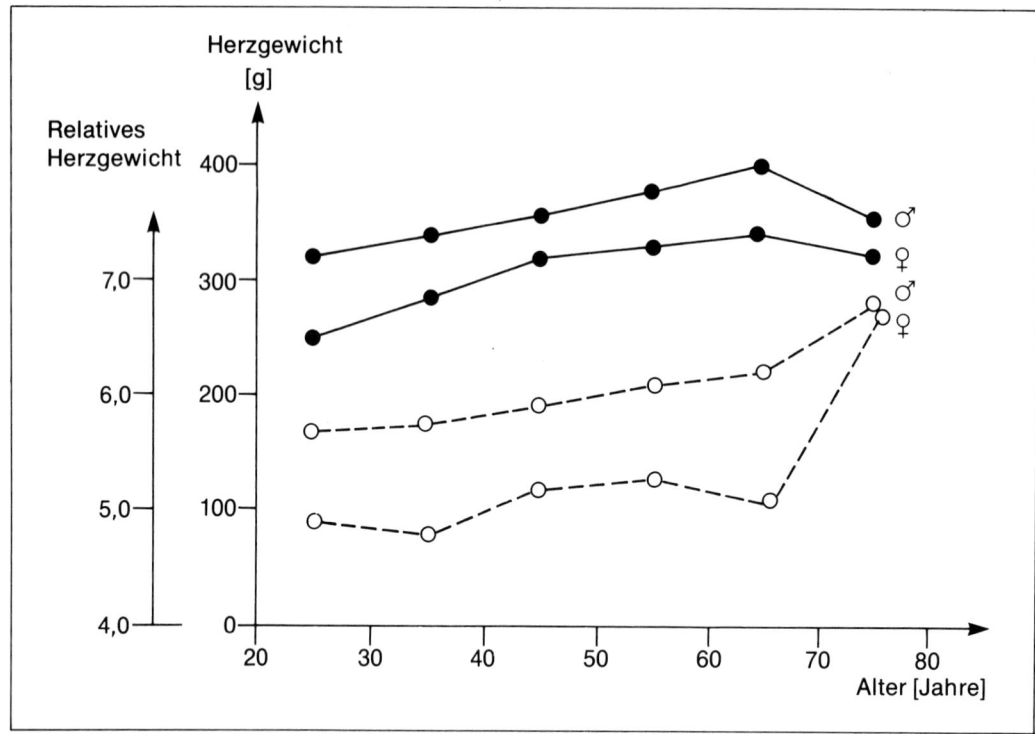

Abb. 179   Vergleich des absoluten (——) und relativen (– – –) Herzgewichtes im Altersgang bei Frauen (♀) und Männern (♂) (verändert nach *Nöcker* 1980, 283).

Atemfunktion und Sauerstoffausschöpfung

Auch im Bereich der Atemfunktion findet man z. T. nicht unerhebliche Unterschiede in den Leistungsgrößen von Frau und Mann. Hierbei spielen vor allem konstitutionelle Faktoren eine wichtige Rolle (Tab. 27).

Allgemein ist zu sagen, daß bei Frauen die Atemwege wie Nasenhöhle, Luftröhre und Bronchien kleiner ausgeprägt sind, ebenso wie die Lungen in ihrer Größe und ihrem Gewicht (*Schönholzer* et al. 1967, 171).

Ähnlich wie bei den Herzgrößen weisen die pulmonalen Kenngrößen der Frau im Vergleich zum Mann sowohl absolut als auch relativ geringere Werte auf.

Auch in der *peripheren Sauerstoffausschöpfung* und -*verwertung* ist die Frau dem Mann gegenüber im Nachteil: Aufgrund der geringeren Muskelmasse und der schlechteren Kapillarisierung des untrainierten weiblichen Muskels (*Neumann/Buhl* 1981, 157) ist die periphere Sauerstoffausschöpfung reduziert. Durch die niedrigere Zahl und Größe der Mitochondrien – der Kraftwerke der Zelle – ist die aerobe Stoffwechselkapazität bei der Frau herabgesetzt: *Hoppeler* et al. (1973) beobachteten beim Mann 1,44mal mehr Mitochondrien in der Skelettmuskulatur als bei der Frau, wobei die Mitochondrienoberfläche ein Verhältnis von 1,35 : 1 aufwies.

Abbildung 180 macht deutlich, daß die bei untrainierten Frauen um etwa 20% geringere Volumendichte der zentral gelegenen Mitochondrien mit der maximalen Sauerstoffaufnahme korreliert.

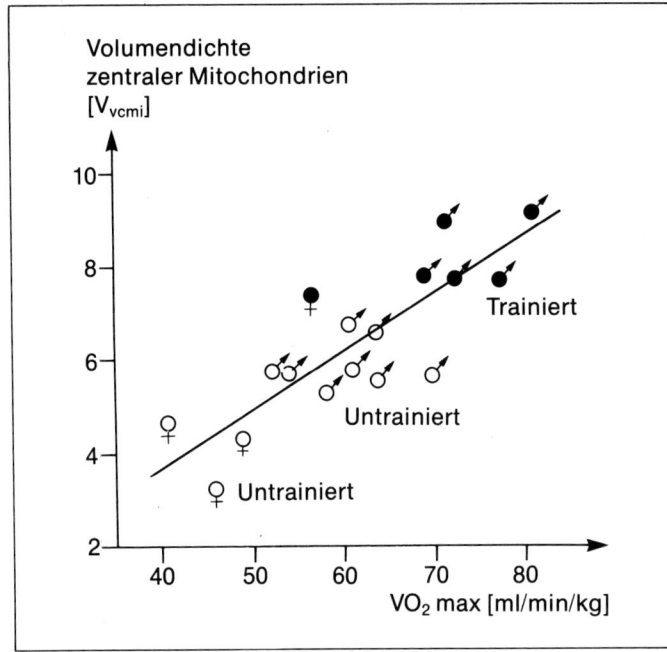

Abb. 180 Beziehung zwischen der Volumendichte zentraler Mitochondrien und der maximalen Sauerstoffaufnahme bei Trainierten und Untrainierten beiderlei Geschlechts (nach *Howald*, in *Neumann/Buhl* 1981, 156).

Parameter	Frau	Mann
Totalkapazität	4,5–5,0 l	6,5–7,0 l
Vitalkapazität	3,5–4,0 l	4,5–5,0 l
Atemtypus (Ruhe)	Brustatmung	Bauchatmung
Atemfrequenz	14–18/min	12–16/min
Atemzugvolumen	350–450 ml	450–550 ml
Atemminutenvolumen (absolut)	90 l/min	110 l/min
Atemminutenvolumen (relativ)	1,5 l/kg	1,6 l/kg
Atemgrenzwert	110 l/min	160 l/min

Tab. 27 Pulmonale Kenngrößen der Frau im Vergleich zu denen des Mannes (Durchschnittswerte Untrainierter aus der Literatur: *Tanner* 1962; *Astrand/Rodahl* 1970; *Nöcker* 1976; *Findeisen/Linke/Pickenhain* 1980; *Hollmann/Hettinger* 1980; *Meller/Mellerowicz* 1978).

Schließlich existieren zwischen Frau und Mann auch auf dem Niveau der *zellulären Energiespeicher* Unterschiede. Bei der Frau läßt sich intrazellulär – bei vergleichbaren Glykogenspeichern – ein bis zu 40% höherer Triglyzeridgehalt finden, der bei Belastungen im Ausdauerbereich durch eine höhere Mobilisation des Fettumsatzes zum Ausdruck kommt (*Neumann/Buhl* 1981, 157/158).

Unter Berücksichtigung der Gesamtheit der bislang dargestellten Unterschiede und unter Einbeziehung der Größenverhältnisse der genannten Einzelfaktoren liegt die *maximale Sauerstoffaufnahme* – als Bruttokriterium der kardiopulmonalen Leistungsfähigkeit bzw. Ausdauerleistungsfähigkeit (S. 177) – bei der Frau sowohl absolut als auch relativ niedriger als beim Mann (Abb. 181 und 182).

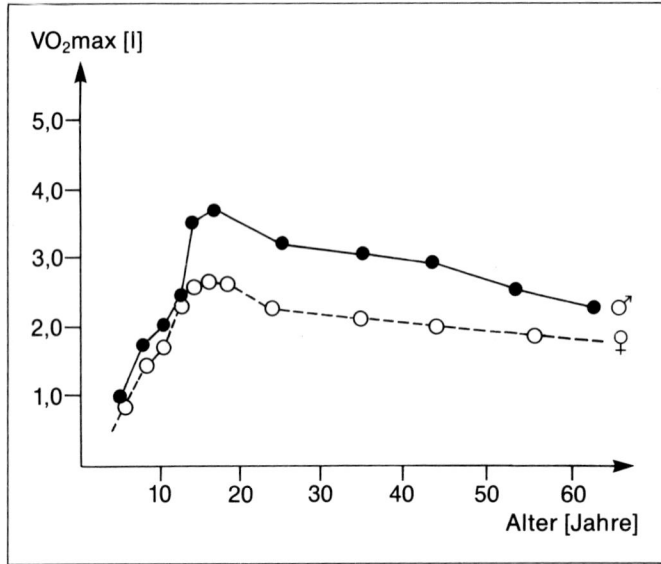

Abb. 181   Die absolute maximale Sauerstoffaufnahmefähigkeit (VO$_2$ max) männlicher und weiblicher Personen im Altersgang (nach *Astrand/Rodahl,* in *Demeter* 1981, 49).

Die Frau besitzt eine maximale Sauerstoffaufnahme von 2000 ± 200 ml (absolut) bzw. 32–40 ml/kg (relativ); beim Mann liegen die Werte bei 3300 ± 200 ml bzw. 40–55 ml/kg (*Hollmann/Hettinger* 1980, 365/366).

Grundumsatz

Vergleicht man den *Stoffwechsel* der Frau mit dem des Mannes, so fällt auf, daß die Frau einen etwa um 10% niedrigeren Grundumsatz hat (Abb. 183).

Die Ursache für den erniedrigten Grundumsatz der Frau liegt zum einen in der durch das vermehrte subkutane Fettgewebe bedingten besseren Wärmeisolation und damit geringeren Wärmeabgabe, zum anderen im unterschiedlichen Fett-/Muskelanteil begründet: Da Muskulatur sowohl in Ruhe als auch bei Belastung einen höheren Sauerstoffverbrauch als das Fettgewebe aufweist, bedingt der geringere Prozentsatz an Muskelmasse bei der Frau einen niedrigeren Energieumsatz (*Garn* et al., in *Tanner* 1962,

183). Darüber hinaus scheinen die androgenen Steroide noch einen spezifischen Antrieb auf den Grundumsatz zu bewirken, was seine Erhöhung beim Mann mit erklären kann (*Tanner* 1962, 183).

Wärmeregulation

Auch im Bereich der *Wärmeregulation* treten Unterschiede zwischen Mann und Frau auf.

Die Wärmetoleranz ist bei Frauen grundsätzlich geringer und die Möglichkeit der Thermoregulation biologisch weniger ausgeprägt als bei Männern. Im allgemeinen reagieren Frauen auf Wärmereize ungünstiger als Männer, und ihre Leistungsfähigkeit wird durch eine Wärmebelastung früher limitiert.

Bei beiden Geschlechtern ist das Maximum der zu tolerierenden Körpertemperatur gleich hoch, doch erreichen die Frauen ihre Grenzen bereits bei geringerer Umgebungstemperatur.

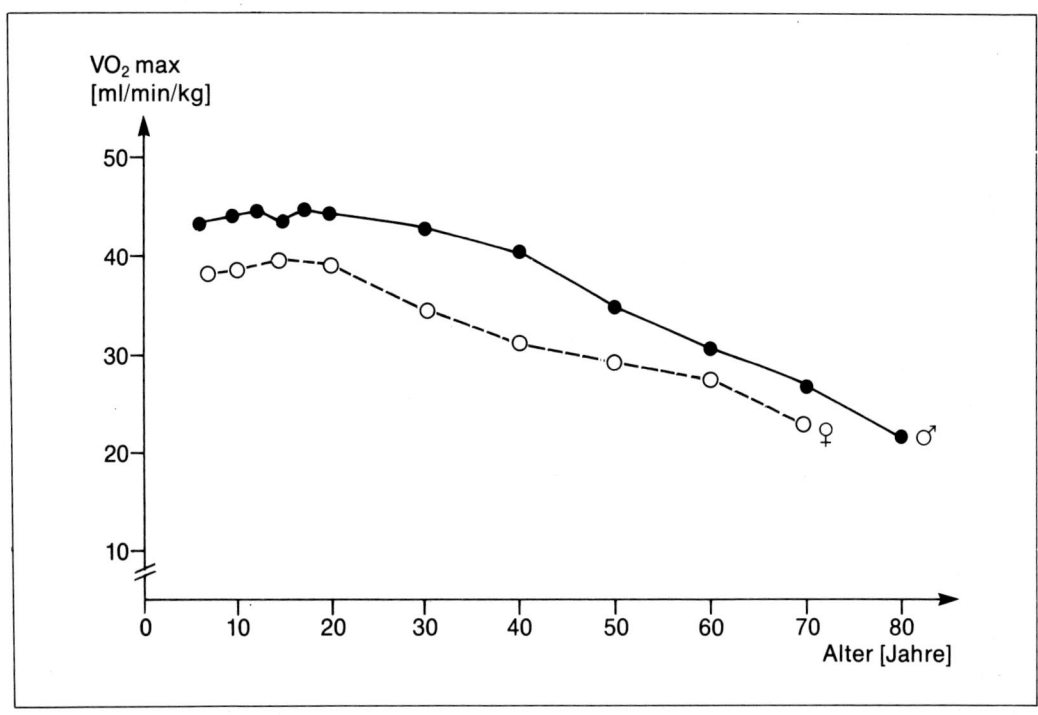

Abb. 182 Die relative (körpergewichtsbezogene) maximale Sauerstoffaufnahme männlicher und weiblicher Personen im Altersgang (nach *Hollmann*, in *Hollmann/Mader* 1980, 121).

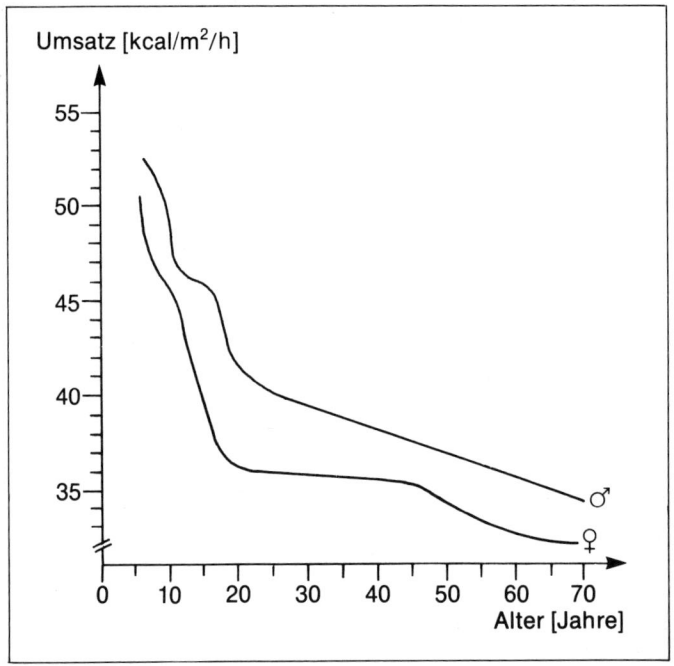

Abb. 183 Der Grundumsatz weiblicher und männlicher Personen im Altersgang (nach *Schmidt/Thews* 1976, 522).

Bei überschießender endogener Wärmeproduktion, wie sie z. B. bei sportlichen Belastungen auftritt, konnten bei Frauen hingegen keine so hohen Körperkerntemperatu-
ren ermittelt werden wie beim männlichen
Geschlecht: Bei Marathonläufen wurden
bei Männern Körpertemperaturen von
41–41,5° C gemessen (*Israel* 1979, 199).
Frauen verfügen über weniger Schweißdrüsen und weisen bei relativ gleichen Belastungen eine geringere Schweißrate auf als
Männer. Die Schweißsekretion beginnt bei
Frauen bei gleichem Wärmeanfall später als
dies bei Männern der Fall ist. Das deutet
darauf hin, daß Frauen zuerst stärker mit
vasomotorischen Umstellungen (Gefäßweitstellung) auf eine erhöhte Wärmeproduktion reagieren (*Hollmann/Mader* 1980, 126).

> Gegenüber schweißbedingten Wasser-
> verlusten scheinen Frauen weniger tole-
> rant zu sein als Männer, da bei ihnen
> bereits bei geringeren Graden der De-
> hydratation (Wasserentzug) ein Er-
> schöpfungszustand eintritt (*Israel* 1979,
> 200).

Obwohl die Schweißsekretion trainierbar
ist, reagieren nach *Israel* (1979, 199) selbst
wärmeangepaßte Frauen auf eine Wärmeex-
position wie untrainierte oder unakklimati-
sierte Männer.

Die Leistungsfähigkeit der Frau in den motorischen Hauptbeanspruchungsformen

Ausdauer

Im Vergleich zum Mann besitzt die Frau aufgrund der aufgezeigten geringeren kardiopulmonalen Leistungsgrößen eine absolut gesehen niedrigere Ausdauerleistungsfähigkeit. Wie aus Tabelle 23 (s. S. 371) zu ersehen ist, liegt die Ausdauerleistungsfähigkeit der Frau etwa 10 ± 2% unter der des Mannes. Dies bedeutet jedoch nicht, daß die Frau weniger ausdauerbelastungsfähig ist als der Mann. Der über Jahrzehnte von Männerseite betriebene Versuch, Frauen von längeren Ausdauerbelastungen auszuschließen – erstmalig bei den Olympischen Spielen 1984 in Los Angeles war es den Frauen gestattet, am Marathonlauf teilzunehmen –, um sie vor Schäden zu bewahren, wurde mit einer angeblich geringeren Ausdauerbelastbarkeit der Frau begründet.

Dabei wurden jedoch das geringere Körpergewicht der Frau und die mit Zunahme der Streckendistanz abnehmende Belastungsintensität ebensowenig beachtet wie die Tatsache, daß für beide Geschlechter gleichermaßen die *Regel von der Harmonie der leistungsbegrenzenden Systeme* gilt. Das heißt jedoch, daß im Rahmen ihrer niedriger liegenden maximalen kardiopulmonalen Kapazität die Frau ebenso belastbar ist wie der Mann (*Hollmann/Mader* 1980, 121).

Die größere Funktionskapazität in der Verwertung von freien Fettsäuren (*Berg* et al., 1981, 45) prädestiniert die Frau geradezu für lange und ultralange Strecken. Das erfolgreiche Abschneiden der Frauen z. B. beim 100-km-Lauf von Biel (Schweiz) bringt dies deutlich zum Ausdruck.

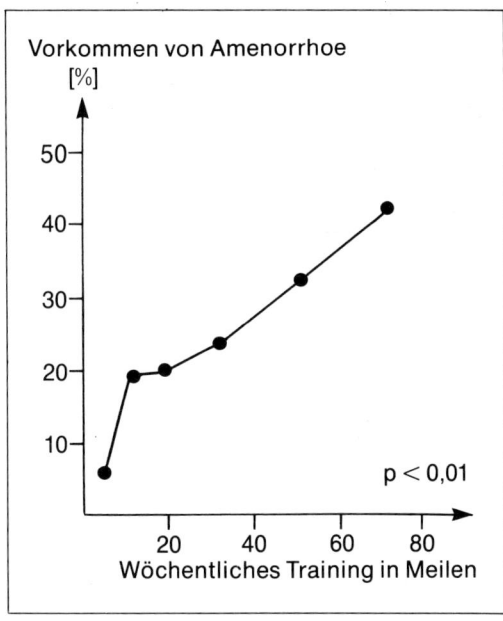

Abb. 184 Trainingsumfang in Meilen/Woche und Auftreten einer Amenorrhoe (nach *Feicht* et al., in *Jokl* 1983, 21).

Ebenso wie die Frau *aerob* sehr gut belastbar ist, weist sie *anaerob* eine hohe Leistungsfähigkeit auf: Hinsichtlich der maximal gemessenen Laktatkonzentration konnte kein Geschlechtsunterschied festgestellt werden; allerdings sind die Absolutleistungen der Frau auch in diesem Bereich geringer (*Neumann/Buhl* 1981, 157).

Bemerkenswert ist allerdings, daß mit zunehmender Ausdauerleistungsfähigkeit die Zahl der Frauen mit *Zyklusstörungen* (Amenorrhoe) zunimmt (Abb. 184).

Das Auftreten der *Amenorrhoe* hängt mit der trainingsbedingten Abnahme des Körperfettes zusammen: Sinkt der Fettgehalt unter 12,11%, dann hört bei der Frau die Regel auf. Solange sie sich im Trainingsprozeß befindet, ist dies kein Krankheitszeichen, sondern vielmehr ein Anpassungsphänomen. Nach Reduzierung des Trainingsvolumens und dem Erreichen eines prozentual höheren Fettgehaltes setzt dann die Menstruation (s. S. 389) wieder ein (*Jokl* 1983, 21).

Kraft

Bis etwa zum 12. Lebensjahr zeigen Mädchen und Jungen bezüglich der Maximalkraft nur geringe Unterschiede. Nach dem Pubertätseintritt und dem damit verbundenen geschlechtsspezifischen Hormonschub (s. S. 272) nehmen diese jedoch stark zu, so daß mit Beginn des Erwachsenenalters Frauen nur etwa 2 Drittel der Maximalkraft des Mannes erreichen (vgl. Abb. 104, S. 199).

> Frauen sind den Männern in allen Krafteigenschaften – z. B. Schnellkraft, Maximalkraft und Kraftausdauer – deutlich unterlegen. Ihr Rückstand ist in der Maximalkraft am größten, in der Sprintkraft am kleinsten (*Letzelter/Letzelter* 1977, 171).
> Unter Berücksichtigung des Körpergewichtes reduziert sich die Maximalkraftdifferenz zwischen Frau und Mann auf durchschnittlich 20% (*Hollmann/Hettinger* 1980, 203).

Die im Verhältnis zum Körpergewicht stärkere Ausbildung des Fettgewebes bei der Frau bedingt ein *ungünstigeres Last-Kraft-Verhältnis*, das, ebenso wie die unterschiedlichen *Hebelverhältnisse* und die hormonell bedingte geringere Ausprägung der Muskulatur zu den geschlechtsspezifischen Kraftdifferenzen beiträgt.

Schnelligkeit

Die Frau ist dem Mann sowohl in der azyklischen als auch zyklischen Schnelligkeit unterlegen.
Dabei ist die absolut geringere Leistungsfähigkeit der Frau nicht auf psychomotorisch-koordinative Komponenten der Schnelligkeit zurückzuführen – die Reaktionszeit und die Bewegungsfrequenz als Ausdruck des neuromuskulären Zusammenspiels sind bei Frauen und Männern vergleichbar –, sondern auf kraftabhängige Größen (*Letzelter* et al. 1979, 299; *Weineck* 1983, 170 f.).
Das bedeutet jedoch, daß die Schnelligkeit ebenso wie die Kraft der Frau vor allem durch ihre geringeren Testosteronspiegel limitiert wird.
Bei Schnelligkeitsanforderungen, die sich ausschließlich auf die Schnelligkeit als koordinative Eigenschaft beziehen und nicht auf kraftabhängige Manifestationsformen, lassen sich keine geschlechtsspezifischen Unterschiede erkennen (Abb. 185).

Beweglichkeit

Aufgrund der geringeren Gewebsdichte ist der weibliche Bänder- und Muskelapparat elastischer und dehnfähiger als der männliche. Dadurch verfügen Frauen in der Mehrzahl der Gelenke über eine größere Bewegungsamplitude (*Israel* 1979, 203).
Positiv beeinflußt wird die Beweglichkeit der Frau noch durch die bessere und schnellere Entspannungsfähigkeit des Muskels sowie durch die bereits erwähnte x-förmige Stellung der Extremitätenknochen und die relativ längere Lendenwirbelsäule, die die Beweglichkeit in diesen Bereichen erhöhen.
Die ausgeprägte Beweglichkeit der Frau wirkt sich vor allem bei Sportarten wie Turnen und Gymnastik positiv aus.

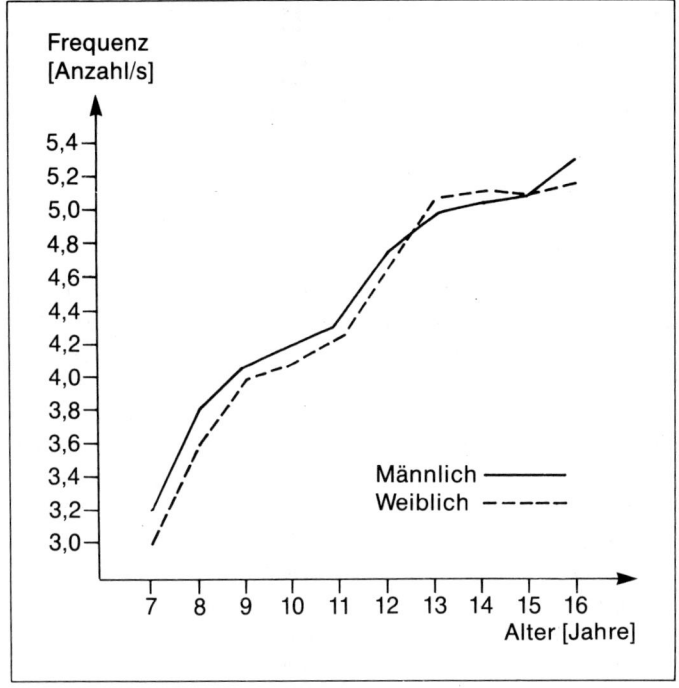

Abb. 185 Die Entwicklung von Schnelligkeitsfähigkeiten (nach *Farfel*, in *Meinel* 1975, 341).

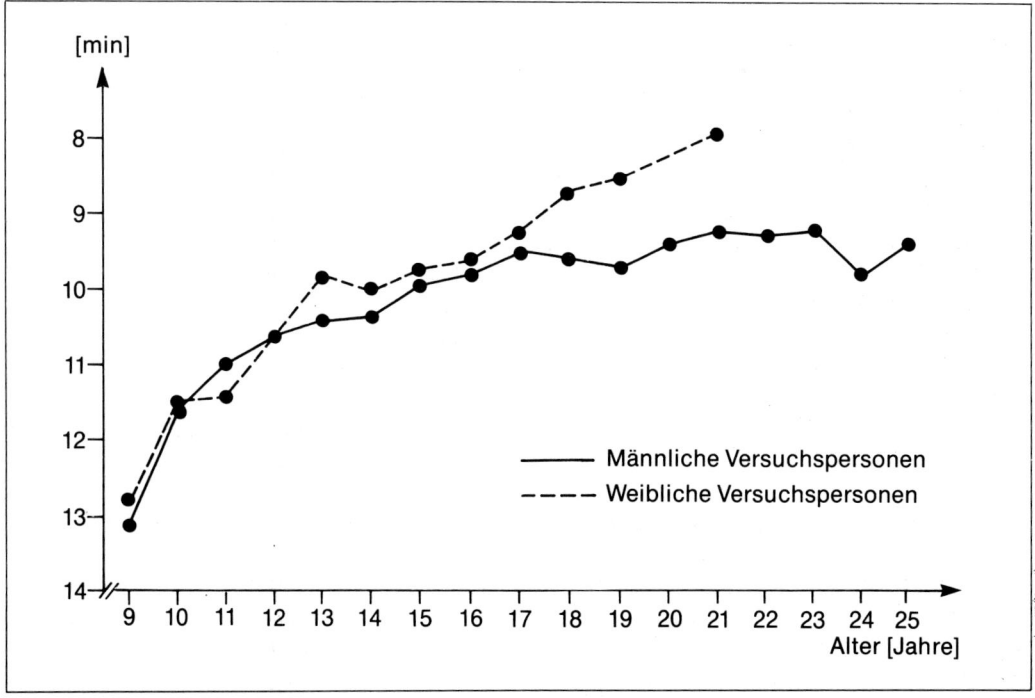

Abb. 186 Die Handgeschicklichkeit in Abhängigkeit von Alter und Geschlecht (nach *Rutenfranz/Hettinger*, in *Hollmann/Hettinger* 1980, 154).

Koordinative Fähigkeiten

Nach *Noack* (in *Hollmann/Hettinger* 1980, 153) ist die Geschicklichkeit der Frau – unter *Geschicklichkeit* werden kleinmotorische Leistungen (z. B. der Hand), unter *Gewandtheit* großmotorische (z. B. unter Beteiligung des Rumpfes) verstanden – dann größer, wenn die Kraft keine maßgebende Rolle spielt (Abb. 186).

Es muß allerdings einschränkend gesagt werden, daß zahlreiche Untersuchungen, welche die Überlegenheit der Frau in diesem Bereich belegen, auf Prüfungen der Handgeschicklichkeit beruhen. Fraglos haben Männer – wie umgekehrt Frauen im Kraftbereich – in dieser Hinsicht ein sozial bedingtes Minus. So konnten nach *Israel/Buhl* (1980, 195) bei Artisten oder Instrumentalmusikern, bei denen Kinder beiderlei Geschlechts dem gleichen Ausbildungsprogramm unterworfen wurden, bislang keine Geschlechtsdifferenzen in der Fertigkeitsentwicklung bemerkt werden. Ebenso wurden von den etwa 2600 Conterganopfern, die mit stark mißgebildeten Extremitäten auf die Welt kamen und an die kompensatorisch motorisch besonders hohe Anforderungen gestellt werden, noch keine diesbezüglichen Geschlechtsunterschiede berichtet (*Israel/Pahlke* 1981, 308).

> Insgesamt scheinen die koordinativen Fähigkeiten bei beiden Geschlechtern in gleicher Weise ausgeprägt. Dasselbe gilt auch für ihre Trainierbarkeit (*Hollmann/Hettinger* 1980, 155).

Zusammenfassend kann festgestellt werden, daß sich Mann und Frau aufgrund charakteristischer geschlechtsspezifischer Merkmale im Bereich der motorischen Hauptbeanspruchungsformen in typischer Weise unterscheiden. Hinsichtlich der konditionellen Leistungsfaktoren (Ausdauer, Kraft, Schnelligkeit) ist der Mann leistungsfähiger, bei der Beweglichkeit die Frau und bei koordinativen Leistungen entsprechen sich beide Geschlechter.

Bei der Auswahl geeigneter Sportarten für die Frau bieten sich vor allem Disziplinen an, die keine maximalen Kraftanforderungen an den passiven und aktiven Bewegungsapparat stellen. Ansonsten kann die Frau jede beliebige Sportart betreiben, wenn auch Gymnastik, Turnen, Schwimmen u. ä. ihren „typischen" Fähigkeiten in besonderer Weise entgegenkommen.

Die Beeinflussung der sportlichen Leistungsfähigkeit der Frau durch Menstruation und Schwangerschaft

Sport und Menstruation

Der Menstruationszyklus (Abb. 187) ist eine sich wiederholende Folge von Menstruation, Follikelphase (Proliferation) und Gelbkörper (Corpus luteum)-Phase.

> Der Eintritt der ersten Menstruation ist von der Entwicklung des Fettgehaltes abhängig. Erreicht sein Anteil 17% der Körpersubstanz, tritt bei den Mädchen im allgemeinen die Menstruation ein (Abb. 188).

Werden diese 17% schon in sehr frühem Alter erreicht, dann tritt die Menstruation früher ein, wenn nicht, dann dauert es entsprechend 3–4 Jahre länger (Abb. 189).
Der Menstruationszyklus dauert im Mittel etwa 28 Tage, wobei der Eisprung (Ovulation) gewöhnlich am 14. Tag erfolgt.
Böckler (in *Pahlke/Smitka* 1977, 124) unterteilt den Zyklus wie folgt:
- Menstruationsphase: 1.– 4. Tag
- Postmenstruelle Phase: 5.–11. Tag
- Intermenstruelle Phase: 12.–22. Tag
- Prämenstruelle Phase: 23.–28. Tag

Das Leistungsoptimum liegt bei den meisten Frauen in der *postmenstruellen Phase*, und man nimmt an, daß es durch den zunehmenden Östrogenspiegel (vgl. Abb. 187) und die damit parallel gehende Aktivierung des Nebennierenmarkes mit vermehrter Ausschüttung von Noradrenalin verursacht wird (*Böckler* 1972, 234). Zusätzlich soll die günstige Ausgangssituation noch durch die pa-

rasympathikotone Einstellung des vegetativen Nervensystems gefördert werden.
Während man die *intermenstruelle Phase* als die für die Beurteilung der Leistungsfähigkeit relevante Phase erachtet – lediglich die Zeit um die Ovulation kann zu gewissen Störungen führen –, wird die *prämenstruelle Phase* (Progesteroneinfluß), besonders die Tage unmittelbar vor der Menstruation, als Phase der verminderten Leistungsfähigkeit betrachtet (*Pahlke/Smitka* 1977, 124). In dieser Zeit liegen eine herabgesetzte Konzentrationsfähigkeit sowie schnellere Muskel- und Nervenermüdbarkeit vor (*Keul* et al. 1974, 49). Als Wirkung des Progesterons auf das Atemzentrum wird von *Pernoll* et al. (in *Israel* 1979, 200) eine Hyperventilation mit einer Verschlechterung des Atemäquivalents angegeben.
Während der Menstruation selbst wird bei etwa 70% der Frauen eine gleiche oder gar bessere Leistung erzielt; bei 30% tritt, wenn auch nur in geringem Ausmaß, eine Verminderung der Leistung ein (*Nöcker* 1980, 288). Die Leistungsminderung bezieht sich vorwiegend auf Dauerleistungen. Bei Schnelligkeitsleistungen wird vereinzelt eine Leistungssteigerung beobachtet, die auf die erhöhte Reizempfindlichkeit des vegetativen Nervensystems in dieser Zeit zurückzuführen sein soll (*Bausenwein* 1957, 287; *Findeisen/Linke/Pickenhain* 1980, 266).
Für psychische Parameter muß während der Menstruation eine stärkere Beeinträchtigung angenommen werden, da die Regelblutung meist als leistungshemmend empfunden wird (*Pahlke/Smitka* 1977, 124), obwohl der Blutverlust während der Menstruation (durchschnittlich 60 ml) ohne Einfluß

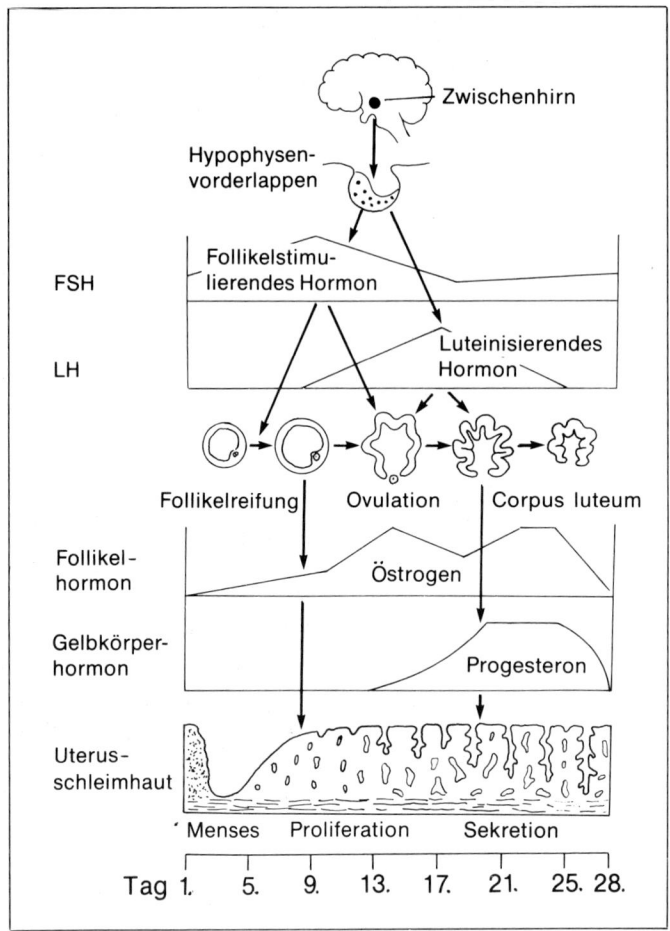

Abb. 187   Weiblicher Zyklus (nach Vogel/Angermann 1976, 324).

auf das Leistungsvermögen ist (*Israel* 1979, 200).

Da Weltrekorde in den verschiedensten sportlichen Disziplinen zu jedem Zeitpunkt des monatlichen Zyklus erzielt wurden, ist anzunehmen, daß bei trainierten Sportlerinnen der Menstruationszyklus keinen Einfluß auf die sportmotorische Leistung hat (*Bausenwein* 1960, 12; *Thomas* 1983, 312). Für Sportlerinnen geringerer Qualifikation muß diese uneingeschränkte Leistungsfähigkeit jedoch nicht in gleichem Maße zutreffen. Deshalb sollten generalisierte Feststellungen nicht unbedingt auf den Einzelfall übertragen werden.

Eine *Verschiebung der Menstruation* durch Gabe von Sexualhormonen bei wichtigen Wettkämpfen (Olympische Spiele etc.) sollte die Ausnahme sein. Bei Mädchen unter 16/17 Jahren stellt eine derartige Hormonapplikation eine Kontraindikation dar, da sie zu einer Verzögerung der Zyklusstabilisierung und zu einem vorzeitigen Schluß der Wachstumsfugen führen kann (*Bausenwein* et al. 1971, 16).

Der Einfluß des Sportes selbst auf den Menstruationsverlauf ist in Abhängigkeit von der Art des Trainings, von seiner Intensität und vom Gewohnheitsgrad der sportlichen Betätigung zu sehen. Regelmäßig sporttrei-

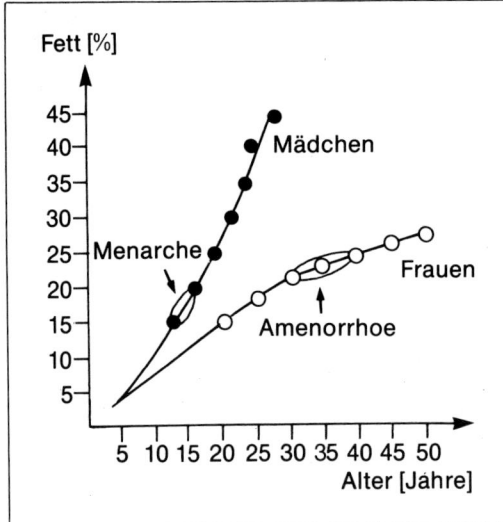

Abb. 188 Eintritt der Menarche in Abhängigkeit vom Fettgehalt (nach *Durnin/Rahaman*, in *Jokl* 1983, 20).

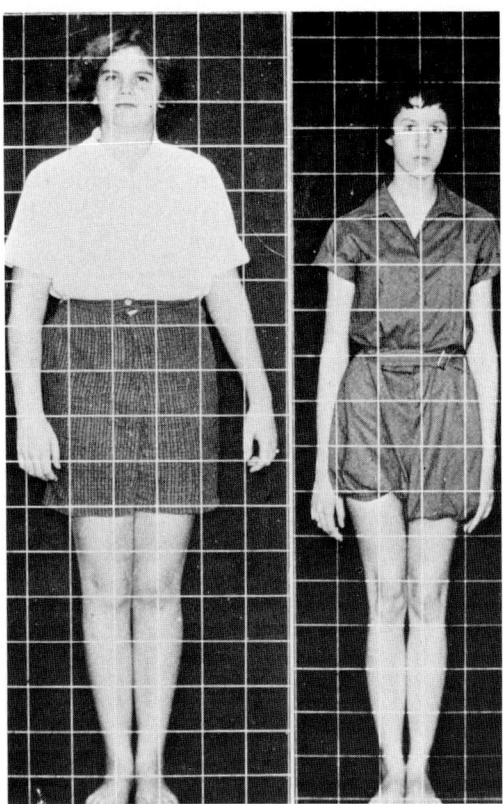

Abb. 189 2 Mädchen mit unterschiedlicher Körper- bzw. Fettentwicklung: Bei dem linken Mädchen trat die Menstruation mit 12,6 Jahren, bei dem rechten mit 17 Jahren ein (nach *Jokl* 1983, 20).

bende Frauen klagen in geringerem Maße über Regelstörungen als Nichtsportlerinnen. Bei hochgradig intensiv und umfangreich trainierenden Ausdauersportlerinnen kann es jedoch (s. auch S. 384) zu einer funktionellen Regulationsumstellung kommen, die temporär zu Menstruationsunregelmäßigkeiten führt, aber jederzeit reversibel ist (*Barwich* et al. 1980, 47).

Bei 3 Viertel aller Frauen beeinflußt der Sport nicht die Menstruation. Bei auftretenden stärkeren Menstruationsbeschwerden ist allerdings eine Schonung bzw. Einschränkung der sportlichen Belastung vor allem in den ersten Tagen ratsam (*Findeisen/Linke/Pickenhain* 1980, 266).

Sport und Schwangerschaft

Der Eintritt einer Schwangerschaft erfordert nicht den sofortigen Abbruch eines sportlichen Trainings bzw. der Ausübung einer sportlichen Betätigung. Im Falle eines einwandfreien Gesundheitszustandes und bei strenger ärztlicher Kontrolle ist die Fortsetzung des gewohnten Trainings sowie eine Wettkampfbeteiligung bis zum 3. Schwangerschaftsmonat möglich (*Kovacs* 1973, 75). Allerdings müssen Preß- und Kraftübungen sowie Kontaktsportarten und Zweikämpfe mit unkalkulierbaren Belastungen, wie z. B. in den Spielsportarten, ausgeschlossen werden (*Huch* 1984, 34).

Als besonders geeignet für Schwangere gelten Jogging, Schwimmen und Radfahren. Die Belastung sollte jedoch in den einzelnen Schwangerschaftsmonaten der sich ändernden physiologischen Leistungsfähigkeit angepaßt sein: Während der beiden ersten Schwangerschaftsmonate kann in gewohnter Weise Sport getrieben werden. Im 3. Monat ist infolge der starken hormonellen Einflüsse und der damit verbundenen Gefahr einer Fehlgeburt der Sport einzustellen, abgesehen von leichten gymnastischen Übungen. In der Folge sollte bis zum 8. Monat nur noch eine leichte sportliche Betätigung erfolgen, um die Schwangerschaft, die bereits eine hohe körperliche Belastung darstellt, nicht zu gefährden (*Nöcker* 1976, 319; *Findeisen/Linke/Pickenhain* 1980, 267).

Die Entbindung von Sportlerinnen – hier imponiert vor allem die verkürzte Austreibungszeit – erfolgt im allgemeinen schneller und schmerzärmer (*Pfeiffer*, in *Nöcker* 1976, 319).

Zusammenfassend kann festgestellt werden, daß Sport – in adäquatem Maße betrieben – auf Schwangerschaft und Geburtsverlauf keinen negativen Einfluß hat.

Die bisweilen während der Schwangerschaft und nach der Entbindung auftretenden Schwangerschaftsstreifen treten bei trainierten Sportlerinnen seltener auf und lassen sich vor allem in Verbindung mit einer gezielten Kräftigungsgymnastik nach der Geburt prophylaktisch vermeiden (*Findeisen/Linke/Pickenhain* 1980, 267).

Noch weitgehend ungeklärt ist das Phänomen, daß nach einer Schwangerschaft mitunter eine sprunghafte positive Leistungsentwicklung eintritt. Die Zahl national und international erreichter, postpartaler (nach der Geburt liegender) Höchstleistungen ist bemerkenswert (*Noack* 1954, 1523; *Thomas* 1983, 314). Man nimmt an, daß neben bislang nicht aufgeklärten Umstellungen im weiblichen Organismus, trainingsanaloge Effekte bei der Schwangerschaft gegeben sind, die sich in der Folge leistungssteigernd auswirken (*Israel* 1979, 200).

Literatur

1. *Astrand P. O., K. Rodahl:* Textbook of work physiology. Mc Graw-Hill, New York 1978
2. *Barwich, D., L. Zachmann, D. Bauer, H. Weicker:* Die gonadotrope Partialfunktion der Hypophyse bei Sportlerinnen. Deutscher Sportärztekongreß Saarbrücken, 16.–19. 10. 1980
3. *Bausenwein, I.:* Konstitution und Kondition im Frauensport. Sportmedizin 10 (1957), 282–289
4. *Bausenwein, I.:* Frau und Leistungssport. Sportärztliche Praxis 3 (1960), 12–19
5. *Bausenwein, I.,* et al.: Untersuchungsergebnis bei Leistungsturnerinnen und Folgerungen für die Praxis. Sportarzt und Sportmedizin (1971), 12–19
6. *Berg, A.,* et al.: Leistungsdiagnostische und biochemische Größen während Labor- und Wettkampfbelastung von Sportlerinnen. Beiheft zum Leistungssport (27. 7. 81). Informationen zum Training: Frauensport, 38–52
7. *Böckler, H.:* Die Beeinflussung der körperlichen Leistungsfähigkeit der Frau durch Hormongaben (Menstruationsverschiebung?). Sportarzt und Sportmedizin 9 (1972), 233–237
8. *Costill, D. L., J. Daniels, W. Evans, W. Fink, G. Krahenbuhl, B. Saltin:* Skeletal muscle enzymes and fiber composition in male and female track athletes. J. appl. Physiol. 40 (1976), 149 f.
9. *Demeter, A.:* Sport im Wachstums- und Entwicklungsalter. Barth, Leipzig 1981
10. *Eiben, O. G.:* Die körperliche Entwicklung des Kindes. In: Die motorische Entwicklung im Kindes- und Jugendalter, S. 187–219. Willimczik, K., H. Grosser (Hrsg.). Hofmann, Schorndorf 1979
11. *Fahey, D. T., R. Ralph, P. Momgmee, J. Nagel, S. Martara:* Serum testosterone, body composition, and strength of young adults. Med. Sci. Sports 8 (1976), 31–34
12. *Findeisen, D., P.-G. Linke, L. Pickenhain:* Grundlagen der Sportmedizin. Barth, Leipzig 1980
13. *Frey, G.:* Entwicklungsgemäßes Training in der Schule. Sportwissenschaft 2/3 (1978), 172–204
14. *Fukunaga, T.:* Die absolute Muskelkraft und das Muskelkrafttraining. Sportarzt und Sportmedizin 11 (1976), 255–265
15. *Hettinger, T.:* Isometrisches Muskeltraining. Thieme, Stuttgart 1966
16. *Hettinger, T.:* Isometrisches Muskeltraining. Thieme, Stuttgart 1972
17. *Hollmann, W., T. Hettinger:* Sportmedizin – Arbeits- und Trainingsgrundlagen. Schattauer, Stuttgart – New York 1980
18. *Hollmann, W., A. Mader:* Das körperliche Leistungsvermögen der Frau im Sport. Materia Media Nordmark 32 (1980), 117–137

19. *Hoppeler, H.*, et al.: The ultrastructure of the normal human skeletal muscle. A morphometric analysis on untrained men, women, and well-trained orienteers. Pflügers Arch. ges. Physiol. 344 (1973), 217 f.
20. *Huch, R.*: Schwangerschaft – Gibt es Bedenken gegen Sport und Reisen? Kongreßbericht, Medical Tribune 48 (1984), 34
21. *Israel, S.*: Die organismischen Grundlagen der geschlechtsspezifischen sportlichen Leistungsfähigkeit. Med. u. Sport 7 (1979) 194–205
22. *Israel, S., B. Buhl:* Die sportliche Trainierbarkeit in der Pubeszenz. Theorie und Praxis der Körperkultur, Beiheft 2 (1980), 33–36
23. *Jokl, E.*: Der gegenwärtige Stand der Sportmedizin. In: Frau und Sport. *Medau, H. J., P. E. Nowacki* (Hrsg.). perimed Fachbuch-Verlagsgesellschaft, Erlangen 1983
24. *Keul, J.*, et al.: Heart rate and energy-yielding substrates in blood during long-lasting running. Eur. J appl. Physiol. 32 (1974), 279 f.
25. *Klaus, E. J., H. Noack.:* Frau und Sport. Thieme, Stuttgart 1961
26. *Kovacs, A.*: Sport und Schwangerschaft. Med. u. Sport 13, 3 (1973), 74–76
27. *Letzelter, M., Grossart H., W. Mensel:* Schrittgestaltung im 100 m Lauf der Männer und Frauen bei den Olympischen Spielen 1976. Leistungssport 4 (1979), 296–304
28. *Letzelter, H., M. Letzelter:* Maximalkraft und Schnellkraft – zur Ausprägung und zum Zusammenhang ausgewählter Krafteigenschaften bei Männern und Frauen. Sportarzt und Sportmedizin 6 (1977), 171–179
29. *Meinel, K.*: Bewegungslehre. Volkseigener Verlag, Berlin 1975
30. *Mellerowicz, H., W. Meller:* Training. Springer, Berlin – Heidelberg – New York 1972 und 1978
31. *Neumann, G., H. Buhl:* Biologische Leistungsvoraussetzungen und trainingsphysiologische Aspekte bei trainierenden Frauen. Med. u. Sport 5 (1981), 154–160
32. *Noack, H.*: Die sportliche Leistungsfähigkeit der Frau im Menstrualzyklus. Arzt und Sport 79 (1954), 1523–1525
33. *Nöcker, J.*: Physiologie der Leibesübungen. Enke, Stuttgart 1976 und 1980
34. *Pahlke, U., H.-P. Smitka:* Menstruationszyklus und sportliche Leistungsfähigkeit trainierter Sportlerinnen. Med. u. Sport 4, 17 (1977), 123–126
35. *Prokop, L.*: Zur Frage der Trainierbarkeit der Frau. Leibesübungen – Leibeserziehung 7 (1968), 4–6
36. *Reiter, E. O., A. Root:* Hormonal changes of adolescence. Med. Clins. N. Am. 59 (1975), 1289
37. *Rohen, J.*: Funktionelle Anatomie des Menschen. Schattauer, Stuttgart–New York 1977
38. *Schmidt, R. F., G. Thews:* Einführung in die Physiologie des Menschen. Springer, Berlin 1976
39. *Schönholzer, G., U. Weiss, R. Albonico:* Sportbiologie. Birkhäuser, Basel 1967
40. *Simri, U.*: Development of women's sport in the 20th century. Med. Sport, 14 (1981), 31–44
41. *Sutton, J., M. Coleman, J. Casey, J. Lazarus:* Androgen response during physical exercise. Brit. Med. J. 1 (1973), 520–522
42. *Tanner, J. M.*: Wachstum und Reifung des Menschen. Stuttgart 1962
43. *Thomas, C. L.*: Teilnahme von Frauen an anstrengenden motorischen Aktivitäten. In: Sportmedizin und Leistungsphysiologie, 307–322. *Strauss, H.* (Hrsg.). Enke, Stuttgart 1983
44. *Tittel, K., H. Wutscherk:* Sportanthropometrie. Sportverlag, Leipzig 1972
45. *Vogel, G., H. Angermann:* dtv-Atlas zur Biologie. dtv, München 1976
46. *Weicker, H.*: Verhalten der Sexualhormone bei Sportlerinnen. In: Frau und Sport. *Medau, H. J., P. E. Nowacki* (Hrsg.). perimed Fachbuch-Verlagsgesellschaft, Erlangen 1983
47. *Weineck, J.*: Optimales Training. perimed Fachbuch-Verlagsgesellschaft, Erlangen 1983
48. *Wiesener, H.* (Hrsg.): Einführung in die Entwicklungsphysiologie des Kindes. Berlin 1964

Teil VIII:
Risikofaktoren degenerativer Herz-Kreislauf-Erkrankungen – Prävention und Rehabilitation

Vorbemerkungen

Seit Ende des Zweiten Weltkrieges läßt sich in den Industrieländern im Vergleich zu den Entwicklungsländern eine „Umverteilung der Krankheiten" erkennen. Waren früher vor allem Infektionskrankheiten die häufigste Todesursache, so stehen heute die degenerativen Herz-Kreislauf-Erkrankungen im Vordergrund (Tab. 28).

Daß die degenerativen Herz-Kreislauf-Erkrankungen – sie werden auch als *Zivilisationskrankheiten* bezeichnet – fast die Hälfte der jährlich etwa 700000 Todesfälle in der Bundesrepublik Deutschland ausmachen, ist zum einen auf die gesteigerte Lebenserwartung zurückzuführen, zum anderen auf veränderte Lebensbedingungen.

Aufgrund der Fortschritte der Medizin und der Verbesserung der Hygiene erhöhte sich die durchschnittliche *Lebenserwartung* in den letzten 100 Jahren beträchtlich. 1871 betrug sie etwa 35 Jahre, heute liegt sie in der BRD bei über 70 Jahren: Allein 1981/83 hat sie sich gegenüber 1960/62 für neugeborene Jungen von 66,9 auf 70,5 Jahre, für Mädchen von 72,4 auf 77,1 Jahre erhöht (MT 1985, 62).

Die längere Lebensdauer führt über natürliche, altersbedingt fortschreitende Verschleißerscheinungen – sie manifestieren sich vor allem im Gefäßbereich – zu degenerativen Veränderungen in verschiedenen Organsystemen (s. S. 339).

Neben der erhöhten Lebenserwartung können ursächlich eine Reihe exogener (z. B. veränderte Lebens-, Ernährungs- und Suchtgewohnheiten) und endogener Faktoren (z. B. hoher Blutdruck, hoher Cholesterinwert etc.) angeführt werden, die an der Entstehung von degenerativen Herz-Kreislauf-Erkrankungen beteiligt sind.

Der vollständige Wandel der Todesursachen hat in jüngster Zeit dazu geführt, daß sich ein neuer Zweig der Medizin herausgebildet hat, die sogenannte *Präventivmedizin*, in deren Zentrum die *Präventivkardiologie* steht (*Halhuber/Milz* 1972, 3).

Der Präventivmedizin liegt das Konzept von den *Risikofaktoren* zugrunde. Ihr Ziel ist es, die Ursachen der Herz-Kreislauf-Erkrankungen darzustellen und zu beseitigen oder abzuschwächen.

Entwicklungs- länder	Krankheiten	Industrieländer
39%	Infektions- krankheiten	6%
4%	Krebs	18%
4%	Herz- und Ge- fäßkrankheiten	48%

Tab. 28 **Krankheits- bzw. Todesursachenverteilung in den Industrie- und Entwicklungsländern (nach Matzdorff 1975, 75).**

Begriffsbestimmungen

Degenerative Herz-Kreislauf-Erkrankungen – Arteriosklerose

Im Zentrum degenerativer Herz-Kreislauf-Erkrankungen stehen Krankheitsbilder und Symptomenkomplexe, die vor allem auf arteriosklerotischen Gefäßveränderungen beruhen.
Die *WHO* gibt für die Arteriosklerose (s. S. 396) folgende Definition:

> Die *Arteriosklerose* ist eine variable Kombination von Intimaveränderungen der Arterien – im Unterschied zu den Arteriolen –, bestehend aus einer herdförmigen Anhäufung von Lipiden, komplexen Kohlehydraten, Blutbestandteilen, fibrösem Gewebe und Kalziumablagerungen, begleitet von Veränderungen in der Media (in *Schettler/Mörl* 1982, 51).

Prävention

Unter *Prävention* ist ganz allgemein die Vorbeugung einer Krankheit zu verstehen.

> Unter *Erstprävention* versteht man die Vorbeugung einer Krankheit, bevor sie sich überhaupt entwickelt, bzw. bevor sie subjektive und objektive Symptome hervorruft (*Halhuber/Milz* 1972, 17).

Die *Erstprävention* im Sinne der Verhütung degenerativer Herz-Kreislauf-Erkrankungen umfaßt die Summe aller Maßnahmen gegen das Auftreten kardiovaskulärer Krankheiten überhaupt, gegen ihr Auftreten in frühen Lebensjahren sowie gegen eine schwere Verlaufsform beim Auftreten der Erkrankung (*Hüllemann* 1976, 188).

Erstprävention beinhaltet somit die Verhütung von Risikofaktoren degenerativer Herz-Kreislauf-Erkrankungen, die Beseitigung bzw. das „In-Schach-Halten" von bereits vorhandenen Variablen und die Verhütung der Verschlimmerung einer bestehenden Arteriosklerose, die sich noch nicht bemerkbar gemacht hat.

> *Zweitprävention* bedeutet die Vorbeugung oder Verhinderung des Fortschreitens bzw. der akuten Rückfälle von chronischen Krankheiten, die schon klinisch manifest geworden sind (*Halhuber/Milz* 1972, 17).

Rehabilitation

Unter *Rehabilitation* – sie wird bisweilen auch als *Drittprävention* bezeichnet – versteht man alle Maßnahmen, die bei eingetretener Erkrankung das Ziel haben, einen Gesundheitszustand zu erreichen, der – obzwar nicht mit voller Gesundheit zu vergleichen – eine weitgehend normale alltägliche Lebensführung ermöglicht (*Hüllemann* 1976, 188).
Als präventive Maßnahmen kommen neben Sport und körperlicher Aktivität – sie sollen an gegebener Stelle im Zentrum stehen – auch diätetische, psychotherapeutische, medikamentöse und physikalische Behandlungsmöglichkeiten zur Anwendung.

Risikofaktoren

Der Begriff „Risikofaktor" wurde erstmals im Zusammenhang mit der *Framingham-Studie*, einer epidemiologischen Langzeituntersuchung in der amerikanischen Kleinstadt *Framingham*, bekannt. Er umfaßt die Voraussagekraft bestimmter schädigender Faktoren bezüglich der Krankheitsentstehung.

Unter *Risikofaktoren* versteht man spezifische Verhaltensweisen, Umwelteinflüsse und Körpermerkmale, die krankmachend auf den menschlichen Organismus einwirken (*Schettler/Mörl* 1982, 57).

Vereinfacht könnte man die Risikofaktoren als die Folge menschlichen Fehlverhaltens bezeichnen.

Man unterscheidet Risikofaktoren 1. Ordnung, von denen jeder für sich allein schwere Schäden bewirken kann, und Risikofaktoren 2. Ordnung, die nur in Verbindung mit einem oder mehreren anderen Risikofaktoren krankmachend wirken (*Schettler/Mörl* 1982, 58).

Risikofaktoren 1. Ordnung werden auch als primäre oder direkte, Risikofaktoren 2. Ordnung als sekundäre oder indirekte Risikofaktoren bezeichnet (*Ahlheim* 1980, 396).

Als *primäre* Risikofaktoren gelten Hypertonie (Bluthochdruck), Hyperlipoproteinämien (erhöhte Blutfettwerte) und Nikotinabusus (Rauchen).
Als *sekundäre* Risikofaktoren gelten Bewegungsmangel, Übergewicht (Adipositas), Diabetes mellitus (Zuckerkrankheit), Hyperurikämie (Gicht), psychosozialer Streß (*Schettler/Mörl* 1982, 48).

Unter dem Aspekt der Beeinflußbarkeit lassen sich die Risikofaktoren in nicht beeinflußbare und beeinflußbare unterteilen (Tab. 29).

Risikofaktoren kommen selten isoliert vor, meist treten sie in kombinierter Form auf. Jede Kombination erhöht das Risiko erheblich. Je mehr Risikofaktoren zusammentreffen, desto frühzeitiger und schwerer treten auch arteriosklerotische Veränderungen auf. Die Risikofaktoren addieren sich nicht

nur in ihrer Wirkung, sondern sie *potenzieren* sich: Die Präsenz von 3 Risikofaktoren verdreifacht z. B. das Infarktrisiko nicht, sondern verneunfacht es! (*Schettler/Mörl* 1982, 58).

Kurzcharakteristik der Arteriosklerose

Da die *Arteriosklerose* im Zentrum der degenerativen Herz-Kreizlauf-Erkrankungen steht, soll sie kurz in ihrer Entstehung bzw. in ihrem komplexen Erscheinungsbild dargestellt werden.

Die *Herz-Kreislauf-Krankheiten* bilden als klinische *Folgeerscheinungen der arteriosklerotischen Gefäßveränderungen* keine Krankheitseinheit, sondern sind fast ausschließlich als Endstadium einer sich lebenslang entwickelnden und zunächst völlig stumm verlaufenden Krankheit anzusehen (*Schettler/Mörl* 1982, 51).

Die *Arteriosklerose* beginnt bereits im Kindesalter und besteht aus einem allmählichen Umbau der inneren Wandschicht der Arterien: Blutfette und andere Blutbestandteile werden herdförmig in der Wand abgelagert; es kommt zu Wandschädigungen. Diese Vorgänge führen dazu, daß z. B. die Aorta zwischen dem 20. und 60. Lebensjahr ihr Gewicht in etwa verdoppelt (*Schettler/Mörl* 1982, 51).

Dieser kontinuierliche Prozeß verläuft schleichend, bis eine Komplikation des fortgeschrittenen Wandumbaus, wie z. B. ein Herzinfarkt, ein apoplektischer Insult (Schlaganfall) oder ein Extremitätenarterienverschluß erkennbare Symptome auslöst.

In der *Pathogenese der Arteriosklerose* läßt sich ein ganz charakteristischer Verlauf feststellen: Am Beginn steht eine Verletzung der inneren Gefäßschicht (Endothelläsion).

Risikofaktoren	
Nicht beeinflußbare	Beeinflußbare
Familiäre Disposition (umstritten) Alter Geschlecht Risikopersönlichkeit (umstritten) Konstitution Rasse	*Primäre* Risikofaktoren: Hypertonie, Hyperlipoproteinämien, Nikotinabusus *Sekundäre* Risikofaktoren: Bewegungsmangel, Übergewicht, Diabetes mellitus, Hyperurikämie, psychosozialer Streß

Tab. 29   Nicht beeinflußbare und beeinflußbare Risikofaktoren.

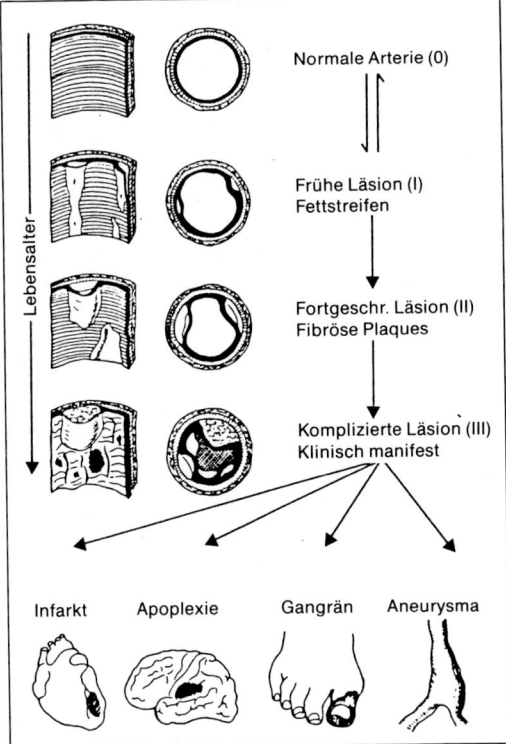

Abb. 190   Die Stadien der Arteriosklerose im Laufe des Lebens und ihre gravierendsten klinischen Manifestationsformen (nach *Schettler/Mörl* 1982, 52).

Infolge der Endothelschädigung kommt es zur Blutplättchen(Thrombozyten)-Aggregation am freiliegenden subendothelialen Gewebe und zum Einsickern (Insudation) von Plasmabestandteilen, vor allem von Lipoproteinen. Diese Vorgänge lösen Proliferationsreize auf die glatten Muskelzellen in der Tunica intima aus und bewirken eine Einwanderung von glatten Muskelzellen aus der Tunica media (*Ross/Glomset* 1975, 1332). In der Folge kommt es dann zu einer vermehrten Synthese der Grundsubstanzen Kollagen, Elastin und verschiedener Mukopolysaccharide, sowie zu einer intra- und extrazellulären Lipidablagerung.

Bleibt es bei der einmaligen Schädigung, dann setzen Heilungsprozesse mit einer Wiederherstellung des Endothels ein, und eine weitere Muskelzellproliferation mit den zugehörigen Syntheseleistungen unterbleibt. Bei Fortdauer der Gefäßwandschädigung nehmen Blutplättchenaggregation und Fettablagerungen zu und es kommt zu weiteren Zelluntergängen (Zellnekrosen). Über den Circulus vitiosus „fortschreitende Zelläsionen – weitere Auflagerungen – fortschreitende Zelläsionen usw." kommt es zur Entwicklung fortgeschrittener bzw. komplizierter Läsionen (Abb. 190) (*Schettler/Mörl* 1982, 56).

Risikofaktoren

Wie bereits erwähnt, lassen sich die Risiko-faktoren in primäre bzw. sekundäre oder nicht beeinflußbare und beeinflußbare un-terteilen.

Nicht beeinflußbare Risikofaktoren

Bei den nicht beeinflußbaren Risikofakto-ren handelt es sich um endogene Faktoren, deren Einfluß jeder Mensch ausgesetzt ist. Ihr Einfluß ist insgesamt jedoch geringer als der der beeinflußbaren bzw. vermeidbaren (*Ahlheim* 1980, 434).

Familiäre Disposition

Dieser Risikofaktor ist bisher nur in gerin-gem Umfang wissenschaftlich erforscht und auch nur schwierig erforschbar. So ist z.B. nur sehr schwer nachzuweisen, inwieweit die Folgen familiärer Disposition in der Tat auf genetischen Einflüssen beruhen und nicht etwa durch die Lebens- und Ernäh-rungsgewohnheiten innerhalb einer Familie entstehen (*Schwandt* 1975, 11).
Als Erbkrankheiten gelten die primären Formen der Stoffwechselerkrankungen Dia-betes mellitus, Hyperlipidämie und Gicht. Ein enger Bezug besteht ferner zu Bluthoch-druck und Übergewicht, die ebenfalls auf Vererbung beruhen können (*Schattler* 1976, 158; *Ahlheim* 1980, 442).
Eine genetische Disposition bezüglich de-generativer Herz-Kreislauf-Erkrankungen wird zwar von einigen Autoren in Frage ge-stellt (*Schwandt* 1975, 11), gilt jedoch im

allgemeinen als erwiesen (*Mellerowicz* 1972, 12; *Roskamm/Reindell/König* 1966, 66; *Schettler* 1976, 158). Mit Hilfe einer Fami-lienanamnese können sogenannte „Infarkt-familien" bestimmt werden (*Schwandt* 1975, 11).

Als Maß der Risikobelastung durch fami-liäre Disposition wird zum einen das Alter von Eltern, Großeltern und Geschwistern zum Zeitpunkt ihres Todes herangezogen, zum anderen das Alter, in dem sich bei die-sen eine Arteriosklerose oder Stoffwechsel-erkrankungen manifestiert haben (*Heyden* 1976, 230).
So soll z.B. ein erhöhtes Risiko bestehen, wenn ein Elternteil oder beide Elternteile vor dem 45. Lebensjahr einen Herzinfarkt erlitten haben (*Brusis/Weber* 1980, 24).
Sind die Eltern an Bluthochdruck oder Ko-ronarsklerose erkrankt, so steigt das Risiko des Kindes in bezug auf eine frühe Koronar-erkrankung um den Faktor 2,7; Personen ohne familiäre Disposition haben ein Risiko mit dem Faktor 1 (*Mellerowicz* 1972, 13).

Alter

Die Lebenserwartung ist von 1900–1983 von durchschnittlich 50 Jahren auf über 70 Jahre (Männer 70,5; Frauen 77,1) angestiegen (MT 1985, 62).
Das gestiegene Durchschnittsalter ist eng korreliert mit der Todesrate an kardiovas-kulären Erkrankungen, die exponentiell mit dem Alter ansteigt (*Franke/Gall/Chowanetz* 1976, 951).
Herz-Kreislauf-Erkrankungen als Todesur-sache stiegen für Personen über 50 Jahre in

den letzten 20 Jahren um 50% an (*Vester* 1976, 313).

„Alter" ist einer der möglichen Faktoren, die die Veranlagung für eine bestimmte Stoffwechselkrankheit zur Manifestation kommen lassen können. So leiden z. B. Personen unter 40 Jahren wesentlich seltener an Hypertonie und Diabetes mellitus als über 40jährige (*Kovacsics* et al. 1977, 687).

Beim alten Menschen kommt es oft zu einer „Multimorbidität", einem Gemisch aus „alternden Krankheiten" und „primären Alterskrankheiten", deren Häufigkeitsgipfel eng an das höhere Lebensalter geknüpft ist und die sich zumeist nach dem 40. Lebensjahr klinisch manifestieren (*Lang* 1975, 142).

Geschlecht

Zwischen Mann und Frau bestehen große Unterschiede bezüglich der Todesrate insbesondere an Herz-Kreislauf-Erkrankungen bzw. dem Auftreten der verschiedenen Risikofaktoren. Bis zum Klimakterium ist die Frau mit einem weit geringeren Herz-Kreislaufrisiko behaftet als das männliche Geschlecht.

Männer leiden etwa 4mal häufiger an Arteriosklerose als Frauen vor dem Klimakterium (*Ahlheim* 1980, 424). Dem weiblichen Sexualhormon Östrogen scheint die Rolle eines körpereigenen Schutzfaktors zuzukommen, der nach der Menopause entfällt. Wie die Abbildungen 191 und 192 erkennen lassen, erkranken und sterben Männer *früher* an degenerativen Herz-Kreislauf-Erkrankungen als Frauen, werden jedoch bei den meisten Krankheiten später vom weiblichen Geschlecht in bezug auf die Morbiditätshäufigkeit überholt.

Risikopersönlichkeit

Bei diesem umstrittenen Risikofaktor unterscheiden *Rosenman/Friedman* (1973, 57) hinsichtlich der *Persönlichkeitsstruktur* – sie

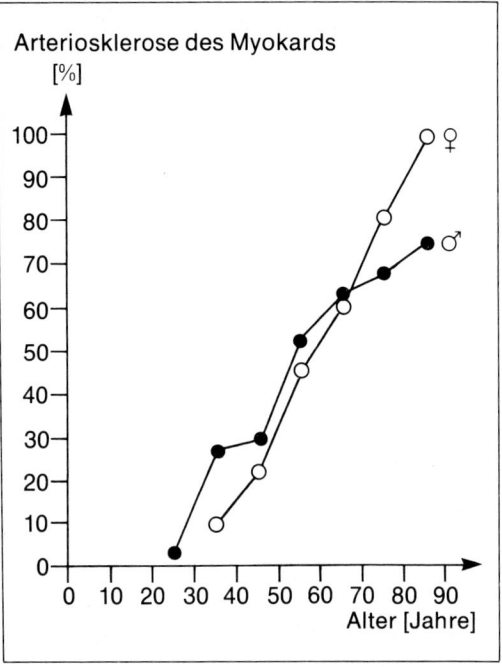

Abb. 191 **Die Häufigkeit der Morbidität an Koronarsklerose bei Männern und Frauen (nach *Franke/Gall/Chowanetz* 1976, 955).**

wird als individuelle Reaktionsart, mit der ein Mensch in mehr oder weniger festgelegter Art auf verschiedene Lebenssituationen oder Belastungen reagiert, umschrieben – einen Typ A (= koronare Persönlichkeit) und einen Typ B. Typ A gilt als aktiv, impulsiv, reizbar, leistungsorientiert usw., Typ B zeigt ein gegensätzliches Verhalten.

Langzeituntersuchungen ergaben bei einem Vergleich der Rate an Neuerkrankungen des Herzens bei Personen vom Typ A mit der bei Personen vom Typ B ein Verhältnis von 3 : 1 innerhalb von 2,5 Jahren. In jüngeren Altersgruppen war das Verhältnis sogar 6 : 1 (*Matzdorff* 1975, 39).

Der Faktor „Risikopersönlichkeit vom Typ A" ist umstritten, da nicht getrennt werden kann zwischen dem Einfluß, den diese Variable *per se* hat, und den Auswirkungen der anderen Risikofaktoren, die hier immer zusätzlich eine Rolle spielen, wie etwa Streß und Vererbung.

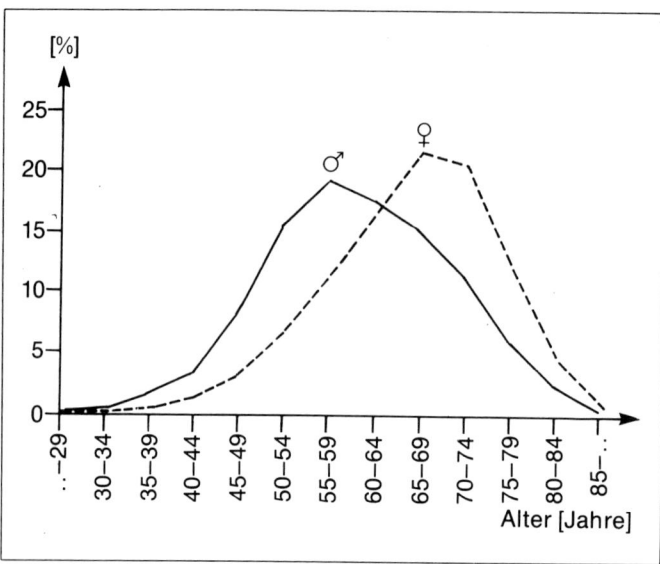

Abb. 192 Lebensalter und Häufigkeit des Herzinfarktes bei Männern und Frauen (nach *Gross/Jahn* 1966, 300).

Konstitution

Auch dieser Faktor ist umstritten, da man nur schwer den Einfluß der Konstitution von dem anderer möglicher Risikofaktoren (z. B. Vererbung, Stoffwechselkrankheiten, Ernährungsgewohnheiten) unterscheiden kann.

Nach der Konstitutions-Hypothese – sie basiert auf der Typenlehre *Kretschmers* – soll der *Pykniker* anfällig für Arteriosklerose sein, während der *Athletiker* eher zu Bluthochdruck neigt. Der *Leptosome* scheint die günstigste Konstitution zu haben, wenn er auch eine gewisse Annäherung an den *Pykniker* zeigt (*Gross/Jahn* 1966, 17–22).

Rasse

Es gibt Völker und Rassen, bei denen degenerative Herz-Kreislauf-Erkrankungen nicht oder nur selten vorkommen. So treten z. B. im Orient kaum Fälle von Arteriosklerose auf (*Gross/Jahn* 1966, 437), bei Navajo-Indianern und afrikanischen Eingeborenen sind koronare Herzerkrankungen und Herzinfarkte selten (*Schievelbein* 1968, 162).

Diese Eigenheiten beruhen jedoch wahrscheinlich eher auf dem Fehlen von bestimmten Risikofaktoren wie Rauchen, Über- und Fehlernährung, Bewegungsmangel etc. als auf einem rassischen bzw. genetischen Unterschied.

Es gibt jedoch auch rein auf der Rasse beruhende Unterschiede, nämlich dann, wenn die Angehörigen beider Rassen unter denselben Bedingungen leben: So weisen Vertreter der schwarzen Rasse signifikant niedrigere Cholesterin- und Triglyzeridspiegel auf als Vertreter der weißen Rasse; die erniedrigten Fettspiegel erhöhen sich auch nicht mit zunehmendem Alter (DMW 1978, 140).

Beeinflußbare Risikofaktoren

Aus präventiver Sicht sind weniger die nicht beeinflußbaren Risikofaktoren als vielmehr die beeinflußbaren von Bedeutung, da sie dem Einzelnen Möglichkeiten einer Einflußnahme eröffnen.

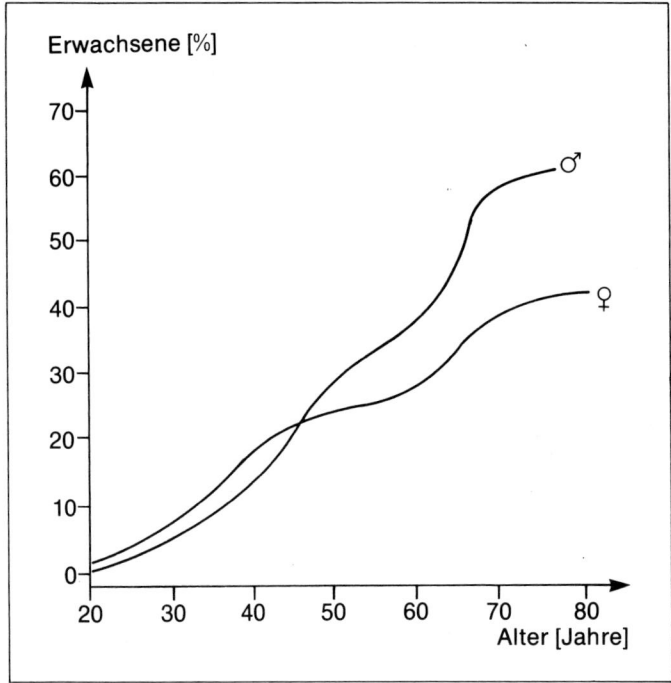

Abb. 193 Die Häufigkeit der Morbidität an Bluthochdruck bei Frauen und Männern im Altersgang (verändert nach *Ahlheim* 1980, 421).

Primäre Risikofakoren

Bluthochdruck

Der Bluthochdruck – auch als *Hypertonie* oder *Hypertension* bezeichnet – gilt als einer der wichtigsten Risikofaktoren für die Entstehung der Arteriosklerose; gleichzeitig stellt er aber auch eine mögliche Folgekrankheit der *Arteriosklerose* dar.

Der Bluthochdruck ist eine der häufigsten Erkrankungen des Menschen (*Ahlheim* 1980, 418). In der BRD liegt die Häufigkeit bei 5–10%; genaue Angaben lassen sich nicht machen, da die Dunkelziffer sehr hoch ist und etwa 60% der betroffenen Personen nichts von ihrer Krankheit wissen (*Heyden* 1974, 46; *Ahlheim* 1980, 418).

Der Bluthochdruck wird über die systolischen und diastolischen Blutdruckwerte definiert. Nach den Empfehlun-

gen der WHO (*Jahnecke* 1974, 58; *Ahlheim* 1980, 416) gelten Werte bis zu 140 mmHg systolisch und 90 mmHg diastolisch als normal, Werte zwischen 140/90 und 160/95 mmHg liegen im Grenzbereich und als *hypertonisch* werden Blutdruckerhöhungen von über 160/95 mmHg definiert.

Die Häufigkeit der Morbidität an Bluthochdruck steigt mit zunehmendem Alter an und zeigt eine gewisse Geschlechtsspezifität (Abb. 193).

Wie Abbildung 193 auch zeigt, erfährt der Blutdruck im Altersgang eine stetige Zunahme (s. S. 425).

Im Hinblick auf die Entstehung des Blutdruckleidens unterscheidet man die *primäre, essentielle Hypertonie*, deren Entstehungsmechanismen unbekannt sind, von der *sekundären Hypertonie*, als deren Ursache

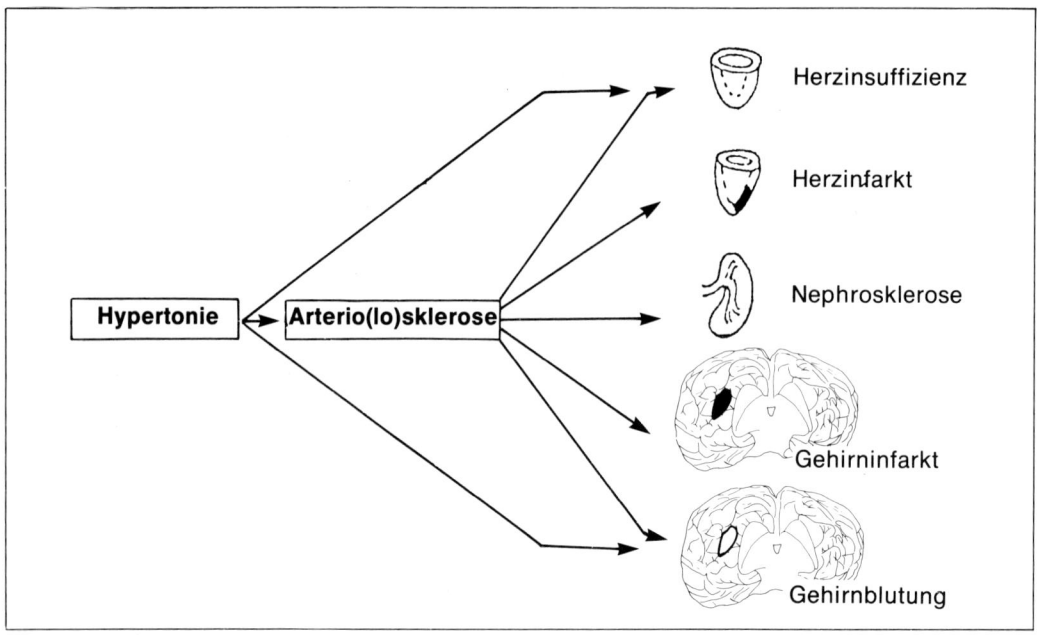

Abb. 194   **Komplikationen und Folgekrankheiten von Hypertonie und Arteriosklerose als Todesursachen (nach *Gross/Jahn* 1966, 428).**

ein Organleiden, z. B. eine Erkrankung der Nieren oder Arteriosklerose, erwiesen ist (*Jahnecke* 1974, 66; *Ahlheim* 1980, 418).

> Der primäre Bluthochdruck stellt mit einem Anteil von 75–80% aller Hypertonien die mit Abstand häufigste Form dar (*Sandritter/Beneke* 1974, 382).

Wie für die Genese der Arteriosklerose wird auch für die Entstehung der essentiellen Hypertonie ein „multifaktorielles Ursachenbündel", ein Zusammenwirken verschiedener Risikofaktoren, verantwortlich gemacht.

Die Folgen eines Bluthochdruckes sind vielfältig und schwerwiegend: koronare Herzkrankheiten wie Angina pectoris, Herzinfarkt; plötzlicher Herztod; Herzinsuffizienz; Schlaganfall; periphere arterielle Verschlußkrankheit (Abb. 194).

Generell besteht beim Bluthochdruck die Gefahr des Verschlusses oder der Zerreißung von Gefäßen aufgrund der Überbeanspruchung durch die Druckerhöhung (*Ahlheim* 1980, 420).

> Das Risiko, eine Herz-Kreislauf-Erkrankung zu erleiden oder daran zu sterben, steigt linear mit dem Blutdruck an (*Jahnecke* 1974, 186).

60–70% der Hypertoniker sterben an den Folgen kardialer Komplikationen, wobei die akute Herzinsuffizienz mit etwa 70% und der Herzinfarkt mit etwa 20% führend sind (*Halhuber/Milz* 1972, 263).

An zweiter Stelle der Todesursachen bei Bluthochdruckkranken steht der Schlaganfall: Er ist zu 75% auf einen Verschluß, zu 25% auf eine Ruptur zerebraler (Gehirn-) Gefäße zurückzuführen.

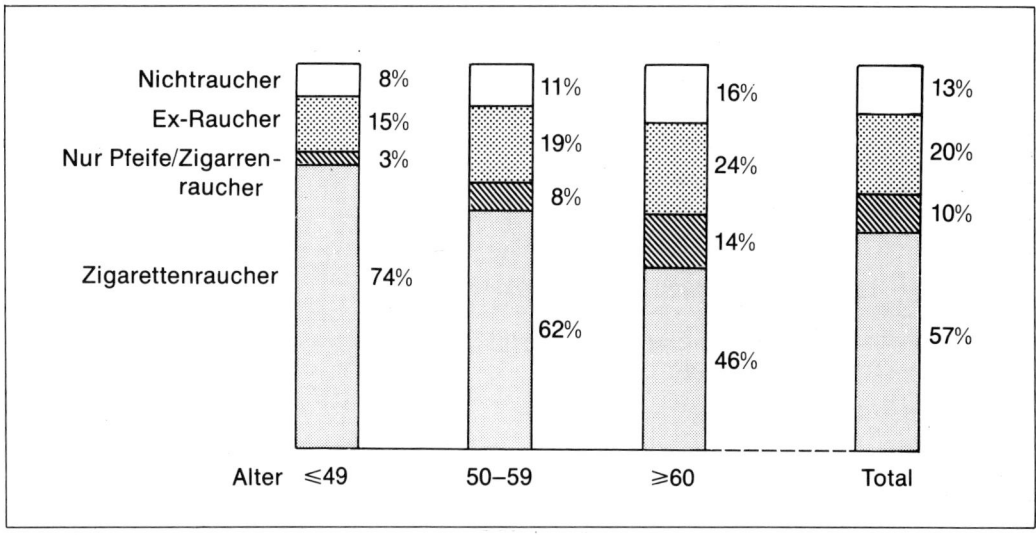

Abb. 195   Männer mit erstem definitivem Herzinfarkt bei der 1. Registrierung (aus BZ f. GA 1973, 41).

Renale (Nieren-) Komplikationen machen 0,5–1% der Todesfälle aus.

Rauchen

Das Ergebnis von über 100 000 wissenschaftlichen Untersuchungen über die negativen Folgen des Rauchens auf den menschlichen Organismus faßt die *WHO* in einem einzigen Satz treffend zusammen:

> Durch keine andere Einzelmaßnahme könnten mehr Menschenleben und mehr Krankheiten verhindert werden als durch Nicht-Rauchen.

Chronisches *Zigarettenrauchen* gilt heute als der mit Abstand *wichtigste Risikofaktor* für die Entstehung degenerativer Herz-Kreislauf-Erkrankungen.
Degenerative Herz-Kreislauf-Erkrankungen treten bei Rauchern etwa 4mal so häufig auf wie bei Nichtrauchern (*Dörken* 1974, 32).

Das Risiko, einen Herzinfarkt zu erleiden, ist bei jugendlichen Rauchern gegenüber Gleichaltrigen um ein Siebenfaches höher (B.d.B., o. Jahr, 7).
Wie Abbildung 195 erkennen läßt, sind insbesondere Männer unter 49 Jahren gefährdet.

> Bei Rauchern werden schon Herz-Kreislauf-Schäden sichtbar, wenn sich die Folgen von anderen, sich langfristig auswirkenden Risikofaktoren – wie z. B. Bluthochdruck – noch gar nicht zeigen.

Die Sterblichkeit liegt bei Rauchern mit weniger als 10 Zigaretten/Tag um 26%, bei Rauchern mit 10–19 Zigaretten/Tag um 86%, bei Rauchern mit 20–39 Zigaretten/Tag um 116% und bei Rauchern mit mehr als 40 Zigaretten/Tag um 142% über der statistischen Durchschnittssterblichkeit (*Matzdorff* 1975, 36).
An erster Stelle der Todesursachen durch Rauchen liegen *Erkrankungen des Herzens*

Typ	Synonyma	Vorkommen
I	Fettinduzierte Hypertriglyzeridämie Hyperchylomikronämie	sehr selten
IIa	Hypercholesterinämie	etwa 10%
IIb	Gemischte Hyperlipidämie	etwa 15%
III	„Broad-beta-disease"	< 5%
IV	Endogene Hypertriglyzeridämie	etwa 70%
V	Endogen-exogene Hypertriglyzeridämie	< 5%

Tab. 30   Typen (Einteilung nach *Frederickson*) und Häufigkeit der verschiedenen Hyperlipoproteinämien (verändert nach *Schettler/Mörl* 1982, 62).

(84%) – davon fallen allein 77% auf Erkrankungen der Herzkranzgefäße –, gefolgt von Zerebralarterienverschlüssen (10%), Aortenaneurysmen (4%) und anderen Kreislauferkrankungen (2%) (vgl. *Terry-Report*, in *Anschütz* 1973, 40).

Von der Vielzahl pathogener Wirkungen des Zigarettenrauchens (s. auch S. 555) – es gibt kaum ein Organ im menschlichen Organismus, das durch Rauchen nicht in irgendeiner Form geschädigt wird (*Stolte* 1976, 714) – sollen hier nur die für die Entstehung degenerativer Herz-Kreislauf-Erkrankungen entscheidenden Ursachen erwähnt werden: Durch Zigarettenrauchen kommt es kohlenmonoxidbedingt zu einer Läsion der Innenschicht der Gefäße und so zur Ausbildung einer rasch fortschreitenden Arteriosklerose (*Brusis/Weber* 1980, 27).

Des weiteren bewirkt Rauchen eine chronische Verschlechterung der Verformbarkeit der roten Blutkörperchen und damit eine Erhöhung des kapillären Fließwiderstandes. Dies bedeutet eine Gefahr im Hinblick auf die Entwicklung eines Bluthochdruckes (*Ehrly/Schrimpf* 1978, 245). Diese Gefahr wird noch insofern verstärkt, als Rauchen aufgrund der gefäßverengenden Wirkung des *Nikotins* akut zu einer allgemeinen Vasokonstriktion führt – eine Wirkung, die bei einer einzigen Zigarette bis zu 4 Stunden anhalten kann (*Falkenhan* 1975, 175).

Da der erhöhte Blutdruck letztlich aber zu Lasten des Herzens geht, wird es verständlich, daß gerade das Herz des Rauchers in besonderem Maße von den Folgen chronischen Zigarettenkonsums betroffen ist.

Nicht unerwähnt soll schließlich noch die Tatsache bleiben, daß durch Rauchen der gefäßprotektive *HDL-Spiegel* (s. S. 557) gesenkt und damit indirekt die arteriosklerotische Gefährdung weiter erhöht wird (*Criqui* 1980, 104).

Zusammenfassend läßt sich Rauchen als ein eigenständiger, gefährlicher, primärer und sich kurzfristig auswirkender Risikofaktor vor allem für Personen unter 50 Jahren und besonders in bezug auf das Auftreten der koronaren Herzkrankheit kennzeichnen.

Hyperlipoproteinämien

Unter Hyperlipoproteinämien versteht man Fettstoffwechselstörungen, die zu einer Erhöhung von Lipoproteinen im Blutplasma führen.

	Cholesterin [mg/100 ml]	Triglyzeride [mg/100 ml]
Idealwerte	220	100
Grenzwerte	250–300	150–200
Interventionswerte	> 300	> 200

Tab. 31   Ideal-, Grenz- und Interventionswerte der Cholesterin- und Triglyzeridspiegel (nach *Schwandt* 1975, 26).

Die einzelnen Fettfraktionen – Cholesterin, Triglyzeride, Phospholipide und freie Fettsäuren – werden im Blut von verschiedenen Eiweißträgern, den Lipoproteinen, transportiert.

Steigen nun aufgrund einer Fettstoffwechselstörung alle oder bestimmte Fette im Blut an, vermehren sich folglich auch ihre Träger, die Lipoproteine. Somit ist die Serumlipidkonzentration ein Maß für die Anzahl ihrer Transporteure (*Hartmann/Whyss* 1970, 50).

Die einzelnen Lipoproteinarten des Blutserums werden mittels der Elektrophorese getrennt und in 5 Typen unterteilt (Tab. 30): Hinsichtlich der *Ursachen* von Hyperlipidämien werden diese Stoffwechselstörungen getrennt in *primäre* oder *essentielle* Hyperlipidämien, die autosomal rezessiv oder dominant vererbt werden, und in *sekundäre* oder *symptomatische* Hyperlipidämien, bei denen es als Folge einer Grundkrankheit, z. B. *Diabetes* oder *Gicht*, oder als Folge falscher Ernährungsgewohnheiten zu einem Anstieg des Blutfettspiegels kommt (*Pschyrembel* 1977, 530).

Hyperlipidämien, vor allem sekundäre, sind in Europa und in den USA die häufigsten Stoffwechselstörungen (*Matzdorff* 1975, 29).

Die Erkrankungshäufigkeit in der BRD beläuft sich auf 10–20% (*Schwandt* 1975, 28; *Ahlheim* 1980, 444).

Bezüglich der Entstehung degenerativer Herz-Kreislauf-Erkrankungen ist die *Hypercholesterinämie* von besonderer Bedeutung.

Die Höhe des Serumcholesterinspiegels und das gehäufte Vorkommen einer Hypercholesterinämie stehen zur Arteriosklerose in unmittelbarer Beziehung: Die Herzinfarktrate steigt linear mit steigendem Serumcholesterinspiegel an (*Schettler/Mörl* 1982, 59).

In welchem Maße auch erhöhte Triglyzeridspiegel arteriosklerosefördernd wirken, läßt sich derzeit noch nicht abschließend beurteilen. Wahrscheinlich benötigt eine Hypertriglyzeridämie jedoch bis zur Gefäßmanifestation eine sehr viel längere Zeit (*Schettler/Mörl* 1982, 59).
Hinsichtlich der Norm-, Grenz- und Interventionswerte ergibt sich in der Literatur ein breites Spektrum. Als Richtwerte können die in Tabelle 31 aufgelisteten Werte gelten.

Bei der Beurteilung des Cholesterinwertes spielt nicht nur die Gesamthöhe, sondern auch die Zusammensetzung eine wichtige Rolle: Man unterscheidet elektrophoretisch ein HDL (**H**igh **D**ensity Lipoprotein)-Cholesterin, ein LDL (**L**ow **D**ensity Lipoprotein)- und ein VLDL (**V**ery LDL)-Cholesterin.
Dabei sind vor allem der Anteil an HDL- und LDL-Cholesterin für die Entstehung degenerativer Herz-Kreislauf-Erkrankungen von Wichtigkeit: Ein hoher HDL-Spiegel gilt als Gefäßschutzfaktor, ein hoher

Cholesterinfraktion	Prognostisch günstig [mg/dl]	Standardrisiko [mg/dl]	Risikoindikator [mg/dl]
HDL-Cholesterin (männlich)	> 55	35–55	< 35
HDL-Cholesterin (weiblich)	> 65	45–65	< 45

Tab. 32   HDL-Cholesterinwerte bei Männern und Frauen (DMW 1979, 1835).

LDL-Anteil als besonderes Gefäßrisiko (Tab. 32).

Bezüglich des LDL-Cholesterins gilt:
- Ein LDL-Cholesterin-Spiegel über 180 mg/dl ist behandlungsbedürftig, auch bei einem hohen Anteil an HDL-Cholesterin (*Seidel* 1983, 28).
- Ein Gesamtcholesterinspiegel von über 300 mg/dl ist generell behandlungsbedürftig.
- Bei einem LDL-Cholesterinanteil von 150–180 mg/dl entscheiden eventuell noch vorhandene andere Risikofaktoren und der HDL-Cholesterinspiegel über eine mögliche medikamentöse Behandlung.
- Ein LDL-Cholesterin unter 150 mg/dl ist nur bei gleichzeitiger Erhöhung des Triglyzeridspiegels über 200 mg/dl behandlungsbedürftig (*Mahr* 1980, 405).

Die Bedeutung von LDL- und HDL-Cholesterin für die Entstehung bzw. Verhinderung degenerativer Herz-Kreislauf-Erkrankungen ist in folgenden Punkten begründet:

Das cholesterinreiche LDL dringt leicht in die Gefäßwand ein und lagert dort Fett ab (*Ahlheim* 1980, 444).
Sein Gegenspieler, das HDL, mobilisiert und eliminiert abgelagertes Cholesterin, indem es dieses zur Leber transportiert. Ferner hemmt HDL das Eindringen von LDL in die Gefäßwand, es transportiert triglyzeridreiche Lipoproteine wie das VLDL ab und steigert

außerdem noch die Aktivität lipolytischer Enzyme im Plasma, wodurch die Blutfette schnell beseitigt werden können (*Mordasini/Riesen/Oster* 1981, 26 und 41; *Biermann* 1982, 373).

Die Rolle des VLDL ist bisher noch nicht ganz geklärt, bedenklich aber ist der Umstand, daß VLDL im Plasma zu LDL umgebaut werden kann und schließlich die aus Zucker synthetisierten Triglyzeride ins Fettgewebe transportiert (*Ahlheim* 1980, 444).

Jede Senkung des HDL um 5 mg% erhöht das Herzinfarktrisiko um 25%!

Als HDL-erhöhende Faktoren gelten: Östrogene, Alkohol und körperliches Ausdauertraining (s. S. 424).
Als HDL-senkende Faktoren gelten: Androgene, Gestagene, Kontrazeptiva (hormonelle Schwangerschaftsverhütungsmittel), Zigarettenrauchen (*Schettler/Mörl* 1982, 63).

Zusammenfassend läßt sich feststellen, daß im Bereich der Fettstoffwechselstörungen vor allem der *Hypercholesterinämie* eine besondere Bedeutung zukommt, da sie mit einer frühzeitigen und schweren Arterioskleroseentwick-

lung korreliert ist. Die Hypercholesterinämie stellt einen primären Risikofaktor dar, der insbesondere für die Entstehung koronarer Herzkrankheiten
verantwortlich ist.

Sekundäre Risikofaktoren

Bewegungsmangel

Unter Bewegungsmangel versteht man
eine muskuläre Beanspruchung, die
chronisch unterhalb einer Reizschwelle
liegt, deren Überschreitung notwendig
ist zum Erhalt oder zur Vergrößerung
der funktionellen Kapazität (*Hollmann/
Hettinger* 1980, 434).

Diese Reizschwelle liegt bei einer untrainierten Person im Kraftbereich bei etwa
30% der maximalen isometrischen Stärke
(s. S. 185) bzw. bei etwa 50% der maximalen
Ausdauerleistungsfähigkeit im kardiopulmonalen Bereich (*Hollmann/Hettinger* 1980,
435).
Der Risikofaktor Bewegungsmangel stellt
vor allem in den Industrienationen mit ihrer
fortgeschrittenen Technisierung und Auto-
mation einen besonders wichtigen Faktor
dar.

Vor 100 Jahren wurde die für die Arbeit
benötigte Energie von den Menschen
noch zu 90% durch Muskelkraft erstellt,
heutzutage nur noch zu 1% (*Mellero-
wicz/Franz* 1981, 21).

Der menschliche Organismus ist auf Bewegung angelegt. Jede chronische Unterforderung wird sich daher in der Form der sogenannten Bewegungsmangelkrankheiten –
hypokinetic diseases – manifestieren.

Prinzipiell muß festgehalten werden, daß
Bewegungsmangel den menschlichen Organismus als Ganzes betrifft: Wer rastet, der
rostet ganzkörperlich. Jedes Organ ist dabei
im einzelnen nur so leistungsfähig, wie es
seiner Funktion entspricht (s. S. 23).

Ein nicht bewegter bzw. trainierter Körper
ist daher in erster Linie durch eine vielschichtige geringere organismische bzw.
körperliche Leistungsfähigkeit gekennzeichnet: Es kommt zu Inaktivitätsatrophien und
Funktionseinbußen, oft verbunden mit Regulationsstörungen; im Alter schließlich treten dann klinisch manifeste Krankheitssym-
ptome auf (*Mellerowicz/Franz* 1979, 21).

Der Bewegungsmangel ist als Einzel-
faktor schwer zu bewerten, da er häufig
mit anderen Risikofaktoren kombiniert
ist (*Schettler/Mörl* 1982, 65). Die Auswirkungen von Bewegung – vor allem in
der Form eines Ausdauertrainings – lassen sich hingegen in ihrer präventiven
Wirkung auf den Organismus bzw. die
hier dargestellten Risikofaktoren vielfach recht genau beschreiben (s. S.
423).

Im einzelnen ergeben sich bei Bewegungsmangel im Organismus in den wichtigsten
Teilsystemen kurz zusammengefaßt folgende Veränderungen:

Aktiver Bewegungsapparat
Atrophie der ST- und FT-Fasern; Abnahme
des Myoglobingehaltes, der Enzymaktivität,
der Mitochondrien und des Glykogengehal-
tes (*Saltin*, in *Hollmann/Hettinger* 1980,
436); Verschlechterung der koordinativen
Leistungsfähigkeit.

Passiver Bewegungsapparat
Entmineralisierung und Abnahme der
Bruchfestigkeit der Knochen (*Miller/John-
son/Lamb* 1964, 1194; *Smith* 1982, 72); ver-

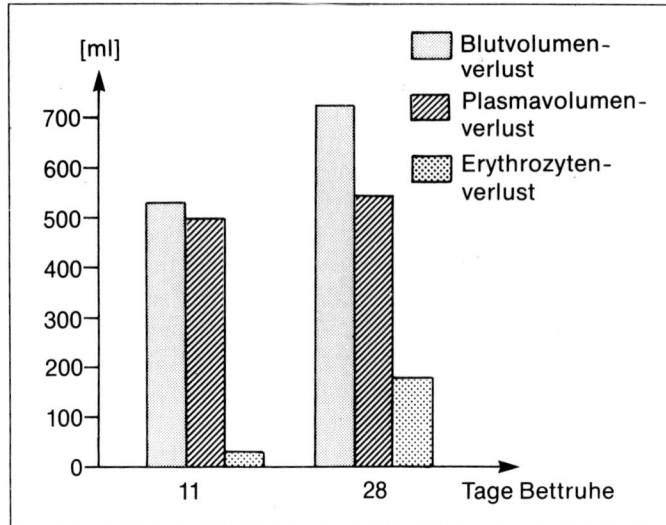

Abb. 196 Der Blutvolumenverlust nach 11- bzw. 28tägiger Bettruhe (nach *Miller/Johnson/Lamb* 1964, 1194).

ringerte Belastbarkeit von Knorpel, Sehnen und Bändern aufgrund von morphologischen und metabolischen Leistungseinbußen.

Abnahme der hormonellen Regulationsbreite und der metabolischen Leistungskapazität

Verschlechterung der kardiovaskulären und kardiopulmonalen Leistungsfähigkeit
Abnahme von Herzgröße und -volumen, Verringerung von Schlagvolumen und maximalem Herzzeitvolumen; Steigerung der unökonomischen Herzfrequenzarbeit; Abfall aller pulmonaler Leistungsparamter. Verringerung des Blutvolumens, Erhöhung der Blutgerinnungsneigung (BZ f. GA 1973, 45). Abnahme der Gefäßelastizität und des Kapillarisierungsgrades der Muskulatur; Verschlechterung des orthostatischen Reaktionsvermögens.

Prinzipiell führt Bewegungsmangel zu einer gegenläufigen Entwicklung bezüglich der durch Training morphologisch und funktionell verbesserten Leistungsparameter. Detailinformationen sind daher in den entsprechenden Kapiteln einzuholen.

Der Einfluß des Extremfalles von Bewegungsmangel, nämlich *Bettruhe*, auf einige Parameter des Herz-Kreislauf-Systems bzw. des Stoffwechsels sei kurz aufgezeigt:
Eine 9tägige absolute Bettruhe führte bei Sportstudenten zu einer Abnahme der maximalen Sauerstoffaufnahme um 21%; das Herzvolumen verringerte sich dabei um 10%. Der Laktatspiegel, die Herzfrequenz und die Ventilation stiegen für gegebene Belastungsstufen nach der Bettruhe als Ausdruck der reduzierten Leistungsfähigkeit hochsignifikant an (*Hollmann/Hettinger* 1980, 435).
Eine 11- bzw. 28tägige Bettruhe verminderte das Blutvolumen um über 500 bzw. 700 ml (Abb. 196).
Die Reduktion des Schlagvolumens nach mehrwöchiger Bettruhe lag bei etwa 20–30% (*Hollmann/Hettinger* 1980, 438).
Eine 14tägige bzw. 4- bis 6wöchige Bettruhe führte zu einem Rückgang der maximalen Sauerstoffaufnahme um durchschnittlich 12,3 bzw. 50% im Vergleich zum Ausgangswert (*Stremel* et al. 1976, 905; *Saltin*, in *Hollmann/Hettinger* 1980, 436).
Schließlich nahm die Blutzuckerbelastungskurve bei längerer Bettruhe pathologische Formen an (Abb. 197).

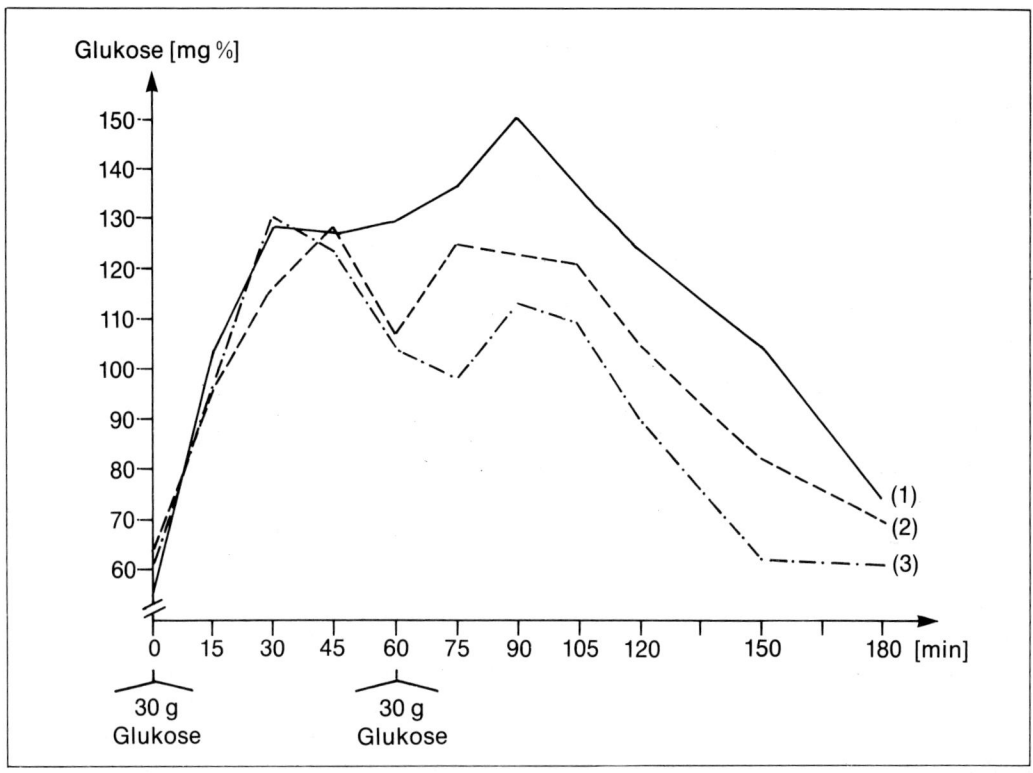

Abb. 197 Die Blutzuckerbelastungskurve von 20- bis 56jährigen Patienten nach 6- bis 20wöchiger Bettruhe (1) sowie nach 1- bis 4wöchiger Gehfähigkeit (2). Zum Vergleich die Blutzuckerbelastungskurven gesunder Probanden (3) (aus *Hollmann/Hettinger* 1980, 438).

Durch *akuten* Bewegungsmangel (z. B. Bettruhe) können degenerative Herz-Kreislauf-Erkrankungen erstmals zum Ausbruch kommen (*Hollmann/Hettinger* 1980, 438).

Chronischer Bewegungsmangel führt allgemein zu einer schnelleren Progredienz arteriosklerotischer Prozesse und bewirkt dadurch eine vorzeitige Manifestation vor allem im Bereich der Herzkranzgefäße (BV f. GE 1972, 39).

Das Auftreten eines Herzinfarktes ist bei körperlich aktiven Personen seltener als bei inaktiven (Abb. 198).

Wie Abbildung 198 zeigt, kommt der Herzinfarkt bei körperlich inaktiven Personen nicht nur häufiger vor, er hat auch einen wesentlich ungünstigeren Verlauf: Die Überlebensrate nach einem erlittenen Infarkt ist bei körperlich inaktiven Personen erniedrigt (*Ahlheim* 1980, 254).

Zusammenfassend kann festgestellt werden, daß Bewegungsmangel komplex auf die organismische Leistungsfähigkeit einwirkt; im Bereich der degenerativen Herz-Kreislauf-Erkrankungen stellt er einen wichtigen sekundären Risikofaktor dar, der vor allem im Zusammenwirken mit anderen Faktoren pathogen wirksam wird.

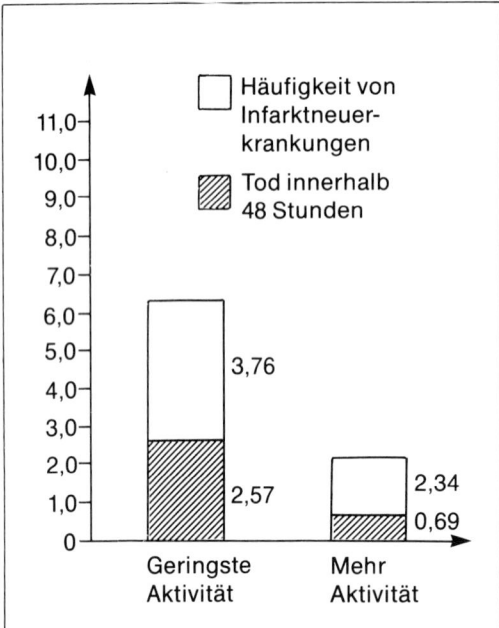

Abb. 198   Der Herzinfarkt in Abhängigkeit von körperlicher Aktivität (nach *Halhuber/Milz* 1972, 227).

Übergewicht

Eine Definition des Übergewichts ist nicht ohne Probleme, da der interindividuell unterschiedliche Körperbau eine strenge Normierung unmöglich macht.

Von einem sogenannten „Normalgewicht" ausgehend – es wird nach der Körpergröße berechnet und beträgt Körpergröße minus 100 –, wird das Übergewicht als ein 10- bis 25prozentiger Überhang im Vergleich zum festgesetzten Normalgewicht bezeichnet (*Schwandt* 1975, 20; *Israel* 1978, 213).

In allen Industrieländern ist eine ständige Zunahme der Übergewichtigen zu verzeichnen; beinahe jeder 3. Mann und jede 2. Frau, die älter als 50 Jahre sind, haben Übergewicht (*Strauzenberg* 1980, 166). In der BRD sind etwa 30–40% der Gesamtbevölkerung übergewichtig (*Brusis/Weber* 1980, 26).

Ein Übergewicht von mehr als 20% ist mit einer erhöhten Mortalität an degenerativen

Herz-Kreislauf-Erkrankungen korreliert (*Glockner/Häusel/Kornhuber* 1977, 1437).

Wie aus Abbildung 199 hervorgeht, hat Übergewicht einen starken Bezug zu vielen anderen Risikofaktoren.

Ein erhöhtes Übergewicht – es kann auf falscher Ernährung, seelischen Störungen, Bewegungsmangel etc. beruhen (*Strauzenberg* 1980, 213) – wirkt über die Assoziation mit anderen Risikofaktoren als *potenzierender Faktor* bei Hyperlipidämie, Diabetes mellitus, Hyperurikämie und Hypertonie (*Schwandt* 1975, 19).

Diese enge Verbindung der Stoffwechselstörungen mit dem Risikofaktor Übergewicht zeigt sich auch darin, daß es durch Gewichtsreduktion meist zu einer Normalisierung dieser Krankheiten kommt (*Heyden* 1974, 50).

Übergewicht ist ein wichtiger Risikofaktor für die Entwicklung einer *Arteriosklerose* (*Matzdorff* 1975, 75). Die beim Übergewichtigen erhöhten Fettspeicher steigern die Fettstoffe im Blut und führen zu ihrer vermehrten Ablagerung in den Gefäßen mit konsekutiver Störung des Gefäßwandstoffwechsels.

Durch die ständige Gewichtsbelastung kann der Organismus, insbesondere der Kreislauf, überfordert werden (*Sandritter/Beneke* 1974, 96). So kommt es z. B. schon bei Belastungen, in denen nur das eigene Körpergewicht bewegt wird, zu einem übermäßig hohen Frequenzanstieg und dadurch zu einer starken Belastung der Koronarreserven (*Roskamm/Reindell/König* 1966, 45), ein Umstand, der bei bereits vorgeschädigtem Herzen besonders gefährlich werden kann.

Die Ergebnisse der Framingham-Studie zeigen, daß in einem Zeitraum von 10 Jahren das Risiko, an *Angina pectoris* zu erkranken, für Personen mit einem 30prozentigen Übergewicht um ein 5faches gegenüber Normalgewichtigen erhöht ist (*Brusis/Weber* 1980, 25).

Wie Abbildung 200 zeigt, nimmt die Mortalität mit zunehmendem Übergewicht zu.

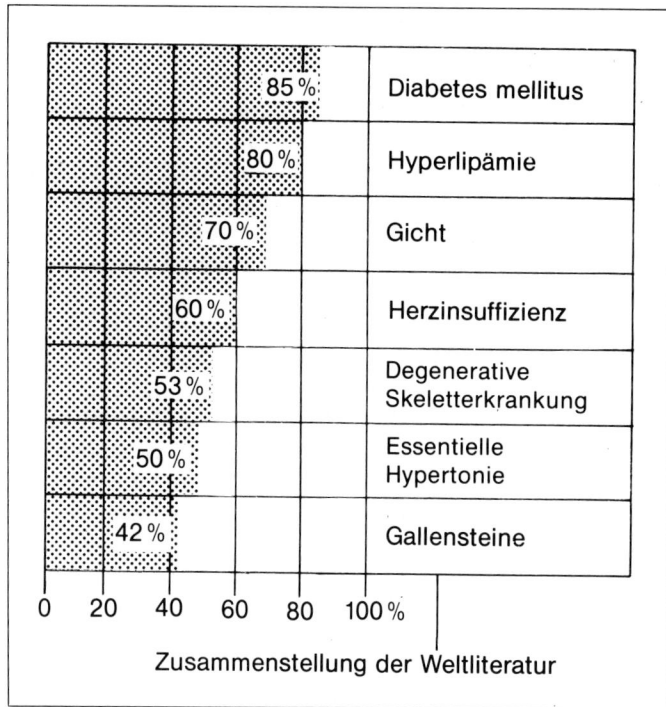

Zusammenstellung der Weltliteratur

Abb. 199 **Der Anteil der Überge-wichtigen an einzelnen Krankheits-gruppen (Zusammenstellung der Weltliteratur, nach** *Heyden* **1975, 53).**

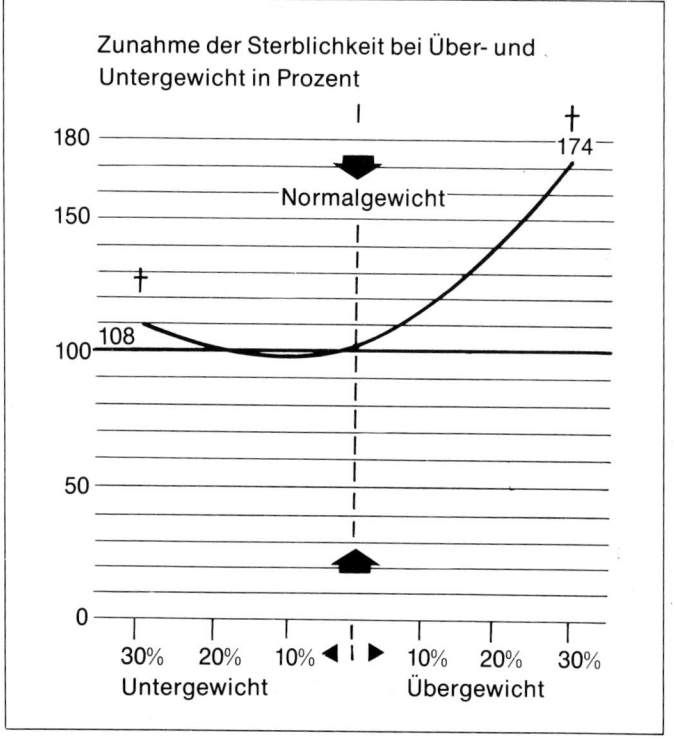

Abb. 200 **Die Beziehung zwischen Körpergewicht und Mortalität (nach** *Schwandt* **1975, 23).**

Beim Übergewichtigen ist die Überlebensquote nach einem Herzinfarkt verringert (*Brusis/Weber* 1980, 25).

Zusammenfassend kann man sagen, daß Übergewicht ein wichtiger sekundärer Risikofaktor für die Entstehung degenerativer Herz-Kreislauf-Erkrankungen ist. Wichtig einmal wegen seiner engen Verbindung mit den Stoffwechselerkrankungen und der *Hypertonie* – sie dürfte wohl das maßgebliche Bindeglied zwischen Adipositas und den Herz-Kreislauf-Krankheiten darstellen –, wichtig zudem wegen der Häufigkeit seines Auftretens.

Diabetes mellitus

Der *Diabetes mellitus* – auch als Zuckerkrankheit bezeichnet – liegt dann vor, wenn der Blutzuckerspiegel ständig erhöht ist. Nüchtern-Blutzuckerspiegel, die unter 120 mg% liegen, gelten als normal; Blutzuckerspiegel, die 140 mg% überschreiten, sind nach den Empfehlungen der *WHO* als diabetisch einzustufen (*Schwandt* 1975, 17).

In der BRD gibt es etwa 2–3% manifeste Blutzuckerkranke; etwa 10–20% der Bevölkerung sollen jedoch eine „Anlage" zum Diabetes aufweisen (*Ahlheim* 1980, 438).

Zur Auslösung dieser Kohlehydratstoffwechselkrankheit bedarf es demnach zusätzlicher Auslösefaktoren wie z. B. Übergewicht, Fehlernährung, Bewegungsmangel u. ä.

Diabetes mellitus ist mit einer Vielzahl weiterer Risikofaktoren eng korreliert, wie z. B. mit dem Bluthochdruck, der Hyperlipoproteinämie und der Hyperurikämie (s. S. 414) (*Matzdorff* 1975, 32).

Diabetes mellitus wirkt sich auf die Blutgefäße ähnlich aus wie die Hypertonie, nämlich *langfristig* und *diffus* (*Kovacsics* et al. 1977, 689). Als pathogener Mechanismus wird der kompensatorisch erhöhte Insulinspiegel diskutiert, der bestimmte Regelmechanismen (Lipoproteinlipase) stören soll,

die für die Mobilisierung und den Abtransport von Fetten zu sorgen haben: Das überschüssige Fett dringt dann in die Gefäßwände ein und führt zur Entstehung atheromatöser Herde (*Matzdorff* 1975, 30).

Charakteristisch für die Zuckerkrankheit ist neben der Arteriosklerose der großen und mittleren Gefäße die sogenannte *Mikroangiopathie*, die zu organischen Änderungen im Bereich der peripheren kleinen Gefäße führt (*Sunder-Plassmann* 1975, 92).

Die arteriosklerotisch veränderten Gefäße mit ihrer schlechten Ernährungslage, ihrer geringen Elastizität und ihrer Lumenverengung können in der Folge ursächlich im Sinne der Bluthochdruckentstehung wirken.

Durch Diabetes mellitus erhöht sich das Risiko einer Herz-Kreislauf-Erkrankung: Nach den Ergebnissen der Framingham-Studie war die Anzahl der Personen, die an Herz-Kreislauf-Erkrankungen litten, bei Diabetikern doppelt so hoch wie bei Normalpersonen; innerhalb von 5 Jahren traten bei den Zuckerkranken derartige Erkrankungen 4–5mal häufiger auf als bei Gesunden (Abb. 201) (*Heyden* 1975, Bd. 2, 14).

Neben der erhöhten Gefährdung des Zuckerkranken im Hinblick auf die Entstehung koronarer Herzkrankheiten ist auch die Erkrankungshäufigkeit an Apoplexie (Schlaganfall) bzw. an Angiopathie (Gefäßerkrankung) um das 2- bis 3fache, die des Gangräns (Gewebsnekrose) um das 20fache gegenüber Normalpersonen erhöht (*Mehnert* 1980, 1667).

Das diabetische Gangrän stellt das größte Kontingent der Amputationsfälle (*Sunder-Plassmann* 1975, 92).

Die Zuckerkrankheit ist somit ein wichtiger Risikofaktor für die Entstehung degenerativer Herz-Kreislauf-Erkrankungen.

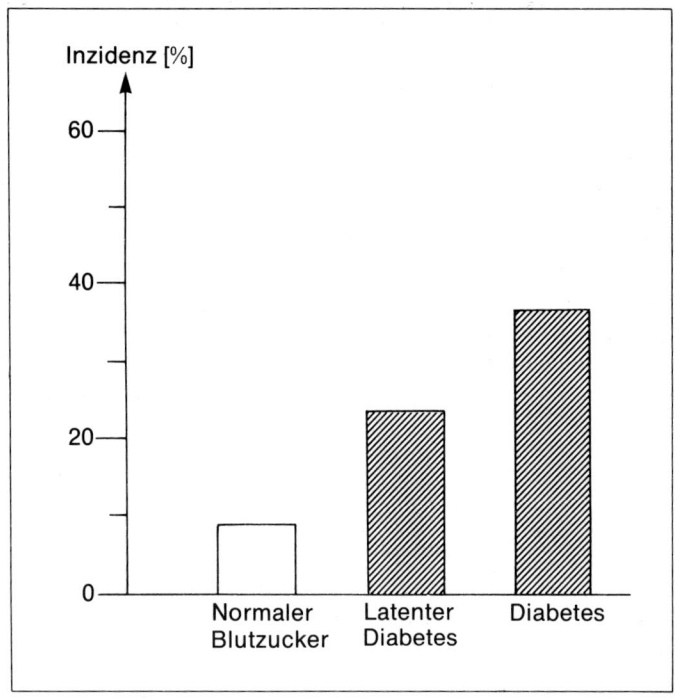

Abb. 201 Das Auftreten (Inzidenz) neuer kardiovaskulärer Erkrankungen bei Zuckerkranken (aus *Heyden* 1975, Bd. 2, 13).

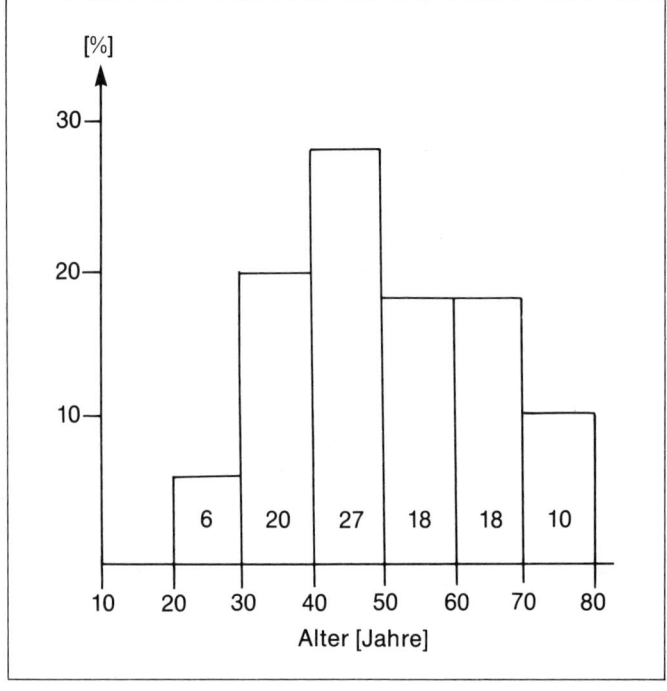

Abb. 202 Die Altersverteilung bei männlichen Gichtpatienten (nach *Matzkies* et al. 1975, 909).

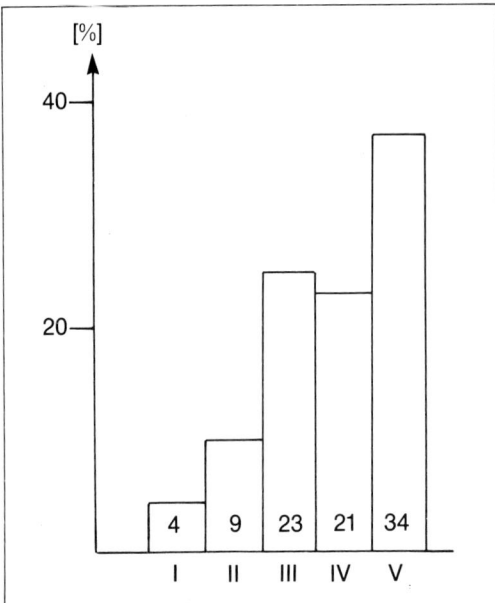

Abb. 203   **Die Häufigkeit von Gicht in Abhängigkeit vom Gewicht. I = Magersucht, II = Untergewicht, III = Normalgewicht, IV = Übergewicht, V = Fettsucht (in den Säulen befinden sich die Absolutzahlen) (nach *Matzkies* et al. 1975, 910).**

Hyperurikämie

Die *Hyperurikämie* – eine Purinstoffwechselstörung, die auch als *Gicht* bezeichnet wird – ist gekennzeichnet durch erhöhte Harnsäurekonzentrationen im Blut.

Zum verstärkten Auftreten der Gicht, die in Zeiten der Lebensmittelknappheit so gut wie nicht vorkommt, kam es erst in den letzten Jahren. Heute sind 1–3% der Bevölkerung der Industrienationen davon betroffen (*Ahlheim* 1980, 422).

Wie Abbildung 202 zeigt, tritt die Hyperurikämie bis zum Alter von 30 Jahren selten, im Alter zwischen 40 und 50 Jahren jedoch am häufigsten auf. Männer sind häufiger von Gicht betroffen als Frauen (6,6 : 1) (*Matzkies* et al. 1975, 909).

Gicht tritt am häufigsten bei Fettsüchtigen, am seltensten bei Magersüchtigen auf (Abb. 203).

Auch bei der Gicht unterscheidet man zwischen der *primären*, vererbten Form und der *sekundären*, die durch bestimmte Faktoren, z. B. Erkrankungen der Nieren, hervorgerufen wird.

Die Harnsäure-Normalwerte sind alters- und geschlechtsabhängig. Als behandlungsbedürftig gelten Werte über 7,1 mg% (Mann) bzw. 6,1 mg% (Frau) (*Heyden* 1975, Bd. 2, 33).

Ursächlich werden für das Auftreten der *Gicht* neben hereditären Faktoren Überernährung, erhöhter Alkoholkonsum und andere Stoffwechselerkrankungen angesehen (*Matzdorff* 1975, 32).

Durch die erhöhten Harnsäurespiegel im Blut kommt es zu frühzeitigen Arterienveränderungen mit oft schwerer Verlaufsform (*Bleyl* et al. 1976, 237; *Alexander* 1977, 122).

Schon bei einer Hyperurikämie ohne Gichtmanifestation besteht ein Risiko in bezug auf eine Koronarerkrankung (*Matzdorff* 1975, 32).

> Personen mit Purinstoffwechselstörungen sterben am häufigsten an Herzinfarkt und Apoplexie (*Bleyl* et al. 1976, 238).

Die Hyperurikämie ist ein Risikofaktor 2. Ordnung, der erst über andere Variablen wirksam wird.

Streß

Streß beinhaltet Belastungen, Anstrengungen und Ärgernisse, denen ein Lebewesen täglich durch Lärm, Hetze, Frustrationen, Schmerz, Existenzangst und vieles andere ausgesetzt ist, und die psychophysischen Reaktionen auf derartige Situationen (*Vester* 1976, 14).

Nicht nur zu große (= Überlastung), sondern auch zu kleine Belastungen (= Unterforderung) können „stressen".

Streß in der Form zeitweiliger Anspannung ist lebensnotwendig (= Eustreß bzw. „guter Streß"), erst bei Überforderung und ständigen Anspannungen kann es zu Störungen im Organismus kommen (= Disstreß bzw. „schlechter Streß").

Über die Folgekette: Streß → erhöhte Adrenalinausschüttung → Erhöhung des Blutdruckes und der Fett- und Zuckerspiegel im Blut → Mitbeteiligung an degenerativen Gefäßprozessen kann dieser sekundäre Risikofaktor, insbesondere bei paralleler Bewegungsarmut, eine nicht zu unterschätzende Bedeutung bei der Entstehung degenerativer Herz-Kreislauf-Erkrankungen spielen (*Ahlheim* 1980, 402; *Brusis/Weber* 1980, 28).

Allerdings ist die separate Beurteilung des Faktors Streß oftmals erschwert bzw. unmöglich, da Streß vielschichtig mit anderen Risikofaktoren wie z. B. Bewegungsmangel und Persönlichkeitsstruktur auf das engste verzahnt ist. Ob z. B. bestimmte Berufsgruppen aufgrund von sozialem Streß oder zu geringer körperlicher Aktivität erhöht gefährdet sind – Ärzte, Unternehmer und Rechtsanwälte haben das höchste, Arbeiter aus Land- und Forstbetrieben das niedrigste Herzinfarktrisiko – ist meist nicht im einzelnen zu entscheiden (*Matzdorff* 1975, 40 u. 42).

Faßt man die Gesamtproblematik der Risikofaktoren bzw. ihr Mitwirken an der Entstehung degenerativer Herz-Kreislauf-Erkrankungen zusammen, dann läßt sich folgendes feststellen:

In der BRD ist jeder 2. Einwohner ein Raucher, jeder 3. ist übergewichtig, jeder 6. leidet an einem arteriellen Hochdruck, jeder 7. hat erhöhte Blutfette, jeder 20. Mann ist gichtkrank und jeder 30. ist Diabetiker. Zusammengefaßt bedeutet dies, daß fast auf jeden Einwohner ein Risikofaktor kommt (*Schettler/Mörl* 1982, 66).

Unter diesem Aspekt wird offensichtlich, daß eine entsprechende Information – die Mehrzahl der Risikoträger ist über die Existenz bzw. die Gefahr ihres Leidens nicht aufgeklärt – und ein nachfolgendes adäquates Handeln im Sinne der Prävention dringend erforderlich ist.

Bedenkt man die Kostenexplosion im Rahmen der kurativen Medizin – im Jahre 1972 betrugen die Kosten für die Behandlung der oben geschilderten Zivilisationskrankheiten in der BRD 136,5 Milliarden DM, später stiegen sie auf über 200 Milliarden DM –, dann erscheint es dringend erforderlich, der *präventiven Medizin* mehr Aufmerksamkeit zu schenken.

Ausdauertraining als Mittel der Prävention degenerativer Herz-Kreislauf-Erkrankungen

Daß durch ein konsequent durchgeführtes bevölkerungsweites Präventionsprogramm der Gesundheitszustand der Bevölkerung verbessert werden kann, zeigen die Erfahrungen v. a. aus Japan, den USA und Finnland. Während z. B. die Zahl der degenerativen Herz-Kreislauf-Erkrankungen in den Jahren 1955–1967 in Australien um 28%, in den Niederlanden sogar um 50% stieg, sank sie im gleichen Zeitraum in Japan um 27%. Die in den USA seit 1968 um mehr als 16% rückläufige Herzinfarkt-Mortalität und die Verminderung der Mortalität an koronarer Herzerkrankung in Finnland (um 24% bei Männern und um 51%! bei Frauen in den Jahren 1969–1979) zeigen eindeutig, daß entsprechende Aufklärungs- bzw. Präventionskampagnen – sie zielten insbesondere auf eine Änderung gesundheitsgefährdender Ernährungs-, Sucht- (z. B. Rauchen) und Bewegungsmangelgewohnheiten ab – erfolgreich bei der Bekämpfung der degenerativen Herz-Kreislauf-Erkrankungen eingesetzt werden können (*Schwandt* 1975, 7; *Ahlheim* 1980, 256; *Salonen* et al. 1983, 1857; *Puska* et al. 1984, 1840; *Gohlke* 1985, 9).

Aus sportbiologischer Sicht sollen präventive Maßnahmen vor allem unter dem Aspekt der Wirksamkeit körperlichen bzw. sportlichen Trainings dargestellt werden, ohne daß die Bedeutung anderer, hier nicht dargestellter präventiver Möglichkeiten – wie z. B. Diät, Psychotherapie, medikamentöse oder physikalische Behandlung u. a. – dadurch herabgesetzt werden soll.
Im Zentrum bewegungstherapeutischer, primär-präventiver Maßnahmen steht das Gesundheitstraining in der Form eines *Ausdauertrainings*. Sein Einfluß auf die verschiedenen beeinflußbaren Risikofaktoren soll in der Folge dargestellt werden.

Allgemeine Grundlagen – Durchführungsmodalitäten

Die Prävention degenerativer Herz-Kreislauf-Erkrankungen ist heute eines der zentralen Probleme der vorbeugenden Medizin, da diese Erkrankungen in der Todesursachenstatistik der Industrienationen an erster Stelle stehen. Allein in der BRD gehen von den jährlich etwa 700 000 Sterbefällen 350 000 auf ihr Konto.

Normalerweise ist das Risiko, einen Herzinfarkt zu erleiden, bei einem untrainierten Menschen doppelt so hoch wie bei einem trainierten. Nach dem 40. Lebensjahr steigt für Nichtsportler ein solches Risiko steil an. Für trainierte Menschen jedoch bleibt es vom 40. Lebensjahr an über die nächsten 20 bis 25 Jahre konstant niedrig (*Halhuber* 1981).
Für die Prävention von Herz-Kreislauf- bzw. Bewegungsmangelkrankheiten hat sich in besonderem Maße ein aerobes Ausdauertraining, z. B. in der Form von Trimmtrab (Jogging), als optimal erwiesen, da es gezielt und umfassend die kardiopulmonale bzw. allgemeine körperliche Leistungsfähigkeit verbessert und damit gleichzeitig eine Reihe primordialer Risikofaktoren günstig beeinflußt.
Daß ein derartiges Ausdauer- bzw. Gesundheitstraining jedoch nicht unkritisch für je-

den in jeder Form in Frage kommt, hat eine Reihe von Todesfällen bei Volksläufen, Trimmtrab usw. gezeigt. Diese von den Medien meist ohne weitergehenden Kommentar stark in den Vordergrund gerückten Todesfälle haben einen Teil der gesundheitsbewußten Bürger in nicht unwesentlicher Weise verunsichert. Dieses Problem soll deshalb kurz angesprochen werden:

Die eingehende Analyse von Todesfällen nach körperlicher Aktivität (*Munschek* 1974 u. 1977; *Vuori* 1978; *Jung/Schäfer-Nolte* 1982) ergab, daß bei fast allen Patienten, die unmittelbar nach einer intensiven körperlichen Anstrengung verstarben, eine koronare Herzerkrankung zugrunde lag. Plötzliche Todesfälle bei regelmäßig Sporttreibenden oder bei täglichen Routinetätigkeiten waren hingegen höchst selten und kamen fast ausschließlich unter ungewohnten Bedingungen oder in speziellen Streßsituationen zustande (z. B. Massenveranstaltungen mit „Wettkampfcharakter" usw.). Viele kardiale Todesfälle, die dem Sport zugeschrieben werden, sind sicher rein zufällig während der sportlichen Betätigung und nicht während einer anderen körperlichen Alltagsbelastung aufgetreten (*Jung/Schäfer-Nolte* 1982, 11).

Um derartig bedauerliche Vorkommnisse zu verhindern, sollten bei der Durchführung bzw. vor der Aufnahme eines aeroben dynamischen Ausdauertrainings einige wichtige Punkte beachtet werden (*Weineck* 1981, 702).

Voraussetzungen

Prinzipiell kann jeder Gesunde ohne besondere Vorkehrungen ein Gesundheitstraining aufnehmen. Allerdings sollte bei Trainingsanfängern, die jahrelang keinen sportlichen Betätigungen nachgingen und etwa 40 Jahre oder älter sind, eine sportärztliche Eingangsuntersuchung vor der Aufnahme eines derartigen Trainings durchgeführt werden.

Kontraindikationen

Als Kontraindikationen gelten vor allem (*Hüllemann* 1976, 188; *Hollmann/Hettinger* 1980, 671; *Mellerowicz/Franz* 1981, 45)
- Akute Entzündungen oder Infektionen
- Angeborene und erworbene Herzfehler und -schäden
- Herzrhythmusstörungen, die durch Belastung ausgelöst oder intensiviert werden
- Ein unbehandelter erhöhter Blutdruck (systolisch über 200, diastolisch über 110 mm Hg)
- Eine unbehandelte, aber schon ins Gewicht fallende Hyperthyreose (Schilddrüsenüberfunktion)
- Schwere chronische oder dekompensierte Leber- und Nierenschäden
- Chronisch progressive destruktive Erkrankungen (Neoplasmen)
- Fortgeschrittene Lungenerkrankungen und Cor pulmonale.

Methodische Grundsätze

- Wichtig ist eine behutsame Steigerung der Belastungsparameter Umfang und Intensität.
- Die progressive Umfangssteigerung geht der Intensitätssteigerung voraus.
- Intensiv sollte nur bei entsprechender sportlicher Kontinuität oder Vorbereitung trainiert werden.
- Am Anfang sollte nur so lange getrabt werden, wie es ohne Beschwerdesymptomatik möglich ist.
- Es sollte mit der Methode der intervallartigen Belastung begonnen werden: Gehpausen – ihre Länge richtet sich nach der augenblicklichen Leistungsfähigkeit – sollten die Laufphasen unterbrechen.
- Das Training sollte Spaß machen und keinen zusätzlichen Streß zum Berufsleben darstellen.
- Das Training sollte regelmäßig und lebensbegleitend ohne längere Unterbrechungen betrieben werden.

– Eine langfristig durch Training erworbene erhöhte körperliche Leistungsfähigkeit ist bei Unterbrechungen stabiler als eine kurzfristig erworbene. Allerdings führt auch hier eine längere Pause zu einer zunehmenden Abnahme der Leistungsfähigkeit.

– Ist die individuelle Leistungsgrenze erreicht oder ist der Trainierende nicht mehr bereit, höhere Anforderungen zu bewältigen, dann gilt es, das erreichte Trainingsniveau zu erhalten. Auch eine solche Stabilisierung ist als Trainingseffekt im Sinne der Gesunderhaltung zu bewerten. Die kardiopulmonale Kapazität und Leistungsfähigkeit ausdauertrainierter Alterssportler entsprechen den Leistungswerten untrainierter Personen, die 20–30 Jahre jünger sind (*Harre* 1975, 271 f.).

– Um der Entstehung orthopädischer Beschwerdebilder vorzubeugen, sollte mit einer adäquaten Ausrüstung (geeignetes Schuhmaterial) und auf geeignetem Gelände (keine harten Teerböden o. ä.) trainiert werden.

Durchführungsmodalitäten

Häufigkeit und Dauer

Grundsätzlich gilt: Die Häufigkeit des Trainings (bei vergleichbaren Trainingsleistungen) hat einen größeren Einfluß auf die körperliche Leistungsfähigkeit als die Dauer (*Strauzenberg* 1979, 37).

Aufbautraining

Bei einem Aufbautraining zur Entwicklung der körperlichen Leistungsfähigkeit liegt das Optimum bei 3–7 Trainingseinheiten wöchentlich, mit einer Dauer von etwa 15 Minuten bis zu 1 Stunde (*Israel* 1979, 114; Autorenkollektiv 1978, VII; *Strauzenberg* 1979, 37; *Van Aaken* 1979, 1440).

Erhaltungstraining

Das zum Erhalt der sportlichen Leistungsfähigkeit notwendige Maß an sportlicher Belastung ist immer vom erreichten Anpassungsgrad abhängig: Je höher die Leistungsfähigkeit, desto umfangreicher und intensiver muß das Erhaltungstraining sein (*Harre* 1975, 273).

Für den Gesundheitssportler liegen die Mindestanforderungen im Bereich von wöchentlich 1 × 45 Minuten (*Bartel* 1979, 56), 2 × 30 Minuten bzw. 3 × 20 Minuten (*Harre* 1975, 272; *Strauzenberg* 1979, 39; *Brynteson/Sinning* 1973, 29). Aber auch täglich 5 Minuten stellen bereits einen gesundheitsförderlichen Trainingsreiz dar.

Intensität

Die Intensität der körperlichen Belastung muß deutlich über der durchschnittlichen „Alltagsbelastung" liegen, die etwa 30% der maximalen Sauerstoffaufnahme beansprucht. Der wirksame Bereich kann bei Intensitäten angenommen werden, die im Bereich von 60–80% der maximalen Sauerstoffaufnahme liegen (*Strauzenberg* 1979, 39; *Autorenkollektiv* 1978, VII). Der 60%-Bereich stellt dabei die unterste noch Herz-Kreislauf-wirksame Trainingsbelastung dar, der 80%-Bereich hingegen repräsentiert den Bereich der „anaeroben Schwelle" und damit den bei Ausdauerbelastungen effektivsten Trainingsreiz (s. S. 182).

Als guter Parameter zur Feststellung der Belastungsintensität erweist sich in der Trainingspraxis die Kontrolle der Herzfrequenz. Wie Tabelle 33 verdeutlicht, ist die Herzfrequenz dabei in den verschiedenen Altersstufen mit einer unterschiedlichen Belastungsintensität korreliert.

Für den Bereich des Gesundheitstrainings halten *Mellerowicz/Franz* (1981, 40) die Überschreitung der „Grenzherzschlagfrequenz von 200 minus Lebensalter" als nicht empfehlenswert.

	Pulsfrequenz bei		
Alter in Jahren	etwa 80%	etwa 70%	etwa 60%
30–35	170	150	130
36–40	165	145	125
41–45	160	140	120
46–50	155	135	115
51–55	150	130	110
56–60	145	125	105
61–65	140	120	100
66–70	135	115	95
71–75	130	110	90
Faustregel	200 – Alter	180 – Alter	160 – Alter

Tab. 33 **Pulsfrequenz-Richtwerte zur Bemessung der Belastung von 80%, 70% und 60% der maximalen Sauerstoffaufnahmefähigkeit (nach *Strauzenberg* 1979, 37).**

Bei Personen mit geringem Fitneß-Grad sollte anfangs eine Pulsfrequenz von etwa 110–120/min eingehalten werden. Zusätzlich sollte noch beachtet werden:
– Bei Laufbelastungen sollte die Intensität so gewählt werden, daß man sich dabei unterhalten kann, ohne außer Atem zu geraten.
– Laufen in Gruppen ist nur in Verbänden gleicher Leistungsstärke sinnvoll. Sie sollten „miteinander", nicht „gegeneinander" laufen.

Geeignete Ausdauersportarten

Geeignet sind alle zyklischen Sportarten, die kontinuierlich über einen längeren Zeitraum absolviert werden können und mindestens 1/7–1/6 der Gesamtmuskulatur beanspruchen (*Hollmann* 1965, 28). Besonders eignen sich:
Dauerlauf (als Waldlauf, Crosslauf, Lauf auf der Stelle im Arbeitszimmer etc.), Schwimmen (günstig vor allem für orthopädisch behinderte Personen), Radfahren, Rudern, Bergwandern und Skilanglauf.

Die Wirkungen eines präventiven Ausdauertrainings auf das Herz bzw. die Risikofaktoren degenerativer Herz-Kreislauf-Erkrankungen

Eine zusammenfassende Übersicht über die positiven Auswirkungen eines Ausdauertrainings auf das Herz-Kreislauf-System gibt Abbildung 204.
Ein Ausdauertraining hat nicht nur einen ausgeprägten Einfluß auf die Leistungsfähigkeit des Herzens selbst und damit eine direkte kardioprotektive Wirkung, sondern auch auf eine Reihe von Risikofaktoren, die für die Entstehung degenerativer Herz-Kreislauf-Erkrankungen verantwortlich sind.

Die Wirkung des Ausdauertrainings auf das Herz

Erniedrigung der Herzfrequenz

Eine der ersten Trainingswirkungen durch Ausdauertraining ist die *Abnahme der Herzfrequenz*. Sie beruht auf der Umstellung des Vegetativums vom *sympathikotonen* (auf Leistung ausgerichteten) zum *vagotonen* (auf Erholung ausgerichteten) Typ.

Strauzenberg (1978, 170) stellte fest, daß der Katecholamingehalt (Katecholamine, z.B. Adrenalin, sind *die* Sympathikusstoffe) des Herzens bereits nach wenigen Wochen des Trainings ein um 30% gesenktes Ruheniveau erreichte und damit die Empfindlichkeit des Herzens gegenüber frequenzsteigernden adrenergen Reizen erheblich gesenkt wurde. Auch *Schryver* (in *Strauzen-*

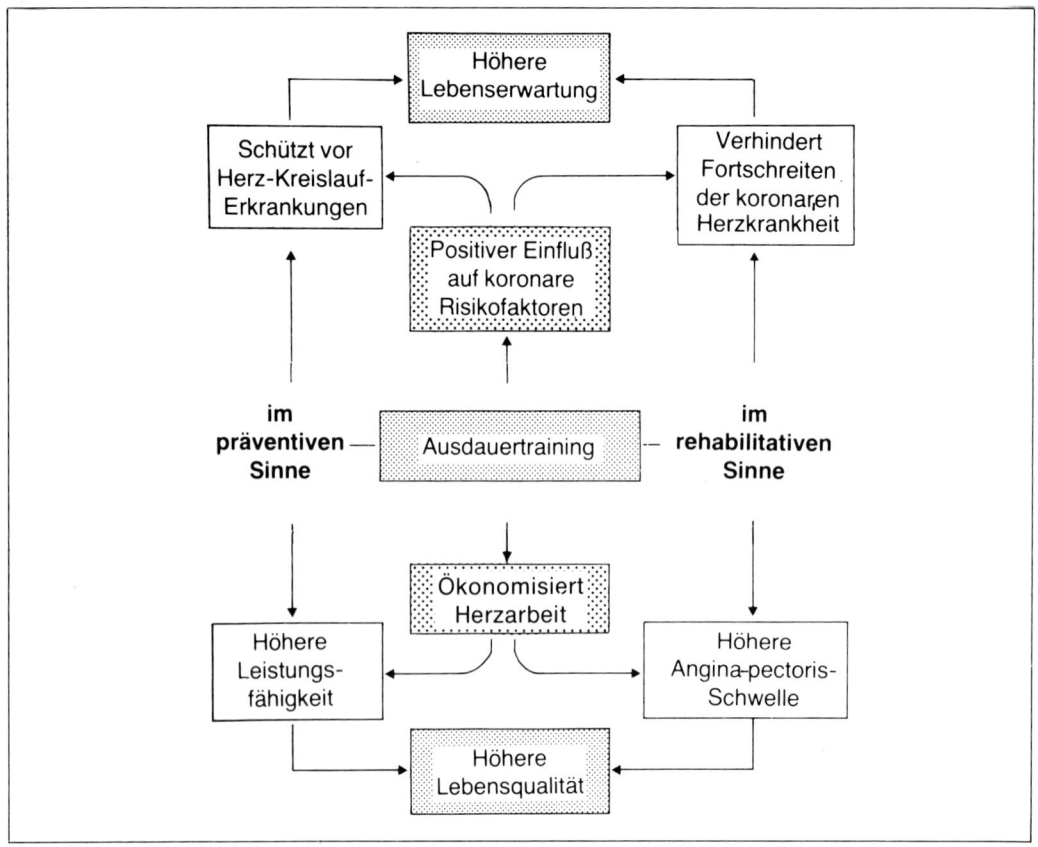

Abb. 204   Die Vorteile eines Ausdauertrainings (nach *Mellerowicz/Franz* 1981, 30).

berg/Schwidtmann 1976, 497) fand beim Trainierten einen etwa um ein Drittel erniedrigten Katecholaminspiegel und einen deutlich erhöhten Gehalt an Azetylcholin (*der* Vagusstoff) im Vergleich zum Untrainierten. Durch diese trainingsbedingten Veränderungen entfällt die direkte kardiotoxische Wirkung durch übermäßige Katecholaminausschüttung (*Schmidt* 1970, 111).

Das Überwiegen antiadrenerger Stimuli ist nach *Kraus/Raab* (1964, 58) von größter Wichtigkeit für die Überlegenheit des trainierten über das untrainierte Herz bezüglich Stoffwechsel, Struktur und Funktion. Die adrenergen Katecholamine verschwenden unverhältnismäßig viel Sauerstoff und neigen dazu, im Herzmuskel Sauerstoffmangel hervorzurufen. Eine Sympathikushemmung hingegen verringert den Sauerstoffverbrauch im Herzmuskel, verbessert die Herzleistung und ökonomisiert auf diese Art die Herzarbeit. Durch die Senkung der Herzfrequenz kommt es zum einen zu einer erheblichen Reduzierung der täglichen Herzarbeit (Abb. 205), zum anderen stellt eine niedrigere Herzfrequenz statistisch gesehen eine geringere Gefährdung für koronare Herzerkrankungen dar (Abb. 206).

Abbildung 205 zeigt, daß der Energieaufwand bei Körperruhe beim Trainierten um mehr als die Hälfte gesenkt ist, und dies trotz täglicher Mehrbelastungen durch Training. Es kommt somit durch die Erniedrigung der Herzfrequenz zu einer Ökonomisierung der Herzarbeit und damit zu einer Minderung der Herzbelastung.

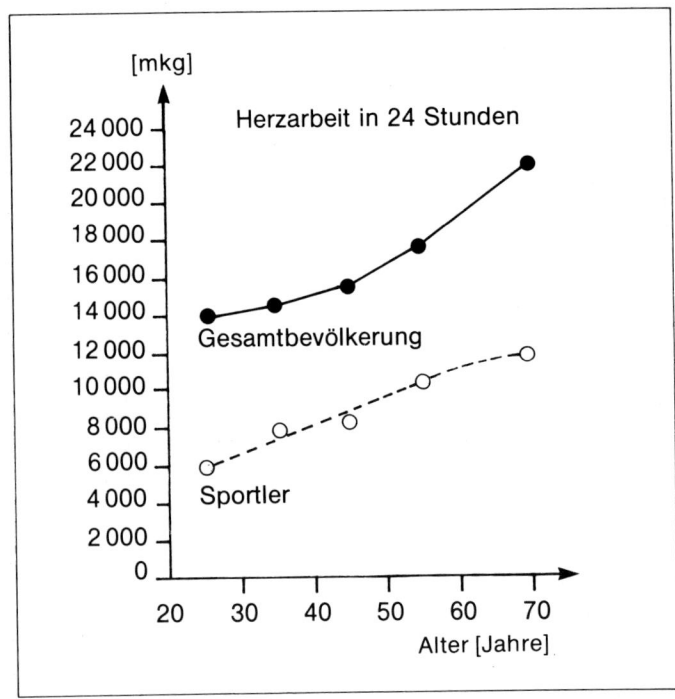

Abb. 205 Die Herzarbeit bei gut trainierten Dauersportlern im Vergleich zur Gesamtbevölkerung (nach *Mellerowicz*, in *Nöcker* 1976, 122).

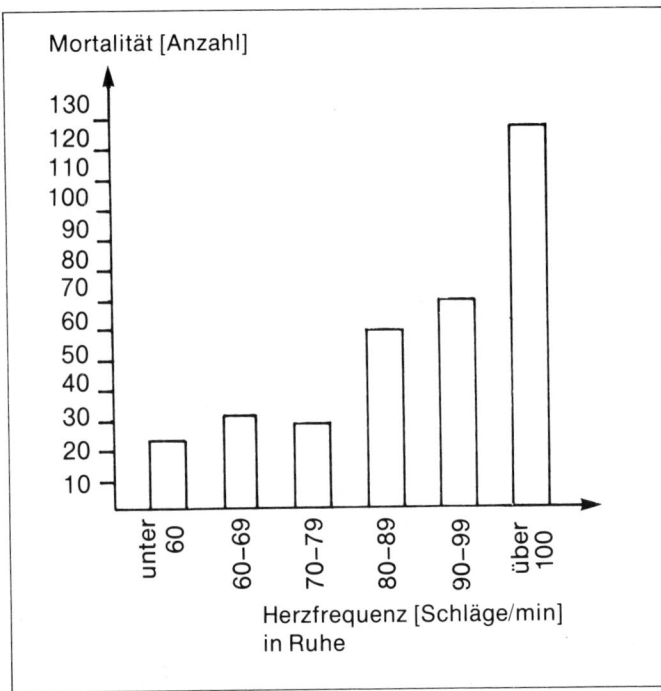

Abb. 206 Beziehung zwischen Herzfrequenz (in Ruhe) und 10-Jahres-Mortalität an koronaren Herzerkrankungen (bei 1349 ehemals gesunden 40- bis 59jährigen Männern) (nach *Schwandt* 1975, 11).

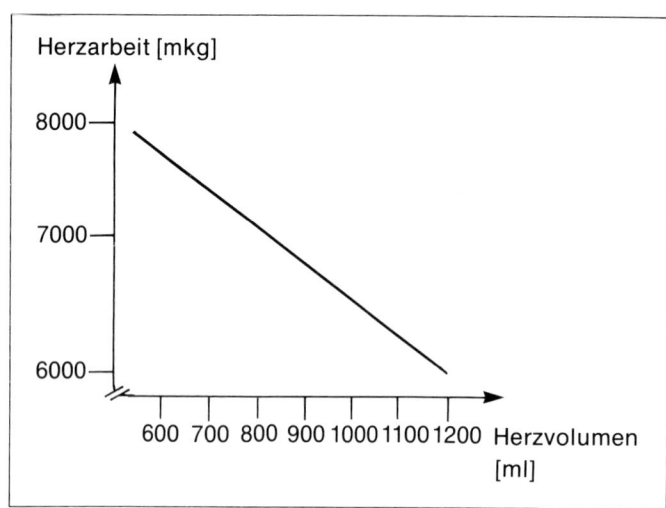

Abb. 207 Die Beziehungen des Herzvolumens zur Herzarbeit in 24 Stunden bei ausdauertrainierten Personen (in Anlehnung an *Israel* 1968).

Wie Abbildung 206 erkennen läßt, wird durch die Senkung der Herzfrequenz das Risiko tödlicher koronarer Herzerkrankungen drastisch verringert.

Wird das Ausdauertraining nicht nur an der untersten gerade noch trainingswirksamen Belastungsgrenze, sondern im Bereich höherer Intensitäten – optimal im Bereich der „anaeroben Schwelle" – durchgeführt, dann kommt es nicht nur zu *vegetativen Umstellungen*, sondern auch zu *morphologischen Veränderungen* im Herzbereich, welche die bereits eingeleiteten funktionellen Ökonomisierungsvorgänge weiter verstärken.

Ein ausreichend intensives Ausdauertraining führt zu einer *Herzvergrößerung* (s. S. 87), und zwar im Sinne einer *Dilatation* (Erweiterung) der Herzkammern und einer *Hypertrophie* der Herzmuskulatur. Dadurch kommt es zu einer Vergrößerung des Schlagvolumens und damit verbunden zu einer Zunahme des bei Belastung möglichen Herzzeitvolumens. Ein hohes Schlagvolumen hat den Vorteil, daß es sowohl unter Ruhebedingungen als auch bei Belastung eine ökonomischere Herzarbeit ermöglicht. In beiden Fällen kann der erforderliche Blutbedarf durch Volumenarbeit abgedeckt werden: Es muß also nicht auf die unökonomischere Frequenzarbeit übergegangen

werden, durch die das Herz über die verkürzte Diastolenzeit (Zeit der Herzfüllung bzw. der Versorgung der Herzkranzgefäße mit Blut) eine Verschlechterung der Sauerstoffversorgung und einen Anstieg des Energiebedarfs erfährt.

Eine durch die Herzvergrößerung bedingte Abnahme der Herzfrequenz – die trainingsbedingte Herzfrequenzabnahme zeigt eine enge Korrelation zur Zunahme des Herzvolumens – wirkt sich außergewöhnlich günstig auf die Herz-Kreislauf-Belastung in Ruhe bzw. bei Belastung im Sinne einer Ökonomisierung der Herzarbeit aus.

> Eine Herzfrequenzabnahme um 10 Schläge/min bewirkt eine Sauerstoffenergieeinsparung von nahezu 15% (*Strauzenberg/Schwidtmann* 1976, 497).

Die enge Beziehung zwischen Herzgröße und Herzarbeit geht deutlich aus Abbildung 207 hervor.

Die Graphik läßt erkennen, daß die tägliche Herzarbeit in Abhängigkeit vom Trainiertheitsgrad – je trainierter ein Herz ist, desto niedriger ist die Herzfrequenz in Ruhe (*Israel* 1973, 254) – außergewöhnlich ökonomisiert werden kann. Während Trainierte – trotz Training – nur eine tägliche Herzarbeit von 5–10 000 mkp erbringen müssen, liegt dieser Wert bei Untrainierten zwischen 10–25 000 mkp (*Mellerowicz/Meller* 1972, 16).

Die Herzfrequenzabnahme durch Ausdauertraining – die in der Literatur bislang angegebene niedrigste Ruhe-Herzfrequenz eines gesunden Sportlers liegt bei 29 Herzschlägen/min (*Bogard*, in *Strauzenberg/Schwidtmann* 1976, 496) – ist jedoch nicht nur auf die vegetative Umstellung bzw. die Herzvergrößerung zurückzuführen. Eine weitere Ursache für die Herzfrequenzabnahme ist die verbesserte periphere Sauerstoff- und Substratausnutzung aufgrund einer verbesserten Kapillarisierung. Durch die Optimierung der zellulären Energieversorgung genügt eine geringere Menge an Blut und damit eine geringere Herzfrequenz, um die nötige Versorgung zu gewährleisten.

Verbesserung der kardialen Blutversorgung

Durch Ausdauertraining kommt es nicht nur zu einer vermehrten Kapillarisierung und Kollateralbildung (präexistente, aber vorher verschlossene Gefäßverbindungen im Arteriolengebiet) im Bereich des Skelettmuskels, sondern auch im Bereich des Herzmuskels (*Israel* 1978, 750).

Derartige für die Blutversorgung des Herzens günstige Adaptationen werden maßgeblich durch die belastungsinduzierte Steigerung der Blutströmungsgeschwindigkeit erreicht – die durch körperliche Aktivität erzielbare Mehrdurchblutung ist etwa um das 15- bis 20fache stärker, als dies durch die wirksamsten Pharmaka zu erreichen ist (*Hollmann* 1965, 34) – und haben eine wesentliche protektive Bedeutung für das Herz: Vom Zustand der Kollateralen hängt nach *Israel* (1978, 750) die Frühmortalität beim Herzinfarkt mit ab. Durch Ausdauertraining kommt es zu einer kräftigen Dilata-

tion der Koronareingänge sowie der Herzkranzgefäße selbst und somit zu einer weiteren Verbesserung der Blutversorgung der Herzmuskulatur in Ruhe und bei Belastung (*Bühlmann/Froesch* 1974, 48; *Gottschalk/Israel/Berbalk* 1982, 57).

> Zusammenfassend kann festgehalten werden, daß Ausdauertraining zu einer erheblichen Abnahme des Vorkommens koronarer Herzkrankheiten führt, eine Tatsache, die für alle Altersgruppen gilt (*Kothe* et al. 1984, 135).

Wirkungen des Ausdauertrainings auf Risikofaktoren degenerativer Herz-Kreislauf-Erkrankungen

Der Einfluß des Ausdauertrainings auf den Blutdruck bzw. Bluthochdruck

Ausdauertraining entsprechender Dauer und Intensität führt in allen Altersstufen – insbesondere bei erhöhten Ausgangswerten – zu einer *Senkung* der Blutdruckwerte, und zwar sowohl in Ruhe als auch bei Belastung (*Biermann/Neumann* 1984, 180; *Bringmann* 1984, 153/154).

Eine *Basistherapie* der Hypertonie, u. U. mit diätetischen und medikamentösen Maßnahmen kombiniert, ist die *Bewegungstherapie*.

Zahlreiche Untersuchungen (*Hollmann* 1965, *Schwalb/Behrens* 1972, *Israel* et al. 1973, *Franz* 1979, *Strauzenberg* 1982, *Priebe* et al. 1982, *Bringmann* 1982, *Schreiber/Biermann* 1982 u. a.) konnten zeigen, daß sich ein kontinuierliches dynamisches Ausdauertraining mittlerer Intensität günstig auf die verschiedensten Formen der Hypertonie auswirkt.

Besonders die leichten und mäßig schweren primären Hypertonien (Schweregrad I und II) und hypertone Regulationsstörungen lassen sich gut durch körperliches Training mit Ausdauercharakter beeinflussen (*Matzdorff* 1975, 235; *Reinhold* 1982, 64; *Strangfeld* et al. 1982, 68).

Durch die Verminderung der Katecholaminausschüttung und der damit verbundenen Vasokonstriktion (Gefäßverengung) – sie führt zu einem Blutdruckanstieg – kommt es zu einer zunehmenden Senkung und Stabilisierung des Blutdrucks. Dies bedeutet zum einen eine weitere Entlastung des Herzens (Verringerung der unökonomischen Druckarbeit), zum anderen die Beseitigung eines beachtlichen Risikofaktors für degenerative Gefäßerkrankungen.

Die Abhängigkeit von Ausdauertraining und Blutdruck sowie Blutdruck und Alter zeigt die Abbildung 208.

Ausdauertraining ist jedoch nicht in allen Fällen zur Behebung einer Hypertonie geeignet.

Relative Kontraindikationen liegen vor bei hypertonen Regulationsstörungen und einer primären labilen Hypertonie vom Schweregrad II.

Als *absolute Kontraindikationen* gelten:
- Hochgradige, fixierte, essentielle Hypertonien (systolisch für 200 mm Hg, diastolisch über 120 mm Hg)
- Sekundäre Hypertonien
- Begleitende Allgemeinerkrankungen, einschließlich Rekonvaleszenz
- Kardiale Komplikationen
- Belastungshypertonie
- Hypertonie mit Dekompensation des Kreislaufs
- Niereninsuffizienz

(*Chrastek/Adamirova* 1970, 66; *Jahnecke* 1974, 215; *Matzdorff* 1975, 238).

Beachte: Grundsätzlich muß vor Beginn des Trainings bei Hypertonikern eine Austestung der Kreislaufreaktion im Bereich derjenigen Belastung erfolgen, die im Training angestrebt wird (*Franz* 1979, 36).

Ausdauertraining und erhöhte Blutfette

Regelmäßiges Ausdauertraining senkt nicht nur die Blutfettspiegel von Cholesterin und Triglyzeriden, sondern erhöht auch den HDL-Spiegel, – er stellt, wie bereits dargelegt, einen wichtigen Schutzfaktor gegen die Entwicklung einer Arteriosklerose dar – und verringert somit erheblich die Gefahr der Entstehung degenerativer Herz-Kreislauf-Erkrankungen. Vor allem erhöhte Blutfettwerte sprechen besonders günstig auf ein entsprechendes Ausdauertraining an (*Lampmann* et al. 1977, 652; *Wolff/Busch/Mellerowicz* 1979, 10; *Adner/Castelli* 1980, 534; *Hartung* et al. 1980, 357; *Herrmann* et al. 1983, 175; *Biermann/Neumann* 1984, 181 u. a.).

Der Einfluß des Ausdauertrainings auf die Adipositas (Fettsucht)

Daß Fettsucht bzw. Übergewicht kein ungefährlicher Risikofaktor ist, geht aus Abbildung 199 hervor. Die erhöhte Beteiligung der Übergewichtigen an verschiedenen Krankheitsgruppen ist offensichtlich.

Da die Fettsucht in fast allen Fällen allein durch einen Kalorienüberschuß entsteht, ist eine entsprechende *Diät* mit einer massiven Kalorienreduzierung in Verbindung mit einem Ausdauertraining *die* Therapie überhaupt.

Ausdauertraining allein hat nur dann einen entscheidenden kalorienreduzierenden und damit risikosenkenden Effekt bezüglich der Entwicklung degenerativer Herz-Kreislauf-Erkrankungen, wenn es mit einem nicht unerheblichen Laufvolumen durchgeführt wird. Nach *Pfaffenbarger* (1982) kommt es erst bei einem Energieverbrauch von wöchentlich 16 800–21 000 kJ (4000–5000 kcal) für körperliche Betätigung – dies entspräche

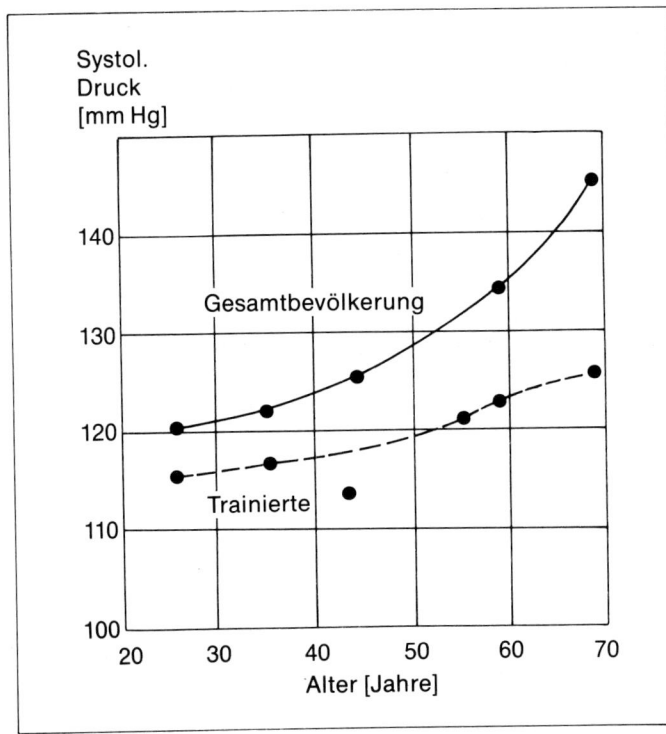

Abb. 208 Das Blutdruckverhalten bei Ausdauertrainierten im Vergleich zur Normalbevölkerung (nach *Mellerowicz/Franz* 1981, 12).

bei einer 75 kg schweren Person einem wöchentlichen Laufpensum von etwa 65 km (bei einer Laufgeschwindigkeit von 3,33 m/s ≙ 5 min pro 1000 m) – zu einer massiven Gewichtsreduktion bzw. zur Senkung des Herzinfarktrisikos um 50%. Ein derartiges Laufvolumen ist jedoch im Bereich eines normalen präventiven Ausdauertrainings die Ausnahme.

Der gewichtsreduzierende Mechanismus liegt normalerweise in einer *allgemeinen Stoffwechselanregung* (*Hollmann* 1965, 35) und in spezifischen morphologischen und biochemischen Adaptationen, die die Fettablagerungen erschweren (*Israel* 1978, 213). *Parizkova/Polende* (in *Israel* 1978, 213) fanden im Tierversuch, daß radioaktiv markiertes C^{14}-Palmitat (Fett) bei *Trainierten* mehr in den *Muskel*, bei *Untrainierten* dagegen mehr in das *Fettgewebe* gelenkt wurde; dies galt bei Ruhe wie bei Belastung. Das Training optimiert demnach die Verteilung auf-

genommener Energie in Depots und verbrauchende Organe. Außerdem wird bei körperlichem Training durch den Abbau von Triglyzeriden und die parallel dazu eintretende Synthesehemmung eine beachtliche *Größenabnahme der Fettzellen* – nach *Knittle* verfügt der Mensch durchschnittlich über 25 Milliarden Fettzellen – bewirkt (*Israel* 1978, 214).

Schließlich liegt der Vorteil längerer körperlicher Belastungen auch noch darin begründet, daß nach dem Training für mehrere Stunden ein Appetitmangel eintritt. *Stevenson* (in *Israel* 1978, 214) konnte nach intensiven Belastungen im Urin sogar „anorexigene" (appetithemmende) Substanzen in der Form eines Glukopeptids feststellen.

Die Häufigkeit bzw. die Dauer eines Ausdauertrainings hat einen maßgeblichen Einfluß auf die erreichbare Gewichtsabnahme (Abb. 209).

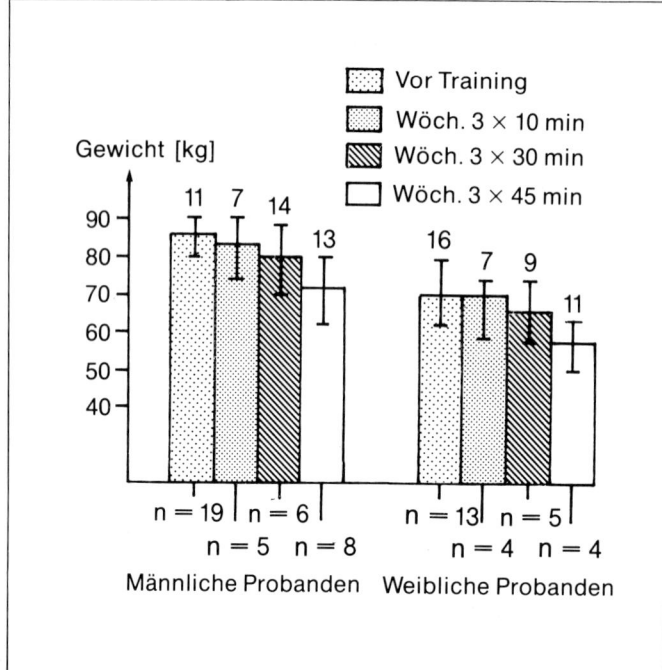

Abb. 209 Der gewichtsreduzierende Einfluß eines ausdauerbetonten Trainings bei unterschiedlichem Trainingsumfang (nach *Bringmann* 1980, 135).

Bei der Durchführung eines Ausdauertrainings, das vor allem die Fettdepots reduzieren soll, ist auf *hohen Umfang* und *geringe Intensität* zu achten: Bei geringer *Intensität* - z. B. bei einer Belastungsherzfrequenz um 130 Schläge/min – werden vor allem Fettsäuren verstoffwechselt, bei hoher Intensität dagegen Kohlehydrate (s. S. 42).

Eine *Gewichtsreduktion* wirkt sich nicht nur positiv auf die Abnahme des bei Übergewichtigen meist erhöhten Blutdruckes aus, sondern verhindert auf längere Sicht auch die mögliche Entstehung gravierender Herz- und Stoffwechselveränderungen.
Der Zusammenhang von Adipositas und potentieller Herzinsuffizienz- bzw. Diabetes-Genese sei hier kurz verdeutlicht:
Die Fettzellen haben bekanntlich einen sehr hohen Glukoseumsatz und müssen daher gut mit Blut versorgt werden. Dies erfordert eine dauernde Mehrbelastung des Herzens, das bei adipösen Personen durch die meist parallelgehende Bewegungsarmut klein und wenig leistungsfähig ist, um die Versorgung dieser „Luxuszellverbände" zu gewährleisten. Auf lange Sicht kann diese Dauerbelastung zur Ausbildung einer Herzinsuffizienz führen.

Damit aber noch nicht genug. Da die Glukoseversorgung der Fettzellen eng an einen erhöhten Insulinbedarf gebunden ist – Insulin ermöglicht den Eintritt der energetischen Substrate (Glukose, freie Fettsäuren, Aminosäuren) in die Zelle –, kommt es beim Übergewichtigen auch hier auf die Dauer zu einer zunehmenden Überforderung der insulinproduzierenden Inselzellen des Pankreas und damit zur Insuffizienz der Bauchspeicheldrüse. Das Endergebnis kann schließlich ein Insulinmangeldiabetes (Zuckerkrankheit) sein.

Ausdauertraining und Diabetes mellitus (Zuckerkrankheit)

Als Kausalfaktoren für die Manifestation der Zuckerkrankheit werden neben Erbfaktoren eine überkalorische Ernährung bei zu geringer körperlicher Bewegung verantwortlich gemacht.

Bei der Zuckerkrankheit ist die insulinsparende Wirkung von körperlichen Aktivitäten seit langem bekannt. Leichte Diabetes-Fälle können bei entsprechender Diät und dosierter körperlicher Belastung ohne Insulin auskommen (*Hollmann* 1965, 47). Welchen Einfluß Bewegungsmangel bzw. körperliche Aktivitäten auf das Blutzuckerverhalten haben, zeigt eine Vielzahl von Untersuchungen: So konnte u. a. *Bühr* (1963, 156) zeigen, daß Bettruhe schon vom 3. Monat an die Assimilation von Glukose entschieden verlangsamte; dieser Prozeß konnte bei Bettlägrigen mit entsprechender Bewegungstherapie nicht beobachtet werden. Auch *Constam* (1975, 88) konnte zeigen, daß körperliche Betätigung die Glukoseaufnahme in die Zelle erhöht, und dies bei erniedrigtem Insulinspiegel. Training scheint darüber hinaus die Insulinsensivität der Gewebe zu erhöhen und damit den Insulinbedarf zu senken (*Björntorp* et al. 1970, 631 f.). *Goldstein* et al. (1953, 212) schließlich konnten aus dem arbeitenden Muskel einen insulinähnlich wirkenden, blutzuckersenkenden Faktor isolieren, der bei Muskelruhe nicht zur Wirkung kommt.

Zusammenfassend kann man sagen, daß sich ein Ausdauertraining günstig als präventive Maßnahme bzw. als unterstützende Begleittherapie bei der Behandlung zuckerkranker Personen auswirkt: Denn nur wenn der Muskel arbeitet, oder in Gegenwart von Insulin kann die Muskelzelle Zucker aufnehmen; in Ruhe hingegen ist der quergestreifte Muskel kaum durchlässig für Glu-

kose. Da aber die Muskulatur etwa 40% der Körpermasse ausmacht, spielt die körperliche Aktivität bei der Regulation des Blutzuckers und damit bei der Vermeidung diabetogener Gefäßerkrankungen eine wichtige Rolle.

Abschließend muß allerdings betont werden, daß körperliche Anstrengung zwar dem gut eingestellten Zuckerkranken zu empfehlen ist, daß sie aber bei dekompensiertem (aus dem Gleichgewicht geratenem) Diabetes zur Ketoazidose führen kann.
Eine korrekte Stoffwechseleinstellung ist daher die Voraussetzung für die Muskelarbeit als eine der Säulen der Diabetestherapie (Wahren 1978, 1257).

Ausdauertraining und Hyperurikämie (Gicht)

Durch ein intensives Ausdauertraining kann der Harnsäurespiegel ebenso wie durch ausdauernde und schwere körperliche Arbeit gesenkt werden (*Bosco* et al. 1970, 46; *Cronau* et al. 1972, 23; *Strauzenberg* 1980, 165). Die Wirkung eines Ausdauertrainings scheint mit dem Alter und der Höhe des Harnsäurespiegels in Zusammenhang zu stehen.

Ausdauertraining zeigt eine hochsignifikante Wirkung bei älteren Menschen und Personen mit erhöhten Harnsäurespiegeln, kaum wirksam ist es jedoch bei jungen Menschen und Personen mit erniedrigten Harnsäurespiegeln (*Strauzenberg* 1980, 165).

Zur Senkung eines erhöhten Harnsäurespiegels bedarf es einer relativ hohen Trainingsfrequenz (5mal pro Woche) und einer ausreichenden Dauer. Die Konservierung eines durch Training erreichten verminderten Harnsäurespiegel im Blut erfordert ein mindestens zweimaliges Ausdauertraining pro Woche von jeweils 45 Minuten Dauer (*Strauzenberg* 1980, 165).

Ausdauertraining und Streß

Streßreize bedingen eine ständig vermehrte Ausschüttung des Streß(Leistungs-)hormons *Adrenalin*. Seine Präsenz steigert die allgemeine „Alarmbereitschaft" und bewirkt die Auslösung einer Reihe von psychophysischen Reaktionen (erhöhte Erregbarkeit und Wachheit, Anstieg von Herzfrequenz und Blutdruck, Erhöhung der Glukose- und Fettsäurespiegel im Blut etc.), die auf die Dauer zu negativen Folgen für das Allgemeinbefinden führen können. Schlaflosigkeit, mangelnde Erholungsfähigkeit, Gereiztheit, Aggressivität und Abnahme der körperlichen Leistungsfähigkeit sind typische Zeichen anhaltender Streßbelastungen. Der *Herzinfarkt* schließlich kann am Ende eines Lebens im Dauerstreß stehen. Durch Bewegung – Ausdauertraining – können die durch Streßreize aufgestaute Energie und sympathikotone Einstellung abgebaut werden.
Regelmäßiges Ausdauertraining trägt dazu bei, die Langzeitfolgen des Stresses zu vermeiden, da es nicht zur Summation der Streßreize kommt: Die erzeugte „Alarmbereitschaft" wird durch die körperliche Aktivität immer wieder abreagiert.

> Sportliche Betätigung ist neben einer adäquaten Änderung der Lebensmodalitäten das wichtigste *präventive* und *therapeutische* Mittel gegen Streß und seine schädlichen Auswirkungen.

Zusammenfassung zum präventiven Ausdauertraining

Wie die vorangegangenen Ausführungen zeigen, ist körperliches Training in der Form eines Ausdauertrainings in der Lage, auf vielschichtige und komplexe Art einzelne Risikofaktoren bzw. Risikokomplexe im Sinne der Prävention degenerativer Herz-Kreislauf-Erkrankungen zu beeinflussen. Daß körperliche Aktivität allein dazu vielfach nicht ausreicht, sondern von entsprechenden Begleitmaßnahmen flankiert werden muß – Verzicht auf das Zigarettenrauchen, Änderung der Ernährungs- und Lebensgewohnheiten – soll abschließend nochmals betont werden.

Literatur

1. *Adner, M. M., W. P. Castelli:* Elevated high-density lipoprotein levels in marathon runners. J. Am. med. Ass. 243 (1980), 534–536
2. *Ahlheim, K. H.* (Hrsg.): Wie funktioniert das? – Schlank, fit, gesund. Bibliographisches Institut AG, Mannheim 1980
3. *Alexander, K.:* Arterienerkrankungen. Fischer, Stuttgart–New York 1977
4. *Anschütz, F.:* Durch Tabakrauch induzierte Angiopathien. Umweltmedizin II (1973), 38–41
5. *Autorenkollektiv:* The recommended quantity and quality of exercise for developing and maintaining fitness in healthy adults. Med. and Sci. in Sports 10 (1978), 7–9
6. *Bartel, W.:* Ausgewählte Probleme der Trainingsgestaltung im Freizeit- und Erholungssport der Werktätigen unter dem Aspekt der Betonung des Ausdauerlaufs. Theorie und Praxis der Körperkultur 1 (1979), 55–57
7. *Berger, M., P. Berchthold:* HDL-Cholesterin – Ein Schutzfaktor gegen die koronare Herzkrankheit. Dt. med. Wschr. 40 (1978), 1537–1539
8. *Biermann J.:* Zur Beeinflussung der Serumlipide durch unterschiedliche Trainingsmethoden und Diät während einer 4wöchigen Kurbehandlung. Med. u. Sport 12, 22 (1982), 369–374

9. *Biermann J., G. Neumann:* Körpertraining und Abbau von Risikofaktoren im mittleren Lebensalter. Med. u. Sport 6, 24 (1984), 178–183

10. *Björntorp, P.,* et al.: The effect of physical training on insulin production in obesity. Metabolism 19 (1970), 631–638

11. *Bleyl, U.,* et al.: Allgemeine Pathologie. Springer, Berlin–Heidelberg–New York 1976

12. *Bosco, J. S., J. E. Greenleaf, R. L. Kaye, E. G. Averkin:* Reduction of serum uric acid in young men during physical training. Am. J. Cardiol. 25 (1970), 46–52

13. *Bringmann, W.:* Zu einigen Aspekten der regelmäßigen sportlichen Tätigkeit im mittleren Lebensalter im Zusammenhang mit Gesundheit und Leistungsfähigkeit. Med. u. Sport 5 (1980), 134–138

14. *Bringmann, W.:* Die Beeinflussung der Borderline-Hypertonie mit unterschiedlichen sportlichen Belastungsprogrammen. Med. u. Sport 6 (1982), 170–178

15. *Bringmann, W.:* Die Bedeutung der Ausdauerfähigkeit für die Gesundheit im höheren Lebensalter. Med. u. Sport 5, 24 (1984), 152–156

16. *Brusis, O. A., H. Weber* (Hrsg.): Handbuch der Koronargruppenbetreuung. perimed, Erlangen 1980

17. *Brynteson, P., W. Sinning:* The effects of training frequencies on retention of cardiovascular fitness. Med. and Sci. in Sports 5 (1973), 29–33

18. *Bühlmann, A., E. Froesch:* Pathophysiologie. Springer, Berlin – Heidelberg – New York 1974

19. *Bühr, P.:* Über den Einfluß länger dauernder körperlicher Inaktivität auf die Blutzucker-Kurve nach oraler Glukosebelastung. Helvetica 1963

20. *BV f. GE* (Bundesvereinigung für Gesundheitserziehung e.V.) (Hrsg.): Denk an Dein Herz – Motor des Lebens. Bonn – Bad Godesberg 1972

21. *BZ f. GA* (Bundeszentrale für gesundheitliche Aufklärung): Herz- und Kreislaufkrankheiten – Die Rolle der Gesundheitserziehung in der Erst- und Zweitprävention (II. Internat. Seminar für Gesundheitserziehung Höhenried 5.–10. 7. 1970), Köln 1973

22. *Chrastek, J., J. Adamirova:* Hoher Blutdruck und körperliche Übungen. Z. Kardiol. 65 (1976), 54–67

23. *Constam, G.:* Diabetes mellitus – Die Grundlagen der Bewegungstherapie. Ärztl. Praxis 3 (1975), 87–90

24. *Criqui, H.:* Der Weg zum Herzinfarkt; je mehr Zigaretten, desto mehr sinkt der Schutzfaktor HDL. Medical Tribune 11 (1980), 104

25. *Cronau, L. H., P. J. Rasch, J. W. Hamby, H. J. Burns:* Effects of strenuous physical training on serum uric acid levels. Sports Med. 1, 12 (1972), 23–25

26. DMW (Deutsche Medizinische Wochenschrift): ‚Normalwerte‘ bei Hyperlipidämie. 4 (1978), 140

27. DMW (Deutsche Medizinische Wochenschrift): Praxis-Forum 52 (1979), 1835

28. *Dörken, H.:* Aktuelle Fragen zum Herzinfarkt. Lebensversicherung Medizin 2 (1974), 25–33

29. *Ehrly, A. M., W. J. Schrimpf:* Der Einfluß des akuten Zigarettenrauchens auf die Verformbarkeit von Erythrozyten. Herz-Kreislauf 5 (1978), 245–246

30. *Falkenhan, H.:* Der Finger der den Raucher schreckt. AZ (1975) 175

31. *Franke H., L. Gall, W. Chowanetz:* Über das sogenannte Altersherz bei 50–100jährigen. Z. Kardiol. 65 (1976), 945–963

32. *Franz, I.:* Welchen Sport dürfen und sollen Hypertoniker betreiben. Medical Tribune 36 (1979), 27 f.

33. *Geissler, W., A. Gutschker, K. Schaller:* Die Rehabilitation Herzinfarktkranker in der DDR – Zielstellung, Ergebnisse und Probleme. Med. u. Sport (1979), 143–146

34. *Glockner, E., D. Häusel, H. H. Kornhuber:* Fragen an die Praxis – Übergewicht, Rauchen und andere Risikofaktoren bei 375 Fällen von Hirndurchblutungsstörungen. Dt. med. Wschr. 40 (1977), 1437

35. *Gohlke, H.:* Primäre Prävention verhindert koronare Herzerkrankung – das Nord-Karelien-Projekt. Herz u. Gefäße 5 (1985), 9–10

36. *Goldstein, M.,* et al.: Action of muscular work on transfer of sugars across cell barriers: Comparison with action of insulin. Am. J. Physiol. 173 (1953), 212

37. *Gottschalk, K., S. Israel, A. Berbalk:* Neue Aspekte der Kardiodynamik und der Adaptation des Herz-Kreislauf-Systems. Med. u. Sport 22 (1982), 56–59

38. *Gross, R., D. Jahn:* Lehrbuch der inneren Medizin. Schattauer, Stuttgart 1966

39. *Halhuber, M. J., H. P. Milz* (Hrsg.): Praktische Präventivkardiologie. Urban & Schwarzenberg, München – Berlin – Wien 1972

40. *Halhuber, M. J.:* Vorbeugung und Wiederherstellung bei Herz- und Kreislauferkrankungen. Bayer. Ärztebl. 24 (1919), 5 f.

41. *Harre, D.:* Ist ein- bis zweimaliges Training in der Woche wirkungsvoll? Theorie und Praxis der Körperkultur 3 (1975), 271–273

42. *Hartmann, G., F. Wyss:* Die Hyperlipidämie in Klinik und Praxis. Huber, Bern 1970

43. *Hartung, M.,* et al: Relation of diet to high-density lipoprotein cholesterol in middle-aged marathon runners, joggers and inactive men. New. Engl. J. Med. 302 (1980), 357–361

44. *Herrmann, W. C.,* et al.: Beeinflussung des Lipidstoffwechsels durch volkssportlichen Langstreckenlauf. Med. u. Sport 23 (1983), 175–180

45. *Heyden, S.:* Risikofaktoren für das Herz – Ergebnisse und Konsequenzen der Post-Framingham-Studien. Boehringer, Mannheim 1974

46. *Heyden, S.:* Diabetes mellitus, Hypercholesterinämie, Hyperurikämie, Übergewicht. In: Risikofak-

toren für das Herz, Bd. 2. Boehringer, Mannheim 1975

47. *Heyden, S.:* Neue Aspekte der präventiven Kardiologie. Herz-Kreislauf 5 (1976), 229–238

48. *Hollmann, W.:* Körperliches Training als Prävention von Herz-Kreislaufkrankheiten. Hippokrates, Stuttgart 1965

49. *Hollmann, W., Th. Hettinger:* Sportmedizin – Arbeits- und Trainingsgrundlagen. Schattauer, Stuttgart – New York 1980

50. *Hüllemann, K. D.:* Leistungsmedizin – Sportmedizin für Klinik und Praxis. Thieme, Stuttgart 1976

51. *Israel, S.:* Sport, Herzgröße und Herz-Kreislaufdynamik. Sportmedizinische Schriftenreihe, Leipzig 1968

52. *Israel, S.:* Die Ausbelastungs-Herzfrequenz als leistungsdiagnostische Kenngröße. Theorie und Praxis der Körperkultur 3 (1973), 254–302

53. *Israel, S., et al.:* Die Sportfähigkeit juveniler Hypertoniker. Med. u. Sport (1973), 12

54. *Israel, S.:* Lang und langsam – ein wichtiges Trainingsprinzip. Theorie und Praxis der Körperkultur 9 (1975), 819–825

55. *Israel, S.:* Körperliche Aktivität und Adipositas. Med. u. Sport 7 (1978), 213–216

56. *Israel, S.:* Sportherz. Theorie und Praxis der Körperkultur 10 (1978), 742–753

57. *Israel, S.:* Sportmedizinische Aufgaben bei der Gestaltung des Übungs-, Trainings- und Wettkampfbetriebes von Sporttreibenden im mittleren Lebensalter. Med. u. Sport (1979), 113–115

58. *Israel, S., et al.:* Die Trainierbarkeit in späteren Lebensabschnitten. Med. u. Sport 22 (1982), 90–93

59. *Jahnecke, J.:* Risikofaktor Hypertonie. Boehringer, Mannheim 1974

60. *Jung, K., K. und W. Schäfer-Nolte:* Todesfälle im Zusammenhang mit Sport. Dt. Z. Sportmed. 1 (1982), 5–11

61. *Kothe, K., G. Gola, W. Geissler, C. Wagenknecht:* Über den Wert der physischen Konditionierung bei der primären und sekundären Prävention der koronaren Herzkrankheit. Med. u. Sport 5, 24 (1984), 134–140

62. *Kovacsics H., H. Roskamm, P. Stürzenhofecker, J. Petersen:* Risikofaktoren und Koronarmorphologie bei 218 männlichen Infarktpatienten unter 40 Jahren. Z. Kardiol. 66 (1977), 685–689

63. *Kraus, H., W. Raab:* Erkrankungen durch Bewegungsmangel. Barth, München 1964

64. *Lampmann, M., et al.:* Auch körperliches Training senkt pathologische Blutfettwerte. Medical Tribune 35 (1977), 35, Literaturservice, aus: Circulation 55 (1977), 652–659

65. *Lang, E.:* Körperliche Aktivität und Sport in der zweiten Lebenshälfte. Akt. Geront. 5, 8 (1975), 429–437

66. *Ludwig, G. E.:* Risikofaktoren für degenerative Herz-Kreislauf-Erkrankungen und ihre Beeinfluß-barkeit durch körperliches Training. Zulassungsarbeit an der Universität Erlangen/Nürnberg 1982

67. *Mahr, H.:* An der Fettfront wird geschossen. Herz u. Kreislauf 8 (1980), 404–405

68. *Matzdorff, F.:* Herzinfarkt, Prävention und Rehabilitation. Urban und Schwarzenberg, München – Berlin – Wien 1975

69. *Matzkies, F., H. F. Fuchs, H. Trinczek, G. Berg:* Gicht. Fortschritte der Medizin 18, 93 (1975), 909–916

70. *Mehnert, H.:* Diabetes mellitus 1980. Dt. med. Wschr. 48 (1980), 1665–1667

71. *Mellerowicz, H.:* Das körperliche Leistungsvermögen der heutigen Jugend. Juventa, München 1966

72. *Mellerowicz, H. (Hrsg.):* Präventive Cardiologie. Springer, Berlin–Heidelberg–New York 1972

73. *Mellerowicz, H., I.-W. Franz (Hrsg.):* Training als Mittel der präventiven Medizin. perimed, Erlangen 1981

74. *Mellerowicz, H., W. Meller:* Training. Springer, Berlin – Heidelberg – New York 1975

75. *Miller, P. B., R. L. Johnson, L. E. Lamb:* Effects of four weeks of absolute bed rest on circulatory functions in man. Aerospace Med. 35 (1964), 1194

76. *Mordasini, R., W. Riesen, P. Oster:* Ab wann lohnt die HDL-Bestimmung. Medical Tribune 23a (1981), 26 u. 41

77. *Medical Tribune:* Kurznotiz Medical Tribune Nr. 3, 62, 18. 1. 1985.

78. *Munschek, H.:* Der akute Sporttod in der Bundesrepublik Deutschland. Eine statistische Auswertung pathologisch-anatomischer Befunde der Jahre 1966–1972. Sportarzt und Sportmedizin 5 (1974), 95–101

79. *Munschek, H.:* Ursachen des akuten Todes beim Sport in der Bundesrepublik Deutschland. Sportarzt und Sportmedizin 5 (1977), 133–137

80. *Nöcker, J.:* Physiologie der Leibesübungen. Enke, Stuttgart 1976

81. *Pfaffenbarger, R. S.:* Die Rolle der körperlichen Aktivität in der primären und sekundären Prävention der koronaren Herzkrankheit. In: Bewegungstherapie in der Kardiologie. *Weidemann, H., C. Samek* (Hrsg.). Steinkopff, Darmstadt 1982

82. *Priebe, U., R. Schmidt, V. Hamuth, H.-D. Faulhaber, I. Grigorow:* Das physische Training in der Prävention der arteriellen Hypertonie. Med. u. Sport 6 (1982), 164–168

83. *Pschyrembel, W.:* Klinisches Wörterbuch. Walter de Gruyter, Berlin – New York 1980

84. *Puska, P., et al.:* Change in risk factors for coronary heart disease during 10 years of a community intervention programme (North Karelia Project). Brit. Med. J. 287 (1984), 1840 f.

85. *Remhold, D.:* Bewegungstherapie mit älteren Menschen im Rahmen einer Kur. Med. u. Sport 22 (1982), 118–121

86. *Rosenman, R., F. Friedman:* Herz- und Kreislauf-krankheiten – Die Rolle der Gesundheitserziehung in der Erst- und Zweitprävention. In: Bundeszentrale für gesundheitliche Aufklärung (II. Internat. Seminar für Gesundheitserziehung, Höhenried 5.–10.7.70), Köln 1973

87. *Roskamm, H., H. Reindell, K. König:* Körperliche Aktivität und Herz- und Kreislauferkrankungen – Prophylaxe, Therapie und Rehabilitation. Barth, München 1966

88. *Ross, R., J. A. Glomset:* Atherosclerosis and the arterial smooth muscle cell. Science 180 (1975), 1332

89. *Salonen, J.,* et al: Decline in mortality from CHD in Finland from 1969–1979. Brit. Med. J. (1983), 1857 f.

90. *Sandritter, W., G. Beneke:* Allgemeine Pathologie. Schattauer, Stuttgart – New York 1974

91. *Schettler, G.:* Innere Medizin – ein kurzgefaßtes Lehrbuch, Bd. 1. Thieme, Stuttgart 1976

92. *Schettler, G., H. Mörl:* Arteriosklerose. In: Präventivmedizin. *Hüllemann, K.-D.* (Hrsg.), Thieme, Stuttgart – New York 1982

93. *Schievelbein, H.:* Nikotin – Pharmakologie und Toxikologie des Tabakrauchens. Thieme, Stuttgart 1968

94. *Schmidt, J.:* Herz-Kreislaufbehandlung des alten Menschen durch Sport. Intern. Praxis 10 (1970), 111–119

95. *Schreiber, J., J. Biermann:* Der Einfluß unterschiedlicher physischer Trainingsmethoden auf das Blutdruckverhalten von Hypertonikern. Med. u. Sport 6 (1982), 173–178

96. *Schwalb/Behrens:* Die Wirkung eines körperlichen Trainings auf die Herz-Kreislauffunktion von Hypertonikern. Med. u. Sport 8 (1972)

97. *Schwandt, P.:* Die koronaren Risiken. Kurzmonographien. Sandoz, Bd. 13., Nürnberg 1975

98. *Seidel, D.:* Atherosklerose und Plasmalipide. Medical Tribune, Kongreßbericht, 27.5.83, 23, 28–29

99. *Smith, E. L.:* Exercise for prevention of osteoporosis: A review. The Physician and Sportsmed., 10, 3 (1982), 72–79

100. *Stolte, M.:* Auf einen Blick – Raucherkrankheiten. Medizin 7, 4 (1976), 714–715

101. *Strangfeld D., H.-J. Winterfeld, H. Siewert, J. Belkner, S. Uter:* Störungen der Belastungsanpassung und ihre Beeinflussung durch kreislauftrainierende Maßnahmen bei jugendlichen Patienten mit essentieller Hypertonie. Med. u. Sport 22 (1982), 66–68

102. *Strauzenberg, S.:* Umstellung und Anpassung des kardiovaskulären Systems bei sportlicher Belastung. Med. u. Sport 6 (1978), 164–171

103. *Strauzenberg, S.:* Grundbedingungen für die Belastungsgestaltung zur gerichteten Beeinflussung der Herz-Kreislauf- und Stoffwechselfunktion bei Erwachsenen durch Freizeit- und Erholungssport. Med. u. Sport 1/2 (1979), 36–41

104. *Strauzenberg, S. E.:* Ausdauerübungen in der Prävention und Therapie von Stoffwechselstörungen. Med. u. Sport 6 (1980), 162–168

105. *Strauzenberg, S. E.:* Umsetzung sportmedizinischer Erkenntnisse in Prophylaxe, Therapie, Rehabilitation und Metaphylaxe. Med. u. Sport 4–6 (1974), 158 f.

106. *Strauzenberg, S.:* Zur Trainingsbehandlung bei Hypertonie. Med. u. Sport 6 (1982), 161–164

107. *Strauzenberg, S., H. Clausnitzer:* Beitrag zur Beeinflussung des Serumcholesterolspiegels durch Körperübungen und Sport. Med. u. Sport 8 (1972), 239–241

108. *Strauzenberg, S., H. Schwidtmann:* Sportliche Belastung und Herzfunktion. Theorie und Praxis der Körperkultur 7 (1976), 492–502

109. *Stremel, R. W., V. A. Convertino, E. M. Bernauer, J. E. Greenleaf:* Cardio-respiratory deconditioning with static and dynamic leg exercise during rest. J. appl. Physiol. 6 (1976), 905 f.

110. *Sunder-Plassmann, P.:* Durchblutungsstörungen – Grundlagen und Therapie. Enke, Stuttgart 1975

111. *Vester, F.:* Phänomen Streß. Deutsche Verlagsanstalt, Stuttgart 1976

112. *van Aaken, E.:* Ärzte verunsichern Langläufer und Trimm-Traber. Medical Tribune 14 (1979), 1440

113. *Vuori, I. M.:* Plötzlicher Tod nach körperlicher Belastung. Dtsch. Med. Wschr. 103 (1978), 1724–1725

114. *Wahren, J.:* Wann Sport für Diabetiker? Kongreßbericht. Medical Tribune 12 (1978) 1257

115. *Weineck, J.:* Gesundheitstraining? – Ja, aber richtig! Moderne Medizin 9 (1981), 702–703

116. *Weineck, J.:* Die „Trimm-Dich-Pfade" – wer nutzt sie, wem nützen sie? Moderne Medizin 5 (1982), 513–515

117. *Weineck, J.:* Optimales Training. perimed Fachbuch-Verlagsgesellschaft, Erlangen 1983

118. *Wolff, R., W. Busch, H. Mellerowicz:* Vergleichende Untersuchungen über kardiovasculäre Risikofaktoren bei Dauerleistern und der Normalbevölkerung. D. Z. Sportmed. 1 (1979), 1–10

Teil IX:
Faktoren, die die sportliche Leistungsfähigkeit beeinflussen

Biorhythmus und sportliche Leistungsfähigkeit

Biorhythmus-Theorien

Bei der Diskussion der Biorhythmen lassen sich 2 grundlegend verschiedene Theorierichtungen unterscheiden:
- Die populärwissenschaftliche Biorhythmus-Theorie
- Die wissenschaftsorientierte Biorhythmus-Theorie.

Obwohl die theoretischen Arbeiten der populärwissenschaftlichen „Biorhythmus"-Theorie schon weit zurückliegen – sie stammen aus den Zwanziger und Dreißiger Jahren dieses Jahrhunderts – und keinerlei Anspruch auf wissenschaftliche Beweisbarkeit erheben können – es handelt sich ausschließlich um subjektive Beobachtungen und Interpretationen menschlichen Verhaltens, um einzelne Gutachten oder retrospektive Studien –, werden ihre Aussagen auch noch heute in einer Vielzahl von Arbeiten auf ihre Haltbarkeit bzw. ihre Relevanz für die sportliche Praxis hin diskutiert. Aus diesem Grunde soll die populärwissenschaftliche „Biorhythmus"-Theorie eine kurze Darstellung erfahren.

Die populärwissenschaftliche Biorhythmus-Theorie

Bei dieser Theorie werden 3 Einzelrhythmen postuliert, die erstmals von *Fliess, Svoboda* und *Teltscher* beschrieben wurden:
- Der 23tägige „körperliche" Zyklus: Ihm wird aus sportlicher Sicht die größte Bedeutung zugemessen, da er das körperliche Wohlbefinden bzw. die physische Leistungsfähigkeit bestimmen soll.
- Der 28tägige „emotionale" Zyklus: Er soll das körperliche Wohlbefinden unter dem psychischen Aspekt beeinflussen.
- Der 33tägige „intellektuelle" Zyklus: Er gibt die rhythmische Veränderung der geistigen Kräfte wieder und spielt für die sportliche Leistungsfähigkeit eine periphere Rolle.

Diese 3 Rhythmen werden nach *Appel* (1978), *Wilkes* (1979) und *Gross* (1979) als Regulatoren verstanden, die das menschliche Verhalten in der *Plusphase* positiv, in der *Negativphase* negativ beeinflussen.
Bei allen 3 Rhythmen wird willkürlich angenommen, daß sie in der Geburtsstunde mit einer positiven Phase in Sinuskurven zu schwingen anfangen (*Schönholzer/Schilling/ Müller* 1972, 7). Die Übergangstage zwischen den Plus- und Minusphasen werden dabei als „kritische Tage" dargestellt, an denen die psychophysische Leistungsfähigkeit erniedrigt und die Unfall- bzw. Verletzungsgefährdung erhöht sein soll (Abb. 210) (*Gross* 1959; *Thommen* 1973).
Entscheidend für die psychophysische Leistungsfähigkeit soll nach dieser Theorie die Phasenlage bzw. der „Gesamtrhythmenstand" aller 3 Verlaufskurven sein.
Ein Beispiel soll dies verdeutlichen (*Leis/ Ulmer/Weis* 1982, 289): Bei *A. Harys* 100-m-Weltrekord lag folgender „Gesamtrhythmenstand " (G) vor:

$$(G) = \frac{k\,(98\%) + e\,(97\%) + i\,(87\%)}{3} = 94\%.$$

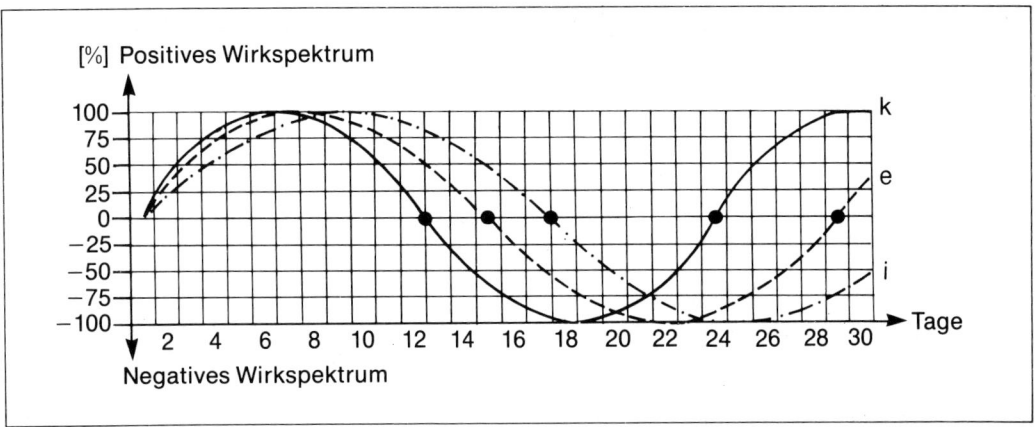

Abb. 210   **Der Biorhythmus für körperliche (k), emotionale (e) und intellektuelle (i) Funktionen, beginnend bei der Geburt. Der höchste Punkt der Sinuskurve wird mit + 100%, der tiefste mit − 100% angesetzt, „Kritische Tage" = ●.**

Dieses Einzelbeispiel verdeutlicht, daß es sehr wohl zu Konstellationen dieser Art kommen kann, die scheinbar die Gültigkeit dieser Biorhythmus-Theorie bestätigen.

Alle neueren Untersuchungen zeigen jedoch, daß diese nachträglich zusammengetragenen Fallbeispiele keiner wissenschaftlichen Überprüfung standhalten: Die Zahl der Weltrekorde oder persönlichen Bestleistungen ist statistisch gesehen sowohl in den positiven wie negativen Phasen gleich groß; positive Ergebnisse sind demnach zufällig und nicht zwingend wissenschaftlich „produzierbar" (*Schönholzer/Schilling/Müller* 1972, 7 f.; *Steinmetz* 1972, 223; *Quigley* 1981, 81 u. 1982, 303; *Slama* 1981, 331). Ebenso verhält es sich bei der Überprüfung verschiedener physiologischer bzw. psychischer oder sporttraumatologischer Parameter (*Liptak* 1980, 9; *Faria/Elliott* 1980, 84; *Haywood* 1979, 373; *Martin/Hayward/Peppard* 1979, 172; *Warren/Lanning* 1982, 132).

Die wissenschaftlich begründete Biorhythmus-Theorie (Chronobiologie)

Die meisten biologischen Funktionen unterliegen rhythmischen Verläufen. Wie bei der

Uhr lassen sich Sekunden-, Minuten-, Stunden- und darüber hinaus Tages-, Monats- und Jahresperioden unterscheiden (*Faria/Elliott* 1980, 81).

Man unterscheidet zwischen spontan-rhythmischen (endogenen) und außeninduzierten (exogenen) rhythmischen Schwankungen (*Hauschild/Badtke* 1981, 206).

> Die *Chronobiologie* ist die Darstellung selbsterregter, gekoppelter Oszillatoren, die sich durch Umweltreize, denen Zeitgeberfunktion zukommt, synchronisieren lassen, wobei beim Menschen vorwiegend soziale und kognitive Signale natürliche Synchronisationsreize darstellen (*Riebisch* 1982, 2244).

Neben dem Schlaf-Wach-Rhythmus gibt es mehr als 100 andere physiologische und biochemische Parameter, die eine rhythmische Funktion aufweisen (*Faria/Elliott* 1980, 81).

> Biorhythmen gehören zu den zahlreichen Faktoren, die das menschliche Leistungsvermögen beeinflussen.

Eine Vielzahl von neueren Arbeiten (*Po-pescu/Dumitrescu* 1975, 215; *Hecht/Poppei* 1977, 377; *Sinz* 1977, 196; *Dolce/Luzio/Fini* 1979, 101; *La Dou* 1979, 88; *Cohen* 1980, 591; *Rademacher* et al. 1980, 307; *Gopher/ Lavie* 1981, 207; *Eckenberger* 1982, 2227; *Faria/Drummond* 1982, 381; *Hauschild/ Badtke* 1982, 403; *Mann/Stetter* 1982, 2232; *Vrancianu* et al. 1982, 11) setzt sich daher mit verschiedenen psychophysischen Parametern mit zyklischem Verlauf und ihrem Einfluß auf die menschliche Leistungsfähigkeit auseinander. Meist handelt es sich um Untersuchungen, die physiologisch-biochemische Einzelgrößen (z. B. Körpertemperatur, Herzfrequenz, Blutdruck, Hormone u. ä.), motorische Komplexgrößen (Kraft, Ausdauer, koordinative Leistungsfähigkeit, Reaktionsvermögen etc.) oder psychische Kenngrößen (Aufmerksamkeit, Merkfähigkeit, Konzentrationsvermögen) separat oder übergreifend in ihrer zeitlichen Dynamik darstellen.

Für den Sportbereich sind vor allem kurzfristige (Tages-), mittel- (Wochen- oder Monats-) und längerfristige (Jahres-) Rhythmen von Bedeutung.

Tagesrhythmus

Für die Sportpraxis hat vor allem der *Tagesrhythmus* – auch *zirkadianer Rhythmus* genannt – die größte Relevanz.
Im zirkadianen Rhythmus treten Leistungsmaxima und -minima auf, die in tagesperiodischer Abhängigkeit zur psychonervalen und physischen Leistungsfähigkeit des Menschen stehen. Aufgrund einer jedem Individuum eigenen ontogenetischen Entwicklung lassen sich z. T. erhebliche interindividuelle Differenzen feststellen. Jeder Mensch hat demnach seinen Individualrhythmus bzw. ein System von mehr oder weniger miteinander gekoppelten Rhythmen, die seine Leistungsfähigkeit in unterschiedlichem Umfang mitbestimmen.

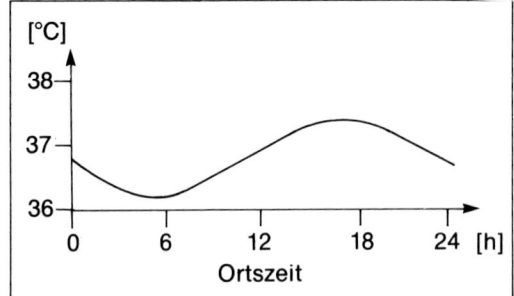

Abb. 211   Die Körpertemperatur im tagesperiodischen Verlauf (nach *Keidel*, 1979, 9.3.).

Trainingszustand und emotionelle Reaktivität können den zirkadianen Rhythmus von Körperfunktionen beeinflussen (*Hecht/Poppei* 1977, 377).

Ein typisches Beispiel für einen tagesrhythmischen Verlauf ist die tagesperiodische Schwankung der *Körpertemperatur*. Da sie in enger Verbindung zur menschlichen Leistungsfähigkeit steht (*La Dou* 1979, 89), stellt sie einen besonders häufig untersuchten Biorhythmusparameter dar (Abb. 211). Die Körpertemperatur zeigt ein Minimum in den frühen Morgenstunden und ein Maximum am späten Nachmittag. Im allgemeinen variiert die Amplitude der Tagesschwankung zwischen 0,7 und 2,1° C.

Bei jüngeren Frauen beträgt die Tagesschwankung im Mittel 1,2°, bei jüngeren Männern 1,5° C; Kinder weisen eine höhere Tagesschwankung auf als Erwachsene, während sie beim Neugeborenen fehlt (*Keidel* 1979, 9.3).
Dem Tagesrhythmus der Körpertemperatur liegt eine Sollwertverstellung zugrunde, die auf einer endogenen Periodik basiert, die durch äußere Zeitgeber (Tag/Nacht) mit der Erddrehung (Ortszeit) synchronisiert wird. Bei Zeitverschiebungen – z. B. durch einen Interkontinentalflug – stellt sich der tägliche Temperaturrhythmus im Laufe einiger Tage

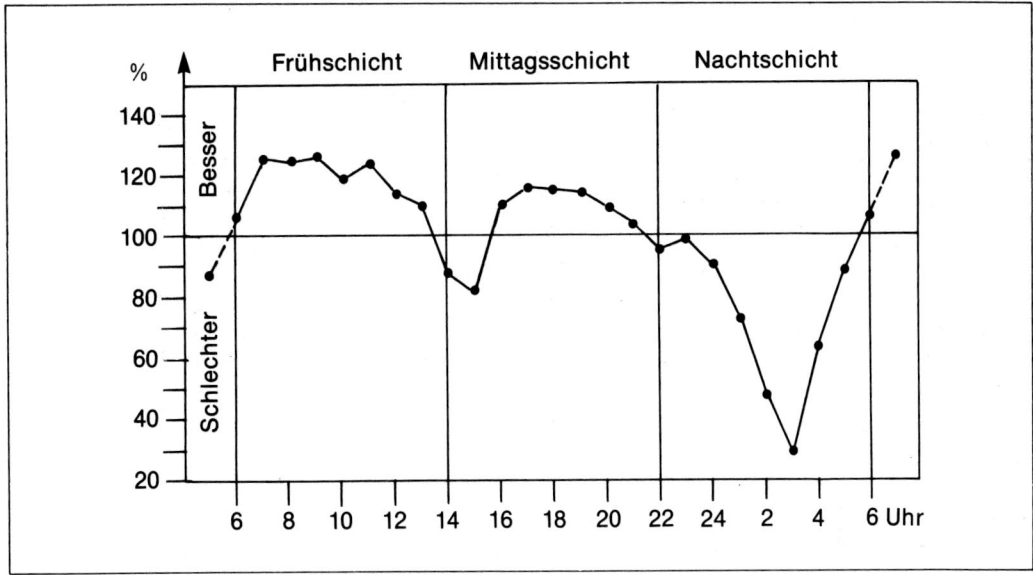

Abb. 212   Prozentuale Schwankungen der physiologischen Leistungsbereitschaft über 24 Stunden (*Schmidtke* 1965, 22).

wieder auf die neue Phasenlage ein (*La Dou* 1979, 88/89; *Faria/Drummond* 1982, 381). Eine fast identische Tagesverlaufskurve wie für die Körpertemperatur läßt sich auch für die *Herzfrequenz* bzw. den *Blutdruck* feststellen. Schon hier wird deutlich, daß die menschliche und damit auch die sportliche Leistungsfähigkeit durch die optimale *Synchronisierung* verschiedener Rhythmen im positiven bzw. negativen Sinne beeinflußt werden kann. Die Abbildungen 212 und 213 zeigen, daß die *Leistungsbereitschaft* bzw. die *Ermüdbarkeit* – als summarischer Ausdruck dieser Kopplung von Teilgrößen – ebenso tagesperiodischen Schwankungen unterliegen.

Zu beachten ist, daß der tageszeitliche Verlauf der Leistungsbereitschaft nicht unbedingt identisch mit der tatsächlichen Leistungsfähigkeit ist. Außerdem zeigen *physische* und *psychische* Verlaufskurven einen zum Teil gegensinnigen Verlauf (*Popescu/Dumitrescu* 1975, 215; *Gopher/Lavie* 1980, 218; *Hauschild/Badtke* 1981, 207).

Wie psychophysiologische Tests zeigen, liegen bei den biorhythmischen Verlaufskurven auch *geschlechtsspezifische Unterschiede* zugrunde. Nach *Hauschild/Badtke* (1982, 403) bringen Frauen ihre besten Leistungen in den späten Vormittagsstunden (mit einem zweiten kleineren Hoch zwischen 18:00 und 20:00 Uhr), Männer hingegen in den Abendstunden (vgl. auch *Liptak* 1980, 330).

Des weiteren ist festzustellen, daß *Leistungsbereitschaft* und *Leistungsfähigkeit* auch vom individuellen Arbeits- bzw. Trainingstyp abhängig sind. Die Unterscheidung in „Morgen"- und „Abendtypen" (*Hecht/Poppei* 1977, 377; *La Dou* 1979, 90; *Hildebrandt* 1980, 97) macht deutlich, welche Rolle (s. o.) endogene bzw. ontogenetische Entwicklungsunterschiede in diesem Sinne spielen können.

Daß die *sportliche Leistungsfähigkeit* in ihrer tagesrhythmischen Dynamik durch trainingsorganisatorische Maßnahmen wesentlich beeinflußt werden kann, zeigt die Untersuchung von *Zubanov/Moskin* (1982, 26/27): 16 junge Schwimmer wurden 5 Jahre lang auf ihre Trainings- und Wettkampfleistung hin untersucht. 8 trainierten von 7–10

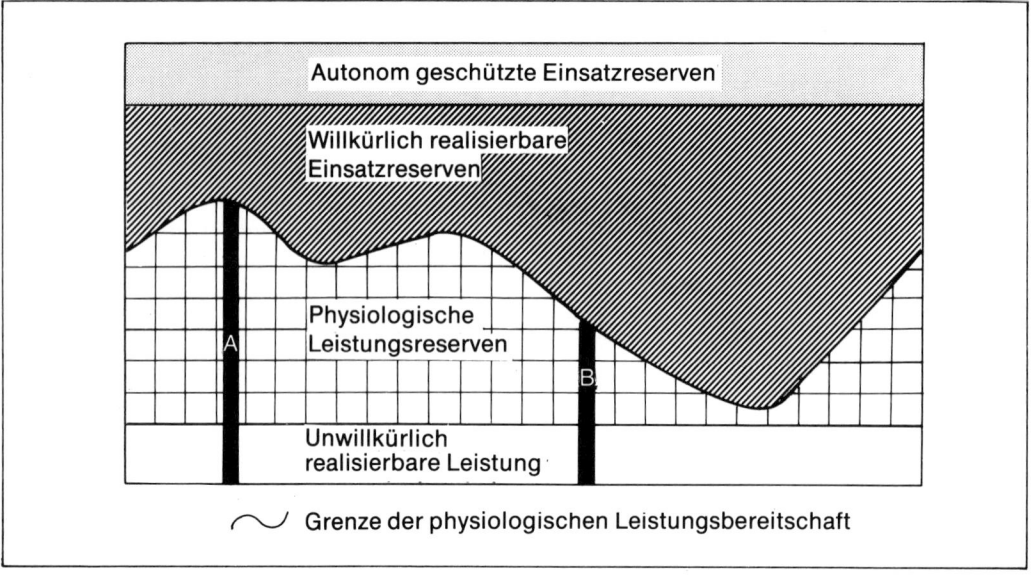

Abb. 213   Die Beziehungen zwischen biorhythmischen Erscheinungen und der Ermüdbarkeit (*Schmidtke* 1965, 27, nach *Graf*).

Uhr, 8 von 15–18 Uhr. Bei der Gruppe, die morgens trainierte, traten Veränderungen der körperlichen Funktionen auf: Das Kraftmaximum dieser Sportler verschob sich auf den frühen Morgen, ebenso die allgemeine Leistungsfähigkeit.

> Die Sportler zeigten ihre besten Wettkampfleistungen zu der Zeit, die der Trainingszeit am nächsten lag.

Bei den Sportlern, die zu einer anderen Tageszeit als der üblichen Trainingszeit Wettkämpfe zu bestreiten hatten, war eine deutliche *Desynchronisation* der körperlichen Funktionen und damit eine Abnahme der Leistungsfähigkeit festzustellen.

Der Faktor *Desynchronisation* stellt für den Leistungssportler ein ganz besonderes Problem dar. Wie bereits erwähnt, kommt es bei Zeitverschiebungen (Interkontinentalflüge, Arbeitsschichtwechsel, Änderung der Trainingszeit etc.) zu einer Desynchronisation der Körperfunktionen: Schlafstörun-

gen, Verdauungsstörungen, Konzentrationsstörung, Müdigkeit und Erschöpfung, Stimmungswechsel, Abnahme der Leistungsfähigkeit und Belastbarkeit können die Folge sein (*La Dou* 1979, 88).

Zur Wiedererlangung der ursprünglichen zirkadianen Rhythmen – man spricht von *Resynchronisierung* – wird für die einzelnen Funktionen ein unterschiedlich langer Zeitraum benötigt:

Bei einer Zeitverschiebung von 8 Stunden benötigen die Gehirnzellen etwa 5 Tage, der Atemrhythmus etwa 11 Tage, die Kalium-Urinausscheidung (bei der *Desynchronisation* kommt es zu einer massiven Kalium-Exkretion, die unter Umständen zu Muskelkrämpfen, Kopfweh und Erschöpfungszuständen führen kann) etwa 25 Tage bis zur Normalisierung.

> Die *Körpertemperatur* gilt als Hauptindikator für Synchronisierung und Desynchronisierung der Körperfunktionen (*La Dou* 1979, 89).

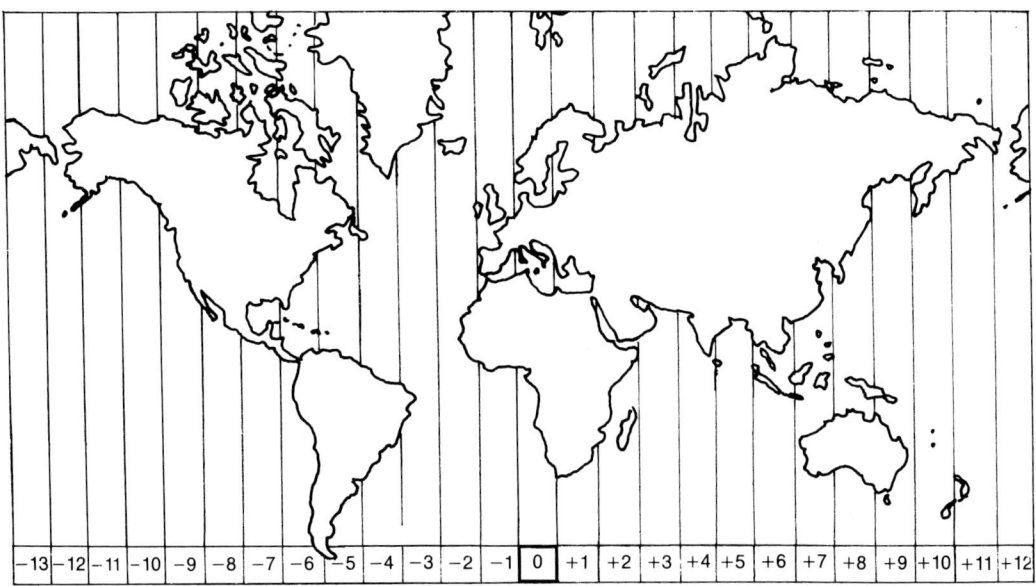

Abb. 214   Zeitzonenkarte der Erde: Die Kästchen am unteren Rande geben die Zeitverschiebung jeder Zone an, wenn es im Gebiet der Mitteleuropäischen Zeit (MEZ) 12 Uhr (0) ist.

Als Faustregel für die Adaptationszeit nach Zeitveränderungen gilt allgemein:

> Pro Stunde Zeitverschiebung sollte 1 Tag zur Resynchronisierung der desynchronisierten Funktionen eingeplant werden.

Bei der Vorbereitung z. B. auf einen Wettkampf kann diese Resynchronisierung entweder *im voraus* erfolgen – der Sportler geht, je nach Umfang bzw. Richtung der Zeitverschiebung (Abb. 214), jeden Tag 1 Stunde früher (Reise gen Osten) oder später (Reise gen Westen) ins Bett – oder *an Ort und Stelle*: Der Sportler reist je nach Adaptationsnotwendigkeit einige Tage früher zum Wettkampfort und stellt sich dort auf seine neue Umgebung ein.

> Bei der Festsetzung der Resynchronisationszeit ist zu beachten, daß „Frühauf-

steher" im allgemeinen größere Adaptationsprobleme haben als „Spätaufsteher" und jüngere Personen schneller adaptieren als ältere.

Wochen-, Monats- und Jahresrhythmen

Hauschild/Badtke (1981, 206) stellten bei psychophysiologischen Untersuchungen an Schülern einen *wochenzyklischen Verlauf* der psychophysischen Leistungsfähigkeit fest: Nach einem Tief an den beiden ersten Wochentagen erfährt sie in der zweiten Wochenhälfte ein Hoch, das sich gegen Ende der Woche nur geringfügig erniedrigt.

Als Beispiel für einen typischen *Monatszyklus* gilt der Menstruationszyklus der Frau (ausführliche Darstellung s. S. 387).
Der Menstruationszyklus ist unter anderem durch periodische Temperaturschwankungen charakterisiert (Abb. 215): Unmittelbar nach der Menstruation fällt die Körpertem-

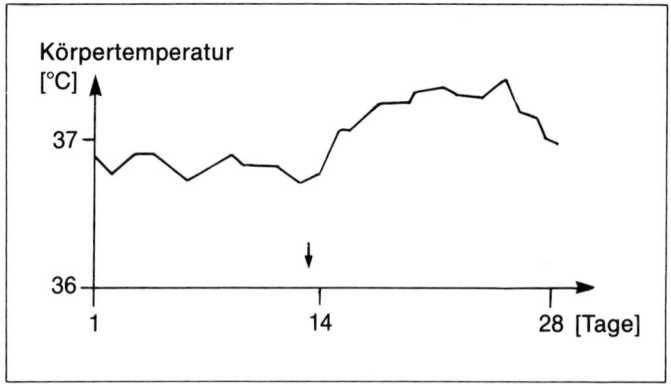

Abb. 215 Temperaturverlauf während eines 28tägigen Menstruationszyklus.

peratur ab und erreicht ihr Minimum kurz vor der Ovulation. Mit der Ovulation (Eisprung) erfolgt ein Temperaturanstieg von etwa 0,5°C, der bis zur nächsten Menstruation konstant bleibt (auch während einer Schwangerschaft bleibt die Temperatur erhöht).

Als Beispiel für einen *Jahreszyklus* kann neben Einzelfunktionen – Herzfrequenz, Körpertemperatur und Blutdruck z. B. weisen nicht nur tages-, sondern auch jahresrhythmische Schwankungen auf (in der Form einer Doppelwelle mit verstärkter ergotroper Phase in den Übergangszeiten) (*Klinker/Spangenberg* 1981, 77) – auch die komplexe Funktion der *Trainierbarkeit,* dargestellt am Verlauf des jahreszeitlichen Kraftgewinns, gelten (Abb. 216).

> Der Krafttrainingseffekt verhält sich zwischen den Winter- und Sommermonaten bei gleicher Trainingsmethode wie 1:2 (vgl. *Hettinger* 1965, 69).

Als Ursache für die unterschiedliche Trainingswirkung wird die *UV-Strahlung* diskutiert, die über eine Aktivierung der Nebenniere zu einer vermehrten Mobilisierung der männlichen Sexualhormone führen soll, die dann ihrerseits auf die Trainierbarkeit ein-

wirken (*Hettinger* 1966, 94; *Aigner* 1981, 500).

> Die sportliche Leistungsfähigkeit zeigt ihr Optimum im Herbst, ihr Minimum im Winter (*Prokop*, in *Hollmann/Hettinger* 1980, 132).

Wie bereits mehrfach betont, sind Trainingsmodifikationen – dies gilt natürlich auch für Änderungen in der *Periodisierung,* was vor allem für Wintersportarten von Bedeutung ist – natürlich in der Lage, diese jahreszeitlichen „Normalrhythmen" zu verändern. Wintersportler werden deshalb ihren Leistungshöhepunkt nicht im Herbst, sondern zum Zeitpunkt ihrer Hauptwettkämpfe haben.

Besonderheiten biologischer Rhythmen beim Kind

Obwohl auch beim Kind im allgemeinen die gleichen biorhythmischen Gesetzmäßigkeiten gelten wie beim Erwachsenen, so lassen sich dennoch einige kindspezifische Besonderheiten feststellen (*Rutenfranz* 1979, 355 f.).
Der Schlaf-Wach-Rhythmus ist beim Kind zwar angeboren – er hat eine Spontanfre-

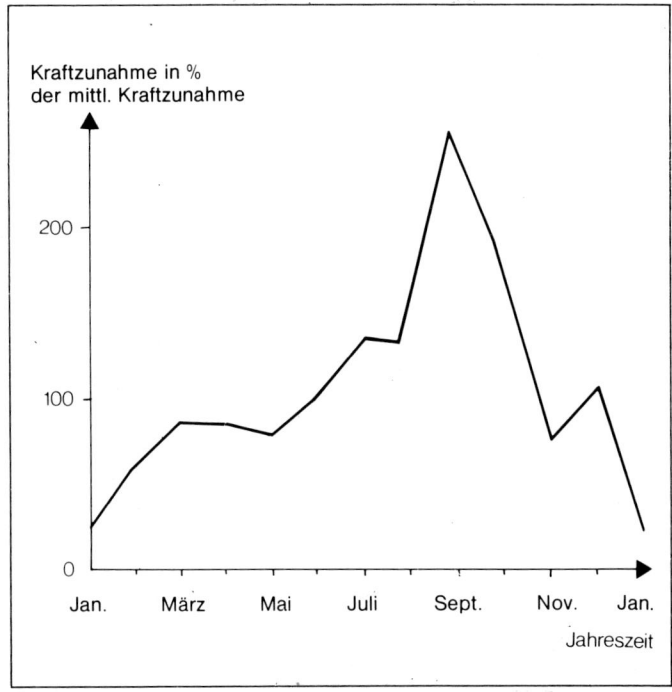

Abb. 216 Durchschnittliche wöchentliche Kraftzunahme in Abhängigkeit von der Jahreszeit (in Anlehnung an *Hettinger* 1972, 132).

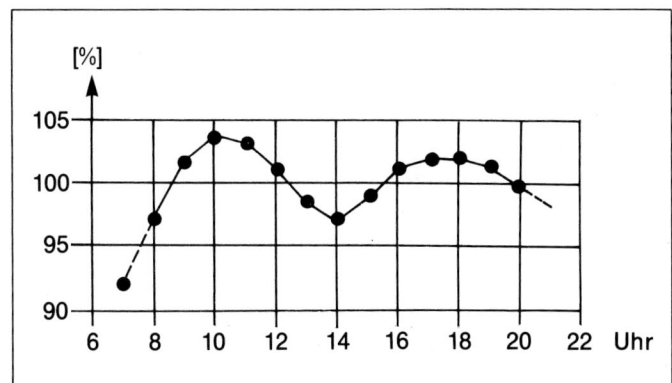

Abb. 217 Der Tagesgang der psychischen Leistungsfähigkeit bei Kindern (dargestellt am Beispiel der Rechengeschwindigkeit bei 11jährigen Kindern) (nach *Rutenfranz/Hellbrügge* 1957).

quenz von etwa 25 Stunden –, ist aber bei Geburt noch nicht mit der Tages- und Nachtzeit synchronisiert. Der Säugling benötigt etwa 1–3 Monate, um seine Wachzeiten an die soziale Zeitstruktur anzupassen. Auch Temperatur- und Kreislaufregulation sind bereits im Säuglingsalter zirkadian gegliedert. Mit zunehmendem Alter verstärkt sich allerdings die Amplitudenausprägung der einzelnen Funktionen und erreicht mit etwa 15 Jahren Erwachsenenwerte.

Die psychische Leistungsfähigkeit gleicht in ihrem zirkadianen Verlauf der Erwachsener, allerdings sind die Zeiten erhöhter Leistungsfähigkeit kürzer als beim Erwachsenen (Abb. 217).

Abbildung 218 läßt erkennen, daß immer dann Probleme zwischen Leistungsanforde-

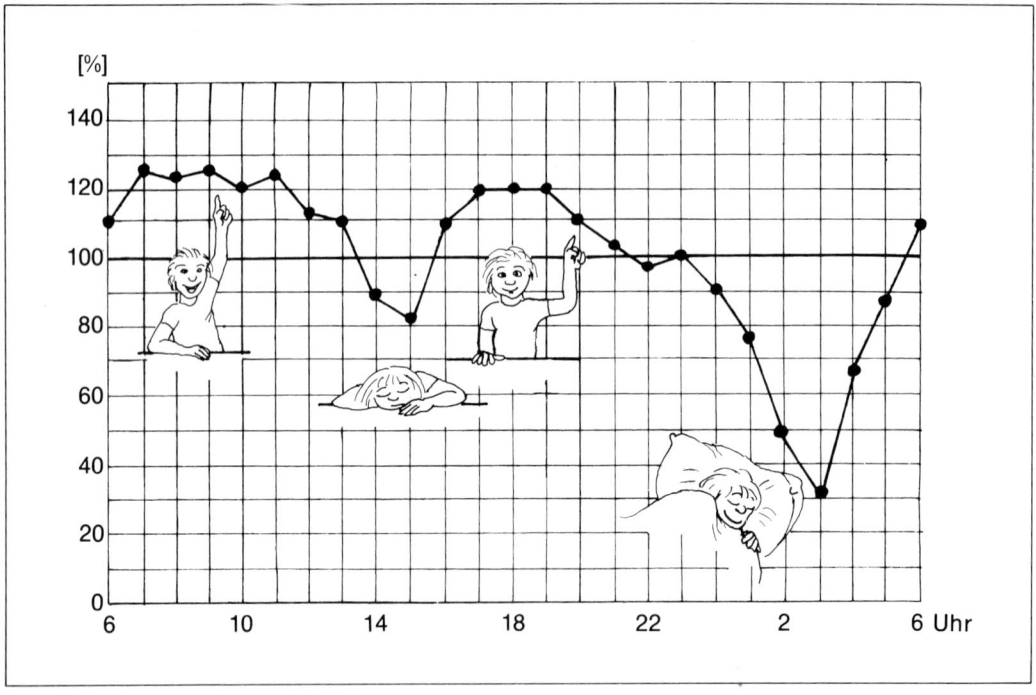

Abb. 218   Tagesgang der physiologischen Leistungsbereitschaft bei Kindern (nach Daten von *Bjerner* et al. 1955, 103 f.).

rungen und Leistungsbereitschaft zu erwarten sind – und dies gilt natürlich auch für psychophysische Belastungen im Übungs- und Trainingsprozeß –, wenn Kinder und Jugendliche mit Aufgabenstellungen zu Zeiten konfrontiert werden, die „asynchron" zu ihrer physiologischen Leistungsbereitschaft verlaufen. Kinder werden dann „kindspezifisch" (Abschalten, Träumen, Tändeln) versuchen, diese „Unzeiten" verstreichen zu lassen, was sich sicherlich nicht gerade positiv auf die Effektivität einer Übungs- bzw. Trainingsstunde auswirken wird.

Literatur

1. *Aigner, A.:* Einflüsse der Jahreszeit auf die Leistungsfähigkeit unter besonderer Berücksichtigung der UV-Strahlung. Leistungssport 6 (1981), 500–504
2. *Appel, W. A.:* Biorhythmik – Die innere Lebenshilfe. Falken, Niedernhausen 1978
3. *Aschoff, J.* (ed.): Circadian clocks. North-Holland Publ. Comp., Amsterdam 1965
4. *Aschoff, J.:* Zirkadiane Periodik als Grundlage des Schlaf-Wach-Rhythmus. In: Ermüdung, Schlaf und Traum, S. 59–98. *Baust, W.* (Hrsg.). Wissenschaftliche Buchgesellschaft, Stuttgart 1970
5. *Aschoff, J.:* Human circadian rhythmus in continuous darkness: entrainment by social cues. Science 171 (1971), 213–215
6. *Bates, C., P. Heil:* Prevention through biorhythm. Health Education 9 (1978), 37–38
7. *Beleckij, J. V., J. T. Kiricuk, V. A. Bachvalov:* Ritm serdca i dinamometrija kak pokazateli faz bioritmov v sisteme upravlenija tren irovoc ym processom (Herzthythmus und Dynamometrie als Indiz biorhythmischer Phasen im System der Trainingsführung). Teor. Prakt. fiz. Kul't., Moskaus 5 (1978), 67–68
8. *Bilinska-Pilawska, E.:* Z problematyki sportu kobiecego (Aus der Problematik des Frauensports). Kult. fiz., Warschau 10 (1978), 465–467
9. *Brinkhorst, R.:* Maximum oxygen uptake in healthy non-athletic men. Int. Z. angew. Physiol. 22 (1966), 22 f.
10. *Cohen, C. J.:* Human circadian rhythm in heart rate response to a maximal exercise stress. Ergonomics 6 (1980), 591–595

11. *Cohen, D.:* Biorhythms in your life. Greenwich Connecticut: Fawcett 1976

12. *Conroy, R., J. Mills:* Human circadian rhythms. J & A Churchill, London 1973

13. *Dolce, V., V. di Luzio, F. Fini:* Valutazione degli effetti endocrino-logici di un nuovo pluricronocorticoide. Med. dello Sport, Turin 2 (1979), 101–116

14. *Eckenberger, H. P.:* Tagesrhythmus der Entspannungsfähigkeit. Therapiewoche 16 (1982), 2227–2231

15. *Faria, I. E., B. J. Drummond:* Circadian changes in resting heart rate and body temperature, maximal oxygen consumption and perceived exertion. Ergonomics 5 (1982), 381–386

16. *Faria, I. E., T. L. Elliott:* Biorhythm patterns of maximal aerobic power of females. J. Sports Med. phys. Fitness 1 (1980), 81–86

17. *Ferrario, V. F.,* et al.: Ritmi circadiani in atleti militari. Med. dello Sport 4 (1982), 227–239

18. *Findeisen, D., P.-G. Linke, L. Pickenhain:* Grundlagen der Sportmedizin. Barth Verlag, Leipzig 1980

19. *Fliess, W.:* Der Ablauf des Lebens. Deuticke Verlag, Wien–Leipzig 1906

20. *Fliess, W.:* Vom Leben und vom Tod. Diederichs Verlag, Jena 1914

21. *Fliess, W.:* Das Jahr im Lebendigen. Diederichs Verlag, Jena 1918

22. *Fliess, W.:* Zur Periodenlehre – Gesammelte Aufsätze und Vorträge. Diederichs Verlag, Jena 1925

23. *Ganong, W. F.:* Physiologie. Springer, Berlin–Heidelberg–New York 1972

24. *Gopher, D., P. Lavie:* Short-term rhythms in the performance of a simple motor task. J. motor. Behav., Santa Barbara (Calif.) 3 (1980), 207–219

25. *Gorbacev, O. M., A. B. Gulej, V. G. Ivanov, A. V. Ceglokov:* Sposob opredelenija funkcional'nogo sostojan ija sportsmena metodom elektropunkturnoj diagnostiki (Zur Diagnostik des funktionalen Zustandes eines Sportlers mit Hilfe der Elektropunktur). Teor. Prakt. fiz. Kul't., Moskau 9 (1982) 17–18

26. *Gross, H. M.:* Biorhythmik – Das Auf und Ab unseres Lebens. Bauer, Freiburg 1959

27. *Gross, H. M.:* Biorhythmie – Einführung und Anleitung in die Lehre vom Auf und Ab unseres Lebenslaufes. Goldmann, Freiburg 1979

28. *Halberg, F.:* Physiologic consideration underlying rhythmometry, with special reference to emotional illness. In: *Ajuviaguerra, J.* (ed.). George, Geneva 1967

29. *Haywood, K.:* Skill performance on biorhythm's theory physically critical day. Perceptual and Motor Skills 48 (1979), 373–374

30. *Hauschild, G., G. Badtke:* Ergebnisse psychophysiologischer Untersuchungen bei EOS-Schülern im Wochenverlauf. Med. u. Sport 7 (1981), 206–210

31. *Hauschild, G., G. Badtke:* Erste Ergebnisse aus psychophysiologischen Untersuchungen bei Studenten im Tagesverlauf. Wiss. Z. pädag. Hochsch. 3 (1982), 403–410

32. *Hecht, K., M. Poppei:* Chronomedizinische Aspekte der psychonervalen und physischen Leistungsfähigkeit. Med. u. Sport 12 (1977), 377–386

33. *Hentschel, G.:* Die maßgebenden Einflüsse der atmosphärischen Umwelt auf den Menschen und ihre Nutzung für Kur und Erholung. Z. Physioth., Leipzig 30 (1978), 397–460

34. *Hettinger, T.:* Isometrisches Muskeltraining. Thieme, Stuttgart, 1965, 1966, 1972

35. *Hildebrandt, G.:* Spontanrhythmische Schwankungen der Leistungsfähigkeit bei Menschen. Med. Welt 22 (1971), 640-648

36. *Hildebrandt, G.* (Hrsg.): Biologische Rhythmen und Arbeit. Springer, Berlin 1976

37. *Hildebrandt, G.:* Vegetative Einflüsse auf das Leistungsverhalten. Arbeitsmed., Soz.-Med., Präv.-Med. 5 (1980), 97–107

38. *Hildebrandt, G., W. Rohmert, J. Rutenfranz:* 12 and 24 h rhythms in error frequency of locomotive drivers and the influence of tiredness. Int. J. Chronobiol. 2 (1974), 175–180

39. *Hildebrandt, G., H. Strempel:* Chronobiologische Grundlagen der Leistungs- und Anpassungsfähigkeit. Nova Acta Leopoldina Nr. 46, 225 (1977), 337–350

40. *Hollmann, W., T. Hettinger:* Sportmedizin – Arbeits- und Trainingsgrundlagen. Schattauer, Stuttgart–New York 1980

41. *Ilmarinen, J., J. Rutenfranz, H. Kylian, F. Klimt:* Untersuchungen zur Tagesperiodik verschiedener Kreislauf- und Atemgrößen bei submaximalen und maximalen Leistungen am Fahrradergometer. Europ. J. appl. Physiol. 34 (1975), 255–267

42. *Keidel, W. D.:* Kurzgefaßtes Lehrbuch der Physiologie. Thieme, Stuttgart 1979

43. *Klinker, L., W. Spangenberg:* Jahreszeitliche Variationen physiologischer Parameter in Langzeitbeobachtungsreihen an gesunden Versuchspersonen. Z. Physioth. Leipzig 2 (1981), 75–83

44. *La Dou, J.:* Circadian rhythms and athletic performance. Physician and Sports Med., Minneapolis (Minnesota) 7 (1979), 87–93

45. *Leis, M., H. V. Ulmer, P. Weis:* Der Einfluß des Biorhythmus auf leichtathletische Rekordleistungen. Leistungssport 4 (1982), 286–291

46. *Lemmer, B.:* Warum Zahnweh in der Nacht so weh tut. Medical Tribune, 33 (1983), 20

47. *Liptak, V. von:* Einfluß von Biorhythmen auf die Meßergebnisse der Ergometrie. Sonderdruck aus Wiener klin. Wschr. 9, (1980), 330-333

48. *Mann, K. F., F. Stetter:* Thermographische Befunde beim autogenen Training in Abhängigkeit von der Tagesperiodik. Therapiewoche 16 (1982), 2232–2238

49. *Martin, T., W. Hayward, A. Peppard:* Biorhythm and athletic injury. Phys. Educator, Indianapolis (India) 4 (1979), 172–175

50. *Matousek, J.:* Poruchy biologickehorytmu pri zmene zemepisn e polohy (Störungen des Biorhythmus durch Zeit- und Entfernungsumstellung). Teor. praxe tel. vych., Prag 24, 2 (1976), 73–78

51. *Ostberg, O.:* Interindividual differences in circadian fatigue patterns of shief workers.Br. J. Ind. Med. 30 (1973), 341–351

52. *Palmer, J. D.:* An introduction to biological rhythms. Academic Press, New York 1976

53. *Palmer, J. D.:* Human Rhythms. Biol. Sci. 27 (1977), 93–99

54. *Popescu, S., V. Dumitrescu:* Untersuchung der Schwankungen der Arbeitsfähigkeit von Sportlern bei physischer und psychischer Anstrengung vom Gesichtspunkt der Theorie der Biorhythmen, S. 215–219. In: Psychologie im Sport. Sportverlag Berlin, 1975

55. *Pribil, M., J. Matousek:* Ganzjährige Rhythmik der Veränderungen der allgemeinen körperlichen Leistungsfähigkeit. Schweiz. Z. Sportmed. 1 (1973), 33–42

56. *Quigley, B. M.:* "Biorhythms" and Australian track and field records. J. Sports Med. phys. Fitness 1 (1981), 81–89

57. *Quigley, B. M.:* "Biorhythms" and men's track and field world records. Med. Sci. Sports Exercise, Madison (Wisconsin) 4 (1982), 303–307

58. *Rademacher, G.,* et al.: Untersuchungen zum Verhalten des Serumphosphats im Tagesverlauf unter Berücksichtigung unterschiedlicher Ernährungsbedingungen. Med. u. Sport 10 (1980), 307–309

59. *Rein, H., M. Schneider:* Einführung in die Physiologie des Menschen. Springer, Berlin–Heidelberg–New York

60. *Riebisch, K.:* Chronobiologische Aspekte und autogenes Training. Therapiewoche 16 (1982), 2244–2247

61. *Rutenfranz, J.:* Kind und biologische Rhythmik. Deutsches Ärzteblatt 6 (1979), 355–360

62. *Rutenfranz, J., T. Hettinger:* Die physiologischen Folgen der raschen Änderung der Ortszeit durch Übersee-Luftreisen für die Leistungsfähigkeit von Sportlern. Sportmed. 7 (1957), 195 f.

63. *Schaposchnikowa, W. I., W. J. Wjasmenskij, G. M. Krasnopewzjow, W. S. Kopysso:* Perioden der Hochleistungen. Leistungssport 3 (1979), 184–187

64. *Scheving, L.:* Mitotic activity in the human epidermis. Anatomical Record 135 (1959), 7–14

65. *Schönholzer, G.:* Biologische Rhythmen im Sport – Sinn und Unsinn. Sportarzt und Sportmedizin 25 (1974), 176–181

66. *Schönholzer, G., G. Schilling, H. Müller:* Biorhythmik. Schweiz. Z. Sportmed. 1 (1972), 7–26

67. *Schmidtke, H.:* Die Ermüdung. Huber, Bern–Stuttgart 1965

68. *Siffre, M.:* Beyond time. Mc Graw-Hill, New York 1964

69. *Simon, G., H.-H. Dickhuth, I. Goerttler, W. Kindermann, J. Keul:* Jahreszyklische Schwankungen in der Leistungsfähigkeit von Skilangläufern. Leistungssport 1 (1979), 48–52

70. *Sinz, R.:* Circadiane modulation psychophysiologischer Leistungsvoraussetzungen. Med. u. Sport 6 (1977), 196–197

71. *Slama, O.:* The influence of "Biorhythm" on the incidence of injuries among forest workers. Europ. J. appl. Physiol. 4 (1981), 331–335

72. *Steinmetz, K. H.:* Die Biorhythmen und ihr Einfluß auf die sportliche Leistung. Leistungssport 2 (1972), 217–224

73. *Sutton, J.,* et al.: Androgen response during physical exercise. Br. med. J. 1 (1973), 520 f.

74. *Szmodis, I.:* Exercise effects on the time of reactions to anditory stimuli. Eur. J. appl. Physiol. 37 (1977) 39 f.

75. *Thommen, G. S.:* Is this your day? Avon Books, New York 1973

76. *Vrancianu, R.,* et al.: The influence of day and night work on the circadian variations of cardiovascular performance. Europ. J. appl. Physiol. 1 (1982), 11–23

77. *Warren, J., W. Lanning:* Biorhythm – It's relationship to football injuries, J. Sport Behav., Mobile (Alabama) 3 (1982), 132–138

78. *Weineck, J.:* Optimales Training. perimed Fachbuch-Verlagsgesellschaft, Erlangen, 1983

79. *Weitzmann, E. D.,* et al.: Reversal of sleep waking cycle: effect on sleepstage pattern and certain neuroendocrine rhythms. Trans Amer. Neurol. Assoc. 93 (1968), 153–157

80. *Wilkes, M. W.:* Der Biorhythmus bestimmt unser Leben. Heyne, München 1979

81. *Wingett, C. M., Du Roshia C. W., J. Vernikos-Danellis,* et al.: Comparison of hormone and electrolyte circadian rhythms in male and female humans. Waking and Sleeping 1 (1977), 369

82. *Wingett, C. M., L. Hughes, J. La Dou:* Physiological effects of rotational work shifting: a review. J. Occup. Med. 3 (1978), 204–210

83. *Wolkott, J. H., C. A. Hanson, E. D. Foster, T. Kay:* Correlation of choice reaction time performance with biorhythmic criticality and cycle phase. Aviat. Space Environ. Med. 50 (1979), 34–39

84. *Wright, M. L.:* Biorhythms and sports. J. Sports Med. phys. Fitness 1 (1981), 74-80

85. *Zubanov, V. P., M. P. Moskin:* Ansambl' cirkadnych ritmov i effektivnost' trenirovocnych zanjatij, provodimych v raznoe vremja sutok, Teor. Prakt. fiz. Kul't., Moskau 7 (1982), 26–27

Der Vorstartzustand und seine Bedeutung für die sportliche Leistungsfähigkeit

Bereits vor Beginn einer körperlichen Belastung – z. B. einem Wettkampf – werden die Funktionen des Organismus auf die bevorstehende Arbeit umgestellt und auf ein erhöhtes Ausgangsniveau gebracht.

Über die geistige Vorwegnahme bzw. Aktualisierung des Wettkampfgeschehens werden beim *Vorstartzustand* parallel zur Steigerung der motorischen Zentren des Gehirns über die sogenannte *zentrale Mitinnervation* auch die vegetativen Kreislaufzentren aktiviert. Auf diese Weise schafft der Organismus die Voraussetzungen dafür, daß die körperliche bzw. sportliche Belastung von Beginn an mit hoher Effektivität ausgeführt werden kann.

Der Vorstartzustand stellt eine *bedingt reflektorische Umstellung* auf Leistung dar – je besser der Trainingszustand, desto prompter und sportartadäquater ist die Umstellung (*Nöcker* 1976, 50) –, wobei es zu einem starken Überwiegen des *sympathischen, ergotropen* Nervensystems mit erhöhter Ausschüttung von Leistungshormonen (z. B. Adrenalin) kommt, was zu einer Steigerung kardiopulmonaler und muskulär-metabolischer Leistungsparameter führt (*Nowacki, Schmid* 1970, 1684).

Im einzelnen ist der Vorstartzustand gekennzeichnet durch:

1. Eine vermehrte Ausschüttung von Katecholaminen (Adrenalin und Noradrenalin): Bei physischen Belastungen kommt es vor allem zu einer gesteigerten Noradrenalinausschüttung, bei überwiegend psychischen Belastungen zu einer erhöhten Adrenalinausschüttung (*Schenkmezger* 1979, 136).

2. Eine vermehrte Ausschüttung von Glukokortikoiden:

Die in der Vorstartsituation ausgeschütteten Katecholamine erhöhen die Ausschüttung des adrenokortikotropen Hormons (ACTH, s. S. 146) der Hypophyse, welches seinerseits die Ausschüttung der Glukokortikoide erhöht (*Silbernagl/Despopoulos* 1983, 260). Im Gegensatz zu den dissimulatorisch wirkenden Katecholaminen haben die Glukokortikoide eine mehr assimilatorische Wirkung, da sie die Auffüllung der leergepumpten Energiedepots veranlassen. Damit schaffen diese Nebennierenrindenhormone die Voraussetzung für eine erneute Betriebsbereitschaft des Organismus, dessen neugeschaffene Energievorräte von den Katecholaminen wieder abgerufen werden können (*Steinbach* 1971, 81).

3. Einen Anstieg der Herzfrequenz und des Herzminutenvolumens.

4. Eine Erhöhung des Blutdruckes: Der Blutdruckanstieg erfolgt aufgrund der psychogen gesteigerten Herztätigkeit bei fehlender intensiver Muskelarbeit und damit fehlender peripherer Gefäßweitstellung.

5. Einen Anstieg der Atemfrequenz, des Atemzugvolumens und des Atemminutenvolumens

6. Eine Muskeltonuszunahme und eine Steigerung der Muskelspindelempfindlichkeit (sie ist wichtig für fein dosierte und flüssige Bewegungen): Sie kommt durch die erhöhte Aktivität des motorischen Kortex und das damit verbundene erhöhte Erregbarkeitsniveau der *Formatio reticularis* zustande (*Stoboy* 1972, 33).

Der Vorstartzustand kann bereits mehrere Stunden oder erst kurz vor der körperlichen Belastung einsetzen. Ein zu frühzeitiges

Einsetzen des Vorstartzustandes – z. B. bei einem wichtigen Wettkampf mit höchster Eigen- und Fremderwartung – kann jedoch die sportliche Leistungsfähigkeit über einen gestörten Nachtschlaf oder über eine zu lange anhaltende emotionale Spannung – sie führt zu einer ausgeprägten nervalen Ermüdung – herabsetzen.

Manifestationsformen

Je nach Ausprägungsgrad des Vorstartzustandes unterscheidet man 3 *Manifestationsformen* (*Puni* 1961, 166 f.): Die Kampfbereitschaft als optimalen Vorstartzustand, das Startfieber und die Startapathie als negative Vorstartzustände.

Der Zustand der *Kampfbereitschaft* ist durch die optimale Intensität aller physiologischen Prozesse, d. h. durch die Ausgeglichenheit der Erregungs- und Hemmungsprozesse, charakterisiert. Psychisch zeichnet sich diese Phase durch eine erhöhte Wachsamkeit, Tatgespanntheit, Einsatzbereitschaft, psychomotorische Aktivität und emotionelle Stimulierung aus.
Beim *Startfieber* kommt es zu einer Steigerung der Erregungsprozesse, verbunden mit einer starken Irradiation, die akute vegetative Umstellungen hervorrufen: übermäßige Pulsbeschleunigung, stark erhöhte Atemfrequenz, Schweißausbruch, Gliederzittern, Abkühlen der Extremitäten etc. Psychologische Symptome sind in diesem Zustand starke Aufregung, Nervosität, Unbeständigkeit der emotionalen Stimmungslage, Zerstreutheit, unbegründete Hast u. ä. Bei der *Startapathie* schließlich herrschen die Hemmungsprozesse bei stark herabgesetzter Erregbarkeit vor, die sich u. a. durch verlangsamten Puls und vermindertes Herzzeitvolumen physiologisch kennzeichnen lassen. Psychisch dominieren Trägheit, Müdigkeit, schlechte Stimmung, nachlassende Aufmerksamkeit und Abneigung gegenüber einer Wettkampfteilnahme.

Parameter, die den Vorstartzustand beeinflussen

Die Art und Dauer, die Intensität bzw. der Eintrittszeitpunkt des Vorstartzustandes hängen von einer Reihe endogener und exogener Faktoren ab:

Endogene Faktoren

Persönlichkeitsbezogene Faktoren

Verschiedene Ausprägungsgrade des Selbstvertrauens und unterschiedlich entwickelte Willenseigenschaften wie Risikobereitschaft, Entschlußkraft oder Härte gegen sich selbst haben entscheidenden Einfluß auf die Wettkampfnervosität (*Konzag* 1976, 269). *Müller* (1965, 806 f.) sieht diese individuellen Eigenschaften als ursächliche Faktoren für die Diskrepanz zwischen Trainings- und Wettkampfleistungen und leitet davon den wettkampfstabilen bzw. wettkampflabilen Sportlertyp ab.

Trainingszustand

Der Trainingszustand des Sportlers stellt eine wichtige Voraussetzung für eine optimale Leistungsbereitschaft dar. Übermäßige Nervosität eines Sportlers kann darauf beruhen, daß der Sportler weiß bzw. fühlt, daß er nicht in Form ist. Der bessere Trainingszustand führt auch, wie bereits erwähnt, zu einer rascheren Umstellung auf Leistung; desgleichen kann beim besser trainierten Sportler der Vorstartzustand stärker ausgeprägt sein, ohne daß dieser die optimale Grenze überschreitet (*Oja* 1975, 201 f.).

Motivationale Faktoren

Art und Bedeutung des Wettkampfes können in unterschiedlicher Weise den Vor-

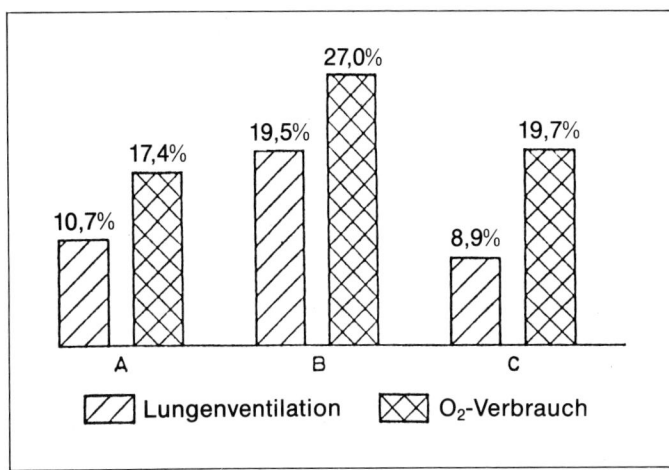

Abb. 219 Veränderungen der Ventilationsgrößen und der Sauerstoffaufnahme in der Vorstartperiode (Vermehrung in % der Ausgangswerte). Aufgabenstellung: A = 30 Kniebeugen in 1 Minute; B = Maximale Zahl an Kniebeugen in 1 Minute; C = Einen Schemel 2 Minuten maximal oft zu besteigen (nach *Krestownikow* in *Hollmann/Hettinger* 1980, 28).

startzustand beeinflussen. Wettkämpfe, die vom Sportler langfristig vorbereitet und mit einer hohen subjektiven Bedeutung belegt werden, führen in der Regel zu einem vermehrt leistungsfördernden Vorstartzustand; sie können aber auch einen negativen Vorstartzustand hervorrufen. Manche Sportler erzielen bei Wettkämpfen, die sie als unbedeutend einstufen, sehr gute Leistungen und „versagen" regelmäßig bei wichtigen Wettkämpfen; umgekehrt erreichen andere Sportler nur bei großen und wichtigen Wettkämpfen einen optimalen Vorstartzustand und damit überragende Leistungen.

Exogene Faktoren

Art des Gegners

Der „Angstgegner", gegen den man schon häufig verloren hat, kann die Ursache für Startapathie bzw. Startfieber sein. Desgleichen kann ein unbekannter, schwer einschätzbarer Gegner negative Vorstartzustände auslösen.

Schwere der Belastung

Wie Abbildung 219 zeigt, ist die Schwere der bevorstehenden Belastung bzw. ihre subjektive Einschätzung wichtig für den Vorstartzustand.

Zuschauerverhalten

Zuschauer können den Vorstartzustand des Sportlers im positiven wie im negativen Sinne stark beeinflussen: Manche Sportler benötigen die Zuschauerkulisse, um einen optimalen Vorstartzustand zu erreichen, andere verfallen aufgrund der Zuschauerkulisse in den Zustand der Startapathie oder des Startfiebers.
Eine hohe Erwartungshaltung der Zuschauer kann ebenfalls den Vorstartzustand beeinflussen.

Zeit, Ort, Dauer des Wettkampfes

Bestimmte Wettkampfstätten, lokale Bedingungen, sogar Tageszeiten (gewohnte oder ungewohnte Wettkampfzeit) können negative Vorstartzustände auslösen, da der Sportler oder die Mannschaft an diesem Ort oder zu der bestimmten Zeit schon einmal eine schlechte Leistung gezeigt hat. Ebenso kann natürlich im umgekehrten Fall ein positiver Einfluß auf den Vorstartzustand gegeben sein (*Konzag* 1976, 270).

Die Dauer des Wettkampfes bzw. das Warten auf den Wettkampfeinsatz kann den Sportler psychisch überfordern und zu einem negativen Vorstartzustand führen. So bedarf es z. B. bei Sportlern, die bei Olympischen Spielen teilnehmen und erst gegen Ende der Spiele zum Einsatz kommen, einer besonderen Widerstandsfähigkeit gegen hohe psychische Dauerbelastungen.

Auch das Warten auf den Wettkampf, der wegen schlechter Witterung hinausgeschoben wird, kann sich negativ auf den Vorstartzustand auswirken.

Wettkampfhäufigkeit

Eine zu hohe Wettkampffrequenz kann zu einer reduzierten motivationalen Einstellung führen und dadurch negative Auswirkungen auf den Vorstartzustand hervorrufen (*Steinbach* 1971, 106).

Klimatische Faktoren

Besondere klimatische Rahmenbedingungen („das ist mein Wetter") können in nicht unerheblichem Maße den Ausprägungsgrad des Vorstartzustandes mitbestimmen.

Art des Aufwärmens

> Der optimale Vorstartzustand bzw. das Vermeiden leistungsbeeinträchtigender Erregungs- bzw. Hemmungszustände kann durch eine entsprechende Trainings- bzw. Wettkampfvorbereitung erreicht werden. Eine bedeutende Rolle spielt dabei ein sportartspezifisches Aufwärmen.

Richtiges und intensives Aufwärmen wirkt Übererregungs- wie Hemmungszuständen entgegen und hat gleichsam eine Ventilfunktion (*Konzag* 1976, 272).

Untersuchungen an Turnern zeigten (*Tscherepinskij* 1960, 812 f.), daß bei einer großen Anzahl von Turnern der Zustand des Startfiebers durch länger andauernde Erwärmungsübungen, welche die Ablenkung von den bevorstehenden Wettkämpfen zum Ziel hatten, in den Zustand der Kampfbereitschaft übergeführt werden konnte.

Im Gegensatz dazu führte bei Sportlern, die sich im Zustand der Startapathie befanden, eine kurze und intensive Erwärmung zu einem gesteigerten Erregungsniveau, und die meisten Turner wurden in den Zustand der Kampfbereitschaft versetzt.

Zusammenfassend läßt sich feststellen, daß der Vorstartzustand als wichtiger „Anlasservorgang" der Leistung (*Steinbach* 1971, 14) durch eine Vielzahl von endogenen und exogenen Faktoren beeinflußt wird.

Für das Erreichen einer optimalen sportlichen Leistung gilt:

> Der Vorstartzustand muß so gesteuert werden, daß das Optimum der für die betreffende Sportart benötigten Aktivierung unmittelbar vor Beginn der Belastung erreicht wird (*Findeisen/Linke/Pickenhain* 1980, 220).

Literatur

1. *Adam, K., P. Nowacki, E. Schmid, U. Weist:* Untersuchungen über die sympathiko-adrenale Reaktion bei Hochleistungssportlern im Training und Wettkampf. Sportarzt und Sportmedizin 19 (1968), 389

2. *Bauer, E. W.:* Biologiekolleg. Verlag für Lehrmedien KG, Berlin 1981

3. *Findeisen, D. G. R., P.-G. Linke, L. Pickenhain:* Grundlagen der Sportmedizin. Barth, Leipzig 1980

4. *Hollmann, W., T. Hettinger:* Sportmedizin – Arbeits- und Trainingsgrundlagen. Schattauer, Stuttgart–New York 1980

5. *Keidel, W. D.:* Kurzgefaßtes Lehrbuch der Physiologie. Thieme, Stuttgart 1975

6. *Knobloch, J.:* Psychologischer Streß in der Vorwettkampfphase. In: Praxis der Psychologie im Leistungssport, S. 312–328. *Gabler, H.* (Hrsg.). Sportverlag, Berlin 1979

7. *Konzag, G.:* Psychologische Probleme des sportlichen Wettkampfes. Körpererziehung, Berlin 6, 26 (1976), 264–273

8. *Müller, S.:* Psychologische Probleme der Diskrepanz zwischen Trainings- und Wettkampfleistung. Theorie und Praxis der Körperkultur, 9, 14 (1965), 806–809

9. *Nöcker, J.:* Physiologie der Leibesübungen. Enke, Stuttgart 1976

10. *Nowacki, P., E. Schmid:* Über die sympathiko-adrenale Reaktion im Training und Wettkampf bei verschiedenen Sportarten. Med. Welt 21 (1970), 39, 1682–1688

11. *Oja, S. M.:* Psychologische Fragen des Vorstartzustandes. In: Psychologie im Sport, S. 201–214. Sportverlag, Berlin 1975

12. *Puni, A. Z.:* Abriß der Sportpsychologie. Sportverlag, Berlin 1961

13. *Schwenkmezger, P.:* Psychophysiologische Ansätze in der Sportpsychologie. In: Sportwissenschaft, Schorndorf 2, 9 (1979), 125–142

14. *Silbernagl, S., A. Despopoulos:* Taschenatlas der Physiologie. Thieme, Stuttgart 1983

15. *Sommer, K.:* Der Mensch. Volkseigener Verlag, Berlin 1981

16. *Steinbach, M.:* Medizinisch-psychologische Betrachtungen zum Vorstartzustand. Sportarzt und Sportmedizin (1970), 82–90

17. *Steinbach, M.:* Medizinisch-psychologische Probleme der Wettkampfvorbereitung. Bartels & Wernitz, Berlin 1971

18. *Stoboy, H.:* Neuromuskuläre Funktion und körperliche Leistung. In: Zentrale Themen der Sportmedizin. *Hollmann, W.,* (Hrsg.). Springer, Berlin–Heidelberg–New York 1972

19. *Tscherepinskij, S. J.:* Die Regelung des Vorstartzustandes der Turner durch Erwärmungsübungen. Theorie und Praxis der Körperkultur 9, 9 (1960), 812–814

20. *Vasilew, I. G.:* Der Zustand des Sportlers vor dem Start. Arbeiten des Instituts für Körperkultur „Lenin", 1960

21. *Weineck, J.:* Optimales Training. perimed Fachbuch-Verlagsgesellschaft, Erlangen 1983

22. *Zieschang, K.:* Aufwärmen bei motorischem Lernen, Training und Wettkampf. In: Sportwissenschaft, Schorndorf 2/3, 8 (1978), 235–241

Die Bedeutung des Aufwärmens für die sportliche Leistungsfähigkeit

Begriffsbestimmung

> Unter Aufwärmen werden alle Maßnahmen verstanden, die vor einer sportlichen Belastung – sei es für das Training oder für den Wettkampf – der Herstellung eines optimalen psychophysischen und koordinativ-kinästhetischen Vorbereitungszustandes sowie der Verletzungsprophylaxe dienen.

Durch ein sinnvolles, sportartorientiertes Aufwärmen sollen demnach verbesserte Ausgangsbedingungen für die neuromuskuläre, organische und seelisch-geistige Leistungsfähigkeit bzw. Leistungsbereitschaft des Sportlers geschaffen werden, die auch im Sinne einer optimalen Verletzungsprophylaxe wirken.

Arten des Aufwärmens

Man unterscheidet ein *allgemeines* und ein *spezielles* Aufwärmen.
Beim *allgemeinen Aufwärmen* sollen die funktionellen Möglichkeiten des Organismus insgesamt auf ein höheres Niveau gebracht werden (*Adam/Werchoshanskij* 1974, 72). Dies geschieht durch Übungen, die der Erwärmung der großen Muskelgruppen dienen (z. B. Einlaufen).
Beim *speziellen Aufwärmen* hingegen erfolgt das Aufwärmen disziplinspezifisch, d. h., es werden solche Bewegungen ausgeführt, die der Erwärmung derjenigen Mus-

keln dienen, die in direktem Zusammenhang mit der jeweiligen Sportart stehen.
Das allgemeine Aufwärmen hat dem speziellen vorauszugehen!

Das Aufwärmen an sich kann wiederum aktiv, passiv, mental oder in kombinierter Form durchgeführt werden.
Beim *aktiven Aufwärmen* führt der Sportler Übungen bzw. Bewegungen praktisch aus, beim *mentalen* stellt er sie sich nur vor. Eine *mentale* Vorbereitung kann jedoch nur bei relativ einfachen oder fast völlig automatisierten Bewegungsabläufen angewandt werden (*Roloff* 1976, 413).
Isoliert angewendet, ist das mentale Aufwärmen in den meisten Fällen von geringem Wert, da es die für das Aufwärmen charakteristischen Anpassungsprozesse nur z. T. und mit oftmals unzureichender Intensität in Gang setzt (vgl. Folgeausführungen). In Kombination mit aktiven Aufwärmemethoden hingegen ist es in verschiedenen technischen Sportdisziplinen (z. B. Turnen, Leichtathletik) von großer Wirksamkeit.
Das *passive Aufwärmen* in der Form von heißen Duschen, Einreibungen, Massagen, Diathermie etc. kann nur ergänzend zum aktiven Aufwärmen gedacht sein, da es für sich allein kaum zu einer Leistungssteigerung bzw. genügenden Verletzungsprophylaxe beitragen kann (*Devries* 1959, 11).
Beim Erwärmen durch Duschen bzw. Einreibungen kommt es zu einer vor allem peripheren Erwärmung – mit Vasodilatation der Hautgefäße – und damit zu einer diffusen Blutverteilung. Die spätere Arbeitsmuskulatur ist dadurch weder ausreichend er-

wärmt noch bedarfsgerecht durchblutet und koordinativ eingearbeitet, wie dies bei einer aktiven Erwärmung der Fall ist.

Auch die verschiedenen Formen der Massage können nur als bisweilen notwendige Zusatzhilfen (z. B. zur Lockerung verspannter Muskeln etc.) zum eigentlichen aktiven Aufwärmen verstanden werden: Wie nämlich Untersuchungen von *Roth/Voss/Unverricht* (1973, 271) zeigen, ist durch aktive Muskelarbeit eine etwa 6fache Durchblutungssteigerung zu erreichen; bei den verschiedenen Massageformen hingegen werden wesentlich geringere Werte erzielt (bei der Knetmassage kommt es zu einer 2,3fachen, bei der Streichmassage zu einer 1,91fachen und bei der Vibrationsmassage zu einer 1,52fachen Durchblutungserhöhung).

Im Zentrum der Vorbereitungen auf sportliche Belastungen steht demzufolge das *allgemeine Aufwärmen* durch *aktive Übungen* („Einlaufen" o. ä., Dehnungs- und Lockerungsübungen etc.), das von einem *speziellen*, disziplinspezifischen *Aufwärmen* und *Vorbelasten* bzw. *Belasten* gefolgt wird. Ergänzend können je nach Sportart die verschiedenen anderen Verfahren hinzugenommen werden.

Physiologische Grundlagen des Aufwärmens

Für jedes biologische Regulationssystem ist nach *Wolkow* (1976, 460) eine gewisse Trägheit charakteristisch, die jedoch für die untergeordneten Systeme und Elemente unterschiedlich ist. Diese Ungleichheit ist auch für das zeitliche Nichtübereinstimmen beim Einarbeiten der verschiedenen Funktionskreise verantwortlich.

Das Aufwärmen hat nun u. a. die Aufgabe, die einzelnen funktionellen Systeme, die die Leistungsfähigkeit des Sportlers mitbestimmen, optimal aufeinander einzustellen, damit der Organismus auf der Höhe seiner

Leistungsfähigkeit seine Arbeit beginnen kann.

Im Zentrum der Folgeausführungen sollen die Wirkungen des *aktiven* Aufwärmens auf die verschiedenen leistungsbeeinflussenden Faktoren im sportlichen Belastungsspektrum stehen.

Die Auswirkungen des allgemeinen aktiven Aufwärmens

> Im Mittelpunkt des allgemeinen aktiven Aufwärmens, z. B. in der Form des Warmlaufens, stehen die Erhöhung der Körperkern- und Muskeltemperatur sowie die Einarbeitung bzw. Vorbereitung des kardiopulmonalen Systems auf die sportliche Leistung.

Beim „Einlaufen" kommt es durch die Arbeit großer Muskelgruppen zu einer stark erhöhten Wärmeproduktion. Nach *Stoboy* (1972, 31) führt ein 15–20minütiges Traben zu einem Anstieg der Körperkerntemperatur auf etwa 38,5° C (Abb. 220). Diese allgemeine Temperaturerhöhung – das Optimum liegt bei etwa 38,5–39° C (*Israel* 1977, 386) – ist entscheidend für eine Reihe organismischer Leistungsparameter:

> Beim Erreichen einer *Optimaltemperatur* laufen alle für die motorische Leistungsfähigkeit entscheidenden physiologischen Reaktionen mit dem *günstigsten Wirkungsgrad* ab (*Israel* 1977, 387).

Die Geschwindigkeit der Stoffwechselvorgänge steigt nach der *RGT-Regel* (Reaktions-Geschwindigkeits-Temperatur-Regel) mit zunehmender Temperatur an: Mit jedem Grad Temperaturerhöhung ist ein Anstieg der Stoffwechselvorgänge um 13% fest-

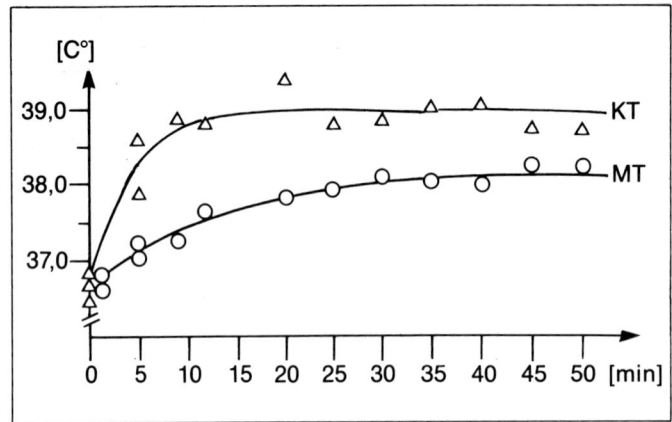

Abb. 220   Der Anstieg der Körperkerntemperatur (KT) und der Muskeltemperatur (MT) bei einem 30minütigen Aufwärmen (verändert nach _Asmussen/Löje_ 1945).

zustellen (_Lullias_ 1973, 372). Die erhöhte Durchblutung des Gewebes – durch spezielles aktives Aufwärmen wird sie vor allem durch Öffnung und Weitstellung der Kapillaren im Bereich der späteren Arbeitsmuskulatur optimiert – sorgt für eine verbesserte Sauerstoff- und Substratversorgung als Grundvoraussetzung für jegliche Stoffwechselsteigerung. Parallel zur Durchblutungserhöhung kommt es durch einen Temperaturanstieg des Gewebes auch zu einer Zunahme der aeroben und anaeroben Enzymaktivitäten, was für die Substratverarbeitung von entscheidender Wichtigkeit ist. Die Bedeutung einer solchermaßen erhöhten Stoffwechselkapazität bei Belastung wird deutlich, wenn man bedenkt, daß es z. B. beim Langstreckenlauf zu einer gegenüber Ruhebedingungen 20fachen, beim Sprint sogar zu einer 200fachen Stoffwechselsteigerung kommt (_Nöcker_ 1976, 51).

Alle Prozesse, die mit der Entstehung der Erregung verknüpft sind – Chronaxie (= Zeit, die ein beliebiger Strom fließen muß, um eine Reizwirkung zu entfalten), Anstieg des Aktionspotentials, Leitungsgeschwindigkeit – laufen bei steigender Temperatur schneller ab. Die erhöhte Erregbarkeit des Zentralnervensystems führt u. a. zu einer gesteigerten Reaktions- und Kontraktionsgeschwindigkeit: Eine Erhöhung der Körperkerntempe-

ratur um 2° C bewirkt eine Beschleunigung der Kontraktionsgeschwindigkeit um 20%. (_Hill_ 1956, 165).

Des weiteren nimmt die Empfindlichkeit der Sinnesrezeptoren mit zunehmender Temperatur der Körpergewebe zu, was sich vor allem auf die koordinative Leistungsfähigkeit auswirkt, da die Präzision sportlicher Bewegungen weitgehend von den Informationen abhängt, die diese Rezeptoren an das Zentralnervensystem vermitteln.
Die Ansprechbarkeit der Muskelspindeln – sie sind die wichtigsten Rezeptoren für die spinale Motorik und bestimmen entscheidend die koordinative Leistungsfähigkeit – entfällt bei einer Gewebetemperatur um 15–20° C und ist bei 27° C noch um 50% reduziert.
Die Hautrezeptoren für Druck und Berührung reagieren bei Temperaturen um 5° C nicht mehr auf einwirkende Reize. Bei einer Temperatur von 20° C weist die Haut nur 1/6 der Empfindlichkeit von 35° C auf.
Die Aufwärmarbeit führt demnach auch hier zu einer erheblichen Verbesserung der sensorischen und damit koordinativen Leistungsfähigkeit (_Stuart/Eldred/Hemingway/Kawamura_ 1963; _Irving_ 1966, 94).

Die Zunahme der Körpertemperatur wirkt auch im Sinne der _Verletzungsprophylaxe._ Die allgemeine aktive Aufwärmarbeit führt zu einer Abnahme der *elastischen* und *viskösen* (die innere Reibung betreffenden) *Widerstände*. Die Muskulatur wird ebenso wie die Sehnen und Bänder elastischer und dehnfähiger. Damit sinkt die Anfälligkeit für Muskel-, Sehnen- und Bänderrisse und somit die Verletzungsgefährdung bei sportlichen Bewegungen, die den aktiven und passiven Bewegungsapparat maximal belasten.

Allgemeines Warmmachen erhöht auch die Belastbarkeit der Gelenke. Durch das „Einlaufen" wird die Produktion von *synovialer* Flüssigkeit (*Synovia* = die zur Produktion der „Gelenkschmiere" befähigte innere Schicht der Gelenkkapsel) erhöht, wodurch sich der *hyaline* Gelenkknorpel mit Flüssigkeit vollsaugt und somit an Dicke zunimmt (s. S. 139), was zu einer besseren Absorption von einwirkenden Druck- und Scherkräften führt: Durch die akute Knorpelhypertrophie wird der Druck auf eine größere Auflagefläche verteilt; Belastungsspitzen können dadurch im Gelenkbereich besser verkraftet werden.

In Sportarten, in denen die Leistungsfähigkeit des *kardiopulmonalen Systems* leistungslimitierend ist, wie z. B. in den Ausdauerdisziplinen, führt das allgemeine aktive Aufwärmen zu einer Aktivierung der entscheidenden Leistungsgrößen, nämlich zu einer Steigerung des Herz- und Atemzeitvolumens sowie zu einer Erhöhung der zirkulierenden Blutmenge. Normalerweise tritt die Beschleunigung bzw. Vergrößerung dieser Leistungsgrößen erst mit einer gewissen Startverzögerung nach Arbeitsbeginn ein. Bei länger dauernden Belastungen wird erst nach einer bestimmten Zeitspanne ein Zustand des Steady state – darunter versteht man ein Gleichgewicht zwischen Energieverbrauch und Energiebereitstellung – erreicht; die anfangs eingegangene Sauerstoffschuld wird erst nach Beendigung der Arbeit abgetragen.

Das Aufwärmen hat nun vor allem die Aufgabe, diese Startverzögerung so gering wie möglich zu halten, d. h. die kardiopulmonalen und hämodynamischen Leistungsgrößen auf ein genügendes Ausgangsniveau zu bringen und die Reglermechanismen gut aufeinander einzustellen.

Ist das Ineinandergreifen dieser Regelkreise ungenügend vorbereitet, so kann es zu leistungsmindernden Allgemein- bzw. Lokalerscheinungen kommen: zum einen zu einer frühzeitigen Ermüdung, weil die Arbeitsmuskulatur in der Eingangsphase der Belastung nicht genügend Sauerstoff erhält, zu lange anaerob arbeitet und damit die Rate der sauren Stoffwechselprodukte erhöht (*Jakowlew* 1977, 131), zum anderen zu leistungsbeeinträchtigenden Phänomenen wie „Seitenstechen" (s. S. 132) und „Toter Punkt" (s. S. 132).

Im psychisch-geistigen Bereich führt das allgemeine aktive Aufwärmen ebenfalls zu einer Erhöhung der Leistungsfähigkeit und Leistungsbereitschaft. Es kommt zu einer Aktivierung zentraler Strukturen – vor allem der *Formatio reticularis* (s. S. 57) – und damit zu einem erhöhten Wachzustand, der sich in einer gesteigerten Aufmerksamkeit und speziell in einer verbesserten optischen Wahrnehmung äußert. Die solchermaßen gesteigerte *Vigilanz* (s. S. 62) wirkt sich günstig auf den technischen Lernprozeß und die koordinative Leistungsfähigkeit aus und erhöht die Präzision motorischer Handlungen (*Israel* 1977, 388). Schließlich lassen sich durch richtiges und intensives Aufwärmen Übererregungs- und Hemmungszustände positiv beeinflussen (*Konzag* 1976, 272).

Die Auswirkungen des speziellen aktiven Aufwärmens

Das *spezielle aktive Aufwärmen* stellt die *sportartspezifische Fortsetzung* des *allgemeinen aktiven Aufwärmens* dar, seine spezifizierte und differenzierte Erweiterung.

In den „koordinativen" Sportarten steht hier das „Einarbeiten" in die speziellen Belange der jeweiligen Sportart im Vordergrund. Durch das „Einturnen", „Einlaufen", „Einfahren" u. ä. werden die bedingt reflektorischen Bewegungsautomatismen nochmals aufgefrischt und den aktuellen Bedingungen angepaßt. Besonderheiten des Gerätes bzw. der Anlage sowie klimatische Gegebenheiten können hierbei speziell berücksichtigt werden. Um ein optimales Einspielen der Reflexe auf den technischen Bewegungsablauf einer Sportdisziplin zu bewerkstelligen, sollte beim *speziellen Aufwärmen* darauf geachtet werden, daß die Aufwärmübungen hinsichtlich ihrer dynamischen und kinematischen Struktur der Zielübung ähneln oder entsprechen (*Kuntoff/ Darwish* 1975, 5).

Das spezielle Aufwärmen beinhaltet auch ein entsprechend spezielles Gymnastikprogramm (Dehnungs- und Lockerungsübungen) – z. B. Speerwerfergymnastik –, das der sportarttypischen Verletzungsprophylaxe und optimalen Vordehnung der Arbeitsmuskulatur dient.

Im speziellen Aufwärmen erfolgt auch die bedarfsgerechte Umverteilung des vorher allgemein aus den Blutspeichern (vor allem aus dem Magen-Darm-Trakt) mobilisierten Blutes: Die Arbeitsmuskulatur wird nun vermehrt durchblutet, mit Sauerstoff und energiereichen Substraten versorgt und auf eine optimale Arbeitstemperatur gebracht. Dies ist wichtig, da eine erhöhte Körperkerntemperatur – sie wird über die Rektaltemperatur mit relativ großer Genauigkeit ermittelt – nicht automatisch eine erhöhte Muskeltemperatur bedeutet. Wie aus Abbildung 220 hervorgeht, steigt die Muskeltemperatur verzögert an.

Körperkern- und Muskeltemperatur unterscheiden sich in Ruhe z. T. erheblich. Vor allem die Temperatur der Extremitäten kann 5°C und mehr unter der im Körperinnern liegen, wobei die Temperatur an den Extremitäten nicht nur von innen nach außen, sondern auch von proximal nach distal abnimmt, so daß ein radiales und axiales Temperaturgefälle vorherrscht.

Eine Erhöhung der Körperkerntemperatur durch allgemeines aktives Aufwärmen unterstützt, beschleunigt und stabilisiert die spezielle Aufwärmarbeit, kann diese aber nicht ersetzen. Anschaulich wird dies anhand der Durchblutung der Finger verdeutlicht: An den Fingern findet man bei kalter bzw. warmer Umgebung Änderungen der Durchblutung, die im Verhältnis 1 : 600 variieren (*Hensel* 1973, 228). Nur spezielles Aufwärmen kann die für eine feinmotorische Leistung notwendige optimale Durchblutungsgröße verwirklichen. Vor allem bei präzisionsorientierten Steuerungsvorgängen, wie sie z. B. bei Korbwürfen und dosierten Pässen im Basketball vorliegen, spielt eine optimale Arbeitstemperatur der Finger für die sensorische bzw. koordinative Leistungsfähigkeit eine entscheidende Rolle.

Das spezielle aktive Aufwärmen dient nicht nur einer optimalen koordinativen, sondern auch metabolischen Vorbereitung: Durch die soeben dargestellte Umverteilung des Blutes in die Arbeitsmuskulatur mit paralleler Kapillarisierung und enzymatischer Aktivitätserhöhung ist die Muskulatur in der Lage, maximale Stoffwechselleistungen zu erbringen. Sie muß allerdings auf diese Leistung stufenweise vorbereitet werden: Eine zunehmende Belastungssteigerung und Annäherung an die Zielleistung über die Belastungskette „Aktivieren – Vorbelasten – Ausbelasten" stellt die Grundvoraussetzung eines richtigen speziellen Aufwärmprogrammes dar.

> Allgemeines und spezielles Aufwärmen können entscheidend durch eine entsprechende Kleidung (Trainingsanzug, Handschuhe etc.) unterstützt werden.

Die Wirksamkeit des Aufwärmens in Abhängigkeit von verschiedenen endogenen und exogenen Faktoren

Endogene Faktoren

Aufwärmen und Alter

Das Aufwärmen erfolgt zwar in allen Altersstufen nach den gleichen Grundprinzipien – erst allgemeines, dann spezielles Aufwärmen etc. –, aber die Aufwärmzeit und -intensität verändern sich mit zunehmendem Alter: Je älter der Sportler, um so behutsamer und allmählicher, d. h. länger, hat das Aufwärmen zu erfolgen, da die Verletzungsgefahr beim gealterten Muskel (geringere Elastizität aufgrund degenerativer altersphysiologischer Veränderungen) zunehmend größer wird.

Die Aufwärmzeit bei jüngeren und älteren Personen kann zwischen 10 und 60 Minuten liegen (*Hollmann/Hettinger* 1980, 549).

Im *Schulbereich* genügt allgemein eine 5minütige Aufwärmzeit – sie garantiert bereits einen 50prozentigen Aufwärmeffekt –, da hier aus zeitlichen und organisatorischen Gründen keine optimale Erwärmung möglich ist, ohne andere wichtige schulsportspezifische Belange zu vernachlässigen.

Aufwärmen und Trainingszustand

Das Aufwärmen hat sich in seinem Umfang und seiner Intensität nach dem Trainingszustand des Sportlers zu richten. So kann z. B. ein zu intensives Aufwärmen bei einem schlecht trainierten Sportler zu einer so starken Ermüdung führen, daß seine Leistungsfähigkeit statt verbessert verschlechtert wird und die Verletzungsgefährdung zu- statt abnimmt. Gleiche Folgen kann auch ein neues, ungewohntes Aufwärmprogramm

zeitigen. Des weiteren ist das Aufwärmen individuellen Gegebenheiten anzupassen: Ein „Langsamstarter" wird sich anders aufwärmen als ein „Schnellstarter".

Aufwärmen und psychische Einstellung

Wie verschiedene Arbeiten erkennen lassen (*Green* 1972, 412; *Massey/Johnson/Kramer* 1961, 63 f.; *Zieschang* 1978, 242 u. a.), bestehen Wechselbeziehungen zwischen dem Aufwärmen und der Motivation bzw. der psychischen Einstellung zur Tätigkeit des Aufwärmens. So können einerseits ein hoher Motivationsgrad und eine stark leistungsorientierte Einstellung die Wirkung des Aufwärmens verstärken – u. a. durch die psychischen Parameter des „Vorstartzustandes", der den Organismus für eine erhöhte Leistung vorbereitet –, andererseits eine negative Einstellung den Nutzen des Aufwärmens mindern bzw. ganz aufheben.

Im allgemeinen jedoch dient das Aufwärmen – bei „neutraler" Ausgangslage – der Formung eines psychischen Bereitschaftszustandes, der einen optimalen Erregungszustand des Nervensystems hervorruft und damit die Einstellung und Konzentration auf die sportliche Leistung verbessert.

Exogene Faktoren

Aufwärmen und Tageszeit

Während des Schlafes erfahren die verschiedenen Körperfunktionen eine starke Dämpfung bzw. sogar eine gänzliche Ausschaltung. Nach dem Aufwachen dauert es eine gewisse Zeit, bis sie ihre maximale Leistungsfähigkeit wieder erreichen. Motorische Tests zeigen, daß die körperliche Leistungsfähigkeit während des ganzen Tages zunimmt (*Pettinger* 1968, 115 f.). Das Aufwärmen am Morgen wird somit allmählicher und länger durchgeführt werden müssen als zu einem späteren Zeitpunkt. Zusätzliche Faktoren, die die Aufwärmzeit mit fortschreitender Tagesdauer verkürzen, sind die zunehmende Durchblutung der Muskulatur sowie der Anstieg der Körperkerntemperatur bis zu einem Maximum gegen 15.00 Uhr (*Hildebrand* 1960, in *Baier/Rompel-Pürckhauer* 1978, 326).

Aufwärmen und Sportart

Das Aufwärmen ist auf die Bedürfnisse der jeweiligen Sportart auszurichten (spezieller Anteil). Sportarten mit hohen Anforderungen an Beweglichkeit und Dehnfähigkeit werden vermehrt dehngymnastische Übungsanteile, Sportarten mit Ausdauercharakter vermehrt Übungen zur Steigerung der kardiopulmonalen Leistungsfähigkeit beinhalten müssen. Dabei sollten stets genormte, den individuellen Gegebenheiten angepaßte Aufwärmprogramme benutzt werden, deren Wirkung im einzelnen bekannt ist.

Vor Wettkämpfen sollte niemals ein Wechsel in der Aufwärmmethode, in der Intensität oder im Umfang erfolgen, da sich hieraus eine Über- bzw. Unterdosierung mit entsprechender Leistungsminderung ergeben könnte. Das richtige Aufwärmen hat auf den Erfahrungen der Trainings- und Wettkampfpraxis zu basieren und sollte in einem längerfristigen Entwicklungsprozeß nach den individuellen Notwendigkeiten hin optimiert und fixiert werden.

Als optimale Aufwärmzeit gelten allgemein 20–45 Minuten. Dabei ist zu beachten, daß sich ein reiner Ausdauersportler u. U. länger vorbereiten muß – alle Herz-Kreislauf- und Stoffwechselparameter müssen auf ihr höchstes Leistungsniveau angehoben werden – als ein Spieler, der in vielen motori-

schen Bereichen submaximal belastet wird und auch innerhalb eines Spieles noch die Möglichkeit einer gewissen Anlaufzeit erhält.

Wie Abbildung 221 zeigt, hängt die Effektivität der Aufwärmarbeit nicht nur von der *Dauer*, sondern auch von der *Intensität* ab. Mit zunehmender Intensität des Aufwärmens verbessert sich die Sprintzeit bis zu einem Optimum. Die Notwendigkeit einer ausreichend hohen „Vor"-Belastung bei intensitätsgeprägten Sportarten wird dadurch verdeutlicht.

Ein zu intensives und umfangreiches Aufwärmen – es führt zu einer übersäuerungsbedingten Beeinträchtigung der muskulären Leistungsfähigkeit – sollte jedoch unter allen Umständen vermieden werden.

Aufwärmen und Außentemperatur

Ebenso wie die Tageszeit einen Einfluß auf die Dauer und die Intensität des Aufwärmens hat, wirken Außentemperatur bzw. klimatische Bedingungen fördernd bzw. hemmend auf den Ablauf des Aufwärmprozesses ein. Eine hohe Außentemperatur trägt dazu bei, die Aufwärmzeit zu verkürzen, regnerisches Wetter und Kälte hingegen verlängern sie.

Zeitpunkt des Aufwärmens

Als optimaler zeitlicher Abstand zwischen dem Abschluß des Aufwärmens und dem Wettkampfstart gelten 5–10 Minuten (*Israel* 1977, 389), da die Muskeltemperatur nach dieser Zeit noch nicht abgefallen ist und damit der volle Effekt der Aufwärmarbeit auf die sportliche Leistungsfähigkeit erhalten bleibt. Der Aufwärmeffekt bleibt noch etwa 20–30 Minuten auf einem relativ hohen Niveau erhalten und ist erst nach etwa 45 Minuten nicht mehr nachweisbar: Die Muskeltemperatur hat wieder ihren Ausgangswert erreicht.

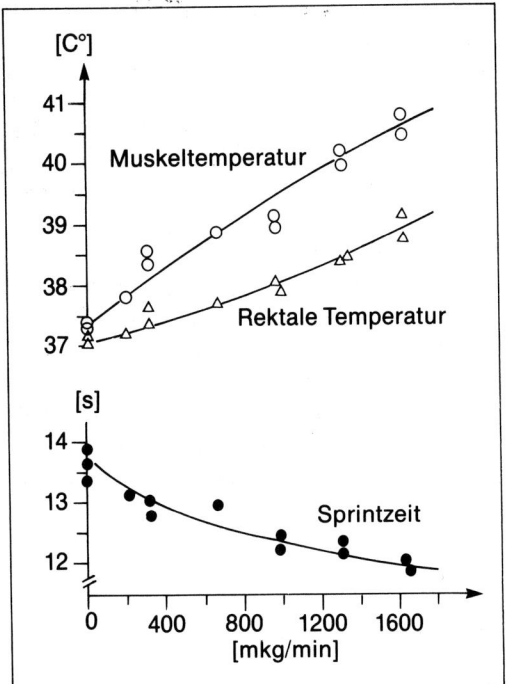

Abb. 221 Die Bedeutung der Belastungsintensität bei einem 30minütigen Aufwärmen für die 100-m-Sprintzeit (nach *Asmussen/Böje* 1945).

Zusammenfassende Beurteilung des Aufwärmens

Das Ziel des Aufwärmens ist die Verbesserung der sportlichen Leistungsfähigkeit und die Vermeidung von Verletzungen. Die Optimierung psychophysischer Leistungsparameter wird über ein allgemeines und spezielles Aufwärmen angestrebt. Je nach Sportart und individuellen Voraussetzungen haben sich verschiedene Formen des Aufwärmens bzw. deren Kombination bewährt. Ein Wechsel der Aufwärmgewohnheiten hat nicht abrupt, sondern allmählich zu erfolgen. Welche Form, welche Intensität, welcher Umfang des Aufwärmens für den einzelnen günstig ist, läßt sich nur über die persönliche Erfahrung feststellen.

Daß in vielen Arbeiten der Sinn bzw. die Effizienz des Aufwärmens unterschiedlich beurteilt wird, hängt zumeist damit zusammen, daß heterogene Personenkreise (alte/ junge; trainierte/untrainierte) in teilweise unzureichender Zahl bzw. unter unterschiedlichen Bedingungen mit ungeeigneten Aufwärmprogrammen mit diesem Problem konfrontiert wurden (*Kuhn* 1973, 140; *Zieschang* 1978, 244).

Die Praxis aller Sportarten zeigt, daß das Aufwärmen zum integrierenden Bestandteil einer Vorbereitung auf sportliche Höchstleistungen gehört, da es zu einer funktionsorientierten Neuverteilung physiologischer Sollwerte im Sinne einer leistungsbezogenen Optimierung beiträgt (*Israel* 1977, 389).

Literatur

1. *Adam, K., J. Werchoshanskij:* Modernes Krafttraining im Sport. Bartels und Wernitz, Berlin–München 1974
2. *Asmussen, E., O. Böje:* The effect of alcohol and some drugs on the capacity for work. Acta physiol. scand. 15 (1948), 109 f.
3. *Baier, H., C. Rompel-Pürckhauer:* Tagesrhythmische Variationen der Kreislauf- und Thermoregulation und der Trainierbarkeit. Dt. Z. Sportmed. 11 (1978), 323–329
4. *Devries, H.:* Effects of various warm-up procedures on 100 Yard times of competitive swimmers. Research Quart. 30 (1959), 11–20
5. *Green, D.:* Die Auswirkungen des Aufwärmens auf die Leistung am Beispiel des Schwimmens. Leistungssport 6 (1972), 410–415
6. *Hensel, H.:* Temperaturregulation. In: Kurzgefaßtes Lehrbuch der Physiologie, S. 224–235. *Keidel, W.* (Hrsg.). Thieme, Stuttgart 1973
7. *Hill, A. V.:* A design of muscles. Brit. med. Bull. 12 (1956), 165 f.
8. *Hollmann, W., T. Hettinger:* Sportmedizin – Arbeits- und Trainingsgrundlagen. Schattauer, Stuttgart–New York 1980
9. *Irving, L.:* Adaptation to cold. Science 214 (1966), 94 f.
10. *Israel, S.:* Das Erwärmen als Startvorbereitung. Med. u. Sport 12 (1977), 386–391
11. *Jakowlew, N.:* Sportbiochemie. Ambrosius, Leipzig 1977
12. *Konzag, G.:* Psychologische Probleme des sportlichen Wettkampfes. Körpererziehung (1976), 264–273
13. *Kuhn, W.:* Eine vergleichende Untersuchung zum physischen und mentalen Aufwärmen. Leistungssport 2 (1973), 140–146

14. *Kuntoff, R., Z. Darwish:* Wie erwärmen wir uns vor dem Wettkampf? Der Leichtathlet 46 (1975), 5, 8
15. *Lullies, H.:* Erregung und Erregungsleitung: Nervenphysiologie. In: Kurzgefaßtes Lehrbuch der Physiologie. *Keidel, W. D.* (Hrsg.). Thieme, Stuttgart 1973
16. *Massey, B., W. Johnson, G. Kramer:* Effect of warm-up exercise upon muscular performance using hypnosis to control the psychological variable. Research Quart. 32 (1961), 63–71
17. *Nöcker, J.:* Physiologie der Leibesübungen. Enke, Stuttgart 1976
18. *Pettinger, J.:* Warm-up problems in determing its effects on competitive swimming performances. swimming technique (1968), 115, 116, 124
19. *Roloff, K.:* Möglichkeiten des Aufwärmens vor Wettkämpfen und ihre Effektivität. Lehre der Leichtathletik 12 (1976), 413
20. *Roth, J., B. Voss, A. Unverricht:* Untersuchungen über den Einfluß von Massagen und dynamischen Muskelkontraktionen zur Optimierung des Erholungsprozesses, dargestellt an der J^{131}-Natrium-Hippurat-Clearance. Med. u. Sport 9 (1973), 271–274
21. *Stoboy, H.:* Neuromuskuläre Funktion und körperliche Leistung. In: Zentrale Themen der Sportmedizin. *Hollmann, W.* (Hrsg.). Springer, Berlin–Heidelberg–New York 1972
22. *Stuart, D. G., E. Eldred, A. Hemingway, Y. Kawamura:* Neural regulation of the rhythm of shivering. In: Temperature, vol. 3, part 3. *Hardy, J. D.* (ed.). Reinhold Book Corp., New York 1963
23. *Weineck, J.:* Optimales Training. perimed Fachbuch-Verlagsgesellschaft, Erlangen 1983
24. *Wolkow, W.:* Ein Systemansatz zur Beurteilung der späten Phasen der Wiederherstellung. Leistungssport 6 (1976), 460–463
25. *Zieschang, K.:* Aufwärmen bei motorischem Lernen, Training und Wettkampf. Sportwissenschaft 2/3 (1978), 235–251

Ermüdung und sportliche Leistungsfähigkeit

In Abhängigkeit von verschiedenen Belastungsparametern tritt nach sportlichem Training eine mehr oder weniger ausgeprägte Ermüdung bzw. sogar Erschöpfung ein. Die Ermüdung geht dabei der Erschöpfung voraus.

> Ganz allgemein läßt sich *Ermüdung* als eine *reversible* Herabsetzung der physischen und/oder psychischen Leistungsfähigkeit definieren, die jedoch im Gegensatz zur Erschöpfung eine Fortsetzung der Belastung noch ermöglicht, allerdings unter z. T. erheblichem energetischem Mehraufwand und unter koordinativen Präzisionseinbußen.

Zwischen *Ermüdung* und *Erschöpfung* bestehen nur graduelle Unterschiede, die allerdings von erheblichem Ausmaß sein können. Während Ermüdungserscheinungen in der Regel spätestens nach 24 Stunden abgeklungen sind, beanspruchen die Erholungsvorgänge nach Erschöpfung mindestens 3–7 Tage und bedürfen meist einer ärztlichen Begleitbehandlung (*Findeisen/Linke/Pikkenhain* 1980, 240).

Arten der Ermüdung

Man unterscheidet zwischen akuter peripherer und zentraler Ermüdung – sie sind meist eng miteinander gekoppelt und beeinflussen sich gegenseitig – und chronischer lokaler bzw. allgemeiner Ermüdung (Übertraining).

Akute periphere Ermüdung

Jede Leistung oberhalb der Dauerleistungsgrenze (hier halten sich Energiebedarf und Energiebereitstellung die Waage) führt zu einer Einschränkung der Leistungsfähigkeit, die man als *Muskelermüdung* oder *periphere Ermüdung* bezeichnet (*Stegemann* 1971, 212).

Die *Ermüdungsursachen* sind vielfältiger Art und stehen in enger Wechselbeziehung mit der Art der vorangegangenen Belastung. In jedem Fall aber kommt es bei Ermüdung über die muskuläre Kontraktionsarbeit zu einer Störung des physikochemischen Ruhegleichgewichts (Homöostasestörung): Der während der Kontraktion verringerte Energiespeicher kann in der Erschlaffungsphase nicht wieder voll aufgefüllt werden. Von Kontraktion zu Kontraktion bleibt ein *Ermüdungsrückstand* bestehen, der je nach Intensität und Dauer der Belastung mit unterschiedlicher Geschwindigkeit ansteigt und schließlich zum Belastungsabbruch führt.

Als *Ermüdungsursachen* der akuten peripheren Ermüdung gelten:

Anhäufung von Stoffwechselzwischen- und endprodukten

Durch eine zunehmende Anschoppung an sauren Stoffwechselprodukten kommt es zu einer pH-Erniedrigung im Blut. Wird ein bestimmter Säuregrad überschritten – der trainierte Sportler hat dabei eine größere Säuerungstoleranz als der untrainierte –, dann kommt es zu einer Hemmung der verschiedenen Fermentsysteme – u. a. der Myosin-ATP-ase, die den ATP-Umsatz im Muskel katalysiert (*Jakowlew* 1978, 513) –, die an der Energiebereitstellung beteiligt sind, und damit zur Einstellung der Muskelarbeit.

Erschöpfung von energiebereitstellenden und energieliefernden Prozessen

Vor allem bei intensiven sportlichen Belastungen kommt es zu einem Abfall der energiereichen Phosphate, bei zunehmender Dauer zu einer Glykogenverarmung im Muskel und damit letztlich zu einer Abnahme der Arbeitsintensität bzw. zur Arbeitseinstellung. Für die Gewährleistung der normalen Tätigkeit des Kontraktionsapparates muß der ATP-Gehalt in der Muskelfaser auf einem Niveau von etwa 0,25% ihres Gesamtgewichtes gehalten werden (*Wolkow* 1974, 170).

Ermüdungssymptome können aber auch durch eine verminderte Produktion von Hormonen, insbesondere von Nebennierenrindenhormonen (Kortikosteroiden) und Nebennierenmarkhormon (Adrenalin), zustande kommen, die bei Mobilisierung der Energiesubstrate und ihrer Umsetzung im arbeitenden Muskel – vor allem bei längerdauernden Belastungen – eine wichtige Rolle spielen (*Findeisen/Linke/Pickenhain* 1980, 237).

Änderung des physikochemischen Zustandes

Bei langdauernden und häufigen Kontraktionen treten Änderungen im Ionengleichgewicht der Muskelzelle ein. Vor allem kommt es zu einem Verlust an Kaliumionen, was eine Beeinträchtigung des Membranpotentials und damit der Erregbarkeit der Muskelzelle zur Folge hat.

Es bestehen enge Beziehungen zwischen dem intrazellulären Kaliumgehalt des Muskels und dem Grad der Ermüdung (*Nöcker* 1976, 42).

Mit dem Kaliumverlust geht auch ein Kalziumverlust aus dem Zellinnern einher, der bei zunehmender Übersäuerung durch die erhöhte Durchlässigkeit der Zellmembranen noch gesteigert wird und somit die Kontraktionsfähigkeit des Muskels weiter herabsetzt bzw. die Ermüdungssymptomatik verstärkt.

Transmitter-Ermüdung

Als Ermüdungsursache kann schließlich auch noch die überschießende oder unzureichende Freisetzung von *Azetylcholin* wirken, das als Überträgersubstanz an den motorischen Endplatten fungiert und somit an der neuromuskulären (Nerv-Muskel) Erregungsübertragung beteiligt ist. Sowohl die Akkumulation als auch der Mangel an Azetylcholin führen zu Störungen der Erregungsübertragung im motorischen System (*Nitsch* 1970, 67; *Simonson* 1971).

Als Gradmesser für die Beurteilung der Ermüdung gilt die *Erholungspulssumme*, d. h. die Summe aller Pulse, die nach der Arbeit über der Ruhepulsfrequenz liegen. Sie fällt um so größer aus, je mehr die Belastungsintensität die Dauerleistungsgrenze überschreitet und je länger die Belastung dauert (Abb. 222) (*Müller* 1961; *Stegemann* 1971, 215).

Akute zentrale Ermüdung

Die *zentrale Ermüdung* besteht in erster Linie in einem Nachlassen der Fähigkeit, koordinierte Bewegungen mit der gleichen Präzision wie im unermüdeten Zustand durchzuführen (*Stegmann* 1971, 226).

Meist sind akute zentrale und periphere Ermüdung eng miteinander verbunden: Die afferenten Ermüdungsinformationen aus

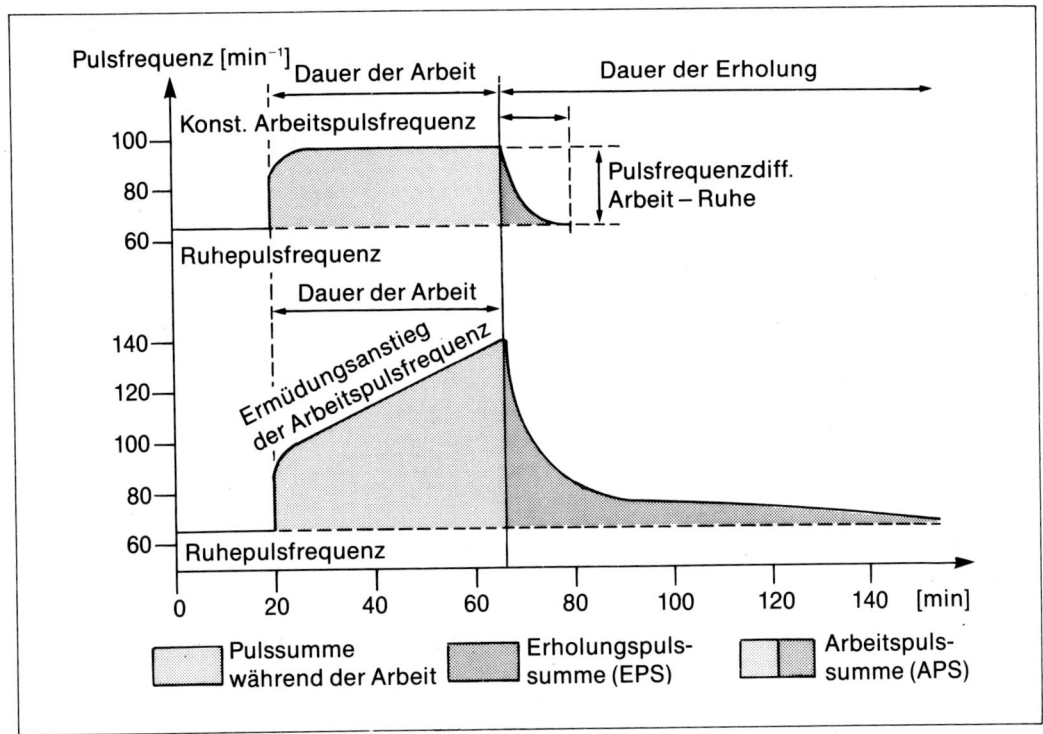

Abb. 222   Das Verhalten der Pulsfrequenz – sie ist eine geeignete Meßgröße für das Stoffwechselungleichgewicht im Muskel – während und nach Arbeit unterschiedlicher Intensität und Dauer (nach *Müller* 1961).

der Peripherie veranlassen in den Zentren die Ausbildung von Hemmungsimpulsen, die schließlich zum Abbruch der Belastung führen.

Jedoch kann man auch eine rein zentrale Ermüdung feststellen, wie sie z. B. bei langen Beobachtungsaufgaben, die eine erhöhte Aufmerksamkeit erfordern, oder rein psychischen (geistigen) Beanspruchungen vorliegt.

Der Begriff der *zentralen Ermüdung* umfaßt einen psychophysischen Symptomenkomplex, der in seiner Entstehung bislang nur unvollständig erklärt werden konnte.

Eine bedeutende Rolle beim Entstehen der zentralen Ermüdung scheint die *Formatio reticularis* (s. auch S. 63) zu spielen (*Stegemann* 1971, 226): Wenn Erregungsimpulse von sensorischen oder sensiblen Bahnen im ZNS einlaufen, werden nicht nur spezifische Antworten in bestimmten Großhirnarealen ausgelöst, sondern gleichzeitig wird über Kollateralen die Formatio reticularis aktiviert, wodurch eine *Weckreaktion* auf das Großhirn (Kortex) ausgelöst wird. Die Art des Reizes (z. B. Monotonie der Belastung) oder die Änderung der Reizform (ermüdende Belastung) kann aber auch das Gegenteil herbeiführen, nämlich eine mehr oder weniger ausgeprägte Dämpfung zentralnervöser Strukturen, einschließlich der motorischen Rindenbezirke, und damit die Verlangsamung oder Einstellung der muskulären Tätigkeit erzwingen.

Charakteristisch für die zentrale Ermüdung sind (*Stegemann* 1971, 226; *Findeisen/Linke/Pickenhain* 1980, 238):

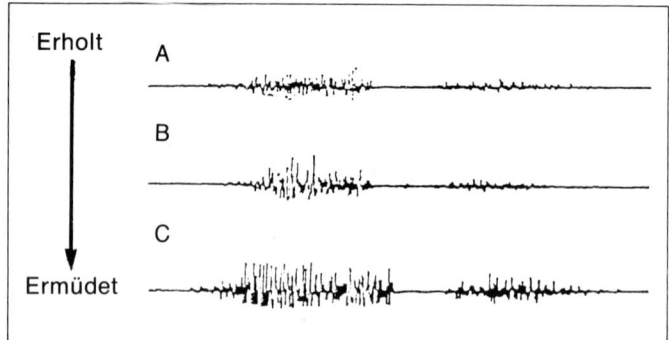

Erholt   A

B

C

Ermüdet

Abb. 223   Elektromyogramme bei anstrengender dynamischer Arbeit: Mit zunehmender Arbeitsdauer (A, B, C) nimmt die Amplitude des EMGs als Ausdruck einer fortschreitenden Ermüdung zu (verändert nach *Scherrer/Lefevre/Bourguignon*, in *Nöcker* 1976, 46).

Abnahme der koordinativen Leistungsfähigkeit

Wie elektromyographische Untersuchungen erkennen lassen (Abb. 223), steigt die elektrische Aktivität mit fortschreitender Ermüdung zusehends an: Für die gleiche Leistung müssen im vermindert koordinierten Zustand immer stärkere Nervenimpulse eingesetzt werden, da sich die Reizschwelle progressiv erhöht. Die zunehmend erhöhte nervale Aktivität führt zentral zu einer rascheren neuronalen Ermüdung, die sich negativ auf die koordinative Leistungsfähigkeit auswirkt.

> Die zentral ausgelösten Koordinationsstörungen in der Peripherie verstärken wiederum die periphere Ermüdung, weil die Stoffwechselgröße für die gleiche Leistung erhöht ist.

Abnahme der sensorischen Leistungsfähigkeit

Bei Ermüdung kommt es zu Rezeptionsstörungen. Die Flimmerverschmelzungsfrequenz bei der optischen Wahrnehmung ist erniedrigt, die obere Frequenzgrenze des Hörens herabgesetzt. Visuelle Wahrnehmungsstörungen (z. B. Doppelbilder) können z. T. auf mangelnde Koordinationsstö-

rungen der Augenmuskeln zurückgeführt werden.

Störungen der Aufmerksamkeit, der Konzentration und des Denkens

Neben der allgemeinen Verlangsamung der sensomotorischen Leistungen und neben den Koordinationsstörungen lassen sich bei Ermüdung grobe Fehleinschätzungen des Gegners und seiner Handlungen sowie eine gewisse Vernachlässigung der eigenen Kampfhandlungen (z. B. in den Zweikampfsportarten) beobachten.

Herabsetzung der Antriebs- und Steuerungsfunktionen

Die Ermüdung geht mit abnehmender Arbeitsfreude, Leistungsbereitschaft und gesteigertem Anstrengungsgefühl einher. Motivationale Einbußen verschlechtern die Mobilisationsfähigkeit der psychophysischen Reserven, was sich vor allem in Sportarten negativ auswirkt, die hohe volitive (vom Willen abhängige) Anforderungen benötigen.

Verlängerung der Reaktionszeit

Bei Ermüdung kommt es zu einer Verlängerung der Reaktionszeit, insbesondere für komplexe Reaktionen mit mehreren Wahlmöglichkeiten (s. S. 220).

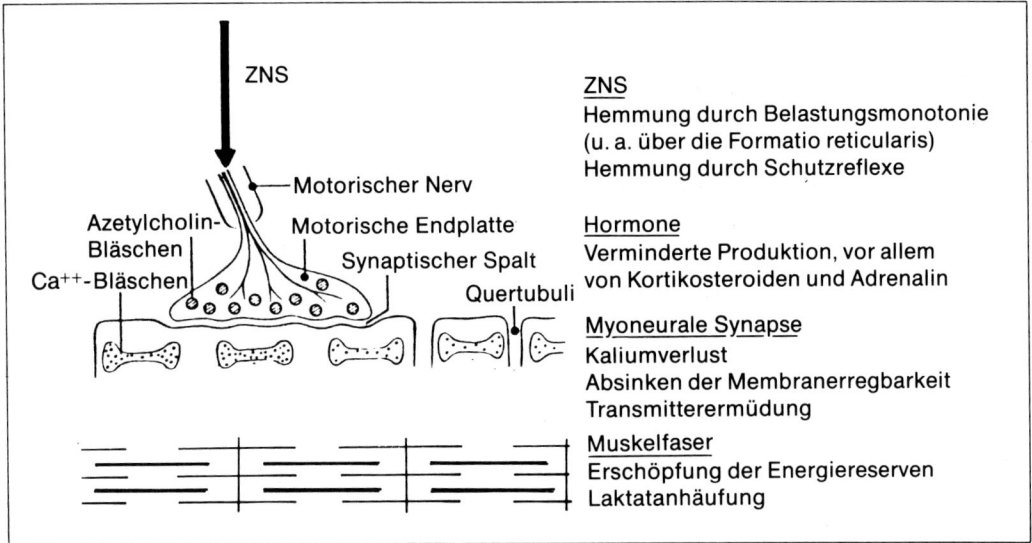

Abb. 224   Schematische Darstellung möglicher Ursachen der akuten zentralen und peripheren Ermüdung.

Eine zusammenfassende Übersicht über die Ursachen der akuten peripheren und zentralen Ermüdung gibt Abbildung 224.

> Der Anteil der einzelnen Ermüdungsursachen an einem bestimmten Ermüdungsvorgang richtet sich nach der Qualität und Quantität der betreffenden Arbeit (*Hollmann/Hettinger* 1980, 130).

Die Ermüdung eines Organsystems wie der Muskulatur zeigt sich in vielfältigen *Symptomen* und ist mit vielgestaltigen physiologischen und psychologischen Vorgängen verbunden. Tabelle 34 faßt die auftretenden Ermüdungssymptome in einer Übersicht zusammen.

> Die *Funktion* der Ermüdung liegt in ihrem *Schutzmechanismus* gegenüber einer Überanspruchung. Durch den ermüdungsbedingten Schutz der soge-

nannten autonom geschützten Reserven wird im Normalfall eine völlige Ausschöpfung der Energiereserven des Organismus verhindert und so eine vitale Gefährdung vermieden.

Die muskuläre Ermüdung ist nicht nur für den Schutz zentralnervöser Strukturen von Bedeutung – eine bis zur Erschöpfung ausgeführte Arbeit führt zu einer weitgehenden Zerrüttung motorischer Nervenzellen mit Verrückung des Zellkernes und Vakuolisierung des neuronalen Netzwerkes (*Oggioni* 1937, 548) –, sondern stellt auch für das *Herz* einen wichtigen Schutzfaktor dar: Die Ermüdung des Skelettmuskels setzt der Belastung zu einem Zeitpunkt eine Grenze, zu dem der Herzmuskel noch Energiereserven hat.

Durch *Dopingmittel* kann der Schutzmechanismus der Ermüdung aufgehoben bzw. die Schutzbarriere nach oben verschoben werden (s. S. 537): Tödliche Zusammenbrüche können die Folge einer systemischen Überforderung sein.

Art der Symptome	Objektivierungsmethode	Symptome, Zeichen
Subjektive Zeichen der Ermüdung		Augenflimmern, Ohrensausen, Atemnot, Übelkeit, Abgeschlagenheit, Apathie gegen äußere Reize, Muskelschmerz
Objektiv erfaßbare Zeichen der Ermüdung	Sportmethodische Verfahren	Verminderte sportliche Leistung
	Elektrodiagnostische Verfahren	Nachlassen der Muskelkraft, verlängerte Refraktärzeit, Ansteigen der Reizschwelle, verminderte Reflexantworten, Muskelzittern, Koordinationsstörungen, Massenbewegungen u. a.
	Biochemische Verfahren	Elektrolytverschiebungen (Kalium), Laktatanstieg, pH-Änderungen, Glykogenverarmung, Hormonspiegeländerung u. a.
	Vegetative und sinnesphysiologische Verfahren	Herzfrequenzänderungen, Atemfrequenzänderungen, Blutdruckänderungen, Änderungen des elektrischen Hautwiderstandes, Flimmerverschmelzungsfrequenzänderungen u. a.
	Neurophysiologische Verfahren	Veränderungen der Hirnstromaktivität (EEG)
	Psychologische Verfahren	Leistungsminderung bei Arbeitsversuchen, Konzentrations- und Aufmerksamkeitsminderung, Verschlechterung der psychomotorischen Koordination, verminderte Wahrnehmungsfähigkeit u. a.

Tab. 34   Ermüdungssymptome (nach *Findeisen/Linke/Pickenhain* 1980, 242).

Chronische lokale und allgemeine Ermüdung

Neben den *akuten* Ermüdungserscheinungen der peripheren und zentralen Ermüdung unterscheidet man noch *chronische* Ermüdungserscheinungen *lokaler* und *allgemeiner* Art, die sich als Summationsfolge täglich wiederholter muskulärer Beanspruchungen ergeben (*de Marées* 1979, 538).
Als *lokale chronische* Überbeanspruchungen gelten Überlastungssyndrome wie

schmerzhafte Sehnenansätze (z. B. in der Form der *Achillodynie*), Myogelosen – man versteht darunter umschriebene schmerzhafte Verhärtungen in der belasteten Muskulatur – und Ermüdungsbrüche (s. S. 138).

Die *allgemeine* Art des *chronischen* Überlastungssyndroms wird als *Übertraining* bezeichnet und soll, da sie vor allem im Hochleistungssport von nicht unerheblicher Bedeutung ist, in der Folge näher dargestellt werden.

Basedowoides Übertraining	Addisonoides Übertraining
Leichte Ermüdbarkeit	Leichte (abnorme) Ermüdbarkeit
Erregung	Hemmung
Schlaf gestört	Schlaf nicht gestört
Appetit herabgesetzt	Normaler Appetit
Körpergewichtsabnahme	Körpergewicht gleichbleibend
Neigung zum Schwitzen, Nachtschweiß, feuchte Hände	Thermoregulation normal
Halonierte Augen, Blässe	–
Neigung zum Kopfschmerz	Klarer Kopf
Herzklopfen, Herzdruck, Herzstiche	–
Ruhepuls beschleunigt	Bradykardie
Grundumsatz gesteigert	Grundumsatz normal
Körpertemperatur leicht erhöht	Körpertemperatur normal
Ausgeprägter roter Dermographismus	–
Verzögerte Einstellung der Herzfrequenz auf Ruhewerte nach Belastung	Schnelle Kreislaufberuhigung nach Belastung
Blutdruck uncharakteristisch	Unter und nach Belastung oft Erhöhung des diastolischen Blutdrucks auf > 100 Torr
Abnorme Hyperpnoe unter Belastung	Keine Atemschwierigkeiten
Überempfindlichkeit gegenüber Sinnesreizen (besonders akustischer Art)	–
Bewegungsablauf wenig koordiniert, oft überschießend	Bewegungsablauf eckig und ungenügend koordiniert (nur bei höherer Belastungsintensität)
Reaktionszeit verkürzt, allerdings viele Fehlreaktionen	Reaktionszeit normal oder verlängert
Tremor	–
Erholung verzögert	Gute bis sehr gute Erholungsfähigkeit
Innere Unruhe, leichte Erregbarkeit, Gereiztheit, Depression	Phlegma, normale Stimmungslage

Tab. 35   Symptome und Zeichen der Erscheinungsformen des Übertrainings (nach *Israel* 1976, 2).

Das Übertraining

Als Folge einer vernachlässigten Erholung können sich chronische Überforderungssyndrome verschiedener Natur entwickeln, und zwar sowohl im physischen als auch im psychischen Bereich; sie können z. T. unter der Bezeichnung „Übertraining" erfaßt werden (*Weineck* 1983, 311). Dabei ist unter „Übertraining" eine Überforderung zu verstehen, die die Summe übermäßiger Reize darstellt: zu hartes Training, berufliche und private Überlastungen, Schlafmangel, Fehlernährung und andere Störgrößen (*Keul* 1978, 238; *Findeisen/Linke/Pickenhain* 1976, 248; *Israel* 1976, 1 f.).

Basedowoides Übertraining	Addisonoides Übertraining
Ausschaltung aller sozialen und biologischen Faktoren, die den Eintritt eines Übertrainings fördern	
Erhebliche Reduktion des Spezialtrainings: Grundlagenausdauer, keine Intensität; In schweren Fällen Übergang auf aktive Erholung: Schwimmen, lustbetonte Spiele, leichte entspannende Gymnastik	Reduktion des Trainingsumfanges; Wechseltraining, Intervalltraining mit (wenigen) hochintensiven Einlagen. Spiele, Gymnastik (Lockerungs-, auch Schnellkraftübungen)
Milieuwechsel angebracht (Mittelgebirge)	Evtl. Milieuwechsel
Leichte Ultraviolettbestrahlung	Licht- und Wetterreize
Leichte Massage, Bäder mit indiff. Temperatur mit Zusätzen (Brom, Baldrian u. a.)	Durchgreifende Massage, drastische Wasseranwendung (Reizguß u. ä.) CO_2-Bäder
Milde Saunaanwendung	Kurze drastische Saunaanwendungen mit zwischengeschalteten Kaltwasserapplikationen
Vollwertige, reichhaltige Ernährung: basische Kost, zusätzlich Polyvitaminpräparate (A, B, C); nicht über 2 g Protein/Tag, evtl. Stomachika	Vollwertige, der Energieausgabe entsprechende Ernährung: säuernd, vitaminreich, proteinreich
Evtl. Psychopharmaka; Sedativa, Tonika, Alkohol in kleinen Dosen (Stomatikum, Sedativum), Einschlafmittel	Keine Medikamente; Bohnenkaffee ($\sim$ 0,2 g Coffein)
Psychotherapie: dämpfend, entspannend	Psychotherapie: aktivierend

Tab. 36 Maßnahmen zur Behandlung des Übertrainings (nach *Israel* 1976, 8).

Ursachen im Bereich des sportlichen Trainings selbst können sein:
– Zu schnelle Steigerung der Trainingsquantität bzw. -intensität.
– Übermäßig forcierte technische Schulung schwieriger Bewegungsabläufe.
– Zu starke Einseitigkeit der Trainingsmethoden und -inhalte.
– Wettkampfmassierung mit unzureichenden Erholungsintervallen.

Grundsätzlich unterscheidet man zwischen einem *basedowoiden* (sympathikotonen) und *addisonoiden* (parasympathikotonen) Übertraining. Eine Übersicht über die Symptome dieser beiden Formen des Übertrainings vermittelt die Tabelle 35.

Das *basedowoide* Übertraining ist gekennzeichnet durch ein Überwiegen von Erregungsprozessen und verstärkte Antriebsfunktion. Die Erholung nach Belastung ist ungenügend und erfolgt verzögert (*Findeisen/Linke/Pickenhain* 1976, 248). Diese Form des Übertrainings ist leicht zu diagnostizieren, da sich der Sportler krank fühlt und eine Vielzahl an Indikatorsymptomen vorliegt.

Das *addisonoide* Übertraining ist charakterisiert durch das Überwiegen von Hemmungsfunktionen, körperlicher Schwäche und Antriebslosigkeit. Der Sportler ist außerstande, die für den sportlichen Wettkampf erforderlichen Energien zu mobilisieren. Diese Form des Übertrainings ist oftmals schwierig zu erkennen, da unter Ruhebedingungen bisweilen keinerlei Störungen auftreten und ihr Beginn schleichend ist (*Israel* 1976, 2).

Maßnahmen zur Behebung der beiden Formen des Übertrainings sind aus Tabelle 36 zu ersehen.

Das *basedowoide* Übertraining läßt sich bei entsprechender Behandlung meist innerhalb von 1–2 Wochen vollständig beseitigen. Mit dem Verschwinden der Symptomatik und der Wiederkehr des Wohlbefindens kann das Spezialtraining wieder aufgenommen werden. Um Rückfälle zu vermeiden, ist anschließend eine allmähliche Belastungssteigerung zu empfehlen.

Das *addisonoide* Übertraining läßt sich innerhalb von Wochen und Monaten beheben. Nach Wiederaufnahme des Spezialtrainings sollte die ursprüngliche Belastungshöhe erst nach etwa 6 Wochen erreicht sein (in Anlehnung an *Israel* 1976, 9).

Literatur

1. *de Marées, H.:* Sportphysiologie. Troponwerke, Köln-Mühlheim 1979
2. *Findeisen, D. G. R., P.-G. Linke, L. Pickenhain:* Grundlagen der Sportmedizin. Barth, Leipzig 1980 u. 1976
3. *Hollmann, W., T. Hettinger:* Sportmedizin – Arbeits- und Trainingsgrundlagen. Schattauer, Stuttgart–New York 1980
4. *Israel, S.:* Zur Problematik des Übertrainings aus internistischer und leistungsphysiologischer Sicht. Med. u. Sport 1 (1976), 1–12
5. *Jakowlew, N.:* Die biochemischen Grundlagen der Ermüdung und ihre Bedeutung in der sportlichen Praxis. Leistungssport 6 (1978), 513–516
6. *Keul, J.:* Training und Regeneration im Hochleistungssport. Leistungssport 3 (1978), 236–246
7. *Müller, E. A.:* Die physische Ermüdung. Handbuch der ges. Arbeitsmed. Bd. I: Arbeitsphysiologie. Urban und Schwarzenberg, Berlin–München –Wien 1961
8. *Nitsch, J.:* Theorie und Skalierung der Ermüdung. Köln 1970
9. *Nöcker, J.:* Physiologie der Leibesübungen. Enke, Stuttgart 1976
10. *Oggioni, G.:* Le alterazione del recitolo neurofibrillare neduzellulare nella fatica sperimenta. Riv. Pat. nerv. ment. 50 (1937), 548
11. *Simonson, E.:* Physiology of work capacity and fatigue. C. C. Thomas, Springfield (Illinois), 1971
12. *Schmidtke, H.:* Die Ermüdung. Huber, Bern–Stuttgart 1965
13. *Stegemann, J.:* Leistungsphysiologie. Thieme, Stuttgart 1971
14. *Weineck, J.:* Optimales Training. perimed Fachbuch-Verlagsgesellschaft, Erlangen 1983
15. *Wolkow, W.:* Ermüdung und Wiederherstellung im Sport. Leistungssport 3 (1974), 167–184

Erholung und Wiederherstellung nach sportlicher Belastung und ihre Bedeutung für die sportliche Leistungsfähigkeit

Die enge dialektische Verknüpfung von Belastung und Wiederherstellung läßt insbesondere im Spitzensport mit seinen außergewöhnlichen Anforderungen an Umfang und Intensität der Trainingsreize eine zunehmend differenzierte Berücksichtigung nicht nur der Belastung, sondern auch der Erholung als dringend notwendig erscheinen. Eine Steigerung der sportlichen Leistungsfähigkeit im Spitzensport scheint nur noch unter gezielter Einsetzung allgemeiner und spezifischer Wiederherstellungsmethoden und -maßnahmen möglich, da die heutigen Trainingsmethoden und -maßnahmen bereits optimal entwickelt wurden und eine weitere Steigerung von Umfang und Intensität kaum mehr zu verwirklichen ist.

Obwohl beim Training die Ermüdungsgrenzen in Abhängigkeit vom Niveau des Trainingszustandes immer mehr hinausgeschoben werden, kommt der anschließenden Wiederherstellung eine zunehmende Bedeutung zu. Die alleinige Betrachtung der Belastungsseite bzw. die ungenügende Berücksichtigung der Wiederherstellungsperiode kann unter Umständen zu einer schleichenden Verarmung der Energiereserven des Sportlers und damit zu einem Abfall seiner Leistungsfähigkeit führen. Trainingsbelastung und anschließende Wiederherstellung sind demnach eng miteinander verbunden und bedingen sich gegenseitig (*Talyschjow* 1973, 1637; *Scheibe* 1979, 47). Darüber

hinaus ist ein rationelles System von Belastung und Erholung eine der wichtigsten Bedingungen zur Steigerung der Effektivität des Trainings (*Wolkow* 1974, 167). In diesem Zusammenhang ist vor allem die Heterochronizität (zeitliche Staffelung) der Wiederherstellung zu berücksichtigen: Bei der Einschätzung des Einflusses der vorangehenden Belastung auf die nachfolgende, bei der Beurteilung der Wirksamkeit einer oder einer Vielzahl von Trainingseinheiten mit unterschiedlicher strukturell-morphologischer oder energetischer Zielrichtung muß daher unbedingt der gezielte Einfluß der Trainingsbelastungen auf den Organismus des Sportlers beachtet werden (*Wolkow/Lugowzew* 1979, 122).

Innerhalb der verschiedenen Wiederherstellungsmaßnahmen scheint eine Einteilung in *aktive* (z. B. Auslaufen), und *passive* Maßnahmen (z. B. Massage, Sauna) angebracht, da ihre Effektivität unterschiedlich zu bewerten ist.
Roth/Voss/Unverricht (1973, 271 f.) konnten zeigen, daß durch dynamische Muskelarbeit eine Durchblutungserhöhung – sie ist für den raschen Abtransport von Stoffwechselschlacken von Bedeutung– um etwa das 6fache erzielt werden konnte, bei den verschiedenen Massageformen hingegen nur bedeutend niedrigere Werte.
Neben *aktiven* und *passiven* Wiederherstellungsmaßnahmen kommen im Sport zur Erholungsoptimierung auch *psychologische* Maßnahmen zur Anwendung. Hierbei ist insbesondere das autogene Training von Bedeutung (s. S. 472).

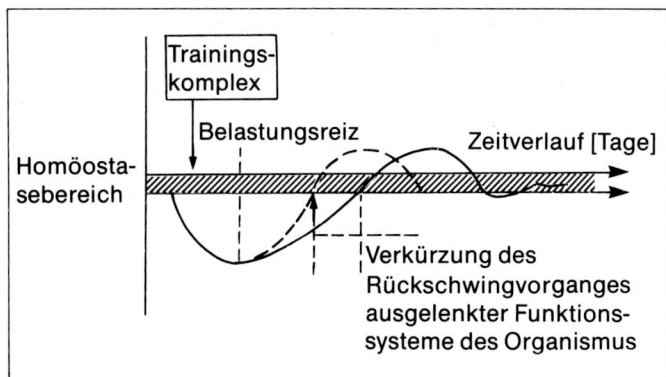

Abb. 225 **Beschleunigung von Wiederherstellungsvorgängen bei gezielter Beeinflussung durch aktive Maßnahmen während der Phase der Kompensation (nach *Gottschalk/ Winter* 1984, 171).**

Die Bedeutung der aktiven Erholung

Unter *aktiver Erholung* versteht man alle Maßnahmen, die in der ersten Phase der Nachbelastung *aktiv* zu einer möglichst raschen und vollständigen Erholung und Wiederherstellung führen.

Innerhalb des Trainingsprozesses dient die aktive Erholung dem Ziel, den Trainingszustand auf einem solchen Niveau zu halten, daß anschließend erneut planmäßig hohe sportliche Leistungen vorbereitet und erzielt werden können (*Findeisen/Linke/Pickenhain* 1980, 244).

Nur durch eine schnellere Wiederherstellung lassen sich auch mehrere Trainingseinheiten pro Tag optimal für die Verbesserung der sportlichen Leistungsfähigkeit einsetzen.

Als geeignete *aktive Nachbereitungsmaßnahmen* kommen in Frage: lockeres Auslaufen, Ausschwimmen, Ausrudern, Radfahren mit verminderter Geschwindigkeit, Gymnastik mit Dehnungs- und Entspannungsübungen, kleine Spiele, Ergometerfahren u. ä. (*Gottschalk/Winter* 1984, 171).

Nach Belastung ist der Organismus bestrebt, in möglichst kurzer Zeit wieder das Optimum des funktionellen Ausgangszustandes – die *Homöostase* – für ausgelenkte Funktionssysteme zu erreichen, insbesondere die *Normalisierung* der Herz-Kreislauf-Regulation, des Säure-Basen-Gleichgewichts, des neuromuskulären Systems, des zentral- und psychonervalen Systems, der Thermoregulation, sowie die Regenerierung der energiereichen Phosphate, die Umverteilungen im Flüssigkeits- und Mineralhaushalt und den Beginn anaboler Stoffwechselprozesse etc.

Wie Abbildung 225 aufzeigt, kommt es durch aktive Erholungsmaßnahmen zu einer Verkürzung des Rückschwingvorganges ausgelenkter Funktionssysteme des Organismus nach Belastung.

Die in der unmittelbaren Nachbelastungsphase besonders intensiv ablaufenden Stoffwechselprozesse und die erhöhte Anflutung verschiedener Stoffwechselzwischen- und -endprodukte werden durch eine frühzeitige, erneute Belastung geringerer Intensität und bestimmter Dauer (s. u.) besser bewältigt. Die Umstellung der Leistungen der Organe und Funktionssysteme auf den Ruhezustand und besonders der Abbau saurer Stoffwechselprodukte und anderer Stoffwechselmetaboliten werden durch geeignete Folgebelastungen (s. o.) in aerober Stoffwechsellage begünstigt (*Gottschalk/Winter* 1984, 171).

Wie verschiedene Untersuchungen zeigen (*Beckmann* et al. 1983, 87; *Kindermann*

1978, 35; *Schöner* et al. 1983, 571) führt eine sportartspezifische aktive Erholung in allen Fällen zu einer wesentlichen Beschleunigung des Abbaus des Nachbelastungslaktats.

> Bei *aktiver Erholung* ist die Laktatelimiminationszeit gegenüber passiver Erholung auf ein Drittel verringert.

Aktive Erholung führt neben einer rascheren Eliminierung von Ermüdungsstoffen auch zu einer schnelleren Umstellung vom ergotropen sympathischen auf das trophotrope vagotone Nervensystem: Die Leistungshormone Adrenalin, Noradrenalin u. a. (s. Kap. Hormone, S. 148) werden durch aktive Erholung schneller eliminiert – ihr Abbau erfolgt vorwiegend oxidativ, insbesondere in der Leber –, und der Sportler sichert seinem Organismus damit durch die rascher und ausgeprägter eintretende *vagotone Nachschwankung* nach Ablauf der Belastungsphase einen schneller und intensiver verlaufenden Erholungsprozeß.

Bei der Durchführung aktiver Erholungsmaßnahmen sollten jedoch einige Grundsätze beachtet werden:

> – Aktive Erholungsmaßnahmen sind vor allem dann notwendig, wenn eine starke Laktatanhäufung im Organismus eingetreten ist (wie z. B. nach einem 400-m-Lauf).
> Die maximale Laktateliminationsgeschwindigkeit liegt bei einer Belastungsintensität vor, die einer Arbeit im Bereich der „aeroben Schwelle" entspricht (2 mmol Laktat pro l). Diese Intensität hat ihr Äquivalent in einer Herzfrequenz von etwa 120–140 Schlägen pro Minute oder in einer Beanspruchung von weniger als 70% der maximalen sportlichen Leistungsfähigkeit oder

in einer maximalen Sauerstoffaufnahme von 50–60% des Maximums.

> – Die wiederherstellungsfördernde aktive Erholungsmaßnahme sollte in enger zeitlicher Bindung an die Hauptbelastung erfolgen.

> – Die aktiven Erholungsmaßnahmen sollten 45 Minuten nicht überschreiten, da längerdauernde Belastungen nicht mehr der eigentlichen Zielstellung des Ausgleichs entsprechen und z. B. zu weiteren Belastungen des Herz-Kreislauf-Systems, einem weiteren Substratverbrauch sowie nicht erforderlichen Belastungen des Binde- und Stützgewebes u. a. führen würden (*Gottschalk/Winter* 1984, 171).
> – Bei Trainings- oder Wettkampfbelastungen, die zu einer starken Entleerung der Energiedepots führen, sind gleichartige erneute spezifische Belastungen unbedingt zu vermeiden. Sie würden zu einer weiteren Ausschöpfung der Energiedepots führen und die Wiederherstellungsprozesse damit verzögern. In derartigen Fällen sollten besonders Muskelgruppen beansprucht werden, die durch die vorausgegangene Belastung weniger entleert wurden.

> – Zur Wiederherstellung nach hohen psychischen Belastungen sollte auf aktive Maßnahmen (z. B. Lockerungs- und Entspannungsübungen) zurückgegriffen werden, die die psychische Regenerierung unterstützen.

> – Nach Belastungen, die zu einer starken geistigen oder emotionalen Ermüdung führen, ist auf einen Wechsel der sportlichen Betätigung zu achten, um die Wiederherstellungsprozesse zu beschleunigen (*Gottschalk/Winter* 1984, 171/172).

Zusammenfassend läßt sich feststellen, daß für die aktive Erholung im Trainingsprozeß eine Belastungsgestaltung zu wählen ist, bei welcher in der Belastungsfolge unterschiedliche Funktionssysteme beansprucht oder bereits ausgelenkte Systeme im Vergleich zu den vorangegangenen Belastungen in geringerer Reizstärke angesprochen werden. Dadurch sind bereits während des Trainings kompensierende und die Erholungsprozesse optimierende Trainingseffekte möglich. Aktive Erholungsmaßnahmen setzen – sollen sie effektiv eingesetzt werden – ein relativ hohes Maß an allgemeiner Grundlagenausdauer voraus.

Die Bedeutung passiver und psychologischer Wiederherstellungsmaßnahmen

Passive Maßnahmen, wie z. B. Massage (s. S. 486), Sauna (s. S. 474) etc., sollten im Sport ergänzend oder unter gezielter Indikationsstellung zur Anwendung gelangen. Insbesondere bei einer sich langsam entwickelnden Erholung nach erschöpfenden Belastungen sind passive Erholungsmaßnahmen notwendig, wobei vor allem auf die Vollwertigkeit des Nachtschlafes geachtet werden sollte, weil hierbei der Großteil der Restitution vor sich geht (*Jakowlew* 1978, 516).

Die Bedeutung des Schlafes für die Wiederherstellung

Während des Schlafes breitet sich über die Hirnrinde eine Schutzhemmung aus, die eine Regeneration der Hirnzellen bewirkt. Die angefallenen Stoffwechselprodukte werden entfernt und die Hirnrinde wird so vor Überbelastungen geschützt (*Harre* 1976, 265).

Der gesunde Schlaf ist durch entsprechende Schlaftiefe und ein schnelles Einschlafen gekennzeichnet. Schlaf und Entspannung sind wesentlich für die Regenerierung des Organismus und mitbestimmend für die physische und geistige Leistungsfähigkeit (*Keul* 1973, 33). Welchen Wert ausreichender Schlaf im Trainingsprozeß hat, ist allein daraus ablesbar, daß im Schlaf das Wachstumshormon, dem beim Erwachsenen für die Regeneration und das Zellwachstum große Bedeutung zukommt, ausgeschüttet wird (*Keul* 1978, 243). Schlafstörungen können zum einen die Ausschüttung dieses Hormons und damit die Erholungsfähigkeit beeinträchtigen, zum anderen können sie auch als Indiz bzw. als Co-Faktor für einen Übertrainingszustand gewertet werden.

Von welcher Bedeutung der Schlaf für den Leistungssport ist, geht aus Untersuchungen von *Ehrenstein* (1972, 153 f.) hervor. Nach *Ehrenstein* führt dauernder Schlafentzug zu tagesrhythmischer, wiederkehrender Müdigkeit, die schon nach 48–72 Stunden in einen kaum beherrschbaren Schlafdrang übergeht und mit Kraftlosigkeit und Tonusverlust der Muskulatur, Konzentrationsschwäche und Reizbarkeit verbunden ist. Der Wechsel vom Wachzustand am Tage und nächtlichem Schlaf ist nach *Ehrenstein* beim jugendlichen Menschen voll ausgebildet und bedingt u. a. seine Leistungsfähigkeit. Der Leistungsverlust des alten Menschen hingegen ist nach seiner Meinung mit einem Abflachen der 24-Stunden-Periodik des Schlaf- und Wachrhythmus verbunden, mit leichtem Schlaf und häufigen Wachphasen in der Nacht und Perioden gesteigerter Müdigkeit am Tage.

Für den Sportler wichtig ist weiterhin das Problem des Tag- bzw. Nachtschlafes, wie er sich bei Veränderung des zirkadianen Rhythmus durch Flüge zu Wettkämpfen in Ländern mit einem Zeitzonenwechsel einstellt. Da der Tagschlaf nach *Ehrenstein* charakterisiert ist durch einen Mangel an leichtem Schlaf und ein gewisses Defizit an Paradox- bzw. REM-Schlaf (im Laufe der Nacht kehren Zyklen von Normal- und Paradox-schlaf 4- bis 5mal wieder; ihr Entzug führt nach bestimmter Zeit zu Verstimmung und Gereiztheit) sowie eine Tendenz zum zwischenzeitlichen Erwachen und erschwerten Wiedereinschlafen, so kann es leicht zum Auftreten eines Schlafdefizits kommen. Warum der Schlaf bzw. sein Mangel gerade für den Sportler wichtig ist, läßt sich auch aus den Untersuchungsergebnissen von *Copes/Rosentswieg* (1972, 17 f.) ersehen: Im Schlafentzugsversuch konnte gezeigt werden, daß die Effektivtität der motorischen Eigenschaften Gewandtheit, Ausdauer, Schnelligkeit und Schnellkraft etc. signifikant beeinträchtigt wurde.

Autogenes Training (AT) und Erholung nach sportlicher Belastung

Das AT (*Weineck* 1983, 267) spielt im Sportbereich vor allem eine Rolle bei der Erholung und Wiederherstellung der physischen und psychischen Potenzen des Sportlers, der sich im Wettkampf extremen Belastungssituationen ausgesetzt hat und gezwungen ist, schnellstmöglich physische Erschöpfungszustände und psychische Übererregungszustände zu beseitigen.

Wird das AT beherrscht, so kommt es in kurzer Zeit zu einer Beseitigung bzw. Verringerung der körperlichen Ermüdung und zum Abbau emotionaler Spannungen. Nach *Genova* (1971, 233) hat die 5minütige Erholung über AT einen größeren Einfluß auf die Wiederherstellung der psychischen Funktionen als eine einstündige Erholung ohne AT.

Nicht in jedem Falle ist jedoch die Durchführung des AT in beliebiger Form zweckmäßig. *Cernikova/Daskevic* (1972, 817) weisen darauf hin, daß die Anwendung der für die ärztliche Praxis erarbeiteten Texte des AT, die eine tiefe Entspannung und Beruhigung *ohne* Aktivierung zum Ziel haben, im Sport unzweckmäßig ist; sie kann sogar zu einer Verminderung der Leistungsfähigkeit

im Wettkampf führen, da die vorherige totale Entspannung noch lange anhält und so zu einer u. U. allgemeinen physischen und psychischen Schlappheit führt. Im Sport ist demnach im Anschluß an das AT eine entsprechende Aktivierung des Sportlers vonnöten.

Das AT muß nicht bei jedem Sportler zum schnellen Erfolg führen, da die Erlernzeit in Abhängigkeit von individuellen Besonderheiten relativ lang sein kann. Ein nur unvollkommen beherrschtes, unter Leistungsdruck erlerntes bzw. nur sporadisch praktiziertes AT ist oftmals unwirksam, da die Bahnung und Automatisierung der bedingten Reflexe bzw. die gegenseitige Beeinflussung von Übung und Formel einerseits und physiologischer Antwort andererseits noch nicht gefestigt oder schon wieder verlustig gegangen sind.

Literatur

1. *Beckmann, G., H. Liesen, A. Mader, W. Hollmann:* Untersuchung über den Einfluß sportartspezifischer aktiver Erholung auf die Laktatelimination nach maximalen Leistungen im Schwimmen. In: Sport: Leistung und Gesundheit. *Heck, H., W. Hollmann, H. Liesen, R. Rost* (Hrsg.). Deutscher Ärzte-Verlag, Köln 1983
2. *Cernikova, O., O. Daskevic:* Die aktive Selbstregulierung emotionaler Zustände des Sportlers. Theorie u. Praxis der Körperkultur 9 (1972), 811–835
3. *Copes, K., J. Rosentszwieg:* The effects of sleep deprivation upon motor performance of ninth-grade students. J. Sportmed. 12 (1972), 47 f.
4. *Ehrenstein, W.:* Die Bedeutung des Schlafes für den Leistungssportler. Sportarzt u. Sportmed. 7 (1972), 153–155
5. *Findeisen, D. G. R., P.-G. Linke, L. Pickenhain:* Grundlagen der Sportmedizin. Barth, Leipzig 1980
6. *Genova, E.:* Veränderung einiger psychischer Funktionen bei Leichtathleten während der Wiederherstellung nach Trainingsbelastungen unter dem Einfluß autogener Mittel. Theorie u. Praxis der Körperkultur 3 (1971), 233–236
7. *Gottschalk, K., R. Winter:* Zu einigen sportmedizinischen Aspekten der Beschleunigung von Wiederherstellungsprozessen im sportlichen Training. Med. u. Sport 24 (1984), 6, 168–173
8. *Harre, D.:* Trainingslehre. Sportverlag, Berlin 1976

9. *Jakowlew, N.:* Die biochemischen Grundlagen der Ermüdung und ihre Bedeutung in der sportlichen Praxis. Leistungssport 6 (1978), 513–516

10. *Keul, J.:* Problematik der Regeneration in Training und Wettkampf aus biochemischer und physiologischer Sicht. Leistungssport 1 (1973), 24–33

11. *Keul, J.:* Training und Regeneration im Hochleistungssport. Leistungssport 3 (1978), 236–246

12. *Kindermann, W.:* Regeneration und Trainingsprozeß aus medizinischer Sicht. Leistungssport 4 (1978), 348–358

13. *Roth, J., B. Voss, A. Unverricht:* Untersuchungen über den Einfluß von Massagen und dynamischen Muskelkontraktionen zur Optimierung des Erholungsprozesses, dargestellt an der J^{131}-Natrium-Hippurat-Clearance. Med. u. Sport 9 (1973), 271–274

14. *Scheibe, J.:* Belastungsverarbeitung im Prozeß der Anpassung. Theorie und Praxis der Körperkultur (1979), 47–49

15. *Schöner, I., H. Liesen, A. Mader, W. Hollmann:* Der Einfluß aktiver Erholung unterschiedlicher Intensität auf die Laktateliminationsgeschwindigkeit nach anaeroben Tests bei Radamateuren. In: Sport: Leistung und Gesundheit. *Heck, H., W. Hollmann, H. Liesen, R. Rost* (Hrsg.). Deutscher Ärzte-Verlag, Köln 1983

16. *Talyschjow, F.:* Training und Wiederherstellung. Lehre der Leichtathletik 48 (1973), 1637

17. *Weineck, J.:* Optimales Training. perimed Fachbuch-Verlagsgesellschaft, Erlangen 1983

18. *Wolkow, N.:* Ermüdung und Wiederherstellung im Sport. Leistungssport 3 (1974), 167–184

19. *Wolkow, W., W. Lugowzew.:* Zur Begründung des spezifischen Einflusses von Trainingsbelastungen auf die Wiederherstellungsprozesse. Leistungssport 2 (1979), 122–127

Die Wirkungen der finnischen Sauna auf den menschlichen Organismus

Die finnische Sauna stellt ein Zweiphasenbad dar, in dem Erwärmung und Abkühlung miteinander abwechseln. Die Lufttemperatur liegt im Saunaraum zwischen 80 und 120 Grad, die relative Luftfeuchtigkeit bei 5–15%.

Für ein gut verträgliches Saunabad haben sich eine Temperatur von 80–90° C und eine relative Luftfeuchtigkeit von 10–15 bzw. 5–10% als optimal erwiesen (*Krauss* 1979, 138).

Pro Saunabad sollten je nach Verträglichkeit und Gewohnheitsgrad 1–3 Saunagänge von einer jeweiligen Dauer von 8–12 Minuten absolviert werden. Die der Heißluftapplikation sich anschließende Abkühlphase sollte aus einem 8–12minütigen Frischluftaufenthalt und einer anschließenden Kaltwasseranwendung bestehen und von einer etwa 15minütigen Ruhephase gefolgt werden. Ein kompletter Saunagang setzt sich demnach aus einer Erwärmungs-, Abkühlungs- und Ruhephase zusammen.

Aus der Folge von Erwärmung und Abkühlung (mit anschließender Ruhephase) ergeben sich die spezifischen Wirkungen der Sauna.

Physiologische Reaktionen des menschlichen Organismus bei der Saunaanwendung

Reaktionen in der Wärmephase

Während der Erwärmungsphase kommt es im Körper zu einer milden *Hyperthermie* (Überwärmung) (*Krauss* 1975, 139) mit all ihren unmittelbaren und mittelbaren Folgen.

Durch die im Saunaraum vorliegende hohe Umgebungstemperatur wird dem Körper Wärme zugeführt, bei gleichzeitiger Behinderung der Wärmeabgabe. Bereits nach einigen Minuten Saunaaufenthalt kommt es daher zum Einsetzen der Schweißsekretion und in der Folge zu einer starken Zunahme der Schweißabgabe: Pro Minute verliert der Körper im Mittel etwa 20–40 Gramm Schweiß (*Bramböck/Knoth* 1973, 25).

Obwohl aufgrund der geringen relativen Luftfeuchtigkeit im Saunaraum etwa 75% der gebildeten Schweißmenge auf der Haut verdunsten können und so dem Körper Wärme entziehen (*de Marées* 1979, 391), reicht diese Maßnahme des Organismus nicht aus, die Körpertemperatur konstant zu halten. Die Wärmezufuhr übersteigt die Wärmeabgabe, und es kommt zu einem sukzessiven Anstieg zunächst der Haut- und dann der Körperkerntemperatur.

Der Anstieg der Hauttemperatur – sie erhöht sich von normal 30–32° C um 10° auf etwa 40–42° C – führt zu einer Umkehr des Temperaturgefälles Körperkern-Haut.

Über *Leitung* (von Gewebsabschnitt zu Gewebsabschnitt) und insbesondere über *Konvektion* (via Blutstrom) wird dem Körperkern zusätzlich zur eigenen Wärmeproduktion Wärme von außen zugeführt, die Körperkerntemperatur erhöht sich dadurch um etwa 2° C (*Bramböck/Knoth* 1973, 25).

Das erwärmte Blut passiert auch das Temperaturzentrum im Zwischenhirn (s. S. 569) und führt zu einer Weitstellung der Hautgefäße und zu einer Aktivierung der Schweißdrüsen. Die vermehrte Hautdurchblutung wird durch einen Anstieg des Herzzeitvolumens ermöglicht. Über die Aktivierung des *Sympathikus* kommt es während des Saunaaufenthaltes zu einem kontinuierlichen Anstieg der Herzfrequenz – sie steigt um etwa 50% an – sowie zu einer Zunahme des Schlagvolumens und somit zu einer Erhöhung des Herzminutenvolumens, das sich nahezu verdoppelt (*Fritzsche/Fritzsche* 1975, 19). Die vermehrte Haut- und Muskeldurchblutung wird durch die hyperthermiebedingte Entleerung der Blutdepots (Leber, Milz, Magen-Darm-Trakt) und die nachfolgende Blutumverteilung in Richtung Peripherie gewährleistet (*Scheele* 1977, 54).

Aufgrund der Abnahme des peripheren Widerstands – er sinkt um 42–46% (*Fritzsche/Fritzsche* 1975, 20) – bedeutet die Zunahme der Herztätigkeit während der Wärmeapplikation keine nennenswerte Mehrarbeit für das Herz.

Da die Hyperthermie zu einer Weitstellung der Herzkranzgefäße führt und somit die Versorgung des Herzens mit Sauerstoff und energiereichen Substraten verbessert, ist die wärmebedingte Mehrarbeit des Herzens auch unter diesem Aspekt optimal abgesichert.

Der *arterielle Blutdruck* zeigt in der Wärmephase kein einheitliches Verhalten: Z. T. ist ein geringfügiger Anstieg, z. T. ein Abfall der systolischen und diastolischen Blutdruckwerte festzustellen (u. a. *Brömme/Burba/Conradi* 1977, 193). Offensichtlich werden im Normalfall die arteriellen Blutdruckwerte durch die Gegenläufigkeit peripherer und zentraler Mechanismen – Abnahme des peripheren Widerstandes bzw. Zunahme des Herzminutenvolumens – kaum beeinflußt. Nur bei *Hypertonikern* (Hochdruckkranken) bzw. *Hypotonikern* (Personen mit zu niedrigem Blutdruck) konnte man deutliche Blutdrucksenkungen bzw. einen Anstieg auf Normalwerte beobachten (*Fritzsche/Fritzsche* 1975, 21).

Parallel zum Anstieg der Herzfrequenz erhöhen sich die *Atemfrequenz* und das *Atemzugvolumen*, was zu einem vermehrten *Atemminutenvolumen* führt. Durch das gesteigerte Atemzeitvolumen versucht der Organismus die durch die Erwärmung der Luft verringerte Sauerstoffaufnahme in das Blut bei erhöhtem Bedarf auszugleichen. Die verringerte Sauerstoffaufnahme ist auf eine Rechtsverschiebung der Sauerstoffbindungskurve (s. S. 129) und eine Verdünnung der Luft bei Wärme zurückzuführen. Im heißen Saunaraum kühlen die Schleimhäute des Mund-Nasen-Rachenraumes über eine 7fach erhöhte Mehrdurchblutung die geatmete Raumluft von 80–90°C auf etwa Körpertemperatur ab. Durch das aus den Schleimhäuten herzwärts abfließende Blut wird sehr viel Wärme in Richtung Körperinneres abgeführt, die Lungenoberflächen werden wie im Fieber um etwa 1–2°C erwärmt, und die insgesamt erhöhte Bluttemperatur führt zu einer verringerten Sauerstoffbindung (*Fritzsche/Fritzsche* 1975, 15). Zusammen mit dem erniedrigten Sauerstoffgehalt der durch Wärme ausgedehnten Luft kommt es demnach zu einer verringerten Gesamtsauerstoffaufnahme, die durch eine Atemmehrarbeit kompensiert werden muß.

Da in der Aufwärmphase die Körperkerntemperatur um 1–2°C angehoben wird, steigt nach der RGT-Regel (s. S. 451) der Stoffwechsel des Gesamtorganismus an. Der Energieumsatz erhöht sich um 20–40%. Vor allem in der Haut – sie erfährt mit etwa 10°C die höchste Temperatursteigerung im Körper – erhöht sich der Stoffwechsel der Hautzellen auf das 2- bis 3fache, was sich günstig auf ihre Ernährung und Erneuerung auswirkt (*Fritzsche/Fritzsche* 1975, 15).

Durch die Hyperthermie kommt es zu einer verstärkten Bildung von Abwehrstoffen, die zu einer verbesserten Infektabwehr führen, vor allem im Bereich der oberen Luftwege (*Böttcher/Kiess/Kiess* 1978, 296; *Einenkel* 1977, 1069; *Fritzsche/Fritzsche* 1975, 14).

Die erhöhte Aktivität der Schweißdrüsen – pro cm^2 Haut besitzt der Mensch etwa 100 Schweißdrüsen, ihre Gesamtzahl beträgt etwa 2–3 Millionen – führt zum Phänomen der *Entschlackung* (*Bramböck/Knoth* 1973, 25). Da sich der Schweiß nicht nur aus Wasser zusammensetzt – es macht 98–99% des Schweißes aus –, sondern auch Substanzen wie Milchsäure, freie Fettsäuren, Aminosäuren, Harnstoff, Harnsäure und Elektrolyte (vor allem Natrium) enthält, kommt es im Verlauf des Schwitzvorganges zur Eliminierung einer Reihe von Stoffwechselrückständen (*Gillert* 1973, 19), die sich günstig auf das allgemeine Wohlbefinden bzw. auf eine schnellere Erholung nach sportlichen Belastungen auswirkt.

Die ausgeschiedene Flüssigkeit stammt zunächst aus dem Blut – dadurch erfolgt eine vorübergehende Eindickung des Blutplasmas – und rekrutiert sich in der Folge aus den intrazellulären Wasserbeständen der verschiedenen Gewebe (z. B. des Fett-, Binde- oder Muskelgewebes). Auf diese Art kommt es zu einer Flüssigkeitsverschiebung, die sich vom Intrazellulärraum über den interstitiellen Raum zum Extrazellulärraum (Blutgefäße) bewegt.

Um diese Flüssigkeitsverschiebung mit ihrer *zellentschlackenden Wirkung* nicht zu beeinträchtigen, sollte während der Sauna nicht getrunken werden: Der Entzug von Wasser und Schlackenstoffen würde unterbleiben, da das Blut seine Ergänzung aus dem Magen-Darm-Trakt über die getrunkene Flüssigkeit und nicht aus dem Zellbereich erhält.

Wie bereits erwähnt, führt die Schweißabgabe – bei 3 Saunadurchgängen werden im allgemeinen etwa 1–2 Liter Flüssigkeit abgegeben – nicht nur zu Wasser-, sondern auch zu Elektrolytverlusten. Am meisten kommt es im Schweiß zu einer Ausschwemmung von *Natrium*. Pro Liter Schweiß verliert der Körper etwa 5 g *Natriumchlorid* (Kochsalz). Dabei ist zu beachten, daß sich die Kochsalzausscheidung mit steigender Zahl der

Saunagänge erhöht (*Scheele/Blumenberg* 1978, 172). Allerdings ist ganz allgemein der Elektrolytgehalt bei hitzeadaptierten, saunagewohnten Personen geringer als bei nichtadaptierten: Gegenüber einer mittleren Elektrolytkonzentration von etwa 0,3% – sie wird neben geringen Anteilen von Kalium, Magnesium und Kalzium vor allem durch den Kochsalzanteil bestimmt – sinkt beim Hitzegewohnten die Konzentration bis auf 0,03% ab (*Hensel* 1973, 234). Die Salzverluste fallen demnach beim Hitzeadaptierten wesentlich geringer aus.

Auch der Anteil an Aminosäuren im Schweiß adaptierter bzw. trainierter Personen ist geringer als bei nichtadaptierten bzw. untrainierten Personen (*Liappis* et al. 1980, 64). Saunagewohnte Personen weisen demnach im Schweiß hinsichtlich wichtiger Körpersubstanzen geringere Verluste auf: Ihre Schweißdrüsen haben „gelernt", behutsam mit körpernotwendigen Stoffen umzugehen.

Da die Wasser- und Elektrolytverluste in der Sauna im allgemeinen nach dem Saunabad schnell wieder ausgeglichen werden, ist nur bei 2- und mehrfachem Saunabesuch pro Woche auf eine gezielte Substitution zu achten.

Schließlich führt die Wärmeapplikation noch zur Entspannung der Muskulatur, was sich besonders günstig bei muskulären Verspannungszuständen – muskulärem Hartspann, Myogelosen, muskulär bedingten Wirbelsäulenbeschwerden u. ä. – auswirkt (*Prokop* 1980, 14).

Reaktionen in der Abkühlphase

In der Abkühlungsphase besteht ein großes Temperaturgefälle zwischen der hohen Hauttemperatur – sie erreicht, wie bereits erwähnt, 40° C und darüber – und der Umgebungstemperatur. Der Haut wird deshalb während des Frischluftaufenthaltes und durch die Kaltwasserapplikation – unterstützend wirkt hier die große Oberfläche der

Haut von etwa 1,5–2 m^2 – Wärme entzogen. Bei 18–20°C Raumtemperatur erreicht die Hauttemperatur etwa nach 20 Minuten und die Körperkerntemperatur etwa nach 30 Minuten wieder ihren Ausgangswert (*de Marées* 1979, 395).

Daß es in der Abkühlungsphase bei sachgerechter Durchführung im allgemeinen nicht zur Erkältung kommt, hängt damit zusammen, daß der im Körper in der Erwärmungsphase entstandene Wärmevorrat – er wird auf mindestens 70–80 kcal (entsprechend 280–320 kJ) geschätzt (*Fritzsche/Fritzsche* 1975, 14) – schützend gegen Abkühlmaßnahmen wirkt.

Im einzelnen löst die Abkühlphase im Organismus eine Reihe von Reaktionen aus, die in unterschiedlicher Weise auf die verschiedenen Körpersysteme einwirken.

Die Abkühlphase beginnt normalerweise mit einem etwa 8- bis 12minütigen Frischluftaufenthalt, der einer allmählichen Abkühlung der Körpertemperatur und einer erhöhten Sauerstoffsättigung des Blutes (Linksverschiebung der Sauerstoffbindungskurve) und damit einer verbesserten Sauerstoffversorgung der Gewebe dienen soll.

Dem Frischluftaufenthalt folgt die Kaltwasseranwendung, die in mehr oder weniger modifizierter Form der Belastbarkeit bzw. Verträglichkeit des Einzelnen angepaßt werden kann.

Allgemein muß festgestellt werden, daß die Kaltwasseranwendung in der Abkühlungsphase nicht unproblematisch ist, insbesondere nicht bei Personen mit eingeschränkter Herz-Kreislauf-Leistungsfähigkeit, da es in dieser Phase zu einer schlagartigen Änderung des peripheren Widerstandes (durch Gefäßengstellung), verbunden mit einem mehr oder weniger starken Anstieg der arteriellen Blutdruckwerte und zu einem raschen Abfall der Herzfrequenz kommt: Die Kaltwasserapplikation führt zu einer abrupten Zunahme des diastolischen (allgemein bis 130 mm Hg ≙ etwa 17 kPa), vor allem aber des systolischen Blutdruckes (allge-

mein bis 200 mm Hg ≙ etwa 27 kPa) (*Hüllemann*, in *Müller-Limmroth* 1978, 10).

Intraarteriell wurden beim Eintauchen in ein Kaltwasserbecken sogar Blutdruckwerte von über 300 bzw. 350 mm Hg (etwa 39 bzw. 47 kPa) systolisch und 180 mm Hg (etwa 24 kPa) diastolisch gemessen (*Müller-Limmroth* 1978, 10; *Prokop* 1980, 14; *Hollmann* 1983, 14). Daß diese plötzliche Mehrbelastung Personen mit eingeschränkter Herzleistungsbreite vital gefährden kann, liegt auf der Hand.

Wie die Untersuchungen von *Brömme/Burba/Conradi* (1977, 195) zeigen, kommt es je nach Art der Abkühlung (Dusche oder Tauchbad) zu einem unterschiedlich ausgeprägten Anstieg der arteriellen Blutdruckwerte (Abb. 226).

Abbildung 226 macht deutlich, daß es im *Tauchbad* zu einem höheren Anstieg der arteriellen Blutdruckwerte kommt als durch *Duschabkühlung*. In beiden Fällen sinken die erhöhten Werte jedoch innerhalb von 2 Minuten in etwa auf die Ausgangswerte ab.

Daß die in Abbildung 226 ermittelten Werte deutlich unter den intraarteriell gemessenen liegen, ist sicherlich auf die Art der Meßmethode zurückzuführen. Die bei *Brömme/Burba/Conradi* mittels Blutdruckmessung nach *Riva-Rocci* festgestellten Werte können kurzfristige Blutdruckspitzen im Gegensatz zur intraarteriellen Messung nicht erfassen.

Personen mit eingeschränkter Herzleistungsfähigkeit (alte Menschen, Hypertoniker, Herzkranke) sollten daher in jedem Fall auf das Tauchbad als Abkühlungsmaßnahme verzichten und sich, je nach Verträglichkeit, mit Duschabkühlung oder nur Frischluftabkühlung begnügen.

Die Abkühlphase bewirkt eine Senkung der Atemfrequenz bei erhöhtem Atemzugvolu-

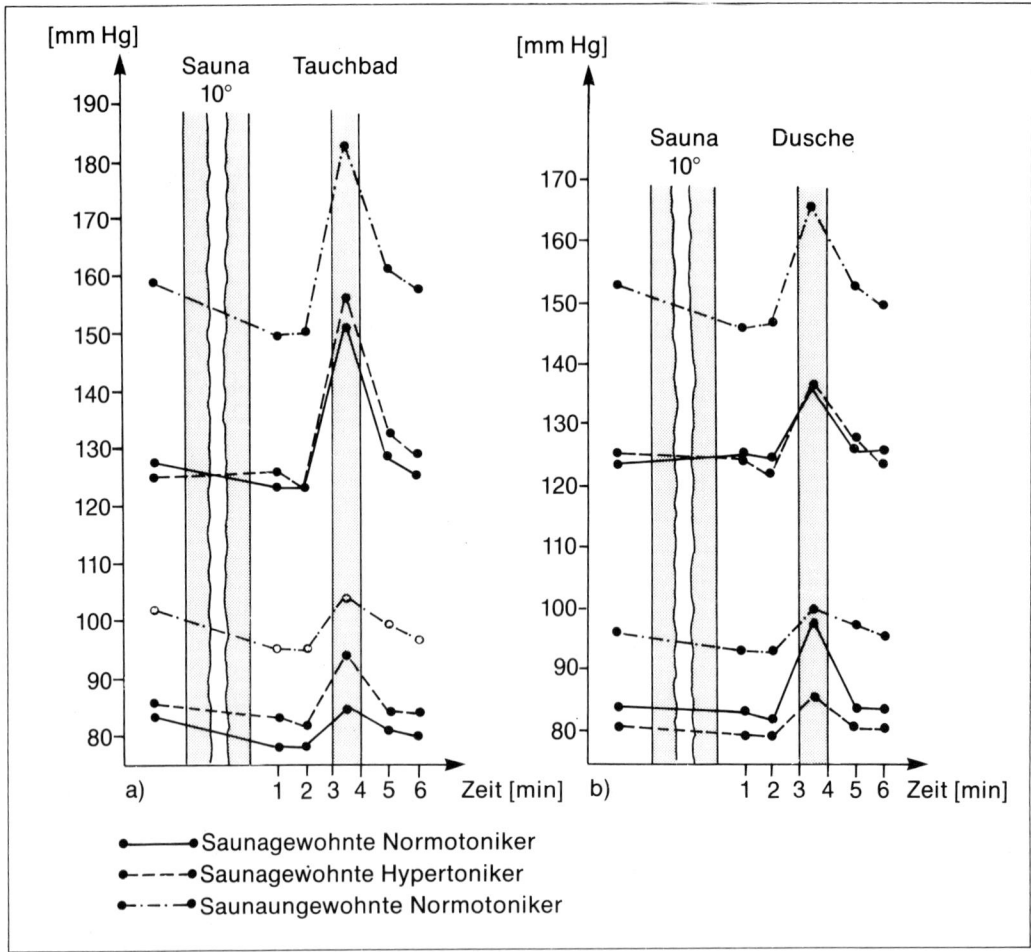

Abb. 226 Das Verhalten des systolischen und diastolischen Blutdruckes während Tauchbad (a) und Duschabkühlung (b) bei saunagewohnten Normotonikern, Hypertonikern und saunaungewohnten Normotonikern (nach
Brömme/Burba/Conradi 1977, 195).

men. Gesicht und obere Extremitäten führen dabei über ihre größere Zahl an Kälterezeptoren zur Auslösung stärkerer atmungs-
beeinflussender Impulse als die unteren Extremitäten (*Krauss* 1975, 140). Parallel zur
Senkung der Atemfrequenz kommt es – je
nach Art der Abkühlung – zu einem mehr
oder weniger raschen Abfall der Herzfrequenz (Abb. 227).

Es zeigt sich, daß die Herzfrequenz durch
Duschabkühlung am langsamsten, durch
Tauchbad mit Untertauchen des Kopfes am

schnellsten abfällt. Die Tauchbadabkühlung
ohne Untertauchen des Kopfes nimmt eine
Mittelstellung ein.

Die festgestellten Unterschiede in den
Herzfrequenz(HF)-Werten   während
der Abkühlung weisen darauf hin, daß
das Herz-Kreislauf-System durch unterschiedliche   Abkühlungsmaßnahmen
und -geschwindigkeiten verschieden
stark belastet wird.

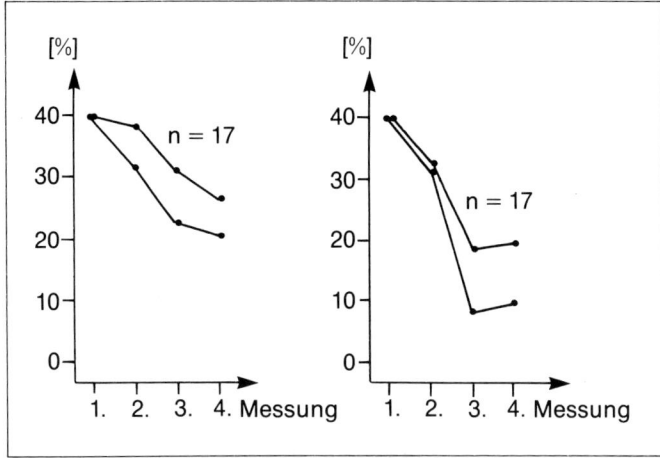

Abb. 227 **Das Sinken der Herzfrequenz (in %) während der Abkühlung in bezug auf die Herzfrequenz (HF) am Ende des Schwitzraum-Aufenthaltes (= 100%). 1. Messung der HF am Ende des Schwitzraum-Aufenthaltes (= 100%), 2. Messung der HF am Beginn der Abkühlung, 3. Messung der HF am Ende der Abkühlung, 4. Messung der HF 1 Minute nach Ende der Abkühlung (nach *Matousek/Pribil* 1979, 67).**

Da im *EKG* von jungen, trainierten Sportlern bei der Abkühlung durch Tauchbad mit Untertauchen des Gesichts – es reagiert aufgrund seiner erhöhten Zahl an Kälterezeptoren (50% aller Kälterezeptoren der Körperoberfläche befinden sich in diesem Bereich, s. S. 478) besonders empfindlich auf entsprechende Reize – bei fast 25% der untersuchten Personen pathologische Veränderungen in der Form atrioventrikulärer Dissoziation, Hemmung der Tätigkeit des Sinusschrittmachers und Geltendmachung des funktionellen AV-Rhythmus sowie mehrere Sekunden andauernde Asystolien beobachtet werden konnten, sollte einer individuell angepaßten Abkühlung besondere Aufmerksamkeit geschenkt werden (*Matousek/Pribil* 1979, 68).

Um den bei der Abkühlung eintretenden „Kältestreß" abzumildern, sollte die Abkühlung darüber hinaus über die unteren Extremitäten (von peripher nach zentral zur Verbesserung des venösen Blutrückstromes zum Herzen) allmählich in Richtung Kopf fortschreiten.

Schließlich bewerkstelligt die der Wärmephase nachfolgende Abkühlung durch den Wechsel von extremer Vasodilatation und Vasokonstriktion ein ausgezeichnetes *Gefäßtraining,* das nicht nur einer verbesserten Abhärtung und Infektstabilität zugute

kommt, sondern auch einen nicht zu vernachlässigenden Beitrag zur Steigerung der Regulationsfähigkeit des gesamten Herz-Kreislauf-Systems leistet.

Unterstützt durch die Abkühlungsmaßnahmen kommt es nach der hitzebedingten *sympathikotonen* Reaktionslage zu einer vegetativen Umstellung in Richtung *parasympathikotone* Reaktionslage, die über mehrere Stunden hinweg anhält und durch eine Abnahme der Herz- und Atemfrequenz sowie durch eine allgemeine trophotrope, die Erholungs- und Wiederherstellungsprozesse fördernde Stoffwechselausrichtung charakterisiert ist. Diese sogenannte *vagotone Nachschwankung* im Anschluß an den Saunabesuch führt auch zu einem Gefühl der Frische mit nachfolgender Beruhigung und angenehmer Müdigkeit.

Tabelle 37 faßt die Wirkungen der Sauna zusammen (*Fritzsche/Fritzsche* 1975, 12).

Indikationen und Kontraindikationen zur Saunaanwendung

Obwohl ein finnisches Sprichwort sagt „Wer zur Sauna gehen kann, kann auch hineingehen", so ist dennoch der Saunabesuch nicht für jedermann in der gleichen Weise bzw. in

Wärmephase	Abkühlphase
Entspannung von Muskeln u. Psyche	Sauerstoffsättigung des Blutes
Schweißabsonderung Entschlackung	Übung der peripheren Blutgefäße
Ggf. Normalisierung des art. Blutdruckes	Normalisierung der Körpertemperaturen
Überwärmung des Körpers	Psych. Effekte der Erfrischung, Anregung

Saunabad insgesamt

Hautreinigung u. Anregung der Zellneubildung

Übung des Herzens u. der Kreislaufanpassung

Abhärtung, Steigerung der Abwehr gegen Infekte

Anregung des Hypophysen-Nebennierenrinden-Systems

Vegetative Umstimmung mit allg. Wohlbefinden

Tab. 37   Die Wirkungen der Sauna (nach *Fritzsche/Fritzsche* 1975, 12).

uneingeschränktem Umfang geeignet. Für eine Reihe von Krankheiten verbietet sich sogar die Saunaanwendung.

Indikationen

Prinzipiell ist die Sauna für jede *gesunde* Person aufgrund des vorher aufgezeigten günstigen Wirkungsspektrums geeignet. Diese Eignung betrifft sowohl Kinder (*Böttcher/Kiess/Kiess* 1978, 296; *Fritzsche/Fritzsche* 1975, 29) – hier kommt der Verbesserung der Atemfunktion die größte Bedeutung zu (*Einenkel* 1977, 1069; *Schmidt* 1972, 257) – als auch ältere Personen. Gerade bei älteren Menschen wird der verminderte Zellstoffwechsel angeregt und der Organismus über die gesteigerte Entwässerung und Entgiftung positiv beeinflußt. Zu beachten ist jedoch, daß bei älteren Personen die Abkühlung nur noch durch Luft oder adäquates Duschen erfolgen sollte.

Bei Schwangeren hebt der kräftige Temperaturreiz nicht nur die immunologische Abwehrbereitschaft, sondern bewirkt auch durch das Gefäßtraining und die Ödemausschwemmung eine Verminderung der während der Schwangerschaft besonders gefürchteten Varizen- und Thrombosegefahr. Außerdem kann regelmäßiges Saunabaden während der Schwangerschaft die Geburtsdauer verkürzen und den Geburtsschmerz verringern (*Grünberger* 1981, 3; *Fritzsche/ Fritzsche* 1975, 32).

In den ersten 3 Schwangerschaftsmonaten sollte jedoch aufgrund der erhöhten Abortgefahr vom Saunabesuch abgesehen werden. Kontraindiziert ist Saunabaden auch bei Zervixinsuffizienz, bekanntem Frühgeburtsrisiko, bei schwerer Schwangerschaftstoxikose, bei Pyelitis gravidarum und Hepatogestose (*Grünberger* 1981, 3; *Müller-Limmroth* 1978, 10).

Als besondere *Indikationen* zur prophylaktischen und therapeutischen Nutzung der Sauna gelten (*Prokop* 1980, 14).

Im Bereich des Herz-Kreislauf-Systems (Vorsicht Tauchbad!):

– Leichte Formen der Hypertonie
– Beschwerdefreie Koronarerkrankungen
– Infarktpatienten in der Rehabilitation
– Regulationsstörungen

Beachte: Ein heißes Vollbad stellt „rein kreislaufmäßig" eine deutlich größere Belastung als der Saunagang dar.

Im Bereich des Atmungssystems:

– Asthma bronchiale (besonders Kinder!)
– Asthmoide Bronchitis
Die Saunaanwendung bei asthmakranken Kindern ist insbesondere deshalb so wichtig, weil sie die Gabe von Nebennierenrindenhormonpräparaten, die häufig bei Asthmatikern verordnet werden, einsparen helfen und so deren Nebenwirkungen vor allem für den wachsenden Organismus reduzieren

kann (*Eriksson-Lihr,* in *Fritzsche/Fritzsche* 1975, 31).

Im Bereich des Haltungs- und Bewegungsapparates:

– Muskulärer Hartspann, Myogelosen
– Gelenk- und Weichteilverletzungen
– Muskulär bedingte Wirbelsäulenbeschwerden.

In diesem Bereich gilt die Saunaanwendung als ideale Vorbereitung für nachfolgende Massagen, physikalische und manuelle Therapie.

Bei Systemerkrankungen:

– Rheumatischer Formenkreis.

Durch die regelmäßige Anwendung der Sauna kommt es zu einer deutlichen Verzögerung der Schübe bei chronischen Rheumatikern!

Kontraindikationen

Absolute Kontraindikationen
(*Inama* 1975, 27; *Huber,* in *Müller-Limmroth* 1979, 10; *Prokop* 1980, 14)

– Akute entzündliche Erkrankungen innerer Organe, speziell der Leber und der Niere
– Allgemeine fieberhafte, virale oder bakterielle Infekte (wie z. B. Grippe, Erkältungskrankheiten u. ä.)
– Infektiöse Erkrankungen (z. B. der Haut)
– Akute Stadien eines Herzinfarktes
– Dekompensationszustände von Herz und Kreislauf
– Koronarerkrankungen mit stenokardischen Beschwerden
– Schwere zerebrale Durchblutungsstörungen; Zustand nach apoplektischem Insult (Schlaganfall) mit erheblichen Restparesen(-lähmungen)
– Hypertonie über 200 mm Hg, bei nierenbedingtem Hochdruck

– Anfallserkrankungen (Epilepsie)
– Hyperthyreose (Schilddrüsenüberfunktion)
– Glaukom (Augenkrankheit mit erhöhtem Augeninnendruck)
– Geschlechtskrankheiten
– Tumoren
– Chronisch venöse Erkrankungen.

Vor allem bei Patienten mit postthrombotischem Syndrom, schwerer primärer Varikosis oder chronisch venöser Insuffizienz sollte ein Verbot ausgesprochen werden, da nicht nur die venendilatierende Wirkung der Wärmeanwendung schädigend sein kann, sondern auch der Flüssigkeitsverlust zur Hämokonzentration und damit zu einer Blutviskositätssteigerung führen und so in Gefäßabschnitten mit niedriger Blutströmung (venöser Bereich) zu einer erheblichen Steigerung der scheinbaren Vollblutviskosität führen kann (*Rudofsky* 1984). Einzig der trainierte Saunagänger mit leichter Varikosis kann von diesem Verbot ausgenommen werden, wenn er auf eine ausreichende Flüssigkeitsaufnahme während der Sauna achtet.

Relative Kontraindikationen
(*Inama* 1975, 27)

– Koronarerkrankungen mit Neigung zu Ruhestenokardien und Rhythmusstörungen
– Zustand nach Myokardinfarkt
– Zustände nach Karditis (Herzentzündung), auch ohne Aktivitätszeichen, wenn diese weniger als 1 Jahr zurückliegen
– Zustände nach apoplektischem Insult ohne nennenswerte Reststörungen.

Die besondere Bedeutung der Sauna für den Sportler

Die Sauna stellt für den Sportler eine Möglichkeit dar, nach den Trainingsbelastungen zu einer schnelleren Erholung der beanspruchten Systeme des aktiven und passiven Bewegungsapparates zu kommen.

Durch die Wärmeapplikation *während* des Saunabesuchs – ihre Wirkung wird durch den Kalt-Warm-Wechsel noch verstärkt – kommt es sowohl in der Muskulatur als auch im Bereich der Knochen, Knorpel, Sehnen und Bänder über die vermehrte Durchblutung und die hyperthermiebedingte Stoffwechselsteigerung zu einer rascheren Wiederherstellung der Belastbarkeit. Das ist insbesondere für die bradytrophen Gewebe wichtig, die aufgrund ihrer verlängerten Erholungszeiten im besonderen Maße der Gefahr einer trainingsbedingten Überlastung ausgesetzt sind.

Unmittelbar nach dem Saunabesuch sinkt die körperliche Leistungsfähigkeit vorübergehend ab. In besonderem Maße ist davon die *Ausdauerleistungsfähigkeit* betroffen: Eine 5–15 Minuten nach Verlassen der Sauna durchgeführte maximale Fahrradergometerbelastung ergibt eine Reduzierung der maximalen Leistungsfähigkeit von durchschnittlich 30–35%. Die Ursache dürfte sowohl im reduzierten Blutvolumen als auch in der erhöhten Körperkern- und Muskeltemperatur sowie in Elektrolytverschiebungen und -verlusten liegen (*Hollmann* 1983, 58).

Abgesehen von der *Flexibilität,* die im Anschluß an die Sauna erhöht ist, fällt die Leistungsfähigkeit auch bei den Kraft-, Schnelligkeits- und Schnellkraftausdauerparametern ab (*Bosco* et al. 1974, 411; *Torranin/Smith/Byrd* 1979, 7).

Das oftmals in den nach Gewichtsklassen eingeteilten Sportarten betriebene „Gewichtmachen" oder „Abkochen" führt demnach als kurzfristige Maßnahme stets zu einer Abnahme der sportlichen Leistungsfähigkeit (*Doscer* 1944, 317; *Petrofsky/Lind* 1973, 422; *Ribisl* 1974, 30; *Singer/Weiss* 1968, 361; *Torranin/Smith/Byrd* 1979, 7).

In der Phase der trophotropen *vagotonen Nachschwankung* erfolgt eine schnellere Restitution der durch Belastung reduzierten Energiespeicher: Es kommt zu einer schnel-

leren *Superkompensation* im Bereich der intramuskulären und hepatären (in der Leber befindlichen) *Glykogenspeicher,* was vor allem für Ausdauersportler wichtig ist (*Fresenius* 1974, 71).

Auch die Dauer eines überlastungsbedingten *Muskelkaters* (s. S. 215) und die damit meist verbundene Einschränkung der muskulären Belastbarkeit läßt sich durch einen Saunabesuch verkürzen.

Nicht ohne Bedeutung ist für den Sportler auch die umfassende *psychische Dämpfung* nach dem Saunabesuch. Vor allem bei Sportlern mit sympathikotonen Übertrainingszuständen (s. S. 465) oder Schlafstörungen wirkt sich der Saunabesuch positiv aus.

Einen nicht zu unterschätzenden Faktor bedeutet für den Sportler aber die durch die Abhärtung gesteigerte Resistenz gegenüber banalen Erkältungskrankheiten – sie stellen die häufigste Ursache für Trainingseinschränkungen bzw. -unterbrechungen überhaupt dar –, da eine intakte Gesundheit die conditio sine qua non für die kontinuierliche Entwicklung der sportlichen Leistungsfähigkeit darstellt.

Für den hart trainierenden Sportler empfiehlt sich ein wöchentlich zweimaliger Saunabesuch als Optimum; ein wöchentlich einmaliger Saunabesuch sollte das Minimum darstellen.

Empfehlungen zum Saunabaden – Häufige Fehler

Um den Saunabesuch optimal zu gestalten, sollen abschließend noch einige Empfehlungen für die richtige Durchführung gegeben werden (Tab. 38). Auf häufige Fehler beim Saunabad wird in einer separaten Übersicht hingewiesen (Tab. 39).

Empfohlene Sauna-Baderegel	
Richtiges Verhalten	**Gründe**
Beginn Nach Anstrengung und/oder Aufregung 15–30 min Ruhe vor Badebeginn	– Körper muß unbeeinträchtigt auf Wärmereize reagieren können.
1–2 Stunden nach Mahlzeit baden; evtl. etwas Brot oder Süßes zu sich nehmen	Es darf kein Blutzucker-Mangel bestehen
Sorgfältige Körperwäsche, abtrocknen vor Betreten der Sauna	– Besseres Schwitzen, Hygiene – Rücksicht auf Mitbadende
In der Sauna-Wärme Zweite oder dritte Bank, liegen oder entspannt sitzen (Füße auf Bank in Sitzhöhe)	– „Lieber intensiv, aber kürzer"; schont Herz und Kreislauf
8–12 min (maximal 15 min) Wärme	– Zeit genügt zum „Aufheizen", und genügend viel Schweiß wird abgesondert
Vor Verlassen der Sauna aufsetzen („wie auf dem Stuhle")	– Anpassung des Körpers an senkrechte Haltung
Nach Verlassen der Sauna-Kabine Auf kurzem Wege in das Luftbad, dort herumgehen	– Lungen benötigen Außenluft, Körper erhält dadurch viel Sauerstoff
Dauer nicht bis zum Frösteln	– Haut braucht noch Wärme für Kaltwasser-Reize
Abgießen mit Kaltwasser, ohne Druck, von der Peripherie zum Zentrum (= Herzgegend)	– Förderung des Blutrückstromes zum Herzen, vermindert Herzschlagzahl
Wer will bzw. darf: Im Tauchbecken (kalt) den ganzen Körper, auf jeden Fall einschl. Hals kurz eintauchen	– Bedeutet kräftige Blutgefäßreaktion, Blutdruck steigt vorübergehend an
Niedersetzen; während des sitzenden Verweilens (4–5 min) warmes Fußbad	– Reflex in der ganzen Haut, Durchblutung steigt. Verweildauer gestattet, daß Wärme von innen an die Haut zurückströmt
Wiederholtes Abgießen (Eintauchen) mit anschließendem Fußwärmbad	– Entfernt die aufgenommene Wärme, kein „Nachschwitzen"; andererseits Blutgefäß-Übung
Insgesamt 2–3 Saunagänge (Erhitzen und Wiederabkühlen)	
Am Ende des Bades Ankleiden (Füße zuerst) ggf. noch ½ Stunde Liegeruhe	– Zu starke Abkühlung vermeiden

Tab. 38 Empfehlungen für den Saunabesuch (nach *Fritzsche/Fritzsche* 1975, 24).

Diese Fehler soll man vermeiden	
Fehler	**Folgen**
Beginn Abgehetzt ins Saunabad	– Beeinträchtigt Bekömmlichkeit
Hungrig in die Sauna	– Kollapsgefahr
Wechselduschen als „Vorbereitung"	– Wertlose Verzögerung
Nicht abgetrocknet in die Sauna	– Verzögert Schweißausbruch
In der Sauna-Wärme Muskelarbeit, Gymnastik, viel Reden	– Belastet Atmung und Kreislauf
Dauerschwitzen auf der unteren Bank	– Überlastet Herz, bringt keinen Mehr- nutzen
Bürsten, „Schweiß-schaben"	– Belastet Kreislauf, belästigt andere
Nach Verlassen der Sauna-Kabine Warm duschen	– Belastet Atmung und Kreislauf
„Nachschwitzen" in Packung, in warmem Becken	– Stört Baderhythmus, Erkältungsgefahr
Freiluftbad unterlassen	– Bedroht Bekömmlichkeit
„Übermäßiges Einatmen"	– Kann Krampfanfall verursachen
„Blitzguß", „Massagestrahl" (d. h. scharfer Wasserstrahl)	– Fehlreaktion der Gefäße, Kollapsgefahr!
Tauchbecken ohne Abspülen	– Verunreinigt Beckenwasser!
Temperiertes Tauchbecken/Schwimm- becken	– Verzögert Wiederabkühlung, belastet Herz
Fußwärmbad vergessen	– Verzögert Kreislaufnormalisierung
Kaltes Fußbad, Wassertreten	– Gefahr des Gefäßkrampfes
Gymnastik, Turnen, Schwimmen	– Zu starke Kreislaufbelastung
Aufenthalt in warmer Halle	– Verzögerung der Abkühlung, Erkäl- tungsgefahr
Wiederholtes Abseifen	– Zerstört „Säureschutzmantel"
Am Ende des Bades unangekleidet herumstehen, nicht zuge- deckt liegen	– Gefahr der Unterkühlung (Frösteln, Erkältung)

Tab. 39 Fehler beim Saunabesuch (nach *Fritsche/Fritzsche* 1975, 25).

Literatur

1. *Böttcher, B., Ch. Kiess, E. Kiess:* Praktische Erfahrungen bei der Anwendung der Sauna als Prophylaxe im Vorschulalter. Med. u. Sport 18 (1978), 10, 294–297

2. *Bosco, J. S., J. Greenleaf, E. Bernauer, D. Card:* Effects of acute dehydration and starvation on muscular strength and endurance. Acta Psychological Polonica 25 (1974), 411–421

3. *Bramböck P., W. Knoth:* Das neue Saunabuch. Heyne, München 1973

4. *Brömme, L., D. Burba, E. Conradi:* Der Einfluß unterschiedlicher Formen der Abkühlung während des Saunabadens auf ausgewählte Herz-Kreislauf-Parameter bei Gesunden und Patienten mit Hypertonie. Physiother. 29 (1977), 193–199

5. *de Marées, H.:* Sportphysiologie. Troponwerke, Köln–Mühlheim 1979

6. *Doscer, N.:* The effects of rapid weight loss upon the performance of wrestlers and boxers, and upon the proficiency of college students. Res. Q. 15 (1944), 317–324

7. *Einenkel, D.:* Verbesserung des Gesundheitszustandes von Kindergartenkindern im Kreis Annaberg durch den regelmäßigen Besuch einer Betriebssauna. Z. ärztl. Fortbild. 71 (1977), 1069

8. *Fresenius, H.:* Sauna. Gräfe u. Unzer, München 1974

9. *Fritzsche, I., W. Fritzsche:* Alles über Saunabaden. Sauna Verlag W. Thomas, Weidach 1975

10. *Gillert, O.:* Hydrotherapie und Balneotherapie in Theorie und Praxis. Pflaum Verlag KG, München 1973

11. *Grünberger, W.:* Schwangere – Darf sie oder soll sie die Sauna besuchen? Medical Tribune 9 (1981), 3

12. *Hensel, H.:* Temperaturregulation. In: Kurzgefaßtes Lehrbuch der Physiologie, S. 224–235. *Keidel, W.* (Hrsg.). Thieme, Stuttgart 1973

13. *Hollmann W.:* Training und Sauna. Z. Allgemeinmed. 59, 2 (1983), 55–58

14. *Hüllemann, K. D., Inama, H. Jungmann, G. Ufer:* Sauna – Schutz vor Erkältung. Medical Tribune 44 (1975), 26–27

15. *Inama, I.:* Sauna – Schutz vor Erkältung..., *Hüllemann, K. D.*, et al. (Hrsg.). Medical Tribune 44 (1975), 27

16. *Krauss, H.:* Hydrotherapie. VEB Verlag, Volk und Gesundheit, Berlin 1975

17. *Liappis, N., E. Janssen, K. Kesseler, G. Hildenbrand:* Eine quantitative Untersuchung der freien Aminosäuren im ekkrinen Schweiß, gesammelt an den Unterarmen gesunder junger Männer während eines Saunabades. Eur. J. appl. Physiol. 45, 1 (1980), 63–67

18. *Matousek, I., M. Pribil:* Reaktion der Pulsfrequenz auf verschiedene Arten der Abkühlung in der Sauna. Baleologia Bohemica, Prag 3, 8, 3 (1979), 65–70

19. *Müller-Limmroth, W.:* Sauna – Wer darf? Wer darf nicht?, Kongreßbericht, Medical Tribune 19 (1978), 10

20. *Petrofsky, J. S., Lind A. R.:* Isometric endurance in men who are overweigth. Physiologist 16 (1973), 422

21. *Prokop, L.:* Sauna – Wem verbieten, wem zuraten? Medical Tribune 15 (1980), 14–17

22. *Ribisl, P. M.:* When wrestlers shed pounds quickly. Physician and Sports Med. 2 (1974), 30–35

23. *Rudofsky, G.:* Venenleiden – ist Sauna erlaubt? Medical Tribune 41 (1984), 22

24. *Scheele, K., G. Blumenberg:* Elektrolytveränderung in der Sauna. Dt. Z. Sportmed. 29, 6 (1978), 169–172

25. *Scheele, K., K. Windgassen:* Blutgerinnung und Säurebasenstatus in der Sauna. Sportarzt u. Sportmed. 2 (1977), 50–56

26. *Schmidt, H.:* Sauna im Sport. Med. u. Sport 11 (1971), 257 f.

27. *Singer, R. M., S. A. Weiss:* Effect of weight reduction in selected athropometric, physical and performance measures of wrestlers. Res. Q. 38 (1968), 361–369

28. *Torranin C., D. Smith, R. Byrd:* The effect of acute thermal dehydration and rapid rehydration on isometric and isotonic endurance. J. Sports Med. and phys. Fitness 19, 1 (1979), 1–8

Massage und sportliche Leistungsfähigkeit

Ebenso wie die Sauna stellt die Massage – bei richtiger Anwendung – eine effektive Begleitmaßnahme zur Steigerung der sportlichen Leistungsfähigkeit im Verlauf des Trainingsprozesses dar.

Da sich Belastungs- und Erholungsvorgänge im Sport gegenseitig bedingen, fällt der Massage im gegebenen Rahmen und in Abhängigkeit von der Aufgabenstellung in der sportartspezifischen Ausführung – allgemein als *Sportmassage* bezeichnet – eine leistungs- bzw. erholungsoptimierende Rolle zu.

> Unter *Sportmassage* versteht man die Anwendung der Massage im Rahmen des Trainingsprozesses sowie vor, während und nach dem Wettkampf. Sie bedient sich vorzugsweise der Handgriffe der klassischen Massage und wird fast ausschließlich beim gesunden Sportler eingesetzt (*Schmidt* 1974, 252).

Handgriffe der Sportmassage

Die wichtigsten Handgriffe der klassischen Massage, die in der Sportmassage zur Anwendung kommen, sind Streichungen und Knetungen (Walkungen). Des weiteren werden noch Schüttelungen und Vibrationen (oberflächliche oder tiefe) bei besonderen Indikationsstellungen ausgeführt.

Reibungen (Friktionen) und Klopfungen (Tapotements) sollten in der Massagepraxis im allgemeinen abgelehnt werden, da sie sich nicht mit den üblichen Zielstellungen der Massage vereinbaren lassen (*Strohal* 1981, 34/35).

Streichungen

Streichungen erfolgen in den verschiedenen Hautabschnitten so, daß sie der Ausbreitung bestimmter Muskelgruppen entsprechen und in Richtung des Muskelfaserverlaufs von distal nach proximal verlaufen.

Mit Streichungen sollte jede Massage begonnen und beendet werden. Da Streichungen großflächig erfolgen, erlauben sie zum einen die Erstellung eines allgemeinen Gewebetastbefundes, zum anderen die Auslösung massagespezifischer Wirkungen:
- Erregung sensibler Nervenendigungen in der Haut mit lokaler und zentraler Entspannung und Beruhigung
- Förderung des venösen und lymphatischen Rückstromes zum Herzen
- Weitstellung der peripheren Blutgefäße mit Durchblutungssteigerung (*Strohal* 1981, 5).

Knetungen (Walkungen)

Knetungen bzw. *Walkungen* stellen im Vergleich zu den *Streichungen* tiefergehende, bis in den Muskel reichende, intensive Massagegriffe dar, die quer oder schräg zum Muskelfaserverlauf dehnend oder verwindend eingesetzt werden. Auch hier erfolgt die Massageausführung von distal nach proximal.

Knetungen bzw. Walkungen gehören zu den wichtigsten Handgriffen der Sportmassage. Durch das Auspressen, das Gegeneinanderverschieben und das Durcharbeiten des Muskels kommt es zu einer Mehrdurchblutung des betroffenen Muskels, zu einem beschleunigten Abtransport von Stoffwechselschlacken (z. B. Milchsäure) sowie zu einer reflektorischen Entspannung des Muskels.

Insgesamt wird eine schnellere Entmüdung des Muskels erzielt.

Darüber hinaus können Knetungen auch zu einer Verbesserung der sportlichen Leistungsfähigkeit, vor allem des Sprinters bzw. Schnellkraftsportlers, beitragen: Durch das Verwinden und Abheben des Muskels wird eine gesteigerte Verschieblichkeit des Muskels gegenüber seiner Umgebung erreicht, d. h., das Muskelspiel wird erleichtert und schnellere bzw. kraftvollere Muskelkontraktionen werden ermöglicht (*Schmidt* 1974, 253).

Schüttelungen und Vibrationen

Bei Schüttelungen und Vibrationen werden Teile des Körpers durch rhythmische Erschütterungen parallel oder senkrecht zur Körperoberfläche in Bewegung gesetzt.

Schüttelungen wirken entspannend und lokkernd und beseitigen hypertone Zustände der Muskulatur, so daß sie als Zwischenschaltung bei starker sportlicher Beanspruchung geeignet sind (*Dalicho* 1981, 55).

Bei den *Vibrationen* handelt es sich je nach Durchführungsmodalität um feinste bis gröbste Erschütterungen, die teils auf kleinen, teils auf größeren Flächen angewendet werden.

Da die Vibrationsmassage für den Masseur sehr anstrengend ist, wird sie meist apparativ durchgeführt. Die *manuelle* Vibrationsmassage ist jedoch der *apparativen* weit überlegen, da hierbei durch den direkten Kontakt des Masseurs mit dem Gewebe die Schwingungszahl an die Muskelreaktion angepaßt werden kann. Bei apparativen Vibrationen erfolgt diese bedarfsgerechte Frequenzeinstellung nicht unmittelbar, und es kann somit zu unerwünschten Veränderungen im Sinne einer Muskeltonuszunahme kommen.

Hauptindikationen für die Vibration – sie stellt vor allem eine Methode der lokalen Beeinflussung dar – sind schmerzhafte Sehnenansätze (Tendinosen), verspannte Mus-

kelansätze mit Gelosen und lokale Verspannungen kleiner Muskelzüge (*Strohal* 1981, 36)

Die *Vibration,* gleich welcher Art, sollte nie für sich allein angewendet werden, sie muß *immer im Zusammenhang mit Streichung und Knetung* erfolgen.

Unterwassermassage

Neben den erwähnten Massagehandgriffen soll abschließend noch die *Unterwassermassage* angeführt werden, da sie durch die auflockernde und durchblutungsfördernde Wirkung des warmen Wassers die allgemeinen Wirkungen der Massage verstärkt und so zu den intensivsten Formen der Sportmassage zählt.

Die Verbindung von Massage und Hydrotherapie bzw. Saunabesuch kann die Wirksamkeit dieser Therapieform im allgemeinen Erholungsprozeß noch steigern.

Physiologisches Wirkungsspektrum der Sportmassage

Lokale Wirkungen

Durchblutungserhöhung

Je nach Massageform kommt es zu einer mehr oder weniger ausgeprägten Durchblutungssteigerung. Wie die Untersuchungen von *Roth/Voss/Unverricht* (1973, 271) zeigen, bewirkt die Knetmassage eine 2,3fache, die Streichmassage eine 1,91fache und die Vibrationsmassage eine 1,52fache Durchblutungserhöhung. Keine Massageform erreicht allerdings auch nur annähernd die etwa 6fache Durchblutungssteigerung, die durch aktive Muskelarbeit (z. B. durch Ein- bzw. Auslaufen) erzielt wird.

Die Durchblutungserhöhung mit Kapillarweitstellung bzw. -öffnung wird zum einen durch den bei der Massage ausgeübten Druck auf entsprechende Rezeptoren der Haut – man spricht von mechanischer Vasomotorenreizung – auf nervalem Wege erreicht, zum anderen durch die gleichzeitige Freisetzung lokaler Gewebshormone (z. B. Histamin) (*Lüdke* 1979, 4199).

Verstärkter Abtransport von Stoffwechselprodukten

Durch die mechanische Druckeinwirkung der Massage erhöht sich der Gewebsdruck, und es kommt zu einer gesteigerten Einwärtsfiltration von Flüssigkeit in die Gewebskapillaren mit gesteigertem Abtransport von Stoffwechselprodukten. Parallel dazu nimmt durch die herzwärts gerichteten Ausstreichungen der Rückstrom der Lymphe und des venösen Blutes zu. Diese Mechanismen dienen ebenfalls einer beschleunigten Entschlackung.

Die lokale Massage einzelner Körperstellen wirkt reflektorisch auf das gesamte Blut- und Lymphsystem: So erhöht sich nach Massage der Beine auch der Blut- und Lymphfluß in den Armen (*Birjukow* 1979, 11).

Die Resorption von Flüssigkeit des Unterhautzellgewebes ist durch Streichungen nahezu vervierfacht. (*Schmidt* 1974, 254). Vergleichbares gilt für die Muskulatur.

Senkung des Muskeltonus

Obwohl prinzipiell der Muskeltonus in Abhängigkeit von der Art der Massage gesenkt oder gehoben werden kann – durch Klopfungen z. B. steigt der Muskeltonus an –, ist das Hauptziel jeder Einflußnahme durch Massage am Muskel die Beseitigung erhöhter Spannungszustände, da sie die blutzirkulatorischen Vorgänge und damit die energetische Versorgung des Muskels beeinträchtigen. Bereits 15% der Maximalspannung des Muskels führen zu einer zunehmenden „Durchblutungsabschnürung" (*Hamann* 1974, 69). Die Ursache für diese unzureichende Durchblutung ist der Muskelinnendruck, der den Druck in den Kapillaren übertrifft, und sie somit „abdrosselt".

Die rasche Detonisierung hypertoner Muskulatur erfolgt durch die direkte Einflußnahme der Massagegriffe auf die Muskelspindeln und Sehnenrezeptoren (Golgi-Organe). Über eine vorübergehende Zunahme der Alpha-Aktivität der Motoneuronen (s. S. 56) – sie bewirkt eine Abnahme des Spannungszustandes der intrafusalen Fasern – kommt es zu einer Senkung der Gamma-Aktivität: Die Impulsfrequenz der Muskelspindeln sinkt ab, und der reflektorische Muskeltonus pendelt sich auf einem niedrigeren Niveau ein (*Lüdke* 1979, 4199).

Zentrale Wirkungen

Vegetative Umstellung in Richtung Parasympathikotonie

Die massagebedingte erhöhte Impulsfrequenz in den sensiblen Nervenendigungen der Haut erreicht über das Rückenmark aufsteigend auch das Zentralnervensystem. Über diesen Weg können die unter der Massage zu beobachtende vertiefte und verlangsamte Atmung und die Abnahme der Herzfrequenz als Ausdruck der Verschiebung der vegetativen Tonuslage in Richtung auf ein Überwiegen der parasympathikotonen

Einflußnahme erklärt werden (*de Marées* 1979, 403).

Verbesserung des psychischen Wohlbefindens

Je größer der Anteil der massierten Körperoberfläche ist, desto stärker ist der psychische Effekt, denn dadurch steigt die Zahl der taktil gereizten, sensiblen Nervenendigungen und somit die auf das Vegetativum und das ZNS einwirkende nervöse Aktivität an. Die Beeinflussung der Formatio reticularis scheint für die beruhigende oder belebende Wirkung der Massage verantwortlich zu sein (*Blum* 1979, 8).

Da die Hautdecke unterschiedlich mit sensiblen Nervenendigungen ausgestattet ist – durchschnittlich befinden sich auf einem cm^2 Haut etwa 3000 Fühlzellen und 25 Tastkörperchen –, werden bei der Massage einzelner Körperflächenregionen teilweise mehr, teilweise weniger starke psychische Effekte erzielt.

Aufgaben der Sportmassage

Die Erholungsvorgänge werden nicht nur durch die Durchblutungsverhältnisse während der Belastung beeinflußt, sondern auch durch Faktoren, die während der Erholungszeit wirksam sind. Daher ergeben sich aus den bisherigen Ausführungen für die Sportmassage folgende Aufgaben (*Schmidt* 1974, 256):

– Während der Trainingsperiode und vor dem Wettkampf muß die Arbeitsmuskulatur des Sportlers so vorbereitet werden, daß durch die Behebung aller muskulären Verspannungszustände und durch eine gute Verschieblichkeit der verschiedenen Gewebsschichten untereinander eine optimale Aktionsfähigkeit und Durchblutung des Muskels in Ruhe und während Belastung gewährleistet sind. Dadurch kann im Zu-

sammenwirken mit einem sportartspezifischen Aufwärmprogramm die anaerobe Arbeit und damit die Übersäuerung des Muskels auf einem Minimum gehalten werden.

– Zwischen den Wettkämpfen stehen lockernde Massagehandgriffe im Vordergrund, so daß über eine Entspannung der Muskulatur eine Zunahme der Muskeldurchblutung mit beschleunigter Eliminierung saurer Stoffwechselprodukte erzielt werden kann. Die erhöhte Funktionstüchtigkeit des Muskels wirkt sich in der Folge nicht nur leistungssteigernd, sondern auch erholungsoptimierend aus:

> Die rasche und vollständige Erholung des Muskels *nach* der Belastung wird durch eine verbesserte Muskelarbeit *während* der Belastung erleichtert.

– Nach der Belastung kann eine weiche, aber kräftige und tiefgreifende Muskelmassage den Erholungsvorgang entscheidend beschleunigen.

> Durch eine 5minütige Massage kann der gleiche Erholungseffekt erzielt werden wie durch eine 20minütige passive Pause (*Rouges*, in *Birjukow* 1979, 12).

Dauer und Umfang der Massagesitzungen richten sich nach der Oberflächengröße des zu behandelnden Körpers, nach seinem Gewicht, nach der Masse und Festigkeit der Muskeln – ein kleinwüchsiger Sportler mit massiger Muskulatur benötigt eine längere Massage als ein hochgewachsener, aber schlanker Sportler – und nach dem Zeitpunkt im Verhältnis zum Training bzw. Wettkampf (*Birjukow/Oberdieck* 1972, 374).

Arten der Sportmassage

In der Sportpraxis unterscheidet man je nach Zielstellung und zeitlicher Lage zum Training bzw. Wettkampf die Trainings-, Vorbereitungs-, Zwischenakt- und Entmüdungsmassage.

Trainingsmassage

Die *Trainingsmassage* ist vor allem dann von erhöhter Bedeutung, wenn nach einer gewissen Ruhezeit – z. B. beim Übergang von der Übergangsperiode zur Vorbereitungsperiode – das Training wieder verstärkt wird. Die Massageintensität hat sich dabei dem jeweiligen Trainingszustand anzupassen, so daß allmählich mit dem Training auch die Massage gesteigert wird. Während der sportlichen Hochform kann die Massage sehr stark intensiviert werden. Ziel der Trainingsmassage ist die Lockerung der verspannten Muskulatur – dadurch verbessern sich die Erholungsvorgänge – und der beschleunigte Abtransport von Stoffwechselprodukten (*Schmidt* 1974, 25).

> Beachte:
> Die *Trainingsmassage* soll 2–6 Stunden nach einer intensiven Traininsbelastung in Abhängigkeit von den individuellen Besonderheiten des Organismus des Sportlers beginnen.
> Die Trainingsmassage muß 1–2 Tage vor dem Wettkampf abgesetzt werden, wobei sich sowohl Zeitdauer als auch Intensität der letzten Massagesitzung erhöhen (*Birjukow/Oberdieck* 1972, 374).

Vorbereitungsmassage

Die *Vorbereitungsmassage* hat grundsätzlich andere Aufgaben zu erfüllen als die Traininsmassage. Durch ihre Wirkung auf den Gesamtorganismus kann sie den *Vorstartzustand* (s. S. 445) bzw. die sportliche Leistungsfähigkeit beeinflussen.

Die Vorbereitungsmassage soll das Warmmachen unterstützen und gleichzeitig auf das Nervensystem des Sportlers einwirken, der je nach Konstitution und Temperament beruhigt oder erregt werden muß (*Václav* 1972, 321).

> Beachte:
> Die *Vorbereitungsmassage* ist am effektivsten, wenn sie nach dem Warmmachen, unmittelbar vor dem Wettkampf erfolgt: Zwischen Massage und Wettkampf darf keine Pause entstehen, da sonst ein Leistungsabfall eintritt (*Schmidt* 1974, 257).
> Die Vorbereitungsmassage hat kurz zu sein und soll nur aus wenigen Streichungen und locker walkenden Knetungen bestehen.

Eine zu umfangreiche Massage – z. B. in Form einer Vollmassage – unmittelbar vor dem Wettkampf kann zu einer deutlich herabgesetzten Leistungsfähigkeit des Sportlers führen.

Unzweckmäßig ist es ebenfalls, eine Vorbereitungsmassage unter Verwendung von *Hautreizstoffen,* die eine Hyperämie hervorrufen, durchzuführen. Die Konkurrenz der Haut- und Muskeldurchblutung spielt dabei eine wichtige Rolle: Je höher die Hauttemperatur und damit die Durchblutung ist, desto geringer ist die Leistungsfähigkeit der Muskulatur und umgekehrt (*Lüdke* 1979, 200; *Schmidt* 1974, 256).

Zwischenaktmassage

Die *Zwischenaktmassage* ist vor allem für diejenigen Sportler wichtig, die mehrmals am Tage maximale Leistungen erbringen müssen (Mehrkämpfe in der Leichtathletik oder im Eisschnellauf etc.).

Die Zwischenaktmassage soll den Muskel beschleunigt von den Ermüdungsstoffen der vorangegangenen Belastung befreien und so auf die nachfolgende Belastung vorbereiten. Die Intensität der Massage hat sich nach dem Muskelzustand zu richten.

> Entscheidend für die Wirksamkeit der *Zwischenaktmassage* sind weiche tiefgreifende Handgriffe, um vorzugsweise die Muskel- nicht aber die Hautdurchblutung zu steigern (*Schmidt* 1974, 257).

Entmüdungsmassage

Die *Entmüdungsmassage* hat die Aufgabe, die Wiederherstellungsvorgänge des Gesamtorganismus bzw. der Arbeitsmuskulatur nach Wettkampfbelastungen zu beschleunigen. Der Nutzen der Entmüdungsmassage – sie soll im Anschluß an ein „Auslaufen" o. ä. (s. S. 469) erfolgen – liegt in der schneller als durch passive körpereigene Restitution erreichbaren *Eutonie* und *Eutrophie*. Wichtig ist dabei eine einschleichende Behandlung mit Streichungen, gefolgt von allmählich tiefer greifenden Muskelknetungen, die zu einer raschen Senkung des Muskeltonus und zu einer durch die erhöhte Durchblutung beschleunigten Metabolitenelimination führen (*Lüdke* 1979, 200).

> Beachte:
> Die Effektivität der *Entmüdungsmassage* kann durch Warmwasseranwendungen oder einen Saunabesuch gesteigert werden.
> Erschöpfte Sportler werden nicht sofort, sondern nach einer entsprechenden Pause massiert, da es sonst zu einem weiteren Leistungsabfall kommt.

Da die Wirkung der Sportmassage entscheidend von ihrem zeitlichen Abstand zum Wettkampf abhängt und in einer kurzen Wettkampfpause nicht jedem Sportler ein eigener Masseur zur Verfügung steht, hat die *Selbstmassage* – sie unterscheidet sich prinzipiell nicht von der Sportmassage durch den Masseur – große Bedeutung. Es obliegt dem einzelnen Athleten, sich die entsprechenden Kenntnisse zur Beschleunigung seiner Erholungsprozesse bzw. zur Steigerung seiner sportlichen Leistungsfähigkeit anzueignen.

Das Problem der Anpassung an Wiederherstellungsmaßnahmen:

> Der Organismus des Sportlers paßt sich gleichermaßen an die Methoden und Maßnahmen der Wiederherstellung wie an die der Belastung an.

Aus diesem Grunde empfiehlt es sich, die Massage in Art, Intensität und Umfang zur Effektivitätssteigerung entsprechend zu modifizieren und sie dem jeweiligen Trainingszustand des Athleten anzupassen. Auch die Kombination mit anderen Erholungsmaßnahmen (z. B. Sauna oder Warmwasserapplikation) kann in diesem Sinne hilfreich sein (*Talyschjow* 1973, 1637).

Kontraindikationen für die Massage

Der Einsatz der Massage stellt – wie oben dargestellt – eine sinnvolle Maßnahme zur Optimierung der Wiederherstellungsprozesse des Sportlers nach sportlichen Belastungen dar. Dennoch ist die Massage nicht in jedem Falle angezeigt. Als Kontraindikationen gelten:
- Alle frischen Verletzungen (Zerrungen, Muskel-, Sehnen- oder Bänderrisse) und Wunden. Nach Sportverletzungen sollte

die Massage frühestens nach 2–3 Wochen durchgeführt werden; zu früh vorgenommene Massageanwendungen können den Verletzungsbefund verschlechtern bzw. den Heilungsprozeß verzögern.
– Blutungen und Blutungsbereitschaft
– Entzündungen innerer Organe und akute Venenentzündungen
– Hauterkrankungen.

Literatur

1. *Berger, P.:* Erholung und Regeneration im Schwimmtraining. Jugend und Sport 8 (1984), 236–237
2. *Birjukow, A. A.:* Mittel zur Wiederherstellung der Leistungsfähigkeit des Sportlers. In: Sportphysiotherapie im Hochleistungssport. DSB, Lehrmaterialien, Körperkultur und Sport, Moskau 1979
3. *Birjukow, A. A., H. Oberdieck:* Hinweise zur Trainingsmassage. Leistungssport 5 (1972), 373–376
4. *Blum, B.:* Aufgaben und Wirkungen der Sportmassage. In: Sportphysiotherapie im Hochleistungssport. DSB, Lehrmaterialien, 1979
5. *Dalicho, W. A., et al.:* Massage. Eine Einführung in die Techniken der Massage. Steinkopff, Darmstadt 1981
6. *de Marées, H.:* Sportphysiologie. Troponwerke, Köln–Mühlheim 1979
7. *Eltze, C., B. Giersberg:* Über Muskelkater und seine Behandlung mit Vibrationsmassage. Dt. Z. Sportmed. 9 (1983), 280–284
8. *Hamann, A.:* Massage in Bild und Wort. Fischer, Stuttgart 1974
9. *Lambiris, E., H. Stoboy, G. Friedebold:* Veränderungen der Hautdurchblutung nach verschiedenen Massagearten. Dt. Z. Sportmedizin 10 (1983), 312–315
10. *Lüdke, H.-J.:* Anwendungsformen, Nutzen und Schaden von Sportmassage. Therapiewoche 29 (1979), 4196–4200
11. *Oberdieck, H., A. Krüger:* Die Einordnung physiotherapeutischer Maßnahmen in den Trainingsprozeß. Leistungssport 2 (1971), 19–30
12. *Planert, H.:* Vorbereitende Maßnahmen zum Wettkampf – Massage aus der Sicht eines Trainers. Leistungssport 5 (1979), 336–341
13. *Roth J., B. Voss, A. Unverricht:* Untersuchungen über den Einfluß von Massagen und dynamischen Muskelkontraktionen zur Optimierung des Erholungsprozesses, dargestellt an der J^{131}-Natrium-Hippurat-clearance. Med. u. Sport 9 (1973), 271–274
14. *Schmidt, H.:* Sportmassage. Theorie u. Praxis der Körperkultur 3 (1974), 252–258
15. *Strohal, R.:* Grundbegriffe der Massage. Urban & Schwarzenberg, München–Wien–Balitmore 1981
16. *Talyschjow, F.:* Training und Wiederherstellung. Lehre der Leichtathletik 48 (1973), 1637
17. *Václav, H.:* Psychologische Aspekte in der Arbeit des Sportmassagers. Leistungssport (1972), 320–324

Ernährung und sportliche Leistungsfähigkeit

Allgemeine Grundlagen der Ernährung

Ein wesentliches Merkmal des Lebens ist die fortwährende Aufnahme und Abgabe von Stoffen, der Stoffwechsel. Die Summe aller Vorgänge, durch die dem lebenden Organismus die zur Aufrechterhaltung der Lebensvorgänge erforderlichen Substanzen von außen zugeführt werden, nennt man *Ernährung* (*Kühnau* 1980, 1).

Das Material für die *Ernährung* stellt die Nahrung dar. Sie wird in fester oder flüssiger Form angeboten und muß, bevor sie im Organismus verwertet werden kann, aufbereitet werden. Tabelle 40 zeigt den stets gleichen Verlauf der Nahrungsaufnahme, der Verdauung, der Resorption, des Intermediärstoffwechsels und der Ausscheidung.

Inhaltsstoffe der Nahrungsmittel

Als Nahrungsmittel werden alle pflanzlichen und tierischen Produkte bezeichnet, die zum Aufbau und zur Erhaltung des menschlichen Körpers sowie zur Energielieferung beitragen (*Kraut/Mohr* 1981, 5). Ihre Anzahl ist außerordentlich groß. Wie Abbildung 228 zum Ausdruck bringt, bauen sie sich jedoch aus wenigen Stoffen auf.

Von dem Nahrungsmittelbegriff ist der Ausdruck *Genußmittel* abzugrenzen. *Genußmittel* beinhalten Substanzen, die praktisch keinen kalorischen Nährwert besitzen (wie z. B. Tee, Kaffee, Gewürze etc.), aber dennoch eingenommen werden, um bestimmte Wirkungen auf die Geschmacks- und Ge-

Tab. 40   **Nahrungsaufnahme, Verdauung, Resorption, Intermediärstoffwechsel und Ausscheidung als Stufenprozesse der Ernährung (verändert nach *Donath/Schüler* 1980, 157).**

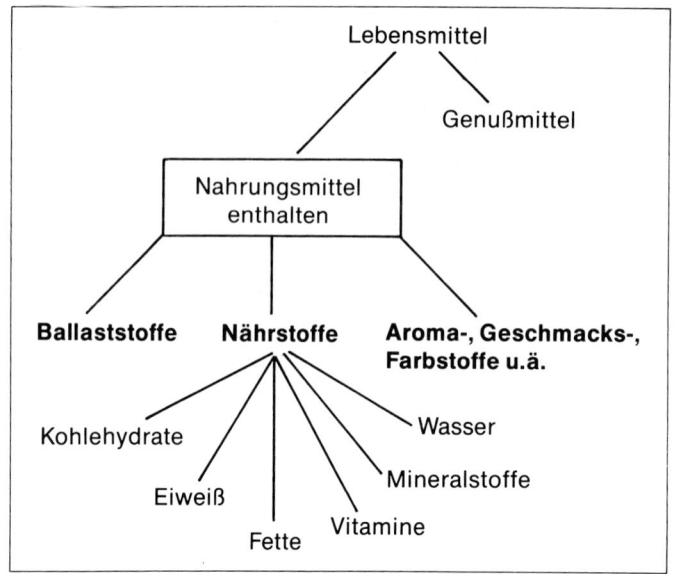

Abb. 228   Einordnung und Zusammensetzung der Nahrungsmittel.

ruchsrezeptoren, die Magen- und Darmtätigkeit, das Herz-Kreislauf-System oder das Zentralnervensystem zu erzielen (*Kipke* 1977, 268).

Nährstoffe

Als *Nährstoffe* bezeichnet man die im Stoffwechsel zum Aufbau und zur Erhaltung des Körpers und zur Energielieferung verwendbaren Nahrungsbestandteile. Dabei werden Kohlehydrate, Fette sowie Eiweiße als *Grundnährstoffe,* Vitamine, Mineralstoffe und Wasser als *akzessorische Nährstoffe* bezeichnet (*Nöcker* 1983, 11).

Kohlehydrate

Kohlehydrate sind die wichtigste Energiequelle des Menschen, da sie unter normalen Bedingungen etwa 2 Drittel der benötigten Energie liefern (*Keul/Doll/Keppler* 1969, 152). Die aufgenommenen Kohlehydrate werden dazu im Organismus entweder in den Energiestoffwechsel überführt oder in der Form von Glykogen gespeichert.

Glykogen ist der Speicherstoff der Glukose.

Zum Aufbau eines einzigen Glykogenmoleküls werden mehr als hunderttausend Glukoseeinheiten aneinandergehängt (*Nachtigall* 1977, 170).
Je nach Aufbau lassen sich Mono-, Di-, Tri- und Polysaccharide (Einfach-, Zweifach-, Dreifach- und Mehrfachzucker) unterscheiden.

Nach dem *Isodynamiegesetz* können sich die Grundnährstoffe nach Maßgabe ihrer Verbrennungswärme ersetzen. Außerdem können im Organismus Kohlehydrate aus Aminosäuren – dem kleinsten Eiweißbaustein – und Glyzerin aufgebaut werden (*Haenel* 1978, 225). Aus diesem Grunde ist theoretisch nur eine Mindestzufuhr von etwa 100–120 g Kohlehydrate täglich notwendig, damit keine Stoffwechselstörungen auftreten (*Konopka/Obergfell* 1980, 45). Dieser Mindestbedarf ist nötig, da zur Resorption von langkettigen Fettsäuren Glyzerin aus dem Kohlehydratstoffwechsel benötigt wird (*Nachtigall* 1977, 175).

Bei körperlicher Belastung wird jedoch ein höherer Kohlehydratanteil in der Ernährung benötigt:

> Je intensiver die Belastung, je höher die Geschwindigkeit, mit der die energieliefernden Prozesse ablaufen müssen, und je stärker die maximale Sauerstoffaufnahmefähigkeit des Körpers gefordert wird, desto stärker tritt die Kohlehydratverbrennung und damit die Kohlehydrataufnahme in den Vordergrund.

Fette

Fette und fettähnliche Substanzen werden als *Lipide* bezeichnet. Die eigentlichen Fette sind Triglyzeride, deren Moleküle aus Glyzerin und 3 Fettsäuren bestehen. Des weiteren wird zwischen *gesättigten* (langkettigen), *ungesättigten* (kurzkettigen) bzw. *hochungesättigten* (sehr kurzkettigen) Fettsäuren unterschieden. Der Organismus kann Glyzerin, gesättigte und ungesättigte Fettsäuren selbst bilden; hochungesättigte Fettsäuren dagegen müssen mit der Nahrung zugeführt werden.

> Die hochungesättigten Fettsäuren, deren wichtigste Vertreterin die *Linolsäure* ist, werden als *essentielle Fettsäuren* bezeichnet, weil sie vom Organismus nicht selbst synthetisiert werden können.

Die Nahrungsfette stellen einen wichtigen Faktor in der Energiebereitstellung dar. Da die gespeicherten Fettmengen sehr groß sind, bildet Fett eine wichtige Energiequelle (vgl. Tab. 49) bei langdauernden Belastungen oder Hungerperioden.

Obwohl auch Kohlehydrate zu Fett umgebildet werden können, sind geringe Mengen an Fetten in der Nahrung unentbehrlich. Fette haben die wichtige Aufgabe, den Vitaminen A, D, E und K (s. S. 498) als Lösungsmittel zu dienen und so deren Resorption zu ermöglichen.

> Der Erwachsene benötigt täglich etwa 1 g Fett pro 1 kg Normalgewicht, wobei der Anteil an essentiellen Fettsäuren etwa 8–10 g betragen soll.

Eiweiß

Unter Eiweiß (Protein) sind hochmolekulare Verbindungen zu verstehen, die sich aus Aminosäuren zusammensetzen. Bekannt sind 32 verschiedene Aminosäuren (*Nöcker* 1983, 47). Fehlende Aminosäuren können vom Organismus zum größten Teil durch Umformung anderer Aminosäuren hergestellt werden. Eine Ausnahme machen 8 bzw. 10 Aminosäuren, die nicht vom Organismus synthetisiert werden können: Sie werden als *essentielle* bzw. *semiessentielle Aminosäuren* bezeichnet, wobei letztere bei Kindern und Jugendlichen sowie bei stillenden Frauen essentiellen Charakter aufweisen. Tabelle 41 gibt einen Überblick über die einzelnen essentiellen Aminosäuren.

Eiweiß dient in erster Linie zum Aufbau und zur Erhaltung von Zell- und Gewebesubstanz. Es wird aber auch zur Herstellung von Hormonen, Enzymen, Immunstoffen, Blut und zahlreichen anderen Stoffwechselfunktionen benötigt. Eiweiß, das nicht für den Baustoffwechsel gebraucht wird, kann zur Energiegewinnung mit herangezogen werden.

Durch die ständig im Körper ablaufenden Um- und Abbauvorgänge geht täglich Eiweiß verloren, welches wieder ersetzt werden muß.

Aminosäure	Physiologische Bedeutung
* Valin	Notwendig für die Funktion des Nervensystems
* Leucin	Notwendig zum Aufbau des Blut- und Gewebeeiweißes
* Isoleucin	Notwendig zur Verwertung der Nahrungsaminosäuren
* Threonin	Notwendig zur Verwertung der Nahrungsaminosäuren
* Methionin	Notwendig für Haarwachstum, Leberschutzwirkung
* Phenylalanin	Notwendig zum Aufbau des Adrenalins, des Schilddrüsenhormons und zur Blutbildung
* Tryptophan	Notwendig für Fortpflanzung und Milchproduktion
○ Histidin	Notwendig zum Aufbau des roten Blutfarbstoffes
○ Arginin	Notwendig für normales Wachstum
* Lysin	Notwendig zur Unterhaltung des Längenwachstums und bei Frauen zum normalen Ablauf des Menstruationszyklus

* Essentielle Aminosäure
○ Semiessentielle Aminosäure

Tab. 41   Name und Funktion der essentiellen Aminosäuren (verändert nach *Nöcker* 1978, 179).

Da der Organismus weder aus Kohlehydraten noch aus Fetten Eiweiß herzustellen vermag, weil ihnen der für die Proteinsynthese notwendige *Stickstoff* fehlt, muß täglich Eiweiß in ausreichenden Mengen zugeführt werden.

Der *Eiweißbedarf* richtet sich nach dem *Alter* des Organismus, nach der *körperlichen Aktivität* und der *Wertigkeit* des zugeführten Eiweiß.

Das *Eiweißminimum* beträgt etwa 30–40 g täglich, das *Eiweißoptimum* für den Nichtsportler etwa 1 g pro kg Körpergewicht, für den Kraftsportler bis zu 3 g pro kg Körpergewicht. Kinder, Jugendliche und alte Menschen benötigen ebenfalls größere Mengen (*Holtmeier* 1981, 70).

Die *biologische Wertigkeit* von Eiweiß besagt, wieviel Gramm Körpereiweiß aus 100 g Fremdeiweiß aufgebaut werden kann (Tab. 42) (*Bauer* 1981, 75).

Nahrungsmittel	Biologische Wertigkeit
1. Lactalbumin	104
2. Vollei	100
3. Kartoffeln	98
4. Rindfleisch	92
5. Thunfisch	92
6. Kuhmilch	88
7. Edamer Käse	85
8. Schweizer Käse	83
9. Soja	85
10. Grünalgen	81
11. Reis	81
12. Roggenmehl 82% Ausmahlung	80
13. Casein	72
14. Bohnen	72
15. Mais	71
16. Weizenmehl 83% Ausmahlung	57
17. Trockenhefe	48
18. Gelatine	0

Tab. 42   Die biologische Wertigkeit verschiedener Nahrungsmittel verändert nach *Kraut/Kofrányi* 1981, 170).

Prozentuales Mengenverhältnis (N-Prozente)		Biologische Wertigkeit
1. 36% Vollei	plus 64% Kartoffel	136
2. 70% Lactalbumin	plus 30% Kartoffel	134
3. 75% Milch	plus 25% Weizenmehl	125
4. 60% Vollei	plus 40% Soja	124
5. 68% Vollei	plus 32% Weizen	123
6. 76% Vollei	plus 24% Milch	119
7. 51% Milch	plus 49% Kartoffel	114
8. 88% Vollei	plus 12% Mais	114
9. 78% Rindfleisch	plus 22% Kartoffel	114
10. 35% Vollei	plus 65% Bohnen	109
11. 52% Bohnen	plus 48% Mais	99
12. 84% Rindfleisch	plus 16% Gelatine	98

Tab. 43 **Die biologische Wertigkeit der günstigsten Mischung zweier Nahrungsmittel (verändert nach *Kraut/Kofrányi* 1981, 170).**

Der biologische Wert ergibt sich aus dem Gehalt, der Verteilung und der Verfügbarkeit der enthaltenen Aminosäuren. Ein Eiweiß ist dabei für die Ernährung um so hochwertiger, je mehr es dem menschlichen Körpereiweiß gleicht, da es dann alle lebensnotwendigen Aminosäuren enthält. Tierisches Eiweiß ist deshalb hochwertiger als pflanzliches Eiweiß (Tab. 43). Minderwertiges Eiweiß setzt für die Bedarfsdeckung eine höhere Aufnahmemenge voraus. Allerdings können sich die verschiedenen Eiweiße bei gleichzeitiger Aufnahme ergänzen und gegenseitig aufwerten. So kann ein biologisch weniger wertvolles Eiweiß, welches eine bestimmte essentielle Aminosäure in zu geringer Menge enthält, durch den Zusatz eines anderen Proteins, das dieselbe Aminosäure im Überschuß aufweist, komplettiert und aufgewertet werden (*Breuer* 1981, 38). Dabei ergeben Kombinationen von verschiedenwertigen Eiweißen z. T. Gesamtwertigkeiten, die besser sind als die Wertigkeit der Einzelkomponenten (vgl. Tab. 43).

Vitamine

Vitamine sind organische Verbindungen, die dem Organismus mit der Nahrung entweder als solche oder in der Form von Vorstufen (Provitamine) zugeführt werden müssen, da sie vom Organismus benötigt, aber nicht bzw. nicht in ausreichendem Umfang im eigenen Stoffwechsel erzeugt werden können (*Lang* 1979, 369).

Vitamine – sie lassen sich in *fettlösliche* und *wasserlösliche* unterscheiden – haben ausnahmslos wichtige Funktionen im Stoffwechsel inne (Tab. 44).

Vitamine ermöglichen als Bestandteil von Enzymen und Hormonen den Ablauf von Stoffwechselvorgängen (Katalysatorwirkung) und sind für Wachstum, Erhaltung und Fortpflanzung des Menschen unentbehrlich.

Die im Organismus vorhandenen Vitamine werden ständig langsam abgebaut und müssen daher mit der Nahrung immer wieder neu aufgenommen werden. Der Bedarf an Vitaminen ist gering (im Milligrammbereich) und richtet sich nach Alter, körperlicher Belastung u. ä.

Abbildung 229 verdeutlicht den Einfluß der Vitamine auf den Stoffwechsel.

Vitamin	Vorkommen	Wichtige Wirkung	Mangelsymptome
Fettlösliche Vitamine:			
A	In tierischen Produkten (Milch, Ei, Leber, Lebertran), Vorstufe Karotin auch in Möhren und Obst	Sehvorgang, Wachstum und Regeneration von Haut- und Schleimhäuten	Störung im Dunkelsehen (bis zur Nachtblindheit), Austrocknung, Verhornung und Defekte an Haut und Schleimhäuten (bes. Augen!)
D	Lebertran, Eigelb, Milch; wird auch aus Vorstufen in der Haut durch Sonnenbestrahlung gebildet!	Kalkstoffwechsel	Störungen in der Kalkeinlagerung der Knochen, Knochenerweichungen (Rachitis)
E	Pflanzenkeime, Weizenkeimöl, Gemüse	Z. B. oxidationshemmende Wirkung	Bei Menschen nicht bekannt
K	Weitverbreitet, bes. Gemüse, Kartoffel, Fisch und Fleisch	Beteiligung an der Blutgerinnung	Erhöhte Blutungsbereitschaft
Wasserlösliche Vitamine:			
B_1	Getreidekeime (Brot), Nüsse, Hülsenfrüchte, Herz, Leber	Bestandteil von wichtigen Enzymen des Energiestoffwechsels, bes. der Kohlehydratverwertung	Störungen der Muskel- und Herzfunktion sowie des Nervensystems (Beri-Beri)
B_2	In jeder lebenden Zelle enthalten, reichl. in Milch	Bestandteil der gelben Atmungsenzyme	Vorwiegend bei Störungen der Resorption: Sehstörungen, Hautveränderungen, bes. an Mund und Augen
Niazin	Weitverbreitet, in jeder Zelle enthalten	Bestandteil der wasserstoffübertragenden Atmungsenzyme	Hautveränderungen, Durchfälle, psychische Störungen
B_6	Weitverbreitet, in fast allen Nahrungsmitteln enthalten	Bestandteil von Enzymen, die Aminosäuren übertragen	Kaum bekannt
B_{12}	In allen tierischen Zellen; zur Aufnahme ist ein best. Stoff im Magensaft (intrinsic factor) erforderlich	Blutbildung	Blutarmut (perniziöse Anämie)

Tab. 44   Fortsetzung nächste Seite.

Vitamin	Vorkommen	Wichtige Wirkung	Mangelsymptome
Weitere B-Vitamine: Folsäure, Biotin, Pantothensäure	Weitverbreitet, in jeder lebenden Zelle enthalten	Bestandteile wichtiger Enzyme	Treten nur unter besonderen Bedingungen auf
C-Vitamin	Obst, Gemüse, Kartoffel	Vielfältige, im einzelnen noch nicht restlos geklärte Wirkungen im Stoffwechsel	Müdigkeit, Infektanfälligkeit, Neigung zu Blutungen, Störungen im Knochen- und Bindegewebswachstum, besonders an Gebiß und Zahnfleisch (Skorbut)

Tab. 44 Vorkommen, Hauptwirkungen und Mangelsymptome der wichtigsten Vitamine (nach *Donath/Schüler* 1980, 186).

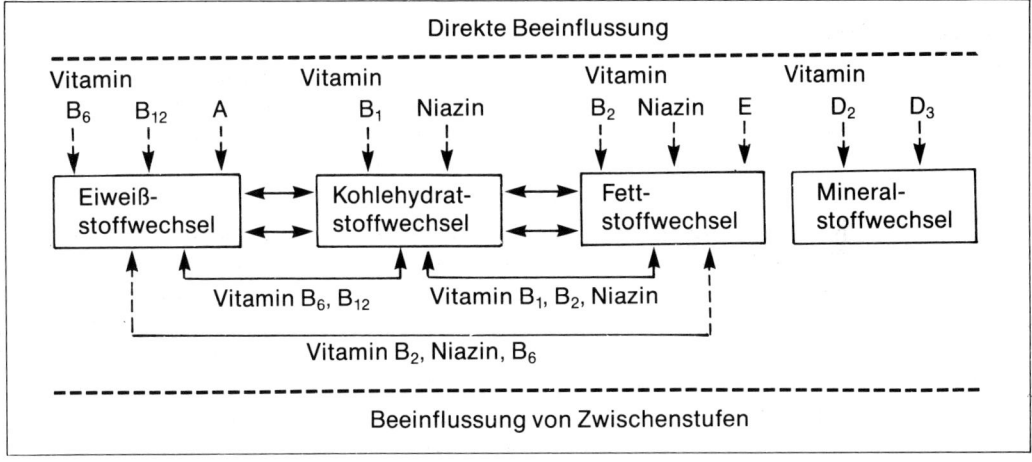

Abb. 229 Der direkte und komplexe Einfluß lebenswichtiger Vitamine auf den Stoffwechsel (nach *Ketz* 1973, 64).

Mineralstoffe

Mineralstoffe sind anorganische, lebensnotwendige Substanzen, die für die Aufrechterhaltung eines ungestörten Stoffwechsels unbedingt erforderlich sind (Tab. 45 und 46). Die Mineralstoffe werden aufgrund ihrer Konzentration im Körper sowie ihrer Mengenverhältnisse im täglichen Bedarf in *Men-* gen- und *Spurenelemente* unterteilt (*Kirchgeßner* et al. 1980, 29).

Eine Übersicht über die wichtigsten Mengenelemente und deren Funktion gibt Tabelle 45. Eine Übersicht über funktionelle Bedeutung, Körperbestand und Nahrungsquellen essentieller Spurenelemente gibt Tabelle 46.

Mineral-stoffe	Körper-bestand	Wünschens-werte Zufuhr/Tag	Vorkommen in Nahrungsmitteln	Wirkungsweise
Na	70 g	1–3 g	Kochsalz	Regulation des osmotischen Druckes, Enzymaktivator, normale Erregbarkeit von Muskeln und Nerven
Cl	120 g	3–5 g	Kochsalz	Salzsäurebildung im Magen, Regulation des osmotischen Druckes
K	150 g	1–3 g	Getreide, Obst, Gemüse	Regulation des osmotischen Druckes, Enzymaktivator für ATP und ADP, normale Erregbarkeit von Muskeln und Nerven
Ca	1 kg	0,5–1 g	Milch- und Milchprodukte	Aufbau von Knochen und Zähnen. Bestandteil der Blutplättchen, Blutgerinnung, Herztätigkeit, normale Erregbarkeit von Muskeln und Nerven
Mg	25 g	0,3–0,5 g	In allen grünen Gemüsen (Chlorophyll)	Enzymaktivator
P	700 g	0,8–1,2 g	Milch und Milchprodukte, Hülsenfrüchte	Bestandteil von energieübertragenden Enzymen, Knochenaufbau
S	150 g		Eier, Fleisch	Aufbau von Eiweißstoffen, Bestandteil von Enzymen

Tab. 45 Körperbestand, Bedarf, Vorkommen und Wirkungsweise der wichtigsten Mengenelemente der Nahrung (nach *Huth* 1979, 58).

Sowohl die Mengen- als auch die Spurenelemente werden durch die moderne Mischkost im allgemeinen in ausreichender Höhe aufgenommen. *Deckungslücken* treten bisweilen bei Eisen, Jod und Fluor auf.

Der relativ hohe Bedarf an *Eisen* läßt sich dadurch erklären, daß normalerweise nur ein Zehntel des zugeführten Eisens resorbiert werden kann.

Jodmangel kann auftreten, wenn überwiegend Lebensmittelprodukte aus Gegenden mit zu geringem Jodgehalt im Boden verzehrt werden.

Wasser

Der Mensch besteht zu einem Großteil aus Wasser. Der Wassergehalt des menschli-

Spuren-element	Funktionelle Bedeutung	Körperbestand und Verteilung (normalge-wichtige Erwachsene)	Nahrungsquellen
Eisen Fe	Ezymbaustein, Hämo-globin- u. Myglobin-baustein	4–5 g 26% im Hämoglobin u. Myoglobin 16% im Ferritin u. Hämosiderin	Fleisch, Blutwurst, Leber, Spinat, Voll-kornbrot
Kupfer Cu	Enzymbaustein, Hämo-poese, Elastinbildung	80–100 mg 45% in Muskulatur 20% in Leber 20% im Skelett	Hülsenfrüchte, Leber, Nüsse
Jod J	Bildung der Schild-drüsenhormone	10–15 mg 99% in der Schilddrüse	Seefische, Eier, Milch
Kobalt Co	Vitamin-B_{12}-Baustein, Enzymaktivierung	1–2 mg Verteilung auf die Nie-ren und andere Organe	Hülsenfrüchte, Wurzel-gemüse, Nüsse
Mangan Mn	Enzymaktivierung	10–40 mg Verteilung auf Skelett, Leber, Hypophyse, Milchdrüse und andere Organe	Getreideprodukte, Spinat, Beerenfrüchte, Hülsenfrüchte
Molybdän Mo	Enzymbaustein, Enzymaktivierung	8–10 mg Verteilung auf Leber, Nieren und andere Organe	Hülsenfrüchte, Getrei-deprodukte, Blattge-müse, Leber, Nieren
Nickel Ni	Enzymaktivierung, Enzymhemmung Blutgerinnung	~ 10 mg Verteilung auf Blut, Knochengewebe und andere Organe	Hülsenfrüchte, Käse, Fische, Getreidepro-dukte
Fluor F	Kariesverhütung, Enzymhemmung	2–3 g 96% im Skelett	Fleisch, Eier, Obst, Gemüse
Vanadium V	Hemmung der Chole-sterinsynthese, Minera-lisierung der Knochen und Zähne	10–13 mg Verteilung auf Nieren, Leber, Milz und andere Organe	Pflanzliche Öle mit hohem Gehalt an mehr-fach ungesättigten Fettsäuren
Chrom Cr	Enzymaktivierung. Glukosetoleranz-Faktor	6–12 mg Verteilung auf Haut, Muskeln und andere Organe	Fleisch, Vollkorn-erzeugnisse, Honig
Selen Se	Synergist zu Tocophe-rol und S-haltigen Aminosäuren	10–15 mg Verteilung auf Nieren, Schilddrüse und ande-re Organe	Muskelfleisch, Getrei-deprodukte, Fische

Tab. 46 **Funktionelle Bedeutung, Körperbestand und Nahrungsquellen der essentiellen Spurenelemente der Nahrung (nach *Ketz* 1978, 266).**

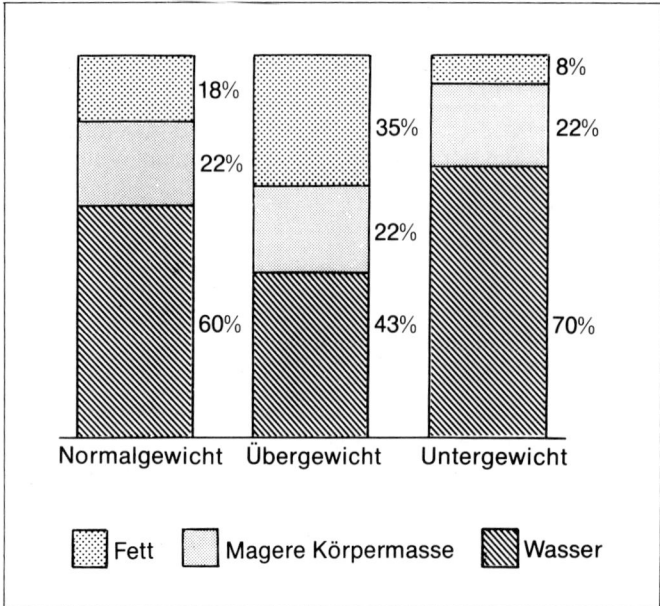

Abb. 230　Unterschiedliche Wasserspeicherung im Körpergewebe des normal-, über- und untergewichtigen Mannes (nach *Bland* 1959, 16).

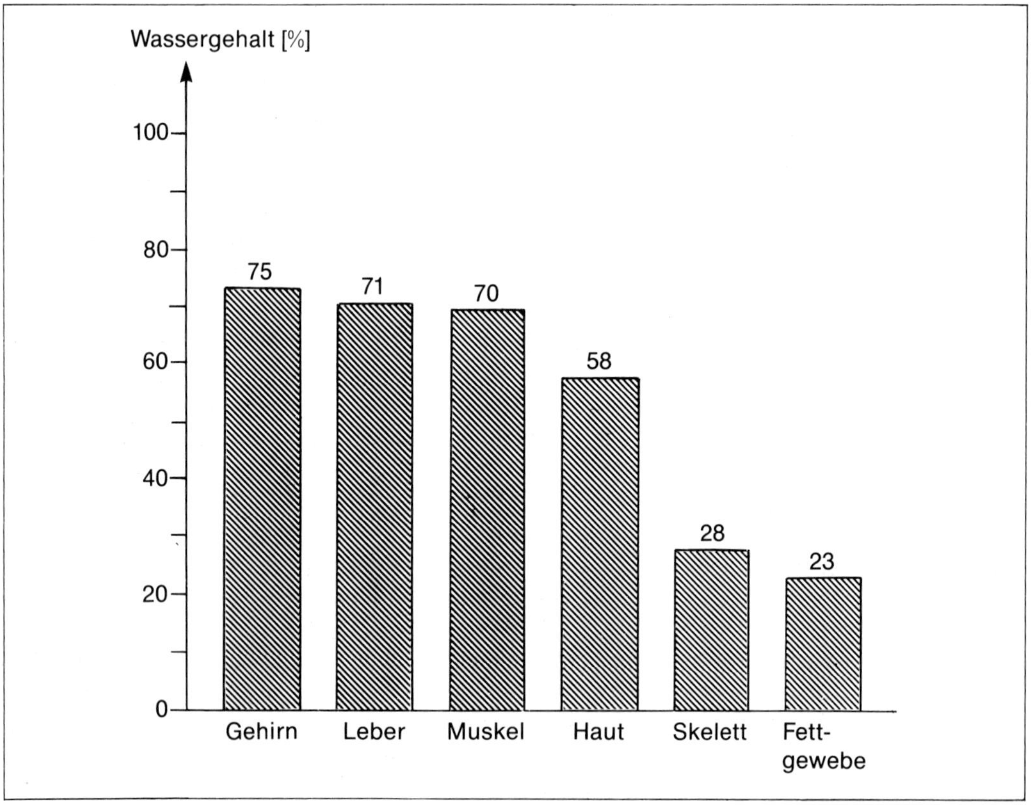

Abb. 231　Mittlerer Wassergehalt verschiedener Organe und Gewebe (nach *Ketz* 1978, 280).

	Erwachsene		Säuglinge
	Männer	Frauen	
Feste Substanzen	40	50	25
1. Organische Bestandteile	35	45	–
2. Mineralische Bestandteile	5	5	–
Gesamt-körperwasser	60	50	75
1. Intrazellulär	40	30	40
2. Extrazellulär	20	20	35
a) Intravasal	4	4	5
b) Interstitiell	16	16	30

Tab. 47 Annähernde Körperzusammensetzung und Wasserverteilung in Prozenten des Körpergewichts (nach Kuhlmann/Siegenthaler/Siegenthaler 1979, 198).

chen Organismus ist abhängig von Lebensalter, Geschlecht und Körperzusammensetzung.

Beim Neugeborenen beträgt der Körperwasseranteil etwa 75%, beim jungen Erwachsenen im Mittel 63% für den Mann und 52% für die Frau.

Mit zunehmendem Alter – etwa jenseits des 5. Lebensjahrzehnts – fallen diese Mittelwerte durch Verminderung der Flüssigkeit in den Zellen auf 52% (Mann) bzw. 46% (Frau) ab (Berghold 1982, 19).
Wie Abbildung 230 erkennen läßt, ist bei fettleibigen Menschen der prozentuale Wassergehalt deutlich niedriger.
Der geringere Wassergehalt bei Frauen und adipösen (übergewichtigen) Personen hängt von der unterschiedlichen Wasserkonzentration einzelner Gewebearten ab. Abbildung 231 verdeutlicht, warum muskelstarke bzw. fettleibige Personen einen höheren bzw. niedrigeren Wassergesamtbestand aufweisen.
Die annähernde Körperzusammensetzung und Wasserverteilung zeigt Tabelle 47.

Wasser gehört mit dem Sauerstoff zu den lebensnotwendigsten Stoffen. Wasser ist Strukturbestandteil von Makromolekülen und dient als Lösungsmittel für niedermolekulare Substanzen und als Transportmittel. Es spielt eine wichtige Rolle bei der Thermoregulation und wird bei vielen enzymatischen Reaktionen benötigt. Nur in wäßriger Lösung können Substanzen in lebende Zellen eindringen oder sie verlassen, und auch innerhalb der Zelle können nur gelöste Substanzen miteinander reagieren (Berghold 1982, 20; Weineck 1983, 320).
Da dem Organismus ständig Flüssigkeit entzogen wird, ist es wichtig, den Wasserhaushalt ausgeglichen zu gestalten. Bei geringer körperlicher Aktivität benötigt ein 70 kg schwerer Erwachsener (bei etwa 20–25°C, rel. Luftfeuchtigkeit von etwa 50%) mindestens 1,7 Liter Wasser pro Tag (Gebert 1978, 160).

Von dem täglichen Mindestwasserbedarf von 1,7 Litern werden zirka 750 ml zur Ausscheidung der harnpflichtigen Substanzen, 100 ml für den Stuhl, 350 ml zur Anfeuchtung der Atemluft und 500 ml zum Ausgleich der Verdunstung durch die Haut und die Schleimhäute (Perspiratio insensibilis) benötigt.

Der obligatorische Wasserbedarf wird bei normaler Kost zum größten Teil über die Nahrung aufgenommen. So enthalten Nahrungsmittel zur Deckung eines Energiebedarfs von 8400 kJ (2000 kcal) bis 10500 kJ (2500 kcal) etwa 750 ml gebundenes Wasser und liefern bei der Verbrennung zusätzlich etwa 300 ml *Oxidationswasser* (Kleinmann 1980, 93). Die für den Minimalbedarf noch erforderlichen 600–700 ml werden als Flüssigkeit aufgenommen. Bei normalen Lebensbedingungen nimmt ein Erwachsener jedoch durchschnittlich 1000–1500 ml Flüssigkeit auf (Gebert 1978, 160; Konopka/Obergfell 1980, 61). Dieser Überschuß – er ist aus gesundheitlichen Gründen durchaus zu begrüßen (z. B. zur Vermeidung von Nierensteinen) – wird über eine Erhöhung der Urinausscheidung ausgeglichen. Unter normalen Stoffwechselbedingungen werden demnach pro Tag 2000–2400 ml Flüssigkeit zugeführt.

> Bei Hitze, infolge Klimawechsel oder Fieber, und bei Transpiration durch erhöhte körperliche Tätigkeit werden bedeutend größere Mengen benötigt (*Holtmeier* 1981, 91).

Ballaststoffe

Unter dem Begriff *Ballaststoffe* wird eine Gruppe chemisch verschiedener Substanzen zusammengefaßt, die für den menschlichen Organismus nicht bzw. nur zu einem geringen Teil verdaulich sind (*Rothe* 1978, 290). Der größte Teil davon ist *Zellulose,* die Gerüstsubstanz der Pflanzen. Aber auch tierische Gerüstsubstanzen wie beispielsweise Kollagene und unverdauliche Bindegewebsanteile fallen unter diesen Begriff (*Donath/Schüler* 1979, 91).

Obwohl Ballaststoffe vom menschlichen Organismus nicht resorbiert werden, sind sie ernährungsphysiologisch bedeutungsvoll. Sie geben dem Speisebrei die Konsistenz und regen die Darmtätigkeit an; sie vergrößern die Kotmenge und dienen der im Dickdarm angesiedelten Bakterienflora als Nährboden.
Das zunehmende Fehlen der Ballaststoffe in der heutigen Ernährung wird als mögliche Ursache einer Reihe von Krankheiten (z. B. chronische Verstopfung, Hämorrhoiden u. a.) angesehen. Es wird daher empfohlen, mit der täglichen Kost etwa 10–20 g Ballaststoffe zuzuführen (*Konopka/Obergfell* 1980, 69; *Haenel* 1978, 202).

Aroma- und Geschmacksstoffe

Als Aromastoffe gelten alle Komponenten, die allein oder in Kombination mit anderen Stoffen zum angenehmen Aroma eines Lebensmittels beitragen (*Rothe* 1978, 284).
Aroma- und Geschmacksstoffe üben eine günstige Wirkung auf die Verdauungsvorgänge aus, da sie über Sinnesempfindungen nicht nur den Appetit wecken, sondern im gleichen Maße die Tätigkeit der verschiedenen Verdauungsorgane anregen und so die Spaltung und Resorption der aufgenommenen Nahrung optimieren.

Verdauung und Resorption

Die in den Nahrungsmitteln enthaltenen Nährstoffe können in der Form, in der sie mit den Nahrungsmitteln angeboten werden, in den meisten Fällen vom Körper nicht verwertet werden. Sie müssen erst aus den Nahrungsmitteln herausgelöst und in einfachere Bestandteile zerlegt werden, damit sie durch die Darmwand aufgenommen und so im Stoffwechsel nutzbar gemacht werden können.

Resorbierbare Stoffe und Orte der Resorption

> Die Resorption von *Kohlehydraten* kann nur in der Form von Einfachzuckern (Monosacchariden) erfolgen. *Fette* werden überwiegend nach Aufspaltung in Fettsäuren und Glyzerin, in geringem Umfang auch als hochmolekulare Substanzen (Di- und Triglyzeride), aufgenommen. *Eiweiße* werden hauptsächlich nach Spaltung in Aminosäuren resorbiert.

Verdauung und *Resorption* laufen *gleichzeitig* ab, wobei die Wasserlöslichkeit der

Es verließen den Magen in 1–2 h:		in 3–4 h:	
100–200 g	Wasser	230 g	Junges Huhn, gekocht
220 g	Kohlensäurehaltiges Wasser	250 g	Rindfleisch, roh oder gekocht, mager
200 g	Tee ohne Zutat	100 g	Schinken, gekocht
200 g	Kaffee ohne Zutat	100 g	Schinken, roh
200 g	Kakao ohne Zutat	100 g	Kalbsbraten, warm oder kalt, mager
200 g	Bier	200 g	Bücklinge geräuchert
100–200g	Milch, gekocht	150 g	Schwarzbrot
200 g	Fleischbrühe ohne Zutat	150 g	Schrotbrot
100 g	Eier, weichgekocht	150 g	Weißbrot
		150 g	Reis, gekocht
in 2–3 h:		150 g	Kohlrabi, gekocht
200 g	Kaffee mit Sahne	150 g	Mohrrüben, gekocht
300–500 g	Wasser	150 g	Spinat, gekocht
300–500 g	Bier	150 g	Gurkensalat
300–500 g	Milch, gekocht	150 g	Radieschen, roh
100 g	Eier, roh oder hart, Rührei oder Omelette	150 g	Äpfel
100 g	Rindfleischwurst, roh	in 4–5 h:	
200 g	Karpfen, gekocht	250 g	Rindsfilet gebraten
150 g	Blumenkohl, gekocht	250 g	Beefsteak, gebraten
150 g	Blumenkohl als Salat	250 g	Rindszunge, geräuchert (31% Fett)
150 g	Spargel, gekocht	100 g	Rauchfleisch, in Scheiben (15% Fett)
150 g	Salzkartoffeln	250 g	Hase, gebraten
150 g	Kirschen, roh	250 g	Gans, gebraten
70 g	Weißbrot, frisch und alt; trocken oder mit Tee	280 g	Ente, gebraten
		200 g	Hering in Salz
70 g	Zwieback, frisch und alt; trocken oder mit Tee	150 g	Linsen als Brei
		200 g	Erbsen als Brei
		150 g	Schnittbohnen, gekocht

Tab. 48 Verweildauer verschiedener Speisen und Flüssigkeiten (nach *Pentzoldt* in *Krauß* 1975, 178).

Nährstoffe Voraussetzung für die Resorption ist.

Bereits in der Mundhöhle und im Magen ist die Aufnahme einiger Substanzen wie Alkohol, Aminosäuren, Mineralien und Traubenzucker in kleinen Mengen möglich. Der Dickdarm nimmt Wasser und Mineralien sehr gut auf, Einfachzucker in beschränktem Umfang, jedoch keine Fette und Fettsäuren (*Nöcker* 1976, 162).

Die Aufnahme der Nährstoffe erfolgt in erster Linie durch den Dünndarm.

Magenverweildauer

Die *Verweildauer* der Speisen im *Magen* ist in gewisser Weise ein *Gradmesser der Verdaulichkeit* (*Krauß* 1975, 177). Je nach Volumen und Art der Mahlzeiten dauert die Magenpassage zwischen 1 und 5 Stunden, schwer verdauliche Speisen können allerdings bis zu 9 Stunden im Magen liegen (Tab. 48 und Abb. 232).

Wie Tabelle 49 erkennen läßt, spielt die Zubereitung der jeweiligen Speise eine nicht unerhebliche Rolle für die Verweildauer.

Für die Verweildauer von Speisen im Magen gilt (*Konopka/Obergfell* 1980, 100; *Krauß* 1975, 177 f.):

- Kohlehydratreiche Nahrung verläßt den Magen rascher als eiweißreiche Kost. Am längsten verweilen fettreiche Speisen.
- Nahrungsmittel tierischer Herkunft verweilen im allgemeinen länger als vegetabile Speisen.
- Grobe, wenig zerkaute Nahrung verweilt länger im Magen als gut gekauter und durchspeichelter Speisebrei. Am schnellsten passieren Flüssigkeiten.
- Je größer die Menge der zugeführten Nahrungsmittel, desto länger die Verweildauer.
- Gebratene und fettreiche Speisen haben eine längere Verweilzeit als gekochte und fettarme.
- Konzentrierte Süßspeisen (z. B. Zuckerlösung, Schokolade) verzögern die Magenentleerung. Erst wenn die Zuckerkonzentration der Konzentra-

100 g Eier verweilen im Magen	
– 3 min gekocht	105 min
– Roh	135 min
– Rührei mit Butter	150 min
– Hartgekocht	180 min
– Eierkuchen	180 min

Tab. 49   Magenentleerungszeit unterschiedlich verarbeiteter Eierspeisen (nach *Krauß* 1975, 179).

tion des Zuckers im Blut gleich (isoton) ist, also eine 6%ige Zuckerlösung aufweist, erfolgt eine normal schnelle Entleerung.
- Aufgrund seiner anatomischen Lage im Körper entleert sich der Magen am schnellsten, wenn man sich nach der Mahlzeit auf die rechte Seite legt.
- Psychische Faktoren können die Magen- und Darmpassage beschleunigen bzw. verzögern.

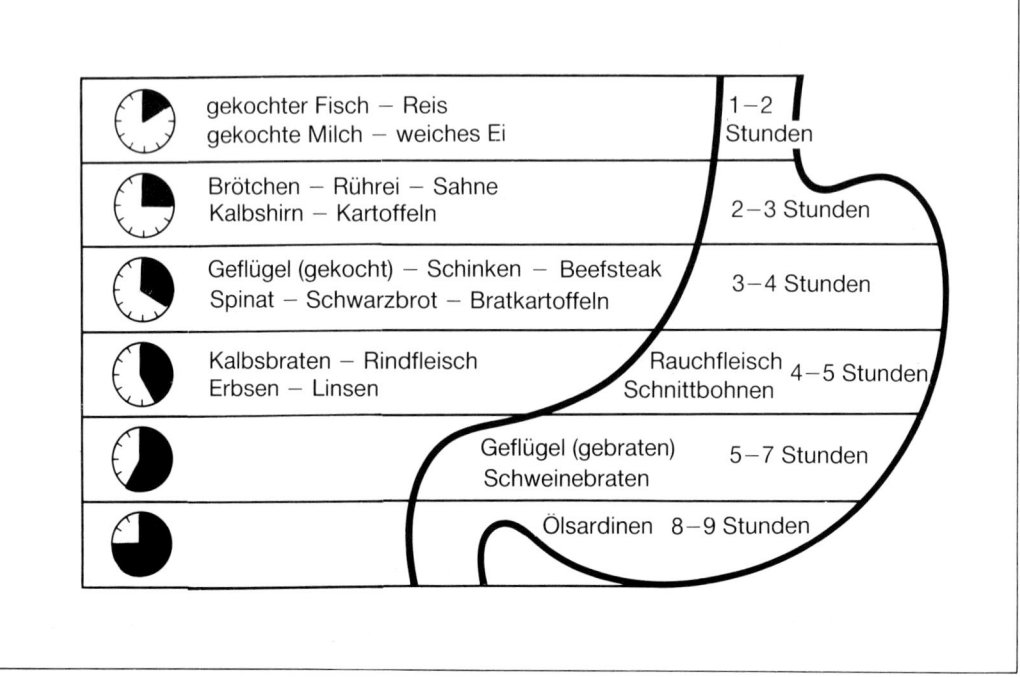

Abb. 232   Verweildauer verschiedener Speisen im Magen (nach *Ahlheim* 1977, 153).

Energiehaltige Substanz	[kJ]	[kcal]
ATP	6,3	1,5
Kreatinphosphat	14,7	3,5
Glykogen	5 040	1 200
Fett	210 000	50 000

Tab. 50 Energiespeicher bei einem 75 kg schweren Menschen (nach **Astrand**, in **Weineck** 1983, 31).

Energiestoffwechsel

Alle Lebensvorgänge in den Zellen, die sich äußerlich als Wärmeproduktion, Bewegung, Bildung von Drüsensäften, Abwehr von Krankheiten, Zellteilung und Wachstum bemerkbar machen, verbrauchen Energie (*Bauer* 1981, 69). Der Mensch ist nur dann lebensfähig, wenn es ihm gelingt, seine Energieausgaben durch entsprechende Energiezufuhr auszugleichen (Gesetz zur Erhaltung der Energie). Dabei ist der Mensch in der Lage, Energie über längere Zeiträume hinweg zu speichern, um sie freizusetzen, wenn der Energiebedarf die Energiezufuhr übersteigt. Bei kurzfristiger Betrachtung sind demnach Abweichungen vom Gesetz zur Erhaltung der Energie durchaus möglich, längerfristig ist die Einhaltung des Gesetzes jedoch lebensnotwendig.

Energieträger und Energiegehalt

Die energieliefernden Bestandteile der Nahrung sind Kohlehydrate, Fette, Eiweiße, Essigsäure, Hydroxy- und Ketonsäuren sowie Alkohol (*Kraut/Wirths* 1981, 29). Die weiteren Ausführungen beschränken sich auf die für den Sportler quantitativ wichtigsten Energielieferanten Kohlehydrate, Fette und Eiweiße.

Der physiologische Brennwert der Grundnährstoffe liegt je nach Zusammensetzung bei Kohlehydraten zwischen 16 und 18 kJ (3,8–4,3 kcal), bei Fetten zwischen 37 und 40 kJ (8,8–9,6 kcal) und bei Eiweiß zwischen 16 und 19 kJ (3,8–4,5 kcal) je Gramm (*Kraut/Wirths* 1981, 30).

Für Mischkost gelten im allgemeinen folgende Mittelwerte:
Brennwert von 1 g Kohlehydrat (KH):
1 g KH $\triangleq$ 17,2 kJ (4,1 kcal)
Brennwert von 1 g Eiweiß (E):
1 g E $\triangleq$ 17,2 kJ (4,1 kcal)
Brennwert von 1 g Fett (F):
1 g F $\triangleq$ 38,9 kJ (9,3 kcal)

Unter normalen Bedingungen liefern vor allem Kohlehydrate (etwa 2 Drittel) und Fette etwa 1 Drittel) die benötigte Energie. Der Anteil von Eiweiß an der Energiebereitstellung beträgt bei normaler Ernährung etwa 2–5% und kann demnach vernachlässigt werden (*Keul* et al. 1971, 1).

Energiebereitstellung

Die alleinige und unmittelbar verwertbare Energiequelle zur Muskelkontraktion stellt das *ATP* dar.

Da der Vorrat an energielieferndem ATP sehr begrenzt ist (Tab. 50), existieren verschiedene Wege der ATP-Resynthese (s. Abb. 14, S. 41).

Die Kontraktionsgeschwindigkeit der Muskelfaser ändert sich in Abhängigkeit von der Energiebereitstellung, wobei sie bei den energiereichen Phosphaten am höchsten, bei der aeroben Verbrennung von Fettsäuren am niedrigsten ist (s. Abb. 13, S. 40).

Wird der Sauerstoffverbrauch zur limitierenden Größe für die muskuläre Leistungsfähigkeit, so ist der Abbau von Kohlehydraten vorteilhafter als die Verbrennung von Fetten. Bei höchsten Intensitäten können ausschließlich Kohlehydrate zur Energiegewinnung herangezogen werden.

Pro Liter Sauerstoff ergibt sich folgender Brennwert:
Glukose   21,3 kJ (5,1 kcal) ≙ 6,34 ATP
Fett   18,8 kJ (4,5 kcal) ≙ 5,70 ATP
Eiweiß   19,7 kJ (4,7 kcal) ≙ 5,94 ATP

Bei gleichem Sauerstoffangebot ergibt sich demnach ein prozentualer Energiemehrgewinn von 13% bei Glukose und bei intrazellulär gespeichertem Glykogen sogar von 16% gegenüber der Fettverbrennung (*Keul/Doll/Keppler* 1969, 153).

Energiereserven

Um Bedarfsschwankungen auszugleichen, benötigt der Körper Energiereserven.
Die eigentliche Energiereserve bildet das *Depotfett*. Aber auch *Glykogen* kann gespeichert werden, allerdings nur in beschränktem Umfang. Noch geringer ist die Möglichkeit, Proteinreserven anzulegen: Durch trainingsbedingten Muskelzuwachs kann die Eiweißreserve erhöht werden, was jedoch energetisch ohne Bedeutung ist.

Fettspeicher

Die durch die Nahrung aufgenommenen Fette werden in der Leber umgewandelt und, soweit sie nicht zur Energiegewinnung herangezogen werden, als *Depotfett* abgelagert. Hauptdepot ist das *Unterhautfettgewebe*.
Vom Depotfett ist das *Baufett* abzugrenzen. Baufett findet sich z. B. am Gesäß und an der Ferse, wo es druckamortisierende Aufgaben hat. Im Gegensatz zum Depotfett kann das Baufett nicht zur Energiegewinnung herangezogen werden.

Glykogenspeicher

Der Vorrat an Glukose im Blut ist relativ gering und beträgt nur etwa 6 g. Da diese Menge nur für eine Maximalarbeit von zirka 2 Minuten ausreicht, speichert der Organismus Glukose in Form von *Glykogen* in der *Leber* und in der *Muskulatur* (*Nöcker* 1983, 31).
Die Hauptaufgabe des *Leberglykogens* besteht in der Regulierung des Glukosegehaltes im Blutplasma (sog. Blutzuckerspiegel), der dadurch relativ unabhängig von der Nahrungsaufnahme konstant gehalten werden kann. Ein konstanter Blutzuckerspiegel ist wichtig, da alle Organe ihren Kohlehydratbedarf aus dem Blut decken und da beispielsweise das Gehirn, das Nierenmark und die Erythrozyten nahezu ihren gesamten Energiebedarf mit Glukose abdecken müssen.
Das *Muskelglykogen* stellt eine unmittelbar greifbare Reserve an Kohlehydraten für die Verrichtung von Muskelarbeit dar, ohne daß ein Transport über den Blutweg notwendig wäre. Es kann jedoch nur am Einlagerungsort selbst verbraucht werden: Eine Freisetzung und Abgabe aus dem Muskel in den Blutkreislauf wie beim Leberglykogen ist mangels entsprechender Enzyme nicht möglich.

Energiebedarf des Menschen

Der Energiebedarf des Menschen läßt sich schematisch wie in Abbildung 233 darstellen.

Grundumsatz

Der Energieumsatz bei völliger Körperruhe und Muskelentspannung, nach Abklingen der Verdauungs- und Resorptionsprozesse sowie bei Indifferenztemperatur wird als Grundumsatz bezeichnet (*Wirths* 1980, 29).

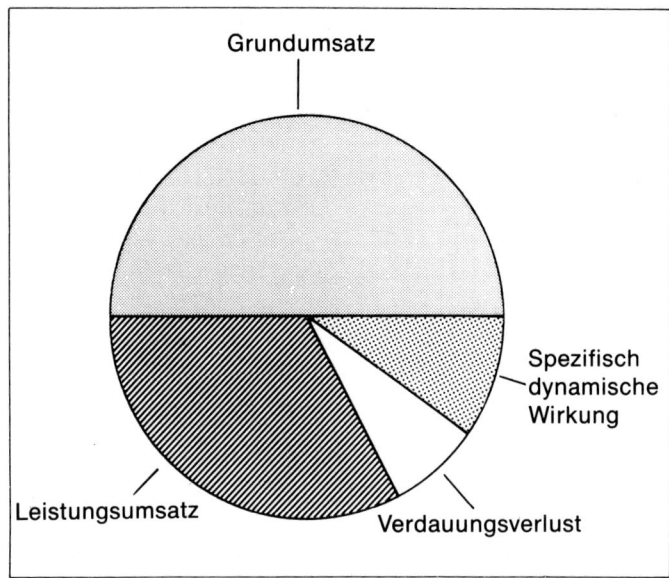

Grundumsatz

Spezifisch
dynamische
Wirkung

Leistungsumsatz
Verdauungsverlust

Abb. 233 Zusammensetzung des
Energiebedarfs bei normaler körperlicher Belastung (nach *Donath/Schü-
ler* 1979, 22).

Etwa 60% der für den Grundumsatz
verbrauchten Energie dient zur Aufrechterhaltung der Körpertemperatur.

Der Rest wird für lebenswichtige Funktionen benötigt, wie z. B. den aktiven Transport von Nährstoffen durch die Membranen, die unwillkürliche Bewegung des Herzens und der Lunge etc. (*Nöcker* 1976, 165).

Der Grundumsatz des Mannes beträgt
etwa 4,2 kJ (1 kcal) pro kg Körpergewicht und Stunde (*Nöcker* 1983, 14).

Der Grundumsatz wird von einer Reihe von
Faktoren beeinflußt:

– Geschlecht: Frauen haben einen 6–10%
geringeren Grundumsatz als Männer
(*Schürch* 1980, 597; *Holtmeier* 1981, 106).
Die Ursachen liegen im vermehrten Fettgewebe (bessere Isolierung), im geringeren stoffwechselaktiven Muskelgewebe

und im niedrigeren Spiegel an stoffwech-
selsteigerndem männlichem Sexualhormon (*de Marées* 1981, 469).
– Lebensalter: Kinder und Jugendliche haben aufgrund der Wachstumsprozesse einen erhöhten Grundumsatz. Mit zunehmendem Alter sinkt der Grundumsatz
beim Erwachsenen.
– Körperoberfläche: Kleinere Menschen –
insbesondere Kinder – haben eine relativ
größere Körperoberfläche als große Menschen. Die damit verbundenen stärkeren
Wärmeverluste bedingen einen erhöhten
Grundumsatz. Eine besondere Rolle spielen dabei die Extremitäten, da bei ihnen
das Verhältnis Oberfläche zu Volumen
größer ist (*Kieper/Meller* 1981, 146).
– Körperzusammensetzung: Die verschiedenen Organe tragen in unterschiedlichem Ausmaß zum Grundumsatz bei.
Größenvariationen der Organe beeinflussen demnach den Grundumsatz.
– Hormonelle Einflüsse: Im allgemeinen
steigt mit zunehmender Produktion an
metabolisch aktiven Hormonen der Stoffwechsel und damit der Energieumsatz.
Über- und Unterfunktionen von Hor-

Sportliche Tätigkeit	[kJ/min]	[kcal/min]
Laufen 9 km/h	41,8	10,0
Laufen 12 km/h	47,7	11,4
Laufen 15 km/h	54,8	13,1
Laufen 17 km/h	60,0	14,3
Skilanglauf 4 km/h	34,7	8,3
Skilanglauf 8 km/h	55,6	13,3
Skilanglauf 12 km/h	75,3	18,0
Skilanglauf 15,3 km/h	80,2	19,1
Radfahren 43 km/h	66,0	15,7
Schwimmen		
−Brust 20 m/min	18,8	4,5
−Brust 50 m/min	47,2	11,3
−Kraul 50 m/min	58,5	14,0
Badminton	52,9	12,6
Tischtennis	22,2	5,3
Tennis (Einzel)	41,8	10,0
Tennis (Doppel)	31,4	7,5
Volleyball	30,5	7,3
Fußball	54,8	13,1
Basketball	67,8	16,2
Handball	81,06	19,3
Eishockey	93,7	22,4

Tab. 51 **Energieumsätze bei verschiedenen sportlichen Disziplinen (nach Angaben von *Kraut/Wirths* 1981, 84 f.; *Stegemann* 1971, 67).**

mondrüsen verändern somit den Grundumsatz (*de Marées* 1981, 469).
- Zentralnervöse Einflüsse: Zentralnervös bedingte Änderungen des Muskeltonus bewirken Änderungen im Grundumsatz. Aufgrund einer verzögert abklingenden zentralen Mitinnervation ist der Grundumsatz bei hochgradig trainierenden Sportlern erhöht.
- Klima: Der Grundumsatz in den Tropen scheint im Vergleich zu dem in gemäßigtem Klima erniedrigt (*Kraut/Wirths* 1981, 49).
- Höhenlage: Beim kurzzeitigen Ortswechsel in größere Höhen steigt der Grundumsatz an (*Kraut/Wirths* 1981, 50).
- Jahreszeitliche Einflüsse: Im Winter ist der Grundumsatz erhöht (*de Marées* 1981, 469).

Leistungsumsatz

Alle Beanspruchungen des Körpers über die Grundumsatzbedingungen hinaus führen zu einem erhöhten Energieverbrauch. Dieser Mehrverbrauch wird als Leistungsumsatz bezeichnet.

Ein Energiemehrverbrauch ergibt sich z. B. aus zusätzlichen Maßnahmen des Organismus zur Kälte- oder Hitzeabwehr, durch gesteigerte Organtätigkeit, vor allem aber durch Muskeltätigkeit.

Entscheidend für die Höhe des Leistungsumsatzes ist die Masse der eingesetzten Muskulatur sowie die Intensität und Dauer der Muskelarbeit (Tab. 51).

Da die körperliche Belastungsverarbeitung interindividuell großen Unterschieden unterworfen ist, lassen sich beim Leistungsumsatz große Streubreiten feststellen.

Spezifisch-dynamische Wirkung

Die spezifisch-dynamische Wirkung umfaßt die Steigerung der Stoffwechselprozesse, die mit der Verdauung der Nahrung, der Resorption und der Umsetzung der Nährstoffe verbunden sind (*Kraut/Mohr* 1981, 11).
Die Hauptursache der spezifisch-dynamischen Wirkung ist im *intermediären Stoffwechsel* zu suchen.

Je nach Art der einzelnen Nährstoffe beträgt die spezifisch-dynamische Wirkung:
- bei Fetten   3– 4%
- bei Kohlehydraten   5– 9%
- bei Eiweiß   15–20%

Die obigen Angaben gelten jeweils nur für einseitige Fett-, Kohlehydrat- oder Eiweißernährung. Für eine normal gemischte Kost wird ein mittlerer Energieverlust von etwa 6–10% angegeben (*Wirths* 1980, 68; *Schlieper* 1982, 226).

Verdauungsverlust

Ein Teil der zugeführten Gesamtkalorien kann vom Organismus nicht zur Energiebereitstellung genutzt werden, sondern geht bei der Verdauungsarbeit verloren. Bei der üblichen rohfaserarmen Ernährung befinden sich im Stuhl etwa 4–6% des Energiegehalts der aufgenommenen Nahrung.
In der Hauptsache stammen die Verdauungsverluste aus dem nicht rückresorbierten Teil der Verdauungssäfte und aus abgeschilfertem Darmepithel. Auch der Urin enthält 1–2% des Energiegehalts der zugeführten Nahrung (*Kraut/Wirths* 1981, 35).

Mit zunehmendem Anteil an nicht verwertbaren Ballaststoffen steigen die Verluste im Mittel auf etwa 10% der zugeführten Kalorien (*Donath/Schüler* 1979, 22) (13).

Gesamtenergiebedarf

Die Addition von Grundumsatz, Leistungsumsatz, spezifisch-dynamischer Wirkung und Verdauungsverlusten ergibt den Gesamtenergiebedarf.

Sport und Ernährung

Der Energiebedarf des Sportlers

Wie bereits erwähnt (s. S. 509), wird der Energiebedarf des Menschen von einer Reihe von exogenen und endogenen Faktoren beeinflußt. Auch die sportliche Betätigung stellt in dieser Hinsicht eine wichtige Teilgröße dar.

Für die Höhe des Energiebedarfs des Sportlers sind vor allem die Trainings- und Wettkampfbelastung ausschlaggebend.
Mit der Zunahme von Intensität, Umfang und Häufigkeit der Belastung steigt der Energiebedarf, wobei eine Erhöhung der Intensität sogar zu einem überproportionalen Anstieg des Energieumsatzes führt.

Wie Abbildung 234 zum Ausdruck bringt, steigt beispielsweise der Energiebedarf bei Verdoppelung der Laufgeschwindigkeit von 3,3 auf 6,6 m/s auf das Achtfache des Ausgangswertes.
Aufgrund seines prozentual größeren Anteils an *Muskelmasse* hat der Sportler gegenüber untrainierten Menschen einen erhöhten Grundumsatz – er ist um etwa 5% erhöht (*de Marées* 1981, 470), der darüber hinaus

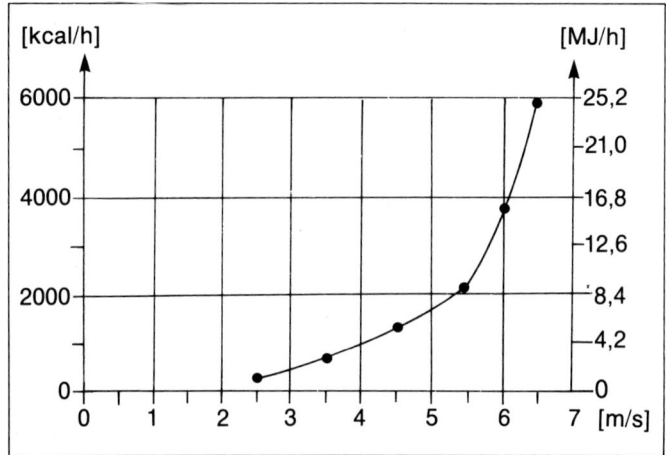

Abb. 234   Der Energieverbrauch bei verschiedenen Laufgeschwindigkeiten (nach *Ketz* 1978, 334).

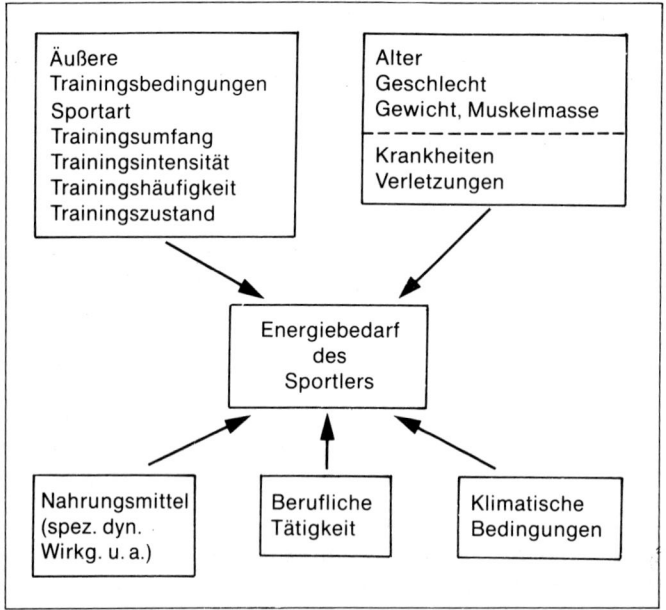

Abb. 235   Die Abhängigkeit des Energiebedarfs des Sportlers von verschiedenen Faktoren (nach *Schneider* 1979, 322).

saisonbedingten Veränderungen unterworfen ist: In Perioden mit hohem Trainingsumfang steigt der Grundumsatz an, da die Stoffwechselraten der inneren Organe und der Skelettmuskulatur im Dienste der Wiederherstellung erhöht sind.

Auch der *Trainingszustand* hat Einfluß auf den Energiebedarf: Gut trainierte Sportler haben aufgrund eines ökonomisch ablaufenden Stoffwechsels, einer geringeren Herz-

und Atemarbeit sowie einer besseren Koordination und Technik einen deutlich geringeren Energieaufwand für die gleiche Belastung als schlechter trainierte Athleten.

Insgesamt wird der Energiebedarf des Sportlers von einer Vielzahl von Faktoren beeinflußt (Abb. 235).

Die exakte Angabe des täglichen Energiebedarfs beim Sportler ist aufgrund der zahl-

		Mindestwerte		Höchstwerte	
		[kJ]	[kcal]	[kJ]	[kcal]
	Bei Körperruhe	7 140	1 700	9 240	2 200
	Kurzstreckenlauf	12 600	3 000	18 900	4 500
	Eisschnellauf (bis 1 000 m)	16 800	4 000	21 000	5 000
	Eiskunstlauf	14 700	3 500	18 900	4 500
	Gymnastik	14 700	3 500	18 900	4 500
Schnell-kraftsportler	Radsport Bahnfahrer	16 800	4 000	23 100	5 500
	Kurzstreckenschwimmer	16 800	4 000	23 100	5 500
	Skispringen	16 800	4 000	21 000	5 000
	Sprungdisziplinen (Leichtathletik)	16 800	4 000	21 000	5 000
	Mehrkampf (Leichtathletik)	16 800	4 000	23 100	5 500
Kraftsportler	Gewichtheben (je nach Gewichtsklasse)	12 600	3 000	25 200	6 000
	Stoß und Wurf (Leichtathletik)	18 900	4 500	25 200	6 000
Ausdauer-sportler	Mittelstreckenlauf	16 800	4 000	23 100	5 500
	Langstreckenlauf	16 800	4 000	23 100	5 500
	Skilanglauf	16 800	4 000	23 100	5 500
	Schwimmen 400 – 1 500 m	16 800	4 000	23 100	5 500
	Radsportler (Straße)	16 800	4 000	33 600	8 000
	6-Tage-Fahren	21 000	5 000	37 800	9 000
	Spielsportarten (Fußball, Handball, Hockey, Eishockey, Wasserball, usw.)	16 800	4 000	24 360	5 800
Kraft-ausdauer-sportler	Boxen	12 600	3 000	23 100	5 500
	Rennrudern	21 000	5 000	29 400	7 000
	Kanurennsport	18 900	4 500	23 100	5 500
	Skisport alpin	14 700	3 500	21 000	5 000
	Ringen	12 600	3 000	23 100	5 500
	Judo	12 600	3 000	23 100	5 500

Tab. 52 Energieumsatz in den verschiedenen Sportarten pro Tag (modifiziert nach *Nöcker* 1976, 169 in *Breuer* 1981, 14).

reichen beeinflussenden Faktoren nicht möglich. Demnach stellen die in der Literatur vorliegenden Angaben bei verschiedenen Sportarten und Sportdisziplinen einen Kompromiß zwischen sportmedizinischen Untersuchungsergebnissen, ernährungsphysiologischen Erhebungen und sportpraktischen Erfahrungen dar (*Ketz* 1978, 336; *Schneider* 1979, 322).

Einen Überblick über den Energiebedarf ausgewählter Sportarten geben die Tabellen 51 und 52.
Die in Tabelle 52 angegebenen Werte für Schnellkraft-, Kraft-, Kraftausdauer- und Ausdauersportler stellen Orientierungsgrößen für Zeitabschnitte mit hohen Trainingsbelastungen dar. Außerdem gelten sie für unterschiedliche Leistungsniveaus: Die ge-

nannten Höchstwerte wurden bei Spitzensportlern ermittelt und können, selbst bei extremen Leistungsanforderungen, nur von wenigen Sportlern erreicht werden. Beachtenswert sind die hohen Bedarfswerte für Straßenradsportler und 6-Tage-Fahrer. Da die oberste Grenze, die das Verdauungssystem über längere Zeiträume noch verkraften kann – vor allem wenn überwiegend Kohlehydrate aufgenommen werden sollen –, normalerweise bei 21 000–25 000 kJ (5000–6000 kcal) pro Tag liegt, ist die Eignung von Radsportlern für derartige Etappenrennen vor allem von der jeweiligen Kapazität des Verdauungssystems abhängig (*Berghold* 1982, 11; *Konopka* 1983, 160; *Nöcker* 1983, 15). Ähnliche Gesichtspunkte gelten auch für Bergsteiger oder für Teilnehmer an langdauernden Expeditionen in großen Höhen, bei denen der Energiebedarf täglich bis 33 600 kJ (8000 kcal), zeitweise sogar bis 42 000 kJ (10 000 kcal) pro Tag ansteigen kann (*Konopka/Obergfell* 1980, 115).

Kommt es über längere Zeiträume nicht zu einem Ausgleich von Bedarf und Zufuhr, dann treten ein Körpergewichtsverlust und eine Minderung der sportlichen Leistungsfähigkeit ein.
Der Sportler sollte fortlaufend sein Körpergewicht kontrollieren, um so den kalorischen Ausgleich zwischen Energiebedarf und Nahrungszufuhr zu überprüfen.

Der Nährstoffbedarf des Sportlers

Neben der ausreichenden *quantitativen* Versorgung ist die optimale *qualitative* Nahrungszusammensetzung eine wichtige Voraussetzung für die Leistungsfähigkeit des Sportlers.

Kohlehydrate

Kohlehydrate werden im Organismus ökonomischer verbrannt und weisen eine dop-

pelt so hohe energetische Flußrate auf wie Fette. Außerdem ist die anaerobe laktazide (unter Bildung von Milchsäure) Energiegewinnung nur innerhalb des Kohlehydratstoffwechsels möglich. Somit sind Kohlehydrate für Belastungen höchster und hoher Intensität von großer Bedeutung.

> Gehen die Kohlehydratvorräte des Organismus zu Ende, dann muß die Belastungsintensität verringert werden.

Die Leistungsfähigkeit bei langdauernden Belastungen ist demnach in hohem Maße von der Größe der Glykogenspeicher in der beanspruchten Muskulatur abhängig.
Ein weiterer Vorteil vergrößerter Glykogenspeicher liegt darin, daß Muskelglykogen um so leichter mobilisiert werden kann, je größer die Glykogenspeicher sind; ein geringerer Glykogengehalt verringert hingegen die Mobilisationsfähigkeit (*Donath/Schüler* 1979, 46; *Konopka/Obergfell* 1980, 125).
Schließlich bindet das gespeicherte Glykogen auch Wasser und Kalium. Bei Glykogenspeichern von insgesamt 750 g sind immerhin 2 Liter Wasser und 375 mval Kalium – es spielt für die Erregbarkeit und Leitfähigkeit der Nerven sowie die Kontraktilität der Muskulatur eine wichtige Rolle – gebunden (*Konopka* 1983, 13). Da während der arbeitsbedingten Reduktion der Glykogenspeicher auch das gebundene Wasser und Kalium freigesetzt werden, sind große Glykogenvorräte auch in bezug auf den Flüssigkeits- und Elektrolythaushalt (s. S. 519 u. 520) von größter Bedeutung. Das Auffüllen der Glykogenspeicher vor Beginn der Belastung erfüllt demnach eine doppelte Aufgabe: Zum einen stellt es eine hocheffiziente Energiequelle bereit, zum anderen vergrößert es das physiologische Wasserdepot, welches dazu beitragen kann, eine belastungsbedingte Dehydrierung (Entwässerung) bei gesteigertem Schweißverlust und

damit einen Abfall der Leistungsfähigkeit zu verhindern (s. S. 522).

Der Kohlehydratstoffwechsel und die Höhe des Muskelglykogens sind jedoch nicht bei allen Sportarten bzw. Belastungsmodalitäten in gleicher Weise leistungsbestimmend.

– Bei *Schnelligkeits-* und *Schnellkraftbelastungen* spielt die Größe der Muskelglykogenreserve kaum eine Rolle, da die Speicher bei dieser Form der Belastung nicht entleert werden. Entscheidend sind hier die Höhe der intrazellulären ATP- und KP-Speicher, die Kraft des Muskels und die neuromuskuläre, koordinative Leistungsfähigkeit.
– Auch bei *Kurzzeitausdauerdisziplinen* (45 s–2 min) ist infolge der kurzen Gesamtdauer nur eine relativ geringe Ausschöpfung der vorhandenen Glykogenreserven möglich. In diesen Disziplinen vollzieht sich wegen der hohen Intensität die Energiegewinnung zunächst durch den Zerfall der energiereichen Phosphate, dann durch die anaerobe Glykolyse unter Bildung von Milchsäure (Laktat). Ein höheres Ausgangsniveau der Glykogenvorräte ist jedoch wegen der bereits erwähnten größeren Mobilisationsfähigkeit auch für Kurzzeitausdauerdisziplinen von großer Bedeutung. Diese Tatsache ist insbesondere bei Sportarten mit wechselnder Intensität, wie z. B. bei den Sportspielen, zu berücksichtigen.
– Bei Sportarten mit *Mittelzeitausdauer* (2–8 Minuten) ist die Größe der Glykogenspeicher absolut leistungsbestimmend. Die Energiebereitstellung erfolgt überwiegend aus dem Kohlehydratstoffwechsel, der sowohl anaerob als auch aerob abläuft.
– Auch bei *Langzeitausdauersportarten* mit höher Intensität ist die Größe der Glykogendepots in höchstem Maße leistungslimitierend. Mit zunehmender Zeitdauer der Belastung ist jedoch eine anteilsmäßige Zunahme des Fettstoffwechsels an der Energiebereitstellung – verbunden mit einem Intensitätsrückgang – unvermeidbar.

– Bei *extremen Ausdauerbelastungen* (Belastungen über mehrere Stunden) wird die benötigte Energie vorwiegend durch die Verbrennung von Fetten gedeckt. Hohe Glykogendepots ermöglichen jedoch auch hier höhere Belastungsintensitäten.

Die schnelle Wiederauffüllung entleerter Glykogenspeicher ist durch eine erhöhte Kohlehydratzufuhr möglich. Wird nach einem erschöpfenden Training oder Wettkampf mit nahezu vollständiger Entleerung der Glykogenvorräte eine kohlehydratreiche Kost verabreicht, dann werden die Glykogendepots schneller und stärker wiederaufgefüllt als bei der üblichen *Mischkost* (hier liegt eine Nährstoffverteilung von etwa 50% Kohlehydrate, 28% Fett und 16% Eiweiß vor): Normale Mischkost ergibt eine Glykogenkonzentration von etwa 15 g/kg Muskel, *kohlehydratreiche Kost* (mindestens 8400 kJ = 2000 kcal aus Kohlehydraten) eine Konzentration von 20 g/kg (*Saltin/Karlson* 1977, 145).

> Um das Glykogenniveau vor Belastungsbeginn wieder zu erreichen, sind etwa 46–48 Stunden erforderlich.

Tabelle 53 vermittelt einen Überblick über kohlehydratreiche Nahrungsmittel.

Fette

Eine fettreiche Ernährung hat neben einer Reihe von Vorteilen (geringes Volumen, hoher Sättigungsgrad, geschmackliche Attraktivität) auch einige *Nachteile.* Dies gilt in besonderem Maße für den *Ausdauersportler:* Fettreiche Ernährung führt hier zu einer Verminderung der Ausdauerleistungsfähigkeit, verhindert die vollständige Glykogeneinlagerung in der Muskulatur und stört die Leberfunktion, wodurch u. a. die Wiederherstellung verbrauchter Kohlehydrat-

Pflanzliche Nahrungsmittel	Kohle-hydrate	Eiweiß	Fett	kcal	kJ
Roggenbrot	52	6,5	1,0	250	1046
Weizenbrot	48	8,2	1,2	243	1017
Weizenbrötchen	57	6,8	0,5	270	1130
Pumpernickel	51	8,1	0,9	251	1060
Knäckebrot	58	11,4	2,0	345	1444
Zwieback	75,5	9,9	2,6	374	1565
Makkaroni, Nudeln	75	10,0	1,0	360	1506
Rübenzucker	99,8	–	–	408	1703
Traubenzucker	99,0	–	–	406	1700
Honig	81,0	0,4	–	334	1383
Schokolade	63,0	6,0	27,0	540	2250
Grieß	76	9,4	–	350	1485
Kuchen (mit norm. Fett- u. Zuckergehalt)	50,0	10,0	17,0	402	1682
Erbsen	52,7	23,4	1,9	330	1381
Bohnen	47,3	25,7	1,9	315	1318
Karotten	20	2,0	–	90	376
Äpfel u. Birnen, getrocknet	58,0	2,0	–	260	1088

Tab. 53   Die kohlehydratreichen Nahrungsmittel (berechnet auf 100 g eßbaren Anteil) (nach *Nöcker/Baron/Inzinger* 1979, 27).

reserven in der Leber verhindert wird (*Jakowlew* 1956, 25; *Nöcker* 1983, 46).

Andererseits sind Fette als konzentrierte Energieträger bei langandauernden Leistungen unentbehrlich. Erst die nahezu unerschöpflichen Energiereserven an Fett (s. S. 507) ermöglichen extreme Dauerleistungen wie 100-km-Läufe u. ä.

Bereits im ruhenden Muskel werden etwa 20% des Energiebedarfs durch freie Fettsäuren gedeckt. Bei mittleren Belastungen steigt dieser Anteil auf etwa 25% an, bei sehr lange dauernden bis auf 50%, und wenn die Vorräte an Glykogen zur Neige gehen, können 80–90% des Stoffwechsels von freien Fettsäuren bestritten werden (*Keul/Doll/Keppler* 1969, 153; *Nöcker* 1983, 44).

Dabei ist ein Gütezeichen des hochgradig trainierten Ausdauersportlers, daß er selbst bei höheren Belastungsintensitäten eine relativ hohe Fettverwertung aufrechterhalten kann. Der besser trainierte Ausdauersportler kann bei vergleichbarer Belastung grundsätzlich mehr Energie aus dem Umsatz der im Organismus reichlich vorhandenen Fette bereitstellen – er schont damit seine Glykogenreserven; der weniger gut trainierte muß einen höheren Anteil der Energiebereitstellung aus den begrenzt vorhandenen Kohlehydratvorräten bereitstellen (Abb. 236).

Eiweiß

Durch sportliche Belastung erhöht sich die Beanspruchung des Eiweißstoffwechsels infolge des Verschleißes von strukturellem und funktionellem Eiweiß und einer erheblichen Ausscheidung von stickstoffhaltigen Verbindungen im Schweiß (*Schneider* et al. 1981, 185).

Als negative Folgen eines *Eiweißmangels* ergeben sich eine Abnahme der körperlichen und geistigen Leistungsfähigkeit, der Erregbarkeit des Nervensystems und der Konzen-

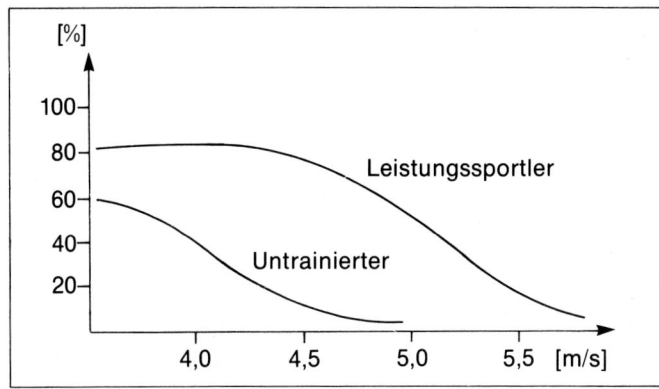

Abb. 236   Der Anteil des Fettstoffwechsels an der Energieproduktion bei verschiedener Laufgeschwindigkeit (nach *Donath/Schüler* 1979, 59).

trationsfähigkeit, der Eiweißbildung und der Enzymaktivität in den Mitochondrien sowie ein Absinken des Gehalts an Atmungsfermenten in der Muskulatur (*Konopka/Obergfell* 1980, 134).

Ein *Eiweißüberschuß* – darunter ist die Aufnahme von Eiweiß über den tatsächlichen Bedarf hinaus zu verstehen – führt hingegen zu einer Positivierung der genannten Parameter und zur Steigerung der Leistungsbereitschaft.

Zur Vermeidung von Mangelerscheinungen wird dem Sportler entsprechend seiner Sportart eine bedarfsgerechte Zufuhr von Nahrungseiweiß – seine biologische Wertigkeit sollte etwa 70–80% betragen (*Schneider* et al. 1981, 185) – empfohlen:

Je nach Intensität und Volumen der Trainingsbelastungen sollten *Ausdauersportler* 1,2–3,3 g, *Schnellkraftsportler* 2,0–3,2 g und *Kraftsportler* 2–4 g Eiweiß pro kg Körpergewicht zu sich nehmen (*Breuer* 1980, 39; *Donath/Schüler* 1979, 102; *Konopka/Obergfell* 1980, 136; *Nöcker* 1983, 57; *Schneider* 1979, 323).

Daß *Ausdauersportler* einen auf den ersten Blick recht hohen Eiweißbedarf haben, ist darauf zurückzuführen, daß körperliche Be-

lastungen von längerer Dauer zu einem Verschleiß an kontraktilen Elementen der Muskelfasern führen, strukturelle Veränderungen an den Zellmembranen und Mitochondrien hervorrufen und Inaktivierungen von Enzymen und Hormonen bewirken. Da die Wiederherstellung dieser Prozesse eine verstärkte Eiweißsynthese erforderlich macht, erhöhen langdauernde Belastungen den Eiweißbedarf.

Für den *Kraftsportler* gilt, daß der primäre Reiz für die Verbesserung der Muskelkraft zwar ein entsprechendes Training ist, daß aber weder Krafttraining noch erhöhte Eiweißzufuhr allein zu einem Muskelzuwachs führen (*Nöcker* 1983, 54).

Einen Überblick über eiweißreiche Nahrungsmittel gibt Tabelle 54.

Vitamine

Die erhöhten Stoffwechselaktivitäten des Sportlers erfordern gegenüber dem Nichtsportler einen erhöhten Vitaminbedarf. Eine Vorstellung vom erhöhten Bedarf der wichtigsten Vitamine bei Sportlern vermittelt Tabelle 55.

Tierische Nahrungsmittel	Eiweiß	Fett	Kohlehydrate	kcal	kJ
Fleisch ohne Knochen					
Rindfleisch (mager)	20	4	0,5	123	514
Kalbfleisch (mager)	21	4	0,5	120	500
Schweinefleisch (mager)	20	7	0,4	145	607
Schaffleisch (mager)	19	7	0,4	143	600
Hammelfleisch (mager)	17	28	0,3	335	1402
Pferdefleisch (mager)	21,5	2,5	0,9	115	481
Kaninchen (mager)	21	1,5	0,7	103	431
Schinken	24	35,0	–	428	1791
Sülzwurst	22	22,0	–	300	1285
Würstchen	12,4	13,6	–	177	741
Blutwurst	13,9	43,6	0,2	463	1938
Salami	27,2	47,4	–	552	2310
Huhn	22	1,6	0,4	110	420
Hase	19,6	1,1	0,4	92	385
Flunder	16,0	0,7	–	66	276
Hering	17,9	7,6	–	144	604
Schellfisch	18,4	0,4	–	79	352
Flußaal	12,2	27,5	–	306	1280
Karpfen	19,8	1,9	–	99	414
Kuhmilch	3,4	3,6	4,8	67	280
Magermilch	3,6	0,8	4,6	41	171
Vollfettkäse	27,5	28,3	2,2	384	1607
Magerkäse	39,0	2,7	4,0	201	841
Quark	17,2	1,2	4,0	98	410
Hühnerei	14,1	12,3	0,5	175	732
Pflanzliche Nahrungsmittel					
Roggenbrot	6,5	1,0	52	250	1045
Weizenbrot	8,2	1,2	48	243	1017
Weizenbrötchen	6,8	0,5	57	270	1130
Pumpernickel	8,1	0,9	51	251	1060
Knäckebrot	11,4	2,0	68	345	1444
Zwieback	9,9	2,5	75,5	374	1555
Makkaroni; Nudeln	10,0	1,0	75	380	1506
Schokolade	6,0	27	63	540	2250
Grieß	9,4	–	76	350	1455
Kuchen (mit normalem Fettu. Zuckergehalt)	10,0	17,0	50	402	1682
Erbsen	23,4	1,9	52,7	330	1381
Bohnen	25,7	1,9	47,3	315	1318
Haselnuß	17,4	62,6	7,2	682	2854
Erdnuß	27,5	44,5	15,7	591	2473
Walnuß	16,7	58,5	13,0	688	2788

Tab. 54   Die eiweißreichen Nahrungsmittel (berechnet auf 100 g eßbaren Anteil) (nach *Nöcker/Baron/Inzinger* 1979, 31).

Vitamine	Normalbedarf	Sportler
B_1	1–1,5 mg	4–8 mg
C	50–100 mg	200–400 mg
A	5 000 I.E.	12 000–15 000 I.E.
Niazin	15–20 mg	30–40 mg

Tab. 55   Der Bedarf an wichtigen Vitaminen bei Sportlern (nach *Donath/Schüler* 1979, 78).

Weizenkeime	20
Paranüsse	10
Schweinefleisch	8
Erbsen	7
Erdnüsse	6
Kalbsherz	5,5
Bohnen	4,6
Linsen	4,3
Reis, unpoliert	4,1
Haselnüsse	4,0
Haferflocken	4,0
Leber	3,2
Eigelb	2,9
Weizenvollkornbrot	2,5
Roggenvollkornbrot	1,8
Kalbfleisch	1,8

Tab. 56   Nahrungsmittel mit hohem Gehalt an Vitamin B_1 (in mg pro 100 g des eßbaren, ungekochten Anteils) (nach *Konopka* 1983, 18).

Sanddornsaft	266
Johannisbeere schwarz	170
Petersilie	166
Meerrettich	144
Paprikaschoten	139
Grünkohl, Rosenkohl	105
Fenchel	93
Blumenkohl	70
Gartenkresse	59
Zitrone	55
Orange	50
Grapefruit	45
Tomate	24
Heidelbeere	22
Spargel	21
Kartoffel	15

Tab. 57   Nahrungsmittel mit hohem Gehalt an Vitamin C (in mg, bezogen auf 100 g des eßbaren, ungekochten Anteils) (nach *Konopka* 1983, 18).

Der erhöhte Vitaminbedarf des Sportlers ist in der Regel durch eine vollwertige Kost von über 12 600 kJ (3000 kcal) pro Tag gedeckt. Bei geringerer Nahrungszufuhr ist die Gefahr eines Mangels gegeben, da der Vitaminbedarf nicht parallel mit dem Energiebedarf abnimmt.

Ausdauersportler sollten in Perioden mit extrem hoher Trainingsbeanspruchung – sie kann zu einer Vitaminunterversorgung bei den Vitaminen B_1, B_2, Niacin und Vitamin C führen (*Strauzenberg*, in *Konopka/Obergfell* 1980, 139) – neben der Aufnahme einer vitaminreichen Kost noch zusätzlich Vitamine in Form von Multivitaminpräparaten zuführen.

Für alle Sportler gilt ein gesteigerter Bedarf an *Vitamin C* bei intensiven Belastungen (Schweißverluste!) als gesichert. Besonders in den Wintermonaten lassen sich oftmals schleichende Mangelzustände feststellen, die die Leistungsbereitschaft stark beeinträchtigen und eine Infektneigung hervorrufen (*Donath/Schüler* 1979, 77). In dieser Zeit empfiehlt sich eine zusätzliche Vitamin-C-Zufuhr.

Nahrungsmittel mit hohem Gehalt an Vitamin B_1 und Vitamin C sind in den Tabellen 56 und 57 aufgelistet.

Mineralstoffe

Der Mineralstoffbedarf des Sportlers ist im Vergleich zum Nichtsportler erhöht.

Obwohl trainierte Menschen im Schweiß weniger Mineralstoffe verlieren als untrainierte, ergibt sich für den Sportler dennoch ein erhöhter Bedarf, der sich überwiegend auf die gesteigerten Schweißraten bei intensiver Belastung zurückführen läßt.

Die schweißbedingten Mineralstoffverluste lassen sich aus Tabelle 58 ersehen.
Tabelle 58 verdeutlicht, daß durch den Schweiß erhebliche Mengen an Kochsalz (NaCl) verloren gehen, die zu ersetzen sind. Bemerkenswerter ist jedoch die Tatsache, daß die Konzentration von Kalium und Magnesium im Schweiß und im Blut nahezu gleich sind, Natrium und Chlorid dagegen im Schweiß in einer geringeren Konzentration enthalten sind (Tab. 59).

Bestandteil	Gehalt in [mg/l] (ca.)
Natrium	1 200
Chlorid	1 000
Kalium	300
Kalzium	160
Magnesium	36
Sulfat	25
Phosphat	15
Zink	1,2
Eisen	1,2
Mangan	0,06
Kupfer	0,06
Laktat (Milchsäure)	1 500
Harnstoff	700
Ammoniak	80
Kohlehydrate } Vitamin C	50
Brenztraubensäure	40

Tab. 58 **Zusammensetzung des menschlichen Schweißes (nach *Howald*, in *Nöcker* 1983, 76).**

Nach ausgeprägten Schweißverlusten ist es daher außerordentlich wichtig, daß gerade *Magnesium* und *Kalium* besonders reichlich zugeführt werden, um Muskelkrämpfen vorzubeugen.

Nahrungsmittel mit hohem Kaliumgehalt sind in Tabelle 60 aufgelistet.

Desgleichen sollte auf eine ausreichende *Eisenzufuhr* geachtet werden – im Gegensatz zu anderen Mineralstoffen können Eisenverluste im Schweiß nicht durch eine verringerte Absonderung kompensiert werden –, da es durch Eisenmangel zu einer verminderten Blutbildung und damit zu einer Abnahme der körperlichen Leistungsfähigkeit kommt (*Keul* 1978, 242). Eine künstliche Eisenzufuhr sollte jedoch ausschließlich unter ärztlicher Beratung erfolgen, da eine Überdosierung schnell zu Magenschleimhautentzündungen und/oder Blutungsneigung führen kann (*Biener* 1982, 32).

Wasserhaushalt

Der Flüssigkeitsbedarf des Sportlers orientiert sich an auftretenden Verlusten, die bei den verschiedenen Sportarten und Sportdisziplinen recht unterschiedlich ausfallen können.
Neben der normalen Wasserausscheidung mittels Harn und Kot treten bei sportlicher Betätigung erhöhte Flüssigkeitsverluste auf, deren Höhe sich indirekt durch die Gewichtsverluste bei körperlicher Belastung bestimmen läßt (Tab. 61).

Die aus Tabelle 61 ersichtlichen Gewichtsverluste resultieren überwiegend aus der Schweißproduktion. Zu einem geringen Teil sind sie aber auch durch den Verlust von Wasserdampf mit der Atemluft sowie durch den Verbrauch von Glykogen und freien Fettsäuren, vermindert um das Gewicht des entstehenden Oxidationswassers, bedingt (*Bierbaum* et al. 1972, 166). So entspricht ein Gewichtsverlust von 3–4 kg einem Flüs-

Elektrolyte [mÄq/l]	Natrium	Chlor	Kalium	Magnesium
Plasma	140	100	4	1,5
Schweiß	40–60	30–50	4–5	1,5–5

Tab. 59 Mineralstoffkonzentration in Blutplasma und Schweiß (nach *Costill*, in *Nöcker* 1983, 77).

Kakaopulver	1920
Weiße Bohnen	1310
Tomatenmark	1160
Trockenfrüchte (Aprikosen, Pflaumen, Feigen, Datteln, Rosinen)	630–1100
Petersilie	1000
Erbsen, Linsen	810–944
Weizenkeime	840
Erdnußpaste	820
Nüsse	570–670
Spinat	662
Meerrettich	554
Gartenkresse	550
Kartoffel	523
Fenchel	494

Tab. 60 Nahrungsmittel mit hohem Gehalt an Kalium (in mg bezogen auf 100 g des eßbaren, ungekochten Anteils) (nach *Konopka* 1983, 18).

sigkeitsverlust von über 2–3 Litern (*Kindermann* 1978, 351).

Bei hohen Außentemperaturen können die in Tabelle 61 angegebenen Gewichtsverluste durch verstärkte Schweißverluste noch weiter zunehmen (s. S. 578).

> Die maximal mögliche Schweißrate beim trainierten gesunden Menschen wird mit 3–4 Litern pro Stunde angegeben (s. S. 578).

Bei den schweißbedingten Flüssigkeitsverlusten ist zu unterscheiden, ob sie auf hohe Außentemperaturen oder auf körperliche Belastung zurückzuführen sind:

> Bei Schweißverlusten durch *Hitzeeinwirkung* wird die Abnahme des Körpergewichts vorrangig durch eine *Verminderung des Blutplasmavolumens* hervorgerufen; bei *körperlicher Belastung* kommt es zu einer wesentlich geringeren Minderung des Plasmavolumens, mit dem Vorzug einer gesteigerten Leistungsfähigkeit im Gegensatz zur Hitzeexposition (*Astrand* in *Berghold* 1982, 21).

Die *belastungsbedingte Gewichtsreduktion* wird vor allem durch den Wasseraustritt aus der Muskelzelle erreicht, wobei jedes Gramm Glykogen, das im Energiestoffwechsel abgebaut wird, 2,7 g Wasser freisetzt (*Nöcker* 1983, 78).

Die Wasserabgabe durch die Atemwege wird einmal durch die Ventilationsgröße, zum anderen von der Temperatur und der Luftfeuchtigkeit der Außenluft bestimmt (*Berghold* 1982, 21).

Bei körperlicher Ruhe und mittleren klimatischen Bedingungen werden etwa 350 ml Wasser pro Tag abgeatmet. Dieser Wert erhöht sich bei sportlicher Tätigkeit durch die Zunahme des Atemminutenvolumens. Unter extremen Bedingungen, beispielsweise beim Bergsteigen in großen Höhen, können durch Hyperventilation bis zu 6 Liter in 24 Stunden abgeatmet werden (*Berghold* 1982, 13).

Schweißverluste führen neben dem Verlust von Elektrolyten und Wasser zu einer *Blut-

Sportart	Gewichts-verlust [kg]
100-m-Lauf	bis 0,15
10 000-m-Lauf	0,9–1,5
Marathonlauf	bis 4,0
Radrennen:	
7,5 km	0,8–1,0
50 km	1,5–3,0
Skilanglauf:	
10 km	0,8–1,0
20 km	1,1–1,2
30 km	1,1–2,0
50 km	2,5–3,5
Rudern:	
1 500–2 000 m	bis 0,8
25 km	1,5–3,0
Reiten	0,9–1,0
Kunstturnen	0,4–0,7
Fechten	bis 1,0
Fußball	0,9–3,0
Boxen:	
Leichtgewichtler	1,2–1,8
Mittelgewichtler	1,1–1,6
Schwergewichtler	0,8–1,2
Ringen:	
Leichtgewichtler	1,1–1,5
Mittelgewichtler	0,9–1,8
Schwergewichtler	0,4–1,0
Schießen	0,2–0,8

Tab. 61   Flüssigkeitsbedingte Gewichtsverluste bei Wettkampfbeteiligung (nach *Jakowlew* 1956, 31).

eindickung, die noch dadurch gefördert wird, daß vermehrt Flüssigkeit in den intrazellulären Raum abströmt. Als Folge wird die periphere Durchblutung vermindert und der Abtransport von Stoffwechselschlacken gestört (*Kindermann* 1978, 351). Vermehrte Verluste von Wasser und Elektrolyten (Mineralien) sind daher mit Störungen der körperlichen Leistungsfähigkeit verbunden:

Bei einem Flüssigkeits- und Mineralstoffverlust von 2% des Körpergewichts ist die Ausdauerleistungsfähigkeit deutlich vermindert, bei einem Verlust von 4% leidet bereits die Kraftleistung des Sportlers. Ab 5% treten

schwerwiegende physiologische Veränderungen auf (Müdigkeit, Apathie, Erbrechen, Muskelkrämpfe etc.). Flüssigkeitsverluste von mehr als 10% des Körpergewichts sind lebensbedrohlich. Ab 12% ist es nicht mehr möglich zu schlucken, und zwischen 15 und 20% tritt der Tod ein, je nach Schnelligkeit der Dehydratation und in Abhängigkeit von den klimatischen Bedingungen (*Berghold* 1982, 19; *Konopka/Obergfell* 1980, 60).

Die Regulierung der Flüssigkeitsaufnahme allein über das *Durstgefühl* – es tritt erst nach Wasserverlusten von 0,5 bis 1,5 Liter auf (*Gebert* 1978, 160) – ist nicht ausreichend.

Gesteigerte körperliche Aktivität sowie höhenklimatische Einflüsse können das Durstempfinden mindern bzw. hemmen, wodurch die Diskrepanz zwischen durstmotivierter Aufnahme und tatsächlichem Flüssigkeitsbedarf noch größer wird (*Berghold* 1982, 23).

Ob ein *Flüssigkeitsdefizit* besteht oder nicht, läßt sich auf recht zuverlässige und praktikable Weise durch *Gewichtskontrollen* feststellen: Erst wenn das Körpergewicht nach der Belastung dem vor der Belastung entspricht, ist die Bilanz wieder ausgeglichen.

Da ein Sportler, der mit einem unbewußten Wasserdefizit zum Wettkampf bzw. Training antritt, schneller in leistungsmindernde Bereiche der negativen Flüssigkeitsbilanz gelangt, sollte er sich eine regelmäßige Flüssigkeitszufuhr angewöhnen und auch dann trinken, wenn er keinen Durst verspürt.
Auch *während der Belastung* kann eine Flüssigkeitszufuhr angebracht sein. Bei Ausdauerbelastungen von mehr als 45 Minuten führt eine regelmäßige Flüssigkeitsauf-

nahme zu einer geringeren Abnahme von Körpergewicht und Leistung, zu einem niedrigeren Belastungspuls und zu einer rascheren Erholung nach Beendigung der Belastung (*Wanner* 1980, 114). Aufgrund der eingeschränkten Resorptionskapazität des Dünndarms sollte die zugeführte Trinkmenge 200 ml pro 15 Minuten nicht überschreiten (*Kleinmann* 1980, 96).

> Für die Aufnahme von Flüssigkeiten gilt, daß keine kalten Getränke eingenommen werden sollen, da sie weniger schnell resorbiert werden und die Magenschleimhaut reizen können.

Nach Beendigung der Belastung sollte der Sportler zur Unterstützung einer schnelleren Regeneration ein entstandenes Flüssigkeitsdefizit möglichst rasch ausgleichen. Dies gilt vor allem für Athleten, die am gleichen Tag noch einer weiteren Belastung ausgesetzt werden.

> Bei der Beseitigung eines Flüssigkeitsdefizits ist die Zufuhr von Flüssigkeit ohne jeglichen Zusatz an Elektrolyten genauso falsch wie die alleinige oder vorwiegende Zufuhr von Elektrolyten (z. B. in der Form von Salztabletten) ohne Wasser.

Im ersten Fall kommt es schnell wieder zu einer Ausscheidung des Wassers über die Nieren, da das Wasser ohne Elektrolyte nicht im Organismus gehalten werden kann. Im zweiten Fall werden die überschüssigen Elektrolyte über die Nieren wieder ausgeschieden, wobei ein zusätzlicher Wasserverlust mit einer weiteren Leistungsverschlechterung eintritt (*Kindermann* 1978, 352).

Bedarfsangepaßte Ernährung des Sportlers

Hinweise zur täglichen Essensgestaltung

Ein zu reichliches Essen führt unweigerlich zum Nachlassen der körperlichen und geistigen Leistungsfähigkeit („ein voller Bauch studiert/trainiert nicht gern"), da eine Verlagerung großer Blutmengen in die Gefäße der Verdauungsorgane erfolgt. Dadurch kommt es zu einer relativen zerebralen und muskulären Blutarmut mit Leistungsabfall, zu Schläfrigkeit, schwerfälligen Bewegungen und Unfähigkeit zu konzentrierter Arbeit (*Demeter* 1981, 143).

Aufgrund der beschränkten Aufnahmekapazität des Verdauungstraktes sollte der Sportler versuchen, seine Nahrungsaufnahme nicht auf wenige, große Hauptmahlzeiten, sondern auf mehrere kleine Mahlzeiten zu verteilen (Abb. 237).

> Die gleichmäßige Verteilung der Nahrung über den Tag trägt dazu bei, die tagesperiodischen Schwankungen der menschlichen Leistungsbereitschaft abzuschwächen.

Durch das 2. Frühstück wird der Leistungsabfall am Vormittag abgefangen und der Tiefpunkt am Mittag abgeschwächt. Damit das Leistungstief am Mittag nicht so lange anhält, darf das Mittagessen nicht zu voluminös und fettreich sein. Eine kleine Zwischenmahlzeit am Nachmittag fördert die Leistungsbereitschaft und ist vor allem für Sportler zu empfehlen, deren Training in die frühen Abendstunden fällt.
Für die *quantitative Aufteilung* gilt die in Tabelle 62 angegebene Empfehlung. Bei diesen Angaben handelt es sich um den Idealfall, der entsprechend den persönlichen Lebensgewohnheiten, den Arbeits- und

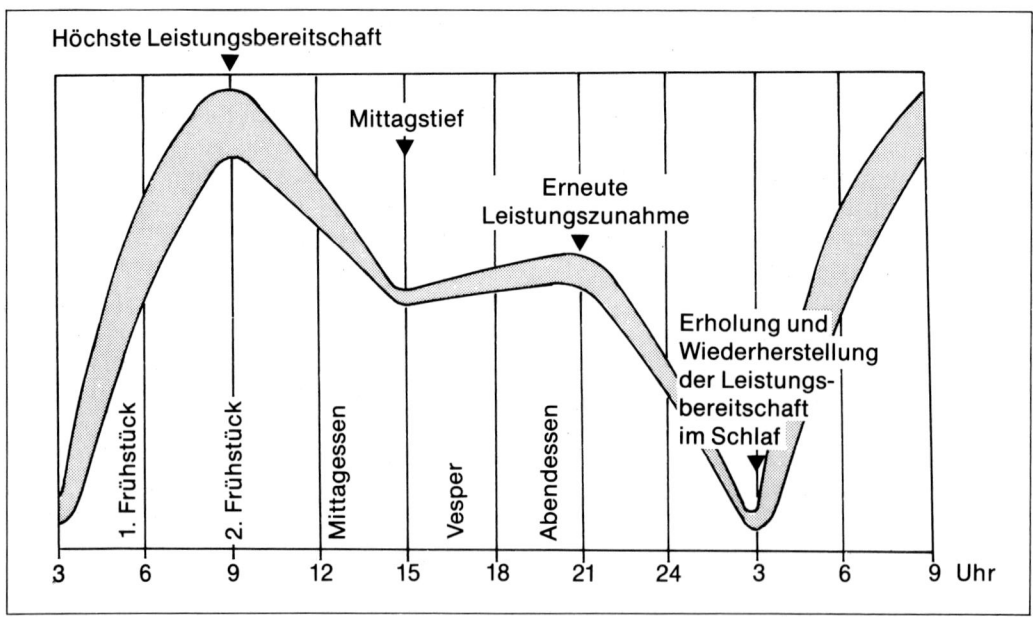

Abb. 237   Die physiologische Leistungskurve in Verbindung mit der gleichmäßigen Verteilung der Nahrung über den Tag (nach *Breuer* 1981, 50).

1. Frühstück	2. Frühstück	Mittagessen	Vesper	Abendessen
25%	10%	30%	10%	25%

Tab. 62   Empfohlener Anteil der Mahlzeiten in Prozent der Gesamtenergiemenge (*Konopka/Obergfell* 1980, 168; *Biener* 1982, 21).

Trainingszeiten modifziert und variiert werden muß.

Bei der zeitlichen Einteilung der Nahrungsaufnahme muß beachtet werden, daß zum Zeitpunkt des Trainings oder des Wettkampfes der Magen weder leer noch stark gefüllt ist: Bei Belastung mit überfülltem Magen kann durch hohen Zwerchfellstand und mangelhafte Zwerchfellbeweglichkeit die Atmungsfunktion beeinträchtigt werden; außerdem kann die optimale Blutversorgung der Arbeitsmuskulatur beeinträchtigt sein, da zur Verdauung des Mageninhalts beachtliche Mengen Blut gebunden werden. Bei Belastungen mit leerem Magen ist die Glukose- und Fettmobilisierung deutlich herabgesetzt (*Strauzenberg* 1969, 309/310).

> Die letzte größere Mahlzeit sollte, je nach Magenverweildauer der einzelnen Speisen, wenigstens 3 Stunden vor der sportlichen Leistung liegen.

Bei der Gestaltung der Essenszeiten muß beachtet werden, daß bei *Kraftsportlern* die vermehrte *Eiweißzufuhr* entweder vor oder möglichst bald nach der Belastung erfolgt, damit den durch den Spannungsreiz entstandenen Impulsen für die Verdickung der Muskelfasern genügend Eiweißbausteine in Form von Aminosäuren zur Verfügung gestellt werden können (*Nöcker* 1983, 91). Bei *Ausdauersportlern* ist die Zufuhr von Kohlehydraten kurz vor der Belastung zur

Verhinderung der Lipolyse (Freisetzung von Fettsäuren) bzw. nach der Belastung zur schnelleren Regeneration wichtig.

> Da viele Sportler nach intensiven Anstrengungen keinen Appetit verspüren und die Magensaftproduktion durch Flüssigkeitsverluste eingeschränkt wird, sollte unmittelbar nach der Belastung Nahrung nur in flüssiger Form verabreicht werden.

Die Ernährung des Sportlers im Jahresablauf – Ernährungsphasen

Da der Sportler im Verlauf eines langjährigen Trainingsprozesses nicht ununterbrochen „in Form" sein kann, unterwirft man Aufbau, Erhaltung und Verlust der sportlichen Form einer bewußten, zyklisch sich wiederholenden *Periodisierung* (*Weineck* 1983, 20). Die physiologischen Besonderheiten der jeweiligen Belastungsphase – Vorbereitungs-, Wettkampf- und Übergangsperiode – stellen dabei auch unterschiedliche Anforderungen an die Ernährung, weshalb verschiedene *Ernährungsphasen* unterschieden werden: Basisernährung – Vorwettkampfernährung – Wettkampfernährung und Nachwettkampfernährung.
Die *Basisernährung* – auch Trainings- oder Trainingsaufbaukost genannt – hat den langfristigen Energie- und Nährstoffbedarf des ganzjährigen Trainings sicherzustellen. Sie muß vielseitig, leicht verdaulich und appetitanregend sein.
Die *Vorwettkampfernährung* versucht eine optimale Ausgangslage für den Wettkampf zu schaffen. Inhaltlich dient sie vor allem der Auffüllung der Energievorräte. Aber auch die Anpassung der Essenszeiten auf die voraussichtliche Startzeit fällt in diesen Zeitraum. Die Phase erstreckt sich über die letzten 2–3, in manchen Sportarten auch 6–8 Tage vor dem Wettbewerb.

Die *Wettkampfernährung* betrifft die Ernährung vor dem Start und in vielen Sportarten auch während oder in den Pausen zwischen den Wettkämpfen. Von höchster Bedeutung ist in dieser Phase die Vermeidung ernährungsbedingter Fehler, damit nicht die gesamte Vorbereitung auf den Wettkampf zunichte gemacht wird.
Die *Nachwettkampfernährung* sorgt durch raschen Ersatz der verbrauchten Nährstoffe für eine Verkürzung der Regenerationszeit. Dabei empfiehlt sich folgende Reihenfolge (*Scheibe* 1979, 48):
1. Flüssigkeits- und Elektrolytersatz
2. Auffüllung der Energiedepots durch Zufuhr leicht verdaulicher Kohlenhydrate
3. Zufuhr von Eiweiß zum Strukturaufbau.

Die Ernährungsphasen in den einzelnen Sportarten

Die stark variierenden Belastungsarten in den einzelnen Sportarten und Sportdisziplinen bedürfen unterschiedlicher Ernährungsweisen. Dies schlägt sich auch in den *Ernährungsphasen* nieder. Einen Überblick über die verschiedenen Sportartengruppen mit vergleichbarer Belastungscharakteristik gibt Tabelle 63.

Die unterschiedlichen Anforderungen an die Nährstoffzusammensetzung in der Basisernährung bei den einzelnen Sportartengruppen faßt Tabelle 64 zusammen.

Für die *Vorwettkampfernährung* gilt allgemein, daß in den Ausdauer- und Kraftsportarten in den letzten 3 Tagen für die optimale Auffüllung der Glykogenspeicher vermehrt kohlehydratreiche Kost (über 60% der Gesamtenergiemenge) aufgenommen werden sollte. In den anderen Sportartengruppen genügt die normale Basisernährung. In den Spielsportarten sollten am 3. und 2. Tag vor dem Spiel kohlehydratreiche Getränke zur Erhöhung der Glykogenspeicher zusätzlich zur Basiskost verabreicht werden.

Bezeichnung der Sportartengruppen		Sportarten
I	Ausdauersportarten	Mittel- und Langstreckenlauf, Marathonlauf, 20 und 50 km Gehen, Skilanglauf, Biathlon, Schwimmen 200–1500 m
II	Ausdauersportarten mit erheblichem Krafteinsatz	Rennrudern, Kanurennsport, Radsport (Straße), Eisschnellauf (ab 1 500 m), Bergsteigen
III	Kampfsportarten	Boxen, Ringen, Judo
IV	Spielsportarten	Basket-, Fuß-, Hand-, Wasserball, Eishockey, Hockey, Rugby, Tennis
V	Schnellkraftsportarten	Eiskunstlauf, Fechten, Gymnastik, Kanuslalom, Kegeln, Kurzstreckenlauf, leichtathletischer Mehrkampf, moderner Fünfkampf, Radsport (Bahn), Schlittensport, Schwimmen (100 m), Segeln, Skisport (alpine Disziplinen), Skispringen, leichtathletische Sprungdisziplinen, Tischtennis, Turnen, Wasserspringen, Volleyball, Eisschnellauf (500 m)
VI	Kraftsportarten	Gewichtheben, Wurfdisziplinen, Stoßdisziplinen
VII	Infolge besonderer Bewegungsstruktur nicht klassifizierte Sportarten	Bogenschießen, Motorsport, Reiten, Schießen, Touristik

Tab. 63   Sporartengruppen mit ähnlicher Belastungscharakteristik (nach *Donath/Schüler* 1980, 183).

Die *Wettkampfernährung* sollte in allen Sportartengruppen aus einer leicht verdaulichen letzten Mahlzeit mit der Nährstoffrelation der Basisernährung bestehen. Einzige Ausnahme bilden die Kraftsportler: Bei ihnen sollte die letzte Mahlzeit eine vermehrt eiweißreiche Kost beinhalten, die allerdings nicht zu voluminös sein sollte.

1 Stunde vor dem Wettkampf sollte durchgehend noch ein kohlehydratreiches Getränk zugeführt werden. Dabei ist darauf zu achten, daß die Kohlehydratlösung nicht zu konzentriert ist – am besten eignet sich eine isotone 5%ige Lösung –, da es sonst zu einer Entleerungsverzögerung des Magens bis hin zu einer Magenschleimhautschwellung kommen kann (*Konopka/Obergfell* 1980, 164).

Für die *Nachwettkampfernährung* gilt prinzipiell – in ganz besonderem Maße aber für die Ausdauersportarten –, daß nach dem Wettkampf zur schnelleren Regeneration der Glykogenvorräte glukosehaltige Getränke aufgenommen werden sollten. Auf größere Alkoholmengen sollte dabei verzichtet werden, da Alkohol ab einer Menge von etwa 15 g den Testosteronspiegel im Blut über mehrere Stunden senken und somit Eiweißresyntheseprozesse verzögern kann (*Keul* 1978, 243).

Die Ernährung des Sportlers in Abhängigkeit von Geschlecht und Alter

Aufgrund des geringen Grundumsatzes des weiblichen Körpers und des geringeren Energieverbrauchs zur Wärmeregulation ergibt sich für die Frau ein um durchschnittlich 10% geringerer Energiebedarf wie beim Mann (*Demeter* 1981, 81; *Nöcker* 1983, 14). In der Nährstoffzusammensetzung gibt es zwischen Frau und Mann keine Unterschiede. Lediglich beim Eisenbedarf erge-

Sportarten-gruppe	Motorische Kurz-charakteristik	Ernährungsphysiol. Schwerpunkt(e)	Basisernährung KH – Fett – Eiweiß
Ausdauersport-arten	Ausdauer (kontinuier-liche Dauerbelastung)	Hoher Glykogenge-halt leistungsdeter-minierend, KH-Anteil muß hoch sein	60 – 25 – 15
Kraftausdauer-sportarten	Synthese von Kraft und Ausdauer als Kompromißformel (kontinuierliche Kraft-ausdauerbelastung)	Hoher KH- und Eiweißgehalt	56 – 27 – 17
Kampfsport-arten	Maximalkraft, Schnellkraft, Kraftausdauer, Koordination (intervallartige Dauerbelastung)	1. Schwerpunkt = hoher Eiweißbedarf; 2. Schwerpunkt = erhöhter KH-Bedarf Beachte: Der Fettan-teil steigt wegen er-höhter Eiweißzufuhr!	50 – 30 – 20
Spielsportarten	Schnelligkeit, Schnellkraft, Ausdauer und Koordination (intervallartige Dauerbelastung)	Für die wiederholten Schnelligkeits- und Schnellkrafteinsätze sind die energierei-chen Phosphate und die Glykogenspeicher wichtig → erhöhter KH-Bedarf. Für die Kraftkomponente wird vermehrt Eiweiß benötigt	54 – 28 – 18
Schnellkraft-sportarten	Schnellkraft, Maximalkraft, Kraftausdauer, Koordination (kurz-zeitige Belastung)	Erhöhter Eiweiß-bedarf	52 – 30 – 18
Kraftsportarten,	Maximalkraft, Schnellkraft, Koordination (ultra-kurze Belastung)	Sehr hoher Eiweißbe-darf; dadurch erhöht sich zwangsläufig der Fettanteil	42 – 36 – 22
Nicht klassifi-zierbare Sport-arten	Wenig ausgeprägtes konditionelles motorisches Profil	Es gelten allgemeine Gesichtspunkte: KH-reich, fettarm, eiweiß-reich	56 – 28 – 16

Tab. 64   Motorische Kurzcharakteristik und ernährungsphysiologische Schwerpunkte der Basisernährung bei den verschiedenen Sportartengruppen (nach Zahlenangaben der Basisernährung von *Donath/Schüler* 1979, 69 f.).

		Energie [kcal/kg Körpergewicht/Tag]		Energie [kJ/kg Körpergewicht/Tag]	
		m	w	m	w
Säuglinge	0– 6 Monate	120–110		500–460	
	7–12 Monate	110–100		460–420	
Kinder	1– 3 Jahre	90–80		380–330	
	4– 6 Jahre	80		330	
	7– 9 Jahre	70		290	
	10–12 Jahre	60	50	250	210
	13–14 Jahre	50	45	210	190
Jugendliche	15–18 Jahre	50	45	210	190

Tab. 65   Energieumsatz von Kindern und Jugendlichen (nach der Deutschen Gesellschaft für Ernährung 1975, in *Kraut/Wirths* 1981, 87).

ben sich Differenzen: Wegen der physiologischen Eisenverluste durch die Menstruation hat die *Frau* einen *erhöhten Eisenbedarf*. Bei Sportlerinnen auftretende unerklärliche Leistungsminderungen sind oft durch Blutarmut und verminderten Hämoglobingehalt infolge Eisenmangels bedingt (*Wirths* 1980, 104). Da es für Leistungssportlerinnen, insbesondere im Ausdauerbereich, problematisch ist, genügend Eisen mit der Nahrung aufzunehmen, bedarf es regelmäßiger ärztlicher Kontrollen des Eisenwertes und gegebenenfalls einer Einnahme von Eisenpräparaten.

Bei *Kindern* und *Jugendlichen* ist der *relative* Energiebedarf *größer* als beim Erwachsenen. Durch Wachstumsprozesse und durch Wärmeverluste (aufgrund der bereits erwähnten verhältnismäßig größeren Körperoberfläche) ist der Grundumsatz erhöht. Aber auch der Leistungsumsatz ist bei Kindern und Jugendlichen erhöht, da sie sich bedeutend mehr bewegen als Erwachsene und alle ihre Lebensäußerungen intensiver und damit energieaufwendiger sind (*Donath/Schüler* 1979, 25). Einen Überblick über den Energieumsatz von Kindern und Jugendlichen in den verschieden Altersstufen gibt Tabelle 65.

Bis zum Beginn der Pubertät haben Mädchen und Jungen bei gleicher Körpergröße, Körpermasse und körperlicher Belastung den gleichen Energiebedarf; erst in der Folge ergibt sich die geschlechtsspezifische Differenzierung.

Der Kalorienbedarf der Kinder pro kg Körpergewicht nimmt mit steigendem Alter stetig ab, was einerseits auf die Verkleinerung der relativen Körperoberfläche, andererseits auf die deutliche Verringerung der Wachstumsrate zurückzuführen ist. Zum Zeitpunkt der *Pubertät* kommt es zum absolut höchsten Kalorienbedarf, da in diesem Zeitraum der Organismus besonders rasch wächst und die sexuelle Reifung stattfindet. Bei Mädchen wird dieser Höchstwert zwischen dem 12. und 15., bei Jungen zwischen dem 15. und 18. Lebensjahr erreicht (*Donath/Schüler* 1979, 23). Sporttreibende Kinder haben einen höheren Energiebedarf als die in Tabelle 65 angegebenen Werte. Sie benötigen mehr Kalorien. Die konkrete Angabe von Richtzahlen ist jedoch nahezu unmöglich, da im allgemeinen belastungs- und wachstumsspezifische Bedarfsmengen nicht zu trennen sind. Prinzipiell gilt, daß Wachstumsschübe mit einem höheren Energiebedarf verbunden sind;

sportliche Zusatzbelastungen führen zu einer weiteren Erhöhung.

Nach Ansicht von *Donath/Schüler* (1979, 26) kann die Nahrungszufuhr dann als optimal angesehen werden, wenn eine Wachstumsbeschleunigung eintritt.

Bezüglich der *Nährstoffzusammensetzung* ist hervorzuheben, daß der *Eiweißbedarf* von Kindern und Jugendlichen gegenüber dem der Erwachsenen wegen der wachstumsbedingten erhöhten Eiweißsyntheseprozesse größer ist. Regelmäßig sporttreibende Kinder benötigen 2,5–3,0 g Eiweiß pro kg Körpergewicht (normal: 1,8–2,0 g/kg).

Auch der *Vitamin-* und *Mineralstoffbedarf* ist bei Kindern und Jugendlichen erhöht. Während bei nicht regelmäßig sporttreibenden Kindern dieser Bedarf durch das normale Nahrungsmittelangebot im allgemeinen ausreichend abgedeckt wird, sollte bei intensiv sporttreibenden Kindern eine zusätzliche Gabe von Vitaminen und Mineralstoffen – unter Konsultation eines Arztes – zur Prophylaxe potentieller Mangelerscheinungen erfolgen (*Keul* et al. 1979, 70).

Schließlich brauchen Kinder und Jugendliche viel Flüssigkeit, damit die Abbauprodukte des Eiweißstoffwechsels durch die Nieren ausgeschieden werden können (*Demeter* 1981, 142). Aufgrund gesteigerter Schweißraten entwickeln sporttreibende Kinder und Jugendliche einen nochmals erhöhten Bedarf.

Beim Erwachsenen sinkt mit ansteigendem Alter der Grundumsatz. Dies gilt jedoch nur für zunehmend bewegungs- und muskelärmere Personen. Bei körperlich aktiven alten Menschen sind keine Veränderungen des Grundumsatzes festzustellen, solange sich weder die körperliche Aktivität noch die Zusammensetzung des Körpers – hier spielt vor allem der relative Muskelanteil eine wichtige Rolle – wesentlich ändert (*Aub/du Bois/Soderstrom* 1917; *Dalderup/Stockmann/Appeldoorn* 1963, in *Schlettwein-Gsell* 1972, 308).

Entsprechend der Bewegungs- und Muskelabnahme bzw. -konstanz ergibt sich ein erniedrigter bzw. gleichbleibender *Energiebedarf*, der je nach Umfang und Intensität der körperlichen Betätigung variiert.

Da im Alter ein erhöhter Bedarf an essentiellen Aminosäuren (Methionin und Lysin) vorliegt, wird beim älteren Menschen eine betont eiweißreiche Kost empfohlen, die sich bei sportlicher Zusatzbelastung noch erhöht (*Bäßler/Fekl/Lang* 1975, 144). Bedingt durch den erhöhten Eiweißbedarf wird im Alter mehr Flüssigkeit benötigt, welche für die problemlose Ausscheidung der harnpflichtigen Substanzen wichtig ist. Ein erhöhter Mineralstoff- und Vitaminbedarf liegt im Alter im allgemeinen nicht vor (*Schlettwein-Gsell* 1972, 310).

Spezielle Ernährungsprobleme des Sportlers

Maßnahmen zur kurzfristigen Gewichtsreduktion des Sportlers

Die kurzfristige Gewichtsreduktion (s. S. 482), in der Sportliteratur unter den Begriffen „Gewichtmachen" bzw. „Abkochen" bekannt, ist von großem Interesse für Sportarten, die in festgelegten Gewichtsklassen ausgetragen werden, wie beispielsweise Boxen, Ringen, Judo, Gewichtheben u. a. In diesen Sportarten ist es üblich, das Körpergewicht vor dem Wettkampf zu reduzieren, um in eine Gewichtsklasse zu gelangen, deren Obergrenze unter dem normalen Gewicht des jeweiligen Sportlers liegt. Man erhofft sich dadurch ein günstigeres Verhältnis von Körpergewicht und Muskelkraft und damit eine größere Siegchance.

Eine kurzfristige Gewichtsreduktion um mehrere Kilogramm ist nur durch einen akuten Flüssigkeitsverlust zu verwirklichen. Saunakuren und Überhitzungsbäder zählen zu den gebräuchlichsten Verfahren. Es werden aber auch Medikamente wie Laxanzien (Abführmittel) und Saliuretika (wassertreibende Mittel) benützt. Unter ihrer Zuhilfenahme werden im allgemeinen in kürzester Zeit die größten Erfolge erzielt. Allerdings lassen sich immer wieder schwere Formkrisen bei den so behandelten Sportlern beobachten, die durch Abgeschlagenheit und Kraftlosigkeit bis hin zu kollapsähnlichen Zuständen sowie Muskelkrämpfe gekennzeichnet sind (*Baron* 1981, 167). Derartige Versuche der Gewichtsmanipulation sollten demnach – auch wenn sie bisweilen von Erfolg begleitet sind – nicht nur aus sportethischen Gründen – *Müller/Wanner* (1981, 167) setzen ihre Anwendung dem Doping gleich –, sondern auch aus gesundheitlichen Gründen unterlassen werden.

Wurde das Gewichtslimit nur in begrenztem Umfang überschritten (etwa im Bereich von 1 kg), dann sollte die herbeigeführte Dehydrierung nach der Gewichtskontrolle so schnell wie möglich wieder ausgeglichen werden. Dabei erweist sich das mehrmalige Trinken von 150–200 ml Flüssigkeit innerhalb einer Stunde als effektiver als die einmalige Aufnahme einer großen Trinkmenge.

Hungerast

Unter Hungerast ist im Sport der Zustand einer Unterzuckerung (Hypoglykämie) zu verstehen. Er ist gekennzeichnet durch plötzlich auftretendes Hungergefühl mit Kraftlosigkeit, Schwindel und Schweißausbruch, Schwarzwerden vor den Augen und Zittern der Hände.

Ursache der Symptome ist ein Glukosemangel des zentralen Nervensystems, wodurch Mechanismen in Gang gesetzt werden, die den Belastungsabbruch erzwingen, damit die verbleibende Glukose die lebensnotwendigen Funktionen des zentralen Nervensystems aufrechterhalten kann.

Die Unterzuckerung wird hervorgerufen, wenn der Blutzuckerspiegel innerhalb kurzer Frist um durchschnittlich etwas mehr als

1 Drittel (38%) des Ausgangswertes absinkt (*Konopka/Obergfell* 1980, 191).

Der Hungerast läßt sich schlagartig durch die Aufnahme geringer Glukosemengen (z. B. Traubenzucker, Scheibe Brot) beheben.

Ein Hungerast tritt vorwiegend bei untrainierten oder schlecht trainierten Sportlern mit entsprechend geringen Glykogenspeichern auf, wenn eine Ausdauerleistung gefordert wird. Beim hochtrainierten Ausdauersportler ist das Auftreten einer Hypoglykämie extrem selten, da größere Glykogendepots vorhanden sind und auch größere Intensitäten energetisch mit dem Fettstoffwechsel abgedeckt werden, so daß die Kohlehydratreserven geschont werden.

Manchmal jedoch können auch hochtrainierte Ausdauersportler Symptome eines Hungerastes verspüren, wenn sie lange zu intensiv trainiert haben, wenn sie ein langes, intensives Ausdauertraining bei ungewohnt kalter Witterung ableisten, oder wenn, mit wenig oder kaum aufgefüllen Glykogenreserven, an mehreren Tagen hintereinander intensive Ausdauerleistungen von großem Umfang vollbracht werden.

Vegetarische Ernährung und Sport

Der strenge Vegetarismus mit rein pflanzlicher Kost ist als Ernährung für den Sportler sowie für Kinder und Jugendliche abzulehnen (*Demeter* 1981, 82 und 141; *Nöcker* 1983, 86).

Es besteht die Gefahr, daß zum einen der große Bedarf an hochwertigem Eiweiß, zum anderen der hohe Kalorienbedarf durch diese Kostform nicht gedeckt werden kann. Des weiteren kann es bei dieser Kostform zu Problemen mit der Deckung des Eisenbedarfs kommen.

Untersuchungen bei Leistungssportlern, die sich vegetarisch ernährten, haben gezeigt, daß es sich nie um reine, sondern immer um „Lakto-Vegetarier" handelt (zur laktovegetabilen Kost gehören auch Milch und Milchprodukte). Ferner handelte es sich fast ausschließlich um Dauerleistungssportler, die bekanntlich einen geringeren Eiweißbedarf als z. B. Kraftsportler haben (*Berghold* 1982, 11; *Glatzel* 1970, 127).

Ansonsten muß festgestellt werden, daß es prinzipiell keine Einwände gegen eine vegetarische Kost gibt, solange sichergestellt ist, daß der Organismus die notwendigen Nährstoffe in ausreichender und ausgewogener Menge erhält.

Abschließend und zusammenfassend kann gesagt werden, daß die sportliche Leistungsfähigkeit vielschichtig mit dem Problem der Ernährung verknüpft ist. Das beste und härteste Training führt nicht zur individuellen Höchstleistung, wenn entsprechende Fragen der Ernährung nicht in ausreichendem Maße berücksichtigt werden. Vor allem bei Hochleistungs- sowie Kindes- und Jugendsportlern tritt die Notwendigkeit einer belastungsadäquaten Ernährung in den Vordergrund.

Literatur

1. *Ahlheim, K.-H.* (Hrsg.): Wie funktioniert das? Der Mensch und seine Krankheiten. Meyers Lexikonverlag, Mannheim–Wien 1977
2. *Aub, J., E. du Bois, G. Soderström:* The basal metabolism of old men. Archives of internal Medicine 19 (1971), 823–831
3. *Bässler, K.-H., W. Fekl, K. Lang:* Grundbegriffe der Ernährungslehre. Springer, Berlin–Heidelberg–New York 1981
4. *Baron, D.:* Ernährung im Hochleistungssport. In: Sport an der Grenze menschlicher Leistungsfähigkeit, 163–168. *Rieckert, H.* (Hrsg.). Springer, Berlin–Heidelberg–New York 1981
5. *Bauer, E.:* Humanbiologie. Verhagen und Klassing, Berlin 1981
6. *Berghold, F.:* Flüssigkeits- und Elektrolytersatz unter sportlicher Leistung. Österr. J. Sportmed. 2 (1982), 19–25
7. *Biener, K.:* Praktische Sporternährung. In: Sport und Ernährung in Training und Wettkampf, 10–70. *Biener, K., W. Schudel, H. Albonico, G. Albonico* (Hrsg.). Hebegger, Derendingen–Solothurn 1982
8. *Bierbaum, U., H. Mellerowicz, W. Heepe, E. Weber, H. Stoboy:* Vergleichende Untersuchungen über die Laufleistungen, Schweißquantität und Körperkerntemperatur bei hohen Luft- und Strahlungstemperaturen. Sportarzt u. Sportmed. 8, (1972), 164–170
9. *Bland, J.:* Störungen des Wasser- und Elektrolythaushaltes. Thieme, Stuttgart 1959
10. *Breuer, R.:* Optimale Ernährung im Sport. Gronenberg, Gummersbach 1981
11. *de Marée, H.:* Sportphysiologie. Troponwerke, Köln–Mühlheim 1981
12. *Demeter, A.:* Sport im Wachstums- und Entwicklungsalter. Barth, Leipzig 1981
13. *Donath, R., K. Schüler:* Ernährung des Sportlers. Sportverlag, Berlin 1979
14. *Donath, R., K. Schüler:* Stoffwechsel und Ernährung. In: Grundlagen der Sportmedizin. *Findeisen, D., G. Linke, L. Pickenhain* (Hrsg.). Barth, Leipzig 1980
15. *Gebert, G.:* Probleme des Wasser-, Temperatur- und Elektrolythaushalts beim Sportler. Dt. Z. Sportmed. 6 (1978), 159–165
16. *Glatzel, H.:* Die Ernährung des Leistungssportlers und des Sportlers des zweiten Weges. Med. Klinik 3 (1970), 126–130
17. *Haenel, H.:* Grundnährstoffbedarf. In: Grundriß der Ernährungslehre, 200–242. *Ketz, H.-A.* (Hrsg.). Fischer, Jena 1978
18. *Holtmeier, H.-J.:* Ernährung des alternden Menschen. Thieme, Stuttgart 1979
19. *Holtmeier, H.-J.:* Diät bei Übergewicht und gesunde Ernährung. Thieme, Stuttgart 1981
20. *Huth, K.:* Ernährung und Diätetik. Quelle & Meyer, Heidelberg 1979
21. *Jakowlew, N.:* Die Ernährung des Sportlers am Wettkampftage. Sportverlag, Berlin 1956
22. *Ketz, H.-A.:* Die Ernährung des gesunden Menschen. VEB Verlag, Berlin 1973
23. *Ketz, A.:* Grundriß der Ernährungslehre. Hippokrates, Jena 1978
24. *Keul, J.:* Training und Regeneration im Hochleistungssport. Leistungssport 3 (1978), 236–246
25. *Keul, J., E. Doll, D. Keppler:* Muskelstoffwechsel. Barth, München 1969
26. *Keul, J.,* et al.: Der Einfluß von Intervallarbeit auf die arteriellen femoral-nervösen Aminosäurespiegel. Sportarzt u. Sportmed. 1 (1971), 1–3
27. *Keul J., G. Huber, M. Schmitt, B. Spielberger, G.*

Zöllner: Die Veränderungen von Kreislauf- und Stoffwechselgrößen bei Kindern während eines Skilanglaufes unter einem Multivitamin-Elektrolyt-Granulat. Dt. Z. Sportmed. 2 (1979), 65–72

28. *Kieper, C., W. Meller:* Sportmedizinische Fragen des Schwimmsports. Leistungssport 2 (1981), 65–72
29. *Kindermann, W.:* Regeneration und Trainingsprozeß in den Ausdauersportarten aus medizinischer Sicht. Leistungssport 4 (1978), 348–358
30. *Kipke, L.:* Hygiene und Ernährung des Leistungssportlers. In: Trainingslehre, S. 264–273. *Harre, D.* (Hrsg.). Sportverlag, Berlin 1977
31. *Kirchgessner, M.,* et al.: Spurenelemente. In: Ernährungslehre und Diätetik, Bd. I, Teil 1, S. 29–39. *Cremer, H., D. Hötzel, J. Kühnau* (Hrsg.). Thieme, Stuttgart–New York 1980
32. *Kleinmann, D.:* Sportmedizin für die Praxis. Hippokrates, Stuttgart 1980
33. *Konopka, P.:* Ernährung im Straßenrennsport. Schweiz. Z. Sportmed. 1 (1983), 11–21, 160
34. *Konopka, P., W. Obergfell:* Die gesunde Ernährung des Sportlers. Central-Druck-Verlagsgesellschaft, Stuttgart 1980
35. *Krauß, H.:* Leitfaden der Physikalischen-Diätetischen Therapie. VEB Verlag, Berlin 1975
36. *Kraut, H., E. Kofrányi:* Proteinbedarf. In: Der Nahrungsbedarf des Menschen, Bd. 1, S. 119–205. *Kraut, H.* (Hrsg.). Steinkopff, Darmstadt 1981
37. *Kraut, H., E. Mohr:* Stoffwechsel, Ernährung und Nahrungsbedarf. In: Der Nahrungsbedarf des Menschen Bd. 1, S. 1–24. *Kraut, H.* (Hrsg.). Steinkopff, Darmstadt 1981
38. *Kraut, H., W. Wirths:* Energiebedarf. In: Der Nahrungsbedarf des Menschen, Bd. 1, S. 1–24. *Kraut, H.* (Hrsg.). Steinkopff, Darmstadt 1981
39. *Kühnau, J.:* Grundlagen der Ernährung. In: Ernährungslehre und Diätetik, Bd. 1, Teil 1, 1–9. *Cremer, H., D. Hötzel, J. Kühnau* (Hrsg.). Thieme, Stuttgart–New York 1980
40. *Kuhlmann, U., W. Siegenthaler, G. Siegenthaler:* Wasser- und Elektrolythaushalt. In: Klinische Pathologie, S. 196–232. *Siegenthaler, W.* (Hrsg.). Thieme, Stuttgart 1979
41. *Lang, K.:* Biochemie der Ernährung. Steinkopff, Darmstadt 1979
42. *Müller, W., U. Wanner:* Einfluß der Gewichtsreduktion auf die körperliche Leistungsfähigkeit. Schweiz. Z. Sportmed. 3 (1981), 89–97, 167

43. *Nachtigall, W.:* Funktionen des Lebens. Hoffmann und Campe, Hamburg 1977
44. *Nöcker, J.:* Physiologie der Leibesübungen. Enke, Stuttgart 1976
45. *Nöcker, J.:* Die Ernährung des Sportlers. Hofmann, Schorndorf 1978 und 1983
46. *Nöcker, J., D. Baron, M. Inzinger:* So essen Sportler richtig. Ceres Verlag, Bielefeld 1979
47. *Rothe, M.:* Ballaststoffe. In: Grundriß der Ernährungslehre, S. 290–293. *Ketz, H.-A.* (Hrsg.). Fischer, Jena 1978
48. *Saltin, B., J. Karlson:* Die Ernährung des Sportlers. In. Zentrale Themen der Sportmedizin, S. 132–146. *Hollmann, W.* (Hrsg.). Springer, Berlin–Heidelberg–New York 1977
49. *Scheibe, J.:* Belastungsverarbeitung im Prozeß der Anpassung. Theorie und Praxis der Körperkultur 1 (1979), 47–49
50. *Schlettwein-Gsell, D.:* Ernährung im Alter. In: Ernährungslehre und Diätetik, Bd. 2, Teil 2, S. 305–342. *Holtmeier, H. J.* (Hrsg.). Thieme, Stuttgart 1972
51. *Schlieper, C.:* Grundfragen der Ernährung. Handwerk und Technik Verlag Büchner, Hamburg 1982
52. *Schneider, F.:* Die Ernährung des Sportlers. Med. u. Sport 11 (1979), 321–329
53. *Schneider, F., H. Zerbes, H.-C. Götte, K. Kühne:* Die Rolle der Nahrungseiweiße in der Sportlerernährung. Med. u. Sport 6 (1981), 183–189
54. *Schürch, A.:* Ermittlungen des Nahrungsbedarfs (Prinzipien). In: Ernährungslehre und Diätetik, Bd. 1, Teil 2, S. 596–606. *Cremer H., D. Hötzel, J. Kühnau.* Thieme, Stuttgart–New York 1980
55. *Seitz, N. B.:* Leistungsphysiologische Grundlagen der Ernährung des Sportlers. Zulassungsarbeit f. d. LA an Gym., Erlangen 1985
56. *Stegmann, J.:* Leistungsphysiologie. Thieme, Stuttgart 1971
57. *Strauzenberg, S.:* Beitrag zu Ernährungsfragen im Sport. Med. u. Sport 10/11 (1969), 307–312
58. *Wanner, H.-U.:* Flüssigkeitsaufnahme bei Dauerleistung. Schweiz. Z. Sportmed. 4 (1981), 112–115
59. *Weineck, J.:* Optimales Training. perimed Fachbuch-Verlagsgesellschaft, Erlangen 1983
60. *Wirths, W.:* Ernährung und Leistungssport. Dt. Z. Sportmed. 1 (1980), 28–29, X–XII; 2 (1980), 68–72, XIII–XIV; 3 (1980), 100–104, XI

Doping und sportliche Leistungsfähigkeit

Historische Entwicklung des Dopings

Das Bestreben des Menschen, seine sport-motorische Leistung durch die Einnahme bestimmter Substanzen zu verbessern, läßt sich in der Geschichte weit zurückverfolgen. So sollen stimulierende Mittel bereits von den skandinavischen Berserkern der nordischen Mythologie verwendet worden sein, die mit der aus einem Pilz gewonnenen Droge Bufotein ihre Kampfkraft bis auf das 12fache gesteigert haben sollen.

Aus den Berichten von *Philostratus* und *Galen* geht hervor, daß die griechischen Athleten der Antike im 3. vorchristlichen Jahrhundert bei den Olympischen Spielen durch Einnahme von Kräutern, Pilzen, Stierhoden u. ä. ihre Leistung zu steigern versuchten.

Auch aus dem süd- und mittelamerikanischen Raum stammen zahlreiche Überlieferungen. Spanische Chronisten berichten von Inkas, die Cocablätter kauend in 5 Tagen eine Strecke von 1750 km bewältigt haben sollen. Die Verwendung einer strychninähnlichen Stimulans ist von dem Uto-Azteken-Stamm der Tarahumara aus dem nördlichen Mexiko bekannt: Die Wurzeln des Peyote-Kaktus kauend, laufen sie auch heute noch bei Wettbewerben 24–72 Stunden lang und legen Strecken von 260–560 km zurück (*Prokop* 1970, 125 und 1972, 22; *Umminger* 1972, 16 und 18; *Fischbach* 1972, 377; *Möller* 1974, 473; *Metz/Hüllemann* 1983, 239; *Hanley* 1983, 402).

Die Wurzel des Wortes *Doping* läßt sich auf einen im südöstlichen Afrika gesprochenen Kafferndialekt zurückführen. Mit „dop" bezeichneten die Eingeborenen einen hochprozentigen selbstgebrauten Schnaps, der bei ihren Kulthandlungen als Stimulans diente. Das Wort kam mit den Buren nach England und wurde zunächst für die Stimulierung von Pferden mit Alkohol verwendet. 1889 erscheint „doping" zum ersten Mal in einem englischen Wörterbuch und wird dort als eine Mischung von Opium und Narkotika für die Anwendung bei Pferden definiert. Erst später wurde der Begriff auf alle stimulierenden Substanzen ausgedehnt. Zunächst bezog er sich auf den Tierbereich (Pferdedoping, Hundedoping), später auch auf den Menschen, und gelangte so in den allgemeinen Sprachgebrauch (*Clasing* 1968, 210, und 1970, 806; *Prokop* 1970, 126, 1972, 23, 1976, 102, und 1977, 9111; *Möller* 1974, 474; *Percy* 1978, 300; *Metz/Hüllemann* 1983, 239).

Belegte Beispiele von Doping im *modernen Sport* findet man ab der 2. Hälfte des 19. Jahrhunderts.

Der erste dokumentarisch erfaßte Fall unerlaubter Drogeneinnahme im Sport trat 1865 bei Kanalschwimmern in Amsterdam auf. Bereits 1886 wurde der erste Todesfall eines Radrennfahrers durch eine Überdosis Trimethyl verursacht.

Während bis 1940 das Doping auf wenige Sportarten begrenzt war, wurde es im Zweiten Weltkrieg durch die allgemeine Verabreichung von wachhaltenden Präparaten bei Nachtflügen, Dauermärschen und anderen Ausdauerleistungen einer breiten Schicht der Bevölkerung bekannt gemacht.

Die zunehmende Kommerzialisierung des Sportes führte zwangsläufig zu einer immer engeren Verbindung von Doping und Sport, vor allem im Bereich des Hochleistungssportes. Durch die zunehmende Verwendung von Dopingmitteln häuften sich auch die Todesfälle: Zwischen 1960 und 1970 starben etwa 100 Sportler durch Doping (*Röthig/Grössing* 1979, 106).

Der Deutsche Sportbund befaßte sich erstmals 1952 mit einer Definition des Dopings. Die heute gültige *Definition* des Deutschen Sportbundes (1977) lautet:

> 1. Doping ist der Versuch einer unphysiologischen Steigerung der Leistungsfähigkeit des Sportlers durch Anwendung (Einnahme, Injektion oder Verabreichung) einer Doping-Substanz durch den Sportler oder eine Hilfsperson (z. B. Mannschaftsleiter, Trainer, Betreuer, Arzt, Pfleger oder Masseur) vor einem Wettkampf oder während eines Wettkampfes und für die anabolen Hormone auch im Training.
> 2. Doping-Substanzen im Sinne dieser Richtlinien sind insbesondere Phenyläthylaminderivate (Weckamine, Ephedrine, Adrenalinderivate), Narkotika, Analeptika (Kampfer oder Strychninderivate) und anabole Hormone.
> Sportartspezifisch können weitere Substanzen, z. B. Alkohol, Sedativa, Psychopharmaka unter den Doping-Substanzen aufgeführt werden.

Die Medizinische Kommission des IOC hat aufgrund der Formulierungsschwierigkeiten keine allgemeine Definition erstellt. Mehr auf die Praxis ausgerichtet ist ihr Grundsatz: „Doping ist die Verwendung von Substanzen aus den verbotenen Wirkstoffgruppen!" (*Donike/Kaiser* 1980, 10; *Röthig* 1983, 109). Diese Liste enthält ab 1976 folgende Substanzgruppen (*Donike/Kaier* 1980, 14 ff.; *Prokop* 1983, 162; *Röthig* 1983, 109):

1. Psychomotorische Stimulanzien, z. B. Amphetamine
2. Sympathomimetische Amine, z. B. Ephedrin
3. Stimulanzien des Zentralnervensystems, z. B. Coramin, Strychnin
4. Narkotika und Analgetika, z. B. auch Codein
5. Anabole Steroide, z. B. Metandienon.

Auch wenn als sinnvolles Ordnungsschema der Liste die chemischen Strukturformeln bzw. als Ersatz entsprechende Trivialnamen wie Strychnin, Morphin usw. oder die internationalen Freinamen wie Amphetamin, Methamphetamin usw. gewählt wurden, erschwert die Produktivität der pharmazeutischen Industrie die Auflistung der verbotenen Substanzen (*Donike* 1977, 273; *Spiegel/Aebi* 1981, 16).

Daher ist die Liste des IOC eine sogenannte offene Liste, die den Zusatz „... und verwandte Verbindungen" im Anschluß an die Aufzählung der Beispiele jeder Substanzgruppe enthält, weil es nicht möglich ist, alle Wirkstoffe namentlich aufzuführen. Das Dopingverbot gilt also auch für neu synthetisierte oder kürzlich in den Handel gebrachte Wirkstoffe (*Donike/Kaiser* 1980, 11; *Prokop* 1983, 162).

Der Nachweis der Dopingmittel wird heute mit Hilfe der gaschromatographischen bzw. dünnschichtchromatographischen Übersichtsanalysen, bei Anabolika zusätzlich durch den Radioimmunoassay geführt. Massenspektrometrische Analysen ermöglichen den genauen substanzspezifischen Nachweis (*Donike/Kaiser* 1980, 17; *Donike* 1980, 3156 und 3162).

> Die ersten offiziellen Dopingkontrollen fanden während der Olympischen Spiele in Grenoble und Mexiko 1968 statt.

Durch die Dopingkontrollen ist das Problem des Dopings jedoch nicht gelöst, sondern nur verlagert worden, da nun die Aufmerksamkeit der Pharmaindustrie verstärkt der Herstellung pharmakologisch nicht nachweisbarer Präparate gilt (*Albrecht* 1980, 290).

> Bei der Betrachtung der Effektivität der Dopingmittel ist stets der *Plazeboeffekt* (Leistungssteigerung aufgrund unbewußter psychischer Motivation durch Leerpräparate) zu berücksichtigen.

Eine Vielzahl von Untersuchungen konnte zeigen, daß Tabletten ohne wirksame Substanzen Leistungssteigerungen sowohl bei Kraft- als auch bei Ausdauerleistungen verursachten (*Prokop* 1976, 106; *Prokop* 1977, 9115; *Mondenard/Chevalier* 1981, 102).

Arten und Wirkungsspektrum der verschiedenen Dopingmittel

> Unter den als Dopingmittel deklarierten 5 Substanzgruppen – psychomotorische Stimulanzien, sympathomimetische Amine, Stimulanzien des Zentralnervensystems, Narkotika und Analgetika sowie anabole Steroide – dominieren sowohl nach der Zahl der Substanzen als auch bezüglich der Häufigkeit des Nachweises bei Dopingkontrollen Substanzen aus dem Bereich der psychomotorischen Stimulanzien und der anabolen Steroide.

Psychomotorische Stimulanzien und sympathomimetische Amine

Aus pharmakologischer Sicht soll die Gruppe der psychomotorischen Stimulanzien zusammen mit der Gruppe der sympath(ik)omimetischen Amine – sie ahmen, wie der Name erkennen läßt, die Wirkung der Sympathikusüberträgerstoffe nach (s. S. 538) – besprochen werden, da ihre Hauptvertreter *Amphetamin* und Derivate bzw. *Ephedrin* und Analoge zu den *Phenyläthylaminen* gehören (*Schilcher* 1980, 399).

Chemische Zusammensetzung und Struktur

Tabelle 66 gibt einen Überblick über die Substanzen dieser Gruppe und ihre chemische Zusammensetzung.

> Unter den Dopingmitteln mit Phenyläthylaminstruktur sind die sogenannten *Weckamine* – Hauptvertreter sind *Amphetamin* und *Methamphetamin* – eine der wichtigsten Substanzgruppen.

Sie weisen ebenso wie die sympathomimetischen Amine eine enge Verwandtschaft zu den körpereigenen adrenergen Überträgersubstanzen des Sympathikussystems – Noradrenalin, Adrenalin, Dopamin – auf (s. Abb. 238).
Die Grundstruktur der *Sympathikomimetika* ist das *Phenyläthylamin* (Abb. 239).
Durch Abwandlung des Moleküls in den verschiedenen Regionen läßt sich die pharmakologische Wirkung spezifisch modifizieren. So führt z. B. der Wegfall der OH-Gruppen am Phenylring bei den Weckaminen *Amphetamin* und *Methamphetamin,* die keine Wirkungsunterschiede aufweisen, ebenso wie beim *Ephedrin* zu einer verstärkten Wirkung auf das Zentralnervensystem und zu einer schwächeren Blutdruckwirkung im Vergleich zu *Adrenalin* bzw. *Nor-*

Phenyläthylaminderivate

Int. Freiname	Chemische Bezeichnung	Handelsname
1.	**Amphetamine einschließlich der C- und N-Alkylderivate**	
1.1 Amphetamin	α-Methylphenyläthylamin = 1-Phenyl-2-aminopropan = β-Phenylisopropylamin	Benzedrine®
1.2 Methamphetamin	N, α-Dimethylphenyläthylamin = 1-Phenyl-2-methylaminpropan	Pervitin®
1.3 Phentermin	α, α-Dimethylphenyläthylamin = β-Phenyl-tert-butylamin	
1.4 Mephenermin	N,α, α-Trimethylphenyläthylamin = N-Methyl-ω-phenyl-tert-butylamin	
1.5 Fenetyllin	7-[2-(-Methylphenäthylamino)-äthyl]-theophyllin	Captagon®
1.6 Fenfluramin	N-Äthyl-α-methyl-3-(trifluormethyl)-phenäthylamin = 1-(3-Trifluormethyl-phenyl)-2-äthylaminopropan	Ponderax®
1.7 Amfetaminil	α-(α-Methylphenäthylamino)-α-phenyl-acetonitril	AN 1
1.8 Ätylamphetamin	1-Phenyl-2-äthylaminopropan	
1.9 Dimethyl-amphetamin	1-Phenyl-2-dimethylaminopropan = N, N, α-Trimethylphenyläthylamin	Metrotonin®
1.10 Methoxyphenamin	N, α-Dimethyl-o-methoxyphenäthylamin = 1-(2-Methoxyphenyl)-2-methylaminpropan	
2.	**Ephedrin und Analoge**	
2.1 Ephedrin	L-erythro-2-Methylamino-1-phenylpropan-1-ol	Ephetonin®
2.2 Pseudo-ephedrin	D-threo-2-Methylamino-1-phenylpropan-1-ol	
2.3 Norephedrin	Erythro-1-Phenyl-2-amino-propanol	In zahlreichen Kombinations-Präparaten enthalten
2.4 Norpseudo-ephedrin	Threo-1-phenyl-2-amino-propanol	
2.5 Cafedrinum	7-[2-(β-Hydroxy-methylphenäthylamino)-äthyl]-theophyllin	Akrinor®
3.	**Ringhydroxylierte Phenyläthylaminderivate**	
3.1 Hydroxy-amphetamin	p-(2-Aminopropyl)-phenol = 1-(4-Hydroxy-phenyl)-2-aminopropan	
3.2 Pholedrin	p-(2-Methylaminopropyl)-phenol = N, α-Dimethyl-p-hydroxyphenäthylamin = 1-(4-Hydroxyphenyl)-2-methylaminopropan	Veritol®
3.3 Etilefrin	1-(3-Hydroxyphenyl)-2-äthylaminoäthanol	Effortil®
3.4 Synephrin	1-(4-Hydroxyphenyl)-2-methylaminoäthanol	Sympatol®

Tab. 66   **Fortsetzung nächste Seite.**

Int. Freiname		Chemische Bezeichnung	Handelsname
3.5	Phenylephrin	1-(3-Hydroxyphenyl)-2-methylaminoäthanol	
3.6	Metaraminol	1-(3-Hydroxyphenyl)-2-aminopropan-1-ol	
3.7	Octopamin	1-(p-Hydroxyphenyl)-2-aminoäthanol	Norphen®
3.8	Norfenefrin	1-(m-Hydroxyphenyl)-2-aminoäthanol	Novadral®
4.	**Maskierte Phenyläthylaminabkömmlinge**		
4.1	Phenmetrazin	3-Methyl-2-phenylmorpholin = 2-Phenyl-3-methyltetrahydro-1,4-oxazin	Preludin® Cafilon®
4.2	Pemolin	2-Imino-5-phenyloxazolidin-4-on = 5-Phenylpseudohydantoin	Tradon®, Stimul®
4.3	Prolintan	1-(α-Propylphenäthyl)-pyrrolidin α 1-Phenyl-2-pyrrolidinopentan	Katovit®
4.4	Fenbutrazat	α-Phenylbuttersäure-2-(3'-methyl-2'- phenyl-morpholino)-äthylester	Cafilon®
4.5	Methylphenidat	α-Phenyl-α-(2-piperidyl)-essigsäuremethyl- ester	Ritalin®
4.6	Fencamfamin	N-Äthyl-3-phenylnorboran-2-ylamin = 2-Äthylamino-3-phenylnorcomphan	Reactivan®
4.7	Fenproporex	N-Cyanoäthyl-amphetamin = 3-(α-Methyl-phenäthyl-amino)-propionitril	Fenproporex®
5.	**Wirkstoffe mit ähnlicher Wirkung und Struktur (insbesondere Appetitzügler)**		
5.1	Propylhexedrin	N, 1-Dimetyl-2-cyclohexyläthlamin = 1-Cyclohexyl-2-metylaminopropan	Eventin®
5.2	Heptaminol	6-Amino-2-metylheptan-2-ol	Heptylon®
5.3	Amfepramon	1-Phenyl-2-diäthylaminopropan-1-on	Regenon® retard, Tenuate® Retard

Tab. 66 Die Phenylätylaminderivate aus der vorläufigen Dopingliste des Deutschen Sportbundes (1977). Angegeben sind der internationale Freiname, die chemische Bezeichnung und als Beispiele einige deutsche Handelsformen, die die Wirkstoffe enthalten.

adrenalin. Im Gegensatz zu *Adrenalin* und *Noradrenalin,* die über die Blut-Hirn-Schranke nicht in das Zentralnervensystem eindringen, gelangen die *Weckamine* und deren Verwandte leichter in das Gehirn, und zwar im wesentlichen dadurch, daß sie weniger bzw. gar keine OH-Gruppen enthalten, deshalb lipophiler (fettlöslich) sind und so die Blut-Hirn-Schranke leichter passieren können. *Ephedrin* zeigt im Vergleich zu *Amphetamin* zentral eine deutlich schwächere Wirkung, da es im Gegensatz zu *Amphetamin* eine OH-Gruppe am Beta-C-Atom der Seitenkette enthält und dadurch hydrophiler (wasserlöslich) ist (*Ahlheimer* 1980, 242).

Wirkung

Die psychomotorischen Stimulanzien und sympathomimetischen Amine führen zu einer *psychovegetativen Enthemmung* und *Antriebssteigerung* (*Prokop* 1977, 9112). Das Ermüdungsgefühl wird aufgehoben. Eine erhöhte Sinneswachheit stellt sich ein, die zu einer positiven Beeinflussung koordinativer Bewegungsabläufe führt (*Mondenard/Chevalier* 1981, 49). Über die Steigerung des Selbstvertrauens und das Gefühl der physischen Stärke heben sie die Stimmungslage an, machen optimistisch und steigern die Stimmung bis zur Euphorie (*Clarke* 1977, 24; *Percy* 1978, 300; *Forgo* 1983, 165).

Körpereigene („natürliche") Phenyläthylaminderivate	Struktur
Dopamin (Überträgersubstanz im extrapyramidalen System u. ZNS)	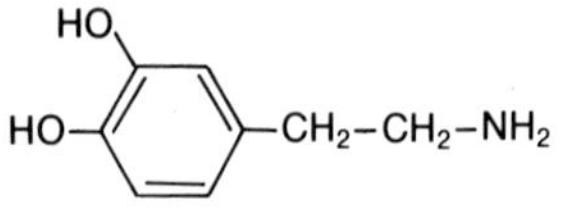 $HO-\bigcirc-CH_2-CH_2-NH_2$ (mit HO an zwei Positionen)
Noradrenalin (Überträgersubstanz in allen postganglionären sympathischen Nervenendigungen)	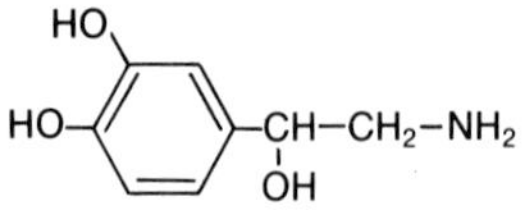 $HO-\bigcirc-CH(OH)-CH_2-NH_2$
Adrenalin (Epinephrin) Haupthormon des Nebennierenmarkes)	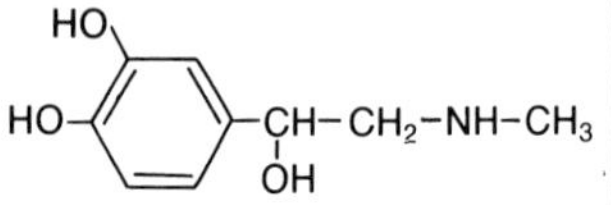 $HO-\bigcirc-CH(OH)-CH_2-NH-CH_3$
Synthetisierte Phenyläthylaminderivate	Struktur
Amphetamine Amphetamin *Benzedrine*®	$\bigcirc-CH_2-CH(CH_2)-NH_2$
Methamphetamin *Pervitin*®	$\bigcirc-CH_2-CH(CH_3)-NH-CH_3$
Ephedrine Ephedrin *Ephetonin*®	$\bigcirc-CH(OH)-CH(CH_3)-NH-CH_3$

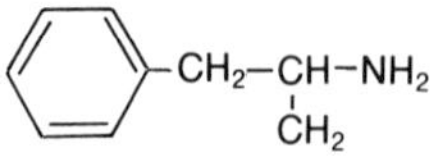

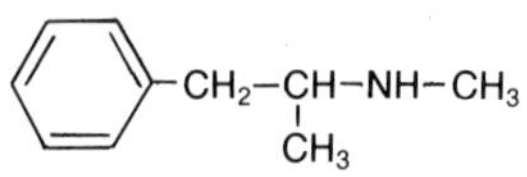

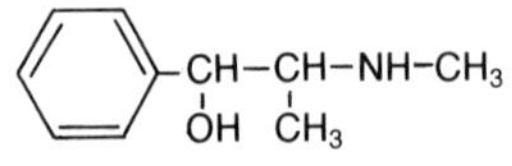

Abb. 238 Chemische Verwandtschaft zwischen körpereigenen Sympathikusüberträgerstoffen und synthetisch hergestellten Phenyläthylaminabkömmlingen.

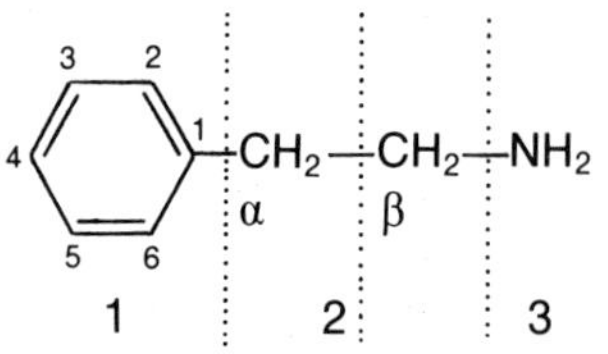

Abb. 239 Struktur des Phenyläthylamins mit den 3 pharmakologisch wichtigen Regionen 1, 2, 3 (*Bader* 1982, 96).

Die pharmakologische Aktivitätssteigerung mittels Stimulanzien unterscheidet sich, wie elektroenzephalographische (die Gehirnströme aufzeichnende) Untersuchungen zeigen, wesentlich von einer Aktivitätssteigerung bei einer physiologischen Erregung (Abb. 240).

Wie aus Abbildung 240 hervorgeht, hebt die *physiologische Erregung* den Sollwert der zentralen Aktivität unter Beibehaltung der physiologischen Vigilanz(Wachheits)-schwankungen zunächst auf eine höhere Ebene. Sie wird jedoch nach längerer Dauer entweder als Folge der Gewöhnung oder zunehmender Ermüdung in steigendem Maße unwirksam, so daß das zentrale Aktivitäts-

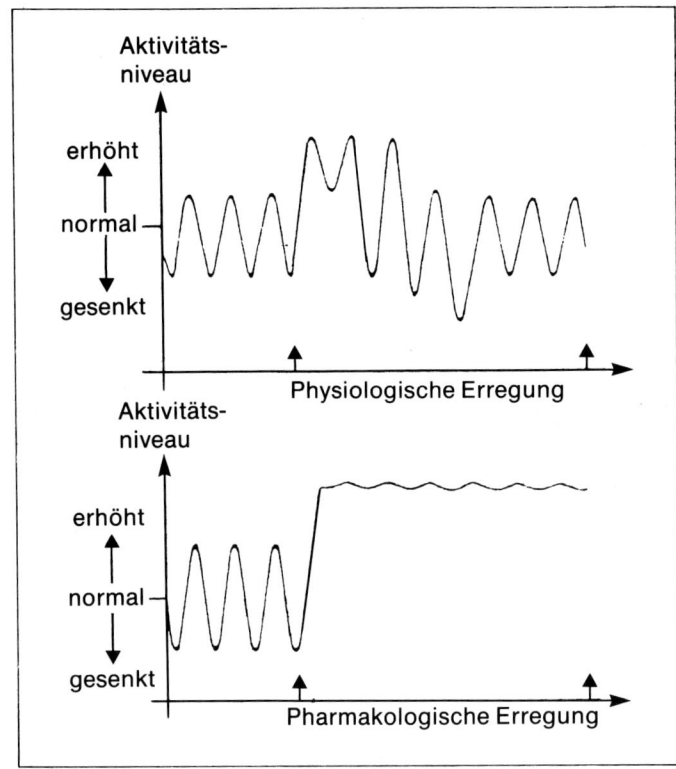

Abb. 240 Beeinflussung des Aktivitätsniveaus durch „physiologische" und „pharmakologische" Erregung (nach *Hoffmeister/Wuttke* 1968, 11).

niveau wieder dem Ausgangsniveau zustrebt. Die pharmakologische Erregung verursacht hingegen eine Aktivitätssteigerung, bei der die Vigilanzschwankungen weitgehend aufgehoben sind. Wegen der pharmakologischen Hemmwirkung auf die zentralen Adaptations- und Ermüdungsmechanismen wird die Aktivitätssteigerung unter Umständen bis zum Zusammenbruch der Energieversorgung aufrechterhalten (*Hoffmeister/Wuttke* 1968, 11 f.).

Die Einnahme von *Weckaminen* erhöht die *Mobilisationsschwelle*. Das Ermüdungsgefühl, das zum Abbruch der Belastung zwingen würde, wird unterdrückt; die Ermüdung wird so hinausgeschoben und der Sportler über den wirklichen Ermüdungszustand seines Körpers getäuscht (*Cooter* 1980, 324 und 328; *Schilcher* 1980, 398; *Hanley* 1983, 403). Dadurch können Energiereserven freigesetzt werden – die sogenannten *autonom*

geschützten Reserven –, die der Körper ansonsten zur Aufrechterhaltung seiner lebenswichtigen Funktionen benötigt (Abb. 241).

Wie aus Abbildung 241 zu entnehmen ist, sind im allgemeinen nur etwa 80% der maximalen Leistungsfähigkeit durch normalen Willenseinsatz zugänglich (diese Prozentangaben können in Abhängigkeit vom Trainingszustand in einem begrenzten Rahmen eine Verschiebung nach unten bzw. nach oben erfahren). Die restlichen 20% liegen außerhalb der willentlichen Verfügbarkeit und können nur in Extremsituationen (Wut, Angst, Lebensgefahr) oder durch entsprechende Dopingsubstanzen – wie z. B. Weckamine – mobilisiert werden. Dadurch wird die Schutz- und Sicherheitsschwelle des Körpers aufgehoben und die Barriere zu den autonom geschützten Reserven durchbrochen.

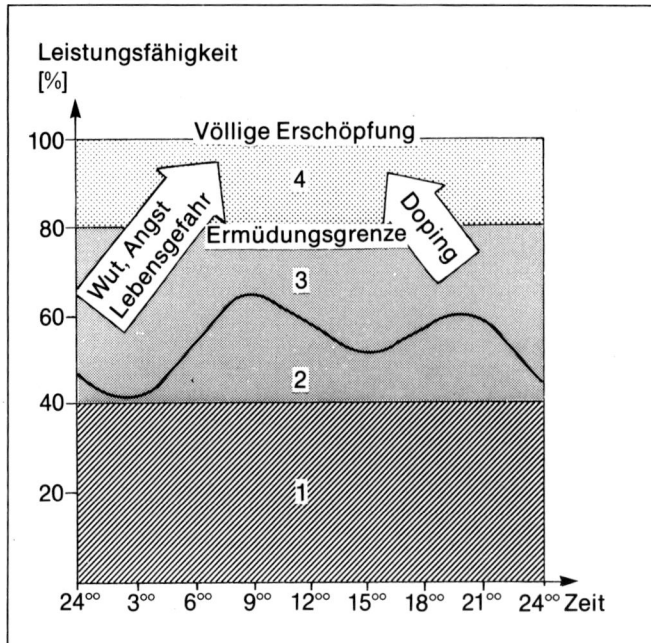

Abb. 241 Schematische Darstellung der Leistungsreserven:
(1) Bereich der automatisierten Leistungen (ohne besondere Willensanstrengung); (2) Bereich der dem Tagesrhythmus angepaßten physiologischen Leistungsbereitschaft (normaler Arbeitsantrieb); (3) Bereich der bei sportlichen Höchstleistungen zugänglichen Einsatzreserven (stärkste Willensmobilisierung); (4) Bereich der autonom geschützten Reserven (außerhalb der willentlichen Verfügbarkeit).

Es gilt jedoch als erwiesen, daß die *Weckamine* ebenso wie andere *psychomotorische Stimulanzien* und *Sympathikomimetika* nur die Dauer verlängern, in der eine bestimmte Leistung erbracht werden kann, daß aber nicht die maximale Leistungsfähigkeit z. B. durch Erhöhung der Ausdauer, Muskelkraft oder Koordination gesteigert wird (*Nowacki* 1975, 562; *Cooter* 1980, 327). Durch Weckamine kann weder ein Untrainierter sein fehlendes Training ersetzen noch ein Hochleistungssportler energetisch nicht vorhandene Funktionskapazitäten mobilisieren.

Im koordinativen Bereich kann es dosisabhängig zu recht unterschiedlichen Wirkungen kommen: Nach kleinen Dosen *Amphetamin* scheint es aufgrund der erhöhten Vigilanz und Konzentrationsfähigkeit zu einer Optimierung des neuromuskulären Zusammenspiels und damit zu einer Verbesserung koordinativer Bewegungsabläufe zu kommen (*Donike* 1973, 127, 1976, 330, 1977, 275); bei höheren bzw. individuell zu hohen Dosen hingegen führen Übererregtheit, Abnahme der Konzentrationsfähigkeit, Unruhe, Gereiztheit und Aggressivität zu einer verminderten koordinativen Leistungsfähigkeit (*Bader* 1982, 241; *Hanley* 1983, 403).

Anwendungsbereich

Die Aufhebung des Ermüdungsgefühls und die damit verbundene Leistungsminderung machen es verständlich, daß Weckamine und Analoge vor allem in Ausdauersportarten wie Radrennsport, Langstreckenlauf, Boxen, Fußball u. a. zur Anwendung kommen. Wenn die Tagesdosis von 15 mg Amphetamin überschritten wird, arbeitet der Gedopte bis zur absoluten Erschöpfung (*de Marées* 1981, 547).

Gefahren und Nebenwirkungen

> Im Wettkampf können *psychomotorische Stimulanzien* bzw. *sympathomimetische Amine* die eigene Antriebsproduktion und die Impulse zur Erreichung der Leistung so extrem beeinflussen, daß es zu einer völligen Dysregulation biologisch unbedingt notwendiger Regulationsmechanismen kommt, im Extremfall bis zum tödlichen Ausgang (*Keul/Reindell/Roskamm/Weidemann* 1966, 48; *Keul* 1970, 10).

Nach einer Phase erhöhter Leistungsfähigkeit erfolgt als Reaktion ein massiver Leistungsabfall. Die unkontrollierbaren Gegenregulationen des Organismus *verlängern die Erholungszeit* in der Folge um ein Vielfaches: Durch die Ausschaltung des erholungsfördernden Parasympathikus kommt es zu einer schlechteren Erholungsfähigkeit und einem deutlichen Ökomonieverlust (*Möller* 1974, 475; *Prokop* 1977, 9112; *Metz/Hüllemann* 1983, 240).

Die Gefahr von schweren, lebensbedrohlichen Zusammenbrüchen unter dem Einfluß von Weckaminen besteht jedoch meist erst dann, wenn zusätzliche Belastungen hinzukommen. Treten in gedoptem Zustand ungünstige klimatische Verhältnisse wie starke Hitze, hohe Luftfeuchtigkeit (70% relative Luftfeuchtigkeit und mehr) und niedriger Sauerstoffdruck (Höhe!) auf, oder kommt es zu einer mangelnden Flüssigkeitszufuhr, dann verfügt der Gedopte nicht mehr über die rettenden Selbstschutzmechanismen und es kann zum Tod kommen (*Cooter* 1980, 328; *Mondenard/Chevalier* 1981, 50; *Metz/Hüllemann* 1983, 240).

Da bei *Amphetamingabe* schon durch zerebrale Fehlregulation die Körpertemperatur ansteigt und es zu einem Hitzegefühl kommt, ist die Einnahme unter Hitzebedingungen besonders gefährlich, weil die Körpertemperatur dann bedrohlich, bis zu hohem Fieber, ansteigen kann (*Donike* 1977, 275; *Metz* 1983, 56).

Im Bereich des Herz-Kreislauf-Systems ist der Eintritt eines Kreislaufversagens (Schock) möglich. Kardiovaskuläre Nebenwirkungen äußern sich in Kopfweh, extremer Ruheherzfrequenz (bis 200 Schläge/Minute) mit Herzklopfen und gehäuften Extrasystolen sowie einer anhaltenden Blutdrucksteigerung (*Ahlheimer* 1980, 328; *Metz/Hüllemann* 1983, 240).

Im Bereich des Zentralnervensystems sind als Nebenwirkungen Schwindel, Nervosität, Übererregbarkeit, Abnahme der Konzentrationsfähigkeit, Unruhe, Gereiztheit und Aggressivität bekannt (*Bader* 1982, 241; *Hanley* 1983, 403).

Bei längerer Einnahme von Weckaminen entwickelt sich eine schwere psychische und physische *Abhängigkeit* mit typischer Suchtsymptomatik (*Hoffmeister/Wuttke* 1968, 64; *Keul* 1970, 9; *Ahlheimer* 1980, 328).

Einerseits kommt es zu *Entzugserscheinungen* beim Abklingen der Wirkung – sie äußern sich in Depression, Angstzuständen, Abgeschlagenheit und Erschöpfung –, andererseits führt die Abhängigkeit zur *Gewöhnung*. Die Gewöhnung, d. h. die allmähliche Abnahme der Wirkungsintensität gerade beim Euphorieeffekt, führt zu exzessiver Dosissteigerung (*Opitz* 1973, 530; *Forgo* 1983, 165 und 167; *Weber* 1983, 52).

Obwohl psychomotorische Stimulanzien – mit den Weckaminen als Hauptvertreter – und Sympathomimetika nicht nur chemisch, sondern auch vom Wirkungsspektrum her, eine Vielzahl gleicher Wirkungen aufweisen, so liegen dennoch einige Unterschiede vor:

Im Vergleich zu den Weckaminen ist die Wirkung der sympathomimetischen Amine von kürzerer Dauer (*Ahlheimer* 1980, 328). Die zentralstimulierende Wirkung der sympathomimetischen Amine – hier fällt hauptsächlich dem *Ephedrin* eine für das Doping bedeutsame Rolle zu – ist wesentlich schwächer als die der Weckamine (*Wolf* 1974, 27;

Analeptika (einschließlich Kampfer- und Strychninderivate)		
Int. Freiname	**Chemische Bezeichnung**	**Handelsname**
1. Pentetrazol	6, 7, 8, 9-Tetrahydro-5-azepotetrazol = 7, 8, 9, 10-Tetrazabicyclo-[5, 3, 0]-8, 10-decadien = 4, 5-Pentamethylentetrazol	Cardiazol®
2. Nicethamid	N, N-Diäthylnicotinamid = Nicotinsäurediäthylamid	Cormin® Cormed®
3. Etamivan	N, N-Diäthylvanillamid = Vanillinsäurediäthylamid	Vandid®
4. Bemegrid	4-Äthyl-4-methylpiperidin-2,6-dion = β-Äthyl-β-methylglutarimid	Eukraton®
5. Strychnin		
6. Strychnin-N-oxid		Movellan®
7. Strychninsäure		Movellan®- Ampullen

Tab. 67   Analeptika aus der vorläufigen Dopingliste des Deutschen Sportbundes (1977). Angegeben sind der internationale Freiname, die chemische Bezeichnung und als Beispiele einige deutsche Handelsformen, die die Wirkstoffe enthalten.

Ahlheimer 1980, 242; *Mondenard/Chevalier* 1981, 62).

Ein Problem besonderer Art stellen in der Dopingdiskussion die sogenannten *„maskierten Amphetamine"* dar. Es handelt sich dabei um Substanzen, die das *Phenyläthylamingrundgerüst* in ihrem Molekül enthalten, bei denen jedoch die chemische Verwandtschaft zu den Amphetaminen und Ephedrinen nicht auf den ersten Blick erkennbar ist (*Donike/Kaiser* 1980, 23). Erst bei der Verstoffwechselung dieser Präparate werden dann *Amphetamine* freigesetzt, wie das z. B. beim *AN 1* (Amphetaminil) oder *Captagon®* (Fenetyllin) *der Fall ist.*

Zentralnervös stimulierende Substanzen

Vertreter der zentralnervös stimulierenden Substanzen sind die *Analeptika,* die eine Erregung weiter Abschnitte des Gehirns und des Rückenmarks bewirken.

Einen Überblick über die Substanzen dieser Gruppe gibt Tabelle 67. Nach ihren unterschiedlichen Wirkungsorten unterteilt man die Analeptika in Substanzen, die ihren Angriffsort im Stammhirn haben (z. B. *Pentetrazol, Nicethamid, Bemegrid*), und solche, die ihre Hauptwirkung am Rückenmark entfalten (z. B. *Strychnin*).

Stammhirnerregende Analeptika

Struktur und Wirkung

Abbildung 242 gibt einen Einblick in die Struktur einiger stammhirnerregender Analeptika.

Obwohl die einzelnen Analeptika chemisch verschieden voneinander sind, so wirken sie im Organismus doch prinzipiell gleich: Es kommt zu einer zentralen Erregung, die insbesondere motorische Funktionen beeinflußt sowie zu einer Stimulierung des Atem- und Kreislaufzentrums führt (*Wolf* 1974, 35; *Bader* 1982, 243).

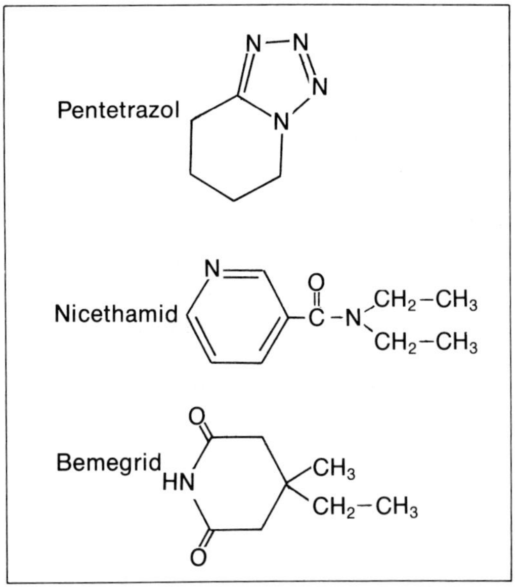

Pentetrazol

Nicethamid

Bemegrid

Abb. 242   Chemische Struktur von stammhirnerregenden Analeptika.

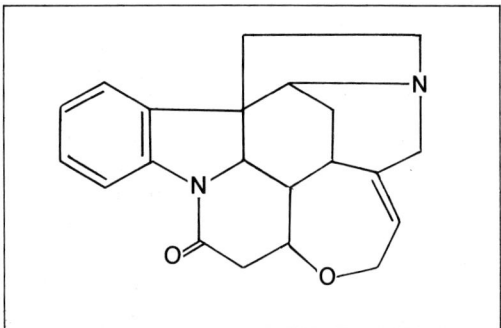

Abb. 243   Chemische Struktur von Strychnin.

Gefahren und Nebenwirkungen

In höherer Dosierung kann es bei den Analeptika zu Muskelzuckungen, Muskelkrämpfen oder allgemeinen Krampfanfällen kommen. Die Krampfanfälle werden im Stammhirn durch Erregung gewisser Anteile der Formatio reticularis (u. a. Wachheitszentrum) ausgelöst und laufen bei vollem Bewußtsein ab; bei zu langer Dauer können sie über den akuten Sauerstoffmangel – während eines solchen Anfalls ist eine reguläre Atemtätigkeit unmöglich – zum Tod führen (*Hanley* 1983, 404; *Bader* 1982, 242).

Am Rückenmark angreifende Analeptika

Struktur und Wirkung

Hauptvertreter der am Rückenmark angreifenden Analeptika ist das *Strychnin*. Seine Struktur ist aus Abbidlung 243 ersichtlich. Strychnin fördert die polysynaptische Reflexausbreitung durch Blockierung der hemmenden Synapsen, indem es den Transmitter Glycin im Rückenmark kompetitiv verdrängt.

Diese Hemmsubstanz scheint unter Kontrolle der *Renshaw-Zellen* zu stehen und wird abgegeben, wenn diese von motorischen Neuronen erregt werden. Die Funktion der Renshaw-Zellen besteht darin, daß bei Innervation agonistischer Muskelgruppen der Tonus in den Antagonisten gesenkt wird. Strychnin ist wahrscheinlich ein spezifischer Antagonist des hemmenden Transmitters Glycin (*Wolf* 1974, 38 und 39; *Curtis/Johnston* 1974, 109; *Schmidt* 1980, 67).

Da die hemmenden Einflüsse beim Transport der Nervenimpulse durch Strychnin blockiert werden, können Impulse ohne Widerstand durch das Zentralnervensystem wandern und so das Niveau der neuronalen Erregbarkeit erhöhen (*Schilcher* 1980, 403). Geringe Dosen Strychnin steigern folglich den Muskeltonus und die Reflexerregbarkeit bei noch erhaltener Koordination (*Wolf* 1974, 38; *Mondenard/Chevalier*).

Dadurch, daß Strychnin die motorische Reizschwelle herabsetzt, eine Reizminderung für kontinuierliche Stimulation verhindert und die Periode für die erhöhte nervale Reizbarkeit erhöht, gehört Strychnin zu den Substanzen, die dem Willen sonst nicht zugängliche Reserven mobilisieren und zur Erschöpfung lebenswichtiger Depots führen können (*Wolf* 1974, 38; *Hollmann* et al. 1978, 1185).

Anwendungsbereich

> Wegen der Steigerung des Muskeltonus und der Erregung größerer Muskelgruppen wird *Strychnin* zur Verbesserung der Kraft-, Schnellkraft- und Schnelligkeitsleistungen verwendet (*Möller* 1974, 476; *Prokop* 1976, 105; *Ahlheimer* 1980, 328).

Gefahren und Nebenwirkungen

Bei geringer Überdosierung kann es zu *tonischen Krämpfen* kommen. Da die normale Reflexhemmung der Antagonisten aufgehoben wird, werden Beuge- und Streckmuskulatur gleichzeitig kontrahiert. Bei höheren Dosen treten *Muskelkrämpfe* der gesamten Skelettmuskulatur auf, die ähnlich wie beim Tetanus zu schweren Kreislaufkomplikationen führen können (*Fischbach* 1972, 380; *Mondenard/Chevalier* 1981, 89).

Narkotika und Analgetika

Die vorläufige Dopingliste des Deutschen Sportbundes (1977) erwähnt diese Gruppe der Dopingmittel nur ganz kurz unter Punkt 2:

„Stark wirksame Analgetika
Alle stark wirkenden Analgetika (Opiate, Hypnoanalgetika, Narkotika) der Morphin-, Pethidin- und Methadon-Gruppen sind verschreibungspflichtig. Sie zählen grundsätzlich zu den Dopingmitteln. Von den deutschen Arzneimitteln gehören beispielsweise hierzu: Morphinum hydrochloricum, Amphiolen, „MKB", Dilaudid, Eukodal, Dromoran, Dolantin, Chradon, L-Polamidon, Paltium, Jetrium".

Wirkung und Anwendungsbereich

Der Haupteffekt der *Narkotika* (Betäubungsmittel) – sie spielen für das Doping eine untergeordnete Rolle – und *Analgetika* (Schmerzmittel) besteht in einer Schmerzhemmung und Schmerzbeseitigung. Ihr Angriffspunkt liegt im Zentralnervensystem: Die Projektion von im *Thalamus* eintreffenden Impulsen auf die sensible Hirnrinde wird gedämpft und damit das Bewußtsein von Schmerzempfindungen abgeschwächt oder aufgehoben (*Kuschinsky/Lüllmann* 1981, 201).

Neben dieser zentralnervös bedingten Hemmung der Schmerzempfindung lösen sie eine Veränderung der Stimmungslage aus: Unlust und Angstgefühle werden beseitigt, Euphorie stellt sich ein (*Donike/Kaiser* 1971, 34; *Metz/Hüllemann* 1983, 240).

Aus dem angesprochenen Wirkungsspektrum heraus ergibt sich der Anwendungsbereich dieser Substanzengruppe: Für den Sportler steht dabei die *psychisch beruhigende* und *euphorisierende Wirkung* im Vordergrund (*Schilcher* 1980, 403). Daneben kommen diese Präparate noch bei der Beseitigung bewegungseinschränkender Schmerzhemmungen zur Anwendung.

Chemische Struktur und Einteilung der Analgetika

Zu den stark wirkenden *Analgetika* (Opiaten) gehören vor allem *Morphin* (Morphium) und die in ihrer Wirkung vergleichbaren *Morphinderivate* bzw. vollsynthetischen Substanzen.

Opium ist das Ausgangsprodukt für Morphin und seine Derivate. Unter den 40 verschiedenen Wirkstoffen, den sogenannten *Alkaloiden*, stellt Morphin das Hauptalkaloid des Opiums dar.

Zu den halbsynthetischen Morphinderivaten zählen Heroin, Hydromorphon, Oxycodon und Codein. Synthetische Opiate sind die Methadone und Pethidine, die ebenfalls

Morphinderivat	Struktur	Bemerkungen
Morphine Morphin (Morphium)	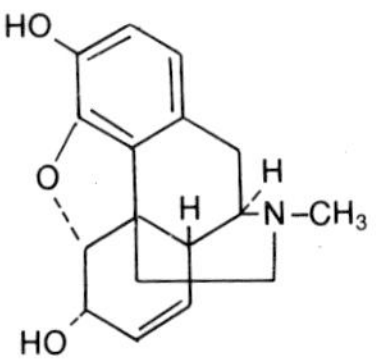	
Hydromorphon $R_1 = OH$ *Dilaudid*® $R_2 = H$ Oxycodon $R_1 = O-CH_3$ *Eukodal*® $R_2 = OH$	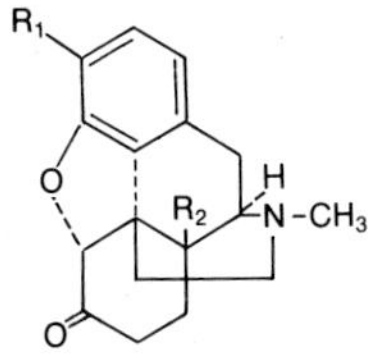	7fach höhere Potenz als Morphium
Heroin (Diacetylmorphin)	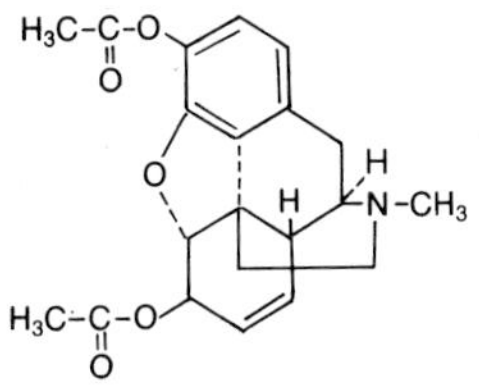	Große Suchtgefahr
Codein *Codicept*® *Codipertussin*® *Tricodein*	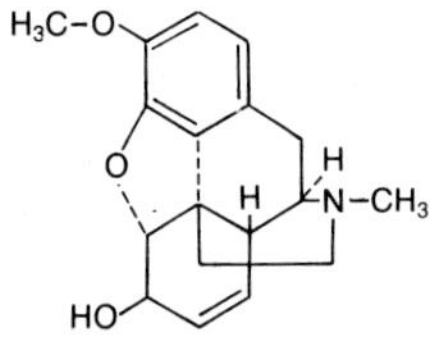	Antitussive (gegen Husten- reiz wirkende) Potenz größer als analgetische Potenz
Pethidine Pethidin $R_1 = O-C_2H_5$ *Dolantin*® $R_2 = H$ Cetobemidon $R_1 = C_2H_5$ *Cliradon*® $R_2 = OH$	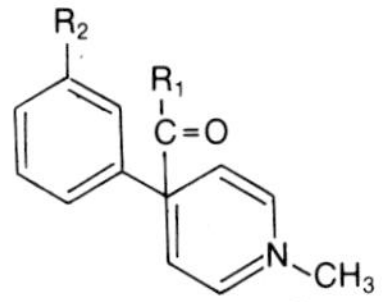	Längere Wirkungsdauer als Pethidin
Tilidin *Valoron*® N	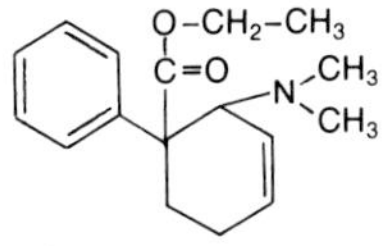	Wie Pethidin
Methadone Levomethadon R = CH_3 *L-Polamidon*® *Hoechst* Normethadon R = H in *Ticarda*®	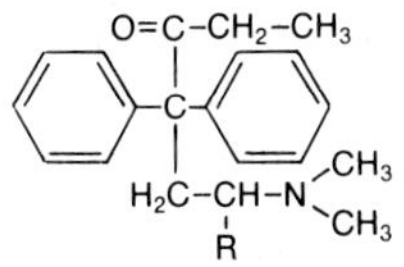	4mal potenter als Morphin Antitussive Potenz stärker als analgetische
Dextromoramid *Jetrium* *Palfium*®	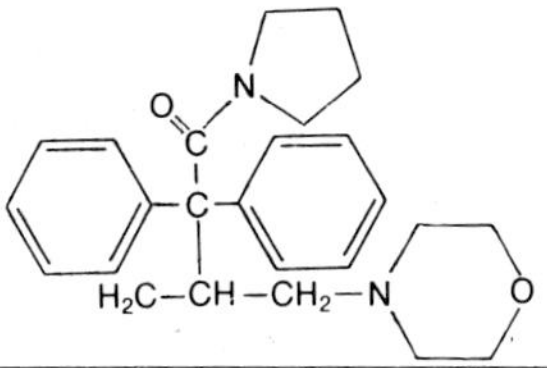	Wie Levomethadon

Abb. 244   Struktur einiger Morphinderivate (nach *Bader* 1982, 252 f.).

wie Morphin wirken (*Ahlheimer* 1980, 487; *Bader* 1982, 248).

Einen Überblick über die Struktur einiger Morphinderivate gibt Abbildung 244.

Gefahren und Nebenwirkungen

Erhebliche Schäden für den Sportler können immer dann resultieren, wenn z. B. bei Verletzungen im Bereich des Bewegungsapparates an Sehnen, Muskeln und Knochen die bewegungseinschränkende Schutzhemmung – auch durch schwächere Analgetika – beseitigt wird und es dann als Folge zu einem Sehnenabriß, Muskelriß oder Knochenbruch kommt (*Ahlheimer* 1980, 328; *Metz/Hüllemann* 1983, 240).

Analgetika und Narkotika führen bei wiederholter Zufuhr zu physischer und psychischer *Abhängigkeit* mit typischer *Suchtsymptomatik* und *Toleranzentwicklung*. Die außergewöhnlich starke Gewöhnung und Toleranzentwicklung, insbesondere bei Morphin und seinen Derivaten, führen zu einer laufenden Dosissteigerung: Zunehmend größere Mengen werden vertragen und benötigt, um eine gleichbleibende Wirkung zu erzielen. Bei Morphinüberdosierung kann der Tod infolge zentraler Atemlähmung eintreten.

Entzugssymptome als Zeichen der Abhängigkeit sind Unruhe, Angst, Erregungszustände, Aggressivität, Schlaflosigkeit, Depression, Erbrechen, Durchfall, Schweißausbrüche, Frösteln, Atmungsbeschleunigung u. a. (*Ahlheimer* 1980, 487; *Bader* 1982, 500; *Weber* 1983, 316).

Anabole Steroide

Unter dem Begriff Steroidhormone bzw. Steroide werden die Hormone aus der Nebennierenrinde und aus den Gonaden (Eierstock, Hoden) zusammengefaßt.

Anabole Steroide, auch *Anabolika* genannt, sind Steroidhormone aus der Klasse der männlichen Sexualhormone, der *Androgene.*

Struktur, Einteilung und Wirkung der anabolen Steroide

Einen Überblick über die in der vorläufigen Dopingliste des Deutschen Sportbundes aufgeführten *anabolen Steroide* – sie wurden anläßlich der XXI. Olympiade in Montreal in die Liste der Dopingsubstanzen aufgenommen – gibt Tabelle 68.

Wie bereits erwähnt, sind die anabolen Steroide mit dem körpereigenen männlichen Sexualhormon Testosteron verwandt. Dementsprechend weisen sie männlich sexualspezifische (androgene) und anabole Effekte auf (Abb. 245).

Unter *anaboler Wirkung* ist die sogenannte eiweißaufbauende (= proteinanabole) Wirkung zu verstehen, die den Stoffwechsel beeinflußt und die Gewebsbildung fördert, d. h. wachstumsfördernden Einfluß auf Muskeln, Skelett und Organe insbesondere des wachsenden Organismus ausübt.

Chemisch liegt bei allen Anabolika die Strukturformel des *Testosterons* zugrunde (Abb. 246).

Testosteron ist ein Steroidhormon mit 19 Kohlenwasserstoffatomen (sog. C-19-Steroid).

Durch Variation der funktionellen Gruppen am Kohlenstoffatom 17 kann das Verhältnis von *androgener* zu *anaboler* Wirkung verschoben werden. Eine Trennung von androgener und anaboler Wirkung ist jedoch nicht vollständig möglich.

Einen Einblick in die Struktur der in der Dopingliste des Deutschen Sportbundes aufgeführten *Anabolika* gibt Abbildung 247.

Dianabol® und *Stromba*® sind oral applizierbare (durch den Mund aufnehmbare) Anabolika, die durch eine *hohe anabole Potenz* charakterisiert sind. Man vermutet, daß die erhöhte Effektivität dieser anabolen Steroide darauf beruht, daß sie kaum abgebaut werden und als solche in der Zelle wirken,

Anabole Steroide		
Int. Freiname	**Chemische Bezeichnung**	**Handelsname**
1. Chlortestosteron-acetat	4-Chlor-17 β-hydroxy-4-androsten-3-on-17-acetat = 4-Chlortestosteronacetat	Sterananabol® Megagrisevit®
2. Methandienon (Methandrostenolon)	17 β-Hydroxy-17α-methyl-1-4-androstadien-3-on = 1-Dehydro-17α-methyltestosteron	Dianabol®
3. Methyltestosteron	17β-Hydroxy-17α-methyl-4-androsten-3-on = 17α-Methyl-4-androsten-17β-ol-3-on	
4. Nandrolon = Nortesto-steron und alle Ester	17β-Hydroxy-4-östren-3-on = 17β-Hydroxy-19-nor-4-androsten-3-on	Deca-Durabolin® Durabolin®
5. Oxymetholon	17β-Hydroxy-2-hydroxymethylen-17α-methyl-5α-androstan-3-on	
6. Stanozolol	17β-Methyl-5α-androstanol[3.2-c]pyrazol-17β-ol = 17β-Hydroxy-17α-methyl-5α-androstanol[3.2-c]-pyrazol	Stromba®

Tab. 68   Die anabolen Steroide aus der vorläufigen Dopingliste des Deutschen Sportbundes (1977). Angegeben sind der internationale Freiname, die chemische Bezeichnung und als Beispiele einige deutsche Handelsformen, die die Wirkstoffe enthalten.

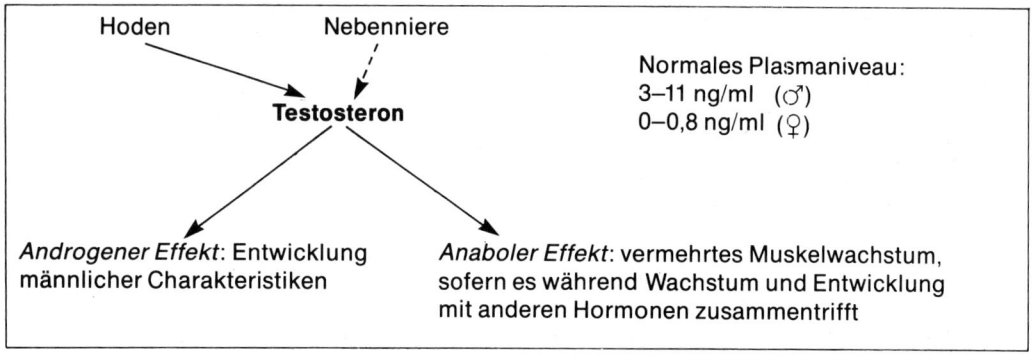

Abb. 245   Das Wirkungsspektrum der anabolen Steroide (nach *Hanley* 1983, 406).

und daß auch während des Abbaus vermutlich die 17-Alpha-Seitengruppierung erhalten bleibt (*Appell* 1983, 14).

19-Nor-Testosteron – die Vorsilbe „Nor" wird für Anabolika verwendet, bei denen die Methylgruppe (CH_3) am Kohlenwasserstoffatom 19 fehlt – weist nur 1 Drittel der androgenen Wirksamkeit des Testosterons auf.

Die Steroidhormone sind *lipophil* und diffundieren aufgrund ihrer Fettlöslichkeit durch die Zellmembran. Intrazellulär bilden sie mit den entsprechenden Rezeptoren einen Steroid-Rezeptor-Komplex, der nach der Wanderung zum Zellkern die Synthese von Proteinen anregt (*Reinhard* 1977, 14; *Kuschinsky/Lüllmann* 1981, 284).

Der *Haupteffekt* der Anabolika besteht in einer vermehrten Produktion von Muskelprotein. Die Wirkung auf die anaerobe, glykolytische Stoffwechselkapazität ist geringer; am geringsten wird die aerobe Stoffwechselkapazität durch Anabolikaanwendung beeinflußt (*Mader* 1977, 141).

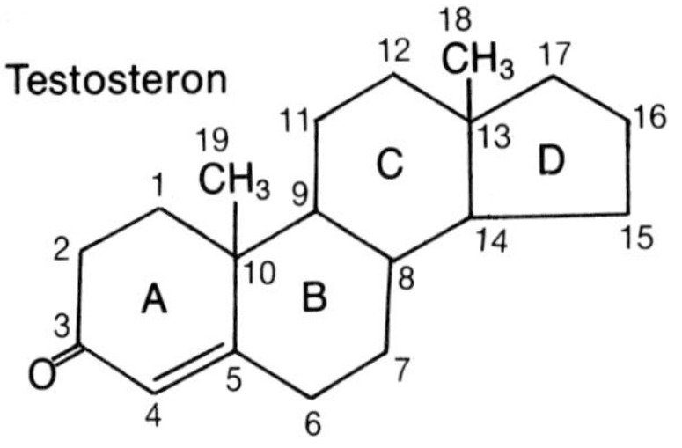

Abb. 246   Chemische Struktur des Testosterons.

17β-Acetat-Derivate

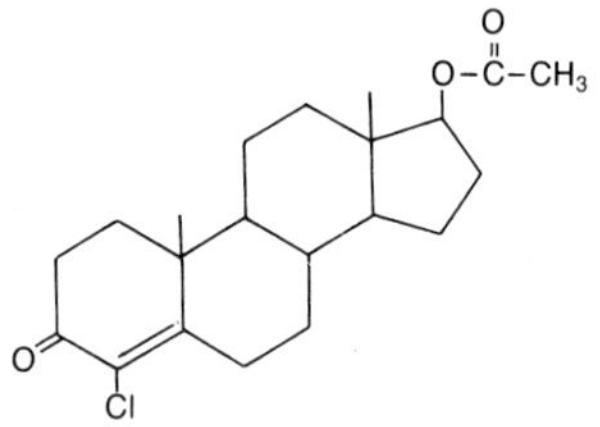

4-Chlor-17β-hydroxy-
androst-4-en-3-on-
17β-acetat
Chlortestosteron
(*Steranabol®*)

17α-Alkylierte Derivate

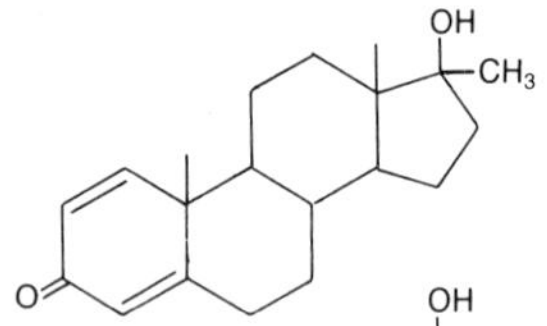

17-α-Methyl-17β-hydroxy-
androsta-1, 4-dien-3-on
Methandrostenolon
(*Dianabol®*)

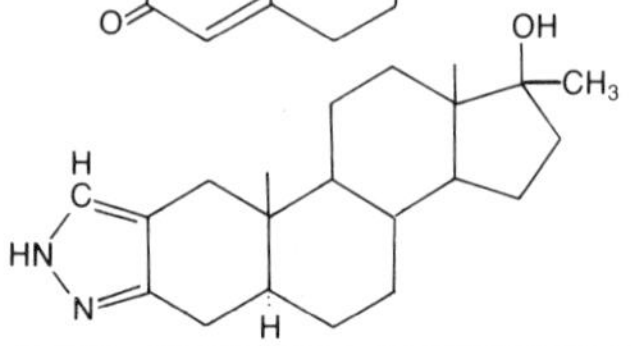

17α-Metyl-17β-hydroxy-5-
androstan-3, 2-c-pyrazol
Stanozolol
(*Stromba®*)

19-Nortestosteron-Derivate

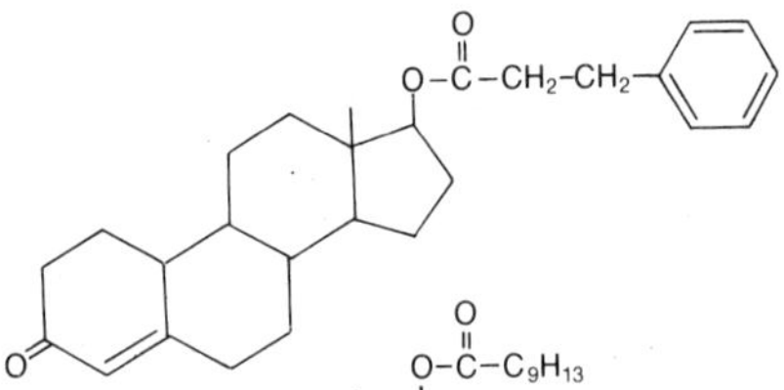

19-nor-Testosteron
-17β-phenylpropionat
Nandrolonpropionat
(*Anadur®*)

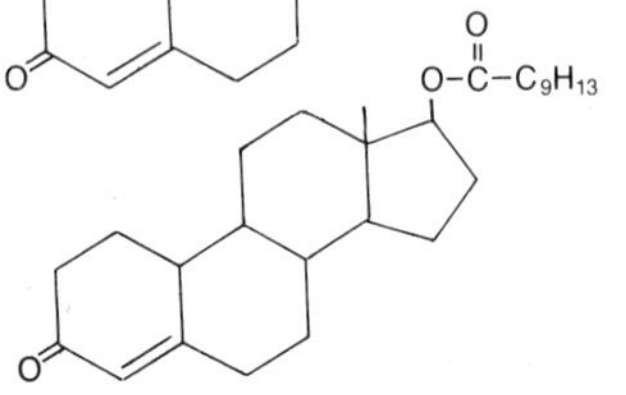

19-nor-Testosteron
-17β-decanoat
Nandrolon decanoat
(*Deca-Durabolin®*)

Abb. 247   Strukturformeln der in der vorläufigen Dopingliste des Deutschen Sportbundes angegebenen anabolen Steroide.

Des weiteren sollen Anabolika eine Verbesserung des allgemeinen Reflexverhaltens bewirken (*Ariel/Seville,* in *Reinhard* 1977, 17).

Bei der Darstellung der Wirkung der anabolen Steroide muß ausdrücklich darauf hingewiesen werden, daß die Anabolika nur unter gleichzeitigen *Trainingsreizen* und unter Einsatz einer adäquaten *eiweißreichen Kost* ihre volle Wirksamkeit entfalten. Fehlen die notwendigen Trainingsreize bzw. die notwendigen Proteine in der Ernährung, dann kann kein Aufbau von Muskelgewebe erfolgen (*Stegemann* 1984, 310).

Zusätzlich zum somatischen (körperlichen) Bereich zeigt sich bei Einnahme von anabolen Steroiden eine Beeinflussung der *Psyche.* Anabolika verleihen eine leicht euphorische Grundstimmung, stimulieren das allgemeine Wohlbefinden und die Aggressivität. Die erhöhte Aggressivität geht mit einem erhöhten Leistungsantrieb und einer starken Motivation parallel (*Mader* 1977, 143; *Reinhard* 1977, 17; *Stone/Lipner* 1980, 355; *Lucking* 1982, 65).

Anwendungsbereich

> Aufgrund der vermehrten Eiweißsynthese sind die *anabolen Steroide* in all den Sportarten von Bedeutung, die ein hohes Körpergewicht und eine hohe Muskelkraft bzw. eine hohe Schnellkraft erfordern. Besonders „dopinggefährdete" Sportarten sind Bodybuilding, Gewichtheben, Ringen, Rudern, leichtathletische Wurf- und Stoßdisziplinen.

Die Steigerung der Leistungsfähigkeit in den Kraftsportarten liegt ebenso wie die Förderung des Muskelwachstums zwischen 0 und 10%, wobei die Unterschiede vermutlich vom individuell unterschiedlichen intra-

zellulären Testosteronspiegel bestimmt werden (*Hollmann/Hettinger* 1980, 258).

Bei *Jugendlichen* mit noch nicht maximaler Testosteronproduktion scheint der Krafttrainingseffekt besonders verstärkt (*de Marées* 1981, 258). Desgleichen wirken Anabolika bei *Frauen* wegen des niedrigeren Androgenspiegels stärker als bei Männern: Bei weiblichen Sportlern genügen oft niedrigere Dosen und Trainingsbelastungen, um eine deutliche Muskelhypertrophie zu erreichen (*Mader* 1977, 140; *Nöcker/Reinhard* 1978, 26).

Dosierung

Zur Erzielung gesteigerter Krafttrainingseffekte unter Anabolikaapplikation muß im allgemeinen eine Mindestdosis von 10 mg Dianabol® pro Tag eingenommen werden.

Nach entsprechenden Erfahrungen im Ostblock genügt eine einmalige 4– bis 6wöchige Anabolikagabe im Jahr, um, verbunden mit einem spezifisch darauf ausgerichteten Trainingsprogramm, eine Leistungssteigerung zu erreichen (*Hollmann* et al. 1978, 1190).

Die offizielle Verdammung und die fehlenden Sachkenntnisse haben oft dazu geführt, daß sich Sportler mit stark überhöhten Dosen und über sehr lange Zeiträume hinweg mit Anabolika selbst behandelt haben und so das Auftreten von mehr oder weniger ausgeprägten Nebenwirkungen in Kauf nehmen mußten (*Mader* 1977, 136).

Gefahren und Nebenwirkungen

Die relativ rasche Steigerung der Muskelkraft kann zu einer Überlastung des Sehnen- und Bänderapparates führen, der sich aufgrund seines trägeren Stoffwechsels langsamer an die erhöhten Anforderungen anpaßt. Die Gefahr von Sehnen- und Bänderrissen sowie Knorpelschäden an den Gelenken und Knochenschäden ist deshalb erhöht (*Möller* 1974, 476; *Ulmer* 1980, 617; *Metz/*

Hüllemann 1983, 240; *Stegemann* 1984, 314).

Bei der Einnahme vor allem der 17-alpha-alkylierten anabolen Steroide können Funktionsstörungen der Leber und Leberschäden auftreten: Sportler, die bei Verabreichung eines 19-Nor-Testosteronderivates (Deca-Durabolin®) normale Leberwerte (GPT, GOT) aufzeigten, hatten nach der Einnahme eines 17-alpha-alkylierten Derivats (Dianabol®) krankhaft erhöhte Laborwerte und zeigten eine Beeinträchtigung der Leberfunktion (*Keul/Deus/Kindermann* 1976, 497 f., *Shepard/Killinger/Fried* 1977, 170 f.).

Bei Mädchen und Frauen kann es zu Virilisierungserscheinungen kommen: Nehmen Frauen über einen längeren Zeitraum anabole Steroide in hohen Dosierungen, dann setzt eine Entwicklung sekundärer männlicher Geschlechtsmerkmale ein, die sich u. a. in einer verstärkten Sexual-, Körper- und Gesichtsbehaarung und in einer rauheren und tieferen Stimme erkennbar macht (*Bader* 1982, 186; *Hanley* 1983, 407; *Weber* 1983, 520).

Besonders zu warnen ist vor Anabolikaanwendung im Jugendalter, da es zu einer Beschleunigung und Abkürzung der Knochenreifung kommt. Diese führt zu einem *verfrühten Epiphysenfugenschluß* und folglich zu einem frühzeitigen Ende der Wachstumsphase mit einer Verminderung der definitiven Körpergröße (*Krüskemper* 1965, 72; *Percy* 1978, 302; *Kuschinsky/Lüllmann* 1981, 293).

Über Veränderungen endogener hormoneller Regelkreise kann die Anabolikaeinnahme bei Männern zu einer Hodenverkleinerung (*Reinhard* 1977, 44), zur Verringerung von Zahl und Qualität der Spermien (*Ryan*, in *Karcher* 1980, 2721) und zur Impotenz führen.

Nach der Darstellung der verschiedenen Dopingmittel soll abschließend noch kurz auf das Dopingsverbot, seine Problematik und seine Begründung eingegangen werden.

Die Problematik des Dopingverbotes

Obwohl sich die Verfahren der Dopingkontrollen im Laufe der Zeit immer mehr verfeinert und die Nachweisgrenzen der bislang bekannten Substanzen immer mehr nach unten verschoben haben, kann das Problem des Dopings auf absehbare Zeit sicherlich nicht aus der Welt geschafft werden. Ursache dafür ist die Tatsache, daß die Pharmaindustrie stets neue Präparate auf den Markt bringt bzw. bringen wird, die im Augenblick nicht oder nur schwer bzw. zeitlich begrenzt nachgewiesen werden können. Die zunehmende Informierung und Beratung des Spitzensportlers durch Ärzteschaft und Fachorgane wird ebenso dazu führen, daß bei Dopingkontrollen nur noch desinformierte bzw. mangelhaft aufgeklärte Sportler überführt werden können.

Dennoch haben die Dopingkontrollen ihren Sinn, da sie durch die damit verbundene Diskussion auf die begrenzte Wirksamkeit der einzelnen Substanzen aufmerksam machen und damit verdeutlichen, daß individuelle Höchstleistungen letztlich doch nur durch eine entsprechende Trainingsarbeit und nicht durch die Einnahme einer vermeintlichen „Wunderdroge" erreicht werden können. Dem Sportler wird in dieser Diskussion auch bewußt gemacht, daß die über Doping erlangte Leistung unter Umständen nur über eine Gefährdung vitaler Eigeninteressen erkauft wird. Inwieweit diese Einsicht zu einer längerfristigen Verhaltensänderung führen wird, bleibt abzuwarten.

Das Dopingverbot per se kann durch ethische Grundsätze (Chancengleichheit), sportpsychologische Argumente (Leistung durch eigenes Können) oder sportpädagogische Argumente (Sport als Bildungs- und Erziehungsmittel) gerechtfertigt werden. Die wichtigste Grundlage des Dopingverbotes liegt aus sportmedizinischer Sicht jedoch in der potentiellen erheblichen Gefährdung

Name	Darreichungs-form	Enthält Ephedrin oder Derivate	Enthält Phenyl-ephedrin
Adrianol®	Dragees	–	ja
	Spray	–	ja
	Tropfen	–	ja
Endrine®	Nasentropfen, Gel	ja	–
Endrine® mild	Nasentropfen, Gel	ja	–
Nasalgon®	Salbe	ja	–
Ornatos®	Kapseln	ja	–
Piniol®	Nasensalbe	ja	–
Rhinex® retard	Kapseln	–	ja
Rhinopront®	Kapseln	–	ja
	Saft	–	ja
Rinotussal®	Kapseln	–	ja
	Saft	–	ja
Triaminic®	Tabletten	ja	–
	Tropfen	ja	–
Volon® A-Rhin antibiotika-haltig	Nasenspray	–	ja
Vibrocil® c. N.	Nasentropfen	–	ja
	Spray, Gel, oral	–	ja

Tab. 69 Schnupfenmittel unter dem Dopingaspekt (nach *Clasing* 1981, 133).

der Gesundheit des Gedopten (*de Marées* 1981, 552 f.).

Die Verwendung von Dopingmitteln durch Sportler ist verboten und wird bestraft. Den Mitgliederorganisationen des Deutschen Sportbundes (DSB) wird als *Strafmaß* empfohlen:

Erstmaliges Doping zieht eine Wettkampfsperre von 1–6 Monaten nach sich, die 1. Wiederholung eine Sperre von 12–30 Monaten, die 2. Wiederholung eine Wettkampfsperre auf Lebenszeit.

Es spielt dabei keine Rolle, ob das Medikament *absichtlich* oder *unabsichtlich* genommen wurde. Die medizinische Kommission des Internationalen Olympischen Komitees stellte 1971 ausdrücklich fest: „Alle, auch zu therapeutischen Zwecken verwendete Substanzen, die die Leistungsfähigkeit aufgrund ihrer Zusammensetzung oder Dosis beeinflussen, sind Dopingmittel".

Mit dieser Feststellung soll der Versuch, das Doping-Kontrollsystem mit einer „therapeutischen Argumentation" zu unterlaufen, verhindert werden. Wie notwendig eine solche Maßnahme ist, zeigen die neuesten Ergebnisse von *Prokop* (1984, 33): Anläßlich der Olympischen Spiele in Los Angeles wurden 2 Asthmamittel, die auf der Dopingliste stehen, weil sie leistungssteigernd wirken, zugelassen, um tatsächlich asthmakranken Sportlern die Teilnahme zu ermöglichen. Nach Bekanntwerden dieser Sonderregelung wurden nicht weniger als 143 asthmakranke Teilnehmer gemeldet, die ein ärztliches Attest vorwiesen. Von einem einzigen Land wurden allein 17 Schwimmer unter

Name	Darreichungs-form	Enthält Codein	Enthält Ephedrin oder Derivate	Enthält Kampfer
Antibex cum Ephedrino®	Saft	–	ja	–
Antussan®	Hustentropfen	ja/nein	ja	ja
	Kombi-Tropfen	–	ja	ja
Bisolvomed®	Tropfen	ja/nein	ja	–
	Hustensaft	ja/nein	ja	–
Bronchium® Elexier	Hustensaft	–	ja	–
Bronchitussin®	Tabletten	–	ja	–
Codyl® cum expecto-rans	Saft	ja	ja	–
Diben®-amid	Tabletten	–	ja	–
dorex®	Saft	–	ja	–
	Tropfen	–	ja	ja
	Pastillen	–	ja	–
Ephepect®	Pastillen	–	ja	–
	Tropfen	–	ja	–
Ephetonin®	Hustensaft	–	ja	–
Expectussin®	Sirup	–	ja	–
	Tropfen	ja/nein	ja	–
Fenipectum®	Saft	–	Phenylephrin	–
Guakalin®	Tropfen	–	ja	ja
	Hustensaft	–	ja	–
Ipalat®	Sirup	ja/nein	ja	–
	Tropfen	ja/nein	ja	–
Ipesandrin® N	Saft	ja	ja	–
	Dragees	ja	ja	–
	Tropfen	ja	ja	–
Makatussin®	Tropfen	–	ja	ja
Neosiran®	Tropfen	ja/nein	ja	ja
	Tabletten	–	ja	ja
Optipect®	Sirup	ja/nein	ja	ja
	Tropfen	ja/nein	ja	ja
	Dragees	ja	ja	ja
Paracodin® comp.	Saft	ja	ja	–
Pectamed®	Tropfen	ja/nein	ja	–
Pertussin®	Tropfen	–	ja	–
Pinimentol®	Kapseln	–	–	ja
Piniol®	Zäpfchen	–	–	ja
Priatan®	Hustentropfen	ja/nein	ja	–
	Hustensaft	ja/nein	ja	–
Pro-Pecton®	Hustensaft	–	ja	–
	Tropfen	ja/nein	ja	–
	Dragees	–	ja	–
Stas®-Hustentropfen	Hustentropfen	–	–	ja
Transpulmin®	Ampullen	–	–	ja
Tussamag®	Tropfen	ja	ja	–
Tussipect®	Tropfen	–	ja	–
	Sirup	–	ja	–

Tab. 70   Hustenmittel unter dem Dopingaspekt (nachh *Clasing* 1981, 128).

solchen Voraussetzungen an den Start geschickt!

Derartige Manipulationen machen deutlich, daß die Dopingfrage nicht so sehr das Problem eines einzelnen Sportlers, sondern in erster Linie ein gesellschaftliches Problem ist: Solange die jeweilige Gesellschaft oder die im Wettstreit miteinander stehenden Gesellschaftssysteme den Sieg um jeden Preis als höchstes Ziel erachten, werden Versuche der Leistungssteigerung über unzulässige Dopingmittel weiter in unveränderter Zahl an der Tagesordnung stehen. Die Änderung einer derartigen Fehlorientierung wäre nur durch eine Neubesinnung auf den eigentlichen Sinn und Zweck des Sportes und entsprechende erzieherische Maßnahmen auf nationaler und internationaler Ebene zu erwarten. Ansonsten bleibt es der Einsicht und sportlichen Einstellung des Einzelnen überlassen, das Dopingproblem für sich aus der Welt zu schaffen.

Wie schwierig es für Arzt und Sportler sein kann, im tatsächlichen Krankheitsfall nicht dopinggefährdete Substanzen zu verwenden, verdeutlichen die Tabellen 69 und 70 am Beispiel von Schnupfen- und Hustenmittel.

Die beiden Tabellen zeigen, daß der Sportler bei der Einnahme von Medikamenten vor dem Wettkampf gut beraten ist, wenn er sich vorher über ihre Zulässigkeit erkundigt. Die von *Forgo* (1983, 170 f.) und *Clasing* (1981, 126 f.) vorgelegten Listen mit erlaubten, keine Dopingsubstanzen enthaltenden Medikamenten gegen Husten, Schnupfen, Fieber, Augenentzündungen, Durchfall, Schmerzen und Schlafstörungen können hierbei zur Information herangezogen werden.

Literatur

1. *Ahlheimer, K.-H.* (Hrsg.): Wie funktioniert das? Schlank, fit, gesund. Meyers Lexikon Verlag, Mannheim–Wien–Zürich 1980
2. *Albrecht, D.*: Medikamentöse Manipulation jugendlicher Spitzensportler. In: Theorie in der Sportpraxis. Ausschuß deutscher Leibeserzieher (Hrsg.). Hofmann, Schorndorf 1980
3. *Appell, H.-J.*: Anabolika und muskuläre Systeme. Hofmann, Schorndorf 1983
4. *Bader, H.* (Hrsg.): Lehrbuch der Pharmakologie und Toxikologie. Edition Medizin, Weinheim–Deerfield Beach (Florida)–Basel 1982
5. *Clarke, K. S.* (Hrsg.): Drugs and the coach. Aapher Publication, Washington D. C. 1977
6. *Clasing, D.*: Die medikamentöse Beeinflussung der körperlichen Leistungsfähigkeit (Doping). Sportarzt u. Sportmed. 4 (1968), 210–212, 5 (1968), 258–261
7. *Clasing, D.*: Doping im Sport. Pharmazeutische Zeitung 22 (1970), 805–807
8. *Clasing, D.*: „Erlaubte" Medikamente – „verbotene" Medikamente. In: Sportärztliche Ratschläge – Hilfen für die Sportler, Trainer und Betreuer. *Clasing, D.* (Hrsg.). Bartels & Wernitz, Berlin 1981
9. *Cooter, G. R.*: Amphetamine use, physical activity and sport. Journal of Drug Issues 3, 10 (1980), 323–330
10. *Curtis, D. R., G. Johnston*: Amino acid transmitters in the mammalian central nervous system. Ergebnisse der Physiologie 69 (1974), 97 f.
11. *de Marées, H.*: Medizin von heute – Sportphysiologie. Tropon, Köln–Mühlheim 1981
12. *Donike, M.*: Doping, oder das Pharmakon im Sport. In: Zentrale Themen der Sportmedizin, S. 224–239. *Hollmann, W.* (Hrsg.). Springer, Berlin–Heidelberg–New York 1972
13. *Donike, M.*: Analytische und pharmakokinetische Probleme des Dopingnachweises bei Hochleistungssportlern. Sportarzt u. Sportmed. 6 (1973), 123–128
14. *Donike, M.*: Doping – Abgrenzung zur Therapie. Leistungssport 5, 6 (1976), 323–333
15. *Donike, M.*: Dopinganalytik – Entwicklung und Entwicklungstendenzen. Therapiewoche 18, 30 (1980), 3156–3163
16. *Donike, M., C. Kaiser*: Moderne Methoden der Dopinganalyse. Sportarzt u. Sportmed. 2 (1971), 32–36
17. *Donike, M., C. Kaiser*: Dopingkontrollen. Bundesinstitut für Sportwissenschaft (Hrsg.). Osang, Köln 1980
18. *Fischbach, E.*: Die Problematik des Dopings. Med. Wschr. 8, 26 (1972), 377–381
19. *Forgo, J.*: Erlaubte, nicht dopingverdächtige Medikamente. In: Sportmedizin für alle. *Forgo, J.* (Hrsg.). Hofmann, Schorndorf 1983
20. *Forgo, J.*: Sport und Doping, Probleme der 80er Jahre. In: Sportmedizin für alle. *Forgo, J.* (Hrsg.). Hofmann, Schorndorf 1983
21. *Hanley, D. F.*: Drogen und Drogenmißbrauch. In: Sportmedizin und Leistungsphysiologie. *Strauss, R. H.* (Hrsg.). Enke, Stuttgart 1983

22. *Harbarth, M.:* Doping und Sport. Zulassungsarbeit für das Lehramt an Gymnasien, Erlangen 1984
23. *Hoffmeister, F., W. Wuttke:* Zur Problematik der Leistungssteigerung durch Pharmaka. Sportarzt u. Sportmed. 1 (1968), 8–15 u. 2, 58–64
24. *Hollmann, W.,* et al.: Artifizielle Methoden zur Steigerung der Leistungsfähigkeit im Spitzensport. Deutsches Ärzteblatt 20 (1978), 1185–1192
25. *Hollmann, W., T. Hettinger:* Sportmedizin – Arbeits- und Trainingsgrundlagen. Schattauer, Stuttgart–New York 1980
26. *Karcher, H. L..* Anabolika: Ein Mythos macht jetzt schlapp. Selecta 28 (1980), 2712–2722
27. *Keul, J.:* Doping – Gefährdung des Menschen. In: Doping – Pharmakologische Leistungssteigerung und Sport. *Keul, J., DSB* (Hrsg.). Haßmüller Druckerei, Frankfurt 1970
28. *Keul, J., B. Deus, W. Kindermann:* Anabole Hormone: Schädigung, Leistungsfähigkeit und Stoffwechsel. Med. Klinik 12, 71 (1976), 497–503
29. *Keul, J.; H. Reindell, H. Roskamm, H. Weidemann:* Über die pharmakologische Möglichkeit zur Steigerung der körperlichen Leistungsfähigkeit. Der Sportarzt 2 (1966), 48–49
30. *Krüskemper, H. L.:* Anabole Steroide. Thieme, Stuttgart 1965
31. *Kuschinsky, G., H. Lüllmann:* Kurzes Lehrbuch der Pharmakologie und Toxikologie. Thieme, Stuttgart–New York 1981
32. *Lucking, M. T.:* Steroid hormones in sports – special reference: Sex hormones and their derivates. Int. J. Sports Med. 3 (1982), Ergänzungsbd. 1, 65–67
33. *Mader, A.:* Anabolika im Hochleistungssport. Leistungssport 2, 7 (1977), 136–147
34. *Metz, J.:* Temperaturregulation. In: Sportmedizin für Klinik und Praxis. *Hüllemann, K. D.* (Hrsg.). Thieme, Stuttgart–New York 1983
35. *Metz, J., K.-D. Hüllemann:* Doping. In: Sportmedizin für Klinik und Praxis. *Hüllemann, K.-D.* (Hrsg.). Thieme, Stuttgart–New York 1983
36. *Möller, M.:* Doping im Sport. Dt. Apothekerzeitung 13, 114 (1974), 473–479
37. *Mondenard de, J.-P., B. Chevalier:* Le dossier noir du dopage. Machette (1981), 38–39, 60–63, 88–89, 100–103, 254–261
38. *Nöcker, J., G. Reinhard:* Die Problematik der Präparation des Sportlers für Höchstleistungen. Orthop. Praxis 1, 14 (1978), 22–27
39. *Nowacki, P. E.:* Doping. Sportphysiotherapie 9, 66 (1975), 561–563 u. 10, 66 (1975) 625–627
40. *Opitz, K.:* Tachyphylaxie, Gewöhnung und Sucht bei Amphetaminen und Ephedrinen. Tägliche Praxis 14 (1973), 527–534

41. *Percy, E. C.:* Ergogenic aids in athletics. Med. and Sci. in Sports 4, 10 (1978), 298–303
42. *Prokop, L.:* Zur Geschichte des Dopings und seiner Bekämpfung, Sportarzt u. Sportmed. 6 (1970), 125–130
43. *Prokop, L.:* Zur Geschichte des Dopings. In: Rekorde aus der Retorte. *Acker, H.* (Hrsg.). Deutsche Verlagsgesellschaft, Stuttgart 1972
44. *Prokop, L.:* Einführung in die Sportmedizin. Fischer, Stuttgart–New York 1976
45. *Prokop, L.:* Das Dopingproblem. Therapiewoche 27 (1977), 9110–9116
46. *Prokop, L.:* Doping. In: Sportmedizin für alle. *Forgo J.* (Hrsg.). Hofmann, Schorndorf 1983
47. *Prokop, L.:* Pressemeldung In: Erlanger Tagblatt, 27. 9. 84, 30
48. *Reinhard, G. H.:* Wirkungen und Nebenwirkungen anaboler Steroide auf den gesunden Sportlerorganismus unter besonderer Berücksichtigung des antigonadotropen Effekts. Dissertation, Univ. Köln 1977
49. *Röthig, P.* (Red.): Sportwissenschaftliches Lexikon. Hofmann, Schorndorf 1983
50. *Röthig, P., S. Größing* (Hrsg.): Kursbuch 1 Sportbiologie. Limpert, Bad Homburg 1979
51. *Schilcher, H.:* Leistungssteigerung im Sport durch Doping. Phys. Med. u. Rehab. 8, 21 (1980), 397–404
52. *Schmidt, R. F.:* Erregungsübertragung von Zelle zu Zelle. In: Physiologie des Menschen. *Schmidt, R. F., G. Thews* (Hrsg.). Springer, Berlin–Heidelberg–New York 1980
53. *Shepard, R. J., D. Killinger, T. Fried:* Responses to sustained use of anabolic stereoid, Brit. J. Sports Med. 4, 11 (1977), 170–173
54. *Spiegel, R., H. J. Aebi:* Psychopharmakologie. Kohlhammer, Stuttgart–Berlin–Köln–Mainz 1981
55. *Stegemann, J.:* Leistungsphysiologie. Thieme, Stuttgart 1984
56. *Stone, M. H., H. Lipner:* The use of anabolic steroids in athletics, J. Drug Issues 3, 10 (1980), 351–359
57. *Ulmer, H.-V.:* Arbeitsphysiologie – Umweltphysiologie. In: Physiologie des Menschen. *Schmidt, R. F., G. Thews* (Hrsg.). Springer, Berlin–Heidelberg–New York 1980
58. *Umminger, W.:* Die übernatürliche Kraft. In: Rekorde aus der Retorte. *Acker, H.* (Hrsg.). Deutsche Verlagsanstalt, Stuttgart 1972
59. *Weber, E.* (Hrsg.): Taschenbuch der unerwünschten Arzneiwirkungen. Fischer, Stuttgart–New York 1983
60. *Wolf, W.:* Zur Frage des Dopings. Leykam, Graz 1974

Rauchen und sportliche Leistungsfähigkeit

Allgemeine Grundlagen

Im Hauptstrom des Tabakrauches lassen sich neben dem suchterregenden *Nikotin* noch etwa 500 weitere Stoffe identifizieren, die z. T. toxikologische Bedeutung haben. Im menschlichen Organismus gibt es kaum ein Organsystem, das durch Rauchen nicht geschädigt wird (*Schievelbein* 1968; *Stolte* 1976, 714/715). Für die körperliche bzw. sportliche Leistungsfähigkeit spielen vor allem das *Kohlenmonoxid* (CO) und das *Nikotin* eine wichtige Rolle.

Die Wirkungen von CO und Nikotin lassen sich in *akute* und *chronische* unterteilen.

Kohlenmonoxid

Der Gehalt an Kohlenmonoxid im Hauptstrom der Zigarette beträgt 1–3%, der Pfeife etwa 2%, der Zigarre etwa 6% (*Kuschinsky/Lüllmann* 1974, 286). Im Blut des Rauchers finden sich je nach Zigarettenkonsum akute CO-Hämoglobinwerte von 5–25% (*Cooper* 1973, 166; *Hoffmeister* 1979; *Kupke* 1972; *Schmidt* 1979, 111). Normalwerte beim Nichtraucher liegen unter 1%. Nach etwa 4 Stunden Rauchabstinenz ist der Wert auf etwa die Hälfte abgesunken (*Shephard* 1972).

Die Wirkung des Kohlenmonoxids auf den menschlichen Organismus

Die *akute* Wirkung von CO besteht in seiner Bindung an das Hämoglobin. Das mit CO besetzte Hämoglobin – die Affinität von CO zum Hämoglobin ist 245mal größer als die von Sauerstoff (*Hoffmeister* 1979; *Valentin/Bost/Wawra* 1978, 411) – entfällt in der Folge für den Sauerstofftransport, was insbesondere für die körperliche bzw. sportliche Leistungsfähigkeit von Bedeutung ist.

Die *chronische* Wirkung von CO liegt in einer Schädigung der Innenwand (Endothel) der Gefäße, was vor allem für die Entwicklung degenerativer Herz-Kreislauf-Erkrankungen eine Rolle spielt (s. S. 395).

Nikotin

Resorption und Elimination

Nur etwa 30% des Nikotins gelangen mit dem Rauch des Hauptstromes der Zigarette oder Zigarre in den Mund des Rauchers. Der Hauptteil des Nikotins geht in den Nebenstrom, d. h. in die Umgebungsluft über. Bei einer Zigarette mit 1 g Tabak und 1% Nikotin gehen demnach etwa 30% – entsprechend 3 mg – in den Mund über. Beim Mundrauchen (dem sogenannten Paffen) werden davon wiederum 5%, bei mäßigem Inhalieren etwa 70%, bei starkem Inhalieren mit Anhalten der Luft sogar 95% in die Blutbahn aufgenommen.

Beim Rauchen des *sauren* Tabaks der Zigarette (sowie manchen Pfeifentabaks) führt der Rauch Nikotinsalze mit, die beim Mundrauchen wieder ausgeatmet werden. Zigarettenraucher müssen deshalb inhalieren, wenn sie genügend Nikotin aufnehmen wollen. Der Rauch des *alkalischen Zigarren-*

tabaks führt Nikotinbase mit, die von der Mundhöhle aus gut resorbiert werden kann. Zigarrenraucher brauchen deshalb nicht zu inhalieren, um eine genügend hohe Dosis Nikotin zu erhalten.

Rhythmus und Geschwindigkeit des Rauchens spielen für die Menge der Nikotinaufnahme ebenfalls eine wichtige Rolle. Durch das sogenannte Kettenrauchen kann die akute tödliche Dosis (s. unten) von etwa 50 mg jedoch nicht erreicht werden. Diese Dosis könnte nur durch das Rauchen von 20–40 Zigaretten aufgenommen werden: Die hierfür notwendige Zeit von 90–180 Minuten reicht aber für die Eliminierung des zuerst aufgenommenen Nikotins völlig aus. Das Nikotin wird zu 80% über die Leber abgebaut, zu 10% unverändert über die Nieren ausgeschieden (*Kuschinsky/Lüllmann* 1974, 285).

Die Wirkung des Nikotins auf den menschlichen Organismus

Zentralnervensystem

Das im Tabak enthaltene Alkaloid Nikotin ist in höheren Dosen ein starkes Gift. Die tödlichen Dosen beginnen für den Erwachsenen bei etwa 50 mg, für den Säugling bei etwa 10 mg (im Tabak einer Zigarette enthalten) (*Kuschinsky/Lüllmann* 1974, 285); *Biener* 1970, 23). Der Tod erfolgt durch tonisch-klonische Krämpfe und Atemlähmung.

Durch kleinere Nikotindosen – wie sie beim Zigarettenrauchen gegeben sind – wird das vegetative Nervensystem akut angeregt (*Gärtner/Reploh* 1964, 132). Diese stimulierende Wirkung kommt durch eine Depolarisierung der vegetativen Ganglien zustande (*Kuschinsky/Lüllmann* 1974, 285). Da sich sympathischer Grenzstrang und Nebennierenmark wie ganglionäre Strukturen verhalten, setzt Nikotin dort Katecholamine (Adrenalin und Noradrenalin) frei, und es kommt insgesamt zu einer auch zentralner-

vös bedingten Steigerung der Leistungsbereitschaft bzw. des Wachzustandes, ein Mechanismus, der insbesondere über die Stimulierung der Formatio reticularis (s. S. 63) läuft. Die aufputschende Wirkung des Nikotins wird demnach vor allem zu Zeitpunkten erhöhter Müdigkeit ausgenutzt. Chronisches Zigarettenrauchen – z. B. bei langen Autofahrten – führt jedoch langfristig zu zentralen Ermüdungserscheinungen.

Herz-Kreislauf-System

Das in die Blutbahn aufgenommene Nikotin stimuliert über die Katecholaminfreisetzung den Sinusknoten des Herzens, wodurch eine Erhöhung der Herzfrequenz ausgelöst wird (*Anschütz* 1973, 40). Das Rauchen einer einzigen Zigarette kann die Herzfrequenz je nach individueller Reaktionslage und Gewöhnungsgrad um 10–20 Schläge pro Minute erhöhen, ein Effekt, der innerhalb von 15–45 Minuten zurückgeht und nach 2–3 Stunden nicht mehr nachweisbar ist (*Hollmann/Hettinger* 1980, 628).

Im Gefäßbereich kommt es zu einer nikotinbedingten Vasokonstriktion bzw. zur Auslösung von Gefäßspasmen (*Zollinger* 1971, 112).

Bereits beim Rauchen einer Zigarette fällt die Temperatur im Bereich der Finger aufgrund der Gefäßengstellung um 0,6–3,8 Grad innerhalb von 2 Minuten ab, wobei die Wirkung 3–4 Stunden anhält (*Falkenhahn* 1975).

Diese gefäßverengende Wirkung ist insbesondere bei verschiedenen peripheren Durchblutungserkrankungen von Bedeutung, aber auch bei einer bestehenden Koronarsklerose: Ein Herzinfarkt kann durch das Rauchen einer Zigarette ausgelöst werden (*Anschütz* 1973, 38).

Die gesteigerte Herzfrequenz einerseits und die vasokonstriktorische Wirkung des Nikotins andererseits verursachen einen Anstieg des systolischen und diastolischen Blutdruckes, was zu einer vergrößerten Myokardbeanspruchung mit entsprechend erhöhtem

Sauerstoffbedarf führt (*Anschütz* 1973, 40). *Chronisch,* d. h. längerfristig, kommt es über die fortwährende Dauervasokonstriktion bzw. den erhöhten Blutdruck zu Wandveränderungen in den Gefäßen mit nachfolgenden Durchblutungsstörungen, die sich insbesondere am Herzen frühzeitig bemerkbar machen (*Focke* 1974, 5).

Atmungssystem

Im Bereich des Atmungssystems bewirkt Zigarettenrauchen eine Verringerung des respiratorischen Ausatemvolumens, eine Verschlechterung der alveolären Gasaustauschvorgänge, eine Abnahme des Atemminutenvolumens und einen Anstieg des Sauerstoffbedarfs der Atemmuskulatur (*Rode/ Shephard* 1971, 51).

Die Verringerung des respiratorischen Ausatemvolumens – sie zeigt sich auch in der 1-Sekunden-Kapazität (s. S. 125) – bedeutet einen Anstieg der Totraumluft (s. S. 127) und damit eine Verschlechterung der Atemökonomie.

Die Beeinträchtigung der Gasaustauschvorgänge im Bereich der Lungenbläschen ist auf die Abnahme des Permeabilitätsindexes und die Störung der alveolären Oberflächenkräfte zurückzuführen; dadurch kommt es zur Verringerung der Diffusionskapazität (*Cyran* 1970, 10).

Die Abnahme des Atemminutenvolumens und der Anstieg des Sauerstoffbedarfs der Atemmuskulatur kommen u. a. dadurch zustande, daß sich beim Raucher bei erhöhten körperlichen Leistungen die Widerstände in den Luftwegen um 40–50% im Vergleich zum Nichtraucher erhöhen, ein Vorgang, der vor allem durch Schleimhautschwellung und Schleimüberproduktion erklärt wird.

Stoffwechsel

Nikotin bewirkt eine verringerte Sauerstoffausnutzung sowie eine verminderte Glukoseutilisation. Darüber hinaus tangiert es in komplexer Form den gesamten Fettstoffwechsel in akuter und längerfristiger Weise: *Akut* kommt es zu einem Anstieg freier Fettsäuren (lipolytische Wirkung), *chronisch* zu einem Abfall des HDL-Cholesterins bzw. zu einem Anstieg des Cholesterins (s. S. 404). Der akute Anstieg der freien Fettsäuren ist insbesondere bei Myokardpatienten ausgeprägt: Bei Patienten mit durchgemachtem Myokardinfarkt bzw. nachgewiesener Koronarsklerose ist der Anstieg höher als bei Koronargesunden (*Anschütz* 1973, 40).

Nikotin führt auch zu einer Steigerung der Schilddrüsenhormonsekretion und damit zu einer allgemeinen Stoffwechselsteigerung. Dieser Umstand führt bei Gewohnheitsrauchern bei Rauchabstinenz zu einer vorübergehenden Gewichtszunahme (*Melander* et al. 1981, 37), die auch noch durch die Aktivitätsabnahme der lipolytischen Lipoproteinlipase bei Nikotinentzug verursacht wird (*Carney* et al. 1984, 614).

Thermoregulation

Aufgrund der vasokonstriktorischen Wirkung des Nikotins kommt es zu einer verminderten Hautdurchblutung und damit zu einer Verschlechterung der Thermoregulation, da die Wärmeabgabe durch Strahlung und Konvektion verringert ist (*Rode/Shephard* 1971, 53).

Rauchen und Sport

Aufgrund der akuten bzw. chronischen Wirkungen des Rauchens – insbesondere des Zigarettenrauchens – kommt es im Sportbereich zu Einbußen der körperlichen Leistungsfähigkeit, vor allem im *Dauerleistungsbereich.*

Hollmann, Hettinger (1980, 629) konnten zeigen, daß durch Zigarettenrauchen eine submaximale Laufbelastung ein und derselben Person vor und nach dem Rauchen von 3 Zigaretten innerhalb von 30 Minuten um

14% im Sinne einer Leistungsverschlechterung differierte.

Von *Rode/Shephard* (1971, 51) wurde der Sauerstoffbedarf der Hyperventilation bei Gewohnheitsrauchern unmittelbar nach dem Rauchen von 2 Zigaretten gemessen. Die Beobachtungen wurden am darauffolgenden Tag ohne Zigarettenrauchen wiederholt: Es konnte eine 13- bis 79prozentige Senkung des Sauerstoffbedarfs für die Atmung bei Abstinenz festgestellt werden. Beim stärksten Raucher (20–30 Zigaretten pro Tag) machte der Sauerstoffbedarf der Atemmuskulatur bei Läufen nach Zigarettenkonsum 14% der aeroben Kapazität aus, bei „Abstinenz-Läufen" jedoch nur 9%.

Im *Ausdauerleistungsbereich* erreicht der Raucher seine individuell mögliche Leistungsgrenze nicht, da er aufgrund des hyperventilatorischen Sauerstoffmehrbedarfs sowie verschiedener thermoregulatorischer und metabolischer Zusatznachteile – CO blockiert nicht nur das Hämoglobin für den Sauerstofftransport, sondern auch im Zellbereich die Enzyme des Zytochromsystems (Atmungskettenenzyme), was zu einer weiteren Verschlechterung der zellulären Sauerstoffversorgung bzw. -umsetzung führt (*Schmidt* 1979, 1924; *Cooper* 1973, 166) – wertvolle Leistungsreserven einbüßt und früher bzw. vermehrt auf die unökonomische anaerobe Energiegewinnung zurückgreifen muß (*Koch* 1978, 23).

In Sportarten, in denen die körperliche Leistungsfähigkeit nicht von der kardiopulmonalen Kapazität abhängt, wie z. B. in Schnellkraftdisziplinen, ist das Zigarettenrauchen hingegen unmittelbar von geringerer Bedeutung. Hohe Trainingsvolumina und -intensitäten, wie sie im Spitzensport gefordert werden, sind jedoch auch in diesem Bereich ohne eine entsprechende Grundlagenausdauer – sie hat u. a. hohen Einfluß auf die Erholungsfähigkeit des Sportlers – nur bedingt realisierbar.

Ein für den Sportler nicht unwesentlicher Nachteil des Zigarettenrauchens besteht noch darin, daß durch die nikotinbedingte Katecholaminfreisetzung vermehrt Ein- und Durchschlafstörungen auftreten (*Soldatos* et al. 1980, 66), was sich ungünstig auf die allgemeine Leistungsfähigkeit auswirken kann (s. S. 471).

Von ganz entscheidender Bedeutung für den Sportler ist schließlich die durch das Zigarettenrauchen *erhöhte Krankheitsanfälligkeit* v. a. gegenüber katharrhalischen und bronchialen Infekten, da eine intakte Gesundheit die Grundvoraussetzung für ein sportliches Training oder erhöhte körperliche Leistungen ist (*Focke* 1974, 5; *Valentin* 1972, 322; *Stolte* 1976, 714).

> Zusammenfassend läßt sich feststellen, daß Rauchen in vielfältiger Weise die Gesundheit und die körperliche Leistungsfähigkeit beeinträchtigt und daher für den Sportler in jedem Falle ein seinem erhöhten Leistungsanspruch widersprüchliches Fehlverhalten darstellt.

Literatur

1. *Anschütz, F.:* Durch Tabakrauch induzierte Angiopathien. Umweltmedizin 11 (1973), 38–41
2. *Biener, K.:* Präventivmedizinische Aspekte hinsichtlich des Alkohol- und Tabakkonsums bei Lehrlingen. Gesundheitspolitik, Berlin 1, 12 (1970), 23–27
3. *Carney, R. M.,* et. al.: Ex-Raucher – Jetzt weiß man, warum sie dicker werden. In: Med. Trib. 23a, 12. 6. 1984, Zs.fassung aus New Engl. J. of Med. 310 (1984), 614–616
4. *Cooper, K.:* Bewegungstraining – Praktische Anleitung zur Steigerung der Leistungsfähigkeit. Fischer, Stuttgart 1973
5. *Cyran, W.:* Rauchen und Gesundheit. Gesundheitspolitik, Berlin 1 (1970), 10–16
6. *Falkenhahn, H. H.:* Der Finger, der den Raucher schreckt. Abendzeitung Nr. 175 (1975)
7. *Focke, K.:* Auswirkungen des Zigarettenrauchens. Für die Bundesregierung antwortet der Bundesminister für Jugend, Familie und Gesundheit dem Parlament. Drucksache 7/2070 des Deutschen Bundestages vom 10. 5. 1974
8. *Gärtner, H., H. Reploh:* Lehrbuch der Hygiene. Thieme, Stuttgart 1964

9. *Hoffmeister, H.:* Raucher für plötzlichen Herztod prädestiniert? Münch. Med. Wschr. 1 (1979)

10. *Hollmann, W., T. Hettinger* Sportmedizin – Arbeits- und Trainingsgrundlagen. Schattauer, Stuttgart-New York 1980

11. *Koch, A.:* Zigaretten und Gefäßveränderungen – Wie unschädlich sind Nikotinfreie? Kongreßbericht in: Med. Trib. 23, 9. 6. 1978, S. 23

12. *Kupke, D.:* 15 Sekunden zum Nachdenken. Bundeszentrale für gesundheitliche Aufklärung (Hrsg.). Köln 1972

13. *Kuschinsky, G., H. Lüllmann:* Kurzes Lehrbuch der Pharmakologie. Thieme, Stuttgart 1974

14. *Melander, A., et al.:* Exraucher sind dicker – Durch die Schilddrüse? In: Med. Trib. 18, 2. 5. 1981, 37 Zs.fassung aus Acta med. scand. 209 (1981), 41–43

15. *Rode, A., R. Shephard:* The influence of cigarette smoking upon oxygen cost of breathing in near-maximal exercise. Med. and Sci. in Sports 2, 3 (1971), 51–55

16. *Schievelbein, H.:* Nikotin. Thieme, Stuttgart 1968

17. *Schmidt, F.:* Leichtrauchen – Wirklich entschärfter Genuß? Bild der Wissenschaft 4 (1979), 101–111

18. *Shephard, R. J.:* Alive Man. Thomas, Springfield/Illinois 1971

19. *Soldatos, C., et al.:* Können Raucher besser schlafen? Med. Trib. 17 (1980), 66

20. *Stolte, M.:* Auf einen Blick – Raucherkrankheiten. Medizin 4, 7 (1976), 714–715

21. *Valentin, H.:* Zur Bedeutung chronisch-inhalativer Noxen am Arbeitsplatz für chronische Bronchitis und Lungenemphysem. Arbeitsmed. – Soz. med. – Arb. hyg. 11 (1972), 322–323

22. *Valentin, H., H. Bost, E. Wawra:* Das Passivrauchen am Arbeitsplatz – eine Gesundheitsschädigung? Zbl. Bakt. Hyg., 1. Abt. Orig. B 167 (1978), 405–434

23. *Zollinger, U.:* Pathologische Anatomie, Bd. I. Thieme, Stuttgart 1971

Alkohol und sportliche Leistungsfähigkeit

Allgemeine Grundlagen

Das Ausmaß der Alkoholwirkungen korreliert in hohem Maße mit der Höhe des Blutspiegels, der, in Abhängigkeit von verschiedenen Faktoren, in 45–90 Minuten auf ein Maximum ansteigt. Entscheidend sind dabei:

– *Die zugeführte Alkoholmenge:*
Je größer bzw. konzentrierter die aufgenommene Alkoholmenge ist, desto schneller steigt der Blutspiegel an und desto ausgeprägter ist die Symptomatik. Interindividuell können dabei – vor allem in Abhängigkeit vom Gewohnheitsgrad – erhebliche Unterschiede bestehen.

– *Die Resorptionsgeschwindigkeit:*
Der Alkohol wird zu 20% im Magen, zu 80% im Dünndarm resorbiert (*Kuschinsky/Lüllmann* 1974, 287). Bei vollem Magen bzw. vorhergehender Aufnahme fettreicher Nahrung ist die Resorptionsgeschwindigkeit stark herabgesetzt. Bei schluckweiser Alkoholaufnahme kann der Alkohol auch schon von der Mundschleimhaut bzw. der Speiseröhre unter Umgehung des Magen-Darm-Traktes (zumindest teilweise) resorbiert werden und kommt so direkt in den Blutkreislauf, was einen schnelleren Wirkungseintritt bewirkt.

– *Das Körpergewicht bzw. die Menge des Körperwassers:*
Je größer das Körpergewicht bzw. die „Verteilungsräume" sind, desto langsamer steigt der Blutspiegel an.

– *Die Geschwindigkeit der Alkoholelimination:*
Die pro Zeiteinheit verbrannte Menge Alkohol ist konstant. Sie beträgt für den Mann 0,1 g, für die Frau 0,085 g pro kg Körpergewicht und pro Stunde. Der Abfall des Blutalkoholspiegels erfolgt zeitlinear und beträgt etwa 0,15‰ pro Stunde (*Kuschinsky/Lüllmann* 1974, 288).

> 1 Liter Bier (etwa 40 g Akohol) bewirkt bei einem etwa 65 kg schweren Mann einen Blutalkoholanstieg auf 0,5‰, 2 l einen Anstieg auf 1,5‰.

Die *Katersymptomatik* nach Alkoholgenuß ist aufgrund der vielfältigen Alkoholwirkungen noch nicht eindeutig geklärt. Für die auftretenden Kopfschmerzen werden eine Vasodilatation (Gefäßweitstellung) der Hirngefäße und ein basales Hirnödem (Ansammlung wäßriger Flüssigkeit mit damit verbundener Schwellung) verantwortlich gemacht (*Estler* 1971).

Der nach alkoholischen Exzessen auftretende *Nachdurst* am Folgetag läßt sich über die Dehydrierung (Entwässerung) der Schleimhäute sowie die vermehrte Diurese (Harnausscheidung) aufgrund der Hemmung der ADH-Sekretion (s. S. 147) durch die Alkoholwirkung erklären (*Hochrein/Schleicher* 1965; *Kuschinsky/Lüllmann* 1974, 288).

– *Gewöhnung:*
Bei regelmäßiger Zufuhr von Alkohol kommt es zu einer Abnahme der pharmakologischen Wirkungen. Man nimmt an, daß das Zentralnervensystem weniger empfindlich wird. Die letale Dosis – entsprechend 3,5–5‰ – ist jedoch beim Alkoholiker nicht höher als bei Normalpersonen (*Kuschinsky/Lüllmann* 1974, 288).

Alkohol und Sport

Verlängerung der Reaktionszeit

Eines der ersten Zeichen des Alkoholeinflusses ist eine Verlangsamung der Reaktionszeit.

Mechanismus: Alkohol verhindert bei relativ unverändertem Ruhe-Membranpotential das Zustandekommen des Aktionspotentials dadurch, daß die explosive Zunahme der Natriumpermeabilität der Membran unmöglich wird. Daher kommt es zur Beeinträchtigung der Erregung bzw. der Erregungsleitung oder zu ihrer Ausschaltung (hohe Alkoholdosis) (*Keidel* 1973, 374).

Koordinationsverschlechterung

Nach der Verlängerung der Reaktionszeit kommt es zu einer Beeinträchtigung der koordinativen Leistungsfähigkeit. Alkohol verschlechtert das Zusammenspiel zwischen Befehlszentrale (Gehirn) und Ausführungsorgan (Skelettmuskel) über eine Verschlechterung der Programmprojektion und Störungen in der Erregungsleitung.

Die Wirkung des Alkohols auf das Zentralnervensystem läßt sich ganz allgemein über seine Lipotropie erklären. Unter *Lipotropie* ist dabei die besondere Neigung chemischer Stoffe zu verstehen, sich an die lipoide Grenzschicht der Zellen anzulagern bzw. in sie einzudringen, worauf in diesem Fall die narkotische Wirkung beruht.

Die Lipotropie des Alkohols erklärt die ausgeprägte Affinität zum Nervensystem, insbesondere auch den rasch eintretenden Erfolg seines Angriffs auf den Schutzwall der zentralnervösen Strukturen, die Blut-Hirn-Schranke mit ihrem Lipoidcharakter: Durch Alkohol wird das Ionenmilieu der Blut-Hirn-Schranke entscheidend verändert, der Schutzwall wird lückenhaft, und es kommt zu einer massiven Invasion in Richtung Hirnzellen (*Steinbrecher* 1973).

Wohl infolge ihrer besonders hohen Funktionsdifferenzierung scheinen die Synapsen und das Vestibulariskerngebiet – es ist für die räumliche Orientierung bzw. das Gleichgewicht zuständig – besonders empfindlich auf die Giftwirkung des Alkohols zu reagieren. Hieraus lassen sich auch die unter steigender Alkoholeinwirkung nachweisbaren Folgen für die Gesamtmotorik erklären: Störung des Gleichgewichts, des Reflexgeschehens und der koordinativen Gesamtabstimmung (*Biener* 1971; *Rein/Schneider* 1971).

Schließlich führt eine Senkung des Erregungsniveaus der Formatio reticularis zu einer Fehleinschätzung der muskulären Leistungsfähigkeit (*Stoboy*, in *Hollmann* 1972). Durch die verminderte Fähigkeit zur Selbstkritik bzw. Selbsteinschätzung und Selbstkontrolle kann es zur Überschreitung der individuellen Leistungsgrenzen mit entsprechend vitaler Gefährdung kommen (*Hollmann/Hettinger* 1980, 629).

Stoffwechselbeeinträchtigung

Alkohol verschlechtert bzw. blockiert die Glukoneogenese aus Aminosäuren in der Leber – sie ist von besonderer Bedeutung bei Langzeitbelastungen zur Aufrechterhaltung des Blutzuckerspiegels – sowie die Glukoseutilisation in der Peripherie. Es kann dadurch zu Hypoglykämien mit entsprechender Lebensgefährdung kommen.

Unter Alkohol zeigt sich ein schnelleres und ausgeprägteres Auftreten einer metabolischen Azidose, deren Normalisierung nach Belastungsende verzögert erfolgt (*Markiewicz/Cholewa* 1976, 368).

Unter Alkoholeinfluß kommt es auch zu einer nachhaltigen Senkung des Testosteronspiegels. Aus diesem Grunde sollte vor allem nach einem sportlichen Krafttraining keine allzu große Alkoholmenge aufgenommen werden – sie sollte unter 1 l Bier liegen –, da sonst der für den Muskelaufbau erstrebte anabole Effekt eine Beeinträchtigung erfahren würde (*Keul* 1978, 243).

Abnahme der muskulären Leistungsfähigkeit

Aus dem bisher Dargelegten ergibt sich bereits eine Abnahme der muskulären bzw. neuromuskulären Leistungsfähigkeit im Ausdauer- und Koordinationsbereich. Durch die verminderte koordinative Leistungsfähigkeit werden auch Schnelligkeits- bzw. Schnellkrafteigenschaften negativ beeinflußt (*Rot* 1972).

Herzfrequenzzunahme/ Lungenventilationsabnahme

Im kardiopulmonalen Bereich kommt es unter Alkoholeinfluß in Ruhe und bei submaximaler Belastung zu einer Herzfrequenzerhöhung: Sie ist in erster Linie auf die Erweiterung der Hautgefäße durch Alkohol zurückzuführen; kompensatorisch wird dadurch zur Erzielung einer genügenden Muskeldurchblutung das Herzzeitvolumen gesteigert. Im maximalen Arbeitsbereich spielt dieser Faktor aufgrund der eintretenden Blutverteilungsänderungen in Verbindung mit der notwendigerweise verstärkten Hautdurchblutung zur Temperaturregulation keine Rolle mehr (*Hollmann/Hettinger* 1980, 631). Allerdings kommt es nun im Grenzbereich zu einer Abnahme der maximalen Lungenventilation, was insbesondere bei körperlichen Belastungen in größeren Höhen leistungslimitierend wirkt (*Blomquist/Saltin/Mitchell* 1970).

Bei *chronischen Alkoholikern* ist sowohl die kardiopulmonale als auch metabolische Leistungsfähigkeit im Vergleich zu gleichaltrigen untrainierten Personen reduziert: Die Aktivität der anaeroben und aeroben Enzyme ist eindeutig vermindert (*Suominen* et al. 1974, 199).

Infektanfälligkeit

Alkoholgenuß führt zu einer erhöhten Infektanfälligkeit aufgrund eines mangelhaften Glottisverschlusses und einer Erniedrigung der bakteriziden Aktivität des Serums. Auf diese Weise wird auf indirektem Wege die Leistungsfähigkeit des Sportlers u. U. in Frage gestellt.

Zusammenfassung

Alkohol ist eine stark wirksame psychoaktive Substanz, die rasch in jedes Gewebe – vor allem aber in lipotrope – eindringt und zahlreiche Stoffwechselvorgänge stört. Wachstum sowie Aufbau und Funktion der Zellorganellen werden durch Alkohol gehemmt, was insbesondere für den trainierten Sportler von Bedeutung ist, da er ja belastungsadäquate Strukturen aufbauen will. Durch die mehr oder weniger stark ausgeprägte negative Beeinflussung vor allem der koordinativen, kardiopulmonalen und metabolischen Leistungsfähigkeit weist sich Alkohol als eine im sportlichen Sinne leistungsfeindliche Substanz aus, die nur in Ausnahmefällen – z. B. bei den Schützen – eine Verbesserung der sportlichen Leistungsfähigkeit herbeiführt.

Literatur

1. *Biener, K.:* Sport und Alkohol. Yachting, Bern (1971), 3
2. *Blomquist, G., B. Saltin, J. Mitchell:* Acute effects of ethanol ingestion on the response to submaximal and maximal exercise in man. Circulation 42 (1970), 463 f.
3. *Eccles, J. C.:* The physiology of synapses. Springer, Berlin-Göttingen-Heidelberg 1964
4. *Hochrein, M., I. Schleicher:* Herz-Kreislauf-Beeinflussung durch Alkohol. Med. Klinik 2 (1965)
5. *Hollmann, W.* (Hrsg.): Zentrale Themen der Sportmedizin. Springer, Berlin-Heidelberg-New York 1972
6. *Hollmann, W., T. Hettinger:* Sportmedizin – Arbeits- und Trainingsgrundlagen. Schattauer, Stuttgart-New York 1980

7. *Keidel, W. D.:* Kurzgefaßtes Lehrbuch der Physiologie. Thieme, Stuttgart 1973
8. *Keul, J.:* Training und Regeneration im Hochleistungssport. Leistungssport 3 (1978), 236–246
9. *Kuschinsky, G., H. Lüllmann:* Kurzes Lehrbuch der Pharmakologie. Thieme, Stuttgart 1974
10. *Louira, D. B.:* Alkohol und Infektion. Triangel, Bd. 10, 2 (1971)
11. *Madison, L. L.:* Wirkungen des Alkoholabbaus auf den Kohlenhydratstoffwechsel. Therapiewoche 39 (1970)
12. *Markiewicz, K., H. Cholewa:* Der Einfluß von Äthylalkoholeinnahme und Zigarettenrauchen auf den Säure-Basen-Status während Arbeitsbelastung und Erholungsphase. Med. u. Sport 11 (1976), 368 f.
13. *Rein, H., M. Schneider:* Physiologie des Menschen. Springer, Berlin 1971
14. *Rot, A.:* Alkohol und Leistung. Österr. Ärztezeitung 21 (1972)
15. *Steinbrecher, W. W.:* Alkoholismus und Nervensystem. Z. Allg.med. 20 (1973)
16. *Suominen, H., S. Forsberg, E. Heikkinen, L. Österback:* Enzyme activities and glycogen concentration in skeletal muscle in alcoholism. Acta med. scand. 196 (1974), 199 f.

Teil X:
Besondere
Umweltbedingungen
und Sport

Die sportliche Leistungsfähigkeit unter Hitze- und Kältebedingungen

Aus sportbiologischer Sicht gibt es praktisch keinen Bereich, für den die Gesetzmäßigkeiten der Temperaturregulation (Thermoregulation) bedeutungslos wären, da in deren Diensten die Funktionssysteme des Kreislaufs und der Atmung, aber auch des Zentralnervensystems und der Muskulatur in ihrer Tätigkeit verändert werden (*Findeisen/Linke/Pickenhain* 1980, 190).

Anatomisch-physiologische Grundlagen der Temperaturregulation

In der Biologie wird hinsichtlich der Körpertemperatur zwischen *Warmblütern* (= Homoiotherme) und *Wechselwarmblütern* (= Poikilotherme) unterschieden.
Wechselwarmblüter haben keine konstante Körpertemperatur und sind deshalb stark von den Umwelttemperaturen abhängig. Wechselwarmblüter können zwar niedrige Körpertemperaturen tolerieren, sind in diesem Zustand aber kaum aktionsfähig.
Warmblüter – zu ihnen zählt auch der Mensch – besitzen eine von den Umwelttemperaturen relativ unabhängige Körpertemperatur. Die Konstanz der Körpertemperatur ist für den normalen Ablauf der Körperfunktion des Warmblüters lebensnotwendig, da die Reaktionsgeschwindigkeit chemischer Prozesse temperaturabhän-gig ist und die Enzyme des Organismus nur in einem engen Temperaturbereich optimal funktionieren (*Ganong* 1972, 220).
Einfluß auf die Körpertemperatur können klimatische Faktoren (Außentemperatur, Wind, Luftfeuchtigkeit, Sonnenstrahlung etc.) nehmen, aber auch metabolische Faktoren spielen eine zumindest gleichermaßen wichtige Rolle.
Der Mensch besitzt demnach ein System, das ihn vor den Gefahren der Unterkühlung bzw. der Überhitzung schützt und die Körpertemperatur in etwa konstant hält.

Die Körpertemperatur des Menschen

Im menschlichen Organismus wird durch ständig ablaufende Verbrennungsvorgänge fortlaufend Wärme erzeugt, die zur Regulierung der Körpertemperatur zur Verfügung steht. Das Gleichgewicht zwischen Wärmeproduktion und Wärmeabgabe ist maßgeblich für die Konstanz der Körpertemperatur, die normalerweise etwa 37° C beträgt.
Streng genommen besteht beim Menschen als homoiothermem Wesen weder örtlich noch zeitlich eine einheitliche Körpertemperatur: Zeitlich nicht, weil die Körpertemperatur – wie so viele andere Funktionen des Körpers – einem *zirkadianen Rhythmus* unterworfen ist (s. Abb. 211, S. 436); örtlich nicht, weil ein ständiger Wärmestrom vom Zentrum zur Peripherie erfolgt. Dieser Wärmestrom kann aber nur fließen, wenn ein Temperaturgefälle innerhalb des Körpers besteht (*Stegemann* 1971, 160).

Temperaturzonen

Man unterscheidet deshalb den weitgehend temperaturkonstanten *Körperkern* – er besteht hauptsächlich aus den inneren Bestandteilen des Rumpfes und des Kopfes – und die mehr temperaturvariable *Körperschale* – sie besteht überwiegend aus Extremitäten und Haut –, wobei die Grenzen anatomisch nicht fest sind, sondern *funktionell verschieblich,* abhängig davon, unter welchen Umgebungsbedingungen man den Körper betrachtet (Abb. 248).

An den Extremitäten nimmt die Temperatur nicht nur von innen nach außen, sondern auch von proximal (körpernah) nach distal (körperfern) ab: Man spricht von einem radialen und axialen Temperaturgefälle (*Hensel* 1973, 226).

Bei normalen Außentemperaturen liegt zwischen Körperkern und Körperschale in der Regel ein Temperaturunterschied von etwa 3–6° C vor, bei niedrigen Außentemperaturen kann ein Unterschied von 20° C vorliegen (*de Marées* 1981, 304).

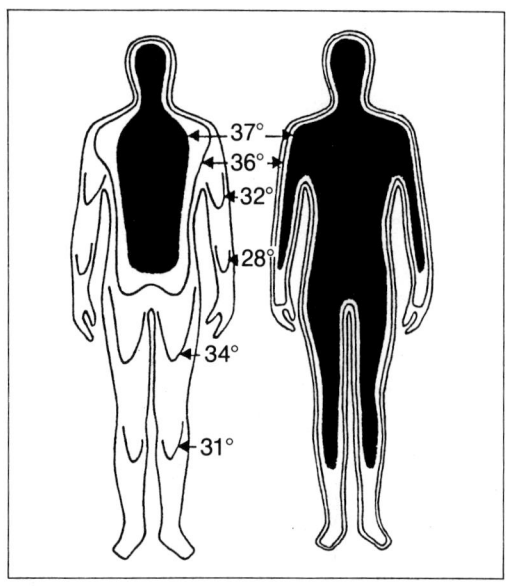

Abb. 248   Die Temperaturzonen (Isotherme) bei niedriger (li.) und hoher Außentemperatur (re.). Bei hoher Außentemperatur vergrößert sich der homoiotherme Körperkern unter Verkleinerung der Körperschale, bei niedriger Außentemperatur kommt es zum umgekehrten Vorgang (nach *Aschoff/Wever,* in *Stegemann* 1971, 161).

Für die Messung der *Körperkerntemperatur* wird im allgemeinen die *Rektaltemperatur* herangezogen. Die Messung der Mundhöhlentemperatur (Oraltemperatur) ermittelt Werte, die im allgemeinen 0,5° C unter der Rektaltemperatur liegen. Die Temperaturmessung in der Achselhöhle ist nicht zu empfehlen, da insbesondere bei kalter Haut erst nach etwa einer halben Stunde körperkernnahe Werte erreicht werden.

Tageszeitliche Temperaturschwankungen

Im Rahmen der sog. *Tagesperiodik* – s. zirkadianer Rhythmus, S. 436 – treten Schwankungen der Körpertemperatur auf. Zwischen dem morgendlichen Minimum und dem nachmittäglichen Maximum sind Unterschiede von 0,5–1,0° C möglich, bei jungen Frauen bis 1,2° C, bei jungen Männern bis 1,5° C. Bei *Kindern* – ihre Körpertemperatur liegt im allgemeinen etwa 0,5° C über der von Erwachsenen – treten normalerweise höhere Tagesschwankungen auf als bei Erwachsenen, da ihre Temperaturregulation noch weniger präzise ist (*Hensel* 1973, 226).

Ursächlich liegt der Tagesperiodik eine *Sollwertverstellung* zugrunde, die auf einem endogenen Rhythmus basiert. Dieser Rhythmus wird durch Zeitgeber – hier spielt vor allem der Tag-Nacht-Wechsel eine Rolle – mit der Ortszeit synchronisiert.

Veränderte Trainingszeiten oder Zeitzonenwechsel können diesen zirkadianen Rhythmus der Körpertemperatur verändern (s. S. 438).

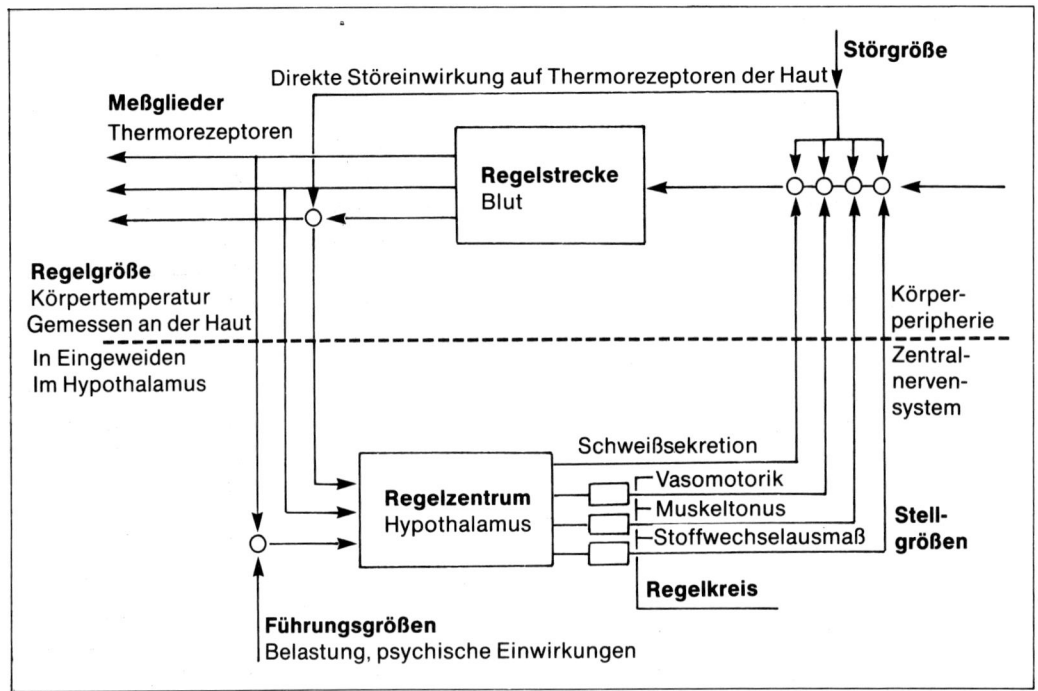

Abb. 249   Die wichtigsten Mechanismen der Temperaturregulation (nach *Schubert*, in *Findeisen/Linke/Pickenhain* 1980, 194).

Die Notwendigkeit der Temperaturregulation

Die konstant gehaltene Körpertemperatur ist von größter Bedeutung für die im Körper ablaufenden chemischen Reaktionen (Enzym-Funktionen) und physikalischen Reaktionen (mechanische Funktionen). Eine Vielzahl von Organfunktionen wird durch die Änderung der Körpertemperatur – s. Kap. „Aufwärmen" – beeinflußt. Bereits ein längerer Anstieg der Körperkerntemperatur über 41°C kann über den Ausfall wichtiger Ganglienzellen zu einer Gehirnschädigung führen (*Ganong* 1973, 224). Andererseits kann ein Abfall der Körperkerntemperatur auf 28–30°C eine nicht mehr ausgleichbare Stoffwechselverlangsamung bewirken (*Findeisen/Linke/Pickenhain* 1980, 193).
Der Organismus muß demnach imstande sein, extreme Temperaturschwankungen über entsprechende Temperaturregulations-

maßnahmen zu verhindern. Bei der sogenannten *Indifferenztemperatur* – sie besteht in bekleidetem Zustand bei etwa 20°C, in unbekleidetem Zustand bei etwa 30°C Raumtemperatur – halten sich Wärmeproduktion und Wärmeabgabe die Waage. Der Organismus kann die produzierte Wärme ohne Einsatz regulatorischer Mechanismen abgeben und die Körpertemperatur im Sollwertbereich konstant halten.

Die Temperaturregulation als Regelkreis

Das thermoregulatorische System ist höchst kompliziert, da der Körper kein spezielles Organ dafür besitzt, sondern mehrere Organe zur Temperaturregulation heranzieht (*Appenzeller/Atkinson* 1978, 6).
Die Temperaturregulation erfolgt nach dem Prinzip eines Regelkreises (Abb. 249).

Regelzentrum ist der im Zwischenhirn gelegene *Hypothalamus*. Er besteht anatomisch und funktionell aus 2 Teilen: Im oberen Teil befindet sich das „Kühlzentrum", das auf Erwärmung antwortet, im unteren Bereich das „Wärmezentrum", das auf Abkühlung reagiert. Beide Zentren arbeiten ständig zusammen (*Schubert* 1977, 219). Bei Änderungen des Sollwertes werden vom Regelzentrum auf neuralem und hormonalem Wege verschiedene Stellgrößen (Stellglieder) in Gang gesetzt, die zu einer Kompensierung der Temperaturstörung führen.

Das Regelzentrum erhält seine Informationen von *Temperaturfühlern:*
Eine Gruppe von Temperaturfühlern liegt im *Hypothalamus* selbst. Über sie wird die Temperatur des durch diesen Gehirnabschnitt fließenden Blutes – sie entspricht der Körperkerntemperatur – gemessen.

Die zweite Gruppe von *Thermorezeptoren*, die Wärme- und Kälterezeptoren, befinden sich in der *Haut* und melden von dort auf nervalem Wege etwaige Temperaturveränderungen im Sinne einer Erwärmung oder Abkühlung der Haut. Auf 1 cm^2 Haut befinden sich durchschnittlich 2 Wärmepunkte und 13 Kältepunkte. Die Wärmerezeptoren bilden Erregungen bei Temperaturen zwischen 20 und 45°C (das Maximum der Impulsbildung liegt zwischen 37,5 und 40°C), die Kälterezeptoren im Bereich von 10–41°C. Beide Rezeptortypen zeigen eine Aktivitätszunahme bei Temperaturveränderungen.

Über 45°C erlischt die Aktivität der Wärmerezeptoren, während die Kälterezeptoren Aktionspotentiale zu bilden beginnen. Deshalb kann es zum Phänomen der sogenannten *paradoxen Kälteempfindung* mit Gänsehautbildung in diesem Temperaturbereich kommen (*Ganong* 1972, 100).

Die Informationen der Temperaturrezeptoren der Haut – sie reagieren auf absolute und zeitliche Temperaturände-

---

rungen – sind von besonderer Bedeutung, da sie *schnelle Reaktionen* des Organismus auf sich ändernde Umgebungstemperaturen ermöglichen. Auf diese Weise werden die trägen Wärmekapazitäten des Körpers umgangen und äußere Störungen ausgeregelt, bevor es überhaupt zu einer Änderung der Kerntemperatur kommt (*Hensel* 1973, 224).

Sowohl die im Hypothalamus befindlichen als auch die peripher in der Haut gelegenen Thermorezeptoren sprechen auf Erwärmung und Abkühlung an.

Die Regulationsmechanismen gegen *Abkühlung* erfolgen hauptsächlich über die Thermorezeptoren der *Haut*, die gegen *Überwärmung* vor allem über die inneren, im *Hypothalamus* gelegenen Temperaturfühler.

Daß die Regelmechanismen gegen Abkühlung überwiegend über die Thermorezeptoren der Haut ausgelöst werden, hängt u. a. damit zusammen, daß die Kälterezeptoren auf der Haut wesentlich zahlreicher sind als die Wärmerezeptoren (*Schubert* 1977, 221). Die Thermorezeptoren sind zwar über die gesamte Haut verteilt, treten aber in charakteristischen Bereichen in wesentlich größerer Zahl auf: So befinden sich z. B. allein im Gesicht 50% der Kälterezeptoren des Gesamtkörpers (s. S. 479).

Sollwertverstellungen

Wie bereits erwähnt, liegt den tageszeitlichen Temperaturschwankungen des Körpers eine Sollwertverstellung des „Thermostaten" im Regelzentrum zugrunde.
Desgleichen beruht das Ansteigen der Körpertemperatur im *Fieber* und beim *Startfie-*

ber oder *Lampenfieber* auf einer Sollwert-verstellung. Beim Infektionsfieber wird durch Bakteriengifte oder durch im Blut kreisende Proteinabbauprodukte das darauf besonders empfindlich reagierende Wärme-regulationszentrum gereizt, worauf der Or-ganismus mit *Fieber* antwortet (*Ganong* 1972, 224; *Findeisen/Linke/Pickenhain* 1980, 196).

Einer Anhebung des Sollwertes folgen Maß-nahmen der Wärmebildung (z. B. Stoff-wechselsteigerung), um den Istwert dem Sollwert anzugleichen. Solange der Istwert unter dem Sollwert liegt, kommt es zum Ge-fühl des Fröstelns oder Frierens bis hin zum Schüttelfrost. Sinkt der Sollwert wieder auf Normalwerte, dann dominieren Empfindun-gen wie Hitzegefühl und Schweißausbrüche. *Fieber* stellt deshalb eine passive Überwär-mung (Hyperthermie) dar; es handelt sich nicht um ein Versagen der Temperaturregu-lation (*de Marées* 1981, 326).

Im Sportbereich werden emotional bedingte Sollwertverstellungen als *Lampenfieber* oder *Startfieber* bezeichnet. Auch die „fie-berhafte Erregung" in gegebenen Streßre-aktionen ist hier einzuordnen (*Hensel* 1973, 232; *Findeisen/Linke/Pickenhain* 1980, 196). Hierbei handelt es sich um Vorgänge, die den beim natürlichen *Fieber* ablaufenden Mechanismen biologisch gleichen. Individu-ell bestehen große Unterschiede in der Be-reitschaft zu solchen Reaktionen.

Auch im Ausdauerleistungsbereich kann es zu Sollwertverstellungen kommen: Die Stei-gerung der Körpertemperatur ist in diesem Falle nicht Folge einer unzureichenden Wärmeabgabe (s. S. 573) während langdau-ernder körperlicher Belastung, sondern Ausdruck echter zentralnervöser Anpas-sungsvorgänge.

> Die Sollwertveränderungen bei psychi-scher oder körperlicher Anspannung bzw. Belastung hängen mit der engen funktionellen Verknüpfung von ther-

moregulatorischem Zentrum und *For-matio reticularis* (s. S. 63) zusammen: Ihre Aktivität übt einen wesentlichen Einfluß auf den Sollwert der Tempera-turregelung aus (*Hensel* 1973, 232).

Zur Konstanterhaltung der Körpertempera-tur stehen dem menschlichen Organismus verschiedene Regulationsmechanismen der Wärmebildung und der Wärmeabgabe zur Verfügung, die je nach Bedarf in unter-schiedlichem Maße eingesetzt werden.

Wärmebilanz und Temperaturregulation

> *Wärmebildungsmaßnahmen* – sie basie-ren vor allem auf einer Stoffwechsel-steigerung – und *Wärmeabgabemaß-nahmen* – sie werden entscheidend durch Veränderungen der Hautdurch-blutung beeinflußt – stehen thermo-regulatorisch in einer engen Wechselbe-ziehung und wirken meist ergänzend zusammen.

Änderung der Wärmebildung

Basale Stoffwechselvorgänge (Grundumsatz)

Wie bereits erwähnt, setzt der Organismus ständig Energie um, die überwiegend in Wärme transformiert wird und zur Rege-lung der Körpertemperatur zur Verfügung steht.

Der *Grundumsatz* gibt die in *Ruhe* für die Aufrechterhaltung der körperlichen Funk-tionen notwendige Energiemenge an (s. S. 508). Alter, Geschlecht, Rasse, psychischer Zustand, Klima, Körpertemperatur und die Blutspiegel der Hormone Adrenalin und

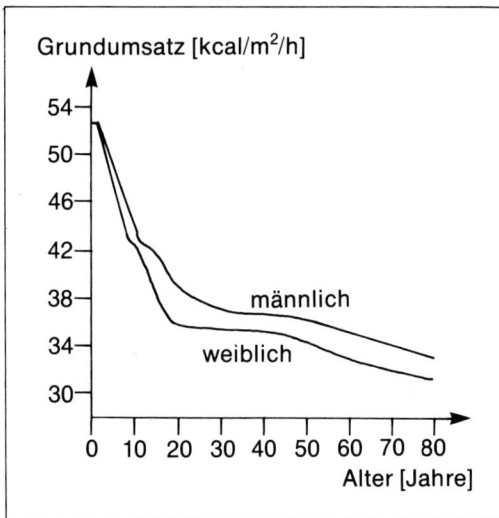

**Abb. 250   Normalwerte des Grundumsatzes pro m²
Körperoberfläche und Stunde für Frauen und Männer
im Laufe des Lebens (nach *Guyton* 1966).**

Noradrenalin – sie werden bei Angst,
Schreck, Anspannung kurzfristig vermehrt
freigesetzt – sowie Trijodthyronin und Thyroxin (beides Schilddrüsenhormone) – sie
kommen bei längerfristig einwirkenden
Streßfaktoren (u. a. Kälte) zur Ausschüttung – beeinflussen den Grundumsatz, wobei Frauen in jedem Alter niedrigere
Grundumsatzwerte aufweisen als Männer.
Der Grundumsatz pro m² ist beim Kind
hoch und sinkt mit dem Alter ab (Abb.
250).
In Ruhe werden etwa 0,3 l Sauerstoff pro
Minute verbraucht und damit etwa 7 kJ
(1,7 kcal) Wärme pro Minute produziert.
Abbildung 251 verdeutlicht, daß die Wärmeproduktion der einzelnen an der Wärmebildung beteiligten Organe verschieden ist.
Wie Tabelle 71 zum Ausdruck bringt, ist die
Beteiligung der wärmebildenden Organsysteme in Ruhe und bei Belastung unterschiedlich.

> In *Ruhe* erfolgt die Wärmebildung zu
> 3 Vierteln durch die inneren Organe,
> bei *Belastung* zu 3 Vierteln durch die
> Muskulatur.

Bei körperlicher Arbeit steigt der Energieumsatz und damit auch die Wärmebildung aufgrund der erhöhten Muskeltätigkeit
um ein Vielfaches an (s. S. 510). Desgleichen erhöht sich die Wärmebildung mit ab-

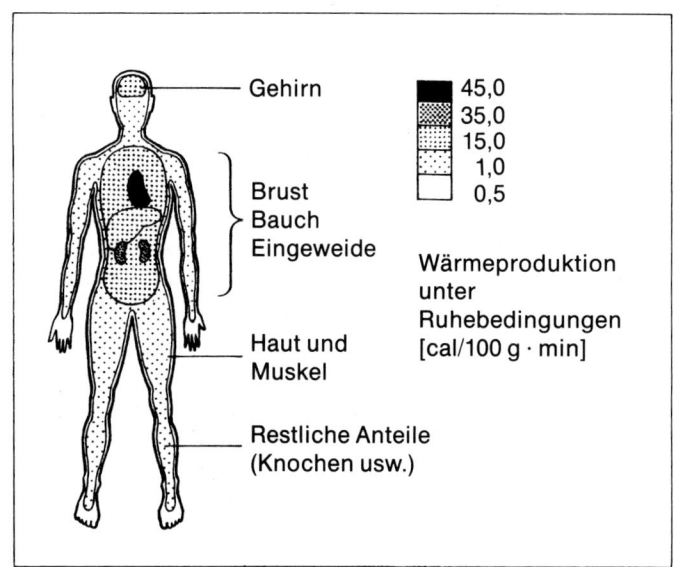

**Abb. 251   Topographie und
Beteiligung der wärmebildenden
Organsysteme in Ruhe (verändert
nach *Findeisen/Linke/Pickenhain*
1980, 191).**

Organsystem	Wärmebildung		Relatives
	in Ruhe	bei Belastung	Organgewicht
Gehirn	16%	3%	2%
Brust/Baucheingeweide	56%	22%	6%
Haut und Muskulatur	18%	73%	52%
Restliche Anteile (Knochen etc.)	10%	2%	40%
Gesamtsumme	100%	100%	100%

Tab. 71   Beteiligung der wärmebildenden Organsysteme in Ruhe und bei Belastung (nach Angaben von *Findeisen/Linke/Pickenhain* **1980, 191).**

nehmender Außentemperatur bis auf den 10fachen Wert des Grundumsatzes (*Hensel* 1973, 227). Auch bei steigender Außentemperatur kommt es beim Hitzegewohnten aufgrund der zunehmenden Kreislaufarbeit – im Sinne der Wärmeabgabe – zu einer vermehrten Wärmeproduktion.

Stoffwechselsteigerung bei Kälte

Im mittleren Temperaturbereich wird vorwiegend vasomotorisch durch Gefäßeng- (Kälte) bzw. Gefäßweitstellung (Wärme) geregelt (s. S. 569). Erst dann erfolgen thermoregulatorische Maßnahmen über eine Stoffwechselsteigerung (*Hensel* 1973, 225).

Man bezeichnet eine Stoffwechselsteigerung im Dienste der Wärmeregulation als *chemische Thermoregulation* (*Schubert* 1977, 221). Mit zunehmender Kälte kommt es stufenweise zu einem Anstieg der Energieumsatzrate bzw. Wärmebildung. Abkühlung der Haut führt zuerst zu einer reflektorischen *Zunahme des Muskeltonus* (≙ erhöhte Wärmebildung) ohne äußerlich sichtbare Bewegung. Sinkt die Außentemperatur weiter ab, dann kommt es über sichtbare rhythmische Bewegungen der Muskulatur zum sogenannten *Kältezittern.* Während des Kältezitterns steigt die Sauerstoffaufnahme um etwa den 5fachen, die Wärmebildung um etwa

den 3fachen Betrag an (*de Marées* 1979, 307).

Das *Kältezittern* ist jedoch eine sehr unökonomische Art der Wärmebildung, da die Zitterbewegungen zwar die Wärmebildung erhöhen, aber zugleich die konvektiven Wärmeverluste (s. S. 573) durch eine erhöhte Hautdurchblutung vermehren. Außerdem wird die Willkürmotorik – und dies ist in besonderen Maße für den Sportler von Bedeutung – durch das Kältezittern maßgeblich beeinträchtigt (*Hensel* 1973, 227).

Die *chemische Thermoregulation* (Wärmebildung über Stoffwechselsteigerung) arbeitet bei Kälte eng mit der *physikalischen* Thermoregulation zusammen: Zur Verringerung der Wärmeverluste kommt es zu einer Änderung der Hautdurchblutung im Sinne einer Gefäßengstellung (Vasokonstriktion) (s. S. 569).

Als weitere wärmeabgabeverhindernde Maßnahmen kommen *psychosoziale Verhaltensweisen* hinzu, wie z. B. wärmere Kleidung oder Änderung der Körperhaltung durch Zusammenkauern: Da der Gesamtwärmestrom zwischen Körper und Umgebung von der wirksamen Oberfläche abhängt (s. S. 573) – sie beträgt je nach Körperhaltung 50–80% der anatomischen Oberfläche – stellt eine derartige Veränderung eine effiziente Begleitmaßnahme zur Konstanterhaltung der Körpertemperatur bei Kälte dar (*Hensel* 1973, 228).

Änderung der Wärmeabgabe

Der menschliche Organismus kann zur Regulierung seiner Körpertemperatur überschüssige Wärme durch Konduktion (Leitung), Konvektion, Strahlung und Verdunstung abgeben.

Unter *Leitung* (Konduktion) versteht man den Wärmeaustausch zwischen – in Kontakt stehenden – verschieden temperierten Objekten bzw. Körperschichten, wobei die abgegebene Wärmemenge der Temperaturdifferenz beider Objekte bzw. Körperschichten proportional ist (Wärmegradient).
Konvektion – sie unterstützt die Leitung – ist die Bewegung von Gas- (z. B. Luft) oder Flüssigkeitsmolekülen (z. B. Blut) bestimmter Temperatur zu einem Ort mit anderer Temperatur.
Strahlung ist Wärmeabgabe von einem Objekt (z. B. menschlicher Körper) auf ein anderes ohne direkten Kontakt (*Ganong* 1972, 222).
Verdunstung schließlich stellt die Wärmeabgabe an der Hautoberfläche und den Schleimhäuten des Respirationstraktes dar.

Die im Körper gebildete Wärme wird vor allem *konvektiv* über den Blutstrom zur Haut transportiert; die *Wärmeleitung* durch das Gewebe spielt eine vergleichsweise geringe Rolle (*Hensel* 1973, 228).

Bei körperlicher *Ruhe* werden etwa 50% der im Körper gebildeten Wärme durch Strahlung, 25% durch Konduktion/Konvektion und 25% durch Verdunstung abgegeben (*Findeisen/Linke/Pickenhain* 1980, 191).

Wärmeleitung

Die Wärmeleitung (= Konduktion) ist nicht nur abhängig vom bestehenden Temperaturgefälle, sie wird auch durch den unterschiedlichen Wärmedurchgangswiderstand (Wärmedämmung) der verschiedenen Körperschichten maßgeblich beeinflußt.
Tabelle 72 läßt erkennen, daß muskel- bzw. fettbetonte Körpertypen in unterschiedlicher Weise für die Wärmeabgabe geeignet sind (s. S. 575).
Blut stellt einen sehr guten Leiter dar. Es ist für die Konduktion deshalb von Bedeutung, wie stark ein bestimmtes Gewebe durchblutet ist.

Der mittlere *Wärmedurchgangswiderstand* der gesamten Körperschale kann durch Änderung der *Hautdurchblutung* im Verhältnis 1:7 variiert werden (*Hensel* 1973, 228).

Da die Wärmeleitfähigkeit der Haut gering ist, besteht die Wirkung einer Durchblutungsänderung darin, daß sie die Wärmeabgabe an die Haut verändert. Ferner wird durch die Hautdurchblutung auch die Hauttemperatur und damit das Temperaturgefälle verändert (*Stegemann* 1971, 163).

Wärmekonvektion

Die Wärmeabgabe durch Konvektion unterstützt die Wärmeabgabemechanismen durch Konduktion.
Die Wärmeabgabe durch Konvektion ist in entscheidendem Maße abhängig vom Oberflächen-Volumen-Verhältnis des jeweiligen Körpers: Je kleiner der wärmeabgebende Körper bzw. Körperteil ist, desto größer wird seine relative Oberfläche und damit die relative Größe der Wärmeverluste an die Umgebung (Tab. 73).

Art der Schicht	w
Körperschale des Menschen, je nach Durchblutung	0,1–0,7
1 cm Fettschicht	0,4
1 cm Muskulatur	0,15
Straßenanzug	1,0
Winterkleidung	2,0
Polarkleidung	5,0
Außenwände von Häusern	2,5–3,5

Tab. 72   Wärmedurchgangswiderstand (w) verschiedener Schichten (bezogen auf Straßenanzug) (nach *Hensel* 1973, 228).

Spezies	O-V-Verhältnis
Mensch	
Erwachsener (70 kg)	0,2
Kind (1 Jahr, 9 kg)	0,5
Neugeborenes (3 kg)	0,6
Frühgeborenes (1,5 kg)	0,8 !
Rumpf	0,1
Arm	0,6
Hand	1,0
Finger	2,2 !
Hund	
Gesamtkörper (10 kg)	0,5
Zunge	3,6 !
Kaninchen	
Gesamtkörper (2 kg)	0,7
Ohr	5,6 !

Tab. 73   Das Oberflächen-Volumen-Verhältnis bei verschiedenen Spezies als entscheidender Faktor für die Wärmeabgabe durch Konvektion (*Ganong* 1972).

Die Extremitäten – hier vor allem die Finger – spielen mit ihren langgestreckten zylindrischen Formen, die eine große Oberfläche im Verhältnis zum Volumen besitzen, eine bevorzugte Stelle der Wärmeabgabe. An den *Fingern* findet man bei kalter und warmer Umgebung Veränderungen der Durchblutung in einem Verhältnis von 1:600! In ihrer Bedeutung für den konvektiven Wärmetransport werden die Extremitäten durch den „Gegenstrom-Wärmeaustausch" zwischen den großen Arterien und ihren Begleitvenen unterstützt: Bei niedrigen Außentemperaturen wird das arterielle Blut durch das vorbeifließende Venenblut vorge-

kühlt, so daß die äußeren Wärmeverluste gering bleiben, während andererseits eine hinreichend große Gewebsdurchblutung gesichert ist (*Hensel* 1973, 228).

Im *Wasser* ist der Wärmeübergang von der Haut an das umgebende Medium aufgrund der 25fach erhöhten Wärmeleitfähigkeit des Wassers und der Abnahme der sogenannten *Grenzschicht* – sie macht im Wasser nur noch $\frac{1}{10}$ ihrer Dicke unter Luftbedingungen aus – mehr als 200fach größer als in der Luft (s. S. 605). Daß der menschliche Körper im Wasser von 20°C dennoch nur 2- bis 3mal so viel Wärme wie beim Aufenthalt in Luft gleicher Temperatur verliert, ist auf die *er-*

	Elektrolyte [mmol/l]			
	Na$^+$	Cl$^-$	K$^+$	Mg^{++}
Schweiß	40–60	30–50	4–5	1,5–5
Plasma	140	101	4	1,5
Muskel	9	9	162	31

Tab. 74 Die Elektrolytkonzentrationen im Schweiß, im Vergleich zum Plasma und zum Muskel (nach Angaben von *Costill/Miller* 1980, 9).

höhte *Wärmedämmung* (s. S. 573) durch *Vasokonstriktion* der Haut zurückzuführen. Da die Hautdurchblutung im Wasser sehr stark gedrosselt ist, hängt die Größe der Wärmeverluste entscheidend von der Dicke der *subkutanen Fettschicht* ab: Magere Personen kühlen deshalb im kalten Wasser leicht aus – vor allem wenn sie schwimmen –, weil die konvektiven Wärmeverluste durch die Bewegungen so groß sind, daß die gesteigerte Wärmebildung sie nicht zu kompensieren vermag. Personen mit gut entwickelter subkutaner Fettschicht (Typ des Kanalschwimmers) kühlen beim Schwimmen weniger leicht aus (*Hensel* 1973, 230).

Bei Unglücksfällen im Wasser sollten demnach Schwimmbewegungen auf ein Minimum reduziert und die Kleidung nicht ausgezogen werden, um die konvektiven Wärmeverluste geringer zu halten und so die Überlebenszeit zu verlängern.

Wärmestrahlung

Wie bereits erwähnt, leistet die Strahlung in *Ruhe* mit etwa 50% den größten Betrag zur Wärmeabgabe. Die Wärmestrahlung – es handelt sich um eine langwellige Strahlung, die weit im Infrarotbereich liegt – ist in hohem Maße von der Größe der Fläche (s. o.) und von der Temperaturdifferenz zwischen strahlendem Körper und Umgebung abhängig: Bei intensiver Sonnenstrahlung kann es zu einer körperwärts gerichteten Strahlung und damit Erwärmung des Körpers kommen (s. S. 581).

Verdunstung

Kann der Körper durch Strahlung, Konvektion und Leitung nicht mehr genügend gekühlt werden, wie dies bei hohen Umgebungstemperaturen oder bei körperlicher Belastung der Fall ist, so muß dem Körper Wärme durch Schweißverdunstung entzogen werden.

Das Verdunsten von Schweiß auf der Haut verursacht über die sogenannte Verdunstungskälte eine Abkühlung der Haut und somit eine Vergrößerung des Temperaturgefälles Körperkern-Körperschale.

Pro Liter Schweiß wird dem Körper eine Wärmemenge von etwa 2400 kJ (586 kcal) entzogen (*Ganong* 1972, 220).

In der Haut befinden sich, abgesehen von regionären Unterschieden, etwa 100 Schweißdrüsen pro cm^2. Insgesamt besitzt der Mensch etwa 2 Millionen Schweißdrüsen.
Bei der Schweißabsonderung handelt es sich um einen aktiven, über cholinerge sympathische Nervenfasern – sie ziehen über den sympathischen Grenzstrang – ausgelösten Sekretionsvorgang.

Schweiß besteht zu 99% aus Wasser und weist neben anderen Bestandteilen (s. S. 476) einen Elektrolytanteil von etwa 0,2–0,3% auf, wobei der Hauptanteil von Kochsalz (NaCl) gebildet wird. Einen Überblick über die Elektrolytzusammensetzung des Schweißes gibt Tabelle 74.

Der Schweiß stellt ein Filtrat des Blutplasmas dar. Seine Produktiosrate zeigt starke individuelle Unterschiede auf und hängt von einer Reihe von Faktoren wie z. B. Trainingszustand, Akklimatisationsgrad, Hydrierungszustand des Körpers etc. ab (s. S. 579).

> Bei völliger Körperruhe verdunstet der Mensch über die sogenannte *Perspiratio insensibilis* durch die Atemwege und die Haut je nach Außentemperatur 20–40 g Wasser pro Stunde.
> Oberhalb einer Außentemperatur von 30°C (unbekleidet), einer Körperkern- bzw. Hauttemperatur von 37,1° bzw. 34°C setzt die Sekretion von Schweiß ein, d. h., die *Perspiratio sensibilis* beginnt (*Stegemann* 1971, 164).

Die Schweißdrüsen im Bereich der Stirn, der Innenflächen der Hände, der Fußsohlen und der Achselhöhlen sezernieren vor allem bei emotionellen Belastungen.

Für den „Schweißgeruch" ist der Anteil bzw. die Zusammensetzung der im Schweiß befindlichen freien Fettsäuren verantwortlich.

> Die Wärmeabgabemechanismen über Leitung und Konvektion sowie Strahlung und Verdunstung werden maßgeblich durch Veränderungen der Hautdurchblutung im Sinne einer Gefäßweitstellung (Vasodilatation) beeinflußt.

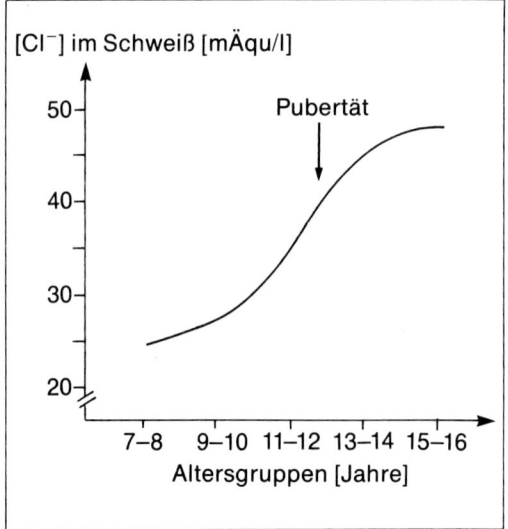

Abb. 252 Der Anstieg der Elektrolytkonzentration – hier dargestellt an der Salzkonzentration (NaCl) – im Schweiß mit zunehmendem Alter (aus *Bar-Or* 1983, 276, nach Daten von *Araki* et al.).

Mechanismen der Wärmeabgabe bei Kindern

Kinder haben zwar die gleiche Zahl an Schweißdrüsen wie Erwachsene, aber die Zahl aktiver Schweißdrüsen ist bei Hitzebedingungen bei ihnen im Vergleich zu der Erwachsener reduziert.

Des weiteren ist die *Schweißrate* bei Kindern pro Schweißdrüse um den etwa 2,5fachen Betrag geringer als beim Erwachsenen (vgl. Thermoregulation bei Kindern S. 265).

Wie Abbildung 252 zeigt, ist auch der Elektrolytanteil bei Kindern niedriger.

Der altersabhängige Anstieg der Schweißrate und der höheren Salzkonzentration bei männlichen Kindern, vor allem beim Eintritt in die Pubertät, scheint vom endogenen Testosteronspiegel beeinflußt zu sein (bei Mädchen sind derartig ausgeprägte Unterschiede im Vergleich zu Frauen nicht feststellbar) (*Bar-Or* 1983, 264).

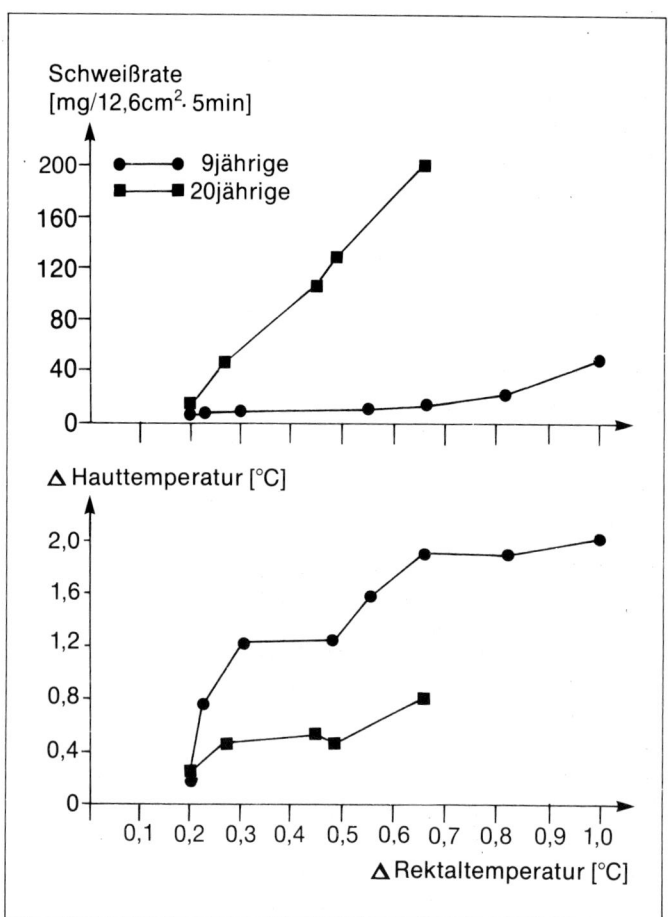

Abb. 253   Die Schweißrate und der mittlere Anstieg der Hauttemperatur in Bezug zur Rektaltemperatur bei männlichen Kindern bzw. jungen Erwachsenen bei einer vergleichbaren Belastung (aus *Bar-Or* 1983, 267, nach Daten von *Araki* et al.).

Daß Kinder die Wärmeabgabe mehr über Strahlung, Konvektion und Konduktion als über Verdunstung regeln, ist wahrscheinlich im Sinne eines Schutzes vor zu großen Wasser- und Elektrolytverlusten zu deuten.

Allerdings bedingt die verminderte Wärmeabgabefähigkeit über Verdunstung eine *geringere Hitzetoleranz* bei Kindern. Wie Abbildung 253 zeigt, kommt es bei Kindern aufgrund der geringeren Schweißrate insbesondere bei Belastung zu einem schnelleren Anstieg der Körperkerntemperatur und zu einer vergleichsweise höheren Hauttemperatur bei gegebener Körperkerntemperatur, was die thermoregulatorische Kapazität des Kindes entscheidend begrenzt (*Bar-Or* 1983, 267).

Das Handicap der geringeren Verdunstungskapazität bei Kindern im Sinne der Wärmeabgabe ist vor allem auch deshalb von Bedeutung, weil Kinder bei vergleichbaren Belastungen mehr Energie pro kg Körpermasse verbrauchen und damit mehr Wärme produzieren als Erwachsene (*Bar-Or* 1983, 262).

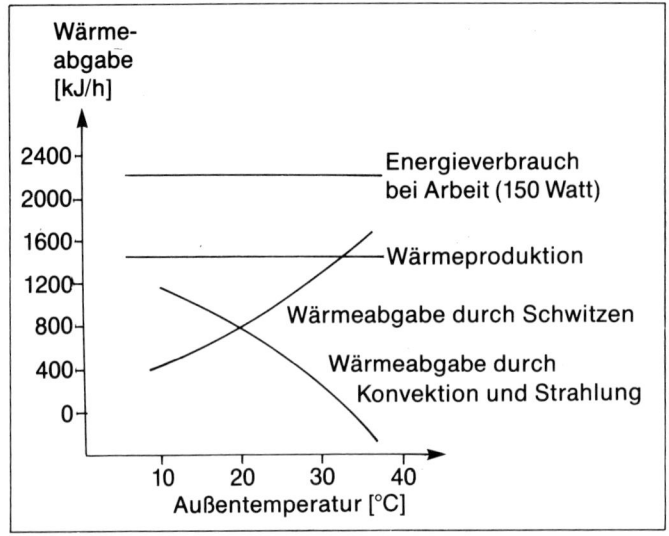

Abb. 254   Die Wärmeabgabe bei körperlicher Arbeit unter steigender Außentemperatur (nach *Astrand,* in *de Marées* 1979, 323).

Die Temperaturregulation unter Belastungsbedingungen

Unter Belastungsbedingungen – z. B. bei hohen Außentemperaturen und/oder körperlicher bzw. sportlicher Belastung – kommt es im Körper zu einer vermehrten Wärmebildung, die vor allem über den Wärmeabgabemechanismus der Verdunstung bzw. die periphere Gefäßweitstellung kompensiert wird.

Bei muskulärer Arbeit in warmer Umgebung werden maximale Schweißraten von 1600–1800 ml/h vom Körper sezerniert (*Ganong* 1972, 222; *Wyndham/ Strydom* 1972, 134). Unter Extrembedingungen sollen sogar bis zu 4 l Schweiß pro Stunde (*Hensel* 1973, 230) – das entspricht der 30fachen Wärmemenge des Grundumsatzes – bzw. 12–15 l in 24 Stunden möglich sein (*Berghold* 1982, 21).

Wie Abbildung 254 erkennen läßt, steigt die Schweißproduktion bei steigender Umgebungstemperatur stärker an, als es dem Energieumsatz bzw. der Wärmebildung entspricht (vgl. auch *Stegemann* 1971, 165). Dadurch nimmt die mittlere Hauttemperatur trotz der ansteigenden Körperkerntemperatur ab, und es kommt zu einer Vergrößerung des Temperaturgradienten Körperkern-Körperschale mit verbesserter Wärmeabgabe.

Die verdunstungsbedingte vermehrte Wärmeabgabe vom Körperkern zur Haut macht eine weitere Zunahme der Hautdurchblutung mit steigender Arbeitsschwere unnötig, und der hierbei eingesparte Blutvolumenanteil kann für den Blutmehrbedarf der Arbeitsmuskulatur eingesetzt werden. Abbildung 255 zeigt, daß die für die Hautdurchblutung erforderliche Blutmenge bei Belastung eine Überforderung der kardialen Leistungskapazität darstellen kann: Es kommt zum Abfall der Dauerleistungsgrenze bei steigender Außentemperatur.

Da die bei hohen Außentemperaturen und/oder sportlicher Belastung auftretenden Flüssigkeitsverluste über das Schwitzen vor allem zu Lasten des Plasmavolumens gehen, kommt es bei einem hochgradigen Wasser-

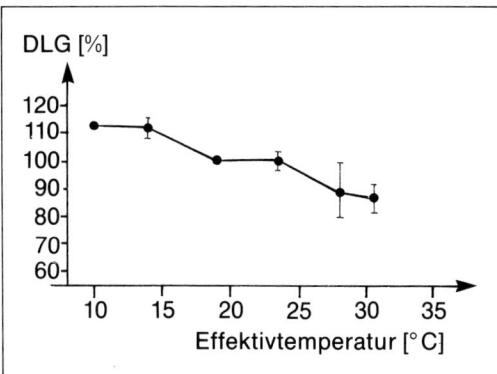

Abb. 255 Die Abnahme der Dauerleistungsgrenze (DLG) in Abhängigkeit von der Umgebungseffektivtemperatur (nach *Stegemann* 1971, 165).

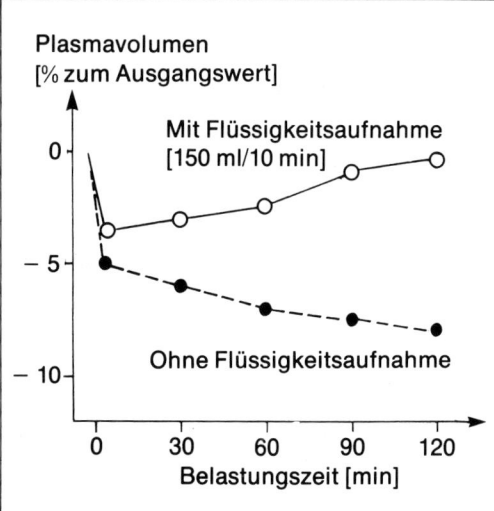

Abb. 256 Änderungen des Plasmavolumens während einer 2stündigen Fahrradbelastung Untrainierter unter Hitzebedingungen ohne und mit Flüssigkeitsaufnahme (verändert nach *Costill/Miller* 1980, 10).

defizit nicht nur zu einer zunehmenden Einschränkung der thermoregulatorischen Kapazität – es steht fortlaufend weniger Wasser für Verdunstungszwecke zur Verfügung –, sondern auch zu Störungen im Wasser- und Elektrolythaushalt, was zu einer progressiven Einschränkung der körperlichen bzw. sportlichen Leistungsfähigkeit führt.

Aus Abbildung 256 geht hervor, daß der Flüssigkeitsersatz unter entsprechenden Belastungsbedingungen eine entscheidende Rolle für die Konstanterhaltung des Blutvolumens und damit auch für die körperliche Leistungsfähigkeit spielt.

Abbildung 257 verdeutlicht, daß der schweißbedingte Wasserverlust bzw. die kompensatorische Wasseraufnahme während Belastung zu einer erhöhten/erniedrigten Herz-Kreislauf-Belastung bzw. Körperkerntemperatur führt.

Eine ungenügende Schweißsekretion im Zustand der Dehydratation ist einer der Gründe für eine inadäquate Steigerung der Körpertemperatur (*Israel* 1982, 2).

Aus Abbildung 258 schließlich geht hervor, daß ein nicht kompensierter Wasserverlust schneller zur Erschöpfung führt als ein teil- bzw. vollkompensierter. Es läßt sich allerdings auch erkennen, daß das *Durstgefühl* – in Abbildung 258 durch Trinken nach eigener Bedarfseinschätzung (Wasser ad libidum) dargestellt – ein nicht ausreichender Indikator für ein völliges Wasser-Gleichgewicht darstellt.

Die einfachste und beste Methode der vollständigen Substitution schweißbedingter Wasserverluste ist die Bestimmung der nötigen Flüssigkeitsmenge über den Gewichtsverlust (Wiegen!).

Wie *Nielson* (1969) zeigen konnte, bewirkt die Zufuhr von Wasser nach Dehydrierung zentral einen Wiederanstieg der Impulsgebung an die Schweißdrüsen, die peripher mit einer gesteigerten Schweißabgabe und damit verbesserten Entwärmung beantwortet wird.

Eine Besonderheit bei der Wasseraufnahme nach ausgeprägter Dehydrierung ist der sogenannte *Schwitzreflex*: Nach hohen Wasserverlusten führt die Flüssigkeitsaufnahme reflektorisch zu einem Schweißausbruch. Auch ein Reflex von den Geschmacksrezep-

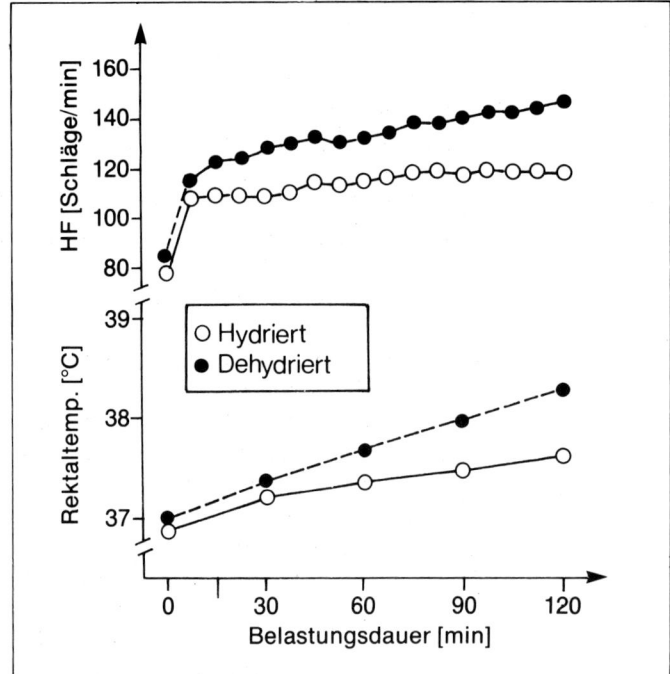

Abb. 257 Die Wirkung einer 2stündigen Fahrradbelastung im hydrierten (bei kompensiertem Wasserverlust durch Trinken) und dehydrierten (bei nicht kompensiertem Wasserverlust) Zustand auf die Herztätigkeit (Herzfrequenz = HF) und die Körperkerntemperatur (Rektaltemperatur) (nach *Costill/Miller* 1980, 8).

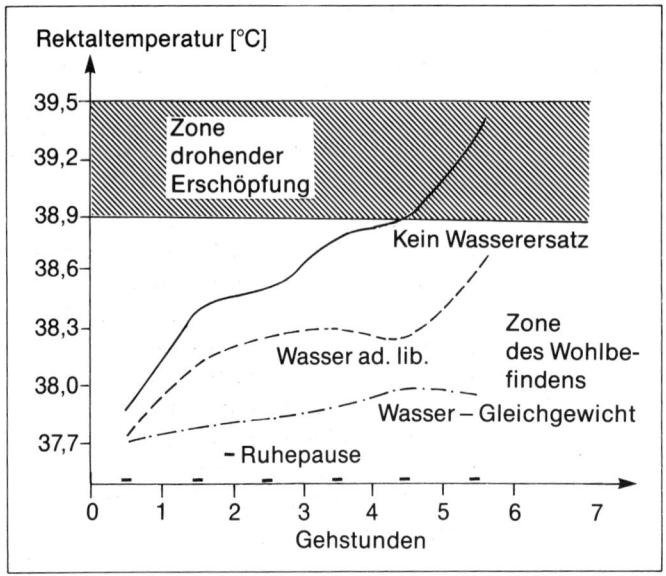

Abb. 258 Die Auswirkungen eines progressiven Salz- und Wasserdefizits während eines 6stündigen Marsches. Im Wassergleichgewicht (Wassereinnahme = Schweißverlust) traten die geringsten Veränderungen der Körperkerntemperatur als Ausdruck der thermoregulatorischen Kompensation ein (nach *Dill*, in *Schwarzfischer/Rudel* 1976, 338).

toren führt zu einer ähnlichen Schweißreaktion (*Senay/Christensen* 1967, 282).

Wird die thermoregulatorische Kapazität bei erhöhter Außentemperatur und/oder körperlicher Belastung überschritten, dann kommt es zu den sogenannten Hitzeschäden.

Gefahren beim Versagen der Thermoregulation

Überhitzung (Hyperthermie)

Extreme Hitzebelastung kann zum Überschreiten der Kapazität der Wärmeabgabemechanismen führen. Zwar kann der Mensch über einen kurzen Zeitraum hohe Umgebungstemperaturen ertragen, ohne selbst zu überhitzen, aber das Herz-Kreislauf-System wird dadurch einer hohen Belastung ausgesetzt. Bis etwa 41°C bleiben alle Regulationsmechanismen funktionstüchtig. Die höchste mit dem Leben zu vereinbarende Körpertemperatur liegt bei etwa 42°C: Jenseits dieser Schwelle kommt es zu Schwellungen des Gehirns (Gehirnödem) und zum Ausfall von Funktionselementen des Zentralnervensystems, deren Ausmaß mit der Dauer der Hyperthermie zusammenhängt. Vereinzelt wurden Körpertemperaturen von 43°C, niemals von 44°C überstanden (*de Marées* 1979, 327).
Sind die thermoregulatorischen Maßnahmen überfordert – dies kann interindividuell mit sehr unterschiedlicher Schnelligkeit der Fall sein –, dann lassen sich folgende Erscheinungsbilder beobachten:

Hitzekrampf

Der *Hitzekrampf* stellt eine akute Störung der Skelettmuskelfunktion dar, die durch kurze, intermittierende, unwillkürliche, schmerzhafte Muskelkontraktionen gekennzeichnet ist. Betroffen sind zumeist Muskeln, die hohen Arbeitsbelastungen unterworfen waren (*Israel* 1982, 257).
Die physiologischen Mechanismen der Auslösung von Hitzekrämpfen sind noch nicht definitiv geklärt. Mineralverschiebungen, vor allem intrazellulärer Salzmangel (Hyponatriämie), direkte thermische Effekte auf zelluläre Bausteine oder molekulare Mechanismen (bei intrazellulären Temperaturen über 41°C), Substratverluste (Glykogenolyse), synaptische Schwellenwertveränderungen im Sinne einer Krampfneigung (Spasmophilie), schweißbedingte intrazelluläre Wasserverluste (Dehydratation) und andere Faktoren dürften maßgeblich von Bedeutung sein (*Azemar* 1979, 153).
Nach *Knochel* (1974, 841) sind sportbedingte Hitzekrämpfe durch Flüssigkeitszufuhr, aber zusammen mit ausreichend Kochsalz (NaCl), relativ zuverlässig und schnell zu beherrschen. Eine Überdehnung der betroffenen Muskeln löst den Hitzekrampf.

Hitzeerschöpfung

Bei der Hitzeerschöpfung handelt es sich um eine Störung, die aus einer längerdauernden körperlichen Belastung bei hohen Umgebungstemperaturen resultieren kann (*Israel* 1982, 258).
Die Hitzeerschöpfung im Sportbereich hat ihre maßgebliche Ursache in starken Flüssigkeitsverlusten – meist verbunden mit starken Salzverlusten – bei länger anhaltender Hyperthermie des Organismus.
Das Vollbild der Hitzeerschöpfung ist charakterisiert durch starke körperliche Schwäche, eine hohe Herzfrequenz (Tachykardie), Blutdruckabfall (Hypotonie), verringerte Urinausscheidung (Oligurie) und mangelnde Venenfüllung beim Liegenden als Ausdruck des starken extrazellulären Flüssigkeitsverlustes (*Seeling* et al. 1983, 2009).
Psychisch ist die Hitzeerschöpfung durch typische Verhaltensänderungen gekennzeichnet, die sich u. a. in Angst- und Erregungszuständen, Aggressivität, Hysterie, Psy-

chose und Apathie sowie verminderter Urteilskraft und Selbstkontrolle äußern (*Israel* 1982, 259; *Wyndham* 1973, 193).

Ohne sofortige Therapie ist ein Übergang in den lebensbedrohlichen Hitzschlag möglich. Als *Sofortmaßnahmen* empfehlen sich Lagerung in Rückenlage mit angehobenen Beinen an einem schattigen Ort und Flüssigkeitsgabe (mit entsprechender Kochsalzbeimengung, d. h. 1 Teelöffel Salz/l).

Hitzschlag

Der *Hitzschlag* – auch hyperthermisches Koma genannt – ist auf ein Versagen der Wärmeregulation zurückzuführen: Die Schweißproduktion ist weitgehend eingestellt. Beim belastungsinduzierten Hitzschlag treffen starke motorisch bedingte Stoffwechselsteigerungen mit klimatisch belastenden Bedingungen zusammen. Die Rangfolge dieser ausschlaggebenden Komponenten für den Hitzschlag während Sportausübung ist schwer bestimmbar (*Israel* 1982, 259).

Im Vordergrund des Hitzschlages stehen die exzessiv gesteigerte Körperkerntemperatur (über 41,5°C), Störungen von seiten des Zentralnervensystems und das Kreislaufversagen.

Die *Symptome* des beginnenden Hitzschlages sind durch emotionale Instabilität, Gereiztheit und Aggressivität oder auch totale Apathie gekennzeichnet. Mitunter besteht Verwirrtheit. Der Sportler ist unsicher auf den Beinen und taumelig (ataktisch). Er kann konfus, benommen und desorientiert sein. Es bestehen u. a. Mattigkeit, Kopfschmerz, Schwindel, mitunter Übelkeit und Erbrechen (*Knochel* 1974, 841).

Bei voller Ausprägung des klinischen Bildes des Hitzschlages tritt dann sehr bald ein Kreislaufkollaps ein.

Als *Erstmaßnahmen* kommen Flachlagerung des Patienten in kühler Umgebung mit angehobenem Kopf, Bespritzen der Haut mit Wasser und Kühlung durch Luftbewegung in Frage.

> Die Grundbehandlung des Hitzschlags ist durch die Begriffe naß, flach und kühl charakterisiert.

Die *Letalität* ist eng mit dem Zeitverzug bis zum Therapiebeginn korreliert. Eine schnellstmögliche Klinikeinweisung ist dringend erforderlich, da durch eine Infusionsbehandlung zum einen die anstrengungsinduzierte hyperthermische Dehydration und der für den Hitzschlag typische renale (nierenbedingte) Gefäßverschluß beseitigt und zum anderen der Blutdruck normalisiert bzw. die azidotische Stoffwechsellage behandelt werden kann. Auch hepatische (leberbedingte) Stoffwechselstörungen können hier besser behandelt werden (*Israel* 1982, 261; *Seeling* et al. 1983, 2009).

Sonnenstich

Der Sonnenstich ist die Folge längerer Sonnenbestrahlung des unbedeckten Kopfes. Aufgrund des starken Blutandranges im Kopf kommt es zu einer Reizung der Hirnhäute, die zu Kopfschmerzen, Schwindel, Übelkeit und Erbrechen, Ohrensausen und Ohnmacht führen können. In schweren Fällen sind zerebrale Krämpfe möglich. Eine Erhöhung der Körpertemperatur kann, muß aber nicht bestehen (*Findeisen/Linke/Pikkenhain* 1980, 315; *Seeling* et al. 1983, 2012).

In leichteren Fällen genügt es, den Patienten mit erhöhtem Kopf in kühler Umgebung flach zu lagern, wenn möglich mit kalten Umschlägen auf Kopf und Nacken. Bei Hirndruckzeichen (Bewußtseinstrübung, Krämpfe) oder Meningismus ist stationäre Einweisung erforderlich.

Unterkühlung (Hypothermie)

Werden die Kälteabwehrmechanismen überbeansprucht, dann beginnen der Körper bzw. einzelne Körperteile auszukühlen.

Unterkühlung des Gesamtorganismus

Anzeichen einer ganzkörperlichen Unterkühlung sind bleierne Müdigkeit mit kaum beherrschbarem Schlafdrang sowie erschwerte und koordinativ gestörte Muskeltätigkeit.

Bei Unterschreiten einer Körperkerntemperatur von etwa 26°–28°C erfolgt der Tod durch Herzversagen (Kammerflimmern).

Als *Hilfsmaßnahmen* empfehlen sich eine rasche Aufwärmung des Rumpfes durch warme Bäder (37°C) oder vorgewärmte Tücher bei gleichzeitiger Gabe glukosehaltiger körperwarmer Getränke (*de Marées* 1979, 318).

Lokale Erfrierungen

Wie bei der Verbrennung unterscheidet man bei den lokalen Kälteschäden verschiedene Stadien, die in erster Linie durch den Zustand der Gefäße im betroffenen Gebiet charakterisiert werden (*Findeisen/Linke/Pickenhain* 1980, 313):

1. Stadium: Blasse, kalte Haut mit herabgesetztem Gefühl. Bei Wiedererwärmung kommt es zu einer brennenden Rötung.

2. Stadium: Blasenbildung und Schwellung, bläuliche Verfärbung. Bei richtiger Wiedererwärmung (s. unten) ist kein bleibender Schaden zu erwarten.

3. Stadium: Gewebstod. Es handelt sich um eine irreversible Schädigung.

Für die Effektivität der *Hilfsmaßnahmen* ist die richtig durchgeführte Wiedererwärmung von entscheidender Bedeutung. Zunächst müssen durch eine allgemeine Erwärmung (s. oben) des Gesamtorganismus die verengten Gefäße am Ort der Erfrierung wieder erweitert werden. Der geschädigte Körperteil wird während dieser Phase noch bei einer Temperatur von 6°C gehalten (in kaltes Wasser legen oder mit Schnee umgeben). Erst *nach* Aufwärmung des Gesamtorganismus erfolgt die langsame Erwärmung des örtlich geschädigten Körperteils.

Erkältung

Eine Erkältung stellt eine Gesundheitsbeeinträchtigung dar, die durch Abkühlung des ganzen Körpers oder einzelner Körperteile ausgelöst wird.

Entstehungsmechanismus: Die Durchblutung von Haut und Schleimhäuten wird durch Abkühlung reflektorisch verändert. So können z. B. kalte Füße durch eine reflektorische Fernwirkung in den Schleimhäuten des Mund-Nasen-Rachenraumes eine Vasokonstriktion hervorrufen. Bei länger andauernder Vasokonstriktion können die stets vorhandenen Viren und Bakterien leichter eine Infektion bewirken, da die Schleimhäute besonders anfällig für Sauerstoffmangel sind (*Bock* 1952, 847).

Die reflektorische Gefäßengstellung der Schleimhäute erfolgt im Interesse der Wärmeretention und stellt eine Kompensationsmaßnahme dar, die sich gegen erhöhte Wärmeverluste in bestimmten Körperteilen richtet. Bei empfindlichen, wenig kälteadaptierten Personen fehlt nach Beendigung der Kälteeinwirkung die rasche Wiedererweiterung der Schleimhäute, und es kommt zur Entstehung von Erkältungskrankheiten (z. B. Schnupfen).

Akklimatisation an Hitze- und Kältebedingungen

Unter *Akklimatisation* (s. S. 596) versteht man die langfristige Anpassung an veränderte klimatische Umgebungsbedingungen wie z. B. Hitze oder Kälte. Sie kann sich über Tage und Monate erstrecken.

Hitzeakklimatisation

Ein längerer Aufenthalt in heißer Umgebung bewirkt im Organismus Umstellungen,

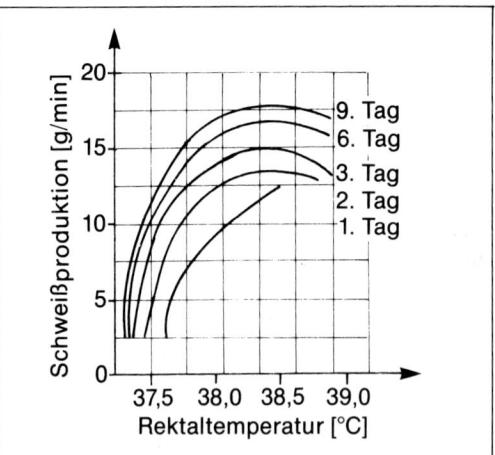

Abb. 259   Die Wirkung einer täglich durchgeführten Leistung in heißem Klima auf die Schweißproduktion in Abhängigkeit von der Körperkern-(Rektal)temperatur (nach *Stegemann* 1971, 169 nach Werten von *Ladell*).

die den Menschen in die Lage versetzen, diesem Klima besser zu widerstehen. Besonders ausgeprägt – und dies ist für den Sportler von Bedeutung – sind die Anpassungsvorgänge, wenn der Körper zusätzlich noch physisch belastet wird.

Für die Leistungsfähigkeit des Sportlers unter Hitzebedingungen ist entscheidend, daß er sich *aktiv* – durch allmählich ansteigende Belastungen – akklimatisiert. Die passive Akklimatisation – z. B. durch den alleinigen Aufenthalt in warmer Umgebung – ist für den Sportler unzureichend (*Wyndham/Strydom* 1972, 147). Die Hitzeakklimatisation ist ebenso wichtig wie die Höhenakklimatisation!

Die wesentliche Anpassung des Organismus im Verlauf der *Akklimatisation* ist die Zunahme der Schweißproduktion, ein Vorgang, der von einer Reihe von Zusatzmaßnahmen im Sinne einer Optimierung und Ökonomisierung der Verdunstungsvor-

gänge begleitet wird. Wie Abbildung 259 zeigt, kommt es im Laufe der Akklimatisation bei Belastung zu einer Steigerung der Schweißrate, wobei der Schwitzvorgang zunehmend früher einsetzt.

Die Erhöhung der Schweißmenge erfolgt über die Steigerung der Zahl der aktiven Schweißdrüsen. Von den etwa 2–2,3 Millionen Schweißdrüsen – die Zahl der Schweißdrüsen scheint bereits mit 2 Jahren fixiert zu werden – sind normalerweise nur etwa 1–1,7 Millionen Drüsen aktiviert (*Bar-Or* 1983, 264).

Wie Abbildung 260 verdeutlicht, erfolgen die Akklimationsvorgänge bei Erwachsenen schneller als bei Kindern.

Zusammengefaßt ergeben sich bei Hitzeakklimatisation folgende Veränderungen:

– Zunahme der aktiven Schweißdrüsen und somit Steigerung der maximalen Schweißrate: Die pro Grad Rektaltemperatursteigerung und Zeiteinheit abgesonderte Schweißmenge kann nahezu auf das Doppelte ansteigen (*Hensel* 1973, 234).

– Früherer Beginn der Schweißsekretion: Sowohl beim Hitzeakklimatisierten als auch beim Ausdauertrainierten ist die Schwitzempfindlichkeit gesteigert (*Henane/Flandrois/Charbonnier* 1977, 822).

– Regelmäßige und nicht in Schüben erfolgende Schweißrate beim Akklimatisierten (*Stegemann* 1971, 168).

– Abnahme der Elektrolytkonzentration (vor allem von Kochsalz) im Schweiß des Akklimatisierten von 0,3 auf 0,03% (*Hensel* 1973, 234/235).

– Absinken der Hauttemperatur und damit der Körperkerntemperatur, da der Hitzeakklimatisierte über die erhöhte und ökonomisierte Schweißabgabe mehr Verdunstungskälte erzeugt. Dadurch wird die Hautdurchblutung verringert, und es kommt zu einer Blutumverteilung zugunsten der Arbeitsmuskulatur mit verbesserter körperlicher Leistungsfähigkeit.

– Zunahme des extrazellulären Flüssigkeitsvolumens – es entspricht einem erhöhten

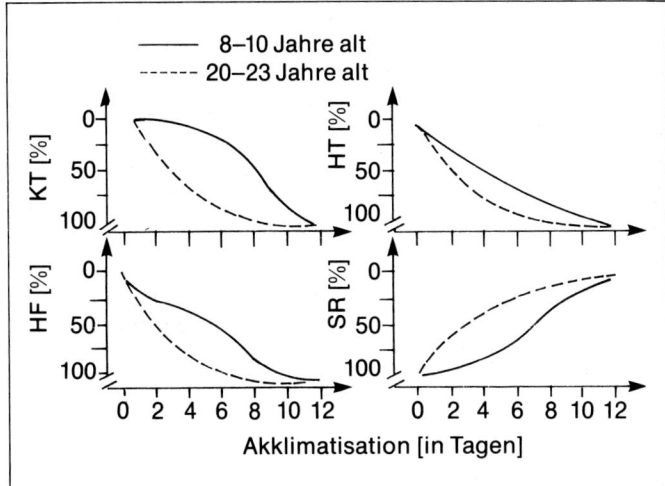

Abb. 260 Der Verlauf der Hitzeakklimatisation bei (männl.) Kindern
und erwachsenen jungen Männern.
Veränderungen in der Körperkerntemperatur (KT), der mittleren
Hauttemperatur (HT), der Herzfrequenz (HF) und der Schweißrate
(SR) während eines 2wöchigen
Akklimatisationsprogrammes. Die
angegebenen Werte beziehen sich
auf das finale Akklimatisations-
niveau (= 100%) (nach *Bar-Or* 1983,
273).

Gesamtblutvolumen mit gesteigerter
Schweißkapazität (erhöhtes Wasserreservoir!) – mit parallel dazu erfolgender Steigerung des Venentonus – er verbessert
den venösen Rückstrom zum Herzen.
Beide Faktoren führen über die Vergrößerung des Herzschlagvolumens – bei unverändertem Herzminutenvolumen – und
einer Verringerung der Herzfrequenz zu
einer erhöhten körperlichen Leistungsfähigkeit (*Wyndham/Strydom* 1972, 147).
– Zunahme des Durstempfindens beim
Akklimatisierten. Es kommt zu einer
frühzeitigen und vermehrten Flüssigkeitsaufnahme. Durch den verbesserten Ausgleich des Wasserdefizits bleiben
die Temperaturregulationsmöglichkeiten
über die Schweißabgabe relativ konstant
auf einem optimalen Niveau (*Schwarzfi-
scher/Rudel* 1976, 338).
– Verschiebung des Behaglichkeitsgefühls
in höhere Temperaturbereiche (*Stegemann* 1971, 169).

Insgesamt führt die Akklimatisation dazu,
daß sich die Herz-Kreislauf-Parameter bei
höheren Temperaturen und körperlicher
Belastung länger in tolerierbaren Grenzen
halten, die körperliche Leistungsfähigkeit

erhöht und die Hitzschlaggefahr reduziert
ist.

> Beachte: *Der Akklimatisationseffekt
> geht schnell verloren.* Maximal sollten
> 14 Tage Pause zwischen Akklimatisa-
> tion und Wettkampf liegen. Für eine
> ausreichende Hitzeakklimatisation sind
> mindestens 8 Hitzeexpositionen über
> wenigstens 2 Stunden mit ansteigender
> Belastung an aufeinanderfolgenden Ta-
> gen notwendig (*Wyndham/Strydom*
> 1972, 147). Kinder benötigen längere
> Akklimatisationszeiten und einen all-
> mählicheren Belastungsanstieg (*Bar-Or*
> 1983, 271).

Kälteakklimatisation

Die Anpassung an Kälte erfolgt beim Menschen überwiegend durch eine Verhaltensänderung (Kleidung, Aufenthalt in warmen
Räumen), weniger durch Umstellung der
autonomen Thermoregulation. Dennoch
kommt es auch bei einem längeren Aufenthalt in kalter Umgebung zu Anpassungsphä-
nomenen (*Hensel* 1971, 235):

- Nachlassen der subjektiven Kälteempfindung
- Eintritt des Kältezitterns bei tieferen Kör-
perkerntemperaturen
- Steigerung des Grundumsatzes.

Literatur

1. *Appenzeller, O., A. Atkinson:* Temperature regulation and marathon running. Med. and Sports 12
(1978), 6–17
2. *Araki, T., Y. Toda, K. Matsushita, A. Tsujino:*
Age differences in sweating during muscular exercise. Jpn. J. Phys. Fitness Sports Med. 28 (1979),
239–248
3. *Azemar, G.:* La crampe du sportif. Med. du Sport
53 (1979), 153 f.
4. *Bar-Or, O.:* Pediatric sports medicine for the practitioner. Springer, New York-Berlin-Heidelberg-
Tokyo 1983
5. *Berghold, F.:* Flüssigkeits- und Elektrolytersatz unter sportlicher Leistung. Österr. J. Sportmed. 2
(1982), 19–25
6. *Bock, D.:* Die Hauttemperatur als Ausgleich zwischen Umwelt und Körper. Akademie der Wissen-
schaften (1952), 830–848
7. *Costill, D. L., J. H. Miller:* Nutrition for endurance
sport: Carbohydrate and fluid balance. Int. J.
Sports Med. 1 (1980), 2–14
8. *de Marées, H.:* Sportphysiologie. Troponwerke,
Köln-Mühlheim 1979
9. *Findeisen, D. G. R., P.-G. Linke, L. Pickenhain:*
Grundlagen der Sportmedizin. Barth, Leipzig 1980
10. *Ganong, W. F.:* Medizinische Physiologie. Springer, Berlin-Heidelberg-New York 1972
11. *Gisolfi, C. F., J. R. Copping:* Thermal effects of
prolonged treadmill exercise in the health. Med.
sci. Sports 6 (1974), 108 f.
12. *Greenleaf, J. E., B. L. Castle:* Exercise temperatur
regulation in man during hypohydration. J. appl.
Physiol. 30 (1971), 847 f.
13. *Guyton, A. C.:* Textbook of medical physiology.
Saunders Comp., Philadelphia-London 1966
14. *Henane, R., R. Flandrois, J. P. Charbonnier:* In-
crease in sweating sensitivity by endurance conditioning in man. J. appl. Physiol. 5, 43 (1977),
822–828
15. *Hensel, E.:* Temperaturregulation. Kurzgefaßtes
Lehrbuch der Physiologie. In: *Keidel, W.* (Hrsg.).
Thieme, Stuttgart 1973
16. *Israel, S.:* Wasser- und Elektrolytsubstitution bei
schweißbedingter Dehydration. Med. u. Sport 1
(1982), 2–7
17. *Israel, S.:* Organismische Störungen infolge Wär-
meeinwirkung beim Sport. Med. u. Sport 9 (1982),
257–263)
18. *Knochel, J. P.:* Environmental heat illness. Arch.
intern. Med. 133 (1974), 841 f.
19. *Nielson, B.:* Thermoregulation in rest and exercise.
Acta physiol. scand., Suppl. 323 (1969)
20. *Schubert, E.:* Physiologie des Menschen. Berlin
1977
21. *Schwarzfischer, R., R. Rüdel:* Zur Problematik des
Sports bei hoher Temperatur. Leistungssport 5
(1976), 334–340
22. *Seeling, W., F. W. Ahnefeld, H.-H. Mehrkerns:*
Therapiewoche 33 (1983), 2009–2016
23. *Senay, L. C., M. L. Christensen:* Respiration of de-
hydrated men undergoing heat stress. J. appl. Physiol. 22 (1967), 282 f.
24. *Stegemann, J.:* Leistungsphysiologie. Thieme,
Stuttgart 1971
25. *Van Dam, B., E. Waterloh:* Biorhythmus. In:
Sport: Leistung und Gesundheit, S. 151–156. *Beck,
H.,* et al. (Hrsg.). Deutscher Ärzte-Verlag, Köln
1983, 151–156
26. *Wyndham, C. H.:* The physiology of exercise under
heat stress. Am. Rev. Physiol. 35 (1973), 193 f.
27. *Wyndham, C. H., N. B. Strydom:* Körperliche Arbeit bei hoher Temperatur. In: Zentrale Themen
der Sportmedizin, S. 131–150. *Hollmann, W.*
(Hrsg.). Springer, Berlin-Heidelberg-New York
1972

Die sportliche Leistungsfähigkeit unter Höhenbedingungen

Begriffsbestimmung

Die Begriffe *Höhenanpassung* und *Höhenakklimatisation* werden in der Literatur bisweilen als Synonyma, bisweilen als Bezeichnungen für unterschiedliche Adaptationsvorgänge verwendet. Ursprünglich stellte der Begriff „Anpassung" nur die Übersetzung des Begriffes „Akklimatisation" dar: „Akklimatisation" kommt aus dem Lateinischen und wird mit „Anpassung an veränderte Klima- und Umweltverhältnisse" übersetzt.

Neuerdings hat sich jedoch eine Unterscheidung der beiden Begriffe durchgesetzt:

Unter *Höhenanpassung* versteht man die Umstellung des Körpers auf eine *akute* Höhenwirkung.
Unter *Höhenakklimatisation* werden die Anpassungsmechanismen zusammengefaßt, die bei *längerfristigen* Höhenaufenthalten im menschlichen Körper stattfinden (*Feth* 1979, 401).

Änderungen der physikalischen Größen der Atmosphäre mit zunehmender Höhe und ihr Einfluß auf den menschlichen Organismus

Mit zunehmender Höhe verändern sich einige physikalische Größen in der Atmosphäre, die entsprechende Anpassungsvorgänge des menschlichen Organismus nach sich ziehen: Es kommt zu einer Abnahme des Luftdruckes, des Sauerstoffpartialdruckes, des Luftwiderstandes, des Wasserdampfdruckes, der Umgebungstemperatur sowie zu einer Zunahme des ultravioletten Anteils des Sonnenlichts.

Luftdruck, Sauerstoffpartialdruck und Luftdichte

Der *Gesamtluftdruck* ergibt sich aus der Summe der Partial(Teil)drücke der in der Luft enthaltenen Gase (Stickstoff, Sauerstoff und Kohlendioxid). Mit zunehmender Höhe nimmt der Luftdruck ab, da sich die darüberliegende Luftmasse verringert (Abb. 261 und Tab. 75).

Da der Sauerstoffanteil der Luft (20,93%) bis in eine Höhe von 13 500 m konstant bleibt, nimmt der *Sauerstoffpartialdruck* mit steigener Höhe parallel zum Luftdruck ab (*de Marées* 1979, 242).
Wie Tabelle 75 erkennen läßt, beträgt der Sauerstoffpartialdruck in der Einatmungsluft in Meereshöhe etwa 20 kPa (150 mm Hg), in 3000 m Höhe nur noch etwa 13,3 kPa (100 mm Hg) und in 8000 m Höhe nur noch 6,1 kPa (46 mm Hg).

Ebenso wie der Luftdruck und der Sauerstoffpartialdruck verringert sich mit zunehmender Höhe auch die *Luftdichte* bzw. der *Luftwiderstand*, da die Zahl der Gasmoleküle, die sich in der Volumeneinheit Luft befinden, abnimmt.

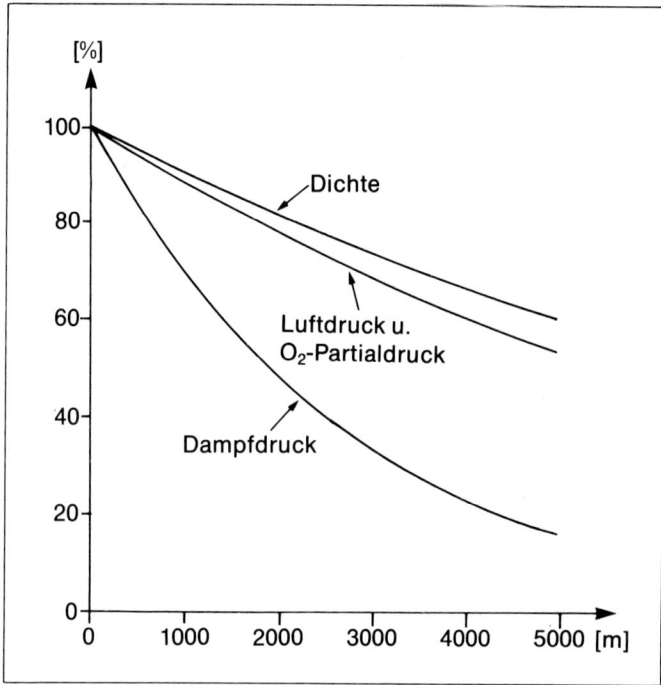

Abb. 261   Die prozentuale Abnahme von Luftdruck, Sauerstoffpartialdruck, Luftdichte und Wasserdampfdruck mit steigender Höhe (nach *Jungmann* 1965, 278).

Die Reduzierung der Luftdichte wirkt sich günstig auf Schnelligkeits- und Schnellkraftleistungen aus: Die Abnahme des *Luftwiderstandes* läßt sich in 2000 m Höhe mit einem Rückenwind von etwa 1,5 m/s vergleichen (*Metzner,* in *Jungmann* 1965, 277).
Mit abnehmender Luftdichte verringert sich auch der Atemwegswiderstand. Dadurch reduziert sich die Atemarbeit, die für ein gegebenes Atemminutenvolumen (AMV) benötigt wird. Der Atemgrenzwert (AGW) ist in der Höhe größer als auf Meereshöhe (*Ulvedal* et al. 1963, 904).

Wasserdampfdruck

Mit steigender Höhe nimmt auch der Wasserdampfdruck – er stellt einen Teildruck des Gesamtluftdruckes dar – rasch ab: In 2240 m (Mexiko City) beträgt er z. B. nur noch etwa 40% des Wasserdampfdruckes auf Meereshöhe (Abb. 261). Die Reduzierung des Wasserdampfdruckes bzw. die

trockenere Luft in der Höhe macht eine vermehrte Wasserabgabe der Bronchialschleimhaut erforderlich, da die Einatmungsluft nicht nur gereinigt, sondern auch auf 37° C erwärmt und zu 100% mit Wasserdampf gesättigt werden muß. Die Anfeuchtung der Luft verhindert ein Austrocknen der Schleimhäute bzw. der Alveolenwände. Auf diese Weise wird der Entstehung von Reizerscheinungen im Bereich der Atemwege bzw. einer Beeinträchtigung der Gasaustauschvorgänge im Bereich der Lungenbläschen vorgebeugt.
Da die *Lufttemperatur* neben dem Luftdruck eine entscheidende Rolle für die Höhe des Wasserdampfdruckes spielt, sind die Unterschiede Höhe/Meeresspiegel im Sommer geringer als im Winter: Bei einer Außentemperatur von 15° C und einer relativen Feuchte von 68% – wie dies z. B. für Mexiko City im September/Oktober zutrifft – sinkt die relative Feuchte bei der Erwärmung auf 37° C bis auf etwa 18% ab, in den europäischen Alpen im Winter bei 0° C und

Höhe	Luftdruck		Sauerstoffpartialdruck	
[m]	[kPa]	[mmHg]	[kPa]	[mmHg]
0	101,3	760	19,9	149
500	95,5	716	18,8	140
1 000	89,9	674	17,5	131
1 500	83,6	634	16,5	123
2 000	79,5	596	15,3	115
2 500	74,7	560	14,3	107
3 000	70,1	526	13,3	100
3 500	65,7	493	12,4	93
4 000	61,6	462	11,6	87
4 500	57,6	433	10,8	81
5 000	54,0	405	10,0	75
5 500	50,5	379	9,2	69
6 000	47,2	354	8,5	64
6 500	44,0	330	7,8	59
7 000	41,1	308	7,2	55
7 500	38,6	287	6,5	50
8 000	35,9	267	6,0	46
8 500	33,0	248	5,5	42
9 000	30,7	230	5,1	38
9 500	28,6	214	4,7	35
10 000	26,5	198	4,3	32

Tab. 75   **Abnahme des Luftdrucks und des Sauerstoffpartialdruckes (in der Trachealluft) mit steigender Höhe unter Standardbedingungen.**

70% relativer Feuchte auf etwa 7%; der Fehlbetrag bis 100% muß der Schleimhaut der Atemwege entnommen werden (*Jungmann* 1965, 277).

Obwohl sich bei der Ausatmung ein Teil des Wassers wieder auf den Schleimhäuten niederschlägt, kommt es bereits in Höhen um 2000 m zu einer gewissen Austrocknung und damit zu Reizerscheinungen an den Atemwegen.

> Nach einer Akklimatisationszeit von etwa 3 Wochen kompensiert der Organismus diesen Wasserverlust über eine verbesserte Schleimhautdurchblutung (*Jungmann* 1965, 277).

Für *Ausdauersportler* ergibt sich in der Höhe ein *erhöhter Wasserbedarf,* um die at-mungsbedingten Zusatzverluste bei längerdauernden sportlichen Belastungen ausreichend kompensieren zu können.

UV-Strahlung

Mit zunehmender Höhe nimmt der Anteil der ultravioletten (UV) Strahlung zu. Als Ursachen wirken der kürzere Weg der UV-Strahlen durch die Schichten der Erdatmosphäre, der Wegfall von UV-absorbierenden Dunstschichten und die starke UV-Reflexion in Schnee und Eis (*de Marées* 1979, 244).

Die verstärkte UV-Strahlung in der Höhe steigert die Gefahr von *Sonnenbrand* und *Schneeblindheit,* insbesondere bei längeren Expositionszeiten bzw. leichtsinniger Exposition oder nicht sachgerechter Ausrüstung.

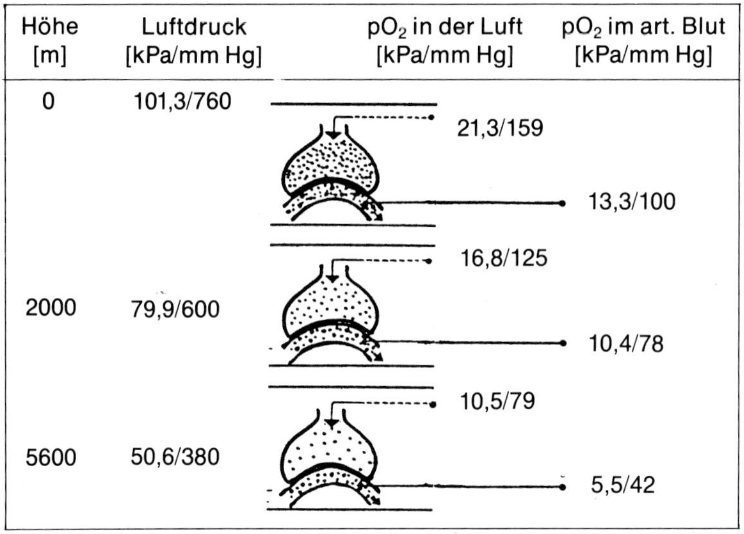

Höhe [m]	Luftdruck [kPa/mm Hg]	pO$_2$ in der Luft [kPa/mm Hg]	pO$_2$ im art. Blut [kPa/mm Hg]
0	101,3/760	21,3/159	13,3/100
2000	79,9/600	16,8/125	10,4/78
5600	50,6/380	10,5/79	5,5/42

Abb. 262 Luftdruck, Sauerstoffpartialdruck in der Luft und im arteriellen Blut (verändert nach *Strømme* 1980, 18).

Auswirkungen des verringerten Sauerstoffpartialdruckes

Der wichtigste und für die menschliche Leistungsfähigkeit am stärksten beeinflussende Faktor in der Höhe ist der abnehmende Sauerstoffpartialdruck.

Der Sauerstoffpartialdruck ist in 2500 m Höhe etwa um ein Viertel, in 5000 m Höhe etwa um die Hälfte herabgesetzt (Abb. 261). Der verringerte Sauerstoffpartialdruck (pO$_2$) in der Außenluft bedingt einen erniedrigten Sauerstoffdruck im Bereich der Lungenbläschen, wodurch es zu einer Abnahme der Sättigung des arteriellen Blutes mit Sauerstoff in größeren Höhen kommt (Abb. 262).

Die mit steigender Höhe verringerte Sauerstoffsättigung im arteriellen Blut führt zu einer parallelen Abnahme der maximalen Sauerstoffaufnahme - dem Bruttokriterium der Ausdauerleistungsfähigkeit – und damit zur Beeinträchtigung der körperlichen Leistungsfähigkeit im Ausdauerbereich (Abb. 263).

In Höhen über 1500 m nimmt die maximale Sauerstoffaufnahmefähigkeit pro 1000 Höhenmeter um 10% ab (*Strømme* 1980, 18; *Grover* 1983, 332).

Ungünstig wirkt sich die höhenbedingte Abnahme des Sauerstoffpartialdruckes bzw. der maximalen Sauerstoffaufnahmefähigkeit vor allem auf die Sportarten aus, die unter Einbeziehung großer Muskelgruppen absolviert werden und eine kontinuierliche Belastungsdauer von 2 Minuten und mehr beanspruchen (*Hollmann/Hettinger* 1980, 557).
Tabelle 76 macht am Beispiel der leichtathletischen Läufe deutlich, daß Ausdauerleistungen erst jenseits einer Belastungsdauer bzw. Laufstrecke von 2 Minuten bzw. 800 m eine Einbuße erfahren.
Die Abnahme des Sauerstoffpartialdrucks verringert jedoch nicht nur die Ausdauerleistungsfähigkeit, sondern auch die Funktionsfähigkeit des Zentralnervensystems, da das Gehirn gegenüber Sauerstoffmangel (Hypoxie) sehr empfindlich reagiert. In der Höhe kommt es daher zu einer Beeinträchtigung folgender kognitiver, affektiv-sozialer

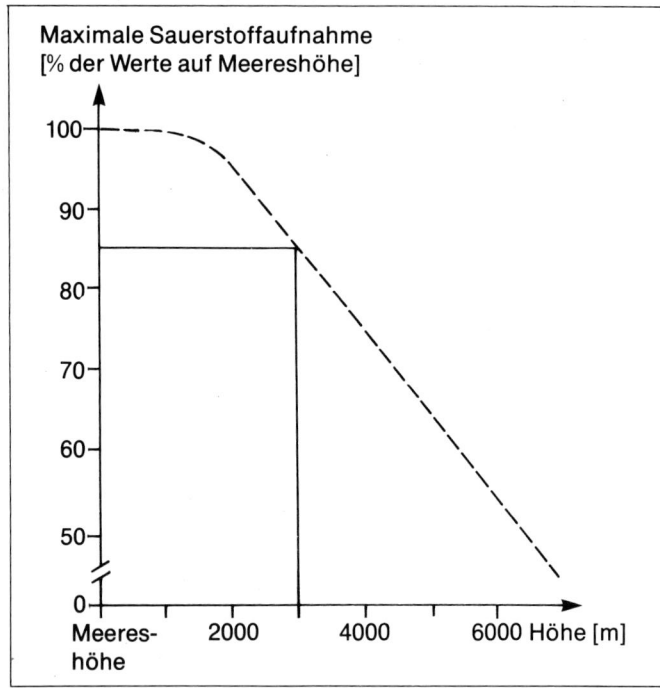

Abb. 263 **Die aerobe Leistungsfähigkeit in der Höhe, ausgedrückt
durch die maximale Sauerstoffaufnahme (nach *Grover* 1983, 332).**

Disziplin	Welt-rekord 1.10.1968 [h:min:s]	Mexiko-City [h:min:s]	Abwei-chung [%]
100 m	10,0	9,9	− 1,00
200 m	20,0	19,8	− 1,00
4×100-m-Staffel	38,6	38,2	− 1,03
400 m	44,5	43,8	− 1,57
4×400-m-Staffel	3:02,8	2:56,1	− 3,66
110 m Hürden	13,2	13,3	+ 0,75
400 m Hürden	49,1	48,1	− 2,03
800 m	1:44,3	1:44,3	± 0
1 500 m	3:33,1	3:34,9	+ 0,84
3 000-m-Hindernis-rennen	8:26,4	8:51,0	+ 4,85
5 000 m	13:16,6	14:0,5,1	+ 6,08
10 000 m	27:39,4	29:27,4	+ 6,50
42 000 m	2:12:11,2	2:20,26,4	+ 6,24

Tab. 76 **Prozentuale Abweichung
der Gewinnzeiten bei den Olympischen Spielen in Mexiko City
(2240 m) von den damaligen Weltre-
korden (vgl. *Jokl/Jokl* 1968).**

und koordinativer Leistungen (*Grover* 1983, 333):

- Abnahme der analytischen Denkfähigkeit, der Entscheidungsfähigkeit und des Urteilsvermögens. Kognitive Leistungen erfordern in der Höhe eine größere Anstrengung, sind zeitaufwendiger und mit einer höheren Fehlerquote verbunden als auf Meereshöhe.
- Veränderungen im affektiv-sozialen Persönlichkeitsbereich: Nervosität, mangelnde Kooperationsbereitschaft und Disziplinlosigkeit nehmen zu, was insbesondere in Mannschaftssportarten eine weniger effektive Gruppenleistung hervorrufen kann.
- Sensorische Leistungen erfahren in der Höhe Einbußen: Infolge Hypoxie läßt die Sehkraft nach; dies kann vor allem in der Dämmerung zu Fehltritten und damit zu einer erhöhten Verletzungs- bzw. Unfallgefährdung führen.
- Die koordinative Leistungsfähigkeit verringert sich in der Höhe. Kurzfristige Höhenaufenthalte können bei Koordinationssportlern, wie z. B. Turnern, zu Störungen in der Bewegungssteuerung und damit zu Problemen in der technischen Übungsbeherrschung bzw. im koordinativen Lernprozeß führen.
- Die Abnahme der Reaktionsfähigkeit beeinträchtigt die koordinative Leistungsfähigkeit und erhöht die Verletzungsgefahr (*Jungmann* 1965, 278).
- Auftreten von *Schlafstörungen:* Im Schlaf verringert sich i. a. die Atemfrequenz, was auf Meereshöhe ohne negative Folgeerscheinungen bleibt. In der Höhe kommt es jedoch aufgrund der physiologisch herabgesetzten Ventilationsleistung zu einer verstärkten Hypoxie, was ein häufiges Aufwachen und eine geringe Schlaftiefe zur Folge hat. Die Unfähigkeit, gut zu schlafen, kann bei einem längeren Höhenaufenthalt einen chronischen Schlafmangel nach sich ziehen, der sich negativ auf die psychophysische Erholungs- und Leistungsfähigkeit auswirken kann.

Physiologische Veränderungen beim Aufenthalt in größeren Höhen – Adaptation und Akklimatisation

Anpassung an akuten Sauerstoffmangel bei kurzfristigem Höhenaufenthalt (Adaptation)

Beim raschen Aufstieg in größere Höhen reagiert der Organismus des Menschen auf den *akuten* Sauerstoffmangel mit einer Reihe von Umstellungsmechanismen, die als *Höhenadaptation* bezeichnet werden.

Um die akute Erniedrigung des Sauerstoffpartialdruckes in der Luft und damit auch im arteriellen Blut zu kompensieren – ein zu starker Abfall des Sauerstoffpartialdruckes würde nicht nur die körperliche Leistungsfähigkeit herabsetzen, sondern unter Umständen sogar lebenswichtige Zellfunktionen gefährden –, wird zuerst die Atmung vertieft und dann beschleunigt. Die Zunahme des Atemminutenvolumens wird durch Chemorezeptoren im Bereich der Halsschlagader (Karotissinus) und in der Aorta ausgelöst, die aufgrund des erniedrigten arteriellen Sauerstoffdruckes über das Atemzentrum eine Steigerung der Atmungsgrößen herbeiführen.

In Abhängigkeit von der Höhe nimmt das Atemminutenvolumen in Ruhe um das 2- bis 3fache des Wertes auf Meereshöhe zu und gleicht auf diese Weise den Sauerstoffmangel weitgehend aus. Neben der erwünschten Sauerstoffmehraufnahme zeigt die *Hyperventilation* aber auch ungünstige Folgeerscheinungen: Durch die vermehrte Abatmung von Kohlendioxid (CO_2) kommt es zu einer respiratorischen Alkalose (s. S. 612), die eine Linksverschiebung der Sauerstoffbindungskurve nach sich zieht (s. S. 129) und so die Sauerstoffabgabe aus dem Blut in das Gewebe erschwert. Bei längerem Aufenthalt in der Höhe wird die Alkalose durch die vermehrte Ausscheidung von Bikarbonat in der Niere korrigiert, wodurch die Sauerstoffdissoziation wieder normalisiert wird (s. S. 129).

Weitere rasch einsetzende Anpassungserscheinungen sind eine vermehrte Lungendurchblutung – dadurch wird der funktionelle Totraum verringert (s. S. 127) und die Sauerstoffaufnahme verbessert – sowie eine Steigerung des Herzminutenvolumens, die vor allem durch die Erhöhung der Herzfrequenz bei im allgemeinen unverändertem Herzschlagvolumen verursacht wird.

Die Zunahme des Herzminutenvolumens erfolgt ohne einen sonderlichen Blutdruckanstieg, da es durch die Gewebshypoxie zu einer Gefäßweitstellung und somit zu einer Verringerung des peripheren Widerstandes kommt.

Die vermehrte Kapillarisierung (durch Eröffnung und Weitstellung der Kapillaren) und die damit verbundene vergrößerte periphere Sauerstoffausschöpfung gewährleisten bis zu einer gegebenen Grenze trotz erniedrigtem Sauerstoffpartialdruck im Gewebe ein ausreichendes Sauerstoffangebot für die Zellen.

Bei Belastungen im Submaximalbereich liegen die Herzfrequenz und das Herzminutenvolumen über den Vergleichswerten auf Meereshöhe, im Maximalbereich entsprechen sie ihnen ebenso wie das Schlagvolumen.

> Das entscheidend leistungslimitierende Moment bei *Ausdauerbelastungen* in der Höhe ist die Reduzierung der Sauerstoffaufnahme mittels äußerer Atmung (*Hollmann/Hettinger* 1980, 561).

Anpassung an chronischen Sauerstoffmangel bei längerfristigem Höhenaufenthalt (Akklimatisation)

Bei längerfristigem Höhenaufenthalt wird die individuell unterschiedlich dauernde Höhenadaptation stufenlos von der *Höhenakklimatisation* abgelöst, was unter anderem an der Rückkehr des erhöhten Ruhepulses in die Nähe des individuellen Ausgangswertes erkennbar ist (*Berhold/Pallasmann* 1983, 240). Es ist anzunehmen, daß die anfänglichen Anpassungsmechanismen – sie betreffen vor allem die erhöhte Herzfrequenz – im Laufe der fortlaufenden *Akklimatisation* deshalb verändert werden, weil eine ständig erhöhte Herzfrequenz einen übermäßigen Energieverbrauch des Herzens nach sich ziehen würde (*Grover* 1983, 338).

Im Rahmen der Höhenakklimatisation versucht der Organismus deshalb das Defizit an Sauerstoff im Blut unter anderem dadurch auszugleichen, daß er die Sauerstoffbindungskapazität durch eine Erhöhung der Hämoglobinkonzentration steigert. Da das Hämoglobin – es ist für die Sauerstoffbindung verantwortlich – in den roten Blutkörperchen (Erythrozyten) normalerweise konstant ist, erfolgt die Hämoglobinzunahme zuerst über eine Zunahme der Erythrozyten, erst später erhöht sich auch der Hämoglobingehalt der Erythrozyten. Die vermehrte Produktion roter Blutkörperchen wird durch die Niere in Gang gesetzt, die bei Sauerstoffmangel in erhöhtem Maße das Hormon *Erythropoetin* freisetzt, das über das Blut in das Knochenmark gelangt und hier eine Steigerung der Erythrozytenbildungsrate verursacht (*Strømme* 1980, 22). Es kommt zu einer relativen Zunahme der roten Blutkörperchen im Blut, der Hämatokrit steigt auf Werte um 50 und mehr. Einwohner Perus weisen in einer Höhe von 4500 m eine Hämoglobinkonzentration von durchschnittlich 20,8 g/100 ml Blut auf, entsprechend einer Erythrozytenzahl von etwa 8 Millionen/ml bzw. einem Hämatokrit um 70 (*Hurtado/Merino/Delgado* 1945, 284).

Die vermehrte Erythrozytenbildung kann den Hämoglobingehalt derartig steigern, daß der Sauerstoffgehalt im arteriellen Blut bei höhenakklimatisierten Personen in

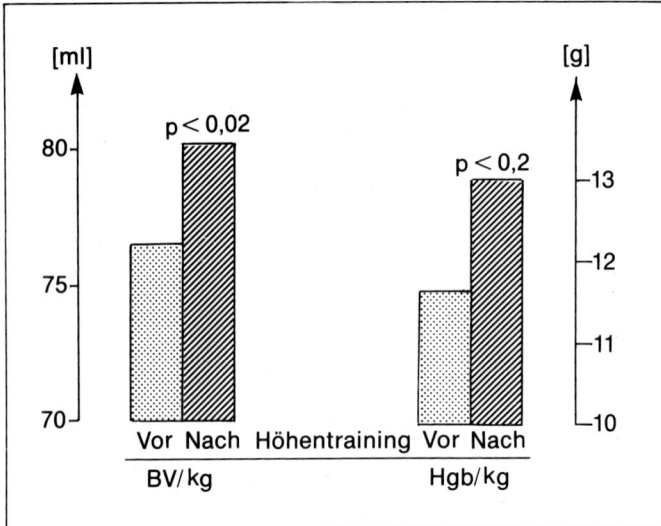

Abb. 264   **Der Einfluß eines 2wöchigen Höhentrainings auf das Blutvolumen (BV) und den Hämoglobingehalt (Hb) (nach Liesen/Hollmann 1972, 158).**

4500 m Höhe derselbe sein kann wie auf Meereshöhe.

Wie Abbildung 264 verdeutlicht, tritt in der Höhe nicht nur eine Zunahme der roten Blutkörperchen und des Hämoglobins ein, sondern auch ein absoluter und relativer Anstieg des Blutvolumens.

Da der Anstieg der Erythrozyten größer ist als der des Blutvolumens, kommt es zu einer Zunahme des Hämatokrits und damit zu einer erhöhten Blutviskosität, wodurch die Herzarbeit bei gegebenem Herzzeitvolumen vermehrt ist.

Parallel zur vergrößerten Sauerstofftransportkapazität erfährt die Hämoglobinaffinität für Sauerstoff aufgrund des Anstiegs des 2,3-DPG(2,3-Diphosphoglyzerat)-Gehaltes der Erythrozyten eine Abnahme. Dadurch kommt es zu einer Rechtsverschiebung der Sauerstoffbindungskurve (s. S. 129) und zu einer erleichterten Sauerstoffabgabe aus dem Blut an die Gewebe.

Im Sinne einer Rechtsverschiebung der Sauerstoffbindungskurve wirkt auch die Kompensation der anfänglichen, hyperventilationsbedingten Alkalose. Bei längerem Höhenaufenthalt scheiden die Nieren vermehrt Bikarbonat über den Urin aus, und der Magen schränkt seine Säureproduktion ein. Dadurch kommt es zu einem Wiederanstieg der Wasserstoffionenkonzentration bzw. zu einem Abfall des Blut-pH-Wertes, was einerseits zu der angesprochenen Rechtsverschiebung der Sauerstoffbindungskurve, andererseits bis etwa zum 8. Tag zu einem weiteren Anstieg des Atemminutenvolumens führt.

Durch die verstärkte *Bikarbonatausscheidung* über die Nieren verringert sich die Pufferkapazität des Blutes gegenüber sauren Stoffwechselprodukten, was eine *Beeinträchtigung der anaeroben Energiebereitstellung* in der Höhe bedingt.

Im Bereich der Muskulatur kommt es im Laufe der Akklimatisation ebenfalls zu Kompensationsmechanismen im Sinne einer verbesserten Sauerstoffversorgung und -verwertung.

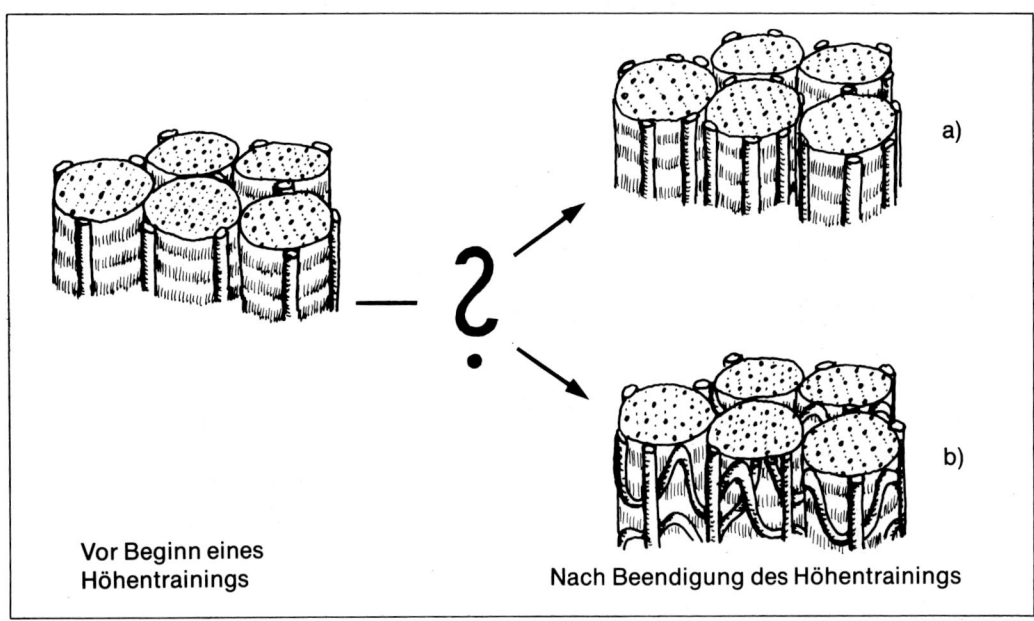

Abb. 265 Die Vergrößerung der Kapillaroberfläche durch Neubildung (a) bzw. Schlängelung (b) der Kapillaren beim Aufenthalt in der Höhe.

Das bereits unter Ruhebedingungen erweiterte Kapillarbett wird über die Neubildung (*Ingjer* 1978, 238; *Ingjer/Brodal* 1978, 291) bzw. Schlängelung von Kapillaren (*Appell* 1980, 56) nochmals in seiner Austauschfläche vergrößert (Abb. 265).

Der genaue Mechanismus der Vergrößerung der Kapillaroberfläche (s. auch S. 104) ist noch nicht endgültig geklärt. Ursächlich kann der bei erniedrigtem Sauerstoffpartialdruck erfolgende Anstieg von Hypoxanthinen an der höhenbedingten „Kapillarisierung" beteiligt sein: Unter Hypoxiebedingungen ist die ATP-Synthese verringert bei gleichzeitig vermehrter AMP-Dephosphorylierung, was über verschiedene Zwischenstufen (Adenosine und Inosine) zu einer Steigerung von Hypoxanthinen im Plasma führt, die mit einer Zunahme der Kapillardichte in Verbindung gebracht werden (*Yoshino* et al. 1980, 1265 f.).

Die Vergrößerung der Kapillaroberfläche führt zu einer verbesserten Blutversorgung bei verlängerter Kontaktzeit und kürzeren Diffusionsstrecken, was insgesamt die Sauerstoffversorgung des Muskels optimiert.

Des weiteren erhöht sich in der Höhe der *Myoglobingehalt* im Muskel, was zu einer Kapazitätssteigerung der intrazellulären Sauerstoffspeicher führt (*Brotherhood* 1974, 8; *Keul/Cerny* 1974, 18). Der Myoglobinanstieg ist für die oxidative Energiebereitstellung insbesondere aufgrund des höhenbedingten erniedrigten Sauerstoffpartialdruckes von Bedeutung.

Schließlich kommt es auch noch zu einer Zunahme und Vermehrung der *Mitochondrien* sowie zu einer Steigerung der Kapazität der *Enzyme des aeroben Stoffwechsels* (*Strømme* 1980, 24).

Obwohl die soeben beschriebenen Akklimatisationsmechanismen insgesamt die organismische Leistungsfähigkeit erhöhen – dies betrifft in besonderem Maße die durch die Höhe beeinträchtigte Ausdauerleistungsfähigkeit –, so reichen sie dennoch nicht aus, den reduzierten Sauerstoffpartialdruck vollständig zu kompensieren. Schon in einer Höhe von 2300 m kann trotz mehrwöchiger Akklimatisation die maximale Sauerstoffaufnahme unter Flachlandbedingungen nicht erreicht werden. Es verbleibt eine durchschnittliche Differenz von etwa 6% (*Roskamm* et al. 1968). Allerdings ist die Leistungsfähigkeit des Höhenakklimatisierten in jeder Höhe und in jeder Belastungsstufe (submaximale und maximale Belastungen) gegenüber dem Nichtakklimatisierten erhöht (Abb. 266).

Die Wirkung des Höhentrainings auf die körperliche bzw. sportliche Leistungsfähigkeit

Unter Höhentraining versteht man die Verlegung des Trainings aus dem Flachland in die Höhe zur Akklimatisierung und Vorbereitung auf einen Wettkampf in der Höhe bzw. zur Erzielung einer höheren Ausdauerleistungsfähigkeit für Wettkämpfe im Flachland.

Höhentraining zur Vorbereitung auf einen Wettkampf in der Höhe

Ein Höhentraining zur Vorbereitung auf einen Wettkampf in der Höhe erfolgt in der Regel nur in den Sportdisziplinen, die bei mangelnder Akklimatisation mit Leistungseinbußen zu rechnen haben. Dies betrifft fast ausschließlich *Ausdauersportarten* mit überwiegend aerober Energiebereitstellung und einer Belastungsdauer, die jenseits der 2-Minuten-Grenze liegt. Maximalkraft- und Schnellkraftsportarten sowie Sportarten mit vorherrschend anaeroben Belastungen (z. B. Kurzstreckenläufe) benötigen hingegen kein vorbereitendes Höhentraining.

Für Wettkämpfe in einer Höhe von 2000 m genügt im allgemeinen eine Akklimatisationszeit von etwa 2–3 Wochen (*Körner/Eckstein* 1980, 40).

Die bei längeren Akklimatisationszeiten auftretenden Veränderungen sind so gering, daß sie kaum von den individuellen Schwankungen der körperlichen Leistungsfähigkeit zu unterscheiden sind (*Astrand* 1972, 129). Eine weitere Steigerung der Leistungsfähigkeit durch einen längeren vorherigen Aufenthalt ist auch aus psychologischen, sozialen und trainingsphysiologischen Gründen – hier ist insbesondere an die in der Höhe eingeschränkte Trainingsdauer und -intensität zu denken – nicht ohne zusätzliche Schwierigkeiten herbeizuführen. Eines der Hauptprobleme der Ausdauersportler bei der Vorbereitung auf einen Wettkampf in der Höhe besteht neben einer ausreichenden Akklimatisation in der richtigen Abstimmung der Lauf-, Fahr- oder Rudergeschwindigkeit o. ä. auf das individuell mögliche Optimum in der Höhe:

Nach der Ankunft in der Höhe gehört es zu den wichtigsten Aufgaben des Sportlers, sein Lauf-, Fahr- oder Rudertempo optimal auf seine veränderte Leistungsfähigkeit abzustimmen (*Grover* 1983, 343).

Selbst eine geringe Fehleinschätzung der eigenen Leistungsfähigkeit kann in der Höhe zu gravierenden Leistungseinbußen führen, da es im Vergleich zum Flachland schneller zu Ermüdungs- bzw. Erschöpfungszuständen kommt. Schließlich ist es noch von Bedeutung, die individuelle Reaktionsweise auf einen Höhenaufenthalt zu kennen. Da z. B. die Abnahme der maximalen Sauerstoffaufnahme bei vergleichbarer Höhe interindividuell unterschiedlich ist, sind nicht

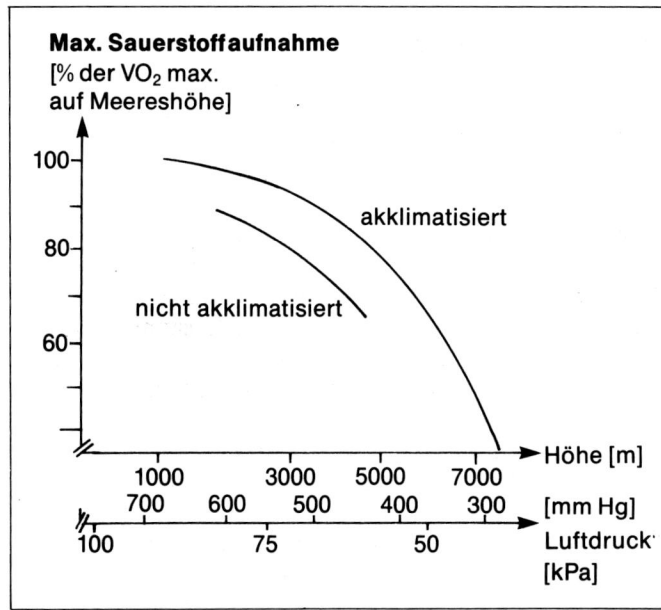

Abb. 266 Die Ausdauerleistungs-fähigkeit – ausgedrückt durch die maximale Sauerstoffaufnahmefähig-keit (VO₂ max.) – in verschiedenen Höhen bei Akklimatisierten und Nicht-Akklimatisierten (verändert nach *Balke* et al. 1966, 106).

alle Sportler in gleichem Maße vom Sauer-stoffmangel in größeren Höhen betroffen: Der beste Wettkämpfer auf Meereshöhe muß nicht unbedingt der Sieger in der Höhe sein (*Astrand* 1972, 123; *Grover* 1983, 343).

Höhentraining zur Vorbereitung auf einen Wettkampf im Flachland

Das Ziel eines Höhentrainings ist es, die positive Wirkung der bereits beschriebenen sauerstoffmangelbedingten Anpassungsme-chanismen auf die Ausdauerleistungsfähig-keit für Wettkämpfe im Flachland auszunut-zen (Abb. 267).
Wie Abbildung 268 erkennen läßt, nimmt die Ausdauerleistungsfähigkeit im Verlauf eines Höhentrainings zunächst ab, steigt dann wieder an und erreicht schließlich nach der Rückkehr in das Flachland ein erhöhtes Niveau, wobei die Zuwachsrate bei etwa 6–8% liegt (*Nilsen* 1980, 38).
Für die erfolgreiche Durchführung eines Höhentrainings sind einige Punkte zu be-achten bzw. vorweg zu klären (vgl. auch *Weineck* 1983, 90).

Sportart

Wie bereits erwähnt, ist ein Höhentraining ausschließlich für Ausdauersportarten sinn-voll.

Richtige Vorbereitung des Höhentrainings

Die Sportler, die erstmalig an einem Höhen-training teilnehmen, sollten psychologisch darauf eingestellt werden. Sie müssen wis-sen, was sie klimatisch, trainingsmethodisch und leistungsphysiologisch erwartet. Die Wirkmechanismen und die beim Höhentrai-ning ablaufenden physiologischen Reaktio-nen müssen dem Sportler bekannt sein. Vor der Erzeugung einer Angstpsychose vor dem Höhentraining ist jedoch zu warnen, da der Sportler sein Training ohne Angst und Verunsicherung absolvieren sollte (*Körner/ Eckstein* 1980, 40).
Da die veränderte Höhenlage und die er-schwerten Trainingsbedingungen sowie die Zusammensetzung der Gruppe bzw. die dauernde Konfrontation mit Trainern und Trainingspartnern zu psychischen Alteratio-

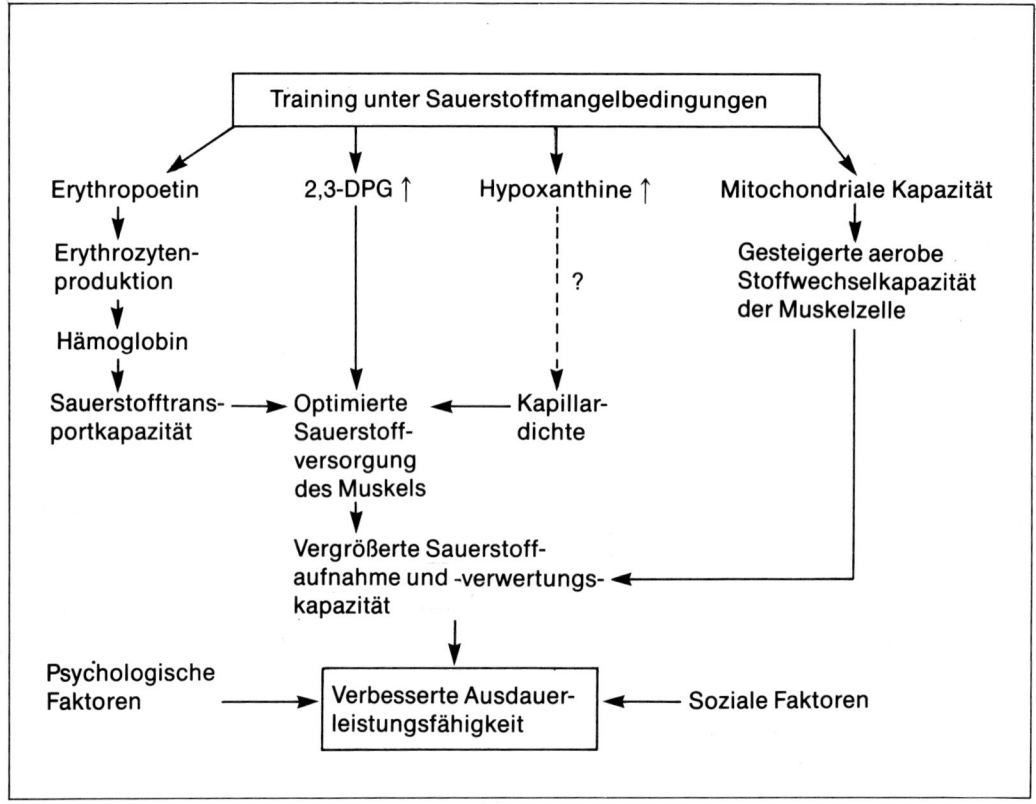

Abb. 267   Zusammenfassende Übersicht über die wichtigsten Mechanismen eines Höhentrainings bei der Steigerung der Ausdauerleistungsfähigkeit (verändert nach *Strømme* 1980, 25).

nen (z. B. Aggressionen, „Lagerkoller" etc.) führen können, ist auf eine gute psychologische Betreuung im Höhenlager zu achten. Es sollten möglichst Einzelzimmer belegt werden, damit die Freizeit individuell gestaltet und ein Rückzug aus der Gruppe möglich gemacht werden kann (*Bantle* 1980, 46).

Geeignete Höhe

Der Erfolg eines Höhentrainings ist entscheidend von der richtig gewählten Höhe abhängig. Als günstigste Höhe gelten Trainingsorte in einer Höhe von 1800–2300 m, wenn sich das Sauerstoffangebot um etwa 16–24% verringert (*Körner/Eckstein* 1980,

40). Unterhalb 1800 m ist die „Reizwirkung" des Sauerstoffmangels zu gering, oberhalb 2300 m behindern der zu starke Sauerstoffmangel bzw. die zu trockene und kalte Luft die Durchführung eines normalen Trainingsbetriebes. Die zu hoch gewählte Lage des Trainingsortes ist der Grund dafür, daß verschiedene Höhentrainingslager ohne den erhofften Leistungsanstieg durchgeführt wurden (*Buskirk* et al. 1967, 259; *Consolazio* 1967).

Dauer

Da es bereits in den ersten beiden Wochen zu ausgeprägten Anpassungserscheinungen kommt, gelten – auch aus finanziellen Erwägungen – 2–3 Wochen als Optimum.

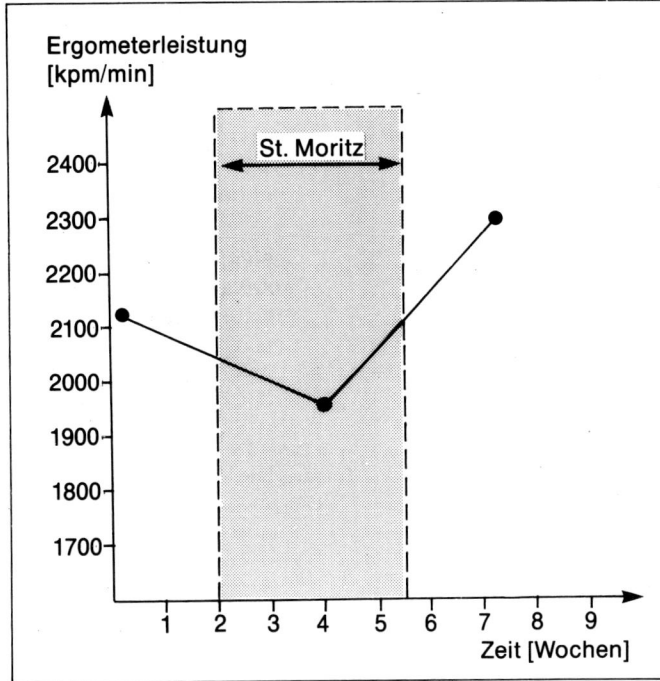

Abb. 268 Die Auswirkungen eines Höhentrainings auf die Ausdauerleistungsfähigkeit, dokumentiert am Beispiel der Arbeitsleistungen am Ruderergometer vor, während und nach dem Höhentraining (nach *Nilsen* 1980, 38).

Häufigkeit

Ein wiederholtes Höhentraining scheint günstigere Auswirkungen auf die Ausdauerleistungsfähigkeit zu haben als ein einmaliges, da die positiven Auswirkungen mit der Häufigkeit der Höhenaufenthalte aufgrund der immer besseren Anpassung zunehmen (*Johnston/Turner* 1974, 55).

Trainingsregime

Nach einer einige Tage dauernden Eingewöhnungszeit – in diesem Zeitraum wird vor allem umfangsbetont trainiert – soll die Trainingsintensität allmählich an die im Flachland angeglichen und in etwa die gleiche Trainingsleistung absolviert werden wie dort (Abb. 269) (*Bantle* 1980, 45).

Rückkehr aus der Höhe

Das Höhentraining sollte etwa 1–3 Wochen vor dem Leistungshöhepunkt beendet werden. Nach einer Reakklimatisierungsphase von etwa 1 Woche – sie ist meist mit einem vorübergehenden „Leistungseinbruch" verbunden – erreicht die Ausdauerleistungsfähigkeit in der 2. und 3. Woche ihr Maximum bei interindividuell z. T. beträchtlichen Schwankungen. In die Zeit des Leistungshochs sollte auch der vorgesehene Wettkampf fallen (Abb. 270).

Aufgrund der verschärften Belastungslage und der herabgesetzten Erholungsfähigkeit in der Höhe ist beim Training unbedingt auf eine Verlängerung der *Pausen* zwischen den Einsätzen zu achten.

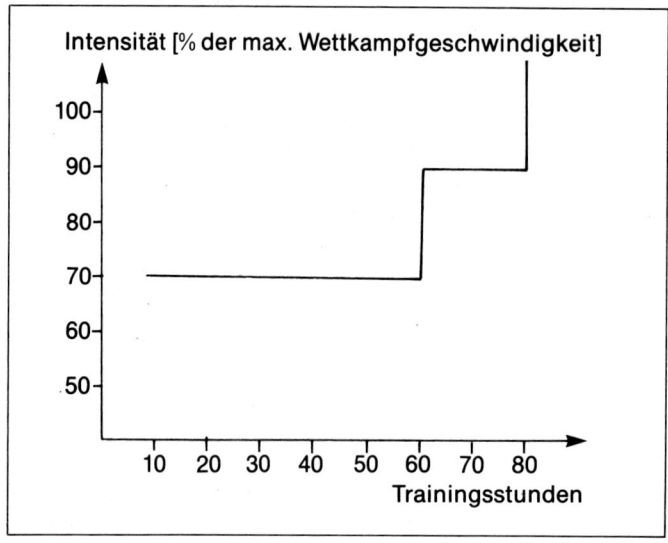

Abb. 269 Die Veränderung der Trainingsintensität im Laufe des Höhentrainings (nach *Nilsen* 1980, 36).

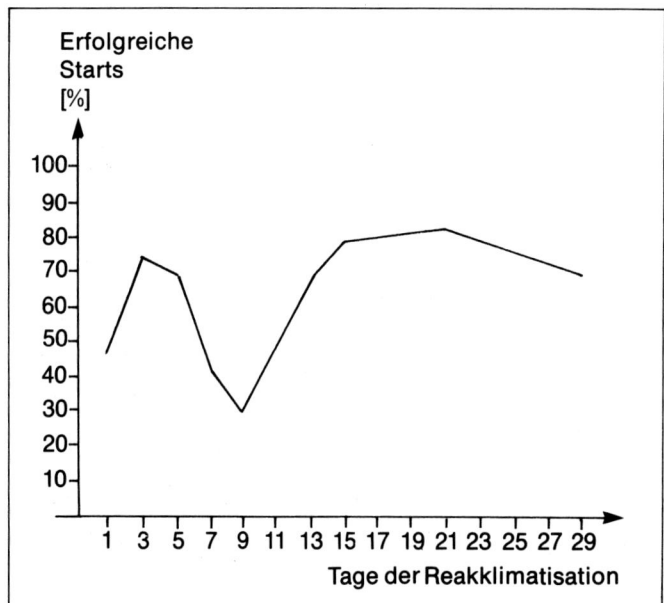

Abb. 270 Dynamik der Veränderungen in der Leistungsfähigkeit von Sportlern nach Höhentraining (nach *Suslow/Farfel* 1973, 205).

Zeitpunkt in der Jahresplanung

Im allgemeinen sollte ein Ausdauersportler ein Höhentraining unter entsprechenden *Leistungsvoraussetzungen* in Angriff nehmen. Nur ein bereits sehr hohes Niveau in der Ausdauerleistungsfähigkeit macht ein Höhentraining als zusätzlichen Trainingsreiz sinnvoll. Außerdem bietet der Wechsel des Trainingsterrains nach einer längeren Trainingsperiode im Flachland eine geeignete Motivationsgrundlage für eine weitere Erhöhung der Belastungen. Das Höhentraining eignet sich demnach vor allem in der *Vorwettkampfphase* bzw. als unmittelbare *Wettkampfvorbereitung*.

Ernährungsprobleme in der Höhe

In der Höhe kommt es zum einen zu erhöhten Wasser- und Elektrolytverlusten (*Hollmann/Hettinger* 1980, 556; *Berghold* 1982, 64), zum anderen zu einem verstärkten intramuskulären Glykogenabbau (*Hollmann/Hettinger* 1980, 563). Die vermehrten Flüssigkeitsverluste werden unter anderem durch die erhöhte Wasserabgabe der Schleimhaut des Respirationstraktes verursacht, die der Anfeuchtung und Aufwärmung der trockeneren und kälteren Höhenluft dient. Der gesteigerte muskuläre Glykogenabbau erfolgt insbesondere aufgrund der Intensitätssteigerung und der damit zunehmenden Belastung des Kohlehydratstoffwechsels.

Als Konsequenz für ein richtiges Ernährungsverhalten ergeben sich eine angemessene Elektrolyt- und Flüssigkeitssubstitution und eine gesteigerte Gabe von Kohlehydraten. Eine regelmäßige Gewichtskontrolle vor und nach dem Training gilt als eine praktische Hilfe zur Konstanterhaltung des Körpergewichts und damit indirekt auch der körperlichen Leistungsfähigkeit. Ernährungsfehler können in der Höhe schnell zur Symptomatik des „Übertrainings" führen (s. S. 465).

Die z. T. unterschiedliche Beurteilung des Höhentrainings ist sicherlich nicht nur auf Fehler bei der Durchführung eines solchen Trainings zurückzuführen, sondern auch auf die Tatsache, daß die beteiligten Sportler in recht unterschiedlichem Maße auf die komplexe Wirkung des Höhentrainings reagieren. Für die Effektivität des Höhentrainings spielen dabei die individuellen Unterschiede in der Akklimatisationsdauer, der Belastungsverträglichkeit, der psychophysischen und gesundheitlichen Stabilität eine maßgebliche Rolle für das Ausmaß der Steigerung der Leistungsfähigkeit bzw. den Zeitpunkt ihres Eintritts nach der Rückkehr ins Flachland.

Da in all diesen Punkten eine hohe individuelle Streuung in der Reaktionslage vorliegen kann, ist es empfehlenswert, ein Höhentraining beim ersten Mal nicht gerade vor einem entscheidenden Wettkampf, sondern zur Probe bei einer sich anbietenden Gelegenheit durchzuführen: Nur ein derartiger Vortest kann mit ausreichender Wahrscheinlichkeit Auskünfte über die individuelle Reaktions- und Adaptationslage vermitteln, die bei späteren Höhenaufenthalten dann sinnvoll ausgenützt werden können. Ein solches Vorgehen scheint insbesondere in Sportarten angezeigt, die im Gruppen- oder Mannschaftsverband zur Ausführung kommen: Zur Synchronisierung bzw. Homogenisierung des Gesamtverbandes müssen ausreichende Kenntnisse über die unterschiedlichen Akklimations- und Reakklimatisationszeiten der einzelnen Teilnehmer vorliegen; nur dann erscheint ein Höhentraining sinnvoll, wenn alle Beteiligten ihr angestrebtes Leistungshoch im Flachland in etwa zum gleichen, auf den entscheidenden Wettkampf hin ausgerichteten Zeitpunkt erreichen würden.

Zusammenfassend läßt sich feststellen, daß das Höhentraining bei richtiger Durchführung und unter Berücksichtigung individueller Spezifitäten sicherlich einen positiven Beitrag zur Steigerung der Ausdauerleistungsfähigkeit liefern kann.

Akute Adaptationsstörungen beim Bergsport in großen Höhen

Beim Bergsport in großen bis extremen Höhen kommt es bei ungenügender Anpassung an den verminderten Sauerstoffpartialdruck zu verschiedenen Formen akuter Adaptationsstörungen mit harmlosen bis tödlichen Folgen.

Bei zu raschem Aufstieg in große Höhen genügen die eingangs beschriebenen Adaptationsmechanismen (s. S. 592) nicht mehr, um eine schwere Hypoxie zu verhindern. Es kommt zur Ausbildung der *akuten Höhenkrankheit*.

Das Auftreten, die Symptomatik und der Verlauf der *akuten Höhenkrankheit* unterliegen einer hohen interindividuellen Streuung. Art und Geschwindigkeit des Aufstieges, absolute Höhe, Anstrengung, Kälteexposition, Dehydratation und andere Faktoren wirken unterschiedlich auf ihre Entstehung (*Berghold/Pallasmann* 1983, 242).

Die *Symptomatik* der akuten Höhenkrankheit unterscheidet sich je nach Schweregrad (*Hackett/Rennie/Levine* 1976, 1150 f.): Bei *leichten* Adaptationsstörungen („Warnzeichen") steht der Kopfschmerz als Leitsymptom im Vordergrund. Als Ursache wird eine sauerstoffmangelbedingte Verengung (Vasokonstriktion) oder Erweiterung (Vasodilatation) der Hirnarterien diskutiert. Weitere Symptome sind Schwäche, Müdigkeit sowie Atemnot bei mäßigen Anstrengungen (*Berghold/Pallasmann* 1983, 242).

Bei *mittelschweren* Adaptationsstörungen („Alarmzeichen") steigern sich die vorher genannten Beschwerden übergangslos: Starke Kopfschmerzen, Erschöpfung bzw. extreme Müdigkeit, Appetitlosigkeit, Übelkeit bis Erbrechen, Koordinationsschwierigkeiten. Typisch ist die Atemnot in Ruhe.

> Beim Auftreten der Symptomatik der mittelschweren Adaptationsstörungen muß sofort in tiefere Höhenlagen abgestiegen werden. Je schneller der Abstieg, desto eher schwinden die Beschwerden.

Schwere Adaptationsstörungen sind gekennzeichnet durch das Höhenlungenödem oder Höhenhirnödem. Charakteristisch für das *Höhenhirnödem* sind rasende Kopfschmerzen, Ataxie, Erbrechen, schwere Erschöpfung, eingeschränkte Urinausscheidung, Atemnot und Husten. Dramatische Bewußtseinsstörungen treten auf: Desorientierung, Verwirrtheit, Halluzinationen.

> Die Sofortmaßnahmen beim Auftreten dieser Symptome eines Hirnödems bestehen im raschen Abtransport, falls möglich unter Sauerstoffgabe und der Gabe von Dexamethason.

Beim *Höhenlungenödem* – der gefährlichsten Form der Höhenadaptationsstörungen – kann innerhalb weniger Stunden der Tod eintreten. Als Frühzeichen gelten Atemnot in Ruhe und bei Anstrengung, auffallende Leistungsminderung und trockener Husten. Später treten rasende Kopfschmerzen, Druckgefühl im Thoraxbereich und verminderte Urinausscheidung auf. Die mit dem Lungenödem verbundene Flüssigkeitsansammlung in der Lunge führt zu einer Beeinträchtigung der Atmung und bedingt eine ungenügende Sauerstoffsättigung des Blutes, die sich in blauen (zyanotischen) Lippen und Fingernägeln manifestiert. Hinzu kommt ein rostiger Auswurf. Charakteristisch sind Brodel- und Rasselgeräusche in der Lunge, die schon ohne Hilfsmittel zu hören sind.

> Therapie der Wahl beim Auftreten eines Lungenödems ist der rasche Abtransport, wenn möglich unter Sauerstoffgabe. Da körperlicher Einsatz das Lungenödem verschlimmert, sollte der Bergsportler wenn möglich getragen werden (*Berghold/Pallasmann* 1983, 243; *Grover* 1983, 344).

Zur *Prophylaxe* von Adaptationsstörungen beim Bergsteigen in großen Höhen gelten folgende Verhaltensgrundsätze:

– Kein zu schneller Aufstieg. Bereits in Höhen um 2700 m kann es zur Ausbildung eines Lungenödems kommen.
– Keine Höhenunterschiede über 500 m pro Tag.

- Schlafhöhe immer tiefer als die höchste erreichte Tageshöhe.
- Pro 1000 m Höhenunterschied sollten 2 aufeinanderfolgende Nächte auf derselben Höhe verbracht werden.
- Vermeidung von Flüssigkeitsdefiziten und Überanstrengungen.
- Aufnahme einer kohlehydratreichen Kost.
- Kompromißloses Handeln beim Auftreten der geschilderten Beschwerdebilder (*Berghold/Pallasmann* 1983, 244).

Literatur

1. *Appell, H.-J.:* Morphologische Untersuchungen zur Wirkung des Höhentrainings. Leistungssport 1 (1980), 54–60
2. *Astrand, P. O.:* Die körperliche Leistungsfähigkeit in der Höhe. In: Zentrale Themen der Sportmedizin. *Hollmann, W.* (Hrsg.). Springer, Berlin-Heidelberg-New York 1972
3. *Balke, B.,* et al.: Maximal performance capacity at sea level and at moderate altitude before and after training at altitude. Schweiz. Z. Sportmed. 14 (1966), 106 f.
4. *Bantle, K. H.:* Höhentraining. FISA Coaches Conference, p. 45. Magglingen 1980
5. *Berghold, F.:* Was wissen wir über das Höhenklima? Med. Tribune 13 (1982), 64
6. *Berghold, F., K. Pallasmann:* Aspekte der Höhenanpassung und der akuten Adaptationsstörungen beim Bergsport in extremen Höhenlagen. Dt. Z. Sportmed. 8 (1983), 237–244
7. *Brotherhood, J. R.:* Human acclimatization to altitude. Brit. J. Sports Med. 1 (1974), 5–8
8. *Buskirk, E.,* et al.: Maximal performance at altitude and on return from altitude in conditioned runners. J. appl. Physiol 23 (1967), 259 f.
9. *Consolazio, C. F.:* Submaximal and maximal performance at high altitude. In: Internat. Symposium on the effects of altitude on physical performance. The Athletic Institute, Chicago 1967
10. *de Marées, H.:* Sportphysiologie. Troponwerke, Köln-Mühlheim 1979
11. *Feth, W.:* Materialien zum Höhentraining. Leistungssport 5 (1979), 399–405
12. *Grover, R. F.:* Leistungsfähigkeit in großen Höhen. In: Sportmedizin und Leistungsphysiologie, S. 331–348. *Strauss, H.* (Hrsg.). Enke, Stuttgart 1982
13. *Hartmann, W., H. Hommel:* Bibliographie zum Höhentraining. Lehre der Leichtathletik 20 (1981), 563, 566, 595
14. *Hollmann, W., T. Hettinger:* Sportmedizin – Arbeits- und Trainingsgrundlagen. Schattauer, Stuttgart-New York 1980
15. *Hurtado, A., C. Merino, E. Delgado:* Influence on the hemopoetic activity. Arch. intern. Med. 75 (1945), 284 f.
16. *Ingjer, F.:* Maximal aerobic power related to the capillary supply of the quadriceps femoris muscle in man. Acta physiol. scand. 104 (1978), 238–240
17. *Ingjer, F., B. Brodal:* Capillary supply of skeletal muscle fibers in untrained and endurance-trained women. Europ. J. appl. Physiol 38 (1978), 291–299
18. *Johnston, T. F., D. M. Turner:* Attitude training and physiological conditioning from the point of view of the runner. Br. J. Sports Med. 1 (1974), 52–55
19. *Jokl, E., P. Jokl:* The physiological basis of athletic records, C. C. Thomas, Springfield/Illinois 1968
20. *Jungmann, H.:* Sport in größeren Höhen. Sportarzt und Sportmed. 8 (1965), 277–280
21. *Keul, J., F. Cerny:* Influence of altitude training on muscle metabolism and performance in man. Brit. J. Sports Med. 8 (1974), 18–29
22. *Körner, K., H. Eckstein:* Zum Höhentraining der Ruderer der DDR. FISA Coaches Conference, pp. 40–44. Magglingen 1980
23. *Liesen, v. H., W. Hollmann:* Der Einfluß eines zweiwöchigen Höhentrainings auf die Leistungsfähigkeit im Flachland. Sportarzt u. Sportmed. 3 (1972), 157–161
24. *Nielsen, T. S.:* Training at altitude. FISA Coaches Conference, pp. 31–39. Magglingen 1980
25. *Roskamm, H., L. Samek, H. Weidemann, H. Reindell:* Leistung und Höhe. Knoll, Ludwigshafen 1968
26. *Strähl, E.:* Höhentraining in der Leichtathletik. Leistungssport 3 (1973), 352–356
27. *Strømme, A. B.:* Training at altitude. FISA Coaches Conference, pp. 17–30. Magglingen 1980
28. *Suslow, F. P., W. S. Farfel:* Die sportliche Leistungsfähigkeit in der Periode der Reakklimatisierung nach Höhentraining. Leistungssport 3 (1973), 204–205
29. *Ulvedal, F., T. E. Morgan, R. C. Cutler, B. E. Welch:* Ventilatory capacity during prolonged exposure to simulated altitude without hypoxia. J. appl. Physiol. 18 (1963), 904 f.
30. *Weineck, J.:* Optimales Training. perimed Fachbuch Verlagsgesellschaft, Erlangen 1983
31. *Yoshino, M., R. Hayashi, Y. Katsumata, S. Mori, G. Mitarai:* Blood oxypurines and erythrocyte 2,3-diphosphoglycerate levels at high altitude hypoxia. Life Sci. 27 (1980), 1265–1269

Tauchsport

Der Tauchsport erfreut sich mit seinen verschiedenen Tauchtechniken – Apnoe-, Schnorchel- und Gerätetauchen – einer zunehmenden Beliebtheit als Freizeitaktivität. Tauchen ohne oder mit Gerät ist nicht besonders gefährlich, aber es muß unter *Beachtung gewisser Vorsichtsmaßregeln* betrieben werden. Neben der gravierendsten Folge, dem Ertrinken, gibt es eine Reihe von *Risiken* beim Tauchsport, die man kennen muß, um sie zu vermeiden. Dies setzt ein gewisses Maß an Information über die Besonderheiten dieser Sportart voraus: Die Funktionsabläufe des menschlichen Organismus werden beim Tauchen durch die veränderten Milieubedingungen vielfältig beeinflußt; je nach Tauchtechnik ergeben sich daher charakteristische Gefahrenmomente, die bei ausreichender Problemkenntnis gemieden werden können.

Physikalische Eigenschaften des Wassers

Der hydrostatische Druck

Im Wasser wirkt auf den Körper des Tauchers zusätzlich zum atmosphärischen Druck – er beträgt auf Meereshöhe etwa 100 kPa (entsprechend 1 bar bzw. 1 at bzw. 760 mm Hg) – noch der hydrostatische Druck p (Gewichtsdruck des Wassers) ein.

$$p = h \cdot \gamma$$

h = Höhe der Wassersäule
γ = Dichte des Wassers

Die Dichte von Wasser ist gleich 1; der hydrostatische Druck ist folglich allein von der Höhe der Flüssigkeitssäule abhängig.

Da Wasser etwa 770mal dichter als Luft ist, nimmt der hydrostatische Druck je 10 m Wassertiefe um etwa 100 kPa zu. Der Gesamtdruck, der daher auf dem Taucher in einer beliebigen Entfernung von der Wasseroberfläche lastet, ergibt sich somit aus der Addition von Luftdruck und jeweils gegebenem hydrostatischem Druck. Für 10 m Tauchtiefe ergibt sich deshalb ein Gesamtdruck von 200 kPa, für 20 m von 300 kPa, für 30 m von 400 kPa etc.

Der erhöhte Außendruck beeinflußt zum einen die physikalisch gelöste Menge der Gase in den Körpergeweben, zum anderen die Kompressibilität der in den Körperhohlräumen (Lunge, Nasen-Rachen-Raum, Mittelohr, Magen-Darm-Trakt) befindlichen Gasvolumina (s. u.).

Die physikalische Lösung von Gasen in Flüssigkeiten

Nach dem Gesetz von *Dalton* ergibt die Summe der Partialdrücke (Teildrücke) der in einem Gasgemisch vorhandenen Einzelgase – die Luft setzt sich z. B. aus etwa 21 Vol.-% Sauerstoff und etwa 79 Vol.-% Stickstoff zusammen – den Gesamtdruck des Gases.
Gase sind in Flüssigkeiten (z. B. Wasser, Blut und anderen Körperflüssigkeiten) löslich. Je höher der Partialdruck eines Gases über der angrenzenden Flüssigkeit ist, desto

mehr Gasmoleküle treten in die Flüssigkeit ein und werden in ihr gelöst (Gesetz von *Henry*). Bei Druckminderung kommt es zum umgekehrten Vorgang: Die Gase entweichen proportional zur Druckminderung aus der Flüssigkeit (Beispiel: Beim Öffnen einer Selterswasserflasche entweichen Kohlendioxidbläschen).

Für den Taucher ergeben sich deshalb beim Abtauchen (Druckzunahme), beim längeren Aufenthalt in größeren Tiefen und beim Auftauchen (Druckabnahme) gewisse Gefahrenmomente, die bei fehlerhaftem Tauchverhalten verhängnisvoll werden können (s. S. 608).

Die Inkompressibilität des Wassers

Wasser ist inkompressibel. Gase werden hingegen bei zunehmendem Druck zusammengepreßt: Beträgt das Luftvolumen an der Wasseroberfläche 1, so verringert es sich in 10 m Wassertiefe auf die Hälfte, in 20 m auf ein Drittel, in 30 m auf ein Viertel etc. Nach dem Gesetz von *Boyle-Mariotte* ist das Produkt aus absolutem Druck p (Luftdruck plus hydrostatischer Druck) und Volumen einer bestimmten Gasmenge – konstante Wassertemperatur vorausgesetzt – gleich groß:

$$p \cdot V = konstant$$

Mit Hilfe dieses Gesetzes und unter Kenntnis des persönlichen Lungenvolumens bei maximaler Einatmung kann jeder Taucher seine individuelle theoretische Tiefengrenze (s. S. 608) für das *Tauchen ohne Gerät* errechnen. Dabei ist zu beachten, daß das Mindestlungenvolumen (in etwa identisch mit dem Residualvolumen) von ca. 1,25 l nicht ohne Schäden unterschritten werden kann (*Foulon* 1979, 46).
Beispiel: Bei einer Lungengesamtkapazität (Vitalkapazität plus Residualvolumen) von

6 l kann der Taucher etwa 30 m abtauchen, da der Druck von 400 kPa das Luftvolumen auf ein Viertel, d. h. auf 1,5 l reduziert.

Wärmeleitfähigkeit und Wärmekapazität des Wassers

Im Vergleich zur Luft ist die Wärmeleitfähigkeit des Wassers etwa 25mal, die Wärmekapazität etwa 3200mal größer (für eine gleiche Temperaturerhöhung muß dem Wasser 3200mal mehr Wärme zugeführt werden). Die Grenzschicht zwischen menschlichem Organismus und Umgebung ist im Wasser 10mal geringer. Der Wärmeverlust im Wasser ist deshalb bei gleicher Umgebungstemperatur etwa 3mal größer als an der Luft (*Badtke* et al. 1983, 194).

Um einer Unterkühlung bei Wassertemperaturen unter 20°C vorzubeugen, ist das Tragen eines Kälteschutzanzuges empfehlenswert. Tabelle 77 gibt einen Überblick über die Richtwerte für Tauchzeiten bei unterschiedlichen Wassertemperaturen.

Tauchen in kaltem Wasser kann zu Muskelkrämpfen führen; sinkt die Körperkerntemperatur – sie entspricht etwa der Rektaltemperatur – unter 30°C ab, so kann es zum Herzversagen mittels Herzmuskellähmung kommen.

Die Unterkühlung läßt sich nach *Matthys* (1978, 61) in 3 Phasen einteilen:
Phase 1: Rektaltemperatur bis 34°C
→ Zittern
Phase 2: Rektaltemperatur bis 27°C
→ Muskelstarre
Phase 3: Rektaltemperatur unter 27°C
→ Herzlähmung
Aber nicht nur zu kalte, sondern auch zu warme Wassertemperaturen können für den Taucher problematisch werden. Anstrengende Tauchgänge in zu warmem Wasser (über 33°C) können – vor allem beim Tragen eines Tauchanzugs – zu Wärmestaus und schließlich zu Ohnmachtsanfällen mit nachfolgendem Ertrinken führen (*Foulon* 1979, 59).

Wasser-temperatur [°C]	Maximale Tauchzeit mit vollständigem Kälteschutzanzug [min]	Ohne Anzug, möglichst mit Kopfhaube [min]
unter 10	45	1–5
10–15	60–120	8–12
15–18	über 120	20–35
18–21	über 120	35–50
21–24	über 120	50–80

Tab. 77   Richtwerte für Tauchzeiten in Abhängigkeit von der Wassertemperatur. Die höheren Zeitwerte sind nur für athletische und pyknische Taucher vertretbar (nach *Badtke* et al. 1983, 197).

Auftrieb im Wasser

Nach dem *Archimedischen Prinzip* verliert ein Körper unter Wasser soviel an Gewicht, wie die von ihm verdrängte Wassermenge wiegt. Für den Taucher bedeutet dies, daß er unter Wasser aufgrund des nahezu identischen spezifischen Gewichts von menschlichem Körper und Wasser relativ gesehen nichts wiegt, somit also im Wasser schweben kann. Einatmung (Auftrieb) und Ausatmung (Schwebezustand bzw. leichtes Absinken) können demnach vom Taucher ebenso wie die Hinzunahme bzw. Ablage von Zusatzgewichten als Möglichkeit zur Tiefensteuerung herangezogen werden.

Sichtverhältnisse unter Wasser

Die Unterschiedlichkeit des Brechungsindexes von Wasser und Luft (1,33 : 1,0) bewirkt eine Vergrößerung aller Gegenstände unter Wasser um 1 Drittel und verringert scheinbar deren Abstand zum Taucher um den gleichen Faktor (Abb. 271) (*Foulon* 1979, 51).
Beim Tauchen ohne Brille nimmt die Sehschärfe in starkem Maße ab. Der direkte Kontakt von Hornhaut und Medium Wasser führt zu einer ausgeprägten Abnahme der Brechkraft des Auges und damit zu einer extremen Weitsichtigkeit (die Strahlen des einfallenden Lichtes werden erst hinter der Netzhaut vereinigt und verursachen so ein unscharfes Abbild der gesehenen Gegenstände). Aus diesem Grunde empfiehlt sich das Tragen einer Taucherbrille, die die ursprüngliche Brechkraft – sie ist vorwiegend auf den erhöhten Brechungsindex zwischen Luft und Hornhaut zurückzuführen – wiederherstellt, auch wenn es dabei zu der bereits erwähnten Distanz- und Größenveränderung der Objekte kommt.
Da das ins Wasser einfallende Sonnenlicht durch Streuung an kleinen Schwebepartikeln und durch die im Vergleich zur Luft größere Lichtabsorption ausgeprägte Intensitätsverluste erleidet, kommt es mit zunehmender Wassertiefe zu einer starken Helligkeitsabnahme. Nach *Moslener* (1966, 23) reduziert sich die Lichtstärke – bezogen auf eine vorgegebene Lichtintensität an der Wasseroberfläche von 100% – in 10 m Tiefe bereits auf etwa 15%, in 25 m Tiefe auf etwa 5% und in 50 m Tiefe auf etwa 1%.

> In 100 m Tiefe herrscht völlige Dunkelheit.

Die Sichtverhältnisse unter Wasser werden natürlich durch Faktoren wie Verschmutzungsgrad des Wassers, Beschaffenheit des Grundes, Auftreffwinkel der Sonnenstrahlen auf die Wasseroberfläche, schwebende Kleintier- und Kleinpflanzenwelt etc. weiter in unterschiedlichem Maß beeinflußt. So kann z. B. die Sicht in trüben Binnengewässern bis auf 1 m reduziert sein, während sie in planktonarmen Meeren (z. B. Rotes Meer) bis zu etwa 50 m betragen kann.

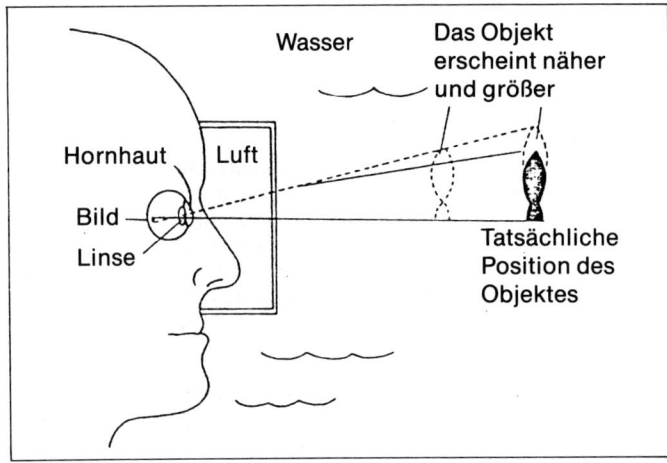

Abb. 271 Die Brechung der Licht-strahlen am Übergang vom Wasser zum Brillenglas führt dazu, daß unter Wasser wahrgenommene Gegenstände näher und größer erscheinen, als sie real sind (nach *Strauss* 1983, 349).

Hörverhältnisse unter Wasser

Das Hören unter Wasser wird für den Taucher durch die im Vergleich zur Luft wesentlich höhere Schallgeschwindigkeit und die geringere Schallabsorption (sie erlaubt eine weitere Schallausbreitung) erschwert. Die Schallgeschwindigkeit – sie ist auf die etwa 770mal größere Dichte und die Inkompressibilität des Wassers zurückzuführen (*Ehm* 1974, 120) – beträgt im Wasser etwa 1500 m/s, in der Luft etwa 340 m/s. Da der Schall somit etwa 4½mal schneller ist als in der Luft und sich über größere Distanzen ausbreiten kann, nimmt der Taucher entstehende Geräusche schneller wahr und vermutet die Schallquelle meist näher als sie ist.

Die erhöhte Schallgeschwindigkeit beeinträchtigt vor allem das räumliche Hören. Bekanntlich wird das Richtungshören dadurch ermöglicht, daß der Schall einer Schallquelle am schallnäheren Ohr um Sekundenbruchteile eher wahrgenommen wird als am abgewandten Ohr; die registrierte Zeitdifferenz ermöglicht eine relativ genaue Richtungsbestimmung. Im Wasser werden nun die Laufzeitunterschiede etwa auf 1 Viertel verringert; dadurch kommt es zu einer Überforderung des Zeitauflösungsvermögens des im Gehirn gelegenen Hörzentrums: Der Schall wird nahezu gleichzeitig wahrgenommen, und eine Richtungsbestimmung wird dadurch erschwert bzw. unmöglich gemacht (*Foulon* 1979, 51).

Aus den bislang dargestellten physikalischen Eigenschaften des Wassers ergibt sich für den Taucher eine Reihe von Problempunkten, die in den verschiedenen Tauchtechniken zu charakteristischen Belastungs- und Gefahrenmomenten führen.

Die verschiedenen Tauchtechniken – Gefahren

Das Apnoetauchen

Unter *Apnoetauchen* versteht man das Tauchen (Strecken- und Tieftauchen) mit angehaltenem Atem.

Apnoetauchen bedeutet also freies Tauchen ohne die Benutzung irgendwelcher Atemhilfsmittel (*Matthys* 1978, 25).

Dauer

Die maximale Dauer der willkürlichen Apnoe variiert beim Menschen je nach Al-

ter, Geschlecht, Konstitution, Trainingszustand, Psyche etc. Werte zwischen 40 Sekunden (Normalperson) und 4 Minuten
(Trainierte, Perltaucher u. a.) sind erreichbar. Als Regel gilt, daß gesunde Menschen
bei tiefer Einatmung den Atem etwa 40 Sekunden, nach Ausatmung etwa 20 Sekunden
anhalten können müßten (*Ehm* 1974, 74).
Atmungs- bzw. belastungsspezifische Faktoren, von denen die Länge der Apnoe abhängt, sind:
– Die Zusammensetzung der Alveolarluft
  bei Apnoebeginn.
  Je nach Atemtiefe bzw. vorheriger Belastung ändert sich der Sauerstoff- bzw.
  Kohlendioxidgehalt und damit die mögliche Apnoezeit.
– Die Atmungsphase (Einatmung/Ausat-
  mung) bei Apnoebeginn.
  Bei Ausatmung vor Apnoebeginn ist die
  Sauerstoffreserve, die unter Wasser noch
  ausgenützt werden könnte, ebenso kleiner wie das Gasvolumen, in das Kohlendioxid diffundieren kann.
– Der Sauerstoffverbrauch und die anfallende Menge Kohlendioxid während des
  Tauchvorganges.
  Körperliche Anstrengung, kaltes Wasser,
  psychischer Streß erhöhen den Sauerstoffbedarf bzw. die Kohlendioxidpro-
  duktion und verkürzen somit die Apnoezeit.

Übersteigt der arterielle Kohlendioxiddruck
den Wert von etwa 8 kPa, oder fällt der
Sauerstoffdruck im Blut unter 4 kPa, dann
wird die Apnoe durch einen willkürlich
nicht mehr unterdrückbaren Atemzwang
unterbrochen und der Taucher zum Einat-
men gezwungen.
Durch Training kann das Atemzentrum an
einen erhöhten Kohlendioxidgehalt – er ist
vor allem für den Atemantrieb verantwortlich – gewöhnt und die Toleranzgrenze der
Reglerorgane verschoben werden. Das
überschüssig anfallende Kohlendioxid wird
dann in Geweben und Knochen gespeichert
und nach dem Auftauchen vermehrt abgeat-

met oder ausgeschieden (z. B. durch den
Urin) (*Ehm* 1974, 75).

**Besonderheiten und Gefahren beim
Apnoetauchen**

Beim *Tieftauchen* in Apnoe verkleinern
Brustkorb bzw. Lunge mit zunehmender
Wassertiefe ihre Volumina aufgrund des ansteigenden Außendruckes bis zu einem kritischen Wert (s. S. 605), der zum einen von
der Dehnungsfähigkeit der elastischen
Strukturen (insbesondere des Thorax) sowie
von der Größe des individuellen Residual-
volumens abhängig ist (*Ehm* 1974, 130). Ein
weiteres Abtauchen und damit ein Unterschreiten des Grenzwertes würde zu einer
Schädigung der Lunge führen. Mechanismus: Der bereits in maximaler Ausatemstel-
lung befindliche Thorax könnte sich nicht
weiter verkleinern, der Druck in der Lunge
bliebe daher hinter der Drucksteigerung in
den umgebenden Körpergeweben zurück,
und es käme zur allmählichen Ausbildung
eines relativen Unterdruckes und damit zur
Entwicklung des *Barotraumas* der Lunge
(Abb. 272).
Das *Barotrauma* (durch Druck verursachtes
Verletzungs- bzw. Krankheitsbild) der
Lunge entsteht auf folgende Art und Weise:
Aufgrund des entstandenen Unterdruckes
im Thorax/Lungenbereich kommt es zur
Einleitung von Kompensationsmechanismen von seiten des Organismus, der versucht, dem Unterdruck durch Ausfüllung
des Hohlraumes mit Flüssigkeit zu begegnen. Hierbei entsteht ein Lungenödem
(Flüssigkeitsansammlung in der Lunge): Es
tritt Gewebsflüssigkeit – bei genügend hohem Unterdruck sogar Blut – aus den Lungenkapillaren in die Alveolen über; durch
die Flüssigkeitsansammlung in den Alveolen
kommt es zur Beeinträchtigung des Gasstoffwechsels und damit zu Sauerstoffnot,
verbunden mit der Gefahr des Erstickens
(„inneres Blaukommen" oder Barotrauma
der Lunge).

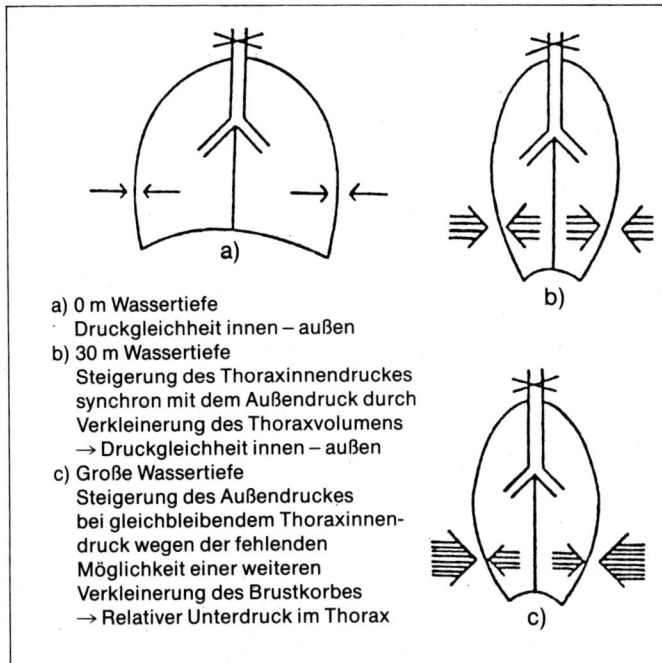

a) 0 m Wassertiefe
Druckgleichheit innen – außen
b) 30 m Wassertiefe
Steigerung des Thoraxinnendruckes
synchron mit dem Außendruck durch
Verkleinerung des Thoraxvolumens
→ Druckgleichheit innen – außen
c) Große Wassertiefe
Steigerung des Außendruckes
bei gleichbleibendem Thoraxinnen-
druck wegen der fehlenden
Möglichkeit einer weiteren
Verkleinerung des Brustkorbes
→ Relativer Unterdruck im Thorax

**Abb. 272 Volumen- und Druckver-
änderungen beim Apnoetieftauchen
(nach *Moslener* 1966, 122).**

Druckdifferenzen zwischen den Körperhöhlen (Abb. 273) und dem hydrostatischen Umgebungsdruck können nicht nur im Bereich der Lunge, sondern auch des Mittel- und Innenohrs bzw. der Nasennebenhöhlen etc. zu Beschwerden bzw. Schädigungen führen.

Zur Beseitigung der mit zunehmender Tiefe auftretenden Druckdifferenz zwischen Außen- und Mittelohrinnendruck bedient sich der Taucher normalerweise verschiedener Methoden des „Druckausgleichs": *Schlukken, Valsalva-Preßversuch* oder *Nasen-Rachen-Druck*.

Bei *entzündeter Tubenschleimhaut* (z. B. bei Schnupfen) ist durch den Tubenverschluß kein Druckausgleich in der beschriebenen Weise möglich. Ohne die Existenz der Tube (auch Eustachische Röhre genannt, Abb. 274 und 275) – sie verbindet den Nasen-Rachen-Raum mit dem Mittelohr – könnte der Taucher nicht weiter als 5 m tief tauchen. Bei größeren Wassertiefen würde das Trommelfell ohne Druckausgleich durch den Wasserdruck zunehmend in Richtung Paukenhöhle gedrängt werden, und es käme letztendlich zum Platzen des Trommelfells (*Auste* 1978, 23).

Ein ähnlicher Mechanismus der Schädigung des Trommelfells liegt der Verwendung von *Ohrenstöpseln* zum Verstopfen des äußeren Gehörgangs zum vermeintlichen Schutz gegen eindringendes Wasser zugrunde (Abb. 276).

Mit zunehmender Wassertiefe wird der Ohrstöpsel weiter in den äußeren Gehörgang gepreßt, bis er schließlich mangels ausreichenden Gegendruckes das Trommelfell durchbohrt. Das Eindringen kalten Wassers in das Mittelohr kann über die Reizung des im Innenohr gelegenen Gleichgewichtsorgans (= Vestibularapparat) zu Orientierungslosigkeit, Drehschwindel, Übelkeit und Ohnmacht mit nachfolgendem unberechenbarem Fehlverhalten des Tauchers führen (*Ehm* 1974, 142).

Bei Schnupfen bzw. *Nasennebenhöhlenentzündung* kann es – vergleichbar mit dem

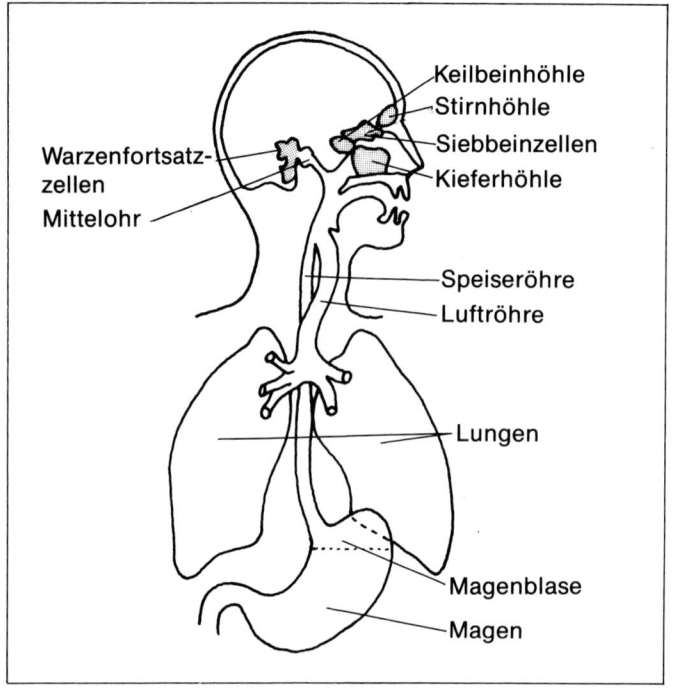

Keilbeinhöhle
Stirnhöhle
Siebbeinzellen
Kieferhöhle

Warzenfortsatz-
zellen
Mittelohr

Speiseröhre
Luftröhre

Lungen

Magenblase
Magen

Abb. 273   Lufthaltige Hohlräume des Körpers.

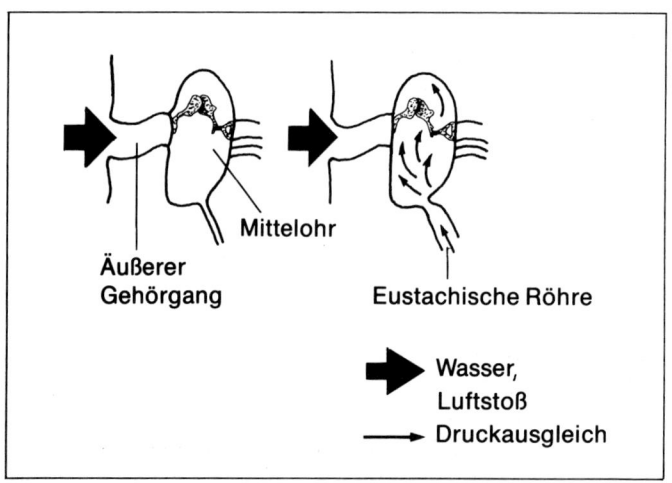

Mittelohr

Äußerer
Gehörgang

Eustachische Röhre

Wasser,
Luftstoß
Druckausgleich

Abb. 274   Das Prinzip des Druckausgleichs im Bereich des Mittelohres mit Hilfe der Tube.

oben dargestellten Tubenverschluß – zum Verschluß der jeweiligen Zugänge (Ostien) mit gestörtem Druckausgleichsvermögen kommen. Die beim Abtauchen entstehende Druckdifferenz führt zu stechenden Schmerzen im Bereich der betroffenen Nasennebenhöhlen, die sich in die Stirn, in den Hin-

terkopf, den Oberkiefer, die Augen, die Zähne oder die Ohren projizieren können (*Badtke* et al. 1983, 218).

Auch im *Zahnbereich* können schließlich Druckdifferenzen bei einem schlecht sanierten Gebiß zu Schmerzzuständen führen: Bei Zahnfüllungen bleiben meist kleine Hohl-

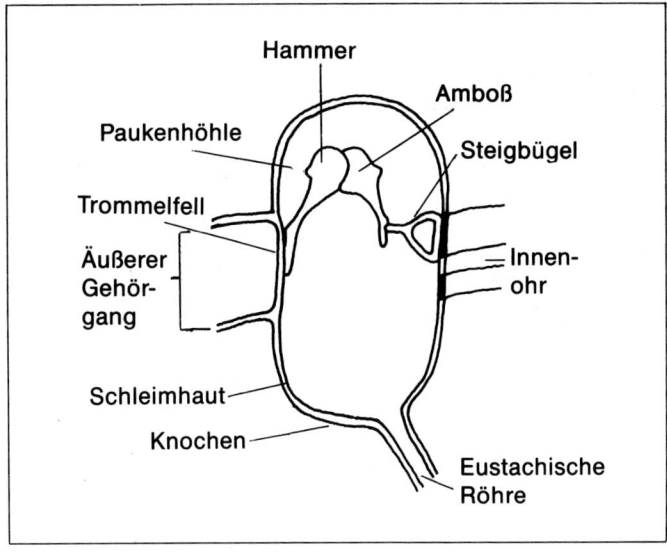

Abb. 275   Schematische Darstellung des Mittelohres.

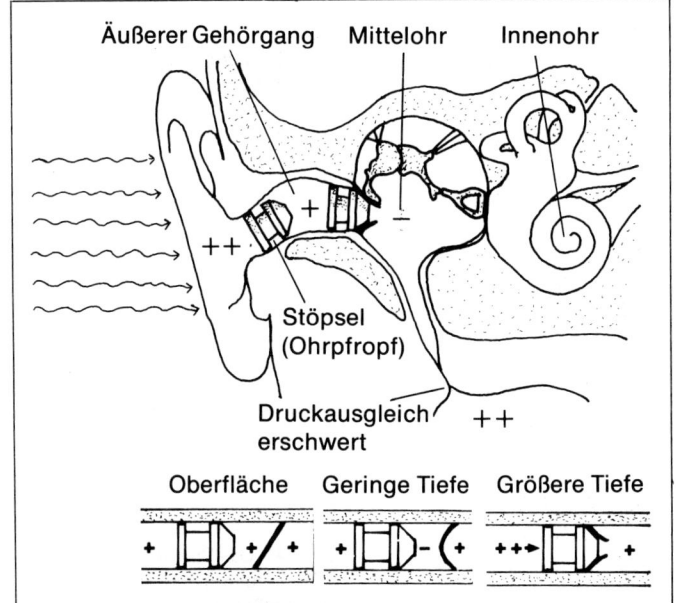

Abb. 276   Baro(Druck)trauma des Trommelfells durch Stöpselwirkung.

räume mit feinsten Gängen zur Außenluft; bei ansteigendem Unterdruck wird so lange Schmerz empfunden, bis Blut den Hohlraum ausgefüllt hat. Beim Auftauchen verstärkt sich der Druck des verbliebenen Gases und führt erneut zu starken Schmerzen (*Aerodontalgie*).

Ein weiteres Problem beim Apnoetieftauchen kann der mit zunehmender Tiefe ansteigende Partialdruck der im Alveolarraum enthaltenen Gase verursachen. Da der Sauerstoffpartialdruck (pO_2) in 20 m Wassertiefe bereits 40 kPa (im Vergleich zu 13 kPa bei normalem Luftdruck) erreicht, erhöht

sich die im Blut physikalisch gelöste Gasmenge. Nach entsprechender Aufenthaltszeit (fortschreitender Sauerstoffverbrauch)
kann es beim Wiederaufstieg mit abneh-
mendem Außendruck und damit verbundener Senkung des Gesamtdruckes im Alveolarraum zu einem akuten Abfall des Sauerstoffpartialdruckes (pO_2) kommen. Ein pO_2
von 4 kPa führt zur sofortigen Bewußtlosigkeit (*Badtke* et al. 1983, 221). Aus diesem
Grunde sollte ein Abtauchen in größere Tiefen – *Ehm* (1974, 131) berichtet von erreichten Wassertiefen von etwa 80 m (*J. Mayol*
1970, *E. Majorca* 1973) – nicht ohne entsprechende Sicherungsmaßnahmen erfolgen.

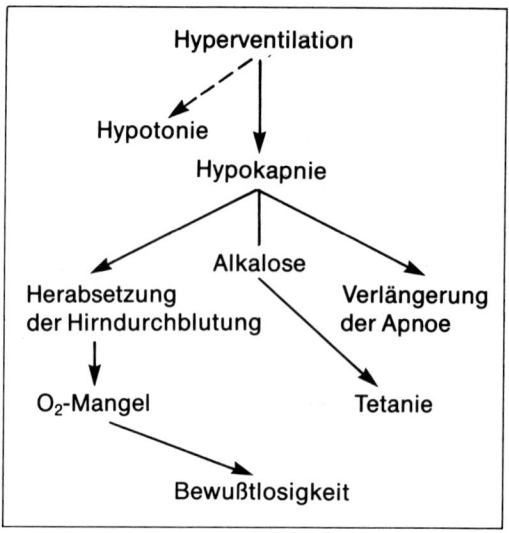

Abb. 277   **Folgeerscheinungen nach Hyperventilation
(nach *Ehm* 1974, 79). Hypokapnie = erniedrigter
pCO_2 im arteriellen Blut.**

Im allgemeinen sollten vom untrainierten Taucher in Apnoe Wassertiefen von
über 20 m nicht überschritten werden.

Einen Risikofaktor besonderen Ausmaßes
stellt das oftmals insbesondere beim *Apnoe-
Streckentauchen* praktizierte *Hyperventilieren* (mehrfaches tiefes und schnelles Ein-
und Ausatmen) dar. Nach *Ehm* (1974, 76)
kann dadurch die Apnoezeit an der Wasseroberfläche um 60%, beim Streckentauchen
um 40% verlängert werden.
Durch die Hyperventilation wird Kohlendioxid (CO_2) vermehrt abgeatmet und damit
der pCO_2 im Blut gesenkt. Dadurch entfällt
vorerst der für den Atemantrieb entscheidende Reiz für das Atemzentrum. Der Sauerstoffgehalt des Blutes läßt sich jedoch
nicht, wie vielfach angenommen wird, durch
Hyperventilation in effizienter Weise steigern, da die Sauerstoffsättigung des Hämoglobins im arteriellen Blut beim Gesunden
schon 97,4% (*Ganong* 1972, 620) beträgt:
Eine weitere Sauerstoffspeicherung um die
verbleibenden 2,6% ist für die Apnoezeit
daher bedeutungslos.
Die besondere Gefahr des *Hyperventilierens*
besteht nun darin, daß erst nach längerer
Tauchzeit der für die Stimulierung des

Atemzentrums entscheidende pCO_2 – der
pO_2 stellt nur einen vergleichsweise geringen Atemanreiz dar – allmählich wieder im
arteriellen Blut ansteigt. Der fehlende Sau-
erstoffnachschub beim Apnoetauchen und
die Muskelarbeit während des Tauchvorganges führen jedoch inzwischen zu einem
starken Abfall des pO_2 und damit zu einer
Sauerstoffmangelsituation des Gehirns, die
zu Bewußtseinstrübung und Bewußtlosigkeit – dem sog. *Schwimmbad-Blackout* –
und damit zum Ertrinken führen kann, da
die Atemregulationsmechanismen noch
nicht reagieren. Die vorangegangene Hyperventilation hat die kritische Marke für
den Kohlendioxidgehalt verschoben und die
Regler so regelrecht getäuscht (*Ehm* 1974,
76; *Strauß* 1983, 350).
Neben der Gefahr des *Schwimmbad-Black-
outs* beinhaltet die Senkung des pCO_2 durch
Hyperventilieren noch ein weiteres Risiko:
Es kommt zu einer Abnahme der Wasserstoffionenkonzentration im Blut und somit
zur Ausbildung einer Alkalose (pH-An-
stieg), die mit einer Neigung zu Muskel-

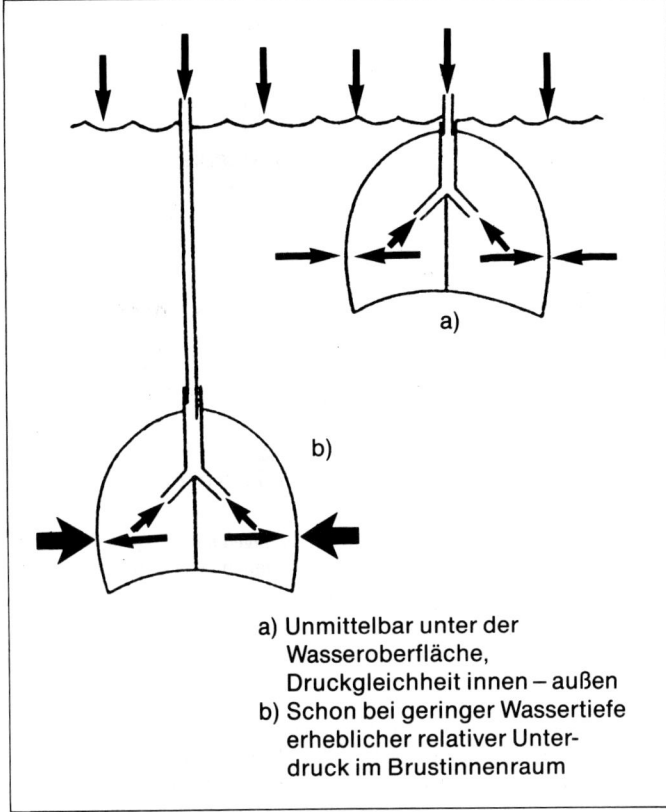

a) Unmittelbar unter der
   Wasseroberfläche,
   Druckgleichheit innen – außen
b) Schon bei geringer Wassertiefe
   erheblicher relativer Unterdruck im Brustinnenraum

Abb. 278   Die Entstehung eines relativen Unterdruckes im Bereich des Brustraumes beim Schnorcheltauchen (nach *Moslener* 1966, 117).

krämpfen einhergeht, die durch kaltes Wasser noch verstärkt wird.

Abbildung 277 faßt die Folgeerscheinungen nach Hyperventilation zusammen.

Fazit: Aufgrund der aufgezeigten Begleiterscheinungen sollte beim Apnoetauchen – abgesehen von einigen tiefen Atemzügen vor Tauchbeginn – auf das Hyperventilieren verzichtet werden, da die zu erwartenden Vorteile in keiner Relation zu den damit potentiell einhergehenden Folgerisiken stehen.

Besonderheiten und Gefahren beim Schnorcheltauchen

Der Sinn des Schnorchels besteht für den Taucher darin, daß er seinen Kopf lange Zeit zur Beobachtung unter der Wasseroberfläche halten kann und hierbei in der Lage ist, durch den Schnorchel ruhig zu atmen. Die Länge der im Handel erhältlichen Schnorchel beträgt etwa 30 cm. Bisweilen wird versucht, die Länge des Schnorchels zu verändern, um noch tiefer unter der Wasseroberfläche „schnorcheln" zu können. Wie die nachfolgenden Ausführungen zeigen werden, hat die einheitliche Länge der käuflich erwerbbaren Schnorchel jedoch ihren Sinn; ihre willkürliche Längenveränderung geht nicht ohne vitale Risiken und Gefahren einher.

Nach *Moslener* (1966, 118) ist die Atemmuskulatur des Menschen in der Lage, gegen einen Überdruck von etwa 7 kPa – entsprechend einer Wassertiefe von etwa 70 cm – einzuatmen. Würde man demnach die

Schnorchellänge verändern und sich dadurch in eine Wassertiefe von 1 m begeben, so wirkte – bei gleichem Druck in der Lunge wie an der Wasseroberfläche – auf dem Brustkorb ein Überdruck, der die Atemmuskulatur gänzlich überfordern würde. Bildlich gesprochen lastet auf dem Brustkorb in 1 m Wassertiefe immerhin eine Last von 200 kg!

Die eigentliche Gefahr beim Schnorcheltauchen mit verlängertem Schnorchel stellt jedoch der sich im Brustraum entwickelnde relative Unterdruck schon in geringer Wassertiefe dar (Abb. 278).

Wie bereits geschildert (s. S. 608), kommt es durch die unterdruckbedingte Sogwirkung zu einer Blutüberfüllung des Lungenkreislaufes und damit zur Ausbildung eines *Lungenödems*. Da hierbei die feinen Membranen der Lungenbläschen zerreißen, so daß Plasma und Blut in die Lunge eintreten können, sind solche Lungenödeme am hellroten blutigen „Schaumpilz" vor dem Munde erkennbar (*Matthys* 1978, 29).

Bei überlangem Schnorchel kann es aufgrund der Totraumvergrößerung und der damit verbundenen Rückatmung der Ausatmungsluft auch zur Entwicklung einer *Kohlendioxidvergiftung* (s. S. 616) mit Atemstörungen, Kopfschmerz, Schwindel und Erbrechen kommen.

Lungenschädigungen dieser Art treten beim sportlichen Tauchen meist nur bei Unerfahrenen oder bei Anfängern auf. Die häufigste Ursache ist dabei die Verwendung von überlangen Schnorcheln (*Badtke/Wagner* 1970, 91 f.; *Badtke* et al. 1983, 218).

Freies Tiefen- und Streckentauchen kann schließlich auch zur Entstehung intrakranieller (im Kopfinnenraum entstehender) Blutungen mit entsprechender Begleitsymptomatik (Kopfschmerz, Übelkeit, Erbrechen, Bewußtseinstrübung, Bewußtlosigkeit) führen (*König/Krähling/Brandt* 1981, 190).

Besonderheiten und Gefahren beim Tauchen mit Gerät

Die geringe Wassertiefe bzw. die kurze Aufenthaltszeit, die dem Taucher ohne Gerät zur Verfügung stehen, haben zur Verwendung von Geräten (Pumpsysteme oder Druckgasbehälter) geführt, die es dem Taucher ermöglichen, sowohl Tauchtiefe als auch Tauchzeit im gegebenen Rahmen selbst zu bestimmen.

Wie bereits dargelegt wurde, kann die Lunge schon bei kleinen, nicht kompensierten Erhöhungen des Außendrucks ihre Atmungsfunktion nicht mehr erfüllen. Aus diesem Grunde muß bei einem Taucher in größerer Tiefe der Druck innerhalb des Körpers dem Außendruck des Wassers durch die Zufuhr komprimierter Gase mittels Preßluftflasche angepaßt werden. Dabei wird über einen ventilgesteuerten Lungenautomat – er hat die Funktion eines automatisch arbeitenden Reduzierventils – der Druck der Preßluft dem jeweils herrschenden Wasserdruck angeglichen: Der Taucher atmet so die Luft aus dem Druckgasbehälter unter dem der jeweiligen Tauchtiefe entsprechenden Druck ein, so daß auch bei schnellen Tiefenänderungen keine unphysiologischen Druckdifferenzen zwischen Lungeninnenraum und Blutbahn auftreten (*Badtke* et al. 1983, 197).

Die Ausatmung erfolgt bei den Gerätetauchern über den Ausatemstutzen in die Umgebung. Um eine Rückatmung der Exspirationsluft zu verhindern, wird der Atemstrom über ein weiteres Ventilsystem getrennt.

Beim Gerätetauchen treten z. T. die gleichen Gefahren auf, wie sie schon beim Apnoe- und Schnorcheltauchen beschrieben wurden; aufgrund der größeren Tauchtiefen und der längeren Aufenthaltszeiten unter Wasser kommen jedoch weitere Gefährdungsfaktoren hinzu. Sie lassen sich je nach Tauchphase in eine Kompressions- (beim Taucherabstieg), eine Isopressions- (während des Tauchens) und eine Dekompres-

Befallene Organe

1. *Mittelohr*
   Ursachen: Schnupfen, Verschluß der Eustachischen Röhre
   Symptome: Gehörverlust, Ohrenschmerzen, Blutungen aus dem Gehörgang, Trommelfellrötung bzw. -perforation
   Maßnahmen: Wiederaufstieg, Tauchverbot bei Schnupfen

2. *Innenohr*
   Ursachen: Abrupter Druckausgleich
   Symptome: Schwindel, Brechreiz, Romberg
   Maßnahmen: Für korrekten Druckausgleich sorgen

3. *Gehörgang*
   Ursachen: Verschluß des äußeren Gehörganges
   Symptome: Ohrenschmerzen, Blutung, Blutblasen im Gehörgang, Trommelfellveränderungen
   Maßnahmen: Gehörgang frei halten

4. *Nasennebenhöhlen*
   Ursachen: Schnupfen, Verschluß der jeweiligen NNH-Ostien
   Symptome: Schmerzen im Bereich der betroffenen NNH
   - Stirnhöhle $\rightarrow$ Stirn
   - Siebbeinzellen $\rightarrow$ Stirn
   - Keilbeinhöhle $\rightarrow$ Hinterkopf
                          $\rightarrow$ Oberkiefer
   - Kieferhöhle $\rightarrow$ Augen
                          $\rightarrow$ Zähne und Ohr
                  Rö: Verschattung
   Maßnahmen: Tauchverbot bei Nasennebenhöhlenentzündung oder Schnupfen

5. *Zähne*
   Ursachen: Abgeschlossene luftgefüllte Hohlräume unter Füllungen und Kronen
   Symptome: Zahnschmerzen
   Maßnahmen: Zahnsanierung

6. *Lunge*
   Ursachen: 1. Freitauchen mit Kompression der Lunge bis zum Residualvolumen
                  2. Schnorchellänge > 35 cm
                  3. Tauchsturz beim Gerätetauchen
   Symptome: Atemnot, Brustschmerzen Blutig-schaumiger Auswurf, Zyanose
   Maßnahmen: Herz-Lungen-Diagnostik Schockbekämpfung $\rightarrow$ Intensivbehandlung
   Prophylaxe: Keine überlangen Schnorchel!

Tab. 78   Barotraumen in der Kompressionsphase (verändert nach *Badtke* et. al. 1983, 218).

sionsphase (beim oder nach dem Aufstieg) unterteilen (*Badtke* et al. 1983, 218).

Gefährdungsfaktoren in der Kompressionsphase

Eine zusammenfassende Übersicht über die Barotraumen in der Kompressionsphase – sie wurden in den vorherigen Ausführungen über das Apnoe- und Schnorcheltauchen bereits dargestellt – gibt Tabelle 78.

Fazit: Entzündliche Erkrankungen im Hals-Nasen-Ohren-Bereich sollten als Kontraindikationen für das Tauchen angesehen werden!

Gefährdungsfaktoren in der Isopressionsphase

Tiefenrausch

Beim Tiefenrausch – auch *Inertgasnarkose* genannt – handelt es sich um eine physiko-chemische Wirkung inerter (am Stoffwechsel nicht beteiligter) Gase (Stickstoff) auf Teile des Nervensystems, in deren Folge die Reizleitung erheblich gestört ist (*Badtke* et al. 1983, 218).
Mechanismus: Bei einem hydrostatischen Druck von etwa 500 kPa – wie er in einer Tiefe von 40 m gegeben ist – steigt bei Verwendung von Preßluft der Stickstoffpartialdruck (pN_2) auf 400 kPa an, und der Stickstoff löst sich dementsprechend vermehrt in den Körpergeweben. In der Folge sättigen sich die Flüssigkeit des synaptischen Spalts sowie Mitochondrien und andere lipoidhaltige Strukturen des Nervensystems schnell mit Molekülen dieses inerten Gases. Beim Erreichen einer bestimmten Konzentration setzt im Nervensystem eine zunehmende Reizleitungsstörung ein, die zu den typischen Symptomen wie Denk- und Konzen-

trationsschwäche, Euphorie sowie Fehlhandlungen führt.
Beim Beobachten dieser Zeichen des Tiefenrausches – sie treten im allgemeinen erst ab Tiefen über 40 m auf – sollte der betroffene Taucher von seinem Begleiter in eine geringere Tiefe (Aufstieg um etwa 10 m) gebracht werden (*Ehm* 1974; *Badtke/Wagner* 1970, 91 f.; *Badtke* et al. 1983, 218/219).

Sauerstoffvergiftung

Die Sauerstoffvergiftung tritt praktisch nur unter Verwendung von Sauerstofftauchgeräten auf.
Sauerstoff schädigt unter erhöhtem Druck und längerer Einwirkungsdauer den aus Phospholipiden bestehenden Antiatelektasefaktor (er verhindert das Zusammenfallen der Lungenbläschen) in den Lungenalveolen. Der maximal zulässige pO_2 beträgt etwa 170 kPa; er wird beim Tauchen mit reinem Sauerstoff bereits in 7 m Tiefe, bei Verwendung von Preßluft theoretisch in 70 m Tiefe erreicht (beachte: „Stickstoffbarriere" ab 40 m Tiefe!). Bei Verwendung von hyperbarem Sauerstoff können bereits nach wesentlich kürzeren Einwirkungszeiten Krampfanfälle durch eine Störung des Gehirnstoffwechsels ausgelöst werden. Die Symptome der akuten Sauerstoffvergiftung sind Schwindel, Übelkeit, Seh-, Hör- und Atemstörungen sowie Muskelkrämpfe (*Badtke* et al. 1983, 219).

Kohlendioxidvergiftung

Eine Kohlendioxidvergiftung kann sich aufgrund verunreinigter Kompressorluft entwickeln. Die charakteristischen Symptome wie Lufthunger, Kopfschmerz, Schwindel, Erbrechen, Bewußtseinstrübung lassen sich durch Frischluftzufuhr relativ schnell beheben.

Eine zusammenfassende Übersicht über die wichtigsten Taucherkrankheiten in der Isopressionsphase gibt Tabelle 79.

1. *Tiefenrausch*
Ursachen: Preßluftatmung jenseits der „Stick-
                stoffbarierre" (> 40 m Tiefe)
Symptome: Denk- und Konzentrationsschwäche
                Euphorie, Fehlhandlungen
Maßnahmen: Wiederaufstieg

2. *CO_2-Vergiftung*
Ursachen: Verunreinigte Atemluft
                Totraumvergrößerung
Symptome: Tachypnoe, Dyspnoe
                Kopfschmerz
                Schwindel, Erbrechen
                Ohrensausen
Maßnahmen: Aufstieg, Frischluft, ggf. O_2-Zufuhr

3. O_2-Vergiftung
Ursachen: Überschreitung der zulässigen
                Tauchzeit und Tauchtiefe (meist bei
                O_2-Geräten)
Symptome: Übelkeit, Schwindel
                Seh-, Hör- und Atemstörungen
                Zuckungen im Gesicht
                Epileptiforme Krämpfe
Maßnahmen: Aufstieg, Überwachung

Tab. 79   Taucherkrankheiten in der Isopressionsphase (verändert nach *Badtke* et al. 1983, 220).

Gefährdungsfaktoren in der Dekompressionsphase

Das Lungenüberdruck-Barotrauma

Das Lungenüberdruck-Barotrauma ist ein relativ häufiger und gefährlicher Taucherunfall, der nur bei der Benutzung eines Preßluftgerätes entstehen kann.
Diese Schädigung tritt ein, wenn sich der Druck in der Lunge gegenüber dem Umgebungsdruck so stark vergrößert, daß die Elastizitätsgrenze des Lungengewebes überschritten wird, das Lungenparenchym zerreißt und die freie Atemluft in das Gefäßsystem eindringt (Abb. 279) (*Badtke/Krause/Niklas* 1980, 241).

Entstehungsmechanismus (*Badtke/Fischer* 1978, 115; *Badtke/Krause/Niklas* 1980, 241; *Badtke* et al. 1983, 219):

Atmet ein Gerätetaucher unter Wasser ein und begibt er sich danach in geringere Tiefen, so dehnt sich das in der Lunge eingeschlossene komprimierte Luftvolumen gemäß dem Gesetz von *Boyle-Mariotte* (s. S. 605) durch die Druckminderung aus. Wird die ausgedehnte Luft durch einen Verschluß der Stimmritze – nach dem gegenwärtigen Stand der Kenntnisse muß ein Stimmritzenkrampf als auslösendes Moment angesehen werden – während des Auftauchens nicht abgeatmet, kommt es zu einer Überdehnung der Lunge mit den bereits beschriebenen Folgen.
Für das Auftreten eines Stimmritzenkrampfes kann ursächlich ein Eindringen von Wasser in den Kehlkopf bzw. ein Angst- oder panikbedingtes Fehlverhalten verantwortlich gemacht werden.

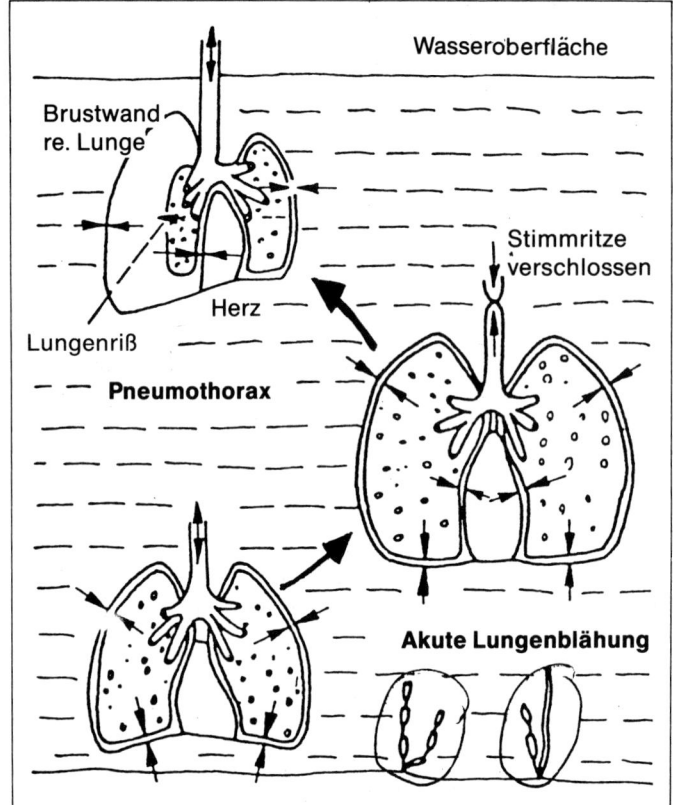

Wasseroberfläche

Brustwand
re. Lunge

Stimmritze
verschlossen

Herz

Lungenriß

Pneumothorax

Akute Lungenblähung

Abb. 279 Entstehungsmechanismus des Lungenüberdruck-Baro-
traumas (nach *Sylla* 1978).

> Untrainierte, unerfahrene und labile
> Taucher sind für das Lungenüberdruck-
> Barotrauma besonders disponiert.

Symptome:
Je nach Grad und Lokalisation der Verletzungen ergibt sich ein entsprechendes Be-
schwerdebild.
Eine *akute Lungenüberblähung* (Lungenemphysem) geht mit stechenden Schmerzen in
der Lunge einher, die sich bei tiefer Einatmung noch verstärken. Das Mediastinalem-
physem – im Mediastinum liegen Herz,
große Gefäße, Luft- und Speiseröhre etc.) –
ist durch Atemnot und Schluckbeschwerden
gekennzeichnet. Des weiteren können

Hautknistern (infolge eines Hautemphy-
sems) und Einflußstauung beobachtet werden.
Der *Pneumothorax* (Eindringen von Luft in
den Brustraum mit Kollabieren des betroffenen Lungenflügels) – er wird etwa bei 50%
aller Lungenüberdruckunfälle beobachtet
(*Ehm* 1974) – imponiert mit Schmerzen im
Brustraum, Atemnot und Blutdruckabfall
(infolge eines pleuropulmonalen Schocks).
Luftembolien, z. B. der Gehirn- und der
Koronararterien führen zu Bewußtlosigkeit,
Lähmungserscheinungen, Herzbeschwerden
oder Infarktzeichen (*Badtke/Fischer* 1978,
115).
Die Erste-Hilfe-Leistung besteht in Sauer-
stoffbeatmung, später Intensivtherapie und
Rekompressionsbehandlung in einer Druck-
kammer.

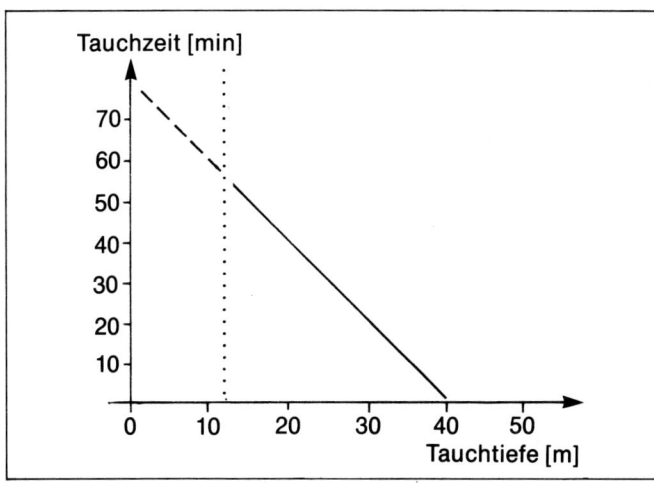

Abb. 280 Berechnung der Nullzeit als Funktion der Tauchtiefe nach der Faustformel $t_0 = 80 - 2 \times$ Tauchtiefe (verändert nach _Badtke_ et al. 1983, 220).

Caisson-Krankheit

Die Caisson- oder Dekompressionskrankheit kann sich beim Gerätetauchen in größeren Tiefen nur nach zu raschem Wiederaufstieg bzw. nach Überschreiten der *Nullzeiten* entwickeln. Die *Nullzeit* (Abb. 280) gibt an, welche Zeit bei größeren Tiefen ohne stufenweisen Aufstieg getaucht werden kann. Bis zu etwa 10 m Tiefe kann ohne Zeitbeschränkung und ohne stufenweisen Aufstieg getaucht werden. Die *Aufstiegszeit* – auch *Austauschzeit* genannt – richtet sich nach Tauchtiefe, Tauchzeit, Zahl der vorangegangenen Tauchgänge und dem zeitlichen Abstand zwischen den Tauchgängen.

Im Gegensatz zum Lungenüberdruck-Barotrauma, bei dem Luftblasen die Krankheitssymptomatik hervorrufen, sind es bei der Caisson-Krankheit die Stickstoffblasen, die beim zu raschen Auftauchen frei werden und im Gehirn, im Nervengewebe, den Gelenken und im Blut zu entsprechenden Beschwerdebildern führen.

Die *Symptome* (*Badtke* et al. 1983, 220) treten meist erst einige Zeit nach dem Aufstieg auf – beim Lungenüberdruck-Barotrauma beginnen sie oft schon während des Aufstiegs – und manifestieren sich in:

– Knochen- und Gelenkschmerzen (sog. bends; durch Gasblasen in den Gelenken).
– Hauterscheinungen (sog. „Taucherflöhe"; durch Gasblasen in den Hautgefäßen, die zu Juckreiz meist unter dem Schultergürtel und am Bauch führen).
– ZNS-Symptomatik (Gasblasen im ZNS führen zu Seh-, Hör- und Sprachstörungen, Bewußtlosigkeit und Lähmungserscheinungen).
– Erstickungsanfälle (sog. chokes, verursacht durch Luftembolie in den Lungenkapillaren).
– Knochennekrosen (Knochengewebszerfall) durch Gasblasen, die zur Kompression von Knochengeweben und -gefäßen führen (*Alnor* 1980, 179 f.; *Glas/Karpf/ Hörterer* 1982, 88).

Als Behandlung ist eine schnellstmögliche Rekompression in der Druckkammer – durch sie werden die Gasblasen im Blut durch Erhöhung des Umgebungsdruckes wieder in Lösung gebracht – zu fordern, da sich sämtliche Beschwerdebilder auch noch nach Stunden verschlechtern können.

Überdehnung der Lunge

Ursachen: Mangelhafte Ausatmung beim Aufstieg
                  (~ Notaufstieg)

Symptome: Beginn oft schon während des Aufstiegs

Gemischte   • Emphysem (Hals, Mediastinum)

Symptomatik   + Hautknistern, Einflußstauung
                  + Verdrängungserscheinungen

              • Pneumothorax
                  + Atemnot, Zyanose
                  + Thoraxschmerz, Tympanie
                  + Kollapsneigung

              • Luftembolie des Gehirns und des
                Herzens
                  + Bewußtlosigkeit
                  + Halbseitenparese
                  + Herzschmerzen
                  + EKG Infarktzeichen
                  + Schocksymptomatik

Maßnahmen: Erste Hilfe, Sauerstoff
              Rekompression und Intensivtherapie

Caisson-Krankheit

Ursachen: Unterlassenes „Austauchen" oder Ver-
              stoß gegen Dekompressionsregeln

Symptome: Treten meist einige Zeit nach dem Auf-
              stieg auf
              • Knochen- und Gelenkschmerzen
              • ZNS-Symptomatik
                Seh-, Hör-, Sprachstörungen
                Bewußtlosigkeit, Lähmungen
              • Dyspnoe, Zyanose
              • Schocksymptomatik

Maßnahmen: Erste Hilfe, Rekompression

Tab. 80 Taucherkrankheiten in der Dekompressionsphase (verändert nach *Badtke* et. al. 1983, 220).

Eine zusammenfassende Übersicht über die beiden wichtigsten Taucherkrankheiten in der Dekompressionsphase gibt Tabelle 80.

Tauglichkeitsuntersuchung

Vor der Aufnahme des Tauchsportes sollte eine Tauglichkeitsuntersuchung – sie beurteilt vor allem die Leistungsfähigkeit und Anpassungsfähigkeit des potentiellen Tauchers an die veränderten Druckverhältnisse im Wasser – durchgeführt werden, um mögliche physische und psychische Gefähr-dungsfaktoren aufzudecken. Es muß allerdings darauf hingewiesen werden, daß sich durch eine derartige Untersuchung nicht mit absoluter Sicherheit *alle* Risiken erfassen und ausschalten lassen.

Beachte: Tauglichkeitsuntersuchungen sollten bei Tauchern über 40 Jahren und bei Sporttauchern jährlich wiederholt werden. Personen über 50 Jahren sollte von der Aufnahme des Tauchsportes abgeraten werden.

Kontraindikationen bzw. *Einschränkungen* für das Tauchen (*Badtke* et al. 1983, 222):

– Ausschluß chronischer Lungenerkrankungen:
Zur Einschätzung einer ungestörten Lungenfunktion hat sich die Bestimmung der Vitalkapazität – sie sollte der Norm entsprechen – und des Atemstoßtests – es sollte 70% der Vitalkapazität gefordert werden – als aussagekräftig erwiesen.
– Im Hals-Nasen-Ohren-Bereich:
Ausschluß chronischer Entzündungsherde sowie perforierter Trommelfelle. Trommelfellnarben verbieten nur dann das Tauchen, wenn sie sich im Valsalva-Preßversuch vorwölben.
– Im Herz-Kreislauf-Bereich:
Ein Zustand nach Herzinfarkt oder Angina pectoris sowie Extrasystolen, Ischämiezeichen oder Herzschlagfrequenzanstiege über 40 Schläge pro Minute beim Preß-EKG schließen die Durchführung des Tauchsportes aus. Ebenso sollten Tauchsportler mit *Hypertonie* zum Gerätetauchen nicht zugelassen werden.
– Im ZNS-Bereich:
Kein Tauchsport bei zerebralen Anfallsleiden.
– Im Augenbereich:
Besondere Anforderungen an das Sehvermögen sind nicht gestellt. Grüner Star (mit krankhafter Steigerung des Augeninnendrucks) und maligne Myopie (Kurzsichtigkeit mit zunehmender Degeneration der Aderhaut) schließen das Tauchen jedoch aus.
– Schließlich sollte auch bei chronischen Erkrankungen des Verdauungstraktes und der ableitenden Harnwege das Tauchen unterlassen werden.

Literatur

1. *Alnor, P. C.:* Chronische Skelettveränderungen bei Tauchern. In: Tauchmedizin: Pathologie, Physiologie, Klinik, Prävention, Therapie, S. 179–188. *Gerstenbrand' Lorenzoni-Seemann* (Hrsg.). Hann. Schlütersche Verlagsanstalt 1980
2. *Auste, N.:* Schwimmen und Tauchen in der Schule. Hofmann, Schorndorf 1978
3. *Bach, H.:* Skelettveränderungen bei Taucherkrankheit. Orthop. Traumatologie 6 (1976), 306–313
4. *Badtke, G., M. Fischer:* Das Überdruck-Barotrauma der Lunge. Med. u. Sport 4 (1978), 114–118
5. *Badtke, G., P. Krause, A. Niklas:* Der Lungenüberdruckunfall im Tauchsport – physiologische und pathophysiologische Aspekte. Med. u. Sport (1980), 241–248
6. *Badtke, G., A. Niklas, R. Mohorn, V. Schwarz:* Sportmedizinische Betreuung im Tauchsport, 1. und 2. Mitteilung. Med. u. Sport 6 (1983), 194–198; 7 (1983) 218–223
7. *Badtke, G., J. Wagner:* Medizinische Probleme des Tauchsports. Med. u. Sport 10 (1970), 91–100
8. *Ehm, O. F.:* Tauchen – Noch sicherer! Leitfaden der Tauchmedizin. Rüschlikon, Zürich 1974
9. *Foulon, A.:* Sporttauchen. Nymphenburger Verlagshandlung, München 1979
10. *Ganong, W. F.:* Medizinische Physiologie. Springer, Berlin-New York 1972
11. *Glas, K., P. M. Karpf, H. Hörterer:* Tauchsport und Hüftkopfnekrose. Dt. Z. Sportmed. 3 (1982), 88–90
12. *Klausen, F.:* Strecken- und Tieftauchen. Dt. med. Wschr. 98 (1973), 634–635
13. *König, H.-J., K.-H. Krähling, M. Brandt:* Intrakranielle Blutungen beim Tauchen. Dt. Z. Sportmed. 7 (1981), 190–192
14. *Mattes, W.:* ABC des Tauchsports. Francksche Verlagshandlung, Stuttgart 1966
15. *Matthys, H.:* Medizinische Tauchfibel. Springer, Berlin-Heidelberg-New York 1978
16. *Moslener, C.-D.:* Tauchen mit Verstand. Antäus, Lübeck 1966
17. *Poulet, G., R. Barincou:* Tauchsport. Nymphenburger Verlagshandlung, München 1972
18. *Strauss, R. H.:* Medizinische Aspekte des Tauchens mit und ohne Gerät. In: Sportmedizin und Leistungsphysiologie. *Strauss, R. H.* (Hrsg.). Enke, Stuttgart 1983
19. *Sylla, A.:* Lungenkrankheiten. Bd. II., S. 281–299. VEB Thieme, Leipzig 1978

Sachregister